Spektroskopie

2., aktualisierte Auflage

Die Zusatzmaterialien zum Buch

Kostenlose Zusatzmaterialien

Zum Lehrbuch »Spektroskopie« stehen kostenlose Zusatzmaterialien zur Verfügung. Diese enthalten:

- Alle Lösungen zu den Übungsaufgaben im Buch
- Über 100 Seiten mit praxisnahen kombinierten Übungsaufgaben inklusive Lösungen

◆ Download

Die kostenlosen Zusatzmaterialien stehen im Pearson eBook-Shop zum Download zur Verfügung. Führen Sie den Download gemäß folgender einfacher Schritte durch:

1. Gehen Sie auf http://ebooks.pearson-studium.de/spektroskopie-material.html.
2. Legen Sie die Zusatzmaterialien in den Warenkorb.
3. Geben Sie Ihren Access Code in das Gutschein-Feld ein. Dieser Access Code garantiert den kostenlosen Erhalt der Zusatzmaterialien.
4. Klicken Sie auf »Weiter zur Kasse«.
5. Registrieren Sie sich, um ein Benutzerkonto anzulegen oder melden Sie sich mit Ihren Facebook-Benutzerdaten an.
6. Führen Sie den kostenlosen »Kauf« durch.
7. Nach Abschluss des Kaufprozesses finden Sie Ihre Zusatzmaterialien unter »Meine eBooks«, wo Sie die Datei downloaden können.

◆ Access Code

Entfernen Sie mit einer Münze die Silberfolie Ihres oben stehenden Access Codes. Benutzen Sie keine Messer, Scheren oder anderen scharfen Gegenstände, um den Access Code nicht zu zerstören. Sollte der Access Code nicht mehr von einer Silberfolie verdeckt sein, wurde er wahrscheinlich bereits verwendet und hat somit seine Gültigkeit verloren. In diesem Fall wenden Sie sich bitte per E-Mail an info@pearson-studium.de.

◆ Technischer Support

Bei technischen Problemen wenden Sie sich bitte per E-Mail an info@pearson-studium.de.

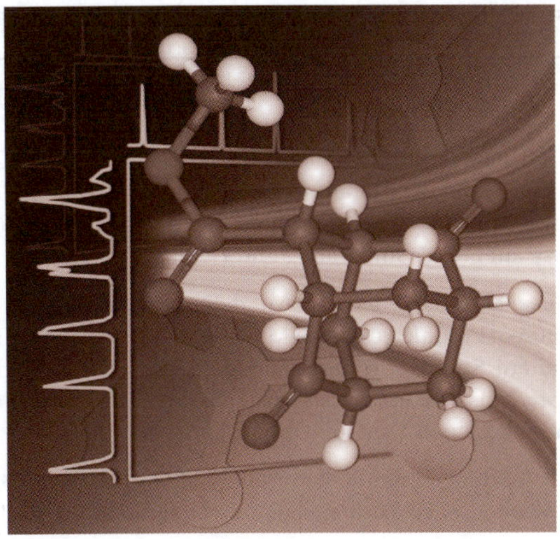

Joseph B. Lambert
Scott Gronert
Herbert F. Shurvell
David A. Lightner

Spektroskopie

Strukturaufklärung in der Organischen Chemie

2., aktualisierte Auflage

Aus dem Amerikanischen von Carsten Biele

Deutsche Bearbeitung von
Heinrich Christian Marsmann und Dietmar Kuck

PEARSON

Higher Education
München • Harlow • Amsterdam • Madrid • Boston
San Francisco • Don Mills • Mexico City • Sydney
a part of Pearson plc worldwide

Bibliografische Information der Deutschen Bibliothek

Die Deutsche Bibliothek verzeichnet diese Publikation in der Deutschen Nationalbibliografie; detaillierte bibliografische Daten sind im Internet über http://dnb.dnb.de abrufbar.

10 9 8 7 6 5 4 3 2 1

14 13 12

ISBN 978-3-86894-146-3

www.pearson.de
A part of Pearson plc worldwide

Übersetzung:	Dr. Carsten Biele, cbiele.biochem@online.de, Horn-Bad Meinberg
Lektorat:	Kathrin Mönch, kmoench@pearson.de
	Alice Kachnij, akachnij@pearson.de
Fachlektorat:	Prof. Dr. Heinrich Christian Marsmann, Universität Paderborn;
	Prof. Dr. Dietmar Kuck, Universität Bielefeld
Korrektorat:	Manuela Kupfer, Marburg
Einbandgestaltung und Titelbild:	Thomas Arlt, tarlt@adesso21.net
Herstellung:	Martha Kürzl-Harrison, mkuerzl@pearson.de
Satz:	le-tex publishing services GmbH, Leipzig
Druck und Weiterverarbeitung:	Drukarnia Dimograf, Bielsko-Biala

Printed in Poland

Inhaltsverzeichnis

Bonus-Material

Tabellenverzeichnis

Elektronenabsorptionsspektroskopie

Vorwort zur deutschen Ausgabe

Die vorliegende deutsche Ausgabe des amerikanischen Lehrbuchs *Organic Structural Spectroscopy* beschäftigt sich mit der spektroskopischen Strukturaufklärung organischer Verbindungen – einem naturwissenschaftlich multidisziplinären Gebiet, dessen Verständnis und praktische Anwendung vor allem Kenntnisse aus den unterschiedlichsten Bereichen der Chemie und der Physik erfordert. Von besonderer Bedeutung sind dabei Korrelationen zwischen strukturellen und physikalischen Eigenschaften der Moleküle als Grundlage zur Ermittlung molekularer Strukturen. Darüber hinaus spielen aber – insbesondere in der Massenspektrometrie – auch charakteristische chemische Reaktionen von Molekülen, Ionen und Radikalen eine große Rolle, weil sie mithilfe spektroskopischer Methoden verfolgt werden können und Rückschlüsse auf Strukturelemente der ursprünglichen Reaktanten zulassen. Zur Messung der für die Aufklärung oder Identifizierung von molekularen Strukturen benötigten physikalischen Eigenschaften der Analyte sind mehr oder weniger komplexe Instrumente und Verfahren erforderlich, die in den letzten Jahrzehnten technisch und methodisch sowohl allgemein als auch zur Lösung vieler spezifischer Fragestellungen enorm weiterentwickelt worden sind. Instrumentelle und methodische Innovationen sind dabei vor allem in der Massenspektrometrie und in der Kernspinresonanzspektroskopie zu verzeichnen gewesen. Die spektroskopische Analyse beruht somit einerseits fest auf den unverrückbaren Grundlagen der Naturwissenschaften und spiegelt deren Gesetzmäßigkeiten in verschiedenster Weise wider, andererseits ist sie aber auch einem lebhaften instrumentell-apparativen Wandel ausgesetzt. Diesen Aspekten versucht das Buch gerecht zu werden, indem es auf der einen Seite die Grundlagen und Zusammenhänge ausführlich beschreibt und erklärt, sich auf der anderen Seite aber auch mit jüngeren instrumentellen Entwicklungen, Methoden und Verfahren beschäftigt, die in der Praxis zunehmend von Bedeutung sind. Naturgemäß besteht nicht nur in der Chemie, sondern auch in den angrenzenden Wissenschaften, wie zum Beispiel in der Lebensmittelchemie, den Umweltwissenschaften, der Biologie, der Medizin, der Pharmazie und der Forensik, ein reges Interesse an der Identifizierung bekannter und/oder Strukturaufklärung unbekannter chemischer Verbindungen.

Bei der Konzeption des Buches wurde der Vorstellung neuerer Entwicklungen gebührend viel Platz eingeräumt, um dem Studenten einen Bezug zur aktuellen Praxis zu vermitteln. Daneben wurde allerdings auch großer Wert darauf gelegt, die physikalischen und chemischen Grundlagen der diversen spektroskopischen Methoden ausführlich zu erläutern, damit der Leser die fundamentalen Zusammenhänge wirklich verstehen kann. Auf diese Weise wird eine *effektive* Anwendung des Gelernten unserer Ansicht nach überhaupt erst möglich – sowohl bei der Planung und Durchführung spektroskopischer Messungen als auch bei der Auswertung von Spektren zur Identifizierung und/oder Strukturaufklärung von organischen Verbindungen. Außerdem führt diese Art der Beschäftigung mit einem Themengebiet erfahrungsgemäß zu einem langfristigeren Lernerfolg als das weniger mühevolle, schnelle – aber eben auch oberflächliche – bloße Lernen von Fakten. Daher und wegen ihrer großen Bedeutung sollte das intensive Studium der Spektroskopie die Mühe wert sein, auch wenn der Studienalltag oftmals kaum genügend Zeit dafür zu lassen scheint. Es lohnt sich!

Im Sinne der Konzeption des Buches haben wir bei der Bearbeitung der vorliegenden deutschen Ausgabe die grundlegenden Erklärungen an Stellen, an denen es uns besonders sinnvoll erschien, noch erweitert beziehungsweise vertieft. Die Komplexität der Thematik verlangt eine möglichst korrekte und präzise Beschreibung, um falsche Vorstellungen und unnötige Schwierigkeiten beim Verstehen der Zusammenhänge von vornherein zu vermeiden. Aus diesem Grund haben wir den Text, die Übungsaufgaben und die Abbildungen gegenüber dem amerikanischen Original an vielen Stellen gründlich überarbeitet und präzisiert. Dies gilt insbesondere für die Kapitel zur Massenspektrometrie: Hier haben wir zum Beispiel die zahlreichen mechanistischen Details der Chemie organischer Ionen *in der Gasphase* in Kapitel 8 wesentlich verfeinert.

Die Teile I bis IV des Buches behandeln die klassischen großen Methoden der spektroskopischen Analyse:

- NMR-Spektroskopie (Kernspinresonanzspektroskopie)
- Massenspektrometrie
- Infrarot- und Raman-Spektroskopie (Schwingungsspektroskopie)
- UV/Vis-Spektroskopie (Elektronenabsorptionsspektroskopie)

Die Reihenfolge der Themengebiete unterscheidet sich hier von der in anderen Werken häufig üblichen, unter anderem historisch bedingten Reihenfolge. Die Anordnung erfolgte dabei bewusst und trägt der heutzutage deutlich größeren Bedeutung der NMR-Spektroskopie und der Massenspektrometrie in der Strukturaufklärung organischer Substanzen Rechnung. Inhaltlich bietet das Buch einerseits alle relevanten Informationen und Erklärungen zur Spektroskopie, die für die Bachelor-Studiengänge Chemie und Biochemie von Bedeutung sind. Andererseits beschäftigt sich der Text an vielen Stellen auch mit weiterführenden und komplexeren Fragestellungen, die für die Master-Studiengänge sowie für praktizierende Naturwissenschaftler und Spektroskopiker von Interesse sein können. In dieser Hinsicht bildet das Buch ein Bindeglied zwischen einem Anfängerlehrbuch und spezialisierten Monographien. Dennoch ist es vor allem auch für den spektroskopischen Anfänger gedacht. Dies spiegelt sich darin wider, dass jedes Themengebiet zunächst von Beginn an eingeführt wird, bevor komplexere Zusammenhänge, Methoden und Verfahren zur Sprache kommen.

Insbesondere in den Kapiteln zur NMR-Spektroskopie und Massenspektrometrie werden entsprechend der rasanten Entwicklung in jüngerer Zeit neben den grundlegenden Aspekten auch zahlreiche Themen wie methodische oder instrumentelle Neuerungen, die in der modernen Spektroskopie von besonderem Interesse sind, ausführlich besprochen.

Das vorliegende Buch behandelt alle wichtigen Grundlagen und Verfahren der NMR-Spektroskopie, die für die Strukturaufklärung organischer und bioorganischer Verbindungen von Bedeutung sind. Dabei wird einerseits besonderer Wert auf eine ausführliche Diskussion der theoretischen Grundlagen der chemischen Verschiebung und der Kopplung sowie auf die daraus folgenden Anwendungen in der Praxis der Strukturaufklärung gelegt. Andererseits nehmen auch die weiterführenden Themen der eindimensionalen NMR-Spektroskopie, wie beispielsweise die Festkörper-NMR-Spektroskopie, Doppelresonanz-Experimente, der Kern-Overhauser-Effekt, spektrale Editierungen und Phasenzyklisierungen, sowie die Grundlagen und verschiedenen Verfahren der zweidimensionalen NMR-Spektroskopie, wie zum Beispiel die Experimente COSY, HETCOR, HMQC, HMBC und die *J*-aufgelöste 2D-NMR-Spektroskopie, einen ihrer großen Bedeutung entsprechend breiten Raum ein. Darüber hinaus werden auch Themen wie höherdimensionale NMR-Experimente (3D, 4D) zur Untersuchung von Proteinen, gepulste Feldgradienten und die diffusionsaufgelöste NMR-Spektroskopie (DOSY) besprochen.

Im massenspektrometrischen Teil wird zunächst die große Vielfalt der modernen Ionisierungsmethoden (wie EI, CI, MALDI, ESI und APCI) und Massenanalysatoren (wie TOF, FT-ICR, QIT, Quadrupol-Massenfilter, Orbitrap) eingehend beschrieben. Anschließend werden die physikalischen und chemischen Aspekte der Anregung und Fragmentierung von Ionen in der Gasphase (zum Beispiel CID, ECD und ETD) sowie die Bedeutung metastabiler Ionen erläutert. Die Fragmentierung der verschiedenartigen Molekül-Ionen wird mechanistisch detailliert aus der Sicht der Chemie organischer Ionen in der Gasphase formuliert und diskutiert. Auch die thermodynamischen Aspekte der Gasphasenchemie bezüglich der Ionisierung und Fragmentierung sowie der Einsatz massenspektrometrischer Methoden zur experimentellen Ermittlung intrinsischer Moleküleigenschaften wie Gasphasenbasizitäten, Elektronenaffinitäten und Dissoziationsenergien kommen ausführlich zur Sprache. Außerdem werden verschiedene Aspekte der quantitativen massenspektrometrischen Analyse vorgestellt, die nochmals verdeutlichen, auf welch vielfältige Weise die chemische, methodische und anwendungsorientierte Forschung in der spektroskopischen Analyse heutzutage miteinander verquickt sind.

Besonders hervorzuheben ist noch die große Zahl der Übungsaufgaben zu den einzelnen Kapiteln und vor allem die Sammlung von kombinierten Übungsaufgaben in Teil V auf unserer CWS-Seite. Letztere spiegeln die Praxis strukturanalytischer Problemstellungen wider. Insgesamt sind die Aufgaben daher einerseits zur Prüfungsvorbereitung während des Studiums geeignet, andererseits können sie aber auch zum Erlernen und Festigen der im Forschungs- oder Analytiklabor geforderten Fähigkeiten dienen, mithilfe spektroskopischer Daten die Struktur organischer Verbindungen zu ermitteln.

In deutschen Texten wird anstelle des im Englischen üblichen Dezimalpunktes normalerweise das Dezimalkomma verwendet. Das haben wir natürlich auch im Text dieses Buches entsprechend umgesetzt. Aus Gründen der Praxisnähe haben wir uns allerdings entschlossen, in der Skalenbeschriftung der abgebildeten NMR- und Massenspektren den Dezimalpunkt bei den chemischen Verschiebungen beziehungsweise *m*/*z*-Werten beizubehalten, auch wenn sich daraus eine gewisse Inkonsistenz ergibt.

Wir hoffen und glauben, mit dieser ersten deutschen Ausgabe des Buches *Spektroskopie – Strukturaufklärung in der organischen Chemie* eine optimierte Version der amerikanischen Ausgabe erarbeitet zu haben, die bei den Lesern das Interesse für das wichtige und multidisziplinäre Themengebiet der Spektroskopie organischer Verbindungen weckt und darüber hinaus das nötige Rüstzeug für Prüfungen, praktische Anwendungen, fachliche Diskussionen und vielleicht auch neue Ideen in diesem Fachgebiet vermittelt.

Prof. i.R. Dr. Heinrich Christian Marsmann
Paderborn

Prof. Dr. Dietmar Kuck
Bielefeld

Dr. Carsten Biele
Horn-Bad Meinberg

Einführung in die spektroskopische Strukturaufklärung

1

ÜBERBLICK

Nach der Durcharbeitung dieses Kapitels werden Sie

- die Bedeutung der verschiedenen spektroskopischen Methoden für die Strukturaufklärung organischer Verbindungen kennen gelernt haben,
- mit dem elektromagnetischen Spektrum und seinen verschiedenen Bereichen vertraut sein,
- die Begriffe einfachste Summenformel und wahre Summenformel unterscheiden sowie die einfachste Summenformel aus dem Ergebnis einer Elementaranalyse herleiten können,
- in der Lage sein, aus einer Summenformel die Anzahl der ungesättigten Stellen – den so genannten Ungesättigtheitsgrad – in einem Molekül zu berechnen sowie
- verschiedene Typen von Isomeren kennen gelernt haben und zwischen den Begriffen Isomer und Konformer unterscheiden können.

1.1 Der spektroskopische Zugang zur Molekülstruktur

Wie kann ich die molekulare Struktur einer unbekannten Substanz ermitteln? Diese Frage nach struktureller Information zu Feststoffen, Flüssigkeiten oder Gasen – die beispielsweise in kristalliner, pulverförmiger oder glasartiger Form sowie als Gemisch oder Reinstoff vorliegen können – stellt sich Chemikern aus den unterschiedlichsten Fachrichtungen jeden Tag erneut, zum Beispiel

- einem Synthesechemiker nach der Durchführung einer neuen chemischen Reaktion,
- einem Naturstoffchemiker, der auf der Suche nach neuen, pharmakologisch interessanten Substanzen aus den verschiedensten Organismen – wie Pflanzen, Pilzen oder Mikroorganismen – isoliert,
- einem forensischen Chemiker, der Medikamente, Drogen oder Gifte aus einem Opfer oder einem Verdächtigen identifizieren muss,
- einem Umweltchemiker, der die Auswirkungen von Substanzen untersucht, die Böden, Wasservorkommen oder die Atmosphäre verunreinigen,
- einem archäologisch tätigen Chemiker, der Informationen zur Ernährung in früheren Kulturen aus Nahrungsmittelspuren in alten Tonwaren gewinnen will,
- einem Biochemiker oder Physiologen, der Stoffwechselprozesse im menschlichen Körper untersucht,
- einem Geochemiker, der in Proben aus unterschiedlichen Gesteinsschichten nach neuen Rohstoffquellen sucht.

Beugungsmethoden bieten eigentlich die ideale Lösung für viele chemische Strukturprobleme, weil sie häufig Daten zur vollständigen Struktur des untersuchten Moleküls liefern. Die Ausstattung, die zur Durchführung von Neutronen- oder Elektronenbeugungsexperimenten erforderlich ist, steht wegen des großen beziehungsweise sehr großen apparativen Aufwands aber nur begrenzt zur Verfügung. Außerdem sind diese Methoden nur für relativ kleine Moleküle einsetzbar. Im Gegensatz dazu sind Röntgendiffraktometer, mit denen die Struktur auch von sehr großen Molekülen wie Proteinen mittels Röntgenbeugung (engl. *X-ray diffraction*) ermittelt werden kann, wesentlich weiter verbreitet. Allerdings muss die zu untersuchende Substanz für eine Strukturaufklärung mithilfe der Röntgenbeugung als Feststoff in *reiner* und *kristalliner* Form verfügbar sein – Mischungen sind nicht geeignet. Man nennt diese Methode deswegen auch Röntgenkristallographie. Darüber hinaus kann keine der genannten Beugungsmethoden die Strukturinformationen schnell genug liefern, um zum Beispiel dem alltäglichen zeitlichen Anspruch des Synthesechemikers, der seine Synthese mit dem nächsten Schritt fortsetzen will, oder des analytischen Chemikers, auf dessen Ergebnisse ein Staatsanwalt, ein Sportler oder ein Geologe wartet, gerecht werden zu können. Da die Röntgenkristallographie relativ zeitaufwendig ist, kann sie auch die häufig benötigte Menge an Ergebnissen einfach nicht in annehmbarer Zeit bereitstellen.

Verschiedene spektroskopische Methoden können dagegen eine Vielfalt von molekularen Strukturinformationen in kurzer Zeit liefern, wobei Substanzen in allen Aggregatzuständen und sowohl Reinstoffe als auch Mischungen untersucht werden können. Die dafür notwendige apparative Ausstattung ist heute routinemäßig verfügbar – je nach spektroskopischer Methode von relativ günstigen einigen Tausend Euro bis zu teuren Geräten mit Preisen im Millionenbereich. Der Prozess der Strukturaufklärung mithilfe spektroskopischer Methoden besitzt einen deduktiven (folgernden, schließenden) Charakter. Auf die unbekannte Substanz werden zunächst eine oder mehrere spektroskopische Methoden angewandt. Aus den dabei gewonnenen vielen einzelnen Daten kann jeweils auf bestimmte Eigenschaften oder Komponenten der Struktur geschlossen werden. Stehen genug Daten zur Verfügung, kann man durch deren Kombination und logische Verknüpfung die vollständige Struktur des Moleküls ableiten. Manchmal genügen aber auch Informationen zu Teilen der Struktur eines Moleküls, um die vorliegenden Fragen beantworten zu können. Dieses Buch beschäftigt sich mit den vier wichtigsten spektroskopischen Methoden, wobei besondere Schwerpunkte auf die Kernspinresonanzspektroskopie (NMR-Spektroskopie) und die Massenspektrometrie (MS) gelegt werden. Jede der Methoden liefert ihren eigenen speziellen Datensatz und trägt damit auf unterschiedliche Weise zur Aufklärung von Molekülstrukturen bei.

1.2 Das elektromagnetische Spektrum

Die meisten spektroskopischen Methoden nutzen elektromagnetische Wellen, um Informationen zu gewinnen, aus denen Schlussfolgerungen auf die Struktur eines Moleküls gezogen werden können. Man spricht von *elektromagnetischen Wellen* oder *elektromagnetischer Strahlung* – oder häufig einfach von *Licht* (insbesondere im sichtbaren Bereich; siehe unten) –, weil die damit verbundene Ausbreitung von Energie durch den Raum sowohl durch elektrische als auch durch magnetische Komponenten gekennzeichnet ist. Eine derartige Strahlung besitzt insofern Welleneigenschaften, als dass die Größe sowohl des magnetischen als auch des elektrischen Feldes an jedem Punkt im Raum, durch den sich die Welle ausbreitet, einer zeitabhängigen sinusförmigen Schwingung unterliegt. Die Wellen breiten sich dabei mit der Lichtgeschwindigkeit c aus, die im Vakuum $c = 2{,}998 \times 10^8\ \mathrm{m\ s^{-1}}$ beträgt und in Luft nur wenig kleiner ist. In ▶ Abbildung 1.1 ist eine solche Sinusschwingung in einem Diagramm dargestellt. Auf der y-Achse wurde in diesem Fall die Größe des elektrischen oder magnetischen Feldes aufgetragen und auf der x-Achse der Ort im Raum entlang der Ausbreitungsrichtung der Welle. Die Kurve beschreibt also die Größe des jeweiligen Feldes an den verschiedenen Orten entlang der Ausbreitungsrichtung der Welle zu einem bestimmten Zeitpunkt. Die Länge einer vollen Periode einer solchen Sinuskurve nennt man die Wellenlänge λ der Welle. Sie entspricht zum Beispiel dem Abstand zweier benachbarter Maxima (siehe Abbildung 1.1) oder Minima der Kurve. Die Anzahl der vollständigen Sinusschwingungen, denen die Größe des Feldes an einem bestimmten Ort pro Zeiteinheit unterliegt, bezeichnet man als die Frequenz ν der elektromagnetischen Welle. Sie wird üblicherweise in der Einheit Hertz (Hz) angegeben, wobei ein Hertz einer Schwingung pro Sekunde entspricht: $1\ Hz = 1\ s^{-1}$. Die Frequenz und die Wellenlänge einer elektromagnetischen Welle sind zueinander *umgekehrt* proportional, wobei sie durch die Lichtgeschwindigkeit als Proportionalitätskonstante verknüpft sind: $\nu = c / \lambda$. Somit wird die Frequenz der Welle mit wachsender Wellenlänge immer kleiner und umgekehrt. Das Maximum der Sinuswelle nennt man ihre Amplitude (A in Abbildung 1.1). Die Amplitude kann als Maß für die Intensität I der elektromagnetischen Strahlung betrachtet werden. Elektromagnetische Strahlung besitzt aber nicht nur Welleneigenschaften, sondern auch Teilcheneigenschaften. Letztere spielen bei der Wechselwirkung zwischen elektromagnetischer Strahlung und Materie eine große Rolle, da die Strahlung sowohl bei der Emission als auch bei der Absorption durch Materie nur in Paketen oder Teilchen bestimmter Energie abgegeben oder aufgenommen werden kann. Diese Energieportionen elektromagnetischer Strahlung nennt man Lichtquanten. Jedes Lichtquant besitzt eine charakteristische Energie E, die direkt proportional zur Frequenz der Strahlung ist: $E = h\nu$ – die Proportionalitätskonstante in dieser Beziehung ist das so genannte Planck'sche Wirkungsquantum h ($h = 6{,}626 \times 10^{-34}$ J s). Die Energie der Lichtquanten ist also umso größer, je größer die Frequenz der elektromagnetischen Strahlung ist – und wegen der umgekehrten Proportionalität zwischen Wellenlänge und Frequenz ist die Energie umso kleiner, je größer die Wellenlänge ist: $E = h\nu = hc / \lambda$.

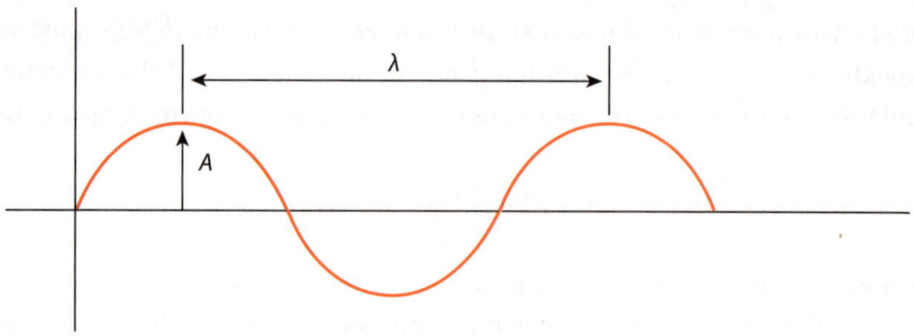

Abbildung 1.1: Schematische Darstellung von eineinhalb Perioden einer elektromagnetischen Welle.

Die Art der Wechselwirkung zwischen elektromagnetischer Strahlung und Materie ist stark von der Energie der Lichtquanten und somit von der Wellenlänge der Strahlung abhängig. Deswegen wurde das Wellenlängenspektrum der elektromagnetischen Strahlung – das so genannte *elektromagnetische Spektrum* – in mehrere Wellenlängenbereiche eingeteilt und die zugehörigen Strahlungsarten wurden unterschiedlich benannt (▶ Abbildung 1.2). Kosmische, γ- und Röntgenstrahlung weisen die kleinsten Wellenlängen und somit die höchsten Energien auf, während Radiowellen die größten Wellenlängen und somit die geringsten Energien besitzen. In Abbildung 1.2 wächst die Wellenlänge von links nach rechts, die Frequenz und die Energie steigen dagegen von rechts nach links.

Die Methoden der Elektronenabsorptions-, der Schwingungs- und der NMR-Spektroskopie beruhen auf der Absorption von elektromagnetischer Strahlung aus dem ultravioletten (UV) oder sichtbaren (engl. *visible*; Vis), dem infraroten beziehungsweise dem Radiowellenbereich des elektromagnetischen Spektrums. Bei jeder dieser Methoden werden Moleküle durch die Absorption von Quanten passender Energie der elektromagnetischen Strahlung aus bestimmten energetischen Grundzuständen in angeregte Energiezustände angehoben. Im Fall der NMR-Spektroskopie ändert sich dadurch nur der Spinzustand von Atomkernen, während die Moleküle bei der Infrarot-Spektroskopie (einer Schwingungsspektroskopie) zwischen definierten molekularen Schwingungszuständen wechseln. Die UV/Vis-Spektroskopie (Elektronenabsorptionsspektroskopie) ist schließlich mit der Anregung von Molekülen in höhere, energiereichere elektronische Zustände verbunden. Die absorbierte Energie liegt bei der UV/Vis-Spektroskopie im Bereich von etwa 160 bis 600 kJ mol^{-1}, bei der Infrarot-Spektroskopie im Bereich von etwa 10 bis 40 kJ mol^{-1} und bei der NMR-Spektroskopie im Bereich von etwa 10^{-5} bis 10^{-4} kJ mol^{-1}. Jede der genannten spektroskopischen Methoden arbeitet also mit einer bestimmten Strahlungsart aus einem zusammenhängenden Abschnitt des elektromagnetischen Spektrums. Bei der Massenspektrometrie werden dagegen die Massen von zuvor erzeugten Ionen *gemessen* und nicht die Energie von absorbierter elektromagnetischer Strahlung – deswegen ist die Massenspektrometrie eine *Spektrometrie* und keine *Spektroskopie* und auch nicht mit einem bestimmten Bereich des elektromagnetischen Spektrums assoziiert.

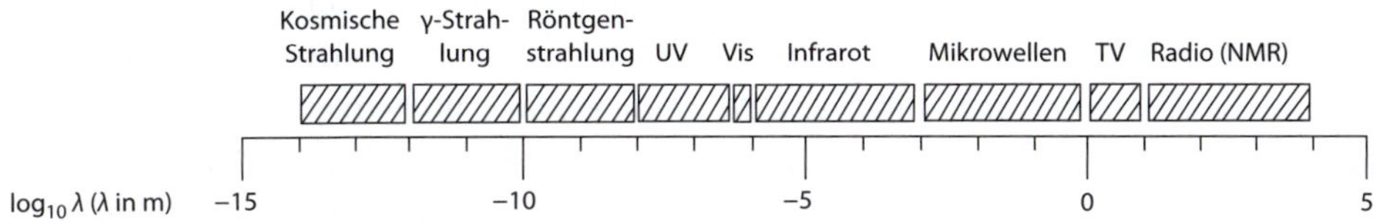

Abbildung 1.2: Das elektromagnetische Spektrum. Angegeben sind die Namen der Strahlungsarten, die den verschiedenen Wellenlängenbereichen zugeordnet werden. Man beachte, dass die Wellenlänge logarithmisch aufgetragen ist.

1.3 Molekülmasse und Summenformel

Die Bestimmung der Molekülmasse beziehungsweise der relativen Molekülmasse und der Summenformel ist ein wichtiger Schritt bei der Strukturaufklärung. Zu den traditionellen, nichtspektroskopischen Methoden zur Ermittlung dieser Informationen gehören zum Beispiel die Messung der Gefrierpunktserniedrigung, der Siedepunktserhöhung oder von Dampfdruckänderungen. Die apparative Ausstattung zur Durchführung dieser klassischen physikalisch-chemischen Verfahren ist zwar weder teuer noch besonders komplex, aber dennoch für den Synthesechemiker kaum noch verfügbar. Stattdessen wird die Molekülmasse heute üblicherweise verlässlicher und leichter mithilfe der Massenspektrometrie ermittelt (siehe Teil II).

Die hochauflösende Massenspektrometrie kann die Summenformel auch direkt liefern – das heißt die Identität und die Anzahl der Atome jedes Elements im Molekül, wie zum Beispiel $C_6H_{10}O$ für Cyclohexanon. Mithilfe der früher üblicheren Methode der quantitativen Elementaranalyse kann die *einfachste Summenformel* bestimmt werden, also die Summenformel mit den kleinstmöglichen ganzzahligen Indices. Die mit der hochauflösenden Massenspektrometrie erhältliche *wahre Summenformel* des Moleküls muss nicht unbedingt der einfachsten Summenformel entsprechen, ist mit dieser aber in jedem Fall durch einen ganzzahligen Faktor korreliert. Die einfachste Summenformel von Ethan lautet beispielsweise CH_3, die wahre Summenformel, welche auch die tatsächliche Zusammensetzung eines Ethanmoleküls wiedergibt, ist dagegen $(CH_3)_2$ oder C_2H_6. Analog ergibt sich für die einfachste Summenformel von Cyclohexan ein wenig informatives CH_2, während die wahre Summenformel C_6H_{12} lautet.

Fast alle Journals, die Forschungsergebnisse aus der synthetischen oder Naturstoffchemie veröffentlichen, verlangen zu neuen Verbindungen genaue Elementaranalysen als Nachweis ihrer Reinheit. Es gibt kommerzielle Laboratorien, die solche Elementaranalysen durchführen. Viele Forschungslaboratorien besitzen aber auch selbst die dafür notwendige Ausstattung. Das unmittelbare Ergebnis einer Elementaranalyse besteht zunächst in der gewichtsprozentualen Zusammensetzung der Probe aus den verschiedenen Elementen wie Kohlenstoff, Wasserstoff, Stickstoff und anderen. Der Sauerstoffanteil kann infolge der Messmethode nicht direkt ermittelt werden und wird deswegen üblicherweise aus der Differenz zur Gesamtmasse der Probe berechnet. Aus den gewichtsprozentualen Anteilen X_i der verschiedenen Elemente erhält man die einfachste Summenformel auf dem nachfolgend beschriebenen Weg. Zunächst wird der prozentuale Massenanteil X_i jedes Elements durch die relative Atommasse M_i des Elements dividiert. Dadurch erhält man die relative Anzahl der Atome jedes Elements E_i ($E_i = X_i / M_i$) in der Verbindung. Diese Zahlen entsprechen normalerweise noch nicht den Indices in der einfachsten Summenformel und sind in der Regel auch keine ganzen Zahlen. Deswegen müssen sie nun zunächst jeweils durch das kleinste aller E_i dividiert werden (E_i / E_{min}), um das einfachste Atomzahlverhältnis zu berechnen, in dem die relative Atomanzahl eines der Elemente genau 1,00 beträgt, während alle anderen größer als 1 sind. Da an diesem Punkt der Prozedur meist aber nicht alle relativen Atomzahlen der verschiedenen Elemente ganzzahlig sind, müssen alle Zahlen noch mit der kleinsten ganzen Zahl n multipliziert werden (nE_i / E_{min}), die zu einem vollständig ganzzahligen Atomzahlverhältnis führt, um die einfachste Summenformel endgültig zu ermitteln. Diese Prozedur wird im Folgenden an einem Beispiel noch einmal veranschaulicht:

Element	Kohlenstoff	Wasserstoff	Sauerstoff
X_i	48,57	8,19	43,24
$E_i = X_i / M_i$	$\frac{48,57}{12,01} = 4,04$	$\frac{8,19}{1,008} = 8,13$	$\frac{43,24}{16,00} = 2,70$
E_i / E_{min}	$\frac{4,04}{2,70} = 1,50$	$\frac{8,13}{2,70} = 3,01$	$\frac{2,70}{2,70} = 1,00$
nE_i / E_{min}	$2 \times 1,50 = 3$	$2 \times 3,01 \approx 6$	$2 \times 1,00 = 2$
Einfachste Summenformel	C_3	H_6	O_2

Wie bereits erwähnt ergeben diese Berechnungen nur die einfachste Summenformel und nicht die wahre Summenformel. Darüber hinaus weist die Methode Schwächen bei der Unterscheidung zwischen nur kleinen Differenzen zwischen Kohlenstoff und Wasserstoff auf. Außerdem ist sie anfällig für experimentell bedingte Fehler in den Prozentzahlen der Massenanteile – insbesondere im Fall des Sauerstoffs. Aus diesem Grund wird heute meist die hochauflösende Massenspektrometrie zur Bestimmung der Summenformel bevorzugt eingesetzt, auch wenn diese wiederum mit ihren eigenen Einschränkungen verbunden ist (siehe Teil II). Um möglichst genaue und zuverlässige Ergebnisse zu erhalten, werden deswegen häufig sowohl eine Elementaranalyse als auch eine hochauflösende Massenspektrometrie durchgeführt.

Wenn wir im Folgenden von der Summenformel sprechen, ist immer die wahre Summenformel gemeint. Die Summenformel liefert über die elementare Zusammensetzung hinaus weitere wichtige Informationen zur Struktur des Moleküls. Durch die Einführung *eines* Rings oder *einer* Doppelbindung in ein Alkan wird die Anzahl der Wasserstoffatome in diesem Molekül im Vergleich zu einem entsprechenden Alkan ohne Ring und ohne Doppelbindung beispielsweise um *zwei* verringert. Infolgedessen lautet die allgemeine Summenformel für die homologe Reihe der gesättigten Alkane C_nH_{2n+2}, die für einfach ungesättigte Alkene (eine Doppelbindung) und monocyclische Alkane dagegen C_nH_{2n}. Durch eine genauere Untersuchung der Summenformel kann man die Anzahl der ungesättigten Stellen oder Funktionalitäten im betreffenden Molekül ermitteln. Dabei entspricht jeder Ring numerisch *einer* solchen Stelle, jede Doppelbindung auch *einer* und jede Dreifachbindung *zwei* ungesättigten Stellen.

Die Gesamtzahl von ungesättigten Stellen und Funktionalitäten – der so genannte Ungesättigtheitsgrad U – ergibt sich aus Gleichung 1.1.

$$U = C + 1 - \frac{1}{2}(X - N) \tag{1.1}$$

In Gleichung 1.1 bedeuten C die Anzahl der Atome tetravalenter Elemente (Kohlenstoff, Silizium et cetera), X die Anzahl der Atome monovalenter Elemente (Wasserstoff und die Halogene) und N die Anzahl der Atome trivalenter Elemente (Stickstoff, Phosphor et cetera) in der Summenformel des Moleküls. Der Ausdruck ist eine Ableitung und Weiterentwicklung aus den allgemeinen Summenformeln für die homologen Reihen der gesättigten *n*-Alkane und Alkene. Für die gesättigten *n*-Alkane beträgt der Ungesättigtheitsgrad naturgemäß null. Atome bivalenter Elemente wie Sauerstoff und Schwefel tragen zwar zur Verlängerung der Ketten bei, aber nicht zur Erhöhung der Ungesättigtheit des Moleküls. Deswegen tritt ihre Anzahl in Gleichung 1.1 nicht auf. Für jedes Atom eines trivalenten Elements kommt eine Bindung hinzu, die abgesättigt werden muss, während durch jedes Atom eines monovalenten Elements eine Bindung abgesättigt wird. Daraus folgt der letzte Term in Gleichung 1.1. Der Ungesättigtheitsgrad von Cyclohexanon ($C_6H_{10}O$) ergibt sich nach Gleichung 1.1 beispielsweise zu $U = 6 + 1 - 0{,}5 \times (10 - 0) = 2$ – eine ungesättigte Funktionalität für den Ring und eine für die C=O-Doppelbindung in der Carbonylgruppe.

1.4 Strukturisomere und Stereoisomere

Im engeren Sinn umfasst die genaue Beschreibung der Struktur eines Moleküls neben der Summenformel und der Konnektivität der Atome – das heißt, der Information für jedes der Atome, mit welchen anderen Atomen es direkt verbunden ist – auch alle Bindungslängen, Bindungswinkel und Torsionswinkel, woraus sich wiederum die Stereochemie und Konformation des Moleküls ergibt, also seine eindeutige räumliche Struktur. Diese Informationen können aber normalerweise nur mithilfe der Röntgenkristallographie oder mancher Formen der mehrdimensionalen NMR-Spektroskopie ermittelt werden.

Soll eine Struktur spektroskopisch aufgeklärt werden, sind die Konnektivitäten, die Bindungslängen und die verschiedenen Winkel zunächst nicht bekannt. Ziel ist es dann, die Struktur mithilfe von spektroskopischen Methoden deduktiv Schritt für Schritt zu bestimmen, indem auf der Grundlage der spektroskopischen Daten einzelne Komponenten des Moleküls identifiziert werden. Dies erfolgt durch den Nachweis von bestimmten Bindungen zwischen spezifischen Atomen und von Wechselwirkungen zwischen nicht kovalent verknüpften Atomen durch den Raum. Damit schließlich die vollständige Molekülstruktur abgeleitet werden kann, müssen mithilfe der verschiedenen spektroskopischen Methoden genügend Daten gesammelt und diese dann korrekt interpretiert und logisch kombiniert werden.

Der erste Schritt einer Strukturaufklärung besteht in der Regel in der Bestimmung der Summenformel, weil dadurch die Zahl der möglichen Strukturen bereits auf eine mehr oder weniger kleine Familie von Molekülen gleicher Summenformel, die als *Isomere* bezeichnet werden, eingegrenzt wird. Verschiedene Isomere können sich durch die Konnektivität ihrer Atome unterscheiden – so genannte *Strukturisomere* oder *Konstitutionsisomere* – oder bei gleicher Konnektivität durch die Anordnung ihrer Atome im Raum, wobei die Atome auch durch beliebige Rotationen um die Einfachbindungen des Moleküls ohne die Spaltung von Bindungen nicht zur Deckung gebracht werden können – dann spricht man von *Stereoisomeren.* (Können die Moleküle allein durch Rotationen um Einfachbindungen des Moleküls zur Deckung gebracht werden, handelt es sich nur um verschiedene Konformere zweier identischer Moleküle.)

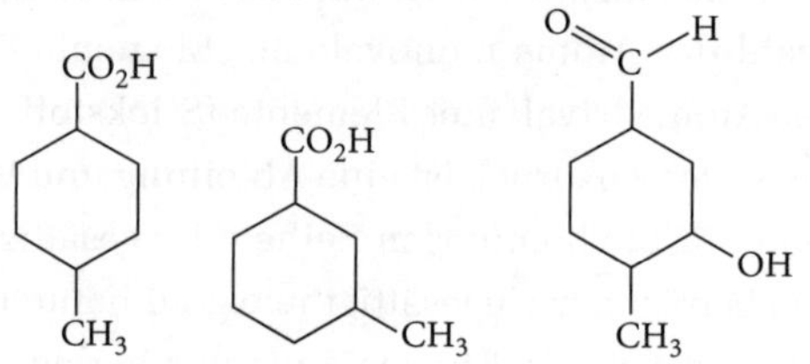

1-1 **1-2** **1-3**

Die Moleküle **1-1**, **1-2** und **1-3** besitzen zum Beispiel alle die Summenformel $C_8H_{14}O_2$, weisen aber offensichtlich unterschiedliche Strukturen auf. Da alle drei Moleküle unterschiedliche Konnektivitäten ihrer Atome zeigen, handelt es sich um Strukturisomere. Die Moleküle **1-1** und **1-2** bestehen aus den gleichen funktionellen Gruppen – einem C_6-Ring, einer Methylgruppe und einer Carboxylgruppe. Die Methylgruppe und die Carboxylgruppe besetzen aber unterschiedliche Positionen oder Stellungen am Ring. Deswegen werden solche Strukturisomere auch *Stellungsisomere* (engl. *positional isomers*) genannt. Molekül **1-3** trägt dagegen mehr und andere funktionelle Gruppen am Ring als die beiden anderen Moleküle. Die Strukturisomerenpaare **1-1/1-3** und **1-2/1-3** sind deswegen keine Stellungsisomere, sondern werden auch als *Funktionsisomere* (engl. *functional isomers*) bezeichnet. Um zwischen diesen verschiedenen Arten von Isomeren unterscheiden zu können, müssen die spektroskopischen Methoden Daten (1) zur Verknüpfung der verschiedenen Atome untereinander und (2) zur Differenzierung zwischen verschiedenen funktionellen Gruppen liefern.

Bei genauerer Betrachtung von Molekül **1-1** stellt man fest, dass die Methyl- und die Carboxylgruppe entweder auf der gleichen oder auf verschiedenen Seiten des Rings lokalisiert sein können. Dies wird durch die perspektivischen Strukturformeln **1-4** und **1-5** verdeutlicht. Diese beiden Strukturen stellen unterschiedliche Moleküle dar, weil erst kovalente Bindungen aufgebrochen werden müssten, um die Moleküle ineinander zu überführen. Sie weisen die gleiche Konnektivität ihrer Atome oder Konstitution auf, so dass sie keine Strukturisomere sind. Da sie sich aber durch die räumliche Anordnung ihrer Atome unterscheiden, handelt es sich um Stereoisomere.

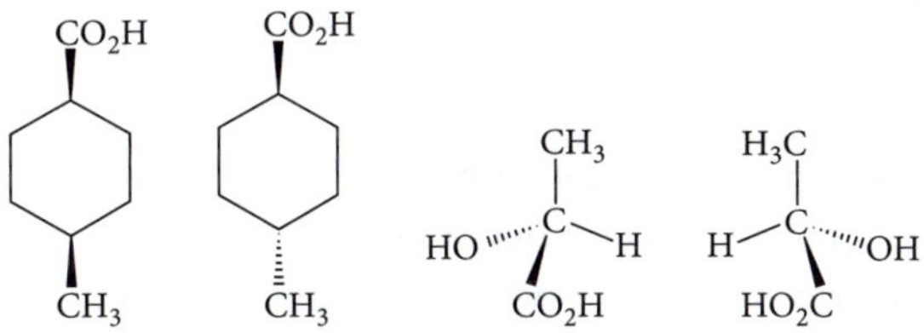

1-4 **1-5** **1-6** **1-7**

Ein anderer Typ von Stereoisomeren umfasst Paare von Molekülen, die sich wie Bild und Spiegelbild zueinander verhalten und somit nicht deckungsgleich sind. Dies ist zum Beispiel bei Molekülen wie **1-6** und **1-7** – zwei Formen der Milchsäure – der Fall, die genau *ein* so genanntes Stereozentrum enthalten. Ein solches Stereozentrum ist häufig ein sp^3-hybridisiertes Kohlenstoffatom, an das vier verschiedene Substituenten gebunden sind. Solche Stereoisomere werden *Enantiomere* genannt und als *chiral* bezeichnet. Stereoisomere, die keine Enantiomere darstellen, sich also nicht wie Bild und Spiegelbild verhalten, nennt man *Diastereomere*. Dies ist zum Beispiel bei den Molekülen **1-4** und **1-5** der Fall.

Zeichnet man den sechsgliedrigen Ring von Molekül **1-5** mehr dreidimensional, wird in Molekül **1-8** seine tatsächliche Konformation erkennbar – die so genannte Sesselkonformation. Der Ring solcher Moleküle weist eine gewisse Flexibilität auf und kann durch eine Reihe von Bindungswinkeldeformationen und Rotationen umklappen, wodurch Substituenten, die zuvor axiale Positionen besetzt haben, in äquatoriale Positionen wechseln und umgekehrt. Auf diese Weise kann Molekül **1-8** auch in Molekül **1-9** umgewandelt werden. Für die Umwandlung muss zwar eine Energiebarriere überwunden werden. Diese ist bei Raumtemperatur für viele Moleküle dieser Art aber klein genug, so dass ihre ständige wechselseitige Umwandlung mit merklicher Geschwindigkeit ablaufen kann.

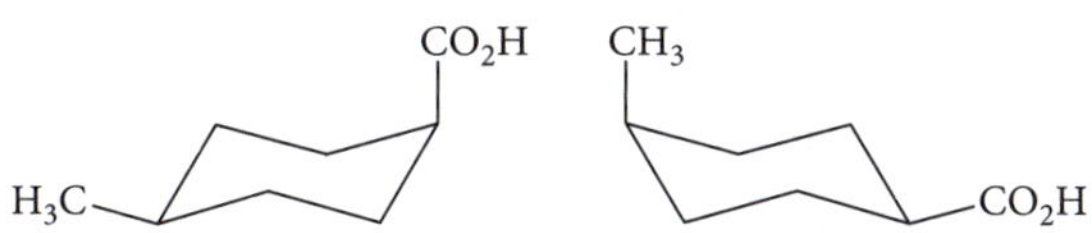

1-8 **1-9**

Im weiteren Sinn kann man diese Moleküle als Stereoisomere betrachten – im Fall der Moleküle **1-8** und **1-9** als Diastereomere. Genau genommen handelt es sich aber *gar nicht* um Isomere, sondern um *Konformere*, weil sie ohne den Bruch einer kovalenten Bindung ineinander umgewandelt werden können. In Abhängigkeit von der Höhe der Energiebarriere und somit der Umwandlungsgeschwindigkeit bei der gegebenen Temperatur sowie der Zeitskala der spektroskopischen Methode kann unter bestimmten Umständen aber spektroskopisch zwischen solchen Konformeren unterschieden werden. Alle spektroskopischen Methoden können auf die ein oder andere Art zur Klärung der Stereochemie einer Verbindung beitragen. ▶ Abbildung 1.3 veranschaulicht noch einmal die Beziehungen zwischen den verschiedenen Typen von Isomeren.

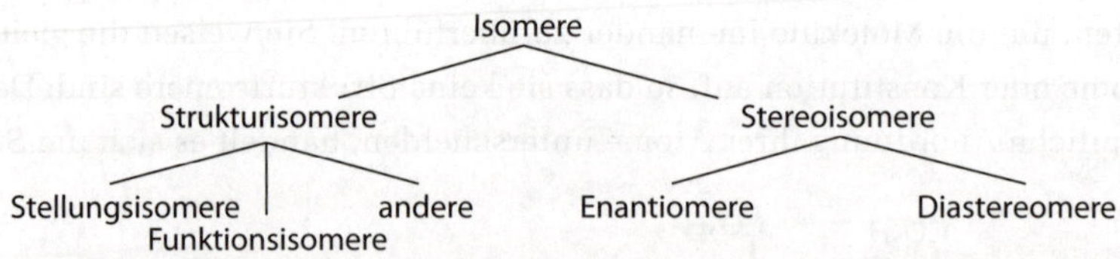

Abbildung 1.3: Die Beziehungen der verschiedenen Typen von Isomeren.

Im Rest dieses Buches erläutern wir die spektroskopischen Methoden, die zur Ermittlung der beschriebenen strukturellen Informationen – der Summenformel, der Identität von funktionellen Gruppen, der Konnektivität der Atome und der räumlichen Anordnung der Atome – eingesetzt werden können. Im Idealfall liefern diese Methoden die vollständige Struktur des untersuchten Moleküls, einschließlich der Anordnung der Atome im Raum. Im folgenden Abschnitt umreißen wir kurz, mit welchen strukturellen Informationen jede der spektroskopischen Methoden zu einer erfolgreichen Strukturaufklärung beitragen kann.

1.5 Beiträge der verschiedenen spektroskopischen Methoden

1.5.1 Kernspinresonanzspektroskopie

Die Kernspinresonanzspektroskopie, Kernresonanzspektroskopie oder kurz NMR-Spektroskopie (NMR, engl. *nuclear magnetic resonance*) liefert Informationen über die Art, die Anzahl, die Konnektivität und die Wechselwirkungen der verschiedenen Atome eines Moleküls. Somit kann man allein mithilfe der NMR-Spektroskopie im günstigen Fall bereits die vollständige molekulare Struktur ermitteln, einschließlich der Anzahl bestimmter Atome, der Identität von funktionellen Gruppen, den Wechselwirkungen zwischen verschiedenen Atomen und der räumlichen Anordnung der Atome. Für ein Ethanolmolekül kann man zum Beispiel schon aus einem einfachen ^{1}H- und ^{13}C-NMR-Spektrum ablesen, dass es zwei Arten von Kohlenstoffatomen im Verhältnis 1:1 und drei Arten von Wasserstoffatomen im Verhältnis 3:2:1 enthält. Außerdem lässt sich aus den Spektren ableiten, dass das Molekül eine Methyl- und eine Methylengruppe besitzt, die nicht durch das Sauerstoffatom getrennt sind. Vielmehr sind deren direkte Nachbarschaft und die Verknüpfung der Methylengruppe mit dem Sauerstoffatom erkennbar. Im Fall dieses einfachen Moleküls kann somit aus dem ^{1}H- und ^{13}C-NMR-Spektrum die vollständige Struktur abgeleitet werden. Darüber hinaus kann man mithilfe der NMR-Spektroskopie Informationen zu den Bindungseigenschaften von Hydroxylgruppen in Wasserstoffbrückenbindungen und folglich zum Aggregationsverhalten der Moleküle erhalten. Mit der NMR-Spektroskopie können nur Atomkerne untersucht werden, welche die quantenmechanische Eigenschaft eines Spins besitzen. In einem äußeren Magnetfeld weisen die Kerne zwei oder mehr energetisch nah beieinander liegende Spinzustände auf. Durch die Einstrahlung von Radiowellen passender Frequenz und somit Energie können die Kerne in höhere Spinzustände angeregt werden, wobei die Absorptionsfrequenzen gemessen werden. Die am häufigsten untersuchten Kerne sind das einfachste Wasserstoffisotop ^{1}H (Proton) sowie das Kohlenstoffisotop ^{13}C. Allerdings besitzen auch die meisten anderen Elemente des Periodensystems NMR-aktive Isotope.

Durch die Untersuchung der Spineigenschaften von Wasserstoff-, Kohlenstoff- und anderen Kernen in organischen, biologischen, organometallischen oder anorganischen Verbindungen kann jeder Kern in einem Molekül anhand eines physikalischen Parameters – der so genannten chemischen Verschiebung (siehe Kapitel 3) – charakterisiert werden. Allein aus den chemischen Verschiebungen können einzelne Strukturelemente oder in einfachen Fällen vollständige Strukturen abgeleitet werden. Wechselwirkungen zwischen NMR-aktiven Kernen, die in Form von Kopplungskonstanten (siehe Kapitel 4) und Relaxationszeiten (siehe Kapitel 5) gemessen werden können, liefern Informationen über die Konnektivität der Atome. Da die Kopplung und die Relaxation auch vom Abstand der Kerne innerhalb eines Moleküls abhängen, sind mithilfe der NMR-Spektroskopie auch stereochemische Informationen erhältlich. Da zumindest einzelne Kerne im Verlauf von chemischen Reaktionen ihre Position innerhalb des Moleküls oder sogar zwischen verschiedenen Molekülen wechseln, wird die NMR-Spektroskopie auch dazu genutzt, die Kinetik von verschiedenen Reaktionstypen zu untersuchen.

NMR-Experimente können prinzipiell mit Proben in beliebigen Aggregatzuständen durchgeführt werden, aber routinemäßig werden in der Regel nur Flüssigkeiten beziehungsweise Lösungen vermessen. Für eine erfolgreiche ^{1}H-NMR-Spektroskopie genügen schon Substanzmengen im Mikrogrammbereich, im Fall der ^{13}C-NMR-Spektroskopie im Milligrammbereich. Es können sowohl Reinstoffe als auch Mischungen untersucht werden, wobei die Interpretation der Spektren insbesondere von komplexeren Mischungen in der Regel schwieriger ist. Die in Teil I des Buches detailliert erläuterte NMR-Spektroskopie stellt somit eine sehr allgemein und breit einsetzbare spektroskopische Methode zur Strukturaufklärung dar.

1.5.2 Massenspektrometrie

Eine wichtige Aufgabe der Massenspektrometrie in der organischen Chemie besteht in der Bestimmung der Summenformel unbekannter Verbindungen. In diesem Punkt ergänzen sich die Massenspektrometrie und die NMR-Spektroskopie, weil die exakte Summenformel mithilfe der NMR-Spektroskopie im Allgemeinen nicht ermittelt werden kann. Die Massenspektrometrie kann darüber hinaus aber noch eine große Anzahl anderer Informationen über die molekulare Struktur liefern, wie zum Beispiel über die Identität von funktionellen Gruppen und die Konnektivität der Atome. Sowohl die nominelle (ganzzahlige) als auch die exakte Molekülmasse (bis auf fünf oder mehr signifikante Stellen) können mithilfe der Massenspektrometrie gemessen werden. Neben den intakten ionischen Versionen der Moleküle – den Molekül-Ionen – werden im Massenspektrometer in der Regel auch Fragment-Ionen gebildet, deren Massen und Strukturen als wichtige Informationen zur Ableitung der vollständigen Struktur des Moleküls dienen. Bei einem massenspektrometrischen Experiment werden Ionen (und Fragment-Ionen) der zu untersuchenden Moleküle in der Gasphase erzeugt und deren Masse/Ladungs-Verhältnis sowie relative Häufigkeiten gemessen. Da die Isotope eines Elements unterschiedliche Massen besitzen, können sie bei der Massenspektrometrie unterschieden werden. Auf diese Weise können anhand von charakteristischen Isotopenmustern im Massenspektrum zum Beispiel spezifische Elemente und die relative Anzahl ihrer Atome in den Molekülen einer Substanz identifiziert werden.

Massenspektren können von Substanzen in beliebigen Aggregatzuständen gemessen werden, beispielsweise auch von thermisch instabilen Feststoffen. Für die Untersuchung von Mischungen werden in der Massenspektrometrie gekoppelte Geräte eingesetzt, in denen der eigentlichen massenspektrometrischen Analyse eine Trennmethode vorgeschaltet wird, wie zum Beispiel eine Gaschromatographie (GC/MS), eine Flüssigkeitschromatographie (LC/MS) oder eine zweite Massenspektrometriestufe (MS/MS). Die hohe Empfindlichkeit der Massenspektrometrie wird von keiner der anderen spektroskopischen Methoden erreicht. Routinemäßig wird die Massenspektrometrie mit Substanzmengen im Submikrogrammbereich ($< 10^{-6}$ g) durchgeführt, detektierbar sind aber sogar noch Mengen im Femtomolbereich (10^{-12} mol).

Im Verlauf eines massenspektrometrischen Experiments finden stets auch chemische Reaktionen statt. Man kann die Kinetik dieser chemischen Reaktionen verfolgen, ihre thermodynamischen Parameter messen und sogar neue Verbindungen im Massenspektrometer erzeugen. In Teil II des Buches beschreiben wir unter anderem den Einsatz der Massenspektrometrie zur Bestimmung von Molekülmassen, zur Ermittlung von Molekülstrukturen über die spezifischen Fragmentierungsreaktionen der Ionen und zur Vermessung der thermodynamischen Daten von Gasphasenreaktionen.

1.5.3 Schwingungsspektroskopie

Die Infrarot- (IR-) und Raman-Spektroskopie liefern eine Fülle von Informationen über die Struktur eines Moleküls – insbesondere über seine Symmetrie und seine funktionellen Gruppen. Die Grundlage für die Messung von Schwingungsspektren bilden die energetisch unterschiedlichen Schwingungszustände von Molekülen, welche diese natürlicherweise annehmen können. Die Art der Schwingungen und die energetischen Abstände zwischen den Schwingungsniveaus sind dabei mit der Struktur und Symmetrie der Moleküle korreliert. Die hohe Empfindlichkeit der IR-Spektroskopie und die vergleichsweise einfache Durchführung der Probenvorbereitung und der eigentlichen Messung haben zum weitverbreiteten Einsatz der IR-Spektroskopie beigetragen. Gitter-IR-Spektrometer sind preisgünstig, kompakt und so einfach zu bedienen, dass auch ein Student im Grundstudium nach wenigen Minuten Einweisung ein IR-Spektrum messen kann. Raman-Spektrometer sind zwar teurer und komplizierter aufgebaut, können aber wertvolle zusätzliche Informationen zur Strukturaufklärung beisteuern.

Das IR- und Raman-Spektrum einer Verbindung sind jeweils einzigartig und können quasi als Fingerabdruck zur schnellen Identifizierung der Verbindung dienen. Von noch größerer Bedeutung ist die Tatsache, dass die Schwingungseigenschaften vieler Typen von funktionellen Gruppen, wie zum Beispiel von Carbonylgruppen, unabhängig von der Gesamtstruktur des Moleküls zu charakteristischen Signalen in definierten, begrenzten Bereichen des Spektrums führen. Infolgedessen ist die Schwingungsspektroskopie insbesondere für die Identifizierung von funktionellen Gruppen von großem Nutzen. In Teil III des Buches beschäftigen wir uns näher mit der Schwingungsspektroskopie.

1.5.4 Elektronenabsorptionsspektroskopie

Die Elektronenabsorptionsspektroskopie liefert vor allem Informationen über die Konjugation von Bindungen innerhalb eines Moleküls – zum Beispiel zwischen zwei C=C-Doppelbindungen, einer C=C-Doppelbindung und der C=O-Doppelbindung einer Carbonylgruppe oder den Doppelbindungen in einem aromatischen System. Darüber hinaus können einige ungewöhnliche funktionelle Gruppen, auch wenn ihre Doppelbindung nicht mit anderen konjugiert vorliegt, – wie zum Beispiel Nitroso- oder Thiocarbonylgruppen – eindeutig charakterisiert werden. Bei der Elektronenabsorptionsspektroskopie werden die notwendige Energie und (indirekt) die Wahrscheinlichkeit für die Anregung eines Moleküls von seinem elektronischen Grundzustand in einen elektronisch angeregten Zustand gemessen. Die Anregung erfolgt durch elektromagnetische Strahlung aus dem sichtbaren (Vis) und ultravioletten (UV) Bereich und ist mit der Anhebung eines Elektrons aus einem besetzten Molekülorbital in ein höheres, unbesetztes Molekülorbital verbunden. Da ein organisches Molekül typischerweise eine ganze Anzahl von besetzten und unbesetzten Molekülorbitalen besitzt, sind in der Regel mehrere elektronische Anregungen möglich. Die damit verbundenen Übergangsenergien liegen normalerweise im ultravioletten oder sichtbaren Bereich des elektromagnetischen Spektrums (siehe Abschnitt 1.2). Die Übergangsenergien von weitgehend unkonjugierten Systemen sind allerdings überwiegend so groß, dass sie mit den normalen UV/Vis-Spektrometern ohne besondere Ausstattung nicht erfasst werden können.

Die UV/Vis-Spektroskopie wird deswegen üblicherweise zur qualitativen und quantitativen Detektion und Charakterisierung von funktionellen Gruppen mit konjugierten Mehrfachbindungen eingesetzt. Dies geschieht auf der Basis der Position und der Intensität der Absorptionsbanden im UV/Vis-Spektrum, wie wir in Teil IV des Buches zur Elektronenabsorptionsspektroskopie noch genauer besprechen werden. Die Empfindlichkeit der UV/Vis-Spektroskopie ist je nach Struktur des Moleküls und des konjugierten Systems ziemlich groß und liegt in der Größenordnung einer Konzentration von 10^{-9} M. Die Analyse der Absorptionseigenschaften im UV/Vis-Bereich kann zur Charakterisierung von Wechselwirkungen zwischen benachbarten Gruppen – wie sie beispielsweise in konjugierten Ketonen und Polyenen auftreten – sowie zur Untersuchung von chemischen und photochemischen Reaktionen, durch die sich die Funktionalitäten der Reaktanten verändern, genutzt werden.

TEIL I

Kernspinresonanzspektroskopie

I

Einführung in die NMR-Spektroskopie

2

ÜBERBLICK

Nach der Durcharbeitung dieses Kapitels werden Sie

- die magnetischen Eigenschaften von Atomkernen als Grundlage für die Durchführung von NMR-Experimenten näher kennen gelernt haben,
- mit den Begriffen *Spin*, *natürliche Häufigkeit*, *natürliche Empfindlichkeit* und *Rezeptivität* umgehen und ihre Auswirkungen auf die Messung von NMR-Spektren abschätzen können,
- die wichtigsten Parameter zur Beschreibung und Analyse von NMR-Spektren, wie die chemische Verschiebung, die Kopplungskonstante und die Multiplizität von Resonanzsignalen, kennen gelernt haben,
- verstehen, auf welchen physikalischen und methodischen Prinzipien NMR-Experimente beruhen,
- die Grundlagen der Puls-Verfahren und der Fourier-Transformation in der modernen NMR-Spektroskopie verstanden haben,
- mehr über die Auswirkung von dynamischen Effekten in der NMR-Spektroskopie sowie über die Anwendung der NMR-Spektroskopie auf Festkörper wissen sowie
- mit dem grundlegenden Aufbau von NMR-Spektrometern und den verschiedenen spektralen Parametern vertraut sein.

Bei der Strukturaufklärung fast aller organischer und biologischer Moleküle sowie vieler anorganischer Moleküle spielt die Kernspinresonanzspektroskopie oder NMR-Spektroskopie (engl. *nuclear magnetic resonance spectroscopy*) heute eine oder sogar die entscheidende Rolle. Seit ihrer Entwicklung vor mehr als 50 Jahren hat die NMR-Spektroskopie mehrere technische Revolutionen durchlaufen, wodurch sie zu einem zunehmend komplexen und effektiven Werkzeug zur Aufklärung molekularer Strukturen geworden ist. Neben der Röntgenkristallographie, mit deren Hilfe die vollständige Struktur von Molekülen bestimmt werden kann, stellt die NMR-Spektroskopie die direkteste und umfassendste Methode zur Ermittlung von Molekülstrukturen dar, welche dem Chemiker heute zur Verfügung steht. Ein großer Vorteil der NMR-Spektroskopie gegenüber der Röntgenkristallographie liegt darin, dass mit ihr die Untersuchung sowohl von reinen Verbindungen als auch von Substanzmischungen möglich ist, die entweder in flüssiger beziehungsweise gelöster Form oder als Feststoff vorliegen können. Für die Röntgenkristallographie muss die zu untersuchende Substanz dagegen in reiner kristalliner Form verfügbar sein. Die Gewinnung von geeigneten Kristallen erweist sich bei vielen Verbindungen aber als äußerst schwierig oder gelingt häufig gar nicht – wie zum Beispiel bei einer großen Zahl von Membranproteinen. Oftmals werden mehrere verschiedene NMR-Experimente durchgeführt, um die magnetischen Eigenschaften der unterschiedlichen Atomkerne und deren Wechselwirkungen mit den Elektronen in ihrer Umgebung zu messen und daraus die Struktur des zugrunde liegenden Moleküls abzuleiten.

2.1 Magnetische Eigenschaften von Atomkernen

Wasserstoff – das chemische Element, dessen Atome am einfachsten aufgebaut sind – kommt in fast allen organischen Verbindungen vor. Ein Wasserstoffatom besteht aus einem Proton, das den

Atomkern bildet, und einem einzelnen Elektron. In einer der üblichen Symbolschreibweisen ^{x}E für die Bezeichnung von Atomkernen, kennzeichnet die voran und hochgestellte Zahl x vor dem Elementsymbol E die Nukleonenzahl im Kern, also die Summe aus der Protonen- und der Neutronenzahl. Die Zahl x entspricht somit der Massenzahl des jeweiligen Isotops – *Isotope* sind Atome mit gleicher Protonen-, aber unterschiedlicher Neutronenzahl (zum Beispiel ^{1}H und ^{2}H oder ^{14}N und ^{15}N). Der Begriff *Nuklid* ist ein anderes Wort für Isotop, das verwendet wird, wenn *nicht* von einem spezifischen Element die Rede ist. Das Symbol für ein einfaches Wasserstoffatom lautet somit ^{1}H. Das Schlüsselmerkmal des ^{1}H-Atomkerns für die NMR-Spektroskopie ist die Tatsache, dass er einen **Drehimpuls *P*** besitzt. Diese *quantenmechanische* Eigenschaft des Atomkerns ähnelt in gewisser Hinsicht dem Drehimpuls eines klassischen rotierenden Teilchens. Weil der in dieser vereinfachten klassischen Betrachtungsweise rotierende ^{1}H-Kern eine positive Ladung trägt, erzeugt er ein magnetisches Feld und besitzt ein **magnetisches Moment $\boldsymbol{\mu}$** – vergleichbar mit einer Ladung, die sich auf einer Kreisbahn bewegt und dadurch ein magnetisches Feld hervorruft (▶ Abbildung 2.1). Das magnetische Moment $\boldsymbol{\mu}$ stellt eine vektorielle Größe dar, die sowohl einen Wert als auch eine Richtung aufweist. Letztere wird, wie in Abbildung 2.1 verdeutlicht, durch die Drehachse definiert. Im NMR-Experiment werden die magnetischen Eigenschaften der Atomkerne genutzt, um Informationen über die Struktur von Molekülen zu gewinnen.

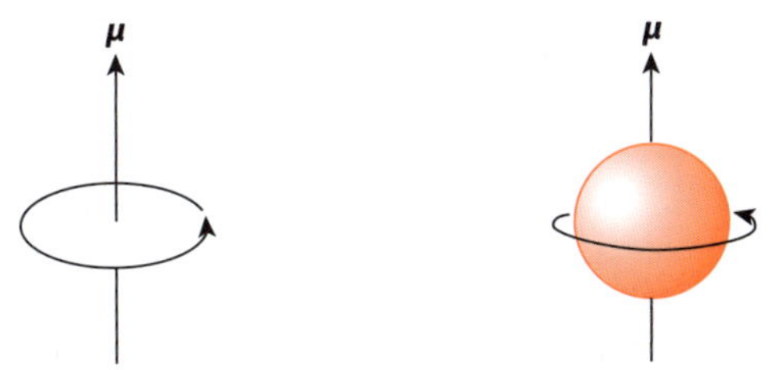

Abbildung 2.1: Analogie zwischen einer Ladung, die sich auf einer Kreisbahn bewegt, und einem rotierenden Atomkern nach der klassischen Betrachtungsweise.

Der Drehimpuls *P* von Atomkernen stellt eine quantenmechanische Eigenschaft dar. Er ist somit gequantelt und kann nur bestimmte Werte annehmen, die durch Gleichung 2.1 gegeben sind:

$$P = \sqrt{I(I+1)}\ \hbar\ . \qquad (2.1)$$

Darin entspricht $\hbar$ dem Quotienten aus dem Planck'schen Wirkungsquantum h ($h = 6{,}626 \times 10^{-34}$ J s) und 2π sowie I der so genannten Drehimpuls- oder Kernspinquantenzahl. Die meist einfach als **Kernspin** oder **Spin** bezeichnete Kernspinquantenzahl ist für jede Kernsorte eine konstante Größe und kann die Werte $I = 0, 1/2, 1, 3/2, \ldots, 6$ aufweisen (siehe auch ▶ Tabelle 2.1). Der Spin einer bestimmten Kernsorte ergibt sich aus einer Kombination der Spineigenschaften der Protonen und Neutronen, aus denen der Kern aufgebaut ist. Bis heute kann der Spin eines Kerns theoretisch nicht exakt vorhergesagt, sondern nur gemessen werden. Einige Regeln, denen der Spin von Atomkernen folgt, sollen hier aber erwähnt werden.

(1) Wenn die Ordnungszahl (die Anzahl der Protonen) und die Massenzahl (die Summe aus der Protonen- und Neutronenzahl) beide gerade sind, besitzt der Kern kein Drehmoment und somit auch kein magnetisches Moment. In der klassischen Betrachtungsweise rotiert ein solcher

Kern also *nicht*. Sein Spin beträgt $I = 0$ (▶ Abbildung 2.2) und der Kern ist *nicht* magnetisch. Diese Kerne können mithilfe der NMR-Spektroskopie *nicht* detektiert werden – sie sind NMR-inaktiv. Häufig vorkommende nicht magnetische Kerne, also Kerne ohne Spin, sind zum Beispiel das Kohlenstoffisotop ^{12}C und das Sauerstoffisotop ^{16}O. (2) Wenn entweder die Ordnungszahl, die Massenzahl oder beide ungerade sind, weist der Kern ein Drehmoment, einen Spin und ein magnetisches Moment auf, das mit dem Spin korreliert ist. Wie bereits erwähnt können die Spins der verschiedenen Kernsorten wegen der Quantelung des Drehimpulses nur bestimmte halbzahlige Werte annehmen. Der Spin von Kernen mit einer kugelförmigen Gestalt beträgt 1/2, während Kerne mit einer nicht kugelförmigen, quadrupolaren Gestalt einen Spin von 1 oder höher aufweisen. Häufig vorkommende Kerne mit einem Spin von 1/2 sind zum Beispiel ^{1}H, ^{13}C, ^{15}N, ^{19}F, ^{29}Si und ^{31}P. Somit existiert von vielen der in organischen Molekülen weitverbreiteten Elemente (H, C, N, P) mindestens ein Isotop mit $I = 1/2$ – ein solches Sauerstoffisotop gibt es allerdings nicht. Die Kerne, die einen Spin von 1/2 besitzen, können darüber hinaus mithilfe des NMR-Experiments am leichtesten untersucht werden. Zu den quadrupolaren Kernen ($I > 1/2$) gehören dagegen beispielsweise ^{2}H (Deuterium, D = ^{2}H), ^{11}B, ^{14}N, ^{17}O, ^{33}S und ^{35}Cl.

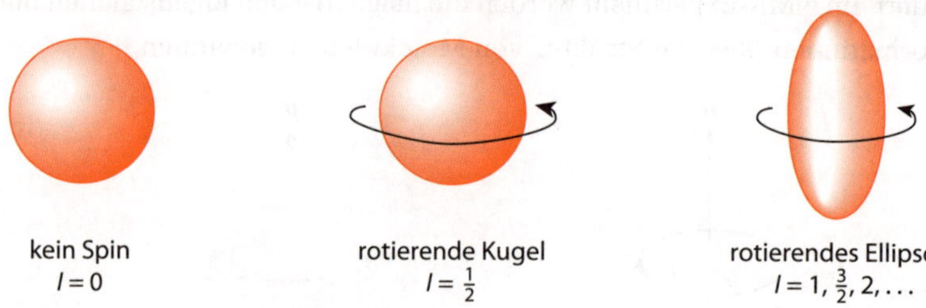

Abbildung 2.2: Zusammenhang zwischen der Gestalt eines Atomkerns und seinem Spin. Kugelförmige Kerne mit einer geraden Ordnungszahl und einer geraden Massenzahl weisen keinen Spin auf ($I = 0$). Ist mindestens eine dieser Zahlen ungerade, besitzt der Kern einen Spin – im Fall eines kugelförmigen Kerns beträgt der Spin dann 1/2, bei einer quadrupolaren Gestalt findet man einen Spin von 1 oder höher.

Der Betrag des magnetischen Moments $\boldsymbol{\mu}$, das durch einen Kern mit einem Spin erzeugt wird, ist proportional zum Drehimpuls des Kerns (Gleichung 2.2).

$$\mu = \gamma P = \gamma \sqrt{I(I+1)}\ \hbar \tag{2.2}$$

Die Proportionalitätskonstante γ stellt dabei eine für jedes Isotop der Elemente charakteristische Konstante dar, die als **magnetogyrisches Verhältnis** (oder manchmal auch als gyromagnetisches Verhältnis) bezeichnet wird. Je größer das magnetogyrische Verhältnis eines Kerns ist, desto größer ist sein magnetisches Moment. Das Gleiche gilt nach Gleichung 2.2 für die Abhängigkeit des magnetischen Moments vom Drehimpuls und somit vom Spin I.

Zur Untersuchung kernmagnetischer Eigenschaften werden die Kerne in ein starkes, statisches äußeres Magnetfeld eingebracht, das im Labor gezielt erzeugt wird und in der Regel eine magnetische Flussdichte B_0 im Bereich von einigen Tesla (T) aufweist. In Abwesenheit des äußeren Magnetfelds besitzen alle Kerne des gleichen Isotops im Grundzustand jeweils die gleiche magnetische Energie. Aus der Quantenmechanik ergibt sich, dass jeder magnetische Energiezustand eines Atomkerns $2I+1$-fach entartet ist. Befindet sich der Kern innerhalb eines äußeren Magnetfelds (B_0)

wird diese Entartung aufgehoben – das heißt, das jeweilige magnetische Energieniveau spaltet in $2I + 1$ Energieniveaus mit unterschiedlicher Energie auf. Diesen Vorgang bezeichnet man als **Zeeman-Effekt**. Ein ^{1}H-Kern mit $I = 1/2$ kann demgemäß innerhalb eines äußeren Magnetfelds zwei verschiedene magnetische Energiezustände annehmen. Diese Zustände entsprechen zwei unterschiedlichen Ausrichtungen des magnetischen Moments des ^{1}H-Kerns bezüglich der Richtung des B_0-Feldes z, einmal mehr in $+z$-Richtung und einmal mehr in $-z$-Richtung.

In ▶ Abbildung 2.3 wird der Einfluss des äußeren Magnetfelds auf die Ausrichtung des magnetischen Moments des ^{1}H-Kerns verdeutlicht. Auf der linken Seite der Abbildung besitzt das magnetische Moment eine $+z$-Komponente, auf der rechten Seite eine $-z$-Komponente. Allerdings richten sich die Kernmagnete nicht vollständig parallel zu den Feldlinien des B_0-Feldes aus. Das liegt daran, dass die Kerne nicht nur ein magnetisches Moment, sondern auch ein Drehmoment besitzen. Infolgedessen führt die Einwirkung des äußeren Magnetfelds zu einer komplexen Rotationsbewegung, bei der die beiden Enden des magnetischen Kerndipols um eine Achse rotieren, die parallel zum B_0-Feld liegt und den Kerndipol in der Mitte durchschneidet. Eine solche Bewegung nennt man **Präzession** (siehe Abbildung 2.3). In einer vereinfachten klassischen Betrachtungsweise kann dieses Phänomen mithilfe der Vektoralgebra beschrieben werden. Danach erzeugt ein B_0-Feld in z-Richtung eine Kraft auf die x-Komponente von $\boldsymbol{\mu}$, die in y-Richtung wirkt (siehe Abbildung 2.3, Mitte). Infolge dieser Kraft beginnt eine Bewegung des magnetischen Kerndipols in y-Richtung. Die Kraft $\boldsymbol{F}$ stellt eine vektorielle Größe dar, die durch das Kreuz- oder Vektorprodukt aus dem magnetischen Moment und dem magnetischen Feld gegeben ist: $\boldsymbol{F} = \boldsymbol{\mu} \times \boldsymbol{B}$. Die durch das B_0-Feld verursachte Kraft $\boldsymbol{F}$ auf $\boldsymbol{\mu}$ steht demnach gemäß der Definition des Kreuzprodukts *zu jedem Zeitpunkt* sowohl zu $\boldsymbol{B_0}$ als auch zu $\boldsymbol{\mu}$ senkrecht. Deswegen bewegt sich der magnetische Kerndipol nicht linear in y-Richtung weiter, sondern wird auf eine Kreisbahn gezwungen. Die Präzessionsbewegung ist sehr gut mit der analogen Präzession eines Kreisels (Gyroskops) vergleichbar.

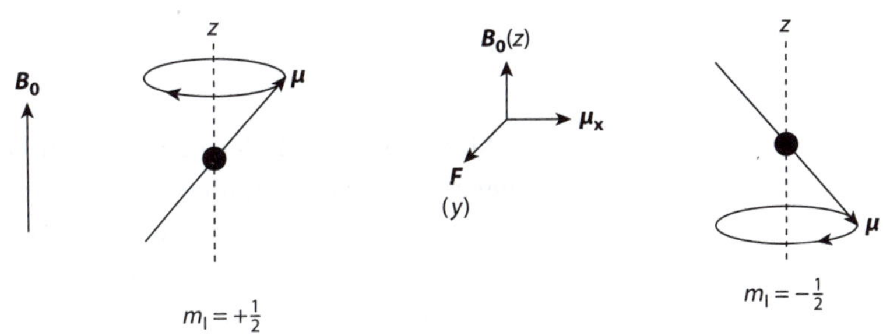

Abbildung 2.3: Die Auswirkung eines äußeren Magnetfelds auf die Bewegung eines rotierenden Kerns.

Infolge der Quantelung der magnetischen Energiezustände können Spin-1/2-Kerne entsprechend der zwei innerhalb eines äußeren Magnetfelds zur Verfügung stehenden Zeeman-Niveaus nur jeweils in einem von zwei *Spinzuständen* vorliegen, die mit zwei unterschiedlichen Ausrichtungen des magnetischen Moments bezüglich des äußeren Magnetfelds korrelieren. Die beiden Zustände werden mithilfe der so genannten **magnetischen Quantenzahl m_I** gekennzeichnet. Ist der präzedierende magnetische Kerndipol mehr in $+z$-Richtung ausgerichtet, wird ihm die magnetische Quantenzahl $m_I = +1/2$ zugewiesen. Bei einer Ausrichtung mehr in $-z$-Richtung ist $m_I = -1/2$. Die Zuordnung des Vorzeichens von m_I zu jeweils einem der beiden Spinzustände erfolgt dabei vollkommen willkürlich. Der $+1/2$-Spinzustand entspricht dem (etwas) energieärmeren Zeeman-

Niveau. In Abwesenheit eines äußeren Magnetfelds führen die Kerne keine Präzessionsbewegung aus und alle Kerne besitzen die gleiche magnetische Energie.

Da die beiden Spinzustände in Gegenwart eines äußeren Magnetfelds unterschiedlichen Energien entsprechen, sind sie in einer größeren Population aus vielen Kernen unterschiedlich stark besetzt. Das heißt, es befinden sich mehr Kerne im energieärmeren +1/2-Spinzustand als im energiereicheren −1/2-Spinzustand. Das Besetzungsverhältnis wird nach Gleichung 2.3 durch die Boltzmann-Statistik beschrieben.

$$\frac{n\left(+\frac{1}{2}\right)}{n\left(-\frac{1}{2}\right)} = e^{\frac{\Delta E}{kT}} \tag{2.3}$$

Darin entsprechen n der Besetzungszahl des jeweiligen Spinzustands, k der Boltzmann-Konstante, T der absoluten Temperatur in Kelvin (K) und ΔE der Energiediffenz zwischen den beiden Spinzuständen. ▶ Abbildung 2.4a zeigt ein einfaches Energieniveauschema für die beiden Spinzustände und deren Energiedifferenz ΔE.

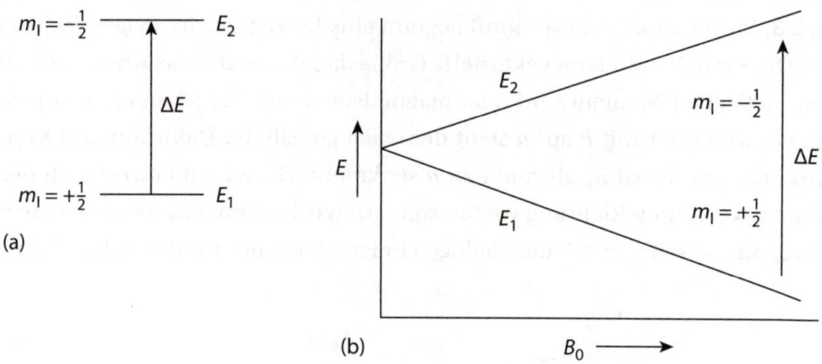

Abbildung 2.4: **Die Energiedifferenz ΔE zwischen den beiden Spinzuständen eines Spin-1/2-Kerns als Funktion der magnetischen Flussdichte B_0 des äußeren Magnetfelds.**

Die Präzessionsbewegung des magnetischen Moments um B_0 findet mit einer bestimmten Kreisfrequenz statt, der so genannten **Larmor-Frequenz** ω_0, welche die Einheit rad s^{-1} besitzt. Die Larmor-Frequenz verhält sich proportional zur magnetischen Flussdichte des äußeren Magnetfelds ($\omega_0 \propto B_0$). Demgemäß steigt die Larmor-Frequenz mit wachsendem B_0. Die Proportionalitätskonstante zwischen der Larmor-Frequenz und der magnetischen Flussdichte ist das magnetogyrische Verhältnis γ, also $\omega_0 = \gamma B_0$. Die Präzessionsfrequenz kann in die Planck'sche Beziehung zur Berechnung der Energiedifferenz zwischen den beiden Spinzuständen als lineare Frequenz ν_0 (in Hz, also s^{-1}) oder als Kreisfrequenz ω_0 (in rad s^{-1}) einfließen (Gleichung 2.4), wobei $\omega_0 = 2\pi\nu_0$ gilt. Auf diese Weise ist die Energiedifferenz also mit der Larmor-Frequenz verknüpft.

$$\Delta E = h\nu_0 = \hbar\omega_0 = \gamma\hbar B_0 \tag{2.4}$$

Gleichung 2.4 zeigt auch, dass die Energiedifferenz zwischen den beiden Spinzuständen ebenso wie ω_0 mit steigender magnetischer Flussdichte B_0 linear anwächst. Dieses Verhalten wird in Abbildung 2.4b noch einmal veranschaulicht.

Gemäß den obigen Gleichungen hängt die natürliche Präzessionsfrequenz ($\omega_0 = \gamma B_0$) eines Atomkerns mit einem Spin nur von den Eigenschaften des Kerns, die durch das magnetogyrische Verhältnis γ ausgedrückt werden, und der magnetischen Flussdichte B_0 des im Labor erzeugten äußeren Magnetfelds ab. Die Larmor-Frequenz eines Protons in einem äußeren Magnetfeld mit einer Flussdichte von $B_0 = 7{,}05$ T beträgt zum Beispiel 300 Megahertz (MHz). Dabei weisen die beiden Spinzustände eine Energiedifferenz von nur 0,12 J mol^{-1} auf. Dieser Wert ist im Vergleich zu den Energiedifferenzen zwischen elektronischen oder Schwingungszuständen extrem klein. Deswegen ist auch der Besetzungsunterschied zwischen den beiden Zeeman-Niveaus nach Gleichung 2.3 nur sehr gering. Mit zunehmender magnetischer Flussdichte des äußeren Magnetfelds steigt die Larmor-Frequenz proportional an, so dass sie für ein Proton bei einer magnetischen Flussdichte von $B_0 = 14{,}1$ T zum Beispiel 600 MHz beträgt.

Bei einem NMR-Experiment wird der Übergang der Kerne von einem Spinzustand in den anderen Spinzustand (also von einem Zeeman-Energieniveau in das andere) durch die Einstrahlung eines magnetischen (beziehungsweise elektromagnetischen) Wechselfelds B_1 induziert, dessen Frequenz im Radiowellenbereich liegt. Stimmt die Frequenz des B_1-Feldes exakt mit der Larmor-Frequenz des jeweiligen Kerns überein, kommt es zur Resonanz und der Kern kann in den anderen Energiezustand wechseln. In Abhängigkeit davon, in welchem Energiezustand sich der Kern vor dem Übergang befindet, wird dabei die der Energiedifferenz zwischen den beiden Zuständen entsprechende Energiemenge absorbiert oder emittiert (freigesetzt). Beim Übergang vom +1/2- in den −1/2-Spinzustand, also vom niedrigeren in das höhere Energieniveau, erfolgt eine Energieabsorption, während bei einem Wechsel vom −1/2- in den +1/2-Spinzustand Energie emittiert wird. Da sich gemäß Gleichung 2.3 zu Beginn des Experiments mehr Kerne im +1/2-Spinzustand befinden, überwiegt aus statistischen Gründen die Absorption gegenüber der Emission, so dass eine Nettoabsorption von Energie erfolgt. Die Absorption kann elektronisch gemessen werden. Trägt man die Absorption gegen die Frequenz des B_1-Feldes in einem Diagramm auf, erhält man einen Peak (Absorptionssignal, Resonanzsignal) bei der Resonanzfrequenz, also bei der Larmor-Frequenz der jeweiligen Kernsorte. Da die Resonanzfrequenz aber nicht nur von der Kernsorte, sondern in hohem Maße auch von der chemisch-strukturellen Umgebung des jeweiligen Kerns abhängt, erhält man für Kerne der gleichen Kernsorte Resonanzsignale bei unterschiedlichen Resonanzfrequenzen, wenn die Kerne unterschiedliche strukturelle Umgebungen aufweisen – wie zum Beispiel die verschiedenen ^{1}H-Kerne in einem Ethanolmolekül. Nicht zuletzt aus diesem Grund hat sich die NMR-Spektroskopie als analytisches Werkzeug der Wahl für die Strukturaufklärung von Molekülen etabliert. ► Abbildung 2.5 zeigt das ^{1}H-NMR-Spektrum von Benzol. Da alle Protonen (^{1}H-Kerne) des Benzols chemisch-strukturell äquivalent sind, weist das Spektrum nur ein Resonanzsignal auf.

Weil die Atomkerne der verschiedenen chemischen Elemente und auch der Isotope des jeweils selben Elements unterschiedliche magnetogyrische Verhältnisse γ aufweisen, variieren auch die Resonanzfrequenzen der verschiedenen Kernsorten entsprechend ($\omega_0 = \gamma B_0$). Im Wesentlichen existieren keine Überlappungen zwischen den Resonanzfrequenzen der verschiedenen Isotope. Bei einer magnetischen Flussdichte von $B_0 = 11{,}755$ T liegt die Resonanzfrequenz von Protonen beispielsweise bei 500 MHz, die von ^{13}C-Kernen bei 125,8 MHz und die von ^{15}N-Kernen bei 50,7 MHz.

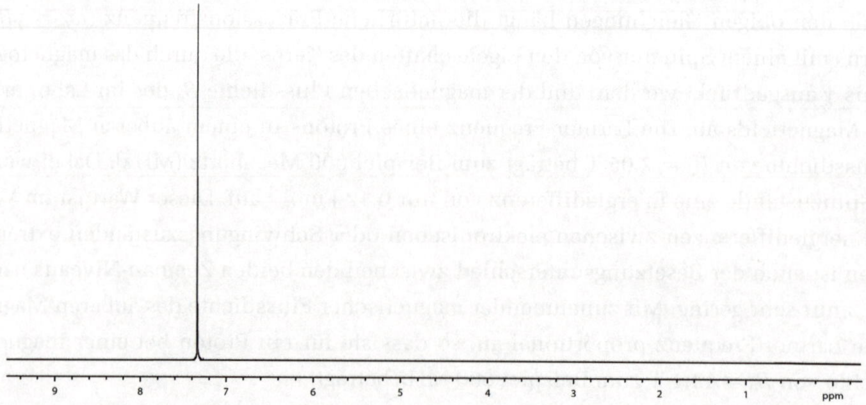

Abbildung 2.5: Das 300-MHz-^{1}H-NMR-Spektrum von Benzol.

Die Größe des magnetogyrischen Verhältnisses γ übt einen wichtigen Einfluss auf die Intensität der Resonanzsignale aus. Die Energiedifferenz zwischen den beiden Spinzuständen ist nämlich nach Gleichung 2.4 nicht nur zu B_0 (wie in Abbildung 2.4b dargestellt), sondern auch zu γ proportional. Nach der Boltzmann-Statistik steigt der Besetzungsunterschied zwischen den beiden Spinzuständen mit zunehmender Energiedifferenz und somit auch mit steigendem magnetogyrischem Verhältnis. Je größer aber der Überschuss der Kerne im energieärmeren +1/2-Spinzustand gegenüber den Kernen im energiereicheren −1/2-Spinzustand zu Beginn des NMR-Experiments ist, desto mehr Absorptionsereignisse finden im Vergleich zu Emissionsereignissen aus statistischen Gründen statt und desto größer ist die Nettoabsorption von Energie. Mit steigender Energieabsorption nimmt schließlich die Intensität des Resonanzsignals zu. Das Proton besitzt eines der größten magnetogyrischen Verhältnisse aller Kernsorten. Die Energiedifferenz ΔE zwischen seinen beiden Spinzuständen ist deswegen im Vergleich zu anderen Kernsorten deutlich größer und die ^{1}H-Resonanzsignale weisen eine große Intensität auf. Das magnetogyrische Verhältnis und somit auch die Energiedifferenz zwischen Spinzuständen vieler anderer wichtiger Kerne, wie zum Beispiel ^{13}C und ^{15}N, sind dagegen vergleichsweise deutlich kleiner als beim Proton (► Abbildung 2.6). Dies ist einer der Gründe für die erheblich geringere Intensität der Resonanzsignale dieser Kerne.

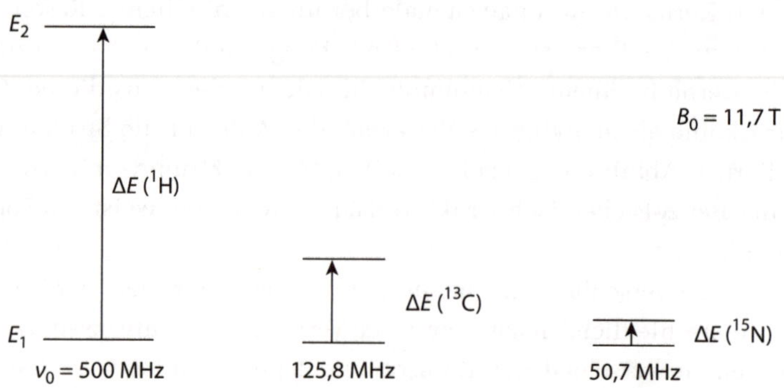

Abbildung 2.6: **Veranschaulichung der Energiedifferenz zwischen den Spinzuständen dreier Kernsorten (Nuklide) mit unterschiedlichen magnetogyrischen Verhältnissen.** $|\gamma|$ = 26,75 (^{1}H), 6,73 (^{13}C) und 2,71 (^{15}N).

Wie oben bereits erwähnt, kann jeder Kern im äußeren Magnetfeld $2I + 1$ verschiedene Spinzustände entsprechend der $2I + 1$ Zeeman-Niveaus annehmen. Für Kerne mit einem Spin von $I > 1/2$ sind demnach mehr als zwei Spinzustände erlaubt. Beträgt der Spin $I = 1$, wie zum Beispiel bei ^{2}H oder ^{14}N, existieren drei Spinzustände, in denen das magnetische Moment jeweils in einer anderen Ausrichtung bezüglich des äußeren Magnetfelds präzediert: mehr in $+z$-Richtung ($m = +1$), senkrecht zur z-Richtung ($m = 0$) und mehr in $-z$-Richtung ($m = -1$) orientiert. Für einen Kern wie ^{17}O mit einem Spin von $I = 5/2$ ergeben sich sogar sechs verschiedene Spinzustände. Die Werte der magnetischen Quantenzahlen m_I für die verschiedenen Spinzustände reichen dabei immer in Einerschritten von $+I$ bis $-I$, also $+I$, $(+I - 1)$, $(+I - 2)$ … $-I$. Das Zeeman-Energieniveauschema enthält mit zunehmendem Spin des Kerns deswegen immer mehr Energieniveaus.

Zusammenfassend stellen wir fest: Zur Durchführung eines NMR-Experiments werden die Probe und damit die darin enthaltenen magnetischen Kerne einem starken, statischen äußeren Magnetfeld B_0 ausgesetzt. Das B_0-Feld verursacht eine Aufspaltung des zuvor entarteten Grundzustands der magnetischen Energie in energetisch unterschiedliche Zeeman-Niveaus, die auch unterschiedlichen Spinzuständen entsprechen ($m = +1/2$ und $m_I = -1/2$ für Spin-1/2-Kerne). Anschließend wird ein B_1-Wechselfeld, dessen Frequenz mit der Larmor-Frequenz ($\omega_0 = \gamma B_0$) der zu untersuchenden Kerne übereinstimmt, in die Probe eingestrahlt. Dadurch werden Übergänge zwischen den verschiedenen Zeeman-Niveaus induziert, wobei die Zahl der Absorptionsereignisse größer ist als die der Emissionsereignisse, weil zu Beginn des Experiments mehr Kerne im energieärmeren +1/2-Spinzustand vorliegen. Insgesamt kann also eine Nettoabsorption von Energie gemessen werden, die durch ein Resonanzsignal im NMR-Spektrum repräsentiert wird. Je nach der Größe des magnetogyrischen Verhältnisses γ variieren die Resonanzfrequenzen der verschiedenen Nuklide (Atomsorten). Die Energiedifferenz zwischen den Spinzuständen eines Kerns hängt nach Gleichung 2.4 sowohl von der magnetischen Flussdichte B_0 (siehe Abbildung 2.4) des äußeren Magnetfelds als auch vom magnetogyrischen Verhältnis γ der Kernsorte ab (siehe Abbildung 2.6).

Tabelle 2.1: NMR-Eigenschaften einiger Nuklide.

Nuklid	Spin I	Natürliche Häufigkeit [%]	Magnetogyrisches Verhältnis γ [10^7 rad s^{-1} T^{-1}]	Relative Rezeptivität D^C	NMR-Frequenz [MHz] bei B_0 = 7,05 T	Referenzsubstanz
^{1}H	1/2	99,9885	26,7522	5870	300,00	$Si(CH_3)_4$ oder DSS[a]
^{2}H (D)	1	0,0115	4,1066	0,00652	46,05	$Si(CD_3)_4$
^{7}Li	3/2	92,41	10,3977	1590	116,59	LiCl
^{10}B	3	19,9	2,8747	23,2	32,23	BF_3•Et_2O
^{11}B	3/2	80,1	8,5847	777	96,25	BF_3•Et_2O
^{13}C	1/2	1,07	6,7283	1,00	75,44	$Si(CH_3)_4$ oder DSS[a]
^{14}N	1	99,636	1,9338	5,90	21,68	NH_3 oder CH_3NO_2
^{15}N	1/2	0,364	−2,7126	0,0225	30,41	NH_3 oder CH_3NO_2
^{17}O	5/2	0,038	−3,6281	0,065	40,67	D_2O
^{19}F	1/2	100	25,1815	4900	282,28	CCl_3F
^{23}Na	3/2	100	7,0808	545	79,36	NaCl (*aq*)

Tabelle 2.1: NMR-Eigenschaften einiger Nuklide. *(Fortsetzung)*

Nuklid	Spin *I*	Natürliche Häufigkeit [%]	Magnetogyrisches Verhältnis γ [10^7 rad s^{-1} T^{-1}]	Relative Rezeptivität D^C	NMR-Frequenz [MHz] bei B_0 = 7,05 T	Referenzsubstanz
^{27}Al	5/2	100	6,9763	1220	78,17	$Al(NO_3)_3$
^{29}Si	1/2	4,685	−5,3190	2,16	59,60	$Si(CH_3)_4$
^{31}P	1/2	100	10,8394	391	121,44	85% H_3PO_4
^{33}S	3/2	0,75	2,0557	0,101	23,03	CS_2 oder $(NH_4)_2SO_4$
^{35}Cl	3/2	75,76	2,6242	21,0	29,39	NaCl (*aq*)
^{37}Cl	3/2	24,24	2,1844	3,87	24,47	NaCl (*aq*)
^{39}K	3/2	93,2581	1,2501	2,79	14,00	KCl (*aq*)
^{43}Ca	7/2	0,135	−1,8031	0,051	20,19	$CaCl_2$ (*aq*)
^{57}Fe	1/2	2,119	0,8681	0,00425	9,71	$Fe(CO)_5$
^{59}Co	7/2	100	6,332	1640	71,18	$K_3Co(CN)_6$
^{63}Cu	3/2	69,15	7,1118	382	79,55	$Cu(CH_3CN)_4^+BF_4^-$
^{73}Ge	9/2	7,75	−0,9360	0,642	10,46	$Ge(CH_3)_4$
^{77}Se	1/2	7,63	5,1254	3,15	57,21	$Se(CH_3)_2$
^{103}Rh	1/2	100	−0,8468	0,186	9,56	Rh(acac)$_3$[b]
^{113}Cd	1/2	12,22	−5,9609	7,94	66,58	$Cd(CH_3)_2$
^{119}Sn	1/2	8,59	−10,0317	26,6	111,87	$Sn(CH_3)_4$
^{125}Te	1/2	7,07	−8,5108	13,4	94,65	$Te(CH_3)_2$
^{195}Pt	1/2	33,78	5,8385	20,7	64,49	Na_2PtCl_6 (*aq*)
^{199}Hg	1/2	16,87	4,8458	5,89	53,73	$Hg(CH_3)_2$
^{205}Tl	1/2	70,48	15,6922	836	173,05	$Tl(NO_2)_3$ (*aq*)
^{207}Pb	1/2	22,1	5,5805	11,8	62,76	$Pb(CH_3)_4$

Die natürlichen Häufigkeiten stammen aus: Berglund, M. und Wieser, M.E. 2011: Isotopic compositions of the elements 2009 (IUPAC Technical Report). *Pure Appl. Chem.* **83**: 397–410. Die γ- und D^C-Werte stammen aus: Berger, S. und Zeller, U. 2004: NMR-Nomenklatur: Kernspineigenschaften und Konventionen für die Angabe chemischer Verschiebungen. *Angew. Chem.* **116**: 2070–2083. [a]DSS steht für 2,2-Dimethyl-2-silapentan-5-sulfonsäure (auch 3-(Trimethylsilyl)-1-propansulfonsäure genannt). [b]acac steht für Acetylacetonat.

2.2 Häufig untersuchte Nuklide

Welche Elemente beziehungsweise Nuklide spielen in chemischen Fragestellungen häufig eine wichtige Rolle? Die Antwort hängt stark vom jeweiligen Fachgebiet ab. Für den organischen Chemiker sind hauptsächlich die Elemente Kohlenstoff, Wasserstoff, Sauerstoff und Stickstoff von Interesse. Der Biochemiker würde dieser Liste zusätzlich Phosphor hinzufügen. In der anorganischen oder organometallischen Chemie erweitert sich diese Reihe schließlich prinzipiell auf das ganze Periodensystem, also zum Beispiel auf Bor, Silicium, Selen, Zinn, Quecksilber, Platin und die Elemente, deren Nuklide im NMR-Spektrum Signale geringerer Intensität ergeben, wie beispielsweise Eisen oder Calcium. Die Eignung eines Nuklids für die erfolgreiche Durchführung von NMR-Experimenten hängt von mehreren Faktoren ab, die in Tabelle 2.1 für eine Reihe von Nukliden aufgelistet sind und in den folgenden Abschnitten näher erläutert werden.

Spin

Der Gesamtspin eines Kerns (siehe zweite Spalte in Tabelle 2.1) wird, wie wir in Abschnitt 2.1 diskutiert haben, durch die Spineigenschaften seiner Protonen und Neutronen bestimmt. Im Großen und Ganzen zeigen Spin-1/2-Kerne günstigere Eigenschaften für die NMR-Spektroskopie als quadrupolare Kerne ($I > 1/2$). Kerne mit ungerader Kernmassenzahl besitzen einen halbzahligen Spin (1/2, 3/2 et cetera), während Kerne mit einer geraden Massenzahl und einer ungeraden Kernladungszahl ganzzahlige Spins (1, 2 et cetera) aufweisen. Quadrupolare Kerne relaxieren durch einen besonderen Mechanismus, der zu extrem kurzen Relaxationszeiten (siehe Abschnitt 2.4) führt, wie wir in Abschnitt 5.1 noch diskutieren werden. Gemäß der Heisenberg'schen Unschärfebeziehung $\Delta E \Delta t \sim \hbar$ ist auch die Energie eines Spinzustands nicht exakt festgelegt. Die Größe der Energieunschärfe ΔE hängt von der Lebensdauer des Spinzustands Δt ab. Je schneller ein Kern relaxiert und somit je kürzer die Lebensdauer des angeregten Spinzustands ist, desto größer ist die Energieunschärfe. Diese Energieunschärfe bewirkt auch direkt eine Unschärfe der Übergangsenergie zwischen den Spinzuständen. Infolgedessen wächst die Signalbreite im NMR-Spektrum mit sinkender Relaxationszeit beziehungsweise Lebensdauer des angeregten Spinzustands. Die Relaxationszeit und somit die Breite des Resonanzsignals im NMR-Spektrum hängt von der Ladungsverteilung innerhalb des Kerns ab, wie sie durch das so genannte Quadrupolmoment beschrieben wird. Infolge der quadrupolaren Signalverbreiterung ist zum Beispiel das Nuklid ^{14}N ($I = 1$) in der NMR-Spektroskopie im Allgemeinen weniger nützlich als das Nuklid ^{15}N ($I = 1/2$), obwohl das Nuklid ^{14}N eine viel größere natürliche Häufigkeit aufweist.

Natürliche Häufigkeit

Natürlicherweise kommen die meisten Elemente in Form verschiedener Nuklide oder Isotope vor, wobei jedes Nuklid einen unterschiedlich großen, aber im Allgemeinen immer gleichen Anteil an allen Atomen des Elements besitzt (siehe dritte Spalte in Tabelle 2.1). Diesen Anteil eines Nuklids an allen Atomen des zugehörigen Elements nennt man seine **natürliche Häufigkeit**. Während die Isotope ^{19}F und ^{31}P beispielsweise eine natürliche Häufigkeit von 100 Prozent aufweisen und ^{1}H von fast 100 Prozent, entfallen nur etwa 1,1 Prozent aller natürlich vorkommenden Kohlenstoffatome auf das Isotop ^{13}C. Auch die für die NMR-Spektroskopie brauchbarsten Isotope des Stickstoffs (^{15}N) und des Sauerstoffs (^{17}O) besitzen nur eine natürliche Häufigkeit von weniger als ein Prozent. Da das Isotop ^{13}C nur zu so einem geringen Anteil vorkommt, ist die Wahrscheinlichkeit für das Auftreten von zwei direkt benachbarten ^{13}C-Atomen im selben Molekül sehr klein ($0{,}011 \times 0{,}011 \approx 0{,}00012$ oder etwa bei einem von 10.000 Kohlenstoffatomen). In allen anderen Fällen wird das benachbarte Kohlenstoffatom ein NMR-inaktives ^{12}C-Atom sein. Aus diesem Grund können Kopplungen zwischen zwei ^{13}C-Kernen in ^{13}C-NMR-Spektren nicht ohne Weiteres beobachtet werden, auch wenn Methoden zu deren Messung entwickelt worden sind.

Natürliche Empfindlichkeit

Die verschiedenen Nuklide weisen unterschiedliche Empfindlichkeiten gegenüber dem NMR-Experiment auf. Diese hängen hauptsächlich von der Energiedifferenz ΔE zwischen den Spinzuständen ab (siehe Abbildung 2.6), die wiederum nach $\Delta E = \gamma \hbar B_0$ durch das magnetogyrische Verhältnis γ (siehe vierte Spalte in Tabelle 2.1) der jeweiligen Kernsorte bestimmt wird (B_0 ist für alle Kernsorten gleich). Je größer die Energiedifferenz ist, desto mehr Kerne befinden sich gemäß Gleichung 2.3 vor dem NMR-Experiment im energieärmeren Spinzustand und stehen somit für die Absorption von Energie zur Verfügung. Der ^{1}H-Kern besitzt ein großes magnetogyrisches Verhältnis und ist deswegen einer der NMR-empfindlichsten Kerne überhaupt. Die magnetogyrischen Verhältnisse der Kerne ^{13}C und ^{15}N sind im Vergleich dazu merklich kleiner, so dass diese Isotope unglücklicherweise eine deutlich geringere natürliche NMR-Empfindlichkeit zeigen (siehe auch Abbildung 2.6). Tritium (^{3}H) dient Biochemikern häufig als nützliche radioaktive Markierung. Es besitzt einen Spin von $I = 1/2$ und eine hohe NMR-Empfindlichkeit. Da seine natürliche Häufigkeit aber null Prozent beträgt, muss es künstlich synthetisch in die zu untersuchenden Substanzen eingeführt werden. Als Markierung für Wasserstoffatome kann auch Deuterium (^{2}H) eingesetzt werden. Deuterium weist aber nur eine sehr geringe natürliche Empfindlichkeit auf, so dass es ebenfalls synthetisch in den gewünschten Substanzen und Positionen angereichert werden muss. Die natürliche NMR-Empfindlichkeit der für den anorganischen Chemiker interessanten Kerne variiert von sehr niedrig – wie zum Beispiel bei Eisen und Kalium – bis sehr hoch – wie beispielsweise im Fall von Lithium und Kobalt. Deswegen sollte vor der Planung eines NMR-Experiments die natürliche Empfindlichkeit der betrachteten Kernsorte bekannt sein.

Rezeptivität

Die Intensität des NMR-Signals eines Spin-1/2-Kerns wird sowohl durch die natürliche Häufigkeit (in Abwesenheit einer synthetisch eingeführten Markierung) als auch durch die natürliche Empfindlichkeit des Kerns bestimmt. Das mathematische Produkt aus diesen beiden Größen hat sich als gutes Maß für die zu erwartenden Signalintensitäten und somit für die Beobachtbarkeit eines spezifischen Nuklids in NMR-Experimenten erweisen. Es wird als **Rezeptivität *D*** des jeweiligen Nuklids bezeichnet. Üblicherweise wird aus Gründen der Vergleichbarkeit mit Kernen bekannter beziehungsweise vertrauter Rezeptivität die **relative Rezeptivität** bezogen auf die von ^{1}H (D^{P}, ^{P} steht für Proton) oder bezogen auf die von ^{13}C (D^{C}, siehe fünfte Spalte in Tabelle 2.1) angegeben. Die relative Rezeptivität D^{C} von ^{13}C beträgt somit definitionsgemäß 1,00. Die Intensität der Signale in einem ^{15}N-NMR-Spektrum ist bei ansonsten gleichen Parametern (wie zum Beispiel der Konzentration) beispielsweise etwa um den Faktor 50 kleiner als in einem ^{13}C-Spektrum, weil das Isotop ^{15}N nur eine relative Rezeptivität D^{C} von 0,0219 aufweist.

Darüber hinaus enthält Tabelle 2.1 in der sechsten Spalte die NMR-Resonanzfrequenzen der verschiedenen Kernsorten in einem äußeren Magnetfeld der Flussdichte $B_0 = 7{,}05$ T sowie in der siebten Spalte die in der NMR-Spektroskopie eingesetzten Referenzsubstanzen für die verschiedenen Nuklide.

2.3 Die chemische Verschiebung

Die verbleibenden Abschnitte dieses Kapitels beschäftigen sich mit den verschiedenen Faktoren, welche den Inhalt von NMR-Spektren bestimmen. An erster Stelle stehen dabei die Positionen der Resonanzsignale im Spektrum, die so genannten Resonanzfrequenzen ν_0. Die Resonanzfrequenzen hängen einerseits von γ und B_0 ab, andererseits aber eben auch von der spezifischen Umgebung des jeweiligen Kerns innerhalb des Moleküls. Diese Abhängigkeit der Resonanzfrequenz ν_0 von der molekularen Umgebung des Kerns ist letztlich der Grund für die große Bedeutung, welche die NMR-Spektroskopie in der organischen Chemie erlangt hat.

Die Elektronen in der Elektronenwolke, die einen Kern umgibt, tragen eine Ladung und bewegen sich. Somit besitzen auch die Elektronen ein magnetisches Moment. Das durch die Elektronen erzeugte Magnetfeld verändert das B_0-Feld in der Mikroumgebung des Kerns. Die tatsächlich am Ort des Kerns herrschende magnetische Flussdichte B_{lokal} hängt demgemäß von der elektronischen Struktur in der Mikroumgebung des Kerns ab. Die lokale Modulation von B_0 durch die Elektronen wird als **Abschirmung** bezeichnet und quantitativ durch die so genannte Abschirmungskonstante σ beschrieben. Mithilfe der Abschirmungskonstante kann B_{lokal} als Funktion von B_0 und σ ausgedrückt werden: $B_{\text{lokal}} = B_0\,(1 - \sigma)$, wobei die dimensionslose Abschirmungskonstante für Protonen immer positiv ist und in der Größenordnung von 10^{-5} liegt. Die Verschiebung der Resonanzfrequenzen infolge der Abschirmung durch die Elektronen in der Mikroumgebung des jeweiligen Kerns innerhalb des Moleküls nennt man **chemische Verschiebung**.

Setzt man in Gleichung 2.4 (nach vorheriger Division beider Seiten durch h) für B_0 den Ausdruck für die lokal tatsächlich herrschende Flussdichte B_{lokal} ein, erhält man Gleichung 2.5, welche die Resonanzfrequenz in Abhängigkeit von der Abschirmungskonstante σ beschreibt.

$$\nu_0 = \frac{\gamma B_0 (1-\sigma)}{2\pi} \tag{2.5}$$

Eine verringerte Abschirmung führt bei konstantem B_0 demnach zu einer größeren Resonanzfrequenz ν_0, da in der Gleichung vor dem positiven σ ein Minuszeichen steht. Die Anwesenheit einer elektronenziehenden funktionellen Gruppe in einem Molekül hat beispielsweise eine geringere Elektronendichte in der Umgebung eines benachbarten Protons zur Folge, wodurch dessen Abschirmung vermindert und Resonanzfrequenz erhöht wird – im Vergleich zu einem Proton, in dessen Nachbarschaft sich keine elektronenziehende Gruppe befindet. Die Resonanzsignale der Protonen von Fluormethan (CH_3F) liegen zum Beispiel bei einer höheren Frequenz als die Signale der Protonen von Methan (CH_4), weil die Elektronendichte in der Umgebung der Protonen im Fluormethan infolge des stark elektronenziehenden Effekts des Fluoratoms im Vergleich zum Methan merklich geringer ist.

▶ Abbildung 2.7 zeigt das ^{1}H- und das ^{13}C-NMR-Spektrum von Methylacetat (Essigsäuremethylester, $CH_3CO_2CH_3$). Da 98,9 Prozent aller natürlich vorkommenden Kohlenstoffatome auf das nichtmagnetische und somit NMR-inaktive Isotop ^{12}C entfallen, können nur die 1,1 Prozent des Kohlenstoffisotops ^{13}C (I = 1/2) für die Aufnahme von NMR-Spektren genutzt werden. Infolge der unterschiedlichen Abschirmungen enthält das ^{1}H-NMR-Spektrum zwei getrennte Signale für die zwei chemisch nichtäquivalenten Arten von Protonen (O–$\mathbf{CH_3}$ und C–$\mathbf{CH_3}$), während das

^{13}C-NMR-Spektrum drei getrennte Signale für die drei chemisch nichtäquivalenten Arten von Kohlenstoffatomen (O–CH_3, C–CH_3 und **C**=O) aufweist (▶ Abbildung 2.8).

Die Resonanzsignale der Protonen können auf der Grundlage der elektronenziehenden Eigenschaften beziehungsweise der Elektronegativitäten von Atomen in der Nachbarschaft zugeordnet werden. Das Estersauerstoffatom ist stärker elektronenziehend als die Carbonylgruppe. Deswegen liegen die Signale der O–CH_3-Protonen bei höherer Frequenz (weiter links im Spektrum) als die der C–CH_3-Protonen. Konventionsgemäß werden NMR-Spektren so aufgezeichnet, dass die Frequenz von rechts nach links ansteigt, um die Konsistenz mit einer älteren Definition der chemischen Verschiebung zu erhalten. Wegen des Minuszeichens vor σ in Gleichung 2.5 wächst somit die Abschirmung der zu den Signalen gehörenden Protonen im Spektrum von links nach rechts.

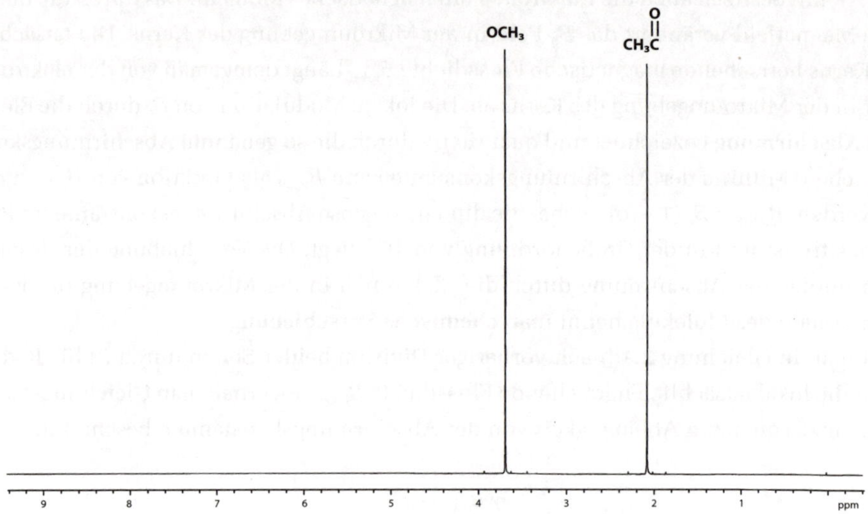

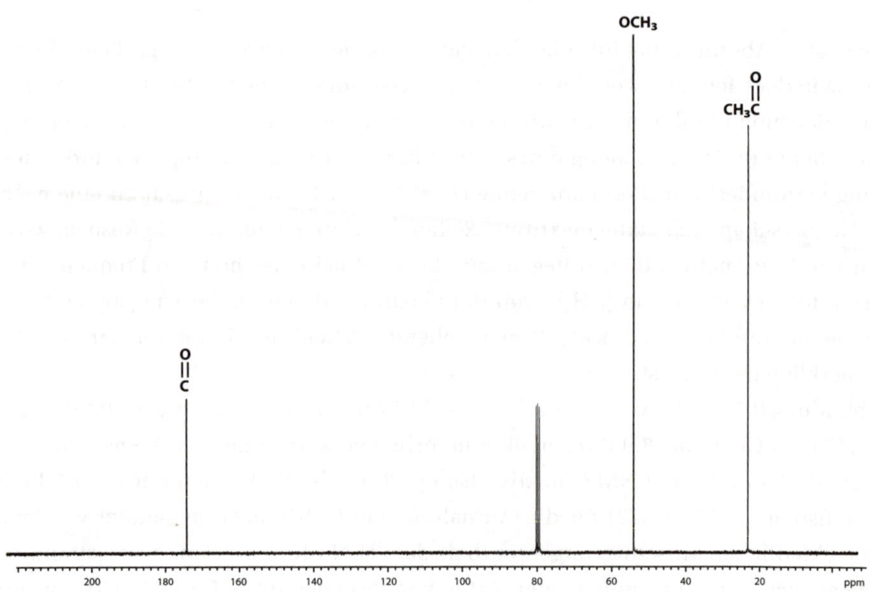

Abbildung 2.7: Das 300-MHz-^1H-NMR-Spektrum (oben) und das 75,45-MHz-^{13}C-NMR-Spektrum von Methylacetat in $CDCl_3$. Das ^{13}C-Resonanzsignal bei etwa 78 ppm stammt vom Lösungsmittel. Das ^{13}C-NMR-Spektrum wurde unter vollständiger C,H-Entkopplung aufgenommen.

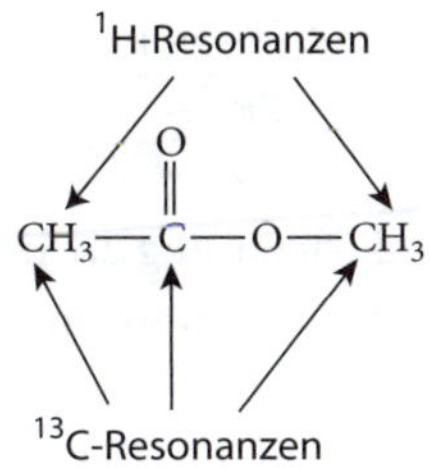

Abbildung 2.8: **Die verschiedenen chemisch nichtäquivalenten Atome in Methylacetat, die unterschiedliche Resonanzsignale verursachen.**

Wenn Sie die beiden NMR-Spektren in Abbildung 2.7 genauer betrachten, werden Sie feststellen, dass auf den Skalen keine Frequenzen aufgetragen wurden. Eigentlich hätte man hier doch absolute Frequenzwerte erwarten können – zum Beispiel in Hertz (Hz) oder Megahertz (MHz). Bei einer üblichen Feldstärke des äußeren Magnetfelds von B_0 = 7,05 T liegt die Resonanzfrequenz aller Protonen beispielsweise in der Nähe von 300 MHz. Die Frequenzen liegen allerdings sehr nah an 300 MHz, so dass zu ihrer Unterscheidung so unpraktikable Zahlenwerte wie 300,000064 MHz angegeben werden müssten. Darüber hinaus würden die im Spektrum stehenden Frequenzen von B_0 und somit vom verwendeten NMR-Spektrometer abhängen (siehe Gleichung 2.5). Infolgedessen wären selbst Spektren der gleichen Substanz nur schwer vergleichbar. Deswegen wurde zunächst für jedes Element beziehungsweise Nuklid eine Referenzsubstanz ausgewählt und deren Resonanzsignal eine relative Frequenz von 0 MHz zugewiesen. Sowohl für Protonen (^{1}H) als auch für Kohlenstoffatome (^{13}C) wurde Tetramethylsilan ($Si(CH_3)_4$) oder kurz TMS als Referenzsubstanz festgelegt. TMS ist in den meisten organischen Lösungsmitteln löslich, chemisch weitgehend inert und leicht flüchtig. Es kann deswegen von einer gelösten Substanz relativ einfach wieder getrennt werden. Außerdem erzeugt TMS sowohl im ^{1}H- als auch im ^{13}C-NMR-Spektrum ein starkes Signal. Darüber hinaus führt die niedrige Elektronegativität des Siliciums zu einer vergleichsweise hohen Elektronendichte in der Mikroumgebung der Protonen und der Kohlenstoffkerne. Wegen der infolgedessen starken Abschirmung liegen die Resonanzsignale bei sehr niedrigen Frequenzen. Tatsächlich ist die Abschirmung im TMS so groß, dass die Signale der Protonen und der ^{13}C-Kerne des TMS in den NMR-Spektren fast aller organischen Verbindungen ganz am rechten Rand des Spektrums liegen und keine Überlappungen mit den Signalen der zu vermessenden Substanzen auftreten. Deswegen ist das TMS-Signal sehr gut als relativer Nullpunkt geeignet. Bei der Messung der Spektren in den Abbildungen 2.5 und 2.7 wurde kein TMS zugegeben. Somit ist kein TMS-Signal sichtbar, das bei Anwesenheit von TMS bei 0 ppm erscheinen würde.

Die chemische Verschiebung eines spezifischen Kerns in einem Molekül wird üblicherweise als Abstand des Resonanzsignals des Kerns vom Resonanzsignal der Referenzsubstanz angegeben. Die Resonanzfrequenz ν_i (Gleichung 2.6) des Kerns i erhält man durch Einsetzen der Abschirmungskonstante σ_i des Kerns in Gleichung 2.5.

$$\nu_i = \frac{\gamma B_0 (1 - \sigma_i)}{2\pi} \qquad (2.6)$$

Analog ergibt sich die Resonanzfrequenz ν_r der Referenzsubstanz, TMS für ^{1}H- und ^{13}C-NMR-Spektren, gemäß Gleichung 2.7.

$$\nu_r = \frac{\gamma B_0 (1-\sigma_r)}{2\pi} \tag{2.7}$$

Die Differenz zwischen Gleichung 2.6 und Gleichung 2.7 liefert schließlich den Abstand zwischen den Resonanzsignalen des betrachteten Kerns i und der Referenzsubstanz in der Einheit einer Frequenz (Gleichung 2.8).

$$\Delta\nu = \nu_i - \nu_r = \frac{\gamma B_0 (\sigma_r - \sigma_i)}{2\pi} = \frac{\gamma B_0 \Delta\sigma}{2\pi} \tag{2.8}$$

Dieser Ausdruck für die Frequenzdifferenz ist immer noch von B_0 abhängig. Um B_0 aus Gleichung 2.8 zu eliminieren, werden beiden Seiten der Gleichung durch die Resonanzfrequenz ν_r der Referenzsubstanz dividiert. Auf diese Weise erhält man Gleichung 2.9 für die von B_0 unabhängige chemische Verschiebung δ.

$$\delta = \frac{\Delta\nu}{\nu_r} = \frac{\sigma_r - \sigma_i}{1-\sigma_r} \approx \sigma_r - \sigma_i \tag{2.9}$$

In der Praxis berechnet man die chemische Verschiebung δ, indem man die Frequenzdifferenz $\Delta\nu$ in Hertz (Hz) durch die Resonanzfrequenz ν_r der Referenzsubstanz in Megahertz (MHz) dividiert. Die Einheit der δ-Skala lautet also Hz / MHz oder millionstel Teile (engl. *parts per million*; ppm) der Feldstärke des äußeren Magnetfelds. Tatsächlich verwendet man für δ üblicherweise die Einheit **ppm**. Weil die Abschirmungskonstante σ_r der Referenzsubstanz sehr viel kleiner ist als 1, gilt $1 - \sigma_r \approx 1$. Deswegen entspricht δ näherungsweise der Differenz zwischen den Abschirmungskonstanten der Referenzsubstanz und des betrachteten Kerns i (siehe Gleichung 2.9). Ein Anstieg von σ_i (eine stärkere Abschirmung) führt folglich zu einer geringeren chemischen Verschiebung δ_i.

Aus dem ^{1}H-NMR-Spektrum von Methylacetat (siehe Abbildung 2.7) kann man für die C–**CH**$_3$-Protonen eine chemische Verschiebung von 2,07 ppm und für die O–**CH**$_3$-Protonen von 3,67 ppm ablesen. Diese δ-Werte der chemischen Verschiebung sind unabhängig von B_0 immer gleich. Es spielt dabei also zum Beispiel keine Rolle, ob das Spektrum mit einem äußeren Magnetfeld der Flussdichte 1,41 T (60 MHz) oder 23,5 T (1000 MHz = 1 GHz) aufgenommen wurde – wobei die genannten Flussdichten die untere und obere Grenze der zurzeit verfügbaren NMR-Spektrometer repräsentieren. Chemische Verschiebungen in Hertz (Hz) würden dagegen mit B_0 variieren. Ein Resonanzsignal, das bei B_0 = 60 MHz vom TMS-Signal 90 Hz entfernt liegt, würde bei B_0 = 300 MHz einen Abstand von 450 Hz vom TMS-Signal aufweisen, während der δ-Wert der chemischen Verschiebung in beiden Fällen 1,50 ppm betragen würde (δ = 90 / 60 ppm = 450 / 300 ppm = 1,50 ppm). Beachten Sie, dass ein Resonanzsignal, das sich im Spektrum rechts vom TMS-Signal befindet, einen *negativen* δ-Wert besitzt. Da TMS in Wasser unlöslich ist, werden für dieses Lösungsmittel andere Referenzsubstanzen verwendet, wie zum Beispiel die Natriumsalze von 3-(Trimethylsilyl)-propionsäure [$(CH_3)_3SiCH_2CH_2CO_2Na$] und 3-(Trimethylsilyl)-1-propansulfonsäure [anderer Name: 2,2-Dimethyl-2-silapentan-5-sulfonsäure, DSS; $(CH_3)_3Si(CH_2)_3SO_3Na$].

Im Prinzip gibt es zwei Methoden, um im Verlauf einer NMR-Messung für alle zu untersuchenden Kerne die Resonanzbedingung zu erreichen und somit ein Signal zu erhalten. In der ersten

Generation kommerziell erhältlicher NMR-Spektrometer wurde deswegen entweder B_0 konstant gehalten und die Frequenz des B_1-Feldes über einen geeigneten Bereich variiert (engl. *frequency sweep*) oder ein B_1-Wechselfeld konstanter Frequenz eingestrahlt und die Flussdichte B_0 des äußeren Magnetfelds verändert (engl. *field sweep*). Beide Verfahren werden übergreifend auch als CW-Verfahren (engl. *continuous wave*; CW) bezeichnet, weil das B_1-Wechselfeld während der gesamten Dauer des NMR-Experiments ständig eingestrahlt wird. Betrachten wir das Field-Sweep-Verfahren, muss nach Gleichung 2.5 mit wachsender Abschirmung (steigendem σ) die Flussdichte B_0 des äußeren Feldes erhöht werden, um bei konstantem ν_0 (des B_1-Wechselfelds) die Gleichung weiterhin zu erfüllen und somit die Resonanzfrequenz des jeweiligen Kerns zu treffen. Da die Signale von stärker abgeschirmten Kernen weiter rechts im Spektrum liegen, steigt B_0 bei diesem Verfahren im Spektrum von links nach rechts. Deswegen spricht man weiter rechts im Spektrum auch von einem höheren Feld (Hochfeld) und weiter links im Spektrum von einem tieferen Feld (Tieffeld). Auch wenn sowohl das Field-Sweep- als auch das Frequency-Sweep-Verfahren heute praktisch keine Rolle mehr spielen, sind die Begriffe *Hochfeld* und *Tieffeld* immer noch üblicher Bestandteil des NMR-Vokabulars. Moderne NMR-Spektrometer arbeiten mit einem anderen Verfahren, das wir in Abschnitt 2.5 kennen lernen werden.

Betrachten wir nun das Frequency-Sweep-Verfahren, muss nach Gleichung 2.5 mit wachsender Abschirmung (steigendem σ) die Frequenz des B_1-Wechselfelds verkleinert werden, um bei konstantem B_0 die Gleichung weiterhin zu erfüllen und somit die Resonanzfrequenz des jeweiligen Kerns zu treffen. Die rechte Seite des Spektrums (hohes Feld) entspricht also wie bereits erwähnt niedrigeren Resonanzfrequenzen und stärker abgeschirmten Kernen und umgekehrt. Wir können somit feststellen: In einem NMR-Spektrum steigt die Frequenz von rechts nach links und die Feldstärke von links nach rechts. In ▶ Abbildung 2.9 wird diese Terminologie noch einmal zusammenfassend dargestellt.

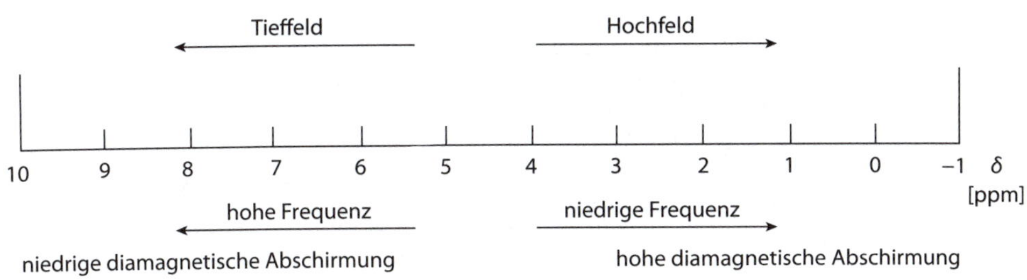

Abbildung 2.9: Begriffe zur Beschreibung der Positionen in NMR-Spektren.

In Kapitel 3 werden wir uns noch weitergehend und ausführlich mit der chemischen Verschiebung beschäftigen.

2.4 Anregung und Relaxation

In Abbildung 2.3 wurde der Einfluss eines äußeren Magnetfelds (B_0) auf einen einzelnen Kern mit einem Spin von $I = 1/2$ beschrieben. Zum besseren Verständnis des NMR-Experiments betrachten wir in ▶ Abbildung 2.10 nun das Verhalten einer größeren Population von chemisch äquivalenten Kernen, weil bei der NMR-Spektroskopie nicht die magnetischen Eigenschaften einzelner Kerne, sondern immer das makroskopische magnetische Verhalten der gesamten Probe gemessen wird. Im

Gleichgewicht präzedieren die Kerne mit $m_I = +1/2$ um die $+z$-Achse, die Kerne mit $m_I = -1/2$ dagegen um die $-z$-Achse. In der Abbildung sind beispielhaft nur die magnetischen Momente von 20 Kernen auf der Oberfläche des Doppelpräzessionskegels eingezeichnet, wobei der Überschuss der $+1/2$-Spins mit 12:8 im Vergleich zu den $-1/2$-Spins übertrieben groß dargestellt ist. Das tatsächliche Verhältnis der Besetzungszahlen der beiden Zustände ergibt sich aus der Boltzmann-Statistik (siehe Gleichung 2.3). Setzt man die Werte ein, die sich aus $B_0 = 7{,}05$ T ergeben, liefert Gleichung 2.3 als Ergebnis, dass unter einer Million Kernen nur etwa 50 $+1/2$-Spins mehr auftreten als $-1/2$-Spins. Aus der vektoriellen Addition der magnetischen Momente aller Kerne ergibt sich ein Nettovektor in $+z$-Richtung, weil die $+1/2$-Spins im Vergleich zu den $-1/2$-Spins überwiegen. Dieser Nettovektor entspricht der so genannten **makroskopischen Magnetisierung** $\boldsymbol{M}$ (die Symbole für vektorielle physikalische Größen werden gemäß den allgemeinen IUPAC-Nomenklaturregeln fett-kursiv dargestellt). Der fett gezeichnete Pfeil, der in Abbildung 2.10 in $+z$-Richtung zeigt, repräsentiert diesen Magnetisierungsvektor $\boldsymbol{M}$. Da die magnetischen Momente zufällig (oder inkohärent) um die z-Achse herum ausgerichtet sind, tritt keine makroskopische Magnetisierung in x- oder y-Richtung auf – das heißt, die x- und y-Komponente der makroskopischen Magnetisierung weisen Beträge von null auf ($M_x = M_y = 0$) und der Gesamtmagnetisierungsvektor $\boldsymbol{M}$ entspricht dem Magnetisierungsvektor in z-Richtung ($\boldsymbol{M} = \boldsymbol{M}_z$).

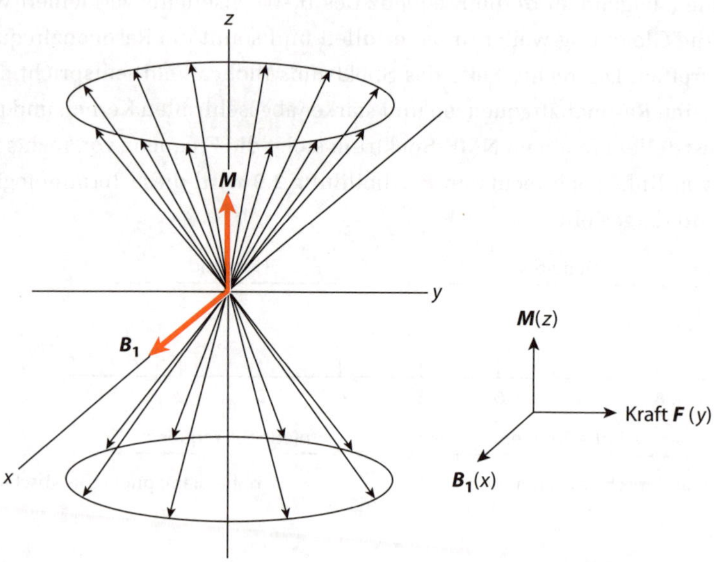

Abbildung 2.10: Schematische Darstellung der Ausrichtung der magnetischen Momente und des makroskopischen Magnetisierungsvektors *M* einer Population von Spin-1/2-Kernen im Gleichgewicht. Die Abbildung zeigt die Situation *vor* der Einstrahlung des hier bereits eingezeichneten B_1-Feldes.

Abbildung 2.10 zeigt außerdem bereits den Vektor, der das B_1-Feld repräsentiert und entlang der x-Achse ausgerichtet ist. Wenn die Frequenz des B_1-Feldes mit der Larmor-Frequenz der Kerne übereinstimmt, werden als Nettoergebnis einige Kerne mit $+1/2$-Spin in den energiereicheren $-1/2$-Spinzustand angeregt. Infolgedessen wird M_z etwas kleiner. Das B_1-Feld übt auf $\boldsymbol{M}$ eine Kraft $\boldsymbol{F}$ aus, die sowohl auf dem Vektor $\boldsymbol{B_1}$ als auch auf $\boldsymbol{M}$ senkrecht steht und somit zu Beginn des Experiments in y-Richtung wirkt, da sie durch das vektorielle Kreuzprodukt $\boldsymbol{F} = \boldsymbol{M} \times \boldsymbol{B_1}$ definiert ist (siehe auch Abbildung 2.10, unten rechts). Schaltet man das B_1-Feld nur für eine sehr kurze Zeit ein, wird $\boldsymbol{M}$ durch die Kraft $\boldsymbol{F}$ nur leicht aus der z-Richtung heraus in Richtung y-Achse gedreht. Das Resultat dieses Vorgangs wird in ► Abbildung 2.11 noch einmal veranschaulicht.

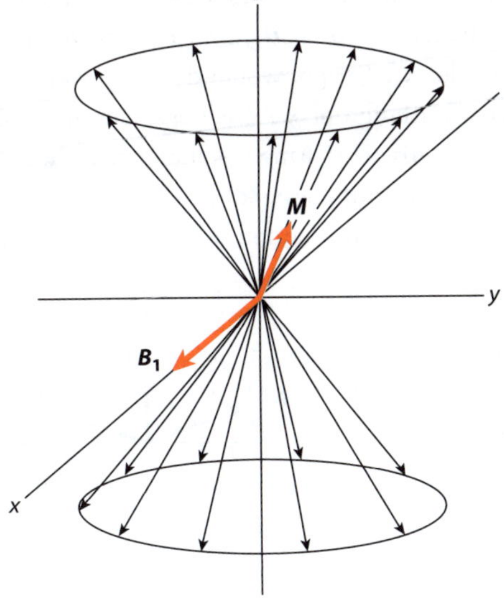

Abbildung 2.11: **Schematische Darstellung der Ausrichtung der magnetischen Momente und des makroskopischen Magnetisierungsvektors *M* aus Abbildung 2.10 nach einer sehr kurzzeitigen Einstrahlung des B_1-Feldes.**

Die in Abbildung 2.10 dargestellten magnetischen Momente repräsentierten zwölf Kerne mit $m_\mathrm{I} = +1/2$ und acht Kerne mit $m_\mathrm{I} = -1/2$. Nach der sehr kurzzeitigen Einstrahlung des B_1-Feldes hat in unserem Beispiel nur einer der 20 Kerne seinen Spinzustand gewechselt. Nun liegen also elf Kerne mit $m_\mathrm{I} = +1/2$ und neun Kerne mit $m_\mathrm{I} = -1/2$ vor (siehe Abbildung 2.11). Die Auslenkung des Magnetisierungsvektors ***M*** aus der z-Richtung in Richtung der *y*-Achse ist deutlich erkennbar. Da sich der Betrag von ***M*** durch die Auslenkung nicht verändert, wird seine z-Komponente M_z kleiner und seine *y*-Komponente M_y größer. Die magnetischen Momente der 20 Kerne sind nun nicht mehr rein zufällig um die z-Achse herum ausgerichtet (siehe die Positionen der kleinen Pfeilspitzen auf den Kreisen in Abbildung 2.11). Stattdessen präzedieren einige (nicht alle) in *Phase*. Dies ist die eigentliche Ursache für die Auslenkung von ***M***, da ***M*** der vektoriellen Summe der einzelnen magnetischen Momente entspricht, auf welche die vom B_1-Feld ausgeübte Kraft natürlich auch wirkt. Die Phasen der präzedierenden magnetischen Momente weisen jetzt also eine teilweise Kohärenz auf und die makroskopische Magnetisierung besitzt eine von null verschiedene Komponente in der *x,y*-Ebene. Da die magnetischen Momente der einzelnen Kerne nach wie vor mit der Larmor-Frequenz um die z-Achse präzedieren, rotiert auch der makroskopische Magnetisierungsvektor ***M*** mit dieser Frequenz um die z-Achse. Bei der oben beschriebenen Auslenkung von ***M*** in Richtung der *y*-Achse durch die Einstrahlung des B_1-Feldes wurde diese Rotation von ***M*** um die z-Achse vernachlässigt. Tatsächlich führt das B_1-Feld zu einer Auslenkung in Richtung der *x,y*-Ebene und zu einer makroskopischen Magnetisierungskomponente $\boldsymbol{M}_{x,y}$ in der *x,y*-Ebene, die ebenfalls mit der Larmor-Frequenz um die z-Achse rotiert. Die makroskopische Magnetisierungskomponente $\boldsymbol{M}_{x,y}$ in der *x,y*-Ebene stellt das eigentliche Signal dar, das bei der NMR-Spektroskopie elektronisch als Resonanz detektiert wird. Es ist wichtig festzustellen, dass die Energieabsorption beim Übergang von Kernen vom Spinzustand $m_\mathrm{I} = +1/2$ in den Spinzustand $m_\mathrm{I} = -1/2$ *nicht direkt* gemessen wird.

Das B_1-Wechselfeld (der $\boldsymbol{B}_1$-Vektor) in den Abbildungen 2.10 und 2.11 oszilliert entlang der *x*-Achse hin und her. Wie ▶ Abbildung 2.12 aus einer Ansicht in Blickrichtung der z-Achse veranschaulicht, kann die Oszillation von $\boldsymbol{B}_1$ auf unterschiedliche Weise beschrieben werden: (1) als lineare Oszillation entlang der x-Achse mit der Frequenz ν [s^{-1}] oder (2) als *gegensinnige* (links- und rechtsherum) Rotation zweier Vektoren $\boldsymbol{B}_{1,l}$ und $\boldsymbol{B}_{1,r}$ konstanten Betrages mit der gleichen Frequenz $\omega = 2\pi\nu$ [rad s^{-1}] in der x,y-Ebene, wobei die vektorielle Summe der beiden Vektoren zu jedem Zeitpunkt den linear entlang der x-Achse oszillierenden $\boldsymbol{B}_1$-Vektor ergibt. Die beiden Modelle sind folglich vektoriell äquivalent. Eine Resonanz zwischen dem B_1-Wechselfeld und den Kernen findet statt, wenn $\boldsymbol{B}_{1,l}$ oder $\boldsymbol{B}_{1,r}$ mit der gleichen Frequenz und Phase um die z-Achse rotiert wie die mit der Larmor-Frequenz präzedierenden magnetischen Momente der Kerne.

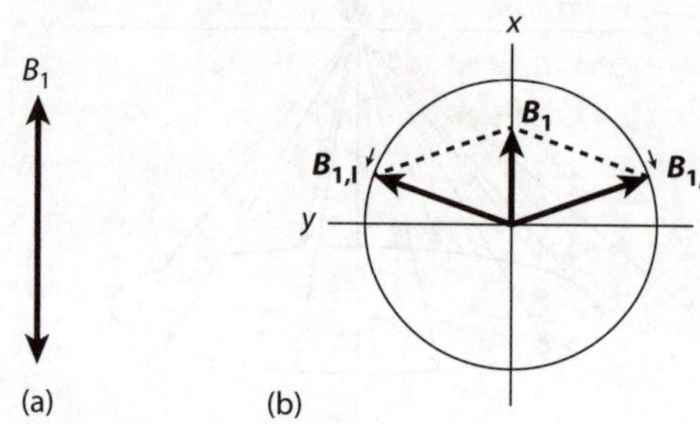

Abbildung 2.12: Analoge Beschreibungen der Oszillation von B_1. (a) Als lineare Oszillation entlang der x-Achse und (b) als *gegensinnige* Rotation zweier Vektoren $B_{1,l}$ und $B_{1,r}$ konstanten Betrages in der x,y-Ebene, wobei die Summe der beiden Vektoren immer den entlang der x-Achse oszillierenden Vektor B_1 ergibt.

Abbildung 2.11 zeigt nur die Situation zu einem bestimmten Zeitpunkt. Das bedeutet, in der Abbildung sind die Bewegung sowohl des $\boldsymbol{B}_1$-Vektors als auch der präzedierenden magnetischen Momente eingefroren. Im realen zeitlichen Verlauf präzediert aber wie bereits erwähnt jedes einzelne magnetische Moment der Kerne um die z-Achse (die Richtung des konstanten äußeren B_0-Feldes). Infolgedessen führt auch der makroskopische Magnetisierungsvektor $\boldsymbol{M}$ eine solche Präzessionsbewegung um die z-Achse aus. Um bei den weiteren Betrachtungen die Präzessionsbewegungen auch im zeitlichen Verlauf zu eliminieren, wechselt man in ein anderes Koordinatensystem, dessen x- und y-Achse mit der Frequenz des B_1-Feldes um die z-Achse rotieren. Die x- und die y-Achse würden also der kreisförmigen Bewegung in Abbildung 2.12b folgen. Somit würde der Vektor $\boldsymbol{B}_1$ immer auf der x-Achse liegen, statt wie in Abbildung 2.12 zu oszillieren, wobei $\boldsymbol{B}_1$ in diesem Fall der rotierenden Komponente $\boldsymbol{B}_{1,l}$ oder $\boldsymbol{B}_{1,r}$ aus Abbildung 2.12b entspricht, die mit $\boldsymbol{M}$ in Phase rotiert. Dieses *rotierende Koordinatensystem* wird üblicherweise und auch im weiteren Verlauf des Buches hauptsächlich verwendet, um auf vereinfachte Weise die Auswirkung von B_1-Wechselfeldern auf die makroskopische Magnetisierung in Magnetisierungsdiagrammen darzustellen und zu beschreiben. Im rotierenden Koordinatensystem präzedieren die magnetischen Momente der einzelnen Kerne und somit der Magnetisierungsvektor $\boldsymbol{M}$ nicht mehr um die z-Achse, solang ihre Larmor-Frequenz mit der Frequenz des B_1-Feldes und somit mit der Rotationsfrequenz der x- und y-Achse übereinstimmt.

Die Einstrahlung eines B_1-Wechselfelds mit der Resonanzfrequenz einer Kernsorte in einem Molekül führt sowohl zur Absorption (durch den Übergang von Kernen von $m_I = +1/2$ nach $m_I = -1/2$) als auch zur Emission (durch den Übergang von Kernen von $m_I = -1/2$ nach $m_I = +1/2$) von Energie durch diese Kerne. Da sich vor Beginn des Experiments mehr Kerne im $+1/2$-Spinzustand befinden, erfolgt als Nettoergebnis eine Energieabsorption. Wird die Einstrahlung des

B_1-Feldes allerdings weiter fortgesetzt, verschwindet der Überschuss der Kerne im +1/2-Spinzustand schließlich. Die Besetzungszahlen der beiden Spinzustände sind dann gleich groß und die Absorption und die Emission finden im gleichen Ausmaß statt. Unter diesen Bedingungen spricht man von einer *Sättigung* der Probe. Eigentlich sollte das NMR-Experiment nach Erreichen der Sättigung nicht mehr fortgeführt werden können, weil eine weitere Einstrahlung des B_1-Feldes keine Nettoänderung des Systems mehr hervorruft. Schaltet man das B_1-Feld allerdings vorübergehend aus, kehrt das System durch natürliche Prozesse von allein mehr oder weniger schnell vom Zustand der Sättigung wieder in seinen Gleichgewichtszustand zurück. Diesen Prozess bezeichnet man allgemein als **Relaxation**. Für eine vollständige Relaxation des Systems müssen sowohl die Komponenten der makroskopischen Magnetisierung in *z*-Richtung (M_z) als auch die in *x*- (M_x) und *y*-Richtung (M_y) wieder ihre Gleichgewichtswerte erreichen. M_x und M_y müssen also wieder null werden. Jeden Prozess, durch den M_z in seinen Gleichgewichtswert zurückgeführt wird, bezeichnet man als *Spin-Gitter-Relaxation* oder *longitudinale Relaxation*. Die Spin-Gitter-Relaxation ist in der Regel ein Prozess erster Ordnung mit der Zeitkonstante T_1 und der Geschwindigkeitskonstante T_1^{-1}. Sie erfolgt durch die Wiederherstellung der Besetzungszahlen der Spinzustände im Gleichgewicht gemäß Gleichung 2.3. Alle Prozesse, durch welche M_x und M_y wieder null werden, nennt man *Spin-Spin-Relaxation* oder *transversale Relaxation*. Auch dabei handelt es sich in der Regel um einen Prozess erster Ordnung mit der Zeitkonstante T_2 und der Geschwindigkeitskonstante T_2^{-1}. Die Spin-Spin-Relaxation erfolgt durch die vollständige Aufhebung der Phasenkohärenz der präzedierenden magnetischen Momente der Kerne. Die Zeitkonstanten werden entsprechend der Benennung der Relaxationen als Spin-Gitter- oder longitudinale Relaxationszeit (T_1) und Spin-Spin- oder transversale Relaxationszeit (T_2) bezeichnet.

Die Spin-Gitter-Relaxation (T_1) beruht überwiegend auf der Existenz von lokalen oszillierenden magnetischen Feldern in der Probe, deren Frequenz mit der Resonanzfrequenz des relaxierenden Kerns übereinstimmt. Die wichtigste Quelle für solche zufällig fluktuierenden Felder sind andere magnetische Kerne im selben oder einem anderen Molekül, die sich in Bewegung befinden. Wenn ein Molekül durch eine Lösung innerhalb des B_0-Feldes „wirbelt" (Translation, Rotation et cetera), erzeugt jeder Kernmagnet ein durch diese Bewegung verursachtes Magnetfeld. Fluktuiert ein solches Magnetfeld mit der Larmor-Frequenz eines relaxierenden Kerns, kann dadurch der Übergang vom −1/2-Spinzustand in den +1/2-Spinzustand hervorgerufen werden und die Relaxation stattfinden. Durch die Relaxation kehrt das System in seinen Gleichgewichtszustand zurück, in dem es sich vor dem Experiment befand. Nach einer zumindest teilweisen, besser aber vollständigen Relaxation kann das Absorptionsexperiment erneut ausgeführt werden. In der Praxis wird dieser Zyklus häufig viele Male wiederholt, um die Intensität der Resonanzsignale durch Summation der Signale aus den einzelnen Zyklen zu erhöhen.

Für eine effektive Spin-Gitter-Relaxation müssen der „wirbelnde" Kern, der die Energie aufnehmen soll, und der relaxierende Kern räumlich nah beieinander liegen. Für ^{13}C-Kerne stellen direkt mit diesen verbundene Protonen (C–H) eine effektive Basis für die Spin-Gitter-Relaxation dar. Ein Carbonyl-C-Atom oder ein quartäres C-Atom (ein mit vier anderen C-Atomen verknüpftes C-Atom, das kein Wasserstoffatom trägt) relaxieren dagegen nur sehr langsam und können leichter gesättigt werden, weil sie hauptsächlich mit den nichtmagnetischen Kernen ^{16}O und/oder ^{12}C verbunden sind. Die Relaxation von Protonen erfolgt überwiegend mithilfe ihrer nächsten benachbarten Protonen. Protonen in CH_2- und CH_3-Gruppen können somit über ihre geminalen

Nachbarprotonen (HCH) relaxieren, während Protonen in CH-Gruppen zur Relaxation auf ihre vicinalen Nachbarprotonen (CH–CH) oder sogar noch weiter entfernt liegende Protonen angewiesen sind.

Die Spin-Gitter-Relaxation spielt auch bei der Erzeugung des vor der Einstrahlung des B_1-Feldes bestehenden Überschusses von Kernen im +1/2-Spinzustand eine Rolle, wenn die Probe erstmals in den Probenkopf des NMR-Spektrometers eingeführt wird. In Abwesenheit des B_0-Feldes besitzen alle Kerne einer Kernsorte die gleiche magnetische Energie. Wird die Probe dann im B_0-Feld innerhalb des NMR-Spektrometers platziert, befindet sich die Probe nicht schlagartig im Gleichgewichtszustand, strebt aber auf diesen zu. Um ihn zu erreichen, müssen auch Kerne zwischen den verschiedenen Spinzuständen wechseln – das heißt, an der Einstellung des Gleichgewichtszustands im B_0-Feld mit einem Überschuss an Kernen im +1/2-Spinzustand ist die Spin-Gitter-Relaxation beteiligt.

Für die Spin-Spin-Relaxation, also den Abfall der x- und der y-Komponente der makroskopischen Magnetisierung $\boldsymbol{M}$ auf null, muss die Phasenkohärenz der präzedierenden magnetischen Momente der Kerne wieder vollständig aufgehoben werden (siehe Abbildungen 2.10 und 2.11). Der Mechanismus, aus dem der Name Spin-Spin-Relaxation abgeleitet wurde, umfasst die Wechselwirkung zwischen zwei Kernen mit entgegengesetztem Spin. Dieser Prozess, durch den einer der beiden Kerne vom +1/2-Spinzustand in den −1/2-Spinzustand und der anderen Kern vom −1/2-Spinzustand in den +1/2-Spinzustand wechselt, führt zu keiner Nettoänderung der Magnetisierung in z-Richtung und somit zu keiner Spin-Gitter-Relaxation. Die Umwandlung zwischen den Spinzuständen ist mit einer Veränderung der Phase des jeweiligen präzedierenden magnetischen Moments verbunden. In Abbildung 2.11 würde bei einem solchen Vorgang einer der Vektoren der magnetischen Momente auf der Oberfläche des oberen Kegels verschwinden und an einer anderen, neuen Phasenposition auf der Oberfläche des unteren Kegels wieder erscheinen (und umgekehrt). Mit Fortschreiten dieses Prozesses werden die Phasen der magnetischen Momente wieder zunehmend zufällig um die z-Achse herum verteilt, so dass die Phasenkohärenz und somit die x- und y-Komponente der makroskopischen Magnetisierung schließlich vollständig verschwinden. Der Prozess, bei dem zwei Kerne simultan ihre Spinzustände in entgegengesetzten Richtungen wechseln, wird manchmal auch als Flip-Flop-Mechanismus bezeichnet.

Die Spin-Spin-Relaxation kann auch durch ein nicht perfekt homogenes B_0-Feld hervorgerufen werden. Betrachten wir wieder Abbildung 2.11: Wenn nicht alle magnetischen Momente exakt der gleichen magnetischen Flussdichte B_0 ausgesetzt sind, weisen sie leicht unterschiedliche Larmor-Frequenzen auf und präzedieren folglich mit etwas unterschiedlichen Geschwindigkeiten um die z-Achse. Infolge der unterschiedlichen Präzessionsgeschwindigkeiten kann eine bestehende Phasenkohärenz jedoch nicht aufrechterhalten werden. Wenn die Larmor-Frequenzen der Kerne einer Kernsorte nicht alle gleich sind, sondern über einen Bereich variieren, wächst natürlich auch die Breite der Resonanzsignale im NMR-Spektrum. Die Breite des Signals auf halber Höhe seiner Amplitude – die so genannte Halbwertsbreite $b_{1/2}$ – und die Spin-Spin-Relaxationszeit T_2 sind über die Gleichung $b_{1/2} = 1 / \pi T_2$ korreliert. Zur Verkürzung der Relaxationszeit in dieser Gleichung können sowohl der Flip-Flop-Mechanismus als auch die Relaxation infolge von Feldinhomogenitäten beitragen.

Wir werden uns in Abschnitt 5.1 noch tiefer gehend mit der Relaxation beschäftigen.

2.5 Puls-Verfahren

Wir haben in Abschnitt 2.3 bereits die CW-Verfahren zur Aufnahme von NMR-Spektren kennen gelernt. Diese spielen in modernen NMR-Spektrometern praktisch keine Rolle mehr. Stattdessen arbeiten moderne NMR-Spektrometer nach dem so genannten **Puls-Verfahren** (auch Impuls-Verfahren). Dabei wird in die Probe ein B_1-Wechselfeld hoher Intensität und sehr kurzer Dauer – der so genannte Puls (oder Impuls) – eingestrahlt. Hochfrequenzgeneratoren liefern nicht nur die eingestellte Senderfrequenz ν_1, sondern ein kontinuierliches Frequenzband, wenn sie nur für eine kurze Zeit – die *Pulslänge* oder *Pulsdauer* t_p – eingeschaltet werden. Das Frequenzband liegt symmetrisch zu ν_1 und seine Intensität nimmt mit zunehmendem Abstand von ν_1 ab, während seine Breite von der Pulslänge abhängt. Wählt man eine geeignete Pulslänge und Senderfrequenz, enthält das Frequenzband die Resonanzfrequenzen aller zu untersuchenden Kerne in der Probe in annähernd gleicher Intensität. Auf diese Weise können beim Puls-Verfahren im Gegensatz zu den CW-Verfahren alle Kerne gleichzeitig in sehr kurzer Zeit angeregt werden. Für die Dauer des Pulses übt der $\boldsymbol{B}_1$-Vektor, der auf der x-Achse (des rotierenden Koordinatensystems) liegt, eine Kraft auf den makroskopischen Magnetisierungsvektor $\boldsymbol{M}$ aus, der zu Beginn des Experiments in die $+z$-Richtung weist. $\boldsymbol{M}$ wird durch diese Kraft in der y,z-Ebene in Richtung der y-Achse gedreht. Die ▶ Abbildung 2.13a und 2.13b sind vereinfachte Versionen der Abbildungen 2.10 und 2.11, aus denen die Vektoren der einzelnen magnetischen Momente entfernt wurden. In Abbildung 2.13 ist also neben $\boldsymbol{B}_1$ nur noch die für die eigentliche NMR-Messung relevante Gesamtmagnetisierung $\boldsymbol{M}$ dargestellt.

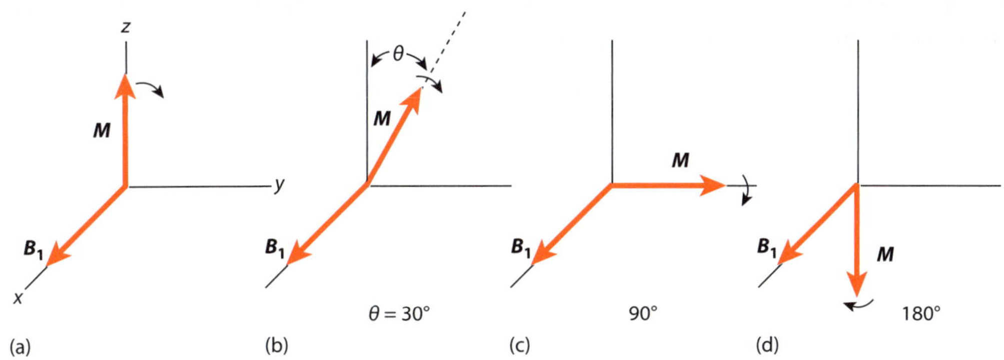

Abbildung 2.13: Die makroskopische Magnetisierung $\boldsymbol{M}$ in Abhängigkeit von der Pulslänge beziehungsweise vom Pulswinkel zu Beginn und nach der Einstrahlung eines B_1-Wechselfelds.

Solang das B_1-Feld eingeschaltet bleibt, wird der Magnetisierungsvektor $\boldsymbol{M}$ weiter um $\boldsymbol{B}_1$ und somit um die x-Achse gedreht. Folglich stellt das B_1-Feld während der Pulsdauer das hauptsächlich relevante Feld im Bereich der Kerne dar, so dass der Ausdruck für die Präzessionsfrequenz zu $\omega = \gamma B_1$ wird. Genau genommen gilt diese Gleichung allerdings nur in der Nähe der Resonanzfrequenz $\omega_0 = \gamma B_0$. Mit zunehmender Entfernung von der Resonanzfrequenz schwindet die Auswirkung von $\boldsymbol{B}_1$ und die Präzession erfolgt wieder um $\boldsymbol{B}_0$. Eine vollständige mathematische Beschreibung dieser Zusammenhänge muss Terme in Abhängigkeit sowohl von B_0 als auch B_1 einbinden. Qualitativ genügt es aber, unser Augenmerk auf die Vorgänge bei oder nahe der Resonanzfrequenz zu richten.

Der so genannte *Pulswinkel* θ, um den der Magnetisierungsvektor $\boldsymbol{M}$ durch den B_1-Puls aus der z-Richtung herausgedreht wird, wächst während der Einschaltdauer des B_1-Feldes kontinuierlich an. Nehmen wir an, durch einen kurzen Puls wird ***M*** um 30° aus der *z*-Richtung in der *y*,*z*-Ebene zur *y*-Achse hin abgelenkt (siehe Abbildung 2.13b). Ein Puls dreifacher Pulslänge (aber mit gleicher Amplitude der Flussdichte B_1) würde ***M*** dann um 90° drehen, also genau auf die *y*-Achse (siehe Abbildung 2.13c). Ein Puls, dessen Pulsdauer wiederum doppelt so lang ist wie die des 90°-Pulses, dreht ***M*** um 180° und somit genau in −z-Richtung (siehe Abbildung 2.13d). Nach einem 180°-Puls haben sich die Besetzungszahlen der Spinzustände im Vergleich zum Gleichgewichtszustand genau umgekehrt – man spricht auch von einer Populationsinversion. Es befinden sich nun also mehr Kerne im −1/2-Spinzustand als im +1/2-Spinzustand. Der Pulswinkel hängt demnach direkt von der Pulslänge t_p ab. Gemäß einer tiefer gehenden Ableitung, die wir hier nicht nachvollziehen wollen, ergibt sich der Pulswinkel θ zu ωt_p, wobei ω der Präzessionsfrequenz im B_1-Feld entspricht. Mit $\omega = \gamma B_1$ erhält man schließlich einen Ausdruck für den Pulswinkel θ in Abhängigkeit von B_1 und t_p: $\theta = \gamma B_1 t_p$.

Schaltet man das B_1-Feld ab, nachdem ***M*** genau auf die *y*-Achse gedreht wurde (90°-Puls), und beobachtet danach die zeitliche Veränderung der Größe der *y*-Komponente M_y des Magnetisierungsvektors ***M***, stellt man einen kontinuierlichen Abfall von M_y fest. (▶ Abbildung 2.14). Wenn der makroskopische Magnetisierungsvektor ***M*** in *y*-Richtung zeigt, befindet sich das System nicht im Gleichgewicht. Infolgedessen beginnt nach Abschaltung des B_1-Feldes die Relaxation des Systems in Richtung Gleichgewicht (siehe Abschnitt 2.4). Dabei werden die *x*- und *y*-Komponenten der Magnetisierung durch Spin-Spin-Relaxation (T_2) abgebaut. Gleichzeitig strebt die Magnetisierung in *z*-Richtung infolge der Spin-Gitter-Relaxation (T_1) wieder ihren ursprünglichen Wert an. Die in Abbildung 2.14 dargestellte Abnahme von M_y mit der Zeit wird als **freier Induktionsabfall** oder mit dem auch im deutschsprachigen Raum gebräuchlichen englischen Begriff als **Free Induction Decay** beziehungsweise meist einfach mit dem Akronym **FID** bezeichnet. Der FID ist ein Prozess erster Ordnung mit der Zeitkonstante T_2.

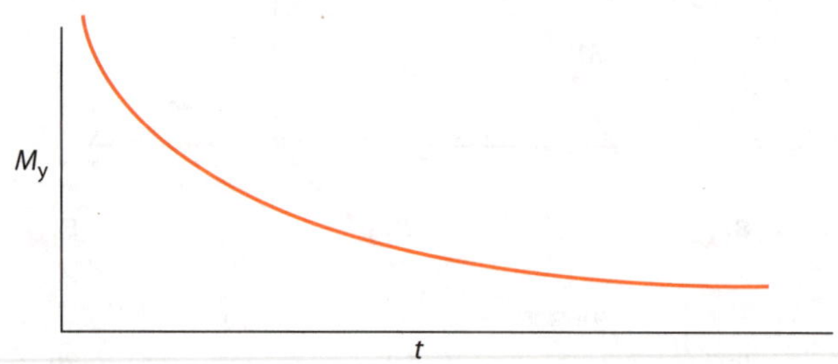

Abbildung 2.14: Die zeitabhängige Abnahme von M_y nach einem 90°-Puls.

Die Darstellung des FID in Abbildung 2.14 ist allerdings eher unrealistisch, weil sie nur einen einzelnen Typ von Kern berücksichtigt, dessen Resonanzfrequenz γB_0 genau mit der Rotationsfrequenz der *x*- und *y*-Achse des rotierenden Koordinatensystems – also mit der Frequenz des B_1-Wechselfelds – übereinstimmt. In den meisten Proben kommen aber ziemlich viele verschiedene Typen von Wasserstoff- (Protonen) beziehungsweise Kohlenstoffatomen vor, so dass viele Resonanzfrequenzen beteiligt sind. Das rotierende Koordinatensystem kann aber nur eine einzelne Frequenz (Referenzfrequenz) besitzen. Was passiert, wenn in der Probe Kerne anwesend sind, deren Resonanzfrequenz sich von der Referenzfrequenz unterscheidet? Betrachten wir zunächst noch einmal den Fall einer einzelnen Kernsorte, deren Larmor-Frequenz (Resonanzfrequenz) mit der Referenzfrequenz übereinstimmt. Unmittelbar nach dem 90°-Puls präzedieren die magnetischen Momente einiger (nicht aller) dieser Kerne so in Phase, dass der Magnetisierungsvektor ***M*** in y-Richtung zeigt (▶ Abbildung 2.15). Nach Abschalten des Pulses verschwindet die Phasenkohärenz durch Spin-Spin-Relaxation mit der Zeit wieder, bis $\boldsymbol{M}$ erneut in z-Richtung weist. Während dieses Prozesses präzedieren die Kerne immer mit ihrer Larmor-Frequenz $\omega_0 = \gamma B_0$ um die z-Achse. Da die Larmor-Frequenz dieser Kernsorte in unserer Überlegung mit der Referenzfrequenz übereinstimmen sollte, rotieren auch die x- und die y-Achse des rotierenden Koordinatensystems mit der Frequenz $\omega_0 = \gamma B_0$ um die z-Achse. Die magnetischen Momente der betrachteten Kerne führen im rotierenden Koordinatensystem deswegen *keine* Präzessionsbewegung aus und der Magnetisierungsvektor $\boldsymbol{M}$ dreht sich infolge der Relaxationsprozesse nur um die x-Achse, also von der y-Achse wieder zurück zur z-Achse. Dabei nimmt M_y kontinuierlich ab, so dass der in Abbildung 2.14 dargestellte FID resultiert. Betrachten wir nun eine andere Kernsorte, deren Larmor-Frequenz nicht exakt mit der Referenzfrequenz übereinstimmt ($\omega \neq \omega_0 = \gamma B_0$). Nach dem 90°-Puls weisen auch einige dieser Kerne eine Phasenkohärenz auf. Allerdings ist die Präzessionsbewegung der Kerne um die z-Achse auch im rotierenden Koordinatensystem wegen der Abweichung ihrer Larmor-Frequenz von der Referenzfrequenz nicht vollständig eingefroren. Infolgedessen rotiert auch der Magnetisierungsvektor $\boldsymbol{M}$ in der x,y-Ebene um die z-Achse (siehe Abbildung 2.15b). Berücksichtigt man die Relaxation zunächst nicht, erreicht $\boldsymbol{M}$ durch die Rotation schließlich die $-y$-Achse (siehe Abbildung 2.15c), um nach Abschluss eines Zyklus wieder in $+y$-Richtung zu liegen (siehe Abbildung 2.15d). Im NMR-Experiment wird nach Abschalten des Pulses der zeitliche Verlauf der Magnetisierung in y-Richtung des rotierenden Koordinatensystems detektiert (der FID). Während des oben beschriebenen Zyklus fällt das gemessene $\boldsymbol{M}_y$ demnach zunächst bis auf null und in den negativen Bereich ab, um dann wieder zu seinem ursprünglichen positiven Wert zurückzukehren. Dieser Zyklus findet im Verlauf des FID viele Male statt. Die Größe der Magnetisierung in y-Richtung ($\boldsymbol{M}_y$) verändert sich somit periodisch im Sinn einer Cosinus-Funktion. Infolge der Spin-Spin-Relaxation nimmt die Amplitude der Funktion allerdings kontinuierlich ab. Darüber hinaus liegt der Magnetisierungsvektor $\boldsymbol{M}$ als Resultat der Spin-Gitter-Relaxation und dem damit verbundenen erneuten Aufbau einer Magnetisierung in z-Richtung bereits kurz nach Beginn des ersten Zyklus nicht mehr in der x,y-Ebene (in Abbildung 2.15 nicht berücksichtigt).

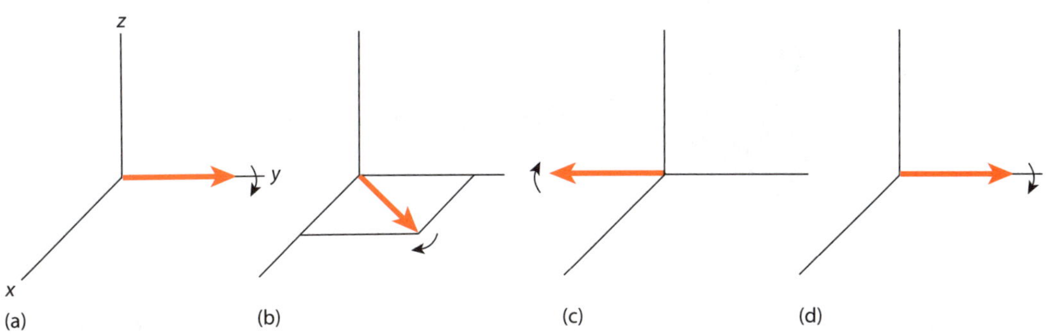

Abbildung 2.15: Die durch einen 90°-Puls induzierte Magnetisierung *M* in Abhängigkeit von der Zeit. Im gezeigten Beispiel stimmt die Larmor-Frequenz der betrachteten Kernsorte nicht mit der Rotationsfrequenz des dargestellten rotierenden Koordinatensystems überein und die Relaxation wurde nicht berücksichtigt.

▶ Abbildung 2.16a zeigt den FID für die Protonen von Aceton, das nur eine Protonensorte enthält, wenn die Referenzfrequenz ω_0 nicht exakt mit der Larmor-Frequenz ω der Aceton-Protonen übereinstimmt. Der horizontale Abstand zwischen zwei benachbarten Maxima entspricht dem Kehrwert der Differenz zwischen der Larmor-Frequenz und der Referenzfrequenz (der Frequenz des B_1-Wechselfelds) $[(\Delta\omega)^{-1} = (\omega - \omega_0)^{-1}]$. Die Höhe der Maxima fällt infolge des Verlustes an Magnetisierung in y-Richtung durch die Spin-Spin-Relaxation mit der Zeitkonstante T_2 ab. Weil die Linienbreite des Resonanzsignals im NMR-Spektrum durch T_2 bestimmt wird, enthält der FID alle Informationen, die für die Darstellung des Spektrums erforderlich sind: die Frequenz, die Linienbreite sowie die Gesamtintensität.

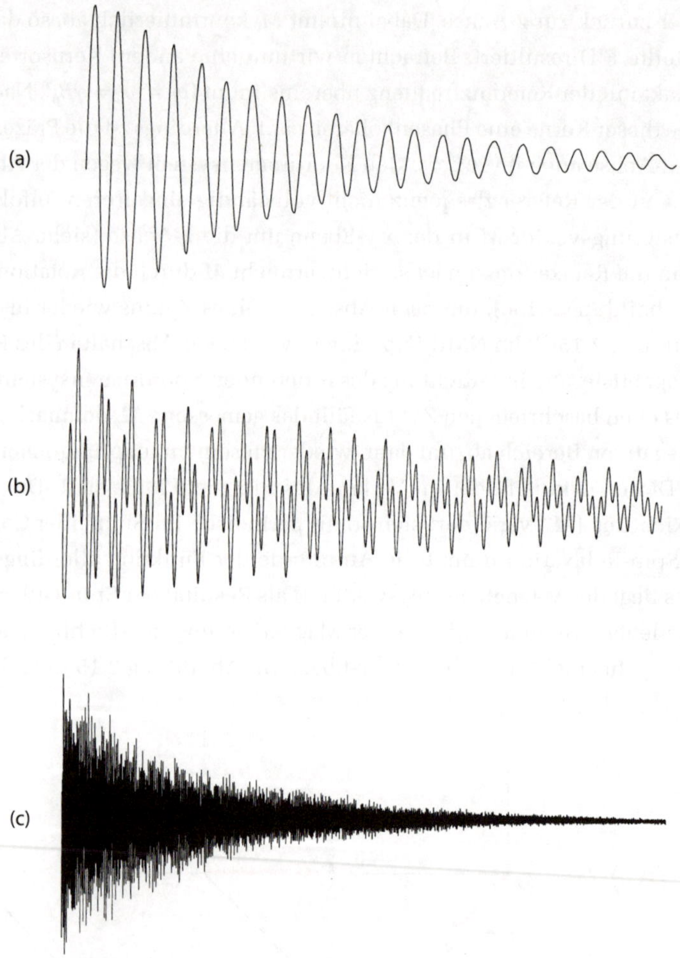

Abbildung 2.16: Drei Beispiele für FIDs. (a) FID für das ^{1}H-NMR-Spektrum von Aceton. (b) FID für das ^{1}H-NMR-Spektrum von Methylacetat. (c) FID für das ^{13}C-NMR-Spektrum von 3-Hydroxybuttersäure. (Alle Proben ohne Lösungsmittel.)

Betrachten wir nun eine Verbindung mit *zwei* Protonensorten unterschiedlicher Resonanzfrequenzen, die beide außerdem von der Referenzfrequenz abweichen. In diesem Fall resultiert der beobachtbare FID aus der Überlagerung der Abklingkurven der beiden Protonensorten. Der FID ist deswegen schon deutlich komplexer als im Fall des Acetons, wobei die Komplexität unter anderem eine Folge der unterschiedlichen Abstände zwischen den Maxima in den Abklingkurven der einzelnen Protonensorten ist. Abbildung 2.16b zeigt den FID für die Protonen von Methylacetat [$CH_3(C{=}O)OCH_3$] als Beispiel für eine solche Verbindung mit zwei Protonensorten. Wenn in einem

NMR-Spektrum schließlich die Resonanzfrequenzen von drei oder noch mehr Kernsorten enthalten sind, wird es praktisch unmöglich, die Resonanzfrequenzen visuell aus dem FID zu ermitteln. Abbildung 2.16c zeigt den FID für das ^{13}C-NMR-Spektrum der vier verschiedenen Sorten von ^{13}C-Kernen der 3-Hydroxybuttersäure [$CH_3CH(OH)CH_2CO_2H$], der diese Feststellung veranschaulicht.

Der FID stellt bereits ein vollständiges NMR-Spektrum dar – allerdings als Funktion der Zeit dargestellt (siehe Abbildungen 2.14 und 2.16). In dieser Form ist es für den Chemiker praktisch nicht zu interpretieren. Deswegen muss der FID von einem Spektrum in der Zeitdomäne in ein Spektrum in der Frequenzdomäne – wie in den Abbildungen 2.5 und 2.7 – umgewandelt werden, das durch einen Chemiker analysiert werden kann. Diese Umwandlung erfolgt auf mathematischem Weg durch eine so genannte Fourier-Transformation, bei der durch mehrere mathematische Operationen eine Reihe von sinusförmigen und exponentiellen Funktionen an den FID angepasst werden, um aus diesen die Frequenzen, die Linienbreiten und die Intensitäten jeder Komponente des FID zu erhalten. Glücklicherweise kann die Fourier-Transformation mithilfe eines Computers sehr schnell durchgeführt werden, so dass diese Mühen dem Chemiker erspart bleiben.

2.6 Die Kopplungskonstante

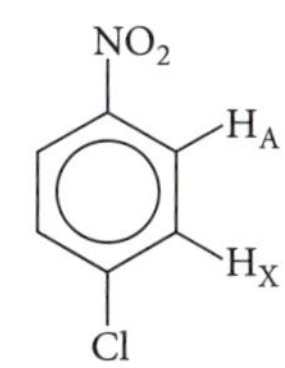

2-1

Die Form eines Resonanzsignals kann durch die Anwesenheit eines chemisch nichtäquivalenten, magnetischen Kerns in der Nachbarschaft verändert werden. In 1-Chlor-4-nitrobenzol (**2-1**) kommen beispielsweise zwei Arten von Protonen vor, die hier mit den Indizes A und X gekennzeichnet sind. Das Proton H_A steht in *ortho*-Position zur Nitrogruppe und das Proton H_X in *ortho*-Position zum Chloratom.

Die Effekte der identischen Protonen auf der anderen Ringseite wollen wir im Folgenden zunächst ignorieren. Jedes der beiden Protonen besitzt einen Spin von 1/2 und kann sich somit zu einem gegebenen Zeitpunkt in einem von zwei Spinzuständen befinden – $m_I = +1/2$ oder $m_I = -1/2$. In der Gesamtheit der Probe unterscheiden sich die Besetzungszahlen der beiden Spinzustände nur im ppm-Bereich. Fast genau die Hälfte der H_A-Protonen hat also ein H_X-Proton im $+1/2$-Spinzustand und die andere Hälfte ein H_X-Proton im $-1/2$-Spinzustand zum Nachbarn. Die magnetischen Mikroumgebungen, die durch die magnetischen H_X-Protonen in den verschiedenen Spinzuständen erzeugt werden, sind *nicht* identisch. Da sie aber auch die magnetische Umgebung des jeweils direkt benachbarten H_A-Protons modulieren, besitzen die H_A-Protonen in Abhängigkeit vom Spinzustand ihres H_X-Nachbarprotons leicht unterschiedliche Resonanzfrequenzen. Infolgedessen ist das Resonanzsignal für das H_A-Proton im ^{1}H-NMR-Spektrum in zwei Signale aufgespalten (▶ Abbildung 2.17a und ▶ Abbildung 2.18). Quadrupolare Kerne, wie zum Beispiel die Kerne des

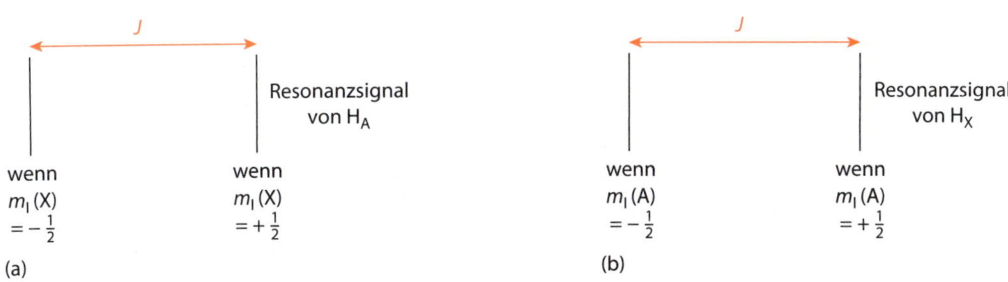

Abbildung 2.17: Veranschaulichung der Aufspaltung der Resonanzsignale erster Ordnung eines AX-Spinsystems.

Chlor- und des Stickstoffatoms in Molekül **2-1**, verhalten sich in diesem Zusammenhang häufig wie nichtmagnetische Kerne und können hier daher ignoriert werden. Mit diesem Phänomen werden wir uns in Abschnitt 5.1 noch näher beschäftigen.

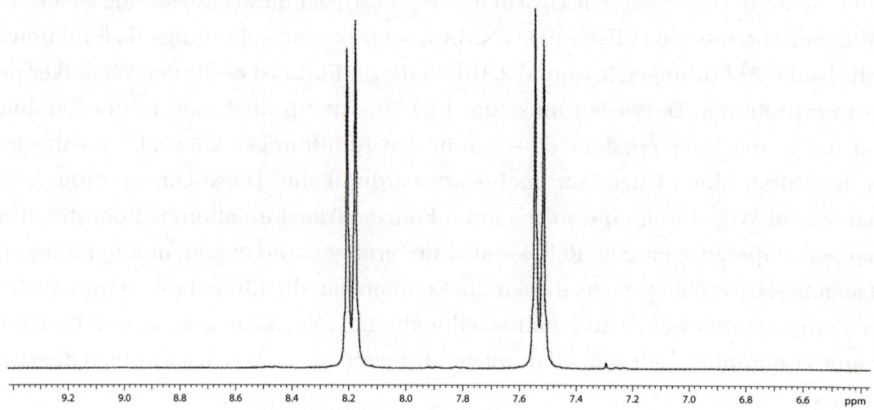

Abbildung 2.18: Das 300-MHz-^{1}H-NMR-Spektrum von 1-Chlor-4-nitrobenzol in $CDCl_3$.

Den Einfluss von im Molekül benachbarten Spins über Bindungen hinweg auf die Multiplizität von Resonanzsignalen nennt man **indirekte Spin-Spin-Kopplung** (manchmal auch einfach indirekte Kopplung oder *J*-Kopplung). Der Abstand zwischen den beiden Peaks des Resonanzsignals für einen Kern stellt ein Maß für die Stärke des wechselseitigen Einflusses der Kernspins aufeinander dar und wird als **Kopplungskonstante *J*** bezeichnet, die man in Hertz (Hz) angibt. Die Kopplungskonstante der Kopplung zwischen den Protonen H_A und H_X in 1-Chlor-4-nitrobenzol beträgt 10,0 Hz – ein relativ großer Wert für die Kopplung zwischen zwei Protonen. Ein solches System, in dem nur zwei Kerne miteinander koppeln, nennt man allgemein ein Zweispinsystem oder AX-Spinsystem. Beachten Sie, dass die Aufspaltungen der Resonanzsignale für H_A und H_X gleich groß sind (siehe Abbildung 2.18), weil die Kopplungskonstante *J* ein Maß für die *Wechselwirkung* zwischen den beiden Kernen darstellt und deswegen für beide Kerne identisch sein muss. Außerdem ist *J* unabhängig von B_0, da die Stärke der Wechselwirkung nur von den Eigenschaften der Kerne und nicht von externen Größen wie der Flussdichte des äußeren Magnetfelds bestimmt wird. Somit beträgt die Kopplungskonstante der Kopplung zwischen den am Ring von 1-Chlor-4-nitrobenzol direkt benachbarten Protonen H_A und H_X immer 10,0 Hz – egal, ob das NMR-Experiment bei B_0 = 7,05 T (300 MHz; siehe Abbildung 2.18) oder zum Beispiel bei B_0 = 14,1 T (600 MHz) durchgeführt wird.

Damit eine Kopplung zwischen zwei Kernen stattfinden kann, müssen Informationen über ihren Spinzustand wechselseitig übertragen werden. Der häufigste Mechanismus dieser Übertragung beruht auf der Wechselwirkung mit und zwischen den Elektronen entlang der kovalenten Bindungen, die zwischen den beiden koppelnden Kernen liegen. In ► Abbildung 2.19 wird zum Beispiel ein Kopplungsweg über zwei Bindungen veranschaulicht (im 1-Chlor-4-nitrobenzol erfolgt die Kopplung zwischen den benachbarten Protonen H_A und H_X über drei Bindungen hinweg). Auch Elektronen verhalten sich wie geladene, rotierende Partikel und besitzen daher ein magnetisches Moment. Das H_X-Proton beeinflusst oder *polarisiert* die Spins der Elektronen in seiner unmittelbaren Umgebung, so dass diese einen ihrer Spinzustände leicht bevorzugt einnehmen. Ein Proton im +1/2-Spinzustand polarisiert beispielsweise ein C–H-Bindungselektron in seiner unmittelbaren Umgebung in Richtung seines −1/2-Spinzustands. Dieses Elektron polarisiert wiederum das andere Elektron der C–H-Bindung und so weiter, bis die Polarisierung schließlich das H_A-Proton erreicht. Wir werden uns mit dem Mechanismus der indirekten Spin-Spin-Kopplung in Abschnitt 4.3 noch ausführlicher beschäftigen. Da die Kopplungskonstante *J* normalerweise das Ausmaß von Wechselwirkungen über Bindungen hinweg beschreibt, dient sie als nützlicher Parameter für Schlussfolgerungen zu den molekularen Bindungsverhältnissen – wie beispielsweise zu Bindungsordnungen oder zur Stereochemie.

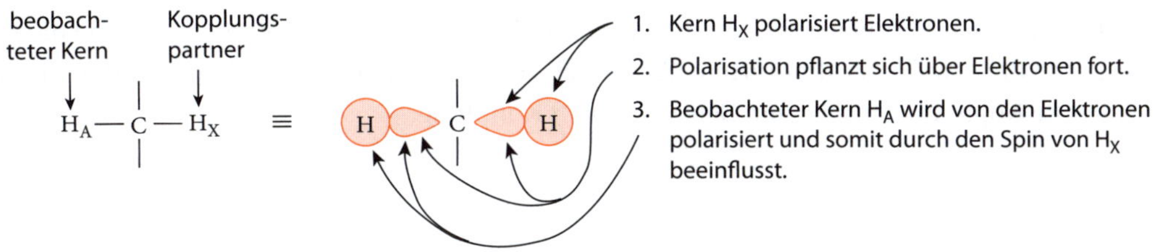

Abbildung 2.19: Schematische Darstellung des Mechanismus der indirekten Spin-Spin-Kopplung.

Eine zusätzliche Aufspaltung des Resonanzsignals eines Kerns beobachtet man, wenn sich mehr als ein Kern in seiner Nachbarschaft befindet. 1,1,2-Trichlorethan (**2-2**) enthält zum Beispiel zwei Arten von Protonen, die wir als H_A ($C\mathbf{H}_2$) und H_X (C**H**) bezeichnen.

$ClCH_2^A — CH^XCl_2$

2-2

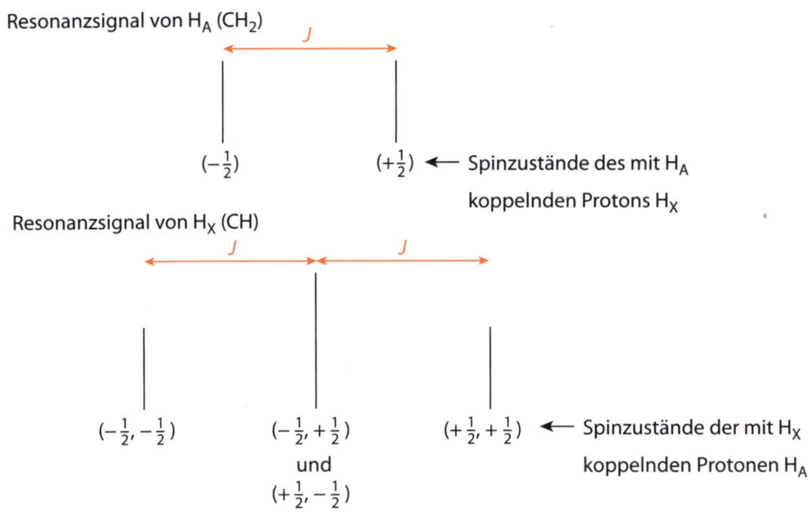

Abbildung 2.20: Die Entstehung der fünf Peaks in einem A_2X-Spektrum erster Ordnung.

Die H_A-Protonen können sich in zwei unterschiedlichen Umgebungen befinden, die sich aus den beiden möglichen Spinzuständen des H_X-Protons ergeben. Das Resonanzsignal der H_A-Protonen ist deswegen zu einem Dublett mit zwei Peaks im Verhältnis 1:1 aufgespalten, analog zu den Signalen in den Abbildungen 2.17 und 2.18. Das H_X-Proton kann dagegen *drei* unterschiedlichen Umgebungen ausgesetzt sein, die durch die verschiedenen Spinzustände der *beiden* H_A-Protonen hervorgerufen werden. Die beiden H_A-Protonen müssen in diesem Zusammenhang nämlich als Kollektiv betrachtet werden, da sie sich gleichzeitig im selben Molekül befinden. Dabei können vier verschiedene Kombinationen von Spinzuständen der zwei H_A-Protonen auftreten: beide +1/2 (+ +), eines +1/2 und das andere −1/2 (+ −) und umgekehrt (− +) sowie beide −1/2 (− −).

Die beiden Kombinationen (+ −) und (− +) sind magnetisch äquivalent, zählen statistisch aber als zwei Kombinationen. Die drei magnetisch unterschiedlichen Umgebungen der beiden H_A-Protonen führen deswegen zu drei Peaks im Verhältnis 1:2:1 im Resonanzsignal des H_X-Protons (► Abbildung 2.20). Das Spektrum von **2-2** enthält folglich ein Dublett für die H_A-Protonen und ein Triplett für das H_X-Proton (► Abbildung 2.21). Man bezeichnet ein Spektrum mit einem solchen Aufspaltungsmuster gemäß der Anzahl der zugrunde liegenden koppelnden Kerne auch als A_2X-Spektrum (oder bei umgekehrter Zuordnung der Indizes als AX_2-Spektrum). Alle direkt benachbarten Peaks in beiden Multipletts weisen dabei jeweils den gleichen Abstand auf, der der Kopplungskonstante ^3J entspricht. Mit der hochgestellten Zahl vor dem J bezeichnet man konventionsgemäß die Anzahl der Bindungen, über welche die Kopplung erfolgt. Die in Abbildung 2.19 dargestellte Kopplung ist also zum Beispiel eine ^2J-Kopplung.

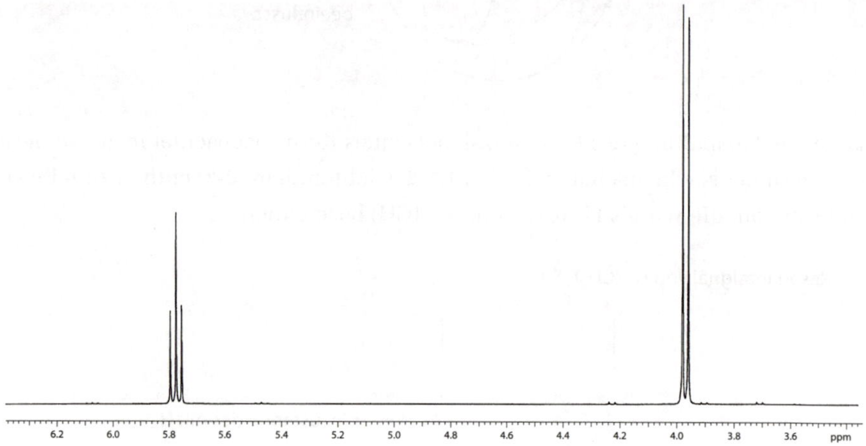

Abbildung 2.21: Das 300-MHz-^{1}H-NMR-Spektrum von 1,1,2-Trichlorethan in $CDCl_3$.

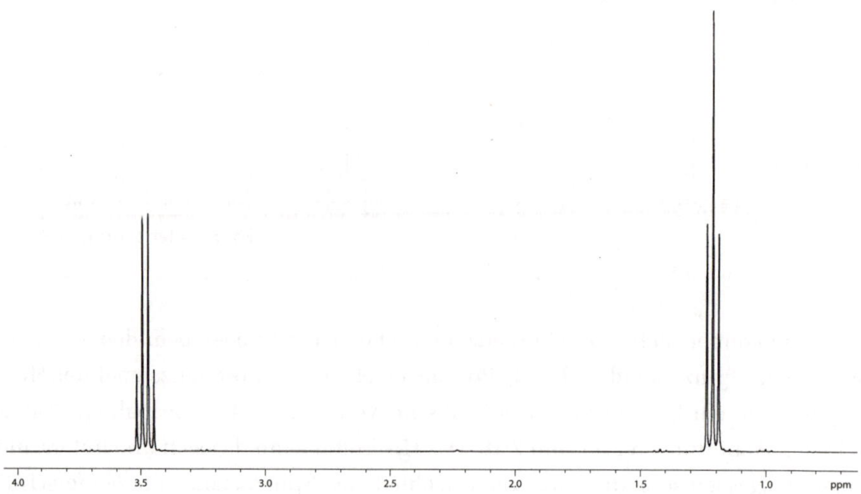

Abbildung 2.22: Das 300-MHz-^{1}H-NMR-Spektrum von Diethylether in $CDCl_3$.

Mit steigender Anzahl benachbarter Spins wächst die Komplexität des Spektrums. Die Protonen jeder der beiden identischen Ethylgruppen des Diethylethers [$CH_3CH_2OCH_2CH_3$] bilden ein A_2X_3-Spinsystem, so dass Diethylether ein A_2X_3-^{1}H-NMR-Spektrum ergibt (► Abbildung 2.22). Die Methylprotonen ($\mathbf{CH}_3$, X_3) spalten durch die Kopplung mit den beiden Methylenprotonen ($\mathbf{CH}_2$, A_2) zu einem 1:2:1-Triplett auf – analog zum H_X-Resonanzsignal in den Abbildungen 2.20 und 2.21. Infolge der Kopplung mit den *drei* Protonen der Methylgruppe erscheint das Resonanzsignal der Methylenprotonen als Quartett, weil die drei Methylprotonen in vier magnetisch unterschiedlichen Kombinationen ihrer Spinzustände auftreten können: alle drei +1/2 (+ + +), zwei +1/2 und eines −1/2 (+ + −, + − +, − + +), eines +1/2 und zwei −1/2 (+ − −, − + −, − − +) sowie alle drei −1/2 (− − −). Daraus ergeben sich *vier* Peaks (Quartett) – wegen der kombinatorischen Gewichtung im Verhältnis 1:3:3:1 (▶ Abbildung 2.23). Das Triplett/Quartett-Resonanzsignalmuster koppelnder Kerne (gleiches *J*) kann als verlässlicher und allgemeiner Hinweis auf die Anwesenheit einer Ethylgruppe gedeutet werden.

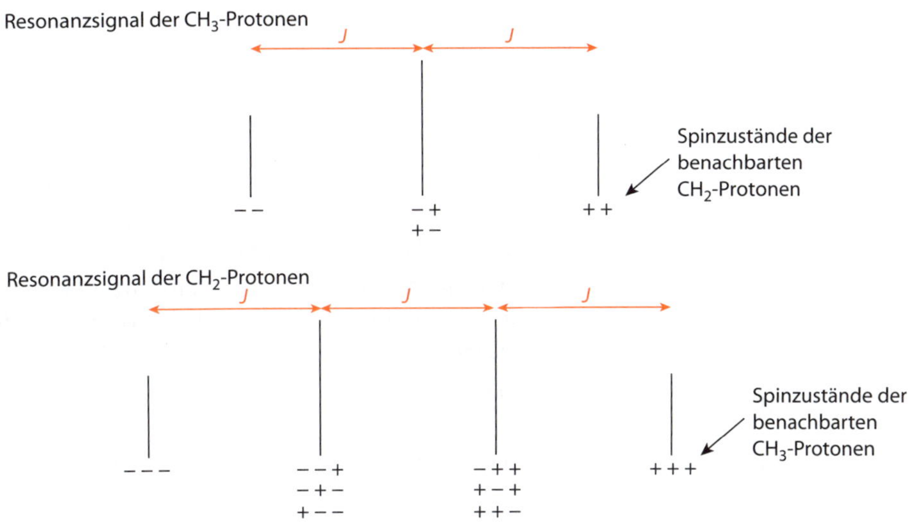

Abbildung 2.23: Die Entstehung der sieben Peaks in einem A_2X_3-Spektrum erster Ordnung.

Die Aufspaltungsmuster von größeren Spinsystemen können auf analoge Weise abgeleitet werden. Koppelt ein Kern mit *n* äquivalenten Spin-1/2-Kernen, besteht sein Resonanzsignal aus $n + 1$ Peaks – wenn keine Effekte zweiter Ordnung auftreten, die in Kapitel 4 noch diskutiert werden. Die Intensitätsverhältnisse der verschiedenen Peaks eines Multipletts folgen dabei in erster Näherung den Binomialkoeffizienten in der zugehörigen Reihe des Pascal'schen Dreiecks (▶ Abbildung 2.24), da die verschiedenen Kombinationen der beiden Spinzustände statistisch voneinander unabhängige Ereignisse darstellen. Der Aufbau des Pascal'schen Dreiecks erfolgt von oben mit der 1 beginnend durch die Addition aller jeweils benachbarten Zahlen in jeder Reihe (Zeile) und der Platzierung des Ergebnisses zwischen den beiden Summanden in der darunter liegenden Reihe. Am linken und rechten Rand jeder Reihe denkt man sich dabei jeweils eine Null außerhalb des Dreiecks. Die erste Reihe (1) liefert die Multiplizität des Resonanzsignals eines Kerns, der mit keinem Nachbarkern koppelt (ein Singulett). Aus der zweiten Reihe kann man die Multiplizität (Dublett) und das Intensitätsverhältnis (1:1) der Peaks des Resonanzsignals eines Kerns ablesen, der mit einem anderen Kern koppelt – und so weiter. Wie wir bereits festgestellt haben, ergeben zwei Nachbarspins ein 1:2:1-Triplett und drei benachbarte Spins ein 1:3:3:1-Quartett. Das CH-Proton in der Anordnung $-CH_2-CHY-CH_2-$ koppelt mit vier äquivalenten Protonen (die CH_2-Gruppen seien äquivalent und Y nicht magnetisch). Sein Resonanzsignal besteht deswegen aus einem 1:4:6:4:1-Quintett (AX_4), während das Resonanzsignal des CH-Protons einer Isopropylgruppe als 1:6:15:20:15:6:1-Septett (AX_6) im ^{1}H-NMR-Spektrum erscheint. In ► Tabelle 2.2 sind die Multiplizitäten und Intensitätsverteilungen der Resonanzsignale einiger häufig vorkommender Spinsysteme aufgelistet.

1
1 1
1 2 1
1 3 3 1
1 4 6 4 1
1 5 10 10 5 1
1 6 15 20 15 6 1
1 7 21 35 35 21 7 1
1 8 28 56 70 56 28 8 1
1 9 36 84 126 126 84 36 9 1
1 10 45 120 210 252 210 120 45 10 1

Abbildung 2.24: **Das Pascal'sche Dreieck.**

Tabelle 2.2: Häufig vorkommende Spin-Spin-Aufspaltungsmuster erster Ordnung.

Spinsystem	Molekülstruktur	Multiplizität und Intensitätsverteilung des Signals von H_A	Multiplizität und Intensitätsverteilung des Signals von H_X
AX	$-CH^A-CH^X-$	Dublett (1:1)	Dublett (1:1)
AX_2	$-CH^A-CH_2^X-$	Triplett (1:2:1)	Dublett (1:1)
AX_3	$-CH^A-CH_3^X-$	Quartett (1:3:3:1)	Dublett (1:1)
AX_4	$-CH_2^X-CH^A-CH_2^X-$	Quintett (1:4:6:4:1)	Dublett (1:1)
AX_6	$-CH_3^X-CH^A-CH_3^X-$	Septett (1:6:15:20:15:6:1)	Dublett (1:1)
A_2X_2	$-CH_2^A-CH_2^X-$	Triplett (1:2:1)	Triplett (1:2:1)
A_2X_3	$-CH_2^A-CH_3^X-$	Quartett (1:3:3:1)	Triplett (1:2:1)
A_2X_4	$-CH_2^X-CH_2^A-CH_2^X-$	Quintett (1:4:6:4:1)	Triplett (1:2:1)

Außer in Spektren zweiter Ordnung (siehe Abschnitte 4.1 und 4.9) führt die Kopplung zwischen Protonen mit der gleichen chemischen Verschiebung *nicht* zu einer Aufspaltung des Resonanzsignals. Deswegen enthält zum Beispiel das ^{1}H-NMR-Spektrum von Benzol in Abbildung 2.5 nur ein einzelnes Singulett, obwohl jedes der sechs Protonen mit seinen beiden *ortho*-Nachbarn über eine ^3J-Kopplung korreliert ist. Aus dem gleichen Grund zeigt das Resonanzsignal einer Methylgruppe normalerweise keine Aufspaltung, die durch die Kopplung zwischen den Methylprotonen verursacht wird. Beispiele für ^{1}H-NMR-Spektren, in denen jeweils mehrere Protonen mit gleicher chemischer Verschiebung durch ein Singulett repräsentiert werden, sind die von Aceton, Cyclopropan und Dichlormethan. Das Fehlen der Aufspaltung der Signale von koppelnden Kernen mit identischer chemischer Verschiebung ist von quantenmechanischer Natur und seine Erklärung würde eine längere theoretische Ableitung erfordern, auf die wir in diesem Buch aber verzichten wollen.

Fast alle Kopplungsbeispiele, die wir bisher beschrieben haben, waren Kopplungen zwischen vicinalen Protonen über drei kovalente Bindungen (H–C–C–H), also ^3J-Kopplungen. Kopplungen über vier (^4J) oder mehr Bindungen sind in der Regel deutlich kleiner oder sogar gar nicht beobachtbar. Die Kopplung zwischen geminalen Protonen ($-CH_2-$, ^2J) kann zu einer Aufspaltung der Resonanzsignale führen, wenn ihre chemischen Verschiebungen nicht gleich sind. Dies kann zum Beispiel der Fall sein, wenn das C-Atom Teil eines Rings mit asymmetrischer Substitution bezüglich der beiden Ringseiten ist, das Molekül ein einzelnes Chiralitätszentrum aufweist oder ein Alken keine Symmetrieachse besitzt ($XYC{=}CH_2$). Diese Kopplungen diskutieren wir in Kapitel 4 noch ausführlicher.

Kopplungen können nicht nur zwischen Protonen (homonukleare Kopplung), sondern auch zwischen Protonen (^{1}H) und den ebenfalls magnetischen ^{13}C-Kernen stattfinden (heteronukleare Kopplung). Da die natürliche Häufigkeit von ^{13}C allerdings so niedrig ist (1,1 Prozent), spielen diese Kopplungen für die Analyse von ^{1}H-NMR-Spektren in den allermeisten Fällen keine Rolle, weil die Protonen in etwa 99 von 100 Fällen mit einem nichtmagnetischen ^{12}C-Kern verbunden sind. Manchmal sind in ^{1}H-NMR-Spektren sehr kleine Satellitenpeaks sichtbar, die von der Kopplung mit den 1,1 Prozent ^{13}C-Kernen verursacht werden. Die Resonanzsignale in ^{13}C-NMR-Spektren spalten dagegen infolge der Kopplung mit den Protonen in Multipletts auf, da die magnetischen Protonen (^{1}H) eine sehr große natürliche Häufigkeit von über 99,9 Prozent aufweisen. Die größten Kopplungskonstanten treten dabei mit Protonen auf, die direkt mit dem jeweiligen C-Atom verbunden sind. Daher spaltet das ^{13}C-Resonanzsignal eines Methyl-C-Atoms (**CH_3**) in ein Quartett, das eines Methylen-C-Atoms (**CH_2**) in ein Triplett und das eines Methin-C-Atoms (**CH**) in ein Dublett auf. Das Signal eines quartären C-Atoms (**C**), das mit keinem Proton direkt verknüpft ist, wird nicht durch eine ^1J-Kopplung aufgespalten und erscheint daher als Singulett. Der obere Teil von ▶ Abbildung 2.25 zeigt das ^{13}C-NMR-Spektrum von 3-Hydroxybuttersäure [$CH_3CH(OH)CH_2CO_2H$], das ^{13}C-Resonanzsignale mit allen beschriebenen Multiplizitäten enthält – nämlich von rechts nach links ein Quartett (**CH_3**), ein Triplett (**CH_2**), ein Dublett (**CH**) sowie ein Singulett (**CO_2**H). Somit stellt das Aufspaltungsmuster der Signale in einem ^{13}C-NMR-Spektrum einen ausgezeichneten Indikator für jeden Typ dieser Gruppierungen in einem Molekül dar.

Durch instrumentelle Verfahren bei der Aufnahme von NMR-Spektren, die als **Entkopplung** bezeichnet werden, können die Aufspaltungen der Resonanzsignale eliminiert werden, so dass alle Signale als Singuletts erscheinen. Diese Verfahren werden wir in Abschnitt 5.3 ausführlich diskutieren. Sie beruhen auf der Einstrahlung eines zusätzlichen elektromagnetischen Wechselfelds (B_2), durch das die Kerne des einen Nuklids angeregt werden, während man mit dem B_1-Wechselfeld die Kerne des anderen Nuklids beobachtet. Weil dabei ein zweites Wechselfeld eingestrahlt wird, spricht man auch von einem **Doppelresonanz**-Experiment. Die ^{13}C-NMR-Spektren von Methylacetat in Abbildung 2.7 (unten) und von 3-Hydroxybuttersäure in Abbildung 2.25 (unten) wurden zum Beispiel bei gleichzeitiger Entkopplung der Protonen aufgenommen. Die Entkopplung der

Protonen wird bei der Messung von ^{13}C-NMR-Spektren sehr häufig durchgeführt, um einfacher zu analysierende Spektren zu erhalten, in denen jedes C-Atom nur ein Singulett hervorruft. Misst man sowohl das ^{1}H-entkoppelte als auch das ^{1}H-gekoppelte ^{13}C-NMR-Spektrum einer Verbindung, erhält man aus dem entkoppelten Spektrum einen einfachen Überblick über die Anzahl und Art der Kohlenstoffatome und aus dem gekoppelten Spektrum die Anzahl der Protonen, mit denen jedes einzelne der Kohlenstoffatome direkt verbunden ist (siehe Abbildung 2.25). Die Kopplung wird in Kapitel 4 noch detailliert behandelt.

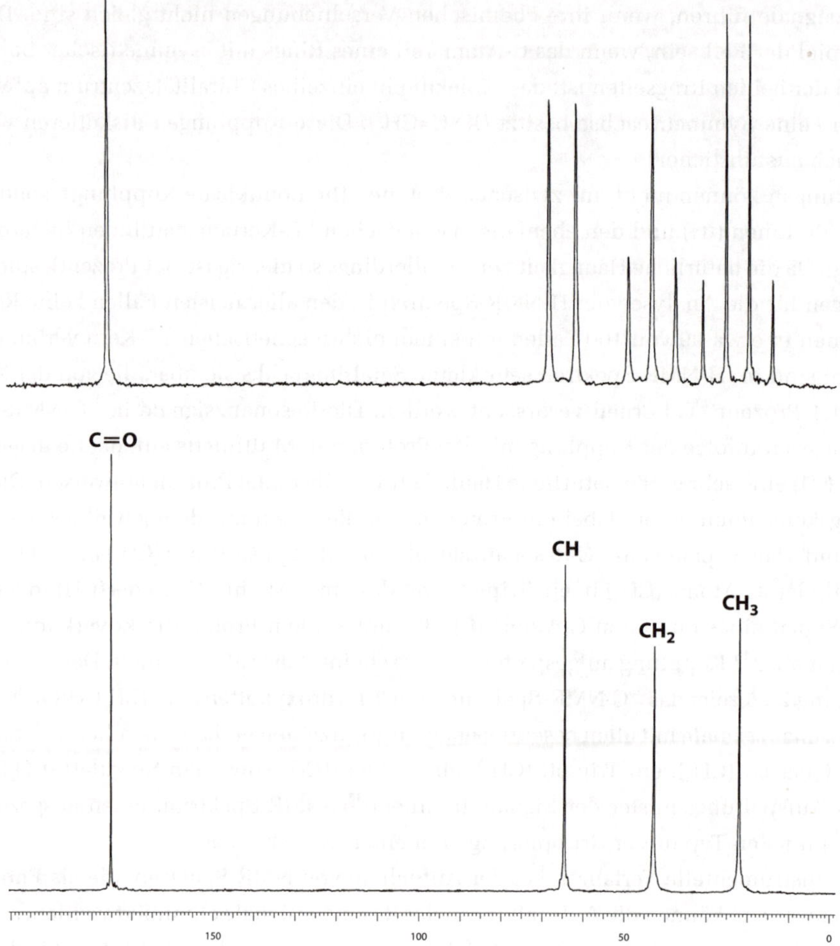

Abbildung 2.25: **22,6-MHz-^{13}C-NMR-Spektren von 3-Hydroxybuttersaure.** (In beiden Fällen ohne Lösungsmittel.) *Oben*: ohne Entkopplung der Protonen. *Unten*: mit Entkopplung der Protonen.

2.7 Quantifizierung und komplexe Aufspaltung

Die Intensität der Resonanzsignale – also die Fläche unter den Signalen – ist direkt proportional zur Anzahl der zugehörigen Kerne in der Probe, wenn bestimmte experimentelle Bedingungen erfüllt werden. Gemäß einer dieser Bedingungen muss zwischen aufeinanderfolgenden Pulsen jeweils genug Zeit liegen, um eine vollständige Relaxation zu gewährleisten. Bei *routinemäßig* aufgenommenen ^{1}H-NMR-Spektren ist das in der Regel der Fall, bei ^{13}C-NMR-Spektren aber nicht. Die Protonen einer Methylgruppe (CH_3) führen somit beispielsweise zu einem Signal mit einer dreimal so großen Intensität wie das Proton einer Methingruppe (CH). Die Intensitäten der Signale und somit auch die Intensitätsverhältnisse zwischen den verschiedenen Signalen können durch elektronische Integration gemessen und dann bei der Strukturaufklärung genutzt werden. Abbildung 2.26 zeigt am Beispiel des ^{1}H-NMR-Spektrums von *trans*-Crotonsäureethylester [*trans*-$CH_3CH{=}CH(CO)OCH_2CH_3$], wie das Ergebnis einer solchen elektronischen Integration im NMR-Spektrum dargestellt wird. Zu diesem Zweck enthält das Spektrum über oder in jedem Signal eine kontinuierliche Linie, die links vom Signal horizontal beginnt und rechts vom Signal horizontal endet. Der vertikale Versatz der Linie dazwischen ist ein Maß für die Fläche unter dem Signal. Die Analyse der Integration in ▶ Abbildung 2.26 ergibt zum Beispiel, dass die Intensitäten des Dubletts bei 5,84 ppm, des Quartetts bei 4,19 ppm und des Tripletts bei 1,28 ppm im Verhältnis 1:2:3 zueinander stehen. (Als chemische Verschiebung eines Kerns, dessen Resonanzsignal zu einem Multiplett aufgespalten ist, wird immer das Zentrum des Multipletts angegeben.) Aus der Integration erhält man nur relative Intensitätsdaten. Deswegen muss der Experimentator bei der Analyse des Spektrums einem der Resonanzsignale die bekannte oder angenommene Anzahl von zugehörigen Protonen im Molekül zuordnen, um dann den anderen Signalen über die Intensitätsverhältnisse jeweils die korrekte Anzahl von Protonen zuweisen zu können. Die Integrale werden digital vom Rechner des NMR-Spektrometers geliefert.

Jedes Resonanzsignal im ^{1}H-NMR-Spektrum von *trans*-Crotonsäureethylester (siehe Abbildung 2.26) kann durch die Analyse der Integrale und der Aufspaltungsmuster bestimmten Protonen des Moleküls zugeordnet werden. Das Triplett bei der niedrigsten Frequenz (dem höchstem Feld, $\delta = 1{,}28$ ppm) weist eine relative Intensität von 3 auf und muss aufgrund seiner chemischen Verschiebung und des Integrals von der Methylgruppe (CH_3) der Ethylgruppe (CH_2CH_3) hervorgerufen werden. Es zeigt die gleiche Kopplungskonstante J wie das Quartett in der Mitte des Spektrums bei 4,19 ppm, dessen relative Intensität 2 beträgt. Dieses Quartett muss deswegen von der Methylengruppe (CH_2) der Ethylgruppe stammen. Das Methyl-Triplett und das Methylen-Quartett bilden die wechselseitig miteinander koppelnden Resonanzsignale der mit dem Estersauerstoffatom verknüpften Ethylgruppe ($-OCH_2CH_3$). Die für Protonen einer Methylengruppe relativ große chemische Verschiebung von 4,19 ppm ist das Resultat der zusätzlichen Entschirmung durch das direkt an die Gruppe gebundene, elektronegative, elektronenziehende Sauerstoffatom, während der Effekt auf die Methylprotonen infolge der größeren Entfernung zum Sauerstoffatom deutlich schwächer ist.

Die restlichen Resonanzsignale des Spektrums werden von Protonen verursacht, die jeweils mit mehr als einem Typ von Proton koppeln. Die resultierenden Kopplungsmuster sind deswegen komplizierter, wie man in den vergrößerten Ausschnitten in Abbildung 2.26 gut erkennen kann. Das Signal bei der höchsten Resonanzfrequenz (dem tiefsten Feld, $\delta = 6{,}98$ ppm) weist eine relative Intensität von 1 auf und muss daher von einem der beiden vinylischen Protonen (CH=CH) stammen. Durch die ^3J-Kopplung mit dem anderen vinylischen Proton spaltet das Signal in ein Dublett mit der Kopplungskonstante $^3J = 16$ Hz auf und jeder Peak dieses Dubletts wird wiederum durch die Kopplung mit den Protonen der allylischen Methylgruppe ($CH_3CH{=}CH$) in ein Quartett aufgespalten, wobei sich die beiden Quartetts um einen ihrer Peaks überkreuzen. Bei der Analyse von komplexen Multipletts können häufig Liniendiagramme beziehungsweise Aufspaltungsbäume hilfreich sein. Ein solcher Aufspaltungsbaum ist in ▶ Abbildung 2.27 für das Resonanzsignal bei 6,98 ppm dargestellt.

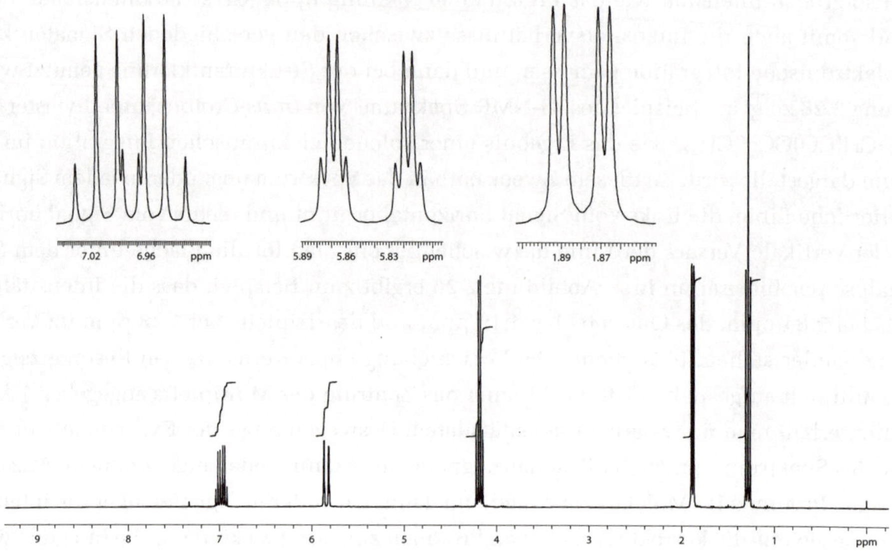

Abbildung 2.26: **Das 300-MHz-^{1}H-NMR-Spektrum von *trans*-Crotonsäureethylester in $CDCl_3$.** Die Multipletts oben in der Abbildung sind vergrößerte Darstellungen von drei Resonanzsignalen des Spektrums.

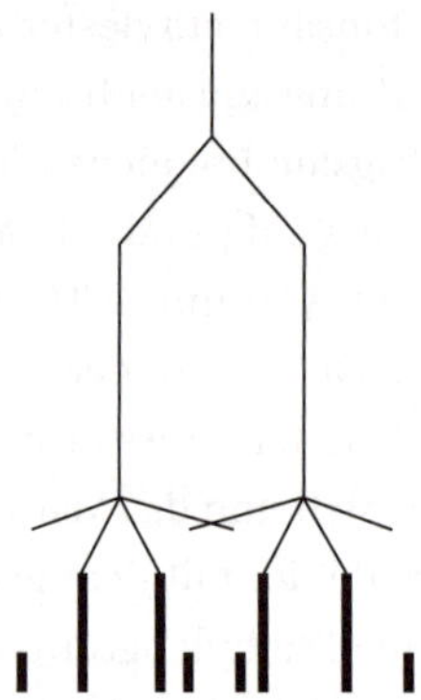

Abbildung 2.27: **Aufspaltungsbaum mit überlappenden Peaks für das Resonanzsignal bei 6,98 ppm.** Solche komplexen Peakmuster entstehen durch die unterschiedliche Kopplung von Spins mit mehr als einem Satz anderer Spins.

Das Resonanzsignal mit der relativen Intensität von 1 bei 5,84 ppm muss durch das andere vinylische Proton verursacht werden und ist demgemäß mit einer Kopplungskonstante von ^3J = 16 Hz durch die Kopplung zum anderen vinylischen Proton zu einem Dublett aufgespalten. Darüber hinaus ist jeder Peak des Dubletts durch eine kleine, schwache Kopplung des Vinylprotons mit den allylischen Methylprotonen zu einem Quartett aufgespalten, ohne dass sich die Peaks der beiden Quartetts überschneiden (▶ Abbildung 2.28). In diesem Fall ist die Kopplungskonstante nämlich mit J = 1 Hz deutlich kleiner als bei dem anderen Vinylproton. Wie wir in Kapitel 4 noch ausführlich erläutern werden, kann die Kopplung des zweiten Vinylprotons (δ = 5,84 ppm) zu den allylischen Methylprotonen aufgrund ihrer geringen Größe von J = 1 Hz als ^4J-Kopplung (über vier Bindungen hinweg) identifiziert werden, während die entsprechende Kopplung des ersten Protons (δ = 6,98 ppm) mit J = 7 Hz eine ^3J-Kopplung (über drei Bindungen hinweg) sein muss.

Das Resonanzsignal bei 6,98 ppm kann somit dem zur allylischen Methylgruppe benachbarten und das Signal bei 5,84 ppm dem zur Carbonylgruppe benachbarten Vinylproton zugeordnet werden.

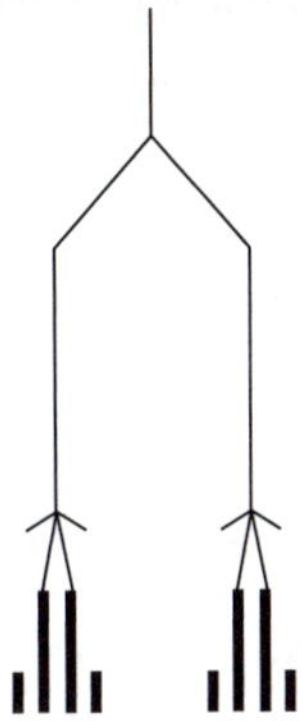

Abbildung 2.28: Aufspaltungsbaum für das Resonanzsignal bei 5,84 ppm.

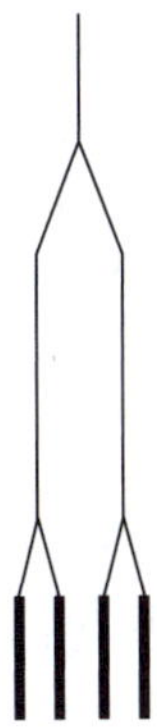

Abbildung 2.29: Aufspaltungsbaum für das Resonanzsignal bei 1,88 ppm.

Das Resonanzsignal bei 1,88 ppm besitzt eine relative Intensität von 3 und wird demnach von den Protonen der verbleibenden, allylischen Methylgruppe ($\mathbf{CH_3}CH{=}CH$) hervorgerufen. Da das Signal durch die separaten Kopplungen der Methylprotonen mit beiden Vinylprotonen aufgespalten wird, besteht es aus insgesamt vier Peaks. Diese entstehen durch die zweifache Aufspaltung in ein Dublett (▶ Abbildung 2.29)mit unterschiedlichen Kopplungskonstanten (7 und 1 Hz). Dieses Kopplungsmuster nennt man deswegen auch Dublett vom Dublett oder manchmal auch Doppeldublett. Beide Kopplungskonstanten können dem Multiplett entnommen werden: (1) Der Abstand zwischen den Zentren der beiden Einzeldubletts beträgt 7 Hz und (2) der Abstand zwischen den Peaks in jedem der beiden Einzeldubletts 1 Hz. Außerdem ist infolge der Entstehung des Dubletts vom Dublett die Intensität aller vier Peaks gleich groß. Die beiden Kopplungskonstanten findet man exakt in den Quartettaufspaltungen der Resonanzsignale der beiden Vinylprotonen wieder. Als *Quartett* bezeichnet man üblicherweise nur ein Multiplett aus vier äquidistanten Peaks im Intensitätsverhältnis 1:3:3:1. Die beschriebenen Überlegungen ergeben schließlich die folgende Zuordnung der Resonanzsignale (mit gerundeten δ-Werten) zu den verschiedenen Protonen von *trans*-Crotonsäureethylester:

$$\begin{array}{llllll} \delta & 1{,}9 & 7{,}0 & 5{,}8 & 4{,}2 & 1{,}3 \\ & CH_3 & CH{=} & CHCO_2 & CH_2 & CH_3 \end{array}$$

Aus der Integration der Resonanzsignale kann man auch die relativen Mengen der Substanzen in einem Gemisch ableiten. Nachdem ein Signal einer bestimmten Gruppe in einem Molekül und somit einer bestimmten Anzahl von Protonen zugeordnet wurde, können nach korrekter Zuordnung des Signals einer Gruppe im anderen Molekül aus den Integralen und den zugehörigen Protonenzahlen in den Summenformeln der Verbindungen die Anteile der verschiedenen Komponenten in der Mischung berechnet werden. Setzt man darüber hinaus einen inneren Standard bekannter Konzentration hinzu, können durch den Vergleich mit den Integralen des Standards auch die absoluten Konzentrationen der Gemischkomponenten bestimmt werden.

2.8 Dynamische Effekte

Gemäß den Zusammenhängen, die in den vorangegangenen Abschnitten erläutert wurden, sollte das ^{1}H-NMR-Spektrum von Methanol (CH_3OH) ein Dublett der relativen Intensität 3 für die Methylprotonen (CH_3), die mit dem einzelnen Hydroxylproton (OH) koppeln, und ein Quartett der relativen Intensität 1 für das Hydroxylproton, das mit den drei Methylprotonen koppelt, enthalten. Wenn die Probe hochgradig rein und die Temperatur bei der Messung ausreichend niedrig ist, erhält man tatsächlich ein solches Spektrum von Methanol (▶ Abbildung 2.30, unten). Die Anwesenheit einer kleinen Menge einer sauren oder basischen Verunreinigung kann den intermolekularen Austausch der Hydroxylprotonen zwischen den Methanolmolekülen allerdings katalysieren, also beschleunigen. Wenn das Hydroxylproton durch irgendeinen Mechanismus vom Methanolmolekül getrennt wird, ist die Information über seinen Spinzustand für den Rest des Moleküls nicht mehr verfügbar. Damit trotzdem noch eine Kopplung im Spektrum beobachtet werden kann, muss die Reaktionsgeschwindigkeit des Austausches der Protonen merklich langsamer sein als die Größe der Kopplung in Hertz (Hz). Wenn die Austauschgeschwindigkeit größer ist als J, kann keine Kopplung zwischen dem Hydroxylproton und den Methylprotonen beobachtet werden. Bei höheren Temperaturen enthält das ^{1}H-NMR-Spektrum von Methanol deswegen nur zwei Singuletts (siehe Abbildung 2.30, oben). Wird die Temperatur abgesenkt und/oder die Konzentration von sauren und/oder basischen Verunreinigungen verringert, sinkt auch die Geschwindigkeit des Austausches. Dabei erscheint die Kopplung so lange nicht im Spektrum, bis die Austauschgeschwindigkeit in einen ausreichend niedrigen Bereich gesunken ist. Dann bleiben die Hydroxylprotonen im Mittel jeweils lange genug mit einem Methanol-Sauerstoffatom verbunden, so dass die Information über ihren Spinzustand durch einen geeigneten Kopplungsmechanismus auf die Methylprotonen übertragen werden kann. Wie Abbildung 2.30 zeigt, kann der Übergang von einem *schnellen Austausch* ohne Kopplung (oben) zu einem *langsamen Austausch* mit Kopplung (unten) für Methanol in einem Temperaturintervall von 80 °C erreicht werden. In der Praxis kommen in den meisten Fällen kleine Mengen saurer oder basischer Verunreinigungen in der Probe vor, so dass Hydroxylprotonen normalerweise keine Kopplungen zu anderen Kernen zeigen. Die relative Intensität des Resonanzsignals des Hydroxylprotons beträgt trotzdem immer noch 1, da die Konzentrationen der sauren oder basischen Verunreinigungen, welche die Protonen in einer Gleichgewichtsreaktion zumindest teilweise von den Hydroxylgruppen übernehmen, in der Regel nur sehr klein sind. Im Verlauf des Übergangs von einem schnellen Austausch ohne jede Kopplung zu einem sehr langsamen Austausch mit voller Kopplung verändert sich die Form des Resonanzsignals kontinuierlich von einem scharfen Singulett über ein zunehmend verbreitertes

Singulett und ein Multiplett mit breiten Peaks zu einem Multiplett mit scharfen Peaks. Direkt an ein Stickstoffatom gebundene Protonen (N**H** oder N**H**$_2$) zeigen ein ähnliches Verhalten.

Ein Prozess, durch den Kopplungen eliminiert werden, kann auch chemische Verschiebungen mitteln. Das ^{1}H-NMR-Spektrum einer Mischung aus Essigsäure und Benzoesäure kann zum Beispiel nur ein Resonanzsignal für die Carboxylprotonen (CO$_2$**H**) beider Verbindungen enthalten. Die Carboxylprotonen werden so schnell zwischen den Molekülen der beiden Verbindungen ausgetauscht, dass das Spektrum nur noch ein gemitteltes Signal für alle Carboxylprotonen aufweist. Wenn als Lösungsmittel Wasser verwendet wird, ergeben austauschbare Protonen wie die OH-Protonen in Carbonsäuren oder Alkoholen keine separaten Signale. Das ^{1}H-NMR-Spektrum von Essigsäure (CH_3CO_2H) in Wasser zeigt beispielsweise nur zwei statt drei Signale: Für die Protonen des Wassers und die Carboxylprotonen der Essigsäure erscheint nur ein einzelnes Resonanzsignal im Spektrum, dessen chemische Verschiebung dem gewichteten Mittel der chemischen Verschiebungen der beiden reinen Verbindungen entspricht. Könnte die Austauschgeschwindigkeit der Protonen zwischen der Essigsäure und den Wassermolekülen stark genug gesenkt werden, würde das Spektrum getrennte Signale für die Protonen zeigen.

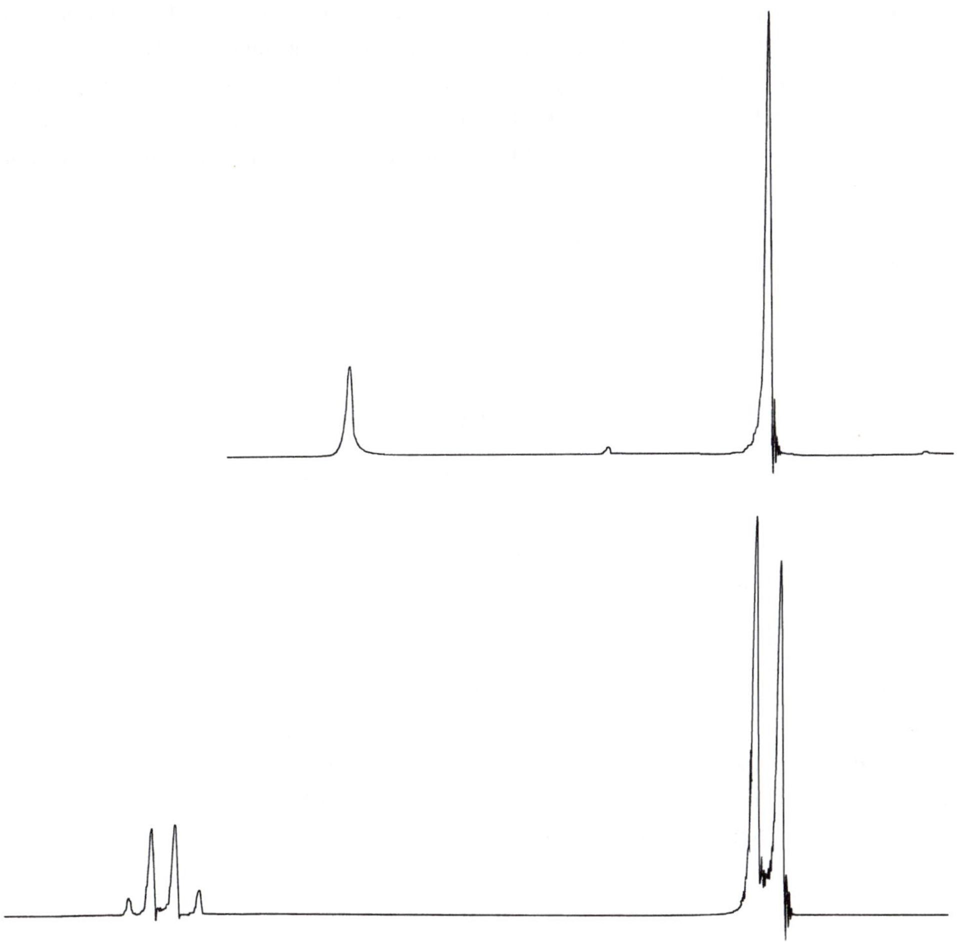

Abbildung 2.30: **Das 60-MHz-^{1}H-NMR-Spektrum von Methanol bei +50 °C (oben) und bei –30 °C (unten).**

Auch intramolekulare (unimolekulare) Reaktionen können das Erscheinungsbild eines NMR-Spektrums beeinflussen, wenn die Reaktionsgeschwindigkeit im Bereich der Größe der chemischen Verschiebungen liegt. In einem Cyclohexanmolekül kommen beispielsweise axiale und äquatoriale Protonen vor. Dennoch zeigt das ^{1}H-NMR-Spektrum von Cyclohexan bei Raumtemperatur nur ein einzelnes scharfes Singulett. Es ist keine Aufspaltung erkennbar und die Signale aller Protonen erscheinen bei der gleichen gemittelten chemischen Verschiebung. Der Grund dafür liegt in den schnellen Konformationsänderungen der Cylcohexanringe, bei der die Ringe von einer Sesselkonformation in die andere umklappen. Dabei werden axiale Protonen zu äquatorialen und umgekehrt. Wenn die Umwandlungsgeschwindigkeit zwischen den Konformationen (in s^{-1}) größer ist als die Differenz zwischen den chemischen Verschiebungen der axialen und äquatorialen Protonen (in Hertz, wobei $1\ Hz = 1\ s^{-1}$), kann das NMR-Experiment nicht zwischen den beiden Arten von Protonen unterscheiden und im Spektrum erscheint nur ein Resonanzsignal. Auch in diesem Fall spricht man von einem *schnellen Austausch*. Bei niedrigeren Temperaturen läuft das Umklappen der Cyclohexanringe allerdings deutlich langsamer ab, so dass das ^{1}H-NMR-Spektrum von Cyclohexan bei −100 °C tatsächlich zwei Resonanzsignale für die beiden Protonenarten zeigt (*langsamer Austausch*). Liegen die Temperaturen bei der Messung im mittleren Bereich, können verbreiterte Signale beobachtet werden, welchen den Übergang vom *schnellen* zum *langsamen Austausch* widerspiegeln. In ► Abbildung 2.31 sind die Veränderungen des ^{1}H-NMR-Spektrums von Cyclohexan mit der Temperatur dargestellt. Dabei wurden im Cyclohexan bis auf ein Proton alle Protonen gegen Deuterium ausgetauscht (Cyclohexan-d_{11}, Undecadeuterocyclohexan; siehe Molekül **2-3**), um die Spektren durch die Eliminierung von vicinalen Kopplungen zwischen den Protonen zu vereinfachen.

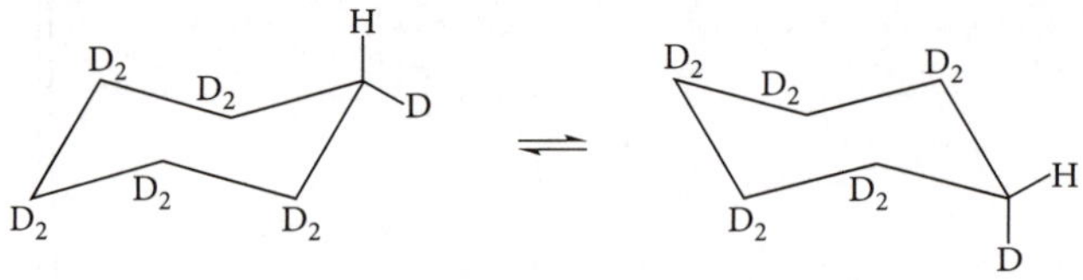

2-3

Diese Prozesse, die zu einer Mittelung von spektralen Parametern in NMR-Spektren führen, verlaufen reversibel – entweder als säure- oder basenkatalysierte intermolekulare Austauschvorgänge oder als unimolekulare strukturelle Reorganisationen. Die NMR-Spektroskopie ist eine der wenigen Methoden, mit denen die Effekte von Reaktionsgeschwindigkeiten gemessen werden können, wenn sich das System im Gleichgewicht befindet. Zur Durchführung der meisten anderen kinetischen Messmethoden muss eine Substanz irreversibel in eine andere umgewandelt werden. Dazu muss das System weit genug vom Gleichgewicht entfernt sein. Die dynamischen Effekte, die zur Mittelung von chemischen Verschiebungen oder Eliminierung von Kopplungen führen, bieten eine beinahe einzigartige Möglichkeit zur Untersuchung von Prozessen, die mit einer Geschwindigkeit im Bereich von einigen wenigen Ereignissen pro Sekunde ablaufen. Mit dieser Thematik werden wir uns in Abschnitt 5.2 noch näher beschäftigen.

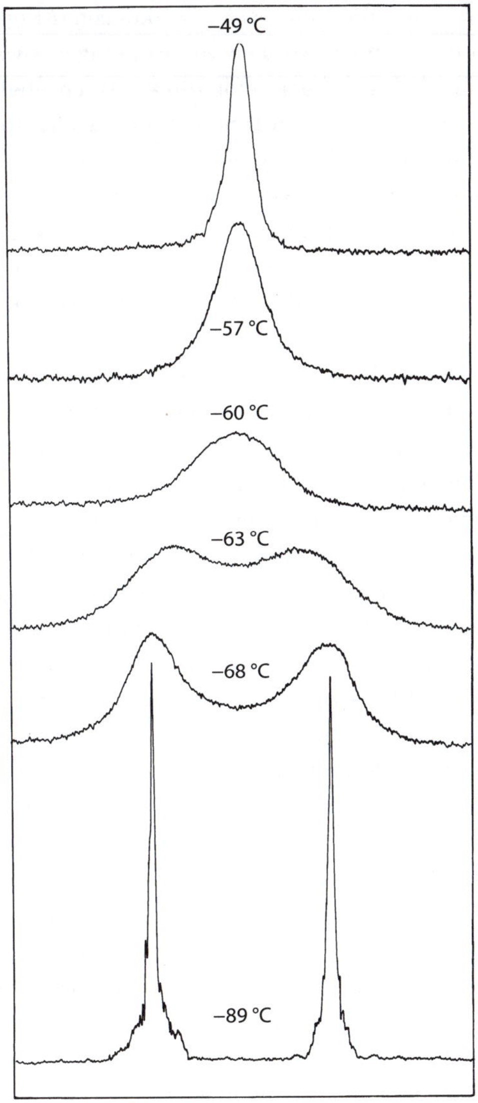

Abbildung 2.31: Das 60-MHz-^{1}H-NMR-Spektrum von Cyclohexan-d_{11} in Abhängigkeit von der Temperatur. (Mit freundlicher Genehmigung von: Bovey, F.A., Hood III, F.P., Anderson, E.W. und Kornegay, R.L. 1964. *J. Chem. Phys.* **41**: 2042.)

2.9 Festkörper-NMR-Spektroskopie

Alle Beispiele von NMR-Spektren, die wir bisher betrachtet haben, waren entweder von flüssigen Substanzen oder von festen Substanzen in Lösung. Die Probe war also immer flüssig. Natürlich wäre es auch von Nutzen, NMR-Spektren direkt von Festkörpern aufnehmen zu können. Warum haben wir die Diskussion von festen Proben aber bis jetzt vermieden? Unter den Bedingungen, die bei der Messung der NMR-Spektren von Flüssigkeiten normalerweise herrschen, erhält man von Festkörpern nur Ergebnisse mit sehr breiten, überlagerten Signalen, die kaum nutzbare Informationen liefern. Für die äußerst schlechte Auflösung der unter diesen Bedingungen gemessenen Festkörper-NMR-Spektren sind im Wesentlichen zwei Gründe verantwortlich, die wir im Folgenden näher erläutern wollen.

Zusätzlich zu den indirekten Spin-Spin-Wechselwirkungen (*J*-Kopplungen) zwischen Atomkernen, die mechanistisch durch die Elektronen von Bindungen zwischen den Kernen vermittelt werden, können Kernmagnete auch über eine direkte Wechselwirkung ihrer magnetischen Kerndipole koppeln. Diese so genannte **Dipol-Dipol-**, **dipolare** oder **direkte Kopplung** (kurz auch *D*- oder *DD*-Kopplung) erfolgt direkt durch den Raum und nicht über die Vermittlung durch Bindungselektronen. Da sie durch Bindungen aber auch nicht gestört wird, kann eine direkte Dipol-Dipol-Kopplung sowohl intermolekular als auch intramolekular zwischen direkt miteinander verknüpften Atomen stattfinden. Die Kopplungskonstanten solcher Kopplungen werden mit dem Buchstaben *D* bezeichnet und sind viel größer als bei den *J*-Kopplungen, die wir bereits kennen gelernt haben.

Die quantenmechanische Behandlung der direkten Dipol-Dipol-Kopplung ergibt, dass die Größe der Kopplung vom Abstand der miteinander koppelnden Kerne und vom Winkel zwischen dem Abstandsvektor zwischen den Kernen und der Richtung des äußeren Magnetfelds abhängt. In Lösung unterliegt jeder einzelne Kerndipol infolge der molekularen Bewegungen einer ständigen sehr schnellen Reorientierung im Raum. Infolgedessen verändern sich auch der Abstand zwischen zwei potenziell koppelnden Kernen sowie der Winkel zwischen ihrem Abstandsvektor und der Richtung des äußeren Magnetfelds ständig. Zwei Kernmagnete zeigen in Lösung *keine D*-Kopplung, weil diese durch die molekularen Reorientierungen – die auf der Zeitskala der *D*-Kopplung sehr schnell und somit häufig stattfinden – zu null gemittelt wird. Die nur intramolekular auftretende indirekte Spin-Spin-Kopplung (*J*) wird durch die molekularen Bewegungen in isotropen Flüssigkeiten nicht eliminiert, weil sie – wie sich aus quantenmechanischen Ableitungen ergibt – nicht von der molekularen Orientierung abhängt. In fester Phase werden die magnetischen Kerndipole dagegen in einer festen Position und relativen Orientierung gehalten, so dass die *D*-Kopplungen nicht mehr verschwinden. Die *D*-Kopplung, deren Größe im Bereich von mehreren Hundert bis einigen Tausend Hertz liegt, stellt in Festkörpern tatsächlich die dominierende magnetische Wechselwirkung dar. In einem pulverförmigen oder amorphen Feststoff kommen die vielen Exemplare eines jeden spezifischen, dipolar koppelnden Kernpaars darüber hinaus in allen möglichen Orientierungen ihres Abstandsvektors bezüglich des äußeren Magnetfelds vor – bei *inter*molekularen Kopplungen außerdem mit unterschiedlichen Abständen ihrer Kerne. Deswegen variieren die Kopplungskonstanten für die einzelnen Vertreter eines spezifischen Kernpaars von null bis zu einem Maximalwert. Zur Ausmittelung und somit zum Verschwinden der *D*-Kopplung kommt es deswegen aber nicht, weil jedes einzelne Kernpaar für sich eine feste Lage und Orientierung im Raum aufweist. Infolgedessen erhält man in einem Festkörper-NMR-Spektrum ohne spezielle Maßnahmen nur sehr breite und überlagerte Signale, die eine Analyse des Spektrums praktisch unmöglich machen.

Ebenso wie die *J*-Kopplung kann die *D*-Kopplung durch die Einstrahlung eines starken zweiten Wechselfelds (B_2) unterdrückt werden (Doppelresonanz-Experiment; siehe Abschnitt 2.6). Zur Eliminierung der *D*-Kopplungen muss das B_2-Feld allerdings mit einer deutlich höheren Senderleistung erzeugt werden, um ein Frequenzband zu erhalten, das über alle Frequenzen des wesentlich größeren Frequenzbereichs der *D*-Kopplungen ausreichend hohe Amplituden aufweist. Diese High-Power-Entkopplung wird routinemäßig zur Verringerung der Breite der Resonanzsignale in Festkörper-NMR-Spektren eingesetzt. In der Praxis ist die Entkopplung sowohl für *D*-Kopplungen als auch für *J*-Kopplungen am einfachsten für die Kopplungen zwischen Spin-1/2-Kernen verschiedener Nuklide mit unterschiedlichen, nicht überlappenden Resonanzfrequenzbereichen durchzuführen. Auf diese Weise können also zum Beispiel die C,H-Kopplungen in ^{13}C-NMR-Spektren relativ leicht unterdrückt werden. Da C,C-Kopplungen aus den bereits erwähnten Gründen praktisch keine Rolle spielen, erhält man so ^{13}C-NMR-Spektren ohne sichtbare Kopplungen. Die H,H-Kopplungen aus einem ^{1}H-NMR-Spektrum zu eliminieren, ist dagegen schwieriger, weil die Resonanzfrequenzen beider Kopplungspartner im gleichen Frequenzbereich liegen. Aussagekräftige ^{13}C-NMR-Spektren können von Festkörpern deswegen viel einfacher gemessen werden als aussagekräftige ^{1}H-NMR-Spektren. Gut aufgelöste Festkörper-NMR-Spektren von quadrupolaren Kernen wie ^{27}Al sind ebenfalls schwieriger zu erhalten.

Der zweite Hauptfaktor, der zur Signalverbreiterung in Festkörper-NMR-Spektren beiträgt, ist die *Anisotropie der Abschirmung* und der daraus folgenden *Anisotropie der chemischen Verschiebung*. Die Abschirmung eines spezifischen Kerns durch die Elektronen in seiner Umgebung in einem Molekül hängt von der Orientierung des Moleküls relativ zum äußeren Magnetfeld (B_0) ab. Infolge der Mittelung der Abschirmung über alle Raumrichtungen durch die schnellen molekularen Bewegungen erscheint bei Lösungen (Flüssigkeiten) nur eine mittlere chemische Verschiebung für einen spezifischen Kern. In Festkörpern fehlen die Umorientierungen von Molekülen bezüglich des äußeren Magnetfelds dagegen ganz oder laufen zumindest nur sehr langsam ab. Betrachten wir zum Beispiel das Carbonylkohlenstoffatom von Aceton. Wenn die C=O-Bindung parallel zum B_0-Feld ausgerichtet ist, erfährt der Kern eine andere Abschirmung als im Fall einer senkrechten Ausrichtung der Bindung zum B_0-Feld (► Abbildung 2.32). Warum? Die Bewegung und Verteilung der *magnetischen* Elektronen und somit die Abschirmung der verschiedenen Kerne in einem Molekül wird durch das äußere Magnetfeld je nach Orientierung des Moleküls unterschiedlich beeinflusst. Da die Moleküle in einem (amorphen) Feststoff in allen möglichen räumlichen Orientierungen vorkommen, tritt für einen spezifischen Kern in den vielen Molekülen einer Probe ein ganzer Bereich von Abschirmungen und somit ein ganzer Bereich von Resonanzfrequenzen auf.

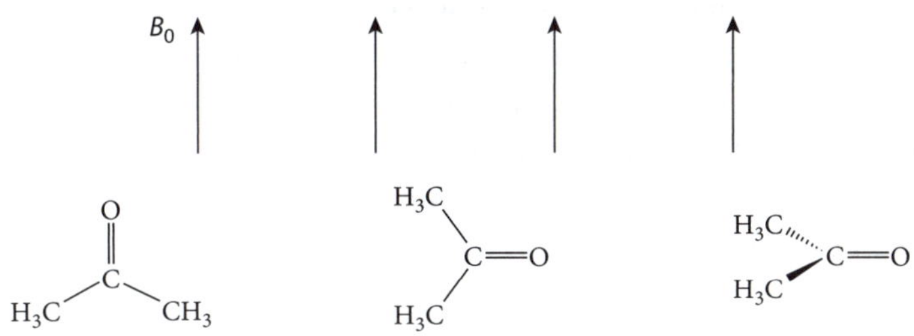

Abbildung 2.32: Schematische Darstellung zur Anisotropie der Abschirmung in Festkörpern.

Die Doppelresonanz-Technik, die zur Eliminierung der dipolaren Kopplung eingesetzt wird, führt nicht zur Ausmittelung der Anisotropie der Abschirmung. Dieses Problem wird stattdessen weitgehend durch die schnelle Rotation (engl. *spinning*) des gesamten Probenröhrchens behoben, durch welche die schnellen molekularen Bewegungen nachgeahmt werden. Der gewünschte Effekt der schnellen Rotation kann optimiert werden, indem die Rotationsachse auf einen Winkel von 54°44′ bezüglich der Richtung des äußeren Magnetfelds gesetzt wird. Dieser Winkel entspricht dem Winkel zwischen der Kante und einer der angrenzenden Raumdiagonalen eines Würfels. Betrachtet man die an einer Ecke des Würfels mit einer Raumdiagonale zusammentreffenden drei Kanten des Würfels als die Achsen eines kartesischen Koordinatensystems, beträgt der Winkel zwischen dieser Raumdiagonale und jeder der drei Kanten 54°44′ und die Diagonale bildet eine dreizählige Symmetrieachse, welche die *x*-, *y*- und *z*-Achse des Koordinatensystems nacheinander aufeinander abbildet. Die Rotation um diese Diagonale führt deswegen beim NMR-Experiment zu einer vollständigen Mittelung aller kartesischen Koordinaten der Moleküle, weil die Richtung des äußeren Magnetfelds eine der Achsen des Koordinatensystems repräsentiert. Deswegen werden durch die Rotation auch alle möglichen Orientierungen der Moleküle bezüglich des B_0-Feldes und somit die Anisotropie der Abschirmung gemittelt. Im NMR-Spektrum erscheint dann nur noch ein scharfes Resonanzsignal bei der gemittelten (isotropen) chemischen Verschiebung des Kerns. Der Winkel von 54°44´ wird wegen seiner besonderen Bedeutung für die Ausmittelung der Anisotropie der Abschirmung als magischer Winkel (engl. *magic angle*) bezeichnet. Die Methode der Rotation der Probe um eine Achse in diesem Winkel zum äußeren Magnetfeld nennt man demgemäß **Magic Angle Spinning** (**MAS**). Da die Größe der Abschirmung im Allgemeinen im Bereich von wenigen Hundert bis einigen Tausend Hertz liegt, muss die Rotationsfrequenz der Probe größer sein, um alle molekularen Orientierungen auf der Zeitskala des NMR-Experiments tatsächlich ausmitteln zu können. Das Probenröhrchen muss daher mindestens mit einer Frequenz von 2 bis 5 kHz rotieren. Technisch sind aber auch Frequenzen bis 50 kHz möglich.

Durch die Kombination aus der Einstrahlung eines starken B_2-Wechselfelds zur Unterdrückung der direkten Dipol-Dipol-Kopplung und dem Magic Angle Spinning zur Eliminierung der Abschirmungsanisotropie erhält man ^{13}C-NMR-Spektren von Festkörpern, die fast eine ebenso große Auflösung zeigen wie die von Flüssigkeiten. Auch gut aufgelöste Festkörper-NMR-Spektren von Protonen oder quadrupolaren Kernen sind realisierbar. Allerdings sind dafür kompliziertere Experimente erforderlich. ▶ Abbildung 2.33 zeigt ^{13}C-Festkörper-NMR-Spektren von polykristallinem β-Hydrochinon-Methanol-Clathrat. Das einzelne, breite, wenig aussagekräftige Signal in Abbildung 2.33a, das sich praktisch über das gesamte Spektrum erstreckt, ist typisch für Festkörper-NMR-Spektren, die ohne den Einsatz der oben beschriebenen Techniken gemessen wurden. Durch die Einstrahlung eines starken B_2-Wechselfelds wurden im Spektrum in Abbildung 2.33b die direkten dipolaren Kopplungen unterdrückt, so dass bereits erste diskrete Merkmale erkennbar werden. Der zusätzliche Einsatz des Magic Angle Spinning bei der Messung ergibt schließlich das hochaufgelöste ^{13}C-Festkörper-NMR-Spektrum in Abbildung 2.33c.

Die Relaxationszeiten sind in Festkörpern extrem lang, weil die Bewegung der Kerne, die für die Spin-Gitter-Relaxation erforderlich ist (siehe Abschnitt 2.4), entweder ganz fehlt oder zumindest nur sehr langsam stattfindet. Die Messung von ^{13}C-Festkörper-NMR-Spektren kann deswegen sehr lange dauern, weil zwischen zwei Pulsen jeweils einige Minuten verstreichen müssen, um vor dem nächsten Puls eine ausreichende Relaxation zu gewährleisten. Dieses Problem kann allerdings unter Ausnutzung der günstigeren Eigenschaften der Protonen, die mit den Kohlenstoffatomen koppeln, gelöst werden. Zu diesem Zweck wird wie bei den Doppelresonanz-Experimenten zur Eliminierung von *J*- und *D*-Kopplungen ein zweites Wechselfeld eingestrahlt – diesmal aber um einen Teil der stärkeren Magnetisierung und der schnelleren Relaxation der Protonen auf die ^{13}C-Atome zu übertragen. Diesen Prozess nennt man **Cross Polarization** (CP) oder **Kreuzpolarisation**. Die Kreuzpolarisation wird bei der Messung der meisten ^{13}C-Festkörper-NMR-Spektren standardmäßig genutzt. Nachdem der makroskopische Magnetisierungsvektor der Protonen durch einen 90°-Puls (B_1-Feld in *x*-Richtung) auf die *y*-Achse gedreht wurde, wird kontinuierlich ein B_2-Wechselfeld in *y*-Richtung eingestrahlt, um die Präzession der magnetischen Momente der Protonen um die *y*-Achse und somit die Ausrichtung des Magnetisierungsvektors in *y*-Richtung aufrechtzuerhalten. Man spricht in diesem Zusammenhang von einem **Spin-Lock** (engl. *spin locking*). Die Frequenz des

B_2-Feldes ($\gamma_H B_H$) kann durch den Bediener des NMR-Spektrometers kontrolliert werden. Nachdem der Spin-Lock erfolgt ist, wird der ^{13}C-Kanal eingeschaltet und auf die gleiche Frequenz wie die Präzessionsfrequenz der Protonen eingestellt (Hartmann-Hahn-Bedingung: $\gamma_H B_H = \gamma_C B_C$). Solange der ^{1}H- und der ^{13}C-Kanal eingeschaltet bleiben (Kontaktzeit), präzedieren die Protonen und die ^{13}C-Kerne dann mit der gleichen Frequenz und weisen die gleiche Nettomagnetisierung auf, die im Fall der ^{13}C-Kerne größer ist als bei einem normalen Puls-Experiment. Die ^{13}C-Resonanzen besitzen somit eine erhöhte Intensität und die Relaxation der ^{13}C-Kerne erfolgt schneller (ähnlich wie bei Protonen). Bei Erreichen der maximalen Intensität der Kohlenstoffresonanz wird das B_C-Feld ausgeschaltet und der zeitliche Verlauf der ^{13}C-Magnetisierung (der FID) wird aufgezeichnet. Das B_H-Feld bleibt währenddessen zum Zweck der C,H-Entkopplung eingeschaltet.

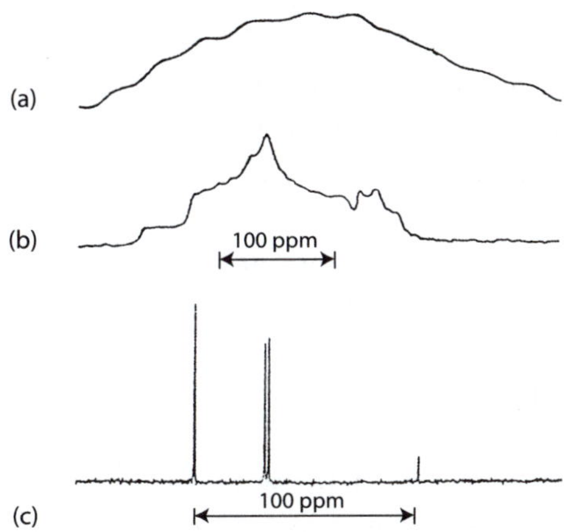

Abbildung 2.33: Das ^{13}C-Festkörper-NMR-Spektrum von polykristallinem β-Hydrochinon-Methanol-Clathrat. (a) Ohne dipolare Entkopplung und MAS, (b) mit C,H-Entkopplung und (c) mit Entkopplung und Magic Angle Spinning.

Die Erhöhung der Auflösung und der Empfindlichkeit des Festkörper-NMR-Experiments durch die Kreuzpolarisation und das Magic Angle Spinning (MAS) hat der NMR-Spektroskopie ganz neue Möglichkeiten eröffnet. Unlösliche anorganische und organische Materialen können mithilfe dieser Techniken NMR-spektroskopisch analysiert werden. Zuerst wurden synthetische Polymere und Kohle auf diese Weise untersucht. Biologische und geologische Materialien wie Holz, Huminsäuren oder Biomembranen haben sich zu allgemeinen Studienobjekten in der NMR-Spektroskopie entwickelt. Darüber hinaus konnten nun auch Unterschiede zwischen Substanzen in fester und flüssiger Form untersucht werden – zum Beispiel bezüglich ihrer Struktur oder Konformation.

2.10 Experimentelle Methoden

2.10.1 Das Spektrometer und die Probe

Obwohl eine breite Vielfalt von NMR-Spektrometern verfügbar ist, kommen bestimmte Komponenten in all diesen Geräten vor, wie zum Beispiel

- ein Magnet, der das statische äußere B_0-Feld bereitstellt,
- elektronische Komponenten zur Erzeugung der B_1-Wechselfeld-Pulse und zur Detektion des resultierenden NMR-Signals,
- eine Vorrichtung zur Positionierung des Probenröhrchens innerhalb des B_0-Feldes,

- Hardware zur Stabilisierung des B_0-Feldes und zur Optimierung des Signals sowie
- ein Computer zur Überwachung und Steuerung des NMR-Spektrometers und zur Verarbeitung der NMR-Signale bis zum fertigen NMR-Spektrum.

Frühe NMR-Spektrometer waren noch mit Permanent- oder Elektromagneten zur Erzeugung des B_0-Feldes ausgestattet. Die damit erreichbaren magnetischen Flussdichten – bis 2,35 T oder 100 MHz für Protonen – und Feldstabilitäten waren allerdings relativ gering. Infolgedessen waren die Signalintensitäten und die Auflösung der Spektren aus heutiger Sicht nicht zufriedenstellend. Die derzeit im Forschungsbereich eingesetzten NMR-Spektrometer arbeiten dagegen mit supraleitenden Magneten, die magnetische Flussdichten von 3,5 bis zu 23,5 T (entsprechend Messfrequenzen von 150 MHz bis 1000 MHz = 1 GHz) erzeugen können. Diese Magnete ermöglichen hohe Empfindlichkeiten und somit Signalintensitäten beziehungsweise viel kürzere Messzeiten. Außerdem bieten sie deutlich stabilere Magnetfelder. Darüber hinaus sind die Resonanzsignale infolge der sehr starken äußeren Magnetfelder, die von supraleitenden Magneten bereitgestellt werden, besser voneinander getrennt, weil die chemischen Verschiebungen in Hertz (nicht in ppm) und folglich auch die Differenzen zwischen den chemischen Verschiebungen mit der Flussdichte ansteigen, während die Kopplungskonstanten unverändert bleiben. Die supraleitende Magnetspule muss zur Erhaltung ihrer supraleitenden Eigenschaften und somit der großen Stromstärken, die für die Erzeugung des starken Magnetfelds erforderlich sind, auf sehr tiefe Temperaturen gekühlt werden. Man bezeichnet die supraleitenden Magnete daher auch als *Kryomagnete*. Die Magnetspule befindet sich deswegen in einem zylindrischen Dewar-Gefäß mit Vakuummantel, das mit flüssigem Helium (4,2 K) gefüllt ist. Dieses Dewar-Gefäß ist zur Vermeidung von größeren Heliumverlusten wiederum von einem zweiten zylindrischen Dewar-Gefäß umhüllt, das flüssigen Stickstoff (77 K) enthält. Die supraleitende Spule ist so angeordnet, dass sich der Bereich der größten Flussdichte und Homogenität des B_0-Feldes entlang der Achse der zylindrischen Dewar-Gefäße im Zentrum der Anordnung befindet, wobei die Richtung des Feldes derjenigen der Achse entspricht. Deswegen weist das NMR-Spektrometer einen zentralen Kanal (eine Bohrung) mit einem Durchmesser zwischen 53 und 89 mm auf, in dem das Probenröhrchen zur Messung platziert wird. Die Temperatur innerhalb des Kanals im Bereich der Probe wird bei Raumtemperatur gehalten oder bei spezifischen temperaturabhängigen Experimenten kontrolliert variiert. Bei der Flüssigkeits-NMR-Spektroskopie wird das Probenröhrchen in Richtung des B_0-Feldes (z) und somit in Richtung der Zylinderachse der Dewar-Gefäße und der Kanalachse angeordnet, während es bei der Festkörper-NMR-Spektroskopie im magischen Winkel zu dieser Richtung schnell rotiert wird (siehe Abschnitt 2.9). Bei der CryoProbe-Technologie werden darüber hinaus die Sender- und Empfängerspulen sowie der Vorverstärker auf sehr niedrige Temperaturen bis 27 K heruntergekühlt, während die Probe selbst auf Raumtemperatur gehalten wird, um das elektronische Rauschen zu minimieren und somit die Empfindlichkeit (Signalintensität) deutlich zu erhöhen.

Eine weitere Komponente des NMR-Spektrometers ist eine Einheit, welche unter anderem die Sender (engl. *transmitter*) für die verschiedenen magnetischen Wechselfelder (B_1, B_2 et cetera) enthält, die bei den unterschiedlichen Experimenten in die Probe eingestrahlt werden. Bei Puls-Experimenten weist das vom Sender erzeugte B_1-Wechselfeld eine Amplitude zwischen 1 und 40 mT auf. In Spektrometern, die für die Messung von NMR-Spektren verschiedener Nuklide (wie zum Beispiel ^{1}H, ^{13}C, ^{29}Si et cetera) ausgelegt sind, muss die Frequenz des B_1-Feldes über einen entsprechend großen Bereich einstellbar sein, um die Resonanzfrequenzen aller gewünschten Nuklide bereitstellen zu können. Die Konsole umfasst außerdem einen Breitbandempfänger, einen Vorverstärker zur Verstärkung des von Natur aus schwachen NMR-Signals, die Energieversorgung für die Shim-Spulen (siehe Abschnitt 2.10.2) zum Ausgleich von Feldinhomogenitäten des B_0-Feldes, einen A/D-Wandler, einen Generator zur Erzeugung von geformten Pulsen (engl. *shaped pulses*; siehe Abschnitt 5.8) und möglicherweise einen Temperaturregler zur Temperierung der Probe.

Das Probenröhrchen wird mithilfe eines justierbaren Probenkopfes im homogensten Bereich des B_0-Magnetfelds innerhalb der zentralen Bohrung (Kanal) des Spektrometers positioniert. Der Probenkopf umfasst einige der bereits erwähnten Komponenten, die sich bei der Messung zusammen mit der Probe innerhalb der zentralen Bohrung befinden – wie beispielsweise den Probenhalter, die Senderspulen, welche die in die Probe eingestrahlten Wechselfelder liefern, die Empfängerspulen zur Detektion des NMR-Signals (FID), die Spulen zur Feld-Frequenz-Stabilisierung und den Vorverstärker. Die Shim-Spulen können im weiteren Sinn auch zum Probenkopf gezählt werden. Die Maße des Probenkopfes bestimmen den maximalen Durchmesser der Probenröhrchen, die in den Kopf eingeführt werden können. Die Probenröhrchen besitzen typischerweise einen Durchmesser von 5 mm, können bei der Flüssigkeits-NMR-Spektroskopie aber je nach Anforderung auch größere (zum Beispiel 10 mm) oder kleinere Durchmesser aufweisen. In der Regel beträgt das Probenvolumen bei Flüssigkeiten zwischen 500 und 650 µl. Bei nur sehr kleinen verfügbaren Substanzmengen können aber auch Mikroprobenröhrchen verwendet werden, die ein deutlich kleineres Probenvolumen zulassen. Röhrchen mit größerem Durchmesser kommen bei der Vermessung von Kernen mit geringer Empfindlichkeit und bei Proben zum Einsatz, die infolge einer geringen Löslichkeit der zu untersuchenden Substanz nur in niedriger Konzentration verfügbar sind. In der Praxis können ^{1}H-NMR-Spektren bereits von weniger als 1 µg gelöster Substanz erhalten werden. Das Ergebnis hängt allerdings auch von der Molekülmasse ab, da die Konzentration der Substanz und somit der einzelnen Kerne bei gegebener Substanzmenge mit steigender Molekülmasse abnimmt. Darüber hinaus muss die Flussdichte B_0 des äußeren Magnetfelds groß genug sein und es müssen weitere Faktoren in günstiger Konstellation stehen, um qualitativ und quantitativ hochwertige Spektren von so kleinen Substanzmengen messen zu können. Wegen der geringeren Rezeptivität der ^{13}C-Kerne ist für die routinemäßige Messung von ^{13}C-NMR-Spektren mindestens eine Substanzmenge im Milligrammbereich erforderlich. Mit den leistungsfähigsten Geräten und Verfahren, die heute zur Verfügung stehen, konnten diese Grenzen für die ^{1}H-NMR-Spektroskopie auf den Nanogramm- und für die ^{13}C-NMR-Spektroskopie in den Mikrogrammbereich gesenkt werden.

Um Feststoffe in Lösung zu vermessen, muss deren Löslichkeit in einem geeigneten NMR-Lösungsmittel gut genug sein. Das Lösungsmittel darf (zumindest bei ^{1}H-NMR-Spektren) keine Resonanzsignale im Resonanzbereich der untersuchten Kerne hervorrufen. In der ^{1}H-NMR-Spektroskopie werden deswegen traditionell deuterierte Lösungsmittel wie beispielsweise $CDCl_3$, D_2O, DMSO-d_6 und Aceton-d_6 verwendet. Das Lösungsmittel darf bei der Messtemperatur außerdem weder verdampfen noch gefrieren. Darauf ist besonders zu achten, wenn die Messung bei ungewöhnlichen Temperaturen weit über oder unter Raumtemperatur durchgeführt werden soll. Darüber hinaus sollten nur qualitativ hochwertige NMR-Probenröhrchen verwendet und diese weder zu hoch noch zu niedrig gefüllt werden. Eine zu hohe Füllung führt zu einer verminderten Empfindlichkeit, wenn diese auf die Verteilung einer nur kleinen verfügbaren Probenmenge auf ein größeres Lösungsmittelvolumen als notwendig zurückzuführen ist. In diesem Fall wird durch die unnötige Verdünnung nämlich die Konzentration der Probe und somit die Gesamtmenge der zu vermessenden Substanz innerhalb der Probenspulen verringert. Bei zu niedriger Füllung wird dagegen die Homogenität des B_0-Feldes im Bereich der Probe ungünstig beeinflusst. Die Probe sollte weiterhin frei von Feststoffpartikeln sein und deswegen vor der Messung zum Beispiel durch etwas Glaswolle in der Spitze einer Pipette filtriert werden. Zum Erreichen einer höchstmöglichen Auflösung sowie zur Messung von Spin-Gitter-Relaxationszeiten muss die Probe schließlich vor der Messung entgast werden, um den störenden *paramagnetischen* molekularen Sauerstoff zu entfernen.

2.10.2 Optimierung des Signals

Bei jedem NMR-Experiment werden zwei grundsätzliche Ziele verfolgt: eine möglichst große Empfindlichkeit und somit Signalintensität sowie eine möglichst hohe Auflösung. Peaks sollten bei manchen Fragestellungen noch getrennt voneinander erscheinen, wenn ihr Abstand weniger als 0,5 Hz beträgt. Dafür muss das B_0-Feld in höchstem Maße homogen sein – für eine Auflösung von 0,5 Hz muss die Feldhomogenität bei einer Messfrequenz von 500 MHz besser sein als $1{:}10^9$. Feldinhomogenitäten in Form von kleinen Gradienten in B_0 können mithilfe so genannter *Shim-Spulen* (engl. *shim coils*) korrigiert werden. Das B_0-Feld könnte zum Beispiel in z-Richtung einen kleinen Gradienten aufweisen, so dass die magnetische Flussdichte entlang der z-Achse an einem Punkt etwas größer ist als an einem anderen Punkt. Ein solcher Gradient kann durch einen kleinen elektrischen Strom durch eine Spule – eine Shim-Spule –, die sich im oder im Bereich des Probenkopfes befindet, ausgeglichen werden. Es sind Shim-Spulen für die Korrektur von Gradienten in allen drei kartesischen Koordinaten (x, y, z) sowie für Gradienten höherer Ordnung (z^2, x^3 et cetera) und für Kombinationen von Gradienten (xy, $x^2 - y^2$ et cetera) verfügbar.

Für ein optimales Signal muss das Probenröhrchen richtig im Probenkopf positioniert werden. Wird das Röhrchen zu tief oder nicht tief genug in den Probenkopf eingeführt, befindet sich nicht das gesamte Probenmaterial im Bereich der Empfängerspule, so dass diese nur die Signale eines Teils der Probe empfangen kann. Ein zu tiefes Einfahren des Probenröhrchens kann darüber hinaus eine Beschädigung von Komponenten des Probenkopfes verursachen, die unterhalb der optimalen Position der Probe liegen. In manchen NMR-Spektrometern wird das Probenröhrchen auch bei der Flüssigkeits-NMR-Spektroskopie um seine eigene Längsachse und somit um die z-Achse des B_0-Feldes rotiert. Diese Rotation erfolgt allerdings nur mit einer vergleichsweise niedrigen Frequenz von 20 bis 40 Hz und wird durch einen Luftstrom angetrieben. Sie dient zur Verbesserung der Homogenität innerhalb der Probe. Die Auflösung wird durch die Rotation erhöht, weil ein Kern an einer bestimmten Position des Röhrchens einem effektiven Feld ausgesetzt ist, das sich aus der Mittelung entlang der Kreisbahn des Kerns infolge der Rotation des Röhrchens ergibt. Im Fall von supraleitenden Magneten ist die Längsachse des Röhrchens und somit die Rotationsachse in Richtung des B_0-Feldes (z) angeordnet, bei Elektromagneten dagegen in y-Richtung. Durch die Rotation des Röhrchens werden keine Gradienten in Richtung der Rotationsachse ausgeglichen. Daher ist das *Shimmen* bei supraleitenden Magneten hauptsächlich für Gradienten in z-Richtung und bei Elektromagneten für Gradienten in y-Richtung erforderlich. Bei vielen der heute erhältlichen, qualitativ hochwertigen Magneten ist wegen ihrer hohen Feldhomogenität keine Rotation des Probenröhrchens mehr notwendig.

Alle Magneten unterliegen einer gewissen Felddrift. Das heißt, die Feldstärke B_0 des äußeren Magnetfelds zeigt gewisse, wenn auch sehr kleine Schwankungen. Allerdings müssen die Schwankungen während einer Messung – insbesondere bei längeren Messungen mit der Akkumulation von vielen Spektren – wirklich *extrem* klein gehalten werden, um die gewünschten Auflösungen zu erreichen. Die Minimierung der Felddrift erfolgt durch die elektronische Abstimmung von B_0 auf die bekannte Resonanzfrequenz einer Substanz – das *Lock-Signal* –, die sich in der Probe befindet. Da sowohl in der ^{1}H- als auch in der ^{13}C-NMR-Spektroskopie in den meisten Fällen deuterierte Lösungsmittel verwendet werden, dient normalerweise die Deuterium-Resonanzfrequenz des Lösungsmittels als *internes* Lock-Signal. Bei manchen NMR-Spektrometern wird das B_0-Feld auf die Resonanzfrequenz einer Substanz abgestimmt, die sich nicht in der Probe, sondern in einem extra Röhrchen befindet, das ständig an einer anderen Stelle im Probenkopf verbleibt. Eine solche *externe* Lock-Substanz kommt allerdings in der Regel nur in Spektrometern zum Einsatz, die für hochspezifische Anwendungen konstruiert wurden, wie zum Beispiel für die Vermessung von biologischen Proben. Wie erfolgt nun die Abstimmung des B_0-Feldes auf das Lock-Signal? Dafür enthält der Probenkopf im Grunde ein zweites NMR-System mit einem Sender und einem Empfänger, die zur Anregung und Detektion der ^{2}H-Resonanzfrequenz genutzt werden. Tritt nach anfänglicher Optimierung der Signalintensität des Lock-Signals eine Drift von B_0 auf, verschiebt sich die Resonanzfrequenz der Lock-Substanz. Daraus wird ein Korrektursignal gewonnen, welches das korrekte Verhältnis von Resonanzfrequenz zu Feldstärke aufrechterhält. Die Stabilität des Lock-Signals wird durch Partikel in der Probe negativ beeinflusst, so dass diese vor der Messung durch Filtration entfernt werden sollten.

Da sich im Gleichgewicht nur ein sehr kleiner Überschuss von Kernen (etwa 50 Kerne pro eine Million) im energieärmeren Spinzustand befindet, ist das NMR-Experiment von Natur aus ziemlich unempfindlich. Die Empfindlichkeit eines bestimmten NMR-Experiments hängt von der Rezeptivität des untersuchten Nuklids ab – das heißt von seiner natürlichen Häufigkeit und seiner natürlichen Empfindlichkeit (siehe Abschnitt 2.2). Diese Parameter kann der Experimentator nicht beeinflussen. Aber es gibt andere Möglichkeiten, die Empfindlichkeit eines NMR-Experiments zu steigern. Beispielsweise können die Probengröße durch die Verwendung eines Probenröhrchens mit einem größeren Durchmesser oder die Flussdichte B_0 des äußeren Magnetfelds erhöht werden (die Empfindlichkeit wächst dabei etwa 1,5-fach so stark wie B_0). Durch das effektive Entkoppeln fallen die jeweils mehreren Peaks eines Multipletts zu einem Signal zusammen, das dann eine deutlich höhere Intensität besitzt als die einzelnen Peaks des Multipletts. Dies kann man beispielsweise beim Vergleich des gekoppelten mit dem entkoppelten ^{13}C-NMR-Spektrum von 3-Hydroxybuttersäure in Abbildung 2.25 gut erkennen (man beachte das erheblich geringere Rauschen der Basislinie im unteren, entkoppelten Spektrum). Die Entkopplung kann darüber hinaus über den Kern-Overhauser-Effekt (engl. *nuclear Overhauser effect*, NOE; siehe Abschnitt 5.4) zu einer erhöhten Empfindlichkeit des NMR-Experiments beitragen. Die Empfindlichkeit kann außerdem durch bestimmte Pulsfolgen gesteigert werden (siehe Abschnitt 5.6). Schließlich ist eine merklich größere Empfindlichkeit auch durch den Einsatz der in Abschnitt 2.10.1 bereits vorgestellten CryoProbe-Technologie erreichbar.

Routinemäßig wird das Signal/Rausch-Verhältnis oder S/N-Verhältnis (engl. *signal-to-noise ratio*) durch die Akkumulation von Spektren erhöht – das heißt durch die vielfache Wiederholung der Sequenz aus Anregen der Probe durch einen Puls oder eine Pulsfolge und der Detektion und Speicherung des folgenden FID sowie der Summation aller FIDs zu einem akkumulierten Spektrum. Durch diesen Akkumulationsprozess werden Resonanzsignale entsprechend verstärkt, während das Rauschen im Vergleich zu den Resonanzsignalen immer schwächer wird. Gemäß der Theorie über zufällige Prozesse steigt die Signalintensität proportional zur Zahl n der Akkumulationsschritte (Scans). Die Intensität des Rauschens wächst dagegen nur proportional zur Wurzel aus n ($n^{1/2}$). Folglich wird das S/N-Verhältnis durch die Akkumulation proportional zu $n / n^{1/2} = n^{1/2}$ erhöht. Durch die Addition von 64 Scans wird das S/N-Verhältnis somit theoretisch um den Faktor 8 vergrößert. Die Akkumulation wird für die meisten Nuklide routinemäßig durchgeführt. Einige Nuklide, die nur eine geringe Rezeptivität aufweisen, wie beispielsweise ^{13}C und ^{15}N, erfordern tatsächlich die Akkumulation von Scans, um aussagekräftige Spektren zu erhalten. Bei der ^{1}H-NMR-Spektroskopie beträgt die Anzahl der Scans normalerweise ein Vielfaches von 4, da dies der Länge des CYCLOPS-Phasenzyklus zur Minimierung von Ungenauigkeiten aus der Quadraturdetektion (siehe Abschnitt 5.8) entspricht. In der Regel reichen 4 bis 128 Scans zur Erzeugung einer genügend intensiven ^{1}H-Signals aus. Im Fall von Nukliden mit niedriger Rezeptivität wie zum Beispiel ^{13}C erfolgt die Akkumulation häufig in Blöcken aus 32 oder 64 Scans.

2.10.3 Spektrale Parameter

Bei Puls-Experimenten (siehe Abschnitt 2.5) wird die Auflösung des Spektrums direkt durch die Zeitdauer bestimmt, die auf die Aufnahme des Signals verwendet wird – das heißt zur Messung jedes einzelnen FID. Diese Zeit bezeichnet man als **Akquisitionszeit** t_a (engl. *acquisition time*). Um zwei Signale, deren Resonanzfrequenzen eine Differenz von $\Delta\nu$ (in Hz) aufweisen, als getrennte Signale detektieren zu können, muss die Aufnahme der Daten des FID mindestens über $1 / \Delta\nu$ Sekunden durchgeführt werden. Eine gewünschte Auflösung von 0,5 Hz in einem ^{13}C-NMR-Spektrum erfordert also beispielsweise eine Akquisitionszeit t_a von (mindestens) $1 / 0{,}5 = 2{,}0$ s. Durch eine längere Akquisitionszeit kann die Auflösung des Spektrums erhöht werden. Beträgt sie zum Beispiel 4,0 s, erzielt man eine Auflösung von 0,25 Hz. Zur Erzeugung von schärferen Resonanzsignalen sind somit längere Akquisitionszeiten notwendig. Der Schwanz eines FID enthält

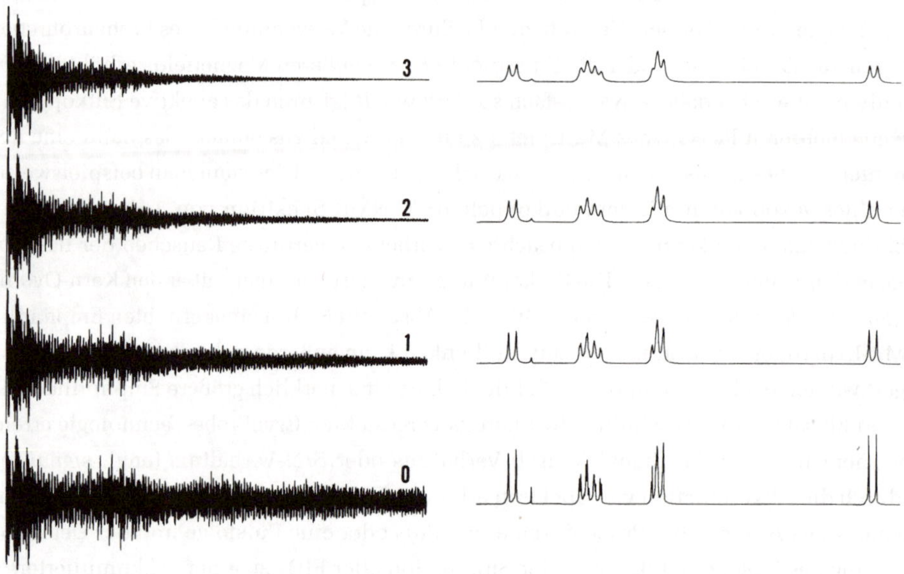

Abbildung 2.34: Der Effekt der exponentiell gewichteten Multiplikation eines FID mit einem Linienverbreiterungsfaktor von 3, 2, 1 und 0 Hz. (Mit freundlicher Genehmigung von: Cooper, J.W. und Johnson, R.D. 1986: *FT NMR Techniques for Organic Chemists*. IBM Instruments Inc.)

überwiegend Rauschen, das mit Signalen von scharfen Linien gemischt ist. Wird hauptsächlich eine möglichst große Empfindlichkeit des Experiments angestrebt, können entweder kurze Akquisitionszeiten verwendet oder die späteren Anteile des FID durch eine geeignete Gewichtungsfunktion rechnerisch reduziert werden. Auf diese Weise wird das Rauschen vermindert, allerdings auf Kosten einer geringeren Auflösung. In ▶ Abbildung 2.34 wird das Problem der Konkurrenz zwischen Auflösung und Empfindlichkeit noch einmal veranschaulicht. Je schwächer die Daten aus den späteren Teilen des FID gewichtet werden, desto niedriger ist die Auflösung und desto breiter sind die Peaks. In Abbildung 2.34 nimmt die Gewichtung der späteren Anteile des FID von oben nach unten zu.

Nach Abschluss der Akquisition ist vor dem nächsten Puls eine Wartezeit (engl. *delay time*) notwendig, weil die Kerne zunächst relaxieren müssen, bevor sie zum Zweck der Spektrenakkumulation erneut angeregt werden können. Für optimale Ergebnisse sollte die Wartezeit drei- bis fünfmal so lang sein wie die Spin-Gitter-Relaxationszeit der untersuchten Kerne. Bei einer typischen ^{13}C-Relaxationszeit von 10 s dauert ein vollständiger Akkumulationszyklus also bis zu 50 s. So lange Wartezeiten führen zu unpraktikabel langen Messzeiten. Die Wartezeiten können allerdings verringert werden, indem man Pulse mit Pulswinkeln α kleiner als 90° anwendet (siehe auch Abbildung 2.13; hier werden die Pulswinkel aber in der Regel mit α bezeichnet). Wenn die Magnetisierung nur um einen kleineren Winkel aus der *z*-Richtung herausgedreht wird, kann die Spin-Gitter-Relaxation schneller vollendet und daher die Wartezeit nach der Datenakquisition verkürzt werden. Die optimale Wahl von α hängt von der Relaxationszeit T_1 ab, die allerdings häufig nicht genau bekannt ist. Bei ^{1}H-NMR-Experimenten sind in der Regel α-Werte zwischen 60° und 90° geeignet. Im Fall von ^{13}C-NMR-Experimenten werden für protonierte Kohlenstoffatome α-Werte von 40° bis 45° angewandt. Um auch das Erscheinen der Signale von quartären Kohlenstoffatomen sicherzustellen, können schließlich Pulswinkel von nur 30° zum Einsatz kommen. Bei geeigneter Wahl von α und t_a (zur Optimierung der Auflösung) kann die Wartezeit im Wesentlichen auf null reduziert werden, so dass der nächste Puls unmittelbar nach der Akquisition eingestrahlt werden kann.

Die Größe des detektierten Frequenzbereichs (die spektrale Breite oder Spektrenbreite) wird dadurch bestimmt, wie oft pro Zeiteinheit der Wert des FID gemessen und (digital) gespeichert wird – also durch die so genannte **Abtastrate** (engl. *sampling rate*). Der FID besteht aus eine Vielzahl von überlagerten, sinusförmigen Signalen (siehe Abbildung 2.16). Der Wert eines einzelnen, spezifischen Signals muss mindestens zweimal pro Periode der Sinuskurve aufgezeichnet werden, um seine Frequenz ermitteln zu können. Für die Bestimmung der Frequenzen aller sinusförmigen Signale eines FID muss die Abtastrate folglich zumindest doppelt so groß sein wie die höchste vorkommende Frequenz. Diese Frequenz entspricht der größten auftretenden Differenz zwischen der Resonanzfrequenz eines Kerns und der Referenzfrequenz des B_1-Wechselfelds (siehe auch Abschnitt 2.5). Mit anderen Worten: Zur vollständigen Erfassung eines ^{13}C-NMR-Spektrums mit einer spektralen Breite von 20.000 Hz (entspricht 200 ppm bei 100 MHz) muss die Abtastrate zum Beispiel mindestens 40.000 Hz betragen – das Signal muss also zumindest 40.000-mal pro Sekunde aufgezeichnet werden. ▶ Abbildung 2.35 veranschaulicht diese Situation. Das Signal in Abbildung 2.35a wird genau zweimal pro Sinusperiode abgetastet (jeder Punkt bedeutet eine Messung und Speicherung). Das höherfrequente Signal in Abbildung 2.35b wird mit der gleichen Rate abgetastet, die in diesem Fall aber nicht zur Bestimmung der Frequenz ausreicht. Tatsächlich liefert das niedrigerfrequente Signal in Abbildung 2.35c bei dieser Abtastrate die gleichen Messdaten wie das Signal in Abbildung 2.35b. Das aus den Datenpunkten in Abbildung 2.35c resultierende reale Signal ist in diesem Fall nicht vom Signal zu unterscheiden, das sich aus den Datenpunkten in Abbildung 2.35b ergibt. Wird der FID eines 100-MHz-^{13}C-NMR-Spektrums zum Beispiel mit einer Abtastrate von 20.000 Hz aufgezeichnet, erreicht man eine spektrale Breite von 10.000 Hz oder 100 ppm. Die Frequenz eines FID-Signals mit einer Frequenz von 15.000 Hz (entsprechend 150 ppm) kann dann nicht mehr korrekt ermittelt werden. Im normalen NMR-Spektrum (in der Frequenzdomäne) erscheint dann stattdessen ein verzerrtes Signal irgendwo zwischen 0 und 100 ppm. Das Signal wird also von der korrekten chemischen Verschiebung von 150 ppm in den Bereich zwischen 0 und 100 ppm *zurückgefaltet*. Die genaue Position des zurückgefalteten Signals (engl. *foldover signal*) hängt von der Art und Weise der Detektion ab (siehe Abschnitt 5.8). Durch die einfache Erhöhung der Abtastrate bei der Aufzeichnung des FID mit der daraus folgenden Vergrößerung der spektralen Breite (b_S) wird die Position eines zurückgefalteten Signals auf den Wert der tatsächlichen chemischen Verschiebung korrigiert.

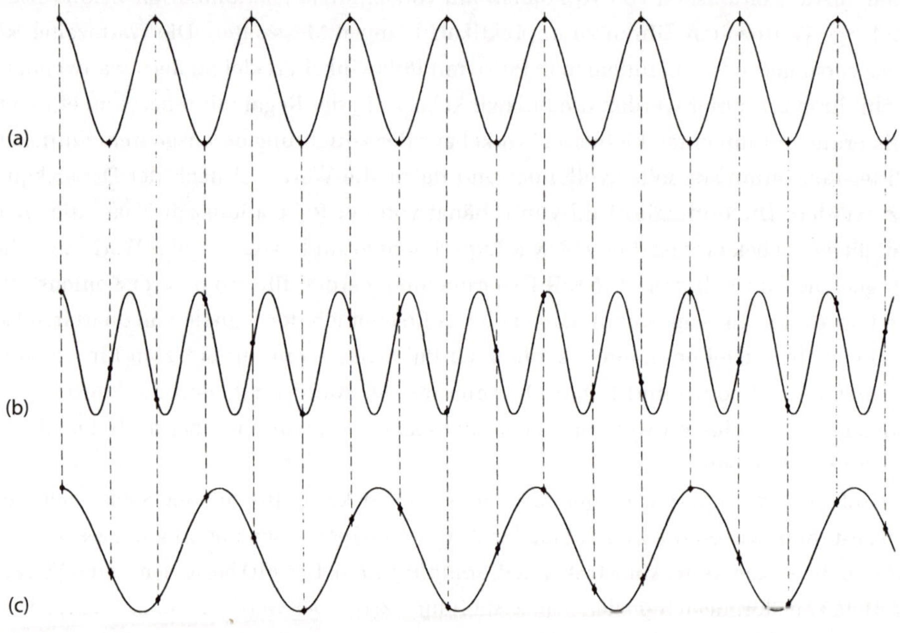

Abbildung 2.35: Auswirkung der Abtastrate auf die Bestimmung der Frequenz von sinusförmigen Kurven. (a) Hier wird die Sinuswelle genau zweimal pro Periode abgetastet. (b) Bei dieser höherfrequenten Kurve erfolgt die Abtastung bei gleicher Abtastrate wie in (a) weniger als zweimal pro Periode. (c) Diese niedrigerfrequente Kurve wird bei gleicher Abtastrate wie oben häufiger als zweimal pro Periode abgetastet. In diesen Beispielen liefert die Abtastung der Kurven in (b) und (c) die gleichen Datenpunkte. Die Frequenz der Kurve in (b) kann nicht bestimmt werden. Das Signal erscheint in verzerrter Form bei der Frequenz von (c).

Wenn ein FID mit einer Abtastrate von 20.000 Hz aufgezeichnet wird, verwendet der Detektor 50 µs auf jeden Datenpunkt. Dieser Kehrwert der Abtastrate wird als **Dwell Time** bezeichnet, welche der Zeit zwischen der Aufzeichnung zweier benachbarter Datenpunkte entspricht. Wird die Dwell Time gesenkt beziehungsweise die Abtastrate erhöht, werden in einer gegebenen Akquisitionszeit entsprechend mehr Datenpunkte aufgezeichnet. Beträgt die Akquisitionszeit beispielsweise 4,0 s (für eine Auflösung von 0,25 Hz) und die Abtastrate 20.000 Hz (für eine spektrale Breite von

10.000 Hz), muss der Computer 80.000 Datenpunkte pro Sekunde speichern. Heutige Computer sind leistungsfähig genug, so dass die gewünschten spektralen Breiten und Auflösungen nicht durch die zur Verfügung stehende Computertechnik begrenzt werden. Die Anzahl der Datenpunkte n_P und die spektrale Breite b_S sind gemäß Gleichung 2.10 mit der Akquisitionszeit t_a korreliert.

$$t_a = \frac{n_P}{2b_S} \tag{2.10}$$

Bei einem ^{1}H-NMR-Experiment mit n_P = 32 k = 32.768 und b_S = 4000 Hz (10 ppm bei 400 MHz) beträgt die Akquisitionszeit demnach zum Beispiel t_a = 4,1 s, wodurch eine Auflösung von 1 / t_a = 0,25 Hz möglich wird. Entsprechend ergibt sich für ein ^{13}C-NMR-Experiment mit n_P = 32 k = 32.768 und b_S = 22.000 Hz (220 ppm bei 100 MHz) eine Akquisitionszeit von t_a = 0,74 s sowie eine mögliche Auflösung von etwa 1,3 Hz.

Praxistipps für die Analyse von NMR-Spektren

Wichtiger Hinweis: Einige der folgenden Tipps können direkt zur Lösung der Übungsaufgaben zu diesem Kapitel genutzt werden. Sie sollten daher erst versuchen, die Übungsaufgaben vollständig selbstständig zu lösen, bevor Sie hier weiterlesen. Viele der Tipps können möglicherweise erst nach der Durcharbeitung der Kapitel 3 und 4 gänzlich verstanden werden.

1. Die Summenformel einer Substanz wird in der Praxis eher selten wie in Kapitel 1 beschrieben mithilfe einer Elementaranalyse ermittelt. In der Regel erhält man sie aus hochaufgelösten Massenspektren (siehe Teil II). Häufig sind diese Informationen nicht verfügbar. In diesen Fällen muss die Summenformel unter anderem aus den NMR-Spektren ermittelt werden. Das ^{13}C-NMR-Spektrum liefert zum Beispiel mit einer meist akzeptabel hohen Verlässlichkeit die Anzahl aller Kohlenstoffatome im Molekül. Die aus dem ^{13}C-NMR-Spektrum abgeleiteten Kohlenstofffunktionalitäten sollten für die spätere Zusammensetzung der Strukturformel aus einzelnen Strukturkomponenten notiert werden. Heteroatome und ihre Anzahl können mithilfe von Massenspektren und der Analyse der chemischen Verschiebungen in den NMR-Spektren bestimmt werden.
2. Sobald die Summenformel zur Verfügung steht, sollte nach Gleichung 1.1 zuerst die Anzahl der ungesättigten Stellen (und Ringe) im Molekül berechnet werden. Ungesättigte Stellen, die sich während der Analyse der NMR-Spektren ergeben, sollten nummeriert und gezählt werden. Beachten Sie dabei, dass die verschiedenen Funktionalitäten jeweils einer unterschiedlichen Anzahl von ungesättigten Stellen entsprechen können (siehe Abschnitt 1.3). Am Ende müssen aus den NMR-Spektren genau so viele ungesättigte Stellen ermittelt worden sein, wie gemäß der Summenformel nach Gleichung 1.1 anwesend sein müssen.
3. Nachdem eine vollständige Strukturformel zusammengesetzt wurde, sollte noch einmal überprüft werden, ob alle chemischen Verschiebungen, alle Kopplungskonstanten und Signalaufspaltungen sowie alle Signalintensitäten (Integrale) durch die vorgeschlagene

Struktur erklärt werden können. Umgekehrt sollte außerdem geprüft werden, ob für alle Atome des Moleküls, für die NMR-Signale zu erwarten sind, auch wirklich entsprechende Signale in den NMR-Spektren vorkommen.

4. Der erste Schritt bei der Analyse des ^{1}H-NMR-Spektrums sollte darin bestehen, die Existenz von aromatischen Systemen, Doppelbindungen und gesättigten Gruppen (mit und ohne elektronenziehende Substituenten oder Nachbarn) zu bestimmen. Eine analoge Untersuchung des ^{13}C-NMR-Spektrums liefert zusätzlich Informationen über quartäre Kohlenstoffatome im Molekül, wie beispielsweise über Carbonylgruppen, die dem ^{1}H-NMR-Spektrum nicht direkt zu entnehmen sind.
5. Für einen gegebenen Substituenten X befinden sich sowohl in ^{1}H- als auch in ^{13}C-NMR-Spektren die Signale von Methylgruppen (CH_3–X) bei der niedrigsten Frequenz (dem höchsten Feld), von Methylengruppen (–CH_2–X) schon bei höherer Frequenz (tieferem Feld) und von Methingruppen (>CH–X) bei der höchsten Frequenz (dem tiefsten Feld).
6. Ein 1:2:1-Triplett und ein 1:3:3:1-Quartett mit der gleichen Kopplungskonstante und einem Triplett/Quartett-Intensitätsverhältnis von 2:3 können als Hinweis auf eine Ethylgruppe gedeutet werden, deren Methylengruppe außer der Methylgruppe keinen weiteren (vicinalen) Kopplungspartner besitzt. Analog sind für Isopropylgruppen ein 1:1-Dublett und ein 1:6:15:20:15:6:1-Septett mit gleichen Kopplungskonstanten und einem Dublett/Septett-Intensitätsverhältnis von 6:1 charakteristisch (die beiden kleinsten Peaks des Septetts sind infolge ihrer geringen Größe manchmal nicht erkennbar; dann ähnelt das Septett auf den ersten Blick einem Quintett).
7. Durch benachbarte, elektronenziehende Gruppen oder Atome, wie zum Beispiel NO_2, Cl, Br, OH, NH_2, C=O und C=C, wird die chemische Verschiebung von Protonen beziehungsweise Kohlenstoffatomen in gesättigten Gruppen desto weiter zu höherer Frequenz (tieferem Feld) verschoben, je stärker der elektronenziehende Effekt des Substituenten ist. Die Stärke des elektronenziehenden Effekts eines Atoms oder einer Gruppe hängt von ihrer Elektronegativität, aber auch von ihrer spezifischen elektronischen Struktur ab. Der Effekt nimmt normalerweise mit der Entfernung schnell ab (in konjugierten Systemen kann der Effekt alternieren). In 1-Brombutan wirkt sich der elektronenziehende Effekt des Broms beispielsweise am stärksten auf die Resonanzfrequenzen der Kerne der direkt an das Brom gebundenen Methylengruppe aus.
8. Ungesättigte Substituenten [wie NO_2, (C=O)R, CN] oder Substituenten mit freien Elektronenpaaren (wie R_2N:, RO:, Cl:) an Doppelbindungen oder aromatischen Systemen üben sowohl induktive als auch mesomere Effekte aus, die jeweils entweder elektronenziehender oder elektronenschiebender Natur sein können. Demgemäß hängt die Verschiebung der chemischen Verschiebungen von Alkenen und aromatischen Systemen durch solche Substituenten zu höherer oder niedrigerer Frequenz davon ab, in welche Richtung die induktiven und mesomeren Effekte jeweils wirken und welcher der beiden Effekte überwiegt.
9. Die chemische Verschiebung der Protonen von Methylengruppen, die in Ethern (CH_2–OR) oder Alkoholen (CH_2–OH) direkt mit dem Sauerstoffatom verknüpft sind, liegt typischerweise im Bereich von 3,7 ppm. Im Fall von Methingruppen (CH–OR, CH–OH) befinden

sich die entsprechenden Resonanzsignale bei höherer Frequenz und für Methylgruppen (CH_3–OR, CH_3–OH) bei niedrigerer Frequenz. Die chemische Verschiebung der Protonen von Methylengruppen, die in Aminen direkt mit dem Stickstoffatom verbunden sind, weist typischerweise einen Wert im Bereich von 2,7 ppm auf. Die chemischen Verschiebungen von Methin- und Methylprotonen verhalten sich bezüglich dieses Wertes auf ähnliche Weise wie im Fall von Alkoholen und Ethern. Die Resonanzsignale von Methylgruppen, die direkt mit einem Carbonylkohlenstoffatom verknüpft sind, findet man bei etwa 2,1 ppm, während Methylgruppen an Doppelbindungen, die ansonsten nur Wasserstoffatome oder (zumindest in der Nähe der Doppelbindung) gesättigte Kohlenwasserstoffsubstituenten tragen, eine chemische Verschiebung im Bereich von 1,7 ppm aufweisen.

10. Die Methylenprotonen von Cyclopropan liegen bei der niedrigsten chemischen Verschiebung aller Kohlenwasserstoffe, nämlich bei nur etwa 0,2 ppm.
11. Die Protonensignale von Estermethylengruppen [(C=O)–O–CH_2] liegen bei höherer Frequenz (etwa 4,2 ppm) als die entsprechender Ether- oder Alkoholmethylengruppen (etwa 3,7 ppm), weil das Estersauerstoffatom infolge der Mesomerie mit der Carbonylgruppe stärker elektronenziehend wirkt. Das Estersauerstoffatom trägt nämlich in einer der mesomeren Grenzstrukturen eine positive Ladung: (C–O^-)=O^+–CH_2.
12. Fast alle Aldehydprotonen [H(C=O)] weisen die gleiche charakteristische chemische Verschiebung nahe 9,8 ppm auf.
13. Carboxylprotonen [HO(C=O)] zeigen eine sehr große chemische Verschiebung zwischen etwa 12 und 14 ppm. Infolgedessen befinden sich ihre Resonanzsignale häufig außerhalb des normalerweise im Spektrum dargestellten Bereichs. Wenn Carboxylprotonen im Molekül vermutet werden, sollte deswegen die spektrale Breite entsprechend angepasst werden.
14. Die Resonanzsignale von Protonen, die in Aminen oder Alkoholen direkt mit dem Stickstoff- beziehungsweise Sauerstoffatom verknüpft sind (Amino- oder Hydroxylprotonen), zeigen bei Vermessung in Deuterochloroform als Lösungsmittel eine breite Form und infolge des schnellen Austauschphänomens (siehe Abschnitt 2.8) keine Aufspaltung. Ihre chemische Verschiebung weist Werte zwischen etwa 1 und 4 ppm auf.
15. Die Signale austauschbarer Protonen können folgendermaßen identifiziert werden: Man gibt zu der Lösung der Substanz in Chloroform einen Tropfen D_2O. Es bilden sich zwei Phasen, wobei sich die kleinere wässrige Phase oben befindet. Durch Schütteln werden die Phasen vorübergehend miteinander vermischt, so dass ein Austausch der Protonen der NH- beziehungsweise OH-Gruppen der Substanz gegen die Deuteriumkerne des D_2O stattfinden kann. Da dadurch die NH- beziehungsweise OH-Gruppen in ND- oder OD-Gruppen umgewandelt werden, können ihre Protonenresonanzen im ^{1}H-NMR-Spektrum nicht mehr beobachtet werden. Man misst also ein Spektrum vor und ein Spektrum nach dem Protonenaustausch mit D_2O. Signale, die nach dem Austausch verschwunden oder zumindest merklich kleiner geworden sind, stammten von austauschbaren Protonen. Die wässrige Phase oben im Röhrchen sollte sich bei der zweiten Messung außerhalb der Empfängerspule befinden oder vorher entfernt werden.

16. Die $n+1$-Regel zur Bestimmung der Zahl vicinaler Protonen über die Multiplizität von Resonanzsignalen ist in der Praxis nur begrenzt einsetzbar. (Unklare) Kohlenstoffkonnektivitäten werden daher heute häufiger mithilfe des zweidimensionalen COSY-Experiments (siehe Kapitel 6) und die Zahl der Protonen an den einzelnen Kohlenstoffatomen (primär: CH_3; sekundär: CH_2; tertiär: CH; quartär: C) mithilfe des DEPT-Experiments (siehe Kapitel 5) bestimmt.

Literaturhinweise

Jackman, L.M. und Sternhell, S. 1969: *Applications of Nuclear Magnetic Resonance Spectroscopy in Organic Chemistry*. 2. Aufl., Pergamon Press, Oxford, UK.

Brevard, C. und Granger, P. 1981: *Handbook of High Resolution Multinuclear NMR*. John Wiley & Sons, New York.

Harris, R.K. 1983: *Nuclear Magnetic Resonance Spectroscopy*. Pitman Publishing Ltd., London.

Fyfe, C.A. 1983: *Solid State NMR for Chemists*. C. F. C. Press, Guelph, Ontario.

Derome, A.E. 1987: *Modern NMR Techniques*. Pergamon Press, Oxford, UK.

Freeman, R. 1988: *A Handbook of Nuclear Magnetic Resonance*. Longman Scientific & Technical, New York.

Bovey, F.A., Jelinski, L.W. und Mirau, P. A. 1988: *Nuclear Magnetic Resonance Spectroscopy*. 2. Aufl., Academic Press, San Diego.

Brey, W.S. (Hrsg.) 1988: *Pulse Methods in 1D and 2D Liquid-Phase NMR*. Academic Press, New York.

Farrar, T.C. 1989: *Pulse Nuclear Magnetic Resonance Spectroscopy*. 2. Aufl., Farragut Press, Chicago.

Field, L.D. und Sternhell, S. (Hrsg.) 1989: *Analytical NMR*. John Wiley & Sons Ltd., Chichester, UK.

Duddeck, H. und Dietrich, W. 1989: *Strukturaufklärung mit moderner NMR-Spektroskopie. Ein Übungsbuch*. Steinkopff Verlag, Darmstadt.

Abraham, R.J., Fisher, J. und Loftus, P. 1992: *Introduction to NMR Spectroscopy*. John Wiley & Sons, New York.

Sanders, J.K.M. und Hunter, B.K. 1993: *Modern NMR Spectroscopy*. 2. Aufl., Oxford University Press, Oxford, UK.

Günther, H. 1995: *NMR Spectroscopy*. 2. Aufl., John Wiley & Sons Ltd., Chichester, UK.

Claridge, T.D.W. 1999: *High-Resolution NMR Techniques in Organic Chemistry*. Pergamon, Amsterdam.

Braun, F., Kalinowski, H.-O. und Berger, S. 1999: *100 and More Basic NMR Experiments*, Wiley-VCH, New York.

Becker, E.D. 2000: *High Resolution NMR*. 3. Aufl., Academic Press, New York.

Laws, D.D., Bitter, H.-M.L. und Jerschow, A. 2002. *Angew. Chem.* **114**: 3224–3259.

Breitmaier, E. 2002: *Structure Elucidation by NMR in Organic Chemistry*. 3., überarbeitete Aufl., John Wiley & Sons Ltd., Chichester, UK.

Lambert, J.B. und Mazzola, E.P. 2004: *Nuclear Magnetic Resonance Spectroscopy: An Approach to Principles, Applications, and Experimental Methods*. Pearson Prentice Hall, Upper Saddle River, NJ.

Breitmaier, E. 2005: *Vom NMR-Spektrum zur Strukturformel organischer Verbindungen.* Wiley-VCH, Weinheim.

Ning, Y.-C. 2005: *Structural Identification of Organic Compounds with Spectroscopic Techniques.* Wiley-VCH, Weinheim.

Friebolin, H. 2005: *Ein- und zweidimensionale NMR-Spektroskopie.* 4. Aufl., Wiley-VCH, Weinheim.

Die chemische Verschiebung

3

ÜBERBLICK

Nach der Durcharbeitung dieses Kapitels werden Sie

- die diamagnetische Abschirmung als Hauptursache für ^{1}H-chemische Verschiebungen kennen gelernt haben,
- die Beeinflussung der diamagnetischen Abschirmung eines Protons durch lokale und nichtlokale Felder verstehen,
- die unterschiedliche Abschirmung von Protonen in einem Molekül infolge der diamagnetischen Anisotropie von verschiedenen Strukturelementen nachvollziehen können,
- einen Überblick über die ^{1}H-chemischen Verschiebungen einer Reihe von Verbindungsklassen gewonnen haben und empirische Berechnungen von ^{1}H-chemischen Verschiebungen selbst durchführen können,
- die verschiedenen Lösungsmitteleffekte und Isotopeneffekte auf chemische Verschiebungen verstanden haben und einschätzen können,
- die paramagnetische Abschirmung als Hauptursache für ^{13}C-chemische Verschiebungen erkannt haben,
- die verschiedenen Faktoren, welche die paramagnetische Abschirmung beeinflussen, kennen gelernt haben und für spezifische Moleküle abschätzen können,
- einen Überblick über die ^{13}C-chemischen Verschiebungen einer Reihe von Verbindungsklassen gewonnen haben sowie
- die Fähigkeit besitzen, ^{13}C-chemische Verschiebungen selbst empirisch zu berechnen.

3.1 Faktoren, die ^{1}H-chemische Verschiebungen beeinflussen

Um aus der Lage von Resonanzsignalen in einem ^{1}H-NMR-Spektrum Schlussfolgerungen auf die Struktur eines Moleküls ziehen zu können, muss man den Einfluss einiger Faktoren auf die chemische Verschiebung von Protonen kennen und verstehen. Die chemischen Verschiebungen variieren in Abhängigkeit von der Struktur, weil die verschiedenen Protonen einer unterschiedlich starken Abschirmung durch die magnetischen Felder unterliegen, welche von den Elektronen in ihrer unmittelbaren, aber auch etwas weiteren Umgebung erzeugt werden. Die magnetische Flussdichte am Ort eines Kerns entspricht demgemäß nicht exakt der Flussdichte B_0 des äußeren Magnetfelds, sondern wird durch die Elektronen zu einem Wert von $B_0(1 - \sigma)$ verändert. Darin ist σ die so

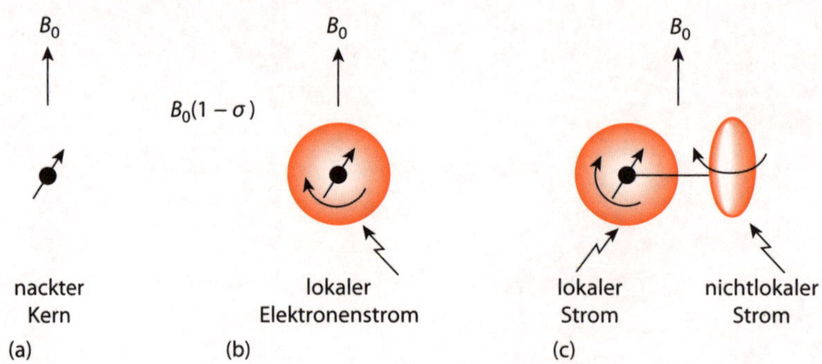

Abbildung 3.1: **Abschirmung durch (b) lokale und (c) nichtlokale Elektronenströme.**

genannte Abschirmungskonstante (► Abbildung 3.1a und b; siehe auch Abschnitt 2.3). Wenn das von den Elektronen hervorgerufene Feld ($-B_0\sigma$) dem äußeren Magnetfeld entgegengesetzt ist, bezeichnet man den Effekt als *diamagnetische* Abschirmung (σ^d). Die paramagnetische Abschirmung, die bei Protonen nicht auftritt, werden wir in Abschnitt 3.4 noch genauer diskutieren.

Abschirmung durch lokale Felder

Bei dem Teil der Abschirmung, der durch die Elektronen in unmittelbarer Umgebung eines Kerns erfolgt, spricht man auch von der Abschirmung durch *lokale Felder*. Die Elektronendichte im Bereich des Kerns kann dabei als gutes Maß zur Abschätzung dieser Abschirmung dienen. Mithilfe der aus der physikalischen organischen Chemie bekannten elektronischen Parameter beziehungsweise Effekte Elektronegativität und Mesomerie (Resonanz) ist wiederum eine brauchbare Beschreibung der Elektronendichte im Bereich der einzelnen Protonen eines Moleküls möglich. Demgemäß kann die Elektronendichte an einem Proton und somit seine Abschirmung und chemische Verschiebung sowohl durch seinen direkten Bindungspartner als auch durch weiter entfernte Atome im Molekül beeinflusst werden.

Die Elektronegativitäten von benachbarten Atomen oder Gruppen wirken sich in Form von polaren oder induktiven Effekten folgendermaßen auf die chemische Verschiebung von Protonen aus. (Die Begriffe *polarer* und *induktiver* Effekt sind streng genommen nicht vollkommen synonym, können hier aber zunächst näherungsweise so behandelt werden.) Elektronenziehende Atome oder Gruppen wie zum Beispiel –Cl, –OH oder –CN in der Nachbarschaft führen zu einer verminderten Elektronendichte und somit zu einer schwächeren diamagnetischen Abschirmung. Das Resonanzsignal des betroffenen Protons wird im ^{1}H-NMR-Spektrum infolgedessen nach links verschoben – das heißt zu höherer Frequenz beziehungsweise tieferem Feld (siehe Abbildung 2.9). Wir beschreiben die Auswirkung der Abschirmung auf die chemische Verschiebung im weiteren Verlauf nicht nur mithilfe der besser geeigneten *Frequenz*-, sondern parallel zusätzlich mithilfe der *Feld*-Terminologie, da Letztere in der Praxis immer noch breite Verwendung findet.

Durch den schrittweisen Ersatz der Wasserstoffatome von Methan durch Chlor wird die chemische Verschiebung der verbleibenden Protonen zunehmend in Richtung höherer Frequenz (tieferem Feld) verlagert, weil die Chloratome aufgrund ihrer höheren Elektronegativität Elektronendichte aus dem Rest des Moleküls abziehen (–I-Effekt): CH_4, $\delta = 0{,}23$ ppm; CH_3Cl, $\delta = 3{,}05$ ppm; CH_2Cl_2, $\delta = 5{,}30$ ppm; $CHCl_3$, $\delta = 7{,}27$ ppm. Die Entwicklung der chemischen Verschiebungen der Protonen in einer Reihe von Methylverbindungen kann häufig auf analoge Weise durch den negativen oder positiven induktiven Effekt (–I- oder +I-Effekt) erklärt werden. So wird beispielsweise der elektronenziehende Effekt des Substituenten und parallel dazu die chemische Verschiebung der Methylprotonen in der folgenden Reihe von Methylverbindungen (Me steht für Methyl) von links nach rechts immer kleiner: Me–F, $\delta = 4{,}26$ ppm; Me–OH, $\delta = 3{,}38$ ppm; Me–NH_2, $\delta = 2{,}47$ ppm; Me–H, $\delta = 0{,}23$ ppm; Me–$SiMe_3$ (der Standard TMS), $\delta = 0{,}00$ ppm; Me–Li, $\delta = -0{,}4$ ppm (der Wert von Methyllithium hängt erheblich vom Lösungsmittel ab; sein negatives Vorzeichen bedeutet eine niedrigere Resonanzfrequenz als beim TMS). In dieser Reihe folgt die chemische Verschiebung somit der Elektronegativität des direkt mit dem Methylkohlenstoffatom verknüpften Heteroatoms.

In den Molekülen von ungesättigten Verbindungen wie Alkenen oder Aromaten kann die lokale Elektronendichte nicht nur durch polare oder induktive Effekte, sondern zusätzlich durch

Konjugation (Resonanz oder Mesomerie) beeinflusst werden. Der anhand der mesomeren Grenzstrukturen (Resonanzstrukturen) **3-1** von Methylvinylether erkennbare elektronenschiebende, positive mesomere Effekt (+M-Effekt) der Methoxygruppe (–O–CH_3) führt zum Beispiel zu einer erhöhten Elektronendichte in der β-Position des Vinylethers. Die β-Protonen von Methylvinylether (**3-1**) zeigen deswegen mit 4,1 ppm eine deutlich kleinere chemische Verschiebung als die Protonen von Ethen mit 5,28 ppm. Eine aromatische Methoxyverbindung wie Anisol ($C_6H_5OCH_3$) weist infolge des +M-Effekts der Methoxygruppe eine erhöhte Elektronendichte in *ortho*- und *para*-Position zum Substituenten auf. Infolgedessen zeigen die Protonen in *ortho*- (δ = 6,80 ppm) und *para*-Position (δ = 6,84 ppm) des Anisols eine geringere chemische Verschiebung als die Protonen des Benzols (δ = 7,26 ppm).

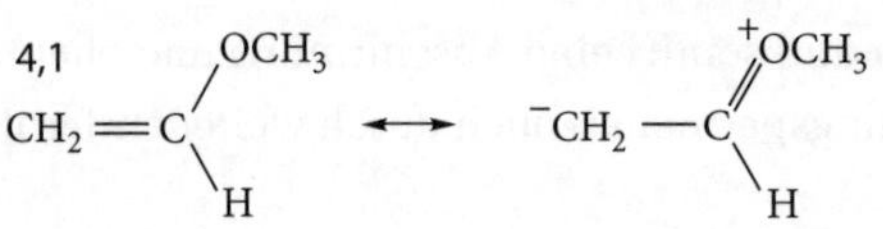

3-1

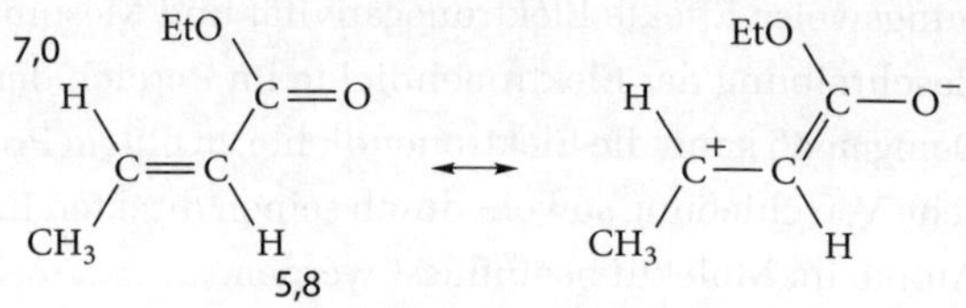

3-2

Die Resonanzfrequenz (chemische Verschiebung) sinkt also wie erwartet mit zunehmender Abschirmung infolge einer erhöhten Elektronendichte durch elektronenliefernde Gruppen (Elektronendonatoren) in der Nachbarschaft. Der elektronenziehende Effekt des stark elektronegativen Sauerstoffatoms der Methoxygruppe wird dabei in bestimmten relativen Positionen bezüglich der Methoxygruppe durch den +M-Effekt überkompensiert. Andere funktionelle Gruppen, wie zum Beispiel die Nitro- (–NO_2), die Cyano- (–CN) oder Acylgruppen (–(C=O)OR), weisen sowohl einen *negativen* induktiven als auch einen *negativen* mesomeren Effekt auf (−I- und −M-Effekt). Sie können daher die chemische Verschiebung von benachbarten Protonen infolge ihrer stark elektronenziehenden Eigenschaften deutlich in Richtung höherer Frequenz (tieferem Feld) beeinflussen. Dies soll im Folgenden am Beispiel von *trans*-Crotonsäureethylester (**3-2**; siehe auch Abschnitt 2.7) veranschaulicht werden. Die elektronenziehende Acylgruppe führt zu einer starken Erhöhung der Resonanzfrequenz (Tieffeldverschiebung) des β-Protons (δ = 7,0 ppm) im Vergleich zum Ethen (δ = 5,28 ppm). Das α-Proton wird durch den großen −M-Effekt zwar nicht wesentlich beeinflusst. Es befindet sich aber nah genug an der Acylgruppe (–(C=O)OEt), um durch deren −I-Effekt leicht entschirmt zu werden. Das Resonanzsignal des α-Protons liegt demgemäß im Vergleich zum Ethen bei einer etwas höheren Frequenz beziehungsweise chemischen Verschiebung von 5,8 ppm.

Die Elektronendichte an einem Proton wird außerdem durch die Hybridisierung des Kohlenstoffatoms beeinflusst, mit dem es direkt kovalent verknüpft ist. Mit steigendem *s*-Charakter der Hybridorbitale ($sp^3 < sp^2 < sp$) werden die Bindungselektronen näher zum Kohlenstoffatom hin und somit weiter vom Proton weg gezogen, wodurch das Proton zunehmend entschirmt wird. Aus diesem Grund zeigen die Protonen von Ethan zum Beispiel eine chemische Verschiebung von 0,86 ppm, die von Ethen aber von 5,28 ppm. Ethin (Acetylen, HC≡CH) bildet in dieser Hinsicht allerdings, wie wir bald sehen werden, eine Ausnahme. Die Hybridisierung spielt auch für die ^{1}H-chemischen Verschiebungen von gespannten Molekülen, wie beispielsweise Cyclobutan (δ = 1,98 ppm) und Cuban (δ = 4,00 ppm), eine Rolle. In diesen Fällen weisen die Kohlenstoffatome eine Hybridisierung *zwischen* sp^3 und sp^2 auf.

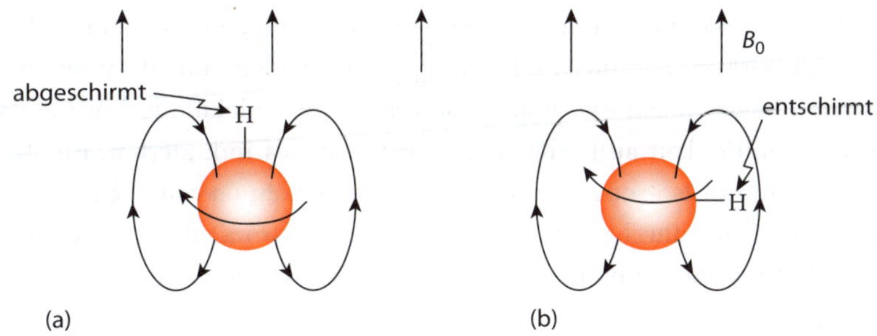

Abbildung 3.2: Schematische Darstellung der Abschirmung eines Protons durch das nichtlokale Feld einer kugelsymmetrischen (isotropen) Gruppe in Abhängigkeit von deren relativer Orientierung zum B_0-Feld.

Abschirmung durch nichtlokale Felder

Induktion, Mesomerie und Hybridisierung modulieren die Elektronendichte in der unmittelbaren Umgebung eines Protons und verändern somit dessen chemische Verschiebung durch die Variation von lokalen Elektronenströmen um den Kern (siehe Abbildung 3.1b). Substituenten können die Abschirmung eines Protons auch durch rein magnetische Effekte – *nichtlokale* Felder –, welche die Elektronendichte um den Kern nicht verändern, merklich beeinflussen – allerdings nur, wenn sie keine kugelsymmetrische Gestalt besitzen. Abbildung 3.1c veranschaulicht die kombinierte Auswirkung von lokalen und nichtlokalen Feldern. Beispiele für nicht kugelsymmetrische Gruppen, die relevante nichtlokale Felder erzeugen, sind die Methyl-, Phenyl- und Carbonylgruppe. Die Gruppe muss dabei nicht direkt mit dem Proton verknüpft sein, um seine Abschirmung zu beeinflussen. Um zu verstehen, warum eine kugelsymmetrische, also isotrope (gleiche Eigenschaften in allen Richtungen) Gruppe *keine* nichtlokalen Effekte ausübt, betrachten Sie zunächst ein Proton, das mit einem beliebigen Substituenten verbunden ist. Der lokale Abschirmungseffekt wird von den Elektronen in der unmittelbaren Umgebung des Protons hervorgerufen. Die Elektronen im Substituenten, die sich nicht um das Proton herum aufhalten, präzedieren ebenfalls unter dem Einfluss des äußeren B_0-Magnetfelds (siehe Abbildung 3.1c). Sie erzeugen dadurch ein magnetisches Feld im Molekül, das dem äußeren Magnetfeld entgegengesetzt ist und auch am Ort des Protons von null verschieden sein kann. In ▶ Abbildung 3.2 wird dieses induzierte, nichtlokale Feld für den Fall eines kugelsymmetrischen isotropen Substituenten, wie zum Beispiel ein Chloratom, durch die ringförmig geschlossenen Magnetfeldlinien dargestellt. Wenn die Bindung zwischen dem Proton (H) und dem kugelsymmetrischen Substituenten parallel zu den Feldlinien des B_0-Feldes ausgerichtet ist, wie in Abbildung 3.2a, verlaufen die Magnetfeldlinien des nichtlokalen Feldes im Bereich des Protons in entgegengesetzte Richtung wie die des B_0-Feldes. Dadurch wird die effektive magnetische Flussdichte am Ort des Protons verringert und das Proton somit stärker abgeschirmt (die chemische Verschiebung würde kleiner werden). Steht die Bindung zwischen dem Proton und dem isotropen Substituenten dagegen senkrecht zu den Feldlinien des B_0-Feldes, wie in Abbildung 3.2b, zeigen die Feldlinien des nichtlokalen Feldes im Bereich des Protons in die gleiche Richtung wie die des B_0-Feldes. Infolgedessen wird die effektive magnetische Flussdichte am Ort des Protons erhöht und das Proton folglich stärker entschirmt (die chemische Verschiebung würde größer werden). Durch die Isotropie des Substituenten sind die Auswirkungen auf die Abschirmung des Protons in den beiden Anordnungen der Bindung bezüglich des B_0-Feldes *entgegengesetzt* gleich groß. Ebenso gibt es infolge der Isotropie zu jeder anderen Orientierung der Bindung im Raum eine Orientierung mit entgegengesetzter Auswirkung auf die Abschirmung. Da die beiden und alle anderen Anordnungen infolge der schnellen Bewegungen und Reorientierungen der Moleküle in Lösung darüber hinaus mit gleicher Wahrscheinlichkeit auftreten, wird der Effekt des induzierten, nichtlokalen Feldes insgesamt zu null gemittelt. Isotrope Gruppen oder Atome können die chemische Verschiebung von Protonen demgemäß nur durch die Beeinflussung der Elektronendichte und somit der lokalen Felder am Ort des Protons über induktive und mesomere Effekte verändern.

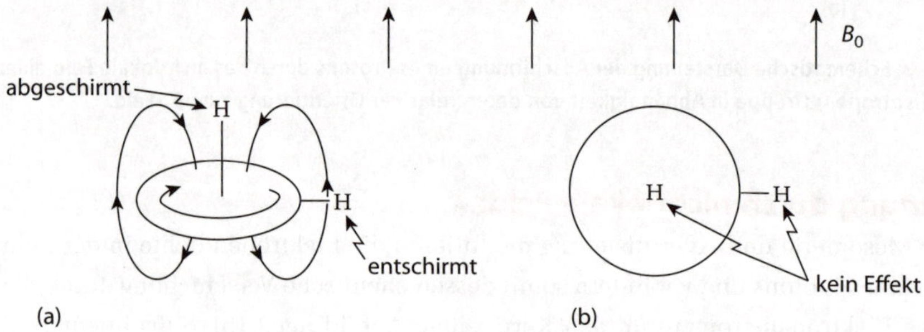

Abbildung 3.3: Schematische Darstellung der Abschirmung eines Protons durch das nichtlokale Feld einer anisotropen Gruppe am Beispiel des abgeflachten Ellipsoids als Modell für einen aromatischen Ring in Abhängigkeit von der relativen Orientierung des Rings zum B_0-Feld.

Die meisten Substituenten sind allerdings nicht kugelsymmetrisch. Die flache Gestalt eines aromatischen Rings ähnelt zum Beispiel einem platt gedrückten Ellipsoid und die gestreckte Form einer Einfach- oder Dreifachbindung einem lang gezogenen Ellipsoid. Für ein Proton an der Außenkante eines abgeflachten Ellipsoids, wie beispielsweise für ein Proton in einem Benzolmolekül, müssen zur Abschätzung des Einflusses von nichtlokalen Feldern auf seine Abschirmung auch zwei Grenzorientierungen betrachtet werden (▶ Abbildung 3.3). Wenn die Ringebene des aromatischen Systems senkrecht bezüglich des B_0-Feldes ausgerichtet ist (siehe Abbildung 3.3a), wird ein Proton an der Außenkante des Rings entschirmt, weil die Feldlinien des nichtlokalen Feldes in diesem Bereich in die gleiche Richtung verlaufen wie die des B_0-Feldes und das B_0-Feld am Ort des Protons deswegen verstärken. Ein Proton, das sich bei der gleichen Anordnung des Rings zum B_0-Feld zentral über dem Ring befindet, würde dagegen stärker abgeschirmt, da die Feldlinien des nichtlokalen Feldes in diesem Bereich zu denen des B_0-Feldes entgegengesetzt verlaufen. Im Fall der senkrechten Anordnung der Ringebene zum B_0-Feld wird ein großes nichtlokales Feld erzeugt, weil die aromatischen Elektronen im π-Molekülorbital ober- und unterhalb der Ringebene leicht senkrecht zum B_0-Feld zirkulieren können (Ringstromeffekt). Steht die Ringebene dagegen parallel zum B_0-Feld (siehe Abbildung 3.3b), müssten die senkrecht zum B_0-Feld induzierten Elektronenströme durch die Ringebene laufen und dabei die Ringseite wechseln. Das ist wegen der Geometrie des π-Molekülorbitals aber kaum möglich, so dass in dieser Orientierung nur vernachlässigbar kleine Elektronenströme und nichtlokale Felder induziert werden. Die infolge der molekularen Bewegungen bei isotropen Gruppen in Lösung auftretende Ausmittelung der Effekte des nichtlokalen Feldes findet folglich bei den anisotropen aromatischen Ringsystemen *nicht* statt. Solche Gruppen, deren durch das äußere Magnetfeld induzierten magnetischen Felder *nicht* über alle Orientierungen bezüglich des äußeren Magnetfelds ausgemittelt werden, bezeichnet man als *diamagnetisch anisotrop*. Weil ein abgeflachtes Ellipsoid in der in Abbildung 3.3a gezeigten Orientierung einen erheblich größeren Effekt auf die Abschirmung der Protonen ausübt als in der Orientierung von Abbildung 3.3b, wird ein Proton an der Außenkante eines aromatischen Systems durch das nichtlokale Feld entschirmt und im oder über dem Zentrum des Rings abgeschirmt. Aus diesem Grund liegt zum Beispiel das Resonanzsignal der Protonen des Benzols bei einer vergleichsweise höheren chemischen Verschiebung (höheren Frequenz, tieferem Feld) von 7,27 ppm als im Fall der Protonen von Alkenen (Ethen, $\delta = 5{,}28$ ppm).

Ebenso wie die Veränderung von lokalen Feldern durch induktive oder mesomere Effekte entweder zu einer stärkeren Abschirmung (durch elektronenliefernde Gruppen) oder einer stärkeren Entschirmung (durch elektronenziehende Gruppen) führen kann, üben auch nichtlokale Felder entweder abschirmende oder entschirmende Effekte auf Protonen aus. Wie die Abschirmung eines Protons dabei beeinflusst wird, hängt davon ab, ob das nichtlokale Feld das statische äußere Magnetfeld am Ort des Protons verstärkt (Entschirmung) oder abschwächt (Abschirmung). ▶ Abbildung 3.4 veranschaulicht noch einmal, dass durch den Ringstromeffekt beim Benzol ober- und unterhalb des Rings eine zusätzliche Abschirmung (+) erfolgt, während die Protonen an der Außenkante des Rings zusätzlich entschirmt (−) werden. Für Moleküle mit axialsymmetrischer Ladungsverteilung wie beispielsweise Benzol hat McConnell ein Modell für die Abschirmung durch ein nichtlokales Feld entwickelt. In diesem Modell wird der Einfluss eines magnetischen Dipols auf einen Punkt im Raum beschrieben, an dem sich unter anderem auch ein Proton befinden könnte. Mithilfe des Modells leitete er schließlich die so genannte McConnell-Gleichung (Gleichung 3.1) für die Abschirmung σ_A eines Protons an einem beliebigen Punkt im Raum mit den Polarkoordinaten (r, θ) durch eine anisotrope Gruppe ab, die durch den Dipol X–Y repräsentiert wird.

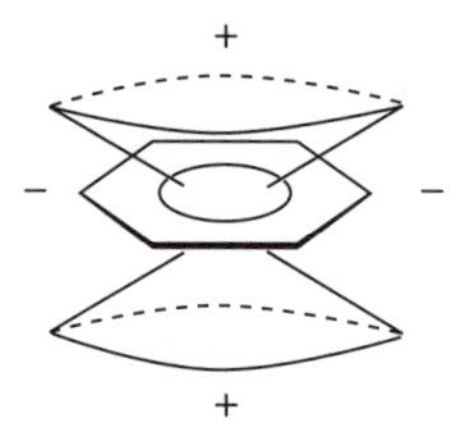

Abbildung 3.4: Die Geometrie der Abschirmung in der Umgebung eines Benzolrings.

$$\sigma_A(r,\theta) = \frac{(\chi_L - \chi_T)(3\cos^2\theta - 1)}{3r^3} \tag{3.1}$$

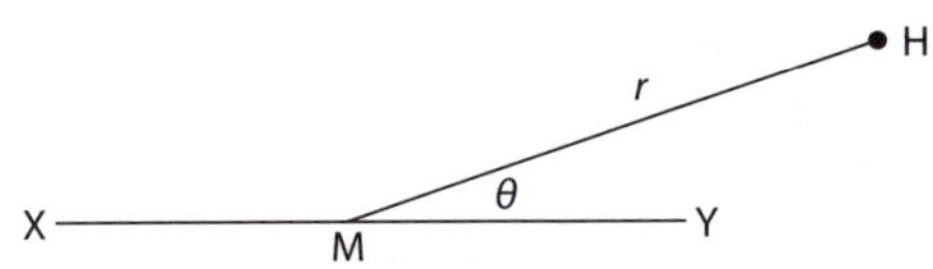

In dieser Gleichung entspricht r dem Abstand zwischen dem Punkt H = (r, θ) und dem Mittelpunkt M der Strecke XY sowie θ dem Winkel zwischen den Strecken MH und MY beziehungsweise MX. χ_L und χ_T stehen für die diamagnetischen Suszeptibilitäten des Moleküls in longitudinaler (L) und transversaler (T) Richtung – beim Benzol also zum Beispiel in der Ringebene und senkrecht zur Ringebene. Nach Gleichung 3.1 wechselt die Abschirmung σ_A bei einem Winkel von $\theta = 54°44'$ ihr Vorzeichen. Bei diesem so genannten magischen Winkel, der uns auch schon bei der Diskussion der Festkörper-NMR-Spektroskopie in Abschnitt 2.9 begegnet ist, wird der Term $(3\cos^2\theta - 1)$ gleich null.

Beim Benzol befinden sich alle Wasserstoffatome außerhalb des in Abbildung 3.4 dargestellten Doppelkegels, dessen Oberfläche den Übergang von einer zusätzlichen Abschirmung zu einer zusätzlichen Entschirmung repräsentiert. Deswegen werden alle Wasserstoffkerne (Protonen) des Benzols durch den Ringstromeffekt entschirmt. Um die volle Auswirkung des Effekts auch innerhalb des Doppelkegels zu untersuchen, wurden spezielle Moleküle konstruiert und synthetisiert. Die Methylenprotonen von 1,6-Methano[10]annulen (**3-3**) sind in ihrer relativen Position oberhalb des aromatischen 10π-Elektronensystems festgelegt. Dadurch werden sie infolge des Ringstromeffekts so stark abgeschirmt, dass ihre Resonanzsignale bei einer chemischen Verschiebung von −0,5 ppm liegen – also sogar niedriger (bei höherem Feld) als beim TMS. [18]Annulen (**3-4**) besitzt einen Satz von Protonen rund um die Außenkante des aromatischen Systems, die infolge der starken Entschirmung eine chemische Verschiebung von 9,3 ppm aufweisen, sowie einen Satz von Protonen im Zentrum des aromatischen Systems, deren Resonanzsignal aufgrund der sehr starken Abschirmung bei einer chemischen Verschiebung von −3,0 ppm liegt.

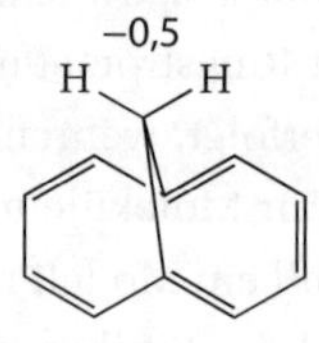

3-3

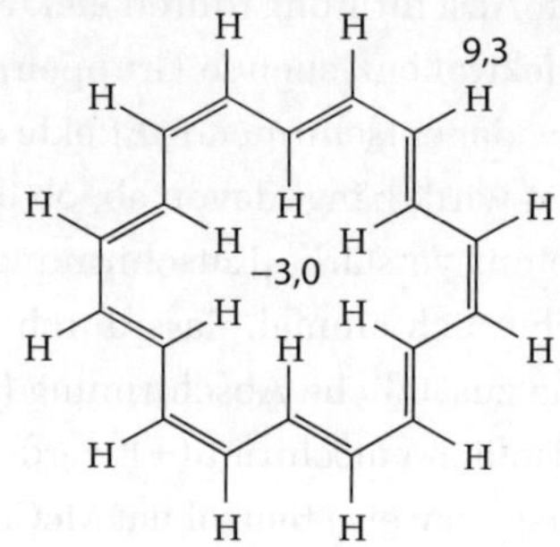

3-4

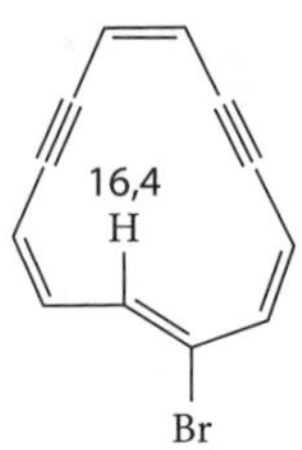

3-5

Die Anwesenheit eines $(4n + 2)$-π-Elektronensystems ist nicht nur, wie aus der organischen Chemie bekannt, eine Voraussetzung für die Aromatizität eines Systems, sondern auch für die Existenz einer diamagnetischen Zirkulation der Elektronen. Pople zeigte, dass ein äußeres Magnetfeld in einem $4n$-π-Elektronensystem eine *entgegengesetzte* (paramagnetische) Zirkulation der Elektronen induzieren kann. In diesem Fall ergeben sich die *umgekehrten* Schlussfolgerungen bezüglich der abschirmenden und entschirmenden Bereiche wie in Abbildung 3.3a. Das heißt, Protonen an der Außenkante des Systems werden stärker abgeschirmt und Protonen im oder über dem Zentrum des Systems werden stärker entschirmt. Das ^{1}H-NMR-Spektrum von [16]Annulen steht beispielsweise im Einklang mit dieser Interpretation (innere Protonen, $\delta = 10{,}3$ ppm; äußere Protonen, $\delta = 5{,}2$ ppm). Eines der extremsten Beispiele für diesen Effekt stellt das spezielle [12]Annulen **3-5** dar. Das Bromatom wurde in das Molekül eingeführt, um eine Konformationsänderung zu verhindern, bei der die inneren und äußeren Protonen ihre relativen Positionen wechseln würden. Das in der Strukturformel hervorgehobene, innere Proton (H) der $4n$-π-Elektronenverbindung **3-5** zeigt eine äußerst große chemische Verschiebung von 16,4 ppm. Zum Vergleich: Das Resonanzsignal der inneren Protonen von [18]Annulen (**3-4**) mit seinem $(4n + 2)$-π-Elektronensystem liegt, wie wir gesehen haben, bei einer chemischen Verschiebung von −3,0 ppm!

Die beiden möglichen Extremorientierungen eines lang gezogenen Ellipsoids, das als Modell für eine chemische Bindung verwendet wird, können auf ähnliche Weise analysiert werden (▶ Abbildung 3.5). In diesem Fall hängt es wesentlich vom Bindungstyp und den daraus resultierenden diamagnetischen Suszeptibilitäten χ in den verschiedenen Ebenen ab, in welcher Orientierung zum äußeren Magnetfeld ein stärkerer Elektronenstrom induziert wird. Ein klares und eindeutiges Beispiel bietet die Dreifachbindung von Ethin (Acetylen, H–C≡C–H). Die π-Elektronen des Ethins können besonders leicht um die Längsachse des linearen Moleküls, welche gleichzeitig die Längsachse der Bindung darstellt, zirkulieren. Eine Zirkulation um die Querachse ist dagegen erheblich schwerer. Wenn das lineare Moleküls und somit auch die Dreifachbindung parallel zum B_0-Feld ausgerichtet ist (wie in Abbildung 3.5a), kann durch das äußere Magnetfeld demnach ein relativ starker ringförmiger Elektronenstrom induziert werden. Da dies bei senkrechter Ausrichtung zum B_0-Feld (wie in Abbildung 3.5b) nicht der Fall ist, wird der Effekt durch die molekularen Bewegungen nicht ausgemittelt. Die beiden Wasserstoffatome (Protonen) des Ethins sind an den Enden des Moleküls auf der Längsachse lokalisiert und werden infolgedessen gemäß Abbildung 3.5a durch das nichtlokale Feld der Dreifachbindung zusätzlich abgeschirmt. Ihre chemische Verschiebung liegt mit 2,88 ppm folgerichtig zwischen den chemischen Verschiebung von Ethan (δ = 0,86 ppm) und Ethen (δ = 5,28 ppm). Die Auswirkung der *sp*-Hybridisierung der Kohlenstoffatome wird somit offensichtlich durch den Effekt der diamagnetischen Anisotropie der C≡C-Dreifachbindung nicht nur ausgeglichen, sondern sogar überkompensiert. Die longitudinale magnetische Suszeptibilität χ_L der Dreifachbindung ist viel größer als ihre transversale Suszeptibilität χ_T, weil die Elektronen viel leichter um die Längsachse kreisen können als um die Querachse. Im Sinn des McConnell-Modells beträgt der Winkel θ für die Protonen des Ethins bei der relevanten parallelen Ausrichtung des Moleküls zum B_0-Feld 0°. Setzt man die Werte für $(\chi_L - \chi_T) > 0$ und $\theta = 0°$ in Gleichung 3.1 ein, erhält man eine positive Abschirmungskonstante σ_A für die Abschirmung der Protonen durch das nichtlokale Feld der anisotropen Dreifachbindung. Das heißt, die Protonen werden stärker abgeschirmt und ihr Resonanzsignal wird dadurch zu niedrigerer Frequenz (höherem Feld) verschoben.

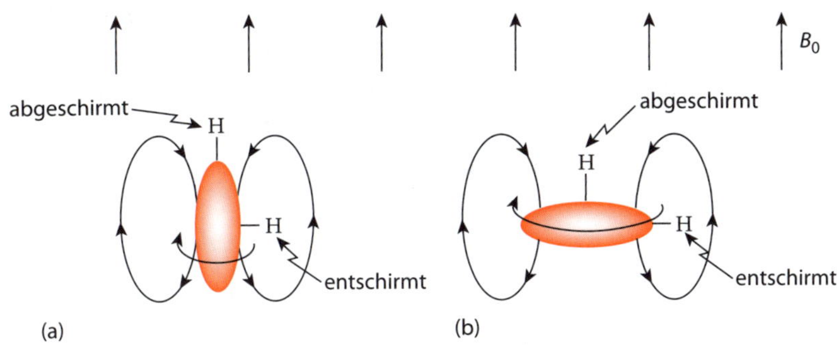

Abbildung 3.5: Schematische Darstellung der Abschirmung eines Protons durch das nichtlokale Feld einer anisotropen Gruppe am Beispiel des lang gezogenen Ellipsoids als Modell für eine chemische Bindung in Abhängigkeit von deren relativer Orientierung zum B_0-Feld.

Die Zirkulation der Elektronen in einer C–C-Einfachbindung ist schwächer als im Fall einer Dreifachbindung und darüber hinaus stärker, wenn die Bindungsachse wie in Abbildung 3.5b senkrecht zum B_0-Feld steht – das heißt, für die Einfachbindung ist $\chi_L < \chi_T$ und somit $(\chi_L - \chi_T) < 0$. Ein Proton, das sich seitlich der Einfachbindung befindet (in Abbildung 3.5b oben oder unten), wird durch deren nichtlokales Feld zusätzlich abgeschirmt, während ein Proton, das entlang der Längsachse der Bindung lokalisiert ist (in Abbildung 3.5b rechts oder links), zusätzlich entschirmt wird (▶ Abbildung 3.6a). Ein konformativ in einer bestimmten Sesselkonformation festgelegter Cyclohexanring weist Protonen in diesen beiden räumlichen Anordnungen bezüglich einer Einfachbindung auf. Die beiden in Abbildung 3.6b hervorgehobenen Protonen ($H_{äq}$, H_{ax}) besetzen in Bezug zur diamagnetischen Anisotropie der C-1–C-2- und der C-1–C-6-Einfachbindung jeweils äquivalente Positionen, so dass ihre chemischen Verschiebungen durch diese Bindungen *nicht* unterschiedlich beeinflusst werden. Das axiale Proton (H_{ax}) an C-1 befindet sich allerdings im abschirmenden Bereich der etwas weiter entfernten Bindungen C-2–C-3 und C-5–C-6 (fett dargestellt), während sich das äquatoriale Proton ($H_{äq}$) an C-1 im entschirmenden Bereich dieser Bindungen aufhält. Im Allgemeinen werden axiale Protonen infolgedessen zusätzlich abgeschirmt und ihr Resonanzsignal zu niedrigerer Frequenz (höherem Feld) verschoben als die Signale der zusätzlich entschirmten äquatorialen Protonen – die auf diesem Effekt beruhende Differenz zwischen den chemischen Verschiebungen der axialen und äquatorialen Protonen beträgt typischerweise etwa 0,5 ppm.

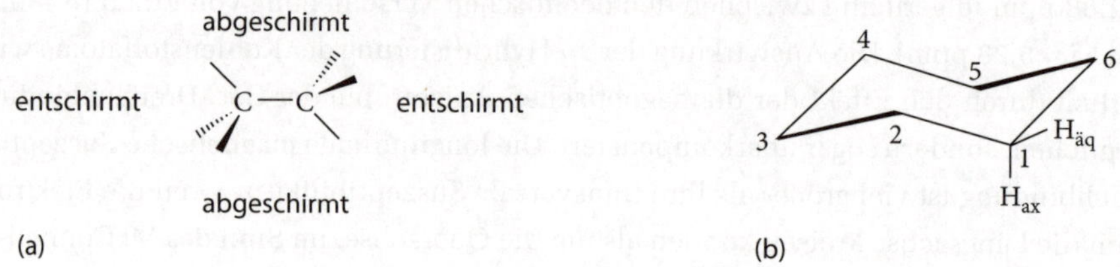

Abbildung 3.6: Diamagnetische Anisotropie von C–C-Einfachbindungen. (a) Abschirmende und entschirmende Bereiche in der Umgebung einer C–C-Einfachbindung. (b) Relative Positionen von äquatorialen ($H_{äq}$) und axialen (H_{ax}) Wasserstoffatomen (Protonen) bezüglich der verschiedenen C–C-Einfachbindungen eines Cyclohexanrings in seiner Sesselkonformation.

Die höhere Resonanzfrequenz beziehungsweise größere chemische Verschiebung von Methinprotonen (CH) im Vergleich zu Methylenprotonen (CH_2) und von Methylenprotonen wiederum im Vergleich zu Methylprotonen (CH_3) in einer Verbindungsreihe $(CH_3)_2$**CH**X, CH_3**CH**$_2$X, **CH**$_3$X mit einem gemeinsamen Substituenten X kann zumindest teilweise auf die Anisotropie der zusätzlichen C–C-Bindungen zurückgeführt werden (▶ Abbildung 3.7), wobei die Veränderungen in der Hybridisierung auch zu dem Effekt beitragen können.

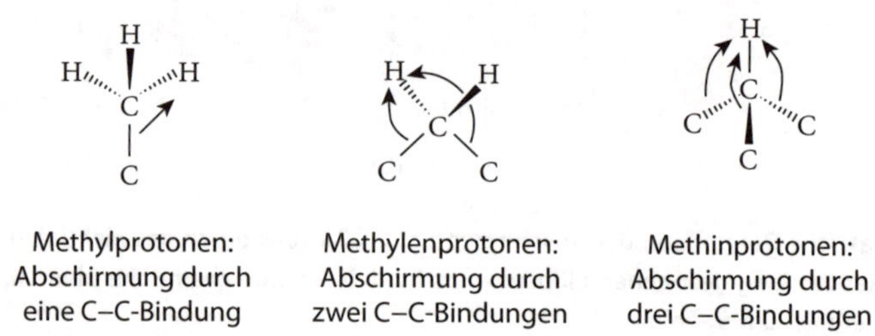

Abbildung 3.7: Unterschiedliche Abschirmung von Protonen (H) in Methyl-, Methylen- und Methingruppen durch nichtlokale Felder der diamagnetisch anisotropen C–C-Einfachbindungen.

Die hochgradige Abschirmung der Protonen des Cyclopropans (δ = 0,22 ppm im Vergleich zu δ = 1,43 ppm im Cyclohexan) kann einerseits wegen der besonderen elektronischen Struktur des Cyclopropans ähnlich wie bei Aromaten mit einem gewissen Ringstromeffekt und andererseits mit der Anisotropie der C–C-Einfachbindung erklärt werden, die jeder CH_2-Gruppe gegenüberliegt. Der abschirmende Effekt muss dabei deutlich größer sein, als es die Differenz der chemischen Verschiebungen von Cyclopropan und Cyclohexan von etwa 1,2 ppm vermuten lässt. Da die Hybridorbitale der Kohlenstoffatome des Cyclopropans, die zur Ausbildung der Bindungen zu den Wasserstoffatomen (Protonen) genutzt werden, infolge der extremen Ringspannung näherungsweise sp^2-Charakter besitzen, werden die Protonen dadurch nämlich stärker entschirmt als im Cyclohexan, bei dem für die Bindungen sp^3-Hybridorbitale zum Einsatz kommen. Dieser Effekt wird aber offensichtlich überkompensiert. Ein C_3-Ring kann aber auch im Molekül weiter entfernte Protonen abschirmen. Das in der Strukturformel (**3-6**) von Spiro[2.5]octan eingezeichnete äquatoriale Proton ($H_{äq}$) zeigt eine um 1,2 ppm kleinere chemische Verschiebung (niedrigere Resonanzfrequenz, höheres Feld) als das axiale Proton (H_{ax}). Da normalerweise die chemische Verschiebung des *axialen* Protons um 0,5 ppm kleiner ist, führt der abschirmende Effekt des C_3-Rings auf das äquatoriale Proton zu einer Verschiebung von −1,7 ppm. Tatsächlich befindet sich das äquatoriale Proton im abschirmenden Bereich des C_3-Rings, wodurch dieser starke Effekt erklärt werden kann.

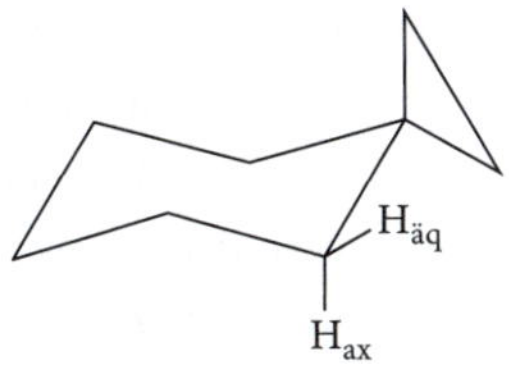

3-6

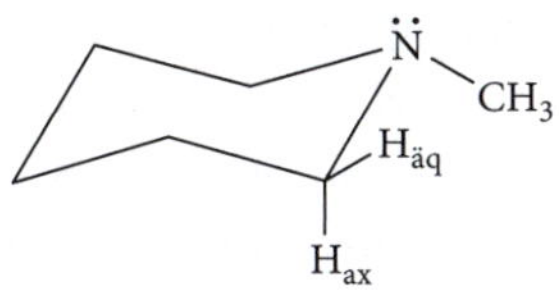

3-7

Die häufigsten Einfachbindungen in der organischen Chemie (C–O, C–N et cetera) weisen Abschirmungseigenschaften auf, die denen der C–C-Einfachbindung ähneln. Bei C–S-Bindungen besitzen die Abschirmungskonstanten in den verschiedenen Bereichen allerdings umgekehrte Vorzeichen im Vergleich zur C–C-Bindung. In manchen Fällen kann ein freies Elektronenpaar einen speziellen Effekt bewirken. Das axiale freie Elektronenpaar am Stickstoffatom von *N*-Methylpiperidin (**3-7**) schirmt zum Beispiel das vicinale *axiale* Proton (H_{ax}) durch eine $n \rightarrow \sigma^*$-Wechselwirkung zusätzlich ab, ohne einen Effekt auf $H_{äq}$ auszuüben. Infolgedessen wird der Abstand zwischen den chemischen Verschiebungen von H_{ax} und $H_{äq}$ auf etwa 1,0 ppm oder mehr erhöht.

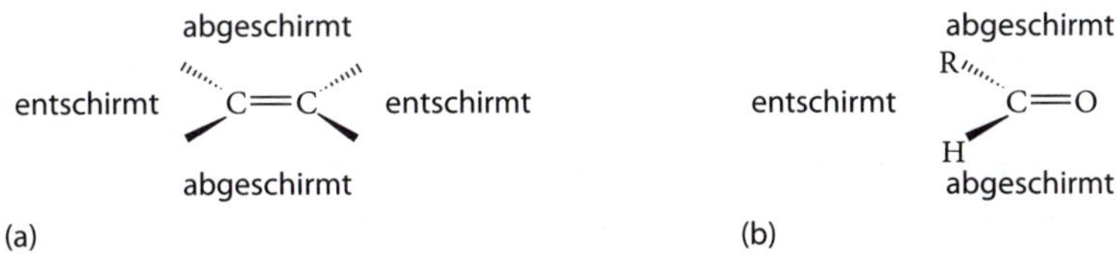

Abbildung 3.8: Abschirmungseigenschaften von Doppelbindungen. (a) C=C-Doppelbindung. (b) C=O-Doppelbindung.

Die diamagnetische Anisotropie von Doppelbindungen ist schwieriger abzuschätzen, weil diese nicht nur zwei, sondern drei nichtäquivalente Symmetrieachsen aufweisen. Somit kann die McConnell-Gleichung, die nur für zwei Achsen beziehungsweise unterschiedliche magnetische Suszeptibilitäten abgeleitet wurde, nicht zur Beschreibung einer Doppelbindung verwendet werden. Protonen, die über der Doppelbindungsebene lokalisiert sind, unterliegen im Allgemeinen einer zusätzlichen Abschirmung durch die Doppelbindung, während Protonen in der Bindungsebene entschirmt werden (▶ Abbildung 3.8). Das gilt sowohl für Alkene (siehe Abbildung 3.8a) als auch für Carbonylgruppen (siehe Abbildung 3.8b).

Die chemischen Verschiebungen der Methylenprotonen von Norbornen (**3-8**) können zum Beispiel auf diese Weise erklärt werden. Die *syn*- und *endo*-Protonen werden durch die Doppelbindung vergleichsweise stärker abgeschirmt als die *anti*- und *exo*-Protonen. Die starke Entschirmung von Aldehydprotonen [H(C=O)R, $\delta \approx$ 9,8 ppm] ist auf eine Kombination aus einem starken polaren Effekt und der diamagnetischen Anisotropie der Carbonylgruppe zurückzuführen.

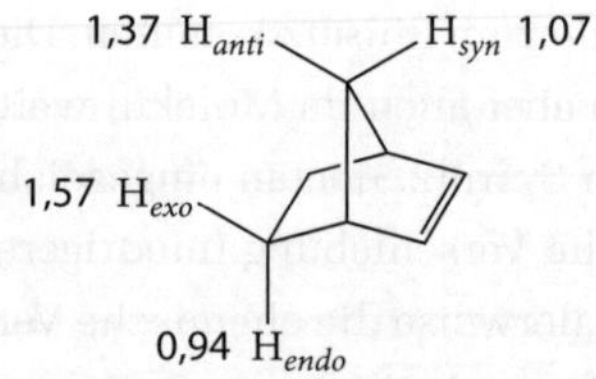

3-8

Die nicht kugelsymmetrische Anordnung von freien Elektronenpaaren kann eine diamagnetische Anisotropie zeigen. Allerdings kann ihr Effekt auf die Abschirmung auch durch die Störung von lokalen Elektronenströmen erklärt werden. Ein Proton, das in einer Wasserstoffbrückenbindung mit einem freien Elektronenpaar assoziiert ist, wird stets entschirmt. So zeigt zum Beispiel das Hydroxylproton von Ethanol in verdünnter Lösung in einem Lösungsmittel wie CCl_4, das keine Wasserstoffbrücken ausbilden kann, eine chemische Verschiebung von 0,7 ppm, während es in reinem Ethanol mit umfangreicher Bildung von Wasserstoffbrücken eine chemische Verschiebung von 5,3 ppm aufweist. Die Resonanzsignale von Carboxylprotonen (CO_2H) liegen bei sehr hohen Frequenzen (tiefem Feld) mit chemischen Verschiebungen zwischen 11 und 14 ppm, weil jedes der Protonen in einem Dimer oder einem höheren Aggregat in eine Wasserstoffbrücke eingebunden ist. Die anisotrope Anordnung von freien Elektronenpaaren wurde auch zur Erklärung der chemischen Verschiebungen der Protonen von Ethylgruppen mit unterschiedlichen Substituenten X (CH_3CH_2X) herangezogen. Die chemische Verschiebung der Methylenprotonen kann gut durch den induktiven Effekt von X erklärt werden [für X: F (δ = 4,36 ppm), Cl (δ = 3,47 ppm), Br (δ = 3,37 ppm), I (δ = 3,16 ppm)]. Dagegen entwickeln sich die chemischen Verschiebungen der Methylprotonen zwar in der gleichen Reihenfolge, aber in entgegengesetzter Richtung [für X: F (δ = 1,24 ppm), Cl (δ = 1,33 ppm), Br (δ = 1,65 ppm), I (δ = 1,86 ppm)]. Mit zunehmender Größe von X sinkt die Entfernung zwischen den freien Elektronenpaaren des Substituenten und den Methylprotonen, so dass deren entschirmender Effekt auf die Methylprotonen stärker wird, während der induktive Effekt über die Methylengruppe hinweg nur noch eine untergeordnete Rolle spielt.

Zusammenfassend können wir feststellen, dass die Auswirkung von funktionellen Gruppen auf die chemische Verschiebung von Protonen im Wesentlichen durch die beiden oben beschriebenen allgemeinen Effekte erklärt werden kann: (1) Elektronenziehende oder elektronenschiebende Gruppen können über induktive oder mesomere Effekte die Elektronendichte in der unmittelbaren Umgebung des jeweiligen Protons und somit das lokale Feld am Ort des Protons verändern. Auch die Hybridisierung des Kohlenstoffatoms, an welches das Proton gebunden ist, beeinflusst die Elektronendichte in der unmittelbaren Umgebung des Protons. Durch eine höhere Elektronendichte wird ein Proton stärker abgeschirmt und sein Resonanzsignal infolgedessen zu niedrigerer Frequenz (höherem Feld), also einer kleineren chemischen Verschiebung verlagert. Eine geringere Elektronendichte übt den entgegengesetzten Effekt aus. (2) Die Lage der Resonanzsignale von aromatischen und vinylischen Protonen, Protonen an Dreifachbindungen, Aldehydprotonen, Protonen von Cyclopropanen und Cyclohexanen sowie Protonen, die in Wasserstoffbrücken eingebunden sein können, wird hauptsächlich oder zumindest wesentlich durch die diamagnetische Anisotropie von nicht kugelsymmetrischen Substituenten oder Bindungen bestimmt.

Zwei weitere, speziellere diamagnetische Effekte können die chemischen Verschiebungen von Protonen beeinflussen. Wie wir bereits diskutiert haben, kann ein Substituent ein benachbartes Proton durch einen elektronenziehenden induktiven Effekt entschirmen – das heißt, σ^d senken. Ist das Proton durch eine ausreichend große Zahl von Bindungen von dem Substituenten getrennt, wird der Effekt schließlich vernachlässigbar klein. Wenn ein Atom eines solchen über Bindungen weit entfernten Substituenten aber infolge einer entsprechenden und starren Molekülstruktur in einem festen Abstand zu dem Proton gehalten wird, der kleiner ist als die Summe der Van-der-Waals-Radien, wird Elektronendichte aus der unmittelbaren Umgebung des Protons verdrängt. Der Nettoeffekt dieser Anordnung besteht deswegen in einer Verkleinerung von σ^d. Das Proton wird also entschirmt und sein Resonanzsignal wandert zu höherer Frequenz (tieferem Feld). Das Phänomen beruht auf der gegenseitigen Abstoßung zwischen induzierten Dipolen (durch Van-der-Waals-, London- oder Dispersionskräfte). Die Größe dieses Van-der-Waals-Effekts wird mit zunehmendem Abstand der beiden Atome sehr schnell kleiner und hängt entscheidend von der Größe und Polarisierbarkeit der beiden Atome ab. Bei einem Proton beginnt eine derartige Entschirmung durch ein anderes Proton erst, wenn ein Abstand von 2,5 Å unterschritten wird. Ein Bromatom kann ein Proton schon aus einer deutlich größeren Entfernung auf diese Weise entschirmen, während zum Beispiel ein Fluoratom in dieser Hinsicht eine Stellung zwischen den beiden einnimmt.

Die 0,2-ppm-Tieffeldverschiebung des Resonanzsignals der *tert*-Butylprotonen von *ortho*-Di-*tert*-butylbenzol im Vergleich zu den entsprechenden Signalen des *meta*- und *para*-Isomers wurde ebenfalls auf den Van-der-Waals-Effekt zurückgeführt. Ein sehr dramatisches Beispiel ist die partielle Käfigverbindung **3-9**, bei der H_b eine chemische Verschiebung von 3,55 ppm und H_c von 0,88 ppm zeigt. Die Methylenprotonen des Cyclohexans weisen zum Vergleich eine chemische Verschiebung von etwa 1,4 ppm auf. Das Sauerstoffatom entschirmt H_b folglich um mehr als 2 ppm. Interessanterweise wird die von H_b verdrängte Elektronendichte teilweise in Richtung H_c verlagert, das um etwa 0,5 ppm stärker abgeschirmt ist als die Methylenprotonen im Cyclohexan.

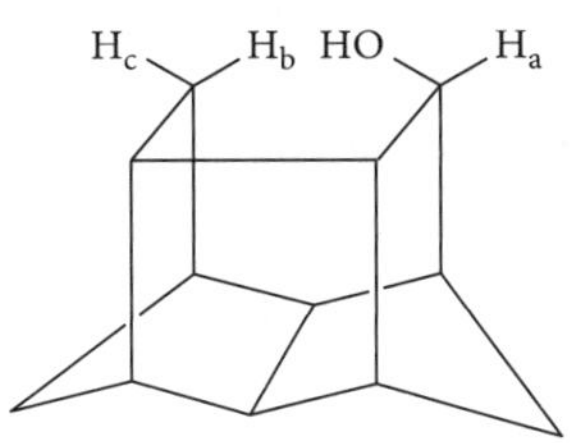

3-9

Eine polare Bindung in einem Molekül erzeugt ein elektrisches Feld, das auch im Bereich eines benachbarten Kerns noch eine nennenswerte Größe besitzen kann. Das elektrische Feld verzerrt die elektronische Struktur in der Umgebung des Nachbarkerns und entschirmt diesen durch die Absenkung von σ^d. Im Gegensatz zu einem induktiven Effekt kann ein solcher elektrischer Feldeffekt auch von einer polaren Gruppe ausgeübt werden, die durch viele Bindungen von dem entschirmten Kern getrennt ist. Für einen signifikanten elektrischen Feldeffekt muss die polare Gruppe nur räumlich nah genug zum betroffenen Kern liegen, aber nicht mit diesem in Van-der-Waals-Kontakt treten.

Viele Beispiele für elektrische Feldeffekte stammen aus der ^{19}F-NMR-Spektroskopie, da die Effekte durch die größeren chemischen Verschiebungen der Fluorkerne verstärkt werden. Das ^{19}F-Resonanzsignal von 1-Chlor-2-fluorbenzol (**3-10**) ist um mehr als 20 ppm weiter zu höherer Frequenz verschoben, als es durch einen einfachen induktiven Effekt erklärt werden könnte. Die Interpretation, dass diese große zusätzliche Entschirmung auf den elektrischen Feldeffekt der polaren C–Cl-Bindung zurückzuführen ist, konnte durch Berechnungen untermauert werden.

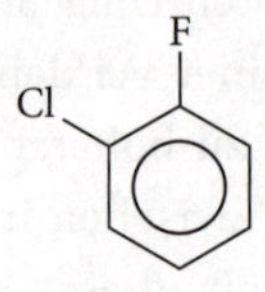

3-10

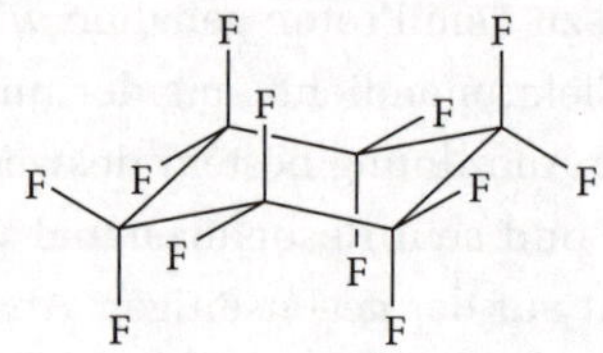

3-11

Der große chemische Verschiebungsunterschied von 18 ppm zwischen den axialen und äquatorialen Fluorkernen des Perfluorcyclohexans (**3-11**) kann im Vergleich zu den 0,5 ppm Unterschied zwischen den entsprechenden Protonen des Cyclohexans nicht durch die diamagnetische Anisotropie allein erklärt werden. Die elektrischen Felder an den axialen und äquatorialen Fluoratomen in **3-11** weichen infolge der unterschiedlichen molekularen Umgebungen der Fluoratome voneinander ab und somit auch die Polarität der verschiedenen C–F-Bindungen. Wegen der relativ geringen Abstände können bei allen Fluorkernen auch Van-der-Waals-Wechselwirkungen zu deren Abschirmung beziehungsweise Entschirmung beitragen. Für eine vollständige Analyse der ^{19}F-chemischen Verschiebungen müssen auf jeden Fall beide Effekte berücksichtigt werden.

3.2 ^{1}H-chemische Verschiebungen und Struktur

Die Aufklärung der Struktur eines Moleküls mithilfe von NMR-Spektren erfordert die Kenntnis der Zusammenhänge zwischen der chemischen Verschiebung und der Anwesenheit der verschiedenen Funktionalitäten beziehungsweise funktionellen Gruppen. In der Praxis werden in der Regel sowohl ^{1}H- als auch ^{13}C-NMR-Spektren von einer Substanz gemessen und zum Zweck der Strukturaufklärung analysiert. ▶ Abbildung 3.9 stellt die chemischen Verschiebungsbereiche von Protonen einer Reihe von Verbindungsklassen und funktionellen Gruppen im Überblick dar.

3.2.1 Gesättigte Kohlenwasserstoffe und deren Derivate

Alkane

Cyclopropan besitzt mit 0,22 ppm die kleinste chemische Verschiebung aller einfachen gesättigten Kohlenwasserstoffe. Dies ist, wie wir bereits festgestellt haben, auf einen gewissen Ringstromeffekt und/oder die diamagnetische Anisotropie der C–C-Einfachbindungen zurückzuführen. Methan zeigt mit 0,23 ppm im Wesentlichen die gleiche chemische Verschiebung wie Cyclopropan. Das schrittweise Einfügen zusätzlicher gesättigter C–C-Bindungen in das Methanmolekül führt zu höheren Resonanzfrequenzen der Protonen, wie man an den chemischen Verschiebungen in der Reihe Ethan (CH_3CH_3, $\delta = 0{,}86$ ppm), Propan ($CH_3\mathbf{CH_2}CH_3$, $\delta = 1{,}33$ ppm) und Isobutan [$(CH_3)_3\mathbf{CH}$, $\delta = 1{,}56$ ppm] erkennen kann. Die chemische Verschiebung der Protonen von Cyclobutan ist ungewöhnlich groß (δ = 1,98 ppm), weil die an den C–H-Bindungen beteiligten Hybridorbitale der Kohlenstoffatome infolge der Ringspannung einen erhöhten *s*-Charakter besitzen. Die Resonanzfrequenzen der Protonen cyclischer Kohlenwasserstoffe mit mehr als vier Ringatomen sind mit denen offenkettiger Kohlenwasserstoffe vergleichbar, wie beispielsweise die ^{1}H-chemische Verschiebung von Cyclohexan mit 1,43 ppm verdeutlicht. In komplexen Naturstoffen, wie zum Beispiel Steroiden oder Alkaloiden, führt die größere Anzahl von chemisch ähnlichen Wasserstoffatomen (Protonen) in gesättigten Kohlenwasserstoffeinheiten zu überlappenden Resonanzsignalen im Bereich von etwa 0,8 bis 2,0 ppm. Eine ausreichende Auflösung der normalen ^{1}H-NMR-Spektren solcher Verbindungen in dieser Region erreicht man, wenn überhaupt, nur mit leistungsfähigen NMR-Spektrometern bei starkem äußeren Magnetfeld.

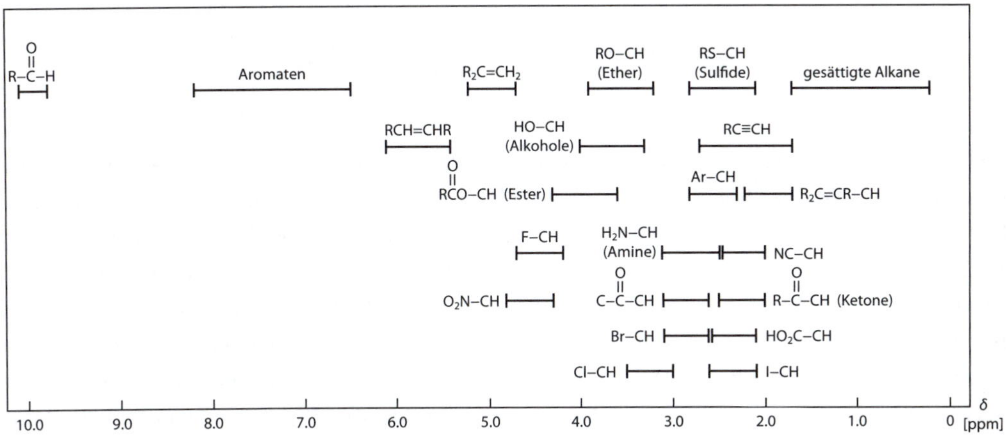

Abbildung 3.9: **Übersicht über die ¹H-chemischen Verschiebungsbereiche von häufig vorkommenden Struktureinheiten.** Das Symbol –CH steht für Methyl, Methylen oder Methin und R repräsentiert eine gesättigte Alkylgruppe. Die chemischen Verschiebungen für Carboxylprotonen (CO_2H) und andere stark in Wasserstoffbrücken eingebundene Protonen liegen auf der linken Seite außerhalb des dargestellten Bereichs chemischer Verschiebungen. Die angegebenen Bereiche umfassen die häufigsten Verschiebungen der jeweiligen Protonen; in einzelnen besonderen Fällen kann die chemische Verschiebung eines Protons auch außerhalb des angegebenen Bereichs liegen.

Funktionalisierte Alkane

Eine funktionelle Gruppe in der Nachbarschaft eines Protons verändert dessen chemische Verschiebung in Abhängigkeit vom polaren beziehungsweise induktiven Effekt und der diamagnetischen Anisotropie der Gruppe. Ethan (δ = 0,86 ppm) kann in diesem Zusammenhang sinnvollerweise als Referenz für die chemische Verschiebung von unterschiedlich substituierten Methylverbindungen dienen. Durch den Ersatz einer Methylgruppe des Ethans durch eine Hydroxylgruppe erhält man Methanol ($\mathbf{CH_3}OH$), dessen Methylprotonen eine chemische Verschiebung von 3,38 ppm zeigen. Der elektronenziehende –I-Effekt des stark elektronegativen Sauerstoffatoms stellt in diesem Fall die Hauptursache für die große Verschiebung des Resonanzsignals in Richtung höherer Frequenz (tieferem Feld) dar. Ebenso wie in nicht funktionalisierten Alkanen, weisen die analogen Methylen- ($CH_3\mathbf{CH_2}OH$, δ = 3,56 ppm) und Methinprotonen [$(CH_3)_2\mathbf{CH}OH$, δ = 3,85 ppm] zunehmend größere Resonanzfrequenzen auf. Im Allgemeinen zeigen Methylen- und Methinprotonen eine um etwa 0,3 beziehungsweise 0,6 ppm größere chemische Verschiebung als die analogen Methylprotonen. Dabei treten in Abhängigkeit von der Struktur des restlichen Moleküls durchaus beträchtliche Schwankungen auf, so dass die chemische Verschiebung von Protonen in der Nachbarschaft einer bestimmten Funktionalität über einen Bereich bis zu etwa 1 ppm variieren kann. Die Resonanzsignale der α-Protonen von Ethern findet man bei ähnlichen Frequenzen wie die von Alkoholen (CH_3OCH_3, δ = 3,24 ppm). Dagegen weisen die analogen Protonen in den Alkoxygruppen von Estern in der Regel sogar eine noch größere chemische Verschiebung auf, wie zum Beispiel im Essigsäuremethylester [$CH_3O(C{=}O)CH_3$, δ = 3,67 ppm]. Die Ursache dafür liegt in der Mesomerie der Estergruppe, durch welche die elektronenziehenden Eigenschaften des Estersauerstoffatoms nochmals verstärkt werden, wie man an der positiven Ladung in einer der mesomeren Grenzstrukturen erkennen kann (**3-12**).

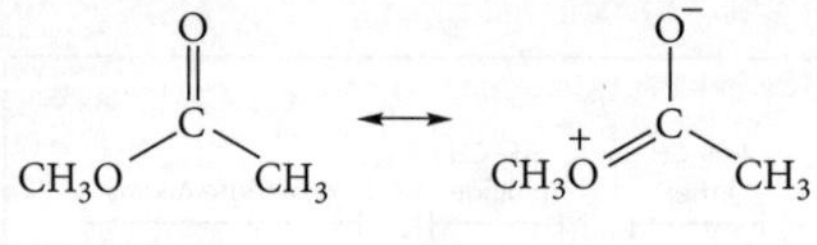

3-12

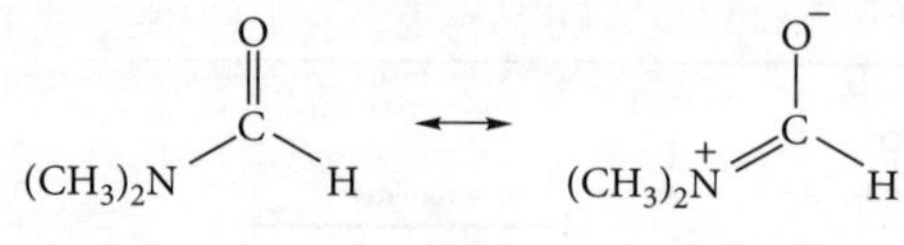

3-13

Da Stickstoff weniger stark elektronenziehend wirkt als Sauerstoff, zeigen Amine etwas niedrigere Resonanzfrequenzen (bei höherem Feld) als Alkohole oder Ether. Die chemische Verschiebung der Methylprotonen von Methylamin ($\mathbf{CH_3}NH_2$, in wässriger Lösung) beträgt beispielsweise 2,42 ppm. Durch die positive Ladung am Stickstoffatom in quartären Ammoniumverbindungen wird die elektronenziehende Eigenschaft des Stickstoffs merklich gesteigert. Infolgedessen weisen die α-Protonen in quartären Ammoniumverbindungen eine deutlich größere chemische Verschiebung auf als in Aminen: Die chemische Verschiebung der Methylprotonen des Tetramethylammonium-Ions [$(CH_3)_4N^+$] beträgt beispielsweise 3,33 ppm, während die Methylprotonen von Trimethylamin [$(CH_3)_3N$] eine chemische Verschiebung von nur 2,22 ppm zeigen. Trägt das Stickstoffatom keine ganze, sondern nur eine Partialladung, wie es zum Beispiel infolge der Mesomerie der Amidgruppe im *N,N*-Dimethylformamid [**3-13**, $(\mathbf{CH_3})_2N(C{=}O)H$, δ = 2,88 ppm] der Fall ist, liegt die chemische Verschiebung der zum Stickstoffatom α-ständigen Protonen zwischen denen von Ammoniumverbindungen und ungeladenen Aminen.

Wegen der geringeren Elektronegativität des Schwefels im Vergleich zu Sauerstoff und Stickstoff befinden sich die Resonanzsignale der α-Protonen von Sulfiden bei entsprechend niedrigerer Frequenz (höherem Feld). Die Methylprotonen von Dimethylsulfid (CH_3SCH_3) zeigen beispielsweise eine chemische Verschiebung von 2,12 ppm. Halogenatome führen gemäß ihrer Elektronegativität zu einer Verschiebung der Protonensignale in Richtung höherer Frequenz (tieferem Feld): CH_3I, δ = 2,15 ppm; CH_3Br, δ = 2,69 ppm; CH_3Cl, δ = 3,06 ppm; CH_3F, δ = 4,27 ppm. In all diesen Fällen kann die Lage der Resonanzsignale auch durch die Anisotropie der C–X-Bindung beeinflusst werden. Der Einfluss dieses Faktors ist allerdings nur schwer abzuschätzen und wird durch die freie Rotation in offenkettigen Systemen darüber hinaus zumindest etwas abgeschwächt. Auch Substituenten, deren elektronenziehende Eigenschaften teilweise oder hauptsächlich auf einen −M-Effekt zurückzuführen sind, verursachen natürlich eine Verschiebung der Resonanzsignale zu höheren Frequenzen (tieferem Feld). Als Beispiele können hier die Cyanogruppe im Acetonitril (CH_3CN, δ = 2,00 ppm) oder die Nitrogruppe im Nitromethan (CH_3NO_2, δ = 4,33 ppm) genannt werden. Elektronenschiebende Atome oder Gruppen, wie das Siliciumatom im TMS (δ = 0,00 ppm), bewirken eine Verlagerung der Protonenresonanzen in Richtung niedrigerer Frequenzen (höherem Feld).

Die Protonenresonanzen von Methylgruppen in direkter Nachbarschaft von C=C-Doppelbindungen oder C≡C-Dreifachbindungen liegen in der Regel zwischen 1,7 und 2,5 ppm, wie zum Beispiel die allylischen Protonen im 2-Methylpropen [Isobuten, $(\mathbf{CH_3})_2C{=}CH_2$, δ = 1,70 ppm], die propargylischen Protonen im Propin ($\mathbf{CH_3}C{\equiv}CH$, δ = 1,80 ppm) und die benzylischen Protonen im Toluol ($C_6H_5\mathbf{CH_3}$, δ = 2,31 ppm). Ist die Methylgruppe direkt mit einem Carbonylkohlenstoffatom verbunden, weisen ihre Protonen chemische Verschiebungen zwischen 2,0 und 2,7 ppm auf, wie beispielsweise im Aceton [$CH_3(CO)CH_3$, δ = 2,07 ppm], in Essigsäure ($\mathbf{CH_3}CO_2H$, δ = 2,10 ppm), im Acetaldehyd ($\mathbf{CH_3}CHO$, δ = 2,20 ppm) und im Acetylchlorid (CH_3COCl, δ = 2,67 ppm). Diese Funktionalitäten zeigen einen breiten Bereich von chemischen Verschiebungen, die durch weitere Substitutionen bestimmt werden.

Für häufig vorkommende Struktureinheiten sind empirisch Korrelationen zwischen der Struktur und der chemischen Verschiebung von Protonen entwickelt worden (siehe auch Abschnitt 3.2.5). Eine der ersten Gleichungen dieser Art ist die so genannte Shoolery-Gleichung (Gleichung 3.2).

$$\delta = 0{,}23 + \Delta_X + \Delta_Y \qquad (3.2)$$

Die Shoolery-Gleichung beschreibt die chemischen Verschiebungen der Methylenprotonen in einer Y–CH_2–X-Gruppe durch die Addition von Substituentenparametern Δ_i zur chemischen Verschiebung von Methan. Die Gleichung liefert einigermaßen brauchbare Ergebnisse für CH_2XY, versagt aber infolge der Wechselwirkungen zwischen den verschiedenen Gruppen für viele Fälle der Form CHXYZ, wie zum Beispiel Chloroform ($CHCl_3$).

3.2.2 Ungesättigte Kohlenwasserstoffe und deren Derivate

Alkine

Die diamagnetische Anisotropie der C≡C-Dreifachbindung führt zu relativ geringen chemischen Verschiebungen von Protonen an *sp*-hybridisierten Kohlenstoffatomen in einem Bereich zwischen etwa 1,8 und 2,9 ppm – die chemische Verschiebung der Protonen der Stammverbindung Ethin (Acetylen, HC≡CH) beträgt 2,88 ppm.

Alkene

Infolge der höheren Elektronegativität eines sp^2-Kohlenstoffatoms im Vergleich zu einem sp^3-hybridisierten und der moderaten Anisotropie der C=C-Doppelbindung liegen die Resonanzsignale von Protonen an Doppelbindungen bei höherer Frequenz (tieferem Feld). Der Bereich der chemischen Verschiebungen solcher vinylischer Protonen ist ziemlich groß und reicht etwa von 4,5 bis 7,7 ppm, wobei die genaue Lage der Signale von der Natur der Substituenten an der Doppelbindung abhängt. Für Ethen beträgt die chemische Verschiebung 5,28 ppm. Die Resonanzen von 1,1-Dialkylalkenen, einschließlich exocyclischer Methylengruppen (=CH_2) an Ringen wie im Methylencyclopropan, findet man bei etwas niedrigerer Frequenz, wie zum Beispiel beim 2-Methylpropen [Isobuten, $(CH_3)_2C{=}\mathbf{CH_2}$, δ = 4,73 ppm]. Die Protonen des CH_2-Teils einer klassischen Vinylgruppe (–CH=CH_2) zeigen in der Regel ebenfalls chemische Verschiebungen von unter 5,0 ppm. Dagegen liegen die Resonanzsignale der Protonen an 1,2-disubstituierten Doppelbindungen (–CH=CH–) und an trisubstituierten Doppelbindungen (>C=CH–) meist oberhalb von 5,0 ppm, wie beispielsweise beim *trans*-2-Buten ($CH_3CH{=}CHCH_3$, δ = 5,46 ppm). Eine Verzerrung der Bindungswinkel an der Doppelbindung führt sogar zu noch größeren Resonanzfrequenzen, wie im Fall des Norbornens (**3-14**, δ = 5,94 ppm). Auch die Konjugation von Doppelbindungen hat höhere Resonanzfrequenzen zur Folge, zum Beispiel beim 1,3-Cyclohexadien (**3-15**, δ = 5,78 ppm). (Die chemischen Verschiebungswerte für die beiden vinylischen Protonensorten von **3-15** und dem folgenden Beispiel **3-16** unterscheiden sich zwar etwas, aber nur sehr wenig.)

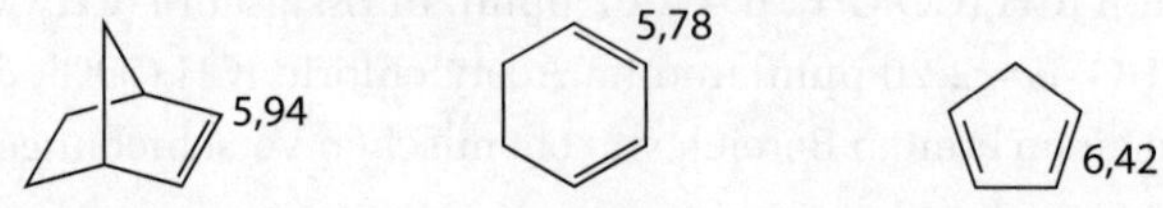

3-14 **3-15** **3-16**

Die Doppelbindungen im 1,3-Cyclopentadien (**3-16**) sind sowohl konjugiert als auch unter Spannung. Infolgedessen weisen die Protonen an den Doppelbindungen noch größere chemische Verschiebungen im Bereich von 6,42 ppm auf. Im Styrol entzieht der Phenylring aufgrund seines −I-Effekts der exocyclischen Doppelbindung Elektronendichte. Die Resonanzfrequenz des zum Ring benachbarten α-Protons (CH) wird dadurch zu merklich höherer Frequenz verschoben (δ = 6,66 ppm). Auf die beiden weiter vom Phenylring entfernten β-Protonen (CH_2) wirkt sich dieser Effekt weniger stark aus. Da sie nicht äquivalent sind, zeigen sie unterschiedliche chemische Verschiebungen von 5,15 und 5,63 ppm. Für die Differenz der chemischen Verschiebungen der β-Protonen ist hauptsächlich die Anisotropie des aromatischen Rings verantwortlich. Das näher am Ring lokalisierte *cis*-ständige β-Proton wird dadurch stärker entschirmt und sein Signal zu höherer Frequenz verschoben als im Fall des *trans*-ständigen β-Protons.

Carbonylgruppen wirken sowohl durch ihren negativen induktiven (−I-) als auch ihren negativen mesomeren Effekt (−M-Effekt) stark elektronenziehend. Die chemische Verschiebung der vinylischen Protonen von Fumarsäurediethylester (*trans*-$CH_3CH_2O_2CCH{=}CHCO_2CH_2CH_3$) beträgt zum Beispiel 6,83 ppm. Wegen der Mesomerie werden insbesondere die Resonanzsignale der β-ständigen Protonen in α, β-ungesättigten Carbonylverbindungen zu sehr hohen Frequenzen (tiefem Feld) verlagert. Die Verbindungen **3-17** und **3-18** veranschaulichen den Effekt der Konjugation einer Doppelbindung mit unterschiedlichen Funktionalitäten auf die chemischen Verschiebungen der Protonen an einer Doppelbindung.

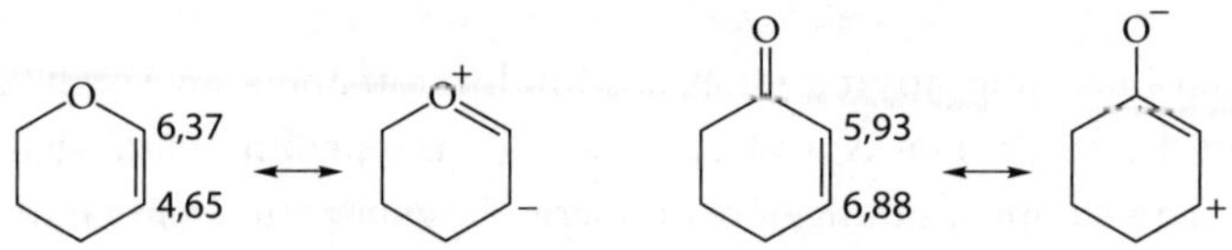

3-17 **3-18**

Während die vinylischen Protonen von Cyclohexen eine normale chemische Verschiebung von 5,59 ppm zeigen, wird durch die Mesomerie im vinylischen Ether **3-17** Elektronendichte von den freien Elektronenpaaren des Sauerstoffs zur β-Position verlagert. Dadurch wird das β-Proton stärker abgeschirmt, was sich in der Verschiebung seines Resonanzsignals zu niedrigerer Frequenz (höherem Feld) widerspiegelt (δ = 4,65 ppm). Gleichzeitig übt das Sauerstoffatom einen −I-Effekt aus, der hauptsächlich die direkt benachbarte α-Position beeinflusst. Infolgedessen wird das α-Proton zusätzlich entschirmt und besitzt somit eine chemische Verschiebung von 6,37 ppm. Die Carbonylgruppe im α,β-ungesättigten Keton **3-18** entzieht durch die Mesomerie dagegen der β-Position Elektronendichte, so dass in diesem Fall das Resonanzsignal des β-Protons zu deutlich höherer Frequenz (tieferem Feld) verschoben wird (δ = 6,88 ppm), während das α-Proton durch den −I-Effekt der Carbonylgruppe ebenfalls etwas zusätzlich entschirmt wird (δ = 5,93 ppm), allerdings nicht ganz so stark.

Diese Effekte wurden durch Tobey sowie durch Pascual, Meier und Simon über einen empirischen Ansatz mithilfe von Gleichung 3.3 quantitativ beschrieben.

$$\delta = 5{,}28 + Z_{\text{gem}} + Z_{\text{cis}} + Z_{\text{trans}} \tag{3.3}$$

Um die chemische Verschiebung eines Protons an einer Doppelbindung zu berechnen, werden nach Gleichung 3.3 zur chemischen Verschiebung von Ethen (δ = 5,28 ppm) vom jeweiligen Substituenten und seiner Stellung bezüglich des betrachteten Protons abhängige Konstanten Z_i addiert. Die Werte von Z_i für eine Reihe von Substituenten können der Literatur am Ende des Kapitels entnommen werden (Pascual et al. 1966; Tobey 1969). Die Parameter Z_i berücksichtigen zwar induktive und mesomere Effekte, sterische Einflüsse können aber zu merklichen Abweichungen von den berechneten Werten führen.

Aldehyde

Die Resonanzfrequenzen von Aldehydprotonen werden sowohl durch den induktiven Effekt als auch durch die diamagnetische Anisotropie der Carbonylgruppe zu sehr hohen Frequenzen (tiefem Feld) verschoben. Das Aldehydproton von Acetaldehyd (CH_3CHO) zeigt beispielsweise eine chemische Verschiebung von 9,8 ppm. Im Allgemeinen findet man die Signale von Aldehydprotonen in einem schmalen Bereich chemischer Verschiebungen von 10,0 ± 0,3 ppm.

3.2.3 Aromaten

Im Fall des Benzols wird der entschirmende Einfluss der sp^2-Hybridisierung der Kohlenstoffatome auf die Protonen durch die diamagnetische Anisotropie des aromatischen Rings (Ringstromeffekt) nochmals erheblich verstärkt. Daraus resultiert die auch im Vergleich zu normalen vinylischen Protonen sehr große ^{1}H-chemische Verschiebung des Benzols von 7,27 ppm. Die induktiven und mesomeren Effekte von Substituenten wirken sich auf ähnliche Weise auf die chemische Verschiebung von aromatischen Protonen aus wie in Alkenen. Der elektronische Effekt der Methylgruppe im Toluol ($C_6H_5CH_3$) ist nur klein und alle fünf aromatischen Protonen weisen eine chemische Verschiebung von etwa 7,2 ppm auf. Ein enger Bereich ^{1}H-chemischer Verschiebungen der aromatischen Protonen ist typisch für aromatische Ringe, die nur gesättigte Alkylsubstituenten tragen. Substituenten, die mit dem aromatischen System in Konjugation treten können, führen dagegen zu einer breiten Spanne aromatischer ^{1}H-chemischer Verschiebungen und zu einer mehr oder weniger komplexen Aufspaltung der Resonanzsignale infolge der Spin-Spin-Kopplungen. Durch den −I-Effekt der Nitrogruppe werden die Resonanzsignale aller Protonen von Nitrobenzol (**3-19**; ► Abbildung 3.10) im Vergleich zu Benzol und Toluol zu höheren Frequenzen (tieferem Feld) verschoben. Darüber hinaus werden die Protonen in *ortho*- und in *para*-Position zusätzlich durch den negativen mesomeren Effekt (−M-Effekt) der Nitrogruppe entschirmt – wie man an den positiven Ladungen, die in den verschiedenen mesomeren Grenzstrukturen in *ortho*- (**3-19**) und *para*-Position (in **3-19** nicht gezeigt) auftreten, erkennen kann.

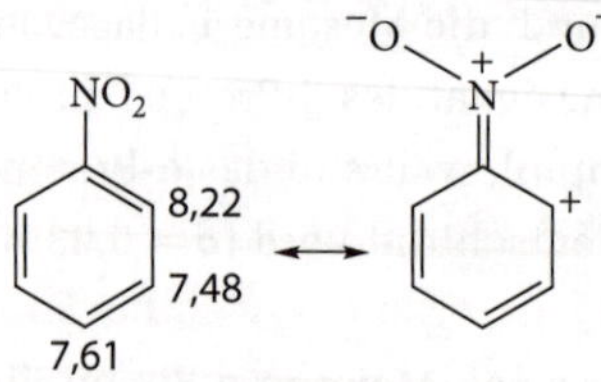

3-19

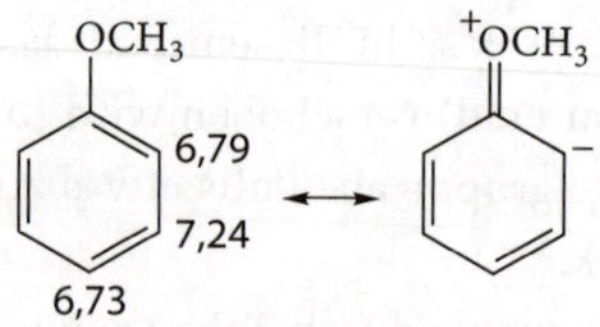

3-20

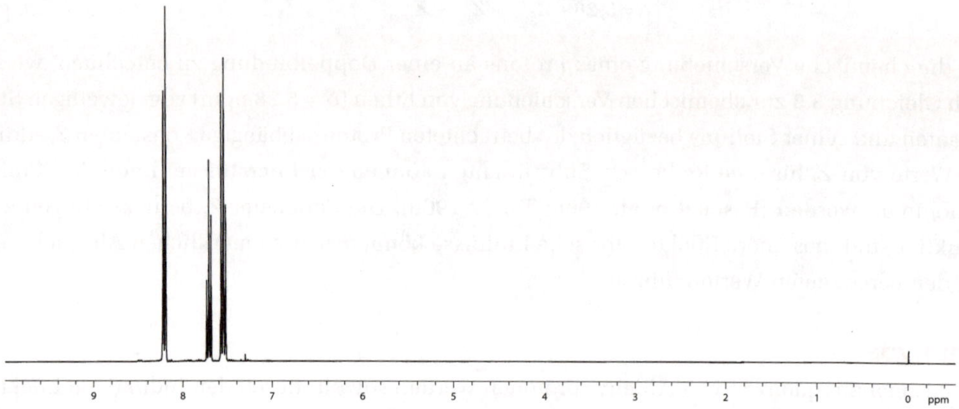

Abbildung 3.10: **Das 300-MHz-^{1}H-NMR-Spektrum von Nitrobenzol in $CDCl_3$.**

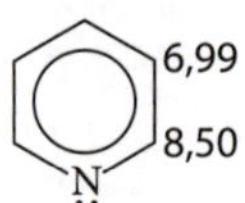

3-21

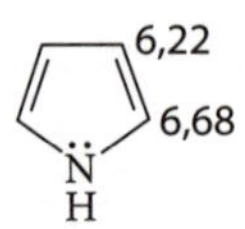

3-22

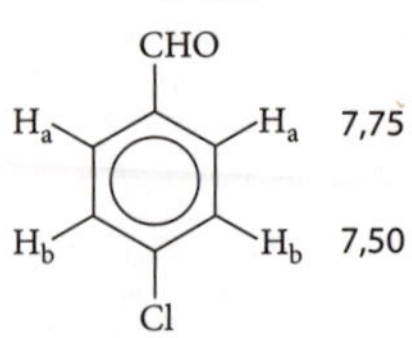

3-23

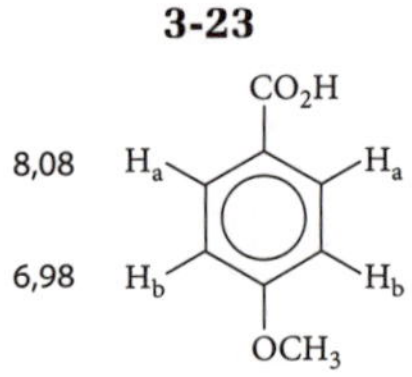

3-24

Im Gegensatz dazu wirkt die Methoxygruppe im Anisol (**3-20**) durch ihren starken +M-Effekt elektronenliefernd, so dass die chemischen Verschiebungen der Protonen in *ortho*- und in *para*-Stellung sogar niedriger sind als die ^{1}H-chemische Verschiebung des Benzols. Die α-Protonen heterocyclischer Verbindungen werden im Allgemeinen hauptsächlich durch den induktiven Effekt des Heteroatoms zusätzlich entschirmt, so dass ihre Resonanzsignale in Richtung höherer Frequenzen als in analogen rein carbocyclischen Verbindungen verschoben werden – wie zum Beispiel beim Pyridin (**3-21**) und beim Pyrrol (**3-22**).

Wenn keine zwei Substituenten in *ortho*-Stellung zueinander vorkommen und deswegen keine sterischen Effekte auftreten, können auch die ^{1}H-chemischen Verschiebungen von aromatischen Protonen empirisch quantitativ beschrieben werden. Nach Gleichung 3.4 werden zur Berechnung der chemischen Verschiebung eines bestimmten aromatischen Protons zur ^{1}H-chemischen Verschiebung von Benzol (δ = 7,27 ppm) für alle Substituenten Parameter S_i addiert, deren Größe von der Natur des Substituenten und seiner Stellung bezüglich des betrachteten Protons abhängt.

$$\delta = 7{,}27 + \sum S_i \tag{3.4}$$

In ► Tabelle 3.1, die aus vielen Quellen von Jackman und Sternhell zusammengestellt wurde, sind die Substituentenparameter S_i für eine Reihe von Substituenten aufgelistet. Das ^{1}H-NMR-Spektrum von 4-Chlorbenzaldehyd (**3-23**) enthält zum Beispiel zwei Dubletts bei 7,75 und 7,50 ppm. Mithilfe von Gleichung 3.4 berechnet man für H_a eine chemische Verschiebung von δ = (7,27 + 0,58 – 0,06) ppm = 7,79 ppm und für H_b eine Verschiebung von δ = (7,27 + 0,02 + 0,21) ppm = 7,50 ppm. Analog misst man für die aromatischen Protonen von 4-Methoxybenzoesäure (**3-24**) chemische Verschiebungen von 8,08 ppm (H_a) und 6,98 ppm (H_b), während Gleichung 3.4 fast die gleichen Werte ergibt, nämlich 7,98 ppm (H_a) und 6,98 ppm (H_b). Der mithilfe von Gleichung 3.4 getroffenen Zuordnung von Resonanzsignalen aromatischer Protonen zu bestimmten Protonen in einem Molekül kann also offenbar mit relativ großem Vertrauen begegnet werden. Bei mehrfach substituierten aromatischen Ringen ist in der Praxis häufig zwar die Identität der Substituenten, aber nicht ihre relative Anordnung am aromatischen Ring bekannt. In diesem Fall kann die tatsächliche Anordnung der Substituenten oftmals durch die Berechnung aller chemischen Verschiebungen für alle denkbaren Substitutionsmuster und den Vergleich mit den gemessenen Werten ermittelt werden. Ein Beispiel für eine solche Zuordnung finden Sie im Internet unter http://www.stolaf.edu/depts/chemistry/courses/toolkits/380/js/nmr1/.

Tabelle 3.1: Substituentenparameter S_i für die Berechnung der chemischen Verschiebung aromatischer Protonen nach Gleichung 3.4.

Substituent	S_{ortho}	S_{meta}	S_{para}
CH_3	−0,17	−0,09	−0,18
CH_2CH_3	−0,15	−0,06	−0,18
NO_2	0,95	0,17	0,33
Cl	0,02	−0,06	−0,04
Br	0,22	−0,13	−0,03
I	0,40	−0,26	−0,03
CHO	0,58	0,21	0,27
OH	−0,50	−0,14	−0,40
NH_2	−0,75	−0,24	−0,63
CN	0,27	0,11	0,30
CO_2H	0,80	0,14	0,20
CO_2CH_3	0,74	0,07	0,20
$COCH_3$	0,64	0,09	0,30
OCH_3	−0,43	−0,09	−0,37
$OCOCH_3$	−0,21	−0,02	−0,13
$N(CH_3)_2$	−0,60	−0,10	−0,62
SCH_3	0,37	0,20	0,10

3.2.4 Protonen an Sauerstoff- und Stickstoffatomen

Das NMR-Verhalten von Protonen, die direkt mit stark elektronegativen Atomen wie Sauerstoff oder Stickstoff verknüpft sind, werden entscheidend durch die Acidität, die Basizität und die Eigenschaften zur Ausbildung von Wasserstoffbrücken des Lösungsmittels beeinflusst. Im Fall von Hydroxylprotonen reichen schon sehr kleine Mengen einer sauren oder basischen Verunreinigung, um einen schnellen Austausch der Protonen zu ermöglichen, wie wir ihn in Abschnitt 2.8 bereits beschrieben haben. Die Resonanzfrequenz solcher Protonen wird dann mit derjenigen anderer schnell austauschbarer Protonen im gleichen oder in anderen Molekülen, einschließlich des Lösungsmittels, gemittelt. Als Resultat tritt im ^{1}H-NMR-Spektrum nur *ein* Signal für alle schnell austauschbaren Protonen in der Probe auf. Die Position entspricht dem entsprechend der Konzentrationen der verschiedenen Protonensorten gewichteten Mittel der Resonanzlagen aller betroffenen Protonen. Darüber hinaus kann keine Kopplung eines schnell austauschbaren Protons mit irgendeinem anderen Proton oder sonstigem Kern im Molekül beobachtet werden. In Abhängigkeit von der Austauschgeschwindigkeit variiert die Form des Resonanzsignals zwischen scharf und auf charakteristische Weise leicht verbreitert. Resonanzsignale von Hydroxylprotonen und anderen schnell austauschbaren Protonen, die bei Messung in organischen Lösungsmitteln wie $CDCl_3$ im ^{1}H-NMR-Spektrum erscheinen, können relativ leicht experimentell identifiziert werden. Zu diesem Zweck werden der Probe im NMR-Probenröhrchen nach der ersten Messung zunächst ein oder ein paar Tropfen D_2O zugesetzt. Anschließend wird kurz geschüttelt. Dadurch werden die Hydroxylprotonen gegen die im Überschuss vorhandenen Deuteriumkerne des D_2O ausgetauscht. Die beiden Phasen trennen sich wieder, wobei sich die wässrige Phase oberhalb der $CDCl_3$-Phase sammelt. Nun wird die Probe noch einmal vermessen, wobei das Probenröhrchen so im Probenkopf des NMR-Spektrometers positioniert wird, dass sich die wässrige Phase außerhalb der Empfängerspule befindet. Da die Hydroxylprotonen gegen Deuterium ausgetauscht wurden, ist ihr Signal im ^{1}H-NMR-Spektrum jetzt verschwunden oder zumindest erheblich kleiner geworden. In hochreinen basischen Lösungsmitteln, wie zum Beispiel Dimethylsulfoxid (DMSO-d_6), findet der Austausch der Protonen stark verlangsamt statt, so dass Kopplungen zwischen Hydroxylprotonen und benachbarten Protonen im Molekül beobachtet werden können.

Im Fall unendlicher Verdünnung in CCl_4 (keine Wasserstoffbrücken) würde man die Resonanzsignale von Hydroxylgruppen bei einer chemischen Verschiebung von etwa 0,5 ppm finden. Unter praxisnäheren Bedingungen mit 5- bis 20-prozentigen Lösungen führt die Ausbildung von Wasserstoffbrücken zu chemischen Verschiebungen zwischen etwa 2 und 4 ppm für alkoholische Hydroxylprotonen. Die Resonanzsignale der saureren Phenole (ArOH) liegen bei höherer Frequenz (tieferem Feld) zwischen etwa 4 und 8 ppm. Wenn die phenolische Hydroxylgruppe mit einem anderen Substituenten in *ortho*-Stellung desselben Moleküls eine feste Wasserstoffbrücke bilden kann, wird ihr Resonanzsignal bis auf 10 ppm oder mehr verlagert. Die meisten Carbonsäuren (RCO_2H) kommen selbst in verdünnter Lösung hauptsächlich in Form von Dimeren oder Oligomeren vor. Da im Wesentlichen alle carboxylischen OH-Protonen innerhalb dieser Aggregate in Wasserstoffbrücken eingebunden sind, liegen ihre Signale bei sehr hohen Frequenzen mit chemischen Verschiebungen im Bereich von etwa 11 bis 14 ppm. Das saure Proton von Essigsäure ($CH_3CO_2\mathbf{H}$) zeigt zum Beispiel eine chemische Verschiebung von 11,37 ppm. Andere Protonen, die in hohem Maß in Wasserstoffbrücken eingebunden werden, wie beispielsweise die sauren Protonen von Sulfonsäuren ($RSO_3\mathbf{H}$) oder das Hydroxylproton des enolischen Acetylacetons ($CH_3C(O\mathbf{H})=CH(C=O)CH_3$) findet man auch in diesem Bereich. Da die Resonanzsignale von Hydroxylprotonen, einschließlich der des Wassers, in stark variablen Positionen und Formen auftreten, muss bei der Zuordnung solcher Signale zu bestimmten Protonen sehr sorgfältig vorgegangen werden.

Protonen an Stickstoffatomen zeigen ein ähnliches NMR-Verhalten wie Hydroxylprotonen. Ihre Resonanzsignale findet man wegen der geringeren Elektronegativität des Stickstoffs allerdings bei niedrigeren Frequenzen (höherem Feld) als bei analogen Hydroxylprotonen: aliphatische Amine, $\delta \approx 0{,}5$ bis 3,5 ppm; aromatische Amine (Aniline), $\delta \approx 3$ bis 5 ppm; Amide, Pyrrole und Indole,

$\delta \approx 4$ bis 8 ppm; Ammoniumsalze, $\delta \approx 6$ bis 8,5 ppm. Das häufigste Isotop des Stickstoffs ist ^{14}N (99,63 Prozent natürliche Häufigkeit). Der ^{14}N-Kern ist quadrupolar und besitzt einen Spin von $I = 1$ (siehe Abschnitte 2.2 und 5.1). Wegen der daraus resultierenden *drei* möglichen Spinzustände des ^{14}N-Kerns wäre eine 1:1:1-Aufspaltung des Resonanzsignals von Protonen an Stickstoffatomen denkbar. Diese Aufspaltung wird allerdings nur in hoch symmetrischen Fällen beobachtet, wie zum Beispiel bei NH_4^+ oder $N(CH_3)_4^+$. Ansonsten führt die schnelle Relaxation von quadrupolaren Kernen zur Mittelung der Spinzustände. Das Erscheinungsbild der Resonanzsignale von Protonen an Stickstoffatomen kann infolgedessen von einem 1:1:1-Intensitätsmuster bis zu einem scharfen Singulett variieren. Die genaue Form hängt von der Relaxationsgeschwindigkeit ab. Meistens erhält man einfach ein breites Signal, das eine unvollständige Mittelung widerspiegelt. In manchen Fällen sind die N**H**-Resonanzsignale infolge der starken Verbreiterung und der daraus resultierenden Abflachung fast nicht mehr erkennbar. Darüber hinaus kann ein schneller Austausch zwischen Aminoprotonen und anderen austauschbaren Protonen stattfinden, wodurch die Positionen ihrer Signale gemittelt werden.

3.2.5 Programme für empirische Berechnungen

Tabelle 3.1 enthält Daten, die mithilfe von Gleichung 3.4 zur empirischen Berechnung der chemischen Verschiebung aromatischer Protonen dienen. Ähnliche Daten und Gleichungen (3.2 und 3.3) sind auch für Alkane und Alkene verfügbar. Die genannten Gleichungen liefern relativ gute Ergebnisse, allerdings müssen in einigen Fällen Korrekturterme hinzugefügt werden, um Störungen der einfachen Additivität – hauptsächlich durch sterische Effekte – auszugleichen. Solche sterischen Effekte können zum Beispiel bei drei Substituenten an einem gesättigten Kohlenstoffatom, zwei großen *cis*-ständigen Substituenten an einer Doppelbindung oder zwei Substituenten, die an einem aromatischen System in *ortho*-Position zueinander stehen, auftreten. Empirische Berechnungen sind für jede beliebige Struktureinheit möglich – das heißt, auch die Spannung in kleinen Ringsystemen wie Cyclobutan- oder Cyclopropan-Derivaten, eine Vielfalt von sterischen Wechselwirkungen in Derivaten des Cyclopentanons oder die Variationen in der Bindungswinkeldeformation in Abkömmlingen des Norbornens können zum Beispiel berücksichtigt werden.

Zur Durchführung dieser empirischen Berechnungen wird eine Reihe kommerzieller Softwareprodukte angeboten, von denen Sie eine kleine Auswahl unter den Internetadressen in den Literaturhinweisen am Ende des Kapitels finden. Die Grundlage für solche Programme bilden Datenbanken mit Hunderten oder Tausenden bekannter (gemessener) chemischer Verschiebungen. Der Anwender zeichnet zunächst die Struktur der Verbindung, deren chemische Verschiebungen berechnet werden sollen. Das Programm sucht dann in der Datenbank nach Molekülen mit Protonen, deren strukturelle Umgebung derjenigen in der untersuchten Substanz ähnelt. Aus den verfügbaren Daten berechnet das Programm anschließend das ^{1}H-NMR-Spektrum der Substanz und zeigt das Ergebnis an. Diese Information ist für den Anwender sehr wertvoll, weil die riesige Menge an empirischen Daten, die bei der Berechnung berücksichtigt werden, die Merkfähigkeit eines Menschen und sogar die Datenmenge in allen publizierten Zusammenstellungen weit übersteigt.

Allerdings unterliegt dieser empirische Ansatz zur Berechnung von chemischen Verschiebungen und Kopplungskonstanten auch einigen Einschränkungen: (1) Das spezifische Molekülgerüst oder die spezifische funktionelle Gruppe könnte in der Datenbank nicht existieren. (2) Die Datenbank könnte zu wenig Information enthalten, um sterische Effekte, welche die einfache Additivität der

Substituentenparameter stören, abschätzen zu können. (3) Lösungsmitteleffekte (siehe Abschnitt 3.3) können möglicherweise nicht ausreichend genau berücksichtigt werden. (4) Die Kopplungskonstanten werden nur mithilfe einfacher Beziehungen wie zum Beispiel der Karplus-Gleichung (siehe Abschnitt 4.6) berechnet. In der Regel liefert das Programm eine Liste von Verbindungen, deren Daten zur Berechnung herangezogen wurden, so dass der Anwender die Relevanz der Ergebnisse selbst beurteilen kann. Manchmal ist genau die Substanz, deren Daten berechnet werden sollen, in der Datenbank vorhanden. Dann erhält man das real gemessene Spektrum der Substanz. Ist das nicht der Fall, sollte der Anwender die der Berechnung zugrunde liegenden Strukturen immer genau begutachten, um die Vertrauenswürdigkeit der Ergebnisse einschätzen zu können. Trotz beträchtlicher Fortschritte auf diesem Gebiet reproduzieren diese Berechnungen die meisten ^{1}H-NMR-Spektren noch nicht mit der gewünschten Genauigkeit, bei der kein Signal um mehr als 0,1 ppm von der Lage im gemessenen Spektrum abweicht. Semiempirische und *Ab-initio*-Berechnungen von NMR-Spektren werden durch diese Faktoren nicht beeinträchtigt. Insbesondere die Dichtefunktionaltheorie (DFT) wurde zu diesem Zweck mit einem gewissen Erfolg eingesetzt (Bagno 2001).

3.3 Lösungsmittel- und Isotopeneffekte

Lösungsmitteleffekte

In die beobachtete Abschirmung eines Kerns (σ) fließen intramolekulare Komponenten (σ_{intra}), aber auch intermolekulare Komponenten (σ_{inter}) ein. Dies wird in Gleichung 3.5 berücksichtigt.

$$\sigma = \sigma_{intra} + \sigma_{inter} \tag{3.5}$$

Buckingham, Schaefer und Schneider haben fünf Quellen herausgearbeitet, die zur intermolekularen Abschirmung beitragen (siehe Gleichung 3.6).

$$\sigma_{inter} = \sigma_B + \sigma_W + \sigma_E + \sigma_A + \sigma_S \tag{3.6}$$

Wir werden im Folgenden jeden einzelnen dieser Beiträge diskutieren und dann einige Beispiele für Lösungsmitteleffekte zur Veranschaulichung beschreiben.

Das Lösungsmittel besitzt eine diamagnetische Gesamtsuszeptibilität, die von der geometrischen Form des Probengefäßes abhängt. Die Abschirmung einer gelösten Substanz durch das Lösungsmittel in einem kugelförmigen Gefäß unterscheidet sich also zum Beispiel etwas von der Abschirmung in einem zylindrischen Gefäß. Die Abhängigkeit von der Gefäßgeometrie fließt über den Abschirmungsterm σ_B (der Index B steht für engl. *bulk*, Volumen, Masse), der durch Gleichung 3.7 gegeben ist, in die Berechnung der intermolekularen Abschirmung ein.

$$\sigma_B = \left(\frac{4}{3}\pi - \alpha\right)\chi_V \tag{3.7}$$

In dieser Gleichung ist α ein geometrischer Parameter und χ_V die Volumensuszeptibilität des Lösungsmittels. Bei einem kugelförmigen Gefäß beträgt $\alpha = 4\pi / 3$ und folglich $\sigma_B = 0$, so dass kein Effekt resultiert. Für ein zylindrisches Gefäß mit $\alpha = 2\pi / 3$ und somit $\sigma_B = 2\pi\chi_V / 3$ verschwindet der Effekt dagegen nicht. Normalerweise befinden sich die zu untersuchende Substanz und der Standard (beispielsweise TMS) in der gleichen Lösung im Probenröhrchen. Unter diesen Bedingungen unterliegen die Substanz und der Standard demselben Einfluss durch den Abschirmungsterm σ_B, so dass dieser bei der Berechnung des intermolekularen Abschirmungsterms σ_{inter} als Einflussfaktor auf die relative chemische Verschiebung bezüglich des Standards nicht berücksichtigt werden muss. Da die Verwendung interner Standards weitverbreitet und üblich ist, wird der Einfluss der Gesamtsuszeptibilität des Lösungsmittels in der Regel ignoriert. Eine derartige Korrektur wird nur notwendig, wenn chemische Verschiebungen verglichen werden sollen, die aus Messungen ohne interne Standards in Gefäßen mit unterschiedlicher Geometrie – zum Beispiel in einem normalen zylindrischen Probenröhrchen und einem kugelförmigen Mikroprobenröhrchen – oder aus Messungen in verschiedenen Lösungsmitteln mit unterschiedlichen Volumensuszeptibilitäten in nicht kugelförmigen Gefäßen erhalten wurden.

Eine enge Annäherung der Moleküle der gelösten Substanz und des Lösungsmittels kann zu einer Verzerrung der Elektronenwolke in der Umgebung eines Protons führen und das Proton dadurch entschirmen – selbst wenn beide Moleküle unpolar sind. Dieses Phänomen, das in Gleichung 3.6 durch den Parameter σ_W einfließt, entspricht dem bereits beschriebenen Van-der-Waals-Effekt auf die chemische Verschiebung, der diesmal allerdings durch intermolekulare Wechselwirkungen mit den Lösungsmittelmolekülen hervorgerufen wird. Die Größe dieses Effekts übersteigt nur selten 0,3 ppm. Auch hier gilt: Wenn die chemischen Verschiebungen bezogen auf die Resonanzfrequenz eines internen Standards gemessen werden, sollte der Beitrag von σ_W die gelöste Substanz und den Standard ähnlich beeinflussen. Auf diese Weise gemessene chemische Verschiebungen sollten deswegen von σ_W weitgehend unabhängig sein.

Eine polare gelöste Substanz oder sogar eine im Wesentlichen unpolare Substanz mit einzelnen polaren Gruppen induziert in ihrer Umgebung innerhalb des dielektrischen Lösungsmittels ein elektrisches Feld. Dieses Feld ist proportional zu $(\varepsilon_r - 1) / (\varepsilon_r + 1)$ – wobei ε_r der Permittivitätszahl (früher: relative Dielektrizitätskonstante) des Lösungsmittels entspricht – und kann die Abschirmung von Protonen an anderer Stelle im Molekül verändern. Im Allgemeinen ist dieser Effekt (σ_E) für Protonen in der Nähe der polaren Gruppe größer als für weiter entfernte Protonen. Der Abschirmungsterm σ_E kann wegen der Winkelabhängigkeit des Effekts positiv oder negativ sein. Er ist aber häufiger negativ und bedeutet dann eine zusätzliche Entschirmung. Die Auswirkung dieses Effekts auf die chemischen Verschiebungen wird durch die Verwendung eines internen Standards *nicht* eliminiert. Entsprechend der Winkel- und Abstandsabhängigkeit kann der Effekt außerdem für verschiedene Protonen in einem Molekül stark variieren. Bei polaren Molekülen in Lösungsmitteln mit großer Permittivitätszahl kann σ_E bis zu ± 1 ppm betragen. Eine Minimierung des Effekts kann durch die Verwendung von Lösungsmitteln mit möglichst kleiner Permittivitätszahl erreicht werden.

Die Moleküle eines anisotropen Lösungsmittels werden sich nicht vollständig zufällig bezüglich der Moleküle eines gelösten Stoffes orientieren. Selbst ein unpolares Molekül wie Methan wird zum Beispiel bevorzugt der abschirmenden Seite von Benzolmolekülen oder der entschirmenden Seite von Acetonitrilmolekülen ausgesetzt sein. Im Allgemeinen verursachen aromatische Lösungsmittel (scheibenähnliche Moleküle) eine stärkere Abschirmung ($\sigma_A > 0$) und somit eine Verlagerung des Resonanzsignals zu niedrigerer Frequenz (höherem Feld, kleinerem δ; siehe auch Gleichung 2.9). Stäbchenförmige Lösungsmittelmoleküle, wie beispielsweise im Fall von kurzkettigen Alkinen, Nitrilen und CS_2, führen dagegen in der Regel zu einer zusätzlichen Entschirmung ($\sigma_A < 0$) und folglich zu einer Verschiebung der Resonanzsignale zu höherer Frequenz (tieferem Feld, größerem δ). Bei Abwesenheit einer Abschirmung (σ_S) durch spezielle Wechselwirkungen zwischen den gelösten Molekülen und dem Lösungsmittel (Charge-Transfer, Dipol-Dipol,

Wasserstoffbrücken) erfahren die gelösten Moleküle und der interne Standard einen ähnlichen anisotropen Einfluss auf ihre chemischen Verschiebungen, so dass sich σ_A in den relativen δ-Werten nicht bemerkbar macht und daher vernachlässigt werden kann. Sehr oft treten allerdings spezielle Wechselwirkungen zwischen den Lösungsmittelmolekülen und einer polaren Gruppe in den Molekülen der gelösten Substanz auf. Infolgedessen üben die Lösungsmittelmoleküle unterschiedlich starke Effekte auf die verschiedenen Protonen aus, so dass sich auch die bezüglich des internen Standards relativen chemischen Verschiebungen (δ-Werte) um bis zu 0,5 ppm verändern können. Manchmal werden nur bestimmte Protonen in unmittelbarer molekularer Nachbarschaft zu einer funktionellen Gruppe merklich auf diese Weise beeinflusst. In solchen Fällen kann dieser Lösungsmitteleffekt dazu genutzt werden, die Lage der verschiedenen Resonanzsignale eines Moleküls im NMR-Spektrum unterschiedlich stark zu verschieben. Auf diese Weise können zum Beispiel Resonanzsignale, die bei der Messung in einem Lösungsmittel überlappen und dadurch die Analyse des Spektrums erschweren, bei Verwendung eines anderen Lösungsmittels getrennt erscheinen. Da die Resonanzsignale durch scheibenähnliche und stäbchenförmige Lösungsmittelmoleküle in entgegengesetzte Richtungen beeinflusst werden, kann der Experimentator die relativen Verlagerungen der einzelnen Resonanzsignale in gewissem Maße kontrollieren.

Die Veränderungen von chemischen Verschiebungen durch Wechselwirkungen mit aromatischen Lösungsmittelmolekülen sind mit dem Akronym ASIS (Aromatic Solvent-Induced Shifts) bezeichnet worden. Um die Größe des Einflusses eines aromatischen Lösungsmittels einschätzen zu können, wird die Differenz zwischen der chemischen Verschiebung in $CDCl_3$ und dem aromatischen Lösungsmittel herangezogen (siehe Gleichung 3.8).

$$\Delta_{C_6D_6}^{CDCl_3} = \delta_{CDCl_3} - \delta_{C_6D_6} \tag{3.8}$$

In der Gleichung steht C_6D_6 als allgemeiner Platzhalter für ein deuteriertes aromatisches Lösungsmittel. Da die chemischen Verschiebungen in aromatischen Lösungsmitteln normalerweise in Richtung niedrigerer Frequenz (kleinerem δ; höherem Feld) verlagert werden, ist Δ in der Regel positiv. Obwohl auch die anisotropen Verschiebungen in der Nähe einer polaren Gruppe häufig am größten sind, können sie von elektrischen Feldeffekten durch deren Abhängigkeit von der Permittivitätszahl ε_r des Lösungsmittels unterschieden werden.

Spezifische Wechselwirkungen zwischen dem Lösungsmittel und der gelösten Substanz können ziemlich große Effekte (σ_S) verursachen. Es ist nicht bekannt, ob der ASIS durch ein zeitgemitteltes Agglomerat von Lösungsmittelmolekülen über einer polaren funktionellen Gruppe oder durch 1:1-Charge-Transfer-Komplexe zwischen je einem Lösungsmittelmolekül und einem Molekül der gelösten Substanz hervorgerufen wird. Wenn die Charge-Transfer-Komplexe für den ASIS verantwortlich sind, sollte dieser zutreffender als σ_S und nicht als σ_A betrachtet werden.

In einer frühen Untersuchung des Einflusses des Lösungsmittels auf die chemischen Verschiebungen einer gelösten Substanz haben sich Buckingham, Schaefer und Schneider mit den Effekten auf die NMR-Spektren von Methan als gelöster Substanz beschäftigt. Für das Methanmolekül sind σ_E und σ_S null und σ_B kann entweder berechnet oder durch die Verwendung eines internen Standards eliminiert werden. Somit sollten nur σ_W und σ_A die ^{1}H-chemische Verschiebung von Methan beeinflussen. Die Autoren trugen für eine Reihe von Lösungsmitteln die Differenz zwischen der ^{1}H-chemischen Verschiebung von Methan in der Gasphase und im jeweiligen Lösungsmittel

($\Delta_{\text{Gas/Lösung}} = \delta_{\text{Gasphase}} - \delta_{\text{Lösung}}$)[1] gegen die Verdampfungsenthalpie ($\Delta_V H$) des Lösungsmittels an dessen Siedepunkt in ein Diagramm ein. Die Verdampfungsenthalpie diente dabei als Maß für die Größe der Van-der-Waals-Wechselwirkungen. Die Datenpunkte von mehr als einem Dutzend Lösungsmitteln – darunter Neopentan, Cyclopentan, Hexan, Cyclohexan, die 2-Butene, Diethylether, Aceton, Tetrachlorsilan ($SiCl_4$) und Tetrachlorstannan ($SnCl_4$) – lagen auf einer geraden Linie mit einer kleinen negativen Steigung. Die Verlagerung der ^{1}H-chemischen Verschiebung des Methans in Richtung höherer Frequenz (tieferem Feld) im Vergleich zum gasförmigen Methan variierte von 0,13 ppm in Neopentan bis 0,32 ppm in $SnCl_4$ – hauptsächlich infolge der wachsenden Polarisierbarkeit und somit des Van-der-Waals-Effekts der Lösungsmittelmoleküle. Die lineare Beziehung zwischen der Verdampfungsenthalpie ($\Delta_V H$) und dem Lösungsmitteleffekt auf die chemische Verschiebung deutet darauf hin, dass diese zusätzliche Verschiebung allein auf σ_W zurückzuführen ist, während σ_A praktisch keine Rolle spielt. Merklich über dieser Linie liegen die Datenpunkte für scheibenförmige aromatische Lösungsmittelmoleküle wie Benzol, Toluol und Chlorbenzol, aber auch für Nitromethan und Nitroethan, deren Nitrogruppe sich wie ein anisotropes, abgeflachtes Ellipsoid verhält. Unterhalb der Linie befinden sich die Datenpunkte für stäbchenförmige Lösungsmittelmoleküle wie Acetonitril, Propin, 2-Butin, Butadiin und Kohlenstoffdisulfid (CS_2). Für die Abweichungen von der geraden Linie im $\Delta_{\text{Gas/Lösung}}/\Delta_V H$-Diagramm sind nur die lösungsmittelbedingten anisotropen Verschiebungen (σ_A) verantwortlich, da zwischen den unpolaren, isotropen Methanmolekülen und den Lösungsmittelmolekülen keine direkten σ_S-Wechselwirkungen auftreten. Am weitesten oberhalb der geraden Linie lag der Datenpunkt für Nitrobenzol (+0,72 ppm) und am weitesten unterhalb der Linie der Punkt für Dicyanoethin (N≡C–C≡C–C≡N; −0,53 ppm).

Molekül **3-25** ist ein interessantes Beispiel zur Veranschaulichung des elektrischen Feldeffekts (σ_E). ▶ Tabelle 3.2 zeigt die ^{1}H-chemischen Verschiebungen der Methylgruppen an C-8, C-10 und C-13 der Verbindung **3-25** in Cyclohexan (ε_r = 2,02) sowie in Dichlormethan (ε_r = 9,1). Diese

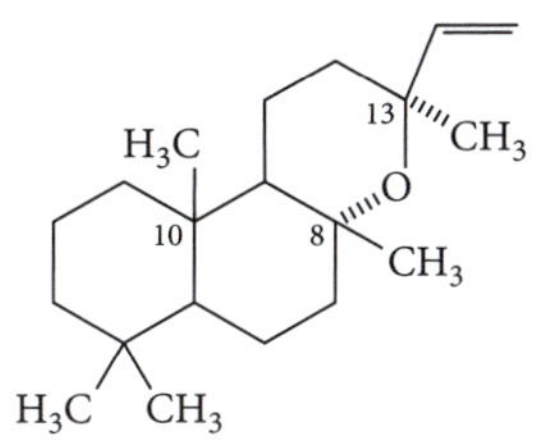

3-25

Tabelle 3.2: ^{1}H-chemische Verschiebungen von einigen Methylgruppen in Verbindung 3-25 in Abhängigkeit vom Lösungsmittel.

Lösungsmittel	ε_r	δ_{10}	δ_8	δ_{13}
Cyclohexan	2,02	0,855	1,01	1,12
Dichlormethan	9,1	0,852	1,07	1,20

(Nach: Laszlo 1967)

[1] In der Originalarbeit sind die Vorzeichen in dieser Gleichung wegen der alten Feld-Definition der chemischen Verschiebung umgekehrt.

Lösungsmittel wurden wegen ihres geringen σ_A-Effekts ausgewählt, während σ_W und σ_B durch die Verwendung eines internen Standards vernachlässigt werden konnten. Die ^{1}H-chemischen Verschiebungen der Methylgruppen (an C-8 und C-13) neben der Etherfunktion wurden durch einen elektrischen Feldeffekt (σ_E) in Dichlormethan im Vergleich zum Cyclohexan um etwa 0,07 ppm in Richtung höherer Frequenz verschoben. Dagegen kann praktisch keine Auswirkung auf die ^{1}H-chemische Verschiebung der Methylgruppe an C-10 beobachtet werden, weil die Stärke des elektrischen Feldes, das durch die polare Etherfunktion im Lösungsmittel induziert wird, mit dem Abstand von der Etherfunktion sehr schnell abnimmt.

Ein großer ASIS tritt auf besondere Weise bei den ^{1}H-chemischen Verschiebungen der nichtäquivalenten Methylgruppen von *N,N*-Dimethylformamid (DMF, **3-26**) in Erscheinung. Der Abstand zwischen den beiden Signalen der Methylgruppen wächst durch den Wechsel des Lösungsmittels von Chloroform nach Benzol um 1,7 ppm. Interessanterweise ist für diese Abstandsvergrößerung fast ausschließlich die Verlagerung des Resonanzsignals bei der kleineren chemischen Verschiebung (kleineren Frequenz) verantwortlich. Diese Beobachtung wurde mit der Bildung von 1:1-Komplexen zwischen den Lösungsmittelmolekülen und den DMF-Molekülen erklärt, in denen eine der Methylgruppen oberhalb des aromatischen Rings positioniert ist, während die andere Methylgruppe nach außen vom Ring wegweist.

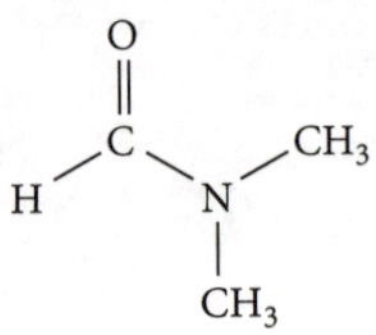

3-26

Das Modell eines 1:1-Komplexes zwischen Cyclohexanon und Benzol wurde als Ursache für die Verlagerung der chemischen Verschiebung der axialen Protonen an C-2 und C-6 des Cyclohexanons zu höherer Frequenz und des vernachlässigbar kleinen Effekts auf die äquatorialen Protonen in diesen Positionen beschrieben. Die genannten axialen Protonen sind in dem Komplex über dem Benzolring lokalisiert, während sich die äquatorialen Protonen im Übergangsbereich zwischen einem abschirmenden und einem entschirmenden Effekt befinden ($\theta = 54°44'$, siehe auch Gleichung 3.1). Eine andere Erklärung für diese Verschiebungen war ein zeitgemitteltes Agglomerat von Lösungsmittelmolekülen mit dem gleichen Effekt ohne die Notwendigkeit der Bildung von 1:1-Komplexen.

Isotopeneffekte

Der Austausch von Kernen in einem Molekül gegen eines ihrer Isotope kann die chemische Verschiebung von benachbarten Kernen verändern. Die ^{1}H-chemische Verschiebung der Methylgruppe von Toluol ($C_6H_5C\mathbf{H}_3$) ist beispielsweise um 0,015 ± 0,002 ppm größer als die der entsprechenden Protonen von Toluol-α-d$_1$ ($C_6H_5CD\mathbf{H}_2$). Für die Protonen von Cyclohexan findet man eine um 0,057 ppm größere chemische Verschiebung als für das einzelne Proton von Cyclohexan-d$_{11}$. Auf andere Kerne, wie zum Beispiel ^{19}F, wirkt sich der H/D-Austausch stärker aus. Er fällt aber immer mit steigender Entfernung vom ausgetauschten Kern innerhalb des Moleküls sehr schnell ab. Der Isotopeneffekt wird durch die voneinander abweichenden Nullpunktsschwingungsenergien der H- und D-Systeme verursacht. Unterschiedliche Isotopeneffekte konnten bei der Untersuchung des Umklappens des Rings von 1,4-Dioxan ausgenutzt werden (siehe Reaktionsgleichung 3.9).

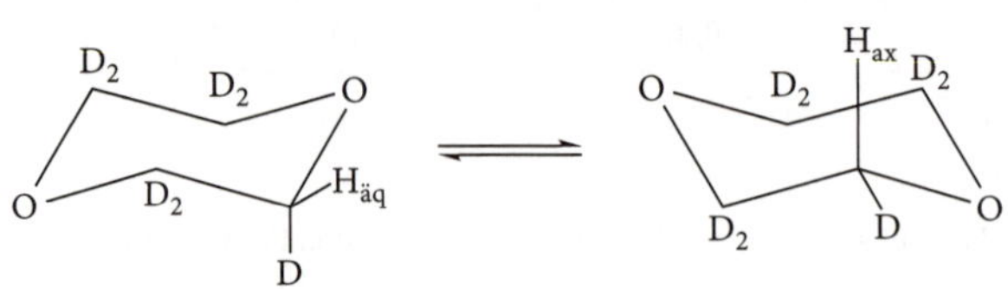

(3.9)

Im undeuterierten 1,4-Dioxan weisen die axialen (H_{ax}) und die äquatorialen ($H_{äq}$) Protonen zufällig die gleichen chemischen Verschiebungen auf (zumindest bei dem in der entsprechenden Untersuchung eingesetzten äußeren Magnetfeld), so dass sie auch bei tiefen Temperaturen im ^{1}H-NMR-Spektrum nicht unterschieden werden können (siehe Abschnitte 2.8 und 5.2). Beim 1,4-Dioxan-d_7, das als Verunreinigung in kommerziell erhältlichem 1,4-Dioxan-d_8 vorkommt, wird die chemische Verschiebung sowohl von H_{ax} als auch von $H_{äq}$ durch den Isotopeneffekt in Richtung niedrigerer Frequenz verlagert, die von H_{ax} allerdings etwas weiter als die von $H_{äq}$. Infolgedessen können für das axiale und das äquatoriale Proton von 1,4-Dioxan-d_7 im Gegensatz zum undeuterierten 1,4-Dioxan bei tiefen Temperaturen getrennte Resonanzsignale beobachtet werden. Bei magnetischen Flussdichten des äußeren Magnetfelds (B_0) von über etwa 9,4 T ist Chloroform als interne Lock-Substanz nur schlecht geeignet, weil sein Resonanzsignal wegen der Isotopenverteilung des Chlors und der relativ großen natürlichen Häufigkeit der beiden Chlorisotope (^{35}Cl und ^{37}Cl) aus mehreren eng benachbarten Peaks besteht, die den Verbindungen $CH^{35}Cl^{37}Cl_2$, $CH^{35}Cl_2{}^{37}Cl$, $CH^{35}Cl_3$ und $CH^{37}Cl_3$ zugeordnet werden können.

3.4 Faktoren, die ^{13}C-chemische Verschiebungen beeinflussen

Kohlenstoff ist *das* Element, über das organische Verbindungen definiert werden. Sein Isotop mit der größten natürlichen Häufigkeit von mehr als 98 Prozent, das Isotop ^{12}C, besitzt aber keinen Spin ($I = 0$) und kann deswegen mithilfe der NMR-Spektroskopie nicht detektiert werden. Nachdem Ende der 1960er Jahre die Puls-Fourier-Transformations-Methode in der NMR-Spektroskopie etabliert wurde, entwickelte sich die NMR-spektroskopische Untersuchung des wesentlich selteneren, aber magnetischen Kohlenstoffisotops ^{13}C, dessen natürliche Häufigkeit nur etwa 1,1 Prozent beträgt, zu einer praktikablen und weitverbreiteten Methode. Infolge der geringen Wahrscheinlichkeit für das Auftreten von zwei benachbarten ^{13}C-Kernen an einer bestimmten Position im selben Molekül [$(0{,}011)^2 \approx 0{,}0001$ oder 0,01 %] treten keine störenden C,C-Kopplungen auf. Wenn darüber hinaus die C,H-Kopplungen durch geeignete Entkopplungsmethoden unterdrückt werden, erhält man ^{13}C-NMR-Spektren, in denen praktisch keine Spin-Spin-Kopplung zu erkennen ist und in denen für jeden Typ von Kohlenstoffatom im Molekül nur ein einzelnes Singulett erscheint. Aus diesem Grund gestaltet sich die Analyse von C,H-entkoppelten ^{13}C-Spektren einfacher als die Analyse von ^{1}H-NMR-Spektren. Die Intensitäten (Integrale) der ^{13}C-Signale sind aber weniger zur Bestimmung des Zahlenverhältnisses der verschiedenen Kohlenstoffatome im Molekül geeignet, weil die Relaxationszeiten der ^{13}C-Kerne über einen viel größeren Bereich variieren als die der Protonen und weil das zur Entkopplung eingestrahlte Wechselfeld die Intensitäten der verschiedenen ^{13}C-Signale unterschiedlich beeinflusst (siehe Kapitel 5). Die ^{13}C-chemischen Verschiebungen sind dagegen relativ aussagekräftig und können leicht interpretiert werden, so dass ihrer Analyse häufig sogar von größerem Nutzen ist als bei ^{1}H-NMR-Spektren.

Die diamagnetische Abschirmung (σ^d), die für die chemische Verschiebung von Protonen verantwortlich ist, wird durch die freie Zirkulation der Elektronen um den Kern verursacht (siehe auch Abbildung 3.1b). Die Behinderung der freien Zirkulation der Elektronen bildet die Grundlage für einen weiteren Abschirmungstyp, der als *paramagnetische* Abschirmung (σ^p) bezeichnet wird. Während *s*-Elektronen frei zirkulieren können, besitzen 2*p*-Elektronen einen Drehimpuls, der die freie Zirkulation behindern kann. Der paramagnetische Abschirmungsterm σ^p weist ein im Vergleich zum diamagnetischen Abschirmungsterm σ^d entgegengesetztes Vorzeichen auf und wirkt sich somit auf die Gesamtabschirmung des Kerns genau umgekehrt aus. Protonen werden nur von *s*-Elektronen umgeben, die keinen Drehimpuls besitzen, und unterliegen folglich nur einer diamagnetischen Abschirmung. In der Umgebung von Kohlenstoffkernen und fast allen anderen Nukliden halten sich dagegen zusätzlich *p*-Elektronen auf, so dass ihre chemischen Verschiebungen sowohl durch diamagnetische als auch durch paramagnetische Abschirmungseinflüsse bestimmt werden. In diesem Zusammenhang sollte die Bedeutung des Wortes *paramagnetisch* nicht mit der Bedeutung in seiner häufigen Verwendung zur Beschreibung von Molekülen mit ungepaarten Elektronen verwechselt werden. Einige Autoren haben deswegen vorgeschlagen, die paramagnetische Abschirmung von Nukliden mit *p*-Elektronen in Molekülen mit abgeschlossenen Elektronenschalen *paramagnetischen Effekt zweiter Ordnung* zu nennen und die reine Bezeichnung *paramagnetisch* beziehungsweise die Bezeichnung *paramagnetischer Effekt erster Ordnung* für Phänomene mit ungepaarten Elektronen zu reservieren.

Die paramagnetische Komponente der Abschirmung kann ziemlich groß sein. Während der Bereich der chemischen Verschiebungen von Protonen nur einige wenige ppm umfasst, können die paramagnetischen Verschiebungen für andere Kerne Hunderte oder sogar Tausende ppm erreichen. Aus qualitativer Sicht kann sich ein Drehimpuls auch aus angeregten elektronischen Zuständen oder aus π-Bindungen ergeben. Die Effekte wachsen mit zunehmender Elektronendichte in der Umgebung des Kerns. Diese drei mechanistischen Beiträge zur paramagnetischen Abschirmung wurden von Ramsay, Karplus und Pople in der Proportionalitätsgleichung 3.10 zusammengefasst.

$$\sigma^{p} \propto -\frac{1}{\Delta E} < r^{-3} > \Sigma Q_{ij} \tag{3.10}$$

Die Größe ΔE entspricht der mittleren Anregungsenergie bestimmter elektronischer Übergänge, wie zum Beispiel dem $n \rightarrow \pi^*$-Übergang bei vielen ^{13}C- und ^{15}N-Kernen. Durch den radialen Term $<r^{-3}>$ fließt der durchschnittliche Abstand *r* der 2*p*-Elektronen (für Elemente der zweiten Reihe wie Kohlenstoff) als Maß für deren Elektronendichte in die Beziehung ein. Der Term ΣQ_{ij} berücksichtigt schließlich die π-Bindungen zum Kohlenstoff. Das negative Vorzeichen in dieser Gleichung ist der Tatsache geschuldet, dass die paramagnetische Abschirmung der diamagnetischen Abschirmung entgegenwirkt.

Strukturelle Veränderungen können alle drei Komponenten dieser Gleichung beeinflussen. Die Größe ΔE repräsentiert die gewichtete Energiedifferenz zwischen dem elektronischen Grundzustand und bestimmten angeregten elektronischen Zuständen des Moleküls. Aus Symmetriegründen sind $\pi \rightarrow \pi^*$-Übergänge häufig verboten. Relativ energiearme (niedrig liegende) angeregte Zustände, für die ΔE klein ist, tragen stärker zur paramagnetischen Abschirmung bei als energiereiche angeregte Zustände mit großem ΔE, weil die paramagnetische Abschirmung σ^p gemäß Gleichung 3.10 umgekehrt proportional zu ΔE ist. Gesättigte Moleküle, wie zum Beispiel Alkane, besitzen typischerweise keine niedrig liegenden angeregten Zustände und somit nur große Anregungsenergien ΔE. Infolgedessen treten für die Kohlenstoffatome in Alkanen nur kleine paramagnetische Abschirmungen (σ^p) auf und die Resonanzsignale dieser Atome liegen bei sehr niedrigen Frequenzen (hohem Feld). Beachten Sie, dass paramagnetische Abschirmungen eine Verschiebung der Resonanzsignale zu höherer Frequenz, diamagnetische Abschirmungen aber zu niedrigerer Frequenz verursachen. Auch die Stickstoffatome in aliphatischen Aminen und die

Sauerstoffatome in aliphatischen Ethern besitzen keine niedrig liegenden angeregten Zustände, so dass ihre ^{15}N- beziehungsweise ^{17}O-Resonanzsignale ebenfalls bei sehr niedrigen Frequenzen zu finden sind. Carbonylkohlenstoffatome (**C**=O) weisen dagegen einen relativ energiearmen (niedrig liegenden) angeregten elektronischen Zustand auf, der ausgehend vom Grundzustand durch die Anregung eines Elektrons des freien Elektronenpaars (n) in das antibindende π-Molekülorbital (π*) erreicht wird. In diesem angeregten Zustand kann das äußere Magnetfeld einen paramagnetischen Elektronenstrom induzieren. Der n→π*-Übergang führt infolgedessen zu einer starken Verschiebung des ^{13}C-Resonanzsignals von Carbonylkohlenstoffatomen in Richtung höherer Frequenz (tieferem Feld), was sich in deren großer ^{13}C-chemischer Verschiebung von bis zu 220 ppm bezüglich TMS widerspiegelt. Noch stärkere Verschiebungen als Resultat einer großen paramagnetischen Abschirmung sind für Carbokationen der Form R_3C^+ beobachtet worden, die eine ^{13}C-chemische Verschiebung von bis zu 335 ppm zeigen können.

Der radiale Term in Gleichung 3.10 beschreibt die von der Elektronendichte abhängigen Effekte, die den polaren beziehungsweise induktiven Effekten auf ^{1}H-chemische Verschiebungen entsprechen. Die paramagnetische Abschirmung ist größer, wenn sich die *p*-Elektronen näher am Kern aufhalten. Elektronenziehende und elektronenschiebende Substituenten beeinflussen daher die Größe der paramagnetischen Abschirmung. Elektronenschiebende Substituenten führen zu einer stärkeren Abstoßung zwischen den Elektronen in der Umgebung des Kerns, der durch einen Anstieg des mittleren Abstands der *p*-Elektronen vom Kern (r) begegnet werden kann. Infolgedessen wird die paramagnetische Abschirmung verringert und das Resonanzsignal des betroffenen Kerns in Richtung niedrigerer Frequenz (höherem Feld) verlagert. Elektronenziehende Substituenten ermöglichen dagegen durch eine geringere Abstoßung zwischen den Elektronen in der Umgebung des Kerns eine Verkleinerung des mittleren Abstands der *p*-Elektronen vom Kern (r). Folglich verursachen elektronenziehende Substituenten eine stärkere paramagnetische Abschirmung und somit eine Verlagerung des Resonanzsignals zu höherer Frequenz. Eine steigende Zahl von elektronenziehenden Atomen oder Gruppen an einem Kohlenstoffatom führt demgemäß zu einem schrittweisen Anstieg der Resonanzfrequenz, wie zum Beispiel die ^{13}C-chemischen Verschiebungen in der Verbindungsreihe CH_3Cl (δ = 25 ppm), CH_2Cl_2 (δ = 54 ppm), $CHCl_3$ (δ = 78 ppm) und CCl_4 (δ = 97 ppm) veranschaulichen. Qualitativ ähneln diese Zusammenhänge denen bei Protonen. Allerdings sind die ^{13}C-chemischen Verschiebungswerte erheblich größer, weil sie hauptsächlich durch die größeren paramagnetischen Abschirmungsterme hervorgerufen werden. Die Substituenteneffekte folgen aber in beiden Fällen im Allgemeinen der Elektronegativität der mit dem Kohlenstoffatom verbundenen Gruppe.

Die Elektronegativität ist ein Maß für die Fähigkeit beziehungsweise Neigung der Atomkerne eines Elements, Elektronen anzuziehen. Der Kern eines stark elektronegativen Atoms wie Sauerstoff zieht die *p*-Elektronen stärker zu sich hin als der Kern eines Kohlenstoffatoms. Daher ist der Kernabstand r der *p*-Elektronen bei einem Sauerstoffatom in der Regel kleiner als bei einem Kohlenstoffatom in analoger chemischer Umgebung. Aus diesem Grund sind ^{17}O-chemische Verschiebungen entsprechend größer als ^{13}C-chemische Verschiebungen. Trägt man in einem Diagramm die ^{17}O-chemischen Verschiebungen von aliphatischen Ethern gegen die ^{13}C-chemischen Verschiebungen der Kohlenstoffatome in analogen Alkanen auf, welche jeweils dem Sauerstoffatom im korrespondierenden Ether entsprechen, erhält man näherungsweise eine Gerade mit einer Steigung von 3. Die Linearität dieser Beziehung zeigt, dass die ^{17}O- und die ^{13}C-chemischen

Verschiebungen durch die gleichen strukturellen Faktoren beeinflusst werden. Die Steigung der Geraden kann darüber hinaus als Beleg für die stärkeren Auswirkungen dieser Faktoren auf die ^{17}O-chemischen Verschiebungen gewertet werden. Der Grund für die größere Empfindlichkeit der ^{17}O-chemischen Verschiebungen gegenüber den genannten Faktoren ist der geringere Abstand der 2*p*-Elektronen vom Sauerstoffkern.

In den dritten Term der Gleichung 3.10 – ΣQ_{ij} – fließen Ladungsdichten und Bindungsordnungen ein. Der Term kann daher als Maß für den Einfluss von Mehrfachbindungen auf die paramagnetische Abschirmung betrachtet werden. Je größer das Ausmaß von Mehrfachbindungen ist, desto größer ist die paramagnetische Abschirmung und desto weiter wird das zugehörige Resonanzsignal zu höherer Frequenz (tieferem Feld) verschoben. Dieser Term liefert somit beispielsweise eine Erklärung für die Entwicklung der ^{13}C-chemischen Verschiebungen in der folgenden Reihe: Ethan (δ = 6 ppm), Ethen (δ = 123 ppm) und das zentrale *sp*-hybridisierte Kohlenstoffatom im Allen (Propadien, CH_2=**C**=CH_2, δ = 214 ppm). Die ^{13}C-chemischen Verschiebungen aromatischer Kohlenstoffatome ähneln denen von Alkenen – die ^{13}C-chemische Verschiebung von Benzol beträgt zum Beispiel 129 ppm. Die Auswirkungen der diamagnetischen Anisotropie auf ^{13}C-chemische Verschiebungen sind ähnlich groß wie im Fall ^{1}H-chemischer Verschiebungen. Im Verhältnis zur Größe des Bereichs ^{13}C-chemischer Verschiebungen sind sie allerdings recht klein. Die ^{13}C-chemischen Verschiebungen von Alkinen folgen diesem Muster allerdings nicht. Stattdessen liegen sie zwischen den Verschiebungen von Alkanen und Alkenen (zum Beispiel Ethin, δ = 72 ppm), weil Alkine infolge ihrer linearen Struktur um die C≡C-Bindungsachse einen Drehimpuls von null aufweisen.

Die chemischen Verschiebungen der meisten Elemente außer Wasserstoff können mithilfe der drei Faktoren in Gleichung 3.10 interpretiert werden: der Erreichbarkeit von bestimmten angeregten elektronischen Zuständen, dem mittleren Abstand der *p*-Elektronen vom Kern und dem Ausmaß und der Art von Mehrfachbindungen. Im Fall von Kohlenstoff können zum Beispiel die chemischen Verschiebungen von Alkanen, Alkenen, Aromaten, Alkinen und Carbonylgruppen sowie die Effekte von elektronenschiebenden und elektronenziehenden Substituenten auf diese Weise interpretiert werden. Allerdings gibt es auch Ausnahmen, die mithilfe der Faktoren in Gleichung 3.10 allein nicht zu erklären sind. Eine der auffallendsten dieser Ausnahmen stellt der so genannte *Schweratomeffekt* dar. Die ^{13}C-chemischen Verschiebungen in der Reihe CH_3Br (δ = 10 ppm), CH_2Br_2 (δ = 22 ppm), $CHBr_3$ (δ = 12 ppm) und CBr_4 (δ = −29 ppm) trotzen im Gegensatz zur oben beschriebenen analogen Reihe von Chlorverbindungen jeder Erklärung über die Elektronegativität. In der analogen Reihe von Iodverbindungen entwickeln sich die ^{13}C-chemischen Verschiebungen monoton in Richtung kleinerer (negativerer) Werte (CI_4, δ = −290 ppm) – also gerade entgegengesetzt zu den Chlorverbindungen. Der Schweratomeffekt wurde auf die Entstehung von Drehimpulsen infolge von *Spin-Bahn-Kopplungen* (engl. *spin-orbit coupling*) zurückgeführt. Ein Schweratomeffekt und die damit verbundene anomale Verlagerung von Resonanzsignalen zu niedrigerer Frequenz (höherem Feld) sind immer dann zu erwarten, wenn ein Atom außer einem Wasserstoffatom mit einem Schweratomsubstituenten verbunden ist.

3.5 ^{13}C-chemische Verschiebungen und Struktur

▶ Abbildung 3.11 stellt die ^{13}C-chemischen Verschiebungsbereiche in einer Reihe von Verbindungsklassen und funktionellen Gruppen zusammenfassend dar.

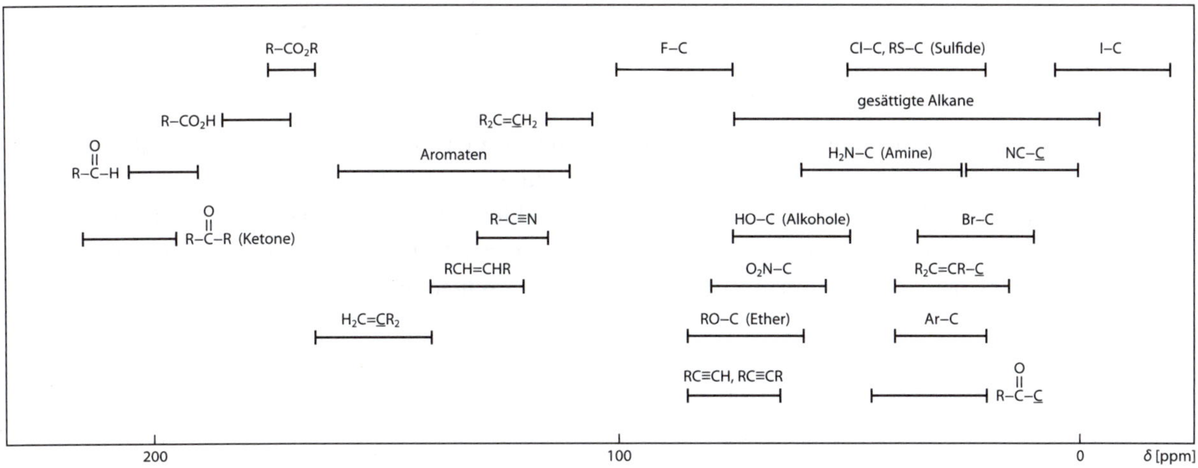

Abbildung 3.11: Übersicht über die ^{13}C-chemischen Verschiebungsbereiche von häufig vorkommenden Struktureinheiten. Das Symbol C steht für ein Methyl-, Methylen-, Methin- oder ein quartäres Kohlenstoffatom. R repräsentiert eine gesättigte Alkylgruppe. Die angegebenen Bereiche umfassen die häufigsten Verschiebungen der jeweiligen Kohlenstoffatome; in einzelnen Fällen kann die chemische Verschiebung eines Kohlenstoffatoms auch außerhalb des angegebenen Bereichs liegen. Enthält die jeweilige Formel mehr als ein C, gilt der chemische Verschiebungsbereich nur für das unterstrichene C.

3.5.1 Gesättigte Kohlenwasserstoffe und deren Derivate

Offenkettige Alkane

Da gesättigte Alkane keine energiearmen angeregten elektronischen Zustände und keine π-Bindungen aufweisen, ist die paramagnetische Abschirmung nur sehr klein im Vergleich zu anderen Verbindungsklassen. Infolgedessen liegen ihre Resonanzsignale bei sehr niedrigen Frequenzen (hohem Feld). Die ^{13}C-chemische Verschiebung von Methan selbst beträgt zum Beispiel −2,5 ppm. In der Reihe Ethan (CH_3CH_3, $\delta = 5{,}7$ ppm), Propan ($CH_3CH_2CH_3$, $\delta = 16{,}1$ ppm) und Isobutan [$(CH_3)_3CH$, $\delta = 25{,}2$ ppm] steigt die ^{13}C-chemische Verschiebung stetig an und folgt damit dem gleichen Trend wie die ^{1}H-chemischen Verschiebungen in der Serie Methyl, Methylen, Methin. Durch den Ersatz eines Wasserstoffatoms (H) durch eine Methylgruppe (CH_3) an einem Kohlenstoffatom wächst dessen chemische Verschiebung um etwa 9 ppm an. Werden die Wasserstoffatome nicht gegen CH_3, sondern durch gesättigte CH_2-, CH- oder C-Substituenten ausgetauscht, treten ähnlich große Veränderungen der chemischen Verschiebung auf. Da die hinzugefügte Methylgruppe (beziehungsweise gesättigte Alkylgruppe) direkt mit dem beobachteten ^{13}C-Kern verknüpft vorliegt, wird diese Auswirkung auf die chemische Verschiebung des ^{13}C-Kerns als *α-Effekt* (**3-27**) bezeichnet. Der Effekt ist nicht auf den Ersatz von Wasserstoff durch Kohlenstoff beschränkt. Jede beliebige

Gruppe X, gegen die Wasserstoff an einem beobachteten Kohlenstoffatom ausgetauscht wird, verursacht eine relativ konstante Veränderung der chemischen Verschiebung des Kohlenstoffatoms, deren Größe hauptsächlich von der Elektronegativität von X abhängt.

α-Effekt

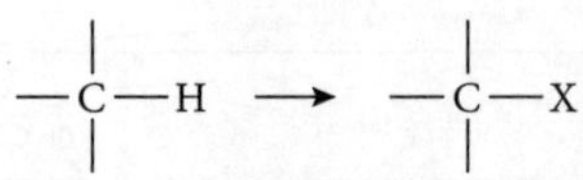

3-27

β-Effekt

3-28

Der Ersatz eines Wasserstoffatoms in β-Position zu einem beobachteten ^{13}C-Kern (**3-28**) durch CH_3 (oder CH_2, CH, C) führt ebenfalls zu einer konstanten zusätzlichen Verschiebung von etwa +9 ppm (*β-Effekt*). Das Resonanzsignal des zentralen Kohlenstoffatoms von Pentan ($CH_3CH_2\mathbf{C}H_2CH_2CH_3$) wird also beispielsweise durch die α-Effekte der beiden Methylengruppen und durch die β-Effekte der beiden Methylgruppen auf eine chemische Verschiebung von 34,7 ppm verlagert.

γ-Effekt

3-29

Der Austausch eines Wasserstoffatoms in γ-Position zu einem ^{13}C-Kern (**3-29**) gegen CH_3 (oder CH_2, CH, C) verursacht keine Vergrößerung wie die α- und β-Effekte, sondern eine *Verkleinerung* der ^{13}C-chemischen Verschiebung um etwa −2,5 ppm (*γ-Effekt*) – also eine Verlagerung des Resonanzsignals in Richtung geringerer Frequenz (höherem Feld). Im Gegensatz zu den α- und β-Effekten besitzt der γ-Effekt eine bedeutende stereochemische Komponente, die wir später noch näher betrachten werden. Infolge der α-, β- und γ-Effekte ist der ^{13}C-chemische Verschiebungsbereich der Alkane relativ groß. Die ^{13}C-chemischen Verschiebungen von Methylgruppen in nicht funktionalisierten Alkanen liegen in Abhängigkeit von der Anzahl der β-Substituenten typischerweise zwischen 5 und 30 ppm, während die ^{13}C-Resonanzsignale von Methylengruppen etwa zwischen 15 und 45 ppm, von Methingruppen etwa zwischen 25 und 65 ppm sowie von quartären Kohlenstoffatomen etwa zwischen 32 und 75 ppm zu finden sind.

^{13}C-chemische Verschiebungen eignen sich gut für eine empirische Analyse, weil sie leicht gemessen werden können und dazu neigen, klar definierte Substituenteneffekte zu zeigen. Für gesättigte, offenkettige Kohlenwasserstoffe entwickelte Grant zu diesem Zweck Gleichung 3.11.

$$\delta = -2{,}5 + \sum A_i n_i \qquad (3.11)$$

Danach wird zur Berechnung der chemischen Verschiebung eines ^{13}C-Kerns zur chemischen Verschiebung von Methan (δ = −2,5 ppm) für jedes andere Kohlenstoffatom im Molekül bis zu einem Abstand von fünf Bindungen vom betrachteten Kern ein Substituentenparameter A_i addiert. Die Substituentenparameter A_i sind für alle Typen von Kohlenstoffatomen gleich, unterscheiden sich aber in Abhängigkeit von der relativen Position bezüglich des betrachteten ^{13}C-Kerns: α-Position (A_i = 9,1), β-Position (A_i = 9,4), γ-Position (A_i = −2,5), δ-Position (A_i = 0,3 und ε-Position (A_i = 0,1). Die ersten drei dieser Effekte haben wir oben bereits näher betrachtet, weil sie erheblich größer und somit in der Regel relevanter sind als die letzten beiden.

In Gleichung 3.11 wird jeder Parameter A_i für jede der fünf Positionen mit der Anzahl n_i der Kohlenstoffatome in der jeweiligen Position multipliziert, um alle Substituenten zu berücksichtigen. In ▶ Abbildung 3.12 wird die empirische Berechnung der chemischen Verschiebungen aller Kohlenstoffatome von Pentan nach Gleichung 3.11 exemplarisch einmal durchgeführt und die Ergebnisse werden mit den gemessenen Werten verglichen. Für die ^{13}C-chemische Verschiebung der Methylgruppe werden dabei zum Beispiel die einzelnen Effekte des α-, β-, γ- und δ-Kohlenstoffatoms berücksichtigt, während die chemische Verschiebung von C-2 durch die Addition der Beiträge von zwei α-, einem β- und einem γ-Kohlenstoffatom zur chemischen Verschiebung von Methan ermittelt wird. In der Regel weichen die berechneten Werte nicht mehr als um 0,3 ppm von den gemessenen Werten ab und können daher im Allgemeinen als verlässliche Grundlage für die Zuordnung von Resonanzsignalen zu bestimmten Kohlenstoffatomen betrachtet werden.

α β γ δ **C**$H_3CH_2CH_2CH_2CH_3$	$\delta = -2{,}5 + 9{,}1 + 9{,}4 - 2{,}5 + 0{,}3 = 13{,}8$	(gemess. 13,9)
α α β γ CH_3**C**$H_2CH_2CH_2CH_3$	$\delta = -2{,}5 + (9{,}1 \times 2) + 9{,}4 - 2{,}5 = 22{,}6$	(gemess. 22,8)
β α α β CH_3CH_2**C**$H_2CH_2CH_3$	$\delta = -2{,}5 + (9{,}1 \times 2) + (9{,}4 \times 2) = 34{,}5$	(gemess. 34,7)

Abbildung 3.12: Berechnung der ^{13}C-chemischen Verschiebungen von Pentan nach Gleichung 3.11 und Vergleich mit den gemessenen Werten.

Allerdings treten auch Komplikationen auf, infolge derer die Ergebnisse aus Gleichung 3.11 von den gemessenen Werten stärker abweichen. Korrekturen müssen zum Beispiel für verzweigte Systeme eingefügt werden, da Gleichung 3.11 streng genommen nur für unverzweigte Ketten gilt. Das Resultat für die ^{13}C-chemische Verschiebung einer Methylgruppe wird deswegen für jedes benachbarte tertiäre Kohlenstoffatom (CH) um −1,1 ppm und für jedes benachbarte quartäre Kohlenstoffatom (C) um −3,4 ppm korrigiert. Entsprechend werden die berechneten Werte für Methylengruppen um −2,5 ppm für jedes benachbarte tertiäre und um −7,2 ppm für jedes benachbarte quartäre Kohlenstoffatom bereinigt. Im Fall von Methinkohlenstoffatomen erfolgt eine Korrektur um −3,7 ppm, −9,5 ppm und −1,5 ppm für benachbarte sekundäre (CH_2), tertiäre beziehungsweise quartäre Kohlenstoffatome. Bei quartären Kohlenstoffatomen wird die nach Gleichung 3.11 berechnete chemische Verschiebung für jedes benachbarte primäre (CH_3) Kohlenstoffatom um −1,5 ppm und für jedes benachbarte sekundäre Kohlenstoffatom um −8,4 ppm angeglichen – auch in diesem Fall sind die notwendigen Korrekturen für benachbarte tertiäre und quartäre Kohlenstoffatome ohne Zweifel signifikant, aber leider nicht genau bekannt. Als Beispiel für eine solche Berechnung mit Korrektur wird oben in ▶ Abbildung 3.13 die ^{13}C-chemische Verschiebung der Methylgruppe von Isobutan ermittelt, die zu einem tertiären Kohlenstoffatom benachbart ist. Zu diesem Zweck werden demgemäß zur chemischen Verschiebung von Methan die Beiträge eines α- und zweier β-Kohlenstoffatome sowie die Korrektur für ein benachbartes tertiäres Kohlenstoffatom von −1,1 ppm addiert. Im unteren Beispiel in Abbildung 3.13 ist die Methylgruppe des Neopentans zu einem quartären Kohlenstoffatom benachbart, so dass eine Korrektur um −3,4 ppm erfolgen muss.

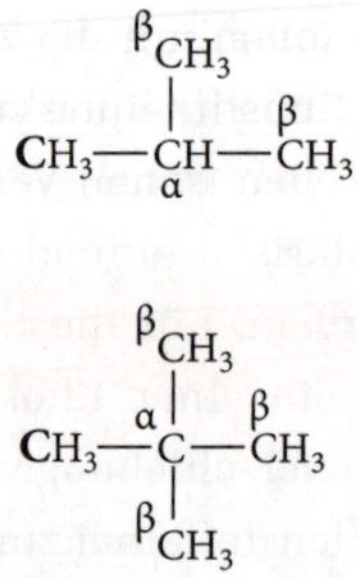

$\delta = -2{,}5 + 9{,}1 + (9{,}4 \times 2) - 1{,}1 = 24{,}3$ (gemess. 24,3)

$\delta = -2{,}5 + 9{,}1 + (9{,}4 \times 3) - 3{,}4 = 31{,}4$ (gemess. 31,7)

Abbildung 3.13: Berechnung der ^{13}C-chemischen Verschiebung der in den Formeln fett hervorgehobenen ^{13}C-Kerne von 2-Methylpropan (Isobutan) und 2,2-Dimethylpropan (Neopentan) mithilfe von Gleichung 3.11 und zusätzlichen Korrekturen für die Verzweigungen.

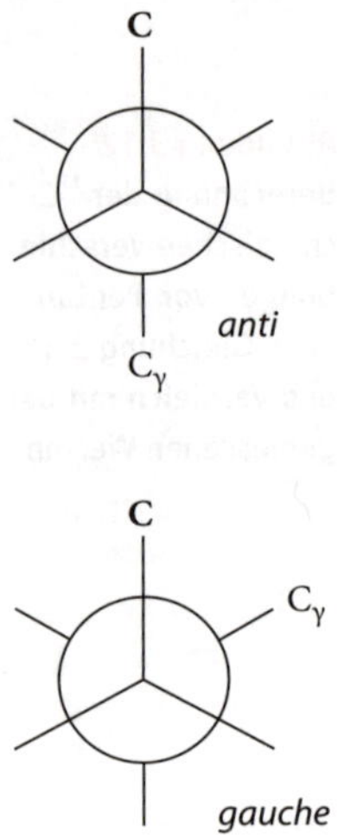

Abbildung 3.14: Die *anti*- und *gauche*-Konformation eines Butanfragments.

Es ist beachtenswert, dass der γ-Effekt eines Kohlenstoffsubstituenten *negativ* ist (−2,5 ppm). Ein γ-ständiges Kohlenstoffatom kann sich in einem offenkettigen Alkan je nach aktueller Konformation in *gauche*- oder *anti*-Stellung (▶ Abbildung 3.14) zum betrachteten Kohlenstoffatom befinden – und die relativen Anteile der verschiedenen Konformere können von Molekül zu Molekül variieren. Der Korrekturwert von −2,5 ppm stellt einen entsprechend ihrer relativen Anteile gewichteten Mittelwert über beide Konformationen dar und trifft daher nicht für alle Moleküle und Situationen exakt zu. Im Fall eines reinen *anti*-γ-Effekts müsste die Korrektur etwa +1 ppm und im Fall eines reinen *gauche*-γ-Effekts etwa −6 ppm betragen. Der von Grant gemessene Mittelwert von −2,5 ppm repräsentiert eine Mischung der beiden Konformere. Für Moleküle mit ungewöhnlich großen Abweichungen von diesen mittleren Anteilen beider Konformere liefert Gleichung 3.11 mit dem angegebenen mittleren γ-Effekt entsprechend schlechtere Ergebnisse. Der α- und der β-Effekt werden durch feste Geometrien bestimmt und besitzen somit keine von der Stereochemie abhängige Komponente.

Cyclische Alkane

Cyclopropan weist mit einer ^{13}C-chemischen Verschiebung von −2,6 ppm die niedrigste Resonanzfrequenz aller reinen Kohlenwasserstoffe auf. Die ^{13}C-chemische Verschiebung von Cyclobutan ist mit 23,3 ppm erwartungsgemäß schon merklich größer, während sich die Resonanzsignale der restlichen Cycloalkane im Bereich von 2 ppm um die Signallage von Cyclohexan befinden, dessen chemische Verschiebung 27,7 ppm beträgt. Da Cyclohexan im Gegensatz zu offenkettigen Alkanen eine besondere und weitgehend festgelegte Stereochemie besitzt, müssen zur Berechnung der chemischen Verschiebungen von Cyclohexan und seinen Derivaten ganz neue empirische Parameter definiert werden. Diese Parameter hängen vor allem von der Stellung der Substituenten am Ring – axial oder äquatorial – sowie von deren Entfernung vom beobachteten Kern ab. In ▶ Tabelle 3.3 sind die von Grant ermittelten Parameter zur Berechnung der ^{13}C-chemischen Verschiebung der Ringkohlenstoffatome von methylsubstituierten Cyclohexan-Derivaten aufgelistet. Zur Berechnung einer Verschiebung wird zur chemischen Verschiebung von Cyclohexan (δ = 27,7 ppm) für jede Methylgruppe der passende Parameter addiert. Der Parameter für eine axiale Methylgruppe in γ-Position ist groß und negativ (−5,4 ppm), wodurch die reine *gauche*-Stellung der Methylgruppe bezüglich des beobachteten Kerns widergespiegelt wird. Eine äquatoriale Methylgruppe in γ-Position übt dagegen einen *anti*-γ-Effekt aus, der in diesem Fall vernachlässigbar klein ist.

Auch diesmal müssen für Verzweigungen extra Korrekturen erfolgen. Für zwei geminale α-Methylgruppen (beide direkt am beobachteten Kern) beträgt diese zusätzliche Korrektur −3,4 ppm, für zwei geminale (beide am gleichen Ringatom) β-Methylgruppen −1,2 ppm.

Tabelle 3.3: Substituentenparameter für Methylgruppen an Cyclohexan.

Stereochemie	α	β	γ	δ
Äquatorial	5,6	8,9	0,0	−0,3
Axial	1,1	5,2	−5,4	−0,1

Mithilfe dieser Parameter erhält man für C-2 von 1,1,3-Trimethylcyclohexan (**3-30**) zum Beispiel eine berechnete ^{13}C-chemische Verschiebung von $\delta = (27{,}7 + 5{,}2 + 2 \times 8{,}9 - 1{,}2)$ ppm = 49,5 ppm im Vergleich zum gemessenen Wert von 49,9 ppm. Ein Paar vicinaler Methylgruppen, die beide äquatorial stehen, erfordert eine zusätzliche Korrektur von −2,3 ppm und ein Paar vicinaler Methylgruppen, von denen sich eine in axialer und eine in äquatorialer Position befindet, eine zusätzliche Korrektur von −3,1 ppm.

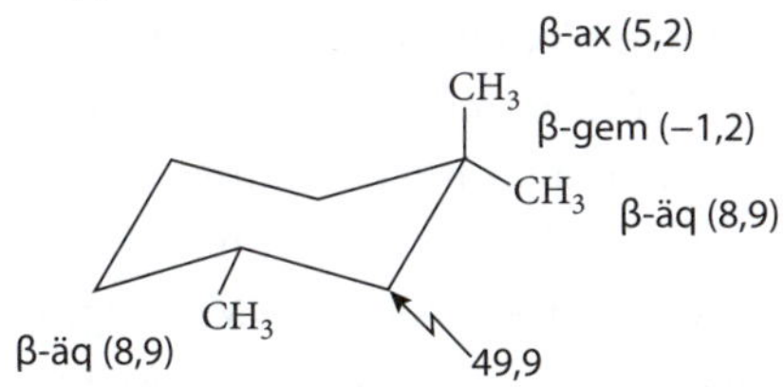

3-30

Funktionalisierte Alkane

Der Austausch eines Wasserstoffatoms an einem Kohlenstoffatom gegen ein elektronegativeres Heteroatom oder eine ungesättigte Gruppe führt wegen der Veränderung der Parameter, die in Gleichung 3.10 einfließen, in der Regel zu einer Verlagerung des ^{13}C-Resonanzsignals in Richtung höherer Frequenz (tieferem Feld). Der Effekt zeigt die gleiche Tendenz wie im Fall ^{1}H-chemischer Verschiebungen, beruht aber auf einem anderen Mechanismus. Stark elektronenziehende Substituenten üben große positive α-Effekte aus. Die ^{13}C-chemischen Verschiebungen der Halogenmethane (CH_3X, Methylhalogenide) betragen beispielsweise 75,4 ppm für Fluormethan, 25,1 ppm für Chlormethan, 10,2 ppm für Brommethan und −20,6 ppm für Iodmethan. Mehrfachsubstitutionen führen zu entsprechend größeren Effekten, wie zum Beispiel beim Chloroform ($CHCl_3$, δ = 77,7 ppm). Bedenken Sie in diesem Zusammenhang aber noch einmal, dass die α-Effekte von Schweratomen wie Brom und Iod zusätzlich durch einen Spin-Bahn-Kopplungs-Mechanismus beeinflusst werden und deswegen nicht unbedingt der einfachen Entwicklung der Elektronegativitäten folgen müssen. Die ^{13}C-chemischen Verschiebungen von halogenierten Methylen- und Methingruppen reichen bis zu etwa 25 ppm höheren Werten als bei den Methylhalogeniden, da diese nicht nur durch den α-Effekt des Halogens, sondern darüber hinaus durch die α- und β-Effekte der jeweiligen Alkylsubstituenten beeinflusst werden.

Das ^{13}C-Resonanzsignal von Methanol (CH_3OH) liegt bei 49,2 ppm. Im Allgemeinen reichen die ^{13}C-chemischen Verschiebungen hydroxylierter Kohlenstoffatome etwa von 49 bis 75 ppm. Die

Grenzen des entsprechenden Bereichs für Ether sind im Vergleich zu den Alkoholen um einige ppm in Richtung höherer Frequenz (tieferem Feld) verschoben, weil jedes sauerstoffgebundene Kohlenstoffatom in einem Ether aus strukturellen Gründen immer durch einen β-Effekt mehr beeinflusst wird als das hydroxylierte Kohlenstoffatom im analogen Alkohol. Die ^{13}C-chemische Verschiebung von Dimethylether beträgt beispielsweise 59,5 ppm, während der allgemeine chemische Verschiebungsbereich alkoxylierter Kohlenstoffatome Werte von etwa 59 bis 80 ppm umfasst.

Infolge der im Vergleich zum Sauerstoff geringeren Elektronegativität des Stickstoffs findet man die Resonanzsignale von Aminen bei niedrigeren Frequenzen (höherem Feld) als bei analogen Alkoholen. Die ^{13}C-chemische Verschiebung von Methylamin in wässriger Lösung beträgt 28,3 ppm – die anderer Amine ist um bis zu 30 ppm größer. Der Verschiebungsbereich der Amine ist größer als der für Alkohole, weil das Stickstoffatom bis zu drei weitere Substituenten tragen kann (Sauerstoff nur einen) und die ^{13}C-chemische Verschiebung somit durch entsprechend mehr α- und β-Effekte beeinflusst wird. Das ^{13}C-Resonanzsignal von Dimethylsulfid liegt bei 19,5 ppm, von Acetonitril bei 1,8 ppm und von Nitromethan bei 62,6 ppm. Die chemischen Verschiebungen der entsprechenden Kohlenstoffatome in den von diesen Substanzen abgeleiteten Thioethern, Alkylnitrilen (Cyanoalkanen) und Nitroalkanen erstrecken sich jeweils bis auf etwa 25 ppm höhere Werte als in der entsprechenden Methylverbindung. Die in dieser Reihe scheinbar anormal niedrigen Resonanzfrequenzen der Nitrile sind auf die zylindrische Gestalt der Cyanogruppe und ihren infolgedessen kleineren Drehimpuls zurückzuführen.

Eine Doppelbindung in direkter Nachbarschaft übt nur einen relativ kleinen Effekt auf eine Methylgruppe aus. Die ^{13}C-chemische Verschiebung der Methylgruppen von *trans*-2-Buten (*trans*-$\mathbf{CH_3}CH{=}CH\mathbf{CH_3}$) beträgt zum Beispiel 17,3 ppm und die der Methylgruppe des Toluols ($C_6H_5\mathbf{CH_3}$) 21,3 ppm. Im Allgemeinen erstrecken sich die chemischen Verschiebungen von gesättigten Kohlenstoffatomen an Doppelbindungen etwa von 15 bis 40 ppm. Die ^{13}C-Resonanzsignale von Methylgruppen an Carbonylkohlenstoffatomen findet man bei etwas höheren Frequenzen ungefähr im Bereich zwischen 30 und 45 ppm. Für Aceton liegt es beispielsweise bei 30,8 ppm und für Acetaldehyd bei 31,2 ppm.

Die Einführung von Heteroatomen oder Mehrfachbindungen in Alkane macht einen vollkommen neuen Satz von Substituentenparametern für die empirische Berechnung der ^{13}C-chemischen Verschiebungen der gesättigten Kohlenstoffatome in solchen Verbindungen erforderlich. Dabei hängt die Größe der einzelnen Parameter von der Natur des Substituenten, von seiner Position bezüglich des betrachteten Kerns (α, β, γ) und davon ab, ob sich der Substituent (X) am Ende einer Kette (terminal, **3-31**) oder an einem innenliegenden Kohlenstoffatom (intern, **3-32**) befindet.

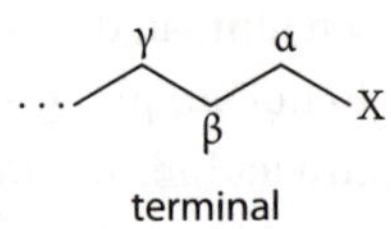

3-31

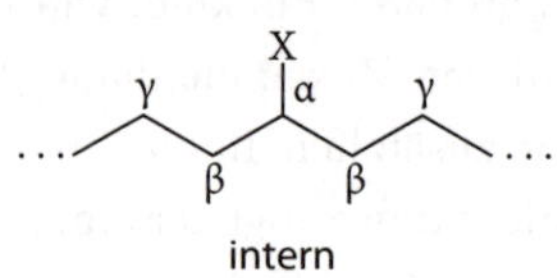

3-32

Diese Parameter, die in ▶ Tabelle 3.4 für eine Reihe von Substituenten und Positionen aufgelistet sind, repräsentieren die Auswirkung des Austausches eines Wasserstoffatoms an einem gesättigten Kohlenstoffatom gegen den jeweiligen Substituenten X auf die ^{13}C-chemische Verschiebung des

Kohlenstoffatoms. Mit Ausnahme der Cyanogruppe, von Dreifachbindungen und dem Schweratom Iod werden die α-Effekte in den meisten organischen Verbindungen hauptsächlich durch die Elektronegativität des Substituenten bestimmt. Die β-Effekte sind alle positiv und ähnlich groß (6 bis 11 ppm), während die γ-Effekte alle negativ und ebenfalls von ähnlicher Größe (−2 bis −5 ppm) sind. Zwar sind die Details dieser Zusammenhänge noch nicht vollständig verstanden, aber offensichtlich werden β- und γ-Effekte *nicht* durch einfache induktive beziehungsweise polare Effekte dominiert.

Tabelle 3.4: Substituentenparameter für eine Reihe von funktionellen Gruppen X zur empirischen Berechnung der ^{13}C-chemischen Verschiebung von gesättigten Kohlenstoffatomen.

Substituent X	Terminale Position			Interne Position		
	α	β	γ	α	β	γ
F	68	9	−4	63	6	−4
Cl	31	11	−4	32	10	−4
Br	20	11	−3	25	10	−3
I	−6	11	−1	4	12	−1
OH	48	10	−5	41	8	−5
OR	58	8	−4	51	5	−4
OAc	51	6	−3	45	5	−3
NH_2	29	11	−5	24	10	−5
NR_2	42	6	−3			−3
CN	4	3	−3	1	3	−3
NO_2	63	4		57	4	
$CH{=}CH_2$	20	6	−0,5			−0,5
C_6H_5	23	9	−2	17	7	−2
C≡CH	4,5	5,5	−3,5			−3,5
(C=O)R	30	1	−2	24	1	−2
(C=O)OH	21	3	−2	16	2	−2
(C=O)OR	20	3	−2	17	2	−2
$(C{=}O)NH_2$	22		−0,5	2,5		−0,5

(Aus: Wehrli, F.W., Marchand, A.P. und Wehrli, S. 1988: *Interpretation of Carbon-13 NMR Spectra.* 2. Aufl., John Wiley & Sons Ltd., Chichester, UK.)

Die Substituentenparameter aus Tabelle 3.4 werden folgendermaßen zur Berechnung der ^{13}C-chemischen Verschiebung eines gesättigten Kohlenstoffatoms verwendet: Man addiert den passenden Parameter zur chemischen Verschiebung des entsprechenden Kohlenstoffatoms im analogen unsubstituierten Kohlenwasserstoff und rundet auf den nächstgelegenen ganzzahligen ppm-Wert.

In ▶ Abbildung 3.15 wird eine solche Berechnung an zwei Beispielen veranschaulicht. Die chemische Verschiebung des Kohlenstoffatoms C-1 von 1,3-Dichlorpropan ergibt sich demgemäß durch die Addition der passenden Parameter aus Tabelle 3.4 zur chemischen Verschiebung von 16 ppm des Methylkohlenstoffatoms von Propan. Auf analoge Weise kann die chemische Verschiebung des β-Kohlenstoffatoms von Cyclopentanol mithilfe der Parameter aus Tabelle 3.4 und der ^{13}C-chemischen Verschiebung von Cyclopentan (δ = 27 ppm) ermittelt werden.

$\overset{\alpha}{Cl}-\mathbf{C}H_2CH_2CH_2-\overset{\gamma}{Cl}$ $\quad\delta = 16 + 31 - 4 = 43$ (gemess. 42)

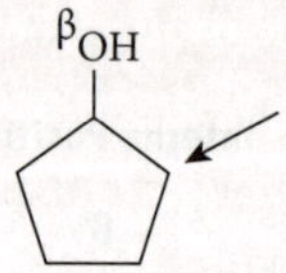

$\delta = 27 + 8 = 35$ (gemess. 34)

Abbildung 3.15: Exemplarische Berechnung der ^{13}C-chemischen Verschiebungen der gekennzeichneten Kohlenstoffatome in 1,3-Dichlorpropan und Cyclopentanol.

3.5.2 Ungesättigte Verbindungen

Die diamagnetische Anisotropie wirkt sich zwar auf die Abschirmung von ^{13}C-Kernen und Protonen ähnlich stark aus. Für ^{13}C-Kerne spielt sie wegen der viel größeren paramagnetischen Abschirmung aber praktisch keine Rolle. Benzol (δ = 128,4 ppm) und die Kohlenstoffatome der Doppelbindung von Cyclohexen (δ = 127,3 ppm) weisen infolgedessen beispielsweise fast identische ^{13}C-chemische Verschiebungen auf, während die zugehörigen ^{1}H-chemischen Verschiebungen im Verhältnis zur spektralen Breite von ^{1}H-NMR-Spektren erheblich voneinander abweichen. Die chemischen Verschiebungen von sp^2-hybridisierten Kohlenstoffatomen in isolierten, konjugierten und in aromatische Systeme eingebundenen Doppelbindungen erstrecken sich über einen Bereich von etwa 100 bis 170 ppm.

Alkene

Die Resonanzsignale sp^2-hybridisierter Kohlenstoffatome ohne weitere Substituenten (=CH_2) in Alkenen liegen in einem relativ niedrigen Frequenzbereich zwischen etwa 104 und 115 ppm. Das unsubstituierte sp^2-Kohlenstoffatom von 2-Methylpropen [Isobuten, $(CH_3)_2C{=}\mathbf{C}H_2$] zeigt zum Beispiel eine chemische Verschiebung von 107,7 ppm. Die Signale entsprechender Kohlenstoffatome mit *einem* Substituenten, wie im *trans*-2-Buten (δ =123,3 ppm), findet man bei etwas höheren Frequenzen (tieferem Feld) im Bereich zwischen 120 und 140 ppm. Disubstituierte sp^2-Kohlenstoffatome (=CRR´), wie beispielsweise im 2-Methylpropen [$(CH_3)_2\mathbf{C}{=}CH_2$, δ = 146,4 ppm], weisen erwartungsgemäß noch größere chemische Verschiebungen etwa im Bereich zwischen 140 und 165 ppm auf. Polare Substituenten an Doppelbindungen können die Resonanzlage der ^{13}C-Signale der C=C-Doppelbindung merklich beeinflussen – insbesondere, wenn sie mit der Doppelbindung in Konjugation treten können. In α,β-ungesättigten Ketonen, wie beispielsweise in 2-Cyclohexenon (**3-33**) oder 2-Cyclopentenon (**3-34**), werden die Resonanzsignale der α-Kohlenstoffatome durch die Mesomerie in Richtung niedrigerer Frequenz (höherem Feld) und die β-Kohlenstoffatome in Richtung höherer Frequenz verlagert.

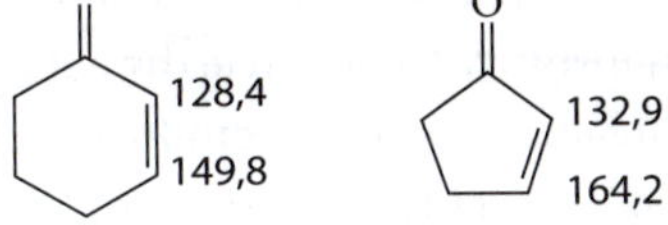

3-33 **3-34**

Bei offenkettigen Molekülen ist dieser Effekt etwas kleiner. Elektronenschiebende Substituenten wie die Alkoxygruppen in Enolethern wirken sich genau entgegengesetzt auf die chemischen Verschiebungen des α- und des β-Kohlenstoffatoms der Doppelbindung aus – die ^{13}C-chemischen Verschiebungen der Vinylgruppe von Methylvinylether ($H_3C–O–C^{\alpha}H=C^{\beta}H_2$) betragen zum Beispiel $\delta(\alpha)$ = 153,2 ppm und $\delta(\beta)$ = 84,2 ppm. Durch elektronenschiebende und elektronenziehende Substituenten wird der radiale Term aus Gleichung 3.10 verändert – im Fall einer Mesomerie zwischen Doppelbindung und Substituent alternierend und verhältnismäßig stark.

Die ^{13}C-chemischen Verschiebungen der *sp*^{2}-hybridisierten Kohlenstoffatome von Alkenen können durch die Addition von geeigneten Substituentenparametern zur chemischen Verschiebung von Ethen (δ = 123,3 ppm) näherungsweise berechnet werden. Für α-, β- und γ-Substituenten am selben Ende der Doppelbindung wie der betrachtete ^{13}C-Kern betragen die Parameter 10,6 ppm (α), 7,2 ppm (β) und −1,5 ppm (γ). Im Fall von α´-, β´- und γ´-Substituenten am Ende der Doppelbindung, das dem betrachteten ^{13}C-Kern gegenüberliegt, weisen die Parameter Werte von −7,9 ppm (α´), −1,8 ppm (β´) und −1,5 ppm (γ´) auf. Immer, wenn zwei *cis*-ständige Substituenten an einer Doppelbindung vorkommen, wird darüber hinaus eine zusätzliche Korrektur von −1,1 ppm durchgeführt. Die ^{13}C-chemische Verschiebung des unsubstituierten *sp*^{2}-Kohlenstoffatoms von 1-Buten ($CH_3CH_2CH=\mathbf{C}H_2$) berechnet sich danach zu δ = (123,3 − 7,9 − 1,8) ppm = 113,6 ppm (gemessen: δ = 113,3 ppm) und die des substituierten *sp*^{2}-Kohlenstoffatoms ($CH_3CH_2\mathbf{C}H=CH_2$) zu δ = (123,3 + 10,6 + 7,2) ppm = 141,2 ppm (gemessen: δ = 140,2 ppm).

Alkine und Nitrile

Endständige *sp*-hybridisierte Kohlenstoffatome in der Dreifachbindung von Alkinen, die ansonsten nur mit einem Wasserstoffatom verbunden sind (≡CH), zeigen chemische Verschiebungen in einem sehr engen Bereich etwa zwischen 67 und 70 ppm. Trägt das *sp*-Kohlenstoffatom statt des Wasserstoffs einen Alkylsubstituenten (≡CR), findet man sein Resonanzsignal infolge des α- und β-Effekts der Alkylgruppe (R) bei etwas höherer Frequenz (etwa 74 bis 85 ppm). Durch polare Substituenten, die mit der Dreifachbindung in Konjugation treten können, wird der ^{13}C-chemische Verschiebungsbereich von *sp*-hybridisierten Kohlenstoffatomen in Alkinen etwa auf Werte zwischen 20 und 90 ppm erweitert. Die ^{13}C-chemischen Verschiebungen des *sp*-Kohlenstoffatoms von Nitrilen reichen von etwa 117 bis 130 ppm (Acetonitril, $CH_3\mathbf{C}\equiv N$, δ = 116,9 ppm). Dabei kann die höhere ^{13}C-chemische Verschiebung von Nitrilen im Vergleich zu Alkinen auf den n→π*-Übergang von Nitrilen zurückgeführt werden.

Aromaten

Den größten Effekt üben Alkylsubstituenten an aromatischen Systemen, wie im Toluol (**3-35**), auf das *ipso*-Kohlenstoffatom aus (α-Effekt). Da dieses Kohlenstoffatom mit keinem Proton direkt verknüpft ist, zeigt es eine wesentlich längere Relaxationszeit als die anderen Kohlenstoffatome.

Infolgedessen weist sein Resonanzsignal in einem normalen ^{13}C-NMR-Spektrum in der Regel eine merklich geringere Intensität auf. Substituenten, die wie die Nitrogruppe im Nitrobenzol (**3-36**) mit dem aromatischen System in Konjugation stehen, beeinflussen die Lage der Resonanzsignale der Kohlenstoffatome des aromatischen Rings entsprechend der Ladungsverteilung in den verschiedenen mesomeren Grenzstrukturen (siehe auch Moleküle **3-19** und **3-20**) stark, aber unterschiedlich. Ähnliche alternierende Auswirkungen auf die chemischen Verschiebungen der Ringatome findet man beim Pyridin (**3-37**) und Pyrrol (**3-38**).

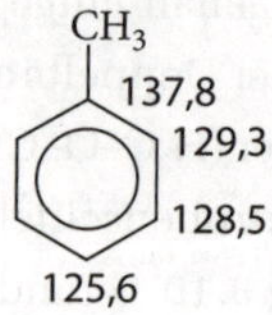

3-35

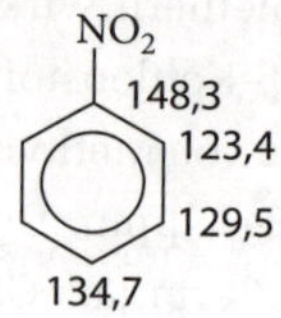

3-36

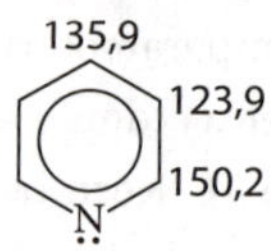

3-37

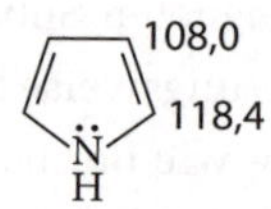

3-38

Auch die ^{13}C-chemischen Verschiebungen von Aromaten können empirisch berechnet werden, indem zur chemischen Verschiebung von Benzol (δ = 128,4 ppm) für jeden Substituenten in *ipso*-, *ortho*-, *meta*- und *para*-Stellung zum betrachteten Kohlenstoffatom ein passender Parameter addiert wird. In ▶ Tabelle 3.5 sind die entsprechenden Parameter für eine Reihe von Substituenten aufgelistet.

Tabelle 3.5: Substituentenparameter für die empirische Berechnung der ^{13}C-chemischen Verschiebungen von aromatischen Kohlenstoffatomen.

Substituent	*Ipso*	*Ortho*	*Meta*	*Para*
CH_3	8,9	0,7	−0,1	−2,9
CH_2OH	13,3	−0,8	−0,6	−0,4
$CH=CH_2$	9,5	−2,0	0,2	−0,5
CN	−19,0	1,4	−1,5	1,4
CO_2CH_3	1,3	−0,5	−0,5	3,5
CHO	9,0	1,2	1,2	6,0
$(C=O)CH_3$	7,9	−0,3	−0,3	2,9
F	35,1	−14,1	1,6	−4,4
Cl	6,4	0,2	1,0	−2,0
Br	−5,4	3,3	2,2	−1,0
I	−32,0	10,2	2,9	1,0

Tabelle 3.5: Substituentenparameter für die empirische Berechnung der ^{13}C-chemischen Verschiebungen von aromatischen Kohlenstoffatomen. *(Fortsetzung)*

Substituent	*Ipso*	*Ortho*	*Meta*	*Para*
NH_2	19,2	−12,4	1,3	−9,5
OH	26,9	−12,6	1,8	−7,9
OCH_3	30,2	−15,5	0,0	−8,9
SCH_3	10,2	−1,8	0,4	−3,6
NO_2	19,6	−5,3	0,8	6,0

(Aus: Stothers, J.B. 1973: *Carbon-13 NMR Spectroscopy*. Academic Press, New York.)

3.5.3 Carbonylgruppen

Carbonylgruppen erzeugen keine direkten Signale in ^{1}H-NMR-Spektren. ^{13}C-NMR-Spektren liefern daher wichtige Informationen zur Identifizierung von Carbonylgruppen und deren Zuordnung zu einem bestimmten Typ von Carbonylverbindung. Insgesamt überstreichen die ^{13}C-chemischen Verschiebungen von Carbonylgruppen etwa einen Bereich von 160 bis 220 ppm. Die ^{13}C-Resonanzsignale liegen damit außerhalb der Bereiche fast aller anderen funktionellen Gruppen. Dabei können die großen chemischen Verschiebungswerte von Carbonylkohlenstoffatomen in erster Linie auf den Effekt des $n \rightarrow \pi^*$-Übergangs auf die Größe der paramagnetischen Abschirmung zurückgeführt werden. Ebenso wie aromatische *ispo*-Kohlenstoffatome und *sp*-hybridisierte Kohlenstoffatome in Nitrilen tragen Carbonylkohlenstoffatome außer in Aldehyden kein Wasserstoffatom. Sie zeigen deshalb lange Relaxationszeiten und folglich in normalen ^{13}C-NMR-Spektren Signale von relativ geringer Intensität.

Die ^{13}C-Resonanzsignale der Carbonylgruppe von Aldehyden liegen etwa im Bereich von 190 bis 205 ppm, wie beispielsweise im Fall des Acetaldehyds ($CH_3\mathbf{C}HO$, δ = 199,6 ppm). Die Carbonylkohlenstoffatome von ungesättigten Aldehyden, in denen die Carbonylgruppe mit einer Doppelbindung oder einem Phenylring konjugiert vorliegt, weisen im Vergleich dazu etwas niedrigere Resonanzfrequenzen auf, wie im Benzaldehyd ($C_6H_5\mathbf{C}HO$, δ = 192,4 ppm) und im Propenal ($CH_2{=}CH\mathbf{C}HO$, δ = 192,2 ppm). In Ketonen wird die ^{13}C-chemische Verschiebung der Carbonylgruppe darüber hinaus durch die α-, β- und γ-Effekte des zusätzlichen Alkylsubstituenten beeinflusst, so dass die zugehörigen Resonanzsignale am oberen Ende des Bereichs für Carbonylkohlenstoffatome liegen. Im Allgemeinen findet man die ^{13}C-Signale der Carbonylgruppe von Ketonen somit im Bereich von etwa 195 bis 220 ppm. Die ^{13}C-chemische Verschiebung der Carbonylgruppe von Aceton beträgt zum Beispiel 205,1 ppm, die der Carbonylgruppe von Cyclohexanon 208,8 ppm. Auch in diesem Fall werden die Resonanzsignale durch die Konjugation der Carbonylgruppe mit Doppelbindungen oder aromatischen Systemen in Richtung niedrigerer Frequenz (höherem Feld) verlagert.

Die ^{13}C-chemischen Verschiebungen von carboxylischen Kohlenstoffatomen findet man im Bereich von etwa 155 bis 185 ppm. In einer Reihe *analoger* Carboxylate, Carbonsäuren und Carbonsäureester fällt die Resonanzfrequenz des carboxylischen Kohlenstoffatoms in der Regel kontinuierlich ab. Das ist zum Beispiel bei den Verbindungen Natriumacetat ($CH_3\mathbf{C}O_2^-Na^+$, δ = 181,5 ppm), Essigsäure ($CH_3\mathbf{C}O_2H$, δ = 177,3 ppm) und Essigsäuremethylester ($CH_3(\mathbf{C}O)OCH_3$, δ = 170,7 ppm) der Fall. Für Ester liegen die Resonanzsignale typischerweise im Bereich von 165 bis 175 ppm und für

Carbonsäuren im Bereich von 170 bis 185 ppm. Die Signale von Carbonsäurechloriden erscheinen meistens bei noch etwas niedrigerer Frequenz (höherem Feld) zwischen 160 und 170 ppm – die chemische Verschiebung von Acetylchlorid [CH_3(**C**O)Cl] beträgt beispielsweise 168,6 ppm. Carbonsäureanhydride zeigen einen ähnlichen ^{13}C-chemischen Verschiebungsbereich ihres carboxylischen Kohlenstoffatoms von typischerweise 165 bis 175 ppm mit 167,7 ppm im Fall von Essigsäureanhydrid [Acetanhydrid, CH_3(**C**O)O(**C**O)CH_3]. Für Lactone findet man ähnliche Resonanzfrequenzen wie für Ester – das carboxylische Kohlenstoffatom von δ-Lacton besitzt zum Beispiel eine chemische Verschiebung von 176,5 ppm. Auch die entsprechenden Resonanzsignale von Amiden treten mit chemischen Verschiebungen zwischen etwa 160 und 175 ppm ungefähr in diesem Bereich auf – das Signal von Essigsäureamid [Acetamid, CH_3(**C**O)NH_2] liegt beispielsweise bei einer chemischen Verschiebung von 172,7 ppm. Die analogen ^{13}C-chemischen Verschiebungen von Oximen (>**C**=N–OH) erstrecken sich über einen größeren Bereich von etwa 145 bis 165 ppm. Das Resonanzsignal des zentralen Kohlenstoffatoms von Allenen (R_2C=**C**=CR_2) fällt mit einer chemischen Verschiebung zwischen etwa 210 und 215 ppm in den Bereich der Signale der Carbonylkohlenstoffatome von Ketonen, aber die beiden äußeren Kohlenstoffatome der Allengruppierung (R_2**C**=C=**C**R_2) weisen mit chemischen Verschiebungen, die von etwa 75 bis 95 ppm reichen, viel kleinere Resonanzfrequenzen auf.

3.5.4 Programme für empirische Berechnungen

Die Einfachheit und die Genauigkeit empirischer Berechnungen von ^{13}C-chemischen Verschiebungen haben zur Entwicklung einiger kommerzieller Computerprogramme Anlass gegeben (siehe Links in den Literaturhinweisen am Ende des Kapitels). Wie bei der Berechnung ^{1}H-chemischer Verschiebungen (siehe Abschnitt 3.2.5) hängt die Qualität der Ergebnisse entscheidend von der Qualität der Datensätze der empirisch ermittelten Substituentenparameter ab. Die Programme setzen bei ihren Berechnungen zunächst eine einfache Additivität der Parameter bei Mehrfachsubstitutionen voraus, führen aber zusätzlich jeweils strukturspezifische Korrekturen durch. Es können allerdings immer auch Phänomene auftreten, die nicht berücksichtigt wurden beziehungsweise die einfache Additivität stören und somit zu unerwarteten Abweichungen zwischen den berechneten und den gemessenen (tatsächlichen) chemischen Verschiebungen führen.

3.6 Tabellen mit chemischen Verschiebungen

In ► Tabelle 3.6 bis 3.10 sind eine Reihe von repräsentativen chemischen Verschiebungen unterschiedlicher Verbindungsklassen aufgelistet, die aus der Originalliteratur in den Literaturhinweisen am Ende des Kapitels entnommen wurden.

Tabelle 3.6: Chemische Verschiebungen von Methyl- und Methylengruppen.

Verbindung	δ (^{1}H)		δ (^{13}C)	
	CH_2	CH_3	CH_2	CH_3
CH_3Li		−0,4		−13,2
CH_3CH_3		0,86		5,7
$(CH_3)_3CH$		0,89		25,2

Tabelle 3.6: Chemische Verschiebungen von Methyl- und Methylengruppen. *(Fortsetzung)*

Verbindung	δ (^{1}H)		δ (^{13}C)	
	CH_2	CH_3	CH_2	CH_3
$(CH_3)_4C$		0,94		31,7
$(CH_3)_3COH$		1,22		29,4
$CH_3CH{=}CH_2$		1,72		18,7
$CH_3C{\equiv}CH$		1,80		−1,9
$(CH_3)_3P{=}O$		1,93		18,6
CH_3CN		2,00		0,3
$CH_3CO_2CH_3$		2,01		18,7
$CH_3(CO)CH_3$		2,07		30,2
CH_3CO_2H		2,10		18,6
$(CH_3)_2S$		2,12		19,5
CH_3I		2,15		−20,6
CH_3CHO		2,20		31,2
$(CH_3)_3N$		2,22		47,3
$CH_3C_6H_5$		2,31		21,3
CH_3NH_2		2,42		30,4
$CH_3(SO)CH_3$		2,50		40,1
$CH_3(CO)Cl$		2,67		32,7
CH_3Br		2,69		10,2
$(CH_3)_4P^+$		2,74		11,3
$CH_3(SO_2)CH_3$		2,84		42,6
$(CH_3)_2NCHO$		2,88		36,0
		2,97		30,9
CH_3Cl		3,06		25,1
$(CH_3)_2O$		3,24		59,5
$(CH_3)_4N^+$		3,33		55,6
CH_3OH		3,38		49,2
$CH_3CO_2CH_3$		3,67		51,0
$CH_3OC_6H_5$		3,73		54,8
CH_3F		4,27		75,4
CH_3NO_2		4,33		57,3

Tabelle 3.6: Chemische Verschiebungen von Methyl- und Methylengruppen. *(Fortsetzung)*

Verbindung	δ (^{1}H)		δ (^{13}C)	
	CH_2	CH_3	CH_2	CH_3
$(CH_3CH_2)_2S$	2,49	1,25	26,5	15,8
$CH_3CH_2NH_2$	2,74	1,10	36,9	19,0
$CH_3CH_2C_6H_5$	2,92	1,18	29,3	16,8
CH_3CH_2I	3,16	1,86	0,2	23,1
CH_3CH_2Br	3,37	1,65	28,3	20,3
CH_3CH_2Cl	3,47	1,33	39,9	18,7
$(CH_3CH_2)_2O$	3,48	1,20	67,4	17,1
CH_3CH_2OH	3,56	1,24	57,3	15,9
CH_3CH_2F	4,36	1,24	79,3	14,6
$CH_3CH_2NO_2$	4,37	1,58	70,4	10,6
$BrCH_2CH_2Br$	3,63		32,4	
$HOCH_2CH_2OH$	3,72		63,4	
$ClCH_2CH_2Cl$	3,73		51,7	

Tabelle 3.7: Chemische Verschiebungen gesättigter Ringsysteme.

Verbindung	Position	δ (^{1}H)	δ (^{13}C)
Cyclopropan		0,22	−2,6
Cyclobutan		1,98	23,3
Cyclopentan		1,51	26,5
Cyclohexan		1,43	27,7
Cycloheptan		1,53	29,4
Cyclopentanon	(α)	2,06	37,0
	(β)	2,02	22,3
Cyclohexanon	(α)	2,22	40,7
	(β)	1,8	26,8
	(γ)	1,8	24,1
Oxiran		2,54	40,5
Tetrahydrofuran	(α)	3,75	69,1
	(β)	1,85	26,2

Tabelle 3.7: Chemische Verschiebungen gesättigter Ringsysteme. *(Fortsetzung)*

Verbindung	Position	δ (^{1}H)	δ (^{13}C)
Tetrahydropyran	(α)	3,52	68,0
	(β)	1,51	26,6
	(γ)		23,6
Pyrrolidin	(α)	2,75	47,4
	(β)	1,59	25,8
Piperidin	(α)	2,74	47,5
	(β)	1,50	27,2
	(γ)	1,50	25,5
Thiiran		2,27	18,9
Tetrahydrothiophen	(α)	2,82	31,7
	(β)	1,93	31,2
Sulfolan	(α)	3,00	51,1
	(β)	2,23	22,7
1,4-Dioxan		3,70	66,5

Tabelle 3.8: Chemische Verschiebungen von Alkenen.

Verbindung	Position	δ (^{1}H)	δ (^{13}C)
CH_2=CHCN	(α)	5,5–6,4	107,7
	(β)	5,5–6,4	137,8
CH_2=CHC_6H_5	(α)	6,66	112,3
	(β)	5,15 / 5,63	135,8
CH_2=CHBr	(α)	6,4	115,6
	(β)	5,7–6,1	122,1
CH_2=$CHCO_2H$	(α)	6,5	128,0
	(β)	5,9–6,5	131,9
CH_2=CH(CO)CH_3	(α)	5,8–6,4	138,5
	(β)	5,8–6,4	129,3
CH_2=CHO(CO)CH_3	(α)	7,28	141,7
	(β)	4,56 / 4,88	96,4
CH_2=$CHOCH_2CH_3$	(α)	6,45	152,9
	(β)	3,6–4,3	84,6

Tabelle 3.8: Chemische Verschiebungen von Alkenen. *(Fortsetzung)*

Verbindung	Position	δ (^{1}H)	δ (^{13}C)
$CH_3{}^4CH{=}^3C(CH_3){-}^2CH{=}^1CH_2$	(1)	5,02	
	(2)	6,40	
	(4)	5,70	
$(CH_3)_2C{=}CHCO_2CH_3$	(α)	–	114,8
	(β)	5,62	155,9
Cyclopenten		5,60	130,6
Cyclohexen		5,59	127,2
1,3-Cyclopentadien		6,42	132,2 / 132,8
1,3-Cyclohexadien		5,78	124,6 / 126,1
2-Cyclopentenon	(α)	6,10	132,9
	(β)	7,71	164,2
2-Cyclohexenon	(α)	5,93	128,4
	(β)	6,88	149,8
exo-Methylencyclohexan	($=CH_2$)	4,55	106,5
	(C=)	–	149,7
Allen	($=CH_2$)	4,67	74,0
	(=C=)	–	213,0

Tabelle 3.9: Chemische Verschiebungen von aromatischen Verbindungen.

Verbindung	δ (^{1}H)			δ (^{13}C)			
	o	***m***	***p***	***i***	***o***	***m***	***p***
$C_6H_5CH_3$	7,16	7,16	7,16	137,8	129,3	128,5	125,6
$C_6H_5CH{=}CH_2$	7,24	7,24	7,24	138,2	126,7	128,9	128,2
$C_6H_5SCH_3$	7,23	7,23	7,23	138,7	126,7	128,9	124,9
C_6H_5F	6,97	7,25	7,05	163,8	114,6	130,3	124,3
C_6H_5Cl	7,29	7,21	7,23	135,1	128,9	129,7	126,7
C_6H_5Br	7,49	7,14	7,24	123,3	132,0	130,9	127,7
C_6H_5OH	6,77	7,13	6,87	155,6	116,1	130,5	120,8
$C_6H_5OCH_3$	6,84	7,18	6,90	158,9	113,2	128,7	119,8
$C_6H_5O(CO)CH_3$	7,06	7,25	7,25	151,7	122,3	130,0	126,4
$C_6H_5(CO)CH_3$	7,91	7,45	7,45	136,6	128,4	128,4	131,6

Tabelle 3.9: Chemische Verschiebungen von aromatischen Verbindungen. *(Fortsetzung)*

Verbindung	δ (^{1}H)			δ (^{13}C)			
	o	*m*	*p*	*i*	*o*	*m*	*p*
$C_6H_5CO_2H$	8,07	7,41	7,47	130,6	130,0	128,5	133,6
$C_6H_5(CO)Cl$	8,10	7,43	7,57	134,5	131,2	129,9	136,1
C_6H_5CN	7,54	7,38	7,57	109,7	130,1	127,2	130,1
$C_6H_5NH_2$	6,52	7,03	6,63	147,9	116,3	130,0	119,2
$C_6H_5NO_2$	8,22	7,48	7,61	148,3	123,4	129,5	134,7

Verbindung	δ (^{1}H)			δ (^{13}C)		
	α	β	Andere	α	β	Andere
Naphthalen	7,81	7,46	–	128,3	126,1	–
Anthracen	7,91	7,39	8,31	130,3	125,7	132,8
Furan	7,40	6,30	–	142,8	109,8	–
Thiophen	7,19	7,04	–	125,6	127,4	–
Pyrrol	6,68	6,05	–	118,4	108,0	–
Pyridin	8,50	7,06	7,46	150,2	123,9	135,9

Tabelle 3.10: Chemische Verschiebungen von Carbonylverbindungen.

Verbindung	δ (^{1}H, CH_3)	δ (^{1}H, andere)	δ (^{13}C, C=O)
$H(CO)OCH_3$	3,79	8,08 (CHO)	160,9
$CH_3(CO)Cl$	2,67	–	168,9
$CH_3(CO)OCH_2CH_3$	2,02 (CH_3CO)	4,11 (CH_2) / 1,24 (CH_3C)	169,5
$CH_3(CO)N(CH_3)_2$	2,10 (CH_3CO)	2,98 (CH_3N)	169,6
CH_3CO_2H	2,10	1,37 (HO)	177,3
$CH_3CO_2^-Na^+$	–	–	181,5
$CH_3(CO)C_6H_5$	2,62	–	196,0
$CH_3(CO)CH=CH_2$	2,32	5,8–6,4 ($CH=CH_2$)	197,2
$H(CO)CH_3$	2,20	9,80 (HCO)	199,6
$CH_3(CO)CH_3$	2,07	–	205,1
2-Cyclohexenon	–	5,93 / 6,88 ($CH^{\alpha}=CH^{\beta}$)	197,1
2-Cyclopentenon	–	6,10 / 7,71 ($CH^{\alpha}=CH^{\beta}$)	208,1
Cyclohexanon	–	1,7–2,5	208,8
Cyclopentanon	–	1,9–2,3	218,1

Praxistipps für die Analyse von NMR-Spektren

Wichtiger Hinweis: Lesen Sie auch den ersten Teil dieser Praxistipps am Ende von Kapitel 2.

1. Empirische Korrelationen können als nützlicher Leitfaden für die Zuordnung von Resonanzsignalen in NMR-Spektren zu bestimmten Atomen einer Struktur dienen. Sie sollten aber nicht als absolut zuverlässig angesehen werden. Abweichungen von der einfachen Additivität der Substituentenparameter können nur durch geeignete zusätzliche Korrekturterme für besondere Wechselwirkungen behoben werden, die bei der Berechnung ^{1}H-chemischer Verschiebungen im Allgemeinen ignoriert wurden. Die zuverlässigsten Ergebnisse bei der Berechnung ^{1}H-chemischer Verschiebungen erhält man in der Regel für aromatische Protonen (siehe auch Aufgabe 1) – vorausgesetzt am aromatischen System kommen keine zwei Substituenten in *ortho*-Stellung zueinander vor. Im Fall ^{13}C-chemischer Verschiebungen haben sich die empirischen Berechnungen als erfolgreicher erwiesen (siehe auch Aufgabe 3). Deshalb haben wir in diesem Kapitel viele Beispiele für Substituentenparameter aufgelistet. Die mithilfe von kommerziellen Programmen zur Berechnung von NMR-Spektren erhaltenen Ergebnisse können nie genauer beziehungsweise zutreffender sein, als die Modelle und empirisch ermittelten Parameter, auf denen die Programme basieren. Folglich sollten bei der Einschätzung der Verlässlichkeit berechneter chemischer Verschiebungen einer spezifischen Verbindung immer auch die Modellmoleküle betrachtet werden, die zur Ermittlung der empirischen Parameter verwendet wurden.
2. Wenn die Protonen einer CH_n-Gruppe sowohl mit den Protonen einer Methyl- als auch einer Methingruppe koppeln – wie zum Beispiel in $CH_3\mathbf{CH}_n$–CH oder in $CH_3\mathbf{CH}_n$=CH –, sollte das Resonanzsignal dieser Protonen im theoretischen Idealfall als Dublett vom Quartett (dq) erscheinen. In der Praxis kann das Aufspaltungsmuster in Abhängigkeit von den relativen Werten der Kopplungskonstanten $J(CH,CH_3)$ und $J(CH,CH)$ allerdings von vier bis acht Peaks variieren. Wenn die Kopplungskonstante des Dubletts null oder zumindest annähernd null beträgt, spaltet das Signal nur zu einem Quartett auf. Das kann zum Beispiel der Fall sein, wenn der H–C–C–H-Torsionswinkel näherungsweise einen Wert von 90° aufweist (Karplus-Beziehung; siehe Abschnitt 4.6). Ist die Kopplungskonstante des Dubletts deutlich größer als die des Quartetts, spaltet das Signal tatsächlich zu den maximal möglichen acht Peaks auf. Solche Muster können beispielsweise bei Verbindungen des Typs $CH_3\mathbf{CH}$=CH mit einer *trans*-Stellung der beiden vinylischen Protonen auftreten (siehe Abschnitt 4.6). Sind die beiden Kopplungskonstanten ähnlich groß, spaltet das Signal in Abhängigkeit von der genauen Größe der Kopplungskonstanten in fünf bis acht Peaks auf. Das Signal bei 7,1 ppm im ^{1}H-NMR-Spektrum aus Aufgabe 6a entsteht zum Beispiel durch die Überlagerung von zweimal zwei der acht Peaks, so dass insgesamt nur sechs Peaks getrennt erkennbar bleiben. Diese Arten von Aufspaltungsmustern können mithilfe der in Abschnitt 2.7 beschriebenen Aufspaltungsbäume gut analysiert werden. Eine ausführliche Behandlung dieser Thematik finden Sie bei Hoye, T.R. et al. 1994 (siehe Literaturhinweise am Ende von Kapitel 4).

3. Die Intensitäten (Integrale) der ^{1}H-Signale und der ^{13}C-Signale in Aufgabe 6a veranschaulichen ihre zuverlässige Verwertbarkeit in ^{1}H-NMR-Spektren und ihre fehlende Vergleichbarkeit in ^{13}C-NMR-Spektren. Obwohl jeder Peak im C,H-entkoppelten ^{13}C-NMR-Spektrum genau ein Kohlenstoffatom des Moleküls repräsentiert, variieren die Signalintensitäten um mehr als den Faktor 2. Dies ist hauptsächlich auf den so genannten Kern-Overhauser-Effekt (NOE) zurückzuführen, der zu einer Verstärkung von ^{13}C-Resonanzsignalen in ^{1}H-Breitband-entkoppelten ^{13}C-NMR-Spektren führt. Für eine effektive Verstärkung eines ^{13}C-Resonanzsignals durch den NOE muss das jeweilige Kohlenstoffatom wenigstens mit einem Wasserstoffatom direkt verknüpft sein. Aus diesem Grund weist zum Beispiel das Signal des Carbonylkohlenstoffatom der Carboxylgruppe ($\mathbf{C}O_2H$), das mit *keinem* Wasserstoffatom direkt verbunden ist, im ^{13}C-NMR-Spektrum von Aufgabe 6a die kleinste Intensität auf. Wir werden den Kern-Overhauser-Effekt und auch seine Auswirkung auf Signalintensitäten in ^{13}C-NMR-Spektren in Abschnitt 5.4 noch ausführlich besprechen.
4. Wird bei der Messung eines ^{13}C-NMR-Spektrums Deuterochloroform ($CDCl_3$) als Lösungsmittel verwendet, enthält das Spektrum ein 1:1:1-Triplett bei etwa 78 ppm. Das Signal stammt vom $CDCl_3$. Sein Aufspaltungsmuster ist eine Folge der Kopplung des Kohlenstoffatoms mit dem Deuteriumkern, der mit seinem Spin (seiner Kernspinquantenzahl) von $I = 1$ in drei möglichen, praktisch gleichbesetzten Spinzuständen mit den magnetischen Quantenzahlen $m_I = 1$, $m_I = 0$ und $m_I = -1$ vorkommen kann.
5. Ein Paar von 1:2:1-Tripletts mit gleichen Kopplungskonstanten kann als charakteristischer Hinweis auf eine kopplungstechnisch isolierte Bismethylengruppe ($-CH_2CH_2-$) gewertet werden. Störungen der reinen Bedingungen erster Ordnung können dabei zu Abweichungen von dem exakten 1:2:1-Intensitätsverhältnis in beiden Tripletts führen (siehe Abschnitt 4.2).
6. Außer in Ameisensäure und deren Derivaten stellt die Formylgruppe [H(C=O)] den definierenden Bestandteil von Aldehyden [H(C=O)R] dar. Das Resonanzsignal der aldehydischen Protonen [**H**(C=O)] findet man im Nahbereich von 9,8 ppm. In Ameisensäureestern – wie zum Beispiel im Ameisensäuremethylester [Methylformiat, $H(C{=}O)OCH_3$] – weist das entsprechende Proton eine kleinere chemische Verschiebung im Bereich von 8,0 ppm auf (siehe Aufgabe 6d).
7. Die Zuordnung von ^{1}H-Resonanzsignalen zu gleichartigen Alkylgruppen in sauerstoffhaltigen Molekülen kann nicht aus den Aufspaltungsmustern der Signale abgeleitet werden (siehe Aufgabe 6e). Allerdings können Alkylgruppen an Ether- und an Estersauerstoffatomen sowie Alkylgruppen an Carbonylkohlenstoffatomen häufig anhand ihrer chemischen Verschiebungen unterschieden werden. Die ^{1}H-Resonanzsignale von Methylgruppen an Carbonylkohlenstoffatomen [$R(CO)C\mathbf{H}_3$] liegen beispielsweise bei etwa 2,1 ppm, von Methylgruppen in Methylethern ($ROC\mathbf{H}_3$) bei etwa 3,2 ppm und von Methylgruppen in Methylestern [$R(CO)OC\mathbf{H}_3$] bei etwa 3,7 ppm. Ist das Kohlenstoffatom der Alkylgruppe, das in diesen Verbindungen mit dem Sauerstoffatom beziehungsweise mit dem Carbonylkohlenstoffatom verknüpft ist, höher substituiert (Methylen- oder Me-

thingruppen), findet man die entsprechenden ^{1}H-Resonanzsignale bei vergleichsweise höherer Frequenz (tieferem Feld).

8. Um Aldehyde und Ketone von Carbonsäureestern, Carbonsäuren, Carbonsäureamiden und deren Derivaten zu unterscheiden, sollte man eine chemische Verschiebung von 190 ppm als eine Art Grenzlinie betrachten. Die Resonanzsignale des Carbonylkohlenstoffatoms von Aldehyden und Ketonen liegen in der Regel oberhalb von 190 ppm, während die Signale der Carbonsäuren und deren Derivate normalerweise unterhalb von 190 ppm zu finden sind. Die Aufgaben 6a, c, d, e und f liefern Beispiele für solche Signallagen.
9. Disubstituierte Aromaten (siehe Aufgabe 6e) können *ortho-*, *meta-* oder *para*-substituiert vorliegen:

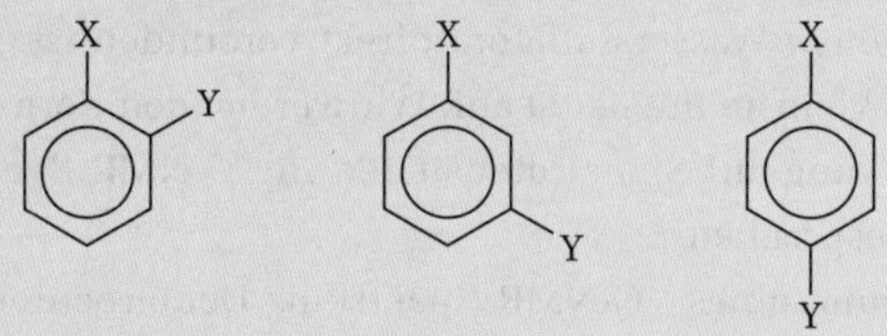

Diese Substitutionsmuster können anhand der unterschiedlichen Kopplungskonstanten identifiziert werden, wobei im Allgemeinen $J_{\text{ortho}} > J_{\text{meta}} > J_{\text{para}}$ gilt. Diese Größenverhältnisse der Kopplungskonstanten folgen der Anzahl der Bindungen zwischen den koppelnden Kernen (drei, vier oder fünf). Allerdings ist die tatsächliche Situation häufig komplizierter, wie wir in den Abschnitten 4.5, 4.6 und 4.7 noch diskutieren werden. Die über fünf Bindungen stattfindende *para*-Kopplung ist fast immer vernachlässigbar klein. Bei *para*-disubstituierten Aromaten sind *meta*-Kopplungen (HCCCH) klein und erfolgen zwischen äquivalenten Protonen. Deswegen wird das ^{1}H-NMR-Spektrum einer solchen Verbindung durch die großen *ortho*-Kopplungen (HCCH) dominiert. In der Regel erhält man von einem *para*-disubstituierten Aromaten daher das AX-Spektrum eines Zweispinsystems (siehe auch Abschnitt 2.6 und Abbildung 2.18). Manchmal wird das Spektrum durch die magnetische Nichtäquivalenz der Protonen aber auch komplizierter (siehe Abschnitt 4.2). Sind die *para*-ständigen Substituenten X und Y identisch, erscheint für die aromatischen Protonen im ^{1}H-NMR-Spektrum natürlich nur ein einzelnes Singulett. Bei *meta*-disubstituierten Aromaten erhält man für das Proton zwischen den beiden Substituenten häufig ein Singulett oder ein Triplett mit eng benachbarten Peaks – eigentlich ein Dublett vom Dublett durch zwei *meta*-Kopplungen, bei dem die beiden innenliegenden Peaks wegen der ähnlich großen Kopplungskonstanten aber überlagert sind. Die restlichen drei Protonen bilden entweder ein AMX-System (meist zwei Dubletts und ein Triplett), wenn die Substituenten X und Y *nicht* identisch sind, oder ein A_2X-System (meist ein Dublett und ein Triplett), wenn die Substituenten X und Y identisch sind. Die Dubletts von den beiden äußeren der drei Protonen können durch die *meta*-Kopplung jeweils noch weiter aufgespalten sein. Der *ortho*-disubstituierte Fall ergibt das komplizierteste Aufspaltungsmuster. Wenn die Substituenten X und Y verschieden sind, erhält man ein

AGRX-Spektrum. Sind sie dagegen identisch, führen sie zu einem AA´XX´-Spektrum. Das AA´XX´-Spektrum stellt ein Beispiel für ein Spektrum zweiter Ordnung dar, wie zum Beispiel das ^{1}H-NMR-Spektrum von 1,2-Dichlorbenzol in Abbildung 4.3. Wir beschäftigen uns mit Spektren zweiter Ordnung in Abschnitt 4.2 noch näher.

10. Trisubstituierte Aromaten (siehe Aufgabe 6f) können ebenfalls drei verschiedene Substitutionsmuster aufweisen, nämlich 1,2,3-, 1,2,4- oder 1,3,5-substituiert:

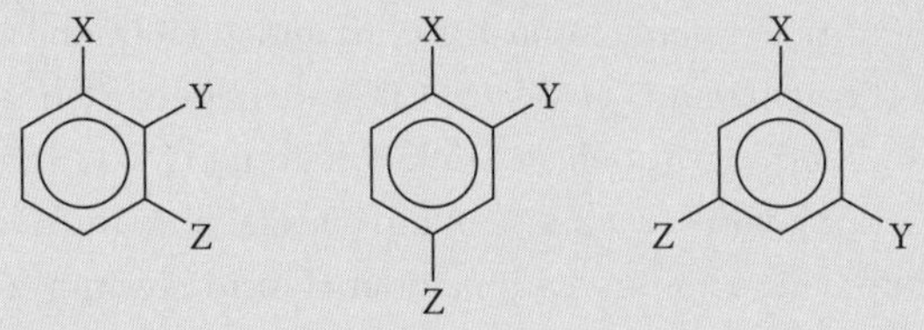

Das Erscheinungsbild der Spektren solcher Aromaten zeigt eine große Vielfalt. Wir wollen hier nur die Fälle betrachten, in denen alle drei Substituenten verschieden sind. (Die Fälle mit drei gleichen oder zwei gleichen Substituenten können leicht herausgearbeitet werden.) Ist der aromatische Ring 1,3,5-trisubstituiert, enthält das ^{1}H-NMR-Spektrum wegen fehlender *ortho*-Kopplungen drei Singuletts oder Dubletts mit eng benachbarten Peaks (durch *meta*-Kopplungen). Bei einer 1,2,3-Substitution erscheint im Spektrum für die Protonen, die den Substituenten X und Z benachbart sind, je ein Dublett, das durch die *ortho*-Kopplung zum mittleren Proton relativ weit aufgespalten ist. Die beiden Peaks der Dubletts können durch die *meta*-Kopplung jeweils noch zu einem Dublett mit eng benachbarten Peaks aufgespalten sein. Das mittlere Proton (*para* zu Y) verursacht in der Regel ein Triplett, das infolge der beiden praktisch gleich großen *ortho*-Kopplungen entsteht. Das Erscheinungsbild des ^{1}H-Spektrums eines 1,2,4-trisubstituierten Aromaten ist für dieses Substitutionsmuster in hohem Maße charakteristisch. Für das Proton zwischen den beiden Substituenten Y und Z enthält das Spektrum ein Singulett oder durch die kleine *meta*-Kopplung ein Dublett mit eng benachbarten Peaks. Von den beiden benachbarten Protonen erzeugt das Proton neben Z ein Dublett, das durch die *ortho*-Kopplung zum Proton neben X weit aufgespalten ist. Infolge der *meta*-Kopplung zum Proton zwischen Y und Z können die Peaks dieses Dubletts zusätzlich zu Dubletts mit eng benachbarten Peaks aufgetrennt sein, so dass sich insgesamt ein Dublett vom Dublett ergibt. Das Proton neben X führt durch die *ortho*-Kopplung zum Proton neben Z schließlich zu einem einfachen Dublett (die *para*-Kopplung zum Proton zwischen Y und Z ist vernachlässigbar klein und in der Regel nicht erkennbar). Ein Beispiel für ein solches charakteristisches Signalmuster mit einem weit aufgespaltenen Dublett, einem Dublett mit eng benachbarten Peaks und einem Dublett vom Dublett finden Sie im ^{1}H-NMR-Spektrum von Aufgabe 6f. Alle drei Substitutionsmuster trisubstituierter Aromaten bieten ferner die Möglichkeit mehrerer Strukturisomere. Die relative Anordnung der drei Substituenten X, Y und Z kann durch die Analyse der Kopplungskonstanten *nicht* ermittelt werden. Diese Fragestellung kann manchmal über die empirische Berechnung der chemischen Verschiebungen für die unterschiedlichen Isomere und den Vergleich mit den gemessenen Daten der untersuchten Substanz gelöst werden (siehe Aufgabe 1).

11. Aufgabe 6e veranschaulicht die Schwierigkeiten der Identifizierung und Zuordnung der ^{1}H-Resonanzsignale von OH- und NH-Protonen, die häufig verbreitert und an variablen Positionen zu finden sind. Ein ^{14}N-Atom kann auch zur Verbreiterung des Resonanzsignals eines Protons an einem α-ständigen Kohlenstoffatom führen (siehe Aufgabe 6g). Deswegen sollten verbreiterte Resonanzsignale nicht automatisch auf OH- oder NH-Protonen zurückgeführt werden. Deren Existenz muss vielmehr zusätzlich durch den schon mehrfach beschriebenen D_2O-Test in $CDCl_3$ nachgewiesen werden.
12. Methylprotonen von Methylgruppen an Stickstoffatomen ($N–CH_3$) weisen meistens eine chemische Verschiebung von etwa 2,4 ppm auf. Das ist aber nur für Amine der Fall. Besitzt das Stickstoffatom eine andere Ladung oder Hybridisierung, zeigen die Methylprotonen andere chemische Verschiebungen: in Ammoniumsalzen ($R_3N^+–CH_3$) zum Beispiel etwa 3,3 ppm, in Amiden etwa 2,9 ppm und in Pyrrolen etwa 3,7 ppm (siehe Aufgabe 6g). Die ^{13}C-chemischen Verschiebungen der Methylgruppen an Stickstoffatomen zeigen analoge, vom Verbindungstyp abhängige Variationen.

Literaturhinweise

Allgemein

Friebolin, H. 2005: *Ein- und zweidimensionale NMR-Spektroskopie.* 4. Aufl., Wiley-VCH, Weinheim.

Konventionen zur chemischen Verschiebung

Harris, R.K., Becker, E.D., Cabral de Menezes, S.M., Granger, P., Hoffman, R.E. und Zilm, K.W. 2008. *Magn. Reson. Chem.* **46**: 582–596.

Diamagnetische Anisotropie

Haddon, R.C. 1971. *Fortsch. Chem. Forsch.* **16**: 105.

Haigh, C.W. und Mallion, R.B. 1979. *Progr. NMR Spectrosc.* **13**: 303.

Van-der-Waals-Abschirmung

Rummens, F.H.A. 1975. *NMR Basic Princ. Progr.* 101.

Empirische Korrelationen

Siehe auch Literaturhinweise am Ende von Kapitel 2.

Pascual, C., Meier, J. und Simon, W. 1966. *Helv. Chim. Acta* **49**: 164.

Tobey, S.W. 1969. *J. Org. Chem.* **34**: 1281.

Martin, G.J. und Martin, M.L. 1972. *Progr. NMR Spectrosc.* **8**: 163.

Craik, D.J. 1983. *Ann. Rep. NMR Spectrosc.* **15**: 1.

Friedrich, E.C. und Runkle, K.G. 1984. *J. Chem. Educ.* **61**: 830.

Brown, D.W. 1985. *J. Chem. Educ.* **62**: 209–212.

Beauchamp, P.S. und Marquez, R. 1997. *J. Chem. Educ.* **74**: 1483–1485.

Tilley, L.J., Prevoir, S.J. und Forsyth, D.A. 2002. *J. Chem. Educ.* **79**: 593–600.

Shine, H.J. und Rangappa, P. 2007. *Magn. Reson. Chem.* **45**: 971–979.

Programme für empirische Berechnungen

ACD NMR Predictor: https://www.acdlabs.com/solutions/clue.html

ChemNMR: http://www.cambridgesoft.com/software/details/?ds=7

gNMR: http://www.adeptscience.co.uk/products/lab/gnmr/

NMRPen: http://chempensoftware.com/nmrpen.htm

Aromatics: http://www.stolaf.edu/depts/chemistry/courses/toolkits/380/js/nmr1/

Spektrenberechnungen mithilfe der Dichtefunktionaltheorie (DFT)

Bagno, A. 2001. *Chem. European J.* **7**: 1652–1661.

Chemische Verschiebungen von Lösungsmitteln

Gottlieb, H.E., Kotlyar, V. und Nudelman, A. 1997. *J. Org. Chem.* **62**: 7512–7515.

Lösungsmitteleffekte

Laszlo, P. 1967. *Progr. NMR Spectrosc.* **3**: 231.

Ronayne, J. und Williams, D.H. 1969. *Ann. Rev. NMR Spectrosc.* **2**: 83.

Homer, J. 1975. *Appl. Spectrosc. Rev.* **9**: 1.

Isotopeneffekte

Batiz-Hernandez, H. und Bernheim, R.A. 1967. *Progr. NMR Spectrosc.* **3**: 63.

Berger, S. 1990. *NMR Basic Princ. Progr.* **22**: 1.

Kohlenstoff-13-Spektren

Stothers, J.B. 1973: *Carbon-13 NMR Spectroscopy.* Academic Press, New York.

Levy, G.C., Lichter, R.L. und Nelson, G.L. 1980: *Carbon-13 Nuclear Magnetic Resonance Spectroscopy.* 2. Aufl., Wiley-Interscience, New York.

Bremser, W., Franke, B. und Wagner, H. 1982: *Chemical Shift Ranges in ^{13}C NMR.* Verlag Chemie, Weinheim.

Breitmaier, E. und Völter, W. 1987: *Carbon-13 NMR Spectroscopy.* 3. Aufl., VCH, Weinheim.

Kalinowski, H.-D., Berger, S. und Braun, S. 1988: *Carbon-13 Spectroscopy.* John Wiley & Sons Ltd., Chichester, UK.

Wehrli, F.W., Marchand, A. P. und Wehrli, S. 1988: *Interpretation of Carbon-13 NMR Spectra.* 2. Aufl., John Wiley & Sons Ltd., Chichester, UK.

Pihlaja, K. und Kleinpeter, E. 1994: *Carbon-13 NMR Chemical Shifts in Structural and Stereochemical Analysis.* John Wiley & Sons, New York.

Andere Kerne (allgemein)

Harris, R.K. und Mann, B.E. 1978: *NMR and the Periodic Table.* Academic Press, London.

Lambert, J.B. und Riddell, F.G. (Hrsg.) 1983: *The Multinuclear Approach to NMR Spectroscopy.* D. Reidel, Dordrecht, Niederlande.

Laszlo, P. (Hrsg.) 1983: *NMR of Newly Accessible Nuclei*. Academic Press, New York.

Mason, J. (Hrsg.) 1987: *Multinuclear NMR*. Plenum Press, New York.

Mann, B.E. 1991. *Ann. Rev. NMR Spectrosc.* **23**: 141–207.

Andere Kerne (spezifische)

Deuterium

Mantsch, H.H., Saitô, H. und Smith, I.C.P. 1977. *Progr. NMR Spectrosc.* **11**: 211.

Tritium

Elvidge, J.A. 1980 in *Isotopes: Essential Chemistry and Applications*. Elvidge, J.A. und Jones, J.R. (Hrsg.), The Chemical Society, London, S. 152.

Bor-10 und Bor-11

Smith, W.L. 1977. *J. Educ. Chem.* **54**: 469.

Wrackmeyer, B. 1981. *Ann. Rep. NMR Spectrosc.* **20**: 61.

Stickstoff-14 und Stickstoff-15

Witanowski, M. und Webb, G.A. (Hrsg.) 1973: *Nitrogen NMR*. Plenum Press, London.

Levy, G.C. und Lichter, R.L. 1979: *Nitrogen-15 Nuclear Magnetic Resonance Spectroscopy*. John Wiley & Sons, New York.

von Philipsborn, W. und Müller, R. 1986. *Angew. Chem., Int. Ed. Engl.* **25**: 383.

Witanowski, M., Stefaniak, L. und Webb, G.A. 1993. *Ann. Rep. NMR Spectrosc.* **25**: 1.

Sauerstoff-17

Boykin, D.W. (Hrsg.) 1990: Oxygen-17 NMR Spectroscopy. In: *Organic Chemistry*, CRC Press Inc., Boca Raton, Florida.

Fluor-19

Mooney, R.G. 1970: *An Introduction to ^{19}F NMR Spectroscopy*. Heyden and Son, London.

Dungan, C.H. und Van Wazer, J.R. 1970: *Compilation of Reported Fluorine-19 Chemical Shifts*. Wiley-Interscience, New York.

Wray, V. 1983. *Ann. Rep. NMR Spectrosc.* **14**: 1.

Natrium-23

Laszlo, P. 1978. *Angew. Chem., Int. Ed. Engl.* **17**: 254.

Magnesium-25 and Calcium-47

Forsén, S. und Lindman, B. 1981. *Ann. Rep. NMR Spectrosc.* **11A**: 183.

Aluminum-27

Akitt, J.W. 1988. *Ann. Rep. NMR Spectrosc.* **21**: 1.

Silicium-29

Marsmann, H.C. 1981. *NMR Basic Princ. Progr.* **17**: 65.

Marsmann, H.C., Uhlig, F., Gupta, R.R., Lechner, M.D. und Mikhova, B.M. 2008. Hrsg.: R.R. Gupta und M.D. Lechner. Landolt Börnstein, Group III, Volume 35, Subvolume F, Springer Verlag, Berlin, Heidelberg, New York.

Williams, E.A. 1983. *Ann. Rep. NMR Spectrosc.* **15**: 235.

Williams, E.A. 1989 in: *The Chemistry of Silicon Compounds.* Patai, S. und Rappoport, Z. (Hrsg.), John Wiley & Sons Ltd., Chichester, UK, Kapitel 8.

Williams, E.A. 1998 in: *The Chemistry of Silicon Compounds.* Patai, S. und Rappoport, Z. (Hrsg.), 2. Aufl., John Wiley & Sons Ltd., Chichester, UK, Kapitel 6.

Phosphor-31

Gorenstein, D.G. 1984: *Phosphorus-31: Principles and Applications.* Academic Press, New York.

Verkade, J.G. und Quin, L.D. (Hrsg.) 1987: Phosphorus-31 NMR Spectroscopy. In: *Stereochemical Analysis*, VCH, Deerfield Beach, Florida.

Schwefel-33

Barbarella, G. 1993. *Progr. NMR Spectrosc.* **25**: 317.

Halogene

Lindman, B. und Forsén, S. 1976. *NMR Basic Princ. Progr.* **12**: 1.

Germanium-73

Takeuchi, Y. und Takayama, T. 2005. *Ann. Rep. NMR Spectrosc.* **54**: 155–200.

Selen-77, Tellur-123 und Tellur-125

Mauvin, M. 1983 in: *Proceedings of the 4th International Conference on the Organic Chemistry of Selenium and Tellurium.* S. 406.

Cadmium-113

Ellis, P.D. 1983. *Science* **221**: 1141.

Zinn-117 und Zinn-119

Wrackmeyer, B. 1986. *Ann. Rep. NMR Spectrosc.* **16**: 285.

Die Kopplungskonstante

4

ÜBERBLICK

Nach der Durcharbeitung dieses Kapitels werden Sie

- die Voraussetzungen kennen gelernt haben, unter denen man NMR-Spektren erster beziehungsweise zweiter (höherer) Ordnung erhält,
- die Begriffe *chemische* und *magnetische Äquivalenz* verstanden haben und für beliebige Kerne entscheiden können, ob sie chemisch und/oder magnetisch äquivalent sind,
- unter Berücksichtigung der chemischen und/oder magnetischen Äquivalenz von Kernen Spinsysteme nach Pople benennen und aus den Spinsystemen Rückschlüsse auf das Erscheinungsbild von NMR-Spektren ziehen können,
- mit den Kopplungsmechanismen und den Vorzeichen der verschiedenen Kopplungskonstanten detaillierter vertraut sein,
- eine Vielzahl von Beispielen für Kopplungskonstanten von Kopplungen über unterschiedlich viele Bindungen kennen gelernt und die Gründe für die Größe und das Vorzeichen der jeweiligen Kopplungskonstante verstanden haben sowie
- die gewonnenen Erkenntnisse zur Analyse von NMR-Spektren erster und zweiter Ordnung einsetzen können.

4.1 NMR-Spektren erster Ordnung

Die meisten NMR-Spektren, die wir bis zu dieser Stelle vorgestellt haben, waren so genannte Spektren *erster Ordnung*. Ein NMR-Spektrum wird als Spektrum erster Ordnung bezeichnet, wenn es bestimmte Charakteristika aufweist. Damit dies der Fall ist, muss für jedes beliebige Paar von beobachteten Kernen die Differenz ihrer Resonanzfrequenzen ($\Delta\nu$) viel größer sein als die Kopplungskonstante J der Spin-Spin-Kopplung zwischen den Kernen – in der Regel mindestens um den Faktor 10, also $\Delta\nu / J > 10$. Darüber hinaus muss eine wichtige Symmetriebedingung erfüllt sein, die wir im nächsten Abschnitt diskutieren werden. NMR-Spektren erster Ordnung zeigen eine ganze Reihe von nützlichen und einfachen Merkmalen:

- Die durch Spin-Spin-Kopplungen verursachten Multipletts sind über der Resonanzfrequenz des jeweiligen Kerns zentriert.
- Die Abstände zwischen benachbarten Peaks eines Spin-Spin-Multipletts entsprechen der Kopplungskonstante J.
- Die aus den Kopplungen resultierenden Multiplizitäten der Resonanzsignale folgen für Spin-1/2-Kerne ($I = 1/2$) der $n+1$-Regel (allgemein: $2nI + 1$). Koppelt ein Kern beispielsweise mit zwei äquivalenten Spin-1/2-Nachbarkernen, wird sein Resonanzsignal in drei Peaks aufgespalten.
- Die Intensitäten der einzelnen Peaks eines Spin-Spin-Multipletts weisen für Spin-1/2-Kerne die gleichen Verhältnisse auf wie die Binomialkoeffizienten aus der zugehörigen Zeile des Pascal'schen Dreiecks (siehe Abbildung 2.24).
- Die Kopplung zwischen zwei Kernen mit der *gleichen* chemischen Verschiebung führt *nicht* zu einer Aufspaltung der Resonanzsignale der beiden Kerne – auch dann nicht, wenn die Kopplungskonstante größer als null ist.

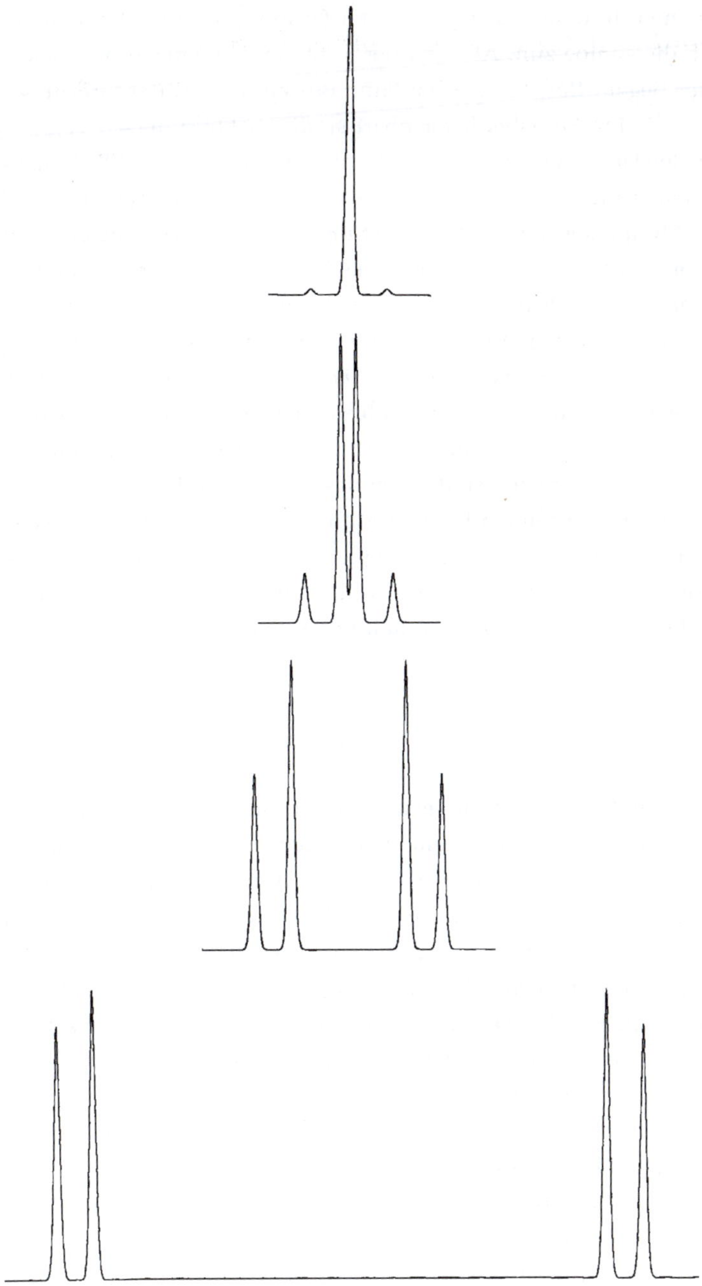

Abbildung 4.1: Das Spektrum eines Zweispinsystems mit $\Delta\nu/J$-Werten von 0,4 (AB; oben), 1,0, 4,0 und 15,0 (näherungsweise AX; unten).

Wenn die Differenz zwischen den Resonanzfrequenzen zweier Kerne weniger als etwa zehnmal so groß ist wie die Kopplungskonstante der Spin-Spin-Kopplung zwischen den Kernen, treten Effekte *zweiter Ordnung* im NMR-Spektrum auf. Dabei kann es sich zum Beispiel um Abweichungen der Intensitätsverhältnisse der Peaks eines Multipletts vom Verhältnis der Binomialkoeffizienten oder um andere Ausnahmen von den oben genannten Merkmalen handeln. Gemäß der Nomenklatur nach Pople wird ein Spinsystem aus Kernen, deren Resonanzfrequenzen und

Kopplungskonstanten in einer Beziehung erster Ordnung zueinander stehen, mit Buchstaben (AX) bezeichnet, die analog zum Abstand der Resonanzfrequenzen im Spektrum im Alphabet weit auseinander liegen. Besteht dagegen eine Beziehung zweiter Ordnung, verwendet man Buchstaben (AB), die im Alphabet benachbart sind. ▶ Abbildung 4.1 veranschaulicht für ein Zweispinsystem den Übergang von einem AB-Spinsystem zu einem AX-Spinsystem (nicht ganz, aber zumindest näherungsweise erster Ordnung). Bei $\Delta\nu / J = 0{,}4$ (siehe Abbildung 4.1, oben) erscheint für das AB-Spinsystem praktisch ein Singulett. Die Verzerrungen der Intensitätsverhältnisse führen zu der starken Erhöhung des Peaks im Zentrum des Multipletts bei gleichzeitiger Verkleinerung der äußeren Peaks. Typischerweise sind die Peakhöhen in Multipletts zweiter (oder höherer) Ordnung so verzerrt, dass sie in Richtung des Signals des Kopplungspartners tendenziell größer werden. Dieser so genannte *Dacheffekt* ist in den beiden mittleren Fällen von Abbildung 4.1 besonders gut erkennbar. Infolgedessen sind zum Beispiel selbst die Peaks der Dubletts im unteren Spektrum in Abbildung 4.1 nicht gleich hoch, obwohl für diese Resonanzsignale $\Delta\nu / J = 15{,}0$ ist. Demnach stellt auch das häufig definierte Kriterium $\Delta\nu / J > 10{,}0$ für Spektren erster Ordnung nur einen Richtwert und keine absolut gültige feste Grenze dar. Seit moderne NMR-Spektrometer mit ^{1}H-Messfrequenzen von 300 MHz oder höher weitverbreitet sind, werden immer häufiger, aber keineswegs ausschließlich Spektren erster Ordnung erhalten. Mit steigender Messfrequenz wächst nämlich der Signalabstand $\Delta\nu$, während die Kopplungskonstante J konstant bleibt.

4.2 Chemische und magnetische Äquivalenz

Für das Auftreten eines NMR-Spektrums erster Ordnung muss neben einem genügend großen $\Delta\nu/J$-Verhältnis außerdem eine besondere Symmetriebedingung erfüllt sein. *Für alle Gruppen chemisch äquivalenter Kerne muss zusätzlich Folgendes gelten: Alle Kerne einer Gruppe müssen mit jedem anderen Kern des Moleküls jeweils mit der gleichen Kopplungskonstante koppeln.* Jedes Paar von Kernen, das diese Bedingung nicht erfüllt, wird als *magnetisch nichtäquivalent* bezeichnet. Die NMR-Resonanzsignale von chemisch, aber *nicht* magnetisch äquivalenten Kernen zeigen ein Erscheinungsbild zweiter Ordnung. Um diesen Test korrekt anwenden zu können, sollte man die Rolle der Symmetrie in einem NMR-Spektrum verstehen. Im Folgenden werden wir uns deswegen mit diesem Thema näher beschäftigen.

Zwei Kerne sind *chemisch äquivalent*, wenn sie durch eine Symmetrieoperation des Moleküls wechselseitig aufeinander abgebildet werden können. Die beiden Protonen im 1,1-Difluorethen (**4-1**) und im Difluormethan (**4-2**) sind zum Beispiel chemisch äquivalent, weil sie jeweils durch eine 180°-Rotation um die zweizählige Symmetrieachse des Moleküls ineinander überführt werden können. Kerne solcher Kernpaare, die bezüglich einer Symmetrieachse des Moleküls rotationssymmetrisch sind, bezeichnet man als *homotop*.

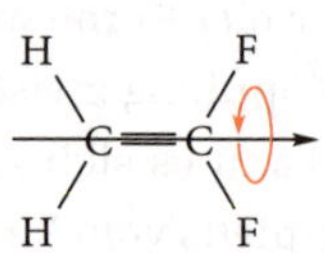

4-1

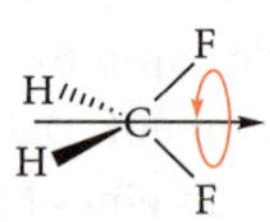

4-2

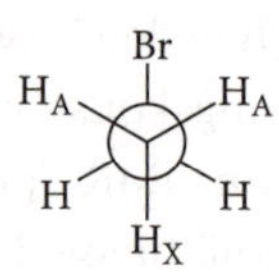

4-3

Die Rotation um Kohlenstoff-Kohlenstoff-Einfachbindungen erfolgt bei Raumtemperatur in der Regel sehr schnell. Infolgedessen verdrängt der Chemiker häufig, dass beispielsweise die drei Methylprotonen von CH_3CH_2Br eigentlich chemisch nichtäquivalent sind, weil sie die beschriebene Symmetriebedingung nicht erfüllen – vergleichen Sie die Protonen H_A und H_X in **4-3**. Die schnelle Rotation um die C–C-Einfachbindung führt auf der NMR-Zeitskala allerdings zu einer gemittelten Umgebung der Protonen, in der diese äquivalent erscheinen. Wir werden uns mit solchen dynamischen Effekten in Abschnitt 5.2 noch näher beschäftigen.

Kerne, die durch eine Symmetrieebene des Moleküls aufeinander abgebildet werden, ohne dass gleichzeitig eine Rotationssymmetrie besteht, bezeichnet man als *enantiotop*. Die Wasserstoffatome (Protonen) im Bromchlormethan (**4-4a**) sind beispielsweise chemisch äquivalent und enantiotop, weil sie durch die Spiegelung an der Symmetrieebene des Moleküls, in der die Atome C, Br und Cl liegen, wechselseitig ineinander überführt werden.

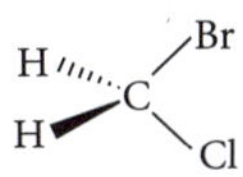

4-4a

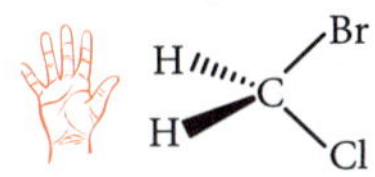

4-4b

Befindet sich das Molekül aber in einer chiralen Umgebung, trifft diese Aussage nicht mehr zu. Eine solche chirale Umgebung kann zum Beispiel durch ein optisch aktives Lösungsmittel oder das aktive Zentrum eines Enzyms, in dem sich das Molekül aufhält, erzeugt werden. In Molekül **4-4b** repräsentiert die Hand eine chirale Umgebung. Steht das Molekül mit dieser in Kontakt, sind die beiden Protonen nicht mehr äquivalent und auch nicht mehr enantiotop, weil die Symmetrieebene des Moleküls in der chiralen Gesamtanordnung verloren gegangen ist. In diesem Fall sind die beiden Protonen also chemisch nichtäquivalent, da sie durch keine Symmetrieoperation aufeinander abgebildet werden können. Enantiotope Kerne können somit chemisch nichtäquivalent werden und im NMR-Spektrum getrennte Resonanzsignale erzeugen, wenn sie in einem optisch aktiven Lösungsmittel gelöst sind. Ebenso kann die chemische Äquivalenz zuvor enantiotoper Kerne durch die Wechselwirkung des Moleküls mit dem chiralen aktiven Zentrum eines Enzyms aufgehoben werden, so dass die Kerne verschiedene Resonanzsignale ergeben und auch unterschiedliche chemische Eigenschaften aufweisen können – wie zum Beispiel unterschiedliche Aciditäten.

Der Begriff *enantiotop* leitet sich aus der Tatsache ab, dass der Austausch eines der beiden enantiotopen Protonen (Atome) gegen eine andere Gruppe oder ein anderes Atom, wie beispielsweise ein Deuteriumatom (D), zu einem Enantiomer des nun chiralen Moleküls (**4-4c**) führt. Der Ersatz des anderen der beiden enantiotopen Protonen durch das gleiche Atom oder die gleich Gruppe liefert folglich das andere Enantiomer (**4-4d**). Enantiomere sind Moleküle, die sich wie zwei *nicht deckungsgleiche* Spiegelbilder verhalten.

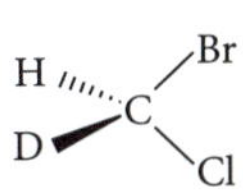

4-4c

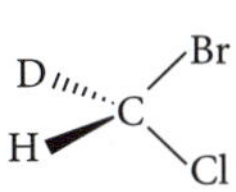

4-4d

Unterzieht man dagegen zwei homotope Kerne einer solchen Austauschprozedur, erhält man zwei identische Moleküle, die zwei *deckungsgleichen* Spiegelbildern entsprechen. Enantiotope oder homotope Protonen müssen nicht unbedingt an dasselbe Kohlenstoffatom gebunden sein. Die beiden vinylischen Protonen im Cyclopropen (**4-5**) sind beispielsweise homotop, während sie im 3-Methylcyclopropen (**4-6**) enantiotop sind. Chemisch äquivalente Kerne – sowohl homotope als auch enantiotope – werden in der Pople-Nomenklatur zur Benennung von Spinsystemen mit dem gleichen Buchstaben bezeichnet. Die Protonen des Cyclopropens (**4-5**) bilden demgemäß ein A_2X_2-Spinsystem – ebenso Difluormethan, da die beiden Fluorkerne einen Spin von $I = 1/2$ besitzen. Im Gegensatz dazu repräsentieren die Ringprotonen des 3-Methylcyclopropens ein AX_2-Spinsystem.

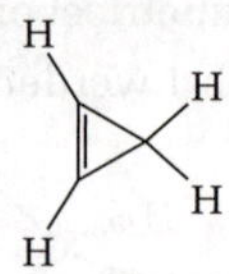

4-5

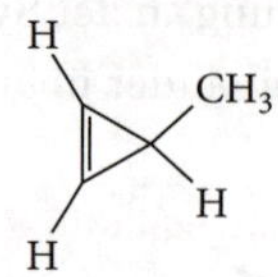

4-6

Um *magnetisch äquivalent* zu sein, müssen zwei Kerne einerseits chemisch äquivalent sein. Darüber hinaus müssen die Kopplungen der beiden Kerne zu allen anderen Kernen, mit denen sie koppeln, jeweils die gleiche Kopplungskonstante aufweisen. Durch die Forderung nach gleichen Kopplungskonstanten sind die Kriterien für das Bestehen magnetischer Äquivalenz umfangreicher und strenger als für die Existenz chemischer Äquivalenz, weil sie über die Berücksichtigung der Gesamtsymmetrie des Moleküls hinausgehen. Die ersten beiden Moleküle, die wir in diesem Kapitel betrachtet haben, stellen zwei unterschiedliche Beispiele bezüglich der magnetischen Äquivalenz ihrer Protonen dar. Im Difluormethan (**4-2**) zeigen die Kopplungen der beiden chemisch äquivalenten Protonen zu jedem der beiden Fluoratome die gleiche Kopplungskonstante, weil jedes der Protonen zu beiden Fluoratomen die gleiche strukturelle und räumliche Anordnung aufweist. Folglich sind die beiden Protonen magnetisch äquivalent. Aus dem gleichen Grund sind auch die beiden Fluoratome des Difluormethans (**4-2**), die mit den beiden Protonen koppeln, magnetisch äquivalent. Es handelt sich somit um ein A_2X_2-Spinsystem.

Im 1,1-Difluorethen (**4-1**) besitzen die beiden chemisch äquivalenten Protonen dagegen *nicht* die gleiche räumliche Beziehung zu jeweils einem bestimmten der beiden Fluoratome. Infolgedessen weisen die Kopplungen der beiden Protonen zum jeweiligen Fluoratom unterschiedliche Kopplungskonstanten [J(HCCF)] auf – je nachdem, ob das Proton *cis* (J_{cis}) oder *trans* (J_{trans}) zum jeweiligen Fluoratom steht (siehe Molekül **4-7**). Die beiden Protonen sind deswegen zwar chemisch äquivalent, aber *magnetisch nichtäquivalent*, weil die Kopplungen der beiden Protonen zu jeweils einem bestimmten der beiden Fluoratome unterschiedliche Kopplungskonstanten zeigen.

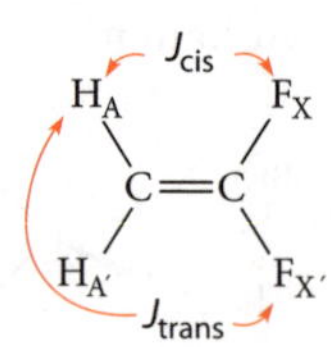

4-7

Das gesamte Spinsystem wird gemäß der Pople-Nomenklatur AA´XX´-System genannt – chemisch äquivalente Kerne werden auch mit dem gleichen Buchstaben bezeichnet, wenn sie magnetisch nichtäquivalent sind, dann aber durch einen hochgestellten Strich unterschieden. Die beiden Kopplungskonstanten der Kopplungen des Protons H_A zu den Fluoratomen F_X und $F_{X'}$ können also zum Beispiel durch die Symbole J_{AX} und $J_{AX'}$ repräsentiert werden. Ein A_2X_2-Spinsystem wie Difluormethan (**4-2**) oder Cyclopropen (**4-5**) besitzt dagegen nur eine Kopplungskonstante (J_{AX}). In einem AA´XX´-Spinsystem sind die Kopplungskonstanten J_{AX} und $J_{A'X'}$ sowie $J_{AX'}$ und $J_{A'X}$ jeweils gleich groß.

Jedes Spinsystem, das Kerne enthält, die chemisch äquivalent, aber magnetisch nichtäquivalent sind, ist definitionsgemäß ein System zweiter Ordnung. Außerdem können die grundlegenden strukturellen Beziehungen zwischen Kernen durch die Erhöhung der magnetischen Flussdichte B_0 des äußeren Magnetfelds nicht verändert werden. Infolgedessen erhält man selbst beim Einsatz der höchsten verfügbaren magnetischen Flussdichten immer noch ein Spektrum zweiter Ordnung. Chemisch äquivalente Kerne weisen die gleiche Resonanzfrequenz beziehungsweise chemische Verschiebung auf – man nennt sie deswegen auch *isochrone* Kerne. Aus den oben durchgeführten Symmetriebetrachtungen folgt, dass die chemische Äquivalenz eine notwendige, aber keine hinreichende Bedingung für die magnetische Äquivalenz zweier Kerne ist. Zeigen zwei Kerne unterschiedliche chemische Verschiebungen (*anisochrone* Kerne), sind sie chemisch nichtäquivalent und somit auch magnetisch nichtäquivalent – sie erfüllen das *Kriterium gleicher chemischer Verschiebungen* für magnetische Äquivalenz nicht. Um magnetisch äquivalent zu sein, müssen zwei isochrone Kerne darüber hinaus eine weitere Bedingung erfüllen, nämlich das *Kriterium jeweils gleicher Kopplungskonstanten* zu allen anderen Kernen.

Die Bezeichnung AA´XX´ für das oben beschriebene Spinsystem kann folgendermaßen erklärt werden: Für die Protonen und die Fluoratome wurden die Buchstaben A und X gewählt, die im Alphabet weit auseinander liegen – analog zu den chemischen Verschiebungen der Kerne A und X. Die Kerne A und A´ sind chemisch äquivalent (deswegen der gleiche Buchstabe), aber magnetisch nichtäquivalent (deswegen die Kennzeichnung durch den hochgestellten Strich). Das Gleiche gilt für die Kerne X und X´. ▶ Abbildung 4.2 zeigt das ^{1}H-NMR-Spektrum der Protonen H_A und $H_{A'}$ von 1,1-Difluorethen (**4-1**, **4-7**), in dem zehn Peaks erkennbar sind. Dieses Spektrum unterscheidet sich deutlich von dem 1:2:1-Triplett, das im Fall eines Spektrums erster Ordnung für dieses System zu erwarten gewesen wäre. Ein solches Triplett findet man zum Beispiel für die Methylgruppen von Diethylether in Abbildung 2.22. Die Aufspaltung der Resonanzsignale in Abbildung 4.2 ermöglicht sogar die Bestimmung der Kopplungskonstante $J_{AA'}$, also für die Kopplung zwischen den beiden chemisch äquivalenten Protonen. Das wäre in einem Spektrum erster Ordnung nicht möglich. Das Auftreten der Aufspaltung von Resonanzsignalen durch die Kopplung zwischen chemisch äquivalenten Kernen in Spektren zweiter Ordnung belegt die Existenz solcher Kopplungen, die in Spektren erster Ordnung offenbar aus bestimmten Gründen nur nicht erscheinen.

Magnetische Nichtäquivalenz kommt bei isochronen Kernen keineswegs besonders selten vor. Die aromatischen Protonen sowohl von *ortho*- als auch von *para*-disubstituierten Benzol-Derivaten stellen formal AA´XX´-Spinsysteme dar (oder AA´BB´-Systeme, wenn die chemischen Verschiebungen eng beieinander liegen). Abbildung 4.3 zeigt beispielsweise das relativ komplizierte AA´XX´-^{1}H-NMR-Spektrum von 1,2-Dichlorbenzol (**4-8**), in dem unter anderem die Protonen H_A und $H_{A'}$ unterschiedliche Kopplungsbeziehungen zum Proton H_X aufweisen.

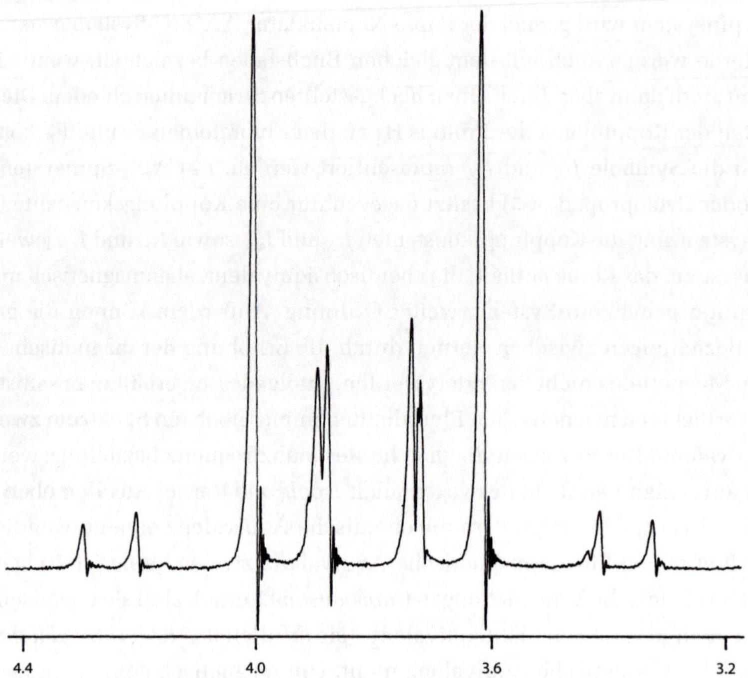

Abbildung 4.2: Das 90-MHz-^{1}H-NMR-Spektrum von 1,1-Difluorethen in $CDCl_3$.

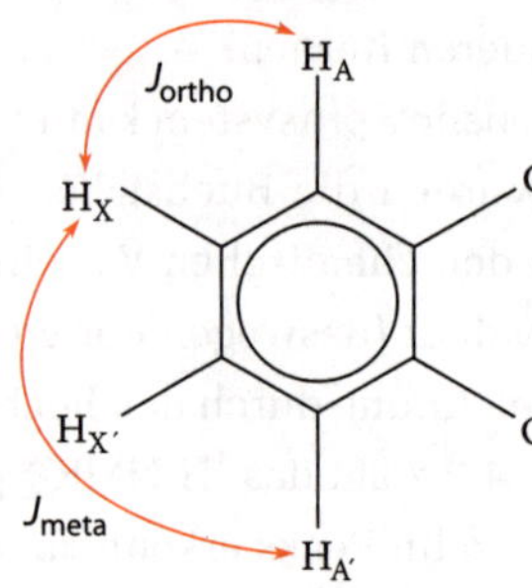

4-8

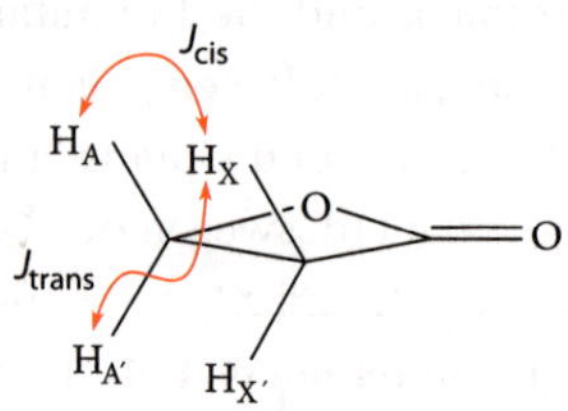

4-9

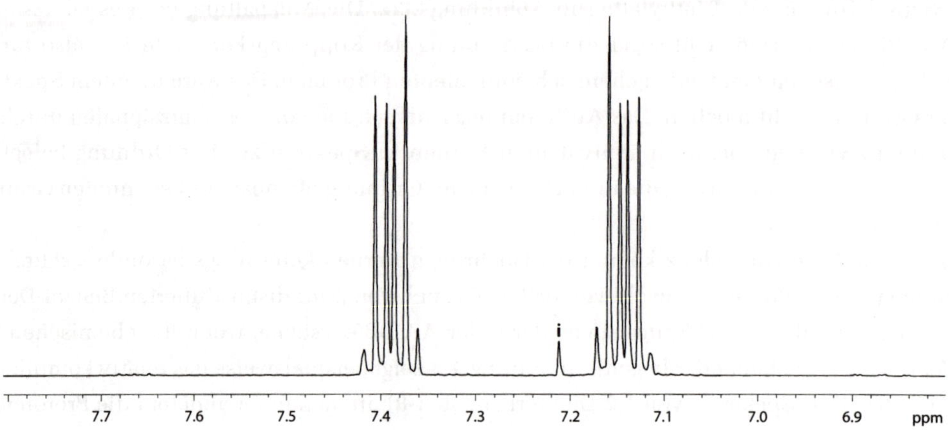

Abbildung 4.3: Das 300-MHz-^{1}H-NMR-Spektrum von 1,2-Dichlorbenzol in $CDCl_3$. Der Buchstabe i kennzeichnet den Peak einer Verunreinigung.

Die strukturellen Einschränkungen durch einen Ring führen häufig zu magnetisch nichtäquivalenten Kernen, die in entsprechenden offenkettigen Systemen infolge der schnellen Rotationen um die Einfachbindungen der Grundkette magnetisch äquivalent wären. Beim Propiolacton (**4-9**) zeigen die Kopplungen der Protonen H_A und $H_{A'}$ zum Proton H_X beispielsweise unterschiedliche Kopplungskonstanten. Selbst offenkettige Systeme können magnetisch nichtäquivalente Kerne enthalten, wie zum Beispiel 2-Chlorethanol ($ClCH_2CH_2OH$), dessen ^{1}H-NMR-Spektrum in Abbildung 4.4 dargestellt ist. Dieser Sachverhalt wird erst verständlich, wenn man die Beiträge der verschiedenen Rotamere genauer untersucht (siehe übernächster Absatz und Übungsaufgaben am Ende des Kapitels). Propiolacton, 2-Chlorethanol sowie *o*- und *p*-Dichlorbenzol ergeben somit alle AA´XX´- oder AA´BB´-^{1}H-NMR-Spektren (wenn das Hydroxylproton des Alkohols vernachlässigt wird).

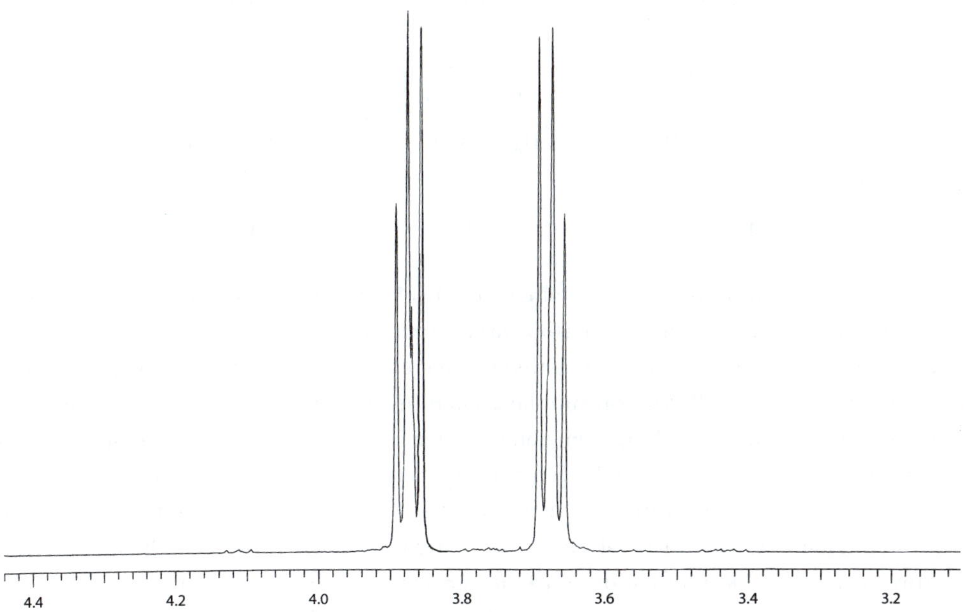

Abbildung 4.4:
Das 300-MHz-^{1}H-NMR-Spektrum von 2-Chlorethanol in $CDCl_3$. In diesem Ausschnitt befinden sich nur die Resonanzsignale der Methylenprotonen.

Der Charakter zweiter Ordnung des ^{1}H-NMR-Spektrums von 2-Chlorethanol in Abbildung 4.4 zeigt sich auf zweifache Weise. Erstens folgen die Intensitäten der einzelnen Peaks der Resonanzsignale nicht den Binomialkoeffizienten. Vielmehr werden die Peaks innerhalb eines Resonanzsignals in Richtung des anderen Signals zunehmend größer, als sie in einem Spektrum erster Ordnung sein sollten (Dacheffekt). Zweitens würden in einem Spektrum erster Ordnung von 2-Chlorethanol zwei 1:2:1-Tripletts erscheinen. Eine genauere Betrachtung des Spektrums in Abbildung 4.4 zeigt allerdings, dass die $n+1$-Regel für die Anzahl der Peaks in einem Resonanzsignal nicht erfüllt wird. Jedes der beiden Resonanzsignale enthält nämlich vier statt drei Peaks. Der vierte Peak kann an der rechten Flanke des mittleren Peaks im linken Resonanzsignal noch relativ gut erkannt werden, während er in der linken Flanke des mittleren Peaks im rechten Resonanzsignal weniger deutlich in Erscheinung tritt.

Wenn zwei Protonen mit verschiedenen Kohlenstoffatomen verknüpft sind, kann aufgrund der Symmetrie des Moleküls in der Regel verhältnismäßig einfach ermittelt werden, ob die beiden

Protonen chemisch äquivalent sind. Bei geminalen Protonen, also Protonen am selben Kohlenstoffatom, kann diese Bestimmung dagegen schon schwieriger sein. Betrachten Sie zum Beispiel die Protonen von Ethylbenzol ($C_6H_5CH_2CH_3$) und seines β-Brom-β-chlor-Derivats (1-Brom-1-chlor-2-phenylethan, $C_6H_5CH_2CHBrCl$). Die Rotation um die C–C-Einfachbindung mündet in drei Rotamere für jedes der beiden Moleküle, die mithilfe der Newman-Projektionen **4-10** und **4-11** veranschaulicht werden können.

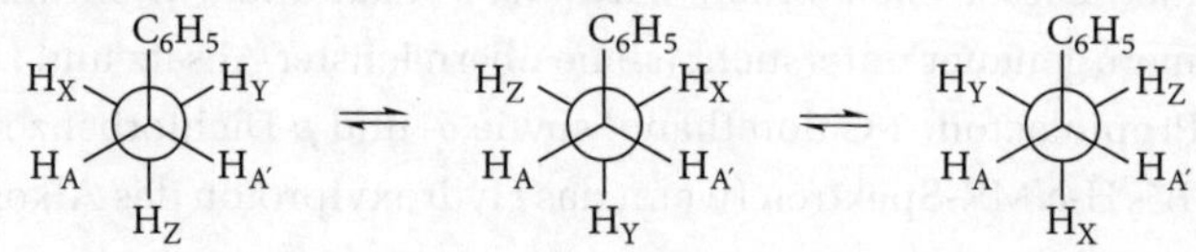

4-10a **4-10b** **4-10c**

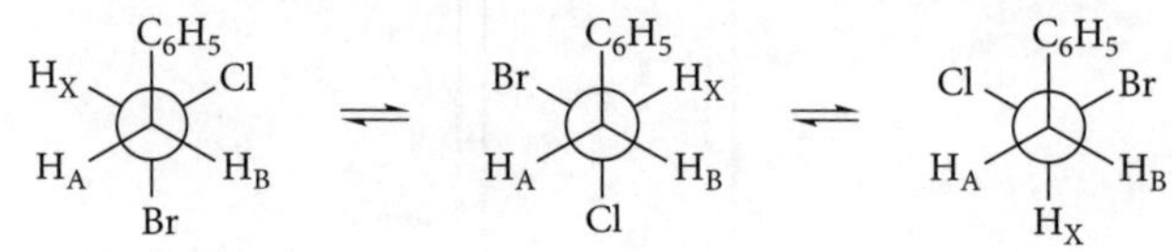

4-11a **4-11b** **4-11c**

Beim Ethylbenzol (**4-10**) sind die drei Rotamere identisch. Im Rotamer **4-10a** sind die Protonen H_A und $H_{A'}$ chemisch äquivalent und enantiotop, da sie durch eine Symmetrieebene des Moleküls aufeinander abgebildet werden. Wenn die Methylgruppe relativ zum Rest des Moleküls um die C–C-Einfachbindung auf der NMR-Zeitskala nur langsam rotieren würde, wären H_A und $H_{A'}$ magnetisch nichtäquivalent, weil ihre Kopplungen zu den Protonen H_X und H_Y jeweils unterschiedliche Kopplungskonstanten aufweisen würden. Wegen der Symmetrieebene des Moleküls sollte H_Y in **4-10a** eigentlich als $H_{X'}$ bezeichnet werden. Wir behalten hier aber die unterschiedlichen Buchstaben X und Y bei, um den Effekt der Rotation der Methylgruppe besser veranschaulichen zu können. Wäre Ethylbenzol in der Konformation von **4-10a** eingefroren, erhielte man ein AA´XX´Z-^{1}H-NMR-Spektrum. Durch die schnelle Rotation der Methylgruppe befinden sich die Protonen H_X, H_Y ($H_{X'}$) und H_Z tatsächlich allerdings alle in der gleichen gemittelten Umgebung, wodurch sie im Mittel chemisch äquivalent werden. Infolgedessen zeigen die Protonen H_A und $H_{A'}$ der Methylengruppe zu allen drei Methylprotonen Kopplungen mit gleich großen, gemittelten Kopplungskonstanten. Die Protonen H_A und $H_{A'}$ werden durch die schnelle Rotation um die C–C-Einfachbindung also auch magnetisch äquivalent. In diesem Fall gibt es somit nur eine Kopplungskonstante, so dass man ein A_2X_3-Spektrum erhält, wenn man die aromatischen Protonen nicht berücksichtigt.

Molekül **4-11** enthält anstelle der Methylgruppe die Gruppe –CHBrCl, deren sp^3-hybridisiertes Kohlenstoffatom asymmetrisch substituiert ist, da es vier verschiedene Substituenten trägt. Das Kohlenstoffatom dieser Gruppe stellt also ein Stereozentrum dar und das Molekül ist somit chiral. Deswegen sind die drei Rotamere **4-11a**, **4-11b** und **4-11c** im Gegensatz zu den Rotameren von Ethylbenzol *nicht* identisch. Darüber hinaus weist das Molekül kein Symmetrieelement mehr auf, durch das die Protonen H_A und H_B der Methylengruppe aufeinander abgebildet würden. Folglich sind die Protonen H_A und H_B selbst bei schneller Rotation um die C–C-Einfachbindung chemisch nichtäquivalent und zeigen unterschiedliche chemische Verschiebungen. Außerdem erscheint ihre wechselseitige Kopplung im ^{1}H-NMR-Spektrum. Es handelt sich insgesamt (ohne die aromatischen Protonen) also um ein ABX-Spinsystem (oder, wenn der Abstand der chemischen Verschiebungen der Methylenprotonen genügend groß ist, um ein AMX-Spinsystem). Die Protonen H_A und H_B im Molekül **4-11** sind ein Beispiel für einen bestimmten Typ chemisch nichtäquivalenter Kerne, die als *diastereotop* bezeichnet werden. Alle Stereoisomere, die keine Enantiomere sind, nennt man Diastereomere (siehe auch Abschnitt 1.4). Von 1-Brom-1-chlor-2-phenylethan (**4-11a** bis **4-11c**) existieren genau zwei Enantiomere, die sich nur in der absoluten Konfiguration am asymmetrisch substituierten Kohlenstoffatom unterscheiden. Ersetzt man aber H_A durch Deuterium, erhält man das Molekül **4-11d**. Dieses stellt ein Diastereomer von Molekül **4-11e** dar, welches durch den Austausch von H_B gegen Deuterium gebildet wird – daher kommt die Bezeichnung *diastereotop* für die beiden Methylenprotonen.

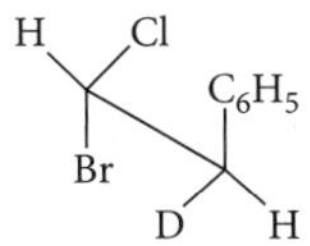

4-11d

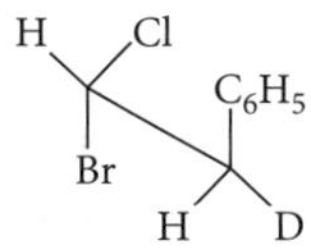

4-11e

Die beiden deuterierten Derivate besitzen jeweils zwei Stereozentren. Im Allgemeinen sind die beiden Protonen einer gesättigten Methylengruppe diastereotop, wenn sich an irgendeiner anderen Stelle im Molekül bereits ein Stereozentrum befindet, weil das Molekül dann kein Symmetrieelement aufweist, durch das die Protonen aufeinander abgebildet würden. In der festen Anordnung von **4-4b** repräsentiert die Hand ein Stereozentrum, so dass die beiden Protonen diastereotop sind. Die Differenz der chemischen Verschiebungen zweier diastereotoper Protonen kann *zufällig* sehr klein beziehungsweise nicht beobachtbar sein. Dann erscheinen die diastereotopen Protonen im NMR-Spektrum wie äquivalente Protonen.

Die beiden Methylgruppen einer Isopropylgruppe können sich zueinander diastereotop verhalten, wenn das Molekül zumindest ein Stereozentrum enthält. Das ist beispielsweise beim α-Thujen (**4-12**) der Fall. Die chemisch nichtäquivalenten Protonen der beiden Methylgruppen erzeugen dann durch die Kopplung zum Methinproton zwei Dubletts, während im C,H-entkoppelten ^{13}C-NMR-Spektrum für die Methylgruppen zwei Singuletts auftreten.

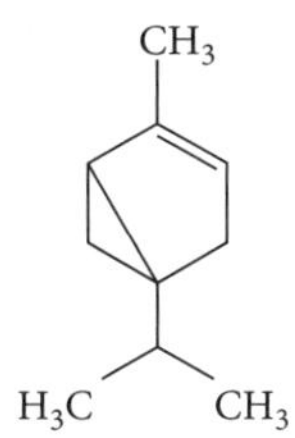

4-12

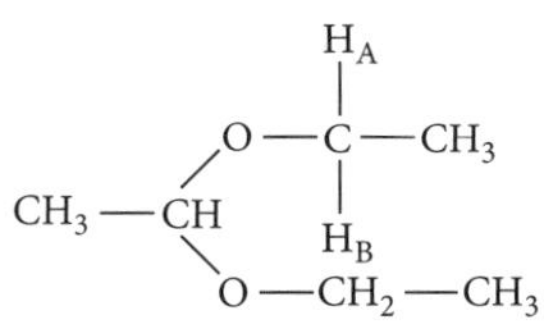

4-13

Das Molekül muss nicht unbedingt ein Stereozentrum aufweisen, damit zwei Methylenprotonen diastereotop sein können. Das Diethylacetal von Acetaldehyd (**4-13**) enthält zum Beispiel zwei Methylengruppen mit jeweils zwei diastereotopen Protonen, weil die Symmetrieachse des Moleküls die beiden Protonen der jeweiligen Methylengruppe nicht aufeinander abbildet. Dieser Zusammenhang kann besser nachvollzogen werden, wenn man die verschiedenen Rotamere genauer betrachtet oder die Folgen eines Austausches von H_A gegen Deuterium näher untersucht. Durch den Ersatz von H_A durch Deuterium entstehen *zwei neue* Stereozentren im Molekül – nämlich das Kohlenstoffatom der nun deuterierten Methylengruppe [–OCHD(CH_3)] und das Methinkohlenstoffatom [–OCH(CH_3)O–]. Das resultierende Molekül ist somit ein Diastereomer des Moleküls, das durch den Austausch von H_B gegen Deuterium gebildet würde. Die Methylenprotonen im *cis*-1,2-Dichlorcyclopropan (**4-14a**) sind diastereotop, weil die deuterierten Derivate **4-14b** und **4-14c** Diastereomere darstellen.

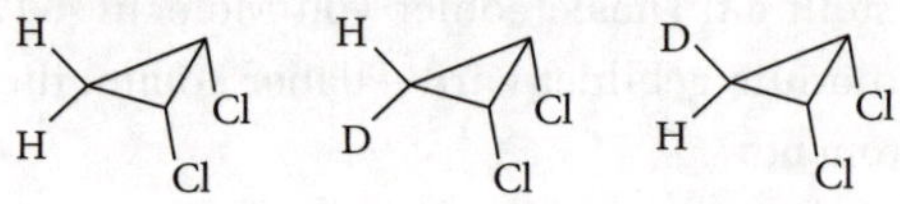

4-14a **4-14b** **4-14c**

Das axiale und das äquatoriale Proton am selben Ringkohlenstoffatom eines Cyclohexanmoleküls, das in *einer* Sesselkonformation eingefroren ist, sind diastereotop, weil die beiden deuterierten Derivate, in denen jeweils nur eines der beiden Protonen gegen Deuterium ausgetauscht wurde, Diastereomere sind. Findet das Umklappen des Rings von einer Sesselkonformation in die andere auf der NMR-Zeitskala dagegen schnell statt, werden die beiden geminalen Protonen im Mittel äquivalent. Die diastereotope Natur zweier Protonen kann somit in einigen Fällen von der Geschwindigkeit molekularer Konformationsänderungen im Vergleich zur Zeitskala des jeweiligen Experiments abhängen.

4.3 Kopplungsmechanismen und Vorzeichen

Die indirekte Spin-Spin-Kopplung beruht auf dem physikalischen Austausch von Informationen über den Kernspin zwischen den koppelnden Kernen. Dieser Informationsaustausch erfolgt über die Elektronen entlang des Bindungspfades zwischen den Kernen. Wie läuft dieser Prozess aber im Detail mechanistisch ab? Mehrere mögliche Mechanismen sind für die Spin-Spin-Kopplung in Betracht gezogen worden. Der bedeutendste dieser Mechanismen basiert auf einer Wechselwirkung zwischen Atomkernen und Elektronen, die als **Fermi-Kontakt** bezeichnet wird. Sowohl Kerne als auch Elektronen stellen magnetische Dipole dar, deren wechselseitigen Interaktionen normalerweise mithilfe der Punkt-Dipol-Näherung beschrieben werden, die zum Beispiel auch von McConnell bei seiner Analyse der diamagnetischen Anisotropie verwendet wurde (siehe Gleichung 3.1). Wie Fermi feststellte, liefert diese Näherung keine zutreffenden Ergebnisse mehr, wenn der Abstand zwischen den Dipolen sehr klein ist – das heißt, im Bereich des Radius eines Protons liegt. Unter dieser Bedingung, wenn der Kern und das Elektron praktisch in direktem Kontakt zueinander stehen, muss ihre Wechselwirkung durch einen neuen Mechanismus mithilfe des so genannten *Fermi-Kontakt-Terms* beschrieben werden. Danach ist die Energie E_{FK} der Wechselwirkung über einen Fermi-Kontakt proportional zu den magnetogyrischen Verhältnissen des Kerns (γ_K) und des Elektrons (γ_e), zum Skalarprodukt ihrer Spins (***I*** für einen Kern, ***S*** für ein Elektron) sowie zur Aufenthaltswahrscheinlichkeit des Elektrons am Ort des Kerns (also zum Quadrat der Wellenfunktion des Elektrons für einen Kernabstand von null, $\psi^2(0)$).

$$E_{FK} \propto -\gamma_K \gamma_e (\boldsymbol{I} \bullet \boldsymbol{S}) \psi^2(0) \quad (4.1)$$

Für die Informationsübertragung durch einen Fermi-Kontakt kommen daher nur Elektronen in *s*-Orbitalen beziehungsweise Hybridorbitalen mit *s*-Anteil in Frage, weil nur *s*-Elektronen eine endliche, von null verschiedene Aufenthaltswahrscheinlichkeit am Ort des Kerns besitzen. Da die magnetogyrischen Verhältnisse des Kerns (zumindest im Fall von ^{1}H- und ^{13}C-Kernen) und des Elektrons entgegengesetzte Vorzeichen aufweisen ($\gamma_{H,C} > 0$; $\gamma_e < 0$), ist das Kern/Elektron-System stabiler, wenn die Spins antiparallel (gepaart) sind.

Gemäß dieser Vorstellung hält sich ein Bindungselektron der Bindung X–Y zwischen zwei magnetischen Kernen X und Y zu einem gewissen Zeitanteil auch am selben Ort im Raum wie der Kern X auf. Wenn der Kern X einen Spin von $m_I = +1/2$ besitzt, nimmt das Elektron infolge der Fermi-Kontakt-Wechselwirkung bevorzugt einen entgegengesetzten Spin von $-1/2$ an. Auf diese Weise polarisiert der Kernspin den Elektronenspin – das heißt, die Besetzungszahl eines der Spinzustände des Elektrons wird erhöht. Das Elektron teilt sich wiederum ein Orbital in der X–Y-Bindung mit einem anderen Elektron, das wegen des Pauli-Prinzips einen Spin von $+1/2$ annehmen muss, wenn das erste Elektron einen Spin von $-1/2$ aufweist. Das zweite Elektron ($+1/2$) polarisiert über den Fermi-Kontakt-Mechanismus schließlich den Kern Y, so dass dieser nun vorzugsweise einen Spin von $-1/2$ annimmt. Immer, wenn der Kern X einen Spin von $+1/2$ besitzt, wird vom Kern Y also ein Spin von $-1/2$ leicht bevorzugt. In ► Abbildung 4.5 wird ein solcher Kopplungsmechanismus am Beispiel einer ^{13}C–^{1}H-Kopplung veranschaulicht. Da die Bindungselektronen für die Übertragung der Spininformation verantwortlich sind, werden die Fermi-Kontakt-Terme durch die molekularen Bewegungen nicht zu null gemittelt. An der beschriebenen Kopplungswechselwirkung sind zwei Kerne und zwei Fermi-Kontakte beteiligt. Daher hängt die Energie E_K dieser Wechselwirkung gemäß Proportionalitätsgleichung 4.2 von weiteren Parametern ab.

$$E_K \propto \gamma_X \gamma_Y \gamma_e^2 (\boldsymbol{I}_X \bullet \boldsymbol{S}) \psi_X^2(0) (\boldsymbol{I}_Y \bullet \boldsymbol{S}) \psi_Y^2(0) \quad (4.2)$$

Alle diese Konstanten sind also Bestandteil der Proportionalitätskonstante, die als Kopplungskonstante *J* bezeichnet wird. Die Kopplungskonstante *J* ist somit auch proportional zum Produkt der magnetogyrischen Verhältnisse ($\gamma_X\gamma_Y$) der beiden beteiligten Kerne.

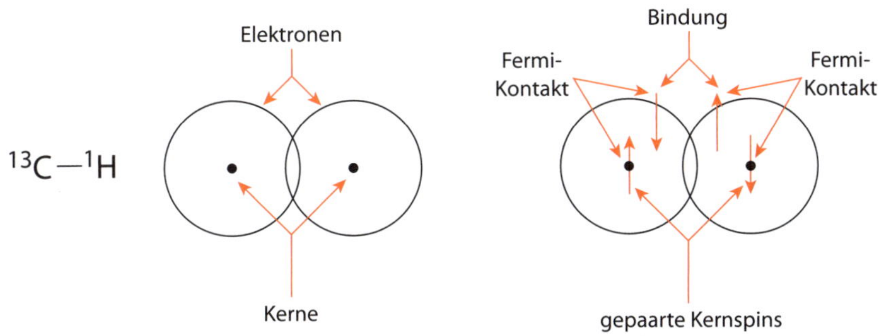

Abbildung 4.5: Schematische Darstellung der indirekten Kopplung zweier Kernspins über eine Bindung (^1J) durch den Fermi-Kontakt-Mechanismus. Nach oben zeigende Pfeile bedeuten einen Spin von $+1/2$, nach unten zeigende Pfeile einen Spin von $-1/2$.

Wenn ein Kernspin einen anderen Kernspin entgegengesetzt polarisiert (antiparallele Spins), also wie im oben beschriebenen Modell für die Kopplung zwischen X und Y über eine Bindung X–Y, weist die Kopplungskonstante J konventionsgemäß ein positives Vorzeichen auf. Eine negative Kopplungskonstante tritt dagegen auf, wenn ein Kernspin einen anderen in die gleiche Richtung polarisiert (parallele Spins). Setzt man die in Abbildung 4.5 qualitativ veranschaulichten Polarisierungen der Kern- und Elektronenspins über weitere Bindungen fort, stellt man fest, dass die Kopplung über zwei Bindungen (wie in H–C–H) mit einer negativen und die Kopplung über drei Bindungen (wie in H–C–C–H) wieder mit einer positiven Kopplungskonstante verbunden ist. Es gibt viele Ausnahmen von dieser qualitativen Modellbetrachtung. Sie ist dennoch nützlich, um zu verdeutlichen, dass die Kopplungskonstante J ein Vorzeichen und eine Größe besitzt.

Für NMR-Spektren mit Kopplungsmustern erster Ordnung spielen die Vorzeichen der verschiedenen Kopplungskonstanten normalerweise keine Rolle. Nach der simultanen Umkehrung des Vorzeichens aller Kopplungskonstanten eines Spinsystems erhält man das gleiche Spektrum wie vorher. Viele Spektren hängen allerdings von den *relativen Vorzeichen* der Kopplungen der verschiedenen Komponenten eines Spinsystems ab. Ein ABX-Spektrum wird beispielsweise zum Teil durch die drei Kopplungen J_{AB}, J_{AX} und J_{BX} bestimmt (siehe Abschnitt 4.8). In diesem Fall können je nachdem, ob J_{AX} und J_{BX} das gleiche Vorzeichen (beide positiv oder beide negativ) oder entgegengesetzte Vorzeichen (eine positiv und eine negativ) aufweisen, unterschiedliche Spektren resultieren – selbst wenn sie den gleichen Betrag besitzen.

Wenn es von Bedeutung ist, kann man die Anzahl der Bindungen, über die eine Kopplung erfolgt, konventionsgemäß als hochgestellte Zahl vor dem Symbol J angeben. Alle anderen Zusätze zur Beschreibung der Kopplung werden entweder ohne Leerzeichen in Klammern oder als tiefgestellter Index direkt an das J angehängt. Eine Kopplung zwischen zwei Protonen über zwei Bindungen wird also zum Beispiel als $^2J_{HCH}$ oder ^2J(HCH), eine Kopplung zwischen zwei Protonen über drei Bindungen dagegen mit den Symbolen $^3J_{HCCH}$ oder ^3J(HCCH) bezeichnet. Kopplungen über zwei Bindungen nennt man auch *geminale* Kopplungen (^2J) und Kopplungen über drei Bindungen *vicinale* Kopplungen (^3J). Finden Kopplungen über mehr als drei Bindungen statt, spricht man allgemein von *weitreichenden* Kopplungen oder *Fernkopplungen*.

4.4 Kopplungen über eine Bindung

Die Kopplungskonstanten der Kopplungen zwischen Protonen und ^{13}C-Kernen über *eine* Bindung können leicht aus dem *nicht* C,H-entkoppelten ^{13}C-NMR-Spektrum ermittelt werden. Zwar werden die Kopplungskonstanten wegen der Entkopplung in routinemäßig gemessenen ^{13}C-NMR-Spektren in der Regel nicht bestimmt, aber sie können nützliche Informationen zur Veranschaulichung einiger grundlegender Zusammenhänge liefern. Da ein *p*-Orbital am Ort des Kerns einen Knoten aufweist, beträgt die Aufenthaltswahrscheinlichkeit eines *p*-Elektrons am Ort des Kerns null. Deswegen können nur Elektronen in *s*-Orbitalen zur Spin-Spin-Kopplung über den Fermi-Kontakt-Mechanismus beitragen (die maximale Elektronendichte befindet sich in *s*-Orbitalen am Ort des Kerns). Bei Wasserstoffatomen (Protonen) halten sich alle Elektronen im 1*s*-Orbital auf. Dagegen kann bei anderen Kernen nur der Teil des Bindungsorbitals zur Kopplung dienen, der *s*-Charakter besitzt. Damit wird verständlich, warum die Kopplungskonstanten

$^{1}J(^{13}C–^{1}H)$ für Kopplungen zwischen einem Proton und einem sp^3-Kohlenstoffatom (25 Prozent *s*-Charakter) nur etwa halb so groß sind wie für Kopplungen zwischen einem Proton und einem *sp*-Kohlenstoffatom (50 Prozent *s*-Charakter). Die Größe der entsprechenden Kopplungskonstanten für Kopplungen zwischen einem Proton und einem sp^2-Kohlenstoffatom (33 Prozent *s*-Charakter) liegt erwartungsgemäß dazwischen. Die Werte der Kopplungskonstanten $^{1}J(^{13}C–^{1}H)$ von Methan (sp^3, $^{1}J_{CH}$ = 125 Hz), Ethen (sp^2, $^{1}J_{CH}$ = 157 Hz), Benzol (sp^2, $^{1}J_{CH}$ = 159 Hz) und Ethin (*sp*, $^{1}J_{CH}$ = 249 Hz) sind ein gutes Beispiel für die Abhängigkeit der Kopplungskonstante vom *s*-Anteil der Bindungsorbitale. Aus diesen und anderen Werten kann man eine Gleichung zur Abschätzung des prozentualen *s*-Anteils [%*s*(C–H)] des an der C–H-Bindung beteiligten Hybridorbitals des Kohlenstoffatoms mithilfe der ^{1}J-Kopplungskonstante ableiten (siehe Gleichung 4.3).

$$\%s(\mathrm{C-H}) = 0{,}2\ {}^{1}J\left({}^{13}\mathrm{C}-{}^{1}\mathrm{H}\right) \tag{4.3}$$

Aus Gleichung 4.3 kann in Übereinstimmung mit dem Fermi-Kontakt-Modell außerdem geschlossen werden, dass keine Kopplung stattfindet, wenn der *s*-Anteil des Bindungsorbitals null beträgt.

Die Werte der ^{1}J-Kopplungkonstanten für C–H-Kopplungen reichen etwa von 100 bis 320 Hz. Diese Variationsbreite kann größtenteils durch die Abhängigkeit der Kopplungskonstante *J* vom *s*-Charakter des Hybridorbitals am Kohlenstoffatom gemäß Gleichung 4.3 erklärt werden. Umgekehrt kann man aus der Größe der $^{1}J_{CH}$-Kopplungskonstante auch Rückschlüsse auf die Hybridisierung des Kohlenstoffatoms ziehen. Der Wert von $^{1}J_{CH}$ beträgt für Cyclopropan beispielsweise 162 Hz. Die Kohlenstoffatome des Cyclopropans nutzen demnach näherungsweise sp^2-Hybridorbitale für die Bindungen zu den Wasserstoffatomen. Darüber hinaus kann die ganze Breite von $^{1}J_{CH}$-Werten auch mit dem Vorkommen von intermediären Hybridisierungen interpretiert werden. Beispiele für solche $^{1}J_{CH}$-Kopplungskonstanten, die auf intermediäre Hybridisierungen schließen lassen, liefern unter anderem die Kerne der extra eingezeichneten C–H-Bindungen der folgenden Moleküle: Der Wert von $^{1}J_{CH}$ = 144 Hz für Tricyclopentan (**4-15**) deutet auf einen *s*-Anteil von 29 Prozent und somit eine intermediäre $sp^{2,4}$-Hybridisierung hin, während eine Kopplungskonstante $^{1}J_{CH}$ = 160 Hz im Cuban (**4-16**) auf einen *s*-Anteil von 32 Prozent und somit auf eine sp^2-Hybridisierung schließen lässt.

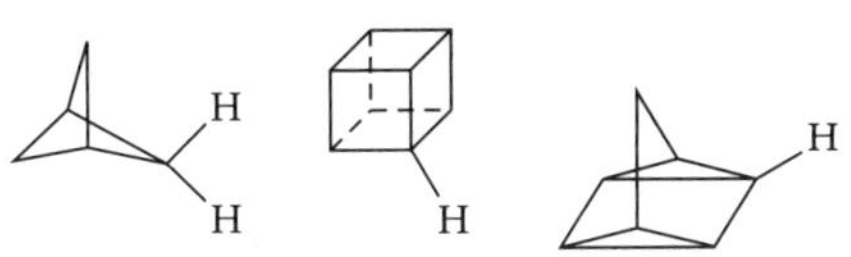

4-15 **4-16** **4-17**

Im Quadricyclan (**4-17**) sollte der *s*-Anteil schließlich gemäß $^{1}J_{CH}$ = 179 Hz 36 Prozent betragen, was einer $sp^{1,8}$-Hybridisierung entspricht. Die durch Gleichung 4.3 gegebene Beziehung zwischen dem *s*-Anteil des Hybridorbitals und *J* beschreibt die Verhältnisse in reinen Kohlenwasserstoffen relativ gut, aber die Anwendbarkeit der Gleichung auf polare Moleküle ist zumindest eingeschränkt. Variationen der effektiven Kernladung und weitere Hybridisierungseffekte können den Wert der Kopplungskonstante zusätzlich beeinflussen.

Die Resonanzfrequenz eines Kerns ist proportional zu seinem magnetogyrischen Verhältnis. Analog ist die Kopplungskonstante der Kopplung zwischen zwei Kernen, wie oben bereits erwähnt, proportional zum Produkt der magnetogyrischen Verhältnisse der koppelnden Kerne

– das heißt: $J(X\text{–}Y) \propto \gamma_X \gamma_Y$. Kerne mit sehr kleinen magnetogyrischen Verhältnissen, wie zum Beispiel ^{15}N, tendieren demgemäß zu Kopplungen mit kleinen Kopplungskonstanten. In diesem Fall weist das magnetogyrische Verhältnis $\gamma(^{15}N)$ darüber hinaus ein negatives Vorzeichen auf, während $\gamma(^{13}C)$ und $\gamma(^{1}H)$ positiv sind. Infolgedessen besitzen auch die Kopplungskonstanten von Kopplungen zwischen ^{15}N und ^{1}H über *eine* Bindung ein negatives Vorzeichen. Dieser Fall repräsentiert aber keine Ausnahme, die durch das Fermi-Kontakt-Modell nicht erklärt werden kann. Vielmehr spiegelt das entgegengesetzte Vorzeichen der Kopplung nur das entgegengesetzte Vorzeichen eines der magnetogyrischen Verhältnisse wider, die in die Proportionalitätsgleichung 4.2 einfließen.

Kopplungen über eine Bindung sind auch für zahlreiche andere Kerne untersucht worden (siehe Literaturhinweise am Ende des Kapitels). Wenn keiner der beiden koppelnden Kerne ein Wasserstoffkern [^{1}H (Proton), ^{2}H (D) oder ^{3}H (T)] ist, hängt die Kopplungskonstante vom Produkt der *s*-Anteile der an der Bindung beteiligten Orbitale *beider* Kerne ab. Dadurch wird die Interpretation von Kopplungskonstanten wie $^{1}J(^{13}C\text{–}^{13}C)$ oder $^{1}J(^{13}C\text{–}^{19}F)$ mithilfe der Hybridisierung der Bindungsorbitale schwieriger. Bei Kernen mit freien Elektronenpaaren – also zum Beispiel im Fall von $^{1}J(^{31}P\text{–}^{31}P)$- oder $^{1}J(^{13}C\text{–}^{15}N)$-Kopplungen – spielen darüber hinaus weitere Faktoren eine Rolle. Die Kopplungen zwischen zwei Kohlenstoffatomen über eine Bindung können mithilfe der INADEQUATE-Pulssequenz (siehe Abschnitt 5.7) relativ leicht gemessen werden. Daraus ergeben sich äußerst nützliche Informationen, mit denen die Konnektivitäten der Kohlenstoffatome mit anderen Kohlenstoffatomen auch in komplexen Molekülen ermittelt werden können. Weitere Beispiele für die Größe von ^{1}J-Kopplungen finden Sie in Tabelle 4.1 in Abschnitt 4.10.

4.5 Geminale Kopplungen

Die Kopplungskonstante einer geminalen Kopplung (über zwei Bindungen) zwischen zwei Protonen (H–C–H) kann direkt dem ^{1}H-NMR-Spektrum entnommen werden, wenn die koppelnden Kerne chemisch nichtäquivalent sind – also zum Beispiel den AB- oder AM-Teil eines ABX-, AMX- oder ABX_3-Spinsystems bilden. Liefern die Kerne ein Spektrum erster Ordnung (AM), kann die geminale Kopplungskonstante (^{2}J) direkt per Hand beziehungsweise Auge aus dem Spektrum abgelesen werden. Im Fall eines Spektrums zweiter Ordnung (AB) ist das nur noch möglich, wenn die beiden Spins ein isoliertes Zweispinsystem repräsentieren (siehe Abschnitt 4.8). Ansonsten muss die Kopplungskonstante mithilfe einer computergestützten Analyse des Spektrums ermittelt werden. Sind zwei geminal koppelnde Kerne chemisch äquivalent, aber magnetisch nichtäquivalent – wie beispielsweise im AA´-Teil eines AA´XX´-Spinsystems –, ist die zugehörige Kopplungskonstante mithilfe des Spektrums zugänglich. Allerdings sind auch hier normalerweise computergestützte Methoden erforderlich, um $J_{AA'}$ zu messen.

Wenn zwei koppelnde Kerne magnetisch äquivalent sind, kann im NMR-Spektrum keine Aufspaltung ihrer Resonanzsignale beobachtet werden. Eine Messung der Kopplungskonstante ist aber trotzdem möglich, indem man einen der Kerne durch Deuterium ersetzt. Die Kopplungskonstante der geminalen $^{2}J_{HD}$-Kopplung von Dichlormethan-d ($CHDCl_2$) kann beispielsweise direkt aus dem Abstand der Peaks des 1:1:1-Tripletts (Deuterium besitzt einen Spin von $I = 1$) für das Proton im ^{1}H-NMR-Spektrum abgelesen werden. Da die Kopplungskonstanten proportional zum Produkt der magnetogyrischen Verhältnisse der koppelnden Kerne sind, kann J_{HH} für die geminale Kopplung im undeuterierten Dichlormethan (CH_2Cl_2) gemäß Gleichung 4.4 aus J_{HD} berechnet werden.

$$J_{HH} = \frac{\gamma_H}{\gamma_D} J_{HD} = 6{,}51 \times J_{HD} \tag{4.4}$$

Der Wert geminaler Kopplungskonstanten hängt stark vom Bindungswinkel ab, der durch die beiden Bindungen gebildet wird, über welche die Kopplung erfolgt. Diese Abhängigkeit kann zum Beispiel anhand der geminalen Kopplungskonstanten zwischen Protonen in der Reihe einiger Cycloalkane verdeutlicht werden: Cyclohexan ($^2J_{HH}$ = −12,6 Hz), Cyclopentan ($^2J_{HH}$ = −10,5 Hz), Cyclobutan ($^2J_{HH}$ = −9 Hz) und Cyclopropan ($^2J_{HH}$ = −4,3 Hz). Auch der Vergleich der geminalen Kopplungskonstanten offenkettiger Alkane und offenkettiger Alkene belegt den Zusammenhang zwischen Bindungswinkel und Kopplungskonstante, wie beispielsweise im Fall von Methan ($^2J_{HH}$ = −12,4 Hz) und Ethen ($^2J_{HH}$ = +2,3 Hz). Beachten Sie bitte, dass das Vorzeichen der Kopplungskonstante von Bedeutung ist. Die meisten geminalen Kopplungskonstanten sind zwar tatsächlich negativ, aber für Protonen an sp^2-hybridisierten Kohlenstoffatomen weisen sie häufig auch positive Werte auf.

Typischerweise besitzen die geminalen Kopplungskonstanten zwischen Protonen in Alkanen Werte zwischen etwa −20 und −5 Hz, in Alkenen dagegen Werte zwischen etwa −3 und +3 Hz (oder zwischen 0 und +3 Hz, wenn man nur den Betrag betrachtet). Durch elektronenziehende Substituenten mit einem −I-Effekt werden geminale Kopplungskonstanten tendenziell positiver, wie Pople und Bothner-By zeigen konnten. Im Fall von Alkanen wird die *negative* Kopplungskonstante somit in positive Richtung verschoben, also vom Betrag her kleiner, so zum Beispiel in der Reihe Methan ($^2J_{HH}$ = −12,4 Hz), CH_3OH ($^2J_{HH}$ = −10,8 Hz), CH_3I ($^2J_{HH}$ = −9,2 Hz) und CH_2Br_2 ($^2J_{HH}$ = −5,5 Hz). Elektronenschiebende Substituenten üben dagegen den entgegengesetzten Effekt aus. Die Kopplungskonstante wird also negativer, wie im Fall von $(CH_3)_4Si$ (TMS, $^2J_{HH}$ = −14,1 Hz). Analog wird die geminale Kopplungskonstante zwischen Protonen an sp^2-hybridisierten Kohlenstoffatomen durch den Substituenten grundlegend beeinflusst. Dieser starke Effekt wird deutlich, wenn man die Kopplungskonstanten unterschiedlicher H_2C=X-Strukturen vergleicht: X: CH_2 (Ethen, $^2J_{HH}$ = +2,3 Hz), X: N–(*tert*-Butyl) (ein Imin, $^2J_{HH}$ = +17 Hz), X: O (Formaldehyd, $^2J_{HH}$ = +42 Hz). Auch in diesem Fall werden die geminalen Kopplungskonstanten durch elektronenziehende Substituenten somit stärker positiv.

Die beschriebenen Auswirkungen elektronenziehender und elektronenschiebender Substituenten über σ-Bindungen (induktive Effekte) auf die geminalen Kopplungskonstanten können durch π-Effekte wie zum Beispiel Hyperkonjugationen abgeschwächt oder verstärkt werden. Pople und Bothner-By stellten fest, dass freie Elektronenpaare über π-Effekte elektronenschiebend wirken können und J dadurch im Gegensatz zu elektronenschiebenden σ-Effekten positiver wird. Die π-Orbitale von Doppel- oder Dreifachbindungen wirken dagegen elektronenziehend, wodurch J negativer wird. Der oben erwähnte starke Anstieg der geminalen Kopplungskonstante von Ethen über ein Imin bis zum Formaldehyd (**4-18**) resultiert aus einer verstärkenden Überlagerung von elektronenziehendem σ-Effekt und elektronenschiebendem π-Effekt.

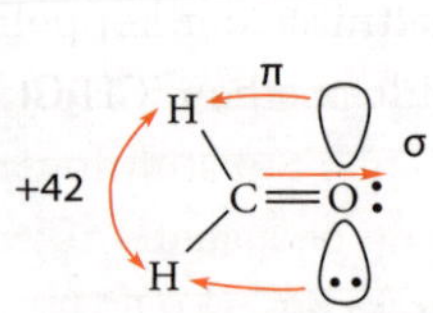

4-18

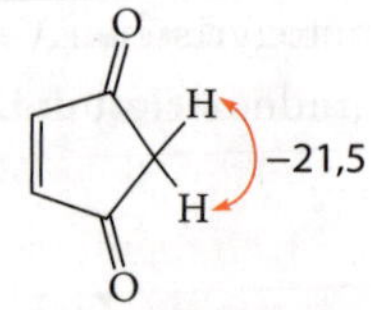

4-19

Elektronenziehende π-Effekte können zum Beispiel neben Carbonylgruppen, Cyanogruppen (in Nitrilen) und aromatischen Systemen auftreten, wie bei den Werten der geminalen Kopplungskonstanten von Aceton ($^2J_{HH}$ = −14,9 Hz), Acetonitril ($^2J_{HH}$ = −16,9 Hz) und Dicyanomethan ($^2J_{HH}$ = −20,4 Hz). In offenkettigen Systemen werden π-Effekte durch die freie Rotation etwas vermindert. Deswegen findet man bei konformativ starren Ringsystemen, wie beispielsweise bei den Molekülen **4-19** und **4-20** oder bei den α-Protonen von Cyclohexanon- und Cyclopentanon-Derivaten, besonders große Auswirkungen der π-Effekte auf die geminalen Kopplungskonstanten.

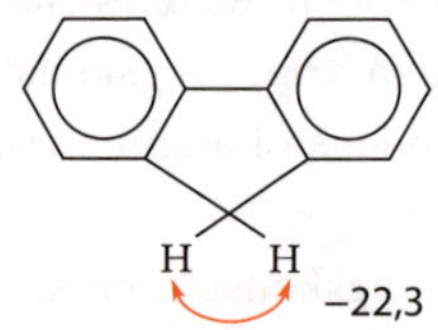

4-20

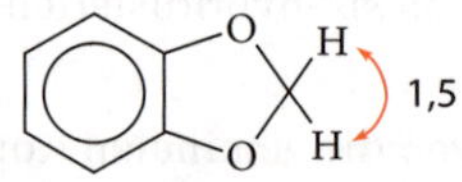

4-21

Struktur **4-21** stellt ein Beispiel für elektronenschiebende π-Effekte freier Elektronenpaare dar, durch die *J* positiver wird. Mit diesem Effekt kann man auch die unterschiedlichen geminalen Kopplungskonstanten von Cyclopropan [$(CH_2)_3$, $^2J_{HH}$ = −4,3 Hz] und Oxiran [Ethylenoxid, $(CH_2)_2O$, $^2J_{HH}$ = +5,5 Hz] erklären. Auch hier erkennt man die Bedeutung des Vorzeichens. Die Differenz der Kopplungskonstanten beträgt nämlich fast 9 Hz, die Differenz ihrer Beträge aber nur 1,2 Hz.

Auch geminale Kopplungen zwischen Protonen und anderen Kernen sind untersucht worden. H–C–^{13}C-Kopplungen werden durch Substituenten weitgehend auf die gleiche Weise beeinflusst wie H–C–H-Kopplungen. Die HCC-Kopplungen sind infolge des kleineren magnetogyrischen Verhältnisses der ^{13}C-Kerne allerdings schwächer als vergleichbare HCH-Kopplungen. Typische Werte von HCC-Kopplungskonstanten in Alkanen und deren Derivaten sind die von Ethan (**H**–CH_2–**CH_3**, $^2J_{HC}$ = −4,8 Hz) und von 1,1,2,2-Tetrachlorethan (**H**–CCl_2–**$CHCl_2$**, $^2J_{HC}$ = +1,2 Hz). Geminale Kopplungen zwischen Protonen und *sp*^{2}-Kohlenstoffatomen (**H**–CH_2–**C**=) weisen in der Regel Kopplungskonstanten zwischen −7 und −4 Hz auf, wie zum Beispiel im Aceton [**H**–CH_2–**C**(=O)CH_3, $^2J_{HC}$ = −5,9 Hz]. Wenn das zwischen den koppelnden Kernen liegende Kohlenstoffatom *sp*^{2}-hybridisiert ist [**H**–(C=X)–**C**], wird die Kopplungskonstante größer und positiv, wie beispielsweise in Aldehyden [Acetaldehyd, **H**–(C=O)–**CH_3**, $^2J_{HC}$ = +26,7 Hz]. In Alkenen tritt die Situation auf, dass darüber hinaus auch das koppelnde Kohlenstoffatom *sp*^{2}-hybridisiert ist [**H**–C=**CR_2**]. In diesen Fällen weisen die geminalen Kopplungskonstanten zwischen dem Proton und dem Kohlenstoffatom der Doppelbindung Werte zwischen etwa +5 und +10 Hz auf.

Anders als bei geminalen Kopplungen zwischen Protonen kann bei geminalen Kopplungen zwischen einem Proton und einem ^{13}C-Kern auf dem Bindungspfad zwischen den koppelnden Kernen eine Doppelbindung liegen (**H**–C=**C**). In diesem Fall erlangen Faktoren Bedeutung, die von

Pople und Bothner-By nicht berücksichtigt wurden. Für nicht funktionalisierte *sp*²-Kohlenstoffatome weisen die Kopplungskonstanten dieser Kopplungen häufig nur einen kleinen Betrag auf (Ethen, **H**–CH=**C**H_2, $^2J_{HC}$ = −2,4 Hz). Bei geeignetem Substitutionsmuster an der Doppelbindung können allerdings stereochemische Unterschiede beobachtet werden, wie bei *cis*-Dichlorethen (**4-22**, $^2J_{HC}$ = 16,0 Hz) und *trans*-Dichlorethen (**4-23**, $^2J_{HC}$ = 0,8 Hz).

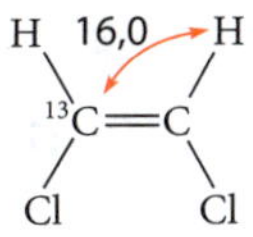

4-22

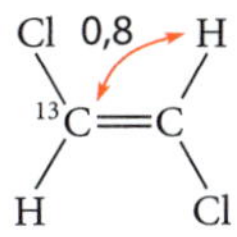

4-23

Solche Unterschiede zwischen den Stereoisomeren von Alkenen kommen häufig vor und können zur Ermittlung der Stereochemie genutzt werden. Die geminalen **H**–C=**C**-Kopplungskonstanten in Aromaten liegen etwa zwischen 4 und 8 Hz. Für *sp*-Kohlenstoffatome werden die Kopplungskonstanten schließlich ziemlich groß, wie zum Beispiel beim Ethin (**H**–C≡**C**H, $^2J_{HC}$ = 49,3 Hz) oder beim Ethinylphenylether (**H**–C≡**C**–OC_6H_5, $^2J_{HC}$ = 61,0 Hz).

^2J-Kopplungen zwischen Protonen und Stickstoff-15-Kernen (^{15}N) werden durch die Anwesenheit und die Orientierung des freien Elektronenpaars am Stickstoffatom beeinflusst. Die **H**–C–^{15}**N**-Kopplungen in Iminen, Oximen und verwandten Verbindungen sind vom Betrag her größer und negativ, wenn sich das Proton bezüglich des freien Elektronenpaars in *cis*-Stellung (*syn*) befindet, sowie vom Betrag her kleiner und positiv, wenn das Proton *trans* (*anti*) zum freien Elektronenpaar steht – wie zum Beispiel im Oxim **4-24**. Somit können die $^2J_{HN}$-Kopplungskonstanten dieser Verbindungen als diagnostisches Werkzeug zur Analyse der *syn*/*anti*-Stereochemie (beziehungsweise *E*/*Z*-Stereochemie) an der C=N-Doppelbindung dienen.

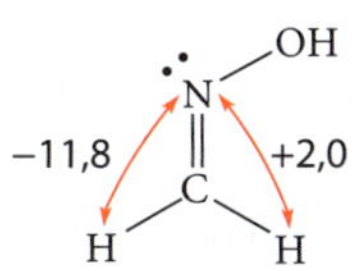

4-24

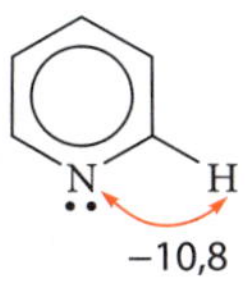

4-25

Die *cis*-Stellung des Wasserstoffatoms (Protons) bezüglich des freien Elektronenpaars des Stickstoffatoms findet man auch bei Heterocyclen wie Pyridin (**4-25**), dessen $^2J_{HN}$-Kopplungskonstante −10,8 Hz beträgt. In gesättigten Aminen mit schneller Rotation um die C–N-Einfachbindung sind die Werte der $^2J_{HN}$-Kopplungskonstanten vom Betrag her ziemlich klein und negativ, wie zum Beispiel beim Methylamin (**H**–CH_2–**N**H_2, $^2J_{HN}$ = −1,0 Hz).

Die geminalen Kopplungen zwischen ^{15}N- und ^{13}C-Kernen folgen einem ähnlichen Muster und können auch für strukturelle und stereochemische Zuordnungen genutzt werden. Im Fall von Iminen, Oximen und verwandten Verbindungen ist die $^2J_{CN}$-Kopplungskonstante ebenfalls vom Betrag her größer und negativ, wenn das Kohlenstoffatom eine *cis*-Stellung (*syn*) bezüglich des freien Elektronenpaars am Stickstoffatom aufweist. Für das Oxim **4-26** beträgt diese Kopplungskonstante beispielsweise −11,6 Hz. Beim Isomer von **4-26**, in dem die Methylgruppe *syn* zur Hydroxylgruppe und somit *anti* zum freien Elektronenpaar steht, weist die $^2J_{CN}$-Kopplungskonstante dagegen nur einen Wert von +1,0 Hz auf. Für die beiden hervorgehobenen Kohlenstoffatome des Chinolins (**4-27**) findet man $^2J_{CN}$-Kopplungskonstanten von −9,3 Hz und +2,7 Hz, da eines der Kohlenstoffatome *syn* und das andere *anti* bezüglich des freien Elektronenpaars am Stickstoffatom angeordnet ist.

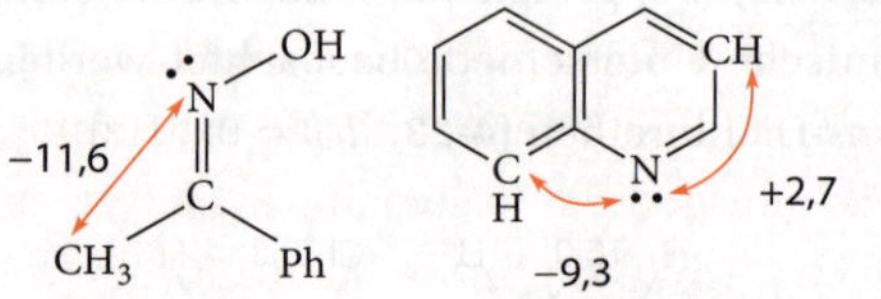

4-26 **4-27**

Geminale Kopplungen zwischen Protonen und ^{31}P-Kernen können ebenfalls zur Beantwortung stereochemischer Fragestellungen genutzt werden. Die größten positiven Werte für ^2J(**HCP**)-Kopplungskonstanten treten auf, wenn das Proton und das freie Elektronenpaar am Phosphoratom in einer starren Konformation des Moleküls *syn* zueinander angeordnet sind. Die größten negativen Werte findet man entsprechend bei einer *anti*-Stellung. Die Situation ähnelt derjenigen bei den geminalen Kopplungen zwischen Protonen und ^{15}N-Kernen, allerdings mit umgekehrtem Vorzeichen, weil die magnetogyrischen Verhältnisse von ^{15}N und ^{31}P entgegengesetzte Vorzeichen aufweisen. Zum Beispiel betragen die $^2J_{HP}$-Kopplungskonstanten der heterocyclischen Verbindung **4-28** für H_a (*syn*) +25 Hz und für H_b (*anti*) −6 Hz. Die geminalen Kopplungskonstanten hängen in diesem Fall außerdem von der Oxidationsstufe des Phosphoratoms ab. Sie sind für P(III) größer als für P(V), wie beispielsweise die Werte von 27 Hz für $(CH_3)_3P$: und 13,4 Hz für $(CH_3)_3P{=}O$ zeigen.

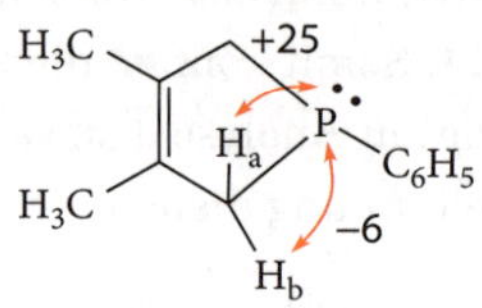

4-28

Die Kopplungskonstanten geminaler Kopplungen zwischen Protonen und ^{19}F-Kernen liegen in der Regel im Nahbereich von +50 Hz, wenn die beiden Kerne an ein sp^3-Kohlenstoffatom gebunden sind (47,5 Hz für CH_3**CH_2F**), und im Bereich von +80 Hz, wenn sie mit einem sp^2-Kohlenstoffatom verknüpft sind (84,7 Hz für $CH_2{=}$**CHF**). Geminale Kopplungen zwischen zwei ^{19}F-Kernen zeigen ziemlich große Kopplungskonstanten. Für Fluoratome, die an ein sp^3-Kohlenstoffatom gebunden sind, weisen die Kopplungskonstanten Werte im Bereich von etwa +150 bis +250 Hz auf (240 Hz für 1,1-Difluorcyclohexan). Koppeln die ^{19}F-Kerne aber über ein sp^2-Kohlenstoffatom, erreichen die Kopplungskonstanten nur Werte von unter 100 Hz (35,6 Hz für 1,1-Difluorethen, $CH_2{=}C$**F_2**).

4.6 Vicinale Kopplungen

Die Kopplungskonstanten von Kopplungen zwischen Protonen über drei Bindungen (vicinale Kopplungen) waren die Grundlage für die bedeutendsten ersten stereochemischen Anwendungen der NMR-Spektroskopie. Im Jahr 1961 leitete Karplus die durch Gleichung 4.5 beschriebene mathematische Beziehung zwischen der Kopplungskonstante ^3J(HCCH) und dem H–C–C–H-Torsionswinkel ϕ ab.

$$^{3}J(\mathrm{HCCH}) = \begin{cases} A\cos^2\phi + C & \text{für} \quad \phi = 0° \text{ bis } 90° \\ A'\cos^2\phi + C' & \text{für} \quad \phi = 90° \text{ bis } 180° \end{cases} \tag{4.5}$$

Gleichung 4.5, deren Aussage in einem Diagramm in ▶ Abbildung 4.6 veranschaulicht wird, stellt für den Chemiker ein allgemein und leicht anwendbares Hilfsmittel dar. Die Abhängigkeit der ^3J-Kopplungskonstante vom Cosinusquadrat des Torsionswinkels ist eine Folge stärkerer Kopplungen bei parallel angeordneten C–H-Bindungsorbitalen. Im Fall synperiplanarer (ϕ = 0° bis 30°) oder antiperiplanarer (ϕ = 150° bis 180°) Konformationen können die Orbitale leichter (seitlich) überlappen und die Kopplungskonstanten sind größer als bei gestaffelten oder orthogonalen Konformationen (ϕ = 60° bis 120°), die mit kleineren Kopplungskonstanten einhergehen.

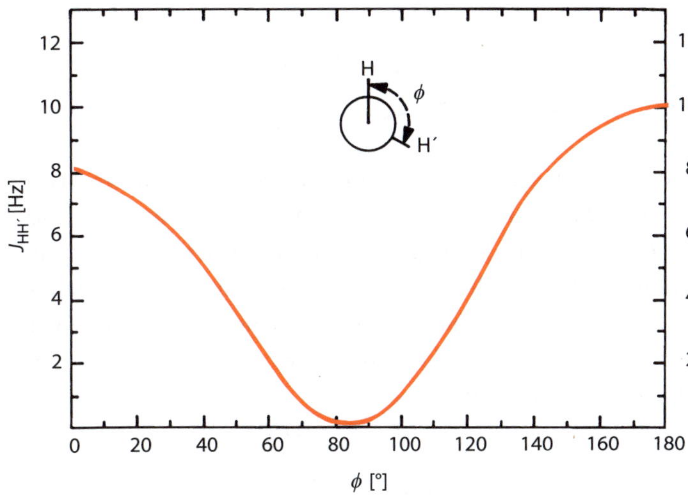

Abbildung 4.6: **Karplus-Kurve.** Die Karplus-Beziehung beschreibt die Größe vicinaler **H**–C–C–**H**-Kopplungskonstanten in Abhängigkeit vom Torsionswinkel ϕ.

Die additiven Konstanten *C* und *C´* werden üblicherweise vernachlässigt, da sie normalerweise nicht größer als 0,3 Hz sind. Wenn die multiplikativen Konstanten *A* und *A´* bekannt sind, ist eine quantitative Berechnung der Kopplungskonstanten möglich. Infolge der Ungleichheit von *A* und *A´*, wobei $A < A'$ gilt, ist das *syn*-Maximum von ^3J am linken Rand des Diagramms in Abbildung 4.6 kleiner als das *anti*-Maximum am rechten Rand des Diagramms. Leider variieren die multiplikativen Konstanten von System zu System im Bereich von etwa 8 bis 14 Hz (für Alkene sind sie größer). Wegen dieser Variationsbreite können quantitative Ergebnisse, die für eine bestimmte Struktur ermittelt wurden, nicht einfach auf andere Strukturen übertragen werden.

Allerdings ermöglicht die Karplus-Beziehung nützliche qualitative Interpretationen für einige wichtige grundlegende Strukturen. In der Sesselkonformation von Cyclohexan (▶ Abbildung 4.7) und seinen Derivaten treten große $^3J_{\text{ax/ax}}$ (8 bis 13 Hz) auf, weil $\phi_{\text{ax/ax}}$ etwa 180° beträgt. $^3J_{\text{äq/äq}}$ (0 bis 5 Hz) und $^3J_{\text{ax/äq}}$ (1 bis 6 Hz) weisen dagegen deutlich kleinere Werte auf, weil die Torsionswinkel $\phi_{\text{äq/äq}}$ und $\phi_{\text{ax/äq}}$ etwa im Bereich von 60° liegen. Zwei benachbarte axiale Protonen können somit leicht anhand ihrer großen Kopplung identifiziert werden. Wechselt der Cyclohexanring schnell zwischen den beiden Sesselkonformationen hin und her, werden $^3J_{\text{ax/ax}}$ und $^3J_{\text{äq/äq}}$ zu einer neuen Kopplungskonstante $^3J_{\text{trans}}$ mit Werten zwischen etwa 4 und 9 Hz gemittelt. Analog erfolgt eine Mittelung von $^3J_{\text{äq/ax}}$ und $^3J_{\text{ax/äq}}$ zur Kopplungskonstante $^3J_{\text{cis}}$, die wie zuvor Werte zwischen etwa 1 und 6 Hz aufweist. Bei komplexen Spinsystemen können die Resonanzsignale axialer Protonen im Vergleich zu denen äquatorialer Protonen manchmal an ihrer größeren Linienbreite beziehungsweise Aufspaltungsweite erkannt werden, weil diese von der Größe der Kopplungskonstante abhängen.

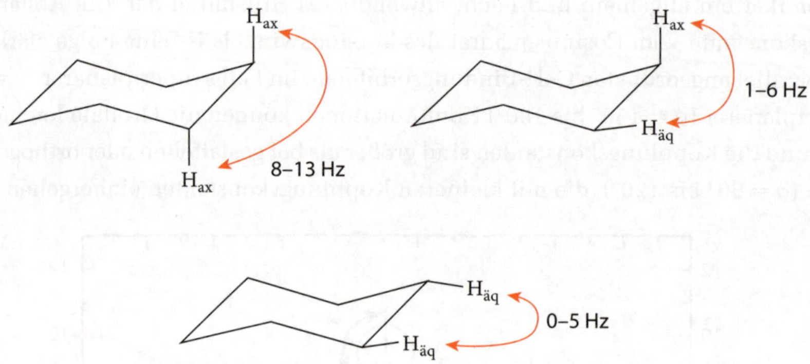

Abbildung 4.7: Die Größe der Kopplungskonstanten für die verschiedenen Kombinationen von vicinalen Protonen in der Sesselkonformation sechsgliedriger Ringe.

Wie ein Blick auf die Karplus-Kurve in Abbildung 4.6 bereits vermuten lässt, ist $^3J_{cis}$ ($\phi = 0°$) in dreigliedrigen Ringen (**4-29**) immer größer als $^3J_{trans}$ ($\phi = 120°$). Für Cyclopropan ist zum Beispiel $^3J_{cis} = 8{,}97$ Hz und $^3J_{trans} = 5{,}58$ Hz. In viergliedrigen Ringen ist die *cis*-Kopplung meistens größer als die *trans*-Kopplung – die Kopplungskonstanten können in diesem Fall aber so nah beieinander liegen, dass eine klare Unterscheidung nicht möglich ist. Bei fünfgliedrigen Ringen kann schließlich $^3J_{cis}$ oder $^3J_{trans}$ größer sein, weil die Torsionswinkel für beide Fälle ungefähr im zentralen Bereich der Karplus-Kurve lokalisiert sind.

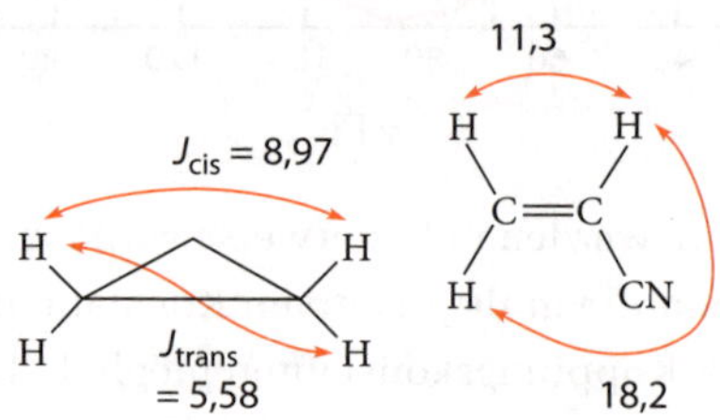

4-29 **4-30**

Für Protonen an der Doppelbindung von Alkenen ist $^3J_{trans}$ ($\phi = 180°$) immer größer als $^3J_{cis}$ ($\phi = 0°$), wie zum Beispiel 18,2 und 11,3 Hz beim Acrylnitril (**4-30**). Das ^{1}H-NMR-Spektrum von Acrylnitril ist in ▶ Abbildung 4.8 dargestellt. Die Resonanzsignale der vinylischen Protonen bilden drei Gruppen von Peaks, die in Abhängigkeit von der Flussdichte des äußeren Magnetfelds insgesamt ein AMX-, ABX- oder ABC-Spektrum repräsentieren. Die im Spektrum in Abbildung 4.8 erkennbaren drei Kopplungen (J_{AM}, J_{AX} und J_{MX}) können mit dem Wissen, dass $^3J_{trans} > {}^3J_{cis} > {}^2J_{gem}$ ist, durch eine einfache visuelle Analyse zugeordnet werden. Sie sollten diese Prozedur für das ^{1}H-NMR-Spektrum in Abbildung 4.8 von Acrylnitril (**4-30**) zur Übung einmal selbst durchführen. Die zwölf Peaks liegen bei 5,647 ppm, 5,684 ppm, 5,708 ppm, 5,744 ppm, 6,090 ppm, 6,093 ppm, 6,128 ppm, 6,132 ppm, 6,211 ppm, 6,215 ppm, 6,273 ppm und 6,278 ppm. Abschließend sollte noch erwähnt werden, dass der Torsionswinkel zwischen *ortho*-ständigen Protonen in aromatischen Systemen 0° beträgt. Deswegen ist $^3J_{ortho}$ im Allgemeinen recht groß (6 bis 10 Hz) und kann dadurch von den kleineren $^4J_{meta}$ und $^5J_{para}$ unterschieden werden.

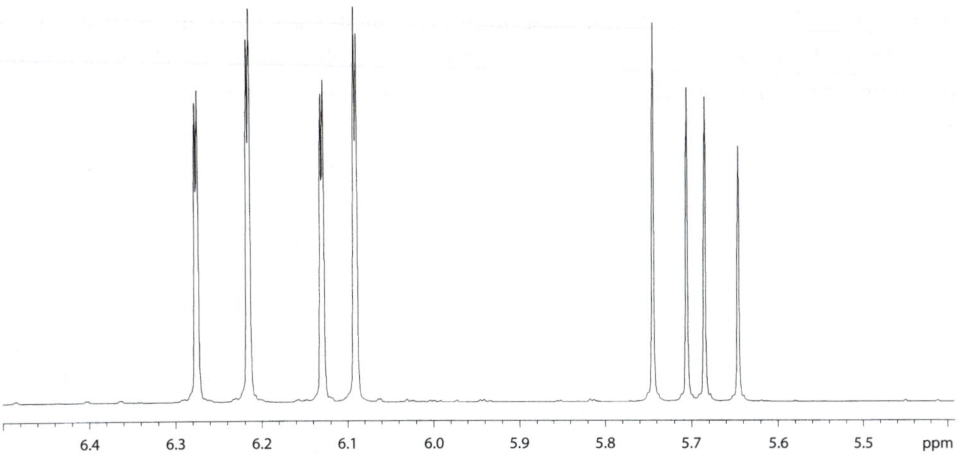

Abbildung 4.8: Das 300-MHz-^{1}H-NMR-Spektrum von Acrylnitril (CH_2=CHCN) in $CDCl_3$.

Trotz der potenziell allgemeinen Anwendbarkeit der Karplus-Beziehung zur Berechnung von vicinalen Kopplungskonstanten in Abhängigkeit vom Torsionswinkel gibt es auch einige Einschränkungen bezüglich der Zuverlässigkeit der quantitativen Ergebnisse. Die vicinale H–C–C–H-Kopplungskonstante hängt nämlich nicht nur vom H–C–C–H-Torsionswinkel ab, sondern auch von der Ordnung und der Länge der C–C-Bindung, den H–C–C-Bindungswinkeln sowie von der Elektronegativität der Substituenten an den Kohlenstoffatomen und deren Orientierung. All diese anderen Faktoren müssen in die multiplikativen Faktoren A und A' einfließen. Eine geeignete Reihe von Molekülen zur Erstellung einer Eichkurve, mit deren Hilfe die multiplikativen Faktoren für andere Moleküle bestimmt werden können, darf nur Moleküle mit starrer Konformation sowie festen Bindungslängen und Bindungswinkeln enthalten. Sind diese Voraussetzungen erfüllt, bleibt nur noch ein Faktor übrig, nämlich die Elektronegativität der Substituenten. Es sind mehrere Methoden entwickelt worden, um den Einfluss der Elektronegativität auf die vicinalen Kopplungskonstanten bestimmen zu können. Zum Beispiel ist die mathematische Abhängigkeit der ^3J-Kopplungskonstante von der Elektronegativität abgeleitet worden. Ein zweiter Ansatz ist von empirischer Natur und beruht darauf, dass ^3J-Kopplungskonstanten auf ähnliche Weise von der Elektronegativität der Substituenten abhängen wie chemische Verschiebungen. Eine dritte Methode besteht darin, das Problem zu eliminieren, indem man das Verhältnis (R) zweier ^3J-Kopplungskonstanten verwendet, die vom selben oder einem mit diesem korrelierten Torsionswinkel im Molekül beeinflusst werden und die gleiche multiplikative Abhängigkeit von der Elektronegativität der Substituenten zeigen. Letztere kann durch die Bildung des Verhältnisses R weggekürzt werden und spielt dann keine Rolle mehr. Diese verfeinerten Versionen der Karplus-Methode sind mit recht großem Erfolg zur Ermittlung verlässlicher quantitativer Ergebnisse eingesetzt worden.

Die Tatsache, dass die vicinalen Kopplungskonstanten auch noch durch andere Faktoren als den Torsionswinkel beeinflusst werden, führt selbst in strukturell analogen Systemen auch bei konstantem ϕ zu einer gewissen Schwankungsbreite der Kopplungskonstanten. Gesättigte Kohlenwasserstoffketten weisen in Abhängigkeit von der Elektronegativität der Substituenten und dem Anteil der verschiedenen Rotamere vicinale H–C–C–H-Kopplungskonstanten zwischen etwa 3 und 9 Hz auf (zum Beispiel: $Cl_2\mathbf{CHCH}Cl_2$, $^3J_{HH}$ = 3,06 Hz; $\mathbf{CH_3CH_2}Li$, $^3J_{HH}$ = 8,90 Hz). Mit steigender Elektronegativität der Substituenten wird die vicinale Kopplungskonstante immer kleiner. In kleinen Ringen ist die Variation der vicinalen Kopplungskonstanten fast ausschließlich auf die unterschiedlichen Elektronegativitäten der Substituenten zurückzuführen. In Cyclopropan und seinen Derivaten liegen die vicinalen H–C–C–H-Kopplungskonstanten für *cis*-ständige Protonen etwa im Bereich von 7 bis 13 Hz und für *trans*-ständige Protonen etwa zwischen 4 und 10 Hz. In Oxiranen (Epoxiden) sind die entsprechenden Kopplungskonstanten infolge der hohen Elektronegativität des Sauerstoffatoms kleiner. Die Kopplungskonstanten vicinaler Kopplungen zwischen Protonen über eine Doppelbindung hinweg (**H**–C=C–**H**) hängen stark von den in diesen Fällen weitgehend feststehenden Torsionswinkeln und Bindungswinkeln sowie von den Elektronegativitäten der anderen beiden Substituenten an der Doppelbindung ab. Bei Cycloalkenen reichen die Werte von 1,3 Hz im Cyclopropen bis 8,8 Hz im Cyclohexen. In Cycloalkenen befinden sich die beiden Protonen auf derselben Seite der Doppelbindung (*cis*- beziehungsweise *Z*-Konfiguration) und folglich beträgt der Torsionswinkel $\phi = 0°$. Im Fall offenkettiger Alkene weisen die $^3J_{trans}$-Kopplungskonstanten Werte zwischen etwa 10 und 24 Hz auf, während $^3J_{cis}$-Kopplungskonstanten etwa von 2 bis 19 Hz reichen. Weil die Bereiche der beiden Kopplungskonstanten relativ weit überlappen, ist eine Unterscheidung zwischen *cis*- und *trans*-Isomeren nur dann verlässlich möglich, wenn die Kopplungskonstanten jeweils weit genug vom Überlappungsbereich entfernt liegen oder die Werte für beide Isomere verfügbar sind und verglichen werden können. Liegt die Struktur der C–C-Bindung zwischen der einer reinen Einfachbindung und einer reinen Doppelbindung, ist $^3J_{HH}$ proportional zur tatsächlichen Bindungsordnung, wie im Fall von Naphthalen: $^3J_{12} = 8{,}6$ Hz und $^3J_{23} = 6{,}0$ Hz.

Die Kopplungskonstante der *ortho*-Kopplung in Benzol-Derivaten schwankt nur in einem sehr kleinen Bereich, der sich etwa von 6,7 bis 8,5 Hz erstreckt. Ihre Größe hängt von den induktiven und mesomeren Effekten der Substituenten am aromatischen Ring ab. Durch die Anwesenheit von Heteroatomen *im* aromatischen Ring wird der Bereich der vicinalen Kopplungskonstanten infolge der Effekte der höheren Elektronegativität des Heteroatoms (Pyridine) und der kleineren Ringgrößen (Furane und Pyrrole) nach *unten* um etwa 2 Hz erweitert.

Ist eines der Kohlenstoffatome, über welche die vicinale Kopplung erfolgt, sp^3- und das andere sp^2-hybridisiert [**H**–C–C(=X)–**H**], weisen die Kopplungskonstanten für frei rotierende, offenkettige Kohlenwasserstoffe (X: CH_2) Werte von etwa 5 bis 8 Hz und für Aldehyde (X: O) Werte von etwa 1 bis 5 Hz auf. In cyclischen Kohlenwasserstoffen reichen die entsprechenden Werte von −0,8 Hz im Cyclobuten über +3,1 Hz im Cyclohexen bis +5,7 Hz im Cyclohepten. Für die Protonen an den Kohlenstoffatomen der zentralen Bindung in konjugierten Dienen [**H**–C(=X)–C(=Y) **H**] weisen die Kopplungskonstanten im Fall *transoider* Systeme (bei X, Y: CR_2) Werte im Bereich zwischen 10 und 12 Hz auf. In cyclischen konjugierten Dienen nimmt das konjugierte System zwangsläufig eine *cisoide* Konformation ein. Infolgedessen sind die entsprechenden Kopplungskonstanten kleiner, wie zum Beispiel 1,9 Hz im Cyclopentadien oder 5,1 Hz im 1,3-Cyclohexadien. Bei α,β-ungesättigten Aldehyden (X: O; Y: CR_2) beträgt die Kopplungskonstante im *transoiden* Fall schließlich etwa 8 Hz und im *cisoiden* Fall etwa 3 Hz.

Auch die vicinalen Kopplungen der folgenden Typen können durch die Karplus-Beziehung beschrieben werden: **H**–C–X–**H** (X: O, N, S, Si et cetera), **H**–C–C–**C**, **H**–C–C–**F**, **H**–C–N–**F** und **C**–C–C–**C**. Die ^3J(H–C–O–P)-Kopplungskonstanten können zur Bestimmung der Konformation im Rückgrat von Nucleinsäuren genutzt werden. Die ^3J(C–C–C–C)-Kopplungskonstanten erstrecken sich etwa über Werte von 3 bis 15 Hz und sind somit größer als die geminalen ^2J(C–C–C)-

Kopplungskonstanten, die etwa zwischen 1 und 10 Hz liegen. Vicinale F–C–C–F- und H–C–C–P-Kopplungen folgen, wie sich herausgestellt hat, der Karplus-Beziehung *nicht*.

4.7 Weitreichende Kopplungen

Kopplungen zwischen Protonen, die über mehr als drei Bindungen erfolgen, werden allgemein als *weitreichende Kopplungen* oder auch *Fernkopplungen* bezeichnet. Manchmal werden auch Kopplungen zwischen Protonen und ^{13}C-Kernen über mehr als eine Bindung so genannt, aber für ^{2}J(CCH)- und ^{3}J(CCCH)-Kopplungen ist der Begriff eigentlich unpassend. Die Kopplungskonstanten weitreichender Kopplungen zwischen Protonen sind meistens kleiner als 1 Hz und häufig so klein, dass sie nicht beobachtet werden können. In mindestens zwei bestimmten Strukturelementen erreichen sie allerdings eine signifikante Größe: bei σ/π-Überlappungen der Bindungsorbitale und bei zickzackförmigen Bindungspfaden zwischen den koppelnden Kernen.

σ/π-Überlappungen

Häufig erfolgt eine Verstärkung weitreichender Kopplungen durch Wechselwirkungen der Elektronen in den σ-Bindungsorbitalen der C–H-Bindungen mit π-Elektronen von Doppelbindungen, Dreifachbindungen oder aromatischen Systemen, die entlang des Bindungspfades zwischen den koppelnden Protonen liegen. Einen solchen Fall findet man zum Beispiel bei der *allylischen* ^{4}J-Kopplung (**H**–C–C=C–**H**), deren Kopplungskonstanten im Bereich zwischen −3 und +1 Hz mit typischen Werten um −1 Hz zu finden sind. Größere Kopplungen werden beobachtet, wenn die gesättigte C–H$_a$-Bindung wie in **4-31** dargestellt (weitgehend) parallel zu den π-Orbitalen ausgerichtet ist. In dieser Anordnung ist eine stärkere σ/π-Überlappung und somit Wechselwirkung zwischen den Orbitalen möglich, wodurch die Effektivität der Kopplung erhöht wird.

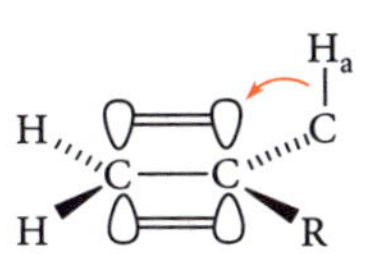

4-31

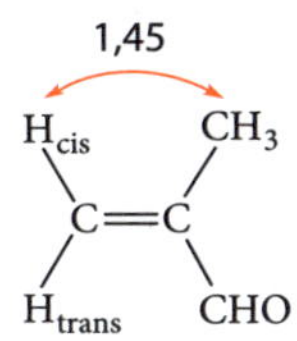

4-32

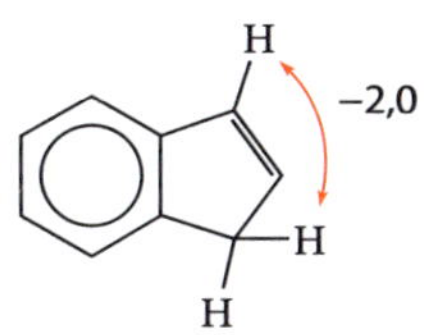

4-33

Steht die C–H$_a$-Bindung dagegen senkrecht zu den π-Orbitalen, kann praktisch keine σ/π-Überlappung stattfinden und die Kopplungskonstanten sind vom Betrag her relativ klein ($|^{4}J_{HH}| < 1$ Hz). In offenkettigen Systemen wird der Torsionswinkel zwischen der C–H$_a$-Bindung und den π-Orbitalen durch die schnelle Rotation um die C–C-Einfachbindung in der Regel über alle günstigen und ungünstigen Anordnungen gemittelt, so dass ^{4}J-Werte mittleren Betrags auftreten, wie zum Beispiel beim 2-Methylacrolein (**4-32**, $|^{4}J_{HH}| = 1{,}45$ Hz). Einschränkungen der Rotationsfreiheit durch Ringsysteme können zu günstigen relativen Anordnungen von C–H-Bindungen an allylischen Kohlenstoffatomen und π-Orbitalen benachbarter Doppelbindungen führen. Deswegen treten in Ringsystem oftmals vom Betrag her größere allylische Kopplungen auf, wie beispielsweise im Inden (**4-33**, $^{4}J_{HH} = -2{,}0$ Hz).

Eine zweite Konstellation, bei der weitreichende Kopplungen durch σ/π-Überlappungen verstärkt werden können, findet man bei der *homoallylischen* ^{5}J-Kopplung (**H**–C–C=C–C–**H**) zwischen Protonen. Die Stärke homoallylischer Kopplungen hängt von der Orientierung *zweier* C–H-Bindungen relativ zu den π-Orbitalen der zentralen Mehrfachbindung ab. Für offenkettige Systeme wie 2-Buten und seine Derivate weisen die homoallylischen ^5J-Kopplungskonstanten typischerweise einen Wert von etwa 2 Hz auf, der aber auch zwischen 0 und 3 Hz schwanken kann. Wenn beide C–H-Bindungen günstig bezüglich des π-Systems ausgerichtet sind, können die Kopplungskonstanten sogar erstaunlich groß werden. Das ist beispielsweise beim planaren 1,4-Cyclohexadien (**4-34**) der Fall, für das die homoallylische *cis*-Kopplungskonstante einen Wert von 9,63 Hz und die *trans*-Kopplungskonstante einen Wert von 8,04 Hz aufweist. Diese Kopplungskonstanten konnten mithilfe geeigneter Markierungen mit Deuterium gemessen werden. Es ist keineswegs ungewöhnlich, dass homoallylische Kopplungen größer sind als allylische, obwohl sie über eine Bindung mehr stattfinden. Ein Beispiel dafür ist Verbindung **4-35**: $^4J(CH_3–H_a)$ = 1,1 Hz und $^5J(CH_3–H_b)$ = 1,8 Hz.

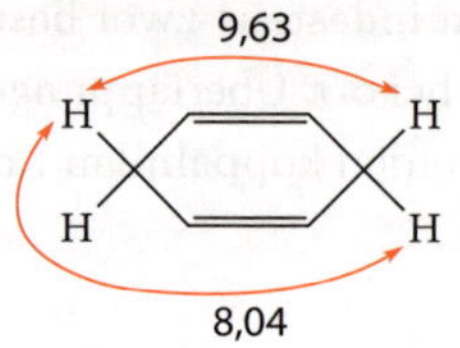

4-34

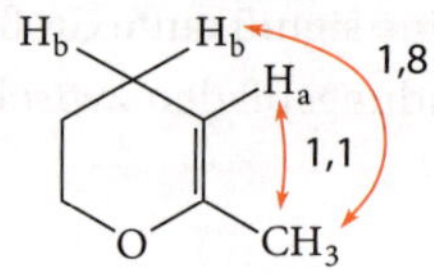

4-35

Besonders große weitreichende Kopplungen können in Molekülen mit C≡C-Dreifachbindungen oder mit einem Allen-Strukturelement (C=C=C) auftreten, weil in diesen Systemen eine sehr effektive σ/π-Überlappung möglich ist. Im Allen selbst (CH_2=C=CH_2) beträgt $^4J_{HH}$ = −7 Hz. Wegen der freien Rotation der Methylgruppen und der damit verbundenen weniger optimalen σ/π-Überlappung weist die $^5J_{HH}$-Kopplungskonstante im vergleichbaren 1,1-Dimethylallen ($^5J_{HH}$ = +3 Hz) einen kleineren Betrag auf. Durch die spezielle Bindungsstruktur besitzen Allene eine feste Stereochemie, die besonders effektive σ/π-Überlappungen ermöglicht – welche für eine der =CH_2-Gruppen von Allen im Molekül **4-36** durch die beiden unteren Pfeile veranschaulicht werden.

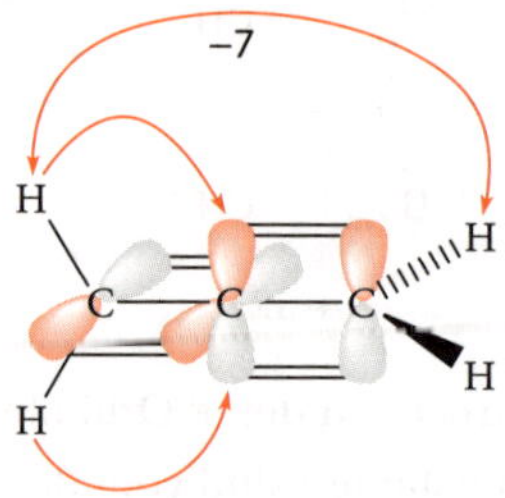

4-36

Sowohl im Propin (**H**–CH_2–C≡C–**H**, $^4J_{HH}$ = 2,9 Hz) als auch im 2-Butin (**H**–CH_2–C≡C–CH_2–**H**, $^5J_{HH}$ = 2,7 Hz) werden die weitreichenden Kopplungen besonders gut verstärkt, weil durch die senkrecht aufeinander stehenden Orbitale der beiden π-Bindungen der Dreifachbindung kaum noch stereochemische Einschränkungen für eine effektive σ/π-Überlappung vorhanden sind. In Polyalkinen konnten weitreichende Kopplungen nennenswerter Größe sogar noch über sieben Bindungen hinweg beobachtet werden.

Bei konjugierten Doppelbindungen ist die Situation komplizierter. Im Butadien treten beispielsweise zwei ^4J-Kopplungen mit Kopplungskonstanten von −0,86 und −0,83 Hz sowie drei

^5J-Kopplungen mit Kopplungskonstanten von +0,60, +1,30 und +0,69 Hz in Erscheinung. Die *meta*-Kopplungen in aromatischen Ringen sind ^4J-Kopplungen mit Kopplungskonstanten im Bereich von etwa 1 bis 3 Hz, während es sich bei den *para*-Kopplungen um ^5J-Kopplungen handelt, deren Kopplungskonstanten sich etwa von 0 bis 1 Hz erstrecken. Für Benzol selbst betragen die Kopplungskonstanten $^3J_{\mathrm{ortho}}$ = 7,54 Hz, $^4J_{\mathrm{meta}}$ = 1,37 Hz und $^5J_{\mathrm{para}}$ = 0,69 Hz. Allerdings sind an keiner der genannten Kopplungen im Butadien und Benzol σ/π-Überlappungen beteiligt, weil die C–H-Bindungen in der Doppelbindungsebene liegen und somit senkrecht zu den π-Orbitalen stehen. Protonen an sp^3-Kohlenstoffatomen, die direkt mit einem aromatischen Ring verknüpft sind – wie zum Beispiel die Methylprotonen im Toluol ($\mathbf{CH_3}$–C_6H_5), koppeln mit allen drei Typen von Protonen am Ring ($\mathbf{CH_3}$–$C_6\mathbf{H_5}$). Diese *benzylischen* Kopplungen werden, ähnlich wie die allylischen Kopplungen, durch σ/π-Wechselwirkungen zwischen der C–H-Bindung im Substituenten und den π-Elektronen des aromatischen Systems beeinflusst und weisen typischerweise die folgenden Werte auf: $^4J_{\mathrm{ortho}}$ = 0,6 bis 0,9 Hz, $^5J_{\mathrm{meta}}$ = 0,3 bis 0,4 Hz und $^6J_{\mathrm{para}}$ = 0,5 bis 0,6 Hz. Eine *doppelt-benzylische* Kopplung kann zwischen zwei Protonen an verschiedenen sp^3-Kohlenstoffatomen stattfinden, die beide direkt mit einem aromatischen Ring verknüpft sind. Das ist beispielsweise beim *o*-Xylol der Fall (*o*-Dimethylbenzol, $\mathbf{CH_3}$–C_6H_5–$\mathbf{CH_3}$, $^5J_{\mathrm{ortho}}$ = 0,3 bis 0,5 Hz).

Zickzackförmige Bindungspfade

Die zweite Kategorie weitreichender Kopplungen von signifikanter Größe tritt zwischen Protonen auf, die durch einen zickzackförmigen Bindungspfad korreliert sind, dessen Bindungen zumindest näherungsweise alle in einer Ebene liegen – manchmal werden solche Kopplungen auch als W-Kopplungen bezeichnet. Derartige Bindungsgeometrien findet man unter anderem bei 1,3-diäquatorialen Protonen an sechsgliedrigen Ringen in der Sesselkonformation, wie beispielsweise im Molekül **4-37** ($^4J_{\mathrm{äq/äq}}$ = 1,7 Hz). Das Norbornangerüst von **4-38** enthält sogar mehrere Protonenpaare, die durch einen zickzackförmigen Bindungspfad verbunden sind – zum Beispiel die in der Abbildung hervorgehobenen *exo*-ständigen Protonen an C-2 und C-6, aber auch die Brückenkopfprotonen an C-1 und C-4 oder das *endo*-ständige Proton an C-3 und das *anti*-ständige Proton an C-7.

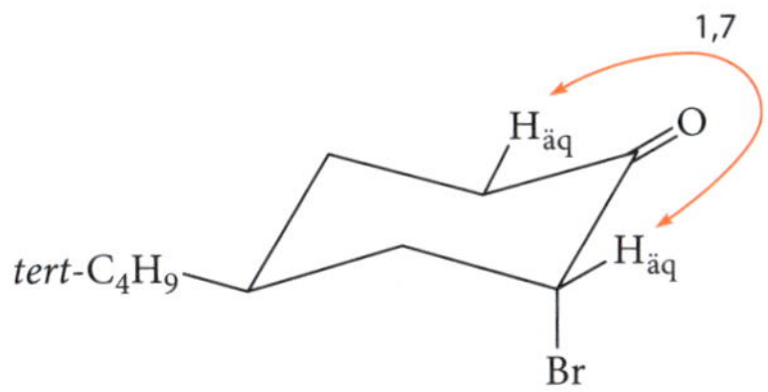

4-37

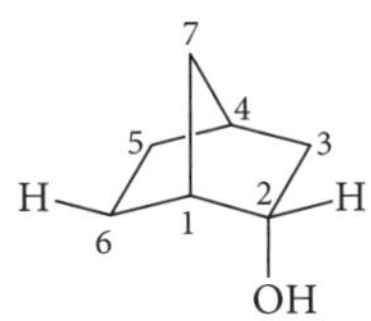

4-38

Die planare Zickzack-Anordnung ermöglicht günstige Wechselwirkung zwischen den Elektronen in den σ-Bindungsorbitalen der C–H- und C–C-Bindungen, die zu einer verstärkten Kopplung beitragen können – analog zu den größten vicinalen Kopplungen für Torsionswinkel von ϕ = 180°. Diese für die Kopplungsverstärkung verantwortlichen zickzackförmigen Bindungspfade bestehen nur aus σ-Bindungen, spielen aber auch in vielen Molekülen mit π-Elektronensystemen eine größere Rolle, weil die Geometrie des Bindungspfades in solchen Systemen häufig konformativ besonders festgelegt ist. Das ist auch bei *meta*-Kopplungen zwischen aromatischen Protonen der

Fall, die wie erwähnt nicht durch σ/π-Überlappungen, sondern durch den Zickzack-Effekt verstärkt werden. Deswegen beträgt beispielsweise die *meta*-Kopplungskonstante im Benzol (**4-39**) 1,37 Hz. Auch Zickzack-Bindungspfade über fünf Bindungen führen zu einer stärkeren weitreichenden Kopplung, wie zum Beispiel im 1,3-Butadien (**4-40**, $^5J_{HH}$ = +1,3 Hz) und zwischen den hervorgehobenen Protonen von Chinolin (**4-41**, $^5J_{HH}$ = +0,9 Hz). Signifikante, beobachtbare Kopplungen wurden bei Protonen gefunden, die durch zickzackförmige Bindungspfade aus bis zu sechs Bindungen verbunden sind.

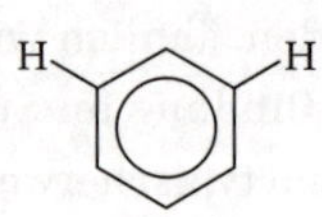

4-39

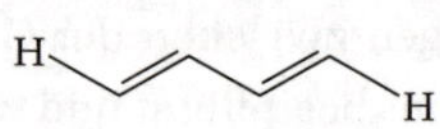

4-40

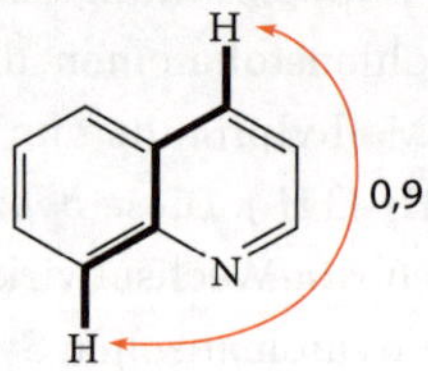

4-41

Kopplungen durch den Raum

Obwohl die Kopplungsinformation bei indirekten Spin-Spin-Kopplungen immer auf elektronenvermittelten Wegen erfolgt, kann in einigen speziellen Fällen ein Teil der Kopplung nicht über Bindungen, sondern durch den Raum erfolgen. Diese Kopplungsanteile dürfen aber nicht mit den Dipol-Dipol-Kopplungen (siehe Abschnitt 2.9) verwechselt werden, die in Lösung durch die molekularen Bewegungen ausgemittelt werden. Auch durch viele Bindungen getrennte Kerne desselben Moleküls können Spin-Informationen austauschen, wenn sie sich in Van-der-Waals-Kontakt befinden und mindestens einer der Kerne von einem freien Elektronenpaar umgeben ist. Solche Kopplungen durch den Raum werden am häufigsten, aber nicht ausschließlich, zwischen Protonen und ^{19}F-Kernen oder zwischen zwei ^{19}F-Kernen gefunden. Die ^6J-Kopplung zwischen den Methylprotonen und dem Fluorkern von Verbindung **4-42** ist vernachlässigbar klein und wird wegen des noch zu großen H/F-Abstands von 2,84 Å auch nicht durch eine Kopplung durch den Raum verstärkt.

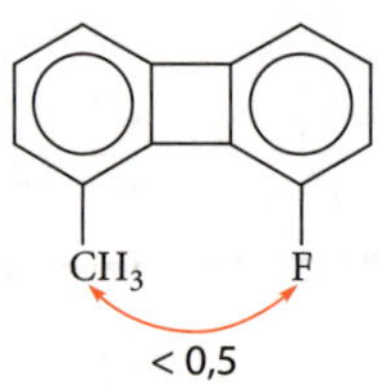

4-42

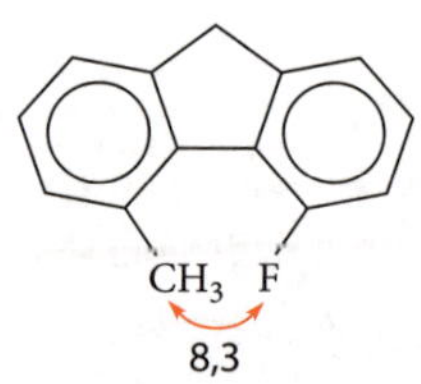

4-43

Infolge der besonderen Struktur weist der H/F-Abstand in Verbindung **4-43** dagegen nur noch einen Wert von 1,44 Å auf, während die Summe der Van-der-Waals-Radien von Fluor und Wasserstoff 2,55 Å beträgt. Deswegen beträgt die Kopplungskonstante in diesem Fall 8,3 Hz. In Verbindung **4-43** wird die Kopplungsinformation vermutlich vom Proton über das freie Elektronenpaar zum ^{19}F-Kern übertragen. Ein solcher Mechanismus ist sehr wahrscheinlich auch für die ungewöhnlich große geminale F–C–F-Kopplung zwischen zwei ^{19}F-Kernen von Bedeutung. Die Werte der ^2J(FCF)-Kopplungskonstanten sind für sp^3-Kohlenstoffatome zwischen den Fluoratomen größer (nämlich etwa 200 Hz) als für sp^2-Kohlenstoffatome (etwa 50 Hz), weil die Fluoratome durch den kleineren Bindungswinkel am sp^3-Kohlenstoffatom näher zusammenrücken.

4.8 Spektrenanalyse

Wir haben uns bisher nicht näher damit beschäftigt, wie die Kopplungskonstanten aus den NMR-Spektren ermittelt werden können. Bei einem Spektrum erster Ordnung ist die Messung der Kopplungskonstante einfach, da die chemische Verschiebung genau in der Mitte aller Peaks des jeweiligen Multipletts liegt. Im Fall eines Dubletts, das durch die Kopplung zu einem anderen Kern erzeugt wurde, findet man die chemische Verschiebung des zugehörigen Kerns also genau in der Mitte zwischen den beiden Peaks. Bei einem Triplett, das aus der Kopplung zu zwei anderen Kernen resultiert, stimmt die chemische Verschiebung mit der Lage des mittleren Peaks des Tripletts überein – und so weiter. Liegt ein solches Multiplett erster Ordnung vor, entspricht die Kopplungskonstante dem Abstand zweier direkt benachbarter Peaks, der übrigens für alle direkt benachbarten Peaks des Multipletts gleich groß ist. In Spektren zweiter Ordnung treten dagegen Abweichungen von diesen idealen Merkmalen eines Spektrums erster Ordnung auf, welche die Analyse erschweren. Außer dem Proton weisen die meisten anderen Kerne sehr große chemische Verschiebungsbereiche auf. Darüber hinaus besitzen die anderen Kerne häufig nur eine kleine natürliche Häufigkeit, so dass sie wie ^{13}C nur extrem selten untereinander koppeln. Infolgedessen beschränkt sich das Problem der Analyse von Spektren zweiter Ordnung im Wesentlichen auf ^{1}H-NMR-Spektren. ^{1}H-NMR-Spektren von niedermolekularen organischen Verbindungen, die mit einer Messfrequenz von mindestens 500 MHz gemessen wurden, sind gemäß dem $\Delta\nu/J$-Kriterium in der Regel erster Ordnung. Die magnetische Nichtäquivalenz (siehe Abschnitt 4.2) ist allerdings von der Flussdichte des äußeren Magnetfelds unabhängig. Daher erhält man in solchen Fällen, wie zum Beispiel bei AA´XX´-Spinsystemen, selbst mit den stärksten und teuersten supraleitenden Magneten nur Spektren zweiter Ordnung.

Das ideale AX-Spektrum ist erster Ordnung und besteht aus zwei Dubletts, deren Peaks alle die gleiche Intensität aufweisen. Die Spektren in Abbildung 2.18 und unten in Abbildung 4.1 sind beispielsweise annähernd erster Ordnung. Die Kopplungskonstante J_{AX} stimmt mit dem Abstand zwischen den beiden Peaks in jedem der beiden Dubletts überein, während die chemischen Verschiebungen der Kerne A und X jeweils der Mitte des zugehörigen Dubletts entsprechen. Das Spektrum zweiter Ordnung des AB-Zweispinsystems enthält ebenfalls vier Peaks, aber die beiden mittleren der vier Peaks zeigen grundsätzlich eine größere Intensität als die beiden äußeren (Dacheffekt; siehe Abbildung 4.1 und ▶ Abbildung 4.9). Auch in diesem Fall stimmt die Kopplungskonstante J_{AB} noch genau mit dem Abstand der Peaks in jedem der beiden Dubletts überein, aber es können keine spezifischen Peakpositionen und keine einfachen Mittelwerte den chemischen Verschiebungen der Kerne A und B zugeordnet werden. Die Resonanzfrequenzen der Kerne A und B (und somit auch ihre chemischen Verschiebungen) erhält man stattdessen mithilfe einer speziellen Gewichtung der verschiedenen Peakpositionen. Zunächst liefert Gleichung 4.6 die Differenz der Resonanzfrequenzen der Kerne A und B, $\Delta\nu_{AB} = \nu_A - \nu_B$.

$$\Delta\nu_{AB} = \left(4C^2 - J^2\right)^{\frac{1}{2}} \qquad (4.6)$$

In Gleichung 4.6 entspricht $2C$ dem Abstand zwischen zwei alternierenden Peaks. Die Resonanzfrequenzen ν_A und ν_B können anschließend leicht durch die Addition der positiven beziehungsweise negativen halben Verschiebungsdifferenz, $\pm 0{,}5 \times \Delta\nu_{AB}$, zur Mittelposition aller vier Peaks berechnet werden. Das Verhältnis der Intensitäten der inneren der vier Peaks zu den äußeren Peaks kann durch den Ausdruck $(1 + J / 2C) / (1 - J / 2C)$ quantitativ beschrieben werden.

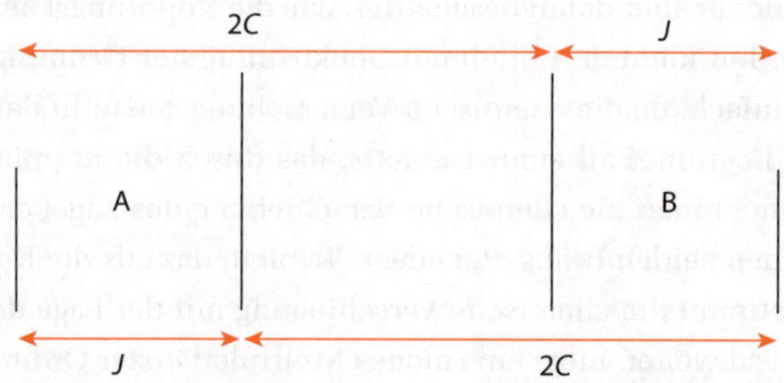

Abbildung 4.9: Veranschaulichung der Parameter zur Ermittlung der Kopplungskonstante *J* und der chemischen Verschiebungen der Kerne A und B aus einem AB-Spektrum zweiter Ordnung.

NMR-Spektren von Dreispinsystemen können nur dann durch einfache Inspektion analysiert werden, wenn sie erster Ordnung sind – das heißt im Fall von AX_2- und AMX-Spinsystemen. Das AB_2-Spektrum zweiter Ordnung kann bis zu neun Peaks enthalten: vier als Resultat des alleinigen Umklappens des Spins (Spin-Flips) von Proton A, vier als Ergebnis des alleinigen Spin-Flips der Protonen B sowie ein Peak infolge des simultanen Spin-Flips der Protonen A und B. Der letztgenannte, neunte Peak stellt eine so genannte *Kombinationslinie* dar. Er entsteht durch einen normalerweise verbotenen Übergang und weist deswegen nur eine sehr geringe Intensität auf. Zwar können diese Peakmuster theoretisch auch noch durch visuelle Inspektion analysiert werden, aber in der Regel werden dafür doch Computerprogramme eingesetzt – wenn eine Analyse wirklich erforderlich ist. Die verbleibenden Dreispinsysteme (ABB´, AXX´, ABX und ABC) sowie fast alle Vierspinsysteme (AA´BB´, AA´XX´, ABXY et cetera) oder Systeme aus mehr als vier Spins führen zu Spektren zweiter Ordnung, die durch visuelle Inspektion nicht mehr analysierbar sind. Zur genauen Analyse der Kopplungen solcher Spektren sind computergestützte Methoden erforderlich.

Bei den meisten modernen NMR-Spektrometern wird inzwischen eine Software zur Berechnung der Spektren von Spinsystemen mit bis zu sieben Spins mitgeliefert. Der erste Schritt einer Analyse besteht dann in einer Trial-and-Error-Prozedur, bei der die chemischen Verschiebungen und Kopplungskonstanten als Grundlage für die Berechnung des Spektrums schrittweise angepasst werden, bis das berechnete Spektrum zumindest weitgehend mit dem gemessenen Spektrum übereinstimmt. Dabei werden die chemischen Verschiebungen variiert, bis die Breiten und die Positionen der berechneten und der gemessenen Multipletts näherungsweise übereinstimmen. Anschließend werden die Kopplungskonstanten oder ihre Summen systematisch verändert, bis das theoretische und das gemessene Spektrum eine ausreichende Übereinstimmung aufweisen. Diese Methode ist für Drei- und Vierspinsysteme relativ erfolgreich eingesetzt worden. Für größere Spinsysteme wird die Methode allerdings immer schwieriger oder sogar unmöglich durchführbar.

Verfeinerungen der direkten Berechnungen oder der Trial-and-Error-Methoden zur Analyse der Kopplungen in NMR-Spektren nutzen iterative Computerprogramme. Das Programm LAOCN-5 von Castellano und Bothner-By führt eine iterative Bestimmung der Peakpositionen durch, benötigt aber vorab eine Zuordnung der Peaks zu spezifischen Spin-Flips. Das Programm DAVINS von Stephenson und Binsch arbeitet direkt mit nicht zugeordneten Peakpositionen.

4.9 Spektren zweiter Ordnung

Spektren zweiter Ordnung sind durch Peakabstände, die nicht den Kopplungskonstanten entsprechen, Peakintensitäten, die nicht den Binomialkoeffizienten folgen, chemische Verschiebungen, die nicht in der Mitte von Resonanzsignalen liegen, und/oder Multiplizitäten, die nicht durch die $n+1$-Regel bestimmt werden, gekennzeichnet (siehe Abbildungen 4.1, 4.2 und 4.3). Selbst wenn ein Spektrum das Erscheinungsbild eines Spektrums erster Ordnung zeigt, muss es nicht unbedingt ein Spektrum erster Ordnung sein. Peaks können zum Beispiel auf eine Weise zufällig zusammenfallen, die dem Spektrum ein einfacheres Aussehen verleiht, als es mit den tatsächlichen spektralen Parametern eigentlich aufweisen müsste – das Spektrum besitzt dann eine scheinbare oder trügerische Einfachheit (engl. *deceptive simplicity*). Im ABX-Spinsystem koppelt beispielsweise der Kern X mit zwei Kernen (A und B), die selbst untereinander eng gekoppelt sind ($\Delta\nu / J << 10$). Unter diesen Bedingungen werden die Spinzustände von A und B vollständig gemischt. Infolgedessen verhalten sich A und B gegenüber X wie zwei äquivalente Kerne. Das ABX-Spektrum ähnelt deswegen einem A_2X-Spektrum – so als wäre $J_{AX} = J_{BX}$. ▶ Abbildung 4.10 veranschaulicht diese Situation. Beträgt $\Delta\nu_{AB} = 3{,}0$ Hz (siehe Abbildung 4.10a), zeigt das berechnete Spektrum eines ABX-Spinsystems das Erscheinungsbild eines A_2X-Spektrums erster Ordnung mit nur einer Kopplungskonstante, selbst wenn $J_{AX} \neq J_{BX}$ ist. Mit $\Delta\nu_{AB} = 8{,}0$ Hz (siehe Abbildung 4.10b) erhält man dagegen ein typisches ABX-Spektrum. Manchmal, aber nicht immer, kann die trügerische Einfachheit eines solchen Spektrums wie in Abbildung 4.10a durch die Messung bei größerer Flussdichte des äußeren Magnetfelds aufgehoben werden. Ist ein Spektrum nur scheinbar einfach, können lediglich Summen oder Mittelwerte verschiedener Kopplungskonstanten gemessen werden. Die Ermittlung der tatsächlichen Kopplungskonstanten ist aus einem solchen Spektrum nicht möglich.

AA´XX´-Spektren erscheinen häufig als trügerisch einfaches Paar von Tripletts, das einem A_2X_2-Spektrum ähnelt. In diesem Fall sind die Kerne A und A´ eng miteinander gekoppelt ($\Delta\nu_{AA'} = 0$ Hz und ein großes $J_{AA'}$). Eine solche trügerische Einfachheit kann nicht durch ein stärkeres äußeres Magnetfeld eliminiert werden, da A und A´ chemisch äquivalent sind. Der Chemiker sollte daran denken, dass ein Paar von Tripletts fälschlicherweise magnetische Äquivalenz (A_2X_2) und gleiche Kopplungskonstanten ($J_{AX} = J_{AX'}$) vortäuschen kann, wenn die molekulare Struktur ein AA´XX´-Spinsystem enthält. Manchmal können die tatsächlichen Kopplungskonstanten der Kopplung zwischen A und X ermittelt werden, wenn man die Flussdichte des äußeren Magnetfelds verringert. Dann erhält man statt eines AA´XX´-Spektrums ein AA´BB´-Spektrum mit mehr Peaks, die unter Umständen eine vollständige Analyse ermöglichen können.

Ein besonders subtiles Beispiel tritt bei einem ABX-Spektrum (oder allgemein bei einem $A_xB_yX_z$-Spektrum) auf, wenn A und B sehr eng miteinander gekoppelt sind sowie J_{AX} sehr groß und J_{BX} null ist. Ohne Kopplung zu B sollte das Resonanzsignal von X ein einfaches Dublett infolge der Kopplung zu A sein. Da A und B aber eng miteinander gekoppelt sind, werden die Spinzustände von A und B gemischt und das Resonanzsignal von X wird durch die Spins von B gestört. Dieses Phänomen wird manchmal als *virtuelle Kopplung* zwischen X und B bezeichnet, darf aber nicht missverstanden werden, weil X nicht wirklich mit B koppelt. Die Protonen der Methyl-, Methylen- und Methingruppe von β-Methylglutarsäure (**4-44**) bilden beispielsweise ein etwas größeres, aber analoges Spinsystem, in dem das CH- und die CH_2-Protonen eng miteinander gekoppelt sind.

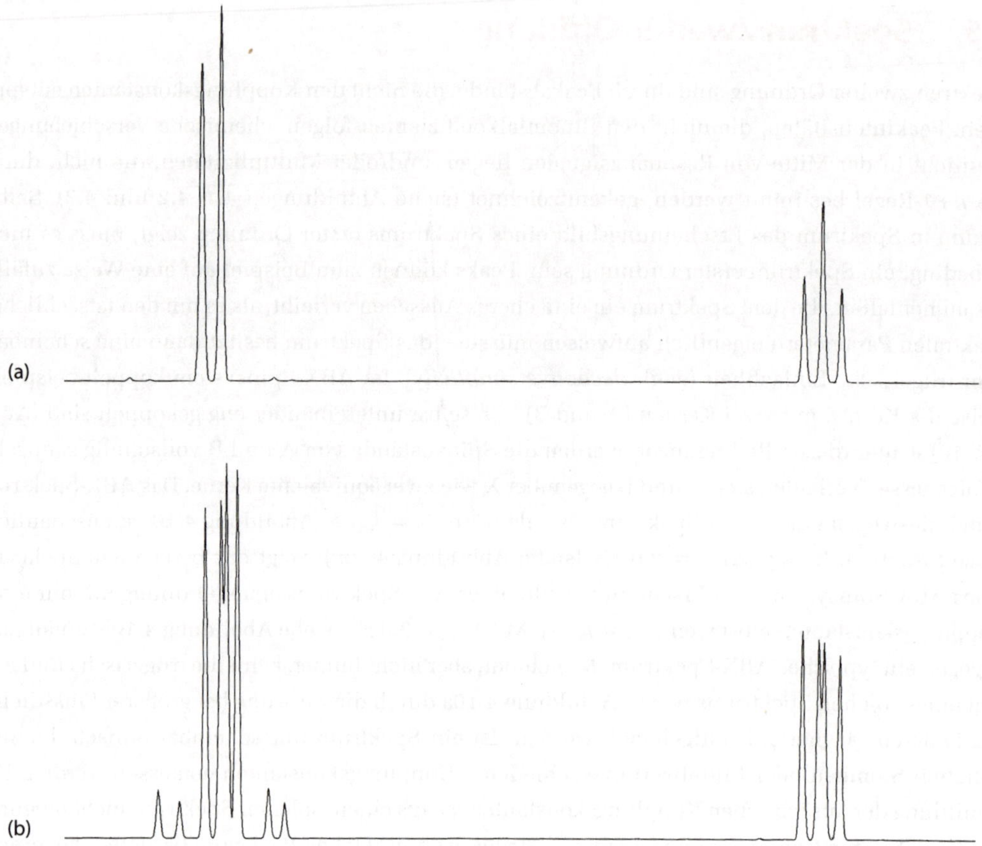

Abbildung 4.10: Ein trügerisch einfaches und ein typisches ABX-Spektrum. (a) Das trügerisch einfache ABX-Spektrum ergab sich bei der Berechnung mit den folgenden Parametern: $\nu_A = 0{,}0$ Hz, $\nu_B = 3{,}0$ Hz, $\nu_X = 130{,}0$ Hz, $J_{AB} = 15{,}0$ Hz, $J_{AX} = 5{,}0$ Hz und $J_{BX} = 3{,}0$ Hz. (b) Das Ergebnis bei Verwendung der gleichen Parameter, bis auf $\nu_B = 8{,}0$ Hz. Durch den größeren Wert von $\Delta\nu_{AB}$ wird die trügerische Einfachheit des Spektrums aufgehoben und man erhält ein typisches ABX-Spektrum.

Obwohl die Protonen der Methylgruppe (CH_3) nur mit dem Methinproton (CH) koppeln, erscheint im ^{1}H-NMR-Spektrum von **4-44** für die Methylgruppe kein einfaches Dublett (▶ Abbildung 4.11a). Vielmehr sind das CH- und die CH_2-Protonen so eng gekoppelt, dass ihre Spinzustände gemischt werden. Die CH_3-Protonen treten infolgedessen mit einer Mischung aus Spinzuständen des CH- und der CH_2-Protonen in Wechselwirkung, selbst wenn die Kopplungskonstante zwischen den CH_3- und den CH_2-Protonen $J = 0$ Hz beträgt. Dieses Problem wird durch die Messung bei einem stärkeren äußeren Magnetfeld gelöst, weil die Resonanzsignale des CH- und der CH_2-Protonen dann deutlich genug getrennt sind. Da dann keine Mischung der Spinzustände des CH- und der CH_2-Protonen mehr stattfindet, zeigt das Resonanzsignal der Methylgruppe eine saubere Kopplung allein zum Methinproton.

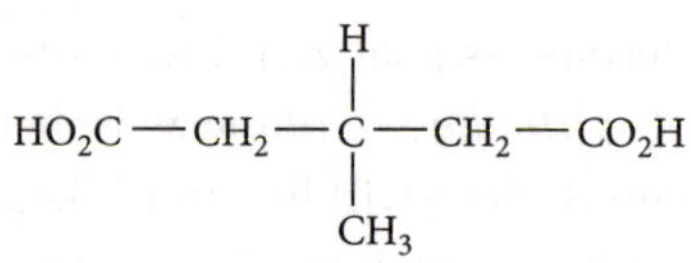

4-44

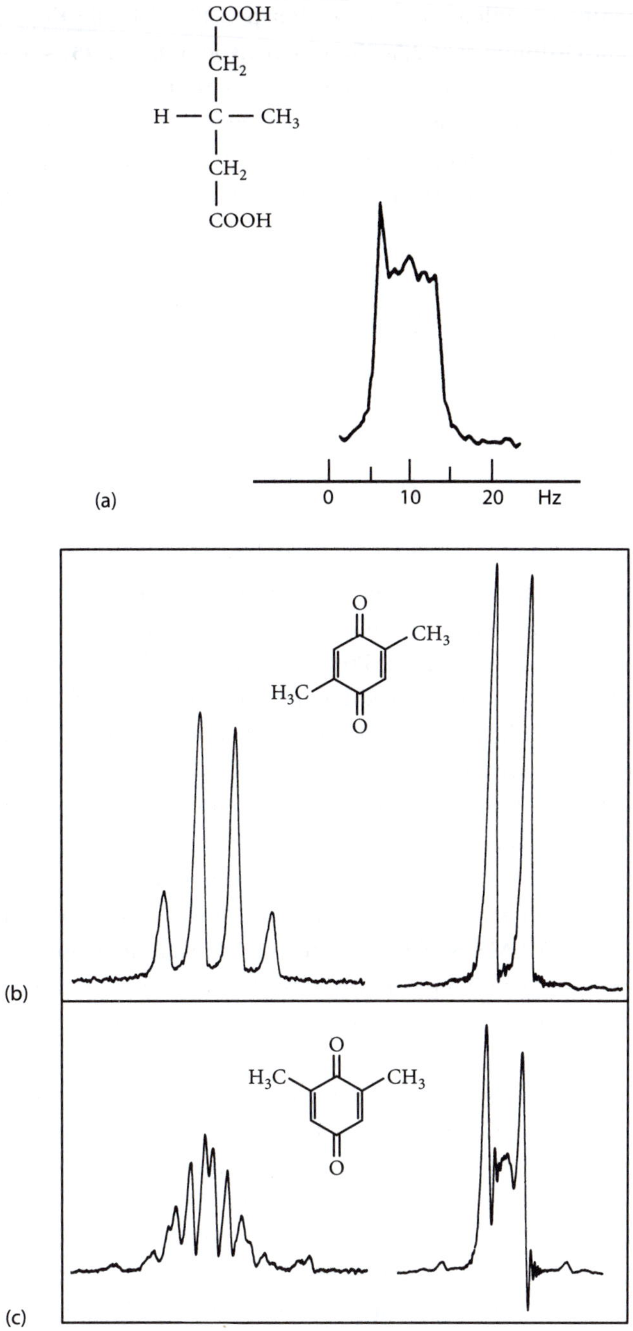

Abbildung 4.11: Verschiedene ^{1}H-NMR-Spektren zur Veranschaulichung besonderer Effekte zweiter Ordnung. (a) Das 60-MHz-^{1}H-NMR-Spektrum der Methylgruppe von β-Methylglutarsäure. (b) Das 60-MHz-^{1}H-NMR-Spektrum von 2,5-Dimethylbenzochinon. (c) Das 60-MHz-^{1}H-NMR-Spektrum von 2,6-Dimethylbenzochinon. [(a) mit freundlicher Genehmigung von: Anet, F.A.L. 1961. *Can. J. Chem.* **39**: 2267; (b) und (c) mit freundlicher Genehmigung von: Becker, E.D. 1980: *High Resolution NMR*. 2. Aufl., Academic Press, Orlando, Florida, S. 166.]

Die Dimethylbenzochinone stellen ein weiteres Beispiel für virtuelle Kopplungen dar. Das ^{1}H-NMR-Spektrum erster Ordnung von 2,5-Dimethylbenzochinon (**4-45**, siehe Abbildung 4.11b) enthält ein Dublett für die Methylprotonen und ein Quartett für die vinylischen Protonen. Im Vergleich dazu ist das Spektrum von 2,6-Dimethylbenzochinon (**4-46**, siehe Abbildung 4.11c) viel komplizierter. Die vinylischen Protonen sind in beiden Molekülen äquivalent (AA´). Im Molekül **4-45** koppelt jedes vinylische Proton nur mit den Protonen der benachbarten Methylgruppe ($J_{AA'}$ = 0 Hz).

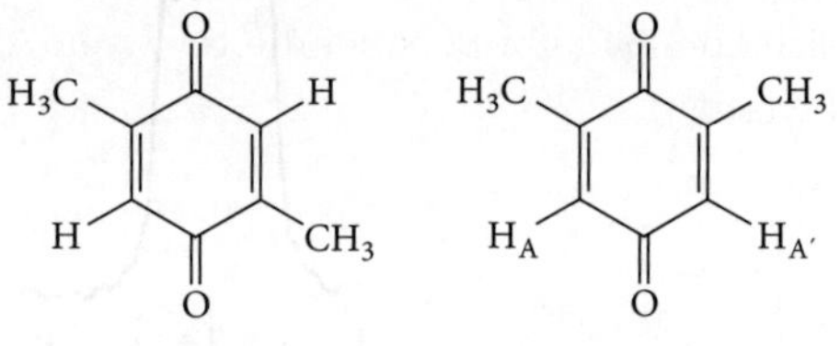

4-45 **4-46**

Dagegen sind die vinylischen Protonen im Molekül **4-46** wegen des planaren zickzackförmigen Bindungspfades, der sie verknüpft, eng miteinander gekoppelt. Die Multiplizität des Resonanzsignals der Methylprotonen wird daher nicht nur durch das benachbarte vinylische Proton, sondern auch durch das am Ring gegenüberliegende Proton beeinflusst. Mit anderen Worten, Molekül **4-45** entspricht einem $(AX_3)_2$-Spinsystem, Molekül **4-46** aber einem $AA'X_3X'_3$-Spinsystem. Der Effekt wird auch nicht durch ein stärkeres äußeres Magnetfeld vermindert oder gar aufgehoben, weil die Kerne A und A´ chemisch äquivalent sind.

Manchmal sind ^{1}H-NMR-Spektren selbst dann noch zweiter Ordnung, wenn sie mit einer Messfrequenz von 500 MHz oder mehr gemessen wurden – auch wenn sie keinen AA´-Teil enthalten. Einigen Laboratorien stehen außerdem auch heute noch nur NMR-Spektrometer ohne supraleitende Magneten mit einer maximalen Messfrequenz von 60 MHz für Protonen zur Verfügung. Diese Geräte liefern fast nur NMR-Spektren zweiter Ordnung. Solche Spektren zweiter Ordnung können häufig mithilfe so genannter *paramagnetischer Verschiebungsreagenzien* (auch *Shift-Reagenzien* genannt) zumindest teilweise aufgeschlüsselt werden. Diese Moleküle enthalten Metallionen mit ungepaarten Elektronen und sind daher im herkömmlichen Sinn paramagnetisch. Sie stellen Lewis-Säuren dar, die mit gelösten organischen Molekülen, die nucleophile Gruppen besitzen und daher als Lewis-Basen fungieren können, Lewis-Säure/Base-Komplexe bilden. Innerhalb dieser Komplexe üben die ungepaarten Elektronenspins der Verschiebungsreagenzien einen starken paramagnetischen Abschirmungseffekt auf nahe liegende Kerne aus, deren Resonanzsignal infolgedessen zu höherer Frequenz (tieferem Feld) verlagert wird. Der Effekt wird mit zunehmender Entfernung vom paramagnetischen Metallion schnell kleiner. Deswegen werden die chemischen Verschiebungen der Kerne des Substrats am stärksten beeinflusst, die in den Lewis-Säure/Base-Komplexen den kleinsten Abstand zum Metallion aufweisen. Folglich werden die Resonanzsignale der verschiedenen Protonen des Substrats unterschiedlich stark verschoben, wodurch die Peaks besser getrennt werden. Die am häufigsten eingesetzten paramagnetischen Verschiebungsreagenzien enthalten Lanthaniden als Metallion, wie zum Beispiel Europium(III)-tris-(2,2,6,6-tetramethyl-3,5-heptandionat), das auch als Europium(III)-tris-(dipivaoylmethan) oder kurz $Eu(dpm)_3$ bezeichnet wird, sowie Tris-(6,6,7,7,8,8,8-heptafluor-2,2-dimethyl-3,5-octadionato)-

europium(III), das auch Euroshift-FOD oder kurz $Eu(fod)_3$ genannt wird. Es ist eine ganze Reihe von Verschiebungsreagenzien verfügbar, die unterschiedliche Metallionen der seltenen Erden oder auch anderer Elemente sowie verschiedene Liganden enthalten. Wegen der großen Bedeutung der Lanthanid-Ionen werden die Verschiebungsreagenzien häufig allerdings auch als *Lanthaniden-Shift-Reagenzien* bezeichnet. Fast alle funktionellen Gruppen in organischen Molekülen, die als Lewis-Basen fungieren können, werden durch diese Verschiebungsreagenzien komplexiert. Wenn das Verschiebungsreagenz chiral ist, kann es bevorzugt einen Komplex mit einem von zwei Enantiomeren chiraler Substrate bilden und dadurch die Signale der verschiedenen Enantiomere auftrennen. Auf diese Weise können zum Beispiel die relativen Anteile zweier Enantiomere in einer Mischung bestimmt werden.

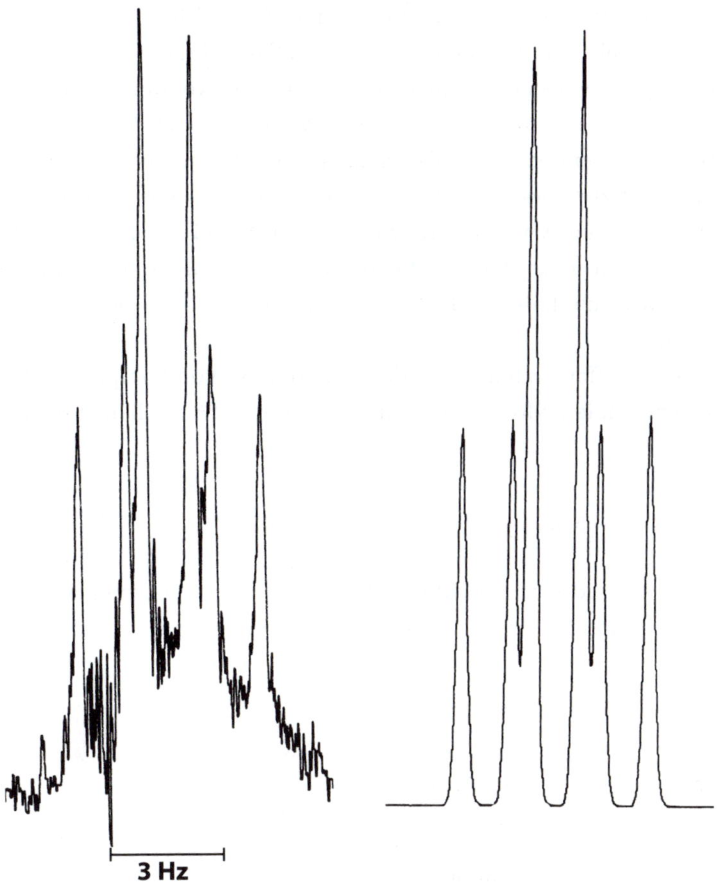

Abbildung 4.12: Der auf der höherfrequenten Seite der Hauptlinie lokalisierte ^{13}C-Satellit der vinylischen Protonen im 90-MHz-^1H-NMR-Spektrum von Cyclopropen. Links ist das gemessene und rechts das berechnete Signal abgebildet. (Mit freundlicher Genehmigung von: Lambert, J.B., Jovanovich, A.P. und Oliver, Jr., W.L. 1970. *J. Phys. Chem.* **74**: 2221. Copyright 1970 American Chemical Society.)

Die Spektrenanalyse kann manchmal durch die Ausnutzung von Spins, die infolge der geringen natürlichen Häufigkeit des betreffenden magnetischen Isotops im Molekül nur selten vorkommen, erleichtert werden. An früherer Stelle in diesem Kapitel ist das ^1H-NMR-Spektrum von Cyclopropen (**4-5**) als Beispiel für ein A_2X_2-Spektrum beschrieben worden. In Abschnitt 4.6 wurde darüber hinaus die Kopplungskonstante (J_{AA}) für die Kopplung zwischen den beiden Protonen an der Doppelbindung mit einem Wert von 1,3 Hz angegeben. Wie konnte solch eine Kopplungskonstante für eine Kopplung zwischen zwei chemisch äquivalenten Protonen gemessen werden? Die Verwendung von Deuteriumderivaten wäre nicht von Erfolg gekrönt, da J_{HD} im Fall von Cyclopropen nur eine Größe von etwa 0,2 Hz aufweisen würde. Wegen der natürlichen Häufigkeit des Isotops ^{13}C enthalten allerdings 1,1 Prozent der Moleküle an der Doppelbindung das Spinsystem H–^{12}C=^{13}C–H. Die starke $^{1}J(^{13}C–^{1}H)$-Kopplung erzeugt intensitätsschwache Multipletts auf beiden Seiten der intensitätstarken zentralen Hauptlinie, die durch die Protonen an den H–^{12}C=^{12}C–H-Systemen hervorgerufen wird. Diese kleinen Multipletts werden als ^{13}C-Satelliten bezeichnet. Jeder der ^{13}C-Satelliten ist etwa 0,5 × $^{1}J(^{13}C–^{1}H)$ von der Hauptlinie entfernt. Das Zentrum der beiden ^{13}C-Satelliten befindet allerdings nicht exakt auf der Hauptlinie, sondern infolge kleiner Isotopeneffekte etwas daneben. Im Spinsystem H–^{12}C=^{13}C–H weisen die beiden Protonen also leicht unterschiedliche effektive chemische Verschiebungen auf. Deswegen fließt die Kopplung zwischen den Protonen in die Aufspaltung jedes der ^{13}C-Satelliten mit ein. Da die vinylischen Protonen außerdem jeweils mit den Methylenprotonen koppeln, besteht jeder ^{13}C-Satellit aus einem Dublett vom Triplett, wobei die Dublett-Aufspaltung der Kopplungskonstante zwischen den beiden vinylischen Protonen entspricht. Auf diese Weise kann die ^{3}J(H–C=C–H)-Kopplungskonstante zwischen den beiden normalerweise chemisch äquivalenten Protonen gemessen werden. ▶ Abbildung 4.12 zeigt zur Veranschaulichung das gemessene und berechnete Spektrum *eines* der beiden ^{13}C-Satelliten der vinylischen Protonen von Cyclopropen. Auch andere Spins von Kernen mit geringer natürlicher Häufigkeit erzeugen Satelliten, die in ^{1}H-NMR-Spektren häufig beobachtet werden, wie zum Beispiel die Spins der Kerne ^{15}N, ^{29}Si, ^{77}Se, ^{111}Cd, ^{113}Cd, ^{117}Sn, ^{119}Sn, ^{125}Te, ^{195}Pt und ^{199}Hg.

Die allgemeinsten und effektivsten Methoden zur Analyse von komplexen ^{1}H-NMR-Spektren sind die zweidimensionalen NMR-Verfahren, die in Kapitel 6 noch ausführlich erläutert werden.

4.10 Tabellen mit Kopplungskonstanten

In ▶ Tabelle 4.1 bis 4.5 sind zum Abschluss einige Kopplungskonstanten aufgelistet, die der am Ende des Kapitels genannten Literatur entnommen wurden. Dort können Sie auch noch weitere Beispiele finden.

Tabelle 4.1: Kopplungskonstanten für Kopplungen über eine Bindung (^{1}J).

Koppelnde Isotope	Verbindung	^{1}J [Hz]
^{13}C–^{1}H	CH_3CH_3	125
	$(CH_3)_4Si$	118
	CH_3Li	98
	$(CH_3)_3N$	132
	CH_3CN	136
	$(CH_3)_2S$	138
	CH_3OH	142

Tabelle 4.1: Kopplungskonstanten für Kopplungen über eine Bindung (^1J). *(Fortsetzung)*

Koppelnde Isotope	Verbindung	^1J [Hz]
$^{13}C–^1H$	CH_3F	149
	CH_3Cl	150
	CH_2Cl_2	177
	$CHCl_3$	208
	Cyclohexan	125
	Cyclobutan	136
	Cyclopropan	162
	Tetrahydrofuran (α / β)	145 / 133
	Norbornan (C-1)	142
	Bicyclo[1.1.1]pentan (C-1)	164
	Cyclohexen (C-1)	157
	Cyclopropen (C-1)	226
	Benzol	159
	1,3-Cyclopentadien (C-2)	170
	$\mathbf{CH_2}$=CHBr	197
	Acetaldehyd (**CH**O)	172
	Pyridin (α / β / γ)	177 / 157 / 160
	Allen	168
	$CH_3C{\equiv}$**CH**	248
	$(CH_3)_2\mathbf{C^+H}$	164
	$HC{\equiv}N$	269
	Formaldehyd	222
	Formamid	191
$^{13}C–^{19}F$	CH_2F_2	235
	CF_3I	345
	C_6F_6	362
$^{13}C–^{31}P$	CH_3PH_2	9,3
	$(CH_3)_3P$	−13,6
	$(CH_3)_4P^+I^-$	56
$^{13}C–^{15}N$	CH_3NH_2	−4,5
	$C_6H_5NH_2$	−11,4

Tabelle 4.1: Kopplungskonstanten für Kopplungen über eine Bindung (^1J). *(Fortsetzung)*

Koppelnde Isotope	Verbindung	^1J [Hz]
$^{13}C–^{15}N$	$CH_3(CO)NH_2$	−14,8
	$CH_3C{\equiv}N$	−17,5
	Pyridin	0,62
	$CH_3HC{=}N–OH$ (*E* / *Z*)	−4,0 / −2,3
$^{15}N–^1H$	CH_3NH_2	−64,5
	$CH_3(CO)NH_2$	−89
	Pyridinium-Ion	−90,5
	$HC{\equiv}N^+H$	−134
	$(C_6H_5)_2C{=}NH$	−51,2
$^{15}N–^{15}N$	Azoxybenzol	12,5
	Phenylhydrazin	6,7
$^{15}N–^{31}P$	$C_6H_5NHP(CH_3)_2$	53,0
	$C_6H_5NH(PO)(CH_3)_2$	−0,5
	$[(CH_3)_2N]_3P{=}O$	−26,9
$^{13}C–^{13}C$	CH_3CH_3	35
	$CH_3(CO)CH_3$	40
	CH_3CO_2H	57
	$CH_2{=}CH_2$	68
$^{13}C–^{13}C$	$CH{\equiv}CH$	171
$^{31}P–^1H$	$C_6H_5(C_6H_5CH_2)(PO)H$	474
$^{31}P–^{31}P$	$(CH_3)_2P–P(CH_3)_2$	−179,7
	$(CH_3)_2(PS)(PS)(CH_3)_2$	18,7

Tabelle 4.2: Kopplungskonstanten geminaler Kopplungen zwischen Protonen (H–C–H).

Verbindung	^2J(H–C–H) [Hz]
CH_4	−12,4
$(CH_3)_4Si$	−14,1
$C_6H_5CH_3$	−14,4
$CH_3(CO)CH_3$	−14,9

Tabelle 4.2: Kopplungskonstanten geminaler Kopplungen zwischen Protonen (H–C–H). *(Fortsetzung)*

Verbindung	^2J(H–C–H) [Hz]
CH_3CN	−16,9
$CH_2(CN)_2$	−20,4
CH_3OH	−10,8
CH_3Cl	−10,8
CH_3Br	−10,2
CH_3F	−9,6
CH_3I	−9,2
CH_2Cl_2	−7,5
Cyclohexan	−12,6
Cyclopropan	−4,3
Aziridin	1,5
Oxiran	5,5
$CH_2{=}CH_2$	2,3
$CH_2{=}O$	40,22
$CH_2{=}NOH$	9,95
$CH_2{=}CHF$	−3,2
$CH_2{=}CHNO_2$	−2,0
$CH_2{=}CHOCH_3$	−2,0
$CH_2{=}CHBr$	−1,8
$CH_2{=}CHCl$	−1,4
$CH_2{=}CHCH_3$	2,08
$CH_2{=}CHCO_2H$	1,7
$CH_2{=}CHC_6H_5$	1,08
$CH_2{=}CHCN$	0,91
$CH_2{=}CHLi$	7,1
$CH_2{=}C{=}C(CH_3)_2$	−9,0

Tabelle 4.3: Kopplungskonstanten vicinaler Kopplungen zwischen Protonen (H–C–C–H).

Verbindung	^3J(H–C–C–H) [Hz]
CH_3CH_3	8,0
$CH_3CH_2C_6H_5$	7,62
CH_3CH_2CN	7,60
CH_3CH_2Cl	7,23
$(CH_3CH_2)_3N$	7,13
CH_3CH_2OAc	7,12
$(CH_3CH_2)_2O$	6,97
CH_3CH_2Li	8,90
$(CH_3)_2CHCl$	6,4
$ClCH_2CH_2Cl$	5,9
$Cl_2CHCHCl_2$	3,06
Cyclopropan (*cis*/*trans*)	8,97 / 5,58
Oxiran (*cis*/*trans*)	4,45 / 3,10
Aziridin (*cis*/*trans*)	6,0 / 3,1
Cyclobutan (*cis*/*trans*)	10,4 / 4,9
Cyclopentan (*cis*/*trans*)	7,9 / 6,3
Tetrahydrofuran (α–β: *cis*/*trans*)	7,94 / 6,14
Cyclopenten (3–4: *cis*/*trans*)	9,36 / 5,72
Cyclohexan (gemittelt; *cis*/*trans*)	3,73 / 8,07
Cyclohexan (ax–ax)	12,5
Cyclohexan (äq–äq und ax–äq)	3,7
Piperidin (gemittelt; α–β: *cis*/*trans*)	3,77 / 7,88
Tetrahydropyran (Oxan) (gemittelt; α–β: *cis*/*trans*)	3,87 / 7,41
Cyclohexanon (gemittelt; α–β: *cis*/*trans*)	5,01 / 8,61
Cyclohexen (3–4: *cis*/*trans*)	2,95 / 8,94
$CH_2{=}CH_2$ (*cis*/*trans*)	11,5 / 19,0
$CH_2{=}CHLi$ (*cis*/*trans*)	19,3 / 23,9
$CH_2{=}CHCN$ (*cis*/*trans*)	11,75 / 17,92
$CH_2{=}CHC_6H_5$ (*cis*/*trans*)	11,48 / 18,59
$CH_2{=}CHCO_2H$ (*cis*/*trans*)	10,2 / 17,2

Tabelle 4.3: Kopplungskonstanten vicinaler Kopplungen zwischen Protonen (H–C–C–H). *(Fortsetzung)*

Verbindung	^3J(H–C–C–H) [Hz]
CH_2=$CHCH_3$ (*cis*/*trans*)	10,02 / 16,81
CH_2=CHCl (*cis*/*trans*)	7,4 / 14,8
CH_2=$CHOCH_3$ (*cis*/*trans*)	7,0 / 14,1
ClHC=CHCl (*cis*/*trans*)	5,2 / 12,2
Cyclopropen (1–2)	1,3
Cyclobuten (1–2)	2,85
Cyclopenten (1–2)	5,3
Cyclohexen (1–2)	8,8
Benzol	7,54
C_6H_5Li (2–3)	6,73
$C_6H_5CH_3$ (2–3)	7,64
$C_6H_5CO_2CH_3$ (2–3)	7,86
C_6H_5Cl (2–3)	8,05
$C_6H_5OCH_3$ (2–3)	8,30
$C_6H_5NO_2$ (2–3)	8,36
$C_6H_5N(CH_3)_2$ (2–3)	8,40
Naphthalen (1–2 / 2–3)	8,28 / 6,85
Furan (2–3 / 3–4)	1,75 / 3,3
Pyrrol (2–3 / 3–4)	2,6 / 3,4
Pyridin (2–3 / 3–4)	4,88 / 7,67

Tabelle 4.4: Kopplungskonstanten von ^{13}C-Kopplungen außer $^1J(^{13}C–^1H)$.

Verbindung	J(CX) [Hz]
$\mathbf{CH_3CH_3}$	−4,8
$\mathbf{CH_3CH_2}Cl$	2,6
$Cl_2\mathbf{C}H–C\mathbf{H}Cl_2$	1,2
Cyclopropan (^2J)	−2,6
$(C\mathbf{H}_3)_2CH\mathbf{C}H_2CH(C\mathbf{H}_3)_2$	~5
$(C\mathbf{H}_3)_2\mathbf{C}=O$	−5,9
$\mathbf{C}H_3(CO)\mathbf{H}$	26,7
$C\mathbf{H}_3CH=\mathbf{C}(CH_3)_2$	4,8
$\mathbf{C}H_2=C\mathbf{H}_2$	−2,4
$\mathbf{C}HCl=C\mathbf{H}Cl$ (*cis* / *trans*)	16,0 / 0,8
Benzol [^2J(CH) / ^3J(CH)]	1,0 / 7,4
$CH_3\mathbf{C}\equiv CH$ ($C\mathbf{H}_3$ / $\equiv C\mathbf{H}$)	−10,6 / 50,8
$\mathbf{C}F_3C\mathbf{F}_3$	46,0
$CH_3(\mathbf{C}O)\mathbf{F}$	59,7
$Cl_2\mathbf{C}=C\mathbf{F}_2$	44,2
$\mathbf{C}H_3\mathbf{C}H_3$	34,6
$\mathbf{C}H_3\mathbf{C}H_2OH$	37,7
$\mathbf{C}H_3\mathbf{C}HO$	39,4
$\mathbf{C}H_3\mathbf{C}\equiv N$	56,5
$\mathbf{C}H_3\mathbf{C}O_2C_2H_5$	58,8
$\mathbf{C}H_2=\mathbf{C}H_2$	67,2
$\mathbf{C}H_2=\mathbf{C}HCN$	74,1
$\mathbf{C}_6H_5\mathbf{C}N$ (*ipso*)	80,3
$C_6H_5NO_2$ (1–2)	55,4
$H\mathbf{C}\equiv\mathbf{C}H$	170,6
$(\mathbf{C}H_3CH_2)_3\mathbf{P}$	14,1
$(\mathbf{C}H_3CH_2)_4\mathbf{P}^+Br^-$	−4,3
$(\mathbf{C}H_3O)_3\mathbf{P}$	10,05
$(\mathbf{C}H_3O)_3\mathbf{P}=O$	−5,8
$(\mathbf{C}H_3)_3\mathbf{P}=S$	56,1
$\mathbf{C}H_3(CH_3O)_2\mathbf{P}=O$	142,2

Tabelle 4.5: Kopplungskonstanten von ^{15}N-Kopplungen über mehr als eine Bindung.

Verbindung	J(NX) [Hz]
CH_3NH_2	−1,0
Pyrrol (H**N**C**H**)	−4,52
Pyridin (**N**C**H**)	−10,76
Pyridinium-Ion (H**N**C**H**)	−3,01
$(CH_3)_2$**N**CHO (CH_3 / CHO)	1,1 / −15,6
H–C≡**N**	8,7
H_2**N**(CO)CH_3	1,3
Pyrrol (H**N**CC**H**)	−5,39
Pyridin (**N**CC**H**)	−1,53
Pyridinium-Ion (H**N**CC**H**)	−3,98
CH_3–C≡**N**	−1,7
$CH_3CH_2CH_2NH_2$	1,2
CH_3CONH_2	9,5
CH_3C≡**N**	3,0
Pyridin (**N**C**C**)	2,53
Pyridinium-Ion (H**N**C**C**)	2,01
Anilin (**N**C**C**)	−2,68
Pyrrol (H**N**C**C**)	−3,92
$CH_3CH_2CH_2NH_2$	1,4
Pyridin (**N**CC**C**)	−3,85
Pyridinium-Ion (H**N**CC**C**)	−5,30
Anilin (**N**CC**C**)	−1,29

Literaturhinweise

Kopplungen (allgemein)

Ando, I. und Webb, G.A. 1983: *Theory of NMR Parameters*. Academic Press, London.

Nuclear Magnetic Resonance, A Specialist Periodical Report. The Chemical Society, London, Übersichtsartikel in jedem Heft.

Friebolin, H. 2005: *Ein- und zweidimensionale NMR-Spektroskopie*. 4. Aufl., Wiley-VCH, Weinheim.

Analyse von Spektren erster Ordnung

Hoye, T.R., Hanson, P.R. und Vyvyan, J.R. 1994. *J. Org. Chem.* **59**: 4096–4103.

Magnetische Äquivalenz

Mislow, K. und Raban, M. 1966. *Top. Stereochem.* **1**: 1.

Jennings, W.B. 1975. *Chem. Rev.* **75**: 307.

Pirkle, W.H. und Hoover, D.J. 1982. *Top. Stereochem.* **13**: 263.

Kopplungen über eine Bindung

McFarlane, W. 1969. *Quart. Rev.* **23**: 187.

Jameson, C.J. und Gutowsky, H.S. 1969. *J. Chem. Phys.* **51**: 2790.

Goldstein, J.H., Watts, V.S. und Rattet, L.S. 1971. *Progr. NMR Spectrosc.* **8**: 103.

Geminale, vicinale und weitreichende ^{1}H–^{1}H-Kopplungen

Sternhell, S. 1964. *Rev. Pure Appl. Chem.* **14**: 15.

Bothner-By, A.A. 1965. *Advan. Magn. Reson.* **1**: 195.

Barfield, M. und Charkrabarti, B. 1969. *Chem. Rev.* **69**: 757.

Sternhell, S. 1969. *Quart. Rev.* **23**: 236.

Bystrov, V.F. 1972. *Russ. Chem. Rev.* **41**: 281.

Hilton, J. und Sutcliffe, L.H. 1975. *Progr. NMR Spectrosc.* **10**: 27.

Barfield, M., Spear, R.J. und Sternhell, S. 1976. *Chem. Rev.* **76**: 593.

Kohlenstoff-13-Kopplungen

Stothers, J.B. 1973: *Carbon-13 NMR Spectroscopy*. Academic Press, New York.

Marshall, J.L., Müller, D.E., Conn, S.A., Seiwell, R. und Ihrig, A.M. 1974. *Acc. Chem. Res.* **7**: 333.

Ewing, D.F. 1975. *Ann. Rep. NMR Spectrosc.* **6A**: 389.

Wasylishen, R.E. 1977. *Ann. Rep. NMR Spectrosc.* **7**: 118.

Hansen, P.E. 1978. *Org. Magn. Reson.* **11**: 215.

Wray, V. 1979. *Progr. NMR Spectrosc.* **13**: 177.

Levy, G.C., Lichter, R.L. und Nelson, G.L. 1980: *Carbon-13 Nuclear Magnetic Resonance Spectroscopy*. 2. Aufl., Wiley-Interscience, New York.

Hansen, P.E. 1981. *Ann. Rep. NMR Spectrosc.* **11A**: 65.

Hansen, P.E. 1981. *Org. Magn. Reson.* **15**: 102.

Hansen, P.E. 1981. *Progr. NMR Spectrosc.* **14**: 175.

Pirkle, W.H. und Hoover, D.J. 1982. *Top. Stereochem.* **13**: 263.

Marshall, J.L. 1983: *Carbon–Carbon and Carbon–Proton NMR Couplings.* Verlag Chemie, Deerfield Beach, Florida.

Krivdin, L.B. und Della, E.W. 1991. *Progr. NMR Spectrosc.* **23**: 301.

Fluor-19-Kopplungen

Emsley, J.M., Phillips, L. und Wray, V. 1977. *Progr. NMR Spectrosc.* **10**: 82.

Phosphor-31-Kopplungen

Finer, E.G. und Harris, R.K. 1970. *Progr. NMR Spectrosc.* **6**: 61.

Kopplungen zu quadrupolaren Kernen

Mlynárik, V. 1986. *Progr. NMR Spectrosc.* **18**: 277.

Analyse von Spektren

Roberts, J.D. 1961: *An Introduction to the Analysis of Spin-Spin Splitting in High-Resolution Nuclear Magnetic Resonance Spectra.* W.A. Benjamin, New York.

Wiberg, K.B. und Nist, B.J. 1962: *The Interpretation of NMR Spectra.* W.A. Benjamin, New York.

Abraham, R.J. 1971: *The Analysis of High Resolution NMR Spectra.* Elsevier Science Inc., Amsterdam.

Hoffman, R.A., Forsén, S. und Gestblom, B. 1971. *NMR Basic Princ. Progr.* **5**: 1.

Haigh, C.W. 1971. *Ann. Rep. NMR Spectrosc.* **4**: 311.

Diehl, P., Kellerhals, H. und Lustig, E. 1972. *NMR Basic Princ. Progr.* **6**: 1.

Lambert, J.B. und Mazzola, E.P. 2004: *Nuclear Magnetic Resonance Spectroscopy.* Pearson Prentice Hall, Upper Saddle River, New Jersey, Appendices 3 und 4.

Weiterführende Themen der eindimensionalen NMR-Spektroskopie

5

ÜBERBLICK

Nach der Durcharbeitung dieses Kapitels werden Sie

- einen tieferen Einblick in die Prozesse der Spin-Gitter- und Spin-Spin-Relaxation gewonnen haben,
- Methoden zur Messung der Spin-Gitter-Relaxationszeit (T_1) sowie den Einfluss verschiedener Faktoren auf T_1 kennen gelernt haben,
- sich mit vielen Beispielen von Reaktionen auf der NMR-Zeitskala und mit Methoden der dynamischen NMR-Spektroskopie beschäftigt haben,
- die Grundlagen von Doppelresonanz-Experimenten verstanden haben,
- mit dem Kern-Overhauser-Effekt (NOE) und den zugehörigen Experimenten vertraut sein,
- verschiedene Methoden der spektralen Editierung, wie zum Beispiel durch die wichtige DEPT-Pulsfolge, kennen gelernt haben,
- erste Einblicke in einige komplexe eindimensionale Pulsfolgen gewonnen haben, die zum Beispiel zur Erhöhung der Signalintensitäten oder zur Ermittlung von Kohlenstoffkonnektivitäten eingesetzt werden können, sowie
- Methoden zur Eliminierung von Artefakten, die durch technisch bedingte Ungenauigkeiten bei der Pulserzeugung entstehen, begegnet sein.

Die chemische Verschiebung und die Kopplungskonstante stellen zwei wesentliche, mithilfe der NMR-Spektroskopie messbare Größen dar. Darüber hinaus können in einer einzelnen NMR-Zeitdimension aber auch noch einige andere Phänomene untersucht werden. In diesem Kapitel werden wir uns zunächst genauer mit den Prozessen der Spin-Gitter- und der Spin-Spin-Relaxation beschäftigen, durch welche ein angeregtes System wieder auf seinen Spin-Gleichgewichtszustand zustrebt (siehe Abschnitt 2.4). Relaxationszeiten beziehungsweise die Geschwindigkeiten von Relaxationsprozessen sind weitere messbare Größen, die wegen ihrer Korrelation sowohl zu strukturellen als auch dynamischen Faktoren von Bedeutung sind. Zweitens werden wir strukturelle Veränderungen näher betrachten, die langsam genug ablaufen, um auf der NMR-Zeitskala beobachtet werden zu können (siehe auch Abschnitt 2.8). Die zeitliche Abhängigkeit von chemischen Verschiebungen und Kopplungskonstanten beeinflusst in solchen Fällen sowohl die Form als auch die Intensität der Signale im NMR-Spektrum und kann daher zum Beispiel zur Ermittlung der Geschwindigkeitskonstanten chemischer Reaktionen beziehungsweise Prozesse genutzt werden. Drittens beschreiben wir die Familie der Doppelresonanz-Experimente, bei denen ein zweites Wechselfeld (B_2) eingestrahlt wird. Mithilfe von Doppelresonanz-Experimenten können NMR-Spektren beispielsweise vereinfacht, Intensitäten verstärkt, zusätzliche strukturelle Informationen gewonnen oder Geschwindigkeitskonstanten ermittelt werden. Anschließend erweitern wir unser Blickfeld auf eindimensionale NMR-Experimente mit komplexen Pulsfolgen, bei denen vor jeder Akquisition des FID eine definierte Zahl und Art von Pulsen – eine so genannte **Pulsfolge** oder **Pulssequenz** – in die Probe eingestrahlt wird (siehe auch Abschnitt 2.5). Die verschiedenen Pulse einer solchen Pulsfolge weisen meist unterschiedliche Pulslängen und somit Pulswinkel auf. Außerdem sind sie häufig durch eine spezifische Wartezeit getrennt und besitzen manchmal sogar keine rechteckige Form. Solche Pulsfolgen dienen zum Beispiel zur Erhöhung der Empfindlichkeit, zur Vereinfachung von Aufspaltungsmustern, zur Messung von Relaxationszeiten und Kopplungskonstanten, zur Gewinnung zusätzlicher struktureller Informationen sowie zur Verminderung oder Eliminierung der Auswirkungen von technisch bedingten Ungenauigkeiten in der Länge und Form von Pulsen.

5.1 Spin-Gitter- und Spin-Spin-Relaxation

Wir haben uns mit der Spin-Gitter- und der Spin-Spin-Relaxation im Abschnitt 2.4 bereits beschäftigt und wollen dieses Thema im Folgenden noch weitergehend diskutieren. Als Grundlage sollten Sie gegebenenfalls die Abschnitte 2.4 und 2.5 noch einmal lesen. Die Einstrahlung eines B_1-Wechselfelds mit der Resonanzfrequenz einer Kernsorte führt netto zunächst zu einer Energieabsorption, die mit dem Übergang einiger Kerne vom energieärmeren +1/2- in den energiereicheren −1/2-Spinzustand verbunden ist (siehe Abschnitt 2.4). Infolgedessen nimmt die makroskopische Magnetisierung in *z*-Richtung (M_z) ab. Durch die Spin-Gitter-Relaxation (longitudinale Relaxation) entwickelt sich die *z*-Komponente (M_z) der makroskopischen Magnetisierung wieder in Richtung ihres Gleichgewichtswerts. Dieser Prozess läuft mit der Zeitkonstante oder Relaxationszeit T_1 beziehungsweise der Geschwindigkeitskonstante $R_1 = T_1^{-1}$ ab.

Ursachen der Spin-Gitter-Relaxation

Mechanistisch beruht die Spin-Gitter-Relaxation auf der Anwesenheit von lokalen magnetischen Feldern in der Probe, die mit der Resonanzfrequenz (Larmor-Frequenz) der relaxierenden Kerne oszillieren. Die Frequenzübereinstimmung führt zur Resonanz und ermöglicht somit eine Übertragung von überschüssiger Spinenergie auf die molekulare Umgebung der relaxierenden Kerne, die in diesem Zusammenhang als Gitter bezeichnet wird. Dabei kehren die Kerne vom −1/2-Spinzustand wieder in den +1/2-Spinzustand zurück. Die Hauptquelle für die zufällig fluktuierenden magnetischen Felder stellen magnetische Kerne im selben oder in anderen Molekülen dar, welche sich infolge der molekularen Translationen, Rotationen und Schwingungen schnell durch die Lösung bewegen, wobei die Frequenz der Magnetfelder von der Geschwindigkeit dieser Bewegungen abhängt. Stimmt diese Frequenz eines lokalen Magnetfelds gerade zufällig mit der Resonanzfrequenz einer Kernsorte überein, kann Energie von angeregten Spinzuständen auf das Gitter übertragen werden. Ein solcher Prozess wird als *Dipol-Dipol-Relaxation* [T_1(DD)] bezeichnet, weil er auf der Wechselwirkung zwischen zwei Dipolen beruht – dem magnetischen Dipol des relaxierenden Kerns und dem sich bewegenden magnetischen Dipol des Kerns in der Umgebung, der das fluktuierende Magnetfeld im Gitter erzeugt. Die Relaxationszeit T_1 beziehungsweise die Geschwindigkeitskonstante R_1 des Prozesses hängt unter anderem von den magnetischen Eigenschaften der wechselwirkenden Kerne, dem Abstand zwischen den Kernen und der Geschwindigkeit ab, mit der sich der Kern des Gitters bewegt. Mathematisch kann die Abhängigkeit der Spin-Gitter-Relaxation von ^{13}C-Kernen durch dipolare Wechselwirkungen mit Protonen mithilfe von Gleichung 5.1 beschrieben werden.

$$R_1(\mathrm{DD}) = \frac{1}{T_1(\mathrm{DD})} = n\,\gamma_{\mathrm{C}}^2\,\gamma_{\mathrm{H}}^2\,\hbar^2\,r_{\mathrm{CH}}^{-6}\,\tau_{\mathrm{c}} \tag{5.1}$$

Weitgehend analog ergibt sich Gleichung 5.2 für die Spin-Gitter-Relaxation von Protonen durch dipolare Wechselwirkungen mit anderen Protonen.

$$\frac{1}{T_1\,(\mathrm{DD})} = \frac{3}{2} n \gamma_{\mathrm{H}}^4 \hbar^2 r_{\mathrm{HH}}^{-6} \tau_{\mathrm{c}} \tag{5.2}$$

Wie gewohnt fließen die magnetischen Eigenschaften der Kerne über ihre magnetogyrischen Verhältnisse in diese Gleichungen ein. Die Zahl n entspricht der Anzahl der zum relaxierenden Kern nächstbenachbarten Protonen, die aufgrund ihres geringen Abstands am effektivsten zur Relaxation beitragen. Die Tatsache, dass der Beitrag der Kerne im Gitter zur Relaxation mit steigendem Abstand (r_{CH}, r_{HH}) vom relaxierenden Kern sehr schnell abnimmt, spiegelt sich im Exponenten des Abstands (r^{-6}) wider. Darüber hinaus wird die Geschwindigkeit der Bewegungen der Moleküle des Gitters über die so genannte effektive **Korrelationszeit** τ_{c} (engl. *correlation time*) berücksichtigt. Die Korrelationszeit entspricht der Zeit, die das Molekül für eine Rotation um 1 rad (≈ 57,296°) benötigt, und liegt für niedermolekulare organische Moleküle in Lösung typischerweise im Bereich von einigen Picosekunden bis einigen Nanosekunden.

^{13}C-Kerne relaxieren somit umso schneller – das heißt, ihre Relaxationszeit T_1 ist umso kürzer –, mit je mehr Protonen sie direkt verknüpft sind, je kleiner der C–H-Kernabstand ist und je langsamer die Moleküle in der Lösung rotieren. Quartäre Kohlenstoffatome zeigen längere Relaxationszeiten, weil sie mit keinem Proton direkt verbunden sind und weil der Abstand r_{CH} zu anderen Protonen vergleichsweise groß ist. Infolge der unterschiedlichen Anzahl direkt gebundener Wasserstoffatome (Protonen), während die anderen Parameter gleich sind, beträgt das Verhältnis der ^{13}C-Relaxationszeiten von Methin- (**C**HR_3), Methylen- (**C**H_2R_2) und Methylkohlenstoffatomen (**C**H_3R) 6:3:2. Da die molekularen Bewegungen in Lösung mit zunehmender Molekülgröße langsamer und die Korrelationszeiten τ_{c} dementsprechend größer werden, relaxieren größere Moleküle in der Regel schneller. Cholesterylchlorid relaxiert beispielsweise schneller als Phenanthren, das wiederum eine kürzere Relaxationszeit zeigt als Benzol. Die Gleichungen 5.1 und 5.2 stellen nur Näherungen einer allgemeiner gültigen Gleichung dar und werden als das **Extreme Narrowing Limit** (minimale natürliche Linienbreite) für kleine Moleküle bezeichnet. Da die Frequenz des zufällig fluktuierenden Magnetfelds des Kernmagneten im Gitter für eine Dipol-Dipol-Relaxation mit der Resonanzfrequenz des angeregten Kerns übereinstimmen muss, wird die Relaxation sowohl im Fall von kleinen Molekülen, die sich sehr schnell bewegen, als auch bei großen Molekülen, die sich sehr langsam bewegen, ineffektiv. Viele Moleküle, die für Biochemiker von Interesse sind, wie zum Beispiel Proteine und Nucleinsäuren, fallen in die letztere Kategorie großer Moleküle. Die Relaxationen solcher besonders kleinen oder großen Moleküle können mit den Gleichungen 5.1 und 5.2 nicht mehr korrekt beschrieben werden, weil die Frequenz der zufällig fluktuierenden Magnetfelder zu stark von der Resonanzfrequenz der relaxierenden Kerne abweicht. Auch die schnelle intramolekulare Rotation von Methylgruppen kann die Effektivität der Dipol-Dipol-Relaxation kleiner Moleküle verringern. Für eine optimal effektive Dipol-Dipol-Relaxation müssen die Korrelationszeiten (τ_{c}) etwa im Bereich zwischen 10^{-11} und 10^{-7} s liegen, was dem Bereich der Kehrwerte der Resonanzfrequenzen entspricht. Da die Resonanzfrequenzen ihrerseits von der Flussdichte (B_0) des äußeren Magnetfelds beeinflusst werden, hängt der optimale Wert der Korrelationszeiten ebenfalls von B_0 ab. Die Korrelationszeiten und somit auch die Relaxationszeiten werden aber nicht nur durch die Molekülgröße beeinflusst, sondern hängen wie die molekularen Bewegungen zum Beispiel auch von der Viskosität der Lösung und von der Temperatur ab.

Wenn die oben beschriebene Dipol-Dipol-Relaxation nur langsam stattfindet, können andere Relaxationsmechanismen der Spin-Gitter-Relaxation in den Vordergrund treten. Fluktuierende Magnetfelder, die zur Spin-Gitter-Relaxation beitragen, können nämlich auch auf andere Weise entstehen, wie zum Beispiel durch (1) Störungen der schnellen Bewegungen kleiner Moleküle oder der schnellen Rotation von Gruppen innerhalb von Molekülen (Spin-Rotations-Relaxation), durch (2) die Bewegung von Molekülen mit anisotroper Abschirmung in starken äußeren Magnetfeldern, durch (3) skalare Kopplungskonstanten, die infolge von chemischen Austauschprozessen oder quadrupolaren Wechselwirkungen variieren, durch (4) die Bewegung von paramagnetischen Molekülen in der Probe, deren ungepaarte Elektronen sehr große magnetische Dipole erzeugen sowie durch (5) die Bewegung von quadrupolaren Kernen. In Abwesenheit von quadrupolaren Kernen und paramagnetischen Teilchen, spielen diese Mechanismen häufig keine besondere Rolle. Eine wichtige Ausnahme stellt dabei allerdings die Spin-Rotations-Relaxation der ^{13}C-Kerne von Methyl- und Trifluormethylgruppen dar. Da die Effektivität der Relaxation durch dipolare Wechselwirkungen mit steigender Temperatur sinkt, während die Bedeutung der Spin-Rotations-Relaxation gleichzeitig zunimmt, können diese beiden Mechanismen durch die Messung von T_1 bei verschiedenen Temperaturen unterschieden werden.

Die Messung der Spin-Gitter-Relaxationszeit T_1

Der tatsächliche Wert der Spin-Gitter-Relaxationszeit T_1 muss einerseits wenigstens näherungsweise bekannt sein, um entscheiden zu können, wie lang die Wartezeit (engl. *delay time*; siehe Abschnitt 2.10.3) zwischen der letzten Akquisition und dem nächsten Puls beziehungsweise der nächsten Pulsfolge sein muss, damit das System vor der nächsten Anregung zumindest weitgehend in seinen Gleichgewichtszustand zurückkehren (also relaxieren) kann. Der Wert von T_1(DD) liefert aber auch strukturelle Informationen, da er vom Abstand der dipolar wechselwirkenden Kerne (r_{CH}, r_{HH}) abhängt, sowie dynamische Informationen, da er durch die Korrelationszeit τ_c beeinflusst wird. Aus diesen Gründen sind geeignete praktikable Methoden zur Messung von T_1 entwickelt worden.

Eine grundlegende Methode zur Messung von T_1 stellt das so genannte **Inversion-Recovery-Experiment** dar. Die Strategie des Experiments besteht in der Erzeugung einer gleichgewichtsfernen Umkehrung der Besetzungszahlen der Spinzustände und der anschließenden Verfolgung der Rückkehr in den Gleichgewichtszustand als einen Prozess, der nach einer Kinetik erster Ordnung abläuft. Die Inversion der Besetzungszahlen wird durch die Einstrahlung eines 180°-Pulses erzeugt. Der makroskopische Magnetisierungsvektor $\boldsymbol{M}$ wird durch den 180°-Puls von der $+z$-Achse vollständig auf die $-z$-Achse gedreht (▶ Abbildung 5.1b), so dass der Betrag der z-Komponente zwar gleich, das Vorzeichen aber umgekehrt wird ($M_z = -M_0$). Dann wird zunächst eine sehr kurze Wartezeit τ eingeschoben, in der eine teilweise Spin-Gitter-Relaxation stattfindet. Infolge der Spin-Gitter-Relaxation ist der Betrag der z-Komponente (M_z) der makroskopischen Magnetisierung am Ende der Wartezeit τ kleiner (siehe Abbildung 5.1c) als direkt nach dem 180°-Puls. Da die Wartezeit *zunächst* sehr kurz gewählt wurde, ist M_z aber noch negativ. Nach der Wartezeit τ wird ein 90°-Puls eingestrahlt, durch den die verbleibende M_z-Magnetisierung auf die y-Achse (des rotierenden Koordinatensystems) gedreht wird – da M_z in diesem Fall noch negativ war, auf die $-y$-Achse (siehe Abbildung 5.1d). Bei der Akquisition des FID unmittelbar nach dem 90°-Puls wird die y-Komponente der makroskopischen Magnetisierung detektiert. Somit kann man auf diese Weise die M_z-Magnetisierung nach der Wartezeit τ messen. Die Intensität des Signals, das dabei im NMR-Spektrum erzeugt wird, ist infolge der Spin-Gitter-Relaxation während der Wartezeit τ kleiner als nach einer Kombination des 180°- und des 90°-Pulses zu einem 270°-Puls ohne Wartezeit ($\tau = 0$ s). In dem beschriebenen Fall mit sehr kurzer Wartezeit weist der Peak außerdem eine negative Amplitude auf (er zeigt nach unten), weil M_z vor dem 90°-Puls noch negativ war. Mit dem Inversion-Recovery-Experiment haben wir ein erstes einfaches Beispiel einer spezifischen Pulsfolge kennen gelernt, die folgendermaßen zusammengefasst werden kann: 180° – τ – 90°– Akquisition.

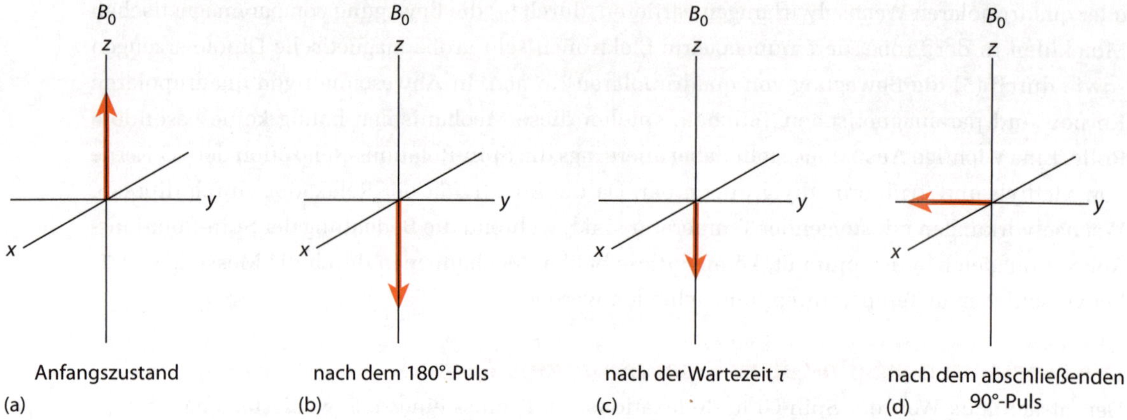

Abbildung 5.1: Die makroskopische Magnetisierung *M* im Verlauf eines Inversion-Recovery-Experiments.

Zur Bestimmung der Spin-Gitter-Relaxationszeit (T_1) muss die Entwicklung von M_z in Abhängigkeit von τ gemessen werden. Daher werden mehrere Experimente mit der genannten Pulsfolge durchgeführt, wobei die Wartezeit τ schrittweise verlängert wird. Infolge der unterschiedlichen Wartezeiten, ist die Spin-Gitter-Relaxation vor dem 90°-Puls bei den einzelnen Experimenten unterschiedlich weit fortgeschritten. Entsprechend der Veränderung von M_z während der Spin-Gitter-Relaxation von $-M_0$ bis $+M_0$ entwickelt sich auch die Amplitude der Resonanzsignale mit zunehmendem τ von negativen Werten über null zu positiven Werten. Bei sehr langen Wartezeiten findet vor dem 90°-Puls schließlich eine vollständige Spin-Gitter-Relaxation statt und die Signale erreichen ihre maximale positive Amplitude. Die Amplituden der Signale der verschiedenen Kerne verändern sich dabei entsprechend den Spin-Gitter-Relaxationszeiten (T_1) der Kerne mit zunehmender Wartezeit unterschiedlich schnell. ► Abbildung 5.2 zeigt eine Reihe solcher ^{13}C-NMR-Spektren von Chlorbenzol, die mit der Inversion-Recovery-Pulsfolge mit steigender Wartezeit τ gemessen wurden. Das *ipso*-Kohlenstoffatom (C-1) ist mit keinem Wasserstoffatom direkt verbunden und weist daher eine lange Spin-Gitter-Relaxationszeit auf. Deswegen sind für das Signal von C-1 besonders lange Wartezeiten τ erforderlich, um einen Nulldurchgang und schließlich den maximalen positiven Wert seiner Amplitude zu erhalten. Die Relaxation von C-1 ist selbst nach einer Wartezeit von $\tau = 80$ s noch nicht vollendet. Doch wie genau kann man nun die Spin-Gitter-Relaxationszeiten der einzelnen Kerne ermitteln? Dazu betrachtet man die Intensität I des Signals des jeweiligen Kerns in Abhängigkeit von τ. Die Spin-Gitter-Relaxation ist ein Prozess erster Ordnung. Deswegen folgt die Intensität I mit zunehmendem τ dem inversen Verlauf eines exponentiellen Abfalls, der durch Gleichung 5.3 beschrieben wird.

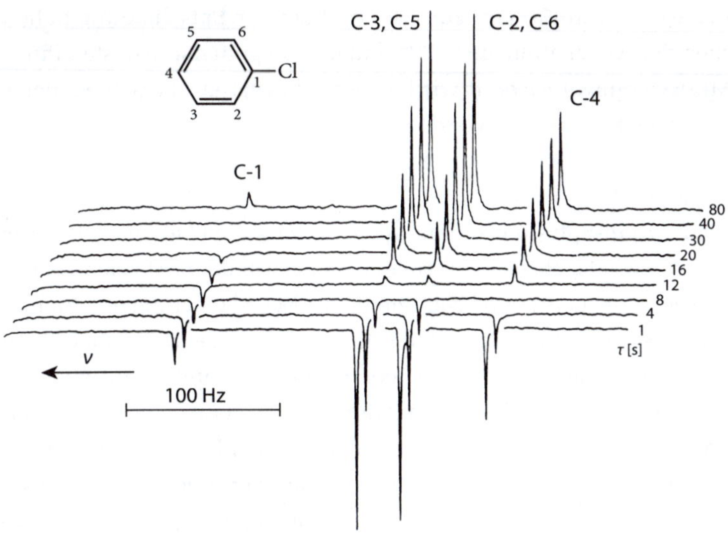

Abbildung 5.2: **Einige 25-MHz-^{13}C-NMR-Spektren von Chlorbenzol, die mit der Inversion-Recovery-Pulsfolge mit zunehmender Wartezeit gemessen wurden.** Am rechten Rand ist zu jedem Spektrum die Wartezeit τ der Pulsfolge in Sekunden angegeben. (Mit freundlicher Genehmigung von Addison Wesely Longman Ltd. Aus: Harris, R.K. 1983: *Nuclear Magnetic Resonance Spectroscopy*. Pitman Publishing Ltd., London, S. 82.)

$$I = I_0\left(1 - 2e^{-\frac{\tau}{T_1}}\right) \tag{5.3}$$

In Gleichung 5.3 entspricht I_0 der maximalen Intensität des Signals, die nach sehr langen Wartezeiten zu beobachten ist, also wenn vor dem 90°-Puls der Spin-Gleichgewichtszustand durch vollständige Spin-Gitter-Relaxation erreicht wurde. Der Faktor 2 vor dem exponentiellen Term ergibt sich daraus, dass die Wiederherstellung (Recovery) der Gleichgewichtsmagnetisierung nach dem 180°-Puls bei einer vollständigen Inversion der makroskopischen Magnetisierung beginnt. Für eine Wartezeit von $\tau = 0$ s muss somit $I = -I_0$ betragen, so dass im Verlauf einer vollständigen Relaxation eine Änderung von I um $2I_0$ stattfindet. Die Umformung und Logarithmierung von Gleichung 5.3 liefert Gleichung 5.4.

$$\ln(I_0 - I) = -\frac{\tau}{T_1} + \ln I_0 + \ln 2 \tag{5.4}$$

Trägt man gemäß Gleichung 5.4 $\ln(I_0 - I)$ gegen τ in einem Diagramm auf, erhält man eine Gerade mit der Steigung $-1 / T_1$. Eine Abschätzung der Spin-Gitter-Relaxationszeit T_1 kann mithilfe des Wertes von τ für $I = 0$ (τ_{null}) erfolgen. Für C-4 von Chlorbenzol in Abbildung 5.2 beträgt τ_{null} beispielsweise etwa 8 s. Setzt man in Gleichung 5.4 für I den Wert 0 und für τ den Wert τ_{null} ein und formt die Gleichung um, erhält man Gleichung 5.5 zur Bestimmung der Spin-Gitter-Relaxationszeit T_1.

$$T_1 = \frac{\tau_{\text{null}}}{\ln 2} \approx 1{,}443 \times \tau_{\text{null}} \tag{5.5}$$

Eine solche Abschätzung von T_1 kann zum Beispiel bei der Entscheidung helfen, wie lang die Wartezeit zwischen der Akquisition eines FID und dem Beginn der nächsten Pulsfolge bei einem spezifischen NMR-Experiment gewählt wird – sie sollte aber aus verschiedenen Gründen nicht als exakte Messung von T_1 betrachtet werden.

Spin-Spin-Relaxation

Die transversale oder Spin-Spin-Relaxation, durch welche die Quermagnetisierungen in *x*- und *y*-Richtung (M_x und M_y) wieder abgebaut werden, läuft nach anderen Mechanismen ab als die Spin-Gitter-Relaxation. Diese Mechanismen beeinflussen die Magnetisierung in *z*-Richtung *nicht* (siehe Abschnitt 2.4). Daher weist die Spin-Spin-Relaxationszeit T_2 in der Regel auch einen anderen Wert auf als die Spin-Gitter-Relaxationszeit T_1. Theoretische Ableitungen auf quantenmechanischer Basis, die wir hier aber nicht durchführen wollen, zeigen, dass T_2 niemals größer als $2T_1$ sein kann: $T_2 \leq 2T_1$ (theoretische Grenze). Die verschiedenen in der Praxis relevanten mechanistischen Beiträge zur Spin-Spin-Relaxation, die beispielsweise auf der Inhomogenität des B_0-Magnetfelds beruhen (siehe Abschnitt 2.4), führen jedoch zu beschleunigten Spin-Spin-Relaxationen und zu beobachteten Spin-Spin-Relaxationszeiten T_2, die fast immer kleiner als T_1 sind: $T_2 \leq T_1$ (übliche praktische Grenze). Neben der Relaxation infolge der Inhomogenität des B_0-Feldes kann die Spin-Spin-Relaxation auch durch den in Abschnitt 2.4 bereits beschriebenen Flip-Flop-Mechanismus stattfinden, bei dem jeweils zwei Kerne ihre Spinzustände simultan in entgegengesetzte Richtungen wechseln, wobei die Phasenkohärenz schrittweise verloren geht. Dieser Mechanismus spielt besonders in großen Molekülen eine signifikante Rolle, in denen er zu einer Art intramolekularer *Spindiffusion* führen kann. Diese besteht darin, dass ein angeregter Kern im −1/2-Spinzustand über einen Flip-Flop-Mechanismus mit einem benachbarten Kern im Molekül wechselwirkt, wodurch der angeregte Kern in den energieärmeren +1/2-Spinzustand zurückkehrt, während der benachbarte Kern in den −1/2-Spinzustand übergeht. Dieser Prozess kann sich über weitere Kerne des Moleküls fortsetzen, wodurch der −1/2-Spinzustand des ursprünglich angeregten Kerns durch das Molekül „diffundiert". Dabei führt jeder Flip-Flop-Vorgang zu einer schrittweisen Aufhebung der Phasenkohärenz und somit zum Abbau der M_x- und M_y-Quermagnetisierungen durch Spin-Spin-Relaxation. Bei der Interpretation der NMR-Spektren sehr großer Moleküle, wie zum Beispiel von Proteinen, muss ein solcher Prozess berücksichtigt werden.

Abhängigkeit der Spin-Gitter-Relaxation von der Struktur

Die Spin-Gitter-Relaxationszeiten von Protonen hängen von ihrem Abstand zum nächstbenachbarten Proton und somit von der Struktur des Moleküls ab. Je kleiner dieser Abstand ist, desto schneller erfolgt gemäß Gleichung 5.2 die Spin-Gitter-Relaxation und desto kürzer ist die Spin-Gitter-Relaxationszeit T_1 des Protons. Die beiden Isomere **5-1a** und **5-1b** [Bz = Benzoyl = Ph(C=O)–] können beispielsweise anhand der Relaxationszeiten ihrer Protonen unterschieden werden. In **5-1a** steht H-1 axial und weist daher nur einen geringen Abstand zu den ebenfalls axialen Protonen H-3 und H-5 auf – T_1 von H-1 beträgt in diesem Fall 2,0 s. Im Isomer **5-1b** steht H-1 dagegen äquatorial und ist infolgedessen weiter von seinen benachbarten Protonen entfernt. Deswegen ist seine Spin-Gitter-Relaxationszeit in diesem Isomer mit 4,1 s länger als im Isomer **5-1a**. Die T_1-Werte der restlichen Protonen können auf analoge Weise gemäß Gleichung 5.2 entsprechend dem Abstand und der Anzahl der nächstbenachbarten Protonen interpretiert werden. Das axiale

Proton H-2 besitzt im Isomer **5-1a** zum Beispiel nur H-4 als eng benachbartes axiales Proton. Seine Spin-Gitter-Relaxationszeit ist daher mit 3,6 s relativ lang. Im Isomer **5-1b** ist H-2 nicht nur zum axialen H-4, sondern zusätzlich zum vicinalen Proton H-1 eng benachbart und zeigt infolgedessen mit 2,1 s eine kürzere Spin-Gitter-Relaxationszeit (T_1).

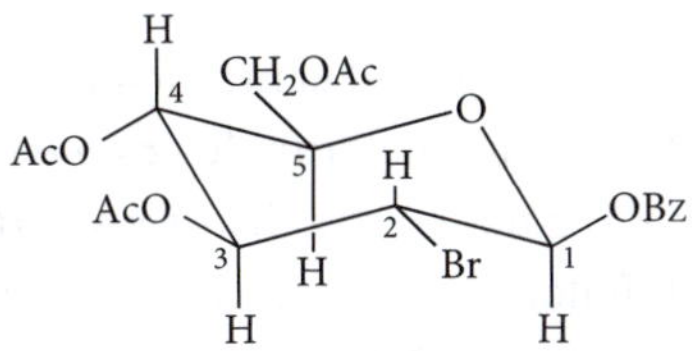

5-1a

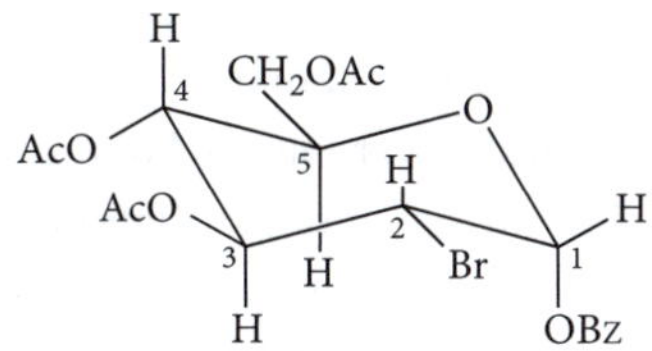

5-1b

Einfluss anisotroper Molekülbewegungen auf T_1

Wenn ein Molekül ein starres Gerüst besitzt und in allen Raumrichtungen gleich gut (isotrop) rotiert, sollten die Relaxationszeiten aller Kohlenstoffatome mit jeweils gleicher Anzahl direkt gebundener Wasserstoffatome annähernd gleich sein. Die *nicht* kugelförmige dreidimensionale Gestalt der meisten Moleküle führt allerdings häufig zu einer bevorzugten (anisotropen) Rotation des Moleküls in Lösung um eine oder mehrere bestimmte Achsen. Ein Toluolmolekül (**5-2**) rotiert zum Beispiel leichter und schneller um die Achse, die durch die Methylgruppe sowie das *ipso-* und das *para*-Kohlenstoffatom verläuft, weil sich bei dieser Rotation weniger Masse auf einem größeren Radius um die Achse bewegt. Im Mittel bewegen sich die Kohlenstoffatome auf dieser Achse in Lösung deswegen weniger beziehungsweise langsamer als die *ortho-* und *meta*-Kohlenstoffatome und ihre direkt gebundenen Wasserstoffatome, weil Punkte auf einer Rotationsachse während der Rotation stationär bleiben. Für die *ortho-* und *meta*-Kohlenstoffatome ist die effektive Korrelationszeit τ_c infolge der schnelleren Bewegungen daher kürzer und die Spin-Gitter-Relaxationszeit T_1 gemäß Gleichung 5.1 somit länger. Die tatsächlichen Werte von T_1 sind für die verschiedenen Kohlenstoffatome von Toluol in Molekülformel **5-2** angegeben. Das *ipso*-Kohlenstoffatom weist trotz seiner langsameren Bewegungen eine sehr lange Relaxationszeit auf, weil es mit keinem Wasserstoffatom direkt verknüpft ist und der Abstand r_{CH} in Gleichung 5.1 einen entsprechend großen Wert besitzt.

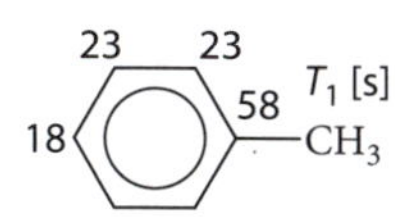

5-2

Einfluss von segmentalen Beweglichkeiten auf T_1

Besitzen Moleküle kein starres Gerüst, zeigen die Atome der leichter und somit schneller beweglichen Segmente des Moleküls längere Spin-Gitter-Relaxationszeiten, weil ihre Korrelationszeiten τ_c kürzer sind. Die Methylkohlenstoffatome von Decan (**5-3**) relaxieren infolge der größten Beweglichkeit der terminalen Molekülsegmente beispielsweise am langsamsten, während die Kohlenstoffatome in Richtung Kettenmitte schrittweise immer kürzere Relaxationszeiten aufweisen.

$CH_3CH_2CH_2CH_2CH_2CH_2CH_2CH_2CH_2CH_3$

nT_1 26,1 13,2 11,4 10,0 8,8

5-3

In Struktur **5-3** sind die Werte von nT_1 für die verschiedenen Kohlenstoffatome angegeben, wobei n der Anzahl der direkt gebundenen Wasserstoffatome entspricht. Durch die Multiplikation mit *n* können die Unterschiede der Werte zwischen den Atomen hauptsächlich auf die unterschiedlichen Segmentbeweglichkeiten zurückgeführt werden, während der Einfluss der Anzahl direkt gebundener Wasserstoffatome eliminiert wird.

Partiell relaxierte Spektren

Das zur Messung von T_1 eingesetzte Inversion-Recovery-Experiment kann auch zur Vereinfachung von NMR-Spektren genutzt werden. In Abbildung 5.2 fehlt im Spektrum für $\tau = 40$ s zum Beispiel das Resonanzsignal des *ipso*-Kohlenstoffatoms (C-1). Bei einer Wartezeit von etwa 10 s wird dagegen die Intensität der Signale aller anderen Kohlenstoffatome null, so dass nur noch der negative Peak von C-1 im Spektrum erscheint. Solche *partiell relaxierten* NMR-Spektren können aber auch gezielt auf eine Weise erzeugt werden, durch die nur die Eliminierung spezifischer Peaks erfolgt. Kommt beispielsweise deuteriertes Wasser (D_2O) als Lösungsmittel zum Einsatz, stört häufig der sehr große Peak, der auf die unvermeidliche Verunreinigung mit HOD zurückzuführen ist. Mithilfe eines Inversion-Recovery-Experiments kann dann die Wartezeit τ ermittelt werden, für welche die Intensität des HOD-Peaks gerade null wird. Die Signale der Protonen der gelösten Substanz, die untersucht werden soll, weisen bei genau diesem τ in der Regel eine negative oder positive Amplitude auf, werden also nicht ausgelöscht. Der Betrag und das Vorzeichen der Intensitäten dieser Signale hängen in diesem Fall davon ab, um wie viel das jeweilige Proton schneller oder langsamer relaxiert als das Proton im HOD. Zur selektiven Eliminierung des HOD-Signals wird das Experiment verfeinert, indem der 180°-Puls nur mit der Resonanzfrequenz des HOD-Protons eingestrahlt wird. Auf diese Weise werden die Signale der anderen Protonen durch den 180°-Puls nicht beeinflusst. Mit einer geeigneten Wartezeit τ erhält man schließlich ein weitgehend normales ^{1}H-NMR-Spektrum der gelösten Substanz, in dem der HOD-Peak unterdrückt wurde. Eine solche Prozedur wird auch als *Lösungsmittelunterdrückung* (engl. *solvent suppression*) oder allgemein als *Signalunterdrückung* (engl. *peak suppression*) bezeichnet.

Quadrupolare Relaxation

Der dominierende Beitrag zur Spin-Gitter-Relaxation von Kernen mit einem Spin von $I > 1/2$ resultiert aus der quadrupolaren Natur dieser Kerne. Quadrupolare Kerne besitzen keine kugelförmige, sondern eine ellipsoide Gestalt. Beträgt der Spin eines Kerns $I = 1$, sind drei verschiedene Orientierungen des magnetischen Moments des Kerns bezüglich eines äußeren Magnetfelds möglich: parallel, senkrecht (orthogonal) und antiparallel (▶ Abbildung 5.3). Wenn ein quadrupolarer Kern innerhalb eines Moleküls *asymmetrisch* von der Elektronenwolke des Moleküls umgeben ist, erzeugt er durch die schnellen molekularen Bewegungen in Lösung selbst ein fluktuierendes Magnetfeld, das zu seiner Relaxation beitragen kann.

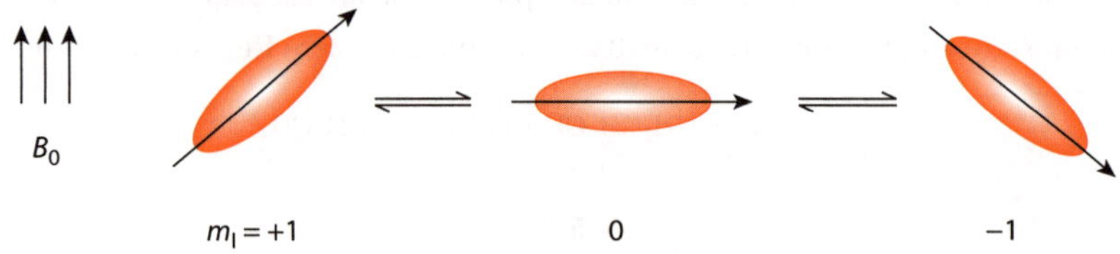

Abbildung 5.3: Die Spinzustände eines Kerns mit einem Spin von $I = 1$ und die zugehörigen Ausrichtungen des magnetischen Moments des Kerns bezüglich eines äußeren Magnetfelds (B_0).

Der Mechanismus dieser quadrupolaren Relaxation unterscheidet sich von der Dipol-Dipol-Relaxation auf zweifache Weise. Erstens ist kein zweiter, sich bewegender Kern erforderlich, da der quadrupolare Kern durch seine Bewegung in der asymmetrisch angeordneten Elektronenwolke sein eigenes fluktuierendes Magnetfeld erzeugt. Zweitens kann die Spin-Gitter-Relaxationszeit (T_1) sehr kurz werden (Millisekunden oder weniger), weil der Mechanismus der quadrupolaren Relaxation äußerst effektiv ist, wenn der Kern ein großes Quadrupolmoment besitzt. In solchen Fällen spielt die Heisenberg'sche Unschärfebeziehung $\Delta E \Delta t \sim \hbar$ eine signifikante Rolle für das Erscheinungsbild des NMR-Spektrums (siehe auch Abschnitt 2.2). Darin entsprechen in diesem Fall ΔE der Energieunschärfe des jeweiligen Spinzustands und Δt der Lebensdauer des Spinzustands, die für den angeregten Spinzustand mit der Relaxationszeit des Kerns übereinstimmt. Ist die Relaxationszeit infolge der quadrupolaren Relaxation sehr klein, muss gemäß der Heisenberg'schen Unschärfebeziehung die Energieunschärfe des angeregten Spinzustands entsprechend groß werden. Diese Unschärfe überträgt sich unmittelbar auf die Energiedifferenz zwischen den verschiedenen Spinzuständen und somit auch auf die Resonanzfrequenz des Kerns. Infolgedessen besitzt das Resonanzsignal des Kerns im NMR-Spektrum eine sehr große Linienbreite. Kerne mit großen Quadrupolmomenten erzeugen häufig extrem breite Signale – das ^{35}Cl-Resonanzsignal von CCl_4 weist beispielsweise eine Breite von etwa 20.000 Hz auf. Dagegen sind die Quadrupolmomente der Isotope ^{17}O und ^{14}N kleiner und ihre Signale mit einer Breite von typischerweise unter 100 Hz deutlich schmaler. Das noch kleinere Quadrupolmoment der Deuteriumkerne (D, ^{2}H) führt zu ziemlich scharfen Peaks im ^{2}H-NMR-Spektrum, deren Breite in der Regel im Bereich eines oder einiger weniger Hertz liegt. Die Linienbreite hängt aber auch von der Symmetrie des Moleküls und der Position des betrachteten Kerns in diesem Molekül ab. Durch diese Parameter wird nämlich auch die Symmetrie der Elektronenwolke beziehungsweise der Anordnung der Elektronenwolke bezüglich des quadrupolaren Kerns bestimmt. Systeme mit einer π-Elektronenwolke sind meist weniger symmetrisch und ergeben relativ breite Linien, wie zum Beispiel die ^{14}N-Resonanzsignale von Amiden oder Pyridin-Derivaten. Kugelsymmetrische oder tetraedrisch-symmetrische Atome oder Moleküle, bei denen sich der quadrupolare Kern im Symmetriezentrum befindet, zeigen keine quadrupolare Relaxation, da der Kern symmetrisch von der Elektronenwolke des Moleküls umgeben ist. Beispiele für solche Teilchen sind ^{14}N in NH_4^+, ^{6}Li oder ^{7}Li in Li^+, ^{10}B in BH_4^-, ^{35}Cl in Cl^- oder ClO_4^- und ^{33}S in SO_4^{2-}. In den NMR-Spektren dieser Systeme erscheinen wie in den Spektren von Spin-1/2-Kernen sehr scharfe (schmale) Linien. Das oben bereits erwähnte CCl_4 ist zwar ein tetraedrisch-symmetrisches Molekül, aber die Chloratome befinden sich nicht im Symmetriezentrum. Deswegen ist jedes einzelne Chloratom unsymmetrisch von einer Elektronenwolke umgeben, so dass eine effektive quadrupolare Relaxation möglich ist und die Linienbreite im ^{35}Cl-NMR-Spektrum sehr groß werden kann.

Die Auswirkungen quadrupolarer Kerne auf die Resonanzsignale benachbarter Protonen müssen bei der Interpretation von NMR-Spektren berücksichtigt werden. Wenn die quadrupolare Relaxation extrem schnell abläuft, unterliegt ein benachbarter Kern nur dem Einfluss eines gemittelten Spinzustands des quadrupolaren Kerns. In diesem Fall kann *keine* Spin-Spin-Kopplung zum quadrupolaren Kern beobachtet werden. Die Protonen von Chlormethan erzeugen daher zum Beispiel nur ein scharfes Singulett im ^{1}H-NMR-Spektrum, obwohl die Isotope ^{35}Cl und ^{37}Cl einen Spin von $I = 3/2$ besitzen und somit in vier verschiedenen Spinzuständen vorkommen können. Viele Chemiker gehen wegen der fehlenden Kopplungen in NMR-Spektren gefühlsmäßig davon aus, dass die Kerne der Halogene (außer Fluor) nicht magnetisch sind. Tatsächlich trügt dieser Schein aber, weil die Kopplungen nur infolge der schnellen quadrupolaren Relaxation dieser Kerne fehlen. Deuteriumkerne besitzen im Vergleich dazu nur ein ziemlich kleines Quadrupolmoment und sind außerdem nur von *s*-Elektronen umgeben. Deswegen zeigen die Signale benachbarter Protonen in ^{1}H-NMR-Spektren die normalen, erwarteten Aufspaltungen infolge der Kopplung zu den ^{2}H-Kernen. Im ^{1}H-NMR-Spektrum von Deuteronitromethan (CH_2DNO_2) erscheint beispielsweise ein 1:1:1-Triplett, weil die Protonen durch die drei möglichen verschiedenen Spinzustände (+1, 0, −1) des Deuteriums ($I = 1$) beeinflusst werden (siehe auch Abbildung 5.3). Dideuteronitromethan (CHD_2NO_2) erzeugt ein 1:2:3:2:1-Quintett, das durch die Kopplungen des Protons (^{1}H) zu den verschiedenen Kombinationen der drei Spinzustände der zwei Deuteriumkerne (+ +; + 0 / 0 +; + − / 00 / − +; 0 − / − 0; − −) entsteht. Dieses Quintett tritt häufig in ^{1}H-NMR-Spektren auf, bei deren Messung deuterierte Lösungsmittel wie Aceton-d$_6$, Acetonitril-d$_3$ oder Nitromethan-d$_3$ verwendet wurden, weil diese infolge einer unvollständigen Deuterierung in der Regel noch einen Teil Moleküle mit CHD_2-Gruppen enthalten.

Das Quadrupolmoment von ^{14}N-Kernen liegt zwischen den beiden Extremen von Chlor und Deuterium. In hochgradig asymmetrischen Fällen, wie zum Beispiel dem internen Stickstoffatom von Biuret [NH_2(CO)**NH**(CO)NH_2], läuft die quadrupolare Relaxation so schnell ab, dass für das mit dem Stickstoffatom direkt verknüpfte Proton nur das gemittelte Singulett im ^{1}H-NMR-Spektrum erscheint. Die Protonen des Ammonium-Ions (NH_4^+) verursachen dagegen infolge der vollständigen Kopplung zwischen ^{1}H und ^{14}N ein 1:1:1-Triplett, weil wegen seiner tetraedrisch-symmetrischen Umgebung keine quadrupolare Relaxation des Stickstoffkerns statt-

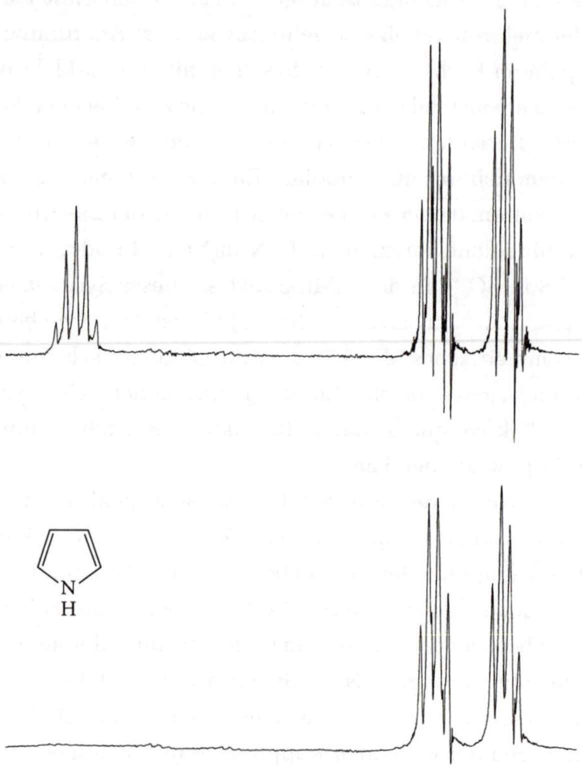

Abbildung 5.4: Das 90-MHz-^{1}H-NMR-Spektrum von Pyrrol mit (oben) und ohne (unten) ^{14}N-Entkopplung.

findet. Wenn die Stickstoffkerne eine mittlere Relaxationszeit aufweisen, erzeugen die direkt gebundenen Protonen drei verbreiterte Peaks, einen verbreiterten gemittelten Peak oder eine so starke Signalverbreiterung, bis das Signal im Spektrum nicht mehr erkennbar ist. Durch die Einstrahlung eines zusätzlichen Wechselfelds mit der ^{14}N-Resonanzfrequenz können die ^{14}N–^{1}H-Kopplungen eliminiert werden (siehe Abschnitt 5.3). Unten in ▶ Abbildung 5.4 ist das normale nicht entkoppelte ^{1}H-NMR-Spektrum von Pyrrol dargestellt. Das Spektrum zeigt nur die Signale des AA´BB´-Spinsystems der C**H**-Protonen. Das Resonanzsignal des N**H**-Protons ist dagegen durch die Kopplung zum quadrupolaren Stickstoffkern, der eine mittlere Relaxationszeit zeigt, extrem verbreitert und infolgedessen nicht mehr sichtbar. Durch die Einstrahlung eines zusätzlichen Wechselfelds mit der ^{14}N-Resonanzfrequenz wird das N**H**-Proton vom ^{14}N-Kern entkoppelt. Als Resultat dieser Entkopplung erscheint im ^{1}H-NMR-Spektrum für das N**H**-Proton ein scheinbar einfaches Quintett, das durch die Kopplungen zu den C**H**-Protonen entsteht (siehe Abbildung 5.4, oben).

5.2 Reaktionen auf der NMR-Zeitskala

Die dynamische NMR-Spektroskopie ist ein ausgezeichnetes Werkzeug zur Untersuchung der Kinetik irreversibler Reaktionen, wenn diese nicht zu schnell ablaufen. Traditionell wird dabei das Verschwinden oder neue Auftreten der Peaks von Edukten beziehungsweise Produkten über einen Zeitraum von Minuten oder Stunden verfolgt. Zu diesem Zweck wird das NMR-Spektrum nach bestimmten, geeigneten Zeitintervallen wiederholt gemessen. Aus den zeitlichen Veränderungen der Signalintensitäten können dann die Geschwindigkeitskonstanten der Reaktionen berechnet werden. Diese Prozedur entspricht somit einer klassischen kinetischen Methode, die auf einer Zeitskala von Minuten oder Stunden durchgeführt wird. Die molekularen Veränderungen laufen in diesen Fällen in Zeiträumen ab, die viel länger sind als die Pulsdauer oder die Akquisitionszeit eines NMR-Experiments. Darüber hinaus besitzt die NMR-Spektroskopie noch eine besondere Bedeutung. Sie ist nämlich die einzige Technik, mit der die Kinetik von Reaktionen untersucht werden kann, die im chemischen Gleichgewicht ablaufen und die Form der Signale im NMR-Spektrum beeinflussen. Diese Reaktionen weisen meist Aktivierungsenergien im Bereich zwischen etwa 20 und 100 kJ mol^{-1} auf (siehe auch Abschnitt 2.8) – woraus Reaktionsgeschwindigkeiten von etwa 10^0 bis 10^4 s^{-1} resultieren. Diese *NMR-Zeitskala* ist eine Folge der Übereinstimmung dieser Reaktionsgeschwindigkeiten (in Hz) mit dem Abstand der Resonanzfrequenzen der austauschenden Kerne (ebenfalls in Hz).

In Abbildung 2.31 haben wir eine Reihe von ^{1}H-NMR-Spektren von Cyclohexan-d$_{11}$ vorgestellt, die bei verschiedenen Temperaturen gemessen wurden und die Auswirkung der unterschiedlichen Austauschgeschwindigkeiten zwischen der axialen und äquatorialen Position des einzigen Protons dieser Verbindung auf die Form des ^{1}H-Resonanzsignals veranschaulichen. Wenn der Wechsel zwischen den beiden Positionen viel schneller stattfindet als die Differenz zwischen den Resonanzfrequenzen für die beiden Positionen (*schneller Austausch*), erscheint im Spektrum nur ein Peak, der eine gemittelte Position widerspiegelt. Bedenken Sie dabei, dass dieser Austausch vollständig reversibel abläuft und das System im Gleichgewicht bleibt. Findet der Austausch dagegen deutlich langsamer statt als die Differenz der Resonanzfrequenzen (*langsamer Austausch*), zeigt das ^{1}H-NMR-Spektrum zwei getrennte scharfe Peaks für das Proton in der axialen und in der äquatorialen Position. Liegt die Austauschgeschwindigkeit etwa im Bereich der Differenz der Resonanzfrequenzen, findet man im ^{1}H-NMR-Spektrum typischerweise einen oder zwei breite Peaks. In diesem Fall spricht man davon, dass die Reaktion auf der NMR-Zeitskala abläuft. Bei einigen Reaktionen kann über die Temperatur gesteuert werden, ob ein schneller, ein langsamer oder eine Austausch auf der NMR-Zeitskala stattfindet (siehe auch Abbildung 2.31). Auch intermolekulare Reaktionen, wie der säurekatalysierte Austausch von Protonen, können auf diese Weise untersucht werden. Der Austausch der Hydroxylprotonen zwischen Methanolmolekülen ist ein solches Beispiel (siehe Abschnitt 2.8). Im Folgenden werden wir uns noch mit einigen intramolekularen Beispielen beschäftigen.

Eingeschränkte Rotationen

Normalerweise liegt die Barriere für die Rotation um Einfachbindungen unter 20 kJ mol^{-1}, so dass die Rotation schneller abläuft als auf der NMR-Zeitskala. Rotationen um Doppelbindungen in Alkenen weisen dagegen in der Regel eine Barriere von über 200 kJ mol^{-1} auf und finden daher in Bezug zur NMR-Zeitskala nur sehr viel langsamer statt. Es gibt aber auch zahlreiche Beispiele für intermediäre Bindungsordnungen, die zwischen 1 und 2 liegen. Die Geschwindigkeit der *eingeschränkten* Rotation um solche Bindungen kann Werte im Bereich der NMR-Zeitskala zeigen. Ein klassisches Beispiel für die eingeschränkte Rotation um Bindungen stellen die C–N-Bindungen in Amiden wie *N,N*-Dimethylformamid (**5-4**) dar. Bei Raumtemperatur läuft die Rotation und somit der Positionstausch der Methylgruppen nur langsam ab. Infolgedessen treten im ^{1}H-NMR-Spektrum zwei Resonanzsignale für die Methylgruppen auf. Oberhalb von 100 °C findet dagegen eine schnelle Rotation um die C–N-Bindung und somit ein schneller Positionstausch der Methylgruppen statt, so dass im ^{1}H-NMR-Spektrum nur noch ein gemitteltes Signal für die beiden Methylgruppen erscheint. Die gemessene Barriere für die Rotation um die C–N-Bindung im Molekül **5-4** beträgt etwa 92 kJ mol^{-1}.

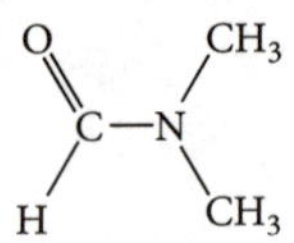

5-4

Auch bei vielen anderen Systemen mit partiellen Doppelbindungen erfolgt die eingeschränkte Rotation um diese Bindung auf der NMR-Zeitskala. Beispiele für solche Verbindungen sind Carbamate, Thioamide, Enamine, Nitrosamine, Alkylnitrite, Diazoketone, Aminoborane und aromatische Aldehyde. Wenn die Struktur einer Verbindung durch mehrere mesomere Grenzstrukturen beschrieben werden muss, kann in einer oder mehreren dieser Grenzstrukturen an einer bestimmten Position eine Doppelbindung vorkommen. Dennoch kann um diese Bindung eine weitgehend ungehinderte Rotation stattfinden, wenn in einer der mesomeren Grenzstrukturen in dieser Position eine Einfachbindung besteht und diese Grenzstruktur aufgrund ihrer geringeren Energie einen deutlich größeren Beitrag zur tatsächlichen Struktur beisteuert als die anderen Grenzstrukturen. Das Calicen **5-5** stellt ein solches Beispiel dar, bei dem die Barriere für die Rotation um die zentrale Bindung nur etwa 84 kJ mol^{-1} beträgt. Der Grund dafür ist die geringere Energie der rechten mesomeren Grenzstruktur in **5-5**, die auf das aromatische System zurückgeführt werden kann.

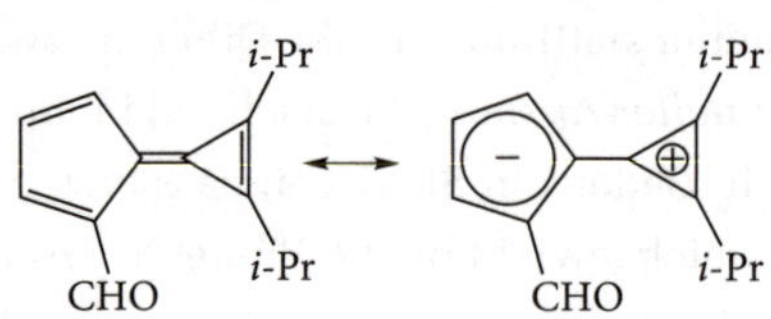

5-5

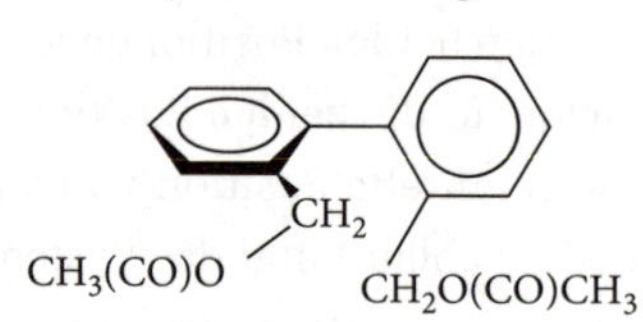

5-6

Sterische Wechselwirkungen können die Barriere für die Rotation um eine Einfachbindung stark genug erhöhen, um die Rotationsgeschwindigkeit bis in den Bereich der NMR-Zeitskala zu reduzieren. Im Biphenyl-Derivat **5-6** wird die Barriere für die Rotation um die Einfachbindung durch die sterischen Wechselwirkungen zwischen den beiden *ortho*-Substitutenen zum Beispiel auf etwa 54 kJ mol^{-1} angehoben. Durch die eingeschränkte Rotation um die Einfachbindung werden die Methylenprotonen in den beiden Substituenten jeweils diastereotop. Bei einer freien Rotation wären sie dagegen enantiotop. Die beiden Fälle können daher anhand der Resonanzsignale der Methylenprotonen unterschieden werden (siehe Abschnitt 4.2). Manchmal kann auch eine eingeschränkte Rotation um eine Einfachbindung zwischen zwei sp^3-hybridisierten Kohlenstoffatomen beobachtet werden, wenn zumindest eines der Kohlenstoffatome quartär ist. Bei −150 °C erzeugt die *tert*-Butylgruppe von *tert*-Butylcyclopentan (**5-7**) zum Beispiel zwei ^{1}H-Resonanzsignale mit einem Intensitätsverhältnis von 2:1, da sich zwei Methylgruppen von der dritten unterscheiden (**5-7a**).

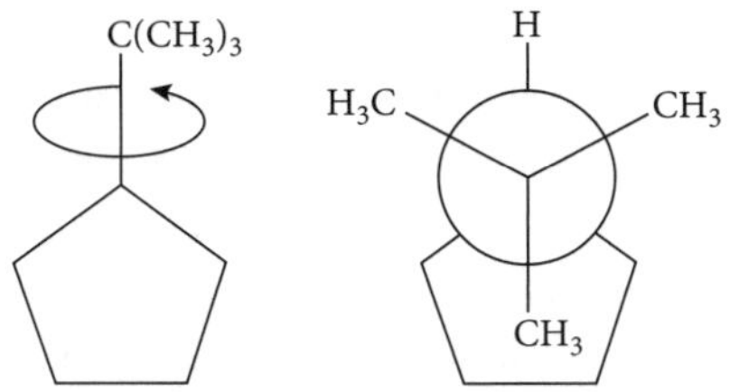

5-7 **5-7a**

Auch bei vielen halogenierten Alkanen ist eine eingeschränkte Rotation um Einfachbindungen festgestellt worden. Die erhöhte Rotationsbarriere kann dabei wahrscheinlich auf eine Kombination aus sterischen und elektrostatischen Wechselwirkungen zurückgeführt werden. Unterhalb von −40 °C enthält das ^{1}H-NMR-Spektrum von 2,2,3,3-Tetrachlorbutan (**5-8**) beispielsweise zwei getrennte Signale für die Methylgruppen im Intensitätsverhältnis 2:1, die durch die relativen Anteile des *anti*- und des *gauche*-Rotamers erklärt werden können – jedes Rotamer erzeugt jeweils ein Signal für beide Methylgruppen.

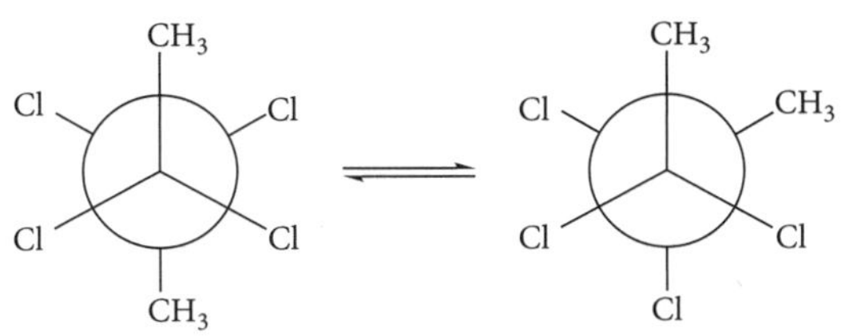

5-8

Tragen beide Atome an einer Einfachbindung freie Elektronenpaare, weist die Rotationsbarriere ebenfalls häufig einen ausreichend großen Wert auf, um in NMR-Spektren detektiert werden zu können. Die erhöhte Barriere wird in diesen Fällen vermutlich durch elektrostatische Wechselwirkungen beziehungsweise Abstoßungen zwischen den freien Elektronenpaaren der miteinander verknüpften Atome verursacht. Für die Rotation um die S–S-Einfachbindung von Dibenzyldisulfid ($C_6H_5CH_2S{-}SCH_2C_6H_5$) beträgt die Barriere zum Beispiel etwa 29 kJ mol^{-1}. Ähnlich hohe Rotationsbarrieren sind für Hydrazine (N–N), Sulfenamide (S–N) und Aminophosphine (N–P) beobachtet worden.

Umklappen von Ringsystemen

Der Wechsel von Substituenten zwischen einer axialen und einer äquatorialen Position durch das Umklappen von Ringen infolge von Konformationsänderungen ist nicht nur für Cyclohexan, sondern auch für viele andere Ringsysteme intensiv untersucht worden – zum Beispiel bei Heterocyclen wie Piperidin (**5-9**), teilweise ungesättigten Ringen wie Cyclohexen (**5-10**), kondensierten Ringsystemen wie Decalin (**5-11**) und Ringen mit mehr als sechs Ringatomen wie Cycloheptatrien (**5-12**).

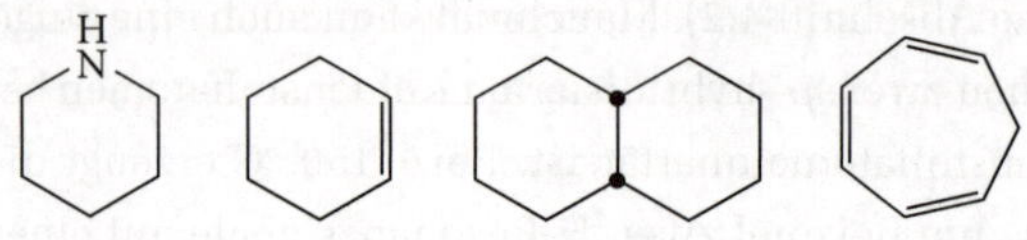

5-9 **5-10** **5-11** **5-12**

Auch Cyclooctan (**5-13**) und andere achtgliedrige Ringe sind eingehend studiert worden. Das dynamische Verhalten des Pentadecadeutero-Derivats, bei dem im Vergleich zum Cyclooctan alle ^{1}H-Atome bis auf eines gegen Deuterium (^{2}H) ausgetauscht wurden, kann unterhalb von −100 °C mithilfe der ^{1}H-NMR-Spektroskopie verfolgt werden. Infolge der Freien Aktivierungsenthalpie von etwa 32 kJ mol^{-1} läuft die Konformationsänderung des Rings bei diesen Temperaturen genügend langsam ab. Dabei hat sich die in **5-13** dargestellte Boot-Sessel-Konformation als die dominierende herausgestellt. Cyclooctatetraen-Systeme wie **5-14** unterliegen Konformationsänderungen, bei denen sie von einer Boot-Boot-Konformation in die andere umklappen. Die Methylgruppen in der Seitenkette dienten bei der Untersuchung von **5-14** als diastereotope Sonden, mit deren Hilfe eine Aktivierungsbarriere von etwa 62 kJ mol^{-1} für das Umklappen dieses Rings ermittelt werden konnte. Der bevorzugte Übergangszustand besitzt dabei eine planare Ringstruktur mit alternierenden Einfach- und Doppelbindungen.

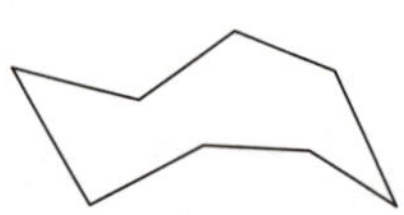

5-13

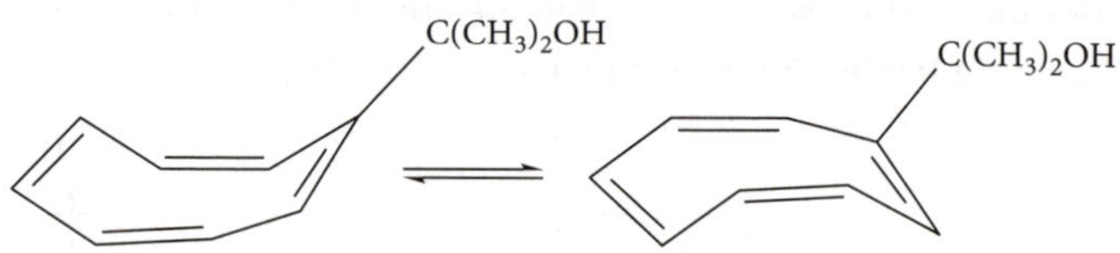

5-14

Inversion der Stereochemie an pyramidal substituierten Atomen

Sind Atome mit einem freien Elektronenpaar dreifach substituiert, wie das Stickstoffatom in Aminen, bilden das zentrale Atom und die Substituenten eine pyramidale Struktur. Diese pyramidale Struktur ist zum Beispiel in den Formeln der Moleküle **5-15** und **5-17** gut erkennbar. Schließt man das freie Elektronenpaar in die Betrachtung ein, weist das zentrale Atom eine tetraedrische Umgebung auf. Die Verbindung ist daher chiral, wenn die drei Substituenten verschieden sind. Eine Inversion der Stereochemie an einem solchen Stereozentrum durch das Umklappen der Pyramide kann in bestimmten Fällen verfolgt werden, weil der Prozess häufig im Bereich der NMR-Zeitskala abläuft. Die Barriere für die Inversion am Stickstoffatom der beiden enantiomeren Aziridin-Derivate **5-15** ist beispielsweise mit etwa 75 kJ mol^{-1} relativ groß, weil die Bindungswinkelspannung innerhalb des dreigliedrigen Rings im Übergangszustand noch größer ist als im Grundzustand.

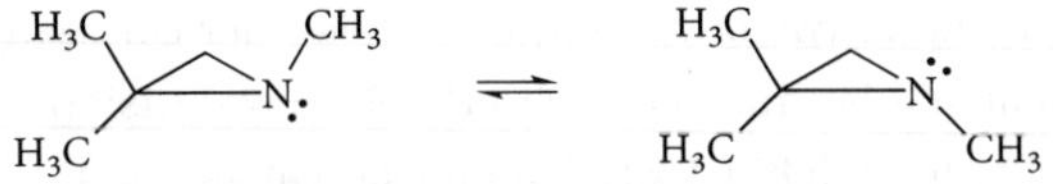

5-15

Deswegen ist im ^{1}H-NMR-Spektrum erst bei erhöhter Temperatur nur ein gemeinsames gemitteltes Resonanzsignal für die beiden geminalen Methylgruppen infolge der schnellen pyramidalen Inversion am Stickstoffatom zu beobachten. Bei Azetidin-Derivaten wie **5-16** (etwa 38 kJ mol^{-1}) und gespannten bicyclischen Systemen wie **5-17** (etwa 42 kJ mol^{-1}) ist die Barriere für die Inversion kleiner, so dass der Effekt nur in geringerem Ausmaß auftritt.

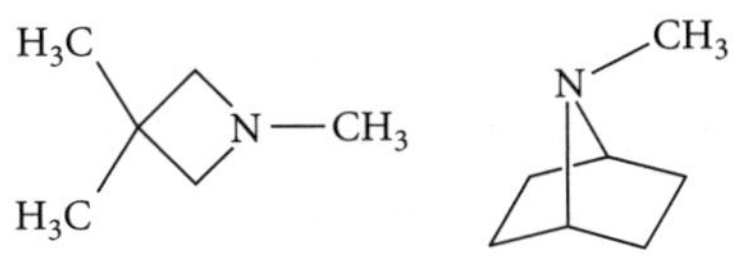

5-16 **5-17**

Die Barriere für die Inversion kann durch stark elektronegative Substituenten am Stickstoffatom erhöht werden. Durch solche Substituenten steigt der *s*-Charakter des freien Elektronenpaars im Grundzustand. Da die Inversion aber über ein sp^2-hybridisiertes Stickstoffatom abläuft, wobei sich das freie Elektronenpaar im Übergangszustand im verbleibenden *p*-Orbital befinden muss, nimmt die Aktivierungsenergie (die Barriere) der Inversion in diesem Fall zu – wie zum Beispiel beim *N*-Chlorpyrrolidin (**5-18**). Wenn im Molekül weder Ringspannungen auftreten noch stark elektronegative Substituenten am Stickstoffatom vorkommen, ist die Barriere für die Inversion relativ niedrig. Deswegen laufen die Inversionen bei den meisten Aminen dieser Art bei Raumtemperatur so schnell ab, dass sie mithilfe der NMR-Spektroskopie nicht mehr direkt detektiert werden können. In einigen Fällen bleiben sie aber dennoch messbar, wie beispielsweise beim *N*-Methylazacycloheptan (**5-19**; etwa 29 kJ mol^{-1}) und 2-(Diethylamino)-propan [$(CH_3CH_2)_2NCH(CH_3)_2$; etwa 27 kJ mol^{-1}]. Beim 2-(Diethylamino)-propan tritt eine Mischung von dynamischen Effekten auf der NMR-Zeitskala auf, die aus einer verlangsamten pyramidalen Inversion am Stickstoffatom und einer sterisch behinderten Rotation um die C–N-Einfachbindungen besteht.

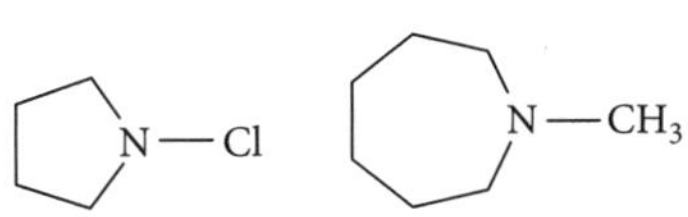

5-18 **5-19**

Für Elemente in höheren Perioden des Periodensystems ist die Inversionsbarriere in der Regel merklich höher als für Stickstoff. Infolgedessen liegt die Geschwindigkeit pyramidaler Inversionen an solchen Elementatomen normalerweise weit oberhalb der NMR-Zeitskala. Chirale Phosphine und Sulfoxide sind sogar isolierbar. Wenn das pyramidal substituierte Atom in diesen Fällen ausreichend elektropositive Substituenten trägt, kann die Inversionsbarriere aber auch soweit erniedrigt werden, dass der Inversionsprozess wieder im Bereich der NMR-Zeitskala abläuft und daher beobachtet werden kann. Das Diphosphin $CH_3(C_6H_5)P–P(C_6H_5)CH_3$, dessen Inversionsbarriere etwa 109 kJ mol^{-1} beträgt, stellt ein solches Beispiel dar. Im Phosphol **5-20** besteht nur eine relativ geringe Barriere für die Inversion von etwa 67 kJ mol⁻¹, weil der Übergangszustand im Gegensatz zum Grundzustand aromatisch ist und dadurch erheblich stabilisiert wird. Im Vergleich dazu weist das verwandte gesättigte Molekül **5-21**, dessen Übergangszustand nicht aromatisch ist, mit etwa 150 kJ mol⁻¹ eine deutlich höhere Inversionsbarriere auf.

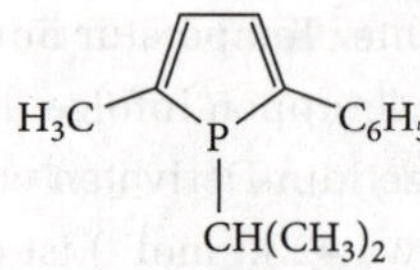

5-20

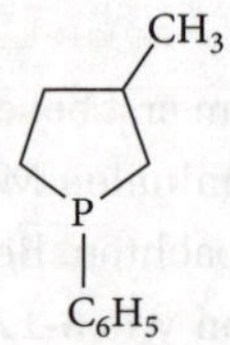

5-21

Valenztautomerie und Bindungsverschiebungen

Die Aktivierungsbarrieren vieler Valenztautomerisierungen liegen in einem Bereich, der eine Analyse des Prozesses mithilfe der NMR-Spektroskopie ermöglicht. Ein klassisches Beispiel stellt die Cope-Umlagerung von 3,4-Homotropiliden (**5-22**) dar. Vernachlässigt man die diastereotopen Unterschiede, enthält das ^{1}H-NMR-Spektrum von **5-22** bei niedrigen Temperaturen die erwarteten Signale für fünf verschiedene Typen von Protonen.

5-22

Bei erhöhter Temperatur läuft die Cope-Umlagerung dann aber schnell in Bezug zur NMR-Zeitskala ab und im ^{1}H-NMR-Spektrum erscheinen nur noch die Resonanzsignale von drei verschiedenen Protonentypen. Für das 1,3,5,7-Tetramethylderivat von **5-22** beträgt die Aktivierungsenergie der Cope-Umlagerung beispielsweise etwa 59 kJ mol⁻¹. Kommt im Molekül eine dritte Brücke vor wie in Barbaralon (**5-23**) wird das Molekül durch die starre Struktur in einer Konformation gehalten, die für die Cope-Umlagerung günstig ist. Infolgedessen sinkt die Aktivierungsbarriere auf etwa 40 kJ mol⁻¹.

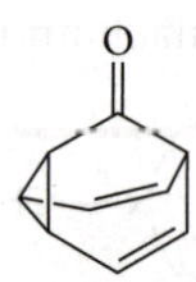

5-23

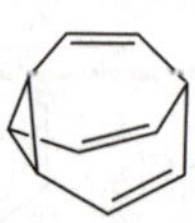

5-24

Besteht auch die dritte Brücke aus einer C=C-Doppelbindung, handelt es sich um die Verbindung Bullvalen (**5-24**). In diesem Fall sind alle drei Brücken identisch und die Reihe möglicher Cope-Umlagerungen führt, wenn diese mit ihrer Aktivierungsenergie von etwa 54 kJ mol⁻¹ bei erhöhter Temperatur schnell genug ablaufen, zu durchweg äquivalenten Protonen beziehungsweise Kohlenstoffatomen. Tatsächlich verwandeln sich die bei Raumtemperatur relativ komplizierten NMR-Spektren bei einer Messtemperatur von 180 °C in sehr einfache Spektren mit jeweils nur einem einzigen Singulett. Moleküle, die solchen schnellen Valenztautomerisierungen unterliegen, werden auch als Moleküle mit *fluktuierenden Bindungen* bezeichnet.

Cyclooctatetraen stellt ein weiteres Beispiel für fluktuierende Bindungen dar. Durch einen Prozess, der sich vom Umklappen zwischen den beiden Boot-Boot-Konformationen in Molekülformel **5-14** unterscheidet, werden die Positionen der Einfach- und der Doppelbindungen im Ring vertauscht. Diese Bindungsverschiebungen laufen über den antiaromatischen Übergangszustand **5-25b** ab. (Der Übergangszustand beim Umklappen des Rings in **5-14** weist dagegen alternierende Einfach- und Doppelbindungen auf.) Das zum Substituenten benachbarte Proton im Isomer **5-25a** unterscheidet sich vom analogen Proton im Isomer **5-25c** und erzeugt in den beiden Isomeren daher getrennte ^{1}H-Resonanzsignale, wenn der Prozess der Bindungsverschiebungen bezüglich der NMR-Zeitskala langsam genug abläuft.

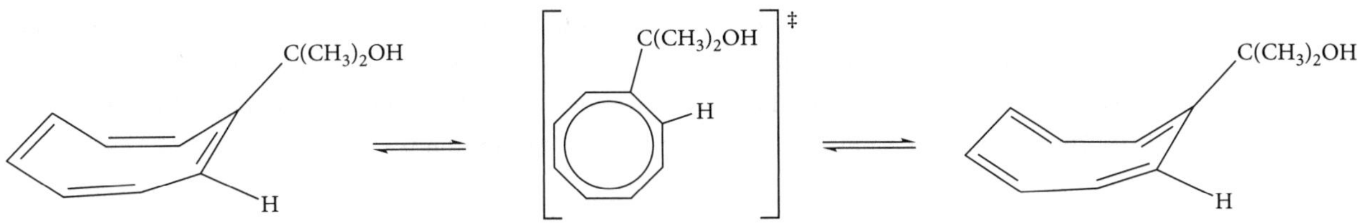

5-25a **5-25b** **5-25c**

Die Aktivierungsenergie konnte aus der Beobachtung des Übergangs von zwei zu einem Peak für dieses Proton in den beiden Isomeren im ^{1}H-NMR-Spektrum bei Erhöhung der Temperatur ermittelt werden. Sie beträgt etwa 72 kJ mol^{-1}. Dabei ist die Aktivierungsenergie für die Bindungsverschiebungen höher als für das Umklappen des Rings, weil der Übergangszustand (**5-25b**) der Bindungsverschiebungen durch seinen antiaromatischen Charakter zusätzlich destabilisiert wird.

Auch die Umlagerungen von Carbokationen können mithilfe von NMR-Methoden untersucht werden. Das Norbornylkation (**5-26**) kann sowohl 3,2- und 6,2-Hydridverschiebungen als auch Wagner-Meerwein-Umlagerungen unterliegen.

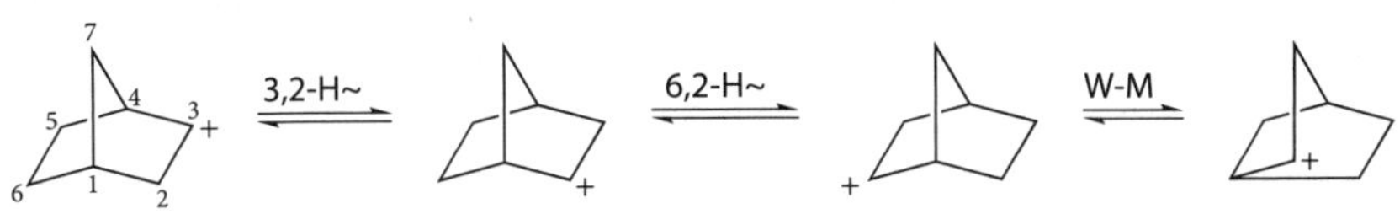

5-26

Laufen all diese Verschiebungen und Umlagerungen schnell genug ab, erscheinen alle Protonen des Kations für das NMR-Experiment als äquivalente Protonen. Deswegen erhält man bei −80 °C zwar noch ein kompliziertes ^{1}H-NMR-Spektrum. Bei Raumtemperatur enthält das Spektrum infolge der schnellen Verschiebungen und Umlagerungen aber nur noch ein einzelnes Singulett. Der langsamste Schritt ist in diesem Fall die 3,2-Hydridverschiebung, die eine Aktivierungsbarriere von etwa 46 kJ mol^{-1} aufweist.

Neben normalen organischen Verbindungen existieren auch viele fluktuierende metallorganische Moleküle. Das ^{1}H-NMR-Spektrum von Tetracarbonyl(tetramethylallen)eisen (**5-27**) zeigt in Übereinstimmung mit der dargestellten Struktur bei −60 °C drei Resonanzsignale für die Methylprotonen im Intensitätsverhältnis 1:1:2.

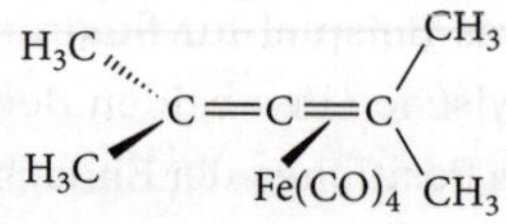

5-27

Bei Raumtemperatur oder darüber beobachtet man im ^{1}H-NMR-Spektrum von **5-27** dagegen nur noch ein einziges Singulett, da die $Fe(CO)_4$-Gruppierung dann infolge einer Aktivierungsenergie von nur etwa 68 kJ mol^{-1} schnell genug um das π-Elektronensystem des Allens herum zirkuliert, indem es zwischen den senkrecht zueinander stehenden π-Orbitalen der beiden Doppelbindungen hin und her wechselt.

Beim Tricarbonyl(cyclooctatetraen)eisen (**5-28**) deuten die Resonanzsignale im unterhalb von −150 °C gemessenen ^{1}H-NMR-Spektrum auf vier Protonen an Kohlenstoffatomen, die an das Eisenatom gebunden sind, und auf vier Protonen an nicht eisengebundenen Kohlenstoffatomen hin. Dieses Ergebnis steht im Einklang mit der dargestellten η^4-Struktur.

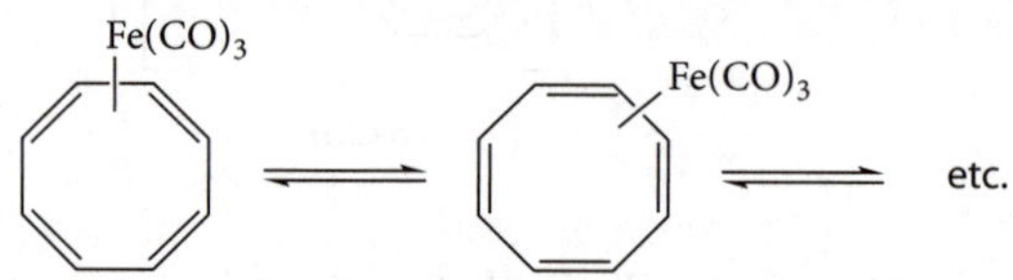

5-28

Oberhalb von −100 °C fallen die Signale aller Protonen allerdings zu einem einzigen Singulett zusammen, da sich das Eisenatom wie in **5-28** angedeutet ständig schnell genug um den Ring herum bewegt. Dabei findet mit jedem 45°-Schritt des Eisenatoms eine Bindungsverschiebung im Ring statt. Durch acht solcher Schritte werden die Umgebungen aller Ringprotonen und Ringkohlenstoffatome gemittelt.

Im (7-Cycloheptatrienyl)tri(phenyl)zinn (**5-29**) kann eine ganze Reihe von 1,5-sigmatropen Verschiebungen stattfinden. Bei 0 °C deutet das ^{1}H-NMR-Spektrum darauf hin, dass die Verschiebungen in Relation zur NMR-Zeitskala nur langsam ablaufen, aber bei 100 °C erscheinen alle Ringprotonen des Cycloheptatrienyl-Liganden äquivalent. Dass es sich bei den Verschiebungen in diesem Fall um 1,5-Verschiebungen zu den Positionen 3 oder 4 und nicht um 1,2- oder 1,3-Verschiebungen handelt, konnte mithilfe von Doppelresonanz-Experimenten (Sättigungstransfer; siehe später in diesem Abschnitt) nachgewiesen werden.

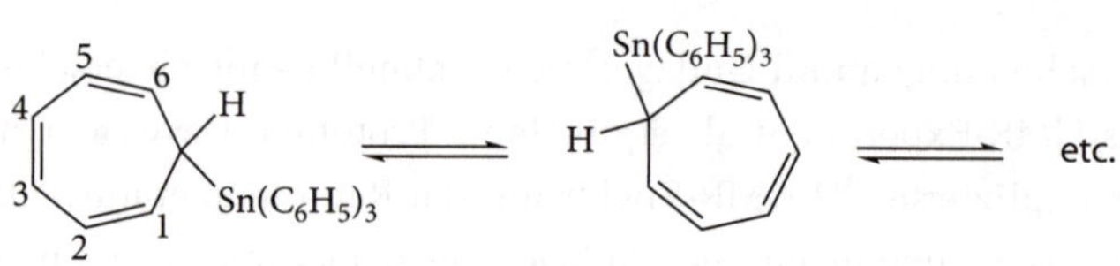

5-29

Quantifizierung

Für den einfachen Fall eines Austauschprozesses zwischen zwei gleich stark vertretenen Spezies, bei denen die austauschenden Kerne nicht miteinander koppeln, erhält man im NMR-Spektrum bei langsamem Austausch zwei Singuletts gleicher Intensität. Diese Situation kann zum Beispiel beim Cyclohexan-d_{11} in Abbildung 2.31 oder beim Amid **5-4** beobachtet werden. Wenn der Austauschprozess wie bei den genannten Beispielen über die erwähnten Bedingungen hinaus auch noch kinetisch erster Ordnung ist, ergibt sich die Geschwindigkeitskonstante k_c des Austauschprozesses bei der Koaleszenztemperatur T_c der Resonanzsignale aus Gleichung 5.6.

$$k_c = \frac{\pi \Delta\nu}{\sqrt{2}} = 2{,}22 \times \Delta\nu \qquad (5.6)$$

Dabei entspricht $\Delta\nu$ dem Abstand der beiden Resonanzsignale bei langsamem Austausch. Die **Koaleszenztemperatur** ist diejenige Temperatur, bei der die beiden einzelnen Peaks gerade zu einem einzigen Peak verschmelzen, und somit auch die Temperatur, bei der der breiteste Einzelpeak auftritt. Mithilfe von k_c und T_c kann die Freie Aktivierungsenthalpie des Prozesses bei der Koaleszenztemperatur über Gleichung 5.7 berechnet werden.

$$\Delta G_c^{\ddagger} = 2{,}3 \times RT_c \left(10{,}32 + \log \frac{T_c}{k_c}\right) \qquad (5.7)$$

Die Ergebnisse dieser Berechnungen sind sehr genau, aber die Anwendbarkeit der Gleichung ist auf die oben genannten Bedingungen beschränkt. Für zwei koppelnde Kerne erhält man die Geschwindigkeitskonstante k_c des Austausches zwischen den Kernen bei der Temperatur T_c, unter ansonsten gleichen Bedingungen wie oben, mithilfe von Gleichung 5.8.

$$k_c = \frac{\pi}{\sqrt{2}} \sqrt{\Delta\nu^2 + 6J^2} \qquad (5.8)$$

Wenn an den Austauschprozessen Kerne, die in unterschiedlicher Anzahl auftreten oder kompliziertere Kopplungsmuster aufweisen, oder mehr als zwei Kerne beteiligt sind, müssen für solche Berechnungen Computerprogramme wie DNMR3 eingesetzt werden, das die vollständigen Linienformen bei verschiedenen Temperaturen simulieren kann. So eine Prozedur liefert Arrhenius-Diagramme, aus denen enthalpische und entropische Aktivierungsparameter ermittelt werden können. Diese Prozedur ist zwar eleganter und umfassender als die Koaleszenztemperatur-Methode. Sie ist aber auch anfälliger für systematische Fehler. Deswegen ist es immer ratsam, die Berechnungen, wenn möglich, mithilfe beider Methoden durchzuführen, um die Ergebnisse abzusichern.

Die Proportionalität zwischen k_c und $\Delta\nu$ (siehe Gleichung 5.6) bedeutet, dass die Geschwindigkeitskonstante k_c bei der Koaleszenztemperatur wie $\Delta\nu$ von der Flussdichte B_0 des äußeren Magnetfelds abhängt. Ein Wechsel der Messfrequenz von zum Beispiel 300 MHz auf 600 MHz führt demzufolge zu einer Veränderung von k_c. Tatsächlich wird aber *nicht* die Reaktion selbst bei einer gegebenen Temperatur beeinflusst. Vielmehr verändert sich die Koaleszenztemperatur T_c, weil die Peaks bei einer anderen Temperatur verschmelzen (koaleszieren), und bei einer anderen Temperatur weist die Reaktion auch eine andere Geschwindigkeitskonstante auf. Da die bei langsamem Austausch getrennten Peaks bei höherer Messfrequenz (höherer Flussdichte B_0) einen größeren Abstand aufweisen, wächst die Koaleszenztemperatur mit steigender Messfrequenz. Auch bei einer festen Flussdichte B_0 weisen zwei verschiedene Isotope wie ^{1}H und ^{13}C in analogen Funktionalitäten unterschiedliche Werte von $\Delta\nu$ und somit unterschiedliche Koaleszenztemperaturen auf. Da $\Delta\nu$ im Fall von ^{13}C-Resonanzsignalen in der Regel größer ist als bei ^{1}H-Resonanzsignalen, findet man für ^{13}C-Signale häufig erheblich höhere Koaleszenztemperaturen als für ^{1}H-Signale, obwohl die Austauschprozesse beider Kernsorten dem gleichen Geschwindigkeitsgesetz folgen. Diese Konstellation findet man beispielsweise bei den Kohlenstoffatomen und Protonen der Methylgruppen von *N*,*N*-Dimethylformamid (**5-4**).

Magnetisierungstransfer und Spin-Lock

Um die Anwendungsbreite der dynamischen NMR-Spektroskopie zu erweitern, sind auch alternative Methoden entwickelt worden, für die keine Peak- beziehungsweise Signalkoaleszenz (Signalverschmelzung) erforderlich ist. In vielen Fällen können ein schneller Austausch und somit eine Peakkoaleszenz gar nicht erreicht werden. Selbst bei der höchsten verfügbaren Messtemperatur, welche durch den Temperaturbereich des NMR-Spektrometers, die Flüchtigkeit des Lösungsmittels und die Stabilität der Probe bestimmt wird, laufen viele Austauschprozesse noch zu langsam in Bezug zur NMR-Zeitskala ab. Mithilfe einer anderen Methode, die als **Sättigungstransfer** oder **Magnetisierungstransfer** bezeichnet wird, können Geschwindigkeitskonstanten auch ohne jede Peakkoaleszenz – das heißt bei einem eindeutig langsamen Austausch mit klar getrennten Resonanzsignalen – gemessen werden. Zu diesem Zweck wird *kontinuierlich* ein Wechselfeld mit der Resonanzfrequenz *nur eines* der Resonanzsignale eingestrahlt, wodurch eine Sättigung (siehe Abschnitt 2.4) des zugehörigen Kerns vom Typ A erzeugt wird. Der langsame Austauschprozess läuft zwar bezüglich der NMR-Zeitskala nur sehr langsam ab, aber er findet statt. Daher werden einige Kerne des Typs A in Kerne des Typs B umgewandelt, die das andere Resonanzsignal verursachen. Da die umgewandelten Kerne des Typs A aber bereits gesättigt waren, wird ein Teil der Sättigung von A auf die Kerne des Typs B übertragen. Infolge dieses Sättigungstransfers durch den langsamen Austausch wird die Intensität des Resonanzsignals der B-Kerne reduziert, weil der gesättigte Teil der Kerne nicht mehr angeregt werden kann (siehe Abschnitt 2.4). Dabei ist das Ausmaß der Intensitätsminderung mit der Geschwindigkeitskonstante des Austauschprozesses und mit der Relaxationszeit korreliert. Mithilfe des Sättigungstransfers können Reaktionen beziehungsweise Austauschprozesse mit Geschwindigkeiten im Bereich von etwa 10^{-3} bis 10^{1} s^{-1} untersucht werden. Dadurch wird der Geschwindigkeitsbereich, der durch die bisher besprochenen Methoden erfassbar ist und sich über Geschwindigkeiten von etwa 10^{0} bis 10^{4} s^{-1} erstreckt, um etwa drei Größenordnungen nach unten erweitert. Darüber hinaus ermöglicht diese Methode die einfache Identifizierung der Austauschpartner von spezifischen Kernen. Die Sättigung des Protons H-7 (geminal zum Zinn) im Cycloheptatrienyl-Liganden von **5-29** bei −10 °C (das ist unterhalb der Koaleszenztemperatur) führt zum Beispiel nur zu einer Verminderung der Intensität der Resonanzsignale der Protonen H-3 und H-4, wodurch eine 1,5-sigmatrope Verschiebung nachgewiesen sowie gleichzeitig eine 1,2- und eine 1,3-Verschiebung ausgeschlossen werden können. Bei einer 1,2-sigmatropen Verschiebung wären nämlich die Intensitäten der Resonanzsignale der Protonen H-1 und H-6, bei einer 1,3-Verschiebung die Intensitäten der Signale von H-2 und H-5 reduziert worden. Die zweidimensionale Version dieses Experiments namens EXSY werden wir in Kapitel 6 diskutieren.

Laufen Austauschprozesse so schnell ab, dass die Signale der austauschenden Kerne selbst bei hohen Temperaturen nicht getrennt im NMR-Spektrum erscheinen, können ihre Geschwindigkeiten oftmals durch die Beobachtung der Kerne bei einer anderen Resonanzfrequenz gemessen werden. Im Gleichgewicht präzedieren die magnetischen Momente beziehungsweise Spins der Kerne mit ihrer Larmor-Frequenz um die *z*-Achse des B_0-Feldes. Durch die Einstrahlung eines üblichen 90°-Pulses in *x*-Richtung wird der makroskopische Magnetisierungsvektor (***M***) auf die *y*-Achse gedreht (siehe Abbildung 2.13c). Strahlt man unmittelbar im Anschluss kontinuierlich ein B_1-Wechselfeld (keinen kurzen Puls) in *y*-Richtung ein, wird die Ausrichtung des makroskopischen Magnetisierungsvektors in *y*-Richtung aufrechterhalten und die Spins präzedieren nun um die *y*-Achse. Diese als **Spin-Lock** bezeichnete Methode haben wir bei der Beschreibung der Kreuzpolarisation in Abschnitt 2.9 bereits kennen gelernt. Da die Spins während des Spin-Locks mit einer niedrigeren Frequenz als der Larmor-Frequenz (γB_1 statt γB_0) um die *y*-Achse präzedieren, werden sie gegenüber Prozessen in einem anderen Geschwindigkeitsbereich empfindlich. Die auf diese Weise messbaren Geschwindigkeiten erstrecken sich von etwa 10^2 bis 10^6 s^{-1}, wodurch der Bereich, der durch die dynamische NMR-Spektroskopie erfassbar ist, im Vergleich zu den Methoden, die wir bisher erläutert haben, um weitere zwei Größenordnungen nach oben erweitert wird. Die Geschwindigkeiten erhält man durch den Vergleich der Relaxationszeit des Systems bei erfolgtem Spin-Lock ($T_{1\rho}$) mit der normalen Spin-Gitter-Relaxationszeit (T_1) ohne Spin-Lock und der Analyse ihrer Unterschiede.

Durch die Methoden der Linienformanalyse, des Sättigungstransfers und des Spin-Locks erstreckt sich der gesamte Bereich von Reaktionen, die mithilfe der dynamischen NMR-Spektroskopie untersucht werden können, auf Reaktionsgeschwindigkeiten zwischen 10^{-3} und 10^6 s^{-1}. Die dynamische NMR-Spektroskopie hat sich daher zu einer wichtigen Methode zur Untersuchung der Kinetik von Reaktionen im Gleichgewicht über einen sehr großen Geschwindigkeitsbereich entwickelt.

5.3 Mehrfachresonanz-Experimente

Durch die Einstrahlung eines oder mehrerer Wechselfelder (B_2, …) mit einer anderen Frequenz ($\nu_{2,\ldots} = \gamma B_{2,\ldots} / 2\pi$) als der Beobachtungsfrequenz ($\nu_1 = \gamma B_1 / 2\pi$) zusätzlich zum B_1-Wechselfeld können spezielle Effekte routinemäßig und elegant erzeugt werden. Diese Methoden werden als **Mehrfachresonanz-Experimente** bezeichnet und erfordern mindestens eine weitere Senderspule im Probenkopf des NMR-Spektrometers zur Bereitstellung der zusätzlichen Wechselfelder. Wird genau ein weiteres Wechselfeld mit der Frequenz $\nu_2 = \gamma B_2 / 2\pi$ eingesetzt, spricht man von einem **Doppelresonanz-Experiment**. Die meisten modernen NMR-Spektrometer besitzen die technische Ausstattung zur Durchführung von Doppelresonanz-Experimenten, die gleichzeitig die häufigste Form von Mehrfachresonanz-Experimenten darstellen. Der Einsatz eines dritten Wechselfelds mit der Frequenz $\nu_3 = \gamma B_3 / 2\pi$ in einem Dreifachresonanz-Experiment findet dagegen viel seltener statt. Wir sind im bisherigen Verlauf des Buches bereits mehreren Beispielen für Doppelresonanz-Experimente begegnet, wie der Eliminierung der ^{13}C–^{1}H-Kopplungen aus ^{13}C-NMR-Spektren (siehe unter anderem Abbildung 2.25), der Unterdrückung von Lösungsmittelsignalen (siehe Abschnitt 5.1), der Reduzierung der Linienbreite von NH-Resonanzsignalen durch die Einstrahlung bei der ^{14}N-Resonanzfrequenz (siehe ▶ Abbildung 5.4) sowie der Untersuchung der Kinetik verschiedener Prozesse durch Sättigungstransfer (siehe Abschnitt 5.2).

Selektive Spin-Entkopplung

Eines der ältesten und am allgemeinsten anwendbaren Doppelresonanz-Experimente besteht in der zusätzlichen Einstrahlung der Resonanzfrequenz eines Protons (H_X) und der Beobachtung der Auswirkungen auf die AX-Kopplung (J_{AX}) zu einem anderen Kern (H_A) in dessen Resonanzsignal. Die traditionelle und intuitive Erklärung für die resultierende Vereinfachung des Spektrum durch diese so genannte Spin-Entkopplung lautet folgendermaßen: Die H_X-Protonen wechseln durch die kontinuierliche Einstrahlung ihrer Resonanzfrequenz so schnell zwischen den Spinzuständen $m_I = +1/2$ und $m_I = -1/2$ hin und her, dass die verschiedenen Spinzustände von H_X für den Kern H_A nicht mehr unterscheidbar sind. Infolgedessen fallen die Peaks des zuvor durch die Kopplung zu H_X aufgespaltenen Resonanzsignals von H_A zu einem Singulett zusammen. Dieses Modell versagt aber bei der Erklärung von Phänomenen, die bei der Anwendung von schwachen Entkopplungsfeldern (Spin-Tickling-Experimente) auftreten, und in manchen Fällen auch von Phänomenen, die bei der Einstrahlung von sehr starken Entkopplungsfeldern zu beobachten sind.

Tatsächlich werden die koppelnden Kerne bei dem Experiment zur Präzession um senkrecht aufeinander stehende (orthogonale) Achsen gezwungen. Die Größe der Kopplungswechselwirkung zwischen zwei Kernen kann mithilfe des vektoriellen Skalarprodukts ihrer magnetischen Momente ($\boldsymbol{\mu}_1 \bullet \boldsymbol{\mu}_2$) und der Kopplungskonstante J_{12} beschrieben werden und ist proportional zu $J_{12}\boldsymbol{\mu}_1 \bullet \boldsymbol{\mu}_2 = J_{12}\mu_1\mu_2 \cos\phi$. Dabei entspricht ϕ dem Winkel zwischen den Vektoren – das heißt den Präzessionsachsen der Kerne. Präzedieren beide Kernsorten um die gleiche Achse (z), kann ihre volle Kopplung beobachtet werden, da $\phi = 0$ und somit $\cos\phi = 1$ ist. Durch die Einstrahlung eines B_2-Wechselfelds mit der Resonanzfrequenz nur *eines* der beiden koppelnden Kerne, kann die geometrische Beziehung der Kerne allerdings verändert werden. Werden zum Beispiel Protonen, die mit einem ^{13}C-Kern verknüpft sind, kontinuierlich einem starken B_2-Wechselfeld in x-Richtung ausgesetzt, präzedieren ihre magnetischen Momente um diese Achse. Die Präzession der ^{13}C-Spins erfolgt aber weiterhin um die z-Achse. Der Winkel ϕ zwischen den Präzessionsachsen der ^{13}C-Kerne und der Protonen beträgt dann 90° und $\cos\phi$ wird somit null ($\cos 90° = 0$). Infolgedessen wird auch die Größe ihrer Kopplungswechselwirkung null, so dass die Kopplung zwischen den nun *entkoppelten* Kernen nicht mehr beobachtet werden kann.

Die Spin-Entkopplung ist vielfach zur Identifizierung von miteinander koppelnden Kernen eingesetzt worden. ▶ Abbildung 5.5 veranschaulicht einen solchen Fall am Beispiel von *trans*-Crotonsäureethylester. Die Resonanzsignale der vinylischen Protonen spalten sowohl infolge der Kopplung zum jeweils anderen vinylischen Proton als auch durch die Kopplung zu den Protonen der allylischen Methylgruppe auf. Es handelt sich also um ein ABX_3-Spinsystem. Die kontinuierliche Einstrahlung eines zweiten Wechselfelds mit der Resonanzfrequenz der Methylprotonen liefert das ^{1}H-NMR-Spektrum in Abbildung 5.5b für die vinylischen Protonen H_A und H_B, das nur noch die vier Peaks eines einfachen AB-Spektrums aufweist. Ein etwas komplexeres Beispiel ist in ▶ Abbildung 5.6 dargestellt. Der bicyclische Zucker Mannosantriacetat, dessen Struktur links in Abbildung 5.6 wiedergegeben ist, ergibt ein ^{1}H-NMR-Spektrum von näherungsweise erster Ordnung mit zahlreichen Kopplungspartnern. Ein Doppelresonanz-Experiment, bei dem die Einstrahlung eines zweiten Wechselfelds mit der Resonanzfrequenz von H_5 ($\delta = 4{,}62$ ppm) erfolgt, führt zur Vereinfachung der Resonanzsignale der vicinalen Nachbarprotonen von H_5 – also H_4, $H_{6/1}$ und $H_{6/2}$ – sowie des Signals des Protons H_3, das eine weitreichende Kopplung über einen zickzackförmigen Bindungspfad zu H_5 zeigt.

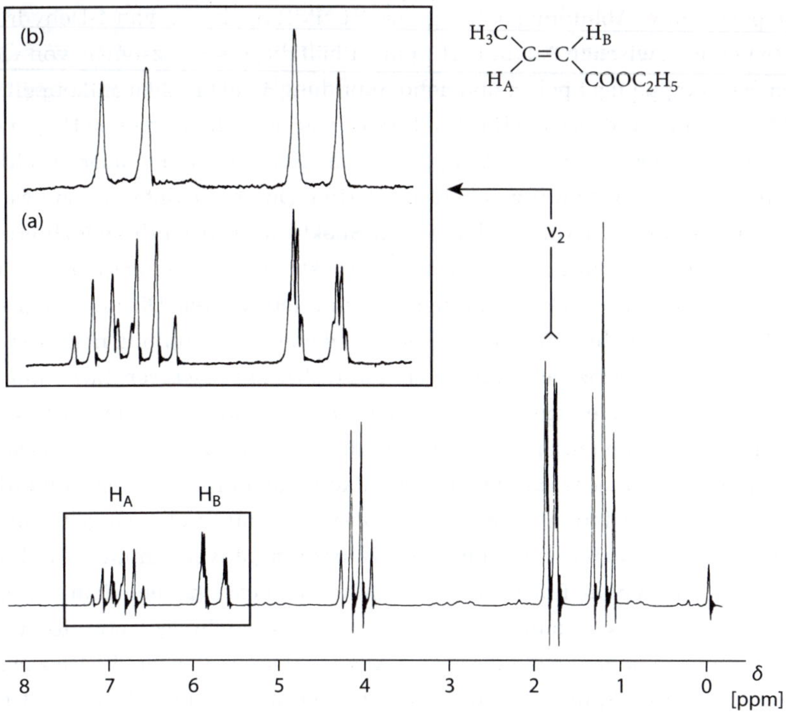

Abbildung 5.5: Das ^{1}H-NMR-Spektrum von *trans*-Crotonsäureethylester. Im Kasten oben links ist der vergrößerte Bereich der vinylischen Protonen H_A und H_B (a) ohne und (b) mit Entkopplung der Methylprotonen des Signals bei 1,8 ppm dargestellt. (Mit freundlicher Genehmigung von: Günther, H. 1992: *NMR Spectroscopy*. 2. Aufl., John Wiley & Sons Ltd., Chichester, UK.)

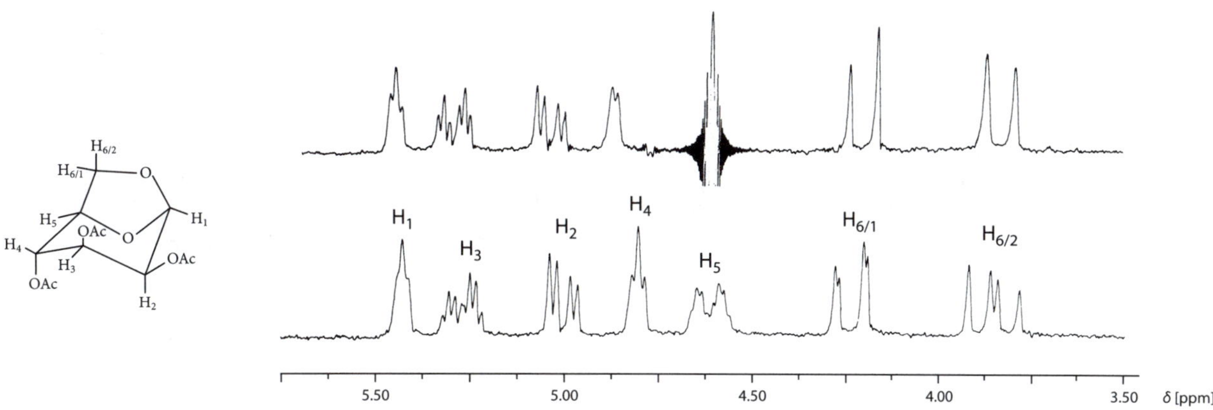

Abbildung 5.6: Das 100-MHz-^{1}H-NMR-Spektrum von Mannosantriacetat in $CDCl_3$. Unten: ohne Spin-Entkopplung. Oben: mit Spin-Entkopplung durch die Einstrahlung bei der Resonanzfrequenz des Signals bei 4,62 ppm. (Mit freundlicher Genehmigung von Varian Associates.)

Differenzspektroskopie

Bei komplizierteren Molekülen kann die Analyse der Auswirkungen der Spin-Entkopplung durch die Überlagerung von Resonanzsignalen erheblich erschwert sein. In solchen Fällen ist die Erzeugung von Differenzspektren häufig sehr hilfreich. Zu diesem Zweck misst man sowohl das gekoppelte als auch das entkoppelte NMR-Spektrum und subtrahiert anschließend das eine vom anderen. Merkmale, die durch die Entkopplung nicht beeinflusst werden, verschwinden dadurch im Differenzspektrum. ▶ Abbildung 5.7 zeigt das ^{1}H-NMR-Spektrum von 1-Dehydrotestosteron. Der komplexe Bereich zwischen 0,9 und 1,1 ppm enthält die Resonanzsignale von vier Protonen. Ein Vergleich des gekoppelten Spektrums (siehe Abbildung 5.7a) mit dem entkoppelten Spektrum (siehe Abbildung 5.7b), das durch die Einstrahlung der Resonanzfrequenz von H-6_α erzeugt wurde, zeigt kleine Veränderungen durch das Doppelresonanz-Experiment, die aber durch die Fülle an Signalen in diesem Bereich schwer zu analysieren sind. Durch die Subtraktion des gekoppelten Spektrums in Abbildung 5.7a vom entkoppelten Spektrum in Abbildung 5.7b erhält man das Differenzspektrum in Abbildung 5.7c. Im Differenzspektrum sind die überlappenden, durch die Entkopplung *nicht* beeinflussten Resonanzsignale eliminiert worden. Die ursprünglichen Signale der durch die Entkopplung betroffenen Protonen, in denen die Kopplung noch zur Aufspaltung geführt hat, treten im Differenzspektrum unverändert, aber mit *negativer Amplitude* auf. Das hat folgenden Grund: Im normalen, gekoppelten Spektrum sind diese Signale mit positiver Amplitude enthalten. Im entkoppelten Spektrum fehlen diese Signale dagegen völlig, da sie infolge der Entkopplung durch die einfacheren Signale der entkoppelten Protonen ersetzt wurden. Letztere erscheinen im Differenzspektrum deswegen mit positiver Amplitude, während die Signale der betroffenen Protonen aus dem gekoppelten Spektrum mit negativer Amplitude auftreten. Die im betrachteten Bereich durch die Entkopplung beeinflussten Peaks können dem Proton H-7_α zugeordnet werden. Mithilfe des Verfahrens können Kopplungsbeziehungen ermittelt werden, wenn diese wegen zu umfangreicher Signalüberlappungen nicht auf einfachere Weise zugänglich sind. Diese und andere einfache Spin-Entkopplungs-Methoden sind heute praktisch vollständig durch zweidimensionale NMR-Experimente verdrängt worden (siehe Kapitel 6).

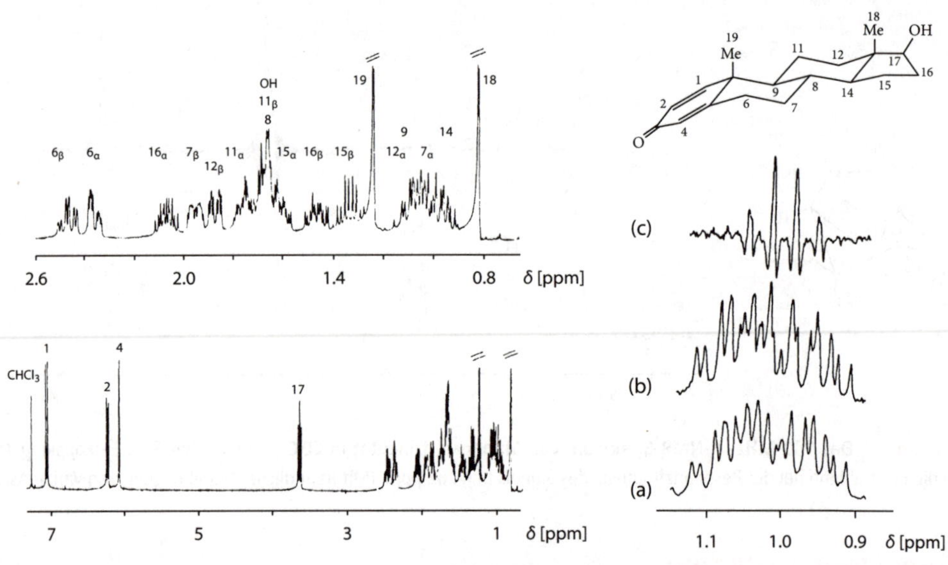

Abbildung 5.7: Das 400-MHz-^{1}H-NMR-Spektrum von 1-Dehydrotestosteron. Auf der linken Seite sind das vollständige Spektrum (unten) und eine Vergrößerung des Hochfeldbereichs (oben) abgebildet. Auf der rechten Seite sind die Bereiche von 0,9 bis 1,1 ppm der folgenden Spektren dargestellt: (a) des normalen, gekoppelten Spektrums, (b) des (H-6_α)-entkoppelten Spektrums sowie (c) des Differenzspektrums, das durch die Subtraktion des gekoppelten Spektrums vom entkoppelten Spektrum erzeugt wurde. (Mit freundlicher Genehmigung von: Hall, L.D. und Sanders, J.K.M. 1980. *J. Am. Chem. Soc.* **102**: 5703. Copyright 1980 American Chemical Society.)

Klassifizierung von Mehrfachresonanz-Experimenten

Experimente, bei denen die entkoppelten und die beobachteten Kerne das gleiche Nuklid repräsentieren – meistens Protonen (^{1}H) –, nennt man *homonukleare* Doppelresonanz-Experimente. Die Nomenklatur zur Kurzbezeichnung solcher Experimente lautet ^{1}H{^{1}H}. Das Symbol für den entkoppelten Kern wird ohne Leerzeichen in geschweiften Klammern hinter das Symbol für den beobachteten Kern geschrieben. Gehören der entkoppelte und der beobachtete Kern zu unterschiedlichen Nukliden, spricht man von einem *heteronuklearen* Doppelresonanz-Experiment, wie im Fall von ^{1}H-entkoppelten ^{13}C-NMR-Spektren, deren Kurzbezeichnung ^{13}C{^{1}H} lautet. Werden bei einem heteronuklearen Dreifachresonanz-Experiment die Kerne von zwei verschiedenen Nukliden entkoppelt, schreibt man die Symbole der beiden entkoppelten Kerne getrennt jeweils in geschweiften Klammern hinter das Symbol des beobachteten Kerns, wie zum Beispiel ^{13}C{^{1}H}{^{31}P}.

Doppelresonanz-Experimente können auch nach der Intensität beziehungsweise der Breite des Frequenzbands des B_2-Wechselfelds klassifiziert werden. Umfasst das B_2-Wechselfeld nur einen Teil der Resonanzfrequenzen der Kerne des entkoppelten Nuklids im untersuchten Molekül, dann handelt es sich um eine so genannte *selektive* Entkopplung. Die Entkopplungen in den Abbildungen 5.5 und 5.6, die in Abschnitt 5.1 beschriebene Signalunterdrückung und der Magnetisierungstransfer, den wir in Abschnitt 5.2 diskutiert haben, stellen Beispiele für selektive Doppelresonanz-Experimente dar. Bei den beiden Entkopplungsexperimenten werden nur die Kopplungen zu den spezifischen Protonen eliminiert, deren Resonanzfrequenz mit dem B_2-Wechselfeld selektiv eingestrahlt wird. Die Resonanzfrequenzen der anderen Kerne können dabei einer kleinen Verschiebung unterliegen, dem so genannten *Bloch-Siegert-Shift*. Die Größe des Bloch-Siegert-Shifts hängt von der Intensität des B_2-Wechselfelds sowie vom Abstand der Resonanzfrequenz des jeweiligen beobachteten Kerns von der Frequenz des B_2-Feldes, also der Resonanzfrequenz des entkoppelten Kerns, ab. Bei einem genaueren Vergleich der Spektren in Abbildung 5.6 findet man mehrere solcher Verschiebungen. Werden mit dem B_2-Wechselfeld *alle* Resonanzfrequenzen eines spezifischen Nuklids eingestrahlt, spricht man von einer *nichtselektiven* oder *Breitband-Entkopplung* (kurz: BB-Entkopplung). Eine Breitband-Entkopplung (BB-Entkopplung) findet unter anderem bei der routinemäßigen Messung der meisten ^{13}C-NMR-Spektren statt, um die Kopplungen der ^{13}C-Kerne zu *allen* Protonen zu eliminieren. Abbildung 2.25 zeigt zum Beispiel die ^{13}C-NMR-Spektren von 3-Hydroxybuttersäure mit und ohne ^{1}H-BB-Entkopplung. Um bei der Breitband-Entkopplung alle ^{1}H-Resonanzfrequenzen erzeugen zu können, wurde das B_2-Wechselfeld mit weißem Rauschen moduliert. Deswegen wurde dieser Typ von Experiment früher auch als ^{1}H-Rausch-Entkopplung bezeichnet.

Off-Resonance-Entkopplung

Durch die ^{1}H-BB-Entkopplung werden die Kopplungsmuster der $^1J_{CH}$-Kopplungen aus den ^{13}C-NMR-Spektren eliminiert. Zwar werden die Spektren dann deutlich einfacher, aber es geht auch die Information über die Anzahl der Protonen, mit denen die einzelnen Kohlenstoffatome direkt verbunden sind, verloren. In vollständig gekoppelten ^{13}C-NMR-Spektren wird die Analyse der Aufspaltungsmuster durch die Überlagerung von Resonanzsignalen infolge der großen $^1J_{CH}$-Kopplungskonstanten allerdings häufig erheblich erschwert. Dieses Problem wurde früher zumindest teilweise durch die so genannte ^{1}H-Off-Resonance-Entkopplung gelöst. Diese Methode wurde entwickelt, um die ^{13}C-NMR-Spektren einerseits wenigstens etwas zu vereinfachen, andererseits aber die Kopplungsinformationen zu erhalten. Zu diesem Zweck wird ein B_2-Wechselfeld eingestrahlt, dessen Frequenz ober- oder unterhalb des etwa 10 ppm breiten Bereichs der ^{1}H-Resonanzfrequenzen liegt. Auf diese Weise werden die Kopplungen nicht vollständig eliminiert, sondern nur ihre Kopplungskonstanten auf Restwerte $^1J_{res}$ verkleinert, die näherungsweise durch die Formel $^1J_{res} = 2\pi\, ^1J_{CH}\, \Delta\nu / \gamma B_2$ quantitativ beschrieben werden können. In dieser Gleichung repräsentiert $^1J_{CH}$ die jeweilige normale Kopplungskonstante im vollständig gekoppelten Spektrum, γ das magnetogyrische Verhältnis der Protonen und $\Delta\nu$ die Differenz zwischen der Entkopplerfrequenz und der Resonanzfrequenz des Protons, das an der jeweiligen Kopplung zu einem spezifischen Kohlenstoffatom beteiligt ist. Das Resultat der ^{1}H-Off-Resonance-Entkopplung ist ein ^{13}C-NMR-Spektrum mit intakten Multiplizitäten, dessen Signale infolge der kleineren Kopplungskonstanten aber weniger überlappen als im normalen, vollständig gekoppelten Spektrum und daher leichter zu analysieren sind. Deswegen eignen sich ^{1}H-Off-Resonance-entkoppelte ^{13}C-NMR-Spektren besser, um zu ermitteln, ob die einzelnen Signale durch Methyl- (Quartett), Methylen- (Triplett), Methin- (Dublett) oder quartäre Kohlenstoffatome (Singulett) verursacht werden. Wenn die Protonen einer Methylengruppe diastereotop sind, kann das Resonanzsignal des Kohlenstoffatoms als Dublett vom Dublett erscheinen. Die äußeren Peaks von Quartetts und Tripletts in Off-Resonance-entkoppelten Spektren sind häufig kleiner, als es gemäß den Binomialkoeffizienten zu erwarten wäre. Deswegen können Dubletts und Quartetts manchmal nur schwer unterschieden werden. ▶ Abbildung 5.8 zeigt als Beispiel das ^{13}C-NMR-Spektrun von Vinylacetat mit vollständiger und mit ^{1}H-Off-Resonance-Entkopplung. Im Fall komplizierter Moleküle ist die Zuordnung und Analyse der ^{13}C-Resonanzsignale infolge von Signalüberlappungen und Unklarheiten bezüglich der Identität von Quartetts auch trotz des Einsatzes der ^{1}H-Off-Resonance-Entkopplung häufig noch sehr schwierig. Nicht zuletzt deswegen ist die Off-Resonance-Entkopplung heute praktisch vollständig durch die spektrale Editierung mithilfe der APT- und der DEPT-Pulssequenz verdrängt worden, die wir in Abschnitt 5.5 beschreiben werden.

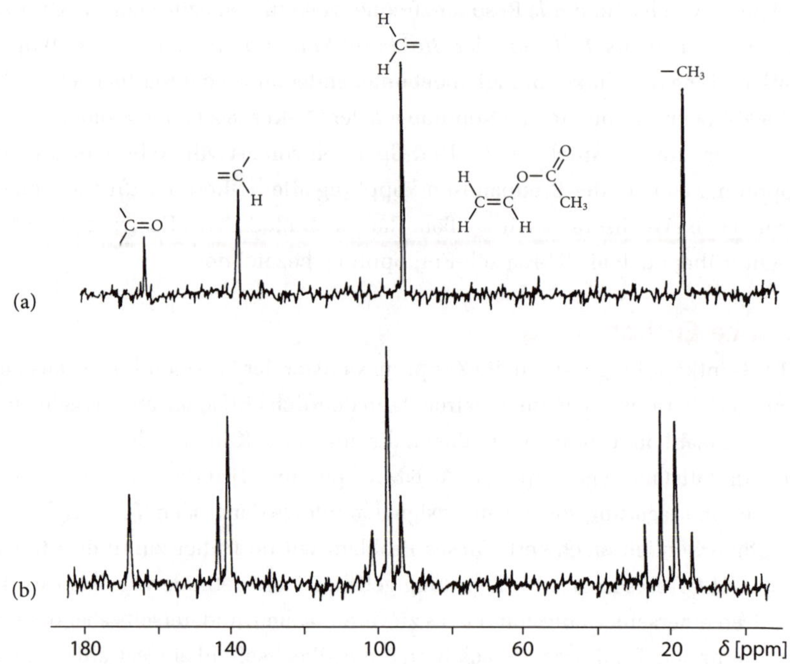

Abbildung 5.8: Das ^{13}C-NMR-Spektrum von Vinylacetat. (a) Mit vollständiger ^{1}H-BB-Entkopplung. (b) Mit ^{1}H-Off-Resonance-Entkopplung. (Mit freundlicher Genehmigung von: Günther, H. 1992: *NMR Spectroscopy*. John Wiley & Sons Ltd., Chichester, UK, S. 270.)

Bei frühen Spin-Entkopplungsexperimenten wurde das B_2-Wechselfeld während der Beobachtung der anderen Kerne kontinuierlich eingestrahlt. Diese Methode ist allerdings mit zwei Schwierigkeiten verbunden. Erstens erfolgt mit dem B_2-Wechselfeld die Übertragung von Energie auf die Probe, die letztlich in Wärme umgewandelt wird. Mit zunehmender Flussdichte B_0 des äußeren Magnetfelds und somit der Messfrequenz von 60 MHz auf heute bis zu 1 GHz wuchs auch die erforderliche Intensität des B_2-Entkopplungsfelds. Die resultierende Erwärmung der Probe ist für empfindliche biologische, organische und anorganische Moleküle nicht mehr akzeptabel. Zweitens wird es mit steigender Flussdichte B_0 des äußeren Magnetfelds immer schwieriger, B_2-Wechselfelder mit der vollständigen Bandbreite von ^{1}H-Frequenzen zu erzeugen, die sich bei einer Messfrequenz von 60 MHz über etwa 600 Hz, bei einer Messfrequenz von 500 MHz aber bereits über etwa 5000 Hz erstrecken.

Um diese Probleme bei der heteronuklearen Entkopplung zu vermeiden, wurde die kontinuierliche Einstrahlung des B_2-Feldes bei modernen Methoden durch eine Reihe von kurzen Pulsen ersetzt, die ebenfalls zur Eliminierung der Kopplungseffekte führen. In ▶ Abbildung 5.9 werden diese Pulse und ihre Effekte am Beispiel eines ^{13}C{^{1}H}-Experiments für zwei koppelnde Kerne ^{13}C–^{1}H veranschaulicht. Zunächst werden die ^{13}C-Kerne mit einem 90°-B_1-Puls in x-Richtung angeregt, wodurch die makroskopischen Magnetisierungen sowohl der ^{13}C-Kerne, die mit einem Proton im +1/2-Spinzustand koppeln, als auch der ^{13}C-Kerne, die mit einem Proton im −1/2-Spinzustand koppeln, auf die y-Achse gedreht werden (siehe Abbildung 5.9a → Abbildung 5.9b). Da sich die Resonanzfrequenzen der jeweiligen ^{13}C-Kerne in Abhängigkeit vom Spinzustand des mit ihnen koppelnden Protons entsprechend der Größe der Kopplungskonstante aber leicht unterscheiden, rotieren die Magnetisierungsvektoren im feststehenden Koordinatensystem mit unterschiedlichen Geschwindigkeiten in der x,y-Ebene um die z-Achse. Infolgedessen driften sie sowohl im feststehenden als auch im rotierenden Koordinatensystem (siehe Abschnitt 2.4) mit der Zeit zunehmend auseinander. Nimmt man an, dass die Referenzfrequenz des rotierenden Koordinatensystems (siehe Abschnitt 2.5) genau in der Mitte zwischen den Resonanzfrequenzen der ^{13}C-Kerne liegt, die mit dem Proton in den unterschiedlichen Spinzuständen koppeln, drehen sich die Magnetisierungsvektoren der ^{13}C-Kerne im rotierenden Koordinatensystem nach dem 90°-Puls gleich schnell in entgegengesetzter Richtung von der y-Achse weg (siehe Abbildung 5.9c). Nach einer Wartezeit τ werden dann die Protonen durch einen 180°-Puls in y-Richtung (ist analog zum B_2-Wechselfeld des Entkopplungsexperiments) angeregt. Das führt aber zu einem Austausch der Magnetisierungsvektoren der ^{13}C-Kerne, die mit den Protonen in den unterschiedlichen Spinzuständen koppeln. Der Vektor, der im feststehenden Koordinatensystem langsamer um die z-Achse rotierte und deswegen hinter dem anderen zurückblieb, befindet sich jetzt plötzlich vor dem anderen Vektor – und umgekehrt. Da sich die Larmor-Frequenzen der ^{13}C-Kerne aber nicht geändert haben, bewegen sich die beiden Vektoren sowohl im feststehenden als auch im rotierenden Koordinatensystem nun wieder aufeinander zu (siehe Abbildung 5.9d). Nach einer Wartezeit τ, die genauso lang ist wie die erste Wartezeit, fallen die beiden Magnetisierungsvektoren wieder zusammen – im rotierenden Koordinatensystem genau entlang der y-Achse (siehe Abbildung 5.9e). Dieser Prozess wird während der Akquisition mit einer Rate (in Hz) wiederholt, die größer ist als die Kopplungskonstante. Dadurch werden die Auswirkungen der Kopplung eliminiert, weil die makroskopischen Magnetisierungen der ^{13}C-Kerne, die sich nur durch die Spinzustände der mit ihnen verbundenen Protonen unterscheiden, durch die wiederholten Pulsfolgen schnell genug gemittelt werden. Dementsprechend erscheint im ^{13}C-NMR-Spektrum nur ein Peak für diese ^{13}C-Kerne. Das Auseinander- und Zusammendriften der Magnetisierungsvektoren verläuft auch dann vollkommen analog, wenn die Referenzfrequenz nicht genau in der Mitte zwischen den Resonanzfrequenzen der beiden ^{13}C-Kerne liegt. Die Vektoren treffen nur nicht genau auf der y-Achse wieder zusammen. Der Effekt auf die Resonanzsignale ist aber der gleiche. Auf diese Weise kann somit eine vollständige ^{1}H-Entkopplung von ^{13}C-NMR-Spektren allein mithilfe von kurzen Pulsen während der Akquisition statt durch die kontinuierliche Einstrahlung eines B_2-Wechselfelds hoher Intensität während des gesamten Experiments erreicht werden. In der Praxis unterliegt diese Methode allerdings gewissen Einschränkungen, weil die 180°-Pulse sehr exakt sein müssen und die B_2-Wechselfelder immer kleine Inhomogenitäten aufweisen. Die Auswirkungen dieser Ungenauigkeiten konnten jedoch durch Weiterentwicklungen des Experiments eliminiert werden, indem der 180°-Puls durch einen so genannten zusammengesetzten Puls (engl. *composite pulse*) ersetzt oder eine so genannte Phasenzyklisierung (engl. *phase cycling*) durchgeführt wird (siehe Abschnitt 5.8). Zwei erfolgreiche Methoden dieser Art sind zum Beispiel das MLEV-16-Experiment und insbesondere das WALTZ-16-Experiment. Die Bezeichnung MLEV-16 leitet sich vom Namen eines der Erfinder dieser Sequenz (Malcolm Levitt) sowie von den 16 Phasenzyklen des Experiments ab. Mithilfe des WALTZ-16-Experiments kann eine vollständige Entkopplung erreicht werden, die im Vergleich zur kontinuierlichen Anwendung eines B_2-Wechselfelds über einen viel größeren Bereich und mit einem Bruchteil an Senderleistung und somit an eingestrahlter Energie (und Erwärmung) erfolgen kann. Mit dem Ursprung der Bezeichnung WALTZ werden wir uns in Abschnitt 5.8 noch beschäftigen.

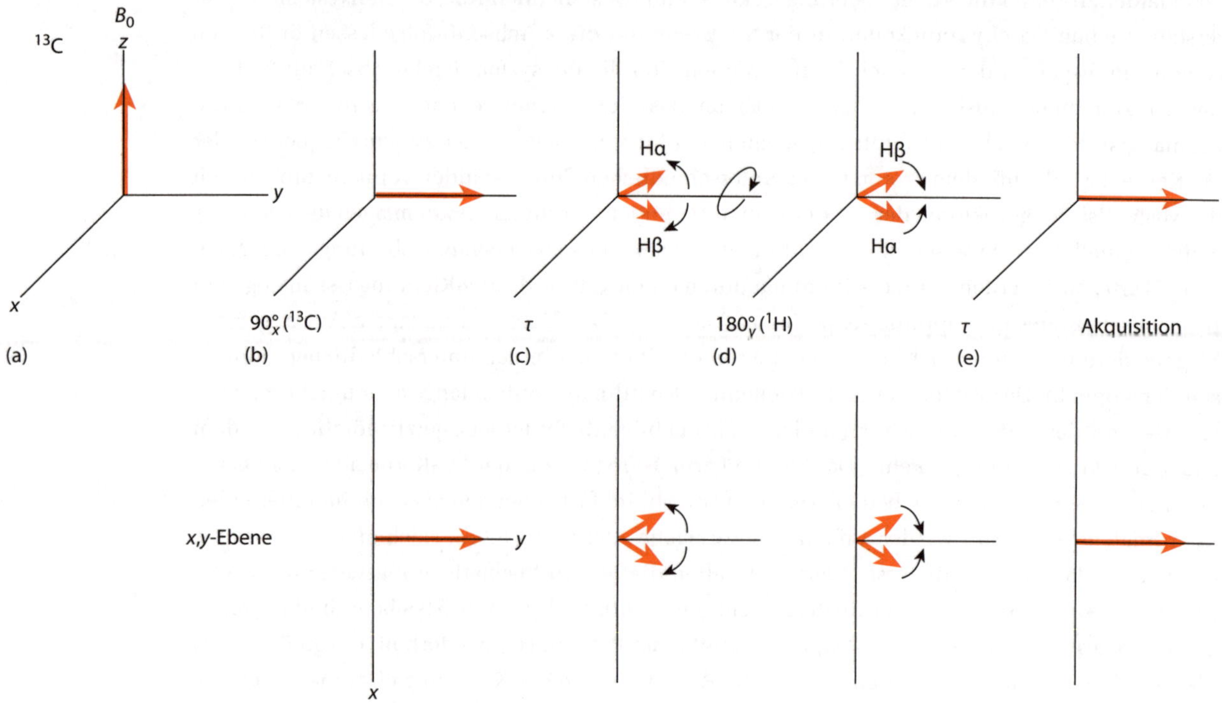

Abbildung 5.9: Pulssequenz zur Eliminierung heteronuklearer Kopplungen.

5.4 Kern-Overhauser-Effekt

Um einer Dipol-Dipol-Relaxation unterliegen zu können, müssen zwei magnetische Kerne räumlich eng benachbart sein und sich mit einer geeigneten Geschwindigkeit beziehungsweise Frequenz bewegen (siehe Abschnitt 5.1). Wird ein B_2-Wechselfeld mit der Resonanzfrequenz eines der beiden Kerne eingestrahlt, ändern sich infolgedessen auch die Besetzungszahlen der Spinzustände des anderen Kerns, wodurch die Intensität seines Resonanzsignals beeinflusst wird. Für diesen Effekt ist *keine* indirekte Spin-Spin-Kopplung (J-Kopplung) zwischen den Kernen erforderlich, weil die zugrunde liegende Wechselwirkung durch den Raum stattfindet. Overhauser entdeckte dieses Phänomen ursprünglich zwischen Kernen und ungepaarten Elektronen. Zwischen zwei Kernen wurde der Effekt zuerst von Anet und Bourne beobachtet und spielt für den Chemiker eine wesentlich größere Rolle. Seine Bedeutung für die Strukturaufklärung beruht vor allem auf der Abhängigkeit der Dipol-Dipol-Relaxation vom Abstand der beiden Kerne (siehe Gleichungen 5.1 und 5.2). Nach seinem Erstentdecker wird der Effekt **Kern-Overhauser-Effekt** oder kurz **NOE** (von engl. *nuclear Overhauser effekt*) genannt.

Theoretische Erklärung des NOE

Die Entstehung des Kern-Overhauser-Effekts wird in ▶ Abbildung 5.10 veranschaulicht. Auf der linken Seite ist das Energieniveaudiagramm der Spinzustände zweier Spin-1/2-Kerne A und X in Abwesenheit eines B_2-Wechselfelds und somit einer Doppelresonanz dargestellt. Die Auswirkungen von J-Kopplungen sind für die folgende Betrachtung ohne Bedeutung und werden daher ignoriert. Das Diagramm stellt eine Erweiterung von Abbildung 2.4 von einem Kern auf zwei Kerne dar, wobei β einen +1/2- und α einen −1/2-Spinzustand repräsentiert. Für die Kombination der beiden Kerne existieren vier Gesamtspinzustände: (1) Beide Kerne weisen einen β-Spin auf ($\beta\beta$), (2) Kern A befindet sich im β- und Kern X im α-Zustand ($\beta\alpha$), (3) Kern A befindet sich im α- und Kern X im β-Zustand ($\alpha\beta$) sowie (4) beide Kerne besitzen einen α-Spin ($\alpha\alpha$). Es gibt zwei Übergänge, bei denen Kern A vom β- in den α-Zustand angeregt wird ($\beta\beta \rightarrow \alpha\beta$ und $\beta\alpha \rightarrow \alpha\alpha$), und zwei Übergänge, bei denen Kern X vom β- in den α-Zustand angeregt wird ($\beta\beta \rightarrow \beta\alpha$ und $\alpha\beta \rightarrow \alpha\alpha$). Wenn die Kopplungskonstante $J_{AX} = 0$ Hz beträgt, ist die Energiedifferenz der beiden A-Übergänge und der beiden X-Übergänge jeweils gleich groß. Da die chemischen Verschiebungen im Vergleich zur Larmor-Frequenz der Kerne sehr klein sind, sind die beiden Zustände $\alpha\beta$ und $\beta\alpha$ fast vollständig entartet. In Abbildung 5.10 ist ihre Energiedifferenz zur Verdeutlichung der unterschiedlichen chemischen Verschiebungen übertrieben groß dargestellt.

Die normalen Intensitäten der Resonanzsignale der Kerne A und X werden durch die Besetzungsunterschiede zwischen dem unteren und dem oberen Spinzustand der jeweils zugrunde liegenden Übergange bestimmt – zum Beispiel vom Besetzungsunterschied zwischen den Zuständen $\alpha\beta$ und $\alpha\alpha$ für einen der X-Übergänge und somit für einen Peak des Resonanzdubletts von X. Bei einem NOE-Experiment wird ein B_2-Wechselfeld mit der Resonanzfrequenz eines Kerns (hier von Kern A) eingestrahlt und die Auswirkung auf die Intensität des Resonanzsignals eines anderen Kerns (hier von Kern X) beobachtet. Wenn die zusätzliche Einstrahlung in diesem Doppelresonanz-Experiment mit der Resonanzfrequenz von A erfolgt, was auf der rechten Seite von Abbildung 5.10 durch jeweils drei parallele Linien hervorgehoben wird, findet infolge der partiellen Sättigung von A eine Verminderung der Besetzungsunterschiede zwischen den Spinzuständen statt, die durch

A-Übergänge korreliert sind. Im Vergleich zur normalen Situation im Energiediagramm links in Abbildung 5.10 werden also die Besetzungszahlen der Spinzustände αα und αβ – das heißt der oberen Zustände der beiden A-Übergänge – erhöht und die Besetzungszahlen der Spinzustände βα und ββ – das heißt der unteren Zustände der beiden A-Übergänge – verringert. Wenn der Abstand der Kerne A und X klein genug ist, kann an der Einstellung des neuen Gleichgewichts unter dem Einfluss der partiellen Sättigung von A durch das B_2-Wechselfeld noch ein weiterer Übergang beteiligt sein, der infolge der Erhöhung der Besetzungszahl des Spinzustands αα vermehrt stattfindet, nämlich die Dipol-Dipol-Relaxation von αα nach ββ, die in der Abbildung als W_2-Übergang bezeichnet wird. Das heißt, bei der Einstellung des neuen Gleichgewichts wechseln die Spinzustände des Zweispinsystems auch auf der Route βα → αα → ββ → αβ, wodurch die Besetzungszahl des Zustands βα zusätzlich verringert und die des Zustands αβ zusätzlich erhöht wird. Durch die zusätzliche Entleerung des βα-Zustands wird der Besetzungsunterschied für einen der X-Übergänge (ββ → βα) und durch die zusätzliche Auffüllung des αβ-Zustand der Besetzungsunterschied für den anderen X-Übergang (αβ → αα) infolge des Kern-Overhauser-Effekts vergrößert. Diese verstärkte Polarisation der Kernspins von X bedeutet, dass die Intensität des Resonanzsignals von X unter dem Einfluss der partiellen Sättigung von A ansteigt – wenn der Abstand zwischen A und X für eine Dipol-Dipol-Relaxation und somit einen NOE klein genug ist. In erster Näherung bleiben die Besetzungszahlen der Spinzustände αα und ββ konstant, weil die Zustände simultan durch einen Übergang aufgefüllt und durch einen anderen Übergang entleert werden. Die normale Relaxation der Kerne X, die rechts in Abbildung 5.10 durch die W_1-Übergänge (αα → αβ und βα → ββ) repräsentiert wird, trägt nicht zur Erhöhung der Intensität des Signals von X bei, weil sich diese Prozesse nicht von der normalen Situation links in Abbildung 5.10 unterscheiden.

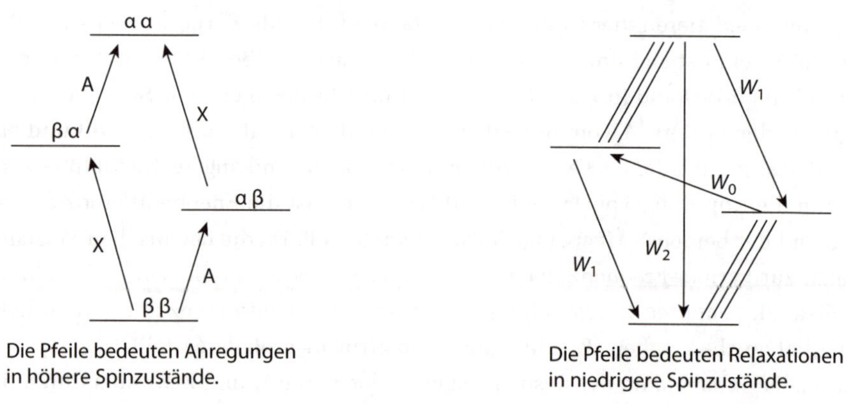

Abbildung 5.10: Energiediagramme der Spinzustände eines AX-Zweispinsystems. Links: Die Spinzustände eines normalen AX-Zweispinsystems. Rechts: Die Spinzustände des gleichen Spinsystems, wenn ein B_2-Wechselfeld mit der Resonanzfrequenz des Kerns A eingestrahlt wird.

Die Relaxation durch den Übergang vom αβ nach βα (W_0 in Abbildung 5.10) kann ebenfalls zur Einstellung des Gleichgewichts während des Doppelresonanz-Experiments beitragen. Dieser Relaxationsprozess würde allerdings zu einer Verminderung der Intensität des Resonanzsignals von X führen, da er eine verstärkte Entleerung des Spinzustands ββ und eine weitere Auffüllung des Zustands αα verursacht (ββ → αβ → βα → αα), während die Besetzungszahlen von αβ und βα konstant bleiben. Im Fall von Flüssigkeiten und kleinen Molekülen findet der Übergang W_0 jedoch viel seltener statt als der Übergang W_2 ($W_0 << W_2$), so dass eine Intensitätssteigerung des Resonanzsignals von X zu erwarten ist. Die Frequenzen der W_2-Übergänge liegen im MHz-Bereich, die der W_0-Übergänge dagegen im kHz-Bereich. Dieses Verhältnis steht im Einklang mit der erheblich größeren Energiedifferenz zwischen den Spinzuständen ββ und αα des W_2-Übergangs im Vergleich zum Abstand der Spinzustände αβ und βα des W_0-Übergangs, die auch in Abbildung 5.10 qualitativ dargestellt ist. Die schnellen Bewegungen kleiner Moleküle in Lösung erzeugen Wechselfelder im MHz-Bereich und fördern somit die W_2-Relaxationen. Sehr große Moleküle bewegen sich dagegen langsamer und führen daher zu Wechselfeldern im Hz- bis kHz-Bereich, die bevorzugt die W_0-Relaxationen ermöglichen.

Beobachtung des NOE

Sättigt man bei einem Doppelresonanz-Experiment die Kerne A in Molekülen mit einer Molekülmasse bis zu etwa 1000 bis 3000 u, ist nach den Ausführungen im obigen Absatz eine Intensitätssteigerung des Resonanzsignals der Kerne X zu erwarten. Diese Intensitätserhöhung tritt allerdings nur auf, wenn der Abstand der Kerne A und X klein genug ist – das heißt kleiner als etwa 5 Å –, so dass die W_2-Relaxation dominiert. Diese Bedingungen einer genügend kleinen Molekülmasse und eines nicht zu großen Abstands der Kerne entspricht dem in Abschnitt 5.1 bereits erwähnten Extreme Narrowing Limit. Bei größeren Molekülen – auf jeden Fall bei Molekülmassen oberhalb von 5000 u – erfolgt dagegen die W_0-Relaxation viel häufiger als die W_2-Relaxation. Das heißt, in diesen Fällen ist die Wahrscheinlichkeit W_0 für einen W_0-Übergang viel größer als die Wahrscheinlichkeit W_2 für einen W_2-Übergang ($W_0 >> W_2$). Infolgedessen ist bei großen Molekülen eine Reduktion der Signalintensität oder sogar eine Inversion (negative Amplitude) des Resonanzsignals von X zu beobachten. Liegt die Molekülmasse im Übergangsbereich zwischen etwa 1000 und 3000 u, kann der NOE im NMR-Spektrum auch völlig ausbleiben, weil W_0 und W_2 jetzt (etwa) gleich groß sein können und sich die Auswirkungen der W_2- und W_0-Übergänge auf die Besetzungszahlen dann gerade gegenseitig aufheben. Die Größe der Intensitätsänderung des Resonanzsignals von X – also die Größe des NOE –, die mit dem griechischen Kleinbuchstaben η (eta) bezeichnet wird, hängt gemäß Gleichung 5.9 von der Differenz der Wahrscheinlichkeiten beziehungsweise Geschwindigkeiten W_2 und W_0 der W_2- und W_0-Relaxation in Relation zur Summe der Geschwindigkeiten aller Relaxationsprozesse ab. Dabei muss W_1 mit dem Faktor 2 berücksichtigt werden, weil zwei verschiedene Übergänge zu einer W_1-Relaxation führen.

$$\eta = \frac{\gamma_A}{\gamma_X}\left(\frac{W_2 - W_0}{W_0 + 2W_1 + W_2}\right) \tag{5.9}$$

In dieser Gleichung steht γ_A für das magnetogyrische Verhältnis des Kerns A, der durch das B_2-Wechselfeld gesättigt wird, und γ_X für das magnetogyrische Verhältnis des Kerns X, dessen Resonanzsignal beobachtet wird. In der Praxis wird die Größe des NOE durch den Vergleich der Intensitäten I und I_0, die mit (I) und ohne (I_0) Doppelresonanz (und somit NOE) gemessen werden, gemäß Gleichung 5.10 ermittelt.

$$\eta = \frac{I - I_0}{I_0} \tag{5.10}$$

Für kleine Moleküle (also am Extreme Narrowing Limit) wird die maximal mögliche Zunahme der Intensität infolge des NOE durch den größtmöglichen Wert von η beschrieben, der $\eta_{max} = \gamma_A / 2\gamma_X$ beträgt. Durch Umformung von Gleichung 5.10 erhält man eine Gleichung, welche die Intensität I des Resonanzsignals von X mit NOE in Abhängigkeit von η angibt. Einsetzen von η_{max} liefert schließlich Gleichung 5.11 für die durch den NOE maximal erreichbare Gesamtintensität des Signals von X.

$$I_{max}(\text{NOE}) = I_0\left(1+\frac{\gamma_A}{2\gamma_X}\right) = I_0(1+\eta_{max}) \qquad (5.11)$$

$(1 + \eta)$ wird als *Verstärkungsfaktor* bezeichnet, weil die Ausgangsintensität I_0 durch den NOE um diesen Faktor zunimmt (oder abfällt). Der maximale Verstärkungsfaktor beträgt $(1 + \eta_{max})$. In der Praxis wird der maximale Verstärkungsfaktor aber fast nie erreicht, weil neben der Dipol-Dipol-Relaxation immer auch andere Relaxationsmechanismen eine Rolle spielen und darüber hinaus auch Dipol-Dipol-Relaxationen des beobachteten Kerns durch Wechselwirkungen mit anderen Kernen als A stattfinden, die nicht durch die Doppelresonanz gesättigt worden sind.

Sind die beiden Kerne A und X identische Isotope, also zum Beispiel beides Protonen, dann weist η_{max} wegen $\gamma_A = \gamma_X$ und $\eta_{max} = \gamma_A / 2\gamma_X$ einen Wert von 0,5 auf. In diesem Fall beträgt der maximale NOE-Verstärkungsfaktor 1,5 beziehungsweise die maximale Zunahme der Intensität des Signals von X η_{max} = 50 Prozent. Für die in der Praxis sehr häufig eingesetzte ^{1}H-Breitband-Entkopplung von ^{13}C-NMR-Spektren [^{13}C{^{1}H}] ist $\eta_{max} = \gamma_H / 2\gamma_C = 1{,}988$, so dass der maximale Verstärkungsfaktor einen Wert von 2,988 besitzt. Somit kann in einem ^{1}H-BB-entkoppelten ^{13}C-NMR-Spektrum eine Intensitätszunahme der Resonanzsignale im Vergleich zum normalen gekoppelten Spektrum von bis zu etwa 200 Prozent auftreten. Da die einzelnen Peaks von Multipletts durch die ^{1}H-BB-Entkopplung darüber hinaus zu einem einzigen Peak zusammenfallen, kann die Amplitude (Höhe) der Signale sogar noch stärker wachsen. Weitere Beispiele für maximale Verstärkungsfaktoren $(1 + \eta_{max})$ sind 2,24 für ^{31}P{^{1}H}, 3,33 für ^{195}Pt{^{1}H} und 3,39 für ^{207}Pb{^{1}H}.

Einige Nuklide weisen negative magnetogyrische Verhältnisse auf. Unter den Bedingungen des Extreme Narrowing Limit wird η_{max} dann negativ, wenn der andere Kern, wie zum Beispiel ^{1}H, nach wie vor ein positives magnetogyrisches Verhältnis besitzt. Infolgedessen nimmt die Intensität der Signale der beobachteten Kerne (X) durch den NOE ab, statt zu steigen. Ist der Effekt groß genug, können die Intensitäten und Amplituden der Signale sogar negativ werden. Für ein ^{1}H-BB-entkoppeltes ^{15}N-NMR-Spektrum [^{15}N{^{1}H}] beträgt η_{max} beispielsweise −4,94. Die maximale negative Signalintensität weist somit den 3,94-fachen Betrag $(1 + \eta_{max} = 1 - 4{,}94 = -3{,}94)$ der positiven Signalintensität im nicht entkoppelten Spektrum auf – der Betrag der Intensität eines Signals wächst durch den NOE also um maximal 294 Prozent [(3,94 − 1,00) × 100] bei gleichzeitiger Umkehrung des Vorzeichens der Amplitude. Da der Verstärkungsfaktor in der Praxis wie erwähnt fast nie seinen Maximalwert erreicht, kann der ^{15}N{^{1}H}-NOE auch zu positiven Signalen mit geringerer Intensität statt zu negativen Signalen oder gerade genau zu einer Intensität von null führen. Im letzteren Fall würde das betroffene Signal aus dem Spektrum verschwinden. Auch die Kerne des Isotops ^{29}Si besitzen ein negatives magnetogyrisches Verhältnis, so dass ähnliche Auswirkungen und Komplikationen wie bei ^{15}N zu erwarten sind. Für das ^{29}Si{^{1}H}-NMR-Experiment ist $\eta_{max} = -2{,}52$. Der maximale Verstärkungsfaktor beträgt dann $1 + \eta_{max} = -1{,}52$, so dass im Fall eines maximalen NOE der Betrag der Intensität der ^{29}Si-Resonanzsignale um 52 Prozent steigen, das Vorzeichen ihrer Amplitude aber umgekehrt würde. Bei ^{119}Sn{^{1}H}-NMR-Spektren erfolgt durch den NOE tatsächlich selbst bei maximalem Verstärkungsfaktor immer eine Abnahme des Betrags der Signalintensitäten, weil η_{max} einen Wert von $-1{,}34$ aufweist und der maximale Verstärkungsfaktor mit $1 + \eta_{max} = -0{,}34$ einen Betrag zwischen 0 und 1 besitzt. In diesem Beispiel erfolgt bei maximalem NOE eine Abnahme des Betrags der Signalintensität um 66 Prozent. Der NOE ist vollständig unabhängig von spektralen Veränderungen, die auf das Zusammenfallen von Peaks infolge der Spin-Spin-Entkopplung zurückzuführen sind, weil sein Mechanismus auf Wechselwirkungen (Dipol-Dipol-Relaxation) beruht, die durch den Raum erfolgen und nicht auf Bindungen zwischen den Kernen angewiesen sind. Für das Auftreten eines NOE ist keine Spin-Spin-Kopplung zwischen den Kernen A und X, sondern nur eine wechselseitige Förderung der Dipol-Dipol-Relaxation erforderlich.

Bei großen Molekülen mit Molekülmassen oberhalb von etwa 3000 bis 5000 u dominiert die W_0-Relaxation. Da W_2 und W_1 in diesem Fall sehr klein sind, ergibt sich aus Gleichung 5.9 für η_{max} im homonuklearen Fall, wie beispielsweise dem NOE zwischen zwei Protonen, ein Wert von -1. Der maximale Verstärkungsfaktor beträgt dann $1 + \eta_{max} = 0$, so dass es im NMR-Spektrum zum Verlust von Signalen kommen kann. Daher werden bei großen Molekülen häufig transiente statt stationäre NOEs untersucht. Aus der Veränderung der Signalintensitäten durch einen NOE kann man zum Beispiel den Abstand zweier Protonen bestimmen. Durch die Untersuchung einer großen Zahl solcher Beziehungen kann die Struktur eines großen Biomoleküls prinzipiell quantitativ bestimmt werden. Diese Anwendung der NMR-Spektroskopie stellt eine Konkurrenz zur Röntgenkristallographie dar und liefert dabei die für Biologen eigentlich wichtigeren Strukturdaten für die Moleküle in Lösung, die von denen im Kristall zum Teil erheblich abweichen können. Im Jahr 2002 wurde Kurt Wüthrich *für seine Entwicklung der Kernspinresonanzspektroskopie zur Bestimmung der dreidimensionalen Struktur von biologischen Makromolekülen in Lösung* mit dem Nobelpreis in Chemie ausgezeichnet (http://nobelprize.org/nobel_prizes/chemistry/laureates/2002/).

Im Übergangsbereich vom Extreme Narrowing Limit für kleine Moleküle zum Large Molecule Limit für große Moleküle, also im Molekülmassenbereich von etwa 1000 bis 3000 u, können W_2 und W_0 ähnliche Größen aufweisen, so dass der NOE gemäß Gleichung 5.9 sehr klein oder sogar null wird. In diesem Fall kann der NOE durch den Wechsel des Lösungsmittels und/oder die Veränderung der Temperatur zumindest etwas vergrößert werden, weil die Korrelationszeit τ_c und somit die Dipol-Dipol-Relaxation nicht nur von der Größe des Moleküls, sondern auch von der Viskosität des Lösungsmittels und der Temperatur abhängt. Lösungsmittel mit höherer Viskosität können daher beispielsweise zu einer Abschwächung des NOE führen.

Bei einem traditionellen NOE-Experiment wird das NMR-Spektrum zweimal gemessen, einmal mit und einmal ohne NOE. ▶ Abbildung 5.11 veranschaulicht für einen heteronuklearen Fall die relative zeitliche Abfolge der Pulse im ^{13}C-Kanal (B_1), des ^{1}H-Entkopplerfelds (B_2) und der Akquisition des ^{13}C-Signals zur Aufnahme dieser beiden Spektren (nicht maßstabsgetreu). Im ursprünglichen Experiment mit kontinuierlicher Breitband-Entkopplung bleibt das B_2-Wechselfeld während des gesamten Experiments eingeschaltet (siehe Abbildung 5.11a). Während der Akquisition muss das B_2-Feld eingestrahlt werden, damit die Entkopplung erfolgt. Wenn eine Erhöhung der Signalintensität durch den NOE angestrebt wird, muss das B_2-Feld außerdem in der regenerativen

Wartezeit zwischen der Akquisition und dem nächsten Puls, in der die Relaxation des Systems stattfindet, auf die Probe einwirken, weil der NOE etwas Zeit benötigt, um sich aufzubauen. Allerdings kann die Sendeleistung der B_2-Spule außerhalb der Akquisitionszeit verringert werden. Dieses Experiment führt also sowohl zur Entkopplung als auch zu einem Kern-Overhauser-Effekt (NOE) und liefert somit die Intensität I aus Gleichung 5.10. Schaltet man den Entkoppler wie in Abbildung 5.11b in der Wartezeit aus, während der Akquisition und des ^{13}C-Beobachtungspulses jedoch ein, wird zwar eine vollständige Entkopplung erreicht, aber es tritt kein NOE in Erscheinung. Ohne Einstrahlung des B_2-Wechselfelds in der Wartezeit ist die Dauer der Einwirkung des B_2-Feldes zu kurz, als dass sich ein NOE aufbauen könnte. Mithilfe dieses Experiments, das als *Reversed-Gated-Decoupling-Experiment* bezeichnet wird, erhält man daher Resonanzsignale ohne Aufspaltung und mit ungestörter Intensität – das heißt mit der Intensität I_0 aus Gleichung 5.10. In der Praxis wird das B_2-Entkopplerfeld während der Wartezeit nicht wirklich ausgeschaltet. Stattdessen wird nur seine Frequenz verändert, so dass sie weit außerhalb des Resonanzbereichs liegt. Setzt man die Intensitäten I und I_0 aus den Experimenten in Abbildung 5.11a und 5.11b schließlich in Gleichung 5.10 ein, erhält man die Größe des NOE. Abbildung 5.11c zeigt ein anderes Verfahren, bei dem das B_2-Feld während des ^{13}C-Pulses und der Akquisition ausgeschaltet bleibt und nur in der Wartezeit eingeschaltet wird. Infolgedessen findet keine Entkopplung, aber eine Erhöhung der Signalintensitäten durch den NOE statt. Dieses so genannte *Gated-Decoupling-Experiment* kann daher zur Messung von ^{1}H–^{13}C-Kopplungskonstanten sehr hilfreich sein.

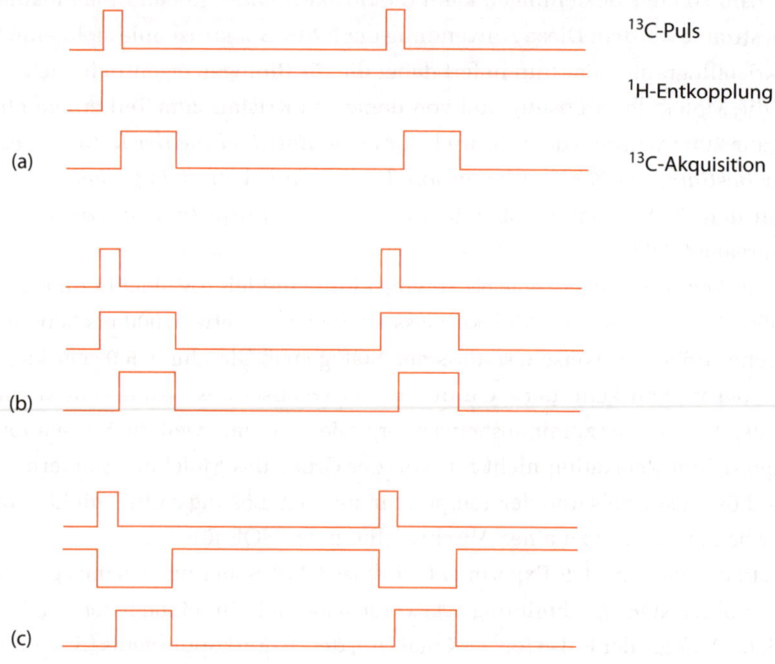

Abbildung 5.11: Relative zeitliche Abfolge von Pulsen, Akqusitionszeiten und Wartezeiten bei NOE-Experimenten. (a) Die Beobachtung von ^{13}C mit kontinuierlicher Einstrahlung eines B_2-Wechselfelds zur Sättigung von ^{1}H führt zur Entkopplung und zu einem NOE. (b) Ist das B_2-Entkopplerfeld während der Akquisition (und dem ^{13}C-Puls) eingeschaltet, in der Wartezeit aber ausgeschaltet, findet eine Entkopplung statt, aber es tritt kein NOE auf. (c) Wird der Entkoppler nur in der Wartezeit eingeschaltet, erfolgt keine Entkopplung, aber eine Signalverstärkung durch den NOE. Die verschiedenen Pulsdauern und Wartezeiten sind nicht maßstabsgerecht dargestellt. Die Schemata zeigen jeweils zwei Zyklen.

Differenz-NOE-Spektren

Bei homonuklearen Protonen-NOE-Experimenten [$^1H\{^1H\}$], die analog zu den Abbildung 5.11a und 5.11b durchgeführt werden, betrachtet man üblicherweise nur NOEs oberhalb von 5 Prozent ($\eta > 0{,}05$) als signifikant und experimentell verlässlich nachgewiesen. Mithilfe des *Differenz-NOE-Experiments* können Signalverstärkungen durch den NOE dagegen bis zu η-Werten von weniger als 1 Prozent noch zuverlässig gemessen werden. Zur Erzeugung eines Differenz-NOE-Spektrums werden die zwei NMR-Spektren gemäß den Methoden in den Abbildungen 5.11a und 5.11b separat gemessen und dann voneinander subtrahiert. Durch dieses Verfahren werden die Resonanzsignale, die nicht durch einen NOE beeinflusst werden, eliminiert. Von den Resonanzsignalen, deren Intensität durch einen NOE verändert wurde, bleibt im Differenz-NOE-Spektrum dagegen gerade die Veränderung durch den NOE als Restsignal erhalten.

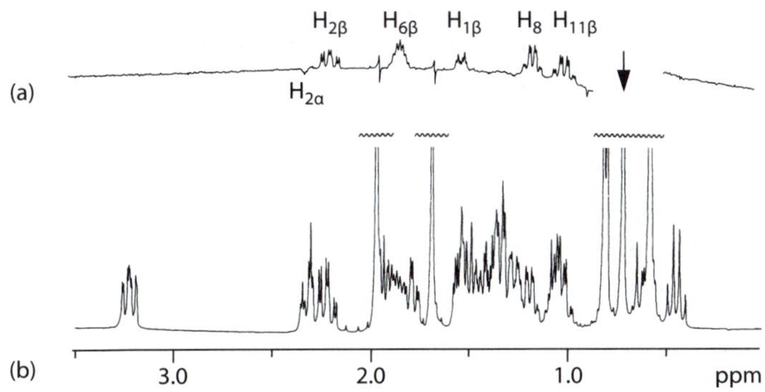

Abbildung 5.12: Ausschnitt aus dem 400-MHz-^{1}H-NMR-Spektrum von Progesteron. (a) Das Differenz-NOE-Spektrum nach Sättigung der ^{1}H-Resonanz der Methylprotonen an C-19. (b) Das normale ^{1}H-NMR-Spektrum ohne Doppelresonanz. (Mit freundlicher Genehmigung von: Sanders, J.K.M. und Hunter, B.K. 1993: *Modern NMR Spectroscopy*. 2. Aufl., Oxford University Press, Oxford, UK, S. 191.)

▶ Abbildung 5.12 zeigt das Differenz-NOE-Spektrum eines Ausschnitts aus dem ^{1}H-NMR-Spektrum von Progesteron (**5-30**), das nach der Einstrahlung eines B_2-Feldes mit der Frequenz des Resonanzsignals der Methylprotonen an C-19 (siehe Pfeil in Abbildung 5.12) erhalten wurde. Im Differenz-NOE-Spektrum (oben) sind die Signalverstärkungen infolge des NOE für fünf Protonen erkennbar, die zu den Protonen der C-19-Methylgruppe *räumlich* eng benachbart sind. Für Moleküle am Extreme Narrowing Limit wird das Differenz-NOE-Experiment gegenüber dem direkten NOE-Experiment im Allgemeinen bevorzugt. Das Proton $H_{2\alpha}$ ist zwar zu den C-19-Methylprotonen nicht eng benachbart, aber sein Resonanzsignal zeigt dennoch einen kleinen negativen NOE. Dieses Ergebnis wird durch einen Dreispineffekt verursacht (A wird durch B und B durch C relaxiert). Die Einstrahlung der Resonanzfrequenz von A führt durch den NOE zu einer Erhöhung der Intensität des Signals von B, weil der NOE einen größeren Besetzungsunterschied zwischen den Spinzuständen von B hervorruft. Infolge einer Spindiffusion (siehe Abschnitt 5.1, Spin-Spin-Relaxation) wirkt sich die erhöhte Signalintensität von B umgekehrt auf die Intensität des Signals von C aus. Das heißt, der Besetzungsunterschied zwischen den Spinzuständen von C wird durch die Flip-Flop-Wechselwirkung mit B verkleinert. Infolgedessen erscheint für C ein negatives Signal im Differenz-NOE-Spektrum. In diesem Beispiel stehen A für die C-19-Methylprotonen, B für $H_{2\beta}$ und C für $H_{2\alpha}$ von Progesteron. Am häufigsten kann man diesen Effekt in sehr großen Molekülen beobachten.

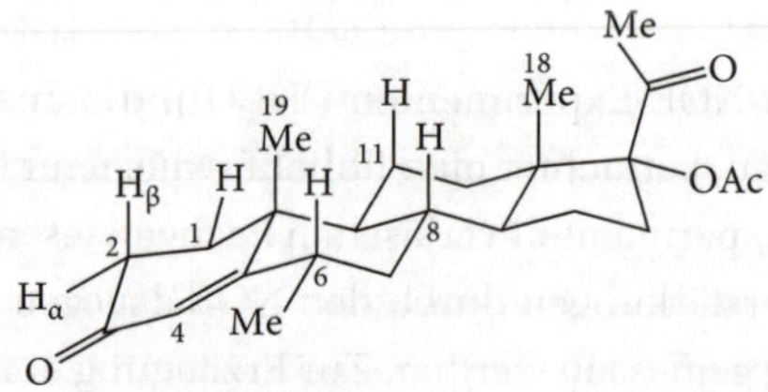

5-30

Anwendungen des NOE

Der NOE wird auf drei unterschiedliche Weisen genutzt. Im heteronuklearen Fall spielt die Erhöhung der Signalintensität durch den NOE die wichtigste Rolle, welche die Intensitätserhöhung durch den Zusammenfall der Peaks von Multipletts zu Singuletts infolge der Entkopplung zusätzlich verstärkt. Diese beiden Effekte führen bei routinemäßig gemessenen ^{13}C-NMR-Spektren zu wesentlich intensitätsstärkeren Singuletts für jedes Kohlenstoffatom – zumindest für Kohlenstoffatome, die direkt mit Wasserstoffatomen verknüpft sind. Da die meisten primären (CH_3), sekundären (CH_2) und tertiären (CH) Kohlenstoffatome fast vollständig durch ihre direkt gebundenen Protonen relaxieren, erreicht der NOE in diesen Fällen häufig näherungsweise den Maximalwert von 200 Prozent. Die Intensität der Signale quartärer (C) Kohlenstoffatome wird nicht so stark erhöht, weil sie keine direkt gebundenen Wasserstoffatome tragen. Deswegen sind die nächstbenachbarten Protonen deutlich weiter entfernt als bei den anderen Kohlenstoffatomen, so dass der NOE wesentlich schwächer ausfällt. Außerdem erfolgt bei quartären Kohlenstoffatomen keine Vergrößerung der Signalamplitude infolge der Entkopplung, weil ihr Signal auch im gekoppelten Spektrum bereits als Singulett erscheint.

Darüber hinaus erfordert die Interpretation der ^{13}C-Spin-Gitter-Relaxation eine quantitative Abschätzung der dipolaren Komponente T_1(DD). Da der NOE aus der Dipol-Dipol-Relaxation resultiert, ist seine Größe mit dem dipolaren Anteil der Gesamtrelaxation korreliert. Wird für ein Resonanzsignal in einem ^{13}C{^{1}H}-NMR-Spektrum der maximale NOE von 200 Prozent beobachtet, dann ist T_1(gesamt) = T_1(DD). Tragen jedoch auch andere Relaxationsmechanismen zur ^{13}C-Relaxation bei, beträgt die Erhöhung der Signalintensität durch den NOE weniger als 200 Prozent. Der Anteil der dipolaren Relaxation T_1(DD) an der gesamten Spin-Gitter-Relaxation T_1 (gesamt) kann für das Kohlenstoffatom zu einem Signal in einem ^{13}C{^{1}H}-NMR-Spektrum mithilfe der Gleichung T_1(DD) / T_1(gesamt) = η / 1,988 berechnet werden. Darin entsprechen η dem gemessenen NOE und der Wert 1,988 dem maximalen NOE (η_{max}), der bei ^{13}C{^{1}H}-Experimenten auftreten kann. Der dipolare Anteil an der Spin-Gitter-Relaxation beziehungsweise T_1(DD) selbst können schließlich gemäß Gleichung 5.1 zur Erklärung struktureller Parameter genutzt werden.

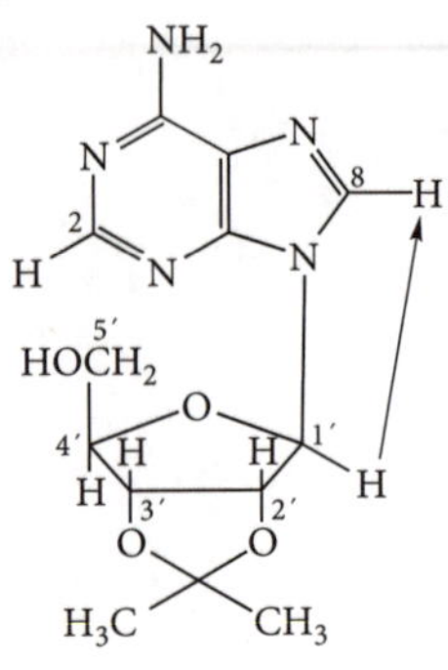

5-31

Im dritten Anwendungsfeld des NOE wird seine Abhängigkeit vom Abstand der dipolar wechselwirkenden Kerne zur Aufklärung der Struktur und ihrer Stereochemie sowie von bevorzugten Konformationen genutzt. Signalverstärkungen durch den NOE sind nur zu erwarten, wenn der Kernabstand genügend klein ist. Das Adenosin-Derivat **5-31** (2´,3´-Isopropylidenadenosin) kann in zwei Konformationen vorkommen. In der *syn*-Konformation, die in **5-31** dargestellt ist, befindet sich das Purinsystem über dem Zuckerring. In der mehr gestreckten *anti*-Konformation ist das Purinsystem im Vergleich dazu nach außen gedreht, so dass sein Proton H-8 über dem Zuckerring positioniert wird. Die Sättigung der H-1´-Kerne führt zu einer Intensitätserhöhung des Resonanzsignals von H-8 um 23 Prozent, die Sättigung der H-2´-Kerne dagegen nur zu einer Verstärkung um 5 Prozent oder weniger. Das Proton H-8 muss daher im Mittel näher zum Proton H-1´ als zum Proton H-2´ liegen, woraus auf eine Bevorzugung der *syn*-Konformation geschlossen werden kann.

Strukturelle und stereochemische Unterscheidungen können häufig getroffen werden, wenn man die relative Orientierung von spezifischen Protonen kennt. Im synthetischen Spiro-Penicillin-Derivat **5-32** könnte der Schwefelheterocyclus relativ zum Lactamring so orientiert sein wie in **5-32a** oder wie in **5-32b**. Tatsächlich findet man nach der Sättigung der Methylprotonen eine erhöhte Intensität der Resonanzsignale von H-3 und H-10. Daraus folgt eindeutig, dass die Stereochemie des Moleküls derjenigen von **5-32a** entspricht.

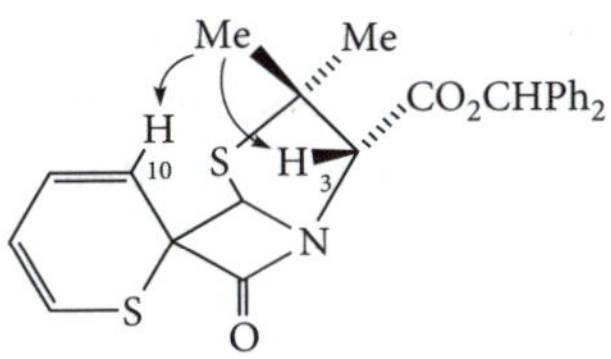

5-32a

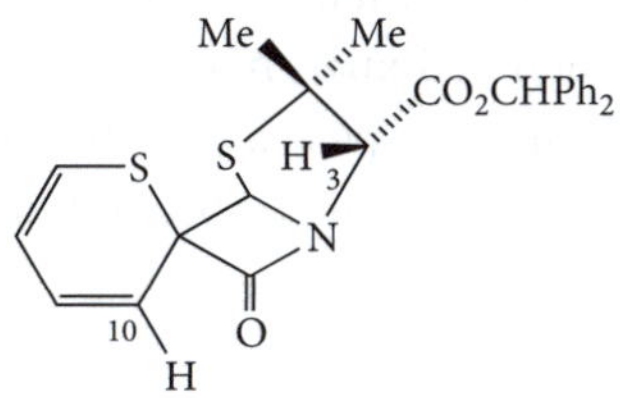

5-32b

Einschränkungen der NOE-Experimente

Trotz des beträchtlichen Nutzens von NOE-Experimenten müssen auch gewisse Einschränkungen beziehungsweise Nebeneffekte bei ihrer Durchführung und Interpretation berücksichtigt werden. Erstens können Dreispineffekte (Spindiffusionen) irreführende Veränderungen von Signalintensitäten verursachen, die nicht primär auf dem NOE beruhen, wenn sich der dritte Kern nicht in enger Nachbarschaft zum gesättigten (ersten) Kern befindet – wie zum Beispiel $H_{2\alpha}$ in Abbildung 5.12. Zweitens können bei Molekülen, welche die Bedingungen des Extreme Narrowing Limit nicht erfüllen – insbesondere bei Molekülmassen zwischen etwa 1000 und 3000 u –, uneindeutige NOEs auftreten, die positiv, negativ oder auch null sein können. Drittens können Kerne mit einem negativen magnetogyrischen Verhältnis je nach Größe des NOE zu einem positiven, keinem oder negativen Resonanzsignal mit einem verminderten oder erhöhten Betrag der Signalintensität führen. Viertens können chemische Austauschprozesse in Analogie zum Dreispineffekt ebenfalls eine Veränderung der Signalintensität verursachen. Das heißt, ein gesättigter Kern kann durch den NOE die Signalintensität eines anderen Kerns beeinflussen, der wiederum durch einen dynamischen Austauschprozess, wie zum Beispiel eine Rotation um eine Bindung oder eine Valenztautomerisierung, seine chemische Identität wechseln kann. Wenn der Austauschprozess dabei merklich schneller abläuft als die Relaxationsvorgänge des NOE-Effekts, kann der NOE-Effekt auch am Resonanzsignal des Kerns im Produkt des Austauschprozesses beobachtet werden. Fünftens kann der NOE durch ungewollte paramagnetische Verunreinigungen der Probe infolge einer verstärkten intermolekularen Dipol-Dipol-Relaxation beeinflusst werden. All diese Einflüsse und Störungen müssen bei der Interpretation von NOE-Experimenten in Betracht gezogen werden. Dennoch stellen NOE-Experimente ein sehr wichtiges Werkzeug zur Erhöhung von Signalintensitäten sowie zur Strukturaufklärung dar.

5.5 Spektrale Editierung

Die Kenntnis der Substitutionsmuster aller Kohlenstoffatome beziehungsweise der Anzahl der Wasserstoffatome, mit der jedes Kohlenstoffatom direkt verknüpft ist, gehört zu den nützlichsten Informationen bei der Strukturaufklärung organischer Verbindungen. Wir haben bereits die Off-Resonance-Entkopplung kennen gelernt (siehe Abbildung 5.8), mit deren Hilfe diese Informationen schon leichter gewonnen werden können als aus einem normalen gekoppelten Spektrum. Allerdings liefert diese Methode meist auch keine idealen und vollständigen Ergebnisse. Durch die Anwendung geeigneter Pulsfolgen und Wartezeiten können die ^{13}C-Resonanzsignale in Abhängigkeit davon, wie viele Wasserstoffatome an das jeweilige Kohlenstoffatom gebunden sind, spezifisch eliminiert oder umgekehrt werden. Auf diese Weise sind die oben genannten Informationen leicht und vollständig zugänglich. Experimente dieser Art werden als *spektrale Editierung* bezeichnet. Ein anderes Beispiel für eine spektrale Editierung, das wir bereits kennen gelernt haben, ist die Lösungsmittelunterdrückung (siehe Abschnitt 5.1, Partiell relaxierte Spektren).

Das Spin-Echo-Experiment

Die meisten spektralen Editierungsverfahren basieren auf dem *Spin-Echo-Experiment*, das in den 1950er Jahren von Hahn, Carr, Purcell, Meiboom und Gill hauptsächlich zur Messung von Spin-Spin-Relaxationszeiten (T_2) entworfen wurde. In Abbildung 5.9 haben wir bereits ein Beispiel für ein *heteronukleares* Spin-Echo-Experiment vorgestellt. Dabei wurde ein 180°-^{1}H-Puls eingesetzt, um ^{13}C-Magnetisierungsvektoren, die infolge von C,H-Spin-Spin-Kopplungen aufgefächert waren, wie bei einem Echo umzukehren und dadurch wieder zusammenzuführen. Es ist zu empfehlen, die Erläuterungen zu Abbildung 5.9 im Text gegebenenfalls noch einmal zu lesen. Die *homonukleare* Version der Spin-Echo-Pulsfolge wird eingesetzt, um chemische Verschiebungen zu refokussieren, die sich infolge von Inhomogenitäten des äußeren Magnetfelds auseinanderentwickelt haben. Bei dieser Pulsfolge wird der 180°-Puls im gleichen Kanal eingestrahlt wie der anfängliche 90°-Puls – also zum Beispiel beide Pulse im ^{1}H-Kanal. Wie in ▶ Abbildung 5.13 veranschaulicht wird, verbreitert sich ein Resonanzsignal auch ohne J-Kopplung, weil die Kerne eines bestimmten Typs in einem inhomogenen Feld nicht alle die gleiche Resonanzfrequenz aufweisen und die

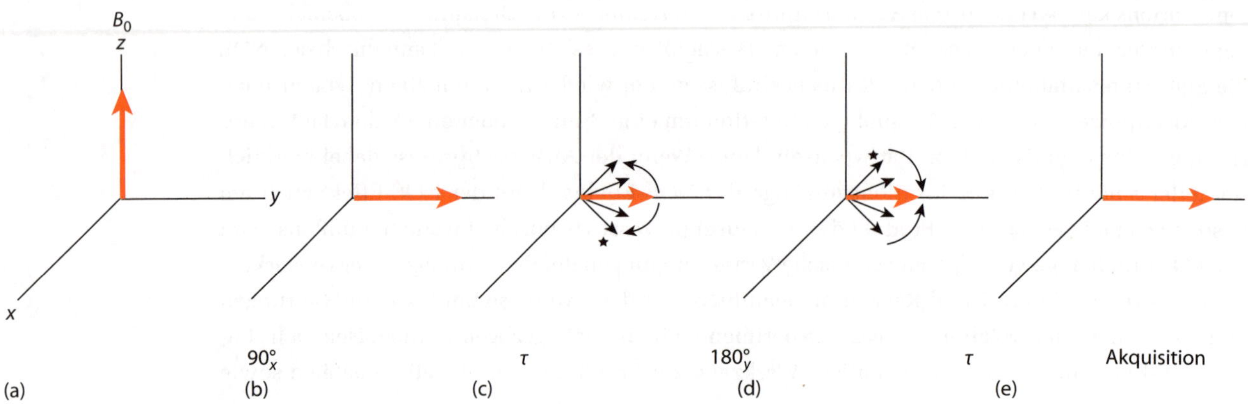

Abbildung 5.13: Veranschaulichung eines Spin-Echo-Experiments zur Eliminierung der Auswirkungen von Inhomogenitäten des B_1-Feldes.

zugehörigen Magnetisierungsvektoren daher in der *x,y*-Ebene auffächern (siehe Abbildung 5.13c). Durch einen homonuklearen 180°-Puls in *y*-Richtung nach einer Wartezeit τ nach dem initialen 90°-Puls in *x*-Richtung refokussieren diese Magnetisierungsvektoren nach einer Dauer von 2τ nach dem 90°-Puls wieder (siehe Abbildung 5.13e). Eine mehrfache Wiederholung des 180°-Pulses jeweils nach einer Dauer von 2τ erzeugt eine Reihe von Peaks, deren Intensität mit der Zeitkonstante T_2 abnimmt. Die auf diese Weise ermittelbare Relaxationszeit beruht allein auf Spin-Spin-Wechselwirkungen und wird nicht mehr wie sonst durch Feldinhomogenitäten dominiert. Zur Unterscheidung wird die transversale Relaxationszeit, die auch durch die Feldinhomogenitäten beeinflusst wird, manchmal mit dem Symbol $T_2{}^*$ bezeichnet.

Der Attached-Proton-Test

Obwohl sie ursprünglich zur Messung von T_2 entwickelt worden ist, kann die oben beschriebene Spin-Echo-Pulssequenz in ihrer homo- und/oder heteronuklearen Form, wie wir gesehen haben, auch zur Erhöhung der Auflösung sowie zur Eliminierung von Kopplungen oder von Unterschieden in der chemischen Verschiebung infolge von Feldinhomogenitäten eingesetzt werden. Darüber hinaus kann sie in modifizierter Form noch andere Effekte erzeugen. Um die Information zu erhalten, wie viele Wasserstoffatome mit einem Kohlenstoffatom direkt verbunden sind, muss die Kopplungsinformation auf andere Weise als im Experiment in Abbildung 5.9 manipuliert werden. Der Hauptunterschied besteht darin, dass nun ein Doppelresonanz-Experiment durchgeführt wird, bei dem nicht nur die ^{13}C-Kerne, sondern zum selben Zeitpunkt auch die Protonen einem 180°-Puls ausgesetzt werden. In ► Abbildung 5.14 ist analog zu Abbildung 5.9 die Magnetisierung der ^{13}C-Kerne einer Methingruppe (CH) und ihre Auffächerung infolge der unterschiedlichen Spinzustände des gebundenen Protons bei diesem Experiment dargestellt. Dabei liegt die Referenzfrequenz des rotierenden Koordinatensystems (siehe Abschnitt 2.5) auch in dieser Abbildung wieder genau in der Mitte zwischen den Resonanzfrequenzen der ^{13}C-Kerne, die mit dem Proton in den verschiedenen Spinzuständen koppeln. Der Effekt des 180°-Pulses in *y*-Richtung auf die Magnetisierungsvektoren der ^{13}C-Kerne, der beim Entkopplungsexperiment in Abbildung 5.9 beschrieben wurde, wird diesmal durch den 180°-Puls im ^{1}H-Kanal wieder aufgehoben (und umgekehrt). Infolgedessen fächern die Magnetisierungsvektoren der ^{13}C-Kerne auch nach den 180°-Pulsen weiter auf. Wie genau findet diese Beeinflussung durch den 180°-Puls im ^{1}H-Kanal statt? Die ^{13}C-Spins und dementsprechend die Magnetisierungsvektoren werden durch den 180°-^{13}C-Puls um 180° gedreht (siehe Abbildung 5.14c und 5.14d). Ebenso werden die ^{1}H-Spins durch den 180°-^{1}H-Puls invertiert. Vor dem 180°-^{1}H-Puls präzedieren die +1/2-Protonen um die +z-Achse und die −1/2-Protonen um die −z-Achse (wie in Abbildung 2.10). Durch den 180°-^{1}H-Puls – egal, ob in *x*- oder *y*-Richtung – werden die Spins jedoch genau umgekehrt. Nach dem Puls präzedieren die ehemaligen +1/2-Protonen als −1/2-Protonen um die −z-Achse und die ehemaligen −1/2-Protonen als +1/2-Protonen um die +z-Achse. Folglich sind die Identitäten aller Protonen invertiert worden. Betrachten wir zum Beispiel den im feststehenden Koordinatensystem schneller rotierenden ^{13}C-Magnetisierungsvektor, der die ^{13}C-Kerne repräsentiert, die mit einem +1/2-Proton assoziiert sind. Nach dem 180°-^{13}C-Puls in *y*-Richtung liegt der schneller rotierende Vektor wieder hinter dem langsamer rotierenden Vektor zurück und würde ohne den 180°-^{1}H-Puls damit beginnen, wieder zum anderen Vektor aufzuschließen – wie in Abbildung 5.9. Durch den gleichzeitig eingestrahlten 180°-^{1}H-Puls sind die ^{13}C-Kerne, die dieser Vektor repräsentiert, aber plötzlich nicht mehr an +1/2-Protonen, sondern an −1/2-Protonen gebunden. Mit anderen Worten: Jetzt rotiert dieser Vektor langsamer als der andere, während der andere Vektor aus analogen Gründen schneller rotiert. Infolgedessen fächern die beiden ^{13}C-Magnetisierungsvektoren auch nach den 180°-Pulsen weiter auf, anstatt wieder zu refokussieren (siehe Abbildung 5.14d). Die Effekte der beiden 180°-Pulse auf die Auffächerung der ^{13}C-Magnetisierungsvektoren, die auf die $^{1}J(^{13}C{-}^{1}H)$-Kopplung zurückzuführen ist, heben sich somit gegenseitig auf. Das trifft auf die Auffächerung infolge von Feldinhomogenitäten dagegen nicht zu. Als Nettoergebnis erhält man eine verbesserte Homogenität, während der Winkel zwischen den Magnetisierungsvektoren – ihre *Phasendifferenz* –, der durch die Auffächerung infolge der Spin-Spin-Kopplung entsteht, über die Größe der Wartezeit τ kontrolliert werden kann. Nach der zweiten τ-Periode (Gesamtzeit $t = 2\tau$) erreicht die Auffächerung der ^{13}C-Magnetisierungsvektoren dann einen Winkel ϕ, dessen Größe von der Differenz der Resonanzfrequenzen der beiden ^{13}C-Kerne [$\Delta\nu = {}^{1}J(^{13}C{-}^{1}H)$] und von der Gesamtzeit (2τ) abhängt, die seit dem 90°-Puls verstrichen ist – das heißt, $\phi = (\Delta\omega)t = 2\pi(\Delta\nu)t = 2\pi J(2\tau) = 4\pi J\tau$.

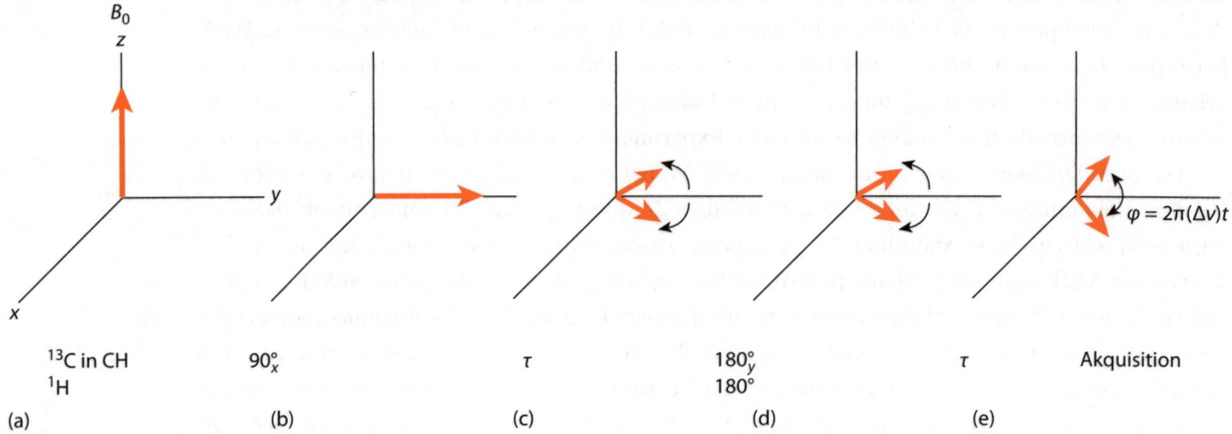

Abbildung 5.14: Pulsfolge, die den ^{13}C-Magnetisierungsvektoren eine kontrollierte Auffächerung bis zu einem Winkel ϕ ermöglicht.

Nebenbei sei erwähnt, dass *ein* 180°-Puls nach einer Wartezeit τ nach einem initialen 90°-Puls bei einem homonuklearen Entkopplungsexperiment wie ^{1}H{^{1}H} den gleichen Effekt ausübt wie das Paar von 180°-Pulsen im heteronuklearen Experiment in Abbildung 5.14. Die homonukleare Spin-Echo-Pulsfolge 90° – τ – 180° – τ – Akquisition führt nach dem 180°-Puls wie bereits erwähnt auch zur Refokussierung der Auswirkungen von Feldinhomogenitäten, aber im Gegensatz zum heteronuklearen Spin-Echo-Experiment (siehe Abbildung 5.9) zur fortgesetzten Auffächerung von Magnetisierungsvektoren, die sich infolge von *homonuklearen* Spin-Spin-Kopplungen auseinanderentwickelt haben. Da es sich um den homonuklearen Fall handelt, genügt hier nämlich ein einzelner nichtselektiver 180°-Puls im Kanal der betroffenen Kernsorte, um analog zu den Vorgängen in Abbildung 5.14 sowohl die Positionen der Magnetisierungsvektoren der beobachteten Kerne auszutauschen als auch die Spins der Kerne umzukehren, die mit den beobachteten Kernen koppeln.

Nun wollen wir uns wieder der spektralen Editierung in Abbildung 5.14 zuwenden. Setzt man die Wartezeit τ auf den spezifischen Wert von $[2\,^{1}J(^{13}C{-}^{1}H)]^{-1}$ (► Abbildung 5.15), also auf das Zweifache der Kopplungskonstante zwischen dem ^{13}C-Kern und dem Proton der Methingruppe (CH), erreicht der Winkel ϕ (die Phasendifferenz) zwischen den aufgefächerten Magnetisierungsvektoren der beiden ^{13}C-Kerne nach der Wartezeit τ einen Wert von 180°, da $\phi = 2\pi J(2J)^{-1} = \pi$ ist (π im Bogenmaß entspricht 180° im Gradmaß). Am Ende der zweiten Wartezeit τ ist seit dem 90°-Puls insgesamt die Zeitdauer $t = 2\tau = 2(2J)^{-1} = J^{-1}$ verstrichen, so dass der Winkel zwischen beiden Magnetisierungsvektoren $\phi = 2\pi J(J)^{-1} = 2\pi$ (also 360°) beträgt. Erfolgt jetzt die Akquisition des FID, enthält das ^{13}C-NMR-Spektrum für diesen ^{13}C-Kern nur ein einzelnes Singulett mit *negativer* Amplitude, weil die beiden ^{13}C-Magnetisierungsvektoren nach dieser Wartezeit gerade auf der *negativen* y-Achse wieder zusammenfallen.

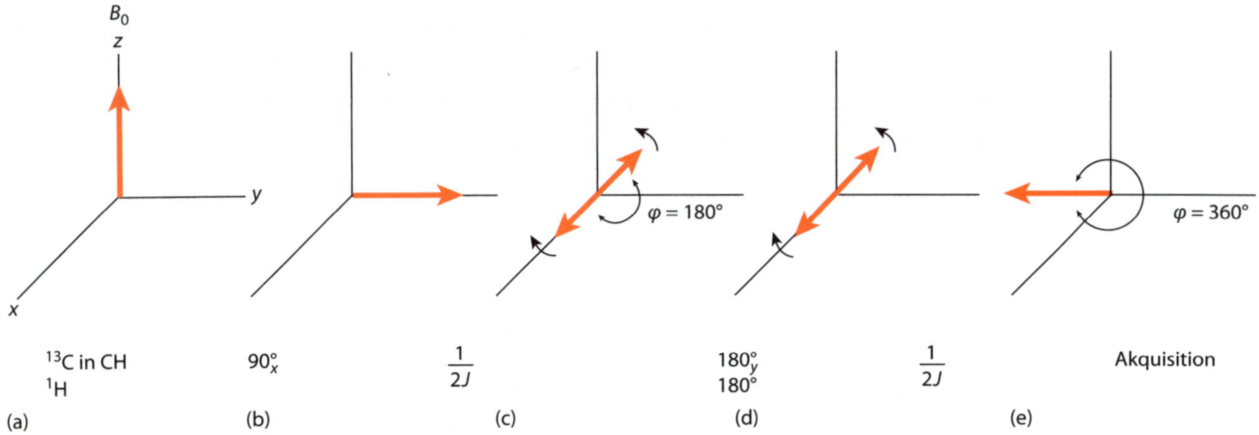

Abbildung 5.15: Pulsfolge für die spektrale Editierung des ^{13}C-Resonanzsignals einer Methingruppe (CH) und die Entwicklung der verschiedenen Magnetisierungsvektoren.

Das Kohlenstoffatom einer Methylengruppe (CH_2) erzeugt in einem normalen gekoppelten ^{13}C-NMR-Spektrum infolge der ^1J-Kopplung zu zwei äquivalenten Protonen ein Triplett. Der mittlere Peak des Tripletts wird durch die ^{13}C-Kerne verursacht, deren beiden gebundenen Protonen entgegengesetzte Spinzustände aufweisen. Die Resonanzfrequenz dieser ^{13}C-Kerne entspricht in unserem Modell der Referenzfrequenz des rotierenden Koordinatensystems, so dass der zugehörige Magnetisierungsvektor auch mit fortschreitender Zeit auf der $+y$-Achse liegen bleibt. Dagegen fächern die Magnetisierungsvektoren der verbleibenden beiden Typen von ^{13}C-Atomen dieser Methylengruppe (beide Protonen $+1/2$ oder beide Protonen $-1/2$) ebenso wie im Fall der Methingruppe auf. Ihre Rotationsfrequenzen unterscheiden sich im feststehenden Koordinatensystem gemäß dem Abstand der beiden äußeren Peaks des Tripletts um $\Delta\nu = 2J$ (bei der Methingruppe ist $\Delta\nu = J$). Die Phasendifferenz zwischen diesen beiden Magnetisierungvektoren beträgt nach der einfachen Wartezeit τ somit $\phi = 2\pi(\Delta\nu)\tau = 2\pi(2J)\tau = 4\pi J\tau$. Setzt man die Wartezeit τ wie zuvor bei der Methingruppe auf einen Wert von $(2J)^{-1}$ (► Abbildung 5.16), beträgt der Winkel zwischen den beiden Magnetisierungsvektoren bereits nach der einfachen Wartezeit $\phi = 4\pi J(2J)^{-1} = 2\pi$ (also 360°). Diese Phasendifferenz wurde bei der Methingruppe erst nach der zweifachen Wartezeit τ erreicht. Nach der Gesamtdauer von 2τ sind die beiden Vektoren schließlich um $\phi = 2\pi$ (720°) aufgefächert und treffen somit auf der $+y$-Achse wieder zusammen, auf der auch immer noch der Magnetisierungsvektor der ^{13}C-Kerne der Methylengruppe liegt, die den mittleren Peak des Tripletts erzeugen. Folglich erhält man für die Methylengruppe im Gegensatz zur Methingruppe ein ^{13}C-Resonanzsignal mit *positiver* Amplitude.

Quartäre Kohlenstoffatome, die kein direkt gebundenes Proton tragen, ergeben natürlich immer positive Signale, da ihr Magnetisierungsvektor infolge der fehlenden Kopplungen nicht auffächert und daher während der gesamten Wartezeit auf der $+y$-Achse liegen bleibt. Für das Kohlenstoffatom einer Methylgruppe (CH_3) muss die Betrachtung auf vier ^{13}C-Magnetisierungsvektoren ausgedehnt werden – entsprechend der vier Peaks des Resonanzsignals beziehungsweise der vier energetisch unterschiedlichen Gesamtspinzustände, welche die drei Protonen an einem ^{13}C-Atom annehmen können [+ + +, (+ + −, + − +, − + +), (+ − −, − + −, − − +), − − −]. Dabei liegt die Referenzfrequenz im Zentrum des Quartetts. Der Abstand zwischen den beiden mittleren Peaks beträgt J und der zwischen den beiden äußeren Peaks $3J$. Führt man eine analoge Betrachtung der Auffächerung der vier Magnetisierungsvektoren durch wie zuvor bei der Methin- und Methylengruppe, stellt man fest, dass nach einer Gesamtzeit von $2\tau = 2(2J)^{-1}$ alle vier Vektoren wie bei der Methingruppe auf der $-y$-Achse zusammenfallen. Methylgruppen erzeugen bei diesem Experiment somit wie Methingruppen Resonanzsignale mit negativer Amplitude.

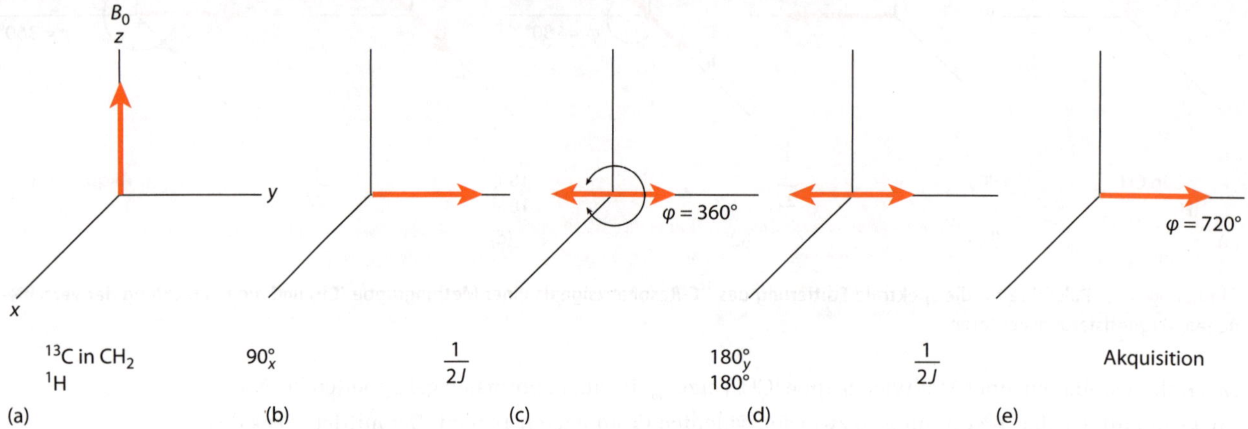

Abbildung 5.16: Pulsfolge für die spektrale Editierung des ^{13}C-Resonanzsignals einer Methylengruppe (CH_2) und die Entwicklung der verschiedenen Magnetisierungsvektoren.

▸ Abbildung 5.17 zeigt das Ergebnis (oben) dieses vollständigen spektralen Editierungsexperiments für Cholesterylacetat. Das editierte ^{13}C-NMR-Spektrum enthält negative Resonanzsignale für die (primären) Methyl- und (tertiären) Methinkohlenstoffatome sowie positive Signale für die quartären Kohlenstoffatome und die (sekundären) Methylenkohlenstoffatome. Aus den genannten Gründen ist das Spektrum außerdem ^1H-entkoppelt, so dass nur Singuletts erscheinen. Ein solches Experiment, das als *J-moduliertes Spin-Echo-Experiment* oder *Attached-Proton-Test* (APT) bezeichnet und in vielen Varianten eingesetzt wird, ermöglicht somit die einfache visuelle Identifizierung der Anzahl direkt gebundener Wasserstoffatome (Protonen) für alle Kohlenstoffatome. Allerdings können primäre und tertiäre Kohlenstoffatome einerseits sowie sekundäre und quartäre Kohlenstoffatome andererseits mithilfe dieses Experiments nicht direkt anhand des Vorzeichens der Signalamplitude, sondern nur wie in einem normalen ^{13}C-NMR-Spektrum anhand ihrer chemischen Verschiebungen unterschieden werden. Da diese Unterscheidung aber nicht immer eindeutig möglich ist, sind alternative spektrale Editierungsmethoden, wie zum Beispiel die DEPT-Pulsfolge, entwickelt worden.

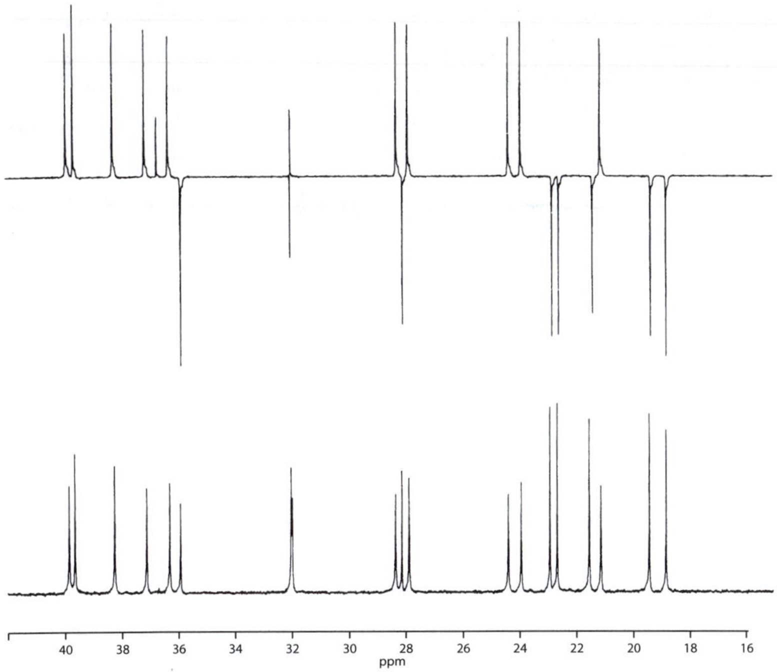

Abbildung 5.17: Das Ergebnis eines *J*-modulierten Spin-Echo-Experiments (Attached-Proton-Tests). Unten: das normale ^{1}H-BB-entkoppelte ^{13}C-NMR-Spektrum von Cholesterylacetat. Oben: das Ergebnis des APT mit positiven Signalen für die sekundären (CH_2) und quartären (C) sowie negativen Signalen für die primären (CH_3) und tertiären (CH) ^{13}C-Kerne. (Mit freundlicher Genehmigung von: Derome, A.E. 1987: *Modern NMR Techniques for Chemical Research*. Pergamon Press, Oxford, UK, S. 261.)

Die DEPT-Pulsfolge

▶ Abbildung 5.18 zeigt den vollständigen Satz der ^{13}C-NMR-Spektren des Trisaccharids Gentamicin, der mithilfe der DEPT-Pulsfolge erhalten wird. Die Einzelheiten der DEPT-Sequenz werden wir am Ende von Abschnitt 5.6 noch näher diskutieren. Das Ergebnis des DEPT-Experiments wird alternativ häufig in Form von drei anstelle von vier Spektren wie in Abbildung 5.18 präsentiert: (1) das normale $^{13}C\{^{1}H\}$-NMR-Spektrum mit positiven Singuletts für alle Kohlenstoffatome, (2) ein Spektrum, das nur die positiven Signale der tertiären Kohlenstoffatome (**CH**) enthält, sowie (3) ein Spektrum, in dem für die primären (**C**H_3) und tertiären Kohlenstoffatome (**C**H) positive und für die sekundären Kohlenstoffatome (**C**H_2) negative Signale erscheinen. Primäre und tertiäre Kohlenstoffatome werden durch den Vergleich des zweiten und des dritten Spektrums unterschieden und quartäre Kohlenstoffatome können dann durch die Differenz zum normalen $^{13}C\{^{1}H\}$-NMR-Spektrum identifiziert werden. Die verschiedenen DEPT-Experimente stellen wahrscheinlich die Methode dar, die heute am häufigsten zur Bestimmung der Anzahl direkt gebundener Protonen an Kohlenstoffatomen eingesetzt wird, weil sie (1) weniger vom exakten Wert der Kopplungskonstante J abhängt wie das oben beschriebene J-modulierte Spin-Echo-Experiment (APT), (2) mit einer Intensitätserhöhung der Resonanzsignale (siehe Abschnitt 5.6) verbunden ist und (3) eine einfache Unterscheidung zwischen primären (**C**H_3) und tertiären Kohlenstoffatomen (**C**H) ermöglicht. Editierte ^{13}C-NMR-Spektren werden standardmäßig als Lieferant wichtiger Informationen zur Strukturaufklärung komplexer organischer Moleküle genutzt. Manchmal sind sie für eine Strukturaufklärung sogar unbedingt erforderlich.

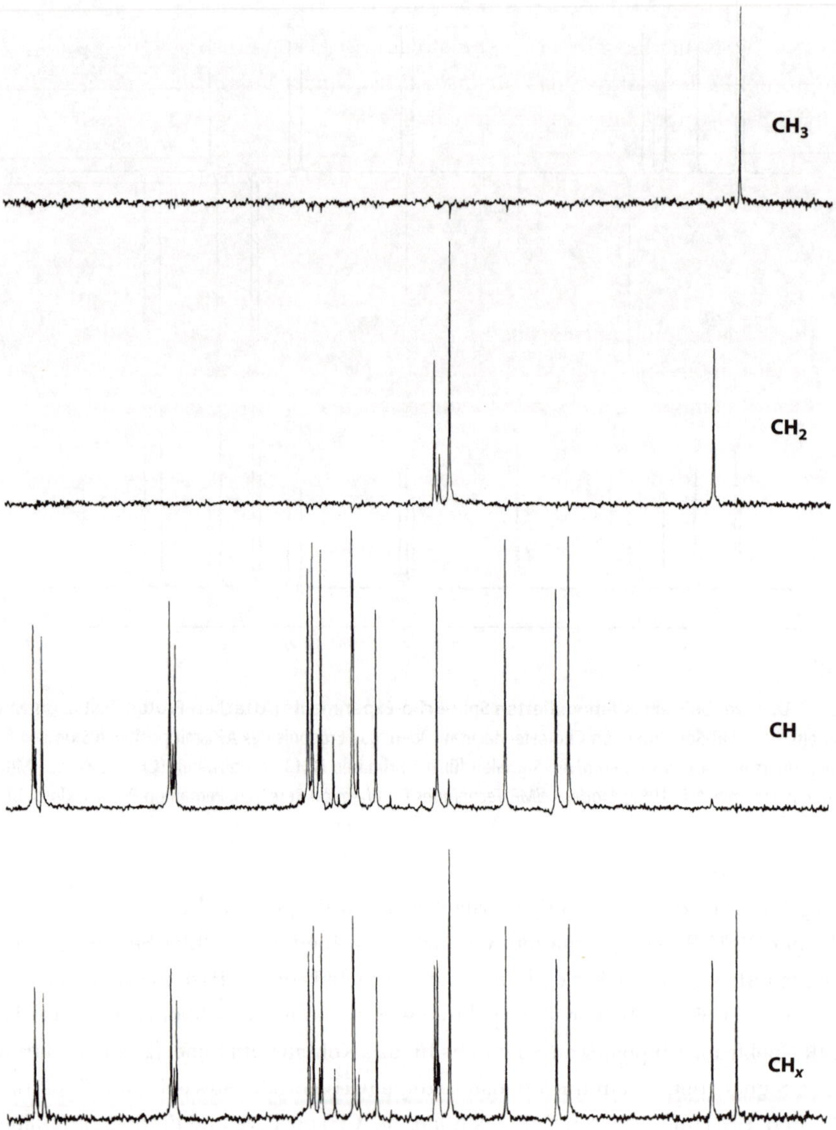

Abbildung 5.18: Spektrale Editierung eines 75,6-MHz-^{13}C-NMR-Spektrums des Trisaccharids Gentamicin mithilfe der DEPT-Sequenz. Das unterste Spektrum enthält die Resonanzsignale aller Kohlenstoffatome mit mindestens einem direkt gebundenen Proton. Das zweite, dritte und vierte Spektrum von unten zeigt in dieser Reihenfolge die ^{13}C-Signale der Methin-, Methylen- und Methylgruppen. (Mit freundlicher Genehmigung der Bruker Instruments Inc.)

5.6 Erhöhung der NMR-Empfindlichkeit

Einige wichtige Kerne, wie zum Beispiel ^{13}C und ^{15}N, weisen nur kleine natürliche Häufigkeiten und Empfindlichkeiten auf (siehe Abschnitt 2.2). Deswegen sind Pulsfolgen entworfen worden, mit deren Hilfe solche Kerne besser untersucht werden können. Voraussetzung für die Anwendbarkeit dieser Pulsfolgen ist allerdings die Kopplung der Kerne mit einem anderen Kern hoher Rezeptivität – in der Regel mit einem Proton. Die Pulse werden dabei auf eine Weise appliziert, infolge derer ein Polarisationstransfer von den empfindlichen (engl. *sensitive*) Kernen S auf die unempfindlichen (engl. *insensitive*) Kerne I stattfindet.

Die INEPT-Pulsfolge

Eine für diesen Zweck häufig verwendete Pulsfolge wurde von Freeman entwickelt. Sie wird mit dem Akronym INEPT bezeichnet, das für *Insensitive Nuclei Enhanced by Polarization Transfer* steht. Die INEPT-Pulsfolge lautet folgendermaßen:

$$^{1}\mathrm{H(S)} \qquad 90^{\circ}_{x} - (4J)^{-1} - 180^{\circ}_{y} - (4J)^{-1} - 90^{\circ}_{y}$$

$$^{13}\mathrm{C(I)} \qquad 180^{\circ} - (4J)^{-1} - 90^{\circ}_{x} - \text{Akquisition}$$

Die INEPT-Pulsfolge ist eng mit der des Spin-Echo-Experiments aus Abbildung 5.14 verwandt. Die Wartezeit wird beim INEPT-Experiment auf $\tau = (4J)^{-1}$ gesetzt, um nach einer Gesamtzeit von $2\tau = 2(4J)^{-1}$ eine so genannte Antiphasen-Orientierung der Magnetisierungsvektoren der Protonen und der ^{13}C-Kerne zu erhalten. Nach 2τ beträgt der Winkel zwischen den Magnetisierungsvektoren des Protons einer Methingruppe (CH), deren Dublett-Signal um $\Delta\nu = J$ aufgespalten ist, $\phi = 2\pi J 2(4J)^{-1} = \pi$ (also 180°). Die zusätzlichen 90°-Pulse nach 2τ dienen nur dazu, die verschiedenen ^{1}H- und ^{13}C-Magnetisierungsvektoren jeweils auf Achsen zu drehen, die für die anschließende Akquisition geeignet sind.

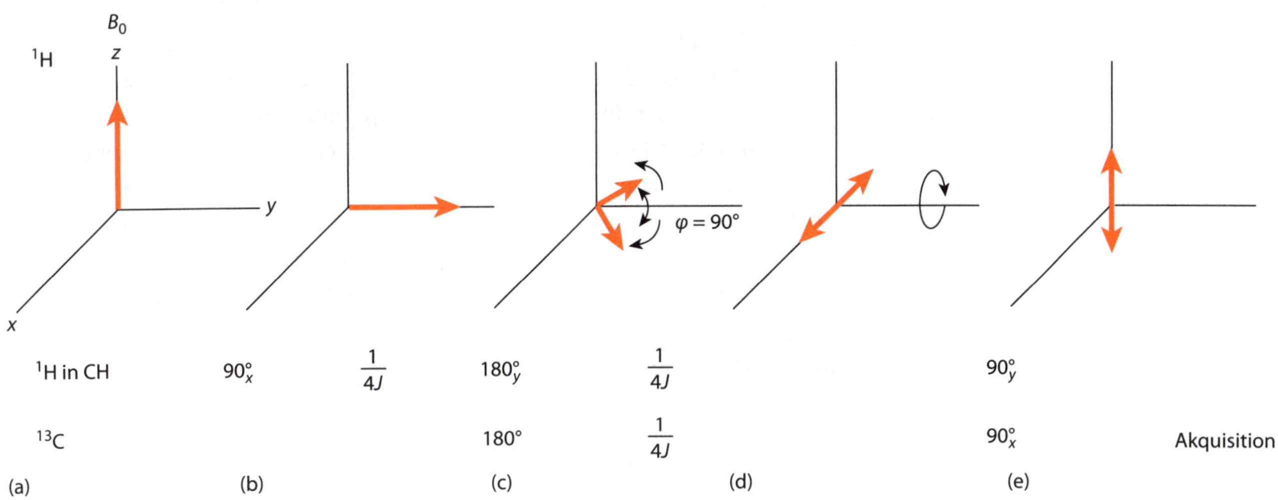

Abbildung 5.19: Auswirkungen der INEPT-Pulsfolge auf die Magnetisierungsvektoren der Protonen einer Methingruppe (CH).

In ▶ Abbildung 5.19 sind die Auswirkungen der INEPT-Pulsfolge auf ein Zweispinsystem, wie beispielsweise eine Methingruppe (^{13}C–^{1}H), dargestellt. Die Pulsfolge beginnt mit einem Puls im Kanal des empfindlichen Kerns (^{1}H), um dessen Magnetisierungsvektoren für die Antiphasen-Orientierung vorzubereiten. Durch den 90°-Puls in *x*-Richtung wird der Magnetisierungsvektor des Protons von der $+z$-Achse auf die $+y$-Achse des rotierenden Koordinatensystems gedreht (siehe Abbildung 5.19b). Nach der ersten Wartezeit $\tau = (4J)^{-1}$ sind die Magnetisierungsvektoren der Protonen der Methingruppe, die mit dem ^{13}C-Kern in seinen beiden verschiedenen Spinzuständen verknüpft sind, um 90° aufgefächert (siehe Abbildung 5.19c). Durch den 180°-^{1}H-Puls in *y*-Richtung werden die Magnetisierungsvektoren der Protonen ausgetauscht, während der 180°-^{13}C-Puls analog zum 180°-^{1}H-Puls in Abbildung 5.14 zu einer weiteren Auffächerung statt einer Refokussierung der Protonenvektoren führt. Insgesamt dienen die beiden simultanen 180°-Pulse also zur Eliminierung der Auswirkungen von Feldinhomogenitäten. Nach einer weiteren Wartezeit τ, also einer Gesamtzeit von $2\tau = 2(4J)^{-1}$, beträgt die Phasendifferenz zwischen den beiden Magnetisierungsvektoren der Protonen $\phi = 2\pi J 2(4J)^{-1} = \pi$ (also 180°, siehe Abbildung 5.19d). Die Vektoren liegen nun auf der $+x$- und $-x$-Achse des rotierenden Koordinatensystems, werden aber durch den abschließenden 90°-^{1}H-Puls in y-Richtung wieder auf die z-Achse gedreht, wobei die Auffächerung um 180° erhalten bleibt (siehe Abbildung 5.19e). Im Gleichgewichtszustand vor der INEPT-Pulsfolge (siehe Abbildung 5.19a) zeigten die Magnetisierungsvektoren beider Protonentypen, die sich nur durch den Spinzustand des gebundenen ^{13}C-Kerns unterschieden, in $+z$-Richtung. Am Ende der INEPT-Pulssequenz (siehe Abbildung 5.19e) liegt der Vektor der Protonen, die mit einem ^{13}C-Kern im $+1/2$-Spinzustand (β) assoziiert sind, wieder auf der $+z$-Achse. Der Vektor der Protonen, die mit einem ^{13}C-Kern im $-1/2$-Spinzustand (α) verknüpft sind, wurde dagegen auf die $-z$-Achse gedreht. Diese Situation wird auch als *Antiphasen-Orientierung* der ^{1}H-Magnetisierungsvektoren bezeichnet. Die Zuordnung der Spinzustände des weniger empfindlichen Kerns zu den beiden Magnetisierungsvektoren des empfindlicheren Kerns kann in Abhängigkeit vom Vorzeichen der Kopplungskonstante zwischen den Kernen auch umgekehrt sein.

In ► Abbildung 5.20 werden die Energiediagramme für die Spinzustände des Zweispinsystems einer Methingruppe (CH) vor und nach der INEPT-Pulsfolge vergleichend gegenübergestellt. Das normale Energiediagramm für den Gleichgewichtszustand (links) zeigt, dass die Energiedifferenz zwischen den ^{1}H-Spinzuständen (βα → αα und ββ → αβ) größer ist als zwischen den ^{13}C-Spinzuständen (αβ → αα und ββ → βα). Gemäß der Boltzmann-Verteilung (siehe Gleichung 2.3) sind die Besetzungsunterschiede zwischen den ^{1}H-Spinzuständen und somit die Intensitäten der ^{1}H-Resonanzsignale daher größer als im Fall der ^{13}C-Kerne. Links in Abbildung 5.20 sind die verschiedenen Übergänge von energieärmeren zu energiereicheren Spinzuständen, also für Absorptionsvorgänge, durch Pfeile dargestellt. Diese Absorptionen sind mit positiven Signalen assoziiert.

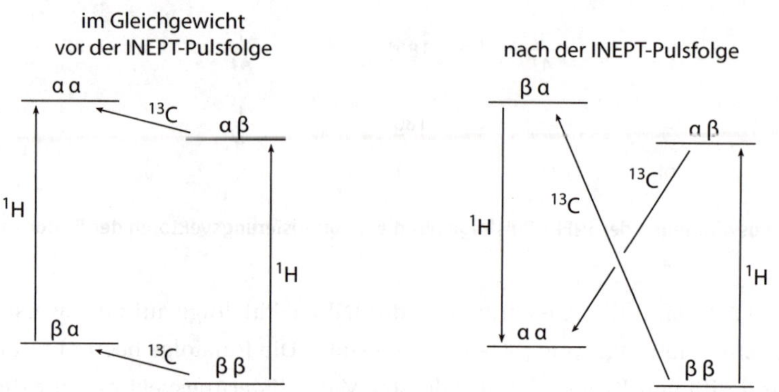

Abbildung 5.20: Energiediagramme für die Spinzustände des Zweispinsystems einer Methingruppe (^{13}C–^{1}H). Links: im Gleichgewicht vor der INEPT-Pulsfolge. Rechts: nach der INEPT-Pulsfolge.

Die Auswirkung der INEPT-Pulsfolge mit der resultierenden Antiphasen-Orientierung auf das Energiediagramm des Zweispinsystems der Methingruppe ist rechts in Abbildung 5.20 veranschaulicht. Die beiden Energieniveaus der ^{1}H-Spinzustände βα und αα wurden ausgetauscht, so dass der Übergang infolge des ^{1}H-Spin-Flips βα → αα eine Emission repräsentiert und einen negativen

Peak ergibt. Dagegen wurde die Anordnung der anderen beiden ^{1}H-Spinzustände durch die INEPT-Pulsfolge nicht verändert und der Absorptionsübergang $\beta\beta \rightarrow \alpha\beta$ liefert nach wie vor ein positives Signal. Eines der ^{1}H-Signale (der ^{13}C-Satelliten im ^{1}H-NMR-Spektrum) besitzt nach der INEPT-Pulsfolge somit eine positive und das andere eine negative Amplitude (Antiphase). Betrachtet man nun die ^{13}C-Spinzustände im Energiediagramm nach der INEPT-Pulsfolge genauer, stellt man infolge des Austausches der zwei ^{1}H-Spinzustände einen Anstieg der Energiedifferenz (vertikaler Versatz im Diagramm) zwischen den ^{13}C-Spinzuständen ($\alpha\beta \rightarrow \alpha\alpha$ und $\beta\beta \rightarrow \beta\alpha$) auf ähnlich große Werte wie im Fall der ^{1}H-Spinzustände fest. Gemäß der Boltzmann-Verteilung (siehe Gleichung 2.3) bestehen dann auch größere Besetzungsunterschiede zwischen den ^{13}C-Spinzuständen und die ^{13}C-Resonanzsignale erreichen eine entsprechend höhere Intensität. Durch die INEPT-Pulsfolge hat also ein Polarisationstransfer von den empfindlicheren Protonen auf die weniger empfindlichen ^{13}C-Kerne stattgefunden. Aus dem Energiediagramm rechts in Abbildung 5.20 kann außerdem abgeleitet werden, dass die beiden ^{13}C-Magnetisierungsvektoren nach der INEPT-Pulsfolge ebenfalls eine Antiphasen-Orientierung aufweisen. Der Übergang $\beta\beta \rightarrow \beta\alpha$ der ^{13}C-Kerne, die mit einem Proton im +1/2-Spinzustand (β) verknüpft sind, stellt nämlich eine Absorption dar und erzeugt somit ein positives Signal, während der Übergang $\alpha\beta \rightarrow \alpha\alpha$ der ^{13}C-Kerne, die mit einem Proton im −1/2-Spinzustand (α) verknüpft sind, eine Emission repräsentiert und daher zu einem negativen Signal führt. *Vor* dem abschließenden 90°-Puls gleicht die Orientierung der ^{13}C-Magnetisierungsvektoren derjenigen der ^{1}H-Magnetisierungsvektoren in Abbildung 5.19e. Der abschließende 90°-^{13}C-Puls in *x*-Richtung platziert die in Antiphase orientierten ^{13}C-Magnetisierungsvektoren entlang der *y*-Achse, damit sie in der Empfängerspule des NMR-Spektrometers detektiert werden können. Da einer der Vektoren infolge der Antiphasen-Orientierung in +*y*- und der andere in −*y*-Richtung zeigt, erhält man ein ^{13}C-Signal mit positiver und eines mit negativer Amplitude.

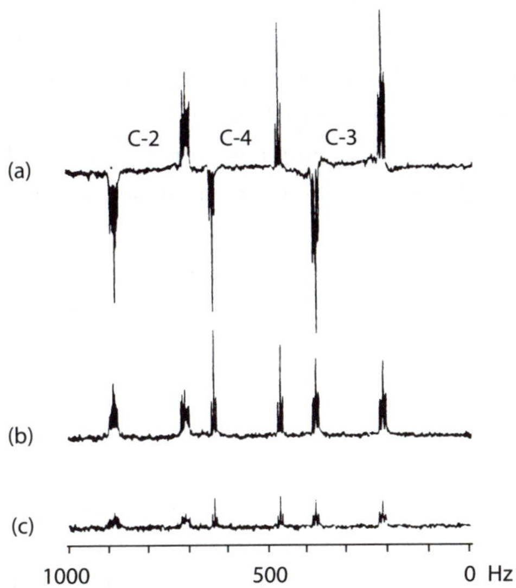

Abbildung 5.21: Verschiedene ^{1}H-gekoppelte ^{13}C-NMR-Spektren von Pyridin. (a) Das INEPT-Spektrum. (b) Das Gated-Decoupling-Spektrum mit Kopplungen und NOE. (c) Das normale ^{1}H-gekoppelte ^{13}C-NMR-Spektrum ohne Signalverstärkung. (Mit freundlicher Genehmigung von: Morris, G.A. und Freeman, R. 1979. *J. Am. Chem. Soc.* **101**: 760. Copyright 1979 American Chemical Society.)

Das INEPT-Experiment ergibt also durch den Polarisationstransfer von den empfindlichen Kernen (S) auf die weniger empfindlichen Kerne (I) verstärkte Resonanzsignale für die weniger empfindlichen Kerne (I). Die Hälfte der Peaks des J_{IS}-Multipletts der verstärkten Signale weist eine positive und die andere Hälfte eine negative Amplitude auf, wie zum Beispiel im INEPT-Spektrum von Pyridin in ▸ Abbildung 5.21a. Zum Vergleich zeigt die Abbildung unten auch das normale ^{1}H-gekoppelte ^{13}C-NMR-Spektrum und in der Mitte das Gated-Decoupling-^{13}C-NMR-Spektrum mit NOE und mit Kopplungen (siehe Abschnitt 5.4, Beobachtung des NOE). Mithilfe des INEPT-Experiments wird offensichtlich eine stärkere Erhöhung der NMR-Empfindlichkeit der ^{13}C-Kerne und somit der Intensität der ^{13}C-Resonanzsignale erreicht als durch den NOE allein. Der maximale Verstärkungsfaktor besitzt beim INEPT-Experiment einen Wert von $(1 + \eta_{max}) = | \gamma_S / \gamma_I |$ und ist immer positiv, da der Betrag des Quotienten der magnetogyrischen Verhältnisse in den Term einfließt und ihre Vorzeichen daher keine Rolle mehr spielen. Beim NOE-Experiment beträgt der maximale Verstärkungsfaktor dagegen $(1 + \eta_{max}) = (1 + \gamma_S / 2\gamma_I)$ und kann sowohl positiv als auch negativ sein. Die maximale Intensität I_{max}(INEPT) der Signale, die mit dem INEPT-Experiment erreichbar ist, kann analog zu Gleichung 5.11 für den NOE mithilfe von Gleichung 5.12 berechnet werden.

$$I_{max}\,(\text{INEPT}) = I_0 \left|\frac{\gamma_S}{\gamma_I}\right| = I_0\,(1+\eta_{max}) \qquad (5.12)$$

Für den Fall $^{13}C\{^{1}H\}$ beträgt der maximale Verstärkungsfaktor $(1 + \eta_{max})$ bei einem INEPT-Experiment 3,98, was einer Intensitätszunahme um etwa 300 Prozent entspricht. Bei einem NOE-Experiment weist der entsprechende maximale Verstärkungsfaktor dagegen nur einen Wert von 2,98 auf. Im Fall eines negativen magnetogyrischen Verhältnisses des weniger empfindlichen Kerns ist die Signalverstärkung beim INEPT-Experiment relativ zum NOE-Experiment sogar noch deutlicher, weil der maximale Verstärkungsfaktor $(1 + \eta_{max})$ wegen des negativen Vorzeichens von η_{max} beim NOE entweder zu einer weniger großen Verstärkung des Betrags der Signalintensität $(\eta_{max} \leq -2)$ oder sogar zu einer Verminderung des Betrags der Signalintensität $(-2 < \eta_{max} < 0)$ führt. Das $^{15}N\{^{1}H\}$-INEPT-Experiment ist mit einem maximalen Verstärkungsfaktor von +9,87, das $^{15}N\{^{1}H\}$-NOE-Experiment dagegen nur mit einem von −3,94 verbunden. Für $^{29}Si\{^{1}H\}$ betragen die entsprechenden Werte 5,03 beziehungsweise −1,52 und für $^{119}Sn\{^{1}H\}$ 2,68 und −0,34. In all diesen Fällen ist die Verstärkung durch das INEPT-Experiment somit größer als beim NOE-Experiment und immer positiv.

Das refokussierte INEPT-Experiment

Das INEPT-Experiment weist allerdings auch einen offensichtlichen Nachteil auf. Führt man das Experiment mit ^{1}H-BB-Entkopplung durch, fallen alle Peaks des jeweiligen Multipletts zusammen. Da aber eine Hälfte der Peaks des Multipletts – −1:1-Dublett für CH, −1:0:−1-Triplett für CH_2 und −1:−1:1:1-Quartett für CH_3 – genau die negative Intensität der anderen Hälfte der Peaks aufweist, löschen sich die Peaks infolge der Entkopplung gegenseitig aus und die Resonanzsignale verschwinden. Um dieses Problem zu beheben, wurde das so genannte *refokussierte* INEPT-Experiment entworfen. Die Vorteile des INEPT-Experiments werden beim refokussierten INEPT-Experiment durch die folgende Pulssequenz trotz ^{1}H-BB-Entkopplung erhalten:

$$
\begin{array}{ll}
{}^{1}\mathrm{H(S)} & 90^{\circ}_{x} - (4J)^{-1} - 180^{\circ}_{x} - (4J)^{-1} - 90^{\circ}_{y} - (4J)^{-1} - 180^{\circ}_{x} - (4J)^{-1} - \text{Entkopplung} \\
{}^{13}\mathrm{C(I)} & \qquad\qquad 180^{\circ}_{x} - (4J)^{-1} - 90^{\circ}_{y} - (4J)^{-1} - 180^{\circ}_{x} - (4J)^{-1} - \text{Akquisition}
\end{array}
$$

Das refokussierte INEPT-Experiment beginnt im Prinzip wie die normale INEPT-Pulsfolge, der 90°-Puls im ^{13}C-Kanal erfolgt diesmal aber in *y*-Richtung. Vor der Akquisition des ^{13}C-FID und der parallelen ^{1}H-BB-Entkopplung wird außerdem noch eine refokussierende Spin-Echo-Periode eingeschoben, deren Wartezeiten und 180°-Pulse am Ende der Sequenz zur Refokussierung der ^{13}C-Magnetisierungsvektoren auf der $+y$-Achse führen. Im refokussierten ^{1}H-gekoppelten INEPT-Spektrum erscheinen für den ^{13}C-Kern einer Methingruppe (CH) daher wieder zwei positive Peaks, die aber immer noch der vollen Verstärkung durch die INEPT-Pulsfolge unterliegen. Da beide Peaks positiv sind, löschen sie sich infolge einer ^{1}H-BB-Entkopplung während der Akquisition im ^{13}C-Kanal auch nicht mehr gegenseitig aus. ▶ Abbildung 5.22 zeigt die Ergebnisse der verschiedenen Experimente für das ^{13}C-Resonanzsignal von Chloroform ($CHCl_3$).

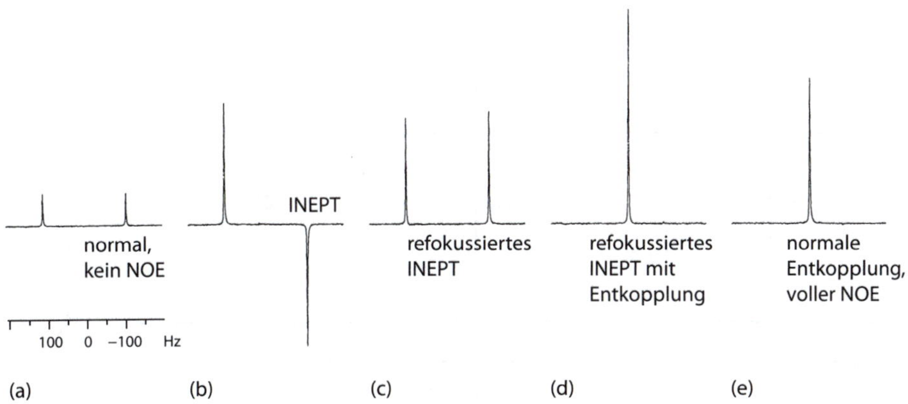

Abbildung 5.22: Verschiedene ^{13}C-NMR-Spektren von Chloroform. (a) Normales gekoppeltes Spektrum ohne jede Doppelresonanz. (b) Das INEPT-Spektrum. (c) Das refokussierte INEPT-Spektrum ohne ^{1}H-BB-Entkopplung. (d) Das refokussierte INEPT-Spektrum mit ^{1}H-BB-Entkopplung. (e) Normales ^{1}H-BB-entkoppeltes Spektrum mit NOE. (Mit freundlicher Genehmigung von: Derome, A.E. 1987: *Modern NMR Techniques for Chemistry Research*. Pergamon Press, Oxford, UK, S. 137.)

Spektrale Editierung mit der refokussierenden INEPT-Pulsfolge

Die oben beschriebene Gesamtdauer der Wartezeiten von $(2J)^{-1}$ nach den letzten 90°-Pulsen beim refokussierten INEPT-Experiment, die zur Unterscheidung von der Gesamtwartezeit $\Delta_1 = 2\tau$ zwischen dem ersten und dem letzten 90°-Puls häufig als Δ_2 bezeichnet wird, ist nur für Methingruppen geeignet. Im Fall von Methylen- und Methylgruppen würden die Magnetisierungsvektoren bei einer Wartezeit von $\Delta_2 = (2J)^{-1}$ am Ende *nicht* refokussieren und die ^{1}H-BB-Entkopplung während der Akquisition im ^{13}C-Kanal würde immer noch zur Auslöschung der Resonanzsignale führen. Mit anderen Δ_2-Werten kann die Refokussierung allerdings auch bei Methylen- und Methylgruppen erreicht werden. Dabei hängt der optimale Δ_2-Wert gemäß Gleichung 5.13 von der Anzahl n der Wasserstoffatome (Protonen) ab, die direkt mit dem jeweiligen Kohlenstoffatom verbunden sind.

$$\Delta_2 = \frac{1}{\pi J}\sin^{-1}\left(\frac{1}{\sqrt{n}}\right) \tag{5.13}$$

Setzt man in Gleichung 5.13 die jeweiligen Werte von n ein, erhält man optimale Δ_2-Werte von $(2J)^{-1}$ für CH-, $(4J)^{-1}$ für CH_2- und ungefähr $(5J)^{-1}$ für CH_3-Gruppen. Ein Δ_2-Wert von etwa $(3{,}3J)^{-1}$ stellt einen guten Kompromiss dar, der im Fall einer ^{1}H-BB-Entkopplung für alle drei Gruppen deutlich, aber nicht optimal verstärkte Intensitäten der Resonanzsignale liefert. Ohne ^{1}H-BB-Entkopplung würden die Phasendifferenzen zwischen den Magnetisierungsvektoren der CH-, CH_2- und CH_3-Gruppen zu Verzerrungen der Peakintensitäten führen.

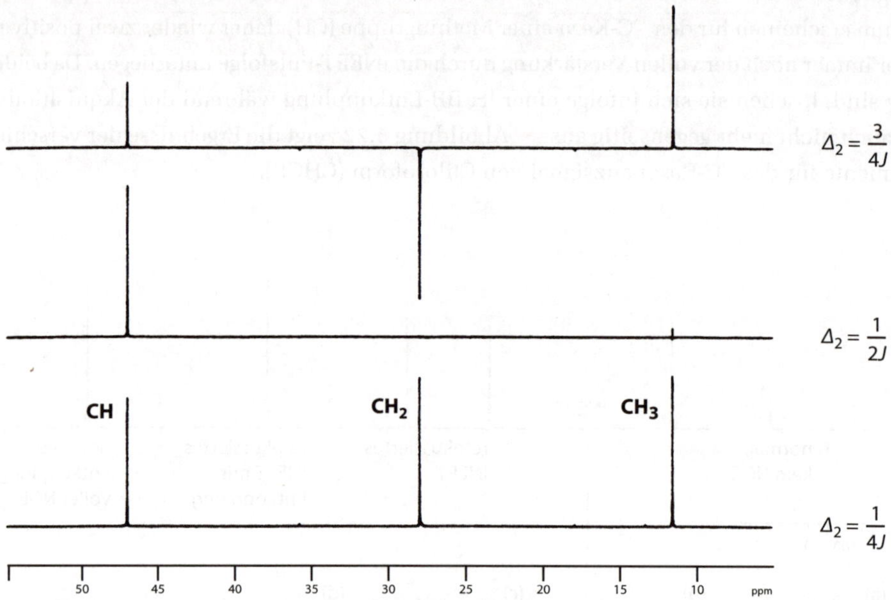

Abbildung 5.23: Die Intensitäten der ^{13}C-Resonanzsignale eines imaginären Moleküls mit einer CH-, einer CH_2- und einer Methylgruppe in ^{1}H-BB-entkoppelten, refokussierten INEPT-Spektren mit verschiedenen Δ_2-Werten. (Mit freundlicher Genehmigung von: Derome, A.E. 1987: *Modern NMR Techniques for Chemical Research*. Pergamon Press, Oxford, UK, S. 143.)

Weil ein ^{1}H-BB-entkoppeltes, refokussiertes INEPT-Experiment mit einem Δ_2-Wert von $(2J)^{-1}$ vollständig refokussierte Dubletts, aber Tripletts und Quartetts mit Antiphasen-Peaks ergibt, erzeugt diese spezielle Pulsfolge ein Subspektrum, das ausschließlich die ^{13}C-Resonanzsignale der Methingruppen enthält. Der Wert von Δ_2 kann dabei aber auch zur Optimierung der Signalintensitäten der Methylen- und Methylgruppen angepasst werden. Wie sich herausgestellt hat, hängen die ^{13}C-Signalintensitäten von einem imaginären Winkel $\theta = \pi J \Delta_2$ ab. Sie sind für CH-Gruppen proportional zu $\sin\theta$, für CH_2-Gruppen proportional zu $\sin(2\theta)$ ($= 2\sin\theta\cos\theta$) und für CH_3-Gruppen proportional zu $3\sin\theta\cos^2\theta$. Für $\Delta_2 = (2J)^{-1}$ und somit $\theta = \pi J \Delta_2 = \pi / 2$ (also 90°) erhält man daher maximale ^{13}C-Signalintensitäten der CH-Gruppen, während die Signalintensitäten der anderen Gruppen null betragen. Bei allen anderen Δ_2- beziehungsweise θ-Werten enthält das Spektrum für alle drei Gruppen Signale mit Intensitäten, die in Abhängigkeit von θ variieren. ► Abbildung 5.23 zeigt drei solche ^{1}H-BB-entkoppelten, refokussierten INEPT-Spektren für θ-Werte von $3\pi/4$, $\pi/2$ und $\pi/4$, die Δ_2-Werten von $3(4J)^{-1}$, $(2J)^{-1}$ und $(4J)^{-1}$ entsprechen. Durch Linearkombination dieser Spektren können editierte Spektren erzeugt werden, die entweder nur die ^{13}C-Resonanzsignale der Methylen- oder nur der Methylgruppen enthalten. Das Diagramm in ► Abbildung 5.24 veranschaulicht noch einmal grafisch die Abhängigkeit der Signalintensitäten der drei Gruppen (CH, CH_2 und CH_3) vom Winkel $\theta = \pi J \Delta_2$ gemäß der Proportionalität zu den oben genannten trigonometrischen Funktionen. Die drei Spektren in Abbildung 5.23 wurden bei θ-Werten von $3\pi/4 = 135°$, $\pi/2 = 90°$ und $\pi/4 = 45°$ aufgenommen.

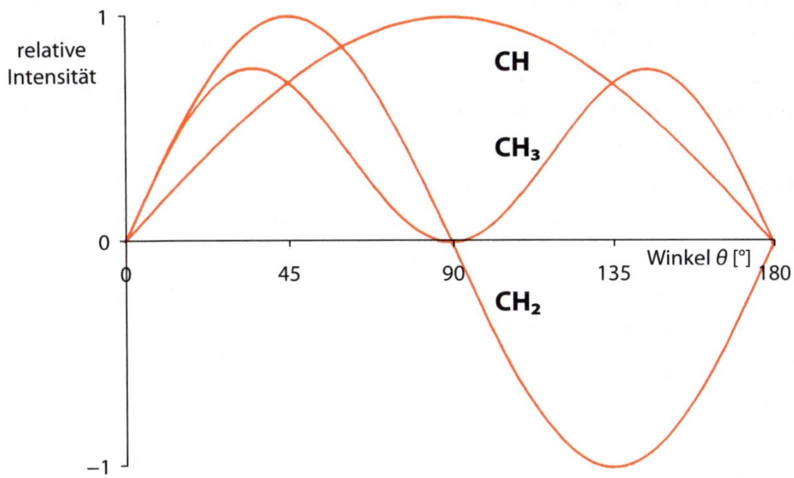

Abbildung 5.24: Grafische Darstellung der Abhängigkeit der Signalintensitäten von CH-, CH_2- und CH_3-Gruppen im ^{1}H-BB-entkoppelten, refokussierten INEPT-Spektrum vom imaginären Winkel θ. (Mit freundlicher Genehmigung von: Claridge, T.D.W. 1999: *High-Resolution NMR Techniques in Organic Chemistry*. Pergamon Press, Amsterdam, S. 138.)

DEPT-Pulsfolge (Fortsetzung)

Die mit spezifischen Δ_2-Werten zur unterschiedlichen Beeinflussung der ^{13}C-Signalintensitäten der CH-, CH_2- und CH_3-Gruppen gemessenen drei refokussierten INEPT-Spektren *mit* ^{1}H-BB-Entkopplung in Abbildung 5.23 ermöglichen eine direkte Unterscheidung zwischen Signalen von CH-, CH_2- und CH_3-Gruppen, allerdings mit nicht optimalen Signalintensitäten. Mithilfe des J-modulierten Spin-Echo-Experiments (Attached-Proton-Test) kann dagegen einerseits nicht zwischen quartären und CH_2-Kohlenstoffatomen und andererseits nicht zwischen CH- und CH_3-Kohlenstoffatomen unterschieden werden. Mit der DEPT-Pulsfolge steht eine Editierungsmethode zur Verfügung, die all die genannten Nachteile nicht aufweist und außerdem weniger empfindlich auf experimentelle Ungenauigkeiten reagiert – wie zum Beispiel auf eine nicht ganz exakte Anpassung der Wartezeiten an den jeweiligen Wert von J. Die DEPT-Pulssequenz stellt daher die Methode der Wahl zur spektralen Editierung dar. Das Akronym DEPT steht für *Distortionless Enhancement by Polarization Transfer* und die zugehörige Pulsfolge ähnelt der des refokussierten INEPT-Experiments. Im ^{1}H-Kanal stimmt sie bis einschließlich des ersten 180°-Pulses mit dem refokussierten INEPT-Experiment überein – allerdings mit einer doppelt so langen Wartezeit, also $\tau = (2J)^{-1}$. Im Anschluss an die dann folgende Wartezeit wird im ^{1}H-Kanal allerdings ein Puls mit einem variablen Pulswinkel θ eingestrahlt. Der Pulswinkel entspricht dabei dem oben bereits definierten imaginären Winkel $\theta = \pi J \Delta_2$ mit $\Delta_2 = 2\tau$. Die vollständige DEPT-Pulsfolge lautet folgendermaßen:

$$^{1}\mathrm{H(S)} \quad 90^\circ_x - (2J)^{-1} - 180^\circ_x - (2J)^{-1} - \theta_y - (2J)^{-1} - \text{Entkopplung}$$

$$^{13}\mathrm{C(I)} \quad 90^\circ_x - (2J)^{-1} - 180^\circ_x - (2J)^{-1} - \text{Akquisition}$$

Sowohl beim INEPT- als auch beim DEPT-Experiment wird zu Beginn durch den 90°-^{1}H-Puls eine makroskopische Quermagnetisierung der Protonen erzeugt, die in der folgenden Wartezeit unter dem Einfluss der Kopplung zum Kohlenstoffatom in der x,y-Ebene auffächert. Während die Wartezeit τ zwischen dem ersten und dem zweiten Puls im ^{1}H-Kanal beim INEPT-Experiment $(4J)^{-1}$ beträgt, weist sie beim DEPT-Experiment mit $(2J)^{-1}$ den gleichen Wert auf wie beim APT. Der 180°-^{1}H-Puls nach der ersten Wartezeit startet die Refokussierung der Magnetisierungsvektoren und somit der chemischen Verschiebungen der Protonen. Im Gegensatz zum INEPT- und allen anderen Experimenten, die wir bisher besprochen haben, wird durch den simultan zum 180°-^{1}H-Puls im ^{13}C-Kanal eingestrahlten 90°-Puls eine neue Konstellation geschaffen, in der sich sowohl die Magnetisierungsvektoren der Protonen als auch der ^{13}C-Kerne in der x,y-Ebene befinden und dort in der folgenden Wartezeit gemeinsam weiterentwickeln. Diese Entwicklung oder Evolution und vor allem die Auswirkungen des im ^{1}H-Kanal noch folgenden θ_y-Pulses kann aus verschiedenen Gründen mit dem bislang in diesem Buch verwendeten Vektormodell nicht mehr beschrieben werden. Wir verzichten daher auf eine genauere Betrachtung. Da die Magnetisierungsvektoren der Protonen und der ^{13}C-Kerne, die sich gemeinsam in der x,y-Ebene entwickeln, wechselseitig über die C–H-Kopplung korreliert sind, wird das Phänomen als Mehr- beziehungsweise Doppelquantenkohärenz (MQC, engl. *multiple quantum coherence*) bezeichnet. In Fall des DEPT-Experiments spricht man spezifischer auch von der heteronuklearen Mehrquantenkohärenz (HMQC, engl. *heteronuclear multiple quantum coherence*), da dieses Phänomen hier zwischen Protonen und ^{13}C-Kernen auftritt. Die MQC beziehungsweise HMQC bedeutet, dass sich die Magnetisierungen der ^{13}C-Kerne und der Protonen in den Wartezeiten nicht mehr unabhängig voneinander entwickeln können. Während der zweiten $(2J)^{-1}$-Wartezeit, also zwischen dem 180°- und dem θ_y-Puls im ^{1}H-Kanal, wirkt sich die MQC somit auf die Evolution der Magnetisierungsvektoren der Protonen und der ^{13}C-Kerne aus. Der anschließende θ_y-Puls im ^{1}H-Kanal wandelt die MQC wieder in einer ^{13}C-Einquantenkohärenz um. Die Mehrquantenkohärenz kann nicht beobachtet werden, da sie in der Empfängerspule kein Signal induziert. Deswegen muss sie vor der Akquisition des FID wieder in eine Einquantenkohärenz (engl. *single quantum coherence*) überführt werden. Im Verlauf der abschließenden $(2J)^{-1}$-Wartezeit nach dem θ_y-Puls findet schließlich eine Evolution der ^{13}C-Magnetisierungsvektoren statt, die von der Anzahl der mit dem jeweiligen Kohlenstoffatom direkt verknüpften Protonen (CH, CH_2 oder CH_3) und von θ abhängt. Wie beim refokussierten INEPT-Experiment liefert die Variation des Winkels θ, der in diesem Fall aber einen Pulswinkel darstellt und nicht in den Wert der Wartezeiten einfließt, beim DEPT-Experiment eine Reihe von editierten Spektren, wie sie beispielhaft in Abbildung 5.18 bereits vorgestellt wurden. Der am häufigsten verwendete Satz von Pulswinkeln, die bei DEPT-Experimenten eingesetzt werden, umfasst θ-Werte von 45° (= $\pi/4$), 90° (= $\pi/2$) und 135° (= $3\pi/4$). Wie den Kurvenverläufen in Abbildung 5.24 entnommen werden kann, enthält das DEPT(45)-Spektrum *positive* Resonanzsignale für alle Typen von Kohlenstoffatomen außer für quartäre. Im DEPT(90)-Spektrum kommen nur Signale von tertiären Kohlenstoffatomen (CH) vor und diese besitzen eine positive Amplitude. Das DEPT(135)-Spektrum zeigt schließlich *positive* Signale für primäre (CH_3) und tertiäre (CH) Kohlenstoffatome und *negative* Signale für sekundäre (CH_2) Kohlenstoffatome. Diese drei DEPT-Spektren liefern somit – in Kombination mit dem normalen ^{1}H-BB-entkoppelten ^{13}C-NMR-Spektrum für die Detektion der Signale von quartären Kohlenstoffatomen – alle erforderlichen Informationen zur Bestimmung der Protonenzahl an jedem einzelnen Kohlenstoffatom. Um die reinen CH_3- und CH_2-Subspektren (siehe Abbildung 5.18, oben) zu erhalten, müssen die DEPT-Spektren noch auf geeignete Weise kombiniert werden. Anhand von Abbildung 5.24 kann zumindest qualitativ nachvollzogen werden, dass sich das CH_2-Subspektrum aus der Differenz DEPT(45) – DEPT(135) ergibt, während das CH_3-Subspektrum mithilfe des Terms DEPT(45) + DEPT(135) – 0,707 × DEPT(90) berechnet werden kann. Die Bezeichnung *distortionless* (störungsfrei) wurde gewählt, weil die ersten Pulse des DEPT-Experiments bis nach der zweiten Wartezeit ohne Entkopplung während der Akquisition *nicht* zu Multipletts aus positiven und negativen Peaks führen. Daher verursacht die ^{1}H-BB-Entkopplung auch keine Auslöschung von Resonanzsignalen. Vielmehr erhält man im *nicht* ^{1}H-BB-entkoppelten Fall rein positive 1:1-Dubletts (CH), 1:2:1-Tripletts (CH_2) und 1:3:3:1-Quartetts (CH_3).

Damit die INEPT- und DEPT-Pulsfolgen in der Praxis anwendbar sind, müssen die zugrunde liegenden Kopplungen zwischen den weniger empfindlichen Kernen (I, ^{13}C) und den empfindlichen Kernen (S, ^{1}H) dominieren – das heißt, alle anderen Kopplungen müssen im Vergleich zu diesen Kopplungen vernachlässigbar klein sein. Für $^1J(^{13}C–^1H)$-Kopplungen über eine Bindung trifft das zu, da die Kopplungskonstanten aller ^{1}H–^{1}H-Kopplungen sowie aller ^{13}C–^{1}H-Kopplungen über mehr als eine Bindung viel kleiner sind als die $^1J(^{13}C–^1H)$-Kopplungskonstanten. Soll die Polarisation aber durch ^{13}C–^{1}H-Kopplungen über zwei oder drei Bindungen übertragen werden, ist diese Voraussetzung nicht mehr erfüllt. Das bedeutet, dass auf die beschriebene Weise zwar die Anzahl der direkt an ein Kohlenstoffatom gebundenen Protonen, aber nicht die Anzahl der durch zwei, drei oder mehr Bindungen mit einem Kohlenstoffatom korrelierten Protonen ermittelt werden kann. Dieses Problem spielt aber häufiger eine Rolle, wenn die Polarisation der Protonen nicht auf Kohlenstoffkerne, sondern zum Beispiel auf Stickstoff-, Silicium- oder Phosphorkerne übertragen werden soll. Insbesondere Silicium und Phosphor sind nämlich viel seltener direkt mit Wasserstoffatomen verknüpft als Kohlenstoff, so dass bei analogen Experimenten mit den verbundenen Schwierigkeiten auf Kopplungen über mehr als eine Bindung zurückgegriffen werden muss.

5.7 Kohlenstoffkonnektivitäten und die eindimensionale INADEQUATE-Pulsfolge

$^1J(^{13}C–^{13}C)$-Kopplungen können potenziell wertvolle strukturelle Informationen liefern, da sie die Verknüpfung spezifischer Kohlenstoffatome anzeigen und charakterisieren. Infolge der geringen natürlichen Häufigkeit des Isotops ^{13}C von nur 1,1 Prozent enthält nur eines von 10.000 Molekülen ein spezifisches Paar benachbarter ^{13}C-Kerne, dessen Kopplung im ^{13}C-NMR-Spektrum zu beobachten ist. Die Peaks der zugehörigen Dubletts im ^{1}H-BB-entkoppelten ^{13}C-NMR-Spektrum besitzen daher nur eine sehr geringe Intensität und treten als Satelliten jeweils auf beiden Seiten der Singuletts auf, die durch die jeweils etwa 100-mal größere Zahl von Molekülen verursacht werden, in denen nur eines der beiden beteiligten Kohlenstoffatome in Form seines ^{13}C-Isotops vorkommt. Tripletts oder noch höhere Multiplizitäten der Satellitensignale sind nicht zu erwarten, weil die Wahrscheinlichkeit für das Auftreten von drei oder mehr ^{13}C-Kernen, die über eine Bindung miteinander koppeln, im selben Molekül extrem klein ist. Die Größe von $^1J(^{13}C–^{13}C)$-Kopplungskonstanten liegt etwa zwischen 30 und 50 Hz und die Satellitenpeaks sind jeweils ungefähr halb so weit von der zentralen Linie entfernt. Die Kopplungskonstanten von ^{13}C–^{13}C-Kopplungen über zwei (^2J) oder drei (^3J) Bindungen weisen Werte zwischen etwa 0 und 15 Hz auf. Die ebenfalls sehr intensitätsschwachen Peaks der zugehörigen Dubletts liegen aber näher an der jeweiligen zentralen Linie und werden durch deren Basis in der Regel verdeckt. Darüber hinaus befinden sich störende Rotationsseitenbanden und möglicherweise auch Signale von kleinen Verunreinigungen in diesem Bereich. Auch die ^1J-Satelliten können durch die breite Basis des Hauptsignals noch gestört werden – je kleiner die Kopplungskonstante ist, desto eher.

Um die Analyse der ^{13}C–^{13}C-Satelliten und somit die Ermittlung von Kohlenstoffkonnektivitäten zu ermöglichen, entwickelte Freeman die so genannte INADEQUATE-Pulsfolge – das Akronym steht für *Incredible Natural Abundance DoublE QUAntum Transfer Experiment.* Durch die INADEQUATE-Pulssequenz werden die Hauptsignale (Einquantenresonanzen) unterdrückt, so dass im Spektrum nur noch die Satellitensignale (Doppelquantenresonanzen) erscheinen. Die Pulsfolge dieses Experiments lautet:

$$90^\circ_x - \tau - 180^\circ_y - \tau - 90^\circ_x - \Delta - 90^\circ_\phi - \text{Akquisition}$$

Der 180°-Puls führt zur Eliminierung der Effekte von Feldinhomogenitäten. Da durch den einzelnen homonuklearen 180°-Puls die Spins beider Kopplungspartner betroffen sind, fächern die ^{13}C-Magnetisierungsvektoren nach dem Puls weiter auf (vergleiche mit dem heteronuklearen Fall in Abbildung 5.14). Fällt die Referenzfrequenz des rotierenden Koordinatensystems mit der Resonanzfrequenz des Hauptsignals zusammen, bleibt der Magnetisierungsvektor der zugehörigen, isolierten und nicht homonuklear ^1J-koppelnden ^{13}C-Kerne nach dem ersten 90°-Puls auf der y-Achse des rotierenden Koordinatensystems liegen. Der Wert der Wartezeit τ wird auf $(4J)^{-1}$ gesetzt, damit die Magnetisierungsvektoren für die Satelliten des $^1J(^{13}\text{C}–^{13}\text{C})$-Systems nach eine Gesamtwartezeit von 2τ eine Phasendifferenz von $2\pi(\Delta\nu)t = 2\pi J 2(4J)^{-1} = \pi = 180°$ aufweisen und somit auf der $+x$- und $-x$-Achse lokalisiert sind. Der zweite 90°-Puls in x-Richtung dreht dann die immer noch auf der y-Achse liegende Magnetisierung der zur Hauptlinie gehörenden Spins auf die $-z$-Achse, während die Vektoren für die Satelliten unbeeinflusst auf der x-Achse bleiben. Für das Hauptsignal steht somit keine Magnetisierung in der x,y-Ebene zur Detektion in der Empfängerspule mehr zur Verfügung, für die Satelliten aber schon.

Die INADEQUATE-Pulsfolge ist ein weiteres Beispiel für die Erzeugung einer Mehr- beziehungsweise Doppelquantenkohärenz. Nach dem zweiten 90°-Puls sind die Spins der gekoppelten ^{13}C-Kerne miteinander korreliert und entwickeln sich gemeinsam weiter. (Beachten Sie, dass jedes Paar von direkt verknüpften ^{13}C-Kernen infolge der geringen natürlichen Häufigkeit des Isotops ^{13}C praktisch ein isoliertes AX-Spinsystem darstellt.) Während der Wartezeit Δ nach dem zweiten 90°-Puls findet die Evolution der homonuklearen Doppelquantenkohärenz als Summe der Larmor-Frequenzen der beiden gekoppelten Spins statt. Beim zweidimensionalen INADEQUATE-Experiment (siehe Abschnitt 6.4) wird die bei der hier beschriebenen eindimensionalen Version konstante Wartezeit Δ variiert. Der abschließende 90°-Puls nach der Wartezeit Δ wandelt die Doppelquantenkohärenz wieder in eine beobachtbare Einquantenkohärenz um. Die Phase dieses $90°_\phi$-Pulses durchläuft einen sich wiederholenden Zyklus über eine Reihe von Richtungen – nämlich +x, +y, −x und −y –, die durch ϕ repräsentiert werden. Die Vektordiagramme, die in diesem Buch verwendet werden, sind nur zur Präsentation der Kohärenz der Spins eines einzelnen Kerns in Form von Magnetisierungsvektoren in der x,y-Ebene wirklich gut geeignet. Eine adäquate Darstellung der simultanen Kohärenz zweier Spins, wie sie beim INADEQUATE-Experiment erzeugt wird, ist mithilfe der Vektordiagramme dagegen nicht möglich. Der Grund für den abschließenden 90°-Puls kann hier deswegen nicht weiter veranschaulicht werden.

▶ Abbildung 5.25 zeigt das INADEQUATE-Spektrum von Piperidin. Die jeweils korrelierten Satellitenpeaks stehen in Antiphase zueinander – das heißt, sie weisen entgegengesetzte Intensitäten beziehungsweise Amplituden auf. Jede ^{13}C–^{13}C-Kopplungskonstante erscheint im Spektrum also als horizontaler Abstand zwischen zwei Peaks, von denen einer nach unten und einer nach oben zeigt (−1:1). Für jedes Antiphasen-Dublett in den Satelliten eines Kohlenstoffatoms muss unter den Satelliten des Kopplungspartners ein Dublett mit der gleichen Kopplungskonstante auftreten. Auf diese Weise ist über die Gleichheit und die Größe der Kopplungskonstanten eine Ermittlung der Konnektivitäten der Kohlenstoffatome möglich. Das Teilspektrum für C-4 von Piperidin enthält zwei solcher Antiphasen-Dubletts: ein infolge der großen $^1J_{34}$-Kopplung weit aufgespaltenes und eines, dessen Peaks wegen der kleineren $^2J_{24}$-Kopplung deutlich enger beieinander liegen. C-3 erzeugt zwei Dubletts mit großen, aber leicht unterschiedlichen Kopplungskonstanten, welche die $^1J_{23}$- und die $^1J_{34}$-Kopplung zu den direkt benachbarten Kohlenstoffatomen repräsentieren. Außerdem kommt im Bereich von C-3 ein Dublett mit kleiner Kopplungskonstante vor, das durch die $^3J_{23'}$-Kopplung hervorgerufen wird. Für C-2 zeigt das INADEQUATE-Spektrum schließlich ein Dublett mit den Kopplungskonstanten $^1J_{23}$, $^2J_{24}$ und $^3J_{23'}$.

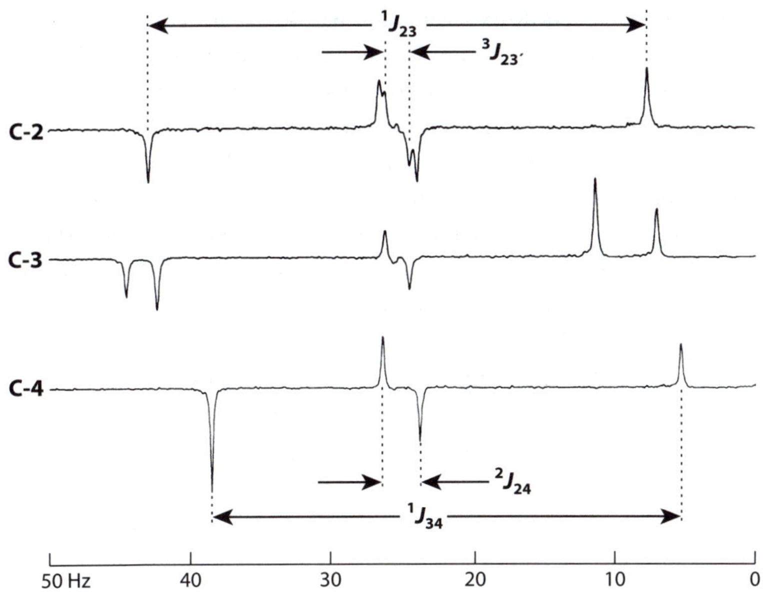

Abbildung 5.25: **Das eindimensionale INADEQUATE-Spektrum für die verschiedenen Kohlenstoffatome von Piperidin.** Die Ausschnitte für die verschiedenen Kohlenstoffatome sind zur besseren Vergleichbarkeit übereinander angeordnet. Man beachte, dass die Skala am unteren Rand keine chemische Verschiebung, sondern nur eine relative Frequenzbreite angibt. (Mit freundlicher Genehmigung von: Bax, A., Freeman, R. und Kempsell, S.P. 1980. *J. Am. Chem. Soc.* **102**: 4849. Copyright 1980 American Chemical Society.)

Obwohl auch ^{13}C–^{13}C-Kopplungen über mehr als eine Bindung beobachtet werden können, spielen die ^{13}C–^{13}C-Kopplungen über eine Bindung die größere Rolle bei der Strukturaufklärung. Sie weisen für die verschiedenen gekoppelten ^{13}C–^{13}C-Paare leicht voneinander abweichende Kopplungskonstanten auf, die daher unterscheidbar sind. Die Übereinstimmung von $^1J(^{13}C$–$^{13}C)$-Kopplungskonstanten zweier beliebiger Kohlenstoffatome kann somit als verlässlicher Hinweis auf eine direkte Verknüpfung dieser beiden Kohlenstoffatome gewertet werden. Selbst bei komplexeren organischen Molekülen zeigen die Kopplungskonstanten in der Regel eine ausreichend große Variation, um die Ermittlung der vollständigen Konnektivitäten innerhalb des Kohlenstoffgerüsts mithilfe des INADEQUATE-Experiments zu ermöglichen – zumindest, soweit das Gerüst nicht durch Heteroatome unterbrochen ist. Der Hauptnachteil des INADEQUATE-Experiments besteht darin, dass es nicht mit einem Polarisationstransfer verbunden ist und daher nur eine extrem geringe Empfindlichkeit aufweist, da es wie erwähnt nur etwa 0,01 Prozent aller Kohlenstoffatome nutzen kann. Die zweidimensionale Version des INADEQUATE-Experiments wird in Abschnitt 6.4 diskutiert.

5.8 Phasenzyklisierung, zusammengesetzte Pulse und geformte Pulse

Phasenzyklisierung

Bei den bisher beschriebenen NMR-Experimenten wurden sehr häufig 90°- und 180°-Pulse verwendet, um spezifische Effekte auf die verschiedenen Spins und somit auf die makroskopischen Magnetisierungsvektoren zu bewirken. In diesem Zusammenhang war es in allen Fällen notwendig, Pulse mit genau der Pulslänge beziehungsweise dem Pulswinkel zu erzeugen, der zu der Drehung der Magnetisierungsvektoren um exakt den angestrebten Winkel führt. In der Praxis können aber infolge von Ungenauigkeiten bei der Pulserzeugung Artefakte entstehen. ▶ Abbildung 5.26 veranschaulicht zum Beispiel die Auswirkung eines *nicht* exakten initialen 180°-Pulses auf den makroskopischen Magnetisierungsvektor beim Inversion-Recovery-Experiment (siehe Abbildung 5.1) zur Messung der Spin-Gitter-Relaxationszeit (T_1). Der Magnetisierungsvektor liegt nach dem ungenauen Puls nicht exakt auf der −z-Achse. Stattdessen weicht seine Orientierung leicht von der −z-Richtung ab (siehe Abbildung 5.26b). Infolgedessen existiert zu Beginn der Wartezeit τ eine kleine Quermagnetisierung in der *x,y*-Ebene beziehungsweise in *y*-Richtung des rotierenden Koordinatensystems. Nach der Wartezeit τ hat der Betrag der −*z*-Magnetisierung durch die Spin-Gitter-Relaxation (T_1) abgenommen, während in der *x,y*-Ebene auch immer noch eine Quermagnetisierung vorhanden ist, welche zumindest durch die Spin-Gitter-Relaxation nicht beeinflusst wurde (siehe Abbildung 5.26c). Durch den abschließenden 90°-Puls wird die *z*-Magnetisierung zur Detektion in die *x,y*-Ebene gedreht (siehe Abbildung 5.26d). Da der Magnetisierungsvektor nach dem anfänglichen 180°-Puls aber nicht exakt auf der −*z*-Achse lokalisiert war, liegt er jetzt auch nicht genau auf der *y*-Achse des rotierenden Koordinatensystems. Deswegen ist der Betrag der Magnetisierung in *y*-Richtung und somit die Signalintensität kleiner als im Idealfall. Darüber hinaus kann außerdem eine Phasenverschiebung stattgefunden haben. Natürlich kann zusätzlich auch der 90°-Puls mit Ungenauigkeiten behaftet sein, aber diese wurden hier der Einfachheit wegen nicht betrachtet.

Diese Fehler können durch eine periodische Veränderung der relativen Phase des 180°-Pulses von Pulsfolge zu Pulsfolge weitgehend vermieden werden. Das heißt, einmal wird ein +180°-Puls eingestrahlt und beim nächsten Mal ein −180°-Puls – und so weiter. Infolgedessen wird der Magnetisierungsvektor einmal im Uhrzeigersinn (siehe Abbildung 5.26b) und dann wieder gegen den Uhrzeigersinn (siehe Abbildung 5.26f) um die *x*-Achse gedreht. Die kleinen Abweichungen des Betrags der Pulswinkel von 180° führen jetzt abwechselnd zu Quermagnetisierungen in $+y$- und $-y$-Richtung (siehe Abbildungen 5.26c und 5.26g). In beiden Fällen bleiben die Ungenauigkeiten bis nach dem abschließenden 90°-Puls zwar bestehen. Sie üben aber (im Mittel über viele Pulsfolgen) genau entgegengesetzte Effekte auf die messbare Magnetisierung in der *x*,*y*-Ebene (des feststehenden Koordinatensystems) und ihre Phase aus. Werden die gemessenen Ergebnisse vieler Pulsfolgen akkumuliert (addiert), wie in Abbildung 5.26i für zwei Zyklen dargestellt, heben sich die Auswirkungen der Ungenauigkeiten in den Pulswinkeln gegenseitig auf. Um dieses Ziel zu erreichen, wurde die Phase des Pulses periodisch verändert – das heißt, der Puls wurde immer wieder abwechselnd in $+x$- und $-x$-Richtung eingestrahlt. Ein solches Verfahren wird als **Phasenzyklisierung** bezeichnet. In der modernen NMR-Spektroskopie wird dieses Verfahren sehr verbreitet eingesetzt.

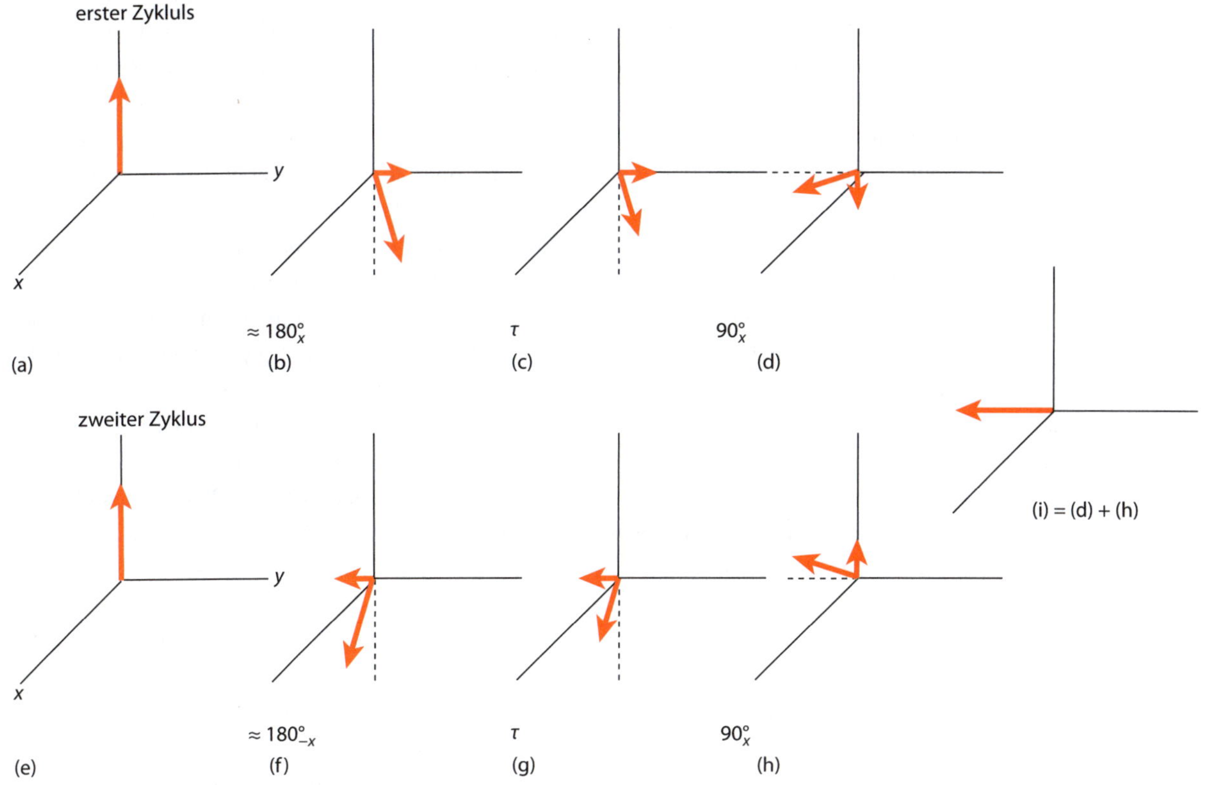

Abbildung 5.26: Phasenzyklisierung beim Inversion-Recovery-Experiment.

Mithilfe der Phasenzyklisierung konnten auch die Methoden zur heteronuklearen Breitband-Entkopplung verbessert werden. Wie wir in Abschnitt 5.3 beschrieben haben, erfolgt bei modernen Methoden zur BB-Entkopplung keine kontinuierliche Einstrahlung eines B_2-Wechselfelds, sondern die wiederholte Anwendung von 180°-Pulsen. Ohne Phasenzyklisierung würden die Auswirkungen der Ungenauigkeiten in den 180°-Pulsen akkumulieren und die Methode dadurch unbrauchbar machen. Wegen der großen Bedeutung der BB-Entkopplung sind daher speziellen Verfahren der

Phasenzyklisierung entwickelt worden, um die Effekte der Ungenauigkeiten der Pulse in diesem Fall zu eliminieren. Die bis heute erfolgreichste Methode ist die von Freeman entworfene WALTZ-Phasenzyklisierung, bei der die 180°-Pulse durch die Sequenz $90°_x$, $180°_{-x}$, $270°_x$ (90 − 180 + 270 = 180) ersetzt werden. Dadurch werden die Auswirkungen der Pulsungenauigkeiten bereits signifikant verringert. Eine besonders effektive und störungsfreie Entkopplung wird durch die erweiterte WALTZ-16-Methode erreicht, bei der die Reihenfolge der einfachen Pulse in der Sequenz $90°_x$, $180°_{-x}$, $270°_x$ periodisch variiert wird. Für die Sequenz $90°_x$, $180°_{-x}$, $270°_x$ wurde die Kurzschreibweise 1 $\bar{2}$ 3 eingeführt – die 1 steht für $90°_x$, die $\bar{2}$ repräsentiert $180°_{-x}$, wobei der Querstrich über der 2 die negative Richtung des Pulses symbolisiert, und die 3 steht für $270°_x$. Der Name WALTZ (engl. *waltz*, Walzer) leitet sich aus dem Rhythmus ab, welcher der Sequenz innewohnt.

Ein drittes Beispiel für eine Phasenzyklisierung, das wir hier vorstellen wollen, dient dazu, die Referenzfrequenz in der Mitte des NMR-Spektrums statt auf einer Seite außerhalb des Spektrums zu platzieren. Wie wir bereits erläutert haben, ist die Lage eines Signals im NMR-Spektrum nur von der Differenz $\Delta\omega$ zwischen seiner Resonanzfrequenz und der Referenzfrequenz abhängig (siehe Abschnitt 2.5). Deswegen musste die Referenzfrequenz außerhalb des Bereichs der Resonanzfrequenzen des Spektrums liegen. Ansonsten hätten Signale mit unterschiedlicher Resonanzfrequenz, aber gleichem absoluten Abstand ($+\Delta\omega$ und $-\Delta\omega$) von der Referenzfrequenz nicht ohne Weiteres unterschieden werden können. Befinden sich die Resonanzfrequenzen aber alle auf einer Seite der Referenzfrequenz, enthält das Spektrum immer zurückgefaltete Signale vom Rauschen auf der signalfreien Seite der Referenzfrequenz. Die Positionierung der Referenzfrequenz in der Mitte des Spektrums verhindert dieses unerwünschte zusätzliche Rauschen und erhöht dadurch die Nachweisempfindlichkeit, erfordert aber eine Methode zur Feststellung, ob die Resonanzfrequenz eines Signals nach oben oder nach unten von der Referenzfrequenz abweicht. Dieses Ziel wird durch die so genannte *Quadraturdetektion* erreicht, die hier aber nur oberflächlich und einleitend behandelt werden soll. Bei der Quadraturdetektion wird das in der Empfängerspule induzierte Signal elektronisch in zwei Kanäle aufgespalten. In beiden Kanälen wird es mit dem Referenzsignal multipliziert. Die Referenz besitzt in beiden Kanälen die gleiche Frequenz, weist aber eine Phasenverschiebung von 90° auf. Im Endeffekt wird auf diese Weise sowohl der FID der Magnetisierung in y-Richtung als auch der FID der Magnetisierung in x-Richtung des rotierenden Koordinatensystems detektiert. Die Phasenbeziehung zwischen diesen beiden FIDs enthält die Information über das *Vorzeichen* der Differenz zwischen der Resonanzfrequenz und der Referenzfrequenz. Nach einer elektronischen Modulation und komplexen Addition der Signale werden sie gemeinsam der Fourier-Transformation unterzogen, bei der die Vorzeicheninformation erhalten bleibt. Auf diese Weise erhält man ein NMR-Spektrum, in dem die Referenzfrequenz mitten im Bereich der Resonanzsignale liegt, die einzelnen Signale aber nicht doppelt auftreten und auf der richtigen Seite der Referenzfrequenz lokalisiert sind.

Wenn die elektronische Signalverstärkung in beiden Kanälen nicht genau gleich ist oder die Phasenverschiebung zwischen den beiden Referenzfrequenzen nicht exakt 90° beträgt, können allerdings systematische Fehler auftreten. Die resultierenden Signalartefakte werden als *quad images* (Spiegelbilder) bezeichnet und können als kleine Störpeaks im Spektrum erscheinen. Diese Auswirkungen von Ungenauigkeiten in der Phasendifferenz der Referenzsignale können mithilfe der so genannten CYCLOPS-Sequenz (*CYCLically Ordered Phase Selection*) eliminiert werden. Dabei durchlaufen der 90°-Beobachtungspuls und die Empfangsrichtung nacheinander die vier Orientierungen $+x$, $+y$, $-x$ und $-y$ und die beiden verarbeiteten Empfängersignale werden auf etwas andere Weise addiert.

Phasenzyklisierungen können nicht nur zur Vermeidung von Artefakten beitragen, die durch ungenaue Pulse oder Phasenverschiebungen verursacht werden, sondern auch als Hilfsmittel zur Selektion von Phasenkohärenzen dienen. Um diesen Prozess zu veranschaulichen, kann zum Beispiel das Inversion-Recovery-Experiment auf etwas andere Weise beschrieben werden. Wenn die Spins eines Kerns gleichmäßig um die *z*-Achse herum verteilt sind, weisen sie keine Phasenkohärenz auf und man spricht von einer Kohärenz nullter Ordnung. Ein exakter 90°-Puls in *x*-Richtung erzeugt eine maximale Einquantenkohärenz, die durch eine verstärkte Orientierung der um die *z*-Achse präzedierenden Spins – eine Phasenkohärenz – in Richtung der *y*-Achse des rotierenden Koordinatensystems gekennzeichnet ist (siehe auch Abbildung 2.11) und durch einen entsprechenden Magnetisierungsvektor in *y*-Richtung repräsentiert wird. Beim Inversion-Recovery-Experiment werden unerwünschte kleinere Einquantenkohärenzen durch die Phasenzyklen eliminiert (siehe Abbildung 5.26), so dass am Ende der Wartezeit τ, also unmittelbar bevor der abschließende 90°-Puls die gewünschte, beobachtbare Einquantenkohärenz erzeugt, im Mittel nur eine Kohärenz nullter Ordnung vorhanden ist. Auf diese Weise erzeugt die Phasenzyklisierung die gewünschte Kohärenzordnung zu einem spezifischen Zeitpunkt der Pulsfolge. Doppelquantenkohärenzen, die durch die Korrelation der Spins zweier Kerne charakterisiert sind, können mithilfe der üblichen Vektordiagramme nicht veranschaulicht werden. Im Verlauf der INADEQUATE-Pulsfolge wird gezielt eine Doppelquantenkohärenz aufgebaut, um die intensitätsstarke zentrale Hauptlinie zu unterdrücken und gleichzeitig die Satellitensignale zu erhalten. Dies geschieht teilweise durch die Phasenzyklisierung des abschließenden $90°_\phi$-Pulses, dessen Index ϕ die verschiedenen Richtungen des Pulses repräsentiert, die dabei durchlaufen werden (siehe Abschnitt 5.7).

Zusammengesetzte Pulse

Pulsungenauigkeiten können auch durch die Verwendung *zusammengesetzter Pulse* (engl. *composite pulses*) anstelle von einzelnen Pulsen korrigiert werden. Der 180°-Puls, der die longitudinale Magnetisierung zur Messung von T_1 oder für andere Zwecke exakt invertieren soll, kann zum Beispiel durch die Sequenz $90°_x$, $180°_y$, $90°_x$ ersetzt werden. Diese Sequenz kommt netto zum selben Ergebnis eines Gesamtpulswinkels von $180°_x$, reduziert aber einen Fehler von mehr als 20 Prozent auf unter ein Prozent. Wie ▶ Abbildung 5.27 zeigt, wird durch den $180°_y$-Puls jeder beliebige Fehler in den $90°_x$-Pulsen automatisch kompensiert. Dabei ist zu beachten, dass die Fehler in beiden $90°_x$-Pulsen normalerweise gleich groß sind, da der zweite durch eine „Verdopplung" des ersten erzeugt wird. Die drei Pulse der WALTZ-16-Methode ($90°_x$, $180°_{-x}$, $270°_x$) bilden ebenfalls einen zusammengesetzten Puls, der einen $180°_x$-Puls ersetzt.

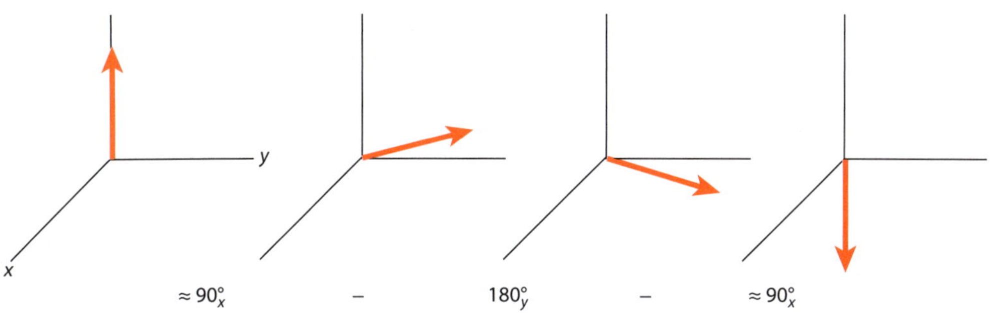

Abbildung 5.27: Ein zusammengesetzter Puls, der netto einem 180°-Puls entspricht.

Geformte Pulse

Meistens werden in der NMR-Spektroskopie so genannte *harte Pulse* (engl. *hard pulses*) verwendet. Harte Pulse sind Pulse hoher Leistung und kurzer Dauer im Mikrosekundenbereich, die Radiofrequenzenergie über ein breites Frequenzband bereitstellen und somit normalerweise alle Resonanzfrequenzen eines Nuklids abdecken. Die kurze Dauer ist erforderlich, um ein für diesen Zweck ausreichend breites Frequenzband und nicht nur eine einzelne Frequenz zu erzeugen. Die Breite des Frequenzbands ist aus technischen Gründen nämlich etwa umgekehrt proportional zur Einschaltdauer des Hochfrequenzgenerators. Damit nach $\theta = \gamma B_1 t_p$ (siehe Abschnitt 2.5) trotz der kurzen Pulsdauer t_p der gewünschte Pulswinkel θ erreicht wird, muss die Leistung, also die Amplitude des Magnetfelds B_1, entsprechend groß sein. Sollen aber nicht alle Resonanzfrequenzen eines Nuklids, sondern nur ein kleiner Bereich oder nur eine bestimmte angeregt werden, kommen so genannte *weiche Pulse* (engl. *soft pulses*) zum Einsatz. Solchen selektiven Anregungen sind wir im Verlauf des Buches bereits mehrfach begegnet, wie zum Beispiel beim Sättigungstransfer-Experiment (siehe Abschnitt 5.2) und bei der Unterdrückung spezifischer unerwünschter Signale (siehe Abschnitt 5.1). In der zweidimensionalen NMR-Spektroskopie (siehe Kapitel 6) führt die Beschränkung auf eine spezifische Anregungsfrequenz zur Reduktion der Dimensionalität. Man erhält dann einen eindimensionalen Querschnitt des zweidimensionalen NMR-Spektrums bei der Anregungsfrequenz. Wenn nur die Effekte bei dieser Resonanzfrequenz von Interesse sind, können auf diese Weise die erforderliche Messzeit und der Speicherbedarf verringert werden.

Die Pulsdauer weicher Pulse (die Einschaltdauer des Hochfrequenzgenerators) liegt im Millisekundenbereich und ist somit länger als die harter Pulse, damit das erzeugte Frequenzband entsprechend schmaler wird. Daher müssen weiche Pulse eine geringere Leistung aufweisen, damit die gewünschten Pulswinkel erhalten werden. Die einfachsten weichen Pulse besitzen ein Rechteckprofil – das heißt, zu Beginn des Pulses steigt seine Amplitude schlagartig von null auf den Maximalwert, um am Ende des Pulses nach einigen Millisekunden schlagartig wieder auf null abzufallen. Dieser Pulsform sind wir zum Beispiel schon bei den allerdings kürzeren harten Pulsen begegnet, die in Abbildung 5.11 beschrieben werden. Leider führt die Fourier-Transformation eines solchen Rechteckprofils in der Zeitdomäne in der Frequenzdomäne zu einem Signal mit störenden kleineren Nachschwingungen oder Füßchen auf beiden Seiten seiner Basis (▶ Abbildung 5.28a). Durch ein Verfahren namens *Apodisation* (von griech. *podos*, Fuß), bei dem die scharfen Ecken des Rechteckprofils des Pulses abgerundet werden, kann man diese Nachschwingungen reduzieren beziehungsweise vermeiden (siehe Abbildung 5.28b).

Zur Optimierung des Profils solcher Pulse, die als *geformte Pulse* (engl. *shaped pulses*) bezeichnet werden, sind erhebliche Anstrengungen unternommen worden. Pulse mit einem einfachen Gauß-Profil bringen im Vergleich zu rechteckigen Pulsen bereits eine deutliche Verbesserung, liefern aber immer noch keine optimalen Peakformen in der Frequenzdomäne. Die Verwendung von verfeinerten mathematischen Funktionen zur Apodisation führte zu einer weiteren Vervollkommnung der Peakform, allerdings mit einem zunehmenden Verlust an Signalintensität. Die BURP-Familie (*Band selective, Uniform Response, Pure phase*) nutzt eine Serie exponentiell voneinander abhängiger, sinusoidaler Gauß-Profile mit beträchtlichem Erfolg (EBURP für 90°, REBURP für 180°).

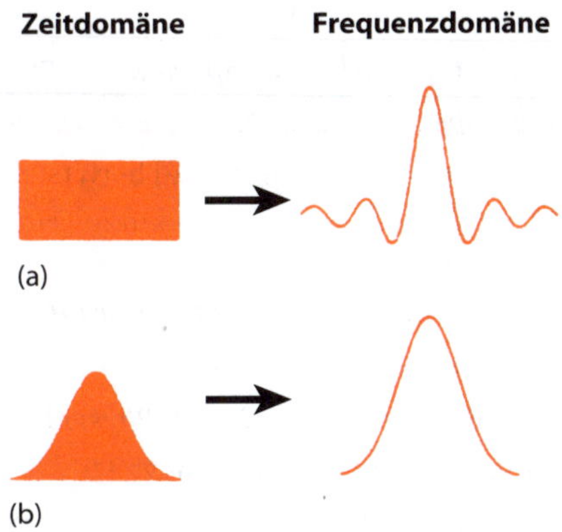

Abbildung 5.28: Veranschaulichung der Apodisation. (a) Das Ergebnis der Fourier-Transformation eines Pulses mit Rechteckprofil ohne Apodisation. (b) Das Ergebnis der Fourier-Transformation eines durch Apodisation geformten Pulses mit Gauß-Profil. (Mit freundlicher Genehmigung von: Claridge, T.D.W. 1999: *High-Resolution NMR Techniques in Organic Chemistry*. Pergamon Press, Amsterdam, S. 349.)

Eine frühe Alternative zu weichen Pulsen war das DANTE-Experiment (*Delays Alternating with Nutation for Tailored Excitation*), bei dem eine Serie von kurzen, harten Pulsen mit einem Pulswinkel von $\alpha = 90°$, jeweils gefolgt von einer definierten Wartezeit τ, verwendet wird. Die vollständige Pulssequenz lautet also $(\alpha - \tau)_n$. Nach jedem Puls findet in der *x,y*-Ebene des rotierenden Koordinatensystems die Evolution der verschiedenen Magnetisierungsvektoren entsprechend der Differenz ihrer Resonanzfrequenz von der Referenzfrequenz statt. Die Pulsfolge $(\alpha - \tau)_n$ wirkt sich dabei nur auf eine bestimmte Resonanzfrequenz konstruktiv aus, so dass der zugehörige Magnetisierungsvektor am Ende auf der *y*-Achse liegt und in der Empfängerspule detektiert werden kann. Die Sequenz harter Pulse des DANTE-Experiments kann ähnliche Ergebnisse liefern wie weiche Pulse und durch die Modulation der Pulslängen sogar in gewisser Weise geformt werden. Allerdings führt die DANTE-Pulssequenz auch zu spektralen Artefakten, zum Beispiel ungewollten Seitenbanden, die beim Einsatz weicher Pulse nicht auftreten.

Literaturhinweise

Allgemein

Friebolin, H. 2005: *Ein- und zweidimensionale NMR-Spektroskopie.* 4. Aufl., Wiley-VCH, Weinheim.

Relaxationsphänomene

Allgemein

Wright, D.A., Axelson, D.E. und Levy, G.C. 1979. *Magn. Reson. Rev.* **3**: 103.

Weiss, G.H. und Ferretti, J.A. 1988. *Progr. NMR Spectrosc.* **20**: 317.

Wink, D.J. 1989. *J. Chem. Educ.* **66**: 810.

Kohlenstoff-13-Relaxation

Lyerla, J.R., Jr. und Levy, G.C. 1974. *Top. Carbon-13 Spectrosc.* **1**: 79.

Wehrli, F.W. 1976. *Top. Carbon-13 Spectrosc.* **2**: 343.

Craik, D.J. und Levy, G.C. 1983. *Top. Carbon-13 Spectrosc.* **4**: 241.

Kern-Overhauser-Effekt (NOE)

Noggle, J.H. und Schirmer, R.E. 1971: *The Nuclear Overhauser Effect.* Academic Press, New York.

Bell, R.A. und Saunders, J.K. 1973. *Top. Stereochem.* **7**: 1.

Saunders, J.K. und Easton, J.W. 1976. *Determ. Org. Struct. Phys. Meth.* **6**: 271.

Kövér, K.E. und Batta, G. 1987. *Progr. NMR Spectrosc.* **19**: 223.

Neuhaus, D. und Williamson, M.P. 2000: *The Nuclear Overhauser Effect in Structural and Conformational Analysis.* 2. Aufl., Wiley-VCH, New York.

Reaktionen auf der NMR-Zeitskala

Allgemein

Binsch, G. 1968. *Top. Stereochem.* **3**: 97.

Jackman, L.M. und Cotton, F.A. (Hrsg.) 1975: *Dynamic Nuclear Magnetic Resonance Spectroscopy.* Academic Press, New York.

Steigel, A. 1978. *NMR Basic Princ. Progr.* **15**: 1.

Kaplan, J.I. und Fraenkel, G. 1980: *NMR of Chemically Exchanging Systems.* Academic Press, New York.

Binsch, G. und Kessler, H. 1980. *Angew. Chem., Int. Ed. Engl.* **19**: 411.

Sändstrom, J. 1982: *Dynamic NMR Spectroscopy.* Academic Press, London.

Oki, M. (Hrsg.) 1985: *Applications of Dynamic NMR Spectroscopy to Organic Chemistry.* VCH, Deerfield Beach, Florida.

Anwendungen für Kohlenstoff-13

Mann, B.E. 1977. *Progr. NMR Spectrosc.* **11**: 95–114.

Eingeschränkte Rotation

Kessler, H. 1970. *Angew. Chem., Int. Ed. Engl.* **9**: 219.

Stewart, W.E. und Siddall, T.H. 1970. *Chem. Rev.* **70**: 517.

Oki, M. 1983. *Top. Stereochem.* **14**: 1.

Martin, M.L., Sun, X.Y. und Martin, G.J. 1985. *Ann. Rep. NMR Spectrosc.* **16**: 187.

Bushweller, C.H. in Lambert, J.B. und Takeuchi, Y. (Hrsg.) 1992: *Acyclic Organonitrogen Stereodynamics.* VCH, New York, S. 1–55.

Raban, M. und Kost, D. in Lambert, J.B. und Takeuchi, Y. (Hrsg.) 1992: *Acyclic Organonitrogen Stereodynamics.* VCH, New York, S. 57–88.

Nelsen, S.F. in Lambert, J.B. und Takeuchi, Y. (Hrsg.) 1992: *Acyclic Organonitrogen Stereodynamics.* VCH, New York, S. 89–121.

Pinto, B.M. in Lambert, J.B. und Takeuchi, Y. (Hrsg.) 1992: *Acyclic Organonitrogen Stereodynamics.* VCH, New York, S. 149–175.

Umklappen von Ringen und cyclische Systeme

Booth, H. 1969. *Progr. NMR Spectrosc.* **5**: 149.

Lambert, J.B. und Featherman, S.I. 1975. *Chem. Rev.* **75**: 611.

Günther, H. und Jikeli, G. 1977. *Angew. Chem., Int. Ed. Engl.* **16**: 599.

Eliel, E.L. und Pietrusiewicz, K.M. 1979. *Top. Carbon-13 Spectrosc.* **3**: 171.

Riddell, F.G. 1980: *The Conformational Analysis of Heterocyclic Compounds.* Academic Press, London.

Marchand, A.P. 1982: *Stereochemical Applications of NMR Studies in Rigid Bicyclic Systems.* VCH, Deerfield Beach, Florida.

Inversion von Stereozentren

Lambert, J.B. 1971. *Top. Stereochem.* **6**: 19.

Rauk, A., Allen, L.C. und Mislow, K. 1970. *Angew. Chem., Int. Ed. Engl.* **9**: 400.

Jennings, W.B. und Boyd, D.R. in Lambert, J.B. und Takeuchi, Y. (Hrsg.) 1992: *Cyclic Organonitrogen Stereodynamics.* VCH, New York, S. 105–158.

Delpuech, J.J. in Lambert, J.B. und Takeuchi, Y. (Hrsg.) 1992: *Cyclic Organonitrogen Stereodynamics.* VCH, New York, S. 169–252.

Organometallische Reaktionen

Vrieze, K. und Vanleeuwen, P.W.N.M. 1971. *Progr. Inorg. Chem.* **14**: 1.

Mann, B.E. 1982. *Ann. Rep. NMR Spectrosc.* **12**: 263.

Orrell, K.G. und Sik, V. 1987. *Ann. Rep. NMR Spectrosc.* **19**: 79.

Reaktionsgeschwindigkeiten aus Relaxationszeiten

Lambert, J.B., Nienhuis, R.J. und Keepers, J.W. 1981. *Angew. Chem., Int. Ed. Engl.* **20**: 487.

Mehrfachresonanz

Allgemein

Hoffman, R.A. und Forsén, S. 1966. *Progr. NMR Spectrosc.* **1**: 15.

Kowalewski, V.J. 1969. *Progr. NMR Spectrosc.* **5**: 1.

McFarlane, W. 1971. *Determ. Org. Struct. Phys. Meth.* **4**: 150.

von Philipsborn, W. 1971. *Angew. Chem., Int. Ed. Engl.* **10**: 472.

Micher, R.L. 1972. *Magn. Reson. Rev.* **1**: 225.

Dalton, L.R. 1972. *Magn. Reson. Rev.* **1**: 301.

McFarlane, W. und Rycroft, D.S. 1985. *Ann. Rep. NMR Spectrosc.* **16**: 293.

Differenzspektroskopie

Sanders, J.K.M. und Merck, J.D. 1982. *Progr. NMR Spectrosc.* **15**: 353.

Breitband-Entkopplung

Levitt, M.H., Freeman, R. und Frenkiel, T. 1983. *Advan. Magn. Reson.* **11**: 47.

Shaka, A.J. und Keeler, J. 1987. *Progr. NMR Spectrosc.* **19**: 47.

Eindimensionale NMR-Experimente mit Pulsfolgen

Allgemein

Benn, R. und Günther, H. 1983. *Angew. Chem., Int. Ed. Engl.* **22**: 350.

Turner, C.J. 1984. *Progr. NMR Spectrosc.* **16**: 311.

Morris, G.A. 1986. *Magn. Reson. Chem.* **24**: 371.

Turner, D.L. 1989. *Ann. Rep. NMR Spectrosc.* **21**: 161.

Nakanishi, K. 1990: *One-Dimensional and Two-Dimensional NMR Spectra by Modern Pulse Techniques.* University Science Books, Mill Valley, Kalifornien.

Ernst, R.R. und Bodenhausen, G. 1990: *Principles of Nuclear Magnetic Resonance in One and Two Dimensions.* Oxford University Press, Oxford, UK.

Zusammengesetzte Pulse

Levitt, M.H. 1986. *Progr. NMR Spectrosc.* **18**: 61.

Mehrquantenkohärenz-Methoden

Bodenhausen, G. 1986. *Progr. NMR Spectrosc.* **14**: 137.

Norwood, T.J. 1992. *Progr. NMR Spectrosc.* **24**: 295.

Zweidimensionale NMR-Spektroskopie

6

ÜBERBLICK

Nach der Durcharbeitung dieses Kapitels werden Sie

- die Grundlagen der zweidimensionalen NMR-Spektroskopie verstanden haben,
- die wichtigsten 2D-NMR-Experimente zur Bestimmung von Korrelationen zwischen Protonen sowie zwischen Protonen und Heterokernen über *J*-Kopplungen kennen gelernt haben – wie zum Beispiel COSY-, Long-Range-COSY-, TOCSY-, HETCOR-, HMQC- und HMBC-Experimente –,
- mit den 2D-NMR-Experimenten NOESY und ROESY zur Ermittlung von räumlichen Nachbarschaftsbeziehungen zwischen Protonen vertraut sein,
- sich mit dem 2D-INADEQUATE-Experiment zur Ermittlung von Korrelationen zwischen Kohlenstoffatomen über *J*-Kopplungen beschäftigt haben,
- das Prinzip und die Auswertung von drei- und höherdimensionalen NMR-Experimenten verstanden haben und
- die Aufgaben, den Nutzen und die Einsatzgebiete von gepulsten Feldgradienten sowie die Grundlagen und die Anwendungen der diffusionsaufgelösten NMR-Spektroskopie kennen gelernt haben.

Die NMR-Spektroskopie war schon immer mehrdimensional. Zusätzlich zu den streng genommen bereits *zwei* Dimensionen Frequenz und Intensität eines normalen *eindimensionalen* NMR-Spektrums können zum Beispiel Reaktionsgeschwindigkeiten oder Relaxationszeiten als weitere Dimension hinzukommen, die häufig mithilfe eines Stapels vieler Einzelspektren präsentiert werden (siehe beispielsweise Abbildungen 2.31 und 5.2). In der modernen *zweidimensionalen* NMR-Spektroskopie versteht man unter der zweiten Dimension allerdings eine *zweite Frequenz*. Dieses Konzept wurde erstmals vom Belgier Jean Jeener in einem Vortrag im Jahr 1971 vorgestellt. Durch die fortschreitende apparative Entwicklung und vor allem durch die umfangreichen methodischen Arbeiten von Richard R. Ernst erreichte die zweidimensionale NMR-Spektroskopie in den 1980er Jahren schließlich eine breite Anwendung. Im Jahr 1991 wurde Ernst für seine Beiträge zur Entwicklung der Methoden der hochauflösenden Kernspinresonanzspektroskopie mit dem Nobelpreis in Chemie ausgezeichnet (http://nobelprize.org/nobel_prizes/chemistry/laureates/1991/). Als quasi dritte Dimension enthalten zweidimensionale NMR-Spektren analog zu den eindimensionalen Spektren die Intensität. Die erste Frequenzdimension repräsentiert in der Regel die traditionelle Charakterisierung der Kerne durch ihre chemischen Verschiebungen und Kopplungen. Durch die Einführung der zweiten Frequenzdimension können magnetische Wechselwirkungen zwischen Kernen untersucht werden, die durch strukturelle Konnektivitäten, räumliche Nähe oder dynamische Austauschprozesse möglich sind.

6.1 Proton-Proton-Korrelation durch *J*-Kopplung

Grundlagen der 2D-NMR-Spektroskopie am Beispiel des H,H-COSY-90-Experiments

In den Einzelpulsexperimenten, die wir bisher betrachtet haben, folgte auf einen 90°-Puls eine Zeitspanne, in welcher die Akquisition des FID stattfand (▶ Abbildung 6.1a). Die Fourier-Transformation der dabei gemessenen, zeitabhängigen magnetischen Information lieferte das vertraute Spektrum von δ-Werten, das fortan als eindimensionales NMR-Spektrum (1D-NMR-Spektrum) bezeichnet wurde.

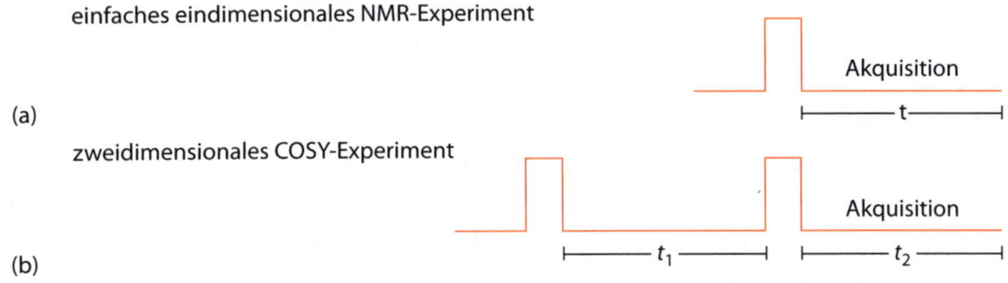

Abbildung 6.1: Pulsfolgen eines einfachen eindimensionalen (1D-) und zweidimensionalen (2D-) NMR-Experiments. (a) Der einzelne Puls und die Akquisition beziehungsweise Detektion des FID während der Zeit *t* bei einem 1D-NMR-Experiment. (b) Die beiden Pulse (Präparation und Mischung) eines 2D-COSY-Experiments mit der dazwischen liegenden Evolutionszeit t_1 und der abschließenden Akquisition während der Detektionszeit t_2. Alle Pulse in dieser Abbildung sind 90°-Pulse.

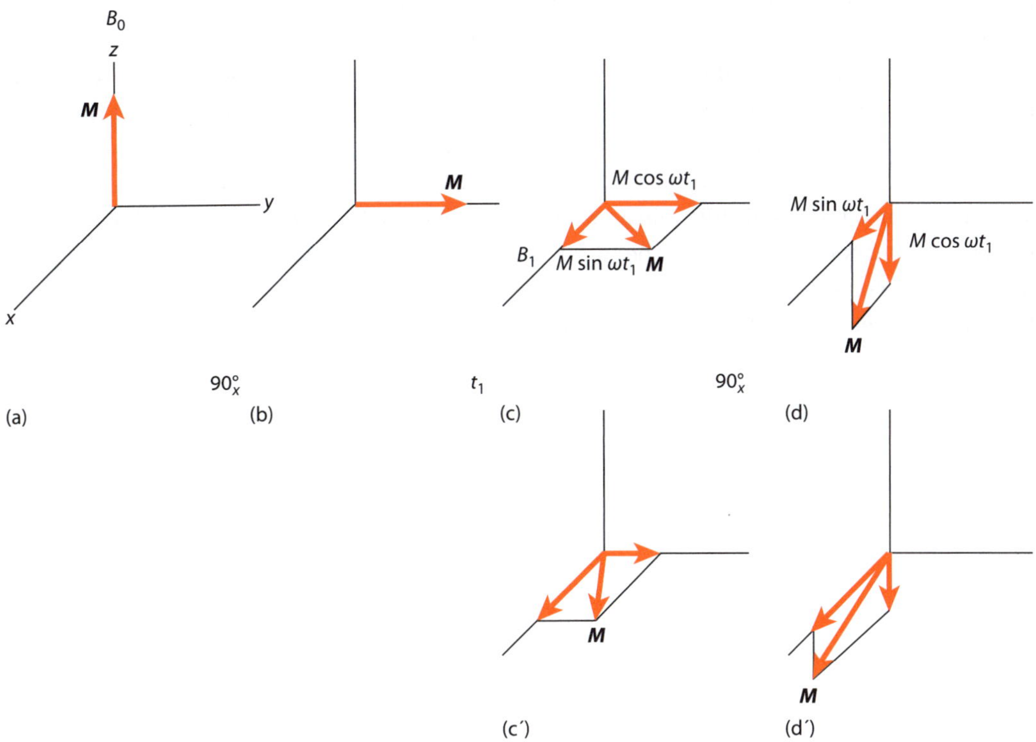

Abbildung 6.2: Die Pulsfolge des COSY-Experiments und ihre Auswirkung auf die makroskopische Magnetisierung eines Kerntyps ohne Kopplung. In (c′) und (d′) sind die Magnetisierung und ihre Komponenten vor und nach dem zweiten 90°-Puls dargestellt, die man im Fall einer etwas längeren Evolutionszeit als zwischen (b) und (c) erhält.

Erfolgt *vor* dem 90°-Beobachtungspuls des eindimensionalen Experiments ein zusätzlicher 90°-Puls (Präparation), der durch eine Evolutionszeit t_1 vom zweiten 90°-Puls (Mischung) getrennt ist (siehe Abbildung 6.1b), können wertvolle Informationen über die Korrelation von Spins gewonnen werden. Betrachten Sie der Einfachheit wegen zunächst einen Fall, bei dem nur ein einziger Kerntyp ohne jeden Kopplungspartner vorkommt, wie zum Beispiel das ^{1}H-NMR-Spektrum von Chloroform oder Tetramethylsilan. Das im Folgenden beschriebene Experiment erscheint zwar trivial und auf den ersten Blick vielleicht sogar relativ sinnlos. Wenn wir unsere Überlegungen später auf die Korrelation mit anderen Kernen ausdehnen, bekommt es aber eine tiefere Bedeutung. Die makroskopische Magnetisierung ***M*** eines isolierten Kerns liegt im Gleichgewichtszustand auf der $+z$-Achse (▸ Abbildung 6.2a). Durch den ersten $90°_x$-Puls wird die Magnetisierung auf die $+y$-Achse gedreht (siehe Abbildung 6.2b). Nehmen wir an, dass die Resonanzfrequenz des Kerns etwas größer ist als die Referenzfrequenz, mit der das rotierende Koordinatensystem rotiert, dann findet in der Evolutionsphase t_1 unmittelbar nach der Präparation durch den ersten $90°_x$-Puls eine Rotation des Magnetisierungsvektors ***M*** in der x,y-Ebene in Richtung der $+x$-Achse statt. Nach einer kurzen Evolutionszeit t_1 hat ***M*** eine neue Position in der x,y-Ebene erreicht, wie zum Beispiel in Abbildung 6.2c. Um die Zeichnungen zu vereinfachen, vernachlässigen wir in den Vektordiagrammen die longitudinale Relaxation (T_1). Der Magnetisierungsvektor besitzt zu jedem Zeitpunkt eine x-Komponente ($M_x = M \sin \omega t_1$) und eine y-Komponente ($M_y = M \cos \omega t_1$), die geometrisch durch seine Projektion auf die x- beziehungsweise y-Achse ermittelt und wie in Abbildung 6.2 veranschaulicht werden können. Dabei entspricht ω der Differenz zwischen der Resonanzfrequenz des Kerns und der Referenzfrequenz des rotierenden Koordinatensystems, während t_1 die Evolutionszeit repräsentiert, die seit dem ersten $90°_x$-Puls verstrichen ist.

Durch den zweiten $90°_x$-Puls, der nach der Evolutionszeit t_1 eingestrahlt wird, werden die x- und die y-Komponente von ***M*** unterschiedlich beeinflusst (siehe Abbildung 6.2d). Die x-Komponente bleibt unverändert, während die y-Komponente auf die $-z$-Achse gedreht wird. Erfolgt nun die Akquisition der Magnetisierung in der x,y-Ebene, kann nur noch die x-Komponente (M_x) detektiert werden. Diese erscheint während der Akquisition in der Detektionsphase t_2 im Anschluss an den zweiten $90°_x$-Puls als FID. Die Fourier-Transformation des FID bezüglich der Zeit t_2 liefert in der Frequenzdomäne ein Signal bei der Resonanzfrequenz des Kerns (ν_A). Die Intensität des Signals hängt von der Größe der x-Komponente der Magnetisierung ***M*** ($M_x = M \sin \omega t_1$) unmittelbar vor dem zweiten $90°_x$-Puls und somit von der Länge der Evolutionszeit t_1 ab. Beachten Sie die

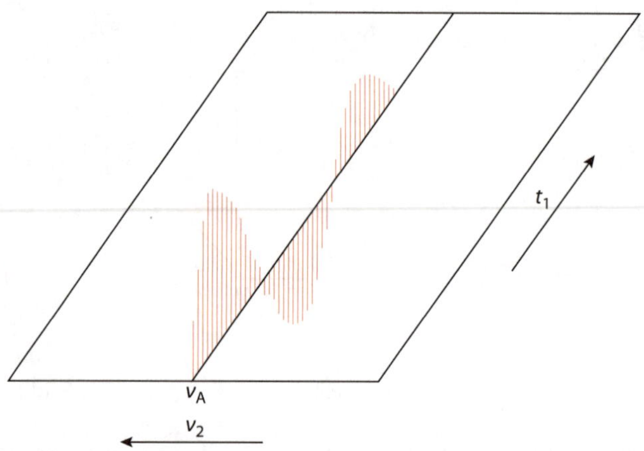

Abbildung 6.3: Ergebnisse einer ganzen Reihe von Experimenten mit der Pulsfolge $90°_x - t_1 - 90°_x - t_2$ (Akquisition) für verschiedene Werte von t_1 und mit nachfolgender Fourier-Transformation bezüglich t_2. In horizontaler Richtung (ν_2) sind für schrittweise erhöhte Evolutionszeiten t_1 eine Reihe von ^{1}H-NMR-Spektren von Chloroform dargestellt, die jeweils nur einen Peak bei der Resonanzfrequenz ν_A enthalten. Jeder Peak des Diagramms und seine Intensität resultiert aus der obigen COSY-Pulsfolge für eine bestimmte Evolutionszeit t_1. In der t_1-Dimension wurde die Fourier-Transformation in diesem Fall noch nicht durchgeführt.

Unterscheidung zwischen der Evolutionszeit t_1 und der Detektionszeit t_2 anhand der Indizes gemäß Abbildung 6.1b. Wählt man t_1 relativ kurz, kann sich vor dem zweiten $90°_x$-Puls nur eine kleine *x*-Komponente der Magnetisierung entwickeln und die Intensität des resultierenden Signals ist gering. Eine *etwas* längere Evolutionszeit ergibt eine größere *x*-Komponente (siehe Abbildung 6.2c′ und 6.2d′) und somit ein Signal höherer Intensität, da $M_x = M \sin \omega t_1$ zunächst mit der Zeit t_1 wächst. Beachten Sie, dass das Vorzeichen der *z*- beziehungsweise longitudinalen Magnetisierung nach dem zweiten $90°_x$-Puls im Vergleich zum Gleichgewicht umgekehrt worden ist (siehe Abbildungen 6.2a, 6.2d und 6.2d′) – das heißt, die Besetzungszahl des energiereicheren Spinzustands (α) ist nun größer als die des energieärmeren Spinzustands (β).

▶ Abbildung 6.3 zeigt die Ergebnisse einer ganzen Reihe solcher Experimente für verschiedene Werte von t_1. Dabei wächst $M_x = M \sin \omega t_1$ und somit die Signalintensität mit zunehmendem t_1 zunächst an, um dann entsprechend der Sinusfunktion ein Maximum zu erreichen, wenn der Magnetisierungsvektor $\boldsymbol{M}$ unmittelbar vor dem zweiten $90°_x$-Puls auf der $+x$-Achse liegt. Im weiteren Verlauf wird das Signal wieder kleiner, da $\boldsymbol{M}$ schrittweise auf die $-y$-Achse gedreht wird und M_x dementsprechend wieder kleiner wird. Befindet sich $\boldsymbol{M}$ dann unmittelbar vor dem zweiten $90°_x$-Puls genau auf der $-y$-Achse, wird M_x und somit die Signalintensität null. Bei noch größeren Evolutionszeiten t_1 ist $\boldsymbol{M}$ schließlich auf der anderen Seite der *y*-Achse lokalisiert, so dass M_x und das Signal negativ werden. Erreicht M am Ende der Evolutionszeit t_1 die $-x$-Achse, durchläuft M_x ein Minimum (ein negatives Maximum). Dieses negative Maximum ist infolge der transversalen oder Spin-Spin-Relaxation (T_2) bereits etwas kleiner als das erste positive Maximum. Wie die Sinusfunktion im Ausdruck für M_x bereits impliziert und Abbildung 6.3 veranschaulicht, ergeben die Werte von M_x beziehungsweise der Signalintensität in Abhängigkeit von der Evolutionszeit t_1 eine sinusförmige Kurve, deren Amplitude mit der Zeitkonstante T_2 abnimmt. In Abbildung 6.3 sind nur eineinhalb Perioden dieser Kurve dargestellt. Auf der horizontalen Achse des Diagramms sind die Frequenzen ν_2 aufgetragen, die sich aus der Fourier-Transformation bezüglich t_2 ergeben – in unserem Beispiel eines einzigen Kerntyps ohne Kopplung findet man nur bei ν_A eine von null abweichende Intensität. Die vertikale Achse repräsentiert dagegen die verschiedenen Werte

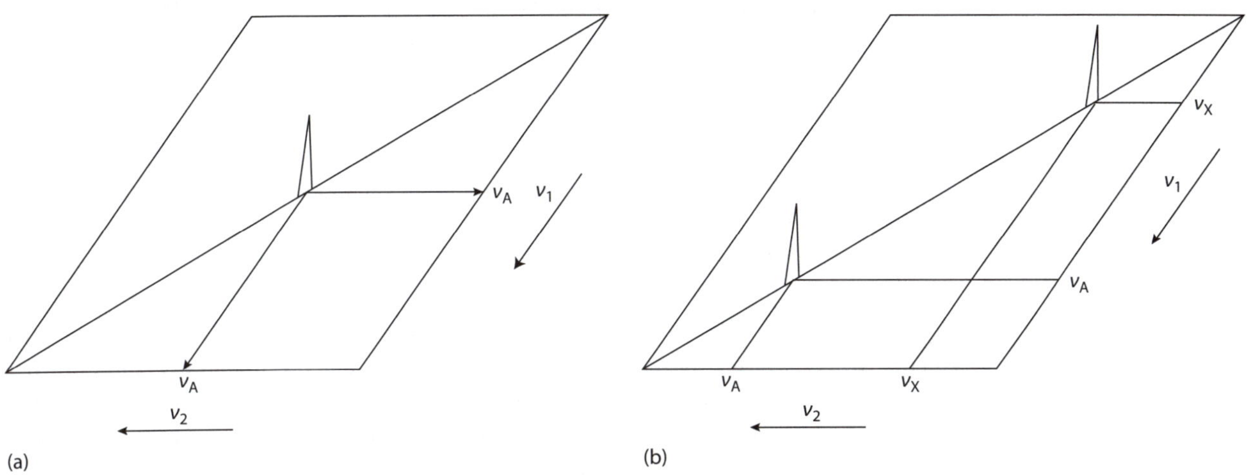

Abbildung 6.4: Ergebnisse eines COSY-Experiments nach der Fourier-Transformation bezüglich der Detektionszeit t_2 und der Evolutionszeit t_1. (a) Für einen einzelnen, isolierten Kerntyp (A) wie in Abbildung 6.3. (b) Für zwei *nicht* miteinander koppelnde Kerne A und X.

von t_1. Der Datensatz von Signalintensitäten, der auf diese Weise durch die schrittweise Erhöhung der Evolutionszeit t_1 erzeugt wird, stellt tatsächlich einen FID dar, der durch eine Fourier-Transformation bezüglich t_1 ebenfalls von der Zeit- in die Frequenzdomäne umgewandelt werden kann. Da die Frequenz ω der Sinuskurve in der t_1-Zeitdomäne mit der Frequenz des FID in der t_2-Zeitdomäne übereinstimmt – es handelt sich in beiden Fällen um die Differenz zwischen der Resonanzfrequenz des Kerns und der Referenzfrequenz –, liefert die zweite Fourier-Transformation in Kombination mit der bereits durchgeführten ersten Fourier-Transformation in einem Diagramm mit zwei Frequenzachsen einen einzelnen Peak mit den Koordinaten (ν_A, ν_A) (► Abbildung 6.4a). Dies ist das oben erwähnte triviale Ergebnis, aus dem sich der Sinn von 2D-NMR-Experimenten noch nicht erschließt.

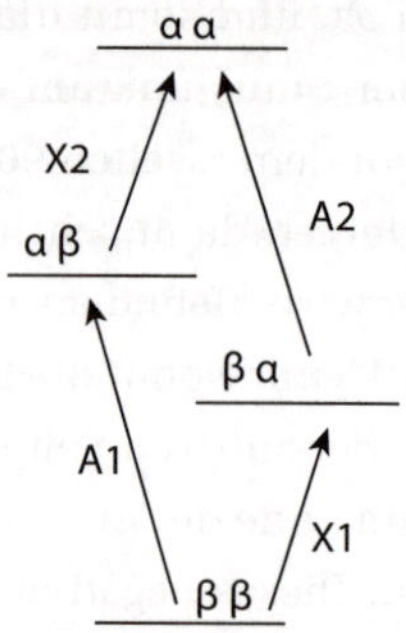

Abbildung 6.5: Das Energieniveaudiagramm eines AX-Spinsystems.

Der Nutzen des gerade diskutierten **COSY-Experiments** wird erst deutlich, wenn die Betrachtung auf zwei miteinander koppelnde Kerne ausgedehnt wird. Zwei ungekoppelte Kerne A und X liefern das triviale Ergebnisse zweier Peaks mit den Koordinaten (ν_A, ν_A) und (ν_X, ν_X) in Abbildung 6.4b, wobei die Peaks notwendigerweise auf der Diagonalen des zweidimensionalen (2D-) Spektrums liegen. Wenn die Kerne aber miteinander koppeln, sind grundlegende Veränderungen im 2D-Spektrum zu beobachten. ► Abbildung 6.5 zeigt ein schematisches Energiediagramm der möglichen Spinzustände der miteinander koppelnden Kerne A und X – wie zum Beispiel für die vinylischen Protonen von 3-Chloracrylsäure ($ClCH{=}CHCO_2H$). Im 1D-AX-Spektrum erscheinen infolge der Spin-Spin-Kopplung (^3J) zwei Dubletts mit insgesamt vier Peaks für die vinylischen Protonen. Das Energiediagramm in Abbildung 6.5 zeigt die vier zugehörigen Übergänge im AX-Spinsystem – vom Übergang mit der größten Energiedifferenz und folglich höchsten Frequenz (A1) bis zum Übergang mit der kleinsten Energiedifferenz und der niedrigsten Frequenz (X2). Wir wollen zunächst noch einmal die Veränderung der Besetzungszahlen der verschiedenen Spinzustände während eines althergebrachten 1D-CW-Experiments mit selektiver Einstrahlung einer der vier Übergangsfrequenzen betrachten, zum Beispiel der Frequenz A1. Die Einstrahlung von A1 führt zur Erhöhung der Besetzungszahl des Spinzustands αβ und gleichzeitig zur Verringerung der Besetzungszahl des Zustands ββ. Da die Besetzungszahl von ββ zu Beginn größer ist als die von αβ, wird der Besetzungsunterschied infolgedessen kleiner. Durch die Veränderung der Besetzungszahlen der Spinzustände ββ und αβ werden aber auch die Besetzungsunterschiede zwischen den Zuständen der Übergänge X1 und X2 sowie als sekundärer Effekt auch des Übergangs A2 und somit die Intensitäten der zugehörigen Signale direkt beeinflusst. Zwei Übergänge, die ein gemeinsames oberes oder unteres Energieniveau besitzen, wie A1 und X1 oder A2 und X2 in Abbildung 6.5, bezeichnet man als *regressiv verknüpft*. Stimmt dagegen das obere Energieniveau eines Übergangs mit dem unteren Energieniveau eines anderen Übergangs überein, wie bei A1 und X2 oder X1 und A2, spricht man von *progressiv verknüpften* Übergängen. Nur indirekt verknüpfte Übergänge, wie A1 und A2, nennt man *parallele* Übergänge.

Bei einem Puls-Experiment führt die Energieabsorption bei der Frequenz A1 zu ähnlichen Effekten, die mit einer fortgesetzten Beeinflussung von Besetzungszahlen und einem Magnetisierungstransfer einhergehen. Der erste $90°_x$-Puls des 2D-COSY-Experiments dreht die Magnetisierungsvektoren der verschiedenen Kerntypen in die *x,y*-Ebene, wo sie sich während der folgenden Evolutionszeit t_1 entsprechend der unterschiedlichen Resonanzfrequenzen der Kerne wie oben besprochen unterschiedlich weit entwickeln. Dadurch werden die verschiedenen Magnetisierungsvektoren quasi mit den verschiedenen Frequenzen A1, A2, X1 und X2 markiert. Nach der Evolutionszeit folgt der entscheidende Schritt, der die zweite Frequenzdimension des zweidimensionalen NMR-Experiments zugänglich macht – der zweite $90°_x$-Puls. Durch den zweiten $90°_x$-Puls findet ein Magnetisierungstransfer *innerhalb* der *x,y*-Ebene statt, der mit einem so genannten **Kohärenztransfer** verbunden ist. Das bedeutet: Die Magnetisierung, die vor dem Puls während t_1 zum Beispiel mit der Frequenz A1 in der *x,y*-Ebene des feststehenden Koordinatensystems rotierte, rotiert nach dem Kohärenztransfer während t_2 jeweils teilweise mit den Frequenzen der anderen Vektoren *desselben* Spinsystems sowie mit ihrer ursprünglichen Frequenz weiter – also mit A1, A2, X1 und X2. In der zweidimensionalen Darstellung mit zwei Frequenzachsen analog zu Abbildung 6.4b erscheint die Magnetisierung, die sowohl während der Evolutionszeit t_1 als auch während der Detektionszeit t_2 mit der Frequenz A1 rotierte, als Peak auf der Diagonale an der Position (A1, A1). Findet aber durch den zweiten $90°_x$-Puls zum Beispiel ein Kohärenztransfer von A1 nach X1 statt, liefert die Fourier-Transformation bezüglich der Evolutionszeit t_1 die Resonanzfrequenz ν_1 = A1, die Fourier-Transformation bezüglich der Detektionszeit t_2 aber eine Resonanzfrequenz von ν_2 = X1. Im zweidimensionalen COSY-Spektrum erscheint daher auch ein Peak außerhalb der Diagonale, ein so genannter **Kreuz-** oder **Korrelationspeak**, mit den Koordinaten (A1, X1). Da der Kohärenztransfer zu den Frequenzen aller Übergänge des Spinsystems der koppelnden Kerne erfolgt, findet man zur Resonanzfrequenz A1 neben dem **Diagonalpeak** bei (A1, A1) also insgesamt drei Kreuzpeaks an den Positionen (A1, A2), (A1, X1) und (A1, X2). Jeder der vier Übergänge des AX-Spinsystems aus Abbildung 6.5 erzeugt auf diese Weise einen Diagonalpeak und drei Kreuzpeaks außerhalb der Diagonale. Insgesamt enthält das 2D-COSY-Spektrum des AX-Spinsystems somit 16 Peaks – vier Diagonalpeaks und zwölf Kreuzpeaks.

▶ Abbildung 6.6 zeigt als Beispiel das 2D-COSY-Spektrum des AX-Spinsystems von 3-Chloracrylsäure (das Resonanzsignal des Carboxylprotons liegt außerhalb des dargestellten Bereichs). Dieses so genannte *gestaffelte Diagramm* (engl. *stacked plot*) ist aus mehreren Hundert einzelnen 1D-COSY-Spektren für schrittweise veränderte, aber jeweils feste Werte von t_1 zusammengesetzt. Die vielen eng gepackten, horizontal angeordneten Linien der 1D-Spektren sind visuell kaum zu unterscheiden, so dass beinahe der Eindruck eines kontinuierlichen Oberflächendiagramms entsteht. Analog zu Abbildung 6.4 findet man die vier Diagonalpeaks, die auf die direkten Resonanzen ohne Kohärenztransfer für Magnetisierungen mit der gleichen Frequenz während t_1 und t_2 zurückzuführen sind, auf der Diagonale des gestaffelten Diagramms, die von unten links nach oben rechts verläuft. Diese vier Peaks auf der Diagonale repräsentieren das normale 1D-^{1}H-NMR-Spektrum. Jeder der Kreuzpeaks außerhalb der Diagonale bedeutet einen Kohärenztransfer über eine Spin-Spin-Kopplung zwischen den korrelierten Kernen. Für den Kohärenztransfer zwischen den beiden parallelen Übergängen A1 und A2 findet man zum Beispiel unten links im Spektrum in Abbildung 6.6 zwei Peaks knapp ober- und unterhalb der Diagonale, die bezüglich der Diagonale spiegelsymmetrisch angeordnet sind. Einer der beiden Peaks resultiert aus dem Kohärenztransfer von A1 nach A2 und der andere Peak aus dem Kohärenztransfer von A2 nach A1. Da die Kopplung zwischen zwei Kernen immer *wechselseitig* – also in beide Richtungen – erfolgt, treten alle Kreuzpeaks paarweise symmetrisch bezüglich der Diagonale auf. Die Kreuzpeaks zwischen parallelen Übergängen stören in der Regel mehr als sie nutzen. Sie können aber mithilfe spezieller Methoden reduziert oder ganz eliminiert werden. Die für die Strukturaufklärung wirklich wichtigen Informationen können dagegen den Kreuzpeaks zwischen regressiv oder progressiv verknüpften Übergängen, also zwischen A- und X-Übergängen, entnommen werden. Im Spektrum in Abbildung 6.6 findet man diese Kreuzpeaks, die alle möglichen Kohärenztransfers zwischen A- und X-Übergängen repräsentieren, in Gruppen in der linken oberen und der rechten unteren Ecke – sie repräsentieren alle acht möglichen Kohärenztransfers von A- nach X- sowie von X- nach A-Übergängen, also von A1 nach X1, von X1 nach A1 und so weiter.

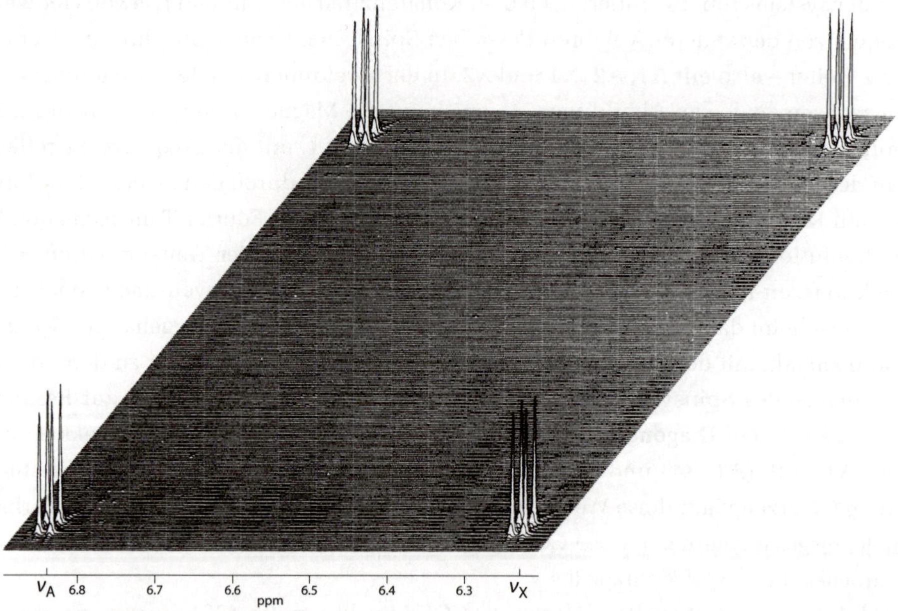

Abbildung 6.6: Das COSY-Spektrum der beiden gekoppelten vinylischen Protonen von 3-Chloracrylsäure als Beispiel für ein AX-Spinsystem. Hier ist das Spektrum in Form einen gestaffelten Diagramms dargestellt. (Aus: Derome, A.E. 1987: *Modern NMR Techniques for Chemistry Research*. Pergamon Press, Oxford, UK, S. 189.)

Alternativ zur gestaffelten Darstellung des 2D-Spektrum wird viel häufiger ein *Konturdiagramm* wie in ▶ Abbildung 6.7 verwendet, weil dieses insbesondere im Fall komplexerer Spektren deutlich einfacher zu analysieren ist. Das Konturdiagramm entspricht dem Blick von oben auf einen horizontalen Querschnitt durch die eigentlich dreidimensionale gestaffelte Darstellung. Die Höhe des Querschnitts wird so gewählt, dass die Basislinien der Einzelspektren nicht erfasst werden, aber alle Peaks sichtbar sind. Konventionsgemäß werden die Achsen in diesen Konturdiagrammen so angeordnet, dass die Diagonale, die das normale 1D-Spektrum repräsentiert, von unten links nach oben rechts verläuft – wie in bisherigen analogen Darstellungen in diesem Kapitel auch. Das in diesem Abschnitt erläuterte, von Jeener beschriebene Experiment zur zweidimensionalen Korrelation von koppelnden Protonen wird als COSY-Experiment bezeichnet, wobei COSY für

COrrelation SpectroscopY steht. Da auch die meisten anderen 2D-NMR-Experimente spektrale Korrelationen umfassen, ist dieses Akronym eigentlich nicht besonders gut zur Spezifizierung eines bestimmten Experiments geeignet. Aus diesem Grund sind andere Namen, wie beispielsweise 90°-COSY, COSY-90, H,H-COSY oder homonukleares HCOSY vorgeschlagen, aber durch die allgemeine Akzeptanz der einfachen Bezeichnung COSY für dieses bestimmte Experiment wieder verdrängt worden. Für Varianten des homonuklearen COSY-Experiments und für heteronukleare COSY-Experimente werden zur Unterscheidung aber natürlich erweiterte Bezeichnungen wie COSY-45 oder H,C-COSY verwendet. Das COSY-Experiment stellt heute ein wesentliches Hilfsmittel zur Analyse komplizierter ^{1}H-NMR-Spektren dar.

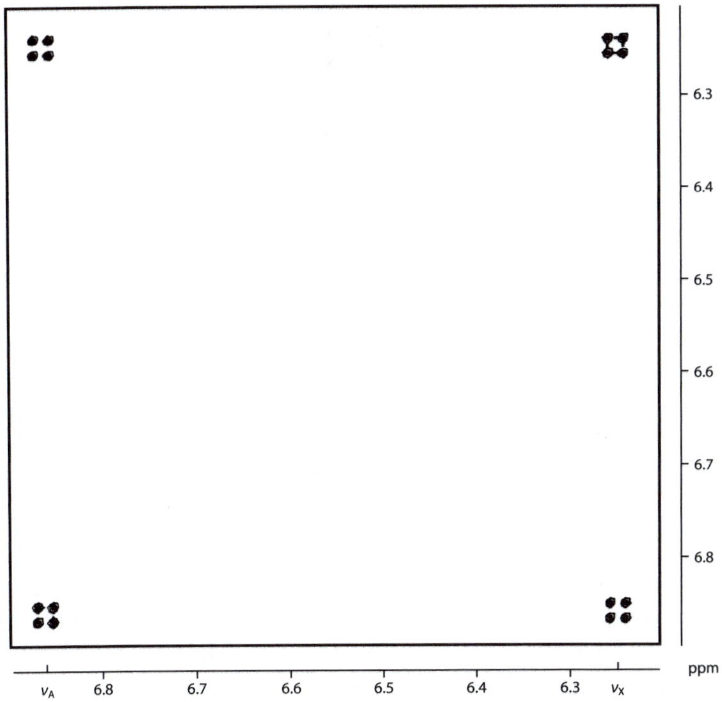

Abbildung 6.7: Das 2D-COSY-Spektrum der koppelnden vinylischen Protonen von 3-Chloracrylsäure in Form eines Konturdiagramms. (Aus: Derome, A.E. 1987: *Modern NMR Techniques for Chemistry Research*. Pergamon Press, Oxford, UK, S. 191.)

Im Folgenden wollen wir beispielhaft das COSY-Spektrum in ▶ Abbildung 6.8 des Annulens mit der dargestellten Strukturformel genauer betrachten. Sowohl über der oberen Kante als auch neben dem linken Rand ist zur besseren Orientierung wie üblich das zugehörige 1D-NMR-Spektrum abgebildet. Die Resonanzsignale wurden in diesem Fall bereits den Positionen α und β sowie A bis F in der Strukturformel zugeordnet. Die aromatischen Protonen, die sich in *ortho*- und *meta*-Position zur gemeinsamen Bindung der beiden Ringe befinden, bilden ein isoliertes Spinsystem. Durch ihre Kopplung werden im COSY-Spektrum die mit α,β gekennzeichneten Kreuzpeaks erzeugt (im gesamten Spektrum in Abbildung 6.8 wurde für jedes Kreuzpeakpaar immer nur der Peak auf einer Seite der Diagonale auf diese Weise zugewiesen). Ein Kreuzpeak im COSY-Spektrum deutet normalerweise auf eine geminale (^{2}J-) oder vicinale (^{3}J-) Kopplung zwischen den zugehörigen Protonen hin. Kopplungen über mehr als drei Bindungen führen nämlich in der Regel *nicht* zu signifikanten Kreuzpeaks. Ausnahmen können allerdings die stärkeren weitreichenden Kopplungen bilden, die wir in Abschnitt 4.7 kennen gelernt haben.

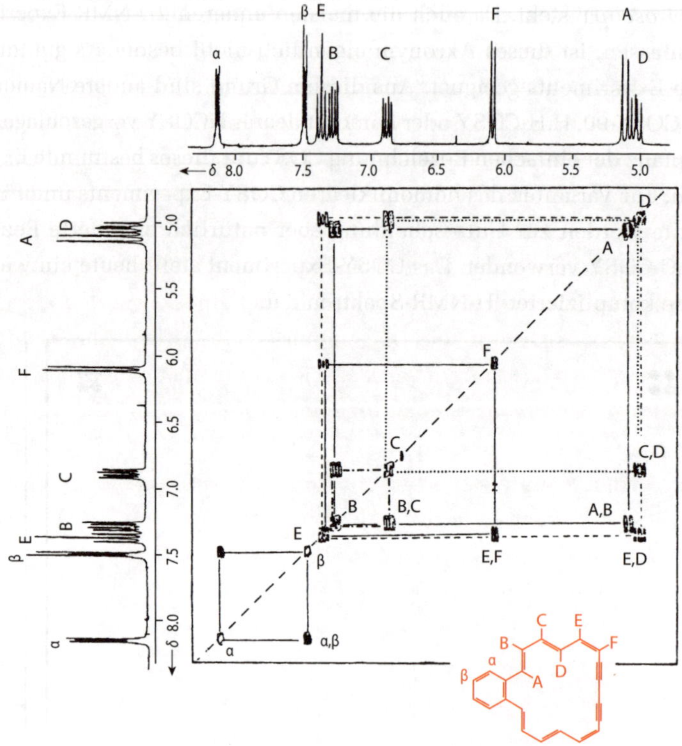

Abbildung 6.8: Das COSY-Spektrum des Annulens mit der dargestellten Struktur. (Aus: Benn, R. und Günther, H. 1983. *Angew. Chem.* **95**: 381–411.)

Die Analyse der restlichen Peaks des COSY-Spektrums in Abbildung 6.8 ermöglicht die Zuordnung aller ^{1}H-Resonanzsignale zu spezifischen Protonen der Struktur, die daher mit dem COSY-Spektrum im Einklang steht. Abgesehen von den aromatischen Protonen sind die Protonen A und F die einzigen, die nur einen Kopplungspartner aufweisen und Dubletts im ^{1}H-NMR-Spektrum erzeugen. Die Kopplungskonstante der *trans*-Kopplung zwischen den Protonen A und B sollte größer sein als die der *cis*-Kopplung zwischen E und F. Dementsprechend kann das Dublett mit der kleineren Aufspaltung bei 6,1 ppm dem Proton F und das Dublett mit der größeren Aufspaltung bei 5,2 ppm dem Proton A zugeordnet werden. In der Regel muss die Analyse eines COSY-Spektrums mit der Zuordnung eines Peaks mithilfe der bereits diskutierten Parameter chemische Verschiebung (siehe Kapitel 3) und/oder Kopplungskonstante (siehe Kapitel 4) beginnen, um einen zugeordneten Startpunkt für die Verfolgung der Kopplungsbeziehungen durch das Spektrum hindurch zu erhalten. Ausgehend vom Diagonalpeak zu diesem Startpunkt können dann in horizontaler oder vertikaler Richtung die zugehörigen Kreuzpeaks identifiziert werden. In vertikaler oder horizontaler – je nachdem, woher man zuvor kam – Richtung vom Kreuzpeak liegt auf der Diagonale dann der Diagonalpeak des Kopplungspartners des ersten Diagonalpeaks. Auf diese Weise kann die Analyse von Peak zu Peak fortgesetzt werden und man erhält alle Kopplungs- und strukturellen Nachbarschaftsbeziehungen der Protonen in einem Molekül. Sind die Kopplungswege über zwei oder drei Bindungen durch größere Struktureinheiten ohne Protonen unterbrochen, sind für eine vollständige Analyse unter Umständen mehrere Startpunkte notwendig. In unserem Beispiel erscheint lediglich zu den Protonen A und F jeweils nur ein Kreuzpeak (nur ein Kopplungspartner) – die aromatischen Protonen lassen wir im Folgenden außer Betracht und unter einem Kreuzpeak verstehen wir ein zur Diagonale symmetrisches Kreuzpeakpaar. Die Resonanzsignale aller anderen Protonen des großen Rings sind mit zwei Kreuzpeaks korreliert (zwei Kopplungspartner). Wir können die Analyse des COSY-Spektrums sinnvollerweise mit A oder F beginnen. Geht man vom Diagonalpeak A (oben rechts im Spektrum) vertikal nach unten, trifft man auf den Kreuzpeak A,B. Der Diagonalpeak, der in horizontaler Richtung auf gleicher Höhe liegt wie der Kreuzpeak A,B, kann somit dem Proton B zugeordnet werden. Auf der Horizontalen zwischen dem Kreuzpeak A,B und dem Diagonalpeak trifft man auf einen weiteren Kreuzpeak, der die Kopplung des Protons B zu seinem zweiten Kopplungspartner C repräsentieren muss. Ausgehend von diesem Kreuzpeak B,C in vertikaler Richtung findet man daher einen Diagonalpeak, der dem Proton C zugeordnet werden kann. Bewegt man sich nun vom Diagonalpeak C in horizontaler Richtung nach rechts, erreicht man den Kreuzpeak C,D, und in vertikaler Richtung über dem Kreuzpeak C,D kann man somit den Diagonalpeak des Protons D identifizieren. Auf der Vertikalen unterhalb von D findet man unter dem Kreuzpeak C,D noch einen weiteren Kreuzpeak, der offenbar durch die Kopplung von D zu seinem zweiten Kopplungspartner E verursacht und deshalb als D,E bezeichnet wird. Mithilfe dieses Kreuzpeaks kann in horizontaler Richtung auch dem Proton E ein Diagonalpeak zugeordnet werden. Zwischen dem Diagonalpeak E und dem Kreuzpeak D,E befindet sich auf der Horizontalen wiederum ein weiterer Kreuzpeak, der die Kopplung von E zu F widerspiegelt. Ausgehend vom Kreuzpeak E,F kann schließlich auch noch dem Proton F ein Diagonalpeak zugewiesen werden.

Eine Arbeitsgruppe von IBM hat ein Beispiel für ein etwas kompliziertes COSY-Spektrum zur Verfügung gestellt, das wir nun näher untersuchen wollen. Dabei handelt es sich um das COSY-Spektrum des Tripeptids **6-1**. Die drei Carbonylgruppen in diesem Tripeptid unterbrechen jeweils die Fortsetzung vicinaler Kopplungsbeziehungen. Infolgedessen besteht das Molekül aus den vier isolierten Spinsystemen der Aminosäurereste Prolin, Leucin und Glycin sowie der terminalen Amidgruppe.

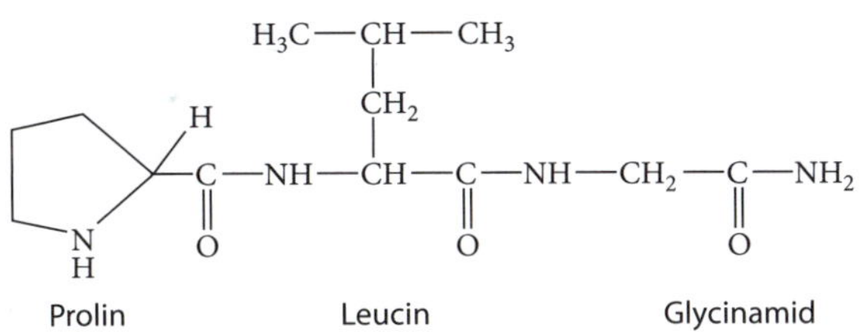

6-1

Oben in ▶ Abbildung 6.9 ist das eindimensionale ^{1}H-NMR-Spektrum von **6-1** ohne Zuordnung von Resonanzsignalen abgebildet. Die Signale im oberen Frequenzbereich zwischen 7,0 und 8,3 ppm müssen von den Protonen an Stickstoffatomen stammen, da das Molekül keine aromatischen Wasserstoffatome enthält, und der breite Peak bei 3,3 ppm wird von dem geringen Prozentsatz an HOD im Lösungsmittel D_2O verursacht. Der untere Teil von Abbildung 6.9 zeigt das COSY-Spektrum, in dem die Korrelationen der Resonanzsignale der Amidprotonen bereits durch horizontale und vertikale Linien gekennzeichnet sind. Die beiden Signale bei 7,0 und 7,2 ppm können unmittelbar den zwei nichtäquivalenten Protonen der terminalen Amidgruppe [–(C=O)N**H**$_2$] zugeordnet werden, weil diese keine anderen Protonen als Kopplungspartner besitzen und daher im COSY-Spektrum nur Kreuzpeaks zwischen den beiden Protonen selbst auftreten. Das N**H**-Proton des

Glycinrestes muss für das Resonanzsignal bei 8,2 ppm verantwortlich sein, da nur dieses Signal als Triplett erscheint und das Glycin-N**H**-Proton nur die Protonen der benachbarten C**H**$_2$-Gruppe als Kopplungspartner besitzt. Diese Zuordnung wird durch den einzigen Kreuzpeak zum Signal bei 8,2 ppm bestätigt, der auf eine Korrelation mit dem Signal der CH$_2$-Gruppe bei 3,6 ppm hinweist. Damit ist die Zuordnung der Signale des Spinsystems des Glycinrestes abgeschlossen. Das letzte sichtbare N**H**-Resonanzsignal bei 8,1 ppm erscheint im ^{1}H-NMR-Spektrum als Dublett und ist im COSY-Spektrum nur über einen einzelnen Kreuzpeak mit einem weiteren Proton korreliert, dessen Signal bei 4,3 ppm liegt und weitere Korrelationen im COSY-Spektrum zeigt. Daraus kann geschlossen werden, dass das N**H**-Resonanzsignal bei 8,1 ppm vom N**H**-Proton des Leucinrestes hervorgerufen wird. Für das Prolin-N**H**-Proton ist kein Resonanzsignal zu erkennen. Dieses muss daher entweder durch eine sehr schnelle quadrupolare Relaxation bis zur Unkenntlichkeit verbreitert oder durch einen H/D-Austausch mit dem Lösungsmittel eliminiert worden sein.

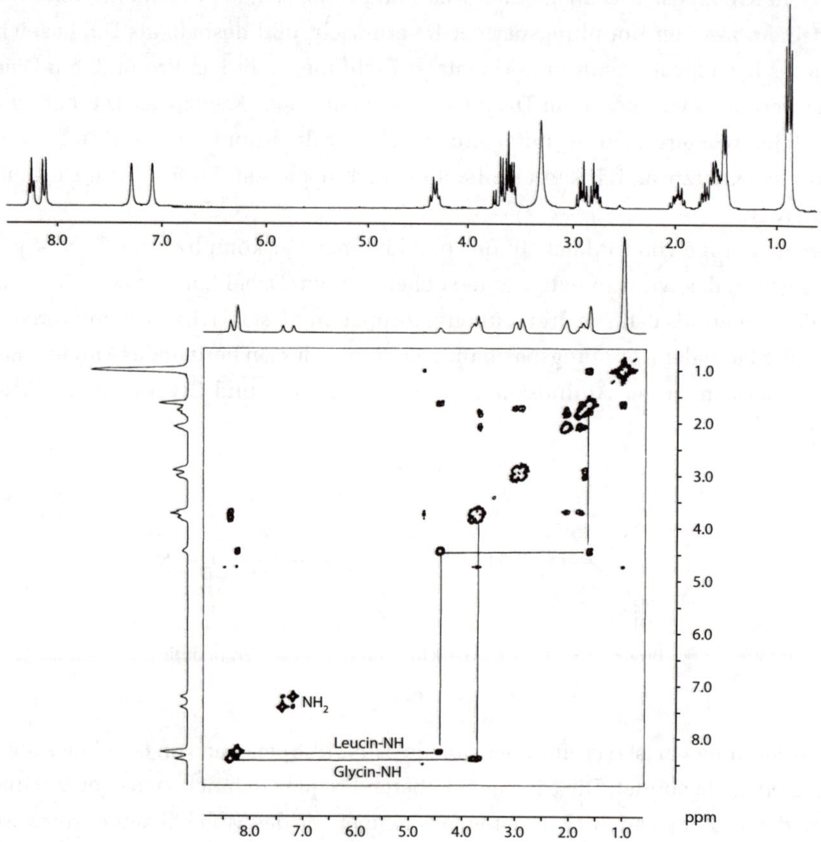

Abbildung 6.9: ^{1}H-NMR-Spektrum und COSY-Spektrum eines Tripeptids. Oben: das 300-MHz-^{1}H-NMR-Spektrum des Tripeptids **6-1** in DMSO. Unten: das COSY-Spektrum des Tripeptids **6-1** mit Kennzeichnung der Korrelationen der N**H**-Protonen. (Mit freundlicher Genehmigung von IBM Instruments Inc.)

Im COSY-Spektrum von ► Abbildung 6.10a, das einen vergrößerten Ausschnitt des vollständigen COSY-Spektrums in Abbildung 6.9 darstellt, wurde die Analyse der Korrelationen im Spinsystem des Leucinrestes vervollständigt. Dabei kann die Zuordnung des N**H**-Resonanzsignals bei 8,1 ppm zum Leucin-N**H**-Proton statt zum Prolin-N**H**-Proton bestätigt werden. Der für den Leucinrest erwartete Korrelationspfad lautet NH → CH → CH$_2$ → CH → CH$_3$. Im COSY-Spektrum findet man dementsprechend eine Korrelation der folgenden Resonanzsignale über Kreuzpeaks, beginnend mit dem **NH**-Signal: 8,1 ppm → 4,3 ppm → 1,5 ppm → 0,9 ppm. Offensichtlich sind dabei zwei der fünf Resonanzsignale überlagert – am wahrscheinlichsten die Signale der CH_2- und der Isopropyl-CH-Gruppe. Das ^{1}H-Resonanzsignal der CH_3-Gruppe liegt erwartungsgemäß bei der kleinsten chemischen Verschiebung von 0,9 ppm (bei der niedrigsten Frequenz) und kann nicht vom Prolinrest erzeugt werden, weil dieser keine Methylgruppe enthält. Es erscheint in Form zweier statt eines Dubletts (siehe Abbildung 6.9, oben), weil das Molekül mehrere Stereozentren enthält und die beiden Methylgruppen deswegen diastereotop sind.

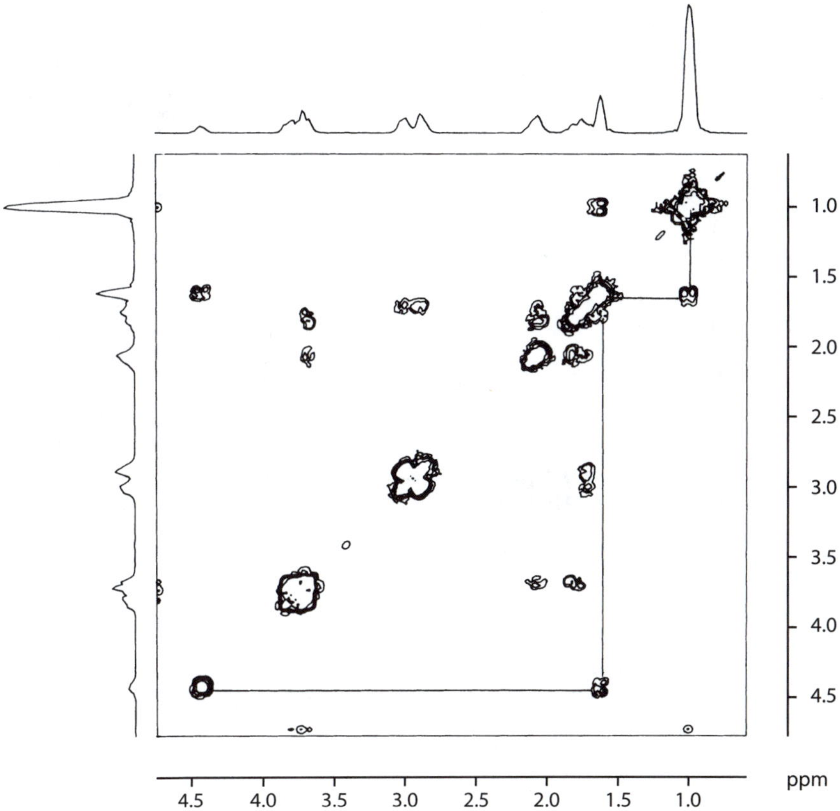

Abbildung 6.10a: Vergrößerter Ausschnitt aus dem COSY-Spektrum des Tripeptids 6-1. Analyse der Korrelationen im Spinsystem des Leucinrestes. (Mit freundlicher Genehmigung von IBM Instruments Inc.)

Das COSY-Spektrum in Abbildung 6.10b veranschaulicht die Analyse der Korrelationen innerhalb des Spinsystems des Prolinrestes. Das Resonanzsignal dieses Spinsystems mit der größten chemischen Verschiebung liegt bei 3,7 ppm und kann dem Proton der CH-Gruppe zugeordnet werden, die zur Carbonylgruppe benachbart ist – sich also in α-Position zur Carbonylgruppe befindet. Das gesamte Resonanzsignal bei 3,7 ppm repräsentiert eine Überlagerung der Signale dieses CH-Protons (höherfrequenter Anteil) und der Glycin-CH_2-Gruppe (niedrigerfrequenter Anteil). Das Prolin-CH-Proton ist über zwei Kreuzpeaks mit den beiden diastereotopen Protonen der β-CH_2-Gruppe des Prolinrestes korreliert, deren Signale bei 1,7 und 1,9 ppm lokalisiert und selbst über Kreuzpeaks wechselseitig gekoppelt sind. Unglücklicherweise befinden sich die sehr eng benachbarten Signale der diastereotopen γ-Protonen mit einer chemischen Verschiebung von 1,6 ppm sehr nah an einem der Signale der β-Protonen, so dass die Analyse der β/γ-Kopplungsbeziehung im COSY-Spektrum erschwert wird. Durch die Kreuzpeaks zwischen dem Resonanzsignal der γ-Protonen bei 1,6 ppm und dem Signal der δ-Protonen bei 2,8 ppm kann die Zuordnung der Resonanzsignale des Spektrums aber vollendet werden. In ▶ Abbildung 6.11 wurden die Resonanzsignale im ^{1}H-NMR-Spektrum des Tripeptids **6-1** mithilfe der Ergebnisse der COSY-Analyse vollständig zugeordnet.

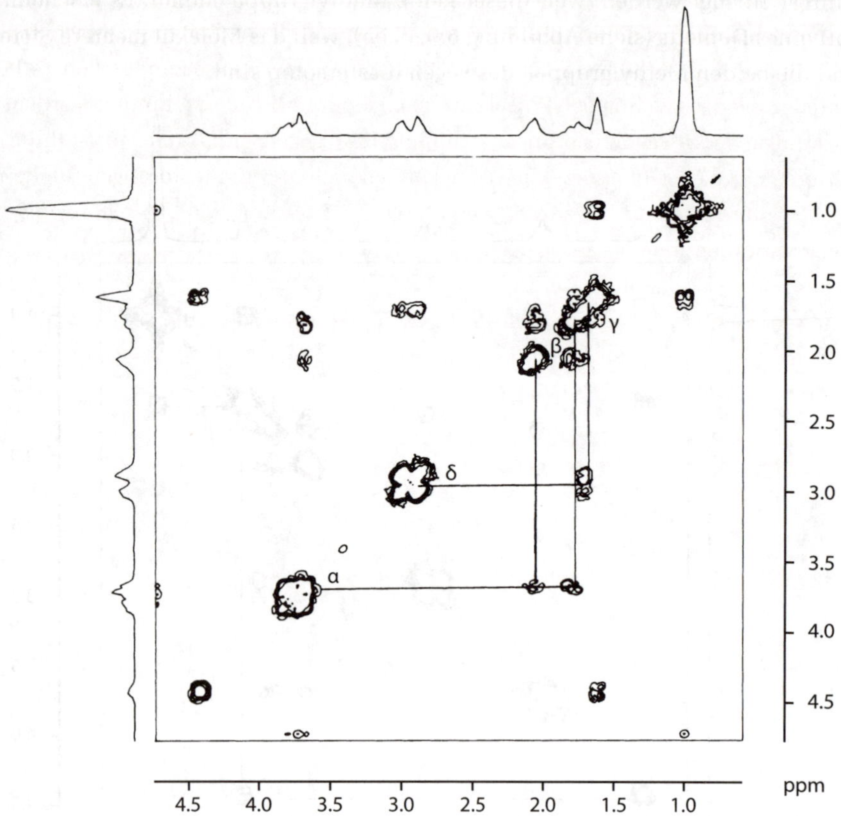

Abbildung 6.10b: Vergrößerter Ausschnitt aus dem COSY-Spektrum des Tripeptids 6-1. Analyse der Korrelationen im Spinsystem des Prolinrestes. (Mit freundlicher Genehmigung von IBM Instruments Inc.)

Im COSY-Spektrum treten aus mehreren Gründen häufig auch falsche Peaks oder ein Mangel an Symmetrie bezüglich der Diagonale auf. Zum Beispiel können Unterschiede zwischen der digitalen Auflösung in der Evolutionszeit t_1 und der Detektionszeit t_2 eine perfekte Symmetrie des Spektrums verhindern. Außerdem können ungenaue Pulsdauern oder eine unvollständige transversale Relaxation (Spin-Spin-Relaxation) während der Wartezeit zwischen zwei Pulsfolgen zu falschen Kreuzpeaks führen. Auch die longitudinale Relaxation (Spin-Gitter-Relaxation) und alle anderen Störungen, infolge derer in der Evolutionszeit t_1 eine Magnetisierung in z-Richtung auftritt, können sich auf das Spektrum auswirken. Während der Evolutionszeit t_1 vorhandene Magnetisierung in z-Richtung rotiert *nicht* in der *x*,*y*-Ebene um die *z*-Achse. Diese *z*-Magnetisierung, die keine feste periodische Abhängigkeit von t_1 zeigt, wird durch den zweiten $90°_x$-Puls deswegen in eine Position in der *x*,*y*-Ebene gedreht, die der Position der Referenzfrequenz entspricht. Sie wird daher in der Frequenzdimension F_1, die sich aus der Fourier-Transformation bezüglich t_1 ergibt, *bei allen Werten von* t_1 als Signal detektiert. Infolgedessen treten im 2D-NMR-Spektrum bei allen Werten von ν_2 in der F_2-Dimension, bei denen Resonanzsignale vorkommen, lange Reihen von Störsignalen auf, die sich parallel zur F_1-Achse durch das ganze Spektrum ziehen. Diese Störsignale werden als t_1-Rauschen bezeichnet. Schließlich können Rückfaltungen in zwei Dimensionen stattfinden und zu Diagonalpeaks und auch Kreuzpeaks an falschen Positionen führen. All diese Artefakte können durch die Optimierung der Pulsdauern, durch genügend große Wartezeiten zwischen den Pulsfolgen für eine möglichst vollständige transversale Relaxation, durch Phasenzyklisierungen und durch Symmetrisierung (siehe unten) minimiert werden. Störungen, die auf eine z-Magnetisierung am Ende der Evolutionszeit zurückzuführen sind, können beispielsweise zum großen Teil durch die Phasenzyklisierung des zweiten 90°-Pulses zwischen +90° und −90° verhindert werden, weil sich die Auswirkungen der z-Magnetisierungen dann im Mittel gegenseitig aufheben. Mithilfe der etwas komplizierteren CYCLOPS-Phasenzyklisierung können nicht nur diese Störungen, sondern darüber hinaus noch weitere Artefakte eliminiert werden (siehe Abschnitt 5.8). Die Störsignalreihen des t_1-Rauschens verlaufen parallel zur F_1-Achse und sind daher zunächst einmal nicht symmetrisch zur Diagonale. Durch ein mathematisches Filterverfahren namens *Symmetrisierung*, das zwischen diagonalsymmetrischen Peakpaaren und Peaks ohne „Spiegelbild" unterscheidet, können daher die allermeisten Peaks des t_1-Rauschens und viele andere Artefakte in der Regel auf bequeme Weise entfernt werden, während die Diagonalpeaks und echte Kreuzpeaks erhalten bleiben. Allerdings können teilweise Peaks aus verschiedenen Störsignalreihen des t_1-Rauschens bei unterschiedlichen F_2-Resonanzfrequenzen zufällig symmetrisch bezüglich der Diagonale liegen. Solche Signale werden durch die Symmetrisierung nicht eliminiert und können im Spektrum als signifikante, aber falsche Kreuzpeaks erscheinen. Meist ist während der Analyse des 2D-NMR-Spektrums durch logische Schlussfolgerungen aber eine Identifizierung dieser *falschen* Kreuzpeaks möglich.

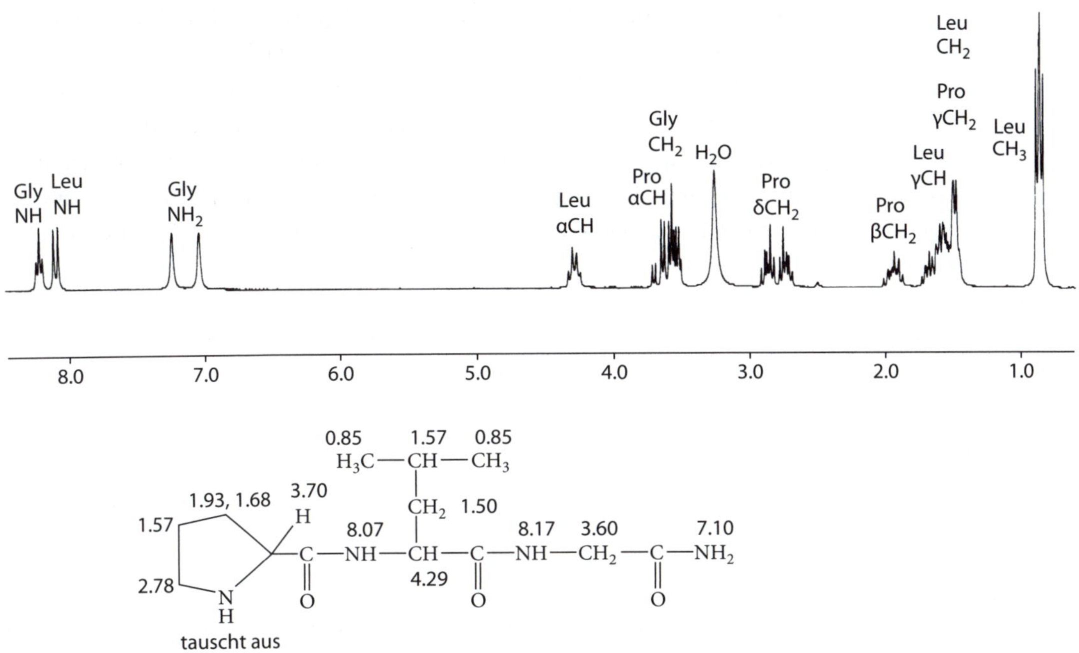

Abbildung 6.11: Das vollständig zugeordnete ^{1}H-NMR-Spektrum und die zugehörige Struktur des Tripeptids 6-1. (Mit freundlicher Genehmigung von IBM Instruments Inc.)

Es sind viele Varianten des Standard-COSY-Experiments entworfen worden, um entweder das ursprünglich angestrebte Ergebnis in höherer Qualität zu erzielen oder um neue beziehungsweise zusätzliche Informationen zu erhalten. Wir wollen im Folgenden mehrere dieser Varianten besprechen, dabei aber die Details der Pulsfolgen und ihre Effekte auf die Magnetisierungen nicht näher diskutieren.

COSY-45

Die relativ große Ausdehnung der intensitätsstarken Diagonalpeaks im Konturdiagramm eines COSY-Spektrums kann in Fällen, in denen korrelierte Signale eng beieinander und die zugehörigen Kreuzpeaks dementsprechend nah an der Diagonale und den großen Diagonalpeaks liegen, zur Überlagerung der Kreuzpeaks mit den Diagonalpeaks führen und die Analyse der Kreuzpeaks infolgedessen erheblich erschweren oder sogar unmöglich machen. Das Problem wird darüber hinaus durch die Anwesenheit von Kreuzpeaks zwischen parallelen Übergängen verschärft (siehe auch Abbildung 6.5 und 6.6). Mithilfe des COSY-45-Experiments können sowohl die Intensitäten der Diagonalpeaks als auch die Intensitäten der Kreuzpeaks zwischen parallelen Übergängen reduziert werden. ▶ Abbildung 6.12 zeigt das COSY-90- und das COSY-45-Spektrum von 2,3-Dibrompropionsäure ($CH_2BrCHBrCO_2H$). Im COSY-45-Spektrum sind die Kreuzpeaks zwischen parallelen Übergängen in den Peakanhäufungen im Nahbereich der Diagonale im Vergleich zum COSY-90-Spektrum eliminiert worden. Darüber hinaus liefert das COSY-45-Spektrum, wie wir noch sehen werden, Informationen zu den Vorzeichen der Kopplungskonstanten. Wie die „45“ im Namen des COSY-45-Experiments bereits andeutet, beträgt der Pulswinkel des zweiten Pulses in diesem Fall nicht 90°, sondern nur 45°. Die Pulsfolge des COSY-45-Experiments lautet somit: $90°_x - t_1 - 45°_x - t_2$ (Akquisition). Durch den kleineren Pulswinkel des zweiten Pulses findet der Kohärenztransfer im Vergleich zum COSY-90-Experiment nur in geringerem Ausmaß statt. Allerdings wirkt sich der kleinere Pulswinkel stärker auf den Kohärenztransfer zwischen parallelen Übergängen als auf den Kohärenztransfer zwischen progressiv oder regressiv verknüpften Übergängen aus. Infolgedessen *nimmt* die Intensität der Kreuzpeaks zwischen parallelen Übergängen *relativ* zu den Kreuzpeaks zwischen progressiv oder regressiv verknüpften Übergängen *ab*. Auf diese Weise können die Kreuzpeaks zwischen parallelen Übergängen sogar vollständig aus dem Spektrum verschwinden, während die anderen Kreuzpeaks noch gut erkennbar bleiben. Leider ist der kleinere Pulswinkel aber auch insgesamt unweigerlich mit einem Verlust an Signalintensität verbunden. In einigen Fällen kann als Kompromiss beispielsweise ein COSY-60-Spektrum gemessen werden, um eine annehmbare Signalintensität zu erreichen. Dies geht allerdings mit einer weniger guten Bereinigung des Spektrums entlang der Diagonale einher.

Vergleicht man die Kreuzpeaks im COSY-45-Spektrum in Abbildung 6.12 mit den entsprechenden Kreuzpeaks im COSY-90-Spektrum, kann man ein unterschiedliches Erscheinungsbild in den beiden Spektren feststellen. Die durch die Aufspaltung erzeugten Einzelpeaks der Kreuzpeaks zeigen im COSY-45-Spektrum nicht mehr die gewohnte quadratische oder rechteckige Anordnung. Vielmehr weist die Anordnung der Einzelpeaks im jeweiligen Kreuzpeak eine Neigung mit einer bestimmten Steigung auf. Das Vorzeichen der Steigung innerhalb der Kreuzpeaks hängt von den relativen Vorzeichen der Kopplungskonstanten ab. Im Fall eines AMX-Spinsystems wird der A,M-Kreuzpeak zum Beispiel durch den Kohärenztransfer über die J_{AM}-Kopplung verursacht.

Die J_{AM}-Kopplung wird daher bezüglich dieses Kreuzpeaks als *aktive Kopplung* bezeichnet. Das Vorzeichen der Steigung innerhalb des A,M-Kreuzpeaks wird dann dadurch bestimmt, ob die jeweiligen Kopplungen der Kerne A und M mit dem dritten Kern (X) gleiche oder entgegengesetzte Vorzeichen besitzen. Die Steigung innerhalb des A,M-Kreuzpeaks ist positiv, wenn die zugehörigen so genannten *passiven Kopplungen* J_{AX} und J_{MX} das gleiche Vorzeichen aufweisen, aber negativ, wenn J_{AX} und J_{MX} entgegengesetzte Vorzeichen zeigen.

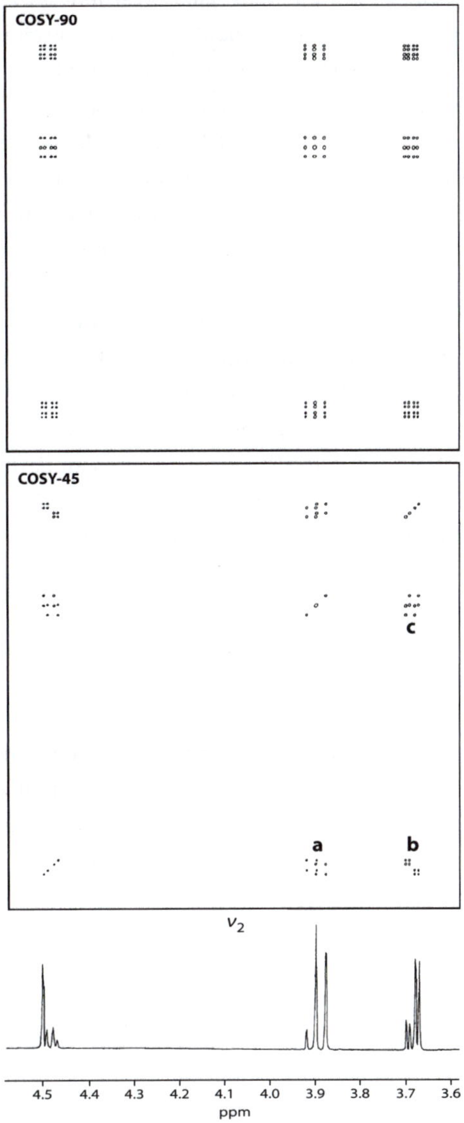

Abbildung 6.12: **Zwei verschiedene COSY-Spektren von 2,3-Dibrompropionsäure.** Oben: das COSY-90-Spektrum. Mitte: das COSY-45-Spektrum. Unten: Das eindimensionale ^{1}H-NMR-Spektrum entspricht einer Projektion der Diagonale der gestaffelten Darstellung des COSY-45-Spektrums auf die horizontale Achse. (Aus: Derome, A.E. 1987: *Modern NMR Techniques for Chemistry Research*. Pergamon Press, Oxford, UK, S. 228.)

Die Kreuzpeaks in COSY-Spektren werden hauptsächlich durch geminale (**H**–C–**H**, ^2J) und vicinale (**H**–C–C–**H**, ^3J) Kopplungen verursacht. Da Rückschlüsse auf die Konnektivitäten im Molekülgerüst in erster Linie auf der Kenntnis vicinaler Kopplungen beruhen, wäre eine Möglichkeit zur Unterscheidung zwischen Kreuzpeaks geminaler und vicinaler Kopplungen für die Strukturaufklärung sehr hilfreich. Wie wir in Kapitel 4 beschrieben haben, weisen vicinale Kopplungen im Allgemeinen positive und geminale Kopplungen (zumindest an gesättigten Kohlenstoffatomen) negative Kopplungskonstanten auf. Folglich müssten geminale und vicinale Kopplungen anhand der Steigung innerhalb der Kreuzpeaks im COSY-45-Spektrum prinzipiell unterscheidbar sein. Dies wollen wir nun am Beispiel des COSY-45-Spektrums von 2,3-Dibrompropionsäure in Abbildung 6.12 veranschaulichen. Dieses Spektrum kann schon eher als ABX- statt als AMX-Spektrum charakterisiert werden. Es zeigt aber trotzdem die erwarteten Kreuzpeaks. Die Resonanzsignale der beiden diastereotopen CH_2-Protonen liegen bei 3,67 und 3,89 ppm. Das Signal des CH-Protons weist im Vergleich dazu mit 4,49 ppm eine größere chemische Verschiebung auf, da das Kohlenstoffatom nicht nur einen, sondern zwei elektronenziehende Substituenten trägt (Br und CO_2H). Die Kreuzpeaks **a** und **b** sind auf die aktiven Kopplungen des CH-Protons mit jeweils einem der beiden diastereotopen CH_2-Protonen zurückzuführen. Dabei handelt es sich um vicinale Kopplungen mit positiver Kopplungskonstante. Für jeden dieser Kreuzpeaks stellen die vicinale Kopplung des CH-Protons zum jeweils anderen diastereotopen CH_2-Proton und die geminale Kopplung des korrelierten CH_2-Protons zum anderen CH_2-Proton die passiven Kopplungen dar. Da diese passiven Kopplungen *entgegengesetzte* Vorzeichen besitzen, findet man innerhalb der Kreuzpeaks **a** und **b** eine *negative* Steigung. Der Kreuzpeak **c** entsteht infolge der aktiven geminalen Kopplung zwischen den diastereotopen CH_2-Protonen. Die passiven Kopplungen zu diesem Kreuzpeak sind die vicinalen Kopplungen der beiden CH_2-Protonen zum CH-Proton. In diesem Fall weisen also beide passive Kopplungen *gleiche* (positive) Vorzeichen auf, so dass eine *positive* Steigung innerhalb des Kreuzpeaks **c** resultiert. Auf diese Weise kann **c** als Kreuzpeak zwischen geminalen Protonen identifiziert werden.

Long-Range-COSY (LR-COSY oder Delayed-COSY)

Bei den bisher besprochenen COSY-Experimenten werden die Kreuzpeaks hauptsächlich durch den Kohärenztransfer über geminale und vicinale Kopplungen erzeugt. Für die Strukturaufklärung organischer Verbindungen sind aber auch Informationen zu weitreichenden Kopplungsbeziehungen (engl. *long-range couplings*) häufig von Interesse. Schiebt man nach der Evolutionszeit t_1 und vor der Detektionszeit t_2 der normalen COSY-Pulsfolge jeweils eine feste Wartezeit Δ ein, wird der Kohärenztransfer über die kleineren weitreichenden Kopplungen auf Kosten des Kohärenztransfers über die größeren geminalen und vicinalen Kopplungen verstärkt. Infolgedessen erscheinen dann Kreuzpeaks im Spektrum, die durch weitreichende Kopplungen verursacht werden. Die Pulsfolge dieses so genannten Long-Range-COSY-Experiments lautet $90°_x - t_1 - \Delta - 90°_x - \Delta - t_2$ (Akquisition). In ▶ Abbildung 6.13 sind das COSY- und das Long-Range-COSY-Spektrum einer polycyclischen aromatischen Verbindung gegenübergestellt. Im COSY-Spektrum treten nur Kreuzpeaks zwischen den Signalen *ortho*-ständiger Protonen auf – also zwischen den Protonen H-1 und H-2 sowie zwischen H-3 und H-4, die jeweils über eine ^3J-Kopplung korreliert sind. Im Long-Range-COSY-Spektrum erscheinen zusätzlich Kreuzpeaks für *peri*-ständige Nachbarprotonen – das heißt, für die Protonen H-5 und H-6 sowie H-4 und H-6, die jeweils über eine ^4J-Kopplung korreliert sind. Aus dem Long-Range-COSY-Spektrum können somit Informationen über die Konnektivität der anellierten Ringe der polyaromatischen Verbindung gewonnen werden.

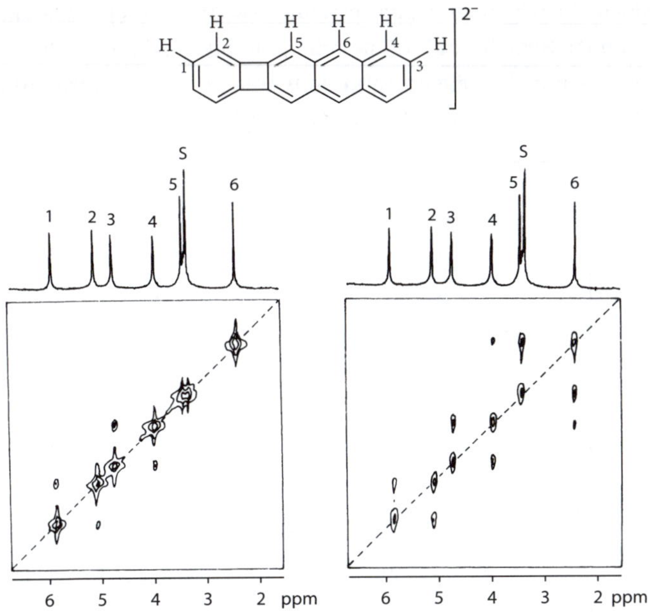

Abbildung 6.13: **Das 400-MHz-COSY- (links) und Long-Range-COSY-Spektrum (rechts) des Naphthobiphenylen-Dianions mit der dargestellten Struktur.** Das Signal S stammt vom Lösungsmittel. (Aus: Günther, H. 1995: *NMR Spectroscopy*. 2. Aufl., John Wiley & Sons Ltd., Chichester, UK, S. 300.)

Phasensensitives COSY (ϕ-COSY)

Die Fourier-Transformation eines FID liefert in der Frequenzdomäne eine komplexe Funktion, die eine Summe aus einem Realteil (*Re*) und einem Imaginärteil (*Im*) repräsentiert. Der Realteil ist ein Cosinus-abhängiger Term und der Imaginärteil ein Sinus-abhängiger Term. Die beiden Teile weisen daher eine Phasendifferenz von 90° auf. Sie können mathematisch getrennt als *Absorptionssignal* (*Re*) und *Dispersionssignal* (*Im*) dargestellt werden. Das Absorptionssignal besitzt die gewohnte Form eines positiven Signals. Ein Dispersionssignal weist dagegen einen zickzackförmigen Verlauf auf. Das heißt, die Kurve eines Dispersionssignals steigt von links *oder* von rechts kommend zunächst ähnlich wie ein normales Absorptionssignal aus einer *positiven* Basislinie auf ein *positives* Maximum an, um dann sehr steil auf ein *negatives* Minimum abzufallen und anschließend langsamer wieder auf eine *negative* Basislinie anzusteigen. Zwischen dem Maximum und dem Minimum schneidet die Kurve bei der Resonanzfrequenz die Frequenzachse und zeigt bei der Resonanzfrequenz somit einen Wert von null. Da die Kurve bezüglich ihres Schnittpunkts mit der Frequenzachse punktsymmetrisch ist, ergibt sich für das Integral über das gesamte Dispersionssignal ebenfalls ein Wert von null. Es ist aus elektronisch-technischen Gründen nicht vermeidbar, dass die Signale nach der Fourier-Transformation neben einem Absorptionsanteil zumindest auch immer einen kleinen Dispersionsanteil besitzen. Deswegen muss man durch Phasenkorrekturen im Absorptions- und Dispersionsanteil die Phase aller Signale gleichzeitig so einstellen, dass sie das Erscheinungsbild von Absorptionssignalen erhalten. Diese Phasenkorrektur wird entweder interaktiv schrittweise per Hand oder automatisch durchgeführt, bis die Signale im Spektrum das gewünschte Aussehen aufweisen. Bei zweidimensionalen NMR-Spektren ist diese einfache Form der Phasenkorrektur oft nicht mehr möglich, weil die Phasen der verschiedenen Signale auf unterschiedliche Weise von den Phasen des Absorptions- und des Dispersionsanteils abhängen. Daher werden 2D-NMR-Spektren häufig als so genannte *Magnituden-* oder *Powerspektren* dargestellt, deren Signale Absolutwerte *M* beziehungsweise *P* der tatsächlichen

Signale repräsentieren, die folgendermaßen berechnet werden: $M = (|Re| + |Im|)/2$ und $P = (Re^2 + Im^2)^{1/2}$. Die resultierenden Signale sind somit immer durchgehend positiv, besitzen allerdings wegen der vollen Berücksichtigung des Dispersionsanteils eine merklich verbreiterte Basis, die sich auch im 2D-NMR-Spektrum durch verbreiterte Peaks bemerkbar macht.

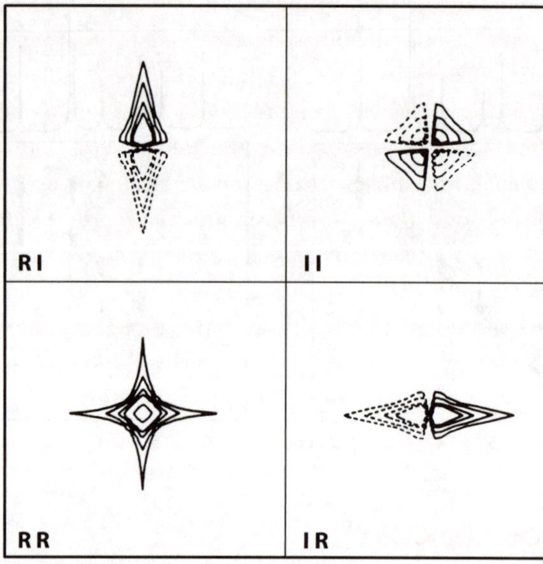

Abbildung 6.14: Erscheinungsformen von Peaks in phasensensitiven 2D-NMR-Spektren. Die Abbildung zeigt die Erscheinungsbilder von Peaks in der Konturdarstellung für die vier verschiedenen Phasenkombinationen der Signale aus der F_2- und F_1-Domäne: RI (real/imaginär), II (imaginär/imaginär), RR (real/real) und IR (imaginär/real) – wobei immer zuerst die Phase in der F_2-Domäne (horizontal) und dann die Phase in der F_1-Domäne (vertikal) genannt ist. (Aus: Derome, A.E. 1987: *Modern NMR Techniques for Chemistry Research*. Pergamon Press, Oxford, UK, S. 207.)

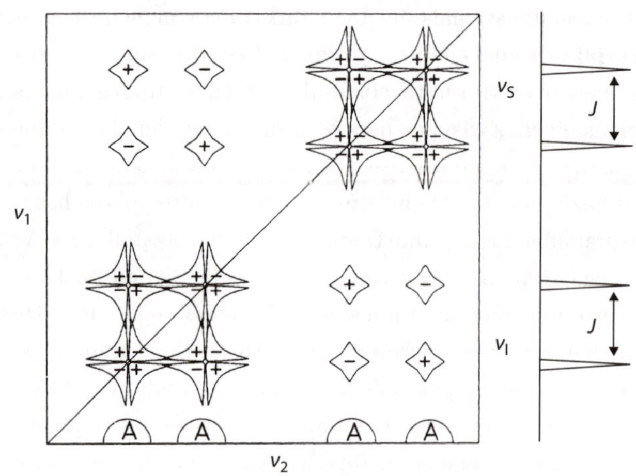

Abbildung 6.15: Phasensensitives COSY-Konturdiagramm für ein Zweispinsystem. Die Diagonalpeaks und die parallelen Kreuzpeaks erscheinen als Dispersionssignale. Die progressiv und regressiv verknüpften Kreuzpeaks treten dagegen als Absorptionssignale auf, zeigen aber eine Phasendifferenz von 180°. Am rechten Rand ist senkrecht das zugehörige 1D-NMR-Spektrum abgebildet. (Aus: Van de Ven, F.J.M. 1995: *Multidimensional NMR in Liquids*. VCH, New York, S. 171.)

Auch viele der COSY-Spektren, die wir bisher betrachtet haben, wurden aus den genannten Gründen in dieser Weise dargestellt. Wir wollen nun die unterschiedlichen Auswirkungen des Kohärenztransfers auf die Phasen der Signale in einem COSY-Spektrum betrachten. Sowohl die Magnetisierung, die trotz des zweiten $90°_x$-Pulses nicht transferiert wird und somit für die Diagonalpeaks verantwortlich ist, als auch die Magnetisierung, deren Übertragung mit einem Kohärenztransfer zwischen parallelen Übergängen assoziiert ist, unterliegen keiner Phasenverschiebung durch den Transfer. Der Kohärenztransfer zwischen den anderen Übergängen führt aber jeweils zu einer Phasenverschiebung der zugehörigen Magnetisierung. Ein Transfer zwischen progressiv verknüpften Übergängen (zum Beispiel A1 und X2 in Abbildung 6.5) führt zu einer Phasenverschiebung von $-90°$, ein Transfer zwischen regressiv verknüpften Übergängen (beispielsweise A1 und X1) zu einer Phasenverschiebung von $+90°$. Da die Absorptions- und Dispersionsanteile eine Phasendifferenz von 90° aufweisen, erhält man durch eine Phasenkorrektur der Diagonalpeaks (und parallelen Kreuzpeaks) zu Absorptionssignalen für die progressiv und regressiv verknüpften Übergänge dispersive Kreuzpeaks – und umgekehrt. Darüber hinaus weisen regressiv verknüpfte und progressiv verknüpfte Übergänge immer eine Phasendifferenz von 180° auf. Mit anderen Worten: Die einen Kreuzpeaks repräsentieren eine positive Absorption und die anderen eine negative Absorption (Emission) oder der eine dispersive Kreuzpeak wechselt im Kurvenverlauf von positiven zu negativen Werten, während der andere Kreuzpeak in der gleichen Richtung von negativen zu positiven Werten wechselt. Das Magnituden- oder Powerspektrum dient dazu, all diese Phasendifferenzen zu eliminieren und allen Peaks näherungsweise das Erscheinungsbild von (positiven) Absorptionssignalen zu verleihen. Die resultierenden Peaks sind allerdings häufig verzerrt und wie bereits erwähnt verbreitert. Bei kleinen Molekülen mit höchstens geringfügigen Signalüberlappungen im NMR-Spektrum ergeben sich durch die Verwendung von Magnituden- oder Powerspektren in der Regel keine besonderen Komplikationen. Im Fall großer Moleküle, wie zum Beispiel bei Proteinen, Polysacchariden oder Polynucleotiden, können durch die verbreiterten und verzerrten Signale aber so viele zusätzliche störende Signalüberlappungen vorkommen, dass die Analyse des Magnituden- oder Powerspektrums erheblich erschwert oder sogar unmöglich wird. Durch die Verwendung eines phasensensitiven (phasenempfindlichen) COSY-Spektrums kann diese Situation wesentlich verbessert werden, weil die genannten Probleme in diesem Spektrum nicht auftreten. Das phasensensitive COSY-Spektrum liefert aber nicht nur eine bessere Auflösung, sondern ermöglicht auch eine einfachere Ermittlung von Kopplungskonstanten aus den Kreuzpeaks, wenn die Daten mit einer genügend großen digitalen Auflösung aufgezeichnet wurden.

Da bei den 2D-NMR-Methoden Fourier-Transformationen (FT) bezüglich zweier Zeitdomänen, nämlich t_1 und t_2, durchgeführt werden, erhält man auch in beiden Frequenzdomänen F_1 und F_2 je einen Realteil und einen Imaginärteil. Infolgedessen kann ein phasensensitives 2D-NMR-Signal nicht nur in zwei Phasen (Absorption und Dispersion), sondern in den vier verschiedenen Phasenkombinationen aus den Phasen des Signals in der F_1- (aus der FT in t_1) und der F_2-Domäne (aus der FT in t_2) auftreten. Diese vier Phasenkombinationen oder Quadranten entsprechen den Kombinationen RR (beide Frequenzsignale real), II (beide Signale imaginär) sowie RI beziehungsweise IR (ein Signal real und das andere imaginär, und umgekehrt). ▶ Abbildung 6.14 veranschaulicht das Erscheinungsbild der Signale im Konturdiagramm eines 2D-NMR-Spektrums für diese vier Kombinationen. Die Kombination RR ergibt ein Signal, das im Konturdiagramm die gewohnte Form eines vierzackigen Sterns aufweist. ▶ Abbildung 6.15 zeigt zum Beispiel das COSY-Spektrum eines Zweispinsystems, dessen Phasen so korrigiert wurden, dass die Diagonalpeaks und die parallelen

Kreuzpeaks als Dispersionssignale (II: in F_1 und F_2 imaginär) erscheinen, während die progressiv und regressiv verknüpften Kreuzpeaks als Absorptionssignale (RR: in F_1 und F_2 real) auftreten. Dabei weisen die progressiv verknüpften Kreuzpeaks zu den regressiv verknüpften Kreuzpeaks allerdings die bereits erwähnte Phasendifferenz von 180° auf. Diese häufig verwendete Darstellung eines phasensensitiven COSY-Spektrums ermöglicht die einfache Identifizierung von regressiv und progressiv verknüpften Kreuzpeaks und daraus die Bestimmung der Kopplungskonstanten *J*.

Mehrquantenfiltration

Durch die eindimensionale INADEQUATE-Pulssequenz werden in ^{13}C-NMR-Spektren die Hauptsignale (Einquantenresonanzen) unterdrückt, um ^{13}C–^{13}C-Kopplungskonstanten aus den Satellitensignalen (Doppelquantenresonanzen) ermitteln zu können (siehe Abschnitt 5.7). Das Verfahren umfasst die Erzeugung von Doppelquantenkohärenzen. Eine ähnliche Prozedur kann bei 2D-^{1}H-NMR-Spektren zur Eliminierung von Singuletts eingesetzt werden, die Einquantenkohärenzen repräsentieren. Solche Singuletts können zum Beispiel vom Lösungsmittel oder von Methylprotonen ohne Kopplungspartner stammen, die in beiden Fällen die Lokalisierung und Analyse von stark aufgespaltenen Resonanzsignalen in komplexen Spektren verhindern können. Bei einem COSY-Experiment mit *Doppelquantenfiltration* (DQF-COSY) wird nach dem zweiten 90°-Puls vor der Detektionszeit noch ein weiterer 90°-Puls eingeschoben und die Mehrquantenkohärenzen werden durch Phasenzyklisierungen in beobachtbare Magnetisierungen umgewandelt. Im resultierenden 2D-NMR-Spektrum fehlen alle Singuletts entlang der Diagonale. Das DQF-COSY-Spektrum von Lysin [$^+NH_3CH(CH_2CH_2CH_2CH_2NH_2)CO_2^-$] auf der linken Seite von ► Abbildung 6.16 enthält beispielsweise keinen Lösungsmittelpeak, weil dieser als Einquantenkohärenz durch die Doppelquantenfiltration (DQF) entfernt wurde. Ein wichtiges Merkmal des phasensensitiven DQF-COSY-Experiments besteht darin, dass die Doppelquantenkohärenz die gleichzeitige Phasenkorrektur sowohl der Diagonal- als auch aller Kreuzpeaks zu Absorptionssignalen ermöglicht. Dadurch wird die relative Größe aller Diagonalpeaks im Vergleich zu den Kreuzpeaks reduziert und somit die Identifizierung und Analyse von Kreuzpeaks in unmittelbarer Nähe der Diagonale erleichtert. Der einzige Nachteil des DQF-COSY besteht in einer Verringerung der Empfindlichkeit und folglich der Signalintensitäten um etwa den Faktor 2. Bei einem COSY-Experiment mit Dreiquantenfiltration

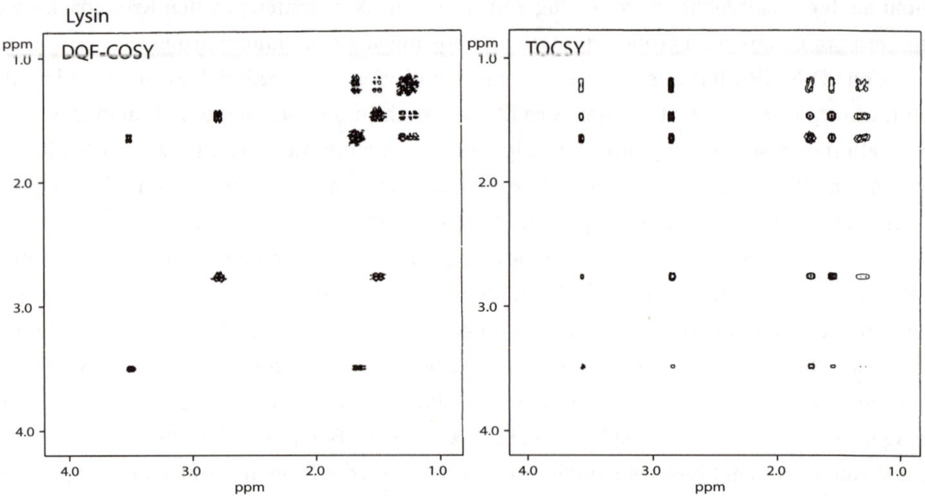

Abbildung 6.16: Das DQF-COSY- und das TOCSY-Spektrum von Lysin. (Aus: Evans, J.N.S. 1995: *Biomolecular NMR Spectroscopy*. Oxford University Press, Oxford, UK, S. 428.)

(TQF-COSY, engl. *Triple Quantum Filtered COSY*) werden sowohl Singuletts als auch die aufgespaltenen Signale von AB- und AX-Spinsystemen eliminiert, wodurch das Spektrum zusätzlich bereinigt und die Analyse der Signale komplexerer Spinsysteme erleichtert wird. Wegen der zunehmend geringeren Signalintensitäten werden TQF-COSY-Spektren aber nur selten gemessen.

TOCSY – Total Correlation Spectroscopy

Bei einem Standard-COSY-Experiment müssen die Kreuzpeaks von Proton zu Proton verfolgt und analysiert werden, um die vollständigen Konnektivitäten innerhalb der Gruppe eines Spinsystems, wie zum Beispiel einer Butylgruppe ($CH_3CH_2CH_2CH_2$–), zu ermitteln. Durch einen Spin-Lock der Protonen während des zweiten COSY-Pulses werden die chemischen Verschiebungen aller Protonen für die Dauer des Spin-Locks praktisch gleich. Wir haben das Prinzip des Spin-Locks bereits im Zusammenhang mit der Kreuzpolarisation zwischen Protonen und ^{13}C-Kernen in der Festkörper-NMR-Spektroskopie in Abschnitt 2.9 beschrieben und dabei auch die Hartmann-Hahn-Bedingung kennen gelernt. Das TOCSY-Experiment beginnt wie das COSY-Experiment mit einem $90°_x$-Puls und einer Evolutionszeit t_1, die schrittweise verändert wird. Statt des zweiten $90°_x$-Pulses erfolgt dann aber ein Spin-Lock der Magnetisierung aller Protonen entlang der *y*-Achse. Während des Spin-Locks präzedieren alle Protonen praktisch mit der Frequenz des Spin-Lock-Feldes. Infolgedessen findet eine Mischung aller Spinzustände eines jeden Spinsystems statt. Mit anderen Worten: Alle Spins desselben Spinsystems sind während des Spin-Locks eng miteinander gekoppelt und es erfolgen Magnetisierungstransfers zwischen allen Spins des Systems – auch wenn zum Beispiel aufgrund eines zu langen Bindungspfades zwischen zwei Protonen normalerweise keine *J*-Kopplung beobachtet werden kann. Im TOCSY-Spektrum treten deswegen (im Idealfall) Kreuzpeaks zwischen allen Protonen eines Spinsystems auf, während das COSY-Spektrum im Wesentlichen nur Kreuzpeaks zwischen Protonen zeigt, die über eine ^2J- oder ^3J-Kopplung korreliert sind. Mithilfe des TOCSY-Experiments können also auf einfachere Weise die Resonanzsignale aller Protonen eines Spinsystems identifiziert werden, was insbesondere für die Analyse der komplizierten Spektren großer Moleküle sehr nützlich sein kann. Auf der rechten Seite von Abbildung 6.16 finden Sie das TOCSY-Spektrum von Lysin. Dort ist gut zu erkennen, wie jeder Diagonalpeak, dem *einzigen* Spinsystem des Lysins entsprechend, Kreuzpeaks zu allen anderen Diagonalpeaks besitzt – auch wenn die Intensitäten der Kreuzpeaks relativ stark variieren. Das TOCSY-Experiment bietet den Vorteil einer erhöhten Empfindlichkeit und ermöglicht die gleichzeitige Phasenkorrektur der Diagonal- und aller Kreuzpeaks zu Absorptionssignalen. Die Identifizierung der Resonanzsignale, die beispielsweise zu einem bestimmten Aminosäurerest eines Proteins oder zu einem bestimmten Nucleotid einer Nucleinsäure gehören, wird durch ein TOCSY-Spektrum erheblich erleichtert. Bei diesen biologischen Makromolekülen treten im TOCSY-Spektrum nämlich Kreuzpeaks zwischen Protonen des jeweils selben Aminosäurerestes beziehungsweise Nucleotids auf, da die Art der Verknüpfung der einzelnen Reste in beiden Fällen zur Unterbrechung der Spinsysteme zwischen den einzelnen Resten führt. Die eindimensionale, selektive Variante des TOCSY-Experiments ist unter dem Namen *homonukleares Hartmann-Hahn-Experiment* oder kurz HOHAHA-Experiment bekannt.

Relayed-COSY

Eine alternative, aber weniger verbreitete Methode zur Identifizierung der Kerne eines Spinsystems und ihrer Konnektivitäten stellt der so genannte *Relayed Coherence Transfer* (RCT) dar.

Ein normales COSY-Spektrum enthält für ein AMX-Spinsystem mit $J_{AX} = 0$ Hz nur Kreuzpeaks zwischen A und M sowie zwischen M und X, aber nicht zwischen A und X. Es kommt aber häufig vor, dass zum Beispiel der Diagonalpeak für M mit einem Diagonalpeak eines Kerns M´ aus einem anderen Spinsystem überlappt beziehungsweise zusammenfällt. In diesem Fall ist die Analyse der Kopplungspfade erschwert oder sogar nicht vollständig möglich, weil die Zuordnung von Kreuzpeaks zu M oder M´ nicht eindeutig getroffen werden kann. In Abbildung 6.10 sind wir im Leu-Teil des COSY-Spektrums des Tripeptids **6-1** einem solchen Beispiel begegnet. Im RCT- oder Relayed-COSY-Spektrum treten dagegen nicht nur zwischen den Diagonalpeaks, sondern zusätzlich zwischen den Kreuzpeaks eines Spinsystems Kreuzpeaks auf – in unserem AMX-Spinsystem mit $J_{AX} = 0$ Hz also zwischen den Kreuzpeaks A,M und M,X. Dadurch wird die eindeutige Zuordnung der Resonanzsignale zum AMX- und zum A´M´X´-Spinsystem möglich. Das entsprechende RCT-COSY-Spektrum für die zwei Dreispinsysteme ist in ► Abbildung 6.17 zur Veranschaulichung neben dem normalen COSY-Spektrum dargestellt. Wie leicht zu erkennen ist, enthält das RCT-COSY zwei zusätzliche Kreuzpeaks – die als A,M,X und A´,M´,X´ bezeichnet werden –, durch welche die Kreuzpeaks der einzelnen Spinsysteme korreliert werden.

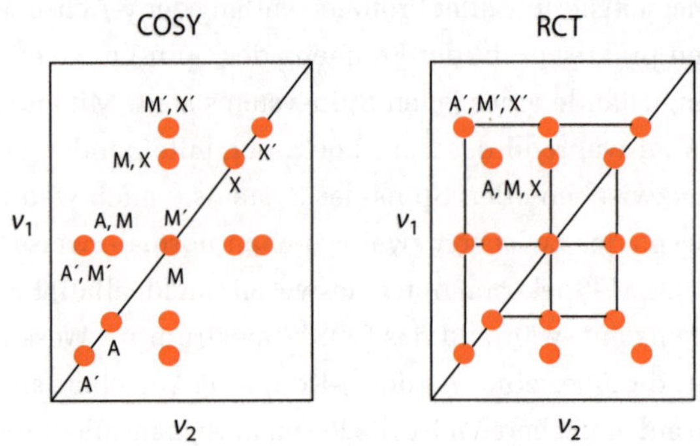

Abbildung 6.17: Das COSY- und das RCT-COSY-Spektrum (Relayed-COSY) für zwei Dreispinsysteme (AMX und A´M´X´). In diesem Fall sind $J_{AX} = 0$ Hz und $J_{A'X'} = 0$ Hz und die Diagonalpeaks für M und M´ fallen zufällig zusammen. (Aus: Van de Ven, F.J.M. 1995: *Multidimensional NMR in Liquids*. VCH, New York, S. 233.)

Homonukleare *J*-aufgelöste 2D-NMR-Spektroskopie

In Kapitel 5 haben wir beschrieben, wie Spin-Echo-Experimente zur isolierten Detektion oder Eliminierung der Charakteristika chemischer Verschiebungen und Kopplungskonstanten dienen können. In der zweidimensionalen NMR-Spektroskopie können mithilfe des Spin-Echo-Verfahrens 2D-NMR-Spektren erzeugt werden, in denen eine Frequenzdimension (ν_2 oder F_2) wie bei den bisher besprochenen verschiebungskorrelierten 2D-NMR-Spektren die chemischen Verschiebungen der Kerne repräsentiert, die andere Frequenzdimension (ν_1 oder F_1) aber keine chemischen Verschiebungen, sondern Kopplungen beziehungsweise Kopplungskonstanten abbildet. Für den hier betrachteten Fall der so genannten homonuklearen *J*-aufgelösten ^{1}H-NMR-Spektroskopie, in dem die F_1-Dimension homonukleare Kopplungen zwischen Protonen wiedergibt, lautet die Pulsfolge folgendermaßen: $90°_x - t_1/2 - 180°_x - t_1/2 - t_2$ (Akquisition). Wie wir in Abschnitt 5.5 bereits festgestellt haben, führt der 180°-Puls im *homonuklearen* Fall *nicht* zur Refokussierung der aufgefächerten Magnetisierungsvektoren von *J*-korrelierten Spins. Stattdessen entwickeln sie sich wie zuvor weiter auseinander. Auf Feldinhomogenitäten zurückzuführende Anteile der Auffächerung werden aber nach der zweiten $t_1/2$-Evolutionszeit refokussiert und ihre Auswirkungen somit eliminiert. Die Phasendifferenz zwischen den Magnetisierungsvektoren koppelnder Spins und folglich die y-Komponenten der Vektoren am Ende der Evolutionszeit t_1 hängen somit von zwei Faktoren ab: von der Länge der Evolutionszeit t_1 und vor allem auch von der Größe der Kopplungskonstante J. Die Fourier-Transformation bezüglich t_1 liefert somit eine Frequenzdimension F_1, die Kopplungskonstanten widerspiegelt, während die Fourier-Transformation bezüglich der Detektionszeit t_2 eine Frequenzdimension F_2 ergibt, die Resonanzfrequenzen beziehungsweise chemische Verschiebungen repräsentiert.

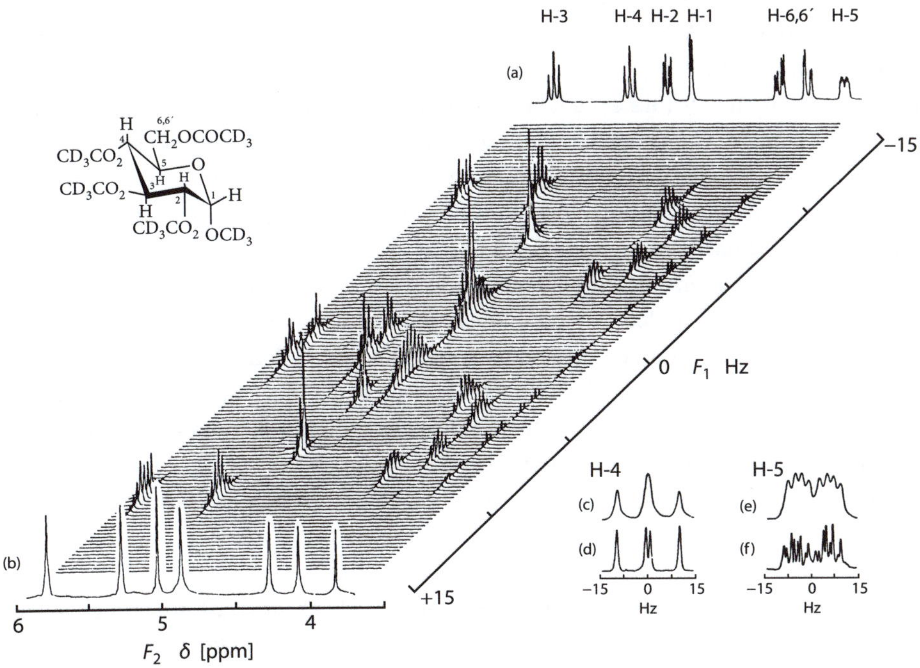

Abbildung 6.18: Beispiel für ein *J*-aufgelöstes 2D-NMR-Spektrum. Die Abbildung zeigt das *J*-aufgelöste 270-MHz-2D-^{1}H-NMR-Spektrum des 2,3,4,6-Tetrakis-(*O*-trideuteroacetyl)-α-D-glucopyranosids mit der dargestellten Struktur. (Aus: Hall, L.D., Sukumar, S. und Sullivan, G.R. 1979. *J. Chem. Soc., Chem. Commun.* 292.)

▶ Abbildung 6.18 zeigt als Beispiel das zweidimensionale homonukleare *J*-aufgelöste ^{1}H-NMR-Spektrum des Glucose-Derivats mit der angegebenen Struktur in der gestaffelten Darstellung. Die ^{1}H-chemischen Verschiebungen der verschiedenen Protonen entsprechen den Positionen der Signale bezüglich der horizontalen Achse (F_2). Das normale eindimensionale ^{1}H-NMR-Spektrum ist zum Vergleich horizontal über dem 2D-NMR-Spektrum abgebildet (siehe Abbildung 6.18a). In vertikaler Richtung enthält das Spektrum dagegen die zur jeweiligen Resonanzfrequenz auf der F_2-Achse gehörenden Multipletts. Dabei sind alle Multipletts so positioniert, dass ihre zentrale Resonanzfrequenz genau am Mittelpunkt der F_1-Achse liegt, der für alle Multipletts relativ zu ihrer Resonanzfrequenz eine Differenz von 0 Hz bedeutet. Da die gesamte F_1-Achse nur einen Frequenzbereich umfasst, der etwa der größten vorkommenden Kopplungskonstante entspricht, sind die einzelnen Multipletts mit einer deutlich größeren Auflösung dargestellt und die Aufspaltungen durch viel kleinere Kopplungen werden sichtbar. Das Resonanzsignal von H-3 kann auf diese Weise zum Beispiel als Dublett vom Dublett mit einer weiteren Feinaufspaltung identifiziert werden. Die Projektion des Spektrums auf die F_2-Achse ergibt ein eindimensionales ^{1}H-NMR-Spektrum, das nur Singuletts enthält und im Wesentlichen einem vollständig ^{1}H-entkoppelten Spektrum entspricht (siehe Abbildung 6.18b). Für komplexere Moleküle ist neben einer genaueren Bestimmung von Kopplungskonstanten ein weiterer Aspekt der *J*-aufgelösten 2D-NMR-Spektren von besonderer Bedeutung. Durch die Trennung der Multipletts in F_2-Richtung entsprechend ihrer Resonanzfrequenzen können kompliziert aufgespaltene Resonanzsignale verschiedener Protonen, die im normalen ^{1}H-NMR-Spektrum infolge ähnlicher chemischer Verschiebungen noch überlagert waren, jetzt separat analysiert werden.

Wie bereits erwähnt, werden die durch Feldinhomogenitäten verursachten Auffächerungen der Magnetisierungen durch den Spin-Echo-Puls refokussiert und ihre Auswirkungen somit eliminiert. Daher erzielt man in *J*-aufgelösten 2D-NMR-Spektren eine bessere Auflösung. Zur Veranschaulichung sind in den Abbildungen 6.18c und 6.18e die Resonanzsignale der Protonen H-4 und H-5 im normalen 1D-^{1}H-NMR-Spektrum und in den Abbildungen 6.18d und 6.18f zum Vergleich die entsprechenden Signale (ohne die Feinaufspaltung) aus dem *J*-aufgelösten 2D-NMR-Spektrum dargestellt. Die größere Auflösung der 2D-Resonanzsignale ist offensichtlich. Das Verfahren kann daher zur genauen Bestimmung der Kopplungskonstanten dienen, insbesondere wenn die Signale im 1D-Spektrum nur schlecht aufgelöst sind. Für eng gekoppelte Kerne, die Spektren zweiter Ordnung ergeben, ist das Verfahren allerdings nicht geeignet.

Darüber hinaus können mithilfe der homonuklearen *J*-aufgelösten 2D-NMR-Spektroskopie homonukleare von heteronuklearen Kopplungen unterschieden werden. Die vertikale Achse (F_1) repräsentiert nur die Kopplungen zwischen Spins, die durch den 180°-Puls direkt beeinflusst werden. Wird dieser Puls wie oben beschrieben im ^{1}H-Kanal eingestrahlt, werden in F_1-Richtung also nur ^{1}H–^{1}H-Kopplungen erkennbar. Die Kopplungen zu Heterokernen erscheinen dagegen als Aufspaltungen der Resonanzsignale in der F_2-Dimension. Auf diese Weise können beispielsweise ^{1}H–^{19}F- und ^{1}H–^{31}P-Kopplungen von ^{1}H–^{1}H-Kopplungen unterschieden werden.

COSY-Spektren für andere Nuklide

Das grundlegende COSY-Experiment kann prinzipiell für jeden Spin-1/2-Kern erfolgreich durchgeführt werden, dessen natürliche Häufigkeit zumindest annähernd 100 Prozent beträgt. Die für das homonukleare ^{1}H,^{1}H-COSY beschriebene Pulsfolge ist also zum Beispiel auch auf ^{19}F–^{19}F-Kopplungen (F,F-COSY) und ^{31}P–^{31}P-Kopplungen (P,P-COSY) anwendbar. Weist das untersuchte Nuklid eine erheblich kleinere natürliche Häufigkeit als 100 Prozent auf, wie beispielsweise beim Li,Li-COSY, muss der ungekoppelte zentrale Peak von den viel kleineren gekoppelten Satelliten getrennt werden – dies geschieht meist mithilfe des 2D-INADEQUATE-Verfahrens (siehe Abschnitt 6.4).

6.2 Proton-Heterokern-Korrelation durch *J*-Kopplung

Im Standard-COSY-Experiment entstehen Kreuzpeaks aufgrund von Spin-Spin-Kopplungen (*J*-Kopplungen) durch den Kohärenztransfer zwischen Protonen. Die Kopplung von Protonen zu einem anderen Nuklid, wie zum Beispiel ^{13}C, sollte ähnliche Effekte hervorrufen können. Analoge Kreuzpeaks würden dann sehr nützliche Informationen darüber liefern, welche Kohlenstoffatome mit welchen Protonen verknüpft sind. Somit würde auch die Zuordnung eines ^{1}H-Resonanzsignals automatisch zur Zuordnung des ^{13}C-Resonanzsignals des Kohlenstoffatoms führen, das mit dem jeweiligen Proton verbunden ist – und umgekehrt. Die entsprechenden Methoden sind in den letzten Jahren erheblich weiterentwickelt worden. Heute steht in der 2D-NMR-Spektroskopie eine ganze Reihe von Pulssequenzen zur routinemäßigen Untersuchung der Konnektivitäten zwischen Protonen und ^{13}C-Kernen sowie anderen Nukliden zur Verfügung.

HETCOR

Die einfachste 2D-Pulsfolge, die zu einem Magnetisierungstransfer von Protonen auf ^{13}C-Kerne führt, ist die in ▶ Abbildung 6.19 dargestellte HETCOR-Pulssequenz. Die Pulsfolge erinnert an die des 1D-INEPT-Experiments, wobei die 180°-Pulse allerdings fehlen. Auch der Einfluss der HETCOR-Pulsfolge auf die Magnetisierungsvektoren gleicht weitgehend dem, der in Abbildung 5.19 für das INEPT-Experiment veranschaulicht ist – nur die Auswirkungen der 180°-Pulse treten diesmal natürlich nicht auf. Der anfängliche $90°_x$-^{1}H-Puls dreht die ^{1}H-Magnetisierung auf die +*y*-Achse. Für den einfachsten Fall, in dem ein Kohlenstoffatom wie im Chloroform ($CHCl_3$) mit nur einem Wasserstoffatom verknüpft ist, entwickelt sich die ^{1}H-Magnetisierung in der folgenden Evolutionszeit t_1 entsprechend der Larmor-Frequenz des Protons. Infolge der Kopplung zum ^{13}C-Kern fächert der ^{1}H-Magnetisierungsvektor dabei in zwei Vektoren auf. Der anschließende $90°_y$-^{1}H-Puls erzeugt eine gleichgewichtsferne *z*-Magnetisierung, die durch einen Polarisationstransfer auf die ^{13}C-Kerne übertragen wird, wie es in Abschnitt 5.6 (Die INEPT-Pulsfolge) für das INEPT-Experiment beschrieben wurde. Der unmittelbar folgende $90°_x$-^{13}C-Puls dreht die ^{13}C-Magnetisierung schließlich in die *x*,*y*-Ebene, wo sie als FID während der Detektionszeit t_2 beobachtet werden kann. Dabei hängt die Intensität des ^{13}C-Signals aber von der Auffächerung des ^{1}H-Magnetisierungsvektors während t_1 und somit von t_1 und von der Larmor-Frequenz der mit dem jeweiligen ^{13}C-Kern koppelnden Protonen ab. Die Fourier-Transformation bezüglich der schrittweise erhöhten Evolutionszeit t_1 ergibt daher eine Frequenzachse mit den chemischen Verschiebungen (ν_1 oder F_1) der Protonen und die Fourier-Transformation bezüglich der Detektionszeit t_2 liefert eine Frequenzdimension mit den chemischen Verschiebungen (ν_2 oder F_2) der ^{13}C-Kerne.

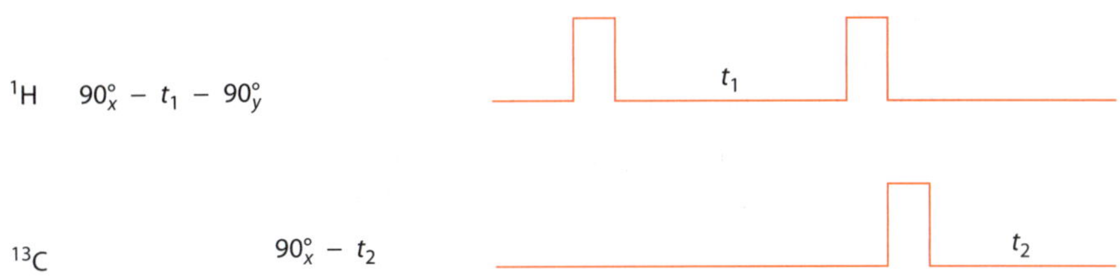

Abbildung 6.19: Die Pulsfolge des HETCOR-Experiments.

Im einfachen Fall des heteronuklearen AX-Spinsystems enthalten die Projektionen des HETCOR-Spektrums auf die ^{1}H- oder die ^{13}C-Achse wie das INEPT-Spektrum jeweils zwei Peaks – in einer Frequenzdimension das Dublett des Kerns A infolge der Kopplung mit X und in der anderen Dimension das Dubletts des Kerns X durch die Kopplung zu A. Die Peaks auf der ^{1}H-Achse entsprechen dabei den ^{13}C-Satelliten des normalen ^{1}H-NMR-Spektrums. Im zweidimensionalen HETCOR-Spektrum des AX-Systems findet man gemäß der Kopplung zwischen A und X vier rechteckig angeordnete Kreuzpeaks, welche die einzelnen Peaks der Dubletts in beiden Frequenzdimensionen miteinander korrelieren. Allerdings weisen die Peaks für jedes der beiden Nuklide wie beim INEPT-Experiment ohne Entkopplung Antiphasen-Orientierung auf und durch eine normale ^{1}H-BB-Entkopplung würden die einzelnen Peaks der Multipletts zusammenfallen und sich zu null addieren.

TEIL I

^{1}H (S) $\quad 90^\circ_x - \frac{1}{2}t_1 - \frac{1}{2}t_1 - \Delta_1 - 90^\circ_y - \Delta_2 -$ Entkopplung

^{13}C (I) $\quad 180^\circ_x \quad - \Delta_1 - 90^\circ_x - \Delta_2 - t_2$

oder

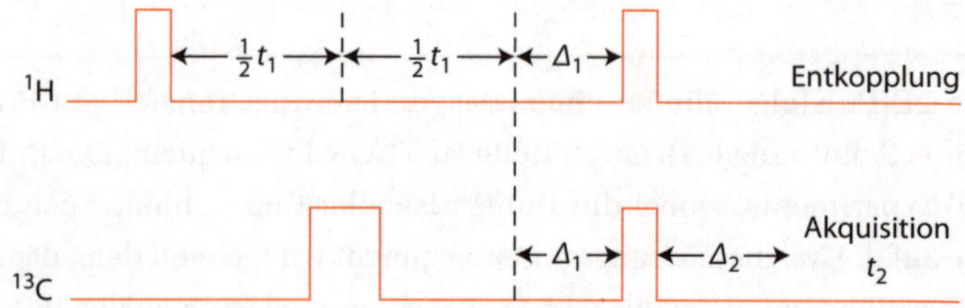

Abbildung 6.20: Die Pulsfolge für das HETCOR-Experiment mit Entkopplung.

Um eine Entkopplung im HETCOR-Experiment ohne Auslöschung der Peaks zu erreichen, werden in die oben beschriebene HETCOR-Pulsfolge ein weiterer Puls sowie zwei feste Wartezeiten eingefügt (► Abbildung 6.20). Der initiale 90°_x-^{1}H-Puls startet wie bisher die Entwicklung des ^{1}H-Magnetisierungsvektors in der *x,y*-Ebene in der folgenden Evolutionszeit t_1. Diesmal führt der 180°-^{13}C-Puls nach t_1 / 2 aber zu einer Refokussierung der ^{1}H-Magnetisierungsvektoren am Ende von t_1. Dadurch wird folglich eine C,H-Entkopplung in der F_1-Frequenzdimension der ^{1}H-chemischen Verschiebungen erreicht (aber nicht in der ^{13}C-F_2-Dimension). Um durch den nächsten 90°-Puls im ^{1}H-Kanal einen Polarisationstransfer auf die ^{13}C-Kerne zu ermöglichen, wird nun zwischen t_1 und dem 90°_y-^{1}H-Puls eine Wartezeit Δ_1 eingeschoben. Die Größe von Δ_1 wird mit $[2J(\text{C,H})]^{-1}$ so gewählt, dass der ^{1}H-Magnetisierungsvektor wieder bis auf die maximale Phasendifferenz von 180°, also auf Antiphasen-Orientierung, auffächert. Der 90°_y-^{1}H-Puls erzeugt dann die erforderliche, gleichgewichtsferne *z*-Magnetisierung, um einen Polarisationstransfer auf die ^{13}C-Kerne zu ermöglichen, und der unmittelbar folgende 90°_x-^{13}C-Puls spielt die gleiche Rolle wie zuvor. Da Δ_1 für alle Einzelexperimente gleich groß ist, hängt die ^{13}C-Signalintensität in der t_1-Dimension tatsächlich nur von t_1 und von der Resonanzfrequenz des Protons (ohne Kopplung) ab. (*Hinweis:* Wenn Sie die Evolution der Magnetisierungsvektoren und deren Auswirkungen auf das HETCOR-Spektrum eigenständig nachvollziehen wollen, gehen Sie davon aus, dass die Resonanzfrequenz des Protons und die Referenzfrequenz des rotierenden Koordinatensystems *nicht* gleich sind.) Um schließlich auch die ^{13}C-Resonanzen in der F_2-Dimension während der Akquisition in t_2 von den Protonen entkoppeln zu können, ohne dass sich die Antiphase-Peaks gegenseitig auslöschen, fügt man nach dem 90°_x-^{13}C-Puls eine wiederum feste Wartezeit Δ_2 ein, bevor der FID gemessen wird. Die Größe von Δ_2 wird mit $[2J(\text{C,H})]^{-1}$ so eingestellt, dass die beiden ^{13}C-Magnetisierungsvektoren, die zu Beginn von Δ_2 eine Phasendifferenz von 180° aufweisen, am Ende von Δ_2 wieder zusammenfallen. Schaltet man zu diesem Zeitpunkt den ^{1}H-BB-Entkoppler ein, rotieren beide ^{13}C-Magnetisierungsvektoren während der Detektionszeit t_2 mit derselben Frequenz weiter und fächern nicht wieder auf. Somit fallen die beiden Peaks des ^{13}C-Resonanzsignals zusammen, löschen sich aber nicht mehr gegenseitig aus, weil ihre Antiphasen-Orientierung in der Wartezeit Δ_2 zuvor in eine Inphase-Orientierung umgewandelt worden ist.

► Abbildung 6.21 zeigt das HETCOR-Spektrum mit Entkopplung für das Adamantan-Derivat mit der im Spektrum angegebenen Strukturformel. Die ^{1}H-Frequenzen sind auf der vertikalen und die ^{13}C-Frequenzen auf der horizontalen Achse aufgetragen. Die zugehörigen 1D-NMR-Spektren sind horizontal über und vertikal links neben dem HETCOR-Spektrum abgebildet. Im HETCOR-Spektrum kommen nur Kreuzpeaks vor, von denen jeder ein Kohlenstoffatom mit einem direkt gebundenen Wasserstoffatom (Proton) korreliert. Das Spektrum enthält keine Diagonalpeaks und weist keine Spiegelsymmetrie bezüglich einer Diagonale oder irgendeiner anderen Linie auf, weil die beiden Achsen im Gegensatz zum homonuklearen COSY die Resonanzfrequenzen zweier verschiedener Nuklide repräsentieren. Quartäre Kohlenstoffatome erzeugen keine Signale im HETCOR-Spektrum und sind mit diesem Verfahren folglich nicht nachweisbar, weil die Länge der festen Wartezeiten Δ_1 und Δ_2 normalerweise auf die C,H-Kopplungskonstanten über *eine* Bindung ($^1J_{CH}$) abgestimmt werden. Das HETCOR-Experiment mit Entkopplung wird häufig als unverzichtbare Komponente zur vollständigen Zuordnung von ^{1}H- und ^{13}C-Resonanzsignalen eingesetzt. Der Kurzname HETCOR leitet sich aus der englischen Bezeichnung *HETeronuclear chemical-shift CORrelation* ab. Aber auch andere Akronyme, wie zum Beispiel HSC für *Heteronuclear Shift Correlation* oder C,H-COSY, sind in der Literatur als Namen für dieses Experiment verwendet worden. Das HETCOR-Verfahren kann auch auf die Kopplung von Protonen mit anderen Heterokernen, wie beispielsweise ^{15}N, ^{29}Si und ^{31}P, übertragen werden.

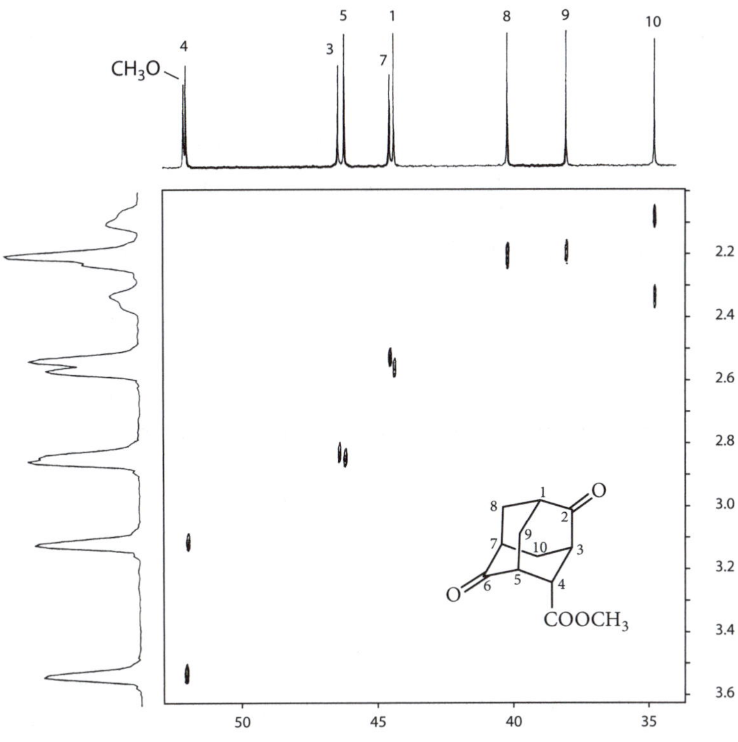

Abbildung 6.21: Das HETCOR-Spektrum mit Entkopplung von 4-(Methoxycarbonyl) adamantan-2,6-dion. (Aus: Duddeck, H. und Dietrich, W. 1989: *Structure Elucidation by Modern NMR*. Steinkopff Verlag, Darmstadt, S. 22.)

Abbildung 6.21 verdeutlicht außerdem drei Vorteile des HETCOR-Experiments:

1. Die Korrelation zwischen Protonen und ^{13}C-Kernen bedeutet, dass durch die Zuordnung eines Resonanzsignals in einer der Frequenzdimensionen automatisch auch eine Zuordnung des mit diesem korrelierten Resonanzsignals in der anderen Frequenzdimension erfolgt. Die Zuordnung der ^{13}C-Resonanzsignale kann mithilfe des HETCOR-Spektrums also durch die Zuordnung der ^{1}H-Resonanzsignale unterstützt werden – und umgekehrt.

2. ^{1}H-Resonanzsignale, die in der ^{1}H-Frequenzdimension (im ^{1}H-NMR-Spektrum) häufig bis zur Ununterscheidbarkeit überlappen, können in der ^{13}C-Frequenzdimension deutlich getrennt sein. Dies ist zum Beispiel für die Signale der Protonen H-8 und H-9 des Adamantan-Derivats in Abbildung 6.21 der Fall, die in der ^{1}H-Dimension bei einer chemischen Verschiebung von 2,2 ppm übereinanderliegen. Die Anwesenheit zweier Kreuzpeaks von C-8 (δ = 40 ppm) und C-9 (δ = 38 ppm) offenbart die Überlagerung der Signale zweier verschiedener Protonen bei 2,2 ppm im ^{1}H-NMR-Spektrum. Ähnliches gilt beispielsweise auch für die Protonen H-3 und H-5.
3. Kreuzpeaks im H,H-COSY-Spektrum werden durch geminale Kopplungen ($^{2}J_{HH}$) diastereotoper Protonen oder durch vicinale Kopplungen ($^{3}J_{HH}$) verursacht. Im normalen COSY-Spektrum ist keine direkte Unterscheidung zwischen geminalen und vicinalen Kopplungen möglich. Im HETCOR-Spektrum liefern geminale diastereotope Protonen, wie zum Beispiel die beiden H-10-Protonen in Abbildung 6.21, allerdings Kreuzpeaks zum selben ^{13}C-Resonanzsignal, da beide Protonen mit demselben Kohlenstoffatom verbunden sind. Vicinale Protonen, wie beispielsweise die Protonen H-4 und H-5 in Abbildung 6.21, ergeben dagegen Kreuzpeaks zu verschiedenen ^{13}C-Resonanzsignalen. Auf diese Weise kann mithilfe des HETCOR-Spektrums zwischen geminalen und vicinalen Kopplungen im COSY-Spektrum unterschieden werden.

HMQC

Ein bedeutender Nachteil des HETCOR-Experiments besteht in der Detektion der Magnetisierung des Heterokerns, der wie im Fall von ^{13}C häufig nur eine wesentlich geringere relative Rezeptivität D^{P} als die Protonen aufweist (siehe Abschnitt 2.2) und somit nur geringe Signalintensitäten liefert. Um dieses Problem zu umgehen, erfolgt beim HMQC-Experiment (engl. *Hetereonuclear correlation through Multiple Quantum Coherence*) eine *inverse Detektion*, durch welche die Antworten der ^{13}C-Kerne im ^{1}H-Spektrum beobachtet werden. ▶ Abbildung 6.22 zeigt die Pulsfolge des HMQC-Experiments, die mit einem Kohärenztransfer statt mit einem Polarisationstransfer (wie beim HETCOR-Experiment) verbunden ist. Die durch den anfänglichen 90°-^{1}H-Puls in die *x,y*-Ebene gedrehte ^{1}H-Magnetisierung fächert infolge der ^{1}H–^{13}C-Kopplung in der festen, definierten Zeitspanne Δ_1 bis zu einer Phasendifferenz von 180° (Antiphasen-Orientierung) auf. Der Rest der Pulssequenz dient dazu, ähnlich wie beim 1D-INADEQUATE-Experiment (siehe Abschnitt 5.7) die zentralen ^{1}H-Hauptsignale (Einquantenresonanzen) zu unterdrücken und nur die Doppel- und Mehrquanten-Resonanzen (von den ^{13}C-Satelliten im ^{1}H-NMR-Spektrum) zu beobachten. Das 2D-Konturdiagramm des HMQC-Spektrums von Campher in ▶ Abbildung 6.23 enthält in der ^{1}H-Frequenzdimension noch die ^{1}H–^{13}C-Kopplungsinformationen. Allerdings ist auch eine ^{13}C-Entkopplung der ^{1}H-Resonanzen durch die ^{13}C-BB-Entkopplung während der Akquisition in der Detektionsphase t_2 im ^{1}H-Kanal möglich. Der wichtigste Unterschied zwischen dem HETCOR- und dem HMQC-Experiment besteht darin, dass die Detektion beim HETCOR-Experiment im ^{13}C-Kanal (siehe Abbildung 6.20), beim HMQC-Experiment dagegen im ^{1}H-Kanal (siehe Abbildung 6.22) stattfindet. Infolgedessen ist das HMQC-Experiment mit einer höheren Empfindlichkeit und daher mit höheren Signalintensitäten verbunden. Wie das HETCOR-Experiment kann auch das HMQC-Experiment zur Untersuchung der Kopplungsbeziehungen von Protonen zu anderen Heterokernen als ^{13}C genutzt werden. Unter den anderen HMQC-Experimenten besitzt das ^{1}H,^{15}N-HMQC die größte Bedeutung.

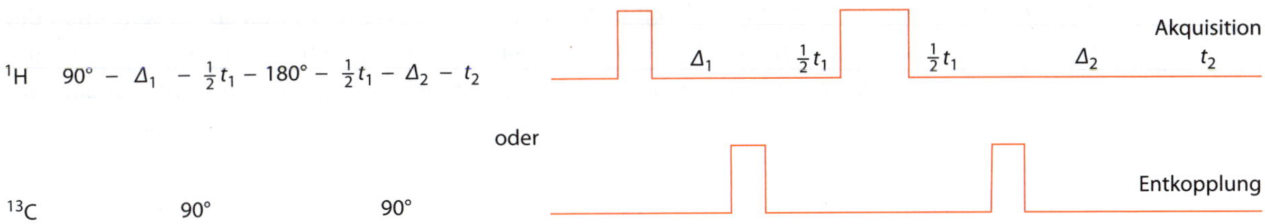

Abbildung 6.22: Die Pulsfolge des HMQC-Experiments.

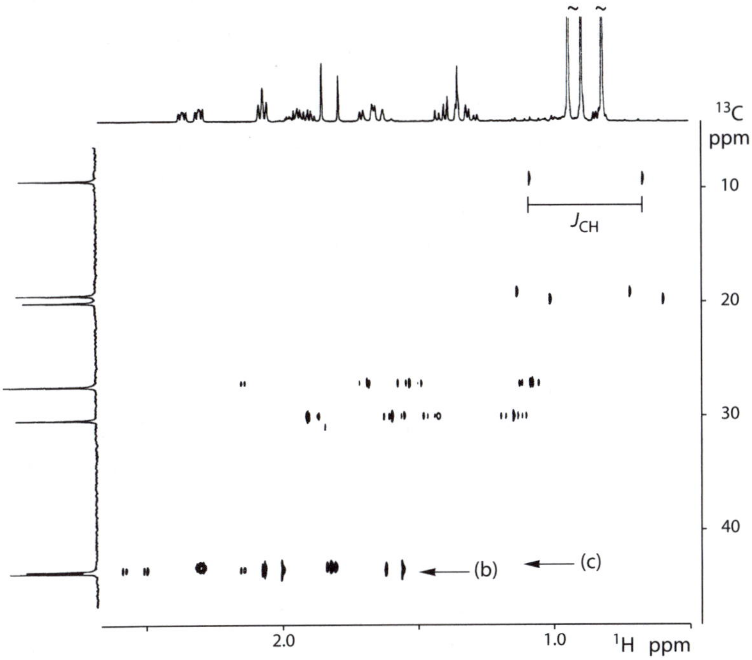

Abbildung 6.23: Das HMQC-Spektrum von Campher. In der ^{1}H-Dimension sind in diesem Fall die ^{1}H–^{13}C-Kopplungsinformationen noch vorhanden. (Aus: Sanders, J.K.M. und Hunter, B.K. 1993: *Modern NMR Spectroscopy*. Oxford University Press, Oxford, UK, S. 111.)

BIRD-HMQC

Der schwierigste Aspekt bei der Messung von HMQC-Spektren ist die Unterdrückung der Signale von Protonen, die mit ^{12}C-Kernen verknüpft sind (zentrale Hauptsignale; Einquantenkohärenzen), zugunsten der Signale von Protonen, die mit ^{13}C-Kernen verbunden sind (^{13}C-Satelliten; Doppelquantenkohärenzen). Die effektivste Methode zur Erfüllung dieser Aufgabe stellt die in Abschnitt 6.6 erläuterte Anwendung von gepulsten Feldgradienten dar, aber viele Spektrometer besitzen nicht die nötige Hardware zu deren Erzeugung. Glücklicherweise steht mit der BIRD-Sequenz (engl. *BIlinear Rotation Decoupling*) eine ebenfalls effektive alternative Methode zur Unterdrückung der Hauptbanden zur Verfügung. Das Prinzip der BIRD-Sequenz wird in ▶ Abbildung 6.24 anhand ihrer Auswirkungen auf die Magnetisierungsvektoren veranschaulicht. Dabei wird die Entwicklung zweier Sätze von Magnetisierungsvektoren verfolgt: die Vektoren der Protonen, die mit ^{12}C-Kernen verbunden sind, und die Vektoren der Protonen, die mit ^{13}C-Kernen assoziiert sind. Der anfängliche $90°_x$-^{1}H-Puls dreht sämtliche ^{1}H-Magnetisierungsvektoren auf die $+y$-Achse (siehe Abbildungen 6.24a/a´ und 6.24b/b´). (Bedenken Sie im Folgenden immer, dass am Ende die HMQC-Pulse zur inversen Detektion im ^{1}H-Kanal angewandt werden sollen.) Da das Isotop

^{12}C nicht magnetisch ist, fächern die Magnetisierungsvektoren von Protonen an ^{12}C-Kernen in der folgenden Evolutionsphase nicht auf, wie in der oberen Hälfte von Abbildung 6.24 zu erkennen ist. Nach einer Wartezeit von $(2J)^{-1}$ haben sich diese Vektoren um irgendeinen Winkel aus der $+y$-Richtung herausgedreht, der von der Differenz zwischen der Larmor-Frequenz des jeweiligen Protons und der Referenzfrequenz des rotierenden Koordinatensystems abhängt (siehe Abbildung 6.24c; es ist nur der Vektor für eine solche Larmor-Frequenz dargestellt). Die Magnetisierungsvektoren von Protonen an ^{13}C-Kernen fächern nach dem initialen $90°_x$-^{1}H-Puls infolge der $^1J(^1H,^{13}C)$-Kopplung dagegen in zwei Vektoren auf (siehe Abbildung 6.24c´). (Für die Darstellung der Magnetisierung der Protonen an ^{13}C-Kernen in der unteren Hälfte der Abbildung wurde der *Einfachheit* wegen vorausgesetzt, dass die Larmor-Frequenz mit der Referenzfrequenz übereinstimmt. Dies trifft auf die meisten Kerne zwar nicht zu, so dass sich die aufgefächerten Vektoren als Ganzes aus der y-Richtung herausdrehen, aber das Prinzip bleibt dennoch das Gleiche.) Nach einer Wartezeit von $(2J)^{-1}$ beträgt die Phasendifferenz der beiden aufgefächerten Vektoren für die Protonen an ^{13}C-Kernen $\phi = 180°$ [siehe Abbildung 6.24c´ und Abschnitt 5.5; $\phi = 2\pi(\Delta\nu)t = 2\pi J(2J)^{-1} = \pi = 180°$]. Zu diesem Zeitpunkt werden ein $180°_y$-^{1}H-Puls sowie ein 180°-^{13}C-Puls (Letzterer in x- oder y-Richtung) eingestrahlt. Der Vektor für die Protonen an ^{12}C-Kernen wird durch den $180°_y$-^{1}H-Puls auf die andere Seite der y-Achse in die x,y-Ebene gedreht (siehe Abbildung 6.24d). Da seine Rotationsrichtung durch den 180°-Puls im ^{13}C-Kanal nicht beeinflusst wird, erreicht er nach einer weiteren Wartezeit von $(2J)^{-1}$ wieder die $+y$-Achse (Spin-Echo; siehe Abbildung 6.24e). Auch die aufgefächerten Magnetisierungsvektoren der Protonen an ^{13}C-Kernen werden durch den $180°_y$-^{1}H-Puls um 180° um die y-Achse gedreht. Der 180°-Puls im ^{13}C-Kanal kehrt allerdings die Spinidentitäten der ^{13}C-Kerne (nicht der ^{12}C-Kerne) um, so dass die aufgefächerten ^{1}H-Magnetisierungsvektoren im Anschluss nicht wieder refokussieren, sondern weiter divergieren (siehe Abbildung 6.24d´ und Abschnitt 5.5) und nach der zweiten $(2J)^{-1}$-Wartezeit auf der $-y$-Achse und nicht auf der $+y$-Achse zusammenfallen (siehe Abbildung 6.24e´, $\phi = 360°$). Der zweite $90°_x$-^{1}H-Puls dreht sowohl die Magnetisierung der Protonen an ^{12}C-Kernen als auch die Magnetisierung der Protonen an ^{13}C-Kernen wieder zurück auf die z-Achse, weil beide unmittelbar zuvor auf der y-Achse lokalisiert waren. Allerdings bestand zwischen diesen beiden Magnetisierungen eine Phasendifferenz von 180°. Infolgedessen wird die Magnetisierung der Protonen an ^{13}C-Kernen auf die +z-Achse (siehe Abbildung 6.24f´) und die Magnetisierung der Protonen an ^{12}C-Kernen auf die −z-Achse (siehe Abbildung 6.24f) gedreht. Im Anschluss erfordert das Experiment eine bestimmte Wartezeit τ, um eine definierte Spin-Gitter-Relaxation zu ermöglichen. Die Protonen an ^{13}C-Kernen, deren Magnetisierung auf der $+z$-Achse liegt, befinden sich praktisch schon im Gleichgewicht und werden durch die Wartezeit τ nicht weiter beeinflusst (siehe Abbildung 6.24g´). Für die Protonen an ^{12}C-Kernen gilt das dagegen nicht, da sich ihre Magnetisierung nach dem zweiten $90°_x$-^{1}H-Puls auf der $-z$-Achse und somit fern vom Gleichgewicht befindet. In der Wartezeit τ strebt die $-z$-Magnetisierung der Protonen an ^{12}C-Kernen durch Spin-Gitter-Relaxation wieder auf ihren Gleichgewichtszustand mit einer Magnetisierung in $+z$-Richtung zu. Wird die Wartezeit τ passend gewählt, beträgt die z-Magnetisierung der Protonen an ^{12}C-Kernen am Ende von τ gerade null (siehe Abbildung 6.24g). Nach dieser Wartezeit τ wird nun die HMQC-Pulsfolge eingestrahlt, wobei die Einquantenkohärenzen (^{12}C–^{1}H, siehe Abbildung 6.24g) durch die BIRD-Sequenz zuvor vollständig zugunsten der Doppelquantenkohärenzen (^{13}C–^{1}H, siehe Abbildung 6.24g´) unterdrückt worden sind.

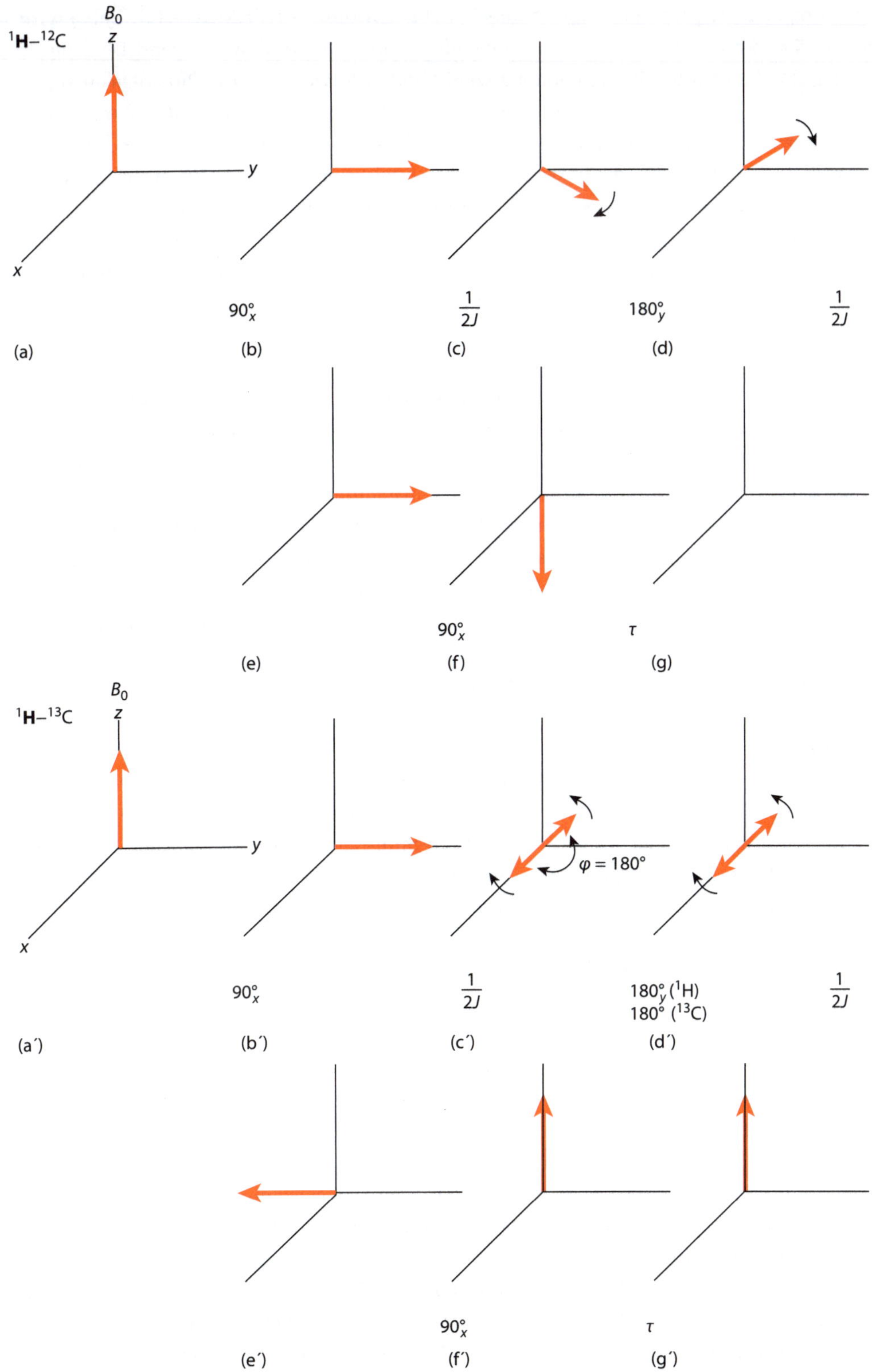

Abbildung 6.24:
Die Beeinflussung der verschiedenen Magnetisierungsvektoren durch die BIRD-Sequenz zur Unterdrückung der Einquantenkohärenzen (oben) zugunsten von Doppelquantenkohärenzen (unten) vor der Anwendung der HMQC-Pulsfolge.

Die Pulssequenz des gesamten Experiments lautet somit BIRD – τ – HMQC – DT. Dabei wird τ so gewählt, dass die Einquantenkohärenzen gerade ausgelöscht werden, während DT (engl. *delay time*) der üblichen Wartezeit zwischen der wiederholten Anwendung der Pulsfolge entspricht. In der obigen Pulsfolge umfasst DT sowohl die Akquisitionszeit als auch die Regenerationszeit, in der das System durch Relaxation für die nächste Pulsfolge wieder bereit wird. Für die Festlegung der verschiedenen Parameter des Experiments muss einiges über die Spin-Gitter-Relaxationszeiten (T_1) des Systems und über die geeignete Wahl von τ und DT in Abhängigkeit von T_1 bekannt sein. Durch das BIRD-HMQC mit optimierten Parametern können die unerwünschten Signale in der Regel effektiv unterdrückt werden. Bei großen Molekülen kann durch einen negativen NOE allerdings ein Verlust an Signalintensität auftreten.

HSQC

Das HSQC-Experiment (engl. *Heteronuclear Single Quantum Correlation*) stellt eine Alternative zum HMQC-Experiment dar, mit der ein ähnliches Ziel erreicht wird. Beim HSQC-Experiment wird durch eine INEPT-Sequenz zunächst eine ^{13}C-Einquantenkohärenz (oder ^{15}N statt ^{13}C) erzeugt, die anschließend einer Evolution unterliegt und danach durch eine zweite INEPT-Sequenz, diesmal in umgekehrter Richtung, wieder auf die Protonenfrequenzen zurückübertragen wird. Das resultierende HSQC-Spektrum unterscheidet sich von einem HMQC-Spektrum hauptsächlich durch die fehlenden ^{1}H–^{1}H-Kopplungen in der ^{13}C-Dimension (ν_1 oder F_1). Infolgedessen besitzen Kreuzpeaks in HSQC-Spektren im Vergleich zu analogen Peaks in HMQC-Spektren tendenziell eine höhere Auflösung. Das HSQC-Experiment wird daher vor allem dem HMQC-Experiment vorgezogen, wenn erhebliche Signalüberlappungen vorkommen.

COLOC

Zur Untersuchung weitreichender (kleinerer) H–C-Kopplungen können die festen Wartezeiten Δ_1 und Δ_2 des HETCOR-Experiments entsprechend verlängert werden (Long-Range-HETCOR). Allerdings tritt dann infolge der vermehrten Spin-Spin-Relaxation (transversalen Relaxation) in der längeren Wartezeit ein signifikanter Verlust an Signalintensitäten auf. Die COLOC-Pulsfolge (engl. *COrrelation spectroscopy via LOng-range Coupling*) vermindert dieses Problem durch den Einschub der ^{1}H-Evolutionsphase t_1 in die Δ_1-Wartezeit, so dass die Gesamtwartezeit im Vergleich zum Long-Range-HETCOR verkürzt wird. ► Abbildung 6.25 zeigt das COLOC-Spektrum von Vanillin. Die eingekreisten Kreuzpeaks sind Reste von $^1J_{CH}$-Kopplungen. Die einzige weitreichende Kopplung der Methylprotonen der Methoxygruppe ($-OCH_3$) erfolgt gemäß dem COLOC-Spektrum zum Beispiel zum Kohlenstoffatom C-3, woraus auf die direkte Verknüpfung der Methoxygruppe mit diesem Ringatom geschlossen werden kann. Darüber hinaus können auch noch weitere weitreichende Kopplungen im COLOC-Spektrum identifiziert werden, wie beispielsweise zwischen C-1 und H-5, zwischen C-3 und H-5 sowie zwischen C-2 und H-7.

Der Hauptnachteil der COLOC-Sequenz besteht in der festgelegten Natur der Evolutionsphase. Bei einer solchen Pulsfolge werden C–H-Korrelationen abgeschwächt oder treten sogar gar nicht mehr in Erscheinung, wenn die $^2J(^1H–^{13}C)$- und $^3J(^1H–^{13}C)$-Kopplungen innerhalb eines Molekülfragments im Größenbereich der ^{1}H–^{1}H-Kopplungen liegen. Diese Situation kommt, wie wir in Kapitel 4 gesehen haben, ziemlich häufig vor. Zur Vermeidung dieses Verlustes an C–H-Korrelationen wurde die FLOCK-Pulssequenz mit einer variablen Evolutionszeit t_1, die schrittweise vergrößert wird, entworfen. Ihr Name FLOCK (engl. *flock*, Schwarm) leitet sich aus den drei BIRD-Sequenzen ab, die sie enthält. Obwohl die Detektion bei diesem Experiment im ^{13}C-Kanal stattfindet, kann es sehr hilfreich sein, wenn im ^{1}H-NMR-Spektrum signifikante Signalüberlagerungen auftreten.

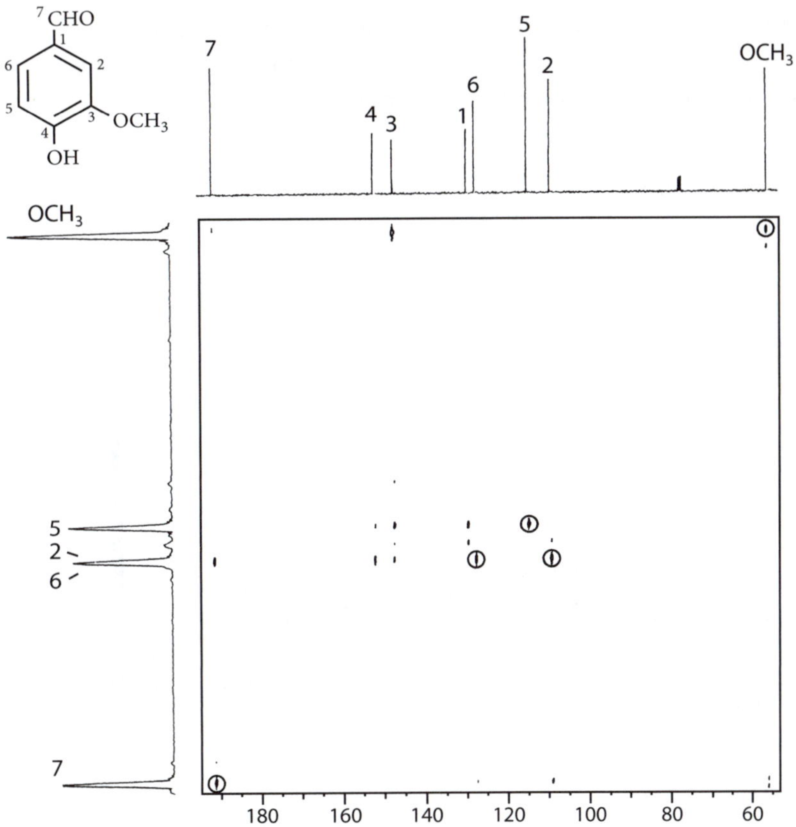

Abbildung 6.25: Das COLOC-Spektrum von Vanillin. (Aus: Duddeck, H. und Dietrich, W. 1989: *Structure Elucidation by Modern NMR*. Steinkopff Verlag, Darmstadt, S. 24.)

HMBC

Die Detektion und Zuordnung weitreichender H–C-Kopplungen kann sehr nützliche strukturelle Informationen liefern, die mit den bisherigen Experimenten nicht zugänglich waren: (1) Nicht direkt mit einem Proton verknüpfte Heterokerne sind in der HETCOR/HMQC/HSQC-Familie von 2D-NMR-Spektren nicht sichtbar. Die Konnektivitäten von quartären Kohlenstoffatomen, wie zum Beispiel von Carbonylkohlenstoffatomen oder vierfach substituierten sp^3-Kohlenstoffatomen, können mithilfe dieser Experimente somit nicht direkt untersucht werden. Allerdings können solche Kohlenstoffatome über zwei oder mehr Bindungen mit Protonen korreliert sein, so dass durch die Kenntnis weitreichender Kopplungsbeziehungen die Verknüpfung eines quartären Kohlenstoffatoms mit einem bestimmten Kohlenstoffatom eines zuvor identifizierten Spinsystems ermittelt werden kann. Bei weitreichenden Kopplungen eines quartären Kohlenstoffatoms zu mehreren Spinsystemen, können auf diese Weise bei der Strukturaufklärung verschiedene Spinsysteme über das quartäre Kohlenstoffatom verknüpft werden. (2) Die weitreichende Kopplung eines Kohlenstoffatoms zu einem Proton kann auch über ein anderes Heteroatom, wie Sauerstoff oder Stickstoff, hinweg erfolgen. Daher ist mit der Kenntnis dieser Kopplungen bei der Strukturaufklärung auch die Kombination von Spinsystemen möglich, die durch solche Heteroatome getrennt sind. Somit spielt die Bestimmung weitreichender H–C-Kopplungen als Ergänzung zu den COSY-Experimenten eine bedeutende Rolle für die Strukturaufklärung organischer Verbindungen. Das COLOC- und das FLOCK-Experiment weisen aber wie das HETCOR-Experiment den Nachteil einer geringen Empfindlichkeit und daher niedriger Signalintensitäten auf, weil die Magnetisierungen der Heterokerne (^{13}C, ^{15}N et cetera) detektiert werden und diese eine wesentlich geringere Rezeptivität (siehe Abschnitt 2.2) besitzen als Protonen.

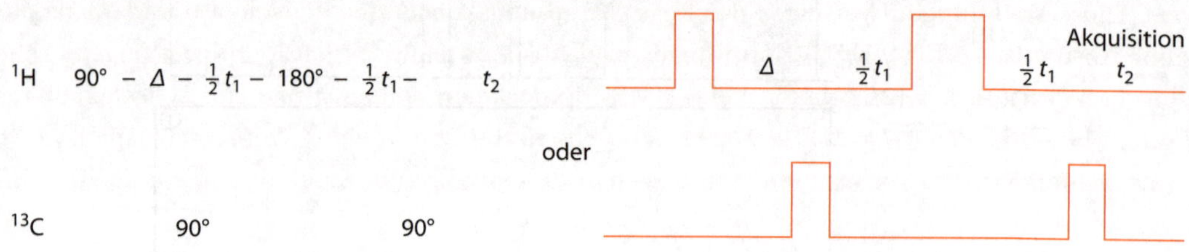

Abbildung 6.26: Die Pulsfolge des HMBC-Experiments.

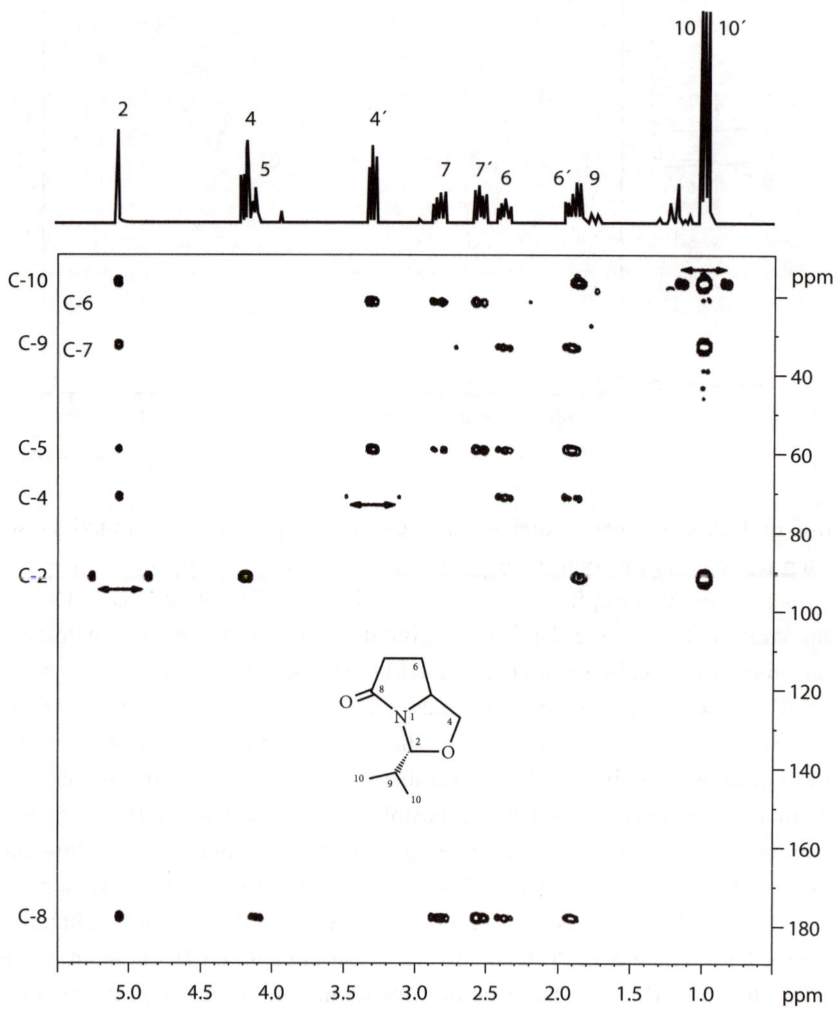

Abbildung 6.27: Das HMBC-Spektrum des Heterocyclus mit der dargestellten Struktur. Über der oberen horizontalen Kante ist das 1D-^1H-NMR-Spektrum abgebildet. Die vertikale Achse entspricht der ^{13}C-Frequenzdimension und die horizontale Achse der ^1H-Frequenzdimension. ^1J-Korrelationsdubletts sind durch Doppelpfeile gekennzeichnet. (Aus: Claridge, T.D.W. 1999: *High-Resolution NMR Techniques in Organic Chemistry*. Pergamon Press, Oxford, UK, S. 245.)

Um diesen Nachteil zu vermeiden, wurde das protonendetektierte HMBC-Experiment (engl. *Heteronuclear Multiple Bond Correlation*) zur Untersuchung von weitreichenden Kopplungen zwischen Protonen und Heterokernen wie Kohlenstoff und Stickstoff entworfen. Die HMBC-Pulsfolge (▶ Abbildung 6.26) ähnelt der HMQC-Pulsfolge. Eine zweite Wartezeit (Δ_2) ist nicht mehr notwendig, da die H–C-Kopplungen nicht entfernt werden sollen. Der Hauptunterschied der HMBC-Pulsfolge im Vergleich zur HMQC-Pulsfolge besteht in der Dauer der anfänglichen Wartezeit Δ, die zur Selektion der kleineren Kopplungen über zwei oder mehr Bindungen verlängert wird. Diese Kopplungen weisen in der Regel Kopplungskonstanten zwischen 0 und 15 Hz auf [siehe Abschnitt 4.5 für ^2J(HCC)-Kopplungen und Abschnitt 4.6 für ^3J(HCCC)-Kopplungen]. Eine typische Wartezeit $\Delta = (2J)^{-1}$ dauert beim HMBC-Experiment dementsprechend zwischen 60 ms (J = 8,3 Hz) und 200 ms (J = 2,5 Hz), während sie beim HMQC nur einen Wert von beispielsweise 24 ms besitzt. Kürzere Wartezeiten sind mit einer höheren Empfindlichkeit und somit Signalintensität verbunden, weil die intensitätsmindernde Relaxation in der kürzeren Zeit nicht so weit fortschreiten kann. Für kleinere Moleküle, deren Relaxationszeiten normalerweise größer sind als die sehr großer Moleküle, erhält man aber auch mit den längeren Wartezeiten des HMBC-Experiments noch vollkommen akzeptable Ergebnisse. Die längeren Wartezeiten ermöglichen gelegentlich auch die Beobachtung von Kopplungen über vier Bindungen, wie zum Beispiel bei ^4J(HCCCC)-Kopplungen, oder sogar über fünf Bindungen (siehe auch Abschnitt 4.7). Die Interpretation der Größe der Kopplungskonstanten von H–C-Kopplungen über zwei bis fünf Bindungen erfordert die Berücksichtigung all der Einflüsse, die auch bei der analogen Interpretation von H–H-Kopplungskonstanten in Betracht gezogen werden müssen – also zum Beispiel induktive Effekt, zickzackförmige Bindungspfade, π-Bindungen, Torsionswinkel und so weiter (siehe Abschnitte 4.6 und 4.7). Methylprotonen zeigen häufig die intensitätsstärksten Korrelationspeaks in HMBC-Spektren, weil gleich drei Protonen zur Intensität der Peaks beitragen und durch die freie Rotation der Methylgruppe fast keine stereochemischen Einschränkungen auftreten, die eine Abschwächung der Kopplungen zur Folge hätten.

▶ Abbildung 6.27 zeigt das HMBC-Spektrum des Heterocyclus mit der dargestellten Strukturformel. Wie das HETCOR-Spektrum enthält auch das HMBC-Spektrum nur Kreuzpeaks und keine Diagonalpeaks. Das Carbonylkohlenstoffatom C-8 steht offensichtlich in weitreichenden Kopplungsbeziehungen zu den Protonen H-2, H-5, H-6, H-6´, H-7 und H-7´, da das ^{13}C-Signal von C-8 Kreuzpeaks zu den ^{1}H-Signalen dieser Protonen aufweist. Bei genauerer Betrachtung der Struktur des Heterocyclus stellt man fest, dass diese Kreuzpeaks alle ^2J(HCC)- und ^3J(HCCC)-Kopplungen wiedergeben, die in diesem Molekül zwischen C-8 und Protonen in Erscheinung treten können. Drei weitere Aspekte dieses Beispiels sind erwähnenswert: (1) Die geminalen Protonen an C-4, C-6 und C-7 sind jeweils diastereotop. Da die Resonanzsignale der jeweils diastereotopen Protonen im ^{1}H-NMR-Spektrum unterschiedliche chemische Verschiebungen zeigen, enthält auch das HMBC-Spektrum getrennte Kreuzpeaks für die beiden Protonen jedes dieser diastereotopen Protonenpaare – also zum Beispiel sowohl einen Kreuzpeak zwischen C-8 und H-7 als auch einen separaten Kreuzpeak zwischen C-8 und H-7´. (2) Einige ^1J(HC)-Kopplungen werden infolge zufälliger Phasenkoinzidenz durch den Selektionsprozess über die geeignete Länge der Wartezeit Δ nicht eliminiert. Die Kreuzpeaks solcher Kopplungen erscheinen im HMBC-Spektrum als Dubletts in der ^{1}H-Frequenzdimension, da die HMBC-Pulsfolge keine ^{13}C-Entkopplung während der Detektionszeit t_2 umfasst. In Abbildung 6.27 sind diese Dubletts durch Doppelpfeile gekennzeichnet.

Sie können allerdings auch sonst relativ leicht identifiziert werden, weil sie durch die großen ^{1}J(CH)-Kopplungskonstanten weit aufgespalten sind und jeweils ein Kohlenstoffatom mit einem Proton korrelieren, das direkt an dieses Kohlenstoffatom gebunden ist – wie beispielsweise C-2 und H-2 in Abbildung 6.27. Durch eine komplexere Pulssequenz können die Kreuzpeaks von ^{1}J-Kopplungen schließlich aber auch herausgefiltert werden. (3) Eine wichtige Funktion der Pulsfolge besteht in der Unterdrückung der Einquantenkohärenzen, die von Protonen an ^{12}C-Kernen stammen. Dieser Prozess kann durch die Verwendung von gepulsten Feldgradienten (siehe Abschnitt 6.6) signifikant verstärkt werden.

Heteronukleares Relayed-Coherence-Transfer-Experiment

Das Prinzip des Relayed-COSY-Experiments (RCT, engl. *relayed coherence transfer*) kann auch auf das HETCOR-Experiment übertragen werden. In ▶ Abbildung 6.28 sind das resultierende *heteronukleare Relayed-Coherence-Transfer-Spektrum* und das normale HETCOR-Spektrum (HSC in der Abbildung) von Acroleindimethylacetal dargestellt. Im HETCOR-Spektrum treten die folgenden Kreuzpeaks auf: H_C/C_2 (unten links), H_B/C_1 und H_A/C_1 (in der Mitte) sowie H_D/C_3 (oben rechts). Dieses Experiment zeigt also, dass H_D an C_3, H_C an C_2 und sowohl H_A als auch H_B an C_1 gebunden sind. Rechts oben in Abbildung 6.28 finden Sie das heteronukleare H–H–C-RCT-Spektrum. Im Fall eines Fragments der allgemeinen Struktur H_X–C_X–C_Y–H_Y erscheinen im HETCOR-Spektrum Kreuzpeaks für die Korrelationen H_X/C_X und H_Y/C_Y, wodurch die Fragmente H_X–C_X und H_Y–C_Y nachgewiesen werden. Das RCT-Spektrum weist zusätzlich Kreuzpeaks für die Korrelationen H_Y/C_X und H_X/C_Y auf, wodurch die Verknüpfung der beiden Fragmente H_X–C_X und H_Y–C_Y zum größeren Fragment H_X–C_X–C_Y–H_Y belegt werden kann. Im RCT-Spektrum in Abbildung 6.28 sind die normalen HETCOR-Peaks mit dem Buchstaben N und die zusätzlichen RCT-Peaks mit dem Buchstaben R gekennzeichnet, wobei der HETCOR-Peak für H_C/C_2 fehlt. Der R-Peak oben links

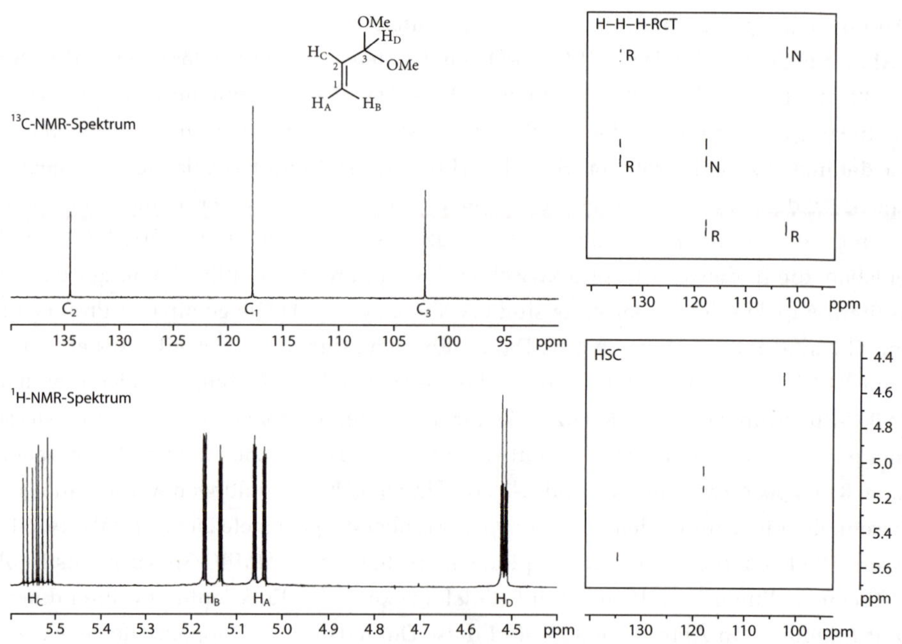

Abbildung 6.28: ^{13}C-, ^{1}H-, heteronukleares RCT- und HETCOR-Spektrum von Acroleindimethylacetal. Links oben: das ^{1}H-BB-entkoppelte ^{13}C-NMR-Spektrum. Links unten: das ^{1}H-NMR-Spektrum. Rechts oben: das heteronukleare H–H–C-RCT-Spektrum. Rechts unten: das normale HETCOR-Spektrum (mit HSC gekennzeichnet). (Aus: Derome, A.E. 1987: *Modern NMR Techniques for Chemistry Research*. Pergamon Press, Oxford, UK, S. 257.)

bedeutet, dass die Fragmente H_D–C_3 und H_C–C_2 zum größeren Fragment H_D–C_3–C_2–H_C miteinander verbunden vorliegen. Die R-Peaks in der Mitte links zeigen darüber hinaus die Verknüpfung der Fragmente $H_{A/B}$–C_1 und H_C–C_2 zur Gruppierung $H_{A/B}$–C_1–C_2–H_C. R-Peaks erscheinen im RCT-Spektrum als symmetrisch bezüglich der Diagonale des Spektrums angeordnete Paare. Die R-Peaks in der Mitte unten und unten rechts stellen somit nur die Spiegelbilder der gerade besprochen R-Peaks dar – das heißt zum Beispiel, die Korrelationen $H_D/C_3 \rightarrow H_C/C_2$ und $H_C/C_2 \rightarrow H_D/C_3$ sind äquivalent. Dieses spezielle Experiment wird als H–H-C-RCT-Experiment bezeichnet, weil seine Pulsfolge zwei Pulse im ^{1}H-Kanal und einen Puls im ^{13}C-Kanal in dieser Reihenfolge umfasst. Andere heteronukleare RCT-Experimente können mit einer anderen Reihenfolge der Pulse (H–C–H) oder mit anderen Heterokernen (H–H–N) durchgeführt werden.

6.3 Proton-Proton-Korrelation durch den Raum oder durch chemischen Austausch

In der ursprünglichen Veranschaulichung des 2D-Experiments in Abbildung 6.2 wurde der Magnetisierungsvektor während der Evolution in t_1 in eine Cosinus-Komponente (die Projektion auf die y-Achse) und eine Sinus-Komponente (die Projektion auf die x-Achse) unterteilt. Durch den zweiten $90°_x$-Puls der COSY-Pulsfolge wurde die Cosinus-Komponente auf die $-z$-Achse gedreht und konnte in der nachfolgenden Detektionszeit t_2 daher nicht detektiert werden. Die Sinus-Komponente blieb durch den zweiten $90°_x$-Puls dagegen unverändert in der x,y-Ebene liegen und war somit der Detektion zugänglich. Ein Magnetisierungstransfer kann allerdings auch über andere Mechanismen als die Spin-Spin-Kopplung erfolgen. Diese Mechanismen beeinflussen aber die Größe der z-Magnetisierung und folglich die Cosinus-Komponente. Die Einstrahlung eines B_2-Wechselfelds mit der Resonanzfrequenz eines Protons kann durch Dipol-Dipol-Relaxation zu einem Magnetisierungstransfer auf ein räumlich benachbartes Proton führen – dies ist der in Abschnitt 5.4 bereits ausführlich diskutierte Kern-Overhauser-Effekt (NOE). In eindimensionalen Spektren spiegeln sich die NOEs in veränderten Signalintensitäten wider. Die z-Magnetisierung kann aber auch durch die Änderung der chemischen Identität eines Protons infolge eines chemischen Austauschprozesses beeinflusst werden (siehe Abschnitt 5.2). Durch einen solchen Austausch wird aus einem Kern mit einer bestimmten Resonanzfrequenz ein Kern mit einer anderen Resonanzfrequenz. Wurde zuvor ein B_2-Wechselfeld mit der Resonanzfrequenz der Kerne vor dem Austausch eingestrahlt, findet mit dem Austausch der Kerne auch ein Magnetisierungstransfer auf die Kerne in der neuen Position statt – das heißt, die Besetzungszahlen der Spinzustände und somit auch die z-Magnetisierung der Kerne in der neuen Position werden entsprechend verändert.

Nach dem zweiten $90°_x$-Puls in Abbildung 6.2d können somit sowohl NOEs als auch chemische Austauschprozesse die ursprüngliche Cosinus-Komponente der Magnetisierung modulieren, da diese jetzt auf der z-Achse liegt. Die Frequenz dieser Modulation entspricht der Frequenz des Partners, von dem die Magnetisierung übertragen wird – entweder durch Dipol-Dipol-Relaxation oder durch einen chemischen Austausch. Nach dem zweiten $90°_x$-Puls folgt nun eine geeignete, feste Wartezeit τ_m, die so genannte Mischphase, deren Länge für den gewünschten Magnetisierungstransfer optimiert wird. Unmittelbar im Anschluss an die Mischphase τ_m kann die *modulierte* Cosinus-Komponente (z-Magnetisierung) durch einen dritten $90°_x$-Puls in die x,y-Ebene gedreht und danach in der Detektionszeit t_2 gemessen werden. Die Pulsfolge des gesamten Experiments lautet somit $90°_x - t_1 - 90°_x - \tau_m - 90°_x - t_2$ (Akquisition). Da die Frequenz der Magnetisierung einiger Kerne in der Evolutionsphase t_1 während der Mischphase τ_m einen anderen Wert annimmt, mit dem die Kerne dann in der Detektionsphase t_2 beobachtet werden, treten im 2D-NMR-Spektrum dieses Experiments Kreuzpeaks auf. Dabei ergibt sich eine Frequenzdimension aus der Fourier-Transformation bezüglich t_1 und die andere aus der Fourier-Transformation bezüglich t_2. Entstehen die Kreuzpeaks bei diesem Experiment durch einen Magnetisierungstransfer infolge von Dipol-Dipol-Relaxationen, spricht man von einen NOESY-Experiment (engl. *NOE SpectroscopY*). Beruht der Magnetisierungstransfer dagegen auf einem chemischen Austausch, wird das Experiment als EXSY-Experiment (engl. *EXchange SpectroscopY*) bezeichnet.

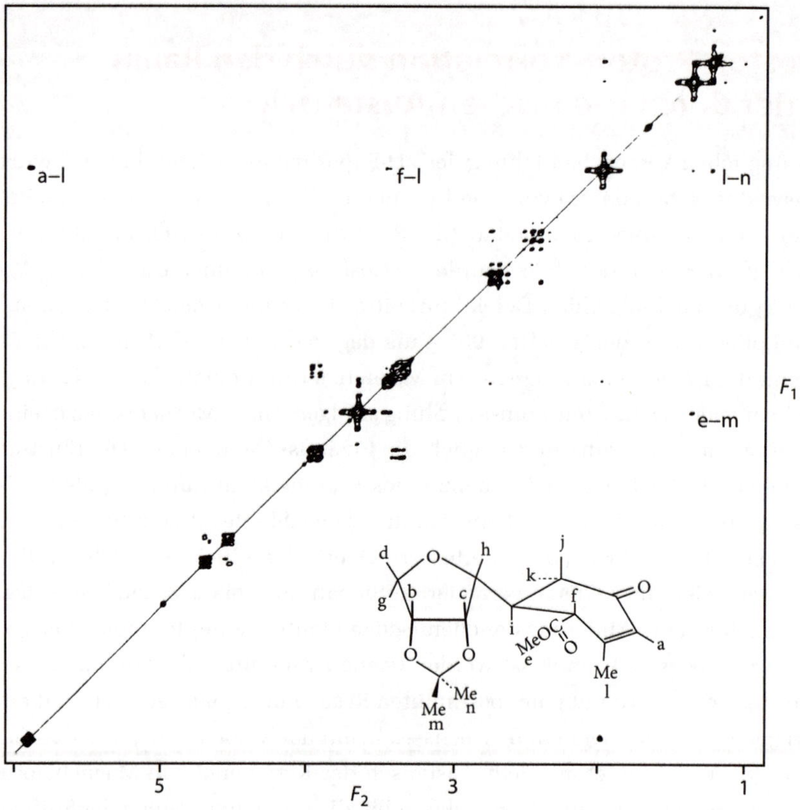

Abbildung 6.29: Das ^{1}H-NOESY-Spektrum der heterocyclischen Verbindung mit der dargestellten Strukturformel. (Mit freundlicher Genehmigung von: Bruker Instruments Inc.)

Die optimale Länge der Mischphase τ_m hängt von der Spin-Gitter-Relaxationszeit (T_1) und von der Geschwindigkeit, mit der sich die NOEs aufbauen, beziehungsweise von der Geschwindigkeit des chemischen Austausches ab. Aus einem NOESY-Spektrum können wertvolle Informationen über den Abstand verschiedener Protonen in einem Molekül gewonnen werden. ▸ Abbildung 6.29 zeigt das NOESY-Spektrum einer komplexen heterocyclischen Verbindung. Wie beim COSY-Spektrum findet man auf der Diagonale das 1D-NMR-Spektrum. Kreuzpeaks treten zwischen Protonen auf, die räumlich eng beieinander liegen. Die Protonen der Methylgruppe **l** sind beispielsweise wie erwartet über einen Kreuzpeak (oben links) mit dem benachbarten vinylischen Proton **a** korreliert. Weitere Kreuzpeaks zu den Methylprotonen **l** deuten auf deren räumliche Nähe zum Methinproton

f und zu den Protonen der acetalischen Methylgruppe **n** hin. Die Protonen der Estermethylgruppe **e** sind dagegen offenbar in unmittelbarer Nachbarschaft der anderen acetalischen Methylgruppe **m** lokalisiert. Das NOESY-Experiment liefert also durch die Identifizierung räumlicher Nachbarschaftsbeziehungen Informationen zur dreidimensionalen Struktur eines Moleküls – und zwar sowohl über die Konfiguration als auch über die Konformation. In der Praxis kann im NOESY-Spektrum zwischen zwei Protonen kein Kreuzpeak mehr beobachtet werden, wenn ihr Abstand größer als etwa 5 Å ist.

Die Analyse von NOESY-Spektren wird durch mindestens drei Faktoren erschwert. **(1)** Es können COSY-Signale auftreten, die aufgrund von Spin-Spin-Kopplungen entstanden sind und fälschlicherweise als Indiz für eine enge räumliche Nachbarschaft gedeutet werden könnten. Vicinale Kopplungen sind beispielsweise in der antiperiplanaren Konformation am größten, in der die Protonen am weitesten voneinander entfernt sind (siehe Abschnitt 4.6). Die unerwünschten COSY-Signale können durch Phasenzyklisierung oder durch die statistische Variation von τ_m um etwa 20 Prozent reduziert werden. (Die NOESY-Signale wachsen dabei monoton, während die COSY-Signale sinusoidal variieren und somit relativ zu den NOESY-Signalen verkleinert werden.) Beim phasensensitiven NOESY-Spektrum ist eine Unterscheidung der echten NOESY-Kreuzpeaks, die durch einen *positiven* NOE verursacht wurden, von COSY-Kreuzpeaks aufgrund ihrer entgegengesetzten Phase möglich. Schwache NOESY-Kreuzpeaks können beim phasensensitiven NOESY-Experiment daher allerdings auch durch COSY-Kreuzpeaks zwischen denselben Protonen ausgelöscht werden, wenn der Betrag der Intensität des COSY-Signals einen ähnlichen Wert aufweist. Außerdem können auch beim phasensensitiven NOESY-Experiment COSY-Signale nicht von NOESY-Signalen unterschieden werden, die infolge eines starken *negativen* NOE die gleiche Phase wie die COSY-Peaks besitzen.

(2) Wie wir in Abschnitt 5.4 für das 1D-NOE-Experiment bereits erläutert haben, baut sich der NOE bei kleinen Molekülen nur langsam auf und führt zu einer theoretischen maximalen Intensitätszunahme von nur 50 Prozent. Da ein einzelnes Proton durch die Wechselwirkung mit mehreren benachbarten Protonen relaxieren kann, fällt die Intensitätszunahme durch den NOE in der Praxis meist sogar deutlich niedriger aus. Dieses Problem tritt beim 1D-NOE-Experiment natürlich ebenfalls auf. Mit wachsender Molekülgröße und folglich zunehmender Entfernung der molekularen Parameter vom Extreme Narrowing Limit sinkt der maximale NOE außerdem auf null und wird schließlich negativ. Insbesondere für Moleküle mittlerer Größe schlägt das NOESY-Experiment deswegen fehl. Für sehr große Moleküle, deren Relaxation durch den W_0-Term dominiert wird, beträgt der maximale NOE nicht nur −100 Prozent statt +50 Prozent, sondern er baut sich infolge der erheblich schnelleren Relaxation auch schneller auf. Das NOESY-Experiment ist daher vor allem auch für die Analyse der Konfiguration und Konformation sehr großer Moleküle wie Proteine und Nucleinsäuren von besonderer Bedeutung.

(3) Die Magnetisierung kann einerseits durch Dipol-Dipol-Relaxation im Rahmen eines NOE von einem Proton auf ein räumlich benachbartes Proton übertragen werden. Andererseits kann aber durch den Mechanismus der Spindiffusion, den wir in Abschnitt 5.4 für das 1D-NOE-Experiment bereits diskutiert haben, ein Transfer dieser Magnetisierung auf ein drittes Proton stattfinden, das zum zweiten Proton benachbart ist. Das dritte Proton muss sich allerdings keineswegs in räumlicher Nähe zum ersten Proton befinden, so dass in diesem Fall im NOESY-Spektrum Kreuzpeaks zwischen weiter entfernten Protonen auftreten können. Die Spindiffusion kann sogar über zwei oder mehr Kerne fortschreiten, wird dabei aber insgesamt zunehmend ineffizienter. Der direkte Magnetisierungstransfer durch Dipol-Dipol-Relaxation und der Transfer von Magnetisierung durch Spindiffusion können manchmal durch die Untersuchung der Geschwindigkeit unterschieden werden, mit der sich der NOE aufbaut. ▶ Abbildung 6.30 zeigt den hypothetischen Verlauf der Stärke des NOE als Funktion der Mischzeit τ_m für das Modellsystem D—A–B–C. Die Kurve AA beschreibt die Intensität des Diagonalpeaks von A und die anderen Kurven die Intensitäten der jeweiligen Kreuzpeaks zu A. Der NOE zwischen den beiden Protonen A und B, die in diesem Modell mit einem Abstand von nur 2 Å eng beieinander liegen, steigt erwartungsgemäß am schnellsten an. Der NOE von A auf D ist infolge des doppelt so großen Abstands von 4 Å sehr klein. Der Abstand des Protons C von A beträgt ebenfalls 4 Å, aber die Intensität des Signals von C steigt infolge der Spindiffusion von B zu C deutlich stärker als die Intensität des Signals von D und kontinuierlich an – erreicht dabei allerdings nicht die Intensitätszunahme des Signals von B. Das Modell zeigt Folgendes: Die Spindiffusion liefert den Hauptbeitrag zum Kreuzpeak zwischen den 4 Å voneinander entfernten Kernen A und C im NOESY-Spektrum, während der Kreuzpeak zwischen den nur 2 Å voneinander entfernten Kernen A und B in erster Linie durch Dipol-Dipol-Relaxation erzeugt wird und nicht durch Spindiffusion.

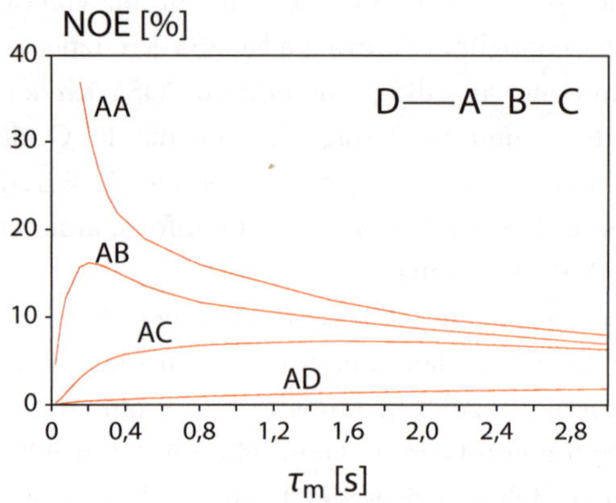

Abbildung 6.30: Veranschaulichung der Einflüsse von Dipol-Dipol-Relaxation und Spindiffusion auf die Signalintensitäten der verschiedenen Signale eines Modellsystems in einem NOESY-Spektrum. Die Kurven repräsentieren die Signalintensitäten als Funktion der Mischzeit τ_m. Das Modellsystem D—A–B–C besteht aus den vier Kernen A, B, C und D, wobei D 4 Å, B 2 Å und C ebenfalls 4 Å von A entfernt sind. Die Kurve AA beschreibt die Intensität des Diagonalpeaks von A, die restlichen Kurven die Intensitäten der verschiedenen Kreuzpeaks zu A. (Aus: Van de Ven, F.J.M. 1995: *Multidimensional NMR in Liquids*. VCH, New York, S. 188.)

Das ROESY-Experiment (engl. *Rotating frame Overhauser Effect SpectroscopY*) bietet sowohl für kleine und mittelgroße Moleküle als auch für sehr große Moleküle einige Vorteile gegenüber dem NOESY-Experiment. Die Pulsfolge des ROESY-Experiments (früher als CAMELSPIN bezeichnet) ähnelt der TOCSY- oder HOHAHA-Pulssequenz, wobei die Phase des Spin-Locks in diesem Fall zur Optimierung des Magnetisierungstransfers durch Dipol-Dipol-Relaxation (NOE) zu Lasten des Transfers über Spin-Spin-Kopplungen genutzt wird. Während der NOE mit wachsender mittlerer Korrelationszeit τ_c der molekularen Rotation (siehe Abschnitt 5.1) bis auf null absinkt und schließlich negativ wird, bleibt der ROE (der NOE beim ROESY-Experiment) positiv und steigt sogar von 50 auf 67,5 Prozent an (▶ Abbildung 6.31). Dabei nimmt die Korrelationszeit τ_c mit der Molekülgröße zu, weil sich größere Moleküle langsamer bewegen. Außerdem ist das ROESY-Experiment nicht nur mit einer erhöhten Signalintensität, sondern zusätzlich mit einer geringeren Spindiffusion verbunden als das NOESY-Experiment. Das ROESY-Experiment bietet daher vor allem für sehr große Moleküle besondere Vorteile. Wie COSY-Artefakte im NOESY-Spektrum können TOCSY-Fehlpeaks in ROESY-Spektren auftreten. Bei der T-ROESY-Variante des ROESY-Experiments werden diese TOCSY-Peaks durch spezifische Maßnahmen minimiert. Der Einsatz eines möglichst schwachen statischen Spin-Lock-Pulses kann zum Beispiel zur Reduktion der TOCSY-Peaks beitragen. Darüber hinaus können die positiven ROESY-Kreuzpeaks im phasensensitiven ROESY-Spektrum leicht von den negativen TOCSY-Peaks unterschieden werden. Wie bei der COSY/NOESY-Konkurrenz kann es dabei allerdings zur Auslöschung von gewünschten ROESY-Kreuzpeaks kommen, wenn die Intensität eines störenden TOCSY-Kreuzpeaks für dieselben Protonen einen ähnlichen Betrag aufweist wie der ROESY-Kreuzpeak.

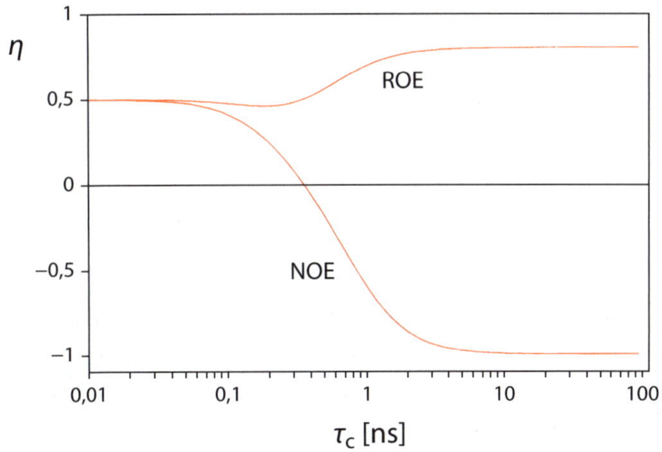

Abbildung 6.31: Der ROE und der NOE in Abhängigkeit von der Korrelationszeit. Das Diagramm zeigt die Abhängigkeit von η für das Standard-NOE-Experiment (NOE) und dessen Rotating-Frame-Variante (ROE) von der effektiven Korrelationszeit τ_c. Die Kurven wurden für einen Protonenabstand von 2 Å und eine Messfrequenz von 500 MHz berechnet. (Aus: Van de Ven, F.J.M. 1995: *Multidimensional NMR in Liquids*. VCH, New York, S. 251.)

Zur erfolgreichen Durchführung eines EXSY-Experiments, bei dem der Magnetisierungstransfer durch einen chemischen Austausch für die Kreuzpeaks verantwortlich ist, können mehrere Durchläufe erforderlich sein, um den Wert von τ_m zu optimieren. Dieser sollte etwa $1 / k$ betragen. ▶ Abbildung 6.32 zeigt ein frühes Beispiel eines EXSY-Spektrums von Ernst, in dem die Reihe der Diagonalpeaks noch von oben links nach unten rechts verläuft. Im Fall eines schnellen Austausches enthält das 1D-^{1}H-NMR-Spektrum des Heptamethylbenzenium-Ions nur einen einzigen Methylpeak, da die Methylgruppen zu schnell um den Ring herumwandern und dadurch alle im Mittel äquivalent werden. Bei einem langsamen Austausch erscheinen entsprechend den vier verschiedenen Positionen, die links in Abbildung 6.32 gekennzeichnet wurden, dagegen vier Methylpeaks im normalen ^{1}H-NMR-Spektrum. Das EXSY-Experiment zeigt, welche Positionswechsel die Methylgruppen bei den einzelnen Austauschprozessen vollziehen. Theoretisch sind 1,2-, 1,3- und 1,4-Verschiebungen denkbar, aber das EXSY-Spektrum steht nur mit der 1,2-Verschiebung im Einklang. Jeder Kreuzpeak bedeutet einen Magnetisierungstransfer zwischen den Protonen der zugehörigen Diagonalpeaks. Die Methylprotonen in Position 1 zeigen nur zu den Methylprotonen in Position 2 einen Kreuzpeak, aber *nicht* zu den Methylprotonen in den Positionen 3 und 4. Sie tauschen ihre Positionen folglich nur mit den Methylprotonen in Position 2. Darüber hinaus enthält das EXSY-Spektrum Kreuzpeaks, die Austauschprozesse zwischen den Methylprotonen 2 und 3 sowie 3 und 4 belegen. Kreuzpeaks für die Austauschprozesse zwischen den Positionen 1 und 3, 1 und 4 sowie 2 und 4 fehlen dagegen. Mit anderen Worten: Im EXSY-Spektrum treten nur Kreuzpeaks für 1,2-Verschiebungen auf.

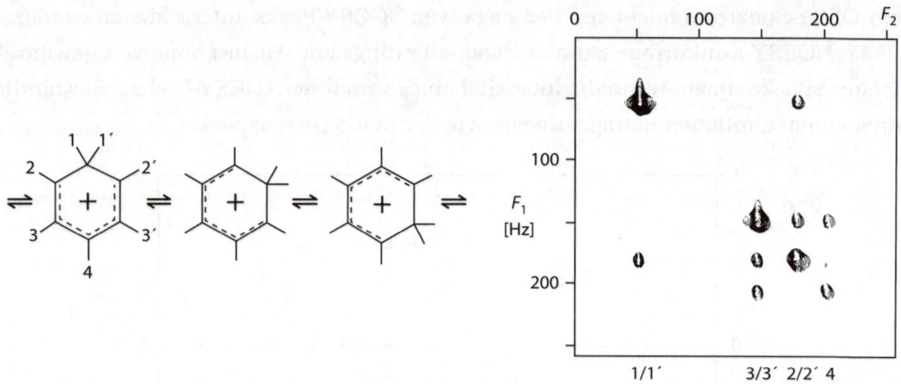

Abbildung 6.32: Das ^{1}H-EXSY-Spektrum des Heptamethylbenzenium-Ions. (Mit freundlicher Genehmigung von: Meier, R.H. und Ernst, R.R. 1979. *J. Am. Chem. Soc.* **101**: 6441. Copyright 1979 American Chemical Society.)

Die Intensitäten der Signale im EXSY-Spektrum hängen von der Geschwindigkeitskonstante des Austauschprozesses ab. Für den Fall eines Austausches zwischen zwei gleich stark besetzten Positionen ohne Spin-Spin-Kopplung, wie zum Beispiel zwischen den beiden Methylgruppen von *N,N*-Dimethylformamid [H(C=O)N(CH_3)$_2$], sind die Intensitäten der Kreuzpeaks I_K und die Intensitäten der Diagonalpeaks I_D gemäß Gleichung 6.1 mit der Geschwindigkeitskonstante k des Austauschprozesses und der Mischzeit τ_m verknüpft.

$$\frac{I_D}{I_K} \sim \frac{1 - k\tau_m}{k\tau_m} \tag{6.1}$$

Die Umformung von Gleichung 6.1 liefert mit Gleichung 6.2 einen Ausdruck für die Geschwindigkeitskonstante k des Austauschprozesses.

$$k \sim \frac{1}{\tau_m\left(\frac{I_D}{I_K} + 1\right)} \tag{6.2}$$

Da die Pulsfolgen des EXSY- und des NOESY-Experiments identisch sind, können zufällig EXSY-Kreuzpeaks im NOESY-Spektrum (oder ROESY-Spektrum) auftreten und als NOESY-Kreuzpeaks fehlgedeutet werden – und umgekehrt. Im phasensensitiven Experiment können die Peaks aber unterschieden werden, da EXSY- und NOESY/ROESY-Peaks entgegengesetzte Vorzeichen aufweisen.

6.4 Kohlenstoff-Kohlenstoff-Korrelation

Das 1D-INADEQUATE-Experiment kann zur Messung von ^{13}C–^{13}C-Kopplungskonstanten und zur Bestimmung von Kohlenstoff-Kohlenstoff-Konnektivitäten durch die Identifizierung von ^{13}C-Resonanzsignalen mit gleichen Kopplungskonstanten genutzt werden (siehe Abschnitt 5.7). In der Praxis wird die Anwendung dieses eindimensionalen Verfahrens zur Ermittlung von Kohlenstoff-Kohlenstoff-Konnektivitäten allerdings aus zwei Gründen erheblich erschwert: (1) durch die inhärent sehr niedrigen Signalintensitäten bei der Detektion von Kopplungen zwischen zwei Kernen mit sehr geringer Rezeptivität sowie (2) durch die sehr ähnliche Größe der verschiedenen ^{13}C–^{13}C-Kopplungskonstanten. Duddeck und Dietrich haben beispielsweise gezeigt, dass alle $^1J_{CC}$-Kopplungskonstanten im Cyclooctanol im Bereich zwischen 34,2 und 34,5 Hz liegen, bis auf $^1J(C_1–C_2)$, die einen Wert von 37,5 Hz besitzt. Die eindeutige Zuordnung von verschiedenen Resonanzsignalen aufgrund gleicher Kopplungskonstanten ist daher kaum möglich. Dieses Problem kann durch die Erweiterung des INADEQUATE-Experiments auf zwei Dimensionen gelöst werden. Die Pulsfolge des eindimensionalen INADEQUATE-Experiments (siehe Abschnitt 5.7) kann durch den Austausch der festen Wartezeit Δ gegen eine veränderliche Evolutionszeit t_1 direkt in die zweidimensionale Version umgewandelt werden. Folglich lautet die Pulsfolge des 2D-INADEQUATE-Experiments folgendermaßen: $90°_x – (4J_{CC})^{-1} – 180°_y – (4J_{CC})^{-1} – 90°_x – t_1 – 90°_\phi – t_2$ (Akquisition).

Wie beim 1D-Experiment dient der erste Teil der Pulsfolge bis einschließlich des zweiten $90°_x$-Pulses zur Erzeugung der Doppelquantenkohärenz, die sich während t_1 weiter entwickelt. Die Fourier-Transformation bezüglich t_2 ergibt auch beim 2D-INADEQUATE-Experiment das normale ^{13}C-Satellitenspektrum, das im 2D-Spektrum der horizontalen F_2-Frequenzdimension (oder ν_2) entspricht. Die vertikale F_1-Frequenzachse erhält man durch die Fourier-Transformation bezüglich t_1 – wie sich mathematisch, aber nicht anschaulich zeigen lässt, treten in der F_1-Dimension Signale jeweils bei der Differenz aus der Summe der Resonanzfrequenzen zweier koppelnder Kerne (ν_A und ν_X) sowie der doppelten Senderfrequenz (ν_0), $\nu_1 = \nu_A + \nu_X - 2\nu_0$, auf, wobei ν_0 auf der F_1-Achse auf den Wert 0 Hz gesetzt wird.

▶ Abbildung 6.33 zeigt das 2D-INADEQUATE-Spektrum von Menthol (**6-2**). Das Experiment wird manchmal auch als C,C-COSY bezeichnet, weil die Kreuzpeaks die Kopplungsbeziehungen und folglich die Konnektivitäten zwischen den korrelierten Kohlenstoffatomen anzeigen. Diagonalpeaks kommen im 2D-INADEQUATE-Spektrum nicht vor, weil diese von ^{13}C-Kernen stammen würden, die mit ^{12}C-Kernen verknüpft sind. Diese Einquantenresonanzsignale werden durch die Pulsfolge des Experiments aber unterdrückt. Dennoch wird die Diagonale zur Orientierung wie in Abbildung 6.33 häufig als Linie in das Spektrum eingezeichnet. Unterhalb des 2D-Spektrums ist das normale ^1H-BB-entkoppelte 1D-^{13}C-NMR-Spektrum abgebildet. Oberhalb des Spektrums ist das erwähnte ^{13}C-gekoppelte ^{13}C-Satellitenspektrum dargestellt, das sich aus der Projektion des 2D-Spektrums auf die horizontale Achse ableitet.

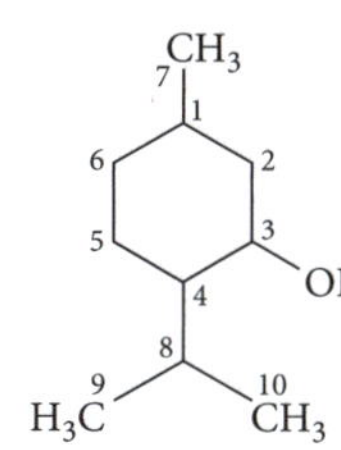

6-2

Um aus einem 2D-INADEQUATE-Spektrum die Kohlenstoff-Kohlenstoff-Konnektivitäten zu ermitteln, wird zunächst ein Signal einem bestimmten Kohlenstoffatom zugeordnet. Ausgehend von diesem Signal werden die Konnektivitäten über die Kreuzpeaks des Spektrums schrittweise verfolgt und das Kohlenstoffgerüst des Moleküls auf diese Weise zusammengesetzt, also ähnlich wie bei einem COSY-Spektrum. Eine Unterbrechung des Kohlenstoffgerüstes durch ein anderes Heteroatom wie Stickstoff oder Sauerstoff (C–X–C) verhindert dabei die Zusammensetzung des vollständigen Kohlenstoffgerüstes ausgehend von nur einem zugeordneten Signal. Wenden wir uns nun dem 2D-INADEQUATE-Spektrum des Menthols (**6-2**) in Abbildung 6.33 zu. Das hydroxylierte (mit Sauerstoff verknüpfte) Kohlenstoffatom C-3 besitzt die höchste Resonanzfrequenz. Sein Signal liegt daher ganz links im Spektrum und kann als Startpunkt für die Analyse der Konnektivitäten dienen. Zwischen den Kreuzpeaks koppelnder ^{13}C-Kerne sind in diesem Spektrum horizontale Linien eingezeichnet worden, die in ihrem Mittelpunkt von der Diagonale geschnitten werden. Das 2D-Spektrum enthält zwei Kreuzpeaks bei der Resonanzfrequenz von C-3 in der F_2-Dimension, welche die Verknüpfung von C-3 mit den Kohlenstoffatomen C-2 und C-4 anzeigen. Dabei sollte das Resonanzsignal des sekundären Atoms C-2 bei niedrigerer Frequenz (höherem Feld) liegen als das Signal des tertiären Atoms C-4. Die Konnektivitäten im Kohlenstoffgerüst können ausgehend von C-2 folgendermaßen über die Kreuzpeaks im 2D-INADEQUATE-Spektrum weiter vervollständig werden: C-2 → C-1 → C-6 (und von C-1 zu C-7) → C-5 → C-4 → C-8 (und von C-4 zum anfänglichen C-3) → C-9 und C-10. Das 2D-INADEQUATE-Verfahren kann auch auf die Untersuchung der Konnektivitäten anderer gekoppelter Kerne mit geringer natürlicher Häufigkeit angewandt werden, wie zum Beispiel auf die Verknüpfungen ^{29}Si–^{29}Si, ^{11}B–^{11}B und ^{6}Li–^{6}Li in silicium-, bor- und lithiumorganischen Verbindungen.

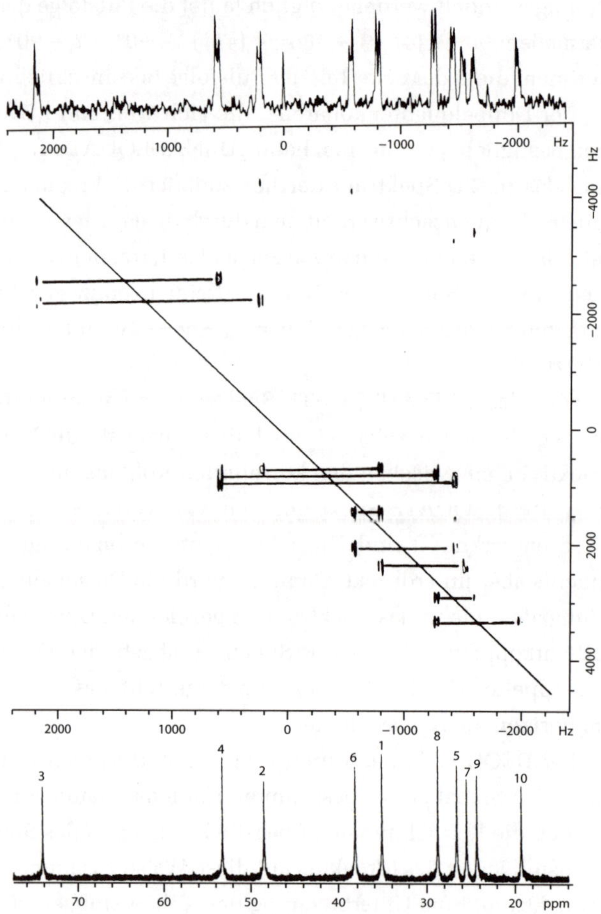

Abbildung 6.33: Das 2D-INADEQUATE-Spektrum von Menthol. Unterhalb des Spektrums ist das ^{1}H-BB-entkoppelte ^{13}C-NMR-Spektrum abgebildet. (Aus: Martin, G.E. und Zektzer, A.S. 1988: *Two-Dimensional NMR Methods for Establishing Molecular Connectivities*. VCH, New York, S. 362.)

Der Hauptnachteil des 2D-INADEQUATE-Experiments ist seine extrem geringe Empfindlichkeit. Bei der INEPT-INADEQUATE-Variante (manchmal auch ADEQUATE genannt) dieses Experiments werden die Magnetisierung der Protonen über Bindungspfade wie H–C–C beobachtet und gepulste Feldgradienten eingesetzt. Das resultierende Spektrum ähnelt dem 2D-INADEQUATE-Spektrum. Allerdings können in diesem Fall nur Kreuzpeaks für gekoppelte C–C-Paare erscheinen, von denen zumindest eines der Kohlenstoffatome direkt mit einem Proton verbunden ist. Durch diese technischen Verfeinerungen wird das Problem der geringen Empfindlichkeit zwar vermindert, aber die Experimente dieser Familie werden dennoch nicht besonders häufig durchgeführt.

6.5 Höherdimensionale NMR-Spektroskopie

Die enorme Komplexität der NMR-Spektren großer Biomoleküle, wie zum Beispiel von Proteinen, Polynucleotiden (Nulceinsäuren) und Polysacchariden, hat zur Entwicklung von dreidimensionalen (3D) und sogar vierdimensionalen (4D) NMR-Experimenten Anlass gegeben. Bei 3D-NMR-Experimenten enthält die Pulsfolge zwei Evolutionsphasen (t_1 und t_2), die unabhängig voneinander inkrementiert (schrittweise verändert) werden, und eine Detektionsphase t_3. Drei getrennte Fourier-Transformationen bezüglich dieser drei Zeiten liefern schließlich drei Frequenzdimensionen, deren korrelierte Daten in einem kartesischen Koordinatensystem beziehungsweise wegen der begrenzten Breite der Frequenzbereiche in einem Würfel oder Quader dargestellt werden können.

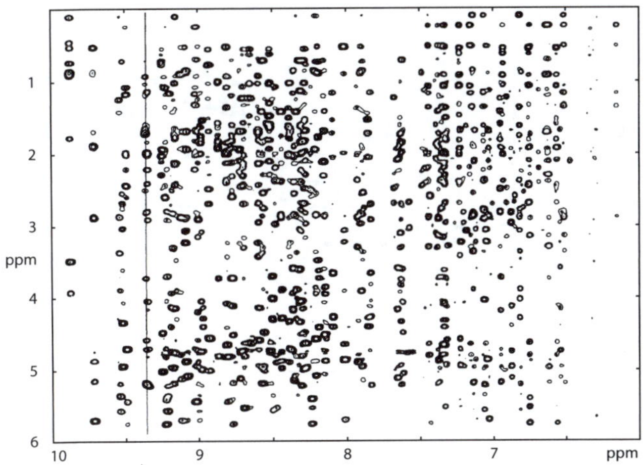

Abbildung 6.34: Ausschnitt aus dem NOESY-Spektrum eines DNA-bindenden Proteins des Phagen Pf3. Der Ausschnitt zeigt die Kreuzpeaks zwischen NH- und aliphatischen Protonen. (Aus: Van de Ven, F.J.M. 1995: *Multidimensional NMR in Liquids*. VCH, New York, S 296.)

▶ Abbildung 6.34 illustriert die Komplexität des von van de Ven gemessenen 2D-NOESY-Spektrums eines DNA-bindenden Proteins des Phagen Pf3, das aus 78 Aminosäureresten besteht. Die vertikale Linie bei 9,35 ppm hebt das Problem der hohen Komplexität an einer einzelnen Resonanzposition in der NH-Region hervor. Innerhalb einer bestimmten Peptideinheit –CHR′–CO–NH–CHR–CO– könnte das NH-Proton einen Kreuzpeak zum CHR-Proton im selben Aminosäurerest und zum CHR′-Proton im benachbarten Aminosäurerest, aber auch zu Protonen in den Seitenketten R und R′ zeigen. Durch die Faltung von Proteinen können aber auch Protonen von Aminosäureresten, die in der Polypeptidkette weit voneinander getrennt sind, räumlich eng beieinander liegen. Darüber hinaus weisen infolge der großen Zahl von Protonen in einem Protein sehr häufig zwei oder mehr Protonen praktisch die gleiche chemische Verschiebung auf. Das

NOESY-Spektrum in unserem Beispiel enthält daher allein bei der chemischen Verschiebung von 9,35 ppm mehr als ein Dutzend Kreuzpeaks.

Das Stickstoff-HMQC-Experiment liefert Informationen über die Konnektivitäten zwischen Stickstoffatomen und Wasserstoffatomen (Protonen). Bei Proteinen ist normalerweise eine vorherige Anreicherung des Isotops ^{15}N im Protein erforderlich, um ein entsprechendes aussagekräftiges HMQC-Spektrum zu erhalten. Zu diesem Zweck kultiviert man den Organismus, aus dem das Protein gewonnen wird, in einem Medium mit nur einer einzigen Stickstoffquelle, die zuvor vollständig mit dem Isotop ^{15}N markiert worden ist – wie beispielsweise $^{15}NH_4Cl$. Eine ^{13}C-Anreicherung könnte auf analoge Weise durch das Wachstum in einem Medium mit ^{13}C-markierter Glucose erzielt werden. ▶ Abbildung 6.35 zeigt das (^{15}N,^{1}H)-2D-HMQC-Spektrum für das gleiche Protein wie in Abbildung 6.34. In diesem HMQC-Spektrum findet man bei einer ^{1}H-chemischen Verschiebung von 9,35 ppm (vertikale Linie) zwei Kreuzpeaks. Das Protein enthält demnach zwei NH-Gruppen, deren Proton eine chemische Verschiebung von 9,35 ppm aufweist (oder mehr als zwei NH-Gruppen, wenn bei dieser ^{1}H-chemischen Verschiebung auch in der ^{15}N-Frequenzdimension Signalüberlagerungen auftreten). Die Kreuzpeaks bei 9,35 ppm im NOESY-Spektrum stammen folglich von den Protonen zweier NH-Gruppen. Aber welcher der Kreuzpeaks gehört zu welchem NH-Proton? Diese Frage kann mit den beiden 2D-Spektren (NOESY und HMQC) allein nicht beantwortet werden.

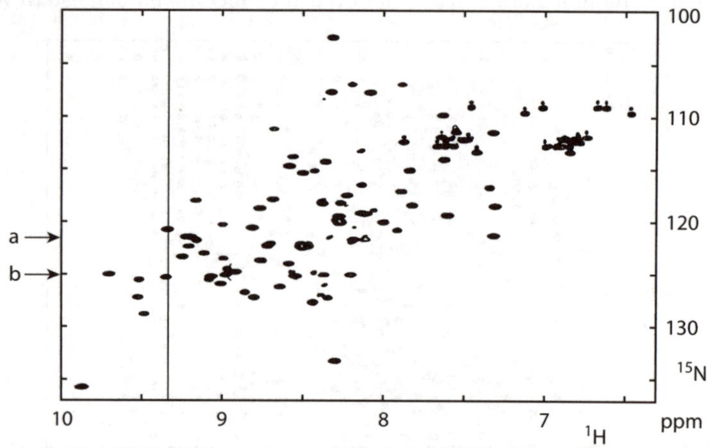

Abbildung 6.35: Das (^{15}N,^{1}H)-HMQC-Spektrum des gleichen ^{15}N-angereicherten DNA-bindenden Proteins des Phagen Pf3 wie in Abbildung 6.34. Die Pfeile werden in Abbildung 6.38 erklärt. (Aus: Van de Ven, F.J.M. 1995: *Multidimensional NMR in Liquids*. VCH, New York, S. 297.)

Formal korreliert das 3D-Experiment die beiden 2D-Spektren der Abbildungen 6.34 und 6.35 in einer zusätzlichen Dimension. Durch die in ▶ Abbildung 6.36 angegebene 3D-Pulsfolge wird jeder NOESY-Peak mit der zugehörigen ^{15}N-Frequenz aus dem HMQC-Spektrum moduliert, wodurch die NOESY- und HMQC-Daten miteinander kombiniert werden. Der erste Teil der 3D-Pulsfolge bis einschließlich des dritten 90°-^{1}H-Pulses entspricht der Standard-^{1}H-NOESY-Sequenz, der nachfolgende Rest der Pulsfolge gleicht dagegen der Standard-HMQC-Sequenz mit inverser Detektion von ^{15}N im ^{1}H-Kanal in der Detektionszeit t_3 am Ende. Für die Darstellung der Gesamtheit der Daten aus dem 3D-Experiment ist ein einzelnes zweidimensionales Konturdiagramm nicht mehr geeignet. Vielmehr ist für die Erfassung von drei Frequenzdimensionen eine dreidimensionale Präsentation erforderlich, die meist in Form eines Datenwürfels (beziehungsweise Datenquaders) erfolgt. ▶ Abbildung 6.37 zeigt eine solche 3D-Darstellung, in der die horizontalen Ebenen das jeweilige NOESY-Spektrum repräsentieren, dessen Peaks in der vertikalen Richtung entsprechend den zugehörigen ^{15}N-Resonanzfrequenzen aus dem HMQC-Spektrum den verschiedenen NOESY-Ebenen zugeordnet wurden. (Achtung: Diese Zuordnungen werden erst durch die 3D-Pulsfolge möglich. Durch eine grafische oder mathematische Korrelation der separat gemessenen 2D-Spektren ist ein solches Ergebnis nicht erreichbar.) In der Praxis erfolgt die Auswertung eines solchen 3D-Spektrums durch die getrennte Analyse der einzelnen horizontalen Ebenen für spezifische ^{15}N-Resonanzfrequenzen. In ▶ Abbildung 6.38 sind zum Beispiel die beiden Ebenen für ^{15}N-chemische Verschiebungen von 120,7 und 124,9 ppm dargestellt, deren Positionen in Abbildung 6.35 durch die beiden Pfeile **a** und **b** gekennzeichnet sind – also zu den beiden ^{15}N-chemischen Verschiebungen, zu denen bei der ^{1}H-chemischen Verschiebung von 9,35 ppm Kreuzpeaks auftreten. Auf der vertikalen Linie bei 9,35 ppm sind in beiden Ebenen zwei dominante und mehrere kleine Kreuzpeaks erkennbar. Die dominanten Kreuzpeaks stammen von der NOESY-Korrelation des jeweiligen NH-Protons mit dem aliphatischen CHR-Proton im selben oder mit dem CHR′-Proton im benachbarten Aminosäurerest, während die schwächeren Kreuzpeaks auf Korrelationen mit anderen Protonen zurückzuführen sind. Beachten Sie, dass in *beiden* ^{15}N-Frequenzebenen bei 9,35 ppm in der F_3-Dimension (vertikale Linie) ein Kreuzpeak bei 5,2 ppm in der F_1-Dimension vorkommt. Das bedeutet, dass beide NH-Protonen über einen NOE mit dem Proton bei 5,2 ppm korreliert sind und sich somit beide in enger räumlicher Nachbarschaft zu diesem Proton befinden.

^{1}H	90° – t_1 – 90° – τ_m – 90°	–	180°	–	t_3 (Akquisition)
^{15}N	180°	–	Δ – 90° – t_2 – 90° – Δ	–	Entkopplung

Abbildung 6.36: Die Pulsfolge für das 3D-NOESY-HMQC-Experiment.

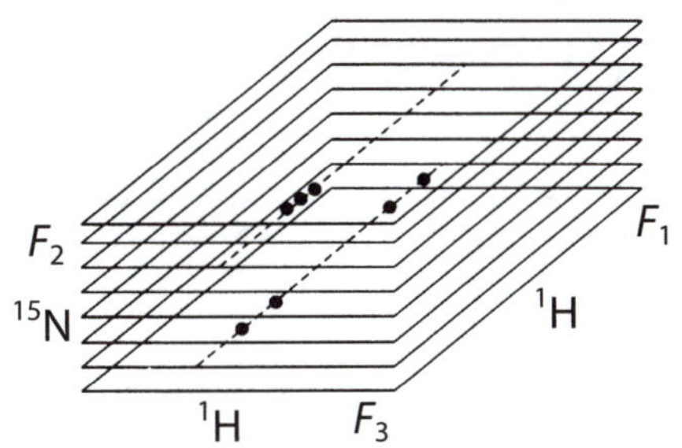

Abbildung 6.37: Ebenendarstellung eines 3D-NOESY-(^{15}N,^{1}H)-HMQC-Spektrums in drei Frequenzdimensionen F_1, F_2 und F_3. (Aus: Van de Ven, F.J.M. 1995: *Multidimensional NMR in Liquids*. VCH, New York, S. 299.)

Der oben beschriebene Typ von 3D-NMR-Experiment wird als NOESY-HMQC-Experiment bezeichnet – im Beispiel in Abbildung 6.37 mit zwei ^{1}H- und einer ^{15}N-Dimension. Bei den meisten dreidimensionalen NMR-Experimenten kommen hochempfindliche NMR-Verfahren und Darstellungsarten zum Einsatz, die besonders für große Moleküle geeignet sind. Die COSY-Pulsfolge wird daher weniger häufig in 3D-Experimente implementiert, aber TOCSY-HMQC-Experimente stellen ein brauchbares Verfahren zur Auftrennung von ^{1}H–^{1}H-Kopplungsbeziehungen in einer ^{13}C- oder ^{15}N-Dimension dar. Das homonukleare 3D-NOESY-TOCSY-Experiment, bei dem alle drei Dimensionen ^{1}H-Frequenzdimensionen darstellen, korreliert durch die Pulsfolge 90°

– t_1 – 90° – τ_m – t_2 – Spin-Lock – t_3 (Akquisition) räumliche Nachbarschaftsbeziehungen mit Spin-Spin-Kopplungen. Bei einer 3D-Variante des HETCOR-Experiments können auch alle drei Frequenzdimensionen unterschiedliche Nuklide repräsentieren, wie zum Beispiel ^{1}H, ^{13}C und ^{15}N. Die verschiedenen Nuklide eines 3D-NMR-Experiments werden in der Regel so gewählt, dass gezielt spezifische Konnektivitäten in biologischen Molekülen untersucht werden können. Ein H/N/CO-Experiment kann beispielsweise zur Untersuchung der Gruppierung ^{1}H–^{15}N–(C)–^{13}C=O in den Peptideinheiten (–NH–CHR–CO–) der Aminosäurereste in Proteinen dienen. Der 3D-Kreuzpeak korreliert in diesem Fall das N**H**-Proton in der ersten Dimension mit dem **N**H-Stickstoffatom in der zweiten Dimension und dem **C**O-Kohlenstoffatom in der dritten Dimension. Das Verfahren erfordert allerdings die Anreicherung des jeweiligen Proteins mit ^{13}C und ^{15}N, um eine ausreichende Empfindlichkeit des Experiments zu erzielen. Das Analogon zur Analyse von Nucleotiden ist das H/C/P-Experiment mit einer ^{31}P- statt einer ^{15}N-Dimension. Es gibt zahlreiche Varianten dieser 3D-NMR-Experimente. In besonders komplizierten Fällen kann eine vierte Zeitdomäne (t_4) und somit eine vierte Frequenzdimension (F_4) eingeführt werden – man erhält dann 4D-NMR-Spektren.

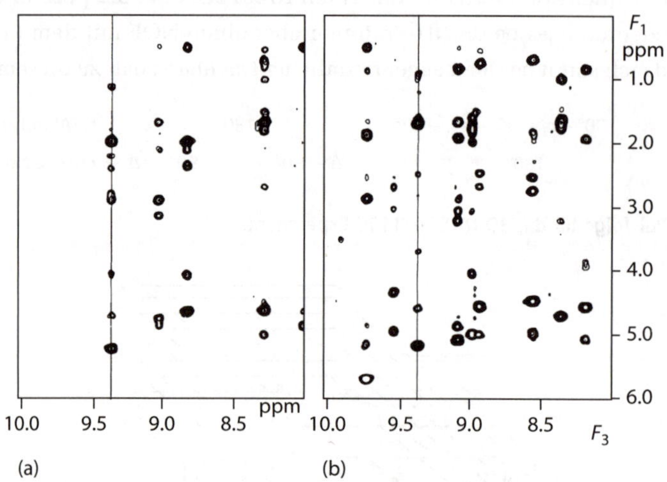

Abbildung 6.38: Zwei F_1/F_3-Ebenen aus dem 3D-NOESY-HMQC-Spektrum des DNA-bindenden Proteins aus den Abbildungen 6.34 und 6.35. Die Ebenen entsprechen den F_2-^{15}N-Frequenzen, die in Abbildung 6.35 durch die Pfeile **a** und **b** gekennzeichnet sind. (Aus: Van de Ven, F.J.M. 1995: *Multidimensional NMR in Liquids*. VCH, New York, S. 300.)

Wenn Experimente, mit denen Kopplungsbeziehungen über Bindungen untersucht werden, mit Experimenten, die räumliche Nachbarschaftsbeziehungen beobachten, zu höherdimensionalen NMR-Experimenten kombiniert werden, können durch den Vergleich mit bekannten Bindungslängen Abstände zwischen Protonen ermittelt werden. Im Idealfall erhält man als Ergebnis die vollständige 3D-Struktur von großen Molekülen wie Proteinen. Im Gegensatz zur Röntgenkristallographie, bei der nur die Struktur von Molekülen im Kristall ermittelt werden kann, liefern die NMR-Verfahren die Strukturen der Moleküle in Lösung, die von den Strukturen im Kristall zum Teil deutlich abweichen können. Für Biomoleküle besitzen die NMR-Verfahren daher einen besonderen Wert, weil die biologischen Eigenschaften der Moleküle in den meisten Fällen auf ihrer Struktur in Lösung beruhen.

6.6 Gepulste Feldgradienten

Wie wir in den Abschnitten 2.4 und 5.1 bereits festgestellt haben, können Feldinhomogenitäten erheblich zur Spin-Spin-Relaxation (transversalen Relaxation) beitragen. Transversale Magnetisierungen beruhen auf einer Phasenkohärenz der präzedierenden magnetischen Momente der Kerne (siehe Abbildung 2.11). In einem perfekt homogenen Feld kann die Phasenkohärenz nur durch Spin/Spin-Wechselwirkungen abgebaut werden und somit eine transversale Relaxation stattfinden. In einem inhomogenen Magnetfeld führen die leicht unterschiedlichen Larmor-Frequenzen und folglich verschiedenen Präzessionsgeschwindigkeiten der Kerne an unterschiedlichen Orten des Feldes, wie wir in Abschnitt 2.4 erläutert haben, zu einer schnellen Aufhebung der Phasenkohärenz und daher zum Abbau der transversalen Magnetisierung.

Es gibt mehrere Situationen, in denen transversale Magnetisierung – also Magnetisierung in der x,y-Ebene – unerwünscht ist und dann mithilfe so genannter **gepulster Feldgradienten** oder **Gradientenpulse** (PFG, engl. *pulsed field gradients*) eliminiert werden kann. In ▶ Abbildung 6.39 ist ein solcher Feldgradient in Richtung des äußeren B_0-Magnetfelds (in z-Richtung) veranschaulicht. Wenn ein gepulster Feldgradient eingestrahlt wird, besitzen gleiche Kerne an verschiedenen Orten der Probe in z-Richtung leicht unterschiedliche Resonanzfrequenzen. Diese Form der räumlichen Codierung der Frequenzinformation bildet auch die Grundlage für das bildgebende Verfahren der Magnetresonanztomographie (MRT), die in der heutigen Medizin eine wichtige Rolle spielt. Im Zusammenhang mit NMR-Experimenten zur Strukturaufklärung organischer Verbindungen können gepulste Feldgradienten als Methode zur Förderung einer schnellen transversalen Relaxation durch Aufhebung der Phasenkohärenz der magnetischen Momente der Kerne betrachtet werden. Bei einer typischen 2D-Pulsfolge ist eine ausreichend lange Wartezeit zwischen den einzelnen Wiederholungen der Pulsfolge (den Scans) erforderlich, um vor Beginn der nächsten Pulsfolge eine vollständige oder zumindest weitgehende Relaxation zu gewährleisten. Erfolgt die Einstrahlung der nächsten Pulsfolge, bevor die transversale Magnetisierung vollständig abgebaut worden ist, wird die Empfindlichkeit des Experiments verringert und im 2D-NMR-Spektrum können Artefakte auftreten. Diese Störungen können folglich durch die Anwendung eines gepulsten Feldgradienten vor jeder Wiederholung der Pulsfolge vermieden werden.

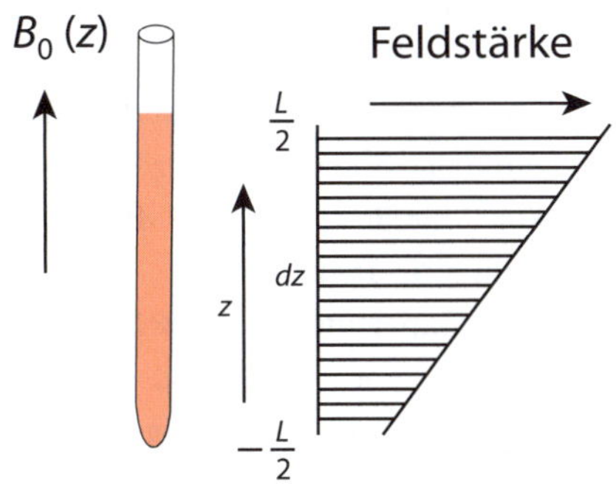

Abbildung 6.39: Veranschaulichung eines B_0-Feldgradienten in z-Richtung. (Aus: Van de Ven, F.J.M. 1995: *Multidimensional NMR in Liquids.* VCH, New York, S. 212.)

In die Pulsfolge des NOESY-Experiments können gepulste Feldgradienten folgendermaßen eingebaut werden: G1 – $90°_x$ – t_1 – $90°_x$ – τ_m, G2 – $90°_x$ – t_2 (Akquisition). Durch den ersten PFG (G1) wird die noch verbliebene transversale Magnetisierung aus der vorhergehenden Pulsfolge (dem vorhergehenden Scan) eliminiert. Der zweite PFG (G2) wird während der Mischphase τ_m eingestrahlt, in der nur die longitudinale Magnetisierung (in *z*-Richtung) von Bedeutung ist. Der zweite PFG dient zur Eliminierung von falschen Kreuzpeaks, die aus einer zuvor noch existierenden transversalen Magnetisierung resultieren können.

PFGs können auch zur Entfernung von unerwünschten Resonanzsignalen dienen. Bei einer der erfolgreichsten Methoden zur Lösungsmittelunterdrückung (siehe Abschnitt 5.1, Partiell relaxierte Spektren) werden beispielsweise die transversale Magnetisierung und somit die Resonanzsignale der Lösungsmittelmoleküle durch PFGs (G) in der Sequenz G – S – G – *t* (Akquisition) abgebaut, während alle anderen Signale erhalten bleiben. In dieser so genannten WATERGATE-Sequenz (engl. *WATER suppression by GrAdient-Tailored Excitation*) repräsentiert S zwei selektive Pulse mit der Lösungsmittelfrequenz und einen harten 180°-Puls. Durch die WATERGATE-Sequenz werden alle Resonanzsignale invertiert – bis auf das Lösungsmittelsignal, das wie bei partiell relaxierten Spektren zu null wird. Die beiden identischen PFGs ahmen einen Spin-Echo-Prozess nach. Dabei führt der erste PFG zunächst zu einem teilweisen Abbau der Phasenkohärenz und somit der transversalen Magnetisierung bei allen Resonanzfrequenzen. Infolge der eingeschobenen S-Pulse wird durch den zweiten PFG die Phasenkohärenz und somit die transversale Magnetisierung bei der Resonanzfrequenz des Lösungsmittels endgültig aufgehoben, bei allen anderen Resonanzfrequenzen aber wieder aufgebaut. Das Ergebnis ist ein *Gradientenecho*, das für alle Resonanzfrequenzen außer der des Lösungsmittels auftritt. Das Resonanzsignal des Lösungsmittels wird also eliminiert, während alle anderen Resonanzsignale erhalten bleiben.

Neben dem Abbau von Phasenkohärenzen und somit transversaler Magnetisierung können gepulste Feldgradienten auch zur Selektion einer spezifischen Kohärenzordnung genutzt werden. Die Selektion einer Kohärenzordnung durch Phasenzyklisierung umfasst zwangsläufig viele Scans, bei denen die Phase der eingestrahlten Pulse 4, 16 oder 64 Variationen wie zum Beispiel x, $-x$, y und $-y$ durchläuft. Eine volle Ausnutzung der Phasenzyklisierung ist daher zeitaufwendig. Die Entwicklung von Null-, Ein- oder Doppelquantenkohärenzen hängt von der Geschwindigkeit der verschiedenen Prozesse ab, die zum Abbau der Phasenkohärenz beitragen. Der gezielte Einsatz von PFGs ermöglicht daher die Selektion einer bestimmten Kohärenzordnung ohne die vielfach wiederholten Scans der Phasenzyklisierung. Beim invers detektierten HMQC-Experiment muss beispielsweise das Einquantenkohärenz-Signal der Protonen, die mit einem ^{12}C-Kern (oder ^{14}N-Kern) verknüpft sind, unterdrückt werden, während das Mehrquantenkohärenz-Signal der Protonen, die mit ^{13}C-Kernen (oder ^{15}N-Kernen) verbunden sind, erhalten und detektiert werden soll. Bei der Phasenzyklisierung erreicht man diese Selektion einer Kohärenzordnung durch die Messung der Differenz zwischen zwei starken Signalen. Die PFG-Methoden selektieren und messen das kleine Differenzsignal direkt in einem einzelnen Scan.

Auch für die meisten 1D- und 2D-Experimente, die wir in den Kapiteln 5 und 6 diskutiert haben, sind Verfahren mit gepulsten Feldgradienten (PFGs) entworfen worden. Diese Verfahren spielen insbesondere für das INADEQUATE- und alle gängigen 2D-Experimente sowie für die spektrale Editierung eine bedeutende Rolle. Eine PFG-Kombination von DEPT- und HMQC-Experiment führt zur Editierung der Signale in **^{1}H**-NMR-Spektren in Abhängigkeit davon, wie viele Protonen das Kohlenstoffatom trägt, mit dem das jeweilige Proton verknüpft ist. Eine PFG-basierte Mehrquantenfiltration, die zur Entwicklung von Doppel-, Drei- oder Vierquantenkohärenzen führt, liefert ^{1}H-NMR-Spektren, die nur CH-, CH_2- beziehungsweise CH_3-Resonanzsignale enthalten. Durch

Breitband-Entkopplung werden die Kopplungen der Protonen zu ^{13}C-Kernen eliminiert, während die Kopplungen zwischen Protonen erhalten bleiben. ► Abbildung 6.40 zeigt das Ergebnis dieses Experiments für Brucin (**6-3**).

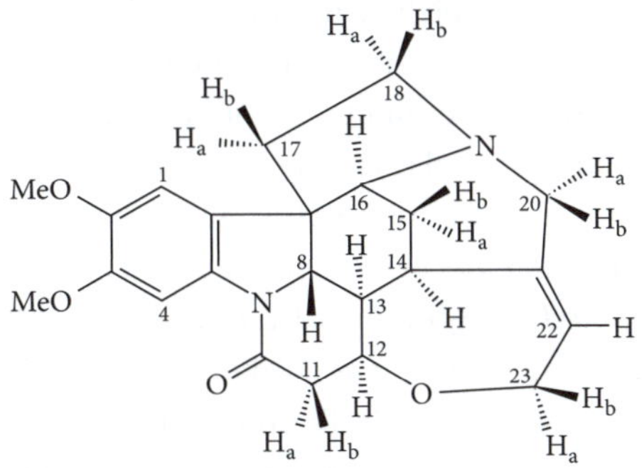

6-3

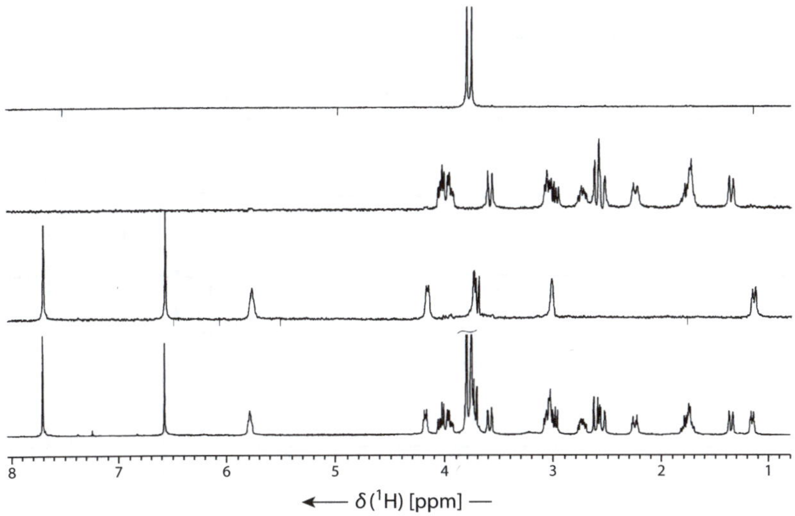

Abbildung 6.40: Editierung des ^{1}H-NMR-Spektrums von Brucin (6-3) in Subspektren für CH_3, CH_2 und CH (von oben nach unten). Ganz unten ist das vollständige ^{1}H-NMR-Spektrum abgebildet. (Mit freundlicher Genehmigung von: Parella, T., Sánchez-Ferrando, F. und Virgili, A. 1995. *J. Magn. Reson. A* **117**: 80.)

Gepulste Feldgradienten können außerdem zur Optimierung des NOE-Experiments dienen. Das 2D-NOESY-Experiment ist zur Analyse räumlicher Nachbarschaftsbeziehungen in großen Molekülen wie Proteinen sehr hilfreich. Bei kleinen Molekülen sind die Signalverstärkungen durch die NOEs aber kleiner. Für kleine Moleküle kann das 1D-NOE-Experiment daher besser geeignet sein. Mithilfe des in Abschnitt 5.4 beschriebenen Differenz-NOE-Experiments konnte die Nachweisgrenze für ^{1}H-NOEs von etwa fünf auf etwa ein Prozent gesenkt werden. Das Experiment unterliegt allerdings Störungen, die durch die unvollständige Differenzbildung zwischen dem normalen und dem durch NOEs veränderten NMR-Spektrum entstehen. Solche Artefakte schränken die Anwendbarkeit der Differenz-NOE-Methode ein. Durch den Einsatz von PFG-Paaren können ohne Differenzverfahren allein die Intensitätsveränderungen durch NOEs gemessen werden. Diese Prozedur wird als *Excitation-Sculpting* bezeichnet und umfasst eine Pulsfolge des allgemeinen Typs G1 – S – G1 – G2 – S – G2, in der S einen selektiven Inversionspuls oder eine selektive Sequenz von Pulsen (zum Beispiel zur Erzeugung eines NOE) repräsentiert. Auf die selektierten Spins wirken die beiden identischen Gradientenpulse G1 entgegengesetzt und führen somit zur Wiederherstellung der zunächst verringerten Phasenkohärenz und somit der transversalen Magnetisierung, was mit einem Gradientenecho verbunden ist. Die Phasenkohärenz von Spins außerhalb des selektierten Frequenzbereichs wird durch die kumulative Wirkung der beiden G1-PFGs vollständig aufgehoben. Nach dem ersten Gradientenecho sind also alle Resonanzen bis auf die im selektierten Frequenzbereich eliminiert worden. Da die Phasen der S-Pulse eine gewisse Ungenauigkeit aufweisen können, wird das Gradientenecho noch einmal mit einem Gradienten anderer Stärke (G2) wiederholt, um die ungewollte Wiederherstellung von Phasenkohärenzen in Frequenzbereichen zu vermeiden, die eigentlich nicht selektiert werden sollten. Die resultierende Pulssequenz wird *Double-PFG-Spin-Echo-Experiment* (DPFGSE-Experiment) genannt. In der Praxis wird der Sequenz ein nichtselektiver 90°-Puls vorangeschaltet. Dadurch wird die Magnetisierung aller Kerne in die *x,y*-Ebene gedreht und die Gradientenpulse führen anschließend zur Aufhebung der Phasenkohärenz aller Resonanzen, außer derjenigen, die durch die S-Pulse selektiert wurden.

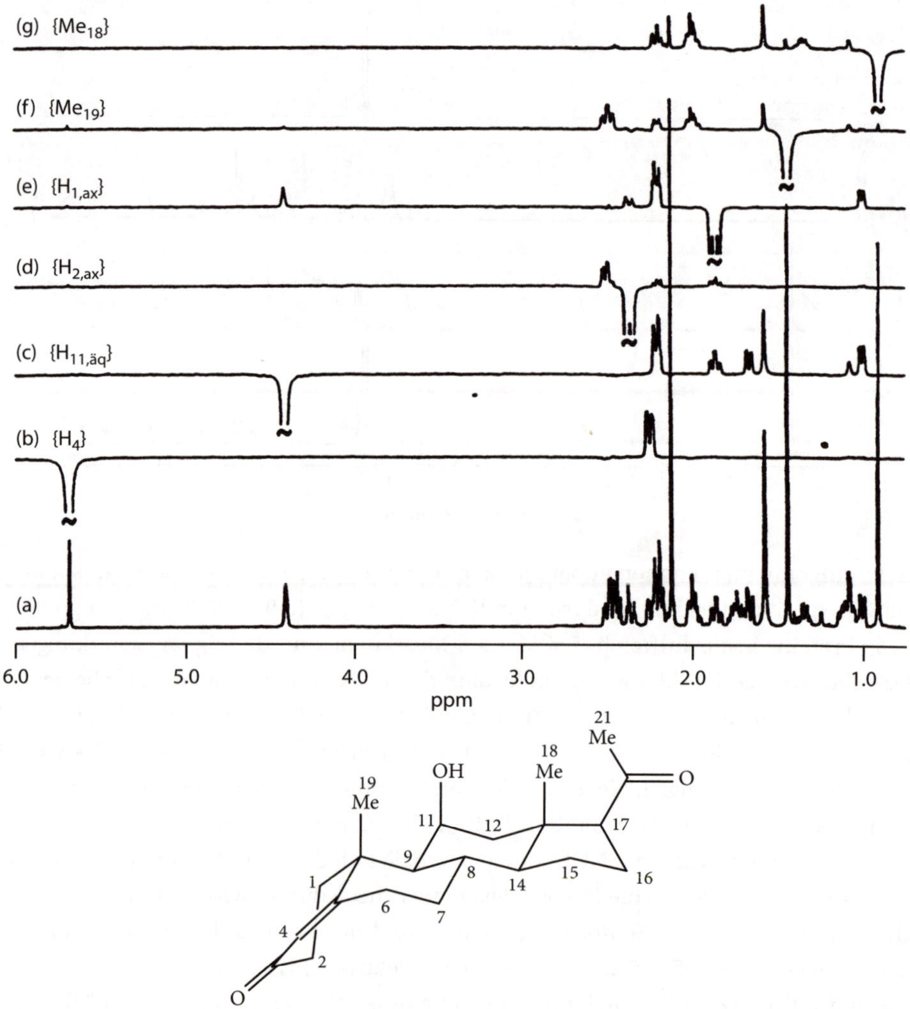

Abbildung 6.41: Ergebnisse von DPFGSE-NOE-Experimenten. Die Abbildungen (b) bis (g) zeigen die DPFGSE-NOE-Spektren für die selektive Anregung verschiedener Protonen von 11β-Hydroxyprogesteron. Unter (a) ist das normale ^{1}H-NMR-Spektrum der Verbindung dargestellt. (Mit freundlicher Genehmigung von: Stott, K., Keeler, J., Van, Q.N. und Shaka, A.J. 1997. *J. Magn. Reson. A* **125**: 322.)

Wenn im Anschluss an die PFG-Paare eine Mischzeit τ_m in die Pulsfolge eingeschoben wird, die den Aufbau von NOEs ermöglicht, die durch die S-Pulse erzeugt werden, können schließlich nur noch die Resonanzen detektiert werden, die von den NOEs stammen. Für alle anderen Resonanzen wurde die Phasenkohärenz und somit die messbare transversale Magnetisierung zuvor eliminiert. Zwischen der Mischzeit und dem abschließenden 90°-Beobachtungspuls erfolgt noch ein weiterer Gradientenpuls (G3), um störende transversale Restmagnetisierung zu entfernen. Die vollständige Pulsfolge lautet daher folgendermaßen: $90°_x - G1 - S - G1 - G2 - S - G2 - 90°_x - \tau_m - G3 - 90°_x - t$ (Akquisition). S ist ein selektiver Puls zur Anregung des Zielkerns und die Länge von τ_m wird für den Aufbau des NOEs optimiert. ▶ Abbildung 6.41 zeigt das Ergebnis dieses Experiments für 11β-Hydroxyprogesteron (siehe auch Abbildung 5.12). Das unterste Spektrum (a) entspricht dem normalen ^{1}H-NMR-Spektrum. Die anderen Spektren sind verschiedene DPFGSE-NOE-Spektren, bei denen unterschiedliche Protonen zur Erzeugung von NOEs selektiv angeregt worden sind. Diese Spektren sind direkt gemessen und nicht nachträglich durch eine Differenzmethode ermittelt worden. Sie enthalten nur NOE-verstärkte Resonanzen. Mithilfe dieser Methode kann die Nachweisgrenze leicht auf NOEs von nur 0,1 Prozent gesenkt werden – aber sogar sehr kleine NOEs von nur 0,02 Prozent sind auf diese Weise bereits gemessen worden.

In der DPFGSE-Version der WATERGATE-Sequenz [G1 – S – G1 – G2 – S – G2 – t (Akquisition)] kann das Excitation-Sculpting zur Lösungsmittelunterdrückung genutzt werden. Dabei wird durch S die Resonanzfrequenz des Lösungsmittels zur Aufhebung der Phasenkohärenz selektiert, während die Phasenkohärenz aller anderen Frequenzen wiederhergestellt wird. ▶ Abbildung 6.42 zeigt die resultierenden Ergebnisse für eine 2 mM Saccharose-Lösung in einem 9:1-H_2O/D_2O-Gemisch.

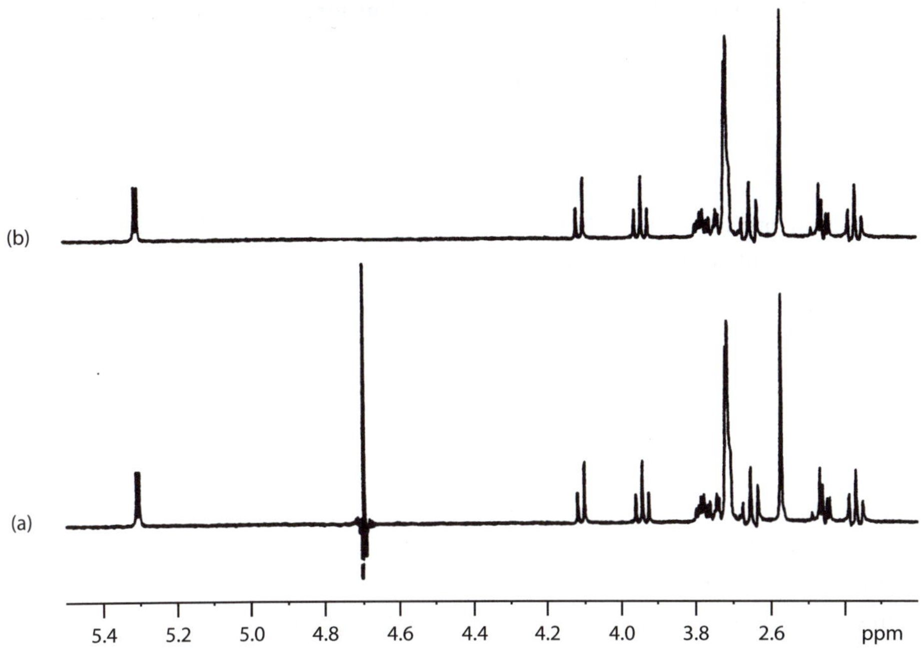

Abbildung 6.42: Beispiele für die Lösungsmittelunterdrückung mithilfe der DPFGSE-Version der WATERGATE-Sequenz. (a) Reduktion des Wassersignals einer 2mM Saccharose-Lösung in einem 9:1-H_2O/D_2O-Gemisch durch Excitation-Sculpting. (b) In diesem Spektrum wurde das Wassersignal aus (a) durch eine weitere Prozessierung vollständig eliminiert. (Aus: Claridge, T.D.W. 1999: *High-Resolution NMR Techniques in Organic Chemistry*. Pergamon Press, Amsterdam, S. 365.)

6.7 Diffusionsaufgelöste NMR-Spektroskopie – DOSY

Im Folgenden werden wir eine Familie von NMR-Experimenten diskutieren, die sich von den bisher in diesem Buch beschriebenen Verfahren grundsätzlich unterscheidet. Mithilfe der diffusionsaufgelösten NMR-Spektroskopie oder kurz DOSY (engl. *Diffusion Ordered SpectroscopY*) können die unterschiedlichen Diffusionseigenschaften verschiedener Moleküle untersucht werden. Die magnetischen Eigenschaften von Molekülen werden erheblich durch die Bewegungen der Moleküle beeinflusst. Die meisten Relaxationsmechanismen beruhen beispielsweise auf Rotationsbewegungen, durch die fluktuierende Magnetfelder erzeugt werden (siehe Abschnitt 5.1). In einem inhomogenen Feld, wie es zum Beispiel durch einen gepulsten Feldgradienten hervorgerufen wird (siehe Abbildung 6.39), kann ein Molekül durch seine Translationsbewegung von einem Ort mit einer bestimmten magnetischen Flussdichte zu einem Ort anderer magnetischer Flussdichte wandern. Wie schnell sich die magnetische Flussdichte des äußeren Gradientenfeldes für eine Molekülsorte dabei im Mittel ändert, hängt folglich von deren Diffusionskoeffizienten ab. Andere äußere Einflüsse der Umgebung auf die molekulare Diffusion, wie die Temperatur oder die Viskosität des Mediums, sind in der Lösung innerhalb eines NMR-Probenröhrchens normalerweise für alle Moleküle gleich. Somit sind die Unterschiede in den Diffusionseigenschaften verschiedener Moleküle hauptsächlich eine Funktion der Molekülgröße und Molekülgestalt. Verschiedene Komponenten einer Lösung zeigen demgemäß unterschiedliche Diffusionsgeschwindigkeiten und Antworten auf einen Feldgradienten. Zur Untersuchung dieser Unterschiede sind verschiedene DOSY-Experimente entwickelt worden, mit denen die NMR-Signale der verschiedenen Komponenten in einer Dimension in Abhängigkeit von den Diffusionseigenschaften getrennt werden können.

Die Intensität I_A des Signals einer Komponente A in einer Lösung kann dabei mithilfe von Gleichung 6.3 beschrieben werden.

$$I_A = I_A(0)\, e^{-D_A Z} \tag{6.3}$$

In Gleichung 6.3 entsprechen $I_A(0)$ der Intensität des Signals im normalen 1D-NMR-Spektrum ohne Feldgradienten, I_A der Intensität des Signals in Anwesenheit eines Gradienten der Formel Z und D_A dem Diffusionskoeffizienten der Komponente A. Da der Gradient Z für alle Komponenten gleich ist, hängt das Verhältnis der Signalintensitäten mit und ohne Feldgradient der verschiedenen Komponenten nur noch von deren Diffusionskoeffizienten D_i ab. Es gibt viele DOSY-Experimente, wobei die Kunst des Experiments in der Natur der Gradientenfunktion Z liegt. In der Regel wird eine Reihe von Spektren für verschiedene Amplituden des Gradienten aufgenommen: Je stärker der Gradient ist, desto kleiner wird die Intensität der einzelnen Signale. Die einfache Fourier-Transformation des FID all dieser Spektren liefert dann für jede Komponente eine Reihe von Signalintensitäten als Funktion des Gradienten Z. Aus diesen Frequenzspektren kann analog zu Abbildung 6.3 eine 2D-Darstellung zusammengesetzt werden, in der die horizontale Achse ebenfalls die normale 1D-Frequenzdimension repräsentiert. Allerdings gibt es in diesem Fall zwei Unterschiede zu Abbildung 6.3: (1) Auf der vertikalen Achse wird die Gradientenamplitude aufgetragen. (2) Die Signalintensitäten entwickeln sich in vertikaler Richtung nicht sinusoidal, sondern fallen exponentiell ab. Tatsächlich enthält diese Darstellung für jedes Resonanzsignal eines Moleküls oder der Moleküle einer Mischung in vertikaler Richtung Signale, deren Intensität einer solchen exponentiellen Abklingkurve folgen. Die Signalintensität besitzt für einen Gradienten von null am unteren Rand der Darstellung ihren Maximalwert und sinkt bis zum oberen Rand für den maximalen Gradienten bis auf einen sehr kleinen Wert ab.

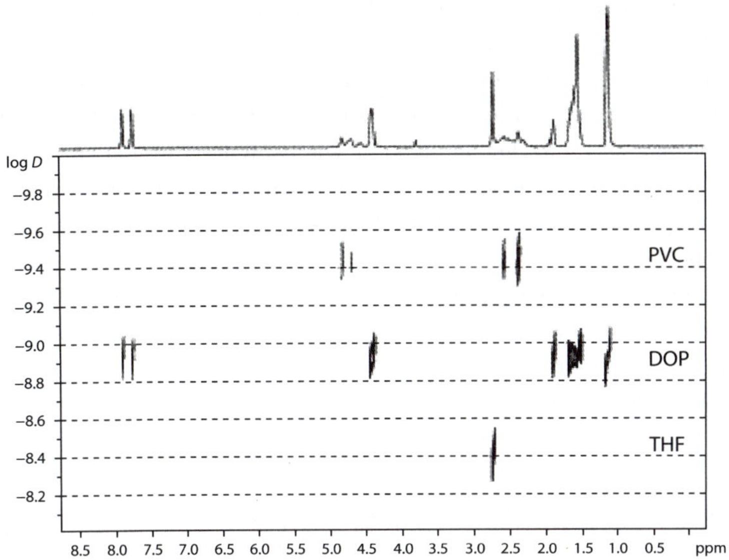

Abbildung 6.43: Das DOSY-Spektrum eines Gemisches aus Polyvinylchlorid (PVC), Dioctylphthalat (DOP) und Tetrahydrofuran (THF). (Mit freundlicher Genehmigung von: Ahn, S., Kim, E.-H. und Lee, C. 2005. *Bull. Korean Chem. Soc.* **26**: 332.)

Wegen des einfachen exponentiellen statt sinusoidalen Verlaufs in vertikaler Richtung wird in der vertikalen Dimension keine Fourier-Transformation, sondern eine so genannte *DOSY-Transformation* durchgeführt. Dabei werden die Daten statt in eine Frequenzdomäne in eine Diffusionsdomäne überführt. Es existieren zahlreiche mathematische Verfahren zur Durchführung von DOSY-Transformationen, wie zum Beispiel exponentielle Anpassungen oder multivariate Analysen. Das Gesamtergebnis ähnelt einem herkömmlichen 2D-Konturdiagramm mit einer horizontalen Frequenzachse. Die vertikale Achse spiegelt jetzt allerdings die Diffusionskonstante der Komponente wider, die das jeweilige Signal verursacht. ▶ Abbildung 6.43 zeigt ein solches DOSY-Spektrum für ein Gemisch aus drei Komponenten – einer Lösung von Dioctylphthalat (DOP) und Polyvinylchlorid (PVC) in Tetrahydrofuran (THF). Das normale ^{1}H-NMR-Spektrum ist oberhalb des 2D-Spektrums in horizontaler Richtung abgebildet. Kreuzpeaks treten an Punkten des 2D-Spektrums auf, deren Koordinaten in horizontaler Richtung jeweils einer der Resonanzfrequenzen der zugehörigen Komponente und in vertikaler Richtung der Diffusionskonstante der zugehörigen Komponente entsprechen. Da jede Komponenten mit einer anderen Geschwindigkeit diffundiert, erscheint im 2D-Diagramm folglich für jede Komponente eine horizontale Reihe von Resonanzsignalen bei einem spezifischen Wert auf der vertikalen Diffusionsachse. Die Signale der schneller diffundierenden Komponenten liegen im 2D-Spektrum weiter unten als die Signale langsamer diffundierender Komponenten. Aus dem Spektrum in Abbildung 6.43 kann anhand der vertikalen Positionen abgelesen werden, dass THF am schnellsten und PVC am langsamsten diffundiert – also so, wie nach den Molekülgrößen zu erwarten war. Darüber hinaus konnte die in vertikaler Richtung mittlere Signalreihe auch aufgrund der Existenz von Signalen im aromatischen Frequenzbereich der Komponente DOP zugeordnet werden. Die Projektion des Spektrums auf die vertikale Achse liefert das Äquivalent eines Chromatogramms, in dem jede Komponente durch einen einzelnen Peak auf der Diffusionsachse repräsentiert wird, dessen Position die Diffusionskonstante der Komponente widerspiegelt. Aus den Intensitätsverhältnissen der Peaks in diesem Chromatogrammäquivalent kann bei Berücksichtigung der unterschiedlichen Protonenzahlen der verschiedenen Komponenten die Zusammensetzung des Gemisches ermittelt werden. Im Idealfall können alle Komponenten in vertikaler Richtung getrennt werden, so dass die horizontalen Querschnitte durch das 2D-Spektrum an den vertikalen Positionen der einzelnen Komponenten die *separaten* ^{1}H-NMR-Spektren der verschiedenen Komponenten ergeben. Durch das DOSY-Experiment erhält man also das gleiche Ergebnis wie bei einer chromatographischen Trennung des Gemisches, der Aufreinigung der einzelnen Komponenten und ihrer anschließenden separaten ^{1}H-NMR-spektroskopischen Vermessung. Beim DOSY-Experiment erfolgt allerdings keine tatsächliche physikalische Trennung der Komponenten. Dafür ist aber auch nur die einfache, schnelle Probenvorbereitung wie bei einem normalen NMR-Experiment erforderlich. Die Fähigkeit der DOSY-Experimente zur Auftrennung der Signale eines Substanzgemisches nach den Diffusionskoeffizienten und somit der Größe und Gestalt der Moleküle der einzelnen Komponenten hat zu einer ganzen Reihe neuer Anwendungen geführt.

Zusammenfassung der 2D-NMR-Experimente

Dem NMR-Spektroskopiker steht heute eine fast schon verwirrend große Zahl von verschiedenen 2D-Verfahren zur Verfügung. In diesem Kapitel haben wir einige der am häufigsten durchgeführten 2D-NMR-Experimente beschrieben. Eine routinemäßige Strukturaufklärung mithilfe der NMR-Spektroskopie beginnt mit der Messung der üblichen eindimensionalen ^{1}H- und ^{13}C-NMR-Spektren. In diesen Spektren können viele Resonanzen meist schon gemäß den Grundlagen und strukturellen Abhängigkeiten von chemischen Verschiebungen und Kopplungskonstanten, die wir in den Kapiteln 3 und 4 diskutiert haben, zugeordnet werden. Auf zweidimensionale NMR-Experimente greift man in der Regel erst dann zurück, wenn die herkömmlichen eindimensionalen NMR-Spektren nicht für eine vollständige Zuordnung ausreichen. Manche Arten der spektralen Editierung, wie beispielsweise die DEPT-Pulsfolge, können bei der Ermittlung der Anzahl der Protonen an den einzelnen Kohlenstoffatomen behilflich sein (siehe Abschnitt 5.5). Unter den 2D-NMR-Experimenten liefern die HETCOR- oder die HMQC-Pulssequenz die Korrelationen zwischen ^{13}C- und ^{1}H-Resonanzsignalen, wodurch außerdem möglicherweise die strukturelle Zuordnung der ^{1}H-Resonanzsignale vervollständigt werden kann.

Weitere 2D-NMR-Experimente sind notwendig, wenn die Struktur durch die Zuordnung von Signalen zu den Atomen von hypothetischen oder erwarteten Strukturen nicht abgeleitet werden kann. Das COSY-Experiment bildet die Arbeitsgrundlage für das Zusammensetzen der Struktur mithilfe von ^{1}H–^{1}H-Korrelationen, die auf Spin-Spin-Kopplungen (^{2}J und ^{3}J) beruhen. In kleinen Molekülen existieren manchmal nicht genug solcher vicinaler oder geminaler Kopplungsbeziehungen, um aus dem COSY-Spektrum echten Nutzen ziehen zu können. Das analoge Experiment zur Detektion weitreichender Kopplungen (Long-Range-COSY) kann erforderlich sein, um die Konnektivitäten zwischen Molekülteilen zu bestimmen, die nicht über vicinale ^1H–^1H-Kopplungen korreliert sind – wie zum Beispiel zwischen zwei Ringen, zwei Substituenten an einem Ring oder zwei Molekülteilen, die durch ein Heteroatom oder eine Carbonylgruppe verbunden sind.

Für die Strukturanalyse größerer Moleküle sind häufig zusätzliche 2D-NMR-Experimente erforderlich. Wenn beispielsweise infolge der Molekülgröße viele Peaks auf und nahe der Diagonale akkumulieren und sich überlagern, kann die Region auf und entlang der Diagonale durch die Eliminierung der Diagonalpeaks mithilfe eines COSY-45- oder eines DQF-COSY-Experiments vereinfacht werden. Bei noch größeren Molekülen können TOCSY- oder Relayed-COSY-Experimente oftmals wertvolle zusätzliche Strukturdaten liefern. Weitreichende Kopplungsbeziehungen zwischen Protonen und Kohlenstoffatomen können mithilfe des HMBC-Experiments identifiziert werden. Diese Informationen tragen bei der Strukturaufklärung häufig maßgeblich zur Zusammensetzung von Strukturelementen rund um quartäre Kohlenstoffatome bei. Sollen ^1H–^1H-Kopplungskonstanten möglichst genau gemessen werden, kommen *J*-aufgelöste 2D-NMR-Spektren oder DQF-COSY-Spektren zum Einsatz.

Das NOESY-Experiment liefert Informationen über räumliche Nachbarschaftsbeziehungen zwischen Protonen, wobei die Länge des Bindungspfades zwischen den Protonen keine Rolle spielt. Es dient daher meist zur Unterscheidung von Molekülen mit eindeutigen stereochemischen Differenzen. Für große Moleküle bietet das ROESY-Experiment einige Vorteile gegenüber dem NOESY-Experiment, da es weniger empfindlich bezüglich Störungen durch Spindiffusionen ist. Das eng verwandte EXSY-Experiment wird nur zur Untersuchung von chemischen Austauschprozessen verwendet, um die Informationen aus eindimensionalen Experimenten zu ergänzen.

Das 2D-INADEQUATE-Experiment und das INEPT-INADEQUATE-Experiment sind sehr zeitaufwendig und erfordern daher besonders viel der kostbaren Messzeit. Sie dienen deshalb in der Regel nur als letzter Ausweg, wenn die anderen Methoden keine vollständige Aufklärung der Struktur ermöglichen. Das kann insbesondere bei bestimmten strukturellen Elementen der Fall sein, die in den anderen 2D-NMR-Spektren keine Signale erzeugen, durch diese Verfahren aber gut zugänglich sind. Dabei handelt es sich zum Beispiel um Struktureinheiten, die aus mehreren direkt miteinander verknüpften, quartären Kohlenstoffatomen und/oder anderen Heteroatomen, die keine Protonen tragen, bestehen.

Kupce und Freeman haben ein Experiment entwickelt, dessen Pulsfolge gleich mehrere der 2D-Methoden in sich vereinigt und PANACEA (engl. *Parallel Acquisition Nuclear magnetic resonance All-in-one Combination of Experimental Application*) genannt wird. Dieses einzelne Experiment erzeugt das 1D-^{13}C-, das 2D-INADEQUATE-, das HSQC- und das HMBC-Spektrum bei einer einzigen Messung über etwa neun Stunden für 10 mg einer Substanz mit einer Molekülmasse von mehreren Hundert Dalton.

Literaturhinweise

Siehe auch Literaturhinweise auf allgemeine Texte zur NMR-Spektroskopie in den vorangegangenen Kapiteln.

Allgemein

Bax, A. 1982: *Two-Dimensional Nuclear Magnetic Resonance in Liquids.* D. Reidel Publishing, Boston.

Ernst, R.R., Bodenhausen, G. und Wokaun, A. 1987: *Principles of Nuclear Magnetic Resonance in One and Two Dimensions.* Oxford University Press, Oxford, UK.

Martin, G.E. und Zektzer, A.S. 1988: *Two-Dimensional NMR Methods for Establishing Molecular Connectivity.* VCH, New York.

Schraml, J. und Bellama, J.M. 1988: *Two-Dimensional NMR Spectroscopy.* Wiley-Interscience, New York.

Nakanishi, K. 1990: *One-Dimensional and Two-Dimensional NMR Spectra by Modern Pulse Techniques.* University Science Books, Mill Valley, Kalifornien.

Croasmun, R.R. und Carlson, R.M.K. (Hrsg.) 1994: *Two-Dimensional NMR Spectroscopy.* 2. Aufl., VCH, New York.

Van de Ven, F.J.M. 1995: *Multidimensional NMR in Liquids.* VCH, New York.

Evans, J.N.S. 1995: *Biomolecular NMR Spectroscopy.* Oxford University Press, Oxford, UK.

Atta-ur-Rahman und Choudhary, M.I. 1996: *Solving Problems with NMR Spectroscopy.* Academic Press, San Diego.

Friebolin, H. 2005: *Ein- und zweidimensionale NMR-Spektroskopie.* 4. Aufl., Wiley-VCH, Weinheim.

Simpson, J.H. 2008: *Organic Structure Determination Using 2-D NMR Spectroscopy.* Academic Press, San Diego.

COSY

Kumar, A. 1988. *Bull. Magn. Reson.* **10**: 96–118.

Long-Range-HETCOR

Martin, G.E. und Zektzer, A.S. 1990. *Magn. Reson. Chem.* **26**: 631–652.

HMBC

Martin, G.E. 2002. *Ann. Rev. NMR Spectrosc.* **46**: 36–100.

HOESY

Yemloul, M., Bouguet-Bonnet, S., Aï cha Ba, L., Kirsch, G. und Canet, D. 2008. *Magn. Reson. Chem.* **46**: 939–942.

EXSY

Orrell, K.G., Sik, V. und Stephenson, D. 1990. *Progr. NMR Spectrosc.* **22**: 141.

Perrin, C.L. und Dwyer, T.J. 1990. *Chem. Rev.* **90**: 935–967.

2D-INADEQUATE

Buddrus, J. und Lambert, J. 2002. *Magn. Reson. Chem.* **40**: 3–23.

Mehrquantenkohärenz-Methoden

Norwood, T.J. 1992. *Progr. NMR Spectrosc.* **24**: 295–375.

Gepulste Feldgradienten

Price, W.S. 1996. *Ann. Rev. NMR Spectrosc.* **32**: 51–142.

Parella, T. 1996. *Magn. Reson. Chem.* **34**: 329–347.

Stott, K., Keeler, J., Yan, Q.-N. und Shaka, A.J. 1997. *J. Magn. Reson. A* **125**: 302–324.

DOSY

Johnson, C.S. 1999. *Progr. NMR Spectrosc.* **34**: 203–256.

Cohen, Y., Avram, L. und Frish, L. 2005. *Angew. Chem.* **117**: 524–560.

PANACEA

Kupce, E. und Freeman, R. 2008. *J. Am. Chem. Soc.* **130**: 10788–10792.

TEIL II

Massenspektrometrie

II

Instrumentelle und physikalisch-chemische Grundlagen der Massenspektrometrie

7

ÜBERBLICK

Nach der Durcharbeitung dieses Kapitels werden Sie

- mit den Prinzipien der Massenspektrometrie vertraut sein,
- die physikalischen und chemischen Grundlagen verschiedener Ionisierungsmethoden sowie den Aufbau der zugehörigen Ionenquellen kennen gelernt haben,
- die grundlegende Funktionsweise einer Reihe von Massenanalysatoren verstanden haben,
- die Eigenschaften der verschiedenen Ionenquellen und Massenanalysatoren kennen und ihre Eignung für spezifische Fragestellungen abschätzen können,
- sich einführend mit der Leistungssteigerung von Massenspektrometern durch die Kombination von verschiedenen Bestandteilen zu Hybridinstrumenten beschäftigt haben,
- gelernt haben, wie Proben für die massenspektrometrische Analyse vorbereitet werden, und
- einen Einblick in die Kopplung von chromatographischen Trennmethoden mit Massenspektrometern gewonnen haben.

7.1 Einleitung

Die Massenspektrometrie (kurz MS) repräsentiert unter den spektroskopischen und spektrometrischen Methoden in der organischen Chemie heute wahrscheinlich diejenige, deren Entwicklung am schnellsten voranschreitet. Es ist daher schwierig, mit der Vielzahl technischer Innovationen Schritt zu halten, die Jahr für Jahr publiziert werden. Ein zehn Jahre altes Massenspektrometer kann unter dem Eindruck der umfangreichen Fähigkeiten eines modernen Gerätes schon fast veraltet erscheinen. Methodische Fortschritte wurden vor allem bei der Art der Erzeugung, der Massenbestimmung und der Detektion der Ionen erzielt. In den letzten Jahrzehnten wurden vollkommen neue Typen von Massenspektrometern routinemäßig verfügbar und durch die Verknüpfung bereits existierender Verfahren sind völlig neue Gerätekombinationen entwickelt worden. Trotz all dieser Neuerungen und technischen Entwicklungen bleiben die grundlegenden chemischen Informationen, die mithilfe der Massenspektrometrie gewonnen werden, bemerkenswert einfach. Ein Massenspektrum zeigt nur die Massen beziehungsweise die Masse/Ladungs-Verhältnisse verschiedener elektrisch geladener molekularer Spezies. Wie können solche scheinbar einfachen Daten zur Lösung einer so großen Vielfalt analytischer Fragestellungen dienen? Bei der massenspektrometrischen Analyse werden nicht nur die Massen intakter Moleküle beziehungsweise Molekül-Ionen des Analyten ermittelt. Vielmehr finden im Massenspektrometer auch chemische Reaktionen – hauptsächlich Fragmentierungen der Ionen – statt, die anhand der gemessenen Massen der Edukte und Produkte verfolgt werden können und damit Rückschlüsse auf die Strukturen der ursprünglichen Moleküle zulassen. Dadurch ermöglicht die Massenspektrometrie die Lösung komplexer strukturanalytischer Problemstellungen. Am wichtigsten ist dabei die Tatsache, dass die Ionen organischer Moleküle unter gleichen experimentellen Bedingungen auf reproduzierbare, chemisch nachvollziehbare beziehungsweise vorhersagbare Weise zerfallen, wobei die Art der Fragmentierungsreaktionen unter anderem von den Strukturelementen und funktionellen Gruppen der Analytmoleküle abhängt. Daher können auf der Grundlage der Fragmentierungsmuster sehr verlässliche Aussagen zur molekularen Struktur des Analyten und seiner Fragment-Ionen getroffen werden. Darüber hinaus kann eine gegebene Substanz unter einer Vielzahl verschiedener experimenteller Bedingungen untersucht werden. Auf diese Weise ist eine zusätzliche Bestätigung der Struktur möglich, wenn sie mit den verschiedenen Spektren in Einklang steht. Im Fall eines biologischen Makromoleküls, wie zum Beispiel eines Proteins, können Tausende von Spektren in Verbindung mit einer leistungsfähigen Bioinformatik-Software zur Ermittlung seiner Identität genutzt werden. In den folgenden Kapiteln werden wir uns damit beschäftigen, wie die Massenspektrometrie zur Lösung verschiedenster strukturanalytischer Fragestellungen in der organischen und bioorganischen Chemie beitragen kann.

Grundlegende Schritte der massenspektrometrischen Analyse

Die massenspektrometrische Analyse umfasst drei grundlegende Schritte: (1) die Bildung beziehungsweise Erzeugung von Ionen des Analyten (Ionisierung), (2) die räumliche oder zeitliche Trennung der verschiedenen Ionen nach ihrem Masse/Ladungs-Verhältnis m/z (Massenanalyse; z ist die Ladungszahl, *nicht* die tatsächliche Ladung) und (3) die Detektion der nach ihren m/z-Werten sortierten Ionen. Der erste Schritt, die Ionisierung, ist notwendig, weil nur *geladene* Teilchen durch elektrische und magnetische Felder, die in allen Massenanalysatoren zur Trennung der Teilchen nach ihrem Masse/Ladungs-Verhältnis zum Einsatz kommen, in ihrer Bewegung gezielt beeinflusst und somit getrennt werden können. Dabei werden im zweiten Schritt in den verschiedenen Massenanalysatoren ganz unterschiedliche ionenphysikalische Prinzipien zur Auftrennung von Ionengemischen fast beliebiger Komplexität in die einzelnen Masse/Ladungs-Komponenten genutzt. Die Ionen können zum Beispiel nach einer definierten Beschleunigung durch ein evakuiertes Rohr fliegen und an dessen Ende in Abhängigkeit von ihrer Geschwindigkeit beziehungsweise Flugzeit nacheinander detektiert werden. In anderen Massenanalysatoren werden die Ionen auf einer (näherungsweise) kreisförmigen Flugbahn gefangen und können gemäß ihrer unterschiedlichen Kreisfrequenzen bestimmten m/z-Werten zugeordnet werden. Im dritten Schritt müssen die bewegten Ionen schließlich in geeigneten Detektoren elektrische Ströme oder Potenziale erzeugen, um auf diese Weise nachgewiesen werden zu können. Der Prozess der Ionendetektion ermöglicht eine enorme Verstärkung der Signale und spielt für die hohe Empfindlichkeit und die niedrigen Nachweisgrenzen von Massenspektrometern eine große Rolle.

Durch die Massenspektrometrie lösbare Fragestellungen

Eines der Haupteinsatzgebiete der Massenspektrometrie besteht in der Verifizierung von chemischen Strukturen. Mithilfe der Massenspektrometrie kann die genaue Molekülmasse des Analyten und daraus seine Elementarzusammensetzung und somit seine Summenformel ermittelt werden. Ein Strukturvorschlag kann nur zutreffen, wenn er mit dieser Summenformel in Einklang steht. Der Abgleich zwischen der massenspektrometrisch bestimmten Summenformel und einem Strukturvorschlag stellt einen Routineschritt bei der strukturellen Charakterisierung neuer Syntheseprodukte oder Naturstoffe dar. Die Massenspektrometrie kann aber nicht nur die Molekülmasse, sondern auch andere wertvolle strukturelle Informationen liefern. Wie bereits erwähnt unterliegen die Ionen im Massenspektrometer unter den verschiedenen experimentellen Bedingungen einer Vielzahl von Fragmentierungsreaktionen. Auf der Basis früherer Erfahrungen oder des Vergleichs mit den Massenspektren von bekannten Analyten mit ähnlicher Struktur beziehungsweise analogen Strukturelementen sind Vorhersagen zur Art der Fragmentierungen und zur Struktur der Fragment-Ionen einer Substanz möglich. Dieser Ansatz kann auch auf die Untersuchung von sehr komplexen Molekülen, wie beispielsweise Proteinen, ausgedehnt werden. Neben den Beiträgen zur Aufklärung der Struktur von Molekülen können mithilfe der Massenspektrometrie außerdem Informationen über die physikalischen Eigenschaften von Analyten gewonnen werden. Massenspektrometrische Daten sind zum Beispiel zur Abschätzung der Bildungsenthalpien einer großen Zahl von reaktiven Zwischenprodukten verwendet worden und lieferten wichtige Informationen zur genauen Bestimmung von Bindungsenergien. Schließlich kann die Massenspektrometrie auch zur quantitativen Messung der Konzentrationen von Substanzen in komplizierten Mischungen eingesetzt werden. In den nächsten Kapiteln werden wir uns mit all den genannten Anwendungen der Massenspektrometrie näher beschäftigen.

7.2 Ionisierung

Da die massenspektrometrische Analyse nur mit geladenen Teilchen durchgeführt werden kann, muss jedes massenspektrometrische Experiment mit einem Ionisierungsprozess beginnen. Früher stellte die Ionisierung des Analyten häufig noch ein größeres Problem dar, durch das die Anwendungsbreite der Massenspektrometrie auf eine relativ kleine Auswahl von Substanzen beschränkt wurde. Mithilfe der breiten Vielfalt neuer Ionisierungsmethoden, die in den letzten Jahrzehnten entwickelt worden sind, können heute aber nahezu alle molekularen Spezies ionisiert und massenspektrometrisch untersucht werden.

Welche Ionisierungsmethode im Einzelfall am besten geeignet ist, hängt sowohl von der chemischen Natur des Analyten als auch von den Daten ab, die man durch das Experiment gewinnen möchte. In die Entscheidung für eine bestimmte Ionisierungsmethode fließen auch die jeweils gewünschten Eigenschaften der primär erzeugten Ionen ein, wie zum Beispiel ihre Ladung, ihre Elektronenkonfiguration und ihre Überschussenergie. Zur Erzeugung von geradelektronischen (gerade Elektronenzahl) Kationen und Anionen sowie ungeradelektronischen (ungerade Elektronenzahl) Radikalkationen und Radikalanionen aus neutralen Molekülen stehen jeweils verschiedene Verfahren zur Verfügung. Der Ladungszustand (Kation oder Anion), die Elektronenkonfiguration (offene oder abgeschlossene Valenzschale) und die Energie beziehungsweise Überschussenergie der Ionen beeinflussen auf entscheidende Weise die Art der Fragmentierungsreaktionen und folglich die chemischen Informationen, die mithilfe des Experiments erhalten werden. Ein weiterer Parameter, der die Auswahl der Ionisierungsmethode beeinflusst, ist der Aggregatzustand des Analyten. Für die Handhabung von gasförmigen, flüssigen und festen Proben sind jeweils spezifische Verfahren entwickelt worden.

Es gibt hauptsächlich vier grundlegend verschiedene Methoden zur Ionisierung eines Analyten. Die erste und für kleine organische Moleküle immer noch am häufigsten angewandte Methode ist die so genannte **Elektronenionisierung** oder kurz **EI** (engl. *electron ionization*), die früher auch als Elektronenstoßionisierung (engl. *electron impact ionization*) bezeichnet wurde. Dabei werden fast ausschließlich die Radikalkationen der Analytmoleküle gebildet. Die **chemische Ionisierung** oder kurz **CI** (engl. *chemical ionization*) stellt eine Weiterentwicklung der Elektronenionisierung dar und beruht im Allgemeinen auf einer Gasphasenreaktion der Analytmoleküle mit Fremd-Ionen – den so genannten Reaktant-Ionen –, die zuvor entweder direkt oder indirekt durch die Elektronenionisierung eines extra zugeführten Reaktantgases erzeugt worden sind. Die Reaktant-Ionen können Kationen oder Anionen sein, so dass mithilfe der chemischen Ionisierung entweder positiv oder negativ geladene Ionen des Analyten erzeugt werden. Dabei handelt es sich meistens um geradelektronische Ionen. Es gibt allerdings auch CI-Varianten, die Radikal-Ionen hervorbringen. Bei allen EI- und CI-Techniken findet die Ionisierung in der Gasphase statt. Ihre Anwendung ist daher auf Verbindungen mit ausreichend hohem Dampfdruck beschränkt. Um auch die Ionisierung von festen Substanzen mit sehr niedrigem Dampfdruck zu ermöglichen, sind die so genannten **Desorptionsmethoden** entwickelt worden. Diese umfassen eine Vielfalt von Mechanismen zur Erzeugung von geladenen Spezies. In Abhängigkeit von den Bedingungen entstehen dabei Kationen, Anionen oder Komplexe der Analytmoleküle mit einem stabilen, dauerhaft geladenen Ion wie Na^+. Schließlich stehen heute auch die so genannten **Sprayverfahren** zur Verfügung, die zur Ionisierung von Verbindungen in flüssiger Lösung dienen. Dabei liegt der Analyt typischerweise bereits in ionischer Form oder im Komplex mit einem Ion in Lösung vor. Ein besonderes Merkmal der Sprayverfahren ist die Möglichkeit zur routinemäßigen Erzeugung von mehrfach geladenen Ionen. Die genannten Ionisierungsmethoden und einige ihrer Charakteristika sind in ▶ Tabelle 7.1 noch einmal zusammenfassend aufgelistet.

Tabelle 7.1: Ionisierungsmethoden.

Methode	Beispiele	Aggregatzustand des Analyten	Ionentypen	Fragmentierung
Elektronenionisierung	EI	gasförmig	$M^{\bullet +}$	umfangreich
Chemische Ionisierung	CI	gasförmig	$[M + H]^+$, $[M - H]^-$	erheblich bis begrenzt
Desorptionsmethoden	MALDI, FAB, LSIMS	fest	$[M + H]^+$, $[M - H]^-$, $[M + Kat]^+$	begrenzt
Sprayverfahren	ESI, APCI	gelöst	$[M + nH]^{n+}$, $[M - nH]^{n-}$, $[M + nKat]^{n+}$	wenig

Kat^+ steht für ein permanent geladenes Kation wie Na^+ oder R_4N^+; MALDI, FAB und LSIMS: siehe Abschnitt 7.2.3; ESI: siehe Abschnitt 7.2.4; APCI: siehe Abschnitt 7.2.5.

Ein weiterer wichtiger Parameter bei der Ionisierung ist die innere Energie des resultierenden Ions. Bei der Elektronenionisierung (EI) besitzen die ionisierenden Elektronen in der Regel deutlich mehr kinetische Energie, als zur Ionisierung des Analyten erforderlich ist. Deshalb weisen die erzeugten Ionen des Analyten normalerweise eine erhebliche Überschussenergie auf – meist in Form von Schwingungs- und Rotationsenergie, manchmal aber auch als elektronische Energie. Diese Überschussenergie hat umfangreiche Fragmentierungsreaktionen zur Folge. Bei der chemischen Ionisierung (CI) hängt die Energie der primär entstehenden Ionen vor allem von der Natur der chemischen Reaktion ab, die für die Ionisierung verantwortlich ist. Durch die Wahl der spezifischen CI-Methode kann daher die Überschussenergie der Ionen und somit das Ausmaß der Fragmentierungen über einen weiten Bereich gezielt gesteuert werden. Im Gegensatz zu den *harten* Ionisierungsmethoden wie der Elektronenionisierung werden die chemische Ionisierung sowie die Desorptions- und Sprayverfahren häufig auch als *weiche* Ionisierungsmethoden bezeichnet, weil sie die Erzeugung von Ionen mit nur geringer innerer Überschussenergie ermöglichen und die Molekül-Ionen des Analyten infolgedessen nur einer begrenzten oder gar keiner Fragmentierung unterliegen. Bei den Desorptionsmethoden wird ein großer Teil der Energie des Prozesses auf die Umgebung übertragen – meistens eine chemische Matrix, in die der Analyt eingebettet ist –, während nur ein kleiner Teil der Energie als Überschussenergie in den Ionen des Analyten verbleibt. Im Fall der Spraymethoden besitzen die Ionen zunächst fast keine Überschussenergie.

Je nach Substanzklasse des Analyten – vom kleinen Kohlenwasserstoff bis zum biologischen Makromolekül – eignet sich die eine oder andere der genannten Ionisierungsmethoden besonders gut. In den folgenden Abschnitten werden wir die verschiedenen Ionisierungsmethoden detailliert beschreiben.

7.2.1 Elektronenionisierung – EI

Die Elektronenionisierung oder kurz EI (engl. *electron ionization*), die man wie bereits erwähnt früher (nicht ganz korrekt) auch als Elektronenstoßionisierung (engl. *electron impact ionization*) bezeichnet hat, ist eine der einfachsten Ionisierungsmethoden. Sie wurde und wird nach wie vor weitverbreitet bei der Analyse von kleinen organischen Molekülen eingesetzt. Die Stärken der EI-Methode liegen im relativ einfachen apparativen Aufbau, in der einfachen Durchführung, der hohen Reproduzierbarkeit, der Möglichkeit der Erzeugung sowohl von Molekül-Ionen als auch von Fragment-Ionen sowie in den informationsreichen, charakteristischen Massenspektren. Ihre Hauptschwächen bestehen in der Notwendigkeit eines Analyten mit ausreichend hoher Flüchtigkeit und in der fehlenden Möglichkeit zur sorgfältigen Kontrolle des Ausmaßes der Fragmentierungsreaktionen. Die erforderliche Flüchtigkeit des Analyten beschränkt die Anwendbarkeit der Elektronenionisierung auf relativ kleine Moleküle, während die nur sehr begrenzte Kontrollierbarkeit der Fragmentierungen unter anderem dazu führen kann, dass im Massenspektrum ausschließlich Fragmentierungsprodukte, aber kein ursprüngliches Molekül-Ion mehr zu beobachten ist. Innerhalb dieser Grenzen stellt die EI allerdings eine robuste, allgemeine Ionisierungsmethode dar.

Der Ionisierungsprozess bei der EI-Methode

Dass bei der Elektronenionisierung im Allgemeinen Kationen erzeugt werden, scheint auf den ersten Blick nicht besonders logisch zu sein. Warum sollte das Hinzufügen eines negativ geladenen Elektrons zu einem Analytmolekül ein positiv geladenes Kation hervorbringen? Die Antwort auf diese Frage liefern die Elektronenaffinitäten (*EA*) typischer organischer Moleküle und die Energie der Elektronen, die bei der Elektronenionisierung auf die Analytmoleküle treffen. In ▶ Abbildung 7.1 betrachten wir verschiedene denkbare Ergebnisse der Kollision eines Analytmoleküls A–B mit einem Elektron. Die Herkunft des Elektrons bei der Elektronenionisierung besprechen wir etwas später. Reaktionsweg **a** in Abbildung 7.1 könnte man zunächst intuitiv für den wahrscheinlichsten halten. Dabei würde das ionisierende Elektron vom Analytmolekül unter Bildung eines Radikalanions eingefangen. Allerdings sprechen die Daten in ▶ Tabelle 7.2 offensichtlich *nicht* für diesen Weg. Die meisten einfachen organischen Moleküle weisen nämlich keine signifikanten positiven und viele sogar negative Elektronenaffinitäten auf. Die Elektronenaffinität entspricht der negativen Reaktionsenthalpie der Elektronenaufnahme ($EA = -\Delta_r H$). Im Fall einer negativen Elektronenaffinität wäre das entstehende Radikalanion somit thermodynamisch instabil und würde sofort wieder zerfallen – das heißt, die *Abgabe* eines Elektrons wäre ein thermodynamisch begünstigter, exothermer Prozess ($\Delta_r H < 0$ kJ mol^{-1}), während umgekehrt die *Aufnahme* eines Elektrons durch das neutrale Analytmolekül einen thermodynamisch ungünstigen, endothermen Prozess darstellen würde ($\Delta_r H > 0$ kJ mol^{-1}). Bei einer sehr kleinen positiven Elektronenaffinität ist die *Aufnahme* eines Elektrons schließlich zwar thermodynamisch begünstigt, aber nur sehr leicht. Nur Moleküle mit stark elektronenziehenden Gruppen, wie beispielsweise Nitrogruppen, besitzen Elektronenaffinitäten merklicher Größe, die mit einer stärker exothermen Elektronenaufnahme einhergehen. Darüber hinaus spielt unter EI-Bedingungen aber noch ein weiterer Faktor eine große Rolle: Die ionisierenden Elektronen werden standardmäßig auf eine kinetische Energie von 70 eV beschleunigt und ein Analytmolekül hat kaum eine Möglichkeit, die mit der Aufnahme eines solchen Elektrons verbundene sehr hohe Überschussenergie abzuleiten. Daher ist der Ionisierungsweg **a** in Abbildung 7.1 relativ unwahrscheinlich.

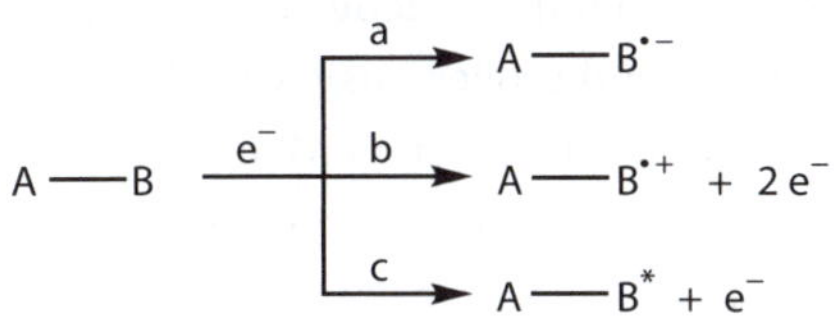

Abbildung 7.1: Potenzielle Wege der Wechselwirkung eines schnellen Elektrons mit einem organischen Analytmolekül. Das Sternchen am neutralen Analytmolekül A–B im Ergebnis von Weg **c** bedeutet, dass das Molekül bei diesem Prozess lediglich elektronisch angeregt, aber nicht ionisiert wurde. Die Radikal-Ionen entstehen durchweg unmittelbar in angeregten Schwingungszuständen, auch wenn dies in der Abbildung nicht explizit kenntlich gemacht worden ist.

Tabelle 7.2: Elektronenaffinitäten einiger typischer organischer Moleküle.

Verbindung	Funktionelle Gruppe(n)	*EA* [eV]
Aceton	Carbonylgruppe (Keton)	0,0015
Acetonitril	Nitrilgruppe	0,01
Benzaldehyd	Carbonylgruppe (Aldehyd) und aromatischer Ring	0,39
Nitromethan	Nitrogruppe	0,50
Nitrobenzol	Nitrogruppe an aromatischem Ring	1,00
Trinitrobenzol	Drei Nitrogruppen am selben aromatischen Ring	2,63

Die Daten stammen von http://webbook.nist.gov.

Auf Weg **b** in Abbildung 7.1 tritt das schnelle ionisierende Elektron mit einem Elektron in der Elektronenwolke des Analytmoleküls in Wechselwirkung, ohne jedoch vom Molekül aufgenommen zu werden. Dadurch wird das Elektron des Analytmoleküls in einen dissoziativen elektronischen Zustand angeregt, in dem es nicht mehr an das Molekül gebunden bleibt. Mit anderen Worten: Ein Teil der kinetischen Energie des ionisierenden Elektrons wird bei der Kollision mit dem Analytmolekül auf ein Elektron in dessen Elektronenwolke übertragen, wodurch die Energie dieses Elektrons groß genug wird, um der Anziehung durch den Atomkern (beziehungsweise die Atomkerne) zu entfliehen. Dies ist der Weg, der bei der Elektronenionisierung hauptsächlich beschritten wird. Bei diesem Prozess entstehen die Radikalkationen in der Regel in mehr oder weniger stark angeregten

Schwingungszuständen, wodurch Bindungsspaltungen und somit Fragmentierungen auftreten können (siehe nächster Abschnitt). Auch auf Weg **c** in Abbildung 7.1 überträgt das ionisierende Elektron einen Teil seiner Energie auf die Elektronenwolke des Analytmoleküls, ohne von diesem aufgenommen zu werden. Diesmal reicht die übertragene Energie allerdings nicht aus, um ein Elektron aus der Elektronenwolke herauszuschlagen und somit ein Ion zu erzeugen. Stattdessen wird nur ein elektronisch angeregter Zustand des elektrisch *neutralen* Analytmoleküls gebildet. Weg **c** ist folglich im Sinn der Massenspektrometrie unproduktiv.

Können beim EI-Prozess nicht doch signifikante Mengen negativ geladener Ionen produziert werden? Die direkte Aufnahme eines 70-eV-Elektrons durch ein organisches Molekül ist zwar eher unwahrscheinlich, aber beachten Sie die Bildung eines zweiten freien Elektrons auf dem bevorzugten Weg **b**. Dieses aus einem Analytmolekül stammende Elektron besitzt typischerweise nur eine relativ geringe kinetische Energie. Solche relativ langsamen Elektronen können von organischen Molekülen mit ausreichend großer positiver Elektronenaffinität leicht genug aufgenommen werden, um die Bildung einer merklichen Menge von Radikalanionen zu ermöglichen. Dieser Prozess spielt bei der chemischen Ionisierung über negativ geladene Reaktant-Ionen eine wichtige Rolle (siehe Abschnitt 7.2.2).

Energietransfer und Fragmentierung unter EI-Bedingungen

Ein typisches Kennzeichen der Elektronenionisierung ist die Bildung zahlreicher Fragment-Ionen durch Bindungsspaltungen infolge der hohen inneren Überschussenergie des Molekül-Ions nach der Ionisierung. Die dabei auftretenden Fragmentierungsmuster liefern wertvolle Daten, die zum Beispiel als Fingerabdruck zur Identifizierung organischer Substanzen durch den Vergleich mit Referenzsubstanzen dienen oder umfangreiche Rückschlüsse auf strukturelle Merkmale des Analyten ermöglichen können. Die unter EI-Bedingungen üblicherweise verwendete kinetische Energie der ionisierenden Elektronen von 70 eV bedeutet, dass zumindest potenziell ein Energiebetrag von mehr als 6700 kJ mol^{-1} auf den Analyten übertragen werden kann. Da für die Ionisierung organischer Moleküle in der Regel nur weniger als 1000 kJ mol^{-1} erforderlich sind, steht prinzipiell noch ein sehr großer Energiebetrag für die Anregung des resultierenden Radikalkations in höhere Energiezustände zur Verfügung. Dieser Energiebetrag bleibt zwar überwiegend als kinetische Energie des ionisierenden Elektrons erhalten, aber er kann durch zwei Mechanismen auch teilweise auf das Radikalkation übertragen werden. Erstens kann das Radikalkation direkt in einem elektronisch angeregten Zustand gebildet werden. Dieser kann anschließend über den Prozess einer so genannten inneren Konversion oder inneren Umwandlung (engl. *internal conversion*) in einen angeregten Schwingungszustand hoher Energie des elektronischen Grundzustands des Radikalkations übergehen. Zweitens läuft der eigentliche Ionisierungsprozess äußerst schnell ab – viel schneller als sich die räumliche Anordnung der Atome des Moleküls durch Schwingungen verändert. Infolgedessen weist das Radikalkation unmittelbar nach seiner Entstehung noch die Geometrie des ursprünglichen, neutralen Analytmoleküls auf, die für das Radikalkation aber häufig nicht der Geometrie seines Grundzustands, sondern der Geometrie eines angeregten Schwingungszustands entspricht. Jeder der beiden Mechanismen kann zur Bildung von Radikalkationen mit für Bindungsspaltungen ausreichend hohen inneren Überschussenergien führen. Die Fragmentierung der Radikalkationen wird außerdem durch die Tatsache begünstigt, dass ihre Bindungen typischerweise schwächer sind als in vergleichbaren nichtradikalischen organischen Molekülen – schließlich besitzen Radikalkationen in der Valenzschale beziehungsweise einem meist *bindenden* Molekülorbital ein Elektron weniger. In der überwiegenden Zahl der Fälle entstehen glücklicherweise aber auch zumindest einige Molekül-Ionen, deren Überschussenergie zur Fragmentierung *nicht* ausreicht, so dass auch für die Molekül-Ionen ein Peak im EI-Massenspektrum beobachtet werden kann.

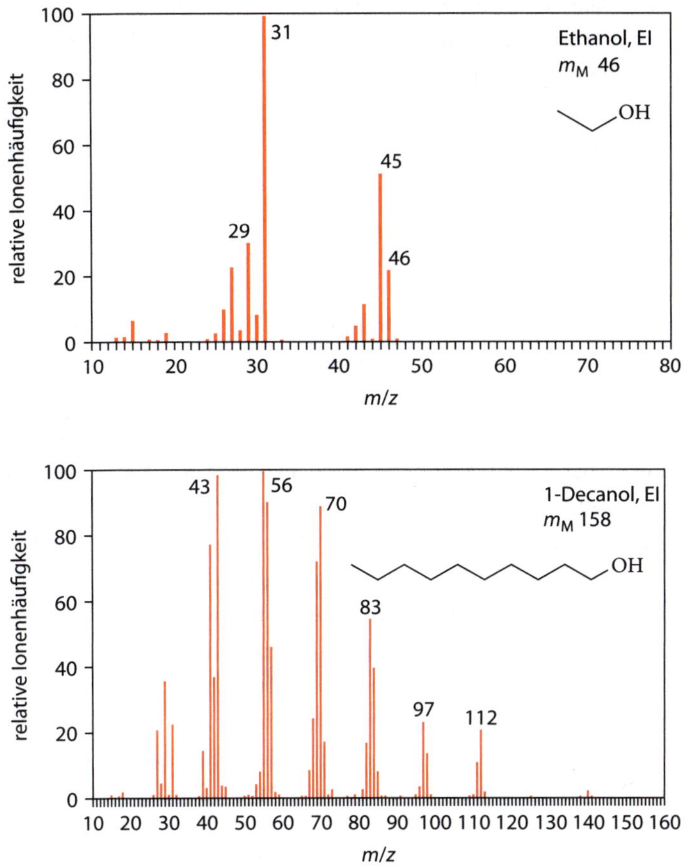

Abbildung 7.2: EI-Massenspektren von Ethanol und 1-Decanol. (Die Daten stammen aus der NIST-Datenbank: http://webbook.nist.gov.)

▶ Abbildung 7.2 zeigt zwei Beispiele für EI-Massenspektren. Im EI-Spektrum von Ethanol erscheint der *Molekülionen-Peak* oder kurz *Molekülpeak*, der durch die unfragmentierten, intakten Radikalkationen des Analytmoleküls Ethanol verursacht wird, bei *m/z* 46. Dieser Molekülionen-Peak besitzt eine signifikante Intensität und ist daher gut erkennbar, aber er ist keineswegs der größte Peak des Spektrums. Der größte Peak des Spektrums, also der Peak mit der höchsten Intensität, liegt in diesem Fall bei *m/z* 31. Der intensivste Peak eines Massenspektrums wird allgemein als *Basispeak* bezeichnet und dient als Referenzpeak mit einer relativen Intensität von 100 Prozent zur Angabe der anderen Peakintensitäten. Im vorliegenden EI-Spektrum von Ethanol weist der Molekülionen-Peak beispielsweise nur eine relative Intensität von etwa 20 Prozent des Basispeaks auf. Die Differenz zwischen den Masse/Ladungs-Verhältnissen des Molekülionen-Peaks und des Basispeaks repräsentiert einen Verlust von 15 Masseneinheiten (15 u) aus dem Molekül-Ion, der hier offensichtlich auf die Abspaltung der Methylgruppe als Methyl-Radikal ($CH_3^{\bullet}$) zurückzuführen ist. Das EI-Spektrum von Ethanol enthält außerdem ein starkes Signal bei *m*/*z* 45. Die zugehörigen Fragment-Ionen könnten *formal* durch den Verlust eines Hydrid-Ions (H^-) aus dem neutralen Ethanolmolekül entstehen, tatsächlich aber bilden sie sich durch die Abspaltung eines Wasserstoffatoms ($H^\bullet$, 1 u) aus dem Molekül-Ion (*m*/*z* 46). Im EI-Spektrum von 1-Decanol erscheinen deutlich mehr *Fragmentionen-Peaks*. Es sind Gruppen von Fragmenten mit jeweils gleicher Anzahl von Kohlenstoffatomen (zwei bis acht), aber unterschiedlich vielen Wasserstoffatomen erkennbar. Dabei fällt sofort das Fehlen des Molekülionen-Peaks auf, der bei *m*/*z* 158 zu erwarten gewesen wäre. Offensichtlich ist das Molekül-Ion von 1-Decanol nach seiner Erzeugung durch die Elektronenionisierung so instabil, dass praktisch kein Molekül-Ion während der massenspektrometrischen Trennung beziehungsweise bis zur Detektion unfragmentiert erhalten bleibt. Mit den verschiedenen Fragmentierungsprozessen werden wir uns in Kapitel 8 noch sehr ausführlich beschäftigen.

Typische EI-Ionenquellen

Eines der attraktivsten Merkmale der EI-Methode ist die Einfachheit der Ionenquelle, die im Allgemeinen eine hochgradig reproduzierbare und weitgehend störungsfreie Arbeitsweise ermöglicht. Das Herz der EI-Quelle bilden eine Glühkathode (ein Heizdraht, engl. *filament*) und eine Ionisierungskammer, zwischen denen eine feste elektrische Potenzialdifferenz besteht (▶ Abbildung 7.3). Durch diese Spannung werden die vom Heizdraht emittierten Elektronen in Richtung Ionisierungskammer beschleunigt, fliegen dann mit einer konstanten kinetischen Energie (siehe unten) durch die Kammer und werden hinter der Kammer über eine Anode abgeleitet. Einige Elektronen treffen auf ihrem Weg durch die Ionisierungskammer allerdings auf Analytmoleküle, die bei dem sehr niedrigen Druck in der Kammer von etwa 10^{-3} Pa ständig in die Gasphase übertreten. Die überschüssigen Analytmoleküle werden durch ein System von Vakuumpumpen kontinuierlich entfernt, um den für das Experiment erforderlichen niedrigen Druck aufrechtzuerhalten. Zur Beschleunigung der Elektronen kann im Prinzip ein relativ großer Bereich von Spannungen zum Einsatz kommen. Es hat sich allerdings ein Standardwert von 70 V etabliert, der zu Elektronen mit einer kinetischen Energie von 70 eV führt. Mit Elektronen dieser kineti-

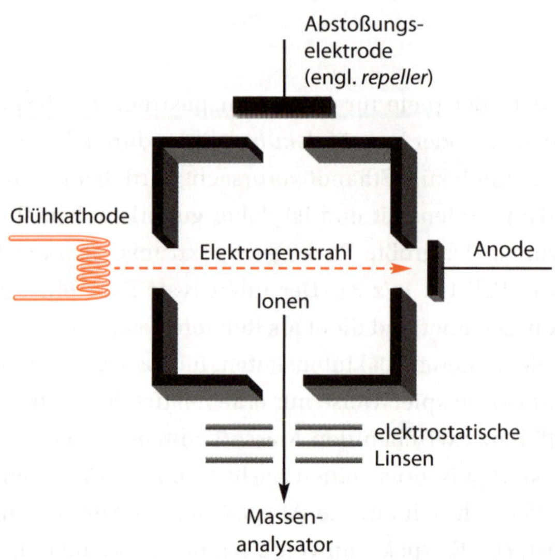

Abbildung 7.3: Schematische Darstellung einer EI-Ionenquelle.

schen Energie werden Moleküle am ergiebigsten ionisiert und somit wird in diesem eV-Bereich ein Optimum an Reproduzierbarkeit der EI-Massenspektren erreicht. Nicht nur bei niedrigeren, sondern auch bei höheren Elektronenenergien nimmt die Effektivität der Ionisierung dagegen ab. Nach der Bildung der Molekül-Ionen und auch der Fragment-Ionen in der Ionisierungskammer werden alle vorhandenen Ionen durch ein relativ kleines, mithilfe einer Abstoßungselektrode (engl. *repeller*) erzeugtes zusätzliches Potenzial (Abstoßungsspannung) aus der Kammer herausgeführt, anschließend zu einem Ionenstrahl beschleunigt und fokussiert, im Massenanalysator separiert und schließlich detektiert.

Im Lauf der Jahre ist ein großer Datenbestand an 70-eV-EI-Massenspektren aufgebaut worden, so dass inzwischen umfangreiche Bibliotheken mit 70-eV-EI-Referenzspektren verfügbar sind. Das *National Institute of Standards and Technology* (NIST) stellt unter http://webbook.nist.gov zum Beispiel eine umfangreiche, frei zugängliche wissenschaftliche Datenbank mit vielen Standard-EI-Massenspektren bereit.

7.2.2 Chemische Ionisierung – CI

Die chemische Ionisierung oder kurz CI (engl. *chemical ionization*) beruht auf chemischen Gasphasenreaktionen zur Erzeugung der gewünschten Ionisierungsprodukte des Analyten. Es wurde bereits früh erkannt, dass in EI-Ionenquellen nicht nur unimolekulare Fragmentierungen der Molekül-Ionen, sondern auch intermolekulare Ion/Molekül-Gasphasenreaktionen stattfinden. Die CI-Methode entwickelte sich aus Versuchen, diese Prozesse gezielt in einer allgemein anwendbaren, alternativen Ionisierungsmethode zu nutzen. In der CI-Massenspektrometrie werden zunächst durch die Elektronenionisierung eines in die Ionenquelle einströmenden *Reaktantgases* so genannte *Reaktant-Ionen* erzeugt. In Gasphasenreaktionen zwischen den Reaktant-Ionen und den elektrisch neutralen Analytmolekülen entstehen dann Ionen des Analyten, die für dessen Massenanalyse geeignet sind. Ein Vorteil der chemischen Ionisierung besteht in der Vielfalt von Reaktant-Ionen, die durch die entsprechende Wahl des Reaktantgases in den meisten Geräten zugänglich sind. Dadurch ist eine gezielte Anpassung an den jeweiligen Analyten und die Fragestellung möglich. Typischerweise erfolgt die chemische Ionisierung durch Protonen- oder Elektronentransferreaktionen zwischen Reaktant-Ionen und Analytmolekülen. Auf diese Weise können sowohl radikalische als auch nichtradikalische Kationen oder Anionen des Analyten produziert werden. Darüber hinaus kann die Energetik des Ionisierungsprozesses und somit die Überschussenergie der entstehenden Molekül-Ionen durch die Wahl des Reaktantgases beeinflusst und folglich das Ausmaß der Fragmentierungen gezielt kontrolliert werden.

Der Ionisierungsprozess bei der CI-Methode

Der erste Schritt der chemischen Ionisierung besteht stets in der Elektronenionisierung eines Reaktantgases zu Reaktant-Ionen oder zu ionischen Zwischenprodukten, die über eine oder mehrere Gasphasenreaktionen zu den eigentlichen Reaktant-Ionen weiterreagieren. Unter konventionellen EI-Bedingungen werden *intermolekulare* Gasphasenreaktionen durch den sehr niedrigen Druck von etwa 10^{-3} Pa in der Ionenquelle weitgehend vermieden. In CI-Ionenquellen herrscht im Gegensatz dazu ein viel höherer Druck von etwa 100 Pa, der überwiegend auf das Reaktantgas zurückzuführen ist. Unter diesen Bedingungen dominieren Reaktionen zwischen den durch Elektronenionisierung erzeugten Radikalkationen des Reaktantgases und neutralen

Reaktantgasmolekülen. Einen solchen Prozess wollen wir im Folgenden anhand eines Beispiels veranschaulichen.

Methan ist eines der am häufigsten eingesetzten Reaktantgase in der CI-Massenspektrometrie. Die Elektronenionisierung eines Methanmoleküls ergibt zunächst das Methan-Radikalkation $CH_4^{\bullet+}$ (siehe Reaktionsgleichung 7.1). Dieses Radikalkation stellt eine starke Säure dar, die ein anderes Methanmolekül zum nichtradikalischen, geradelektronischen Ion CH_5^+ protonieren kann (siehe Gleichung 7.2). Alternativ kann man die Reaktion auch als die Abstraktion eines $H^\bullet$-Atoms vom neutralen Methanmolekül durch das *radikalische* $CH_4^{\bullet+}$-Ion betrachten. Das CH_5^+-Ion fungiert schließlich als das eigentliche Reaktant-Ion, welches eines seiner Protonen auf ein Analytmolekül M überträgt und dieses somit durch eine *chemische Reaktion* ionisiert (siehe Gleichung 7.3; *CI durch Protonierung*).

$$CH_4 + e^- \longrightarrow CH_4^{\bullet+} + 2e^- \tag{7.1}$$

$$CH_4^{\bullet+} + CH_4 \longrightarrow CH_5^+ + CH_3^\bullet \tag{7.2}$$

$$CH_5^+ + M \longrightarrow [M+H]^+ + CH_4 \tag{7.3}$$

Tabelle 7.3: Einige typische Reaktantgase, die positiv geladene Reaktant-Ionen liefern.

Reaktantgas	Reaktant-Ion(en) $(G + H^+)$	Protonenaffinität von G [kJ mol^{-1}]	Analyt-Ionen
H_2	H_3^+	422,4	$[M + H]^+$, $[M - H]^+$
CH_4	CH_5^+ / $C_2H_5^+$	543,5 / 680,5	$[M + H]^+$, $[M - H]^+$, $[M + C_2H_5]^+$
$(CH_3)_3CH$	$(CH_3)_3C^+$	802,1	$[M + H]^+$, $[M - H]^+$, $[M + C_4H_9]^+$
NH_3	NH_4^+	853,6	$[M + H]^+$, $[M - H]^+$, $[M + NH_4]^+$

Die Protonenaffinität *PA*(G) entspricht in diesen Fällen der negativen Reaktionsenthalpie $-\Delta_r H$ der Reaktion $G + H^+ \rightarrow [G + H]^+$. (Die Werte der Protonenaffinitäten stammen von http://webbook.nist.gov.)

Die Abspaltung von H_2 aus dem protonierten Molekül-Ion $[M + H]^+$ ist eine mögliche Folgereaktion und führt zu einem $[M - H]^+$-Ion. Alternativ kann das Ion $[M - H]^+$ auch infolge einer direkten Hydridabstraktion vom Analytmolekül M durch ein anderes Reaktant-Ion entstehen (*CI durch Hydridabstraktion*). Neben den erwähnten Reaktionen können, wenn auch in geringerem Ausmaß, weitere intermolekulare Gasphasenreaktionen zwischen verschiedenen Spezies des Reaktantgases ablaufen. Im Fall von Methan als Reaktantgas können so unter anderem auch die Ionen $C_2H_5^+$ und $C_3H_5^+$ entstehen – das erste kann zum Beispiel durch die Reaktion $CH_3^+ + CH_4 \rightarrow C_2H_5^+ + H_2$ gebildet werden. Anders als bei der Elektronenionisierung werden unter CI-Bedingungen statt der Radikalkationen in den meisten Fällen hauptsächlich nichtradikalische $[M + H]^+$-Ionen – also geradelektronische, protonierte Moleküle – erzeugt. Der grundlegende chemische Unterschied zwischen den Radikalkationen $M^{\bullet+}$ und den häufig nicht ganz korrekt als protonierte Ionen bezeichneten $[M + H]^+$-Ionen führt zu einem völlig unterschiedlichen Fragmentierungsverhalten. Außerdem erscheint der Molekülionen-Peak in den CI-Spektren infolge der Addition eines Protons natürlich bei einem Masse/Ladungs-Verhältnis (m/z), das um eine Einheit *größer* ist als der m/z-Wert des Molekül-Ions $M^{\bullet+}$ beziehungsweise die Molekülmasse des Analyten. Wegen dieser Abweichung wurde für $[M + H]^+$-Ionen, aber auch für andere $[M \pm X]^+$- und $[M \pm X]^-$-Ionen, der Begriff *Quasi-Molekülionen* eingeführt. So kann das Analytmolekül nicht nur durch die Aufnahme eines Protons vom Reaktant-Ion ionisiert werden, sondern auch ein Addukt mit dem Reaktant-Ion bilden. Solche Addukte werden beispielsweise häufig bei der chemischen Ionisierung mit Ammoniak als Reaktantgas beobachtet. Dabei bildet das Reaktant-Ion NH_4^+ Ammonium-Addukte der allgemeinen Formel $[M + NH_4]^+$. Methan ist also nur eines von vielen Gasen, die zur Erzeugung von Reaktant-Ionen und damit zur Protonierung von Analyten genutzt werden können (▶ Tabelle 7.3). Der für die CI-Methode wichtigste Unterschied zwischen den verschiedenen Reaktantgasen besteht in der Acidität der resultierenden Reaktant-Ionen. Dieses Thema werden wir im nächsten Abschnitt noch detailliert diskutieren.

Die Erzeugung von negativ geladenen Reaktant-Ionen, welche die Analytmoleküle durch Deprotonierung zu Anionen ionisieren können, verläuft auf ähnlichen Wegen. In Anwesenheit eines Reaktantgases können die bei der anfänglichen Elektronenionisierung gebildeten langsamen Elektronen von Molekülen des Reaktantgases aufgenommen werden. Dabei entstehen entweder direkt Radikalanionen oder über eine dissoziative Elektronenaufnahme, die mit der Abspaltung eines elektrisch neutralen Radikals verbunden ist, nichtradikalische Anionen mit abgeschlossener Elektronenschale. Wie wir oben bereits erwähnt haben (siehe Tabelle 7.2), weisen die meisten organischen Moleküle nur sehr kleine positive oder sogar negative Elektronenaffinitäten auf. Die Aufnahme langsamer Elektronen ist aber nur Reaktantgasen möglich, die eine signifikante positive Elektronenaffinität besitzen oder nach der Elektronenaufnahme durch Dissoziation ein besonders stabiles Anion mit geradelektronischer (abgeschlossener) Elektronenschale bilden können. Das ist zum Beispiel beim Stickstofftrifluorid (NF_3) der Fall, dessen dissoziative Elektronenaufnahme zur Bildung eines Fluorid-Ions (F^-) als Reaktant-Ion führt (siehe Reaktionsgleichung 7.4). Das stark basische F^--Ion kann ein Analytmolekül (M) in einer exothermen Reaktion leicht deprotonieren (siehe Gleichung 7.5) – HF ist besonders stabil.

$$NF_3 + e^- \longrightarrow NF_2^{\bullet} + F^- \tag{7.4}$$

$$F^- + M \longrightarrow [M - H]^- + HF \tag{7.5}$$

Tabelle 7.4: Einige typische Reaktantgase, die negativ geladene Reaktant-Ionen liefern.

Reaktantgas	Reaktant-Ion (G^-)	Protonenaffinität von G^- [kJ mol^{-1}]	Analyt-Ion
CH_4/N_2O	HO^-	1634,1	$[M - H]^-$
CH_4/CH_3ONO	CH_3O^-	1599,4	$[M - H]^-$
NF_3	F^-	1554,6	$[M - H]^-$

Die Protonenaffinität $PA(G^-)$ entspricht in diesen Fällen der negativen Reaktionsenthalpie $-\Delta_r H$ des Prozesses $G^- + H^+ \rightarrow GH$. (Die Werte der Protonenaffinitäten stammen von http://webbook.nist.gov.)

Durch die Deprotonierung des Analytmoleküls entsteht dabei ein nichtradikalisches Anion mit abgeschlossener Elektronenschale: $[M - H]^-$. Der Molekülionen-Peak erscheint in diesem Fall bei einem Masse/Ladungs-Verhältnis (m/z), das um eine Einheit *kleiner* ist als die Molekülmasse des Analyten. Anionen unterliegen außerdem ganz anderen Fragmentierungsreaktionen als die entsprechenden Kationen. (Oftmals geben sie einfach nur ein Elektron ab und werden damit für die massenspektrometrische Analyse unbrauchbar.) Auch für die chemische Ionisierung mit negativ geladenen Reaktant-Ionen steht eine ganze Reihe von geeigneten Reaktantgasen zur Verfügung, deren Reaktant-Ionen unterschiedliche Protonenaffinitäten zeigen (▶ Tabelle 7.4).

Schließlich kann die chemische Ionisierung auch als alternative Methode zur Erzeugung von Radikalkationen ($M^{\bullet+}$) des Analyten genutzt werden, wie sie normalerweise auch hauptsächlich unter EI-Bedingungen entstehen. Dies ist möglich, wenn das Reaktant-Ion $G^{\bullet+}$ als Ein-Elektron-Oxidationsmittel fungiert und das Analytmolekül durch den Entzug eines Elektrons in das entsprechende Radikalkation überführt (*CI durch Ladungsaustausch*, engl. *charge transfer*). Der Ionisierungsprozess beginnt auch bei dieser CI-Methode in der Regel mit der Elektronenionisierung von Reaktantgasmolekülen. Der Vorteil einer solchen chemischen Ionisierung gegenüber der EI-Methode besteht in der Möglichkeit zur gezielten Beeinflussung der Energetik der Ionisierung und somit der Überschussenergie der Molekül-Ionen. Dies geschieht im Allgemeinen durch die Wahl eines Reaktantgases G mit einer geeigneten Ionisierungsenergie *IE*(G), da diese die Exothermizität des Elektronentransfers vom Analytmolekül M auf das Reaktant-Ion $G^{\bullet+}$ bestimmt. Die Fragmentierung kann bei der chemische Ionisierung durch Ladungsaustausch (Charge-Transfer-CI) ein ähnliches Ausmaß erreichen wie bei der Elektronenionisierung – vor allem dann, wenn der Elektronentransfer von den neutralen Analytmolekülen auf die Reaktant-Ionen ($G^{\bullet+} + M \rightarrow G + M^{\bullet+}$) stark exotherm abläuft. Die Reaktionsgleichungen 7.6 und 7.7 zeigen einen solchen CI-Prozess mit Argon als Reaktantgas. In ▶ Tabelle 7.5 sind einige typische Reaktantgase aufgelistet, die häufig für die Charge-Transfer-CI eingesetzt werden.

$$Ar + e^- \longrightarrow Ar^{\bullet+} + 2e^- \tag{7.6}$$

$$Ar^{\bullet+} + M \longrightarrow M^{\bullet+} + Ar \tag{7.7}$$

Tabelle 7.5: Einige typische Reaktantgase, die zur chemischen Ionisierung durch Ladungsaustausch eingesetzt werden.

Reaktantgas	Reaktant-Ion ($G^{\bullet+}$)	Erste Ionisierungsenergie (*IE*) von G [eV]	Analyt-Ion
He	$He^{\bullet+}$	24,6	$M^{\bullet+}$
Ne	$Ne^{\bullet+}$	21,6	$M^{\bullet+}$
Ar	$Ar^{\bullet+}$	15,8	$M^{\bullet+}$
N_2	$N_2^{\bullet+}$	15,6	$M^{\bullet+}$
Xe	$Xe^{\bullet+}$	12,1	$M^{\bullet+}$
C_6H_6	$C_6H_6^{\bullet+}$	9,2	$M^{\bullet+}$
C_6H_5Cl	$C_6H_5Cl^{\bullet+}$	9,1	$M^{\bullet+}$

Die *IE*-Daten stammen von http://webbook.nist.gov.

Energietransfer und Fragmentierung unter CI-Bedingungen

Anders als im Fall der Elektronenionisierung kann die Energetik von CI-Prozessen signifikant kontrolliert und das Ausmaß der Fragmentierungen somit begrenzt werden. In ▶ Abbildung 7.4 sind zum Beispiel ein 70-eV-EI-Massenspektrum und ein CI-Massenspektrum von Tetrahydrofuran (THF) zum Vergleich nebeneinander dargestellt. Bei der Aufnahme des CI-Spektrums diente THF selbst auch als Reaktantgas (engl. *self-CI*). Dabei werden zunächst durch die Elektronenionisierung von THF-Molekülen Reaktant-Ionen gebildet, die dann andere THF-Moleküle chemisch ionisieren. Das EI-Spektrum wird von Fragmentionen-Peaks dominiert – mit einem Basispeak bei *m/z* 42, der sinnvollerweise auf die Abspaltung von CH_2O vom THF-Molekül-Ion zurückzuführen ist. Diese Fragmentierung führt zu einem Radikalkation mit der Formel $C_3H_6^{\bullet+}$, bei dem es sich um ionisiertes Propen handeln könnte. Ein weiterer signifikanter Peak erscheint bei *m/z* 41, der vermutlich durch das geradelektronische (also nichtradikalische) Allylkation ($C_3H_5^+$) verursacht wird. Schließlich enthält das EI-Spektrum unter anderem noch Peaks merklicher Intensität bei *m/z* 71 und *m/z* 72. Der Peak bei *m/z* 72 repräsentiert das Molekül-Ion von THF, während der Peak bei *m/z* 71 *formal* durch den Verlust von H^- (Hydrid) aus dem neutralen THF-Molekül entsteht. Tatsächlich sollte das Ion mit *m/z* 71 aber viel leichter durch die Abspaltung eines $H^\bullet$-Atoms aus dem Molekül-Ion $M^{\bullet+}$ gebildet werden. Im EI-Spektrum von THF entfällt, wie erwartet, nur ein kleinerer Anteil der Gesamtintensität auf den Molekülionen-Peak. Das CI-Spektrum enthält insgesamt nur zwei Peaks und weist somit ein viel einfacheres Erscheinungsbild auf. Der Peak bei *m/z* 73 spiegelt die Bildung von protoniertem THF wider, während der Peak bei *m/z* 71 auf Ionen zurückzuführen ist, die *formal* durch den Verlust von Hydrid (H^-) aus THF entstanden sind. Wahrscheinlich verläuft der Hydridverlust tatsächlich in zwei Schritten: der Protonierung des THF-Moleküls und der nachfolgenden Eliminierung von H_2. Beide Ionen, also $[M + H]^+$ und $[M - H]^+$, können als Quasi-Molekülionen betrachtet werden, weil sich aus ihnen direkt die Molekülmasse des Analyten ableiten lässt.

Die Schlüsselfaktoren zur Beeinflussung der Fragmentierung bei CI-Experimenten und somit des Erscheinungsbilds des CI-Massenspektrums sind die ionisierenden Eigenschaften der Reaktant-Kationen und Reaktant-Anionen, wie beispielsweise ihre Acidität beziehungsweise Basizität, wobei Letztere eng mit der Protonenaffinität korreliert ist, oder ihre Elektronenaffinität. Die Auswirkung dieser thermodynamischen Eigenschaften der Reaktant-Ionen auf den CI-Prozess kann anhand der Protonierung von THF (C_4H_8O) durch verschiedene Reaktant-Ionen veranschaulicht werden (siehe Gleichungen 7.8 bis 7.10).

$$\begin{gathered} CH_5^+ + C_4H_8O \longrightarrow CH_4 + C_4H_9O^+ \\ \Delta_r H = PA(CH_4) - PA(C_4H_8O) \\ = (543{,}9 - 820{,}6)\ \text{kJ mol}^{-1} = -276{,}7\ \text{kJ mol}^{-1} \end{gathered} \tag{7.8}$$

$$\begin{gathered} C_4H_9^+ + C_4H_8O \longrightarrow C_4H_8 + C_4H_9O^+ \\ \Delta_r H = PA(C_4H_8) - PA(C_4H_8O) \\ = (803{,}9 - 820{,}6)\ \text{kJ mol}^{-1} = -16{,}7\ \text{kJ mol}^{-1} \end{gathered} \tag{7.9}$$

$$\begin{gathered} NH_4^+ + C_4H_8O \longrightarrow NH_3 + C_4H_9O^+ \\ \Delta_r H = PA(NH_3) - PA(C_4H_8O) \\ = (854{,}1 - 820{,}6)\ \text{kJ mol}^{-1} = +33{,}5\ \text{kJ mol}^{-1} \end{gathered} \tag{7.10}$$

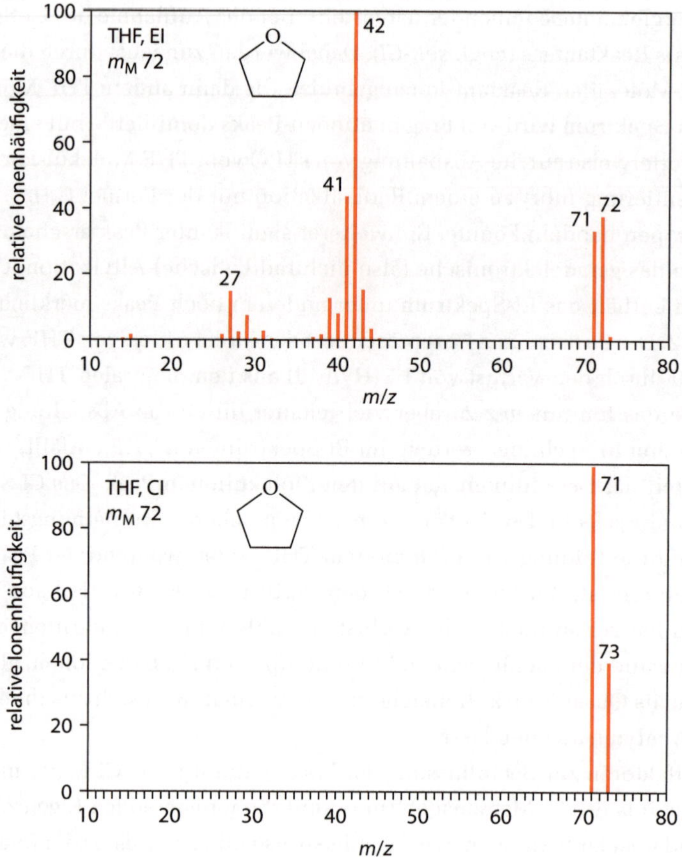

Abbildung 7.4: **70-eV-EI- und Self-CI-Massenspektrum von Tetrahydrofuran.** Bei der CI-Messung diente THF selbst als Reaktantgas. (Die EI-Daten stammen aus der NIST-Datenbank: http://webbook.nist.gov.)

In den Beispielen der Gleichungen 7.8 bis 7.10 variiert der Ionisierungsprozess in Abhängigkeit vom Reaktant-Ion von stark exotherm bis schwach endotherm. Die Reaktionsenthalpie ($\Delta_r H$) der Ionisierung ergibt sich dabei auf einfache Weise aus der Differenz zwischen der Protonenaffinität (*PA*) des Produkts, das durch die Deprotonierung des Reaktant-Ions entsteht, und der Protonenaffinität des noch unprotonierten Analytmoleküls. Das bedeutet: Wenn der Analyt eine höhere Protonenaffinität aufweist als die konjugierte Base des Reaktant-Ions, verläuft seine chemische Ionisierung exotherm – ansonsten endotherm. Mit CH_5^+ als Reaktant-Ion bei der chemischen Ionisierung von THF verläuft der Protonentransfer stark exotherm ($\Delta_r H = -276$ kJ mol^{-1}). Natürlich verbleibt die freigesetzte Energiemenge nicht vollständig im Quasi-Molekülion des THF ($C_4H_9O^+$). Vielmehr taucht ein Teil der Energie auch als kinetische und Schwingungsenergie des gleichzeitig entstehenden elektrisch neutralen Methanmoleküls (CH_4) auf. Trotzdem reicht der restliche freigesetzte Energiebetrag immer noch aus, um die $[M + H]^+$-Ionen des Tetrahydrofurans im Mittel mit einer genügend großen Menge an Schwingungsenergie auszustatten, um eine signifikante Fragmentierung hervorzurufen. Mit dem *tert*-Butyl-Kation ($C_4H_9^+$) läuft die CI-Reaktion weniger stark exotherm ab, weil dieses Reaktant-Ion eine geringere Acidität aufweist – mit anderen Worten: Die konjugierte Base Isobuten (C_4H_8) besitzt eine erheblich größere Protonenaffinität als Methan (CH_4). Reaktion 7.9 ist daher nur schwach exotherm und das Quasi-Molekülion $C_4H_9O^+$ entsteht mit einer nur geringen Überschussenergie und folglich einer schwachen Schwingungsanregung.

Dient schließlich das Ammonium-Ion (NH_4^+) als Reaktant-Ion, wird der CI-Prozess endotherm und läuft deshalb gar nicht ab. THF wird unter diesen Bedingungen also nicht zu seinem $[M + H]^+$-Ion protoniert. Wie dieses einfache Beispiel veranschaulicht, kann der CI-Prozess für die jeweilige analytische Fragestellung mehr oder weniger maßgeschneidert werden. Die Ionen des Analyten können dabei aus stark exothermen Reaktionen hervorgehen, wodurch umfangreichere Fragmentierungen begünstigt werden, oder in nur schwach exothermen Prozessen entstehen, die hauptsächlich zur Bildung der unfragmentierten Quasi-Molekülionen $[M + H]^+$ führen. Darüber hinaus kann die chemische Ionisierung prinzipiell mit einer gewissen Selektivität ablaufen. Das *tert*-Butyl-Kation ($C_4H_9^+$) kann zum Beispiel THF, aber weder Alkane noch viele andere einfache Kohlenwasserstoffe protonieren. Infolgedessen kann THF durch $C_4H_9^+$ in Gegenwart von Alkanen und anderen Kohlenwasserstoffen selektiv protoniert und massenspektrometrisch untersucht werden. Die gezielte Nutzung der Selektivität der CI erfordert eine sehr sorgfältige Auswahl des Reaktantgases und somit der Reaktant-Ionen. Verwendet man NH_4^+ als Reaktant-Ion, werden in einer THF-haltigen Mischung keine THF-Ionen gebildet – nur diejenigen Komponenten der Mischung, die eine größere Protonenaffinität beziehungsweise Basizität besitzen als Ammoniak (NH_3) können von NH_4^+-Ionen zu $[M + H]^+$-Ionen protoniert werden. Die Bildung von Addukt-Ionen der Form $[C_4H_8O + NH_4]^+$ zwischen THF-Molekülen und Ammonium-Ionen hängt dagegen nicht direkt von den Protonenaffinitäten ab und kann unter milden Bedingungen – insbesondere bei hohem Reaktantgasdruck – zusätzlich stattfinden.

Bei der chemischen Ionisierung mit negativ geladenen Reaktant-Ionen tritt die Selektivität des Ionisierungsprozesses meist noch stärker in Erscheinung, weil nur eine begrenzte Anzahl funktioneller Gruppen die Bildung stabiler Anionen ermöglicht. Dies gilt insbesondere für die Ladungsaustausch-CI, also für Ein-Elektron-Transferreaktionen, weil organische Moleküle nur durch einige wenige funktionelle Gruppen eine ausreichend hohe Elektronenaffinität verliehen bekommen. Diese Art der Selektivität bildet beispielsweise die Grundlage für den selektiven Nachweis von Explosivstoffen mit Nitrogruppen durch Negativ-Ionen-CI-Massenspektrometrie [(−)-CI-MS].

Typische CI-Ionenquellen

Der Aufbau von CI-Ionenquellen ähnelt stark dem von EI-Ionenquellen, da der CI-Prozess mit einer Elektronenionisierung (EI) beginnt. Allerdings herrscht in einer CI-Quelle ein viel höherer Druck (etwa 100 Pa) als in einer EI-Quelle (etwa 10^{-3} Pa), der hauptsächlich durch das Reaktantgas erzeugt wird und im Gegensatz zum EI-Prozess vor allem auch *intermolekulare* Gasphasenreaktionen ermöglicht. CI-Quellen unterscheiden sich von EI-Quellen durch eine kleine, weitgehend, aber natürlich nicht vollständig geschlossene Ionisierungskammer mit einer Zuleitung für das Reaktantgas. In dieser Kammer kann der für den CI-Prozess notwendige moderate Druck aufrechterhalten werden, während im Rest des Spektrometers ein niedrigerer Druck herrscht. Zur Ionisierung des Reaktantgases wird wie in einer EI-Ionenquelle ein Elektronenstrahl durch die Ionisierungskammer geschickt. In CI-Quellen kommen allerdings in der Regel Elektronen höherer kinetischer Energie von etwa 200 eV statt 70 eV zum Einsatz, um einen optimalen Ionisierungsgrad zu erzielen.

7.2.3 Desorptionsmethoden: FAB und MALDI

Die Elektronenionisierung (EI) und die chemische Ionisierung (CI) werden von organischen Chemikern verbreitet zur Untersuchung von kleinen, relativ flüchtigen Molekülen eingesetzt. Bei diesen

Methoden findet die Ionisierung allerdings in der Gasphase statt, so dass sie nur für Analyten mit einem ausreichenden Dampfdruck geeignet sind. Daher ist die massenspektrometrische Analyse von sehr großen Molekülen, Salzen oder stark polaren Verbindungen mithilfe von EI- oder CI-Quellen nicht möglich. Für die Anwendung der Desorptionsmethoden muss der Analyt dagegen nicht in der Gasphase, sondern in kondensierter Form vorliegen. Die Desorptionsmethoden sind deswegen nicht auf einen signifikanten Dampfdruck des Analyten angewiesen und somit auch für Substanzen geeignet, die unter EI- und CI-Bedingungen nicht ionisiert werden können. Im Lauf der Zeit wurden viele Ionisierungsmethoden dieser Art entwickelt, von denen einige dann aber wieder aus der Mode gekommen und durch bessere Methoden verdrängt worden sind. Im Folgenden wollen wir uns daher nur mit den beiden Desorptions-Ionisierungsmethoden im Detail beschäftigen, die heute in der organischen und bioorganischen Chemie die größte Rolle spielen – dem so genannten **Fast-Atom Bombardment** (FAB) sowie der **Matrix-assisted Laser Desorption Ionization** (MALDI). Die deutlich ältere FAB-Ionisierung ist in der jüngeren Vergangenheit noch sehr verbreitet eingesetzt worden und in der aktuellen Literatur findet man demgemäß zahlreiche Hinweise auf Arbeiten mit FAB-Spektren. Die Desorptions-Ionisierungsmethode, die heute am häufigsten zum Einsatz kommt, ist allerdings die MALDI-Technik. Das Grundprinzip der Ionisierung sowohl unter FAB- als auch unter MALDI-Bedingungen besteht darin, einen großen Energiebetrag lokalisiert auf eine molekulare Matrix zu übertragen, in die der Analyt eingebettet ist. Beide Methoden können Ionen von großen, nichtflüchtigen Analyten erzeugen und ergeben tendenziell überwiegend einfach geladene, protonierte Spezies der Form $[M + H]^+$, die nur wenig zu Fragmentierungen neigen.

Der Ionisierungsprozess bei der FAB-Methode

Bei der FAB-Methode wird der Analyt üblicherweise in einer schwerflüchtigen Flüssigkeit, die als Matrix bezeichnet wird, gelöst oder suspendiert. Die Matrix dient dabei nicht nur als Träger für den Analyten, sondern fungiert als ionisierendes Reagenz (siehe unten). Eine typische Matrixsubstanz ist beispielsweise Glycerin, aber in Abhängigkeit von den Eigenschaften des Analyten werden auch andere Verbindungen als Matrix verwendet. Wie der Name *Fast-Atom Bombardment* bereits vermuten lässt, erfolgt die primäre Ionisierung bei dieser Methode durch einen Strahl schneller neutraler Atome hoher kinetischer Energie, der auf die Matrix geleitet wird. Die Erzeugung dieser schnellen Atome beginnt mit der Ionisierung und Beschleunigung (mit 5 bis 8 kV) eines Edelgases – meist Xenon. Xenon wird dabei bevorzugt verwendet, weil seine hohe Atommasse zu einem größeren Impulstransfer beim Auftreffen auf die Matrix führt. Der Strahl von Xenon-Kationen wird durch eine Kammer geleitet, die das Edelgas unter geringem Druck enthält. Auf ihrem Weg durch die Kammer treten die Xenon-Kationen vielfach mit den neutralen Gasatomen in Wechselwirkungen, wobei sie mit hoher Wahrscheinlichkeit durch einen so genannten resonanten Elektronentransfer ihre Ladung verlieren. Da ihre kinetische Energie und ihr Impuls durch den Ladungsaustausch nicht wesentlich beeinflusst werden, fliegen die ursprünglichen schnellen Xenon-Kationen anschließend als schnelle elektrisch neutrale Atome weiter. Der ursprüngliche $Xe^{\bullet+}$-Strahl wird im Allgemeinen so ausgerichtet, dass die Xe-Atome schließlich unter einem Winkel auf die Oberfläche der Probe treffen, der die Übertragung einer großen Energiemenge auf einen lokal begrenzten Bereich der Matrix ermöglicht. Die beim Auftreffen des Xenon-Strahls auf die Matrix übertragene Energie verursacht eine Erhitzung der Oberfläche und infolgedessen das

Austreten einer Wolke aus Matrix- und Analytteilchen in die Gasphase. Jedes schnelle Xenon-Atom, das auf der Oberfläche der Matrix aufschlägt, ruft dabei den Übergang von schätzungsweise etwa 1000 Molekülen in die Gasphase hervor. Die bei diesem Prozess ebenfalls entstehenden Ionen werden schließlich mithilfe von elektrostatischen Linsen in den Massenanalysator des Instruments gelenkt. In ▶ Abbildung 7.5 wird der Aufbau einer FAB-Ionenquelle veranschaulicht.

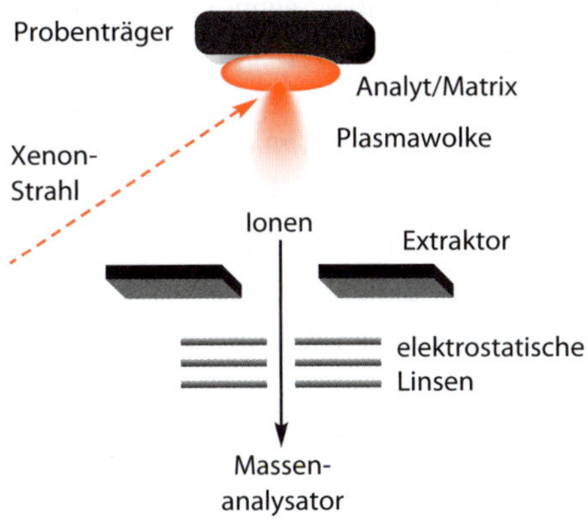

Abbildung 7.5: Schematische Darstellung einer FAB-Ionenquelle.

Es existieren mehrere Wege, auf denen die eigentliche Ionisierung des Analyten unter FAB-Bedingungen ablaufen kann. Wenn der Analyt zuvor schon geladen ist oder durch eine Reaktion mit den Matrixmolekülen leicht in einen geladenen Zustand übergehen kann, können die beim Erzeugen der Wolke aus Matrix- und Analytteilchen bereits vorhandenen Ionen einfach von der Matrixoberfläche abgetragen werden. Besteht der Analyt aber aus elektrisch neutralen Molekülen, die auch nicht leicht durch die Matrixmoleküle ionisiert werden können, erfolgt seine Ionisierung auf einem komplizierteren Weg. Infolge der äußerst intensiven Erhitzung durch den Xenon-Strahl entsteht in der Wolke aus Matrix- und Analytteilchen ein Plasma, das sowohl neutrale und geladene Fragmente der Matrix als auch langsame Elektronen enthält. Damit ähnelt diese Situation dem Zustand in einer CI-Ionenquelle – das heißt, durch Gasphasenreaktionen zwischen dem Analyten und geladenen Spezies im Plasma werden Analyt-Ionen gebildet. Der Prozess kann Molekül-Ionen ($M^{\bullet+}$), protonierte Moleküle der Form $[M + H]^+$ oder, wenn die Matrix Metallkationen enthält, auch Cluster-Ionen wie $[M + Metall]^+$ hervorbringen. Wie die CI- ermöglicht auch die FAB-Methode eine relativ milde, weiche Ionisierung, die zu Ionen mit geringer Überschussenergie und ziemlich schwacher Neigung zu Fragmentierungen führt. Als Störfaktor, der beim Einsatz von FAB-Quellen regelmäßig auftritt, erscheinen im Massenspektrum nicht nur Signale des Analyten, sondern auch Signale der Matrix. Die Matrix ergibt in der Regel eine große Zahl von Peaks im unteren Massenbereich, die durch ionisierte Matrixmoleküle und Aggregate aus Matrixbestandteilen verursacht werden. Dieser Bereich eines FAB- Massenspektrums ist daher meist nur von geringem analytischen Wert und die FAB-Ionisierungsmethode eignet sich deswegen vornehmlich für Analyte, deren Moleküle eine erheblich größere Masse aufweisen als die Matrixmoleküle. Insgesamt besitzen FAB-Spektren folglich ein relativ komplexes Erscheinungsbild mit einer Vielzahl von Peaks, die auf Hintergrund-Ionen aus der Matrix zurückzuführen sind.

Bei einer mit der FAB eng verwandten Ionisierungsmethode werden Cäsium-Ionen (Cs^+) statt Xenon-Atome für den Beschuss der Matrixoberfläche eingesetzt. Man spricht in diesem Fall von der **Liquid Secondary Ion Mass Spectrometry** (LSIMS). LSIMS-Spektren liefern ähnliche Daten wie FAB-Spektren und werden heute häufig anstelle von FAB-Spektren gemessen.

Der Ionisierungsprozess bei der MALDI-Methode

Wie die FAB- basiert auch die MALDI-Methode auf dem Prinzip, die zur Ionisierung erforderliche Energie nicht direkt auf den Analyten zu übertragen, sondern auf eine Matrix, die ihrerseits zur Ionisierung des Analyten dient. Beim MALDI-Prozess erfolgt die Anregung der Matrix allerdings mithilfe von Laserpulsen statt durch den Beschuss mit schnellen Atomen. Häufig kommen zur Erzeugung der Laserpulse beispielsweise Stickstofflaser zum Einsatz, deren Licht eine Wellenlänge von 337 nm aufweist, und es werden Matrixmaterialien verwendet, die bei der Wellenlänge des Lasers eine ausreichend hohe Extinktion zeigen. Matrixsubstanzen, die bei der MALDI häufig eingesetzt werden, sind zum Beispiel 2,5-Dihydroxybenzoesäure, 3-Hydroxypicolinsäure und α-Cyano-4-hydroxyzimtsäure. Das Mischungsverhältnis von Matrix zu Analyt liegt im Allgemeinen im Bereich von 1000:1 oder darüber. Ein kleiner, eng begrenzter Bereich auf der Oberfläche der Matrix/Analyt-Mischung wird mithilfe von kurzen, stark fokussierten (~ 0,1 mm) Laserpulsen hoher Leistung sehr schnell erhitzt und angeregt. Die in kurzer Zeit auf die Matrix übertragene große Energiemenge führt wie unter FAB-Bedingungen zur Bildung einer Plasmawolke aus Matrixmolekülen, neutralen und geladenen Matrixfragmenten sowie Molekülen beziehungsweise Ionen des Analyten (▶ Abbildung 7.6). Der eigentliche Ionisierungsprozess des Analyten ist auch bei der MALDI-Methode recht kompliziert und verläuft wahrscheinlich auf mehreren Wegen. Da viele Matrixmaterialien Säuren sind, stellt die Protonierung des Analyten noch vor der Verdampfung in die Plasmawolke eine Möglichkeit der Ionisierung dar. Außerdem können selbst Matrixsubstanzen, die im Grundzustand nur schwach oder gar nicht sauer sind, eine hohe Acidität aufweisen, nachdem sie durch einen Laserpuls elektronisch angeregt wurden. Darüber hinaus können Alkalimetall-Kationen in die Matrix eingebaut werden, die dann durch die Bildung von Addukten mit Analytmolekülen zu deren Ionisierung beitragen. Die im Plasma vorhandene Energie ermöglicht wie bei der FAB-Methode Gasphasenreaktionen wie Protonentransfer, Ladungsaustausch oder die Aufnahme langsamer Elektronen zur Ionisierung von Analytmolekülen. Es gibt Matrixmaterialien, mit denen Elektronentransfer-Prozesse (Redox-Reaktionen) bevorzugt ablaufen – beispielsweise das so genannte DCTB [1,1-Dicyano-4-(4-*tert*-butylphenyl)-3-methylbuta-1,3-dien], mit dessen Hilfe sich besonders gut Radikalkationen und Radikalanionen erzeugen lassen. Schließlich ist auch eine direkte Photoionisierung der Analytmoleküle durch die Laserpulse möglich. Die MALDI-Methode liefert in Abhängigkeit vom Analyten und von der Matrix überwiegend protonierte Moleküle ($[M + H]^+$), Molekül-Ionen ($M^{\bullet +}$) oder Analytmolekül/Kation-Addukte ($[M + Kation]^+$). Analyte, die zur Bildung von negativ geladenen Ionen neigen, ergeben unter MALDI-Bedingungen vorwiegend deprotonierte Moleküle ($[M - H]^-$) und Molekül-Anionen ($M^{\bullet -}$). Wie in FAB-Spektren findet man in MALDI-Spektren im unteren Massenbereich viele Signale, die auf die Matrix zurückzuführen sind. Daher ist auch die MALDI-Methode in erster Linie für die Untersuchung von Analyten hoher Molekülmasse geeignet, deren Peaks außerhalb des Bereichs der Matrixpeaks liegen. ▶ Abbildung 7.7a zeigt beispielhaft das MALDI-Spektrum der Produktmischung einer radikalischen Polymerisation von Styrol. Die Matrix enthielt in diesem Fall ein Silbersalz zur Bereitstellung von Ladungsträgern. Für jedes der Polymerisationsprodukte erscheint im Spektrum eine Reihe eng benachbarter $[M + Ag]^+$-Peaks, weil Silber in Form der beiden Isotope ^{107}Ag und ^{109}Ag im natürlichen Häufigkeitsverhältnis 52:48 vorkommt und die Moleküle darüber hinaus groß genug sind, um als verschiedene Spezies mit unterschiedlich vielen ^{13}C-Kernen aufzutreten. Die Bedeutung der Isotope und Isotopenverteilungen der Elemente werden wir in Kapitel 9 noch ausführlich diskutieren. Beachten Sie außerdem, dass das Spektrum bei kleineren *m*/*z*-Werten – also im unteren Massenbereich – zunehmend intensive Hintergrundsignale enthält, die von der Matrix stammen.

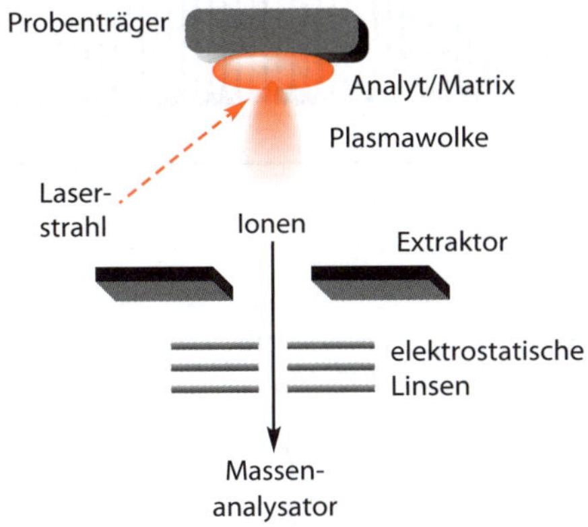

Abbildung 7.6: Schematische Darstellung einer MALDI-Ionenquelle.

Energietransfer und Fragmentierung bei den Desorptionsmethoden

Ein wichtiges Merkmal der Desorptions-Ionisierungsmethoden (FAB, MALDI, LSIMS et cetera) besteht darin, dass die zur Ionisierung der Analytmoleküle benötigte Energie zunächst hauptsächlich auf die Matrixmoleküle übertragen wird. Nur ein kleiner Teil dieser Energie wird an die Analytmoleküle weitergegeben. Infolgedessen liefern diese Methoden überwiegend intakte Molekül-Ionen und Quasi-Molekülionen, die nur wenig fragmentieren. Sie werden daher gemeinsam mit den meisten CI-Techniken auch als *weiche* Ionisierungsmethoden bezeichnet, während man bei der EI-Technik mit ihren vielen Folgefragmentierungen von einer *harten* Ionisierungsmethode spricht. Dennoch kann auch bei der Verwendung der weichen Desorptions-Ionisierungsmethoden ein Teil der Analyt-Ionen genug Überschussenergie erhalten, um Fragmentierungen zu ermöglichen. Dies trifft insbesondere im Fall von weniger stabilen Analytmolekülen zu, die besonders leicht Bindungsspaltungen unterliegen können. Der Umfang der Fragmentierungen kann teilweise durch die Leistung der Energiequelle – also dadurch, wie schnell eine bestimmte Energiemenge zugeführt wird – kontrolliert werden. Unter MALDI-Bedingungen kann man zu diesem Zweck beispielsweise die Intensität und somit die Leistung der Laserpulse regulieren. Die MALDI-Methode wird häufig zur Ionisierung von großen Analytmolekülen mit vielen inneren Freiheitsgraden eingesetzt und mit Massenanalysatoren kombiniert, die den Ionen nur kurze Aufenthaltsdauern in der Ionenquelle erlauben (wie zum Beispiel TOF; siehe Abschnitt 7.3.1). Daher können so genannte *metastabile Ionen* einen wichtigen Beitrag zu den Fragmentierungen liefern. Metastabile Ionen besitzen zwar eine genügend hohe Energie, um fragmentieren zu können. Ihre Anregung reicht jedoch nicht aus, um schnell, noch innerhalb der Ionenquelle zu zerfallen, bevor sie aus dieser herausbeschleunigt werden. Daher zerfallen metastabile Ionen erst während des Fluges durch das Massenspektrometer. Im Zusammenhang mit der MALDI-Massenspektrometrie wird dieses Phänomen, mit dem wir uns in Abschnitt 8.11.4 noch einmal beschäftigen werden, treffend mit dem Kürzel PSD (engl. *post-source decay*) bezeichnet.

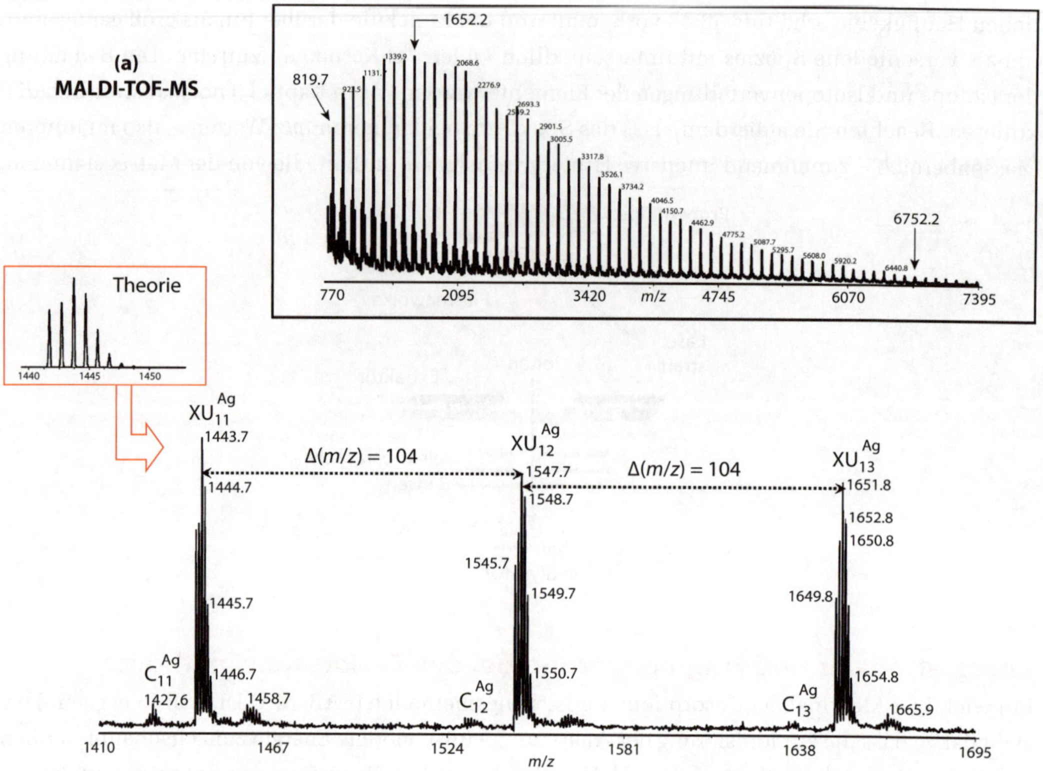

Abbildung 7.7: MALDI- und ESI-Massenspektrum der Produktmischung aus einer radikalischen Polymerisation von Styrol. Styrol besitzt die Summenformel C_8H_8 und somit eine relative Molekülmasse von $M_r = 104$. (a) MALDI-Spektrum, bei dessen Aufnahme der Matrix Silbertrifluoracetat als Additiv hinzugefügt wurde. Die Serie der XU_n-Ionen besteht aus den Polymeren unterschiedlicher Länge (*n*), die jeweils ein Addukt mit einem Ag^+-Ion als Ladungsträger gebildet haben. Die C_n-Ionenserien weisen Komponenten des radikalischen Initiators auf.

Ionenquellen für Desorptionsmethoden

Die für Desorptionsmethoden eingesetzten Ionenquellen sind relativ einfach aufgebaut und umfassen unter anderem einen Probenträger, auf dem die Matrix/Analyt-Mischung in das Massenspektrometer eingeführt wird (siehe auch Abbildungen 7.5 und 7.6). Je nach Desorptions-Ionisierungsmethode wird der neutrale Atomstrahl (FAB), der Ionenstrahl (LSIMS) oder der Laserstrahl (MALDI) auf die Probe geleitet, wodurch die oben beschriebenen Verdampfungs- und Ionisierungsprozesse ausgelöst werden. Die entstandenen Ionen werden dann mithilfe einer Abstoßungselektrode und elektrostatischer Linsen aus der Ionisierungskammer extrahiert, beschleunigt, fokussiert und schließlich in den Massenanalysator gelenkt. Weil sich der Probenträger während des Experiments innerhalb des Vakuumraums des Massenspektrometers befinden muss, sind eine Reihe neuer Verfahren entwickelt worden, mit deren Hilfe ein schneller Probenwechsel ohne Unterbrechung des Vakuums erfolgen kann. Dadurch konnte die Effizienz der Probenzuführung und somit der Probendurchsatz erheblich gesteigert werden. Zu diesem Zweck werden zum Beispiel Probenträger eingesetzt, auf denen sich eine ganze Reihe von verschiedenen Proben (96 oder mehr) befinden, die nacheinander ionisiert und untersucht werden können.

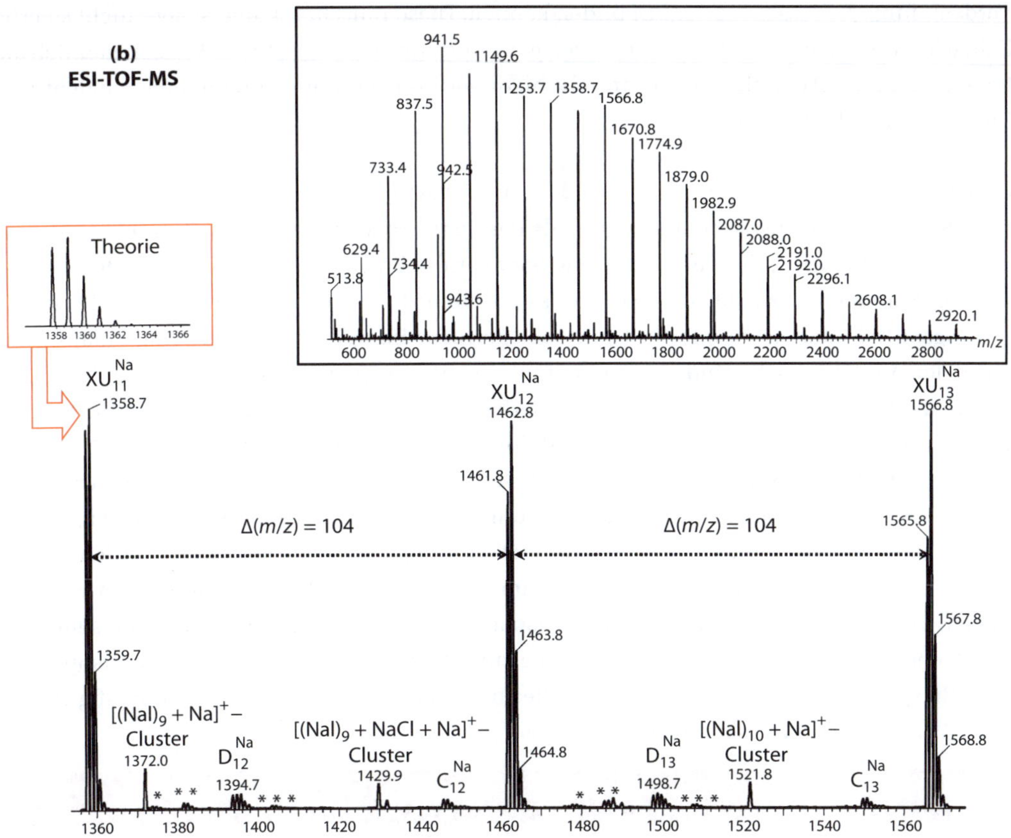

Abbildung 7.7 *(Fortsetzung)*: **MALDI- und ESI-Massenspektrum der Produktmischung aus einer radikalischen Polymerisation von Styrol.** Styrol besitzt die Summenformel C_8H_8 und somit eine relative Molekülmasse von $M_r = 104$. (b) ESI-Spektrum der gleichen Polymerisationsprobe, bei dessen Messung die Lösung unter anderem Natriumiodid enthielt. Die Natrium-Ionen dienten dabei als Ladungsträger in den gebildeten Polymer/Na^+-Addukten. Darüber hinaus erscheinen im ESI-Spektrum Peaks von Natriumhalogenid-Clustern und von C_n- sowie D_n-Ionenserien, die wiederum jeweils Initiatorkomponenten enthalten. (Mit freundlicher Genehmigung von: Ladavière, C., Lacroix-Desmazes, P. und Delolme, F. 2009. *Macromolecules* **42**: 70–84. Copyright 2009 American Chemical Society.)

7.2.4 Elektrospray-Ionisierung – ESI

Die Elektrospray-Ionisierung oder kurz ESI wird wie die Desorptionsmethoden verbreitet zur Untersuchung großer Moleküle eingesetzt. Sie eignet sich aber auch gut zur Ionisierung und massenspektrometrischen Analyse von Molekülen kleiner und mittlerer Molekülmasse. Der Ionisierungsprozess bei der ESI-Massenspektrometrie unterscheidet sich ziemlich stark von den Ionisierungsprozessen aller anderen Methoden, die wir bisher besprochen haben. Infolgedessen ermöglicht die ESI-Methode den Zugang zu anderen Typen von Spezies, insbesondere auch zu mehrfach geladenen Ionen. Unter ESI-Bedingungen wird vergleichsweise nur sehr wenig Energie auf den Analyten übertragen. Daher stellt die ESI tatsächlich eine besonders weiche Ionisierungsmethode dar. Durch die geringe Energiezufuhr ist ihre Anwendung allerdings häufig auf Ionen beschränkt, die zuvor schon in der Lösung vorhanden sind oder sich leicht während des

Verdampfungsprozesses bei der ESI bilden können. Diese Einschränkung ist aber nicht so erheblich, wie sie auf den ersten Blick erscheinen mag. Mithilfe der ESI-Methode können nämlich auch Ionen, die in der Analytlösung nur in sehr niedriger Konzentration vorkommen, effizient in die Gasphase überführt werden.

Der Ionisierungsprozess bei der ESI-Methode

Die ESI-Technik ist insofern einzigartig, als dass der Probe zu keinem Zeitpunkt ein Energiebetrag zugeführt wird, der die Ionisierung oder gar die Fragmentierung des Analyten auslösen könnte. Stattdessen beruht der ESI-Prozess auf einer Ionisierung des Analyten, die im ESI-Lösungsmittel auch ohne oder mit nur sehr geringer Energiezufuhr freiwillig abläuft. Dazu muss der Analyt jedoch mindestens eine funktionelle Gruppe besitzen, die unter den gegebenen Bedingungen in gewissem Maße ionisierbar ist. Diese Anforderung begrenzt die Anzahl von Analyten, für welche die Elektrospray-Ionisierung geeignet ist. In ▶ Tabelle 7.6 ist eine kleine Auswahl von Substanzklassen aufgelistet, die unter ESI-Bedingungen ionisiert werden können. Auch das Lösungsmittel muss bestimmte günstige Eigenschaften aufweisen. Es muss ausreichend flüchtig sein, um eine leichte Verdampfung zu gewährleisten. Außerdem muss es zumindest eine gewisse Polarität besitzen, um die Bildung und Lösung von Ionen zu ermöglichen. Schließlich muss seine Oberflächenspannung klein genug sein, damit sich sehr kleine Tröpfchen der Lösung bilden können. Lösungsmittel mit einem solchen Eigenschaftsprofil sind zum Beispiel Methanol und Acetonitril, die in der ESI-Massenspektrometrie häufig in Form einer Mischung mit Wasser eingesetzt werden.

Tabelle 7.6: Einige Substanzklassen, die unter ESI-Bedingungen ionisiert werden können.

Substanzklasse	Analyt-Ion(en)[a]
Amine	$[M + H]^+$, $[M + Kation]^+$
Carbonsäuren	$[M - H]^-$
Sulfonsäuren	$[M - H]^-$
Zucker	$[M + Kation]^+$
Ketone, Aldehyde	$[M + H]^+$, $[M + Kation]^+$
Ether, Alkohole	$[M + H]^+$, $[M + Kation]^+$ – meist nur schwach

[a] *Kation* steht in der Regel für ein Alkalimetallkation wie zum Beispiel Na^+.

In ▶ Abbildung 7.8 wird der ESI-Prozess schematisch veranschaulicht. Die ESI-Ionenquelle befindet sich *nicht* innerhalb des Vakuumraums des Massenspektrometers. Der ESI-Prozess findet unter Atmosphärendruck statt und beginnt mit der Erzeugung kleiner Tröpfchen der Analytlösung. Zu diesem Zweck wird die Analytlösung mit einer sehr kleinen Flussrate von typischerweise 1 bis 5 µl min^{-1} durch eine dünne Kapillare in die Ionenquelle eingeleitet. Zwischen der Spitze der Kapillare und der Eintrittsöffnung zum Vakuumraum des Massenspektrometers in Gestalt einer feinen Transferkapillare wird eine hohe elektrische Spannung von 1 bis 5 kV angelegt. Diese Spannung führt an der Spitze der Kapillare zu einer elektrischen Aufladung und Polarisierung der Analytlösung und zur Ausbildung eines so genannten Taylor-Kegels. Die Polarisierung besteht in einer Ladungstrennung innerhalb des Taylor-Kegels. In dessen Spitze weisen daher entweder die Kationen oder die Anionen eine höhere Konzentration auf. Ob in der Spitze die Kationen oder die Anionen akkumulieren, hängt dabei von der Richtung des elektrischen Feldes ab. Die Tröpfchen, die aus der Kapillare freigesetzt werden, sind infolge der Polarisierung elektrisch geladen und werden durch die angelegte Spannung zur Eintrittsöffnung in das Spektrometer getrieben. Auf dem Weg zur Eintrittsöffnung verdampft Lösungsmittel von den Tröpfchen, wodurch ihre Größe kontinuierlich abnimmt und ihre Ladungsdichte entsprechend ansteigt. Die Abkühlung der Tröpfchen infolge der Verdampfung des Lösungsmittels kann durch einen Intergasstrom kompensiert werden, der konzentrisch um die Kapillare in Richtung des Tröpfchenstroms oder in manchen Fällen auch in Gegenstromrichtung eingeleitet wird. Die vollständige Desolvatisierung der Ionen, also die Bildung von freien Ionen ohne Lösungsmittel, wird durch die Beheizung der Transferkapillare unterstützt, durch welche die Ionen in das Massenspektrometer eintreten. Bereits vor dem Eintritt in die Transferkapillare führt der Verdampfungsprozess durch die Verkleinerung der Tröpfchen zu einer Situation, in der die elektrostatische Abstoßungsenergie zwischen den gleichnamig geladenen Ionen innerhalb des jeweiligen Tröpfchens größer wird als die Oberflächenenergie des Tröpfchens. Der weitere mechanistische Verlauf der Bildung von freien Ionen in der Gasphase durch den ESI-Prozess wird noch teilweise kontrovers diskutiert. Wenn das Tröpfchen die erwähnte kritische Größe erreicht, könnte die große elektrostatische Abstoßung innerhalb des Tröpfchens den Ausstoß von einzelnen freien Ionen in die Gasphase verursachen und dadurch selbst wieder vermindert werden. Diese Vorstellung wird als *Ionenemissions-Modell* (IEM, engl. *ion emission model*) bezeichnet. Eine andere mechanistische Möglichkeit besteht darin, dass nach Erreichen der kritischen Tröpfchengröße nicht einzelne Ionen ausgestoßen werden, sondern das gesamte Tröpfchen in mehrere kleinere Tröpfchen zerplatzt (Coulomb-Explosion). Dabei bleiben das Gesamtvolumen und daher auch die gesamte elektrostatische Abstoßungsenergie konstant, während die Gesamtoberfläche und somit die Oberflächenenergie ansteigen. Durch die fortgesetzte Verdampfung des Lösungsmittels werden die gebildeten Tröpfchen wieder kleiner, bis sie erneut eine kritische Größe erreichen. Am Ende des Prozesses entstehen nach dieser Vorstellung winzige Tröpfchen, die jeweils nur noch ein einzelnes geladenes Teilchen enthalten, das schließlich durch die Verdampfung des restlichen Lösungsmittels vollständig freigesetzt wird. Bei dieser Vorstellung spricht man vom *Modell des geladenen Rückstands* (CRM, engl. *charged residue model*). Einige Daten deuten darauf hin, dass in Abhängigkeit von der Natur des Analyten und des Lösungsmittels beide Mechanismen eine mehr oder weniger große Rolle spielen können. In jedem Fall entstehen bei der Elektrospray-Ionisierung freie Ionen in der Gasphase, die häufig mehrfach geladen sind, wenn die Analytmoleküle mehrere ionisierbare Gruppen aufweisen. In Abbildung 7.7b ist zur Veranschaulichung das ESI-Spektrum der gleichen Produktmischung einer radikalischen Polymerisation von Styrol dargestellt, von der auch das MALDI-Spektrum in Abbildung 7.7a stammt. Bei der Aufnahme des ESI-Spektrums wurde der Lösung Natriumiodid zugesetzt, um geladene Na^+-Addukte der einzelnen Polymere zu bilden. Anders als das MALDI-Spektrum enthält das ESI-Spektrum bei kleineren m/z-Werten (im unteren Massenbereich) kaum Hintergrundsignale, weil unter ESI-Bedingungen keine angeregte Matrix zur Ionisierung des Analyten verwendet wird. Allerdings erscheinen im ESI-Spektrum Signale von elektrisch geladenen Natriumhalogenid-Clustern der Form $[Na_{x+1}Hal_x]^+$, welche die Analyse des Spektrums erschweren können.

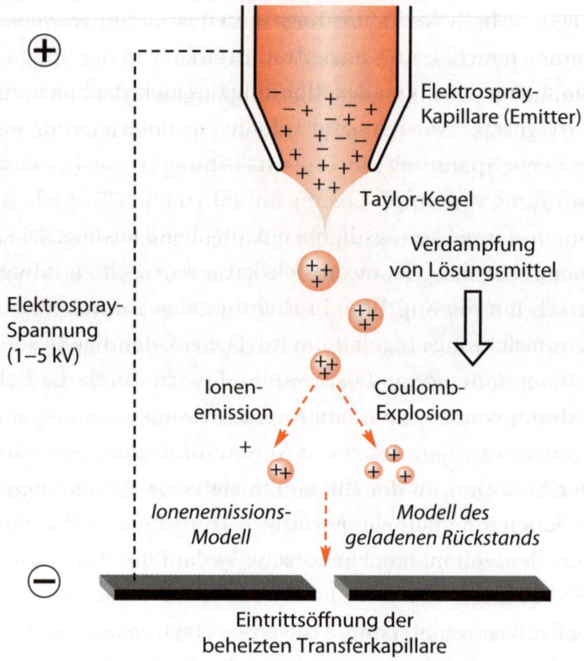

Abbildung 7.8: Schematische Darstellung einer ESI-Ionenquelle und des ESI-Prozesses.

Energietransfer und Fragmentierung unter ESI-Bedingungen

Wie die obigen Ausführungen bereits vermuten lassen, besitzen die Ionen und ihre Vorläufer im Verlauf der Elektrospray-Ionisierung zu keinem Zeitpunkt eine größere innere Überschussenergie. Daher ist nur eine geringe oder gar keine Fragmentierung zu erwarten und im ESI-Massenspektrum sollten nur sehr wenige Signale erscheinen. Tatsächlich wird aber häufig genau das Gegenteil beobachtet, also Spektren mit relativ zahlreichen Peaks. Woher stammen diese Peaks? Während des ESI-Prozesses können sich nicht nur die freien Analyt-Ionen bilden, sondern auch nichtkovalente Komplexe zwischen Ionen und ungeladenen Spezies oder zwischen entgegengesetzt geladenen Ionen (im letzteren Fall muss aber eine Überschussladung vorhanden sein, damit der Komplex massenspektrometrisch auch sichtbar ist, wie zum Beispiel die $[Na_{x+1}Hal_x]^+$-Cluster-Ionen in Abbildung 7.7b). Die Bildung solcher verhältnismäßig einfacher Komplexe kann zu signalreichen Massenspektren führen. Betrachten Sie zum Beispiel die Elektrospray-Ionisierung von Benzoesäure aus methanolischer Lösung unter Negativ-Ionen-ESI-Bedingungen. Dieser (−)-ESI-Prozess erzeugt aus der Carbonsäure zwar das erwartete, negativ geladene Benzoat-Ion der Form $[M - H]^-$. Das Benzoat-Ion kann allerdings einen ziemlich stabilen Gasphasenkomplex mit einem neutralen Benzoesäuremolekül bilden. Wenn die Konzentration der Benzoesäure groß genug ist, können im Spektrum daher Peaks von Benzoat/Benzoesäure-Komplexen der Form $[2\,M - H]^-$ erwartet werden. Sind in der Elektrospray-Lösung darüber hinaus Natrium-Ionen anwesend, können außerdem Signale von Komplexen aus zwei Benzoat-Ionen und einem Natrium-Ion der Form $[2\,M - 2\,H + Na]^-$ auftreten. Bei Verwendung von Lösungen mit hoher Salzkonzentration können große Komplexe aus mehreren Kationen und Anionen das ESI-Spektrum dominieren und sehr komplizierte Peakmuster verursachen. Die ESI-Massenspektrometrie ist deswegen am besten für Lösungen mit niedriger Salzkonzentration ($< 10^{-4}$ M) geeignet und im Fall der Anwesenheit von Puffern daher mit speziellen experimentellen Herausforderungen verbunden. Soll unter ESI-Bedingungen eine signifikante Fragmentierung erreicht werden, müssen die Ionen nach ihrer Freisetzung in die Gasphase in der Regel durch eine zusätzliche Spannung weiter beschleunigt werden, um eine ausreichende Anregung durch Kollisionen mit Neutralteilchen zu erzwingen (siehe auch Kapitel 8).

ESI-Ionenquellen

ESI-Ionenquellen besitzen einen relativ einfachen Aufbau, auch wenn die einzelnen Komponenten einer gewissen Vielfalt unterliegen. Die beiden Hauptbestandteile einer ESI-Quelle sind die Elektrospray-Kapillare (auch als Emitter bezeichnet), durch welche die Analytlösung in die Quelle eingeleitet wird, und die beheizte Transferkapillare, die als Schnittstelle zwischen der ESI-Quelle und dem Massenanalysator zur Überführung der Ionen in den Vakuumraum des Massenspektrometers dient. Die Elektrospray-Kapillare wird durch das Anlegen einer Spannung zwischen 1 und 5 kV auf ein relativ hohes elektrisches Potenzial relativ zur Eintrittsöffnung der Transferkapillare gebracht. Sie besteht entweder aus rostfreiem Stahl oder – im Fall von Nanospray-Systemen – aus einer ausgezogenen Glaskapillare, deren elektrostatische Aufladung durch den Kontakt mit einer leitfähigen Flüssigkeit oder einen Metallüberzug ermöglicht wird. Die Elektrospray-Kapillare und die Transferkapillare sind normalerweise in der gleichen Richtung mit einem gewissen Abstand hintereinander oder rechtwinklig zueinander angeordnet. Der Raum zwischen der Austrittsöffnung der Elektrospray-Kapillare und der Eintrittsöffnung der Transferkapillare ist mit Luft oder manchmal auch mit Stickstoff unter Atmosphärendruck gefüllt. Die geladenen Tröpfchen werden – mit oder ohne die Unterstützung durch einen vernebelnden und wärmenden Inertgasstrom – sowohl durch die angelegte Spannung als auch durch den in die Kapillare eintretenden Gasstrom zur Eintrittsöffnung der Transferkapillare gezogen. Dabei fördert die beheizte Transferkapillare die vollständige Verdampfung des Lösungsmittels aus den Tröpfchen. Unmittelbar hinter der Austrittsöffnung der Transferkapillare im Vakuumraum des Massenspektrometers herrscht schließlich ein Druck von etwa 100 Pa. Von dieser Position aus werden die Ionen mithilfe von elektrostatischen Linsen beschleunigt, fokussiert und in Richtung des Massenanalysators gelenkt. Auf diesem Weg passieren die Ionen im Allgemeinen mehrere Regionen, in denen der Druck durch mehrere Vakuumpumpen stufenweise auf das zur Massenanalyse erforderliche Hochvakuum abgesenkt wird.

7.2.5 Chemische Ionisierung unter Atmosphärendruck – APCI

Eine mit der ESI-Methode eng verwandte Ionisierungsmethode ist die chemische Ionisierung unter Atmosphärendruck (APCI, engl. *atmospheric pressure chemical ionization*). Der Hauptunterschied zwischen den beiden Methoden besteht in der Natur des Analyten. Bei der ESI-Methode muss der Analyt bereits zuvor in der Lösung ausreichend stabile Ionen bilden können. Sie ist damit für viele Substanzklassen geeignet, einschließlich der meisten biologisch relevanten Moleküle. Eine ganze Reihe wichtiger polarer, nichtflüchtiger Substanzen kann in einer ESI-Quelle allerdings *nicht* ionisiert werden. Für diese Fälle stellt die APCI-Methode eine Alternative dar, bei der die Ionisierung des Analyten wie unter CI-Bedingungen durch Gasphasenreaktionen mit einem Reaktantgas erreicht wird. In der Praxis wird der Analyt in einem geeigneten Lösungsmittel über einen beheizten Zerstäuber in die Ionisierungskammer eingebracht. Durch eine Koronaentladung (Glimmentladung) zwischen der Zerstäuberspitze und der Wand der Ionisierungskammer können Lösungsmittelmoleküle oder Teilchen des Zerstäubergases ionisiert werden, die anschließend in

Gasphasenreaktionen zur Ionisierung von Analytmolekülen führen. Ob dabei protonierte Spezies oder radikalische Ionen des Analyten gebildet werden, hängt vor allem von den Eigenschaften des Lösungsmittels und des Zerstäubergases ab. Die auf diese Weise erzeugten Ionen werden wie bei der ESI-Methode durch eine Transferkapillare in das Massenspektrometer geleitet. Wie andere CI-Methoden liefert auch die APCI-Methode einfach geladene Ionen. Die APCI-Massenspektrometrie wird zwar bei Weitem nicht so häufig eingesetzt wie die ESI-Massenspektrometrie, sie besetzt aber eine wichtige Nische zur Analyse von schwerflüchtigen Analyten mittlerer Größe (etwa 500 bis 1500 u), die keine leicht ionisierbaren funktionellen Gruppen enthalten. Besonders nützliche Anwendungen der APCI-Methode findet man in der Wirkstoffforschung und der Analyse biologischer Metabolite.

7.2.6 Kombinierte (Hybrid-)Ionisierungsmethoden

In jüngerer Zeit sind Ionisierungsmethoden entwickelt worden, die eine Kombination aus der ESI-Methode und einer Desorptionsmethode darstellen. Die Strategie besteht darin, mithilfe einer ESI-Quelle einen Strahl geladener Tröpfchen zu erzeugen, die anschließend Analytmoleküle von einer unter Atmosphärendruck befindlichen Probenoberfläche oder aus dem Gasraum einer Ionisierungskammer aufnehmen können. Ein solche Hybrid-Ionisierungsmethode ist die von R. Graham Cooks und Mitarbeitern entwickelte Desorptions-Elektrospray-Ionisierung (DESI). Dabei wird eine Elektrospray-Kapillare, die von einem starken Zerstäubergasstrom umströmt wird, auf eine Isolatoroberfläche gerichtet, auf welcher der Analyt lokalisiert ist. Beim Auftreffen des Elektrospray-Tröpfchenstroms auf die Isolatoroberfläche werden Analytmoleküle abgetragen und in die elektrisch geladenen Tröpfchen überführt, die dann zur Eintrittsöffnung der Transferkapillare einer konventionellen ESI-Quelle gelenkt werden. Der große Vorteil dieser Ionisierungsmethode besteht darin, dass sie kaum Einschränkungen bezüglich der Natur der Isolatoroberfläche aufweist. Somit ist zum Beispiel auch die Analyse von Spuren einer Substanz auf der Oberfläche eines Objekts – zum Beispiel eines Briefumschlags – möglich, ohne dass die Substanz zuvor von dem Objekt durch Extraktion abgetrennt werden muss. Solche Hybrid-Ionisierungsmethoden gewinnen schnell an Bedeutung und repräsentieren einen Anwendungsbereich, in dem ständig Neuerungen veröffentlicht werden.

7.3 Massenanalyse

Das Herz jedes Massenspektrometers ist ein **Massenanalysator**. Im Lauf der Jahre ist auf der Grundlage unterschiedlicher physikalischer Prinzipien eine bemerkenswert große Zahl verschiedener Massenanalysatoren entworfen worden. Jeder Massenanalysator nutzt eine besondere Eigenschaft von Ionen aus – nämlich die Tatsache, dass ihre Bewegung durch elektrische und magnetische Felder gezielt beeinflusst werden kann. Die Möglichkeit zur Kontrolle der Geschwindigkeit und der Flugbahn der Ionen ermöglicht ihre Trennung nach Zeit, Raum oder Bewegungsfrequenz in Abhängigkeit von ihrem Masse/Ladungs-Verhältnis (m/z). Der Aufbau und die Eigenschaften der verschiedenen Massenanalysatoren variieren stark, insbesondere bezüglich des Massenbereichs, des Auflösungsvermögens, der Massengenauigkeit und des Arbeitsdrucks. Die Auswahl des für ein bestimmtes Analyseproblem am besten geeigneten Massenanalysators hängt von den chemischen Eigenschaften des Analyten, seiner Erscheinungsform (rein oder als Bestandteil einer komplexen

Mischung) und den analytischen Informationen ab, welche die Messung liefern soll. In vielen Fällen kommt für die vorliegende Fragestellung mehr als ein Analysator in Frage, so dass in der Praxis letztlich die Verfügbarkeit des Analysators ausschlaggebend ist. In diesem Abschnitt werden wir sechs wichtige Typen von Massenanalysatoren sowie einige Hybridinstrumente ausführlich vorstellen.

7.3.1 Flugzeit-Massenanalysatoren (TOF-Analysatoren)

Grundlegende Arbeitsweise

Die physikalischen Grundlagen eines *Flugzeit-* oder *TOF-Massenanalysators* (von engl. *time of flight*) sind relativ einfach. Ionen mit gleicher Ladung $z \cdot e$ (z: Ladungszahl; e: Elementarladung), die durch eine gleich große Spannung (Potenzialdifferenz) U beschleunigt werden, besitzen gemäß Gleichung 7.11 anschließend die gleiche kinetische Energie E_{kin}, weisen aber in Abhängigkeit von ihrer Masse m unterschiedliche Geschwindigkeiten v auf (siehe Gleichung 7.12). Somit kann die Massenanalyse auf die Messung der Geschwindigkeiten der Ionen reduziert werden, die sie *nach* der Beschleunigung durch die Beschleunigungsspannung U im Verlauf einer feldfreien Flugstrecke d aufweisen. Die Geschwindigkeiten der Ionen können durch Messung der Flugzeiten bestimmt werden, welche die Ionen für die Überwindung der festen, bekannten Flugstrecke d im TOF-Massenanalysator benötigen. Setzt man in Gleichung 7.11 für die Geschwindigkeit v den Quotienten aus Flugstrecke d und Flugzeit t ein, erhält man nach einer weiteren Umformung Gleichung 7.13. Mithilfe dieser Gleichung kann bei bekannter Beschleunigungsspannung U, bekannter Flugstrecke d und gemessener Flugzeit t das Masse/Ladungs-Verhältnis m/z des jeweiligen Ions berechnet werden.

$$E_{kin} = z\,e\,U = \frac{1}{2} m v^2 \qquad (7.11)$$

$$v = \sqrt{\frac{2\,z\,e\,U}{m}} \qquad (7.12)$$

$$m/z = \frac{2eU}{d^2}\; t^2 \qquad (7.13)$$

▶ Abbildung 7.9 zeigt schematisch den Aufbau eines TOF-Analysators. Typischerweise werden recht hohe Beschleunigungsspannungen zwischen 10 und 30 kV eingesetzt. Die Ionen erreichen im Massenspektrometer daher Geschwindigkeiten im Bereich von 100.000 m s^{-1}. Unter diesen Bedingungen sind die Flugzeiten der Ionen von der Ionenquelle zum Detektor mit 10 bis 100 µs äußerst kurz, so dass prinzipiell viele Spektren in kurzer Zeit gemessen werden können. Daraus ergeben sich hohe Anforderungen an die Elektronik des Detektionssystems, weil sich die Flugzeiten der Ionen – insbesondere bei ähnlichen m/z-Werten – nur sehr wenig unterscheiden und die Ionen daher in sehr kurzen Abständen am Detektor ankommen. Betrachten Sie zum Beispiel zwei Ionen mit m/z-Werten von 1000 und 1001 und einer nominellen Flugzeit von 100 µs. Ihre Ankunftszeiten am Detektor würden sich dann nur um 0,05 Prozent oder 50 ns unterscheiden. Für eine hohe Auflösung sind folglich äußerst schnelle Detektionssysteme erforderlich.

Ein weiteres Charakteristikum der TOF-Massenspektrometrie ist die gepulste Ionisierung. Das Gemisch aus Ionen verschiedener m/z-Werte verlässt die Ionenquelle daher in Form von Ionenpaketen, wobei sich die Komponenten jedes Pakets während des Fluges entsprechend ihrer unterschiedlichen Geschwindigkeiten auftrennen. Für den Erfolg der Flugzeitmessung müssen sich die verschiedenen Ionen nämlich zur selben Zeit am selben Startpunkt befinden und dann alle gleichzeitig plötzlich beschleunigt werden. Anderenfalls könnten die gemessenen Ankunftszeiten der einzelnen Ionen nicht bestimmten *m*/*z*-Werten zugeordnet werden. Diese Anforderungen legen die Verwendung von Ionenquellen nahe, die Ionenpulse hoher Dichte erzeugen. Wie wir in Abschnitt 7.2 festgestellt haben, entspricht insbesondere die MALDI-Technik diesen Erfordernissen. Sie erlaubt nämlich die Verwendung von Lasern, die kurze, sehr intensive Lichtpulse erzeugen und damit die für die Flugzeit-Massenanalyse benötigten Ionenpakete liefern können. Die intensive Weiterentwicklung der TOF-Analysatoren in jüngerer Zeit folgt daher auch nicht zufällig der Entwicklung der MALDI-Massenspektrometrie. Außerdem sind inzwischen Hybridinstrumente entwickelt worden, die den Einsatz von TOF-Analysatoren mit einer Vielzahl anderer Ionenquellen ermöglichen – auch solcher, die unter kontinuierlicher, ungepulster Ionenerzeugung arbeiten (siehe unten).

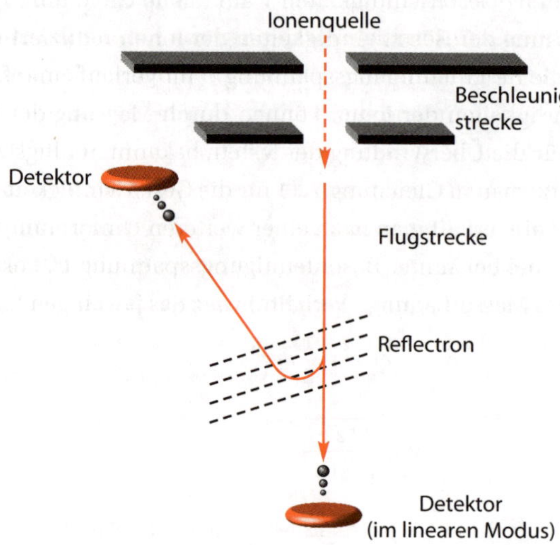

Abbildung 7.9: Schematischer Aufbau eines Flugzeit- oder TOF-Massenanalysators. Nach einer Beschleunigung durch eine hohe Spannung bewegen sich Ionen mit kleineren *m*/*z*-Werten schneller und kommen daher früher am Detektor an. Die Ionen können entweder nach einem ungestörten (linearen) Flug oder nach einer zeitlich fokussierenden Umlenkung in einem so genannten *Reflectron* detektiert werden.

Aufbau eines Flugzeit-Massenanalysators

Der allgemeine Aufbau eines Flugzeit-Massenspektrometers ist verhältnismäßig einfach und umfasst im Wesentlichen eine Ionenquelle, ein Flugrohr und ein Detektionssystem. Um eine hohe Auflösung erreichen zu können, sind allerdings einige Verfeinerungen und Weiterentwicklungen erforderlich. Ein wesentliches Problem resultiert zum Beispiel daraus, dass die Ionen bereits vor der gezielten und gut definierten Beschleunigung in Richtung Massenanalysator infolge des Ionisierungsprozesses eine gewisse kinetische Energie besitzen, die im Bereich von etwa 10 eV variieren kann. Dieser Wert entspricht etwa 0,1 Prozent der durch das elektrische Feld übertragenen kinetischen Energie und kann daher zu einer Peakverbreiterung von ±0,1 Prozent führen. Für viele Fragestellungen ist der damit verbundene Verlust an Auflösung aber schon zu groß. Zur Lösung beziehungsweise Minimierung dieses Problem wird häufig ein so genanntes *Reflectron* eingesetzt. Das Reflectron ist ein elektrostatischer Ionenspiegel, mit dessen Hilfe der Ionenstrahl auf seinem Weg durch das feldfreie Flugrohr reflektiert und auf einen passend positionierten Detektor gelenkt wird (siehe Abbildung 7.9). Dabei wirkt das Reflectron auf die Ionen zeitlich fokussierend und verringert somit die Peakverbreiterungen, die durch die Variationsbreite der ursprünglichen kinetischen Energie der Ionen verursacht werden. Der Mechanismus dieser Art der Fokussierung ist relativ einfach. Ionen mit einer höheren kinetischen Energie dringen etwas tiefer in das Reflectron ein als Ionen mit einer geringeren kinetischen Energie. Infolgedessen legen die Ionen mit höherer kinetischer Energie insgesamt einen etwas längeren Weg bis zum Detektor zurück als die energieärmeren Ionen. Dadurch wird der Flugzeitunterschied zwischen Ionen mit gleichem Masse/Ladungs-Verhältnis, aber leicht voneinander abweichenden kinetischen Energien und somit Geschwindigkeiten zumindest teilweise wieder ausgeglichen. Als Nettoeffekt wird also eine zeitliche Fokussierung von Ionen mit gleichen m/z-Werten erreicht, was zu geringeren Peakbreiten und folglich besserer Auflösung führt.

Eine zweite Möglichkeit zur zeitlichen Fokussierung von Ionen mit gleichen m/z-Werten besteht in einer gezielten Veränderung der (effektiven) Beschleunigungsspannung durch die zeitliche Steuerung des Extraktionspulses, mit dem die Ionen auf ihre Flugbahn geschickt werden. Durch eine so genannte *verzögerte Extraktion* (engl. *delayed extraction*) wird die Beschleunigungsphase für die etwas zu schnellen Ionen leicht verkürzt, so dass sich ihre Geschwindigkeiten der mittleren Geschwindigkeit der Ionen mit jeweils gleichem m/z-Wert angleichen. Dadurch weichen die Geschwindigkeiten von Ionen, die vor der Beschleunigung bereits leicht unterschiedliche kinetische Energien besaßen, nach der Beschleunigung weniger voneinander ab.

Bei einem dritten Ansatz zur zeitlichen Fokussierung erfolgt eine *orthogonale* Beschleunigung der Ionen. Die Ionen werden in diesem Fall kontinuierlich erzeugt und zunächst zu einem dünnen Strahl senkrecht zur Flugrichtung zum Detektor fokussiert. Bereits bei mittleren Ionengeschwindigkeiten, die kinetischen Energien zwischen 10 und 100 eV entsprechen, beträgt die Geschwindigkeit der Ionen senkrecht zur Strahlrichtung praktisch null. Durch einen kurzen Beschleunigungspuls von 10 bis 30 kV senkrecht (orthogonal) zur Bewegungsrichtung der Ionen wird dann ein Ionenpaket aus dem Ionenstrahl herausgeschlagen und durch den Massenanalysator zum Detektor geschickt. Da die Bewegungskomponente der Ionen in dieser Richtung vor dem Beschleunigungspuls praktisch null war, weisen die Ionen mit gleichen m/z-Werten in der Beschleunigungsrichtung eine sehr enge Geschwindigkeitsverteilung auf. Die Ionen besitzen aber auch immer noch ihre anfängliche langsame Bewegungskomponente senkrecht zur Flugstrecke in Richtung Detektor. In dieser Richtung tritt während des schnellen Fluges zum Detektor daher eine gewisse Auffächerung der Ionen unterschiedlicher m/z-Werte auf. Deswegen verwendet man Detektoren, die an diese Auffächerung angepasst sind, um möglichst alle Ionen detektieren zu können. Schließlich sei noch erwähnt, dass die Ionen in einigen Geräten zunächst gespeichert werden können, um anschließend orthogonal in Richtung Detektor beschleunigt zu werden.

Wie die obigen Erläuterungen vermuten lassen, gibt es eine ganze Reihe moderner Ausführungen von TOF-Massenspektrometern. Es sind viele Anstrengungen unternommen worden, um Analysatoren mit hoher Auflösung und effizienten Arbeitszyklen zu entwerfen. Daraus sind hoch entwickelte Geräte hervorgegangen, die aber alle nach dem gleichen Grundprinzip des *time of flight* funktionieren.

Möglichkeiten und Grenzen von Flugzeit-Massenanalysatoren

Eine der Stärken von Flugzeit-Massenanalysatoren (TOF-Analysatoren) stellt ihr nahezu unbegrenzter Massenbereich dar. In TOF-Massenspektrometern können routinemäßig Ionen mit *m*/*z*-Werten von über 100.000 detektiert werden. Diese Eigenschaft ist besonders in Kombination mit MALDI-Ionenquellen attraktiv, weil die MALDI-Massenspektrometrie vor allem zur Ionisierung großer Moleküle eingesetzt wird und niedrige Ladungszahlen (*z*) mit hohen *m*/*z*-Werten einhergehen. Darüber hinaus besitzen Flugzeit-Analysatoren ein ausgezeichnetes Auflösungsvermögen, das bei modernen Geräten häufig über 10.000 liegt. Der Begriff *Auflösungsvermögen* bezieht sich auf die Fähigkeit eines Massenanalysators, die Signale zweier *m*/*z*-Werte bis auf eine geringfügige maximale Überlappung (etwa 10 Prozent) zu trennen. Das Auflösungsvermögen *A* eines Analysators kann aus den Massen m_1 und m_2 zweier Ionen gleicher Ladung, deren Signale durch den Analysator gerade noch bis auf die genannte maximale Überlappung getrennt und somit als getrennte Signale detektiert werden können, folgendermaßen berechnet werden: $A = m_1 / (m_1 - m_2)$, mit $m_1 > m_2$. Bei einem Auflösungsvermögen von 1000 kann also zum Beispiel ein Peak bei *m*/*z* 1000 gerade noch von einem Peak bei *m*/*z* 1001 oder ein Peak bei *m*/*z* 100.000 gerade noch von einem Peak bei *m*/*z* 99.900 unterschieden werden. Außerdem können die Massen der Ionen mithilfe von Flugzeit-Analysatoren mit einer guten Genauigkeit bestimmt werden (5 bis 50 ppm). An dieser Stelle ist auch die Effizienz von Massenspektrometern erwähnenswert. Man versteht unter der Effizienz eines Systems, wie gut die Arbeitszyklen des Massenanalysators zeitlich mit den Möglichkeiten der Ionenquelle korrelieren. Im Idealfall, also einer Effizienz von 100 Prozent, kann der Massenanalysator alle Ionen genauso schnell verarbeiten, wie sie von der Ionenquelle geliefert werden. Diese Situation ist aber nicht immer erreichbar. In der einfachsten Ausführung eines MALDI-TOF-Massenspektrometers wäre die MALDI-Ionenquelle beispielsweise immer dann nicht in Betrieb, wenn gerade ein Ionenpaket durch das Flugrohr des Analysators in Richtung Detektor fliegt. In diesem Fall würde der Analysator somit zum Flaschenhals des Prozesses und der Probendurchsatz würde durch den Analysator und nicht durch die Ionenquelle begrenzt werden. Die Effizienz von TOF-Spektrometern hängt in hohem Maße vom Gesamtdesign des Geräts ab. Wird die Ionenquelle zum Beispiel mit einem Ionenspeicher (engl. *ion accumulator*) kombiniert, kann eine Effizienz von annähernd 100 Prozent erzielt werden, da immer schon das Ionenpaket für die nächste Massenanalyse erzeugt und akkumuliert werden kann, während gerade ein Ionenpaket durch den Analysator fliegt. Schließlich sei noch erwähnt, dass es innerhalb des TOF-Massenanalysators praktisch keine Möglichkeit gibt, innere Energie auf die Ionen zu übertragen. Daher muss jede Fragmentierung aus einer Aktivierung der Ionen vor deren Eintritt in den Analysator resultieren. Die Bedeutung dieses Sachverhalts wird erst in Kapitel 8 deutlich werden.

7.3.2 Ionen-Cyclotron-Resonanz-Zellen und FT-ICR-Massenspektrometrie

Grundlegende Arbeitsweise

Das Prinzip der so genannten *Ionen-Cyclotron-Resonanz-* oder kurz *ICR-Massenspektrometrie* beruht ebenfalls auf relativ einfachen physikalischen Grundlagen. Wenn elektrisch geladene Teilchen wie Ionen durch ein magnetisches Feld fliegen, werden sie im Allgemeinen aus ihrer ursprünglichen Bewegungsrichtung abgelenkt. Diese Ablenkung kann genutzt werden, um Ionen in einem homogenen Magnetfeld auf stabile Kreisbahnen senkrecht zu den Feldlinien zu zwingen. Geschieht dies innerhalb einer ICR-Zelle (engl. *ICR trap*; manchmal auch ICR-Falle genannt), können die Ionen dort mehrere Stunden lang gespeichert werden (theoretisch sogar unbegrenzt). Der Radius r der Kreisbahn hängt dabei gemäß Gleichung 7.14 von der Masse m, der Ladung $z \cdot e$ und der Geschwindigkeit v des jeweiligen Ions sowie von der Flussdichte B des äußeren Magnetfelds ab.

$$r = \frac{mv}{zeB} \tag{7.14}$$

Aus Gleichung 7.14 geht unmittelbar hervor, dass eine höhere Geschwindigkeit bei ansonsten gleichen Parametern mit einem größeren Radius der Kreisbahn verbunden ist. Formt man Gleichung 7.14 um und setzt für den Term v / r die in diesem Fall auch als *Cyclotronfrequenz* bezeichnete Kreisfrequenz ω ein ($\omega = 2\pi f = 2\pi v \,/\, 2\pi r = v \,/\, r$, wobei f der Rotationsfrequenz entspricht), erhält man Gleichung 7.15. Diese repräsentiert eine grundlegende Gleichung der ICR-Massenspektrometrie, durch welche das (reziproke) Masse/Ladungs-Verhältnis m/z der gespeicherten Ionen über die Flussdichte B des homogenen äußeren Magnetfelds mit der Kreisfrequenz ω der Ionen korreliert ist.

$$\omega = \frac{zeB}{m} \tag{7.15}$$

Weil Frequenzen mit sehr großer Genauigkeit gemessen werden können, ist mithilfe der ICR-Massenspektrometrie eine sehr genaue Massenbestimmung möglich. Dabei ist außerdem von Bedeutung, dass die Kreisfrequenzen der Ionen gemäß Gleichung 7.15 mit steigender Flussdichte des Magnetfelds ebenfalls zunehmen. Aus dieser Gleichung lässt sich weiterhin Gleichung 7.16 für die Differenz der Kreisfrequenzen ($\Delta\omega$) zweier Ionen gleicher Ladungszahl z, aber unterschiedlicher Masse m herleiten.

$$\Delta\omega = z\,e\,B\;\frac{m_1 - m_2}{m_1\,m_2} = \frac{z\,e\,B}{m_1\,m_2}\;\Delta m \tag{7.16}$$

Wie sich aus Gleichung 7.16 ergibt, steigt die Frequenzdifferenz $\Delta\omega$ zwischen zwei solchen Ionen direkt proportional zur Flussdichte B des Magnetfelds an. Folglich kann das Auflösungsvermögen von ICR-Massenspektrometern durch die Erhöhung der magnetischen Flussdichte verbessert werden, weil der Abstand zwischen den gemessenen Frequenzen dadurch größer wird. In dieser Hinsicht gleicht die ICR-Massenspektrometrie der NMR-Spektroskopie. Tatsächlich kommen in ICR-Massenspektrometern die gleichen supraleitenden Magnete (mit Flussdichten B von 5 bis 12 T) zum Einsatz wie in Hochfeld-NMR-Spektrometern. Dies ist eine der Analogien zwischen der ICR-Massenspektrometrie und der NMR-Spektroskopie. Im Folgenden werden Sie noch weiteren Analogien begegnen.

Ein ganz besonderes Merkmal der ICR-Massenspektrometrie ist die *nichtdestruktive* Detektion der Ionen. Bei fast allen anderen Massenanalysatoren, die wir in diesem Buch besprechen, beruht die Detektion der Ionen auf ihrer Entladung auf der Detektoroberfläche und der Verstärkung des resultierenden elektrischen Signals (eine weitere Ausnahme finden Sie in Abschnitt 7.3.6). Im Fall der ICR-Massenspektrometrie erfolgt die Detektion der Ionen dagegen auf eine andere Weise. Die in der ICR-Zelle kreisenden Ionen erzeugen auf den metallischen Wandungen periodisch so genannte Spiegelladungen – und zwar im Rhythmus ihrer Kreisfrequenzen, welche wie oben beschrieben direkt mit den m/z-Werten der Ionen korreliert sind. Daraus ergibt sich die Möglichkeit einer berührungslosen Massenmessung, die folgendermaßen verwirklicht wird: Nachdem die Ionen in der ICR-Zelle eingefangen wurden, wird über zwei einander gegenüberliegende und parallel zum Magnetfeld ausgerichtete Anregungsplatten (► Abbildung 7.10) ein Breitband-Radiofrequenzpuls (Rf-Puls) eingestrahlt, der die Cyclotronfrequenzen möglichst aller Ionen in der Zelle abdeckt. Durch diesen Rf-Puls weisen die kreisenden Ionen anschließend Phasenkohärenz auf. Mit anderen Worten: Die Ionen eines m/z-Wertes sind, bildlich gesprochen, nicht gleichmäßig auf ihrer Kreisbahn verteilt, sondern bewegen sich in Form eines mehr oder weniger dicht zusammengedrängten Ionenpakets. Die beiden Detektorplatten sind wie die Anregungsplatten parallel zum Magnetfeld und somit senkrecht zur Kreisbahn der Ionen angeordnet (siehe Abbildung 7.10). Ein kreisendes Ionenpaket erzeugt auf den Detektorplatten die bereits erwähnte periodisch auftretende Spiegelladung, die als elektrische Wechselspannung gemessen werden kann. Die Frequenz der Wechselspannung entspricht dabei der Cyclotronfrequenz ω der Ionen. Da die Cyclotronfrequenz gemäß Gleichung 7.15 mit dem m/z-Wert der betreffenden Ionen korreliert ist, kann das Masse/Ladungs-Verhältnis der Ionen durch die Messung der Frequenz der induzierten Wechselspannung ermittelt werden. Die Phasenkohärenz wird durch den Breitband-Rf-Puls für alle Ionen unterschiedlicher m/z-Werte simultan erzeugt. Daher stellt die in den Detektorplatten induzierte Wechselspannung eine Überlagerung der von den einzelnen Ionensorten verursachten Spannungen dar. Die Amplitude dieser Wechselspannung nimmt nach dem Rf-Puls je nach Kohärenzverlust der Ionen in der Zelle mit der Zeit wieder ab. Durch eine Fourier-Transformation (FT, siehe auch Abschnitt 2.5) der in der Zeitdomäne abklingenden Wechselspannungskurve (des so genannten Transienten) kann ein Massenspektrum in der Frequenz- und somit auch in der m/z-Domäne berechnet werden. Nach dem Einfangen der Ionen in der ICR-Zelle kann bereits durch einen einzelnen Zyklus aus Anregung durch einen Rf-Puls, Detektion der induzierten Wechselspannung und Fourier-Transformation des Transienten ein vollständiges Massenspektrum erhalten werden. Alle modernen ICR-Massenspektrometer arbeiten nach diesem Prinzip zur Analyse der m/z-Werte der in der ICR-Zelle gefangenen Ionen und ähneln somit auch in diesem Aspekt sehr stark der modernen FT-NMR-Spektroskopie. Man bezeichnet diese Form der Massenspektrometrie (MS) deswegen auch als FT-ICR-MS oder einfach nur als FT-MS. Da die Ionen bei diesem Prozess nicht zerstört werden und weiterhin auf der Kreisbahn in der ICR-Zelle gefangen bleiben, können der Prozess im Prinzip beliebig oft wiederholt und die einzelnen Massenspektren zur Intensitätssteigerung akkumuliert werden. Die Wiederholung der Messzyklen kann darüber hinaus auch dazu genutzt werden, Reaktionen der Ionen zu verfolgen, die während ihrer Aufenthaltsdauer in der ICR-Zelle stattfinden.

Aufbau einer ICR-Zelle

Die eigentliche ICR-Zelle ist relativ einfach aufgebaut (siehe Abbildung 7.10). Sie besteht aus drei elektrisch isolierten Plattenpaaren, die jeweils senkrecht bezüglich einer der drei Raumrichtungen und somit auch zueinander ausgerichtet sind und den Raum umschließen, in dem die Ionen auf ihren Bahnen kreisen. Eines der Plattenpaare, die so genannten Anregungs- oder Senderplatten, dient zur Erzeugung des Rf-Pulses. Im zweiten Plattenpaar, den so genannten Detektorplatten, werden durch die kreisenden Ionen die Wechselspannungen induziert. Das dritte Plattenpaar, die in Abbildung 7.10 nicht dargestellten, so genannten Einfangplatten (auch Trapping-Platten genannt), steht senkrecht zu den Magnetfeldlinien und liefert ein elektrisches Potenzial, das ein Abdriften der Ionen senkrecht zu ihrer Kreisbahn verhindert. Bei diesem Typ von Analysator führt jede Abweichung von der Kreisbahn oder Störung der Ionengeschwindigkeiten direkt zu einer Verminderung der Auflösung. Deswegen müssen Kollisionen zwischen den Ionen und den Restgasmolekülen während der Massenanalyse bei einer ICR-Massenspektrometrie möglichst vermieden werden. Die Leistungsfähigkeit des Geräts ist folglich umso größer, je niedriger der Druck in der ICR-Zelle ist. Dies liegt insbesondere auch daran, dass die Auflösung der Spektren mit der Länge der Akquisitionszeiten (Transienten) ansteigt (siehe auch Abschnitt 2.10.3). Längere Akquisitionszeiten sind aber auch mit entsprechend mehr Störungen durch Kollisionen verbunden. Für die hochauflösende FT-ICR-Massenspektrometrie ist daher ein Hochvakuum mit Drucken von weniger als etwa 10^{-8} Pa erforderlich. Aus dieser Anforderung ergibt sich der Bedarf an einem stabilen Hochvakuumsystem. Außerdem ist ein effizientes Ionentransfersystem zwischen Ionenquelle und Analysator (ICR-Zelle) notwendig, da die Erzeugung der Ionen häufig unter einem vergleichsweise hohen Druck stattfindet – wie zum Beispiel unter Atmosphärendruck in ESI- und APCI-Quellen. Das Hochvakuum in der ICR-Zelle darf aber trotz des enormen Druckgradienten zwischen der Ionenquelle und dem Analysator nicht gestört werden. Dieses Ziel wird im Allgemeinen mithilfe eines gestaffelten Pumpsystems erreicht, in dem die Ionen durch mehrere Regionen zunehmend geringeren Druckes fliegen, wobei jede Region durch ihr eigenes Pumpsystem evakuiert wird. Durch diese zusätzlichen apparativen Ausstattungen werden die Kosten für ein FT-ICR-Massenspektrometer erheblich gesteigert. Berücksichtigt man außerdem die Kosten für die Anschaffung und den Betrieb eines supraleitenden Magneten, wird deutlich, warum die FT-ICR-MS die teuerste der hier vorgestellten Methoden darstellt. Dieser Nachteil wird allerdings wegen des äußerst hohen Auflösungsvermögens und der hohen Messgenauigkeit der Geräte in vielen Fällen in Kauf genommen.

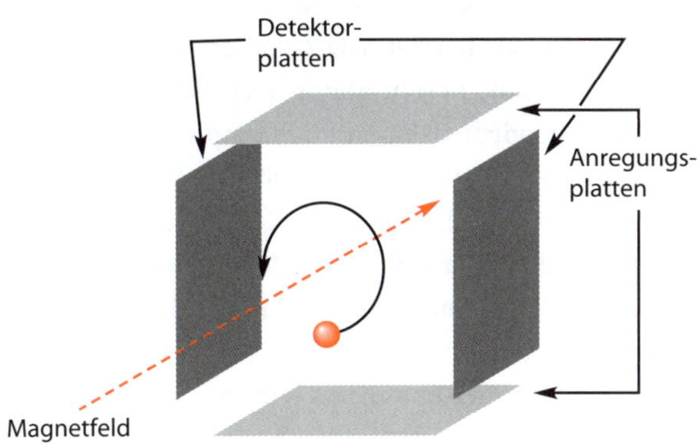

Abbildung 7.10: Schematische Zeichnung einer Ionen-Cyclotron-Resonanz-Zelle (ICR-Zelle). Die beiden sowohl zum Magnetfeld als auch zu den Anregungs- und Detektorplatten senkrecht angeordneten Einfangplatten (Trapping-Platten) sind nicht dargestellt. Diese verhindern durch eine entsprechende (positive oder negative) Ladung das Entweichen der Ionen senkrecht zum Magnetfeld.

Möglichkeiten und Grenzen von ICR-Massenanalysatoren

Das hohe Auflösungsvermögen und die hohe Messgenauigkeit sind Schlüsselmerkmale der FT-ICR-Methode. FT-ICR-Massenspektrometer erreichen Auflösungsvermögen von bis zu 10^6 und Messgenauigkeiten von wenigen ppm. Mit diesen Geräten können daher sowohl Ionen mit niedrigen als auch mit hohen m/z-Werten sehr detailliert untersucht werden. Aufgrund der langen Speicherzeiten sind darüber hinaus viele weiterführende Experimente möglich (siehe Abschnitt 10.4.1). Zum Beispiel können Ionen eines gewünschten m/z-Wertes auf elegante Weise isoliert, gezielt zum Zerfall angeregt und auch durch bimolekulare Reaktionen mit hinzudosierten Molekülen eines Neutralgases zur Reaktion gebracht werden. Wie im Fall von Flugzeit-Analysatoren können Ionen bei der Verwendung von ICR-Zellen allerdings nicht simultan erzeugt und analysiert werden. In einfacheren Geräten ist die Ionenquelle während der Massenanalyse im Analysator nicht in Betrieb. Es sind aber auch Hybridinstrumente mit Ionenspeichern entwickelt worden, in denen die Ionen kontinuierlich gesammelt und dann in Paketen in den ICR-Analysator überführt werden können. Wie wir oben bereits erwähnt haben, stellen neben den Anschaffungskosten vor allem die hohen Betriebskosten für das Hochvakuumsystem und den supraleitenden Magneten, der ständig mithilfe von flüssigem Stickstoff und flüssigem Helium gekühlt werden muss, einen Nachteil der FT-ICR-Massenspektrometrie dar. Durch ihre besonderen Leistungsmerkmale repräsentieren FT-ICR-Massenspektrometer aber zuweilen unverzichtbare Parade- oder High-End-Geräte moderner analytischer Laboratorien.

7.3.3 Quadrupol-Ionenfallen (QITs)

Grundlegende Arbeitsweise

Quadrupol-Ionenfallen (QITs, engl. *quadrupole ion traps*) und ICR-Zellen basieren zwar grundsätzlich auf verschiedenen ionenphysikalischen Prinzipien, haben aber dennoch einige Dinge gemeinsam. Beide fungieren als Ionenfallen mit langen Aufenthaltsdauern der Ionen. Außerdem können bei beiden Analysatortypen Radiofrequenzpulse (Rf-Pulse) zum Ausschluss von unerwünschten Ionen sowie zur Anregung von Fragmentierungen eingefangener Ionen genutzt werden. In der QIT-Technik verwendet man allerdings elektrische Wechselfelder statt eines statischen Magnetfelds, um die Ionen einzufangen. Anders als bei der ICR-Zelle, deren physikalische Grundlagen relativ einfach zu verstehen sind, erfordert die Beschreibung der Wechselwirkungen zwischen den Ionen und dem Quadrupolfeld einer Quadrupol-Ionenfalle komplizierte mathematische Gleichungen. Außerdem können die Bahnen der Ionen für die im QIT-Analysator bei der praktischen Anwendung herrschenden Bedingungen gar nicht explizit definiert werden. Unter geeigneten Bedingungen bewegen sich die Ionen innerhalb der Quadrupol-Ionenfalle auf stabilen Bahnen und können somit über längere Zeit gefangen gehalten werden. Die für solche stabilen Bahnen notwendigen Bedingungen werden durch die so genannten Mathieu-Gleichungen beschrieben (siehe unten). Die Arbeitsweise des Einfang- oder Trapping-Potenzials wird häufig mithilfe eines Balls erläutert, der sich im Zentrum einer Sattelpotenzialfläche befindet (▶ Abbildung 7.11). Handelt es sich um eine statische Potenzialfläche, rollt der Ball sofort auf einer Seite herunter und geht verloren. Wird die Potenzialfläche aber um 90° um die senkrechte Achse in Abbildung 7.11 gedreht, sobald der Ball zu rollen beginnt, begegnet der Ball auf seinem Weg plötzlich einem aufsteigendem statt einem abfallenden Potenzial und wird in Richtung des Sattelpunkts der Potenzialfläche zurückgeleitet. Die Rotation der Sattelpotenzialfläche entspricht dabei der Veränderung des elektrischen Feldes in der Quadrupol-Ionenfalle. Rotiert die Potenzialfläche mit einer geeigneten Geschwindigkeit, wird der Ball auf einer stabilen Bahn rund um den Sattelpunkt im Zentrum der Potenzialfläche gefangen gehalten. Auf die gleiche Weise bewegen sich Ionen auf stabilen Bahnen im Quadrupolfeld eines QIT-Analysators, das eine Gleichspannungskomponente U und eine Rf-Wechselspannungskomponente V besitzt. Dabei werden die Ionen abwechselnd durch ein elektrisches Potenzial zu einer Wand der Falle gezogen und durch die Veränderung des elektrischen Potenzials rechtzeitig wieder von dieser Wand abgestoßen, bevor sie mit ihr kollidieren können. Eine besonders interessante

Fähigkeit von Quadrupol-Ionenfallen besteht darin, dass in ihrem Quadrupolfeld gleichzeitig sowohl positiv als auch negativ geladene Ionen eingefangen werden können. Daraus haben sich ganz neue Anwendungen dieser Geräte ergeben (siehe Kapitel 8).

Kehren wir nun wieder zu unserem Sattelmodell zurück. Es erscheint einleuchtend, dass die Fähigkeit zum Einfangen eines Balls mit einer bestimmten Masse von der genauen geometrischen Form der Sattelfläche und von der Frequenz ihrer Rotation abhängt. Mit anderen Worten: Mithilfe einer bestimmten Sattelform und Rotationsfrequenz können nur Bälle in einem engen Massenbereich gefangen gehalten werden. Sind die Bälle zu schwer, rollen sie schließlich vom Sattel herunter. Sind sie dagegen zu leicht, werden sie durch die Rotation der Sattelfläche zu stark beschleunigt und letztlich nach oben weggeschleudert. Diese Betrachtung kann direkt auf die Ionen in einer Quadrupol-Ionenfalle übertragen werden. Das bedeutet, unter den jeweils eingestellten Bedingungen können in einer Quadrupol-Ionenfalle nur Ionen eines engen Bereiches von *m*/*z*-Werten eingefangen werden. Ein Teil dieser Bedingungen wird für den Fall einer *linearen* Quadrupol-Ionenfalle (siehe unten) durch die Mathieu-Gleichung 7.17 beschrieben.

$$q_z = -\frac{2zeV}{m r_0^2 \omega^2} \tag{7.17}$$

Bei kommerziellen Massenspektrometern dient q (mit $q = |q_z|$) aus der Mathieu-Gleichung 7.17 als operativer experimenteller Parameter, der eine Funktion sowohl der Abmessungen der Ionen-

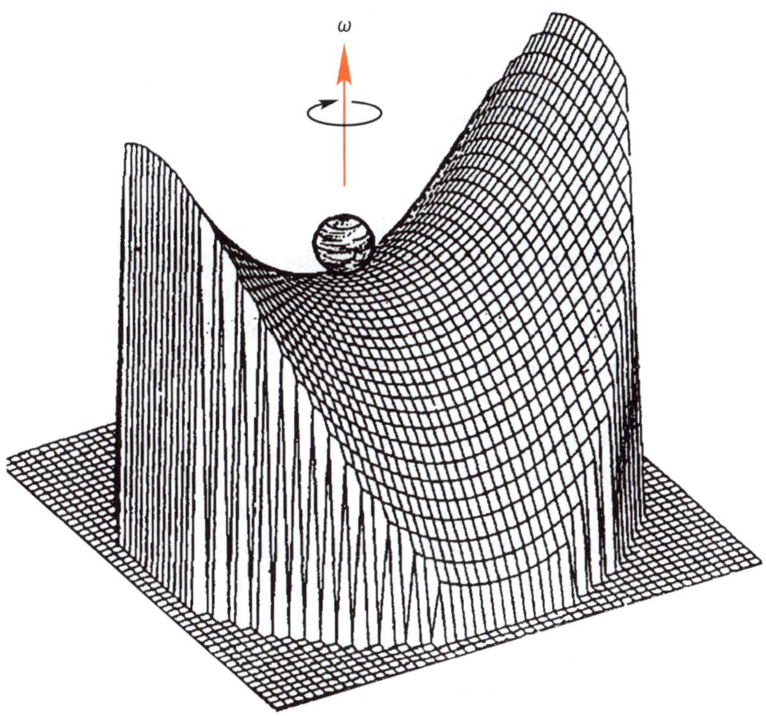

Abbildung 7.11: Das Sattelpotenzial-Modell zur Beschreibung einer Quadrupol-Ionenfalle (QIT). Durch die Rotation der Potenzialfläche mit geeigneter Frequenz ω um die eingezeichnete senkrechte Achse wird jede vom Sattelpunkt weg gerichtete Bewegung des Balls wieder umgekehrt. (Modelliert nach einer Abbildung im Nobelvortrag von Wolfgang Paul aus dem Jahr 1989. Siehe auch http://nobelprize.org/nobel_prizes/physics/laureates/1989/)

falle als auch der Stärke und der Frequenz des elektrischen Wechselfelds darstellt – wobei e der Elementarladung, r_0 dem Radius der linearen QIT, V der Scheitelspannung (Spannungsamplitude) und ω der Frequenz des elektrischen Wechselfelds entsprechen. Außerdem verhält sich q umgekehrt proportional zum m/z-Wert des jeweiligen Ions. Damit ein Ion auf einer stabilen Flugbahn in der Quadrupol-Ionenfalle gefangen werden kann, muss sein dimensionsloser q-Wert zwischen ungefähr 0,15 und 0,90 liegen. Bei niedrigeren Werten von q driften die Ionen einfach aus dem elektrischen Feld heraus (äquivalent zum Herunterrollen eines zu schweren Balls), während sie bei höheren Werten von q aus dem Feld herausgeschleudert werden (äquivalent zum Herausschleudern eines zu leichten Balls). Die obere Grenze des q-Wertes von 0,90 stellt eine absolute Grenze dar, während bei Unterschreitung der unteren Grenze des q-Wertes von etwa 0,15 lediglich die Einfangeffizienz zu sinken beginnt. Diese Grenzwerte erklären den relativ schmalen Bereich von m/z-Werten, deren Ionen in einer Quadrupol-Ionenfalle gleichzeitig gefangen gehalten werden können. Da sich q umgekehrt proportional zu m/z verhält, wird durch die untere Grenze von q der größte m/z-Wert und durch die obere Grenze der kleinste m/z-Wert der einfangbaren Ionen definiert. Wählt man die Parameter der Ionenfalle so, dass die untere Grenze bei m/z 100 liegt, beträgt die obere Grenze m/z 600 (0,90 / 0,15 × 100). Dieses Ergebnis bedeutet aber nicht, dass mithilfe der QIT-Technik nur Ionen mit einem maximalen m/z-Wert von 600 erfasst werden können. Sollen Ionen mit einem größeren m/z-Wert eingefangen werden, müssen nur die Parameter des elektrischen Wechselfelds, also dessen Spannung und/oder Frequenz, entsprechend verändert werden. Wird dadurch die obere Grenze des m/z-Wertes erhöht, steigt allerdings auch gleichzeitig die untere Grenze – wie zum Beispiel für m/z 1200 als oberer und m/z 200 als unterer Grenze.

Ein anderer Unterschied zwischen Quadrupol-Ionenfallen und praktisch allen anderen Massenanalysatoren besteht darin, dass bei der QIT-Methode kein Hochvakuum erforderlich ist. Man führt sogar absichtlich ein Inertgas (meist Helium) zu und arbeitet lediglich im Feinvakuum bei etwa 10^{-1} Pa. Im Gegensatz zu den anderen Analysatoren wird das Auflösungsvermögen eines QIT-Analysators nämlich durch das Inertgas sogar erhöht. Das Gas dämpft die durch das Quadrupolfeld hervorgerufene Bewegung der Ionen und hält die Ionenwolke dadurch tendenziell mehr im Zentrum der Quadrupol-Ionenfalle. Eine kleinere Ionenwolke führt aber zu schmaleren Peaks, weil die Ionen alle ungefähr die gleiche Entfernung zum Detektor aufweisen, wenn sie schließlich zur Detektion in Abhängigkeit von ihrem m/z-Wert aus der Falle herausgestoßen werden. Um aus den in einer Quadrupol-Ionenfalle gefangenen Ionen ein Massenspektrum zu generieren, existieren mehrere Möglichkeiten. Ein häufig beschrittener Weg besteht darin, die Scheitelspannung des Wechselfelds kontinuierlich zu erhöhen. Infolgedessen werden die q-Werte der Ionen Masse für Masse über die obere Stabilitätsgrenze angehoben (von niedrigen zu hohen m/z-Werten). Durch die Erhöhung der Spannung des Wechselfelds steigt auch die Bewegungsfrequenz der Ionen. Wird nun ein Rf-Feld eingestrahlt, dessen Frequenz der Bewegungsfrequenz von Ionen knapp unter der oberen Stabilitätsgrenze entspricht, treten diese Ionen mit den Radiowellen in Resonanz, werden gezielt aus der Falle herausgestoßen und am Detektor nachgewiesen – gerade noch rechtzeitig, bevor sie durch Überschreiten der Stabilitätsgrenze infolge der Erhöhung der Wechselspannung unkontrolliert in alle Richtungen verloren gehen würden. Dabei ist der m/z-Wert der jeweils ausgestoßenen Ionen mit der Spannung des elektrischen Wechselfelds korreliert, die erforderlich ist, um die Ionen mit dem eingestrahlten Rf-Feld in Resonanz zu bringen. Die exakte Bestimmung der m/z-Werte erfolgt auf der Basis von Kalibrierungen mit Ionen bekannter m/z-Werte.

Aufbau einer Quadrupol-Ionenfalle (QIT)

Traditionell besitzen Quadrupol-Ionenfallen einen dreidimensionalen Aufbau mit einem Innenraum, in dem die Ionen gefangen werden. Dieser Innenraum ist von einer Ringelektrode und zwei Endkappenelektroden umgeben (▶ Abbildung 7.12). Die Endkappenelektroden weisen eine hyperbolische Gestalt auf und das elektrische Wechselfeld wird zwischen der Ring- und den Endkappenelektroden erzeugt. Die QIT-Einheit ist insgesamt relativ klein. Der Durchmesser der Ringelektrode liegt beispielsweise im Bereich von 0,7 cm. Alternativ kann das Quadrupolfeld auch nur in zwei Dimensionen erzeugt werden, wobei die Ionen zwischen vier quadratisch-parallel angeordneten Stabelektroden eingefangen werden. Dabei befinden sich zwei diagonal gegenüberliegende Stäbe stets auf dem gleichen Potenzial, während zwischen zwei direkt benachbarten Stäben jeweils eine Rf-Spannung herrscht. Dieser Aufbau wird als *lineare* Quadrupol-Ionenfalle bezeichnet und ist mit den Quadrupol-Ionenfiltern verwandt (siehe Abschnitt 7.3.4), wobei die Ionen in der linearen QIT durch zusätzliche Sperrpotenziale an den Enden des Quadrupols gefangen gehalten werden müssen. Im Gegensatz zu der dreidimensionalen Anordnung (3D-QIT) werden die Ionen in einer linearen Quadrupol-Ionenfalle nicht im Zentrum der Falle konzentriert, sondern entlang der Längsachse verteilt. Der Vorteil besteht dabei darin, dass in der linearen QIT mehr Ionen eingefangen werden können, ohne das Quadrupolfeld durch Ion/Ion-Wechselwirkungen (Raumladungseffekte) signifikant zu stören. Im Vakuum erreichen Ion/Ion-Wechselwirkungen auch über relativ große Entfernungen noch eine merkliche Größe. Daher muss die Ionendichte und damit auch die absolute Zahl der Ionen begrenzt werden. Anderenfalls wird das Quadrupolfeld am Ort eines jeden Ions durch die Raumladungseffekte moduliert und infolgedessen treten Peakverbreiterungen und sogar scheinbare Massenverschiebungen auf. Durch die Fähigkeit, mehr Ionen einfangen zu können, besitzen lineare Quadrupol-Ionenfallen gegenüber 3D-QITs den Vorteil einer höheren Empfindlichkeit. In beiden Ausführungen von QIT-Analysatoren muss die Zahl der gefangenen Ionen sorgfältig kontrolliert werden. Zu diesem Zweck sind automatische Kontrollsysteme entwickelt worden, um optimale Ionendichten in den Ionenfallen zu erhalten. Nachdem die Ionen in einer QIT gefangen worden sind, können sie in Richtung einer Feldachse durch ein Loch in der Endkappenelektrode der 3D-QIT beziehungsweise einen Schlitz in einer Stabelektrode der linearen QIT aus der Falle ausgestoßen und mithilfe eines Elektronenvervielfachers detektiert werden. Da Quadrupol-Ionenfallen wie erwähnt bei vergleichsweise hohen Drucken arbeiten, können sie leicht mit einer Vielzahl von Ionenquellen kombiniert werden. Sie erfordern dabei selbst bei Einsatz von Ionenquellen, in denen Atmosphärendruck herrscht, keine umfangreichen Pumpsysteme.

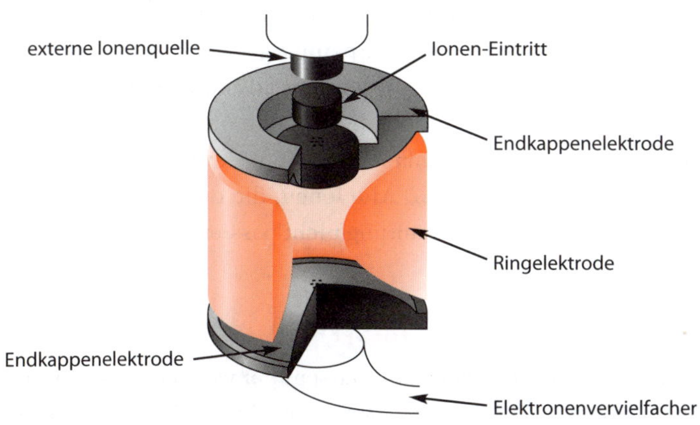

Abbildung 7.12: **Schematische Darstellung einer dreidimensionalen Quadrupol-Ionenfalle (QIT).**

Möglichkeiten und Grenzen von Quadrupol-Ionenfallen (QITs)

Quadrupol-Ionenfallen erreichen bei Weitem nicht das Auflösungsvermögen und die Massengenauigkeit von TOF- und ICR-Massenspektrometern. Typische QIT-Geräte besitzen ein Auflösungsvermögen von etwa 10^4 mit einer Massengenauigkeit von etwa 100 ppm. Für die meisten Anwendungen genügen diese Leistungsdaten, aber die Aufnahme hochaufgelöster Massenspektren und Feinmassenbestimmungen sind mit Quadrupol-Ionenfallen nicht möglich. Neben den Schwierigkeiten beim gleichzeitigen Einfangen sowohl von Ionen mit kleinen als auch mit großen m/z-Werten können in der Regel nur Ionen gefangen werden, deren m/z-Wert etwa 2000 bis 4000 nicht überschreitet – auch wenn diese Grenze durch spezielle Arbeitsmodi noch signifikant nach oben erweitert werden kann. Die Stärken von Quadrupol-Ionenfallen liegen in ihrer Vielseitigkeit, den niedrigen Kosten und ihrer robusten Natur. Darüber hinaus können sie infolge des relativ hohen Drucks, unter dem sie arbeiten, leicht mit einer Vielfalt von Ionenquellen kombiniert werden.

7.3.4 Quadrupol-Massenfilter

Grundlegende Arbeitsweise

Quadrupol-Massenfilter nutzen den gleichen allgemeinen Typ eines elektrischen Wechselfelds wie lineare Quadrupol-Ionenfallen. Dabei arbeiten sie aber in einem Strahlmodus, bei dem Ionen aus einem engen m/z-Bereich auf stabilen Bahnen durch den Massenfilter hindurch fliegen, während alle anderen Ionen auf die Stabelektroden prallen und dabei entladen werden. Im Gegensatz zu Quadrupol-Ionenfallen werden die Ionen in Quadrupol-Massenfiltern also nur in zwei Dimensionen (senkrecht zur Längsachse des Massenfilters) eingefangen, während sie sich in der dritten Dimension (in Richtung der Längsachse) mit signifikanter Geschwindigkeit durch den Filter hindurch bewegen. Quadrupol-Massenfilter können somit dazu verwendet werden, einfach nur alle Ionen von einer Region eines Massenspektrometers in eine andere zu leiten (*Ionentransfer-Modus*). Dafür ist nur das Radiofrequenzfeld zwischen den vier Stäben erforderlich und man spricht daher auch von einem *Rf-only-Quadrupol*. Legt man neben der Wechselspannung V jedoch zusätzlich eine Gleichspannung U an den Stäben an, arbeitet das Gerät massenselektiv und lässt nur Ionen aus einem engen m/z-Bereich passieren. Im massenselektiven Betrieb kann der Quadrupol-Massenfilter daher als Massenanalysator dienen. Dabei wird zur Aufnahme eines Massenspektrums die Spannung des Quadrupolfelds kontinuierlich verändert, wodurch in Abhängigkeit von der Spannung jeweils nur Ionen mit bestimmten m/z-Werten durch den Massenfilter hindurch fliegen und anschließend detektiert werden können. Quadrupol-Massenfilter sind am besten für die Kombination mit kontinuierlich arbeitenden Ionenquellen geeignet, weil für die Analyse der Ionen der verschiedenen m/z-Werte immer neue Ionen nachgeliefert werden müssen. Alle Ionen, die den Quadrupol-Massenfilter bei der zum jeweiligen Zeitpunkt angelegten Spannung nicht passieren können, gehen für die Messung nämlich verloren.

Aufbau eines Quadrupol-Massenfilters

Wie bereits erwähnt entspricht ein Quadrupol-Massenfilter weitgehend einer linearen Quadrupol-Ionenfalle. Er fängt die Ionen allerdings nicht dreidimensional, sondern nur in zwei Dimensionen ein, während er sie in der dritten Raumrichtung passieren lässt. Ein solcher Massenanalysator besteht ebenfalls aus vier zueinander parallel und quadratisch angeordneten Stabelektroden mit alternierenden elektrischen Potenzialen auf jeweils unmittelbar benachbarten Elektroden. Die Ionen aus der Ionenquelle treten in Längsrichtung in diese Anordnung ein und fliegen auf stabilen Bahnen durch sie hindurch, wenn ihr m/z-Wert und die eingestellten Parameter des Massenfilters entsprechend korrelieren. Ionen mit m/z-Werten außerhalb des Stabilitätsfensters prallen auf eine der Stabelektroden und gehen verloren. ▶ Abbildung 7.13 zeigt schematisch die Anordnung der Stabelektroden in einem Quadrupol-Massenfilter. Länge, Durchmesser und Abstand der Stabelektroden hängen von den Leistungsdaten des Massenspektrometers und dem gewünschten Ionendurchsatz ab. Wie Quadrupol-Ionenfallen tolerieren auch Quadrupol-Massenfilter noch verhältnismäßig hohe Drucke von etwa 10^{-3} Pa, aber das Auflösungsvermögen würde in diesem Fall durch ein gezielt zugeleitetes Inertgas nicht erhöht. Durch die Kombination mehrerer Quadrupol-Massenfilter kann die Leistungsfähigkeit eines Massenspektrometers gesteigert werden. Häufig wird beispielsweise ein Tripelquadrupol-Massenspektrometer (Tripelquad) eingesetzt. Der erste Quadrupol-Massenfilter dient dabei zur Selektion von Ionen mit einem bestimmten m/z-Wert. Nur diese Ionen können den ersten Filter passieren und in den zweiten Quadrupol eintreten. Letzterer wird im Rf-only-Modus betrieben und zugleich zur Beschleunigung der Ionen, als Stoßkammer und zum Ionentransfer eingesetzt. Mithilfe des zweiten Quadrupols werden alle Ionen – das heißt, sowohl die Ionen, die den ersten Filter passieren konnten, als auch ihre Fragment-Ionen, die durch die Kollisionen auf dem Weg durch den zweiten Quadrupol entstanden sind – in den dritten Quadrupol-Massenfilter überführt. Der dritte Quadrupol dient schließlich wieder als Massenfilter und ermöglicht die Aufnahme eines Massenspektrums der Ionenmischung, die im zweiten Quadrupol erzeugt worden ist. Tripelquads liefern interessante und nützliche Informationen, weil sie die massenselektive Untersuchung von Fragmentierungen ermöglichen, deren Ausmaß darüber hinaus über die im zweiten Quadrupol übertragene Kollisionsenergie beeinflusst werden kann. Außerdem können mit Tripelquads viele andere Experimente durchgeführt werden, bei denen der Massenscan des dritten Quadrupols auf den Massenscan des ersten Quadrupols abgestimmt wird. Mithilfe einer solchen Scan-Technik erhält man Massenspektren, die jeweils ausschließlich die Ionen anzeigen, die bei der Fragmentierung im zweiten Quadrupol ein bestimmtes neutrales Fragment abspalten – wie zum Beispiel CO_2 aus Carbonsäuren (siehe Kapitel 8).

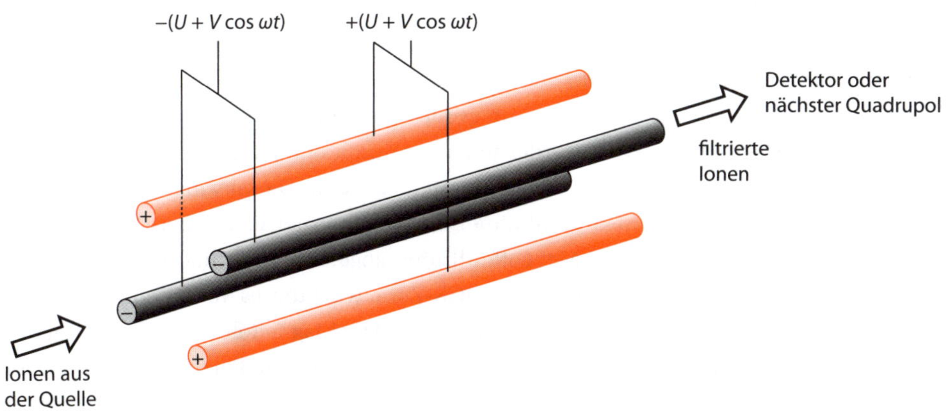

Abbildung 7.13: Schematische Darstellung der Anordnung der Stabelektroden eines Quadrupol-Massenfilters.

Möglichkeiten und Grenzen von Quadrupol-Massenfiltern

Die Leistungsfähigkeit von Quadrupol-Massenfiltern ähnelt derjenigen von Quadrupol-Ionenfallen. Sie bieten ein moderates Auflösungsvermögen von etwa 10^4 und eine Massengenauigkeit von etwa 100 ppm. Sie unterliegen aber nicht den Einschränkungen der Quadrupol-Ionenfallen bezüglich der Größe des *m/z*-Bereichs der simultan einfangbaren beziehungsweise innerhalb eines Massenspektrums erfassbaren Ionen – vielmehr können sie in einem Durchgang den gesamten zugänglichen *m/z*-Bereich scannen. Allerdings können mit Quadrupol-Massenfiltern im Allgemeinen nur Ionen bis zu einem maximalen *m/z*-Wert von etwa 2000 untersucht werden. Eine besondere Stärke der Quadrupol-Massenfilter liegt in ihrem sehr großen *dynamischen Bereich*. Unter dem dynamischen Bereich versteht man den Bereich von unterschiedlichen Ionenhäufigkeiten, die mit hoher Genauigkeit aufgezeichnet werden können. Mithilfe von Quadrupol-Massenfiltern können also sowohl sehr kleine als auch sehr große Ionenhäufigkeiten sehr genau erfasst werden. Mit ihrem dynamischen Bereich von etwa 10^6 stellen die Quadrupol-Massenfilter das Mittel der Wahl für quantitative Messungen dar, insbesondere wenn Spuren von Verunreinigungen in einer Probe quantitativ bestimmt werden müssen. Der dynamische Bereich von Quadrupol-Massenfiltern ist um mehrere Größenordnungen größer als derjenige von Ionenfallen wie QITs oder ICR-Zellen. Die Effizienz der Quadrupol-Massenfilter ist allerdings begrenzt, da von den in der Quelle erzeugten Ionen zu jedem gegebenen Zeitpunkt immer nur solche mit einem bestimmten *m/z*-Wert nachgewiesen werden können, während alle anderen Ionen für die Analyse verloren gehen. Als Vorteil sei schließlich noch erwähnt, dass Quadrupol-Massenfilter in der Regel ziemlich robust und relativ kostengünstig sind, da sie nur mit elektrischen Feldern arbeiten und kein Hochvakuumsystem benötigen. Darüber hinaus können sie leicht mit einer Vielzahl von kontinuierlich arbeitenden Ionenquellen kombiniert werden.

7.3.5 Sektorfeld-Massenanalysatoren

Lange Zeit stellten *Sektorfeld-Geräte* den Standard in der Hochleistungs-Massenspektrometrie dar. Diese Massenspektrometer werden zwar auch heute noch weitverbreitet eingesetzt. Allerdings werden anstelle von Sektorfeld-Massenanalysatoren inzwischen immer mehr TOF-, FT-ICR- und Orbitrap-Analysatoren (siehe Abschnitt 7.3.6) verwendet, welche zum Teil die gleichen oder sogar bessere Leistungsmerkmale aufweisen, aber vielseitiger einsetzbar und leichter zu betreiben sind. Typischerweise bestehen Sektorfeld-Analysatoren aus zwei Sektoren (▶ Abbildung 7.14): einem magnetischen Sektor mit einem homogenen Magnetfeld, der die Ionen auf der Basis ihrer unterschiedlichen Impulse räumlich voneinander trennt, und einem elektrostatischen Sektor mit einem Radialfeld, in dem die Flugbahn der Ionen in Abhängigkeit von ihrer kinetischen Energie unterschiedlich stark gekrümmt wird. Für die grundlegende Funktion als Massenanalysator ist eigentlich nur der Magnetfeldsektor erforderlich, aber durch den zusätzlichen elektrostatischen Sektor kann ein höheres Auflösungsvermögen erreicht werden. Die physikalischen Grundlagen der Trennung im magnetischen Sektorfeld ähneln denen in einer ICR-Zelle. Die Ionen werden auf ihrer Flugbahn senkrecht zu den Magnetfeldlinien abgelenkt und fliegen infolgedessen auf einer Kreisbahn durch das Magnetfeld. In einer ICR-Zelle wird dieses Verhalten genutzt, um die Ionen auf stabile geschlossene Kreisbahnen zu zwingen. Der Magnetfeldsektor überstreicht allerdings keine 360°, sondern in der Regel weniger als 90° und wird von den Ionen daher nur einmal durchflogen. Dabei werden sie bei gleicher kinetischer Energie nur in Abhängigkeit von ihrem

Impuls $p = m \cdot v$ sowie ihrer Ladung $z \cdot e$ (siehe auch Gleichung 7.14) und somit von ihrem m/z-Wert mehr oder weniger stark abgelenkt. Als Resultat dieses Vorgangs erzielt man folglich eine räumliche Trennung der Ionen nach ihrem m/z-Wert, da nach der kontrollierten Beschleunigung vor dem Analysator *alle* Ionen näherungsweise die gleiche kinetische Energie besitzen und Ionen gleicher Masse m und Ladung $z \cdot e$ die gleiche Geschwindigkeit v aufweisen.

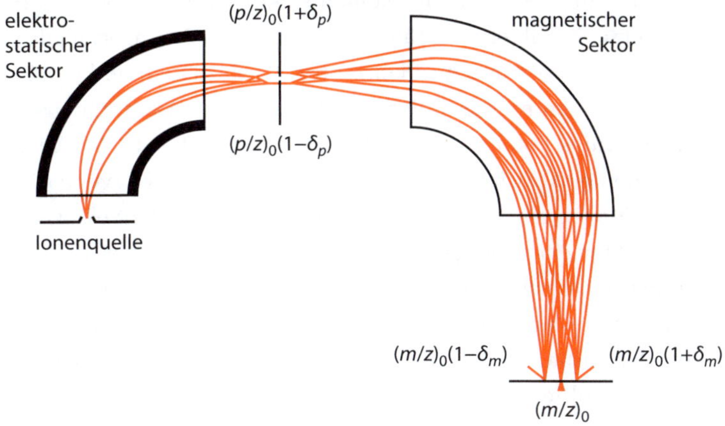

Abbildung 7.14: Schematische Darstellung eines doppelt fokussierenden Sektorfeld-Massenspektrometers. Die Feldlinien des elektrischen Feldes verlaufen in der beziehungsweise parallel zur Papierebene, während die Feldlinien des Magnetfelds senkrecht auf der Papierebene stehen. Die Richtungsdispersion beim Verlassen der Ionenquelle ist beispielhaft durch drei Flugrichtungen dargestellt. Im Verlauf des elektrostatischen Sektors tritt eine Richtungsfokussierung, aber auch eine Energiedispersion der Ionenstrahlen ein, da die Ionen die Quelle auch bereits mit einer gewissen Bandbreite kinetischer Energien (Energiedispersion; hier für zwei E_{kin}-Werte dargestellt) verlassen. Der nachfolgende magnetische Sektor bewirkt einerseits eine weitere Richtungsfokussierung und andererseits die Trennung von Ionen unterschiedlicher m/z-Werte, die hier exemplarisch für drei m/z-Werte gezeigt ist. Sowohl das elektrostatische als auch das magnetische Feld wirken energie- beziehungsweise impulsdispergierend – das heißt, die Ionen werden in Abhängigkeit von ihrem Impuls/Ladungszahl-Verhältnis (p/z) aufgefächert. Die beiden Sektoren sind aber so ausgelegt und angeordnet, dass nicht nur die Richtungsdispersion, sondern auch die Energiedispersion durch die Kombination der beiden Sektorfelder insgesamt wieder aufgehoben wird. (Die Abbildung basiert auf: Cooks, R.G. et al. 1997. *Encyclopedia for Applied Physics* **19**: 289.)

Wenn der Magnetfeldsektor bereits als Massenanalysator funktioniert, welche Rolle spielt dann aber der elektrostatische Sektor? Auch Ionen gleicher m/z-Werte verlassen die Ionenquelle in der Praxis stets mit leicht unterschiedlichen kinetischen Energien (Energiedispersion) und auch mit leicht unterschiedlichen Flugrichtungen (Richtungsdispersion). Richtungsdispergierte Ionen mit gleicher kinetischer Energie und gleichen m/z-Werten erreichen den magnetischen Sektor jeweils an verschiedenen Punkten und unter verschiedenen Winkeln. Da diese Ionen den gleichen Impuls besitzen, bewegen sie sich auf Kreisbahnen mit gleichem Radius durch das Magnetfeld. Die Mittelpunkte dieser Kreisbahnen liegen aber an unterschiedlichen Orten, weil die Radien senkrecht auf der Flugrichtung beim Eintritt in das Magnetfeld stehen, gleich lang sind und die Ionen an verschiedenen Orten und unter verschiedenen Winkeln in das Magnetfeld eintreten. Zwei solche Kreisbahnen müssen sich wegen ihres gleichen Radius zwangsläufig (zweimal) schneiden. Folglich laufen die richtungsdispergierten Ionenstrahlen bei geeigneter Geometrie und ausreichend langer Einwirkung des Magnetfelds an einem bestimmten Punkt, der in der Regel hinter dem magnetischen Sektor liegt, wieder zusammen. Der magnetische Sektor wirkt somit immer *richtungsfokussierend*. Treten dagegen Ionen mit gleichen *m*/*z*-Werten, aber unterschiedlicher kinetischer Energie und somit unterschiedlichen Impulsen an der gleichen Stelle und unter dem gleichen Winkel in das Magnetfeld ein, werden diese durch das Magnetfeld aufgefächert, weil sie ausgehend vom gleichen Punkt auf Kreisbahnen mit unterschiedlich großen Radien durch das Magnetfeld fliegen. Das Magnetfeld wirkt somit immer *energiedispergierend*. Verwendet man nur einen magnetischen und darüber hinaus keinen elektrostatischen Sektor, tritt daher infolge der Energiedispersion eine Signalverbreiterung und somit eine Verringerung der Auflösung auf. Der elektrostatische Sektor besteht aus zwei konzentrisch gebogenen, senkrecht stehenden Wänden, zwischen denen die Ionen hindurchfliegen. Da die äußere Wand ein abstoßendes und die innere Wand ein anziehendes Potenzial bezüglich der Ionen aufweist, bewegen sich die Ionen auf einer Kurve durch den elektrostatischen Sektor, wobei sich der Kurvenradius direkt proportional zur kinetischen Energie der Ionen verhält. Der elektrostatische Sektor wirkt also ähnlich wie der magnetische Sektor *energiedispergierend*. Außerdem wirkt der elektrostatische Sektor aus ähnlichen Gründen wie der magnetische Sektor ebenfalls *richtungsfokussierend*. Der elektrostatische Sektor trennt die Ionen dagegen *nicht* nach ihren *m*/*z*-Werten. Das liegt daran, dass der Kurvenradius im elektrostatischen Sektor von der kinetischen Energie der Ionen abhängt, die wie erwähnt nach der kontrollierten Beschleunigung vor dem Eintritt in den Analysator bei *allen* Ionen näherungsweise gleich groß ist. Ionen unterschiedlicher *m*/*z*-Werte besitzen bei gleicher kinetischer Energie aber unterschiedliche Impulse, so dass im Magnetfeld eine Trennung stattfindet.

Sowohl der elektrostatische als auch der magnetische Sektor wirken auch einzeln richtungsfokussierend und gleichen dadurch die Beeinträchtigung des Auflösungsvermögens infolge der Richtungsdispersion mehr oder weniger stark wieder aus. Einzeln betrachtet führen allerdings beide Sektoren zu einer Energiedispersion der Ionenstrahlen. Durch das Hintereinanderschalten eines elektrostatischen und eines magnetischen Sektors kann insgesamt aber wieder eine Energiefokussierung erreicht werden! Wie funktioniert das? Nehmen wir an, dass Ionen mit gleichen *m*/*z*-Werten und gleicher Flugrichtung, aber unterschiedlicher kinetischer Energie zunächst durch den elektrostatischen Sektor fliegen. Infolge der Energiedispersion verlassen diese Ionen den elektrostatischen Sektor an verschiedenen Orten und in unterschiedliche Richtungen. Daher treten sie anschließend auch an verschiedenen Orten und unter unterschiedlichen Winkeln in das Magnetfeld ein. Wegen der unterschiedlichen kinetischen Energien besitzen die Ionen bei gleichem *m*/*z*-Wert unterschiedliche Impulse und ihre Kreisbahnen weisen in diesem Fall folglich nicht nur verschiedene Mittelpunkte, sondern auch (leicht) unterschiedliche Radien auf. Betrachten wir die Kreisbahnen zweier solcher Ionen, können diese je nach Lage der Mittelpunkte und Differenz der Radien zwei oder keinen Schnittpunkt aufweisen. Wählt man die Geometrien, die Anordnung und die anderen Parameter des elektrostatischen und des magnetischen Sektors so, dass sich die Kreisbahnen schneiden, bewirkt die Gesamtanordnung eine *Energiefokussierung*, obwohl die einzelnen Sektoren allein jeweils energiedispergierend wirken. Im Lauf der Zeit sind viele solcher so genannter *doppelt fokussierender* Geometrien und Anordnungen entworfen worden, von denen nur eine in Abbildung 7.14 veranschaulicht wird. Eine der bekanntesten ist das *doppelt fokussierende Massenspektrometer mit Nier-Johnson-Geometrie*. Bei der *normalen* Nier-Johnson-Geometrie fliegen die Ionen zuerst durch den elektrostatischen und dann durch den magnetischen Sektor – in Geräten mit *umgekehrter* Nier-Johnson-Geometrie werden die beiden Sektoren in der entgegengesetzten Reihenfolge durchquert.

Aufbau von Sektorfeld-Massenanalysatoren

Sektorfeld-Massenspektrometer existieren in einer Vielzahl von Ausführungen, die sich beispielsweise in den Geometrien, der Reihenfolge und auch der Anzahl der Sektoren unterscheiden können. Alle Sektorfeld-Geräte sind auf ein Hochvakuum angewiesen, weil die Bahnen der Ionen durch den Massenanalysator nicht durch Kollisionen mit Gasteilchen gestört werden dürfen. Eine umfangreiche, erschöpfende Diskussion der verschiedenen Auslegungen und Arbeitsweisen von Sektorfeld-Massenspektrometern ist an dieser Stelle aber nicht erforderlich. In Abbildung 7.14 haben wir bereits eine typische Auslegung eines doppelt fokussierenden Sektorfeld-Geräts kennen gelernt. Dabei werden die Ionen aus der Quelle mit einer Spannung von einigen Kilovolt beschleunigt und dann in den ersten Sektor (magnetisch oder elektrostatisch) gelenkt. Beim Durchfliegen der beiden Sektoren findet, wie oben besprochen, eine Refokussierung der Richtungs- und Energiedispersion des Ionenstrahls statt, während die Ionen nach ihren m/z-Werten getrennt werden. Hinter dem zweiten Sektor befindet sich ein schmaler Spalt, den die Ionen passieren müssen, um auf den Detektor zu fallen. Daher erreichen zu einem bestimmten Zeitpunkt immer nur Ionen mit einem bestimmten m/z-Wert den Detektor und erzeugen ein Signal. Zur Messung eines vollständigen Massenspektrums wird die Flussdichte B des Magnetfelds über einen geeigneten Bereich variiert (gescannt), so dass die Ionen mit den unterschiedlichen m/z-Werten nacheinander genau auf den Spalt und somit auf den Detektor treffen. Der m/z-Wert, der durch das dabei jeweils erzeugte Signal repräsentiert wird, kann mithilfe der zugehörigen magnetischen Flussdichte berechnet werden.

Möglichkeiten und Grenzen von Sektorfeld-Massenanalysatoren

Sektorfeld-Geräte bieten eine hohe Massengenauigkeit (1 bis 5 ppm) und werden daher in analytischen Laboratorien zur exakten Massenbestimmung (Feinmassenbestimmung) am häufigsten eingesetzt. Sie besitzen außerdem ein gutes Auflösungsvermögen von bis zu 10^5 sowie einen außerordentlich großen dynamischen Bereich, der eine Variation zwischen den Häufigkeiten der verschiedenen Ionen und somit den zugehörigen Peakintensitäten bis zu einem Faktor von 10^8 umfassen kann. Sektorfeld-Massenspektrometer sind für spezielle Untersuchungen, wie zum Beispiel für das detaillierte Studium von Fragmentierungsprozessen, sehr gut geeignet. Der Massenbereich von Sektorfeld-Geräten ist nicht so groß wie der von TOF- oder ICR-Spektrometern und nach oben im Allgemeinen auf einen m/z-Wert von etwa 10.000 begrenzt. Eine bedeutende Einschränkung in der Anwendung von Sektorfeld-Geräten resultiert aus dem Detektionsverfahren, da zu einem bestimmten Zeitpunkt während eines Magnetscans immer nur die Ionen mit einem bestimmten m/z-Wert durch den Spalt hinter dem letzten Sektor fliegen und detektiert werden, wohingegen alle anderen Ionen verloren gehen. Dieser Aspekt begrenzt beispielsweise die Anwendbarkeit von Sektorfeld-Massenspektrometern bei der direkten Kopplung von Massenspektrometern mit Gaschromatographen (GC) oder Flüssigkeitschromatographen (LC). Bei der GC/MS- beziehungsweise LC/MS-Technik dient das Massenspektrometer als äußerst spezifischer Detektor für die nacheinander eluierten Substanzen. Dabei müssen die aus der chromatographischen Säule austretenden Fraktionen möglichst schnell und effizient massenspektrometrisch vermessen werden, um eine dem Chromatogramm entsprechende zeitliche Auflösung zu erhalten. Wegen des erforderlichen Hochvakuums, der hohen Investitionskosten und des größeren Platzbedarfs sind die Sektorfeld-Massenanalysatoren für viele Anwendungen heute weniger attraktiv als modernere Analysatoren.

7.3.6 Orbitrap-Massenanalysator

Grundlegende Arbeitsweise und Aufbau einer Orbitrap

Die so genannte *Orbitrap* ist ein relativ neuer Typ von Massenanalysator. Wie im Fall von Quadrupol-Ionenfallen werden die Ionen in einer Orbitrap nur mithilfe von elektrischen Feldern eingefangen. Magnetische Felder wie bei ICR-Geräten kommen bei einer Orbitrap nicht zum Einsatz. Zur Detektion der Ionen werden in einer Orbitrap allerdings ebenso wie in einer ICR-Zelle hochfrequente Spiegelströme gemessen, die durch die Bewegung der gefangenen Ionen auf den Wandungen induziert werden. Diese Kombination ist sehr attraktiv, da einerseits die mit der Erzeugung und Aufrechterhaltung eines starken Magnetfelds verbundenen Schwierigkeiten nicht auftreten und andererseits trotzdem eine hohe Empfindlichkeit und Genauigkeit erreicht wird. Das grundlegende Prinzip einer Orbitrap ist relativ einfach, seine praktische Umsetzung dagegen schwierig. Eine Orbitrap besteht aus einer zentralen, spindelförmigen Elektrode, die in einem gewissen Abstand von einer speziell geformten äußeren Elektrode umgeben ist (▶ Abbildung 7.15). Die Potenziale der Elektroden werden so eingestellt, dass die Ionen von der zentralen Spindelelektrode angezogen werden (anders als bei Quadrupol-Ionenfallen wird hier aber kein Rf-Potenzial, sondern ein festes elektrostatisches Potenzial zwischen den Elektroden verwendet). Damit die Ionen auf stabilen Bahnen um die Zentralelektrode herumfliegen, muss die elektrostatische Anziehungskraft durch die Elektrode gerade von der Zentrifugalkraft des jeweiligen Ions ausgeglichen werden. Diese Situation ist mit Planeten vergleichbar, die sich auf stabilen Bahnen (Orbits) um ein Zentralgestirn bewegen, auch wenn sich die elektrischen Felder in einer Orbitrap natürlich grundlegend von Gravitationsfeldern unterscheiden. Daher stammt auch der Name *Orbitrap* (engl. *orbit*, Umlaufbahn; engl. *trap*, Falle). Die Anziehung durch die Spindelelektrode fängt die Ionen in zwei Dimensionen senkrecht zur Längsachse der Orbitrap ein. In Richtung der Längsachse (z-Achse) der Spindelelektrode (und der gesamten Anordnung) werden die Ionen durch ein von der Mitte zu beiden Enden der Orbitrap hin ansteigendes Potenzial eingeschlossen. In dieser Anordnung bewegen sich die Ionen nicht auf reinen Kreisbahnen senkrecht zur Längsachse, sondern vollziehen kreisförmige Pendelbewegungen mit im Wesentlichen zwei Bewegungskomponenten: (1) einer kreisförmigen Bewegung um die Spindelelektrode senkrecht zur Längsachse und (2) Oszillationen parallel zur Spindelachse (z-Achse). Von diesen beiden Bewegungskomponenten sind nur die Oszillationen in Richtung der Längsachse von den Anfangsbedingungen, unter denen die Ionen eingefangen wurden, unabhängig und werden deswegen bevorzugt zur Detektion der Ionen genutzt. Dabei stellt die Frequenz der Oszillation der Ionen in Richtung der Längsachse ein Maß für den m/z-Wert der Ionen dar. Zur Untersuchung einer Population von Ionen mit unterschiedlichen m/z-Werten kann auch in diesem Fall die Fourier-Transformations-Analyse eingesetzt werden.

Im Vergleich zu anderen Massenanalysatoren hängt die Eignung einer Orbitrap zum Einfangen und Trennen von Ionen sehr stark von der Präzision ihrer physischen Abmessungen ab – und weniger von physikalischen Parametern beispielsweise der verwendeten elektrischen Felder. Deswegen ist die feinmechanische Herstellung der Orbitrap für ihre Leistungsfähigkeit von entscheidender Bedeutung. Außerdem stellt die Einführung der Ionen in die Orbitrap eine erhebliche Herausforderung dar, weil nur über einen ziemlich schmalen Bereich von Eintrittsbahnen stabile Bahnen innerhalb der Orbitrap erreicht werden können. In kommerziellen Massenspektrometern wird eine Orbitrap zum Beispiel mit zwei linearen Ionenfallen kombiniert. Die erste lineare QIT dient dabei zur Akkumulation und Fragmentierung der Ionen (siehe Abschnitt 7.3.7). Die zweite lineare Ionenfalle besitzt eine neuartige halbkreisförmige Gestalt und wird zur Konzentrierung der Ionen in kleineren Paketen genutzt, bevor diese schließlich über einen engen Zugang in die Orbitrap eingeleitet werden. Wenn die Ionenpakete in die Orbitrap eintreten, wird das anziehende Potenzial der zentralen Spindelelektrode zunächst erhöht, um die Ionen auf eine kreisförmige Bahn zwingen und einfangen zu können, dann aber wieder auf einen kleineren stationären Wert gesenkt, um die Ionen anschließend auf ihrer stabilen Bahn zu halten und nicht mit der Elektrode kollidieren zu lassen. Die Oszillationen der eingefangenen Ionen in Längsrichtung der Orbitrap führen zur Induktion von Wechselspannungen, die zwischen den beiden Sektionen der zweigeteilten äußeren Elektrode gemessen werden können. Wenn Ionen verschiedener m/z-Werte in der Orbitrap gefangen sind, misst man wie bei der FT-ICR-Technik einen komplexen Transienten, der durch Fourier-Transformation von der Zeit- in die Frequenzdomäne umgewandelt wird. Die Frequenzen der Signale im resultierenden Spektrum sind direkt mit den m/z-Werten und ihre Intensitäten mit den relativen Häufigkeiten der Ionen in der Orbitrap korreliert, woraus sich letztlich das vertraute Massenspektrum ergibt.

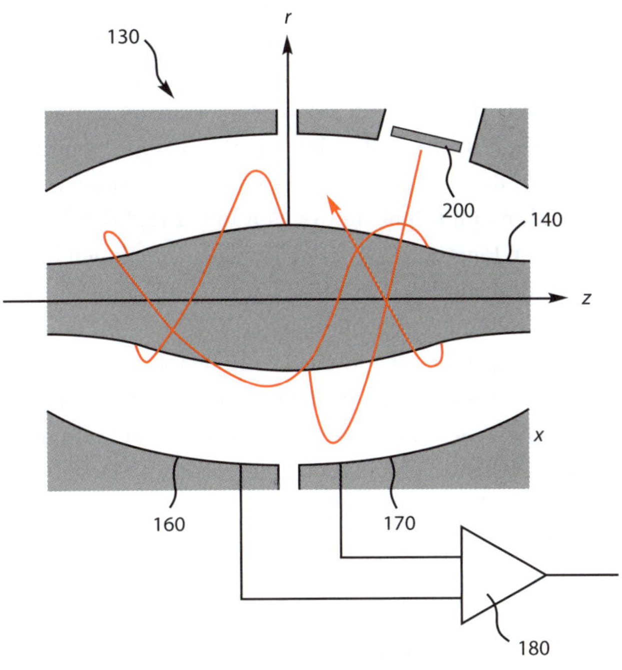

Abbildung 7.15: Schematische Darstellung einer Orbitrap aus dem US-Patent 6,995,364. Die beiden Teile der getrennten äußeren Elektrode sind mit den Zahlen 160 und 170 und die Spindelelektrode mit der Zahl 140 gekennzeichnet. Durch die spezielle Geometrie der Elektroden wird ein kompliziertes dreidimensionales elektrisches Feld innerhalb der Orbitrap erzeugt, das in z-Richtung mit einem Potenzialanstieg von der Mitte zu beiden Enden hin und folglich mit einer Potenzialmulde in der Mitte der Orbitrap einhergeht. Dieser Potenzialverlauf ermöglicht das Einfangen und die Oszillationen der Ionen in z-Richtung.

Möglichkeiten und Grenzen von Orbitraps

Die Orbitrap wurde bezüglich ihrer Fähigkeiten als Konkurrenz beziehungsweise Alternative zu ICR-Zellen entwickelt. Orbitraps weisen hohe Massengenauigkeiten im Bereich von 1 bis 2 ppm sowie hohe Auflösungsvermögen im Bereich von 10^5 auf. Sie überstreichen darüber hinaus einen großen Massenbereich und ermöglichen die Detektion von Ionen mit *m*/*z*-Werten von bis zu etwa 50.000. In all diesen Eigenschaften reichen die Fähigkeiten von Orbitraps an die von ICR-Zellen heran. Orbitraps bieten allerdings weniger Möglichkeiten zur Manipulation der Ionen und sind zur Durchführung von Reaktionen oder zur Anregung von Fragmentierungen kaum geeignet. Wie wir oben bereits erwähnt haben, wird dieser Nachteil in kommerziellen Massenspektrometern durch die Kopplung der Orbitrap mit anderen, vorgeschalteten Massenanalysatoren ausgeglichen, welche diese Aufgaben erfüllen können. Infolgedessen werden Orbitraps üblicherweise als Komponente von Hybridsystemen (siehe unten) verwendet, die auf der Kombination verschiedener Technologien beruhen, um möglichst vielseitige Massenspektrometer zu erhalten. Da Orbitraps keine starken Magnetfelder benötigen, sind ihre Betriebskosten relativ gering. Die Notwendigkeit zur Kombination mit anderen Massenanalysatoren treibt die Anschaffungskosten allerdings in die Höhe.

7.3.7 Hybridinstrumente

In jüngerer Zeit zeigt sich eine zunehmende Tendenz, die Fähigkeiten von Massenspektrometern durch den Einbau unterschiedlicher Typen von Massenanalysatoren in ein und dasselbe Gerät zu erweitern. Das Ziel besteht dabei darin, durch die Kombination der Eigenschaften zweier beziehungsweise mehrerer Analysatoren ein Massenspektrometer mit außergewöhnlichen Möglichkeiten zu erhalten. Häufig wird zum Beispiel eine Quadrupol-Ionenfalle mit einem anderen Massenanalysator verknüpft, der vorzugsweise ein hohes Auflösungsvermögen besitzt. Die Ionenfalle wird zur Ansammlung und Speicherung von Ionen und darüber hinaus auch zur masseselektiven Aktivierung von Ionen genutzt, bei der ausgewählte Ionen innerhalb der Falle durch Kollisionen gezielt fragmentiert werden (MS/MS-Experimente; siehe Kapitel 8). Für diese beiden Aufgaben ist die Ionenfalle sehr gut geeignet, bietet aber weder ein hohes Auflösungsvermögen noch eine hohe Massengenauigkeit. Dieser Mangel kann behoben werden, indem man die Ionen aus der Quadrupol-Ionenfalle in eine FT-ICR-Einheit, eine Orbitrap oder einen anderen Analysator mit hoher Auflösung und Genauigkeit überführt und mit dessen Hilfe das eigentliche Massenspektrum erzeugt. Die beschriebene Kombination ergibt also ein Massenspektrometer, das in der Quadrupol-Ionenfalle die schnelle und vielseitige Akkumulation und Fragmentierung der Ionen ermöglicht und durch den zweiten Analysator ein hohes Auflösungsvermögen und eine hohe Massengenauigkeit bietet. Außerdem kann durch diese Kombination eine hohe Effizienz erreicht werden, da jeder der Massenanalysatoren unabhängig vom anderen arbeiten kann. In der Ionenfalle können beispielsweise schon wieder Ionen akkumuliert und zur Fragmentierung angeregt werden, während im zweiten Massenanalysator noch das Massenspektrum vom vorhergehenden Ionenpaket aufgenommen wird. Das Hinzufügen des zweiten Analysators behindert den Arbeitsfluss also nicht. Vielmehr trägt er sogar in gewissem Maß zu einem schnelleren Arbeitsfluss bei, da die verschiedenen Aufgaben auf mehrere Analysatoren aufgeteilt werden. Bei einem anderen sehr beliebten Hybridinstrument wird ein Quadrupol-Massenfilter mit einem TOF-Analysator kombiniert. Der Quadrupol-Massenfilter wird in diesem Fall dazu genutzt, gezielt nur Ionen mit einem ausgewählten *m*/*z*-Wert passieren zu lassen und in einer Stoßkammer zur Fragmentierung anzuregen (ähnlich wie in einem Tripelquad). Anschließend werden diese Ionen und ihre Fragmentierungsprodukte zu einem TOF-Analysator gelenkt und mithilfe einer gepulsten, orthogonal wirkenden Beschleunigungsspannung durch das Flugrohr des TOF-Analysators getrieben. Wie bei den meisten Hybridinstrumenten werden auch hier spezielle Ionenoptiken eingesetzt, um die Ionen auf dem Weg vom Quadrupol- zum TOF-Analysator in optimaler Weise zu führen und Ungenauigkeiten zu korrigieren, die auf die unterschiedlichen Anfangsgeschwindigkeiten der Ionen vor der definierten Beschleunigung zurückzuführen sind. Die Entwicklung neuer Hybridinstrumente stellt heute eine häufige Strategie zur weiteren Erhöhung der Leistungsfähigkeit moderner Massenspektrometer dar. Daher sind auch in Zukunft noch weitere solcher und vielleicht noch ganz andere Innovationen zu erwarten.

7.3.8 Massenanalysatoren – Zusammenfassung

In den vorhergehenden Abschnitten haben wir eine ganze Reihe von Massenanalysatoren beschrieben. Jeder dieser Analysatoren weist bestimmte Stärken und Schwächen auf und einige Analysatoren dienen überwiegend zur Untersuchung spezifischer analytischer und anderer wissenschaftlicher Fragestellungen. ▶ Tabelle 7.7 zeigt eine kurze Zusammenfassung der Leistungsdaten dieser verschiedenen Massenanalysatoren. In der Tabelle sind für die jeweiligen Analysatoren typische Werte angegeben. Für spezielle Ausführungen der einzelnen Analysatoren können die Werte von denen in der Tabelle aber auch signifikant abweichen.

Tabelle 7.7: Leistungsdaten einiger Massenanalysatoren.

Analysator	Maximaler *m/z*-Bereich	Maximales Auflösungsvermögen	Massengenauigkeit	Dynamischer Bereich
TOF	10^6	10^4	5–50 ppm	10^4
ICR	10^5	10^6	< 5 ppm	10^4
QIT	10^4	10^4	100 ppm	10^4
Quadrupol-Massenfilter	10^4	10^4	100 ppm	10^6
Doppelt fokussierendes Sektorfeld	10^4	10^5	1–5 ppm	10^8
Orbitrap	10^4	10^5	1–2 ppm	10^4

7.4 Probenvorbereitung

Für die Wahl der Ionisierungsmethode bei einem massenspektrometrischen Experiment spielen die Eigenschaften der Probe eine entscheidende Rolle – das heißt, ob die Probe gasförmig (selten), flüssig (meist) oder fest, leicht- oder schwerflüchtig, rein oder ein Gemisch ist. Die Eigenschaften der Probe sind außerdem für die Art ihrer Vorbereitung für die Analyse von Bedeutung. Reine Substanzen können in Abhängigkeit von der Ionenquelle auf vielfache Weise relativ einfach in das Massenspektrometer eingeführt werden. Komplizierte Gemische müssen dagegen zumindest teilweise aufgetrennt und die Fraktionen nacheinander massenspektrometrisch analysiert werden, um verwertbare Massenspektren zu erhalten. Zu diesem Zweck wird häufig ein chromatographisches Trennsystem direkt mit dem Massenspektrometer gekoppelt. Dieser Ansatz hat die allgemein bekannten und äußerst leistungsfähigen so genannten Tandem-Methoden GC/MS und LC/MS hervorgebracht. Die Tandem-Methoden werden in den nächsten Abschnitten besprochen. Es sei an dieser Stelle aber auch darauf hingewiesen, dass Reinsubstanzen und Gemische bei ausreichender Flüchtigkeit auch durch direkte, temperaturkontrollierte (fraktionierte) Verdampfung massenspektrometrisch gut untersucht werden können.

7.4.1 Gaschromatographie/Massenspektrometrie (GC/MS)

Für flüchtige Probengemische stellt die Gaschromatographie (GC) die effektivste Trennmethode zur Vorbereitung für die massenspektrometrische Analyse dar. Sie kann leicht mit EI- oder CI-Quellen gekoppelt werden, da der aus der Kapillarsäule des Gaschromatographen austretende Gasstrom unmittelbar in den Einlass der EI-Quelle geleitet werden kann. Auf diese Weise können die verschiedenen Substanzen des ursprünglichen Gemisches gaschromatographisch getrennt, nacheinander in der Reihenfolge ihrer Elution ionisiert und somit separat massenspektrometrisch identifiziert beziehungsweise untersucht werden. Da die einzelnen Verbindungen meist mit einem relativ hohen Partialdruck aus der GC-Kapillarsäule austreten, weisen GC/MS-Analysen eine hohe Empfindlichkeit auf. Außerdem ist die Elektronenionisierung (EI) eine für flüchtige Verbindungen allgemein anwendbare Ionisierungsmethode. Die Komponenten der Mischung müssen daher in der Regel vor der Analyse nicht modifiziert werden, sofern sie für die Trennung auf der GC-Säule flüchtig genug sind. Schwerflüchtige Substanzen können durch eine geeignete Derivatisierung häufig in ausreichend flüchtige Substanzen umgewandelt werden. Die Methoden zur Umwandlung möglichst aller oder zumindest der meisten schwerflüchtigen Substanzen eines Gemisches in genügend flüchtige Derivate beinhalten die Modifizierung von bestimmten funktionellen Gruppen, die für den geringen Dampfdruck der Substanzen eine wichtige Rolle spielen. Eine häufig durchgeführte Derivatisierung ist zum Beispiel die Umwandlung von Alkoholen in die entsprechenden Trimethylsilylether. Die Reaktion alkoholischer Hydroxylgruppen (R–OH) mit Reagenzien wie beispielsweise Trimethylsilylchlorid [$(CH_3)_3Si–Cl$] verläuft schnell und quantitativ. Das gilt auch für Diole und andere höhere Alkohole. Die resultierenden Trimethylsilylether der Alkohole [$RO–Si(CH_3)_3$] sind leichter flüchtig, da sie eine geringere Polarität aufweisen als die Alkohole und keine (starken) Wasserstoffbrücken bilden können. Die Trimethylsilylierung von Zuckern wie Glucose führt zum Beispiel zu Produkten mit einem um Größenordnungen höheren Dampfdruck. Durch diese Form der Vorbehandlung der Proben wird die Reihe der Substanzen beziehungsweise Substanzklassen, die mithilfe der GC/MS untersucht werden können, erheblich erweitert. Für die Analyse von kleinen, nicht übermäßig komplizierten organischen Molekülen in Gemischen stellt die GC/MS-Kopplung unter Verwendung einer EI- oder CI-Ionenquelle die Methode der Wahl dar.

7.4.2 Flüssigkeitschromatographie/Massenspektrometrie (LC/MS)

Reicht die Flüchtigkeit einer Probe für eine gaschromatographische Trennung nicht aus, kann die Flüssigkeitschromatographie (LC, engl. *liquid chromatography*) als gute Alternative zur Gaschromatographie eingesetzt werden. In diesem Fall tritt der Analyt als Bestandteil des flüssigen Eluenten der Chromatographie auf und im Allgemeinen werden Ionenquellen verwendet, die unter Atmosphärendruck arbeiten. Ist der Analyt von Natur aus bereits ein Salz oder leicht ionisierbar, kommen ESI-Quellen zum Einsatz, ansonsten vor allem APCI-Quellen. Diese Ionenquellen erfordern eine sehr niedrige Flussrate des Eluenten (nl min^{-1} bis µl min^{-1}). Um die Menge des in die Ionenquelle hinein verdampfenden Lösungsmittels zu reduzieren, wird der Eluentenstrom hinter der Säule häufig mithilfe eines Split-Flow-Systems aufgeteilt, so dass nur ein kleiner Teil der Lösung tatsächlich in die Ionenquelle gelangt.

7.4.3 Daten aus GC/MS- und LC/MS-Analysen

Massenspektrometrische Messungen einfacher, chemisch reiner Proben liefern im Allgemeinen nur ein einzelnes Massenspektrum. In dieser Hinsicht ist die Massenspektrometrie mit allen anderen spektroskopischen Methoden direkt vergleichbar. Wird ein Massenspektrometer allerdings mit einem chromatographischen System gekoppelt, erhält man im Verlauf einer einzigen chromatographischen Trennung Hunderte oder sogar Tausende verschiedene Massenspektren. Diese Datenflut kann auf unterschiedliche Weise genutzt und ausgewertet werden. Einerseits kann man sich das Massenspektrometer einfach als Detektor des GC- oder LC-Systems vorstellen, mit dessen Hilfe zu jeder Retentionszeit (RT, engl. *retention time*) die Gesamtionenzahl (TIC, engl. *total ion count*) beziehungsweise der Totalionenstrom (TIC, engl. *total ion current*) gemessen und dann im Chromatogramm auf der *y*-Achse als Intensität aufgetragen wird. Die Daten, die bei GC/MS- oder LC/MS-Experimenten gewonnen werden, unterscheiden sich aber von denen einer normalen chromatographischen Trennung, da sie einen erheblich größeren, mehrdimensionalen Informationsgehalt aufweisen. Zu jeder Retentionszeit wird mithilfe der Massenspektrometrie nämlich nicht nur die Gesamtmenge aller aus der jeweiligen Mischungskomponente entstehenden Ionen ermittelt, sondern ein vollständiges Massenspektrum gemessen, in dem die Gesamtmenge der Ionen in charakteristischen relativen Häufigkeiten auf die Peaks bei den verschiedenen *m*/*z*-Werten aufgeteilt ist. Folglich kann man auch für jeden einzelnen *m*/*z*-Wert ein gesondertes (massenselektives) Chromatogramm erzeugen, indem man zu jeder Retentionszeit (*x*-Achse) nur die Häufigkeit des Ions mit dem betreffenden *m*/*z*-Wert (*y*-Achse) aus dem Massenspektrum zu dieser Retentionszeit aufträgt und alle anderen Ionen beziehungsweise Signale in der Abfolge der zahlreichen Massenspektren ignoriert. Bei vielen Anwendungen wird diese Vorgehensweise dazu genutzt, um in einer Probe bestimmte Verbindungen über ihre Retentionszeiten und die Massen der zugehörigen charakteristischen Molekül-Ionen zu identifizieren. Reichen diese Informationen zur Unterscheidung von sehr ähnlichen Verbindungen nicht aus, können zusätzlich die Signale der Fragment-Ionen und deren Intensitäten verfolgt werden, um die Verlässlichkeit der Identifizierung der eluierten Substanzen weiter zu erhöhen. Bei der Akkumulation der Massenspektren im Verlauf einer chromatographischen Trennung kann das Massenspektrometer so programmiert werden, dass es nicht nur die vollständigen Massenspektren aufnimmt, sondern auch die Fragmentspektren einzelner Molekül-Ionen, die im vollständigen Spektrum identifiziert worden sind (Fragmentspektren werden wir im nächsten Kapitel noch im Detail besprechen). Auf diese Weise kann ein GC/MS- oder LC/MS-Experiment drei Datenebenen für jeden unbekannten Analyten liefern: seine Retentionszeit, die Masse seines Molekül-Ions sowie die Massen und relativen Häufigkeiten der Fragment-Ionen, die aus dem betreffenden Molekül-Ion entstehen – also dessen Fragmentierungsmuster. Diese mehrdimensionale Charakterisierung eines Analyten ist mit einer sehr hohen Verlässlichkeit hinsichtlich seiner Identifizierung in einem komplexen Gemisch verbunden.

7.4.4 Gelelektrophoretische Trennungen

Im Bereich der Proteomik sind gelelektrophoretische Trennungen von Protein- oder Peptidgemischen zur Probenvorbereitung für die Massenspektrometrie übliche Praxis. Häufig wird zum Beispiel die SDS-PAGE (Natriumdodecylsulfat-Polyacrylamidgel-Elektrophorese) zur ein- oder zweidimensionalen Trennung beziehungsweise erheblichen Verminderung der Komplexität von Proteingemischen eingesetzt. Anschließend können einzelne Substanzflecken aus dem Gel isoliert und einer weiteren Untersuchung zugeführt werden, die im Allgemeinen eine Behandlung mit Trypsin zur Spaltung der Proteinmoleküle in kleinere Peptide umfasst. Die auf diese Weise aus jedem Substanzfleck resultierende Peptidmischung kann dann massenspektrometrisch unter Verwendung einer MALDI- oder ESI-Ionenquelle analysiert werden. Bei Verwendung einer ESI-Quelle wird im Allgemeinen noch eine Flüssigkeitschromatographie als Schnittstelle zwischengeschaltet. Somit finden vor der massenspektrometrischen Analyse mehrere Trennschritte statt. Diese Vorgehensweise ist besonders für die Untersuchung von Proben, die potenziell Tausende von Komponenten enthalten können, äußerst wertvoll.

Literaturhinweise

Allgemein

Budzikiewicz, H. und Schäfer, M. 2005: *Massenspektrometrie: Eine Einführung.* 5. Aufl., Wiley-VCH, Weinheim.

Chemische Ionisierung (CI)

Harrison, A.G. 1992: *Chemical Ionization Mass Spectrometry.* 2. Aufl., CRC Press, Boca Raton, Florida.

Vestal, M.L. 2001. *Chem. Rev.* **101**: 361.

Fast-Atom Bombardment (FAB)

Demirev, P.A. 1995. *Mass Spectrom. Rev.* **14**: 279.

Matrix-assisted Laser Desorption Ionization (MALDI)

Karas, M., Bahr, U. und Giessmann, U. 1991. *Mass Spectrom. Rev.* **10**: 335.

Karas, M. und Krüger, R. 2003. *Chem. Rev.* **103**: 427.

Dreisewerd, K. 2003. *Chem. Rev.* **103**: 395.

Knochenmuss, R. und Zenobi, R. 2003. *Chem. Rev.* **103**: 441.

Hillenkamp, F. und Peter-Katalinic, P. 2007: *MALDI MS: A Practical Guide to Instrumentation, Methods and Applications.* Wiley-VCH, Weinheim.

Elektrospray-Ionisierung

Fenn, J.B., Mann, M., Meng, C.K., Wong, S.F. und Whitehouse, C.M. 1990. *Mass Spectrom. Rev.* **9**: 37.

Cole, R.B. 1997: *Electrospray Ionization Mass Spectrometry.* Wiley, New York.

Loo, J.A. 1997. *Mass Spectrom. Rev.* **16**: 1.

Cech, N.B. und Enke, C.G. 2001. *Mass Spectrom. Rev.* **20**: 362.

Chemische Ionisierung unter Atmosphärendruck (APCI)

Vestal, M.L. 2001. *Chem. Rev.* **101**: 361.

Desorptions-Elektrospray-Ionisierung (DESI)

Cooks, R.G., Ouyang, Z., Takats, Z. und Wiseman, J.M. 2006. *Science* **311**: 1566.

Flugzeit-Analysatoren (TOF)

Wollnik, H. 1993. *Mass Spectrom. Rev.* **12**: 89.

Guilhaus, M., Selby, D. und Mlynski, V. 2000. *Mass Spectrom. Rev.* **19**: 65.

Mirsaleh-Kohan, N., Robertson, W.D. und Compton, R.N. 2008. *Mass Spectrom. Rev.* **27**: 237.

Ionen-Cyclotron-Resonanz (ICR)

Marshall, A.G., Hendrickson, C.L. und Jackson, G.S. 1998. *Mass Spectrom. Rev.* **17**: 1.

Quadrupol-Ionenfallen (QITs)

McLuckey, S.A. und Wells, J.M. 2001, *Chem. Rev.* **101**: 571.

March, R.E. 2005: *Quadrupole Ion Mass Spectrometry*. John Wiley, Hoboken, New Jersey.

Douglas, D.J., Frank, A.J. und Mao, D.M. 2005. *Mass Spectrom. Rev.* **24**: 1.

Orbitraps

Hu, Q., Noll, R.J., Li, H., Makarov, A., Hardman, M. und Cooks, R.G. 2005. *J. Mass Spectrom.* **40**: 430.

GC/MS

Hübschmann, H.-J. 2007: *Handbook of GC/MS: Fundamentals and Applications*. Wiley-VCH, Weinheim.

McMaster, M. 2008: *GC/MS: A Practical User's Guide*. John Wiley, Hoboken, New Jersey.

LC/MS

Ardrey, R.E. 2003: *Liquid Chromatography Mass Spectrometry: An Introduction*. John Wiley, Chichester, England.

McMaster, M. 2005: *LC/MS: A Practical Users Guide*. John Wiley, Hoboken, New Jersey.

Anregung und Fragmentierung von Ionen in der Gasphase

8

ÜBERBLICK

Nach der Durcharbeitung dieses Kapitels werden Sie

- sich mit den thermodynamischen und kinetischen Grundlagen der Fragmentierung von Ionen beschäftigt haben und die verschiedenen Faktoren kennen, welche die Fragmentierungswege von Ionen bestimmen,
- mit den typischen Fragmentierungen und deren Mechanismen einer Reihe wichtiger organischer Verbindungsklassen beziehungsweise funktioneller Gruppen vertraut sein,
- Methoden kennen gelernt haben, mit denen Ionen nach einer weichen Ionisierung nachträglich zur Fragmentierung angeregt werden können,
- verstanden haben, wie die Fragmentierungen mithilfe dieser Fragmentierungstechniken zumindest teilweise gesteuert werden können, sowie
- mit dem Prinzip und den Grundlagen der Tandem-Massenspektrometrie vertraut sein.

8.1 Einleitung

Im vorhergehenden Kapitel haben wir uns mit den physikalisch-chemischen und den instrumentellen Grundlagen der Massenspektrometrie beschäftigt. Dabei wurde ein besonderes Augenmerk auf den Aufbau und die Funktionsweise der verschiedenen Komponenten moderner Massenspektrometer gelegt, die zur Erzeugung und Massenbestimmung von Molekül-Ionen und Quasi-Molekülionen eines Analyten dienen. Wenn der einzige Zweck der Massenspektrometrie allerdings in der Ermittlung der Molekülmassen und der Elementarzusammensetzung (siehe Abschnitt 9.2.2) von Substanzen (Analyten) bestünde, wäre ihr Anwendungsbereich relativ begrenzt und sie würde nur einen sehr kleinen Baustein zur Strukturaufklärung organischer Verbindungen beitragen. Glücklicherweise kann die Massenspektrometrie aber erheblich mehr Informationen liefern, weil die Ionen innerhalb des Massenspektrometers unter anderem in Abhängigkeit von ihrer Struktur auf spezifische Weise fragmentieren und im Massenspektrum auch die m/z-Werte (Masse/Ladungs-Verhältnisse) der Fragment-Ionen erscheinen. Aus dem Fragmentierungsmuster sind daher Rückschlüsse auf die Struktur der ursprünglichen Verbindung möglich. Insbesondere bei der Elektronenionisierung (EI) treten umfangreiche Fragmentierungen auf, aber auch bei anderen Ionisierungsmethoden sind Fragmentierungen zu beobachten. Mithilfe der *Tandem-Massenspektrometrie* (MS/MS) können sogar Ionen mit einem bestimmten m/z-Wert – entweder aus den verschiedenen Molekül-Ionen einer Substanzmischung oder aus den Fragment-Ionen der Molekül-Ionen einer spezifischen Verbindung – durch einen ersten Massenanalysator ganz gezielt selektiert, danach zur Fragmentierung angeregt und die dabei entstehenden Fragment-Ionen durch einen zweiten Massenanalysator getrennt und schließlich nachgewiesen werden (siehe Abschnitt 8.11). Soll mithilfe der MS/MS-Methode ein bestimmtes Molekül-Ion aus einer Substanzmischung in der ersten MS-Stufe selektiert werden, kommen in der Regel weiche Ionisierungsmethoden wie die Elektrospray-Ionisierung (ESI) oder die Matrix-assisted Laser Desorption Ionization (MALDI) zum Einsatz, um Fragmentierungen vor der ersten Massentrennung weitgehend zu vermeiden. Die Fragmentierung der Ionen führt in jedem Fall zu einem viel größeren Informationsgehalt der Massenspektren, da spezifische Ionen ein Dutzend oder mehr verschiedene Fragment-Ionen ergeben können und jedes dieser Ionen potenziell nützliche Daten zur Struktur eines Analyten liefert. Die Fragmentierungsmuster sind deswegen für die Strukturaufklärung von organischen Verbindungen so wertvoll, weil die Ionen unter gleichen Bedingungen (zum Beispiel unter EI-Bedingungen bei 70 eV) auf weitgehend reproduzierbare, chemisch logische und daher vorhersagbare Weise zerfallen und ihre Fragmente daher Rückschlüsse auf das ursprüngliche Molekül-Ion ermöglichen. Darüber hinaus sind die Fragmentierungsmuster für die jeweilige Verbindung in der Regel einzigartig, so dass selbst isomere Verbindungen trotz ihrer identischen Molekülmassen häufig (aber nicht immer) massenspektrometrisch unterschieden werden können. Fragmentierungsmuster können somit einerseits als wichtige Puzzleteile bei der Strukturaufklärung eines unbekannten Analyten dienen und andererseits quasi als Fingerabdruck zur Identifizierung einer bekannten Substanz durch den Vergleich mit entsprechenden Referenzspektren verwendet werden. In beiden Fällen beruht der Nutzen der Massenspektren auf ihrem Reichtum an Fragmentionen-Peaks.

In diesem Kapitel werden wir uns mit den allgemeinen Fragmentierungswegen verschiedener organischer Substanzklassen beschäftigen. Die Mechanismen der Zerfallsreaktionen organischer Moleküle werden den meisten Lesern in vielen Fällen aus der organischen Chemie bereits vertraut sein. Auch Fragmentierungsreaktionen organischer Molekül- und Fragment-Ionen unterliegen den bekannten Gesetzmäßigkeiten der Thermodynamik und der Reaktionskinetik. Wir beginnen deswegen mit der Diskussion der thermodynamischen und kinetischen Grundlagen der Anregung und Fragmentierung von Ionen organischer Verbindungen. Es folgt eine Betrachtung der typischen Fragmentierungen sowohl der Molekül-Ionen (also der Radikalkationen $M^{\bullet+}$) als auch der Quasi-Molekülionen vom Typ $[M + H]^+$ einer Reihe von organischen Verbindungsklassen. Zum Abschluss dieses Kapitels beschäftigen wir uns außerdem noch mit gezielten Fragmentierungstechniken – das heißt, mit Methoden zur kontrollierten Anregung und Fragmentierung von Ionen, die zuvor mithilfe separater, von diesen Methoden unabhängigen Techniken erzeugt worden sind. Solche Methoden kommen in der modernen Massenspektrometrie routinemäßig und in großer Vielfalt zum Einsatz.

8.2 Energetische und kinetische Aspekte von Ionisierung und Fragmentierung

Man könnte sich fragen, warum bei der Massenspektrometrie überhaupt in größerem Ausmaß Fragmentierungen stattfinden, die in der „normalen“ organischen Chemie praktisch keine Rolle spielen. Die Antwort liegt vor allem in der inneren Energie der Ionen in der Gasphase sowie den *niedrigen* Gasdrucken in Massenspektrometern. In der normalen organischen Chemie laufen die Reaktionen üblicherweise in kondensierter Phase (in Lösung) oder in der Gasphase unter Atmosphären- oder höherem Druck ab. Unter diesen Bedingungen stoßen die einzelnen Teilchen sehr häufig mit anderen Teilchen zusammen und können überschüssige innere Energie daher leicht und schnell auf ihre Umgebung übertragen. Außerdem erfolgt die Anregung von Molekülen unter massenspektrometrischen Bedingungen meist auf ganz andere Weise als in der normalen organischen Chemie. In flüssiger Phase erreichen einzelne Teilchen bei Weitem nicht so hohe innere Energien wie im Massenspektrometer. Die Fragmentierungsreaktionen in einem Massenspektrometer finden bei (sehr) niedrigem Druck in der Gasphase statt, bei dem die Wahrscheinlichkeit von Zusammenstößen zwischen verschiedenen Teilchen um viele Größenordnungen geringer ist als in kondensierter Phase oder beispielsweise unter Normaldruck in der Gasphase. Ohne Kollisionen mit anderen Teilchen können angeregte Ionen ihre Überschussenergie aber nicht auf ihre Umgebung übertragen und daher länger behalten. Unter diesen Bedingungen ist die Fragmentierung der Ionen, also ihr *unimolekularer Zerfall*, durch die Spaltung von Bindungen der dominierende Prozess zum Abbau überschüssiger innerer Energie, während die sehr langsame Emission von Photonen und die außerordentlich seltenen Zusammenstöße mit Restgasmolekülen kaum zum Energieabbau beitragen. Die intramolekulare Spaltung von Bindungen wird darüber hinaus durch die Tatsache erleichtert, dass Ionen – und insbesondere Radikalkationen – schwächere Bindungen und niedrigere Aktivierungsenergien für deren Fragmentierung aufweisen. Die Fragmentierung eines Ions kann unter Umständen sofort nach seiner Aktivierung eintreten. In den meisten Fällen findet sie jedoch erst mit erheblicher Verzögerung statt – nach einer für die einzelnen Ionen nur statistisch beschreibbaren Lebensdauer. Wir stellen also fest: Die Ursache für die Dominanz unimolekularer Zerfälle der im Vakuum des Massenspektrometers isolierten Ionen liegt in der Übertragung großer Energiemengen auf die einzelnen Ionen, welche von diesen wegen des Fehlens intermolekularer Wechselwirkungen nicht an ihre Umgebung abgegeben werden können und daher zur Fragmentierung der Ionen führen.

Bei fast allen Fragmentierungsereignissen muss sich das jeweilige Ion in einem angeregten Schwingungszustand oder sogar in einem elektronisch angeregten Zustand befinden, damit der Prozess ablaufen kann. Im Fall der Elektronenionisierung (EI) erfolgt die Anregung durch die Wechselwirkung des Moleküls mit einem schnellen Elektron hoher kinetischer Energie, von der ein Teil auf das erzeugte Molekül-Ion übertragen wird. Berücksichtigt man die hohe kinetische Energie eines schnellen Elektrons bei der Elektronenionisierung von typischerweise 70 eV (also mehr als 6700 kJ mol^{-1}), kann eine starke Anregung des entstehenden Ions in höhere elektronische und/oder Schwingungszustände erwartet werden. Mit anderen Worten: Es werden Ionen mit einer erheblichen inneren Überschussenergie gebildet. Diese Überschussenergie ist für die Fragmentierungen verantwortlich. Der Ursprung der Schwingungsanregung unmittelbar nach der Entstehung eines Ions kann zumindest teilweise auf die Zeitskala des EI-Prozesses zurückgeführt werden. Die Dauer der Wechselwirkung zwischen dem Analytmolekül und dem schnellen Elektron bei der Elektronenionisierung liegt im Bereich von Femtosekunden ($1\ fs = 10^{-15}\ s$), während die Dauer einer typischen Schwingungsperiode im Picosekundenbereich ($1\ ps = 10^{-12}\ s$) liegt. Eine Schwingung stellt im Vergleich zur Ionisierung also einen viel langsameren Prozess dar. Folglich besitzt das bei der Elektronenionisierung unmittelbar entstehende Ion zunächst noch die strukturelle Geometrie des zugrunde liegenden elektrisch neutralen Analytmoleküls. Demnach folgt auch der EI-Prozess dem *Franck-Condon-Prinzip*. Die Geometrie der Struktur von Radikalkationen im Grundzustand weicht aber meist erheblich von der Geometrie der Struktur des entsprechenden neutralen Moleküls im Grundzustand ab. Da eine geometrische Verzerrung der Grundzustandsstruktur einer Schwingungsanregung entspricht, entsteht das Ion bei der Elektronenionisierung also direkt in einem angeregten Schwingungszustand. Letztlich stammt also die gesamte Energie zur Bildung dieses angeregten Ions ausgehend vom neutralen Molekül aus der kinetischen Energie des schnellen Elektrons.

Wird eine Ionisierungsmethode genutzt, bei der die Ionen nur mit geringer Überschussenergie entstehen, können diese auch nach ihrer Bildung noch angeregt werden. Meistens werden die Analyt-Ionen zu diesem Zweck durch eine elektrische Potenzialdifferenz beschleunigt, um ihre kinetische Energie zu erhöhen. Anschließend wird ein Teil dieser kinetischen Energie durch Zusammenstöße mit den Atomen oder Molekülen eines Inertgases, wie Helium, Argon oder Stickstoff, in zusätzliche Schwingungsenergie (und Rotationsenergie) sowie unter Umständen auch in elektronische Energie umgewandelt. Den Prozess, bei dem auf diese Weise Bindungsspaltungen (Dissoziationen) hervorgerufen werden, nennt man *stoßinduzierte Dissoziation* (CID, engl. *collision-induced dissociation*) oder auch *stoßaktivierte Dissoziation* (CAD, engl. *collision-activated dissociation*). Die Aktivierung kann dabei durch eine wenige energiereiche oder durch viele energiearme Kollisionen erfolgen. Darüber hinaus können die Ionen auch durch Photonen nachträglich angeregt werden. Daher sind Methoden entwickelt worden, um die zu untersuchenden Ionen im Vakuum des Massenspektrometers durch infrarote (IR-), sichtbare (Vis-) oder ultraviolette (UV-) Strahlung in angeregte Zustände zu heben, die genügend hohe Energien besitzen, um Fragmentierungen zu unterliegen. Eines der häufiger eingesetzten Verfahren dieser Art ist die so genannte *Infrarot-Multiphotonen-Dissoziation* oder kurz IRMPD (engl. *infrared multiphoton dissociation*).

In den folgenden Abschnitten 8.2.1 bis 8.2.5 werden wir verschiedene Parameter und Eigenschaften der Molekül-Ionen und der aus ihnen entstehenden Fragment-Ionen diskutieren, die bestimmen, welche der möglichen, miteinander konkurrierenden unimolekularen Fragmentierungen tatsächlich und in welchem Maß stattfinden und dadurch die strukturanalytische Information eines Massenspektrums erzeugen.

8.2.1 Konkurrierende Fragmentierungen: Die Stabilität der Ionen

Die Fragmentierung der Ionen kann zwar als ein besonderes Charakteristikum der Massenspektrometrie betrachtet werden, aber die Fragmentierungsreaktionen folgen trotzdem den gleichen Gesetzmäßigkeiten wie alle anderen Reaktionen in der organischen Chemie. Daher resultieren die Fragmentierungsmuster prinzipiell aus den gleichen grundlegenden Reaktionsmechanismen. Wie bei der Chemie in kondensierter Phase spielt die Thermodynamik auch bei den Gasphasenreaktionen in Massenspektrometern eine entscheidende Rolle. Häufig finden beispielsweise diejenigen Fragmentierungen bevorzugt statt, die thermodynamisch gegenüber konkurrierenden Reaktionswegen bevorzugt sind – das heißt weniger endotherm ablaufen. Ein wichtiger Unterschied zwischen Reaktionen in kondensierter Phase und den Gasphasenreaktionen in einem Massenspektrometer besteht in den vergleichsweise hohen inneren Energien der Ionen unter massenspektrometrischen Bedingungen. Diese ermöglichen auch stark endotherme Reaktionen in größerem Ausmaß und somit viele verschiedene konkurrierende Fragmentierungen, was einer geringen Selektivität entspricht.

Man könnte versuchen, die Reaktionsenthalpien aller konkurrierenden Fragmentierungen entweder mithilfe geeigneter Literaturwerte oder mithilfe von computergestützten Modellrechnungen zu ermitteln und diese Daten zur Vorhersage der dominierenden Fragmentierungsreaktionen zu nutzen. Dieser Ansatz wäre allerdings sehr aufwendig und in vielen Fällen nicht von Erfolg gekrönt. Für strukturell kompliziertere Spezies müssten außerdem eine Reihe von vereinfachenden Annahmen auf der Grundlage von Analogien zu weniger komplexen Spezies mit bekannten thermochemischen Daten getroffen werden, wodurch eine verlässliche Vorhersage erheblich erschwert werden würde. Allerdings können diese Schwierigkeiten häufig durch die Anwendung bekannter allgemeiner Kriterien aus der organischen Chemie zumindest teilweise umgangen werden. Die Stabilitäten von Kationen – insbesondere von Carbokationen – werden zum Beispiel im

Allgemeinen stärker von strukturellen Parametern beeinflusst als die Stabilitäten von elektrisch neutralen Molekülen oder auch elektrisch neutralen Radikalen. Zur Beurteilung der Stabilität der verschiedenen Kationen, die durch die Fragmentierungen entstehen könnten, reichen daher meist die allgemeinen Stabilitätskriterien für Kationen und oft sogar schlicht die chemische Intuition aus. Durch die Identifizierung der Wege, welche die stabilsten Ionen liefern, können dann die bevorzugten Fragmentierungsreaktionen und Produkte logisch begründet vorhergesagt werden. Daher lohnt es sich, an dieser Stelle einige strukturelle Stabilitätskriterien organischer Kationen zu wiederholen (▶ Abbildung 8.1). Einige quantitative Daten finden Sie in Form der Hydrid-Ionen-Affinitäten (*HIA*) in ▶ Tabelle 8.1. Die Hydrid-Ionen-Affinität eines Kations R^+ entspricht der negativen Reaktionsenthalpie der Reaktion $R^+ + H^- \rightarrow RH$, also der Bindung eines Hydrid-Ions durch das Kation: $HIA = -\Delta_r H = -\Delta_f H(RH) + \Delta_f H(R^+) + \Delta_f H(H^-)$. Eine geringere *HIA* bedeutet folglich eine höhere Stabilität des Kations. Mit diesen Informationen sind auf einfache Weise grundlegende Vorhersagen zu Fragmentierungsmustern einer Reihe von Ionen möglich.

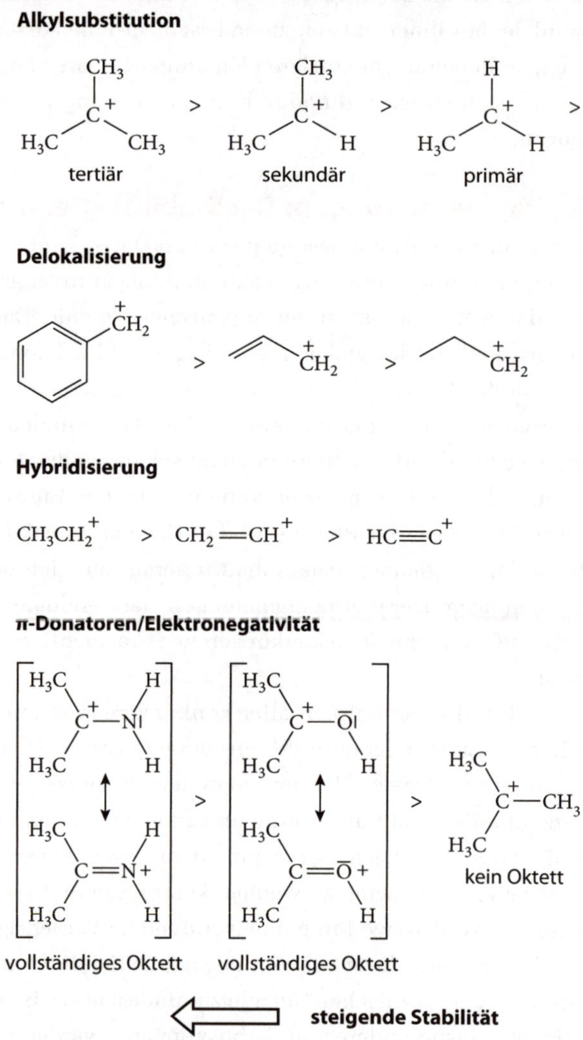

Abbildung 8.1: Stabilitätsreihen für einige Typen von Carbokationen.

Tabelle 8.1: Hydrid-Ionen-Affinitäten (*HIAs*) einiger Carbokationen.

Kation	*HIA* [kJ mol^{-1}]
CH_3^+	1315
$CH_3CH_2^+$	1135
$(CH_3)_2CH^+$	1047
$(CH_3)_3C^+$	992
$CH_2{=}CHCH_2^+$ (Allyl)	1072
$C_6H_5CH_2^+$ (Benzyl)	1001
$CH_2{=}CH^+$ (Vinyl)	1206
$C_6H_5^+$ (Phenyl)	1211
$HC{\equiv}C^+$ (Ethinyl)	1595
$CH_3OCH_2^+$	980
$(CH_3)_2NCH_2^+$	825
$CH_3SCH_2^+$	988
FCH_2^+	1218
$ClCH_2^+$	1181
$BrCH_2^+$	1114

Die Daten stammen aus http://webbook.nist.gov sowie Shea, D.A. und Steenvoorden, R.J.J. 1997. *J. Chem. Phys. A* **101**: 9728–9731.

Betrachten Sie zum Beispiel die Ionisierung von Propen durch Elektronenionisierung (EI). Die Reaktionsgleichungen 8.1 bis 8.3 zeigen drei mögliche Fragmentierungen des primär gebildeten Propen-Radikalkations. Gemäß den Daten aus Tabelle 8.1 stellt das Allyl-Kation (siehe Reaktionsgleichung 8.3) das stabilste der drei Fragment-Ionen dar. Es überrascht daher nicht, dass der dominierende Fragmentierungsprozess des Propen-Radikalkations in der Abspaltung eines Wasserstoffatoms ($H^\bullet$) besteht und der Basispeak des EI-Massenspektrums von Propen (▶ Abbildung 8.2) infolgedessen durch die resultierenden Allyl-Kationen ($C_3H_5^+$, *m*/*z* 41) verursacht wird.

$$CH_2{=}CHCH_3^{\bullet +} \longrightarrow CH_2{=}CH^+ + CH_3^\bullet \quad (8.1)$$

$$CH_2{=}CHCH_3^{\bullet +} \longrightarrow CH_2{=}CH^\bullet + CH_3^+ \quad (8.2)$$

$$CH_2{=}CHCH_3^{\bullet +} \longrightarrow CH_2{=}CHCH_2^+ + H^\bullet \quad (8.3)$$

Die weniger stabilen Vinyl-Kationen ($CH_2{=}CH^+$), die durch die Fragmentierungsreaktion 8.1 gebildet werden, sind für einen kleineren Peak bei *m*/*z* 27 verantwortlich. Der nochmals deutlich kleinere Peak bei *m*/*z* 15 wird schließlich von den nach Reaktionsgleichung 8.2 entstandenen Methyl-Kationen (CH_3^+) verursacht, die von den drei Ionen die geringste Stabilität besitzen. Außerdem enthält das EI-Spektrum von Propen Peaks von Ionen, die durch sekundäre Fragmentierungen gebildet werden – also durch die Fragmentierung von Fragment-Ionen. Auf diese Weise entstehen zum Beispiel die Ionen $C_3H_3^+$ (*m*/*z* 39) durch H_2-Verlust aus $C_3H_5^+$. Die obige Betrachtung kann nur eine erste Näherung sein, da wir die Stabilitäten der elektrisch neutralen Fragmentierungsprodukte und die Kinetik der einzelnen Fragmentierungsprozesse nicht berücksichtigt haben. Wenn eine thermodynamisch begünstige Reaktion eine hohe Aktivierungsbarriere aufweist, läuft sie infolge dieser kinetischen Hemmung langsamer ab und kann nicht als dominierende Fragmentierung auftreten. Dennoch bietet dieser einfache thermodynamische Ansatz eine Möglichkeit zur unkomplizierten und schnellen Abschätzung der Konkurrenz zwischen verschiedenen Fragmentierungswegen und liefert meist gute Ergebnisse. In den nächsten Abschnitten besprechen wir einige etablierte Prinzipien, die bei der Vorhersage der verschiedenen Fragmentierungswege spezifischer Ionen und ihrer Konkurrenz gute Dienste leisten.

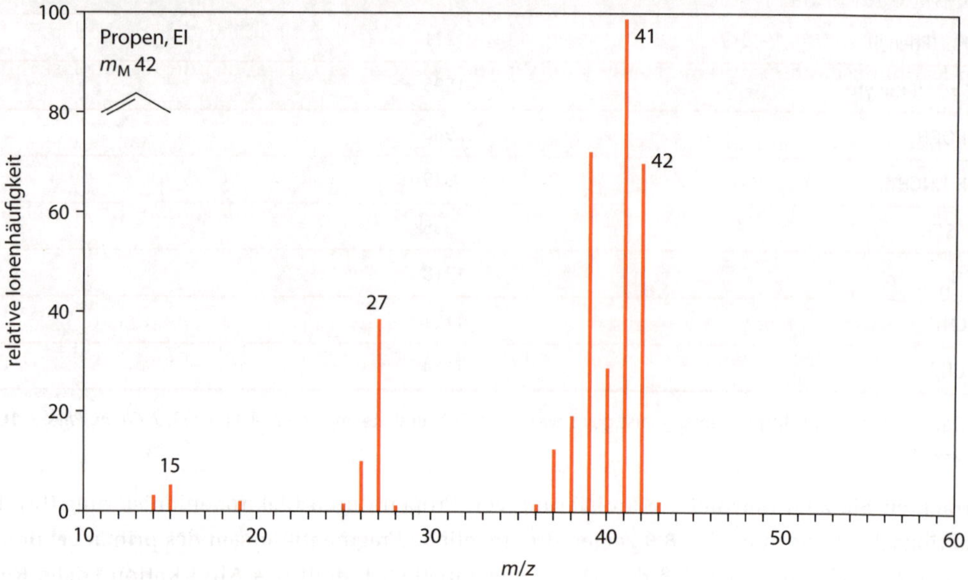

Abbildung 8.2: EI-Massenspektrum von Propen. (Die Daten stammen von http://webbook.nist.gov.)

8.2.2 Konkurrierende Fragmentierungen: Allgemeine Prinzipien

Die Reaktionsenthalpien unterschiedlicher Fragmentierungsreaktionen eines Ions können anhand einer Reihe verschiedener Eigenschaften der Ionen relativ zueinander abgeschätzt werden. Jede dieser Eigenschaften bietet die Möglichkeit zur Vorhersage der relativen Wahrscheinlichkeiten der miteinander konkurrierenden Fragmentierungen. Eine der daraus abgeleiteten Regeln beruht auf der Anzahl der Elektronen der einzelnen Ionen und unterscheidet dabei zwischen Ionen mit *ungerader* und solchen mit *gerader* Elektronenzahl, die auch als *geradelektronische* beziehungsweise *ungeradelektronische* Ionen bezeichnet werden. Unter Ionen mit gerader Elektronenzahl verstehen wir hier Ionen mit abgeschlossener Elektronenschale – also ausschließlich mit gepaarten Elektronen –, unter Ionen mit ungerader Elektronenzahl dagegen radikalische Ionen mit (mindestens) einem ungepaarten Elektron. Im Englischen unterscheidet man entsprechend zwischen *even-electron* oder *closed-shell ions* einerseits und *odd-electron* oder *open-shell ions* andererseits.

Wie wir in Abschnitt 7.2.1 festgestellt haben, entstehen bei der Elektronenionisierung anfänglich bevorzugt die Radikalkationen der Analytmoleküle, die natürlich Ionen mit ungerader Elektronenzahl darstellen. Die Fragmentierung eines solchen Radikalkations kann zu zwei prinzipiell unterschiedlichen Fragmentkombinationen führen: (1) zur Bildung eines neuen Radikalkations und eines elektrisch neutralen, geradelektronischen Moleküls mit abgeschlossener Elektronenschale oder (2) zur Bildung eines geradelektronischen Kations mit abgeschlossener Elektronenschale und eines elektrisch neutralen Radikals. Die zweite Kombination tritt tendenziell häufiger auf, da der Fragmentierungsprozess in diesem Fall durch eine einfache Bindungsspaltung erfolgt – also keine Umlagerung erfordert – und deswegen bei hohen Anregungsenergien kinetisch bevorzugt (schneller) abläuft. In beiden Fällen besitzen die Reaktionsmechanismen radikalischen Charakter und die Zahl der ungepaarten Elektronen verändert sich bei der Fragmentierung nicht. Unter CI-, ESI- und MALDI-Bedingungen entstehen als primäre Ionisierungsprodukte dagegen normalerweise protonierte Analytmoleküle mit gerader Elektronenzahl und abgeschlossener Elektronenschale. Die Fragmentierungen solcher Ionen laufen im Allgemeinen *nicht* über radikalische Mechanismen. Vielmehr sind die Fragmentierungsmechanismen bei diesen Ionisierungsmethoden im Fall von Kationen häufig mit denen säurekatalysierter Reaktionen verwandt und führen fast immer zu Ionen und elektrisch neutralen Produkten mit gerader Elektronenzahl und abgeschlossener Elektronenschale. Eine allgemeine Regel besagt folglich:

*Fragmente mit ungerader Elektronenzahl werden nur bei der Fragmentierung von Ionen beobachtet, die ebenfalls eine ungerade Elektronenzahl aufweisen. Ionen mit gerader Elektronenzahl zerfallen dagegen bevorzugt zu Fragmenten, die ebenfalls eine gerade Elektronenzahl aufweisen (*even-electron rule*).*

Diese Regel beruht auf thermodynamischen Gesetzmäßigkeiten. Die Fragmentierung eines Ions mit gerader Elektronenzahl zu zwei Teilchen mit ungerader Elektronenzahl, die also beide jeweils ein ungepaartes Elektron besitzen, ist aus energetischer Sicht nämlich ein ungünstiger Prozess. Betrachten Sie beispielsweise die Fragmentierung des geradelektronischen Ethyl-Kations $C_2H_5^+$. Die Abspaltung eines elektrisch neutralen Wasserstoffmoleküls (H_2) unter Bildung des Vinyl-Kations ($C_2H_3^+$), wobei zwei Produkte mit gerader Elektronenzahl entstehen, stellt in diesem Fall eine logische Fragmentierung dar (siehe Reaktionsgleichung 8.4). Eine Alternative wäre die Fragmentierung in zwei radikalische Spezies mit ungerader Elektronenzahl, nämlich in das Radikalkation von Ethen ($C_2H_4^{\bullet+}$) und ein Wasserstoffatom ($H^\bullet$) (siehe Reaktionsgleichung 8.5). Der erste dieser beiden Prozesse verläuft erheblich weniger endotherm und sollte daher als dominierender Fragmentierungsweg in Erscheinung treten. Wie die meisten Regeln in der Massenspektrometrie ist auch diese Regel nur als grobe Richtschnur zu verstehen, von der zahlreiche Ausnahmen bekannt sind. Weil der Ursprung der Regel thermodynamischer Natur ist, gibt es eine ganze Reihe von Fällen, in denen eben doch die Bildung von Produkten mit ungerader Elektronenzahl aus einem Ion mit gerader Elektronenzahl bevorzugt stattfindet. Der Grund für diese Ausnahmen von der Regel liegt dabei in einer speziellen Stabilisierung zumindest eines der Produkte, wie zum Beispiel der Radikalkationen von Molekülen mit einem stark konjugierten (und leicht ionisierbaren) π-Elektronensystem.

$$C_2H_5^+ \xrightarrow{\Delta_r H = +214\ \text{kJ mol}^{-1}} C_2H_3^+ + H_2 \qquad (8.4)$$

$$C_2H_5^+ \xrightarrow[\Delta_r H = +385\ \text{kJ mol}^{-1}]{} C_2H_4^{\bullet+} + H^\bullet \qquad (8.5)$$

Eine zweite allgemeine Richtschnur ist die so genannte *Stevenson-Regel*, die sich spezifisch nur auf die Fragmentierung von Radikalkationen bezieht und auf einem direkten Vergleich der Energetik zweier konkurrierender Fragmentierungen beruht. Tatsächlich stellt die Stevenson-Regel eine Variation der Überlegungen in Abschnitt 8.2.1 dar. Bei Radikalkationen sind häufig zwei verschiedene Fragmentierungen denkbar, die sich nur durch die Verteilung eines Elektrons auf die beiden Fragmente unterscheiden. Die Stevenson-Regel kann am besten an einem Beispiel veranschaulicht werden (siehe Reaktionsgleichungen 8.6 und 8.7). Das Radikalkation von 2-Methylhexan kann durch die Spaltung der kovalenten Bindung zwischen C-2 und C-3 fragmentieren. Dabei werden ein Isopropyl- und ein *n*-Butyl-Fragment erzeugt, von denen jedes entweder die Rolle des Radikals oder das Kations übernehmen kann.

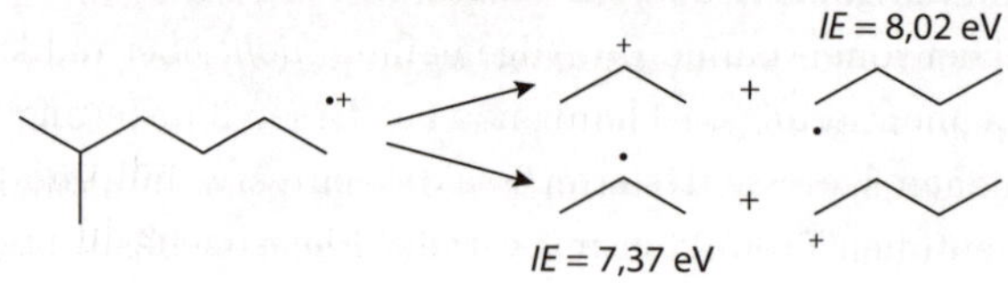

(8.6)

(8.7)

Wie bereits erwähnt unterscheiden sich diese beiden Fragmentierungswege nur durch die Verteilung eines Elektrons – also durch einen Elektronentransfer-Prozess, der leicht parallel zur Spaltung der Bindung oder sogar noch danach in die eine oder andere Richtung ablaufen kann. Infolgedessen dominiert aus energetischen Gründen derjenige der beiden Reaktionswege, auf dem das leichter ionisierbare Fragment, also das mit der kleineren Ionisierungsenergie (*IE*), als Kation und das schwerer ionisierbare Fragment als elektrisch neutrales Radikal auftritt. Tatsächlich entspricht die Differenz zwischen den Reaktionsenthalpien der beiden konkurrierenden Fragmentierungswege einfach der Differenz zwischen den Ionisierungsenergien der beiden möglichen elektrisch neutralen Produkte. In diesem Fall besitzt das Isopropyl-Radikal die kleinere Ionisierungsenergie ($IE =$ 7,37 eV) und kann daher leichter ionisiert werden als das *n*-Butyl-Radikal. Es ist deswegen eine Dominanz der Fragmentierungsreaktion 8.6 zu erwarten, weil diese um 0,65 eV (etwa 63 kJ mol^{-1}) – der Differenz zwischen den Ionisierungsenergien des Isopropyl- und des *n*-Butyl-Radikals – weniger endotherm verläuft. ▶ Abbildung 8.3 zeigt das EI-Massenspektrum von 2-Methylhexan. Das Signal für das Isopropyl-Kation bei *m/z* 43 erscheint mit einer höheren Intensität als das Signal des Butyl-Kations bei *m/z* 57. (*Anmerkung:* Primäre Carbenium-Ionen $R–CH_2^+$ wie das *n*-Butyl-Kation in Reaktion 8.7 sind kinetisch nicht stabil – sie besitzen kein Potenzialminimum. Daher isomerisieren sie unter den Bedingungen im Massenspektrometer *schon auf dem Weg ihrer Bildung* zu sekundären oder tertiären Kationen, wie zum Beispiel das *n*-Butyl- zum *sek*-Butyl-Kation bei der Fragmentierung des Molekül-Ions von *n*-Pentan: $CH_3CH_2CH_2CH_2CH_3^{\bullet+} \rightarrow [CH_3CH_2CH(\cdots H\cdots)CH_2^+\cdots{}^{\bullet}CH_3] \rightarrow CH_3CH_2CH^+CH_3 + CH_3^{\bullet}$. Dieser Prozess ist jedoch aufgrund der Wasserstoffumlagerung mit einer zusätzlichen Aktivierungsbarriere verbunden.) Darüber hinaus ist ein starkes Signal bei *m/z* 85 zu beobachten, das vermutlich auf die Abspaltung einer Methylgruppe (15 u) aus dem Molekül-Ion unter Bildung von $C_6H_{13}^+$ (vermutlich des 2-Hexyl-Kations) zurückzuführen ist. Das CH_3^+-Kation (*m/z* 15) tritt kaum auf, weil seine Bildung wegen $\Delta IE = IE(CH_3^{\bullet}) - IE(sek\text{-}C_6H_{13}^{\bullet}) =$ 9,84 eV − 7,38 eV = +2,46 eV vergleichsweise ungünstig ist. Sie werden vielleicht schon bemerkt haben, dass man durch die einfache Abschätzung der Ionenstabilitäten gemäß Abschnitt 8.2.1 die gleichen Vorhersagen bezüglich der dominierenden Fragmentierungswege des Radikalkations von

2-Methylhexan getroffen hätte – das *sekundäre* Isopropyl-Kation ist danach nämlich stabiler als das *primäre n*-Butyl-Kation und sollte deswegen bevorzugt gebildet werden. Die Stevenson-Regel kann folgendermaßen in einem Satz zusammengefasst werden: *Bei der Fragmentierung eines Radikalkations entsteht von den beiden möglichen Radikalen bevorzugt das Radikal mit der höheren Ionisierungsenergie und folglich von den beiden möglichen Kationen bevorzugt dasjenige, das dem Radikal mit der niedrigeren Ionisierungsenergie entspricht.* In einer erweitern Form bezieht die Stevenson-Regel auch die Fragmentierung eines Radikalkations zu einem radikalkationischen Fragment (*open-shell ion*) und einem elektrisch neutralen Fragment mit abgeschlossener Elektronenschale ein. Gemäß dieser so genannten *Stevenson-Audier-Regel* wird bei einer solchen Fragmentierung von den beiden möglichen Radikalkationen bevorzugt dasjenige gebildet, das dem Molekül mit der niedrigeren Ionisierungsenergie entspricht. Die Stevenson- und die Stevenson-Audier-Regel können gemeinsam auch verallgemeinert formuliert werden: Bei der Fragmentierung eines Radikalkations verbleibt die positive Ladung bevorzugt auf demjenigen Teilchen, das im elektrisch neutralen Zustand die höhere Ionisierungsenergie aufweist – unabhängig davon, ob die Fragmentierung zu einem geradelektronischen Kation und einem Radikal oder zu einem neuen ungeradelektronischen Radikalkation und einem neutralen geradelektronischen Molekül führt. Es sollte aber daran erinnert werden, dass bei all diesen thermodynamischen Betrachtungen der Einfluss *kinetischer* Faktoren, wie zum Beispiel von Aktivierungsbarrieren, auf die Konkurrenz zwischen den möglichen Fragmentierungswegen vernachlässigt wird.

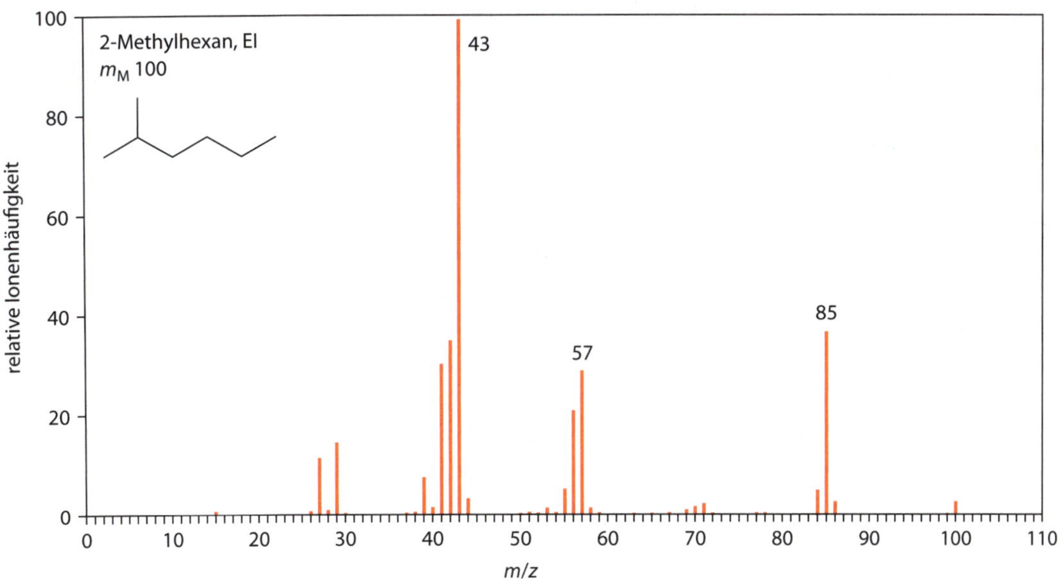

Abbildung 8.3: Das EI-Massenspektrum von 2-Methylhexan. (Die Daten stammen von http://webbook.nist.gov.)

8.2.3 Konkurrierende Fragmentierungen: Ladungslokalisierung

Zur Abschätzung der relativen Bedeutung verschiedener Fragmentierungswege kann auch die Auswirkung der Ladungslokalisierung auf die Position von Bindungsspaltungen betrachtet werden. Bei einem Ionisierungsprozess wird am wahrscheinlichsten ein Elektron aus dem höchsten besetzten Orbital des Analytmoleküls abgegeben. Dieses Molekülorbital – und somit auch die bei der Elektronenionisierung erzeugte Ladung und Radikalstelle – ist häufig weitgehend an einer funktionellen Gruppe mit π-Bindungen oder freien Elektronenpaaren lokalisiert. Djerassi hat schon früh festgestellt, dass die Lokalisierung der Ladung und der Radikalstelle für die Position der Bindungsspaltung entscheidend sein kann. Danach hängt die Position der Bindungsspaltung hauptsächlich von den elektronischen Eigenschaften des fragmentierenden Radikalkations (Lokalisierung von Ladung und Radikalstelle) und weniger von den Eigenschaften der möglichen Fragmentierungsprodukte (Stabilität von Kation und Radikal) ab. In den meisten Fällen führen beide Betrachtungsweisen zum gleichen Ergebnis, weil für die Stabilisierung (und somit Lokalisierung) der Ladung im noch nicht fragmentierten Radikalkation und in den Fragment-Kationen ähnliche Faktoren verantwortlich sind. In bestimmten Situationen scheint das Modell der Ladungslokalisierung allerdings besonders gut zur Vorhersage der bevorzugten Fragmentierungen geeignet zu sein. Das trifft beispielsweise für Carbonylverbindungen zu, deren Fragmentierungen häufig durch die ionisierte Carbonylgruppe gesteuert werden.

8.2.4 Konkurrierende Fragmentierungen: Innere Energien

Bei Reaktionen in kondensierter Phase spielt die Temperatur für die Konkurrenz verschiedener Prozesse eine wichtige Rolle. Reaktionen mit hoher Aktivierungsenergie, die bei niedrigen Temperaturen aus kinetischen Gründen nur sehr langsam ablaufen, können bei höherer Temperatur gegenüber Reaktionen mit erheblich kleinerer Aktivierungsenergie durchaus konkurrenzfähig werden, weil die Auswirkungen der unterschiedlichen Aktivierungsenergien auf die Reaktionsgeschwindigkeiten gemäß der Arrhenius-Gleichung oder der Theorie des aktivierten Komplexes durch den Faktor $1 / T$ moduliert werden. Aus dem gleichen Grund laufen chemische Reaktionen bei niedrigeren Temperaturen mit höherer Selektivität ab als bei höheren Temperaturen. Bei den niedrigen Drucken, die in Massenspektrometern herrschen, ist die Angabe einer Temperatur schwierig und oft auch nicht sinnvoll, weil zum Erreichen des thermischen Gleichgewichts zwischen den Teilchen zu wenige Kollisionen stattfinden. Ionenpopulationen in der stark verdünnten Gasphase von Massenspektrometern werden deswegen im Allgemeinen über die Verteilung der inneren Energie der Ionen charakterisiert. Nichtsdestoweniger gelten natürlich auch hier die gleichen thermodynamischen und kinetischen Gesetze. Wenn die Ionen einer Population hohe innere Energien besitzen, sind viele Fragmentierungswege möglich und konkurrenzfähig – auch wenn die verschiedenen Wege deutlich voneinander abweichende Aktivierungsenergien aufweisen. Aus diesem Grund beobachtet man beim Einsatz von Ionisierungs- oder Aktivierungsmethoden, die Ionen mit hoher innerer Überschussenergie hervorbringen – wie zum Beispiel unter EI-Bedingungen oder bei energiereichen Stoßprozessen –, häufig Dutzende von Fragmentionen-Peaks mit signifikanter relativer Intensität. Im Gegensatz dazu ergeben Methoden, die zu Ionen mit relativ geringer innerer Überschussenergie führen – wie beispielsweise die Kollisionen in einer Ionenfalle –, tendenziell weniger Fragmentionen-Peaks. In diesem Fall besitzen die Ionen im Mittel nämlich deutlich weniger innere Energie, so dass sie die hohen Aktivierungsbarrieren der meisten Fragmentierungen nicht überwinden können. Stattdessen finden dann nur Fragmentierungsprozesse mit relativ niedrigen Aktivierungsenergien statt. Infolgedessen hängt die Komplexität der Fragmentierungsmuster von Massenspektren stark von der Größe des Energiebetrags ab, der durch den Aktivierungsprozess auf die Ionen übertragen wird. Dieser Zusammenhang muss immer berücksichtigt werden, wenn man Massenspektren vergleicht, bei deren Messung unterschiedliche Ionisierungs- beziehungsweise Aktivierungsmethoden eingesetzt wurden.

8.2.5 Konkurrierende Fragmentierungen: Typische Fragmente

Für die Analyse von Massenspektren ist es sehr hilfreich, die Massen typischer neutraler und geladener Fragmente im Gedächtnis zu haben. Auf diese Weise können schnell Informationen zu spezifischen Fragmentierungen aus dem Massenspektrum gewonnen und Rückschlüsse auf wahrscheinliche Strukturelemente des Analyten gezogen werden. Beobachtet man zum Beispiel, dass ein Ion durch eine Fragmentierung 15 Masseneinheiten verliert (als Differenz zwischen zwei Peaks), sollte man sofort an die Abspaltung einer Methylgruppe als elektrisch neutrales Radikal ($CH_3^{\bullet}$) denken. Der Analyt enthält dann wahrscheinlich, aber nicht zwingend, eine Methylgruppe, die sich in einer Position befindet, in der ihre Abspaltung zu einem ausreichend stabilen Ion führt. In ▶ Tabelle 8.2 und ▶ Tabelle 8.3 sind die Massen einer Reihe typischer Fragment-Ionen und neutraler Fragmente aufgelistet. Man muss zwar nicht unbedingt all diese Massen auswendig lernen, aber die Kenntnis der Massen der häufigsten Fragmente erleichtert und verkürzt die Analyse von Massenspektren erheblich. Ein weiterer hilfreicher Umstand besteht darin, dass die relative Molekülmasse eines Analytmoleküls eine *gerade* Zahl ist, wenn das Molekül nur Atome der häufigsten Elemente in organischen Verbindungen – also C, H, O, F, Si, P, S, Cl und Br –, aber *kein* oder eine *gerade* Anzahl von Stickstoffatomen enthält. Das *Radikalkation* eines solchen Analytmoleküls weist infolgedessen einen geraden m/z-Wert auf, während Fragment-Ionen mit einer solchen Elementarzusammensetzung und gerader Elektronenzahl einen ungeraden m/z-Wert besitzen. Aus dem m/z-Wert eines Molekülionen-Peaks, für den das radikalische Molekül-Ion verantwortlich ist, kann folglich leicht abgeleitet werden, ob das Molekül eine gerade Anzahl (inklusive null) oder eine ungerade Anzahl von Stickstoffatomen enthält. Kommt im Molekül eine ungerade Anzahl von Stickstoffatomen vor, sind die Verhältnisse nämlich genau umgekehrt. Ein solches Radikalkation besitzt einen ungeraden m/z-Wert und ein geradelektronisches Fragment-Ion mit einer ungeraden Anzahl von Stickstoffatomen weist einen geraden m/z-Wert auf. Man spricht in diesem Zusammenhang von der *Stickstoff-Regel*, mit deren Hilfe aus dem m/z-Wert eines Ions Rückschlüsse auf die Anzahl seiner Stickstoffatome gezogen werden können. All diese Überlegungen gelten wie erwähnt für Radikalkationen und geradelektronische Fragment-Ionen. Entsprechende Abwandlungen der Stickstoff-Regel sind aber auch auf Quasi-Molekülionen, wie zum Beispiel auf Ionen des Typs $[M + H]^+$, anwendbar.

Tabelle 8.2: Massen häufig auftretender kationischer Fragment-Ionen mit abgeschlossener Elektronenschale und die zugehörigen Summen- beziehungsweise Konstitutionsformeln.

Masse	Kation
29	$C_2H_5^+$, HCO^+
30	$CH_2NH_2^+$
31	CH_2OH^+
39	$C_3H_3^+$ (Propargyl, Cyclopropenyl)
41	$C_3H_5^+$
43	$C_3H_7^+$, CH_3CO^+
44	$CH_3CHNH_2^+$

Tabelle 8.2: Massen häufig auftretender kationischer Fragment-Ionen mit abgeschlossener Elektronenschale und die zugehörigen Summen- beziehungsweise Konstitutionsformeln. *(Fortsetzung)*

Masse	Kation
45	HCO_2^+, $CH_3OCH_2^+$
46	NO_2^+
47	CH_2SH^+
51	$C_4H_3^+$
53	$C_4H_5^+$
55	$C_4H_7^+$, CH_2CHCO^+
57	$C_4H_9^+$, $C_2H_5CO^+$
59	CH_3OCO^+, $C_2H_5OCH_2^+$
61	$CH_3SCH_2^+$
69	$C_5H_9^+$, CF_3^+
71	$C_5H_{11}^+$, $C_3H_7CO^+$
77	$C_6H_5^+$ (Phenyl), $C_2H_5OCO^+$
79	$C_6H_7^+$ (protoniertes Benzol)
85	$C_6H_{13}^+$, $C_4H_9CO^+$
91	$C_7H_7^+$ (Benzyl, Tropylium)
99	$C_7H_{15}^+$, $C_5H_{11}CO^+$
105	$C_8H_9^+$ (1-Phenylethyl), $C_6H_5CO^+$ (Benzoyl)

Tabelle 8.3: Massen häufig auftretender neutraler Fragmente und die zugehörigen Summen- beziehungsweise Konstitutionsformeln.

Masse	Fragment
15	$CH_3^\bullet$
16	CH_4, $NH_2^\bullet$
17	NH_3, $OH^\bullet$
18	H_2O
26	C_2H_2
27	HCN
28	C_2H_4, CO, N_2
29	$C_2H_5^\bullet$
30	C_2H_6, CH_2O, $NO^\bullet$

Tabelle 8.3: Massen häufig auftretender neutraler Fragmente und die zugehörigen Summen- beziehungsweise Konstitutionsformeln. *(Fortsetzung)*

Masse	Fragment
31	$CH_3O^{\bullet}$
32	CH_3OH, N_2H_4
33, 35	$HS^{\bullet}$ (^{32}S- und ^{34}S-Isotopomere)
35, 37	$Cl^{\bullet}$ (^{35}Cl- und ^{37}Cl-Isotope)
36, 38	HCl (^{35}Cl- und ^{37}Cl-Isotopomere)
42	C_3H_6, CH_2CO
43	$C_3H_7^{\bullet}$
44	C_3H_8, CO_2, CH_3CHO, N_2O
46	$NO_2^{\bullet}$, CH_3CH_2OH
78	C_6H_6 (Benzol)
79, 81	$Br^{\bullet}$ (^{79}Br- und ^{81}Br-Isotope)
127	$I^{\bullet}$

8.3 Fragmentierungsreaktionen und funktionelle Gruppen

Lehrbücher der organischen Chemie sind häufig zumindest teilweise nach funktionellen Gruppen beziehungsweise Verbindungsklassen gegliedert, weil sich diese durch spezifische Reaktionsweisen voneinander unterscheiden. Auf analoge Weise können Fragmentierungsreaktionen, die sich in Massenspektren widerspiegeln, in Abhängigkeit von den funktionellen Gruppen beziehungsweise der Verbindungsklasse der Analyte unterteilt und beschrieben werden. Die spezifischen Eigenschaften funktioneller Gruppen führen zu bevorzugten Fragmentierungsmechanismen, die bei den entsprechenden Verbindungsklassen daher immer wieder zu beobachten sind. Dieses regelmäßige, vorhersagbare Verhalten stellt den Schlüsselfaktor dar, der die Ableitung von chemischen Strukturen aus Fragmentierungsmustern überhaupt erst ermöglicht. In den folgenden Abschnitten werden wir uns deswegen mit den typischen Fragmentierungsreaktionen einer Reihe von Verbindungsklassen näher beschäftigen. Dabei konzentrieren wir uns auf die Fragmentierung von Radikalkationen, die durch Elektronenionisierung (EI) erzeugt worden sind. Bei geeigneten funktionellen Gruppen betrachten wir aber auch die Fragmentierung von protonierten Spezies (Quasi-Molekülionen).

8.4 Kohlenwasserstoffe

8.4.1 Alkane und Alkene

Die häufig ziemlich komplexen Fragmentierungsmuster der Radikalkationen von Alkanen zeigen im Allgemeinen sequenzielle C–C-Bindungsspaltungen, die von der anschließenden Eliminierung von Wasserstoffmolekülen begleitet werden. Wie wir oben bereits diskutiert haben, besteht in der Regel eine Tendenz zur bevorzugten Bildung der stabilsten Kationen. Ist aber keines der möglichen Fragment-Ionen deutlich stabiler als die anderen, entstehen viele verschiedene Fragment-Ionen. Lassen Sie uns zur Veranschaulichung der typischen Fragmentierungsmuster von Alkanen die EI-Massenspektren der beiden Isomere *n*-Octan und 2,2-Dimethylhexan (C_8H_{18}) in ▶ Abbildung 8.4 vergleichen. Das EI-Spektrum von Octan enthält einen kleinen Molekülionen-Peak (*m*/*z* 114) sowie Fragmentionen-Peaks einer Reihe von Alkylkationen mit sechs (*m*/*z* 85), fünf (*m*/*z* 71), vier (*m*/*z* 57), drei (*m*/*z* 43) und zwei (*m*/*z* 29) Kohlenstoffatomen. Die Signale können auf äquivalente Weise auch ausgehend vom Molekülionen-Peak bei *m*/*z* 114 durch die Abspaltung neutraler Fragmente erklärt werden: Die Abspaltung eines Ethyl-Radikals (29 u) ergibt zum Beispiel ein Kation mit *m*/*z* 85. Analog entstehen die Fragmentionen-Peaks bei *m*/*z* 71, *m*/*z* 57, *m*/*z* 43 und *m*/*z* 29 durch die Abspaltung eines Propyl- (43 u), Butyl- (57 u), Pentyl- (71 u) beziehungsweise Hexyl-Radikals (85 u). Bis auf den Peak bei *m*/*z* 43 weisen all diese Signale ungefähr die gleiche relative Intensität auf. Darüber hinaus erscheinen Peaks für Alkenylkationen ($C_nH_{2n-1}^+$), wie beispielsweise für $C_4H_7^+$ (*m*/*z* 55) und $C_3H_5^+$ (*m*/*z* 41), die aus den verschiedenen Alkylkationen ($C_nH_{2n+1}^+$) durch die Eliminierung von H_2 (oder auch eines Alkanmoleküls) gebildet werden. Außerdem treten Peaks für radikalische Fragment-Ionen vom Typ $C_nH_{2n}^{\bullet+}$ mit geradzahligen *m*/*z*-Werten auf, die jeweils durch die Eliminierung eines neutralen Alkanmoleküls aus dem Molekül-Ion entstehen. Insgesamt enthält das Spektrum also für jede Anzahl von Kohlenstoffatomen eine kleine Gruppe von Peaks. Das EI-Spektrum von 2,2-Dimethylhexan wird vom Basispeak bei *m*/*z* 57 dominiert, der offensichtlich auf das sehr stabile *tert*-Butyl-Kation zurückzuführen ist. Der Molekülionen-Peak fehlt in diesem Fall, weil aufgrund sehr leicht ablaufender Fragmentierungen alle Molekül-Ionen bereits vor dem Nachweis im Detektor zerfallen. Der Peak höchster beobachteter Masse bei *m*/*z* 99 kann durch die Abspaltung eines Methyl-Radikals ($CH_3^\bullet$) aus dem Molekül-Ion erklärt werden, die zu einem weiteren tertiären Kation führt, dem 2-Methyl-2-hexyl-Kation. Unter den Spezies mit drei Kohlenstoffatomen erzeugen die Allyl-Kationen im EI-Spektrum von 2,2-Dimethylhexan bei *m*/*z* 41 den Peak mit der größten Intensität. Als weiterer diagnostischer Hinweis erscheinen im Spektrum von 2,2-Dimethylhexan *keine* Peaks bei *m*/*z* 71 und *m*/*z* 85 – also von *primären* Kationen, die unmittelbar durch eine Fragmentierung des Molekül-Ions gebildet würden. Wie Sie an den beiden Beispielen erkennen können, werden die Fragmentierungen in diesen Fällen hauptsächlich durch thermodynamische Faktoren bestimmt. Allerdings erreichen die Spektren durch eine große Zahl konkurrierender Fragmentierungswege sowie sekundärer Zerfallskanäle, wie den Verlust von H_2-Molekülen, eine erhebliche Komplexität. Die beiden EI-Spektren von *n*-Octan und 2,2-Dimethylhexan können zwar relativ leicht unterschieden und zugeordnet werden, wenn man sie vergleichend gegenüberstellt. Könnte man diese Substanzen aber auch einzeln anhand ihres EI-Massenspektrums identifizieren, wenn kein anderes Spektrum zum Vergleich zur Verfügung steht? ▶ Abbildung 8.5 zeigt die EI-Spektren von zwei weiteren C_8H_{18}-Isomeren: 3,3-Dimethylhexan und 2,2,3-Trimethylpentan. Diese Spektren unterscheiden sich von denen in Abbildung 8.4 zwar in gewissem Maße, weisen aber auch viele Ähnlichkeiten auf – insbesondere zwischen den Spektren von *n*-Octan und 3,3-Dimethylhexan einerseits und den Spektren von 2,2-Dimethylhexan und 2,2,3-Trimethylpentan andererseits. Könnten wir irgendeinem dieser vier Spektren ohne Kenntnis der anderen mit Sicherheit die korrekte Struktur zuweisen? Die Antwort auf diese Frage lautet: wahrscheinlich nicht. Der einzige offensichtliche Unterschied zwischen den EI-Spektren von *n*-Octan und 3,3-Dimethylhexan sind die Peaks bei *m*/*z* 99 und *m*/*z* 114. Dieser Unterschied ist zwar direkt mit dem Verzweigungsgrad korreliert, kann aber zumindest bei Kenntnis nur eines der beiden Spektren bloß als ein Hinweis dienen und reicht für eine sichere strukturelle Identifizierung nicht aus. Da die beiden Spektren ansonsten viele übereinstimmende Peaks enthalten, könnte man das Spektrum von 3,3-Dimethylhexan fälschlicherweise auch *n*-Octan zuordnen. Die Abbildungen 8.4 und 8.5 veranschaulichen aber trotzdem, dass zwischen den Massenspektren von Isomeren meist viele kleine, subtile und durchaus signifikante Unterschiede bestehen. Daher können solche Spektren häufig durch den Vergleich mit Spektren von bekannten Verbindungen aus einer Datenbank einer spezifischen Verbindung zugeordnet werden. Die Unterschiede zwischen den Spektren von Isomeren sind zwar oftmals nur geringfügig, aber dennoch logisch interpretierbar. Das Fehlen des Molekülionen-Peaks (*m*/*z* 114) im EI-Spektrum von 3,3-Dimethylhexan beruht zum Beispiel auf der Möglichkeit einer einfachen Fragmentierung des Molekül-Ions zu besonders stabilen, tertiären Kationen. So macht der Peak bei *m*/*z* 99 in diesem Spektrum Sinn, da er durch die tertiären 2-Methyl-2-hexyl-Kationen verursacht wird, die durch die Abspaltung eines Methyl-Radikals ($CH_3^•$) aus dem Molekül-Ion gebildet werden. Im EI-Spektrum von 2,2,3-Trimethylpentan taucht ein Peak bei *m*/*z* 85 auf, der auf die Abspaltung eines Ethyl-Radikals aus dem Molekül-Ion zurückgeführt werden kann, aber im EI-Spektrum von 2,2-Dimethylhexan nicht zu beobachten ist. Anders als beim 2,2-Dimethylhexan ergibt diese Fragmentierung beim 2,2,3-Trimethylpentan nämlich ein gut stabilisiertes sekundäres Carbenium-Ion.

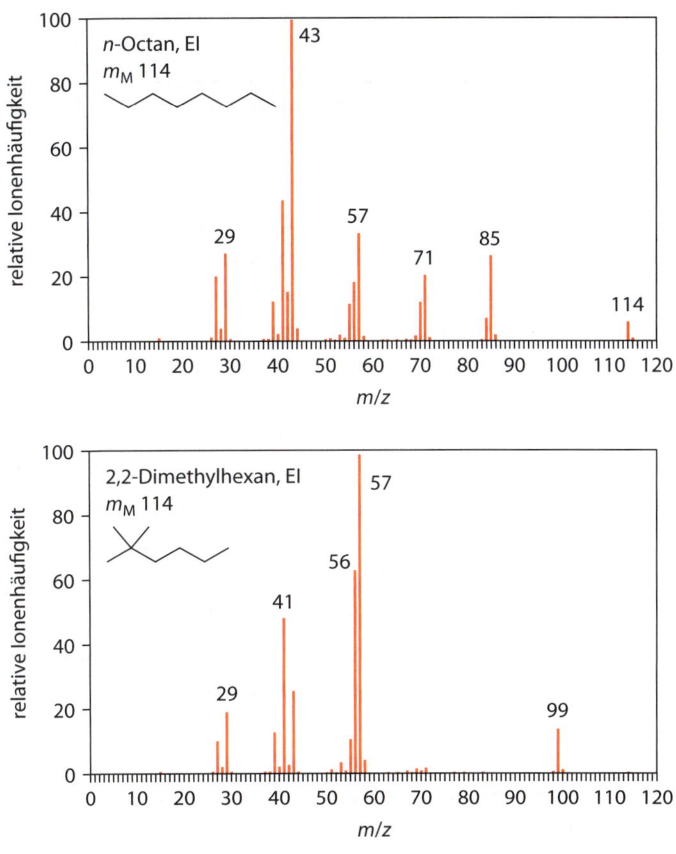

Abbildung 8.4: EI-Massenspektren von *n*-Octan und 2,2-Dimethylhexan. (Die Daten stammen von http://webbook.nist.gov.)

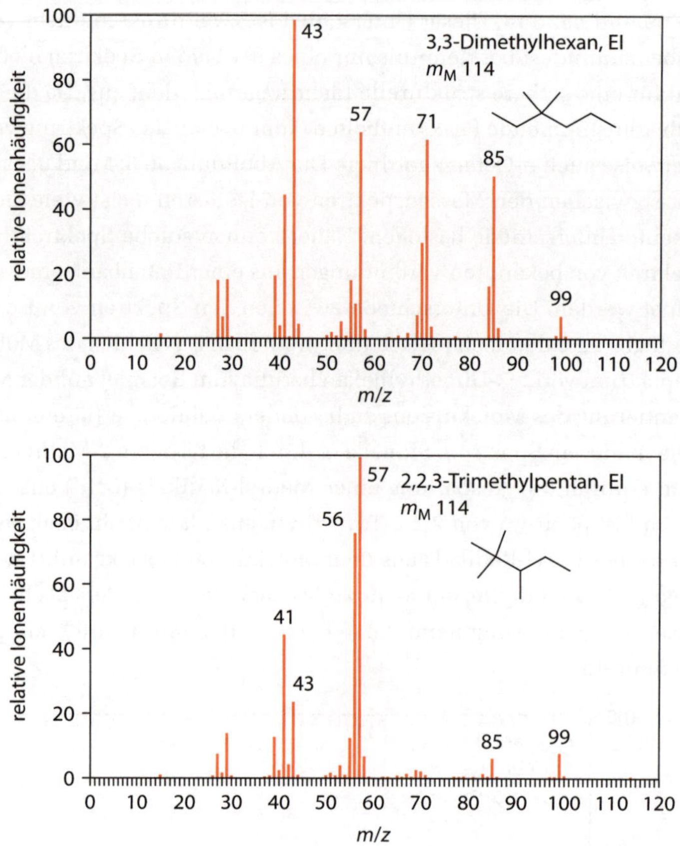

Abbildung 8.5: EI-Massenspektren von 3,3-Dimethylhexan und 2,2,3-Trimethylpentan. (Die Daten stammen von http://webbook.nist.gov.)

Auch die Radikalkationen von Alkenen neigen dazu, Alkylradikale abzuspalten. Anders als bei den Radikalkationen von Alkanen können dabei aber besonders häufig allylische Kationen entstehen (Allylspaltung). Eine solche Fragmentierung ist beispielsweise im EI-Massenspektrum von (*E*)-2-Hexen in ▶ Abbildung 8.6 zu finden. In diesem Fall führt der Verlust eines Ethyl-Radikals zum Basispeak bei *m*/*z* 55, für den sehr wahrscheinlich die allylischen 2-Buten-1-yl-Kationen ($CH_3CH{=}CHCH_2^+$) verantwortlich sind. In Abbildung 8.2 haben wir für Propen bereits einen verwandten Prozess kennen gelernt, bei dem durch die Abspaltung eines Wasserstoffatoms ($H^\bullet$) das Allyl-Kation ($CH_2{=}CHCH_2^+$, *m*/*z* 41) gebildet wird. In Konkurrenz zur Allylspaltung beim 2-Hexen steht die C–C-Bindungsspaltung mit der begleitenden Übertragung eines Wasserstoffatoms, die zwei Alkenprodukte ergibt, von denen eines ionisiert und das andere neutral ist. Diese beiden Prozesse führen zu Peakpaaren, deren *m*/*z*-Werte sich nur um eine Masseneinheit unterscheiden und den verschiedenen Längen der Kohlenstoffkette entsprechen. Im EI-Spektrum von (*E*)-2-Hexen erscheinen zum Beispiel signifikante Peakpaare bei *m*/*z* 55 und *m*/*z* 56 sowie bei *m*/*z* 41 und *m*/*z* 42. Darüber hinaus neigen die Radikalkationen von Alkenen allerdings auch zu umfangreichen Umlagerungen im Verlauf der Fragmentierung. Daher werden häufig Fragment-Ionen beobachtet, die sich auf den ersten Blick scheinbar nicht aus der Struktur des Molekül-Ions ableiten lassen. Unter diesen Voraussetzungen kann man sich gut vorstellen, dass isomere Alkene sehr ähnliche Massenspektren ergeben. Im Fall von Cycloalkenen können bei geeigneten Analyten (formale)

Retro-Diels-Alder-Reaktionen als dominierende Fragmentierungen auftreten. Ein Beispiel für ein EI-Spektrum, in dem eine Retro-Diels-Alder-Reaktion für den Basispeak verantwortlich ist, stellt das Spektrum von Norbornen in Abbildung 8.6 dar. Der Basispeak bei *m/z* 66 in diesem Spektrum wird durch die Radikalkationen von Cyclopentadien verursacht, die bei der Retro-Diels-Alder-Reaktion des Radikalkations von Norbornen (*m/z* 94) unter Abspaltung von Ethen gebildet werden. Der kleine Peak bei *m/z* 79 repräsentiert dagegen wahrscheinlich protoniertes Benzol ($C_6H_7^+$), dessen Bildung auch durch eine Allylspaltung eingeleitet wird. Diesmal findet die Spaltung aber an der gespannten CH_2-Brücke statt, die nach einer Wasserstoffumlagerung schließlich als Methyl-Radikal ($CH_3^\bullet$) abgespalten wird.

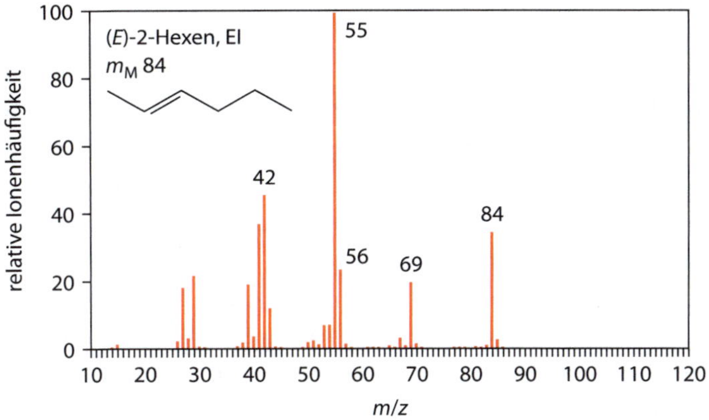

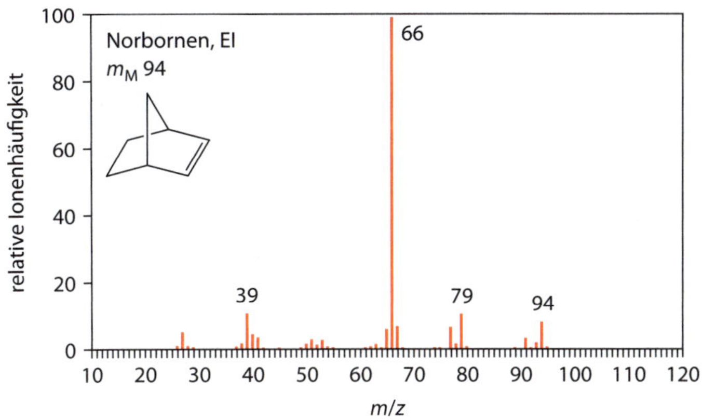

Abbildung 8.6: EI-Massenspektren von (*E*)-2-Hexen und Norbornen. (Die Daten stammen von http://webbook.nist.gov.)

8.4.2 Aromatische Kohlenwasserstoffe

Die EI-Massenspektren aromatischer Kohlenwasserstoffe weisen im Allgemeinen ein weniger kompliziertes Erscheinungsbild auf als die EI-Spektren von Alkanen und Alkenen. Die aromatischen Systeme dieser Verbindungen sind typischerweise ziemlich stabil und besitzen viel stärkere Bindungen, wodurch Bindungsspaltungen im und auch direkt am Ring erheblich erschwert werden. Außerdem können bei Aromaten in Abhängigkeit davon, wie gut das jeweilige aromatische System die Ladung im Fragment-Ion stabilisieren kann, deutlich größere Stabilitätsunterschiede zwischen den verschiedenen Fragment-Ionen auftreten. Infolgedessen findet eine signifikante

Fragmentierung der Molekül-Ionen aromatischer Verbindungen in der Regel auf weniger Wegen statt als im Fall von Alkanen. Das EI-Spektrum von Isopropylbenzol in ▶ Abbildung 8.7 repräsentiert ein typisches Beispiel für das Spektrum einer aromatischen Verbindung. Der Basispeak bei *m*/*z* 105 ist die Folge der Abspaltung eines Methyl-Radikals unter Bildung eines sehr stabilen benzylischen Fragment-Ions, des α-Phenylethyl-Kations $C_6H_5CH^+CH_3$. Im Fall von Alkylbenzolen (Phenylalkanen) mit *unverzweigter* Alkylkette erhält man auf diese Weise das unsubstituierte Benzyl-Kation $C_6H_5CH_2^+$, das ebenfalls sehr stabil ist und daher häufig den sehr charakteristischen Basispeak bei *m*/*z* 91 verursacht. Benzyl-Kationen isomerisieren in manchen Fällen auch zu den thermodynamisch noch stabileren Tropylium-Ionen $(CH)_7^+$ (ebenfalls *m*/*z* 91). Ionen der Summenformel $C_7H_7^+$ und ihre Analoga ($C_8H_9^+$, $C_9H_{11}^+$ et cetera) sind für Alkylbenzole und ihre Derivate äußerst typisch. Neben dem Basispeak bei *m*/*z* 105 erscheinen im EI-Spektrum von Isopropylbenzol außerdem ein signifikanter Molekülionen-Peak bei *m*/*z* 120 sowie deutliche Peakgruppen im Bereich von *m*/*z* 77 bis *m*/*z* 79 und *m*/*z* 50 bis *m*/*z* 53. Jeder dieser Peaks kommt in den Spektren von Benzol und seinen Derivaten häufig vor. Infolge ihrer Stabilität bleiben im Fall aromatischer Analyte normalerweise genügend Molekül-Ionen intakt, um intensive Molekülionen-Peaks zu erzeugen. Wie bereits erwähnt, neigt außerdem der aromatische Benzolkern dazu, unversehrt zu bleiben, während die Substituenten umfangreichen Fragmentierungen unterliegen können. Deswegen stellen die Peaks für das Phenyl-Kation ($C_6H_5^+$, *m*/*z* 77), das ionisierte Benzol ($C_6H_6^{\bullet+}$, *m*/*z* 78) sowie für protoniertes Benzol ($C_6H_7^+$, *m*/*z* 79) häufige Vertreter in EI-Massenspektren von aromatischen Verbindungen dar. Bei hoch angeregten Ionen finden schließlich aber doch auch Fragmentierungen des aromatischen Kerns statt, wobei häufig Fragment-Ionen aus drei bis fünf Kohlenstoffatomen und nur wenigen Wasserstoffatomen – oft die Serie $C_5H_5^+$ (*m*/*z* 65), $C_4H_3^+$ (*m*/*z* 51) und $C_3H_3^+$ (*m*/*z* 39) – gebildet werden. Da solche stark ungesättigten Fragment-Ionen bei Alkanen und Alkenen nicht auftreten, sind die entsprechenden Peaks für Benzol-Derivate allgemein und für Alkylbenzole im Besonderen sehr charakteristisch. Ein analoges Verhalten findet man bei polycyclischen aromatischen Kohlenwasserstoffen.

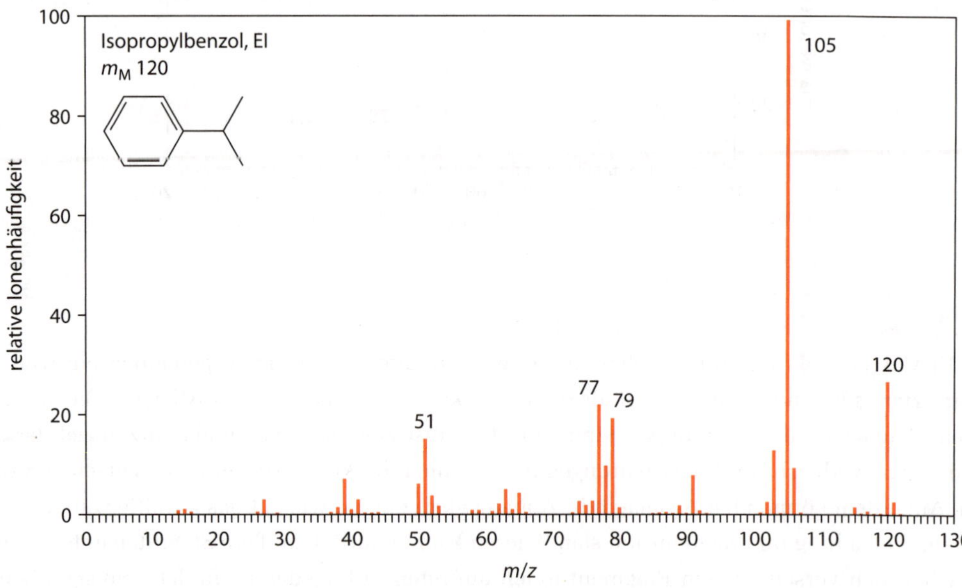

Abbildung 8.7: EI-Massenspektrum von Isopropylbenzol. (Die Daten stammen von http://webbook.nist.gov.)

Die EI-Massenspektrometrie von Alkylbenzolen hat die Entwicklung der Massenspektrometrie seit Mitte des letzten Jahrhunderts sehr stark beeinflusst, weil diese Verbindungen als wichtige Bestandteile des Erdöls vorkommen. Die Entdeckung, dass bei der Elektronenionisierung von Alkylbenzolen $C_7H_7^+$-Ionen (m/z 91) mit der Siebenring-Struktur der Tropylium-Ionen entstehen, hat eine jahrzehntelange Spur durch dieses Wissenschaftsfeld gezogen. Die Radikalkationen des n-Propylbenzols und der Alkylbenzole mit längeren Seitenketten – also von Verbindungen der allgemeinen Formel $C_6H_5CH_2(CH_2)_{n-1}H$ mit $n \geq 3$ – zeigen aber auch noch eine andere charakteristische Fragmentierungsreaktion. Dabei eliminieren sie das entsprechende Alken $C_{n-1}H_{2(n-1)}$, das bis auf das benzylische Kohlenstoffatom alle Kohlenstoffatome der Seitenkette enthält und somit für deren Länge kennzeichnend ist. Diese Fragmentierung gehört zur Gruppe der so genannten *McLafferty-Reaktionen*, die unter Umlagerung eines $H^{\bullet}$-Atoms aus der Kette ablaufen. Dieser Reaktionstyp tritt besonders häufig bei der Fragmentierung von Carbonylverbindungen auf und wird deswegen dort noch ausführlich besprochen (siehe Abschnitt 8.8).

Zusammenfassung für Kohlenwasserstoffe

1. Die Radikalkationen von Alkanen fragmentieren im Allgemeinen durch C–C-Bindungsspaltungen zu einer Reihe von Alkylkationen ähnlicher Stabilität, wobei auch hier das stabilste Fragment-Ion bevorzugt entsteht. Der Molekülionen-Peak ist oftmals nur sehr schwach. Verzweigungen ermöglichen die direkte Bildung sekundärer oder tertiärer Carbenium-Ionen, die aufgrund ihrer Stabilität zu intensiven und charakteristischen Peaks führen.
2. Die Radikalkationen von Alkenen zerfallen bevorzugt durch Dissoziation der allylischen C–C-Bindungen, weil das Allyl-Ion ($CH_2{=}CHCH_2^+$) und seine Derivate besonders stabil sind. Allerdings finden auch leicht Verschiebungen der Doppelbindung statt, wodurch die Interpretation der EI-Massenspektren erschwert wird. Die Retro-Diels-Alder-Reaktion von Cyclohexen und seinen Derivaten unter EI-Bedingungen ist jedoch eine sehr spezifische und analytisch wertvolle Fragmentierungsreaktion.
3. Auch die Radikalkationen aromatischer Verbindungen unterliegen C–C-Bindungsspaltungen in Seitenketten unter Bildung des stabilsten Carbokations. Bei Alkylbenzolen entstehen sehr häufig das Benzyl-Kation ($C_6H_5CH_2^+$) oder dessen Derivate, wobei durch Umlagerung auch die noch stabileren Tropylium-Ionen gebildet werden können. Außerdem sind in der Regel Peaks für das Phenyl-Kation ($C_6H_5^+$) und protoniertes Benzol ($C_6H_7^+$) zu finden sowie für typische Fragment-Ionen des aromatischen Kerns. Der Molekülionen-Peak weist bei aromatischen Verbindungen meist eine hohe relative Intensität auf.

8.5 Amine

Wie wir oben bereits besprochen haben, folgen die m/z-Werte der Ionen stickstoffhaltiger Verbindungen in Abhängigkeit davon, ob die jeweilige Verbindung eine gerade oder eine ungerade Anzahl

Stickstoffatome enthält, der Stickstoff-Regel. Radikalkationen mit einer ungeraden Anzahl von Stickstoffatomen weisen einen ungeraden *m*/*z*-Wert auf, geradelektronische Kationen mit einer ungeraden Anzahl von Stickstoffatomen dagegen einen geraden *m*/*z*-Wert. Um die Massenspektren von Aminen erfolgreich analysieren zu können, sollte man mit dieser Regel möglichst gut vertraut sein.

8.5.1 Radikalkationen von Aminen

Atome mit freien Elektronenpaaren können, wie bereits erwähnt, innerhalb des Moleküls benachbarte Carbokationen effektiv stabilisieren. Infolgedessen sind die Radikalkationen von Aminen anfällig für so genannte α-Spaltungen, bei denen eine C–C- oder C–H-Bindung zwischen einem zum Stickstoffatom α-ständigen und einem β-ständigen Kohlenstoff- beziehungsweise Wasserstoffatom gespalten wird (siehe Reaktionsgleichung 8.8). Dieser Prozess folgt der Stevenson-Regel, wobei das resonanzstabilisierte Iminium-Ion aus energetischen Gründen grundsätzlich gegenüber einem Alkylkation bevorzugt gebildet wird.

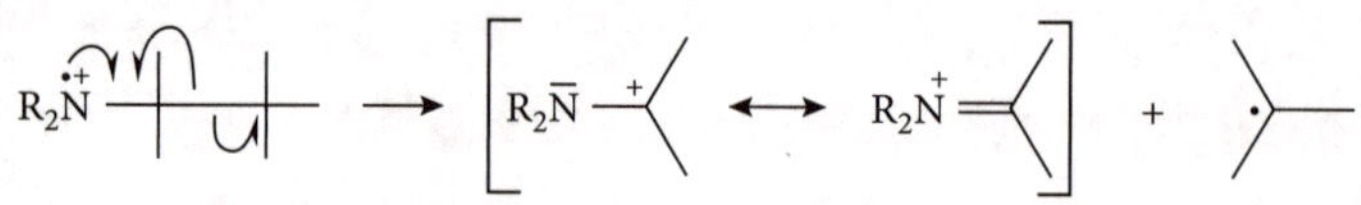

(8.8)

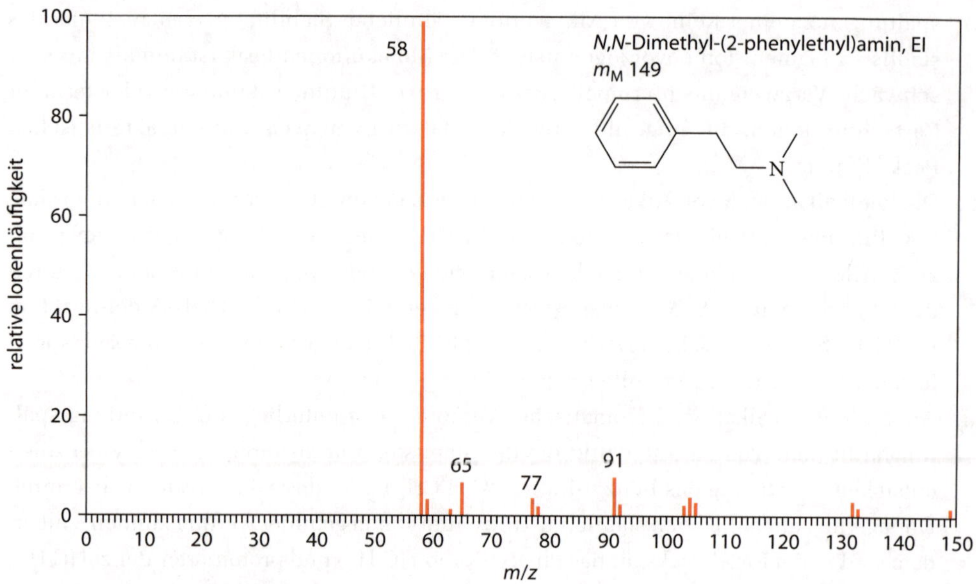

Abbildung 8.8: **EI-Massenspektrum von *N,N*-Dimethyl-(2-phenylethyl)amin.** (Die Daten stammen von http://webbook.nist.gov.)

Das EI-Massenspektrum von *N,N*-Dimethyl-(2-phenylethyl)amin in ▶ Abbildung 8.8 weist zum Beispiel ein sehr einfaches Erscheinungsbild auf, das von einem Basispeak bei *m*/*z* 58 beherrscht wird. Dieser Peak wird vom kationischen Produkt einer α-Spaltung hervorgerufen, das eine gerade Elektronenzahl, eine abgeschlossene Elektronenschale und darüber hinaus auch ein vollständiges Elektronenoktett besitzt. Die bei der Fragmentierung von Alkan-Radikalkationen gebildeten Kationen mit gerader Elektronenzahl weisen dagegen nur ein Elektronensextett auf. Der Peak des alternativen kationischen Produkts dieser Spaltung bei *m*/*z* 91, also des Benzyl-Kations ($C_7H_7^+$), ist im Vergleich zum Basispeak ziemlich klein, obwohl diese Carbenium-Ionen infolge ihrer Resonanzstabilisierung wie erwähnt ebenfalls eine recht hohe Stabilität aufweisen. Offensichtlich ist der Vorteil der Bildung eines resonanzstabilisierten Iminium-Ions mit einem Elektronenoktett noch größer. Auch die anderen Fragment-Ionen, wie beispielsweise $C_6H_5^+$ (m/z 77), deren Peaks im Spektrum erscheinen, besitzen kein Elektronenoktett und ergeben daher viel kleinere Peaks als das Iminium-Ion. Nach ihrer Entstehung können die Iminium-Ionen bei geeigneter Struktur der Substituenten am Stickstoffatom weiteren Fragmentierungen unterliegen, die denen von protonierten Aminen ähneln, wie beispielsweise der in Reaktionsgleichung 8.9 beschriebenen Eliminierung eines aliphatischen Restes als Alken in einer so genannten *En-Reaktion*. Viel häufiger findet allerdings die so genannte *Onium-Reaktion* derartiger α-Spaltungsprodukte statt, die ebenfalls in Reaktionsgleichung 8.9 dargestellt ist. Diese sehr charakteristische Sekundärfragmentierung wird mithilfe der Vorstellung verständlich, dass durch eine Überdehnung der entsprechenden C–N-Bindung ein Carbenium-Ion entsteht, das dann leicht ein Proton auf das neutrale Stickstoffatom übertragen kann. Infolge dieser möglichen Fragmentierungswege kann eine α-Spaltung schließlich insgesamt zu einer Reihe von Ionen führen, deren Massen sich jeweils um die Masse eines Alkens – wie zum Beispiel 28, 42 oder 56 u – unterscheiden.

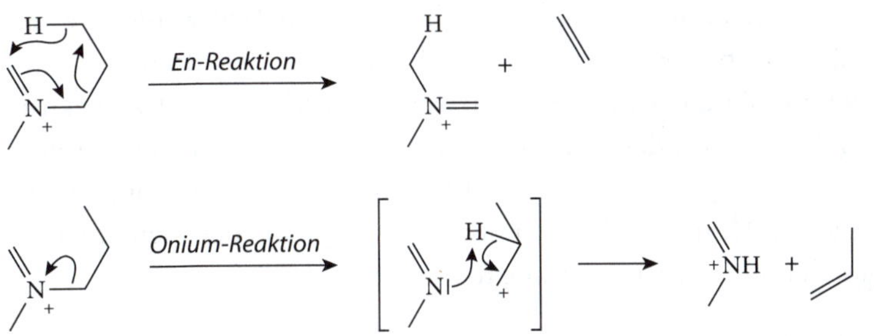

(8.9)

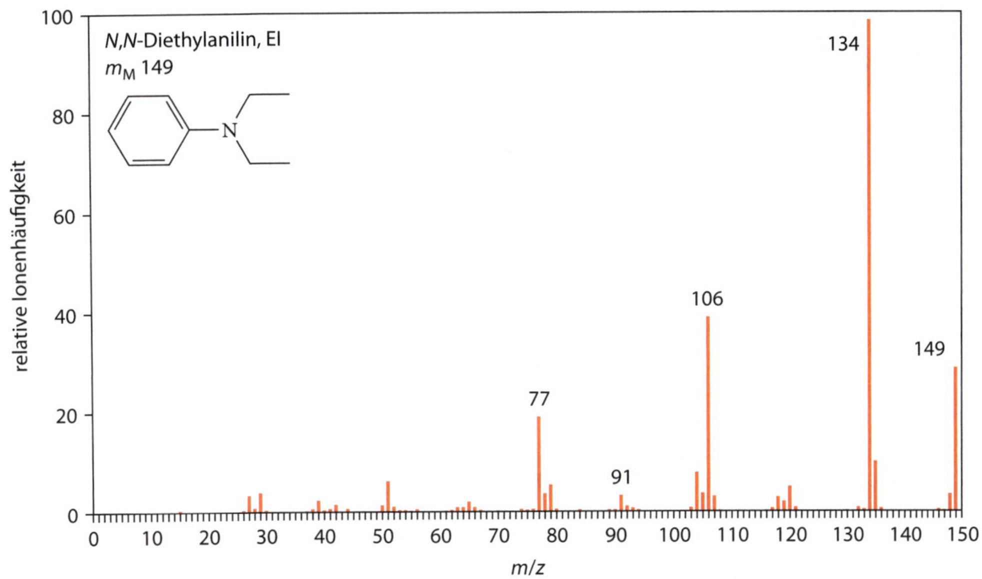

Abbildung 8.9: EI-Massenspektrum von *N,N*-Diethylanilin. (Die Daten stammen von http://webbook.nist.gov.)

Bei aromatischen Aminen begegnet man einem sehr ähnlichen Verhalten. Im EI-Massenspektrum von *N,N*-Diethylanilin (▶ Abbildung 8.9) erscheint der Basispeak zum Beispiel bei m/z 134 und spiegelt den sehr günstigen Verlust von $CH_3^{\bullet}$ durch α-Spaltung des Molekül-Ions (m/z 149) unter

Bildung des sehr stabilen Iminium-Ions $C_6H_5N^+(C_2H_5)=CH_2$ wider. Außerdem findet man bei *m/z* 106 einen weiteren signifikanten Peak, der das Produkt der nachfolgenden Onium-Reaktion unter Eliminierung von Ethen repräsentiert. Dabei entsteht aus dem Primärfragment $C_6H_5N^+(C_2H_5)=CH_2$ das ebenfalls sehr stabile Sekundärfragment $C_6H_5NH^+=CH_2$. Bei genauerer Betrachtung des Spektrums in Abbildung 8.9 erkennt man noch eine andere Primärfragmentierung der Molekül-Ionen, nämlich den Verlust eines H-Atoms unter Bildung des Ions $C_6H_5N^+(C_2H_5)=CHCH_3$ (*m/z* 148). Diese ebenfalls signifikante α-Spaltung ist allerdings offensichtlich nicht so günstig wie die α-Spaltung unter Verlust von $CH_3^{\bullet}$ – was durchaus nachvollziehbar ist, da C–H-Bindungen stärker sind als C–C-Bindungen! Wie man es bei einem Benzol-Derivat erwartet, enthält das Spektrum darüber hinaus unter anderem einen Peak für das Phenyl-Kation bei *m/z* 77.

Pyridin-Derivate reagieren unter EI-Bedingungen ganz ähnlich wie Benzol-Derivate. Ihre Massenspektren werden ebenfalls von stabilisierten Kationen dominiert. ▶ Abbildung 8.10 zeigt das EI-Massenspektrum von 2-Isopropylpyridin mit dem Molekülionen-Peak bei *m/z* 121. Wie erwartet spielen in diesem Fall der Verlust eines Wasserstoffatoms ($H^{\bullet}$, Peak bei *m/z* 120) sowie die Abspaltung eines Methyl-Radikals ($CH_3^{\bullet}$, Peak bei *m/z* 106) aus dem Molekül-Ion – zwei miteinander konkurrierende Spaltungen benzylischer C–C- beziehungsweise C–H-Bindungen – die wichtigste Rolle für das Erscheinungsbild des Spektrums. Darüber hinaus enthält das Spektrum einen charakteristischen Peak bei *m/z* 78, der in Analogie zu den Phenyl-Kationen bei homocyclischen Aromaten die Bildung des Pyridyl-Kations ($C_5H_4N^+$) anzeigt. Der Peak bei *m/z* 93 repräsentiert einen Nettoverlust von C_2H_4 und stellt vermutlich das Ergebnis eines ziemlich komplizierten Umlagerungsprozesses unter Ringerweiterung dar.

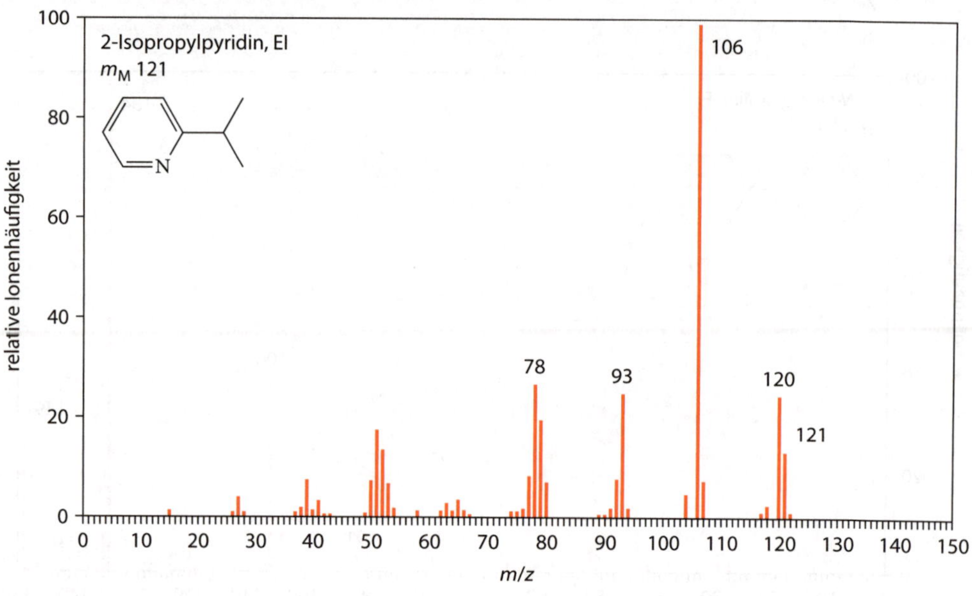

Abbildung 8.10: EI-Massenspektrum von 2-Isopropylpyridin. (Die Daten stammen von http://webbook.nist.gov.)

8.5.2 Protonierte Amine

Bedenkt man die relativ hohe Basizität von Aminen, verwundert es nicht, dass sie beim Einsatz von Ionisierungsmethoden wie CI, ESI oder MALDI leicht protoniert werden. Wie wir im vorhergehenden Kapitel festgestellt haben, entstehen unter ESI- und MALDI-Bedingungen meist

Analyt-Ionen mit nur sehr geringer Überschussenergie, die daher kaum zu Fragmentierungen neigen. Um in diesen Fällen strukturelle Informationen zu erhalten, werden Ionen nach der Ionisierung durch Wechselwirkung mit Stoßgasen oder durch die Einstrahlung von Photonen zur Fragmentierung angeregt. Methoden zur Aktivierung der Ionen *nach* ihrer Erzeugung werden am Ende dieses Kapitels noch ausführlich diskutiert. Die Fragmentierung von protonierten Aminen verläuft mechanistisch relativ einfach und wird von S_N1-artigen Prozessen dominiert, bei denen durch die heterolytische Spaltung einer C–N-Bindung zunächst ein elektrisch neutrales Amin (als Fluchtgruppe) und ein Carbokation gebildet werden. In dem dabei zunächst entstehenden Komplex aus Fragment-Ion und neutralem Amin, einem *Ion/Neutral-Komplex*, können anschließend Folgereaktionen stattfinden. In diesem Zusammenhang spielt insbesondere die Übertragung eines Protons vom Carbokation auf das basische Amin unter Bildung eines neuen Ammonium-Ions und eines elektrisch neutralen Alkens eine große Rolle. Weil Amine im Allgemeinen eine höhere Protonenaffinität aufweisen als Alkene, läuft ein solcher Protonentransfer in der Regel exotherm ab. Daher stellt die Eliminierung eines neutralen Alkens eine der häufigsten Fragmentierungen protonierter Amine dar. Dies gilt auch für höhere Alkylammonium-Ionen bis hin zu den quarternären Ammonium-Ionen ($R^1R^2R^3R^4N^+$, mit $R > CH_3$), aus denen nacheinander die entsprechenden Alkene $[R^x - H]$ eliminiert werden können. Die Mechanismen dieser Fragmentierungsschritte sind in den Reaktionsgleichungen 8.10 und 8.11 dargestellt. ► Abbildung 8.11 zeigt zur Veranschaulichung das ESI/CID-Spektrum von Triethylamin. Das Spektrum enthält den Peak des Quasi-Molekülions $[M + H]^+$ bei *m/z* 102 (durch die Protonierung um eine Masseneinheit höher als die Molekülmasse des Analyten) sowie Fragmentionen-Peaks bei *m/z* 74 für die Ionen $[M + H - C_2H_4]^+$ und bei *m/z* 46 für die Ionen $[M + H - 2\ C_2H_4]^+$. Solche Fragmentierungssequenzen treten bei Aminen sehr oft auf, auch wenn sie unter anderen protonierenden Ionisierungsbedingungen analysiert werden.

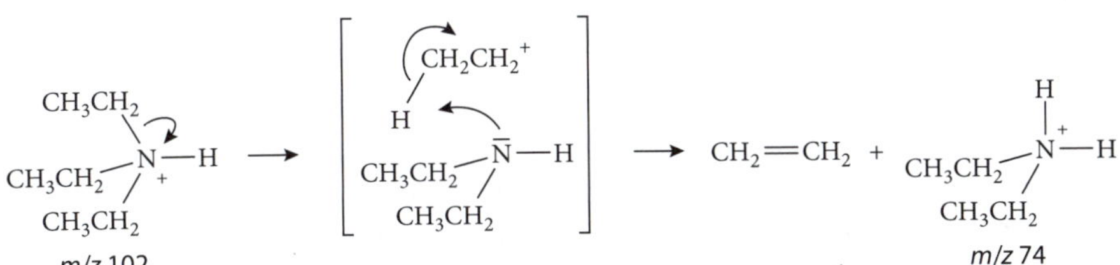

(8.10)

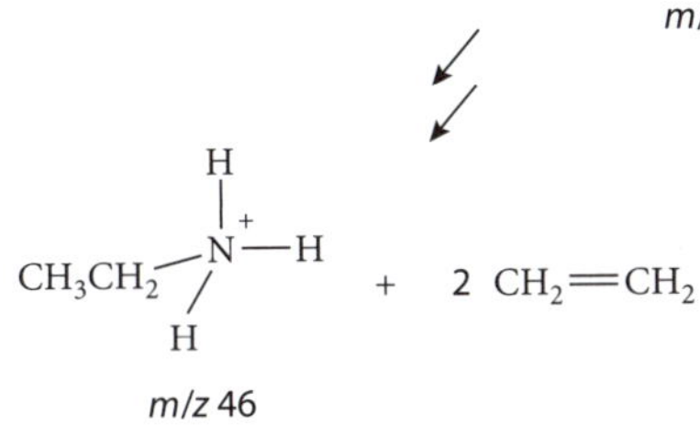

(8.11)

Außerdem kann manchmal der Verlust eines Alkans aus dem Quasi-Molekülion beobachtet werden. Mechanistisch findet in diesem Fall vermutlich nach der anfänglichen heterolytischen Spaltung unter Bildung eines Ion/Neutral-Komplexes aus einem Carbenium-Ion und einem neutralen Amin kein Protonentransfer vom Kation auf das Amin, sondern ein Hydridtransfer vom Amin auf das Carbenium-Ion statt (siehe Reaktionsgleichung 8.12). Als Produkte liefert der Prozess ein neutrales Alkan sowie ein resonanzstabilisiertes Iminium-Ion, wie wir es bereits als unmittelbares Ergebnis der Fragmentierung der Radikalkationen von Aminen kennen gelernt haben.

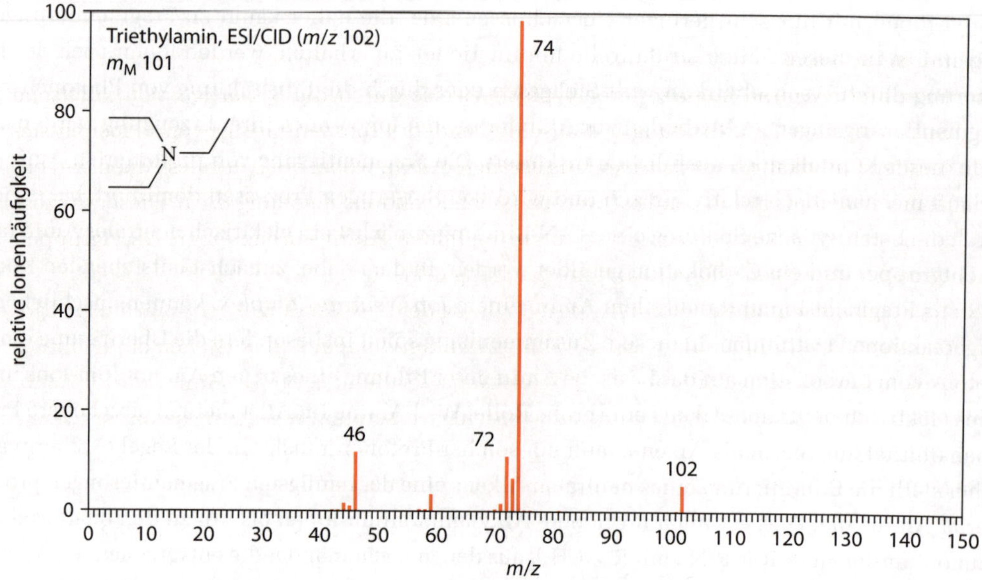

Abbildung 8.11: ESI/CID-Spektrum von Triethylamin. Die protonierten Quasi-Molekülionen mit *m/z* 102 wurden durch Elektrospray-Ionisierung (ESI) erzeugt und anschließend mittels einer Quadrupol-Ionenfalle (QIT) für die nachträgliche stoßinduzierte Dissoziation (CID, engl. *collision-induced dissociation*) selektiert.

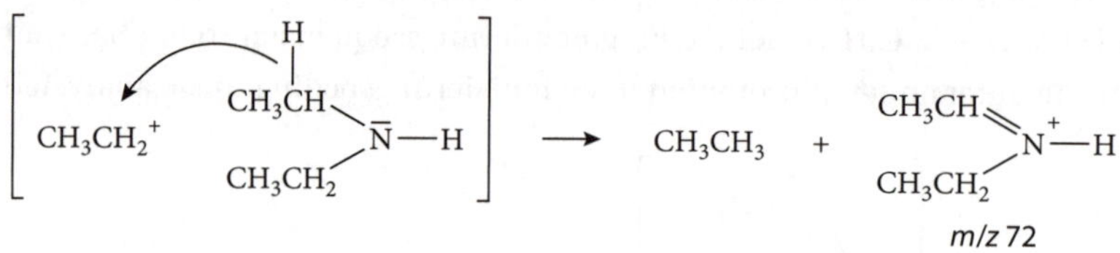

(8.12)

Wenn das durch die heterolytische C–N-Bindungsspaltung zu Beginn gebildete Carbenium-Ion besonders stabil ist – wie zum Beispiel das *tert*-$C_4H_9^+$-Ion –, kann es den Ion/Neutral-Komplex schließlich auch ohne weitere chemische Reaktion als Alkylkation verlassen.

Zusammenfassung für Amine

Radikalkationen

1. Bei aliphatischen Aminen beobachtet man meist nur schwache, bei aromatischen Aminen dagegen meist intensive Molekülionen-Peaks.
2. Die Molekül-Ionen ($M^{\bullet+}$) fragmentieren bevorzugt durch eine oder mehrere konkurrierende α-Spaltungen zu Iminium-Ionen. Nachfolgende Fragmentierungen der Iminium-Ionen erfolgen vor allem durch die Eliminierung von Alkenen unter Bildung kleinerer Iminium-Ionen (siehe Reaktionsgleichung 8.9). In diesem Zusammenhang besitzt die Onium-Reaktion eine besonders große Bedeutung.

Protonierte Amine

1. Protonierte Amine fragmentieren typischerweise durch die S_N1-artige, heterolytische Spaltung einer C–N-Bindung mit anschließendem Protonentransfer vom dabei entstehenden Carbokation auf das ebenfalls erzeugte Amin, wobei ein neutrales Alken und ein neues Ammonium-Ion gebildet werden (siehe Reaktionsgleichung 8.10). Dieser Prozess kann prinzipiell mit jeder der im ursprünglichen Amin vorhandenen Alkylgruppen wiederholt werden (siehe Reaktionsgleichung 8.11).
2. Nach der anfänglichen heterolytischen Spaltung der C–N-Bindung kann auch ein Hydridtransfer vom Amin auf das Carbokation stattfinden. In dem Fall entstehen ein neutrales Alkan sowie ein Iminium-Ion (siehe Reaktionsgleichung 8.12). Das Iminium-Ion kann, wie bei den Radikalkationen der Amine beschrieben, unter Freisetzung neutraler Alkene weiter fragmentieren.

8.6 Alkohole, Ether und Phenole

8.6.1 Radikalkationen von Alkoholen, Ethern und Phenolen

Die Fragmentierungswege von Alkoholen und Ethern ähneln in vielerlei Hinsicht denen von Aminen, da bei ihnen ebenfalls die Möglichkeit zur Bildung von Carbokationen besteht, die durch die freien Elektronenpaare eines Heteroatoms resonanzstabilisiert werden. Infolgedessen beobachtet man auch bei diesen Verbindungsklassen häufig α-Spaltungen, die zu der in Reaktionsgleichung 8.8 analog verlaufen. Wegen der größeren Elektronegativität von Sauerstoff im Vergleich zum Stickstoff ist die Stabilisierung der positiven Ladung bei Alkoholen und Ethern allerdings schwächer als bei Aminen. Infolgedessen sind Fragmentierungswege, auf denen weniger gut stabilisierte Carbokationen entstehen, in diesem Fall konkurrenzfähiger. Vergleichen Sie zum Beispiel die EI-Massenspektren von Methyl-(2-phenylethyl)ether (▶ Abbildung 8.12) und *N*,*N*-Dimethyl-(2-phenylethyl)amin (siehe Abbildung 8.8). Im Spektrum des Ethers erscheinen viele signifikante Fragmentionen-Peaks, die jeweils Gruppen von Spezies mit vier (*m*/*z* 50 bis 53) bis acht (*m*/*z* 103 bis 105) Kohlenstoffatomen repräsentieren. Die relativ hohe Intensität des Molekülionen-Peaks bei *m*/*z* 136 deutet darauf hin, dass keines der Fragment-Ionen besonders stabil ist. Der Basispeak erscheint bei *m*/*z* 91 und spiegelt die α-Spaltung der schwachen benzylischen C–C-Bindung wider. Dabei erhält das Benzyl-Fragment die Ladung ($C_7H_7^+$, *m*/*z* 91), während die Radikalstelle auf dem neutralen Methoxymethyl-Fragment ($CH_3OCH_2^{\bullet}$, 45 u) verbleibt. Daneben beobachtet man aber auch die komplementären Fragmente mit umgekehrter Ladungsverteilung. Der signifikante Peak bei *m*/*z* 45 ist somit ebenfalls die Folge einer α-Spaltung der benzylischen C–C-Bindung, bei der allerdings das resonanzstabilisierte Kation $CH_3OCH_2^+$ und das Benzyl-Radikal ($C_7H_7^{\bullet}$, 91 u) entstehen. Auch in diesem Fall wird die Stevenson-Regel bestätigt – die Ionisierungsenergien der beiden Radikale unterscheiden sich nur wenig voneinander: $IE(C_7H_7^{\bullet}) = 7{,}242$ eV und $IE(CH_3OCH_2^{\bullet}) = 6{,}9$ eV. Schließlich enthält das Spektrum auch die typischen Peaks von Benzol-Derivaten bei *m*/*z* 51, *m*/*z* 65 und *m*/*z* 77. Der Peak bei *m*/*z* 104 ist aber viel bemerkenswerter, weil er die Eliminierung eines neutralen Methanolmoleküls (CH_3OH, 32 u) aus dem Molekül-Ion unter Bildung eines Styrol-Radikalkations ($C_6H_5CHCH_2^{\bullet+}$) widerspiegelt. Mechanistisch erfolgt bei dieser Fragmentierung zunächst die bei Ethern häufig auftretende Spaltung einer C–O-Bindung. Auf dem Weg dieser einfachen Fragmentierung abstrahiert das entstehende Alkoxylradikal vom gleichzeitig gebildeten Carbenium-Ion ein H$^{\bullet}$-Atom (siehe Reaktionsgleichung 8.13). Dies ist ein energetisch günstiger Prozess, weil das Radikalkation von Styrol relativ stabil ist. Allerdings tritt die C–O-Spaltung auch ohne anschließende Wasserstoffübertragung auf, wodurch der vom Phenylethyl-Kation ($C_8H_9^+$) stammende, signifikante Peak bei *m*/*z* 105 verursacht wird.

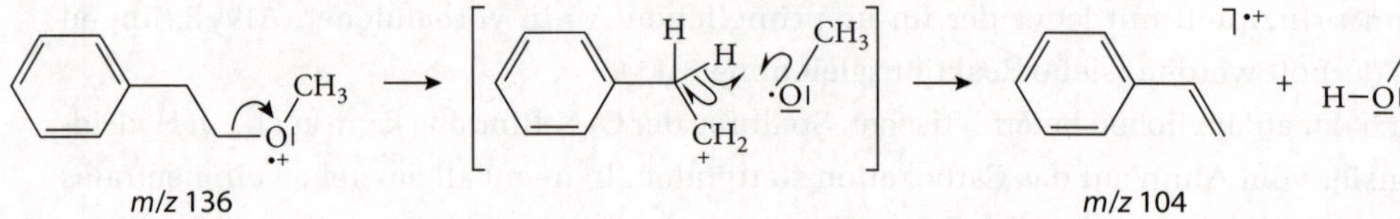

(8.13)

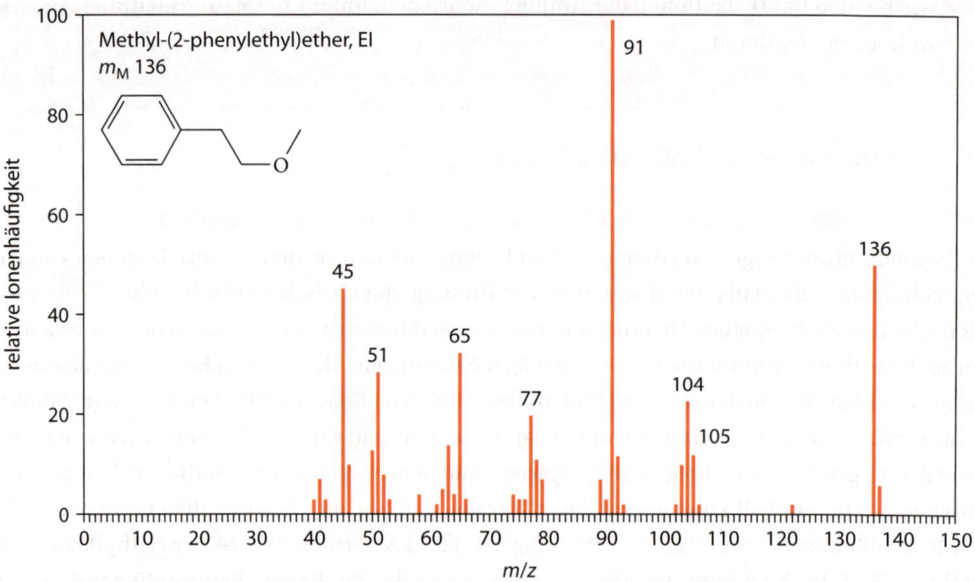

Abbildung 8.12: **EI-Massenspektrum von Methyl-(2-phenyl-ethyl)ether.** (Die Daten stammen von http://webbook.nist.gov.)

Das EI-Spektrum von Ethyl-*tert*-pentylether in ► Abbildung 8.13 veranschaulicht ebenfalls die nicht unerhebliche Bedeutung von verschiedenen Umlagerungen und Folgefragmentierungen bei den Radikalkationen von Ethern. In diesem Fall ist kein Molekülionen-Peak (*m*/*z* 116) zu erkennen. Durch Abspaltung der Radikale $CH_3^{\bullet}$ und $CH_3CH_2^{\bullet}$ erscheinen signifikante Peaks bei *m*/*z* 101 beziehungsweise *m*/*z* 87. Diese Peaks repräsentieren durch die freien Elektronenpaare des Sauerstoffs resonanzstabilisierte, tertiäre Carbokationen, die aus dem Molekül-Ion durch einfache α-Spaltungen gebildet werden (siehe Reaktionsgleichungen 8.14 und 8.15).

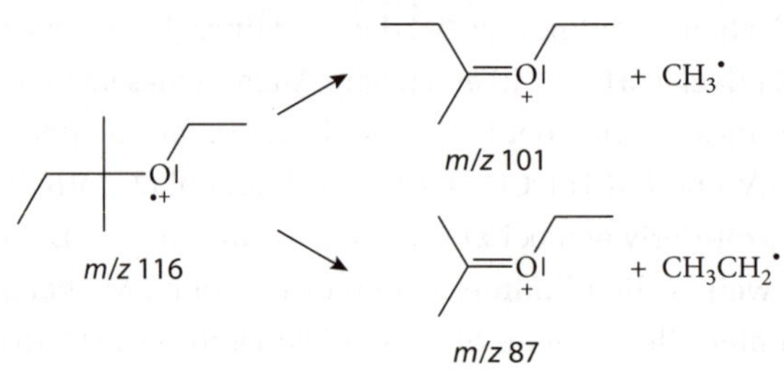

(8.14)

(8.15)

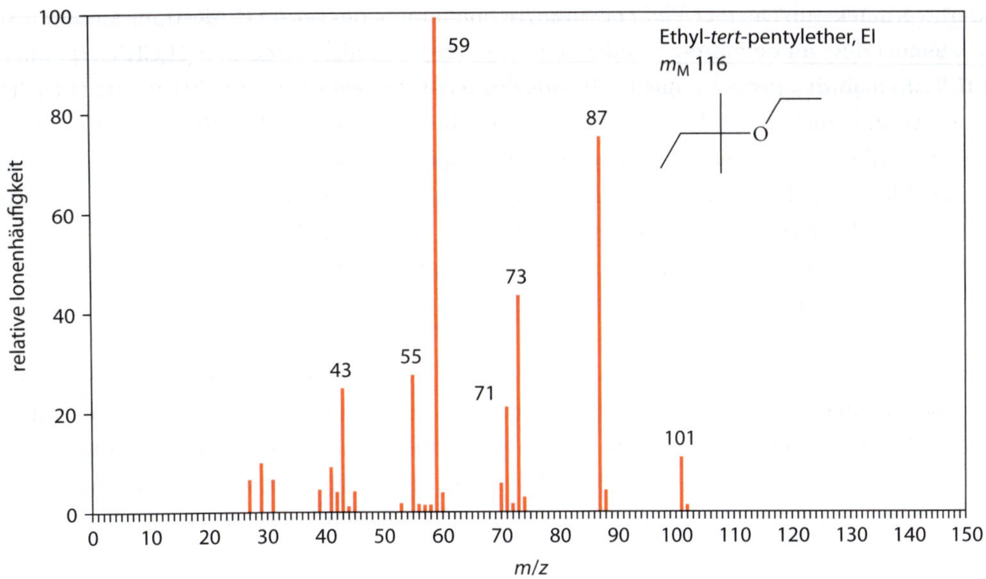

Abbildung 8.13: EI-Massenspektrum von Ethyl-*tert*-pentylether. (Die Daten stammen von http://webbook.nist.gov.)

Man könnte den Verlust eines Ethyl-Radikals aus dem Molekül-Ion auch auf die Spaltung der entsprechenden C–O-Bindung zurückführen, aber das dabei erzeugte Kation wäre viel weniger stabil. Allerdings enthält das Spektrum einen Peak bei *m*/*z* 71, für den die Spaltung der anderen C–O-Bindung verantwortlich sein dürfte, bei der neben dem Ethoxyl-Radikal ($CH_3CH_2O^\bullet$, 45 u) das sehr stabile *tert*-Pentyl-Kation entsteht. Zusätzlich beobachtet man sehr charakteristische Sekundärfragmentierungen: Die beiden Peaks bei *m*/*z* 59 und *m*/*z* 73 erscheinen als Folge der Onium-Reaktion der beiden Produkte der α-Spaltung, wie es in Reaktionsgleichung 8.16 für das Ion $(CH_3)_2C{=}O^+C_2H_5$ (*m*/*z* 87) beispielhaft dargestellt ist. Dabei wird wie auch im Fall des homologen Ions $(C_2H_5)(CH_3)C{=}O^+C_2H_5$ (*m*/*z* 101) Ethen eliminiert. Diese für Ether typischen Fragmentierungssequenzen – also $M^{\bullet+} \rightarrow [M - \text{Alkyl}]^+ \rightarrow [M - \text{Alkyl} - \text{Alken}]^+$ – verlaufen vollkommen analog zu den Primär- und Sekundärfragmentierungen von Aminen unter EI-Bedingungen, die wir in Abschnitt 8.5.1 bereits kennen gelernt haben.

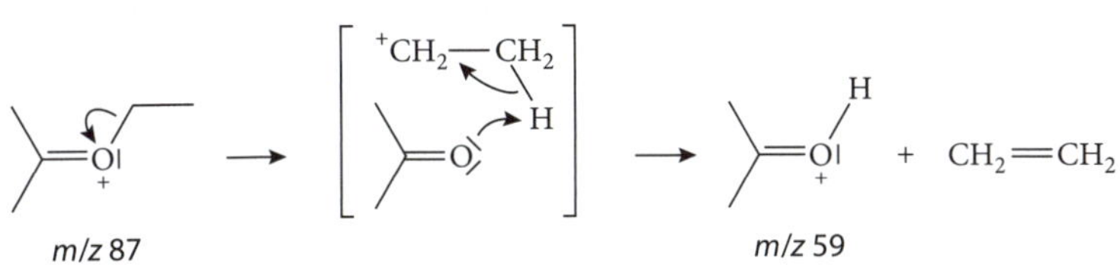

(8.16)

Die Fragmentierungswege der Radikalkationen von Alkoholen ähneln erwartungsgemäß in vielerlei Hinsicht denen der Radikalkationen von Ethern. Zur Veranschaulichung zeigt ► Abbildung 8.14 das EI-Massenspektrum von 3,3-Dimethyl-2-butanol. Der Molekülionen-Peak liegt bei *m*/*z* 102 und α-Spaltungen des Molekül-Ions liefern die Fragment-Ionen zu den Peaks bei *m*/*z* 87 (Verlust eines Methyl-Radikals) und *m*/*z* 45 (Verlust eines *tert*-Butyl-Radikals). Bei der α-Spaltung der Bindung zur *tert*-Butylgruppe ist die Bildung des *tert*-Butyl-Kations (*tert*-$C_4H_9^+$) gemäß Reaktionsgleichung 8.17 sogar noch leicht bevorzugt, wodurch der Basispeak bei *m*/*z* 57 erklärt werden kann. Die *nur leicht* bevorzugte Entstehung des *tert*-$C_4H_9^+$-Kations kann mithilfe der Stevenson-Regel begründet werden, da das 1-Hydroxyethyl-Radikal ($CH_3CH^{\bullet}OH$) eine *nur wenig* höhere Ionisierungsenergie besitzt als das *tert*-Butyl-Radikal (*tert*-$C_4H_9^{\bullet}$): *IE*($CH_3CH^{\bullet}OH$) $\leq$ 6,85 eV und *IE*(*tert*-$C_4H_9^{\bullet}$) = 6,7 eV. Der Peak bei *m/z* 69 deutet *indirekt* auf eine für aliphatische Alkohole charakteristische Eliminierung von Wasser hin. In vielen Fällen erkennt man das Massenspektrum eines Alkohols bereits am Verlust von 18 Masseneinheiten aus dem Molekül-Ion. Im vorliegenden Fall ist der $[M - H_2O]^{\bullet+}$-Peak allerdings kaum zu erkennen. Stattdessen zeigt der Peak bei *m/z* 69 den Verlust sowohl einer Methylgruppe (15 u) als auch von Wasser (18 u) an, also von insgesamt 33 Masseneinheiten. Wahrscheinlich wird dabei die Fragmentierungssequenz $M^{\bullet+} \rightarrow [M - CH_3]^+ \rightarrow [M - CH_3 - H_2O]^+$ durchlaufen, wobei der alternative Weg $M^{\bullet+} \rightarrow [M - H_2O]^+ \rightarrow [M - H_2O - CH_3]^+$ aber auch nicht ausgeschlossen werden kann. Beobachtet man in einem EI-Massenspektrum eine Massendifferenz von 33 und/oder 18 u, kann dies auf jeden Fall als deutlicher Hinweis auf einen aliphatischen Alkohol gewertet werden. Der intensive Peak bei *m/z* 56 wird durch $C_4H_8^{\bullet+}$-Ionen verursacht und kann durch die Eliminierung von Ethanol beziehungsweise besser durch den konsekutiven Verlust von H_2O und C_2H_4 erklärt werden.

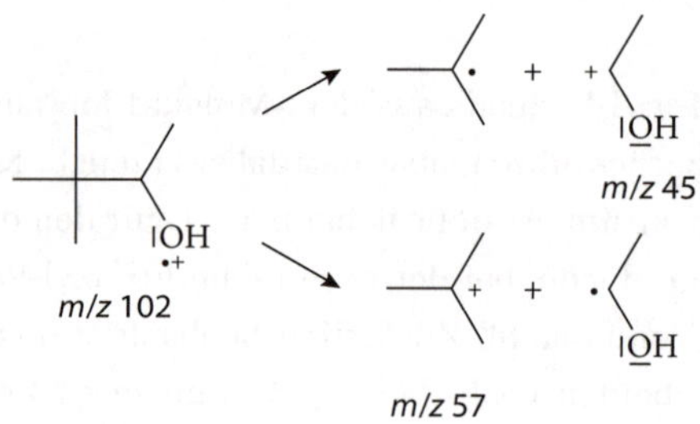

(8.17)

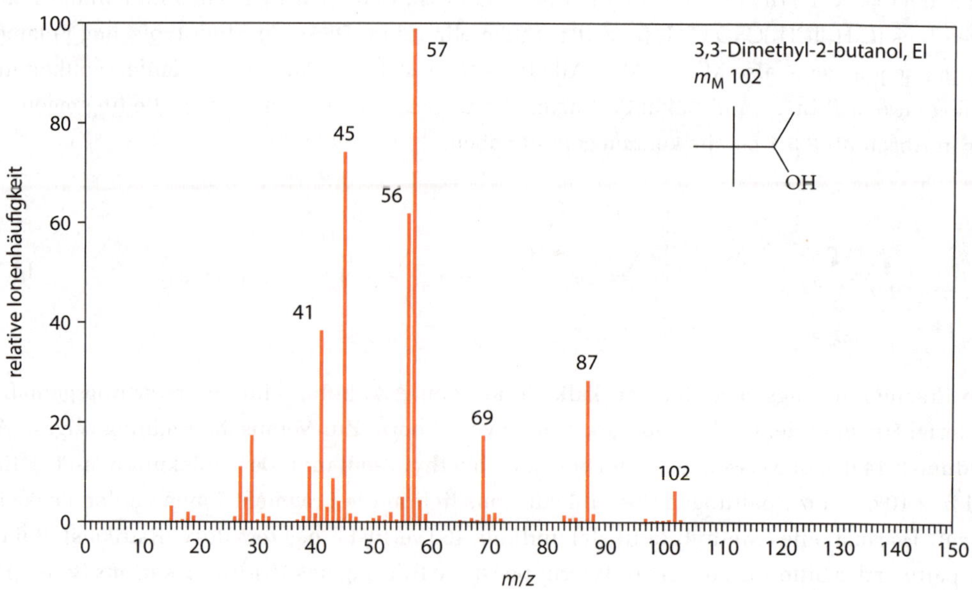

Abbildung 8.14: EI-Massenspektrum von 3,3-Dimethyl-2-butanol. (Die Daten stammen von http://webbook.nist.gov.)

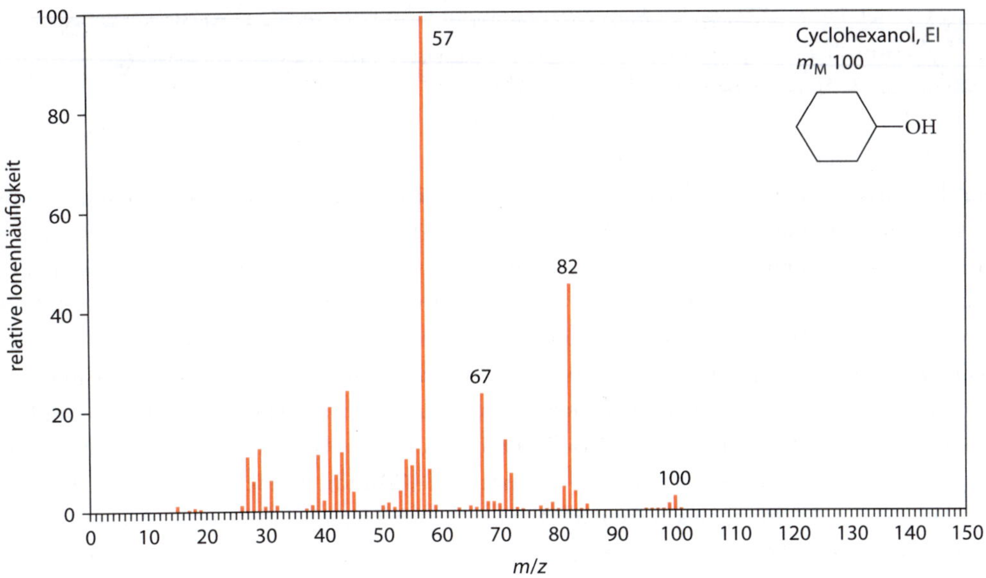

Abbildung 8.15: EI-Massenspektrum von Cyclohexanol. (Die Daten stammen von http://webbook.nist.gov.)

TEIL II

Als weiteres Beispiel finden Sie in ▶ Abbildung 8.15 das EI-Massenspektrum von Cyclohexanol. Bei cyclischen Verbindungen, in denen die funktionelle Gruppe einen Teil des Rings darstellt oder als Substituent direkt mit dem Ring verknüpft ist, treten bei der Interpretation der zugehörigen EI-Massenspektren häufig spezielle Schwierigkeiten auf. In diesen Fällen finden nämlich α-Spaltungen oder andere Dissoziationsreaktionen innerhalb des Rings statt, die ohne Änderung der Masse zur Ringöffnung und damit zu Isomerisierungen, jedoch nicht zu zwei getrennten Fragmenten führen. Die im Spektrum erscheinenden Fragmentionen-Peaks entstehen dann als Ergebnis von mindestens zwei Bindungsspaltungen und lassen manchmal keinen tieferen Einblick in die Struktur des Analyten zu. Das EI-Massenspektrum von Cyclohexanol enthält drei markante Peaks bei *m/z* 82, *m/z* 57 und *m/z* 67. Der Peak bei *m/z* 82 repräsentiert das Radikalkation $C_6H_{10}^{\bullet+}$, das durch die in diesem Fall deutlich hervortretende Eliminierung von Wasser aus dem Molekül-Ion des Alkohols gebildet wird. Der H_2O-Verlust aus dem Molekül-Ion tritt insbesondere bei cyclischen Alkoholen sowie bei offenkettigen Alkoholen mit potenziell radikalstabilisierenden Gruppen häufig in Erscheinung. Der zweite markante Peak liegt bei *m/z* 57 und stellt das Resultat des Verlustes von 43 Masseneinheiten aus dem Molekül-Ion dar. Hier wird tatsächlich ein $C_3H_7^{\bullet}$-Radikal und kein $C_2H_3O^{\bullet}$-Radikal abgespalten, was angesichts der Molekülstruktur zunächst überraschend ist. Beobachtet man in einem Massenspektrum ein unerwartetes Reaktionsprodukt, dann ist es oftmals hilfreich, mit der Betrachtung der verschiedenen wahrscheinlichen Reaktionswege zu beginnen. Von den Radikalkationen von Alkoholen wissen wir, dass die α-Spaltung einen bevorzugten Fragmentierungsweg darstellt. Beim Radikalkation von Cyclohexanol führt dieser Prozess zunächst zur Ringöffnung, wobei ein anderes Radikalkation entsteht, in dem die Radikalstelle und die Ladung an unterschiedlichen Atomen lokalisiert sind (siehe Reaktionsgleichung 8.18). Solchen Ionen mit getrennter Ladungs- und Radikalstelle, die als *distonische Ionen* bezeichnet werden, begegnet man in der Massenspektrometrie häufig.

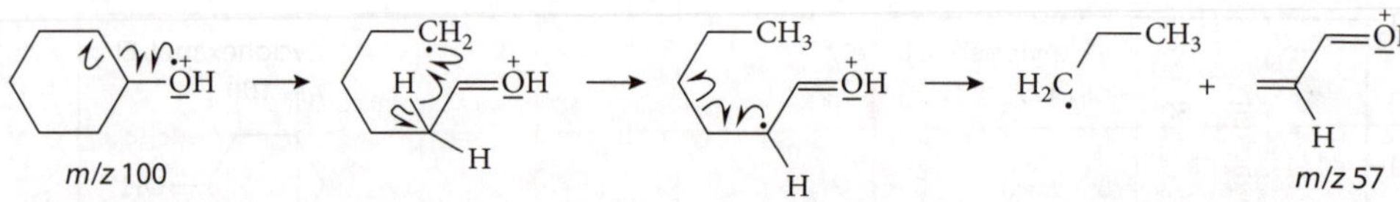

(8.18)

Bei Alkylradikalen kann sowohl in der Gasphase als auch in Lösung der intramolekulare Transfer eines Wasserstoffatoms stattfinden, wenn der Prozess zu einem stabileren Radikal führt. Bei der Fragmentierung des Radikalkations von Cyclohexanol reagiert das im ersten Schritt entstandene distonische Ion durch die exotherme Übertragung eines nur schwach gebundenen, α-ständigen $H^{\bullet}$-Atoms aus der $R–CH_2–CH=O^{+}H$-Gruppierung auf das radikalische Kettenende weiter. Dabei wird ein delokalisiertes (und protoniertes) Radikal gebildet, das zugleich auch dem Radikalkation eines Enols entspricht. Aus ionisiertem Cyclohexanol ist auf diese Weise in zwei Schritten das Molekül-Ion von 1-Hexenol ($CH_3CH_2CH_2–CH_2CH=CH–O^{\bullet+}H \leftrightarrow CH_3CH_2CH_2–CH_2C^{\bullet}HCH=O^{+}H$) entstanden, das durch den Bruch seiner schwachen allylischen C–C-Bindung leicht unter Abspaltung des Radikals $C_3H_7^{\bullet}$ und Bildung des besonders stabilen 1-Hydroxyallyl-Ions ($CH_2=CHCH^{+}OH$, *m*/*z* 57) zerfallen kann. In Reaktionsgleichung 8.18 ist dieses für den Basispeak verantwortliche Ion als protoniertes Acrolein dargestellt. Der dritte signifikante Peak im EI-Spektrum von Cyclohexanol liegt bei *m*/*z* 67 und muss auch hier wieder aus dem konsekutiven Verlust von $CH_3^{\bullet}$ und H_2O, also von insgesamt 33 Masseneinheiten, aus dem Molekül-Ion resultieren. Der sinnvollste und somit wahrscheinlichste Weg besteht in diesem Fall in der Sequenz $M^{\bullet+} \rightarrow [M - H_2O]^{\bullet+} \rightarrow [M - H_2O - CH_3]^{+}$. Bei der Wasserabspaltung entsteht als Zwischenprodukt zunächst ein cyclisches distonisches Ion, wie zum Beispiel $^{\bullet}CH(CH_2CH_2)_2CH^{+}$, das dann weiteren Umlagerungen unterliegt, bevor schließlich das Radikal $CH_3^{\bullet}$ abgespalten werden kann. Zusammenfassend können wir feststellen: Das EI-Massenspektrum von Cyclohexanol ist ein gutes Beispiel für die Tatsache, dass Massenspektren manchmal nur wenig verwertbare strukturelle Informationen liefern. Beim Cyclohexanol kann der nutzbringendste Schluss aus der Abspaltung von Wasser gezogen werden, die darauf hindeutet, dass es sich bei dem Analyten mit hoher Wahrscheinlichkeit um einen Alkohol handelt.

Wie bei aromatischen Kohlenwasserstoffen findet man auch in den EI-Massenspektren von Phenolen und Arylethern in der Regel relativ intensive Molekülionen-Peaks sowie verhältnismäßig einfache Fragmentierungsmuster. ▶ Abbildung 8.16 zeigt beispielhaft die EI-Spektren von 4-Ethylphenol und 4-Ethylanisol. In beiden Spektren sind signifikante Molekülionen-Peaks zu beobachten. Außerdem spielt die Abspaltung eines Methyl-Radikals in beiden Fällen die bedeutendste Rolle. Diese Fragmentierung führt zu benzylischen Kationen, die nicht nur über den aromatischen Ring, sondern zusätzlich bis zum Sauerstoffatom der *para*-ständigen Hydroxyl- beziehungsweise Methoxylgruppe delokalisiert und somit resonanzstabilisiert sind. Darüber hinaus treten in diesen Spektren wiederum Peaks von Fragment-Ionen auf, die für Benzol-Derivate typisch sind. Wenn die aliphatische Gruppe des Alkylarylethers größer ist als Methyl, erscheinen im Spektrum häufig auch Hinweise auf Fragmentierungen der Alkylgruppe. Das EI-Massenspektrum von Ethylphenylether enthält beispielsweise ein großes Signal, das aus der Eliminierung von Ethen gemäß Reaktionsgleichung 8.19 resultiert.

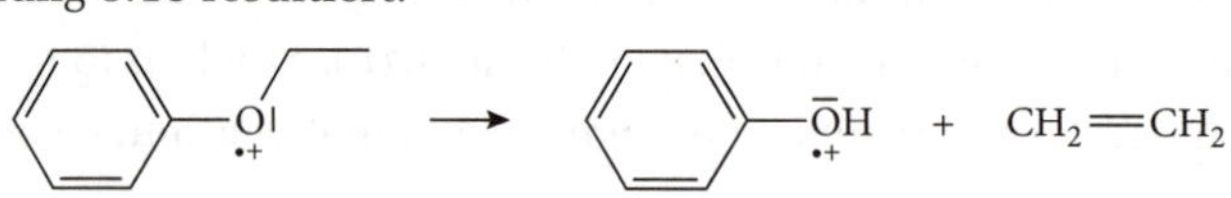

(8.19)

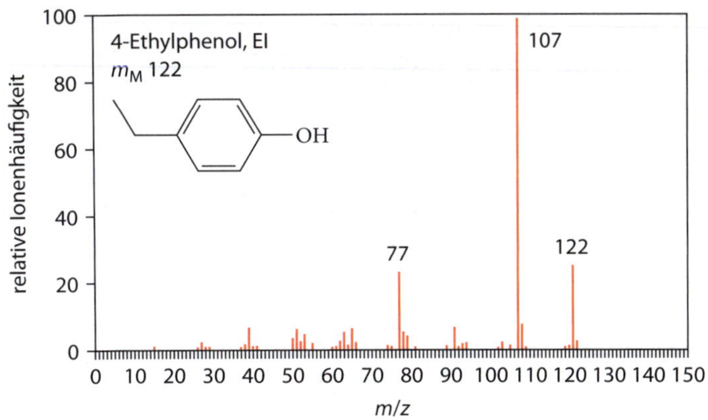

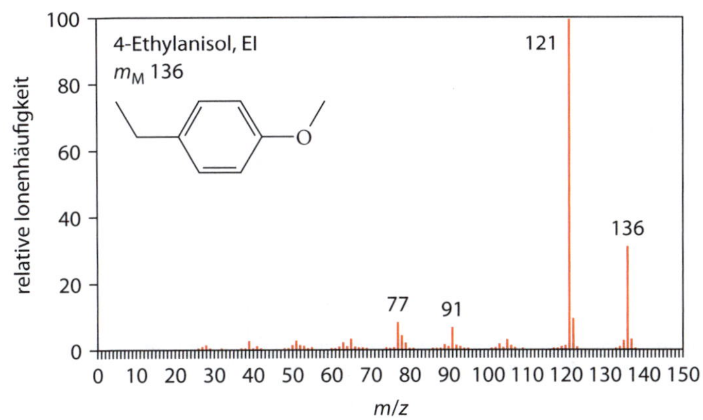

Abbildung 8.16: EI-Massenspektren von 4-Ethylphenol und 4-Ethylanisol. (Die Daten stammen von http://webbook.nist.gov.)

8.6.2 Protonierte Alkohole und Ether

Infolge ihrer im Vergleich zu Aminen geringeren Basizität ist die Erzeugung von protonierten Alkoholen und Ethern durch die Elektrospray-Ionisierung erheblich schwieriger, mithilfe von MALDI- und CI-Methoden können sie aber leicht gebildet werden. In Analogie zu Reaktionen in kondensierter Phase tritt in diesen Fällen die Eliminierung von Wasser beziehungsweise Alkoholen (ROH) erwartungsgemäß als häufiger Fragmentierungsweg auf, wenn dabei ein ausreichend stabiles Carbokation entstehen kann. Wie bei protonierten Aminen kann nach einer S_N1-artigen, heterolytischen Spaltung der C–O-Bindung noch innerhalb des Produktkomplexes ein Protonentransfer vom Carbokation auf das Wassermolekül beziehungsweise den Alkohol stattfinden. Durch diesen Prozess entstehen gemäß Reaktionsgleichung 8.20 ein elektrisch neutrales Alken sowie ein H_3O^+- beziehungsweise ein ROH_2^+-Ion. Bei protonierten Ethern ist nach der heterolytischen Spaltung der C–O-Bindung darüber hinaus statt des Protonentransfers auch die Übertragung eines Hydrid-Ions vom α-Kohlenstoffatom des Alkohols auf das Carbokation möglich. Dabei werden ein Alkan und ein protonierter Aldehyd beziehungsweise ein protoniertes Keton gebildet (siehe Reaktionsgleichung 8.21).

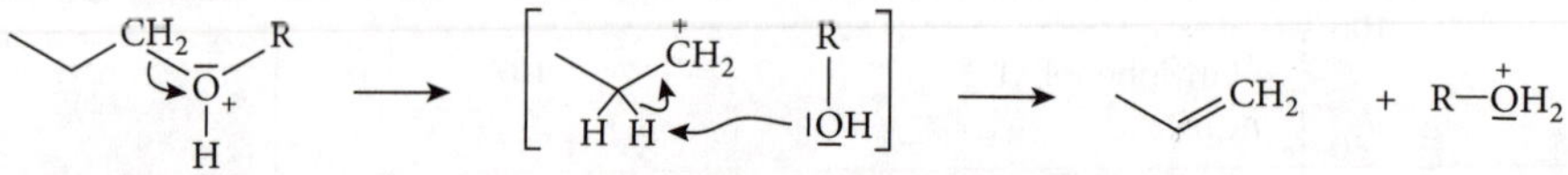

(8.20)

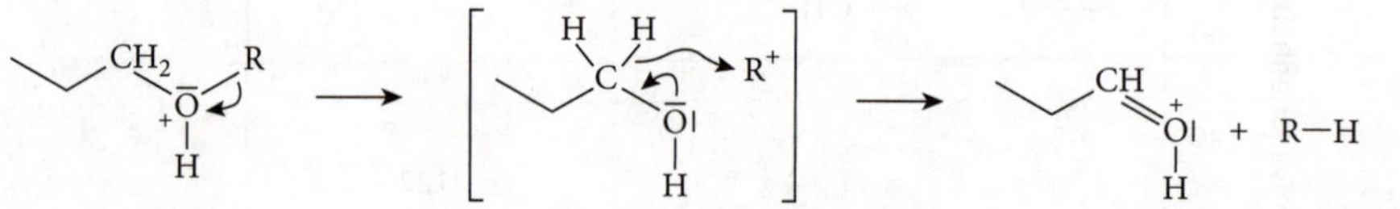

(8.21)

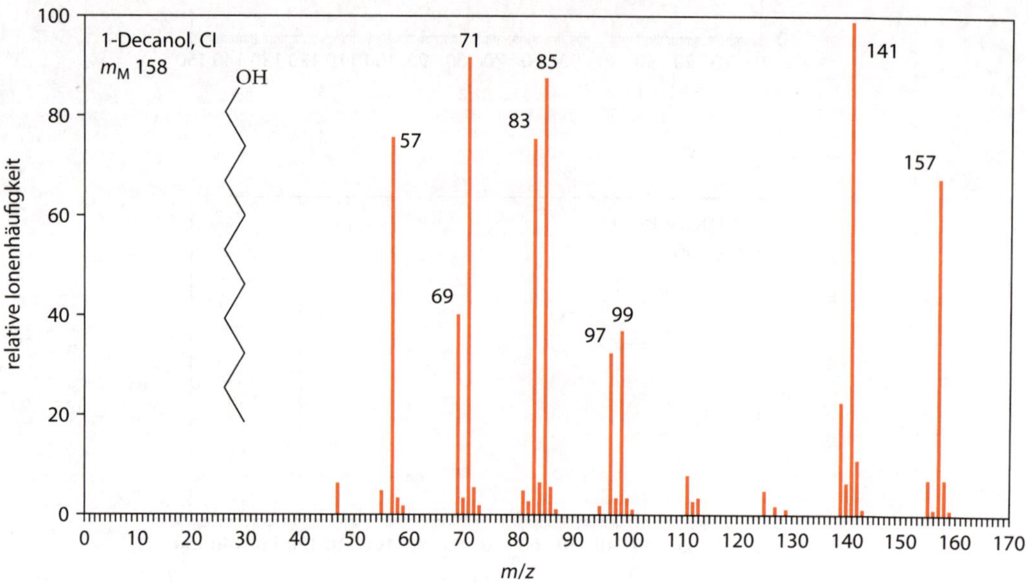

Abbildung 8.17: CI-Massenspektrum von 1-Decanol. In diesem Fall diente Methan bei etwa 130 Pa als Reaktantgas. (Aus: Munson, M.S.B. und Field, F.H. 1966. *J. Am. Chem. Soc.* **88**: 2621–2630.)

Betrachten Sie zum Beispiel das CI-Massenspektrum von 1-Decanol in ▶ Abbildung 8.17. Da die Ionen in diesem Fall durch chemische Ionisierung (CI) erzeugt wurden, enthält das Spektrum tatsächlich die Fragmentionen-Peaks zweier Spezies. Der Quasi-Molekülionen-Peak des protonierten 1-Decanols sollte bei *m*/*z* 159 auftreten. Weil das $[M + H]^+$-Ion des 1-Decanols aber sehr leicht Wasser eliminiert, weist das Signal bei *m*/*z* 159 nur eine minimale Intensität auf. Folgerichtig erzeugt das $[M + H - H_2O]^+$-Ion den Basispeak des Spektrums bei *m*/*z* 141. Bei dem $[M + H - H_2O]^+$-Ion handelt es sich um das 1-Decyl-Kation ($C_{10}H_{21}^+$), das den typischen Fragmentierungen aliphatischer Carbenium-Ionen durch Alken-Verlust unterliegt, die zu einer Reihe von Fragmentionen-Peaks kleinerer Alkylkationen bei *m*/*z* 99, *m*/*z* 85, *m*/*z* 71 und *m*/*z* 57 führen. Die zweite Spezies, die unter CI-Bedingungen als Quasi-Molekülion erwartet werden kann, ist das entsprechende $[M - H]^+$-Ion mit *m*/*z* 157. Der zugehörige Peak ist im Gegensatz zum Peak bei *m*/*z* 159 sehr intensiv, da durch die Hydridabstraktion ein sehr stabiles Kation entsteht, das 1-Hydroxydecyl-Kation ($C_9H_{19}CH{=}OH^+$, wiederum ein protonierter Aldehyd). Aber auch dieses Kation kann, allerdings längst nicht so leicht, Wasser abspalten und dann durch Folgefragmentierungen Peaks einer Reihe ungesättigter Kationen bei *m*/*z* 97, *m*/*z* 83 und *m*/*z* 69 hervorrufen. Beim Einsatz der chemischen Ionisierung zur Erzeugung der Ionen kommen Erschwernisse dieser Art durch das Auftreten von zwei verschiedenen Quasi-Molekülionen und ihren Fragmenten häufig vor. Diese Schwierigkeiten können allerdings mithilfe von Instrumenten, die eine Auswahl von Ionen mit bestimmten *m*/*z*-Werten vor der Fragmentierung ermöglichen, gelöst werden (siehe Abschnitt 8.11). Der Vergleich des CI-Spektrums mit dem EI-Spektrum von 1-Decanol in Abbildung 7.2 veranschaulicht auf dramatische Weise die oft extrem großen Unterschiede zwischen unter verschiedenen Ionisierungsbedingungen erzeugten Massenspektren derselben Verbindung. Von einer anderen Seite aus betrachtet, spiegeln diese Unterschiede die Tatsache wider, dass Massenspektrometer komplizierte Gefäße für chemische Gasphasenreaktionen darstellen.

Zusammenfassung für Alkohole und Ether

Radikalkationen

1. Radikalkationen von Alkoholen und Ethern ergeben meist nur schwache Molekülionen-Peaks, außer es handelt sich um ein Phenol oder einen Arylether.
2. Häufig erfolgt eine α-Spaltung unter Freisetzung eines Alkylradikals und Bildung eines Hydroxy- beziehungsweise Alkoxycarbenium-Ions (Oxonium-Ions), dessen Ladung durch die freien Elektronenpaare des Sauerstoffatoms resonanzstabilisiert wird (siehe Reaktionsgleichungen 8.14 und 8.15 sowie 8.17 oben). Bei Ethern kann eine nachfolgende heterolytische Spaltung einer C–O-Bindung mit anschließendem Protonentransfer zu einem neutralen Alken und einem protonierten Aldehyd oder Keton führen (siehe Reaktionsgleichung 8.16).
3. Da Oxonium-Ionen nicht außergewöhnlich stabil sind, kann die Ladung bei der α-Spaltung auch anders verteilt werden. Wenn das andere Produkt der α-Spaltung ein besonders gut stabilisiertes Carbokation ergibt, wie beispielsweise das Benzyl-Kation ($C_7H_7^+$) beziehungsweise sein Tropylium-Isomer, verbleibt die Ladung bevorzugt auf diesem Fragment und es entsteht daneben ein neutrales Alkoxylradikal (siehe Reaktionsgleichung 8.17 unten).
4. Außerdem kann das Radikalkation durch die Spaltung einer C–O-Bindung zu einem Alkoxylradikal und einem Carbokation mit gerader Elektronenzahl fragmentieren. Darüber hinaus können durch eine Wasserstoffübertragung innerhalb des dabei auftretenden Ion/Neutral-Komplexes ein neutraler Alkohol und ein stabiles olefinisches Radikalkation des Typs $[M - ROH]^+$ entstehen (siehe Reaktionsgleichung 8.13).

Protonierte Alkohole und Ether

1. Bei protonierten Alkoholen und Ethern dominiert zunächst die heterolytische Spaltung einer C–O-Bindung zu Wasser beziehungsweise einem neutralen Alkohol sowie einem Alkylkation (siehe Reaktionsgleichungen 8.20 und 8.21, erster Schritt).
2. Nach der heterolytischen Spaltung der C–O-Bindung kann noch innerhalb des Produktkomplexes ein Protonentransfer vom Alkylkation auf das Wassermolekül beziehungsweise den Alkohol stattfinden, wodurch ein neutrales Alken und ein H_3O^+-Ion beziehungsweise ein protonierter Alkohol entstehen (siehe Reaktionsgleichung 8.20 rechts).
3. Stattdessen kann im Fall eines Alkohols nach der heterolytischen Spaltung der C–O-Bindung auch ein Hydridtransfer vom α-Kohlenstoffatom des Alkohols auf das Alkylkation erfolgen. Diese Reaktion führt zu einem neutralen Alkan und einem protonierten Aldehyd beziehungsweise Keton (siehe Reaktionsgleichung 8.21 rechts).

8.7 Alkyl- und Arylhalogenide

Chlor-, Brom- und Iodatome können die Ladung eines Carbenium-Ions durch Mesomerie (RR´C⁺–Hal ↔ RR´C=Hal⁺) nicht annähernd so gut stabilisieren wie Sauerstoff- oder gar Stickstoffatome (siehe Tabelle 8.1). Daher kann man vorausahnen, dass die α-Spaltung zu einem halogensubstituierten Carbenium-Ion bei Radikalkationen von Alkyl- und Arylhalogeniden eine weniger große Rolle spielt. Stattdessen treten als typische Fragmentierungen dieser Verbindungen die Abspaltung des Halogenatoms unter Bildung des entsprechenden Carbenium-Ions, der Verlust des Halogenwasserstoffs unter Bildung des Radikalkations eines Alkens sowie die α-Spaltung zu einem Carbenium-Ion (wenn dieses relativ stabil ist) und einem halogenstabilisierten Radikal auf. Fluor stellt unter den Halogenen allerdings eine bemerkenswerte Ausnahme dar. Ein Fluoratom wird praktisch nie, Fluorwasserstoff wegen seiner extrem starken H–F-Bindung dagegen sehr oft abgespalten. Außerdem tritt bei Fluoralkanen die α-Spaltung in den Vordergrund, da Fluorcarbenium-Ionen (RR´C=F⁺) vergleichsweise stabil sind. Das EI-Massenspektrum von 1-Chlor-3-methylbutan in ▶ Abbildung 8.18 stellt ein gutes Beispiel für den Zerfall eines Alkylhalogenids unter EI-Bedingungen dar. Das Spektrum enthält keinen Molekülionen-Peak und keiner der signifikanten Fragmentionen-Peaks zeigt die Anwesenheit von Chlor an. Die nominelle Molekülmasse wird in der Abbildung mit 106/108 angegeben, weil Chlor in Form zweier Isotope (^{35}Cl und ^{37}Cl) vorkommt, die beide eine relativ große natürliche Häufigkeit von 75 Prozent (^{35}Cl) beziehungsweise 25 Prozent (^{37}Cl) aufweisen (siehe Abschnitt 2.2 und Tabelle 2.1). Daher sind eigentlich zwei Molekülionen-Peaks im Intensitätsverhältnis 3:1 bei zwei *m/z*-Werten zu erwarten, die sich um zwei Masseneinheiten unterscheiden. Die Auswirkung der Isotopenverteilung von Elementen auf das Erscheinungsbild von Massenspektren werden wir im nächsten Kapitel noch ausführlich diskutieren. Die Abspaltung des Chloratoms aus dem Molekül-Ion ist für den Peak bei *m/z* 71 verantwortlich. Das Radikalkation $C_5H_{10}^{\bullet+}$, das durch die Freisetzung von HCl aus dem Molekül-Ion gebildet wird, verursacht allerdings den noch deutlich intensiveren Peak bei *m/z* 70. Der Peak bei *m/z* 55 entsteht wahrscheinlich durch eine Folgefragmentierung des $C_5H_{10}^{\bullet+}$-Radikalkations, bei der ein Methyl-Radikal ($CH_3^{\bullet}$) abgespalten und ein stabilisiertes allylisches Kation (*m/z* 55) gebildet werden. Der Basispeak bei *m/z* 43 stammt vom Propyl-Kation, das vermutlich aus dem [M − Cl]⁺-Ion durch die Eliminierung von Ethen gebildet wird. Die beschriebenen Prozesse werden durch die Reaktionsgleichungen 8.22 und 8.23 noch einmal veranschaulicht.

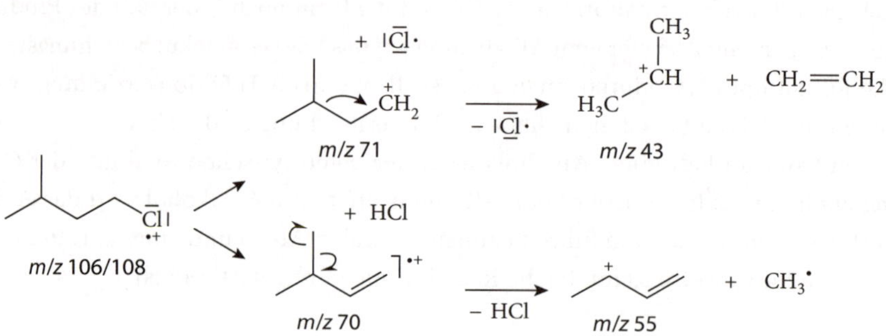

(8.22)

(8.23)

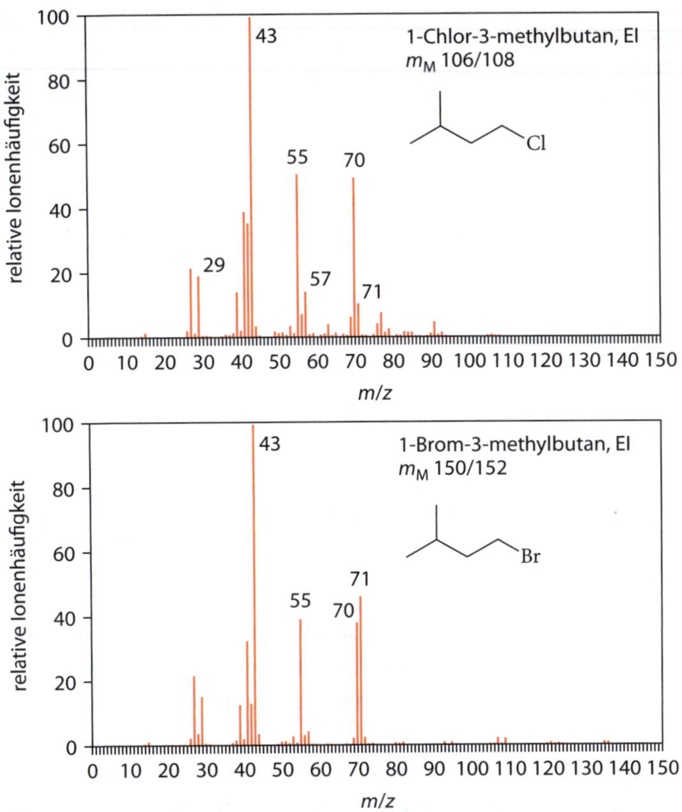

Abbildung 8.18: EI-Massenspektren von 1-Chlor-3-methylbutan und 1-Brom-3-methylbutan. (Die Daten stammen von http://webbook.nist.gov.)

Abbildung 8.18 zeigt außerdem das EI-Massenspektrum des analogen 1-Brom-3-methylbutans. Brom kommt wie Chlor in Form zweier Isotope (^{79}Br und ^{81}Br) mit großen und in diesem Fall näherungsweise identischen natürlichen Häufigkeiten von jeweils etwa 50 Prozent vor. Im EI-Spektrum von 1-Brom-3-methylbutan sollten daher zwei etwa gleich große Molekülionen-Peaks bei *m/z* 150 und *m/z* 152 erscheinen. Allerdings sind auch die Molekül-Ionen dieser Verbindung zu wenig stabil und zerfallen deswegen viel zu leicht, als dass die Molekülionen-Peaks beobachtet werden könnten – C–Br-Bindungen sind noch schwächer als C–Cl-Bindungen. Aus diesem Grund weisen die Spektren der beiden Alkylhalogenide große Ähnlichkeiten auf. Die Radikalkationen von Alkylbromiden spalten allerdings leichter das Bromatom als Bromwasserstoff ab – die H–Br-Bindung ist ebenfalls schwächer als die H–Cl-Bindung. Deshalb zeigt der Peak bei *m/z* 71 in diesem Fall sogar eine höhere Intensität als der Peak bei *m/z* 70. ▶ Abbildung 8.19 zeigt als Beispiel für ein Arylhalogenid das EI-Massenspektrum von 1-Brom-4-ethylbenzol. Wie für aromatische Verbindungen typisch erscheinen im Spektrum recht intensive Molekülionen-Peaks (zwei Peaks etwa im Intensitätsverhältnis 1:1 wegen der beiden erwähnten Bromisotope). Der Basispeak bei *m/z* 169/171 ist das Resultat der Abspaltung eines Methyl-Radikals aus der Ethylgruppe unter Bildung eines substituierten Benzyl-Kations. Ein verlässlich vorhersagbarer Unterschied zwischen den Spektren in Abbildung 8.18 und dem Spektrum in Abbildung 8.19 besteht darin, dass das Arylhalogenid viel weniger leicht einer Spaltung der C–Hal-Bindung unterliegt und daher Molekülionen-Peaks in seinem Spektrum erscheinen und das Halogenatom auch in den dominierenden Fragment-Ionen noch enthalten sein wird. Trotzdem findet auch die Abspaltung des Halogenatoms statt und führt in diesem Fall zum Peak bei *m/z* 105.

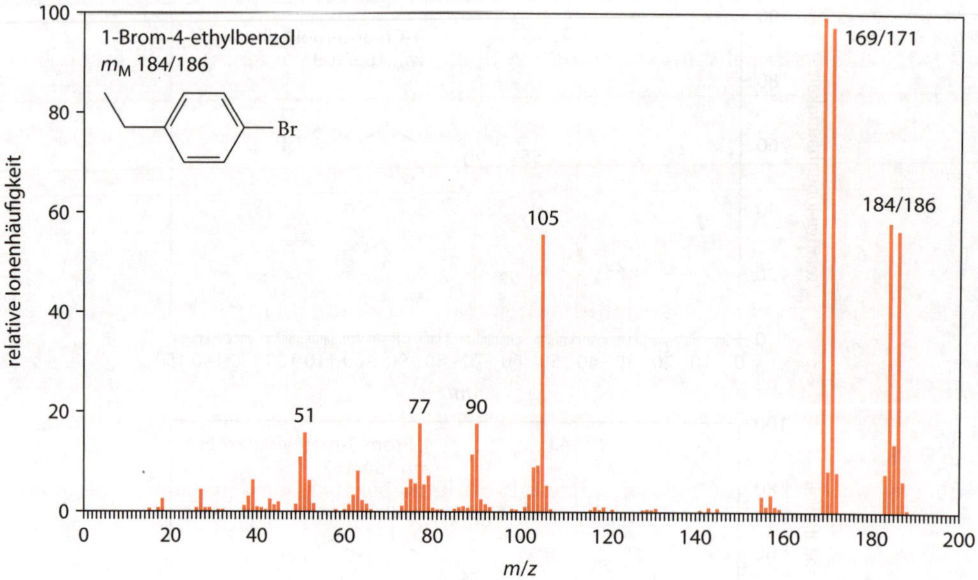

Abbildung 8.19: EI-Massenspektrum von 1-Brom-4-ethylbenzol. (Die Daten stammen von http://webbook.nist.gov.)

Das Erscheinungsbild der EI-Massenspektren aliphatischer Fluorverbindungen weicht wegen der starken C–F- und H–F-Bindungen merklich von dem der übrigen Halogenalkane ab. So ist der Verlust von 20 Masseneinheiten, der auf die Abspaltung von Fluorwasserstoff zurückzuführen ist, ein einzigartiges Charakteristikum der Massenspektren von Fluorverbindungen. Die EI-Massenspektren der Iodalkane entsprechen dagegen weitgehend denen der Bromalkane, wobei infolge der geringen Elektronegativität des Iods auch der Bruch der C–I-Bindung unter Bildung von I^+-Kationen (m/z 127) zu beobachten ist.

Zusammenfassung für Alkyl- und Arylhalogenide

Radikalkationen

1. Radikalkationen von Alkylhalogeniden (Hal = Cl, Br, I) ergeben meist nur sehr schwache Molekülionen-Peaks, während bei Arylhalogeniden signifikante Molekülionen-Peaks auftreten.
2. Besonders bei Alkyl- (Hal = Cl, Br, I), aber auch bei Arylhalogeniden findet die Spaltung der C–Hal-Bindung statt, wobei ein Halogenatom sowie ein Alkyl- beziehungsweise Arylkation gebildet werden (siehe Reaktionsgleichung 8.22). Das dabei gebildete Alkylkation kann häufig noch weiter fragmentieren – beispielsweise unter Freisetzung eines Alkens.
3. Bei Alkylhalogeniden kann auch die Freisetzung des Halogenwasserstoffs aus dem Molekül-Ion mehr oder weniger bevorzugt im Vergleich zur Abspaltung des Halogenatoms ablaufen. Das Molekül-Ion wird dabei in das Radikalkation eines Alkens (siehe Reaktionsgleichung 8.23) oder ein entsprechendes distonisches Ion umgewandelt. Bei aliphatischen Fluorverbindungen findet die Eliminierung von Fluorwasserstoff wegen der äußerst starken H–F-Bindung sogar häufig, die Abspaltung des Fluoratoms dagegen praktisch nie statt.

4. Schließlich tritt bei Fluoralkanen die α-Spaltung in den Vordergrund, da Fluorcarbenium-Ionen (RR´C=F$^+$) vergleichsweise stabil sind.
5. Infolge der geringen Elektronegativität von Iod entstehen bei der Fragmentierung der Molekül-Ionen von Iodalkanen auch I$^+$-Ionen (*m*/*z* 127).

8.8 Ketone und Aldehyde

Die Anwesenheit einer Carbonylgruppe in einem Analyten eröffnet Fragmentierungswege, die für seine Identifizierung sehr wertvoll sind. Erstens sind Acylkationen [R–C≡O$^+$] in der Gasphase verhältnismäßig stabil. Daher findet häufig eine Bindungsspaltung unmittelbar an der Carbonylgruppe statt. Zweitens tritt bei allen Carbonylverbindungen mit genügend langen Seitenketten eine hochgradig charakteristische Reaktion auf, an der mehrere Bindungen beteiligt sind. Diese Reaktion wird zwar häufig *McLafferty-Umlagerung* genannt. Da es sich aber nicht um eine reine Umlagerung im engeren Sinn handelt, sondern um die Eliminierung eines Neutralmoleküls, sollte die Bezeichnung *McLafferty-Reaktion* bevorzugt werden.

8.8.1 Radikalkationen von Ketonen

Als Schlüsselmerkmale sind in den EI-Spektren von Ketonen Peaks zu beobachten, die auf zwei Fragmentierungsmechanismen zurückzuführen sind: (1) Die α-Spaltung einer C–C-Bindung unmittelbar an der Carbonylgruppe ergibt ein Acylkation und ein Alkylradikal und (2) eine einfache oder sogar doppelte McLafferty-Reaktion liefert ein Enol-Radikalkation sowie ein beziehungsweise zwei Alkene. Das EI-Massenspektrum von 4-Octanon in ▶ Abbildung 8.20 ist ein sehr lehrreiches Beispiel für die Fragmentierung von Keton-Radikalkationen. Wie es bei Ketonen häufig der Fall ist, erscheint im Spektrum ein signifikanter Molekülionen-Peak bei *m*/*z* 128. Außerdem enthält das Spektrum eine Reihe von Peaks mit ungeraden *m*/*z*-Werten, die den erwarteten Alkyl- und Acylkationen (siehe unten) zugeordnet werden können. Darüber hinaus treten aber auch zwei markante Fragmentionen-Peaks mit geraden *m*/*z*-Werten bei *m*/*z* 86 und *m*/*z* 58 auf. Diese beiden Peaks sind sehr beachtenswert, da sie radikalkationische Fragmente repräsentieren, die durch die Eliminierung eines neutralen Moleküls mit gleichzeitiger Wasserstoffumlagerung entstehen. Solche Peaks bei geraden *m*/*z*-Werten können somit als deutlicher Hinweis auf die Anwesenheit einer Carbonylgruppe im Analytmolekül gewertet werden. Wir wollen nun zunächst die einfachen Bindungsspaltungen an der Carbonylgruppe betrachten, die für die erwarteten Peaks mit ungeraden *m*/*z*-Werten verantwortlich sind (siehe Reaktionsgleichungen 8.24 und 8.25). Da Acylradikale fast immer niedrigere Ionisierungsenergien aufweisen als Alkylradikale, verbleibt die positive Ladung bei der α-Spaltung von Ketonen gemäß der Stevenson-Regel normalerweise auf der Acylgruppe.

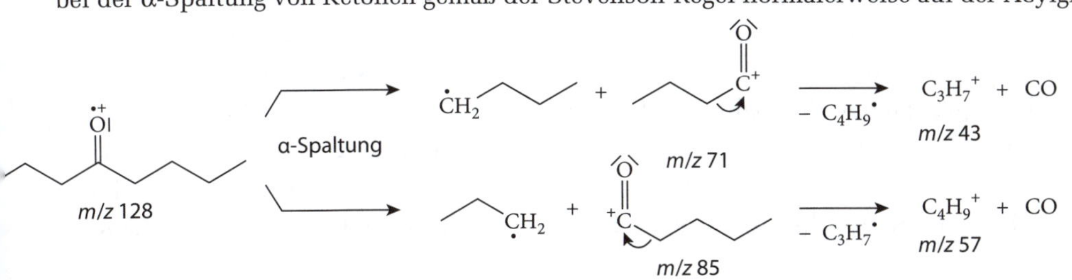

(8.24)

(8.25)

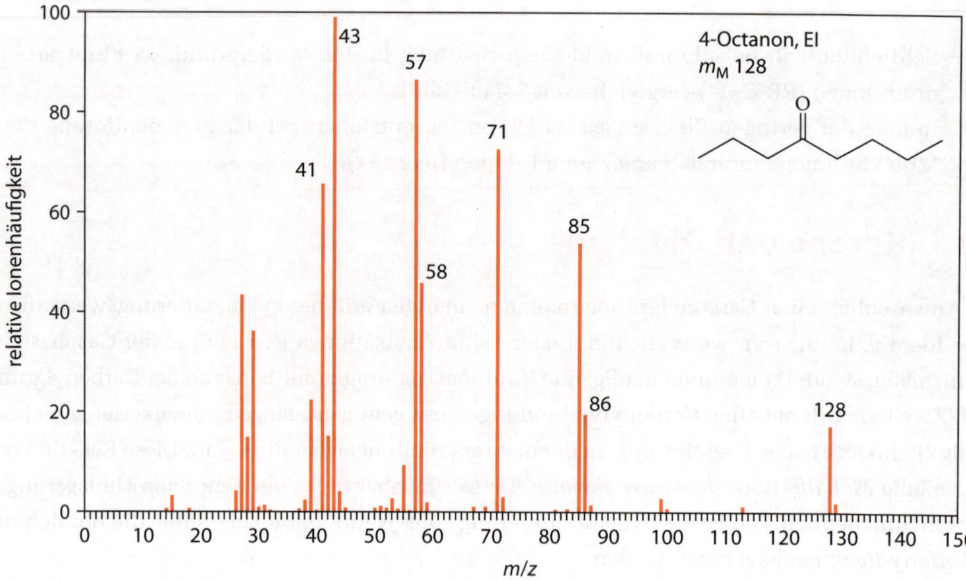

Abbildung 8.20: EI-Massenspektrum von 4-Octanon. (Die Daten stammen von http://webbook.nist.gov.)

Die α-Spaltung zwischen C-3 und C-4 führt zu einem Acylkation mit *m/z* 85, das weiter zu CO und einem Butyl-Kation ($C_4H_9^+$, *m/z* 57) fragmentieren kann. Die alternative α-Spaltung zwischen C-4 und C-5 liefert dagegen ein Acylkation mit *m/z* 71, das durch die Abspaltung von CO unter Bildung eines Propyl-Kations ($C_3H_7^+$, *m/z* 43) weiterreagieren kann. Folglich sind diese beiden α-Spaltungen und ihre Folgefragmentierungen für die Hauptpeaks bei ungeraden *m/z*-Werten im EI-Spektrum von 4-Octanon verantwortlich. Dagegen muss zur Erklärung der Peaks bei den geraden *m/z*-Werten 86 und 58 die McLafferty-Reaktion herangezogen werden. Das Ion mit *m/z* 86 entsteht durch den Verlust von 42 Masseneinheiten – also C_3H_6 (Propen) oder $CH_2C{=}O$ (Keten) – aus dem Molekül-Ion. Die Freisetzung von Propen ist dabei viel wahrscheinlicher, weil das Molekül endständige C_3-Ketten enthält, während das Keten mitten aus dem Molekül herausgetrennt werden müsste. Man könnte annehmen, die Ionen mit *m/z* 86 würden auf ähnliche Weise gebildet wie die Ionen mit *m/z* 85 – nämlich durch die nachgeschaltete Übertragung eines $H^•$-Atoms vom Propyl-Radikal auf das Acylkation unter Freisetzung von Propen. Tatsächlich entstehen sie aber durch einen Fragmentierungsmechanismus, an dem der Butyl-Rest an der Carbonylgruppe beteiligt ist. Die radikalkationische Carbonylgruppe des Molekül-Ions kann nämlich über einen sechsgliedrigen Übergangzustand leicht ein Wasserstoffatom vom γ-Kohlenstoffatom der Alkylkette abstrahieren (siehe Reaktionsgleichung 8.26, erster Schritt). Dieser Prozess führt zu einem distonischen Radikalkation, in dem die Ladung an der Carbonylgruppe und die Radikalstelle (das ungepaarte Elektron) am γ-Kohlenstoffatom lokalisiert sind. Die stark labilisierte radikalische Alkylgruppierung des distonischen Zwischenprodukts spaltet schließlich ein Alken (in diesem Fall C_3H_6) ab, wodurch letztlich das resonanzstabilisierte Radikalkation eines Enols gebildet wird (siehe Reaktionsgleichung 8.26, zweiter Schritt).

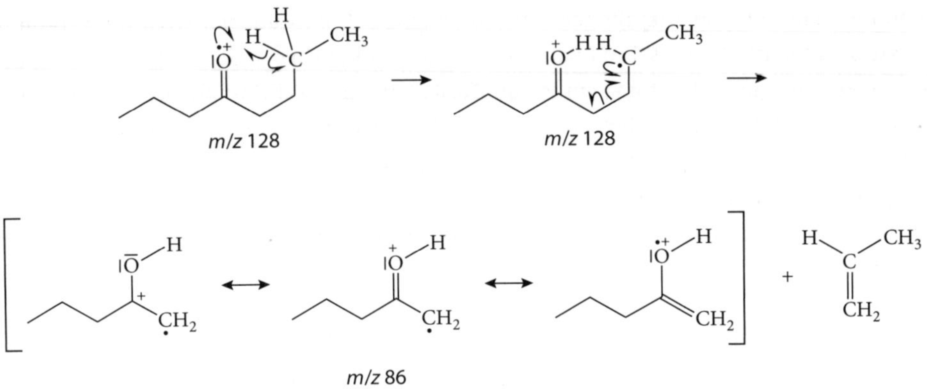

(8.26)

In frühen Arbeiten wurde diese McLafferty-Reaktion als konzertierte Reaktion betrachtet, bei der die ersten beiden Schritte simultan ablaufen und ohne das distonische Radikalkation als Zwischenstufe direkt zum enolischen Radikalkation führen. Inzwischen deuten dagegen einige Belege auf einen schrittweisen Ablauf der McLafferty-Reaktion hin. Der genaue mechanistische Verlauf der Reaktion spielt allerdings für die Interpretation der Massenspektren keine besondere Rolle, da sowohl der schrittweise als auch der konzertierte Mechanismus die gleichen Produkte ergeben. Der Abstand zwischen den Peaks bei *m/z* 86 und *m/z* 58 beträgt 28 Masseneinheiten, die entweder dem Verlust von $CH_2{=}CH_2$ oder CO entsprechen könnten. Aufgrund der plausiblen Struktur eines ionisierten 1-Alken-2-ols für das Ion mit *m/z* 86 (siehe Reaktionsgleichung 8.26) ist auch hier die Freisetzung eines Alkens viel naheliegender. Tatsächlich ist der Mechanismus zu dem der ersten McLafferty-Reaktion analog. Am besten kann die Reaktion verstanden werden, wenn man den radikalischen Charakter der Enol-Doppelbindung des Ions betrachtet (siehe Reaktionsgleichung 8.27). In diesem Ion fungiert nicht der Sauerstoff, sondern die endständige Methylengruppe des ionisierten Enols als Akzeptor für das wandernde $H^{\bullet}$-Atom aus der γ-Position der Propylkette. Anschließend erfolgt der homolytische Bruch der C^{α}–C^{β}-Bindung unter Bildung des ionisierten Aceton-Enols mit *m/z* 58 und Freisetzung von Ethen. Das Enol-Ion $CH_3C(OH){=}CH_2^{\bullet+}$ ist, wie man weiß, das stabilste aller isomeren $C_3H_6O^{\bullet+}$-Ionen. Das Radikalkation des Acetons $CH_3C(O)CH_3^{\bullet+}$ ist im Vergleich dazu um etwa 20 kJ mol^{-1} weniger stabil und das als Produkt der doppelten McLafferty-Reaktion des 4-Octanons mechanistisch ebenfalls denkbare distonische Ion $CH_2{=}C(OH_2^{+})CH_2^{\bullet}$ sogar um etwa 110 kJ mol^{-1}.

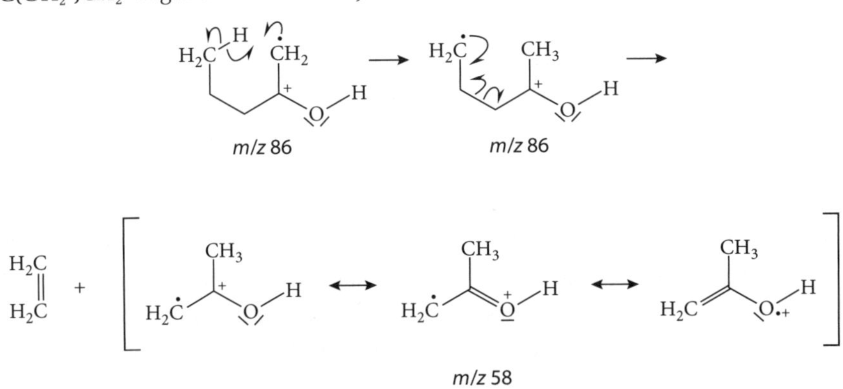

(8.27)

Im 4-Octanon enthalten beide Alkylketten ein γ-Wasserstoffatom. Dadurch wird die gerade beschriebene zweite McLafferty-Reaktion überhaupt erst möglich. Prinzipiell ist auch denkbar, dass zuerst die Umlagerung eines H$^•$-Atoms am Propyl-Rest statt am Butyl-Rest abläuft. Infolgedessen würde aus dem Molekül-Ion zunächst Ethen (CH_2=CH_2) und erst aus dem dabei entstehenden Fragment-Ion Propen (CH_2=$CHCH_3$) eliminiert werden. Folglich müsste ein Peak bei *m*/*z* 100 erscheinen (siehe Reaktionsgleichung 8.29). Das ist aber praktisch nicht der Fall! Die Ursache hierfür wird beim näheren Vergleich der beiden konkurrierenden Reaktionssequenzen deutlich (siehe Reaktionsgleichungen 8.28 und 8.29).

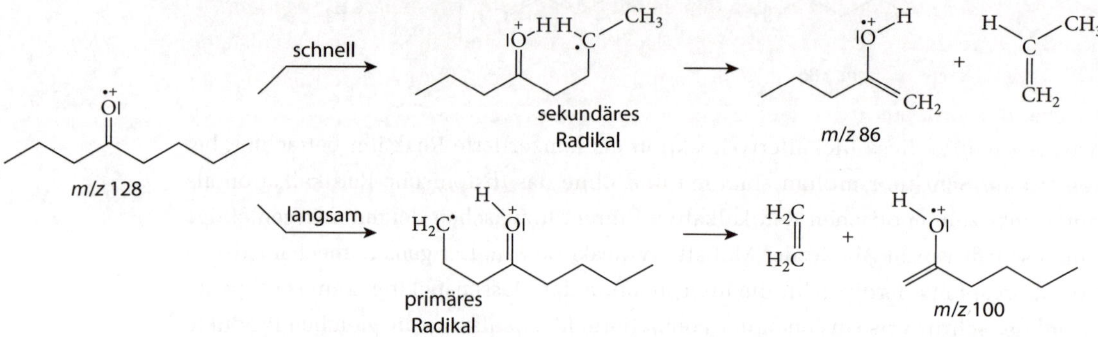

(8.28)

(8.29)

Bei der Umlagerung eines γ-H$^•$-Atoms aus der Butyl-Kette wird ein *sekundäres* Radikal als Zwischenstufe gebildet. Im Gegensatz dazu muss bei der Umlagerung eines γ-H$^•$-Atoms aus der Propyl-Kette, die nach der Spaltung der C–C-Bindung zu dem Ion mit *m*/*z* 100 führen würde, im ersten Schritt ein weniger stabiles *primäres* Radikal erzeugt werden. Die Reaktionsgeschwindigkeiten der beiden McLafferty-Reaktionen unterscheiden sich infolgedessen offensichtlich so stark, dass im Massenspektrum für das Molekül-Ion fast nur die Fragmentierung über das sekundäre Radikal beobachtet werden kann. Die McLafferty-Reaktion über ein primäres Radikal kann dennoch grundsätzlich stattfinden (siehe Reaktionsgleichung 8.27). Wahrscheinlich läuft sie tatsächlich auch in einem größeren Ausmaß ab, als es die sehr geringe Intensität des Peaks bei *m*/*z* 100 vermuten lässt. Die dabei entstehenden Enol-Ionen mit *m*/*z* 100 reagieren jedoch in der zweiten McLafferty-Reaktion im Vergleich zu ihrer Erzeugung *schneller* weiter – weil dadurch ein stabileres sekundäres Radikal gebildet wird – und können aus diesem Grund nicht detektiert werden.

▶ Abbildung 8.21 zeigt die EI-Massenspektren einiger isomerer Ketone mit der Summenformel $C_7H_{14}O$, welche den großen diagnostischen Wert der α-Spaltungen und McLafferty-Reaktionen für die Ermittlung der chemischen Strukturen von Ketonen veranschaulichen. Beim 2-Heptanon deutet der Peak des charakteristischen Fragment-Ions aus der McLafferty-Reaktion bei *m*/*z* 58 auf ein Methylketon hin, das am α-Kohlenstoffatom der längeren Alkylkette keinen weiteren Substituenten trägt. Anderenfalls wäre ein höheres Homologes dieses Fragment-Ions zu erwarten gewesen. Diese Schlussfolgerung wird außerdem durch die Peaks bei *m*/*z* 43 und *m*/*z* 71 bestätigt, die auf die möglichen kationischen Produkte der α-Spaltung zwischen C-2 und C-3 zurückzuführen sind – das Acetyl-Kation (*m*/*z* 43) und das Pentyl-Kation (*m*/*z* 71), wobei bevorzugt das Acetyl-Kation gebildet wird. Diese Beobachtungen reichen allerdings für eine endgültige Zuordnung der Struktur noch nicht aus. Im EI-Massenspektrum von 5-Methyl-2-hexanon ist nämlich grundsätzlich das gleiche Fragmentierungsmuster zu erwarten, weil dieses Keton ebenfalls ein Methylketon darstellt, keinen

Substituenten am α-Kohlenstoffatom der längeren Alkylkette besitzt und die möglichen kationischen Produkte der α-Spaltung zwischen C-2 und C-3 die gleichen *m*/*z*-Werte aufweisen wie beim 2-Heptanon (in diesem Fall entsteht nur ein isomeres Pentyl-Kation). Wie Abbildung 8.21 verdeutlicht sind sich die EI-Spektren von 2-Heptanon und 5-Methyl-2-hexanon tatsächlich bis auf ein paar Feinheiten sehr ähnlich und können nicht zur einfachen Unterscheidung zwischen den beiden Verbindungen herangezogen werden. Das EI-Massenspektrum von 3-Methyl-2-hexanon zeigt dagegen ein merklich anderes Erscheinungsbild, weil dieses Keton am α-Kohlenstoffatom einen Substituenten trägt – die Methylgruppe an C-3. Infolgedessen ist das Fragment-Ion aus der McLafferty-Reaktion in diesem Fall um eine CH_2-Einheit größer als bei den ersten beiden Ketonen, so dass es einen um 14 Masseneinheiten höheren *m*/*z*-Wert von 72 aufweist. Die Peaks der beiden möglichen kationischen Produkte der α-Spaltung zwischen C-2 und C-3 liegen erwartungsgemäß noch immer bei *m*/*z* 43 und *m*/*z* 71, wobei der Peak bei *m*/*z* 43 auf ein Acetyl-Ion zurückzuführen ist und somit auf ein Methylketon hindeutet. Zum Vergleich zeigt Abbildung 8.21 außerdem das EI-Massenspektrum von 3-Heptanon. Der Peak des Ions $CH_3CH_2C(OH){=}CH_2^{\bullet+}$ aus der McLafferty-Reaktion erscheint auch hier wieder bei *m*/*z* 72, weil die zusätzliche CH_2-Einheit nun auf der anderen Seite der Carbonylgruppe eingebaut ist. Der für eine Identifizierung entscheidende Unterschied zwischen 3-Heptanon und den drei anderen Isomeren besteht in den Produkten der α-Spaltungen. Im EI-Massenspektrum von 3-Heptanon sind sie für drei intensive Signale verantwortlich. Die α-Spaltung zwischen C-2 und C-3 liefert das Pentanoyl-Kation ($C_4H_9CO^+$, *m*/*z* 85), das unter Abspaltung von CO zum Butyl-Kation ($C_4H_9^+$, *m*/*z* 57) weiterfragmentieren kann. Die α-Spaltung zwischen C-3 und C-4 ergibt dagegen das Propanoyl-Kation ($C_2H_5CO^+$, *m*/*z* 57), das ebenfalls CO abspalten und dadurch das Ethyl-Kation ($C_2H_5^+$, *m*/*z* 29) bilden kann. Beim 3-Heptanon können also zwei Fragmentierungswege über α-Spaltungen zum Peak bei *m*/*z* 57 beitragen. Die beiden verantwortlichen Ionen besitzen allerdings verschiedene Summenformeln und könnten in hochaufgelösten Massenspektren, die wir in Kapitel 9 noch besprechen, unterschieden werden. Auf jeden Fall bieten die α-Spaltungen auch die Möglichkeit, trotz der gleichen *m*/*z*-Werte der Ionen aus der McLafferty-Reaktion eindeutig zwischen 3-Methyl-2-hexanon und 3-Heptanon zu unterscheiden. An dieser Stelle sollte noch darauf hingewiesen werden, dass die α-Spaltung bei Methylketonen zwischen den Atomen C-2 und C-3 stark bevorzugt stattfindet und zum Acetyl-Kation (CH_3CO^+, *m*/*z* 43) führt. Die α-Spaltung zwischen C-1 und C-2 unter Bildung der $[M - CH_3]^+$-Ionen ist dagegen nur in geringem Maße zu beobachten, weil die Bildung eines Methyl-Radikals thermodynamisch ungünstiger ist als die Bildung höherer primärer Alkylradikale. Bei cyclischen Ketonen verhindert der Ring die Bildung des für die McLafferty-Reaktion erforderlichen sechsgliedrigen Übergangszustands. Daher findet man bei cyclischen Ketonen keine McLafferty-Reaktionen, sondern nur α-Spaltungen und deren Folgefragmentierungen. Da die α-Spaltungen nur zur Ringöffnung und somit nicht zur Bildung zweier voneinander getrennter Fragmente führen, können in den Massenspektren in diesen Fällen keine spezifischen, diagnostisch wertvollen α-Spaltungsprodukte beobachtet werden. Infolgedessen wird das Erscheinungsbild der EI-Spektren cyclischer Ketone hauptsächlich von den Produkten der Folgefragmentierungen der α-Spaltungsprodukte bestimmt. Da die Ringspaltung aber bereits einen Teil der Anregungsenergie verbraucht, sind die Molekülionen-Peaks cyclischer Ketone oft recht intensiv. Dies ist auch am Beispiel des EI-Massenspektrums von Cyclohexanon in ► Abbildung 8.22 erkennbar. Der Basispeak dieses für cyclische Ketone typischen EI-Spektrums liegt bei *m*/*z* 55. Der wahrscheinlichste Weg zu dem Ion mit *m*/*z* 55 führt zunächst über eine α-Spaltung zu einem distonischen Ion, das durch die anschließende intramolekulare Übertragung eines Wasserstoffatoms zum Radikalkation eines Ketens isomerisiert (siehe Reaktionsgleichung 8.30). Dieses offenkettige $C_6H_{10}O^{•+}$-Isomer des Molekül-Ions von Cyclohexanon unterliegt schließlich einer Spaltung der allylischen C–C-Bindung, wobei neben einem Alkylradikal ein resonanzstabilisiertes α,β-ungesättigtes Acylkation – das Acryloyl-Kation (CH_2CHCO^+) – mit einem *m/z*-Wert von 55 gebildet wird. Dieser Fragmentierungsweg tritt allgemein bei cyclischen Ketonen auf und kann zum Beispiel auch in den Spektren von Cyclopentanon und Cycloheptanon beobachtet werden. In den EI-Massenspektren cyclischer Ketone mit Alkylsubstituenten an den Positionen 2 und/oder 3 des Rings findet man erwartungsgemäß Peaks für höhere Homologe des Acryloyl-Kations. Das EI-Massenspektrum von Cyclohexanon zeigt außerdem zwei weitere besonders signifikante Fragmentionen-Peaks bei *m/z* 70 und *m/z* 42, die geradzahlige *m/z*-Werte aufweisen und somit von radikalkationischen Fragmenten verursacht werden. Auch diese Peaks können leicht durch Folgefragmentierungen der anfänglichen α-Spaltung erklärt werden. Das durch die α-Spaltung erzeugte distonische Radikalkation ($^•CH_2CH_2CH_2CH_2CH_2CO^+$, *m/z* 98) kann durch radikalische Bindungsspaltungen schrittweise zwei Moleküle Ethen vom Ende der Alkylkette freisetzen (siehe Reaktionsgleichung 8.31). Dabei entsteht im ersten Schritt ein niederes Homologes – das distonische Radikalkation $^•CH_2CH_2CH_2CO^+$ (*m/z* 70) – und im zweiten Schritt schließlich das Radikalkation von Keten mit *m/z* 42. Dieser Prozess läuft bei distonischen Radikalkationen dieses allgemeinen Typs häufig ab.

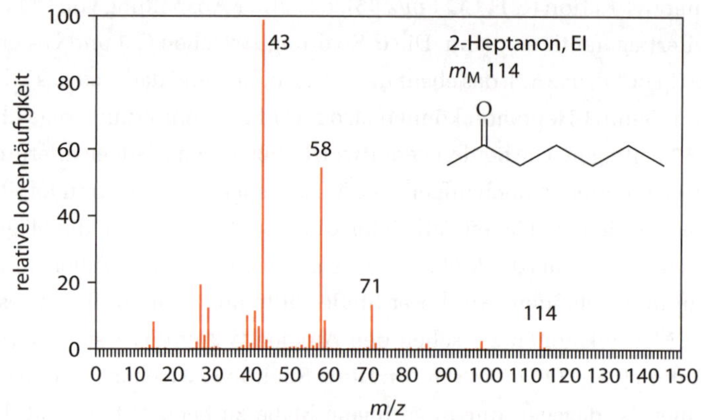

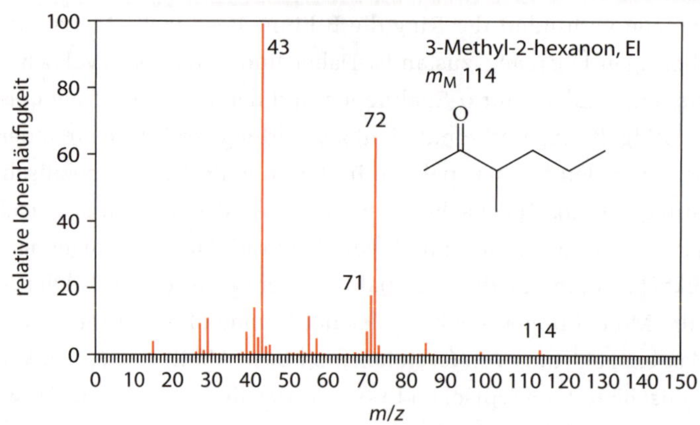

Abbildung 8.21: **EI-Massenspektren der vier isomeren Ketone 2-Heptanon, 3-Methyl-2-hexanon, 5-Methyl-2-hexanon und 3-Heptanon.** (Die Daten stammen von http://webbook.nist.gov.)

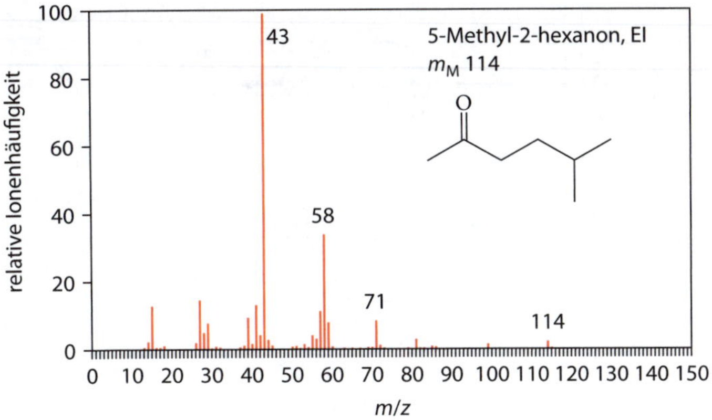

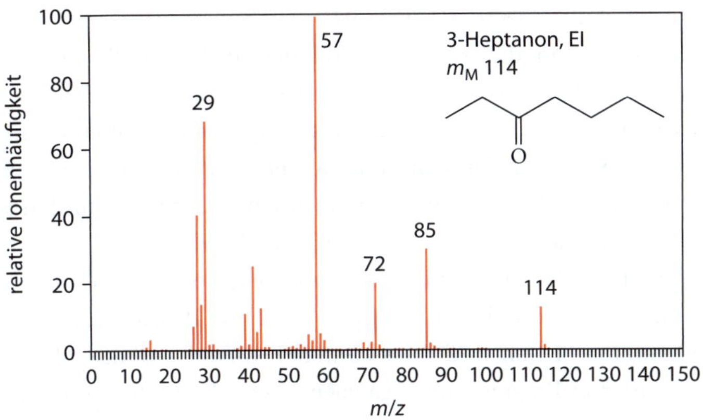

Abbildung 8.21 *(Fortsetzung)*: **EI-Massenspektren der vier isomeren Ketone 2-Heptanon, 3-Methyl-2-hexanon, 5-Methyl-2-hexanon und 3-Heptanon.** (Die Daten stammen von http://webbook.nist.gov.)

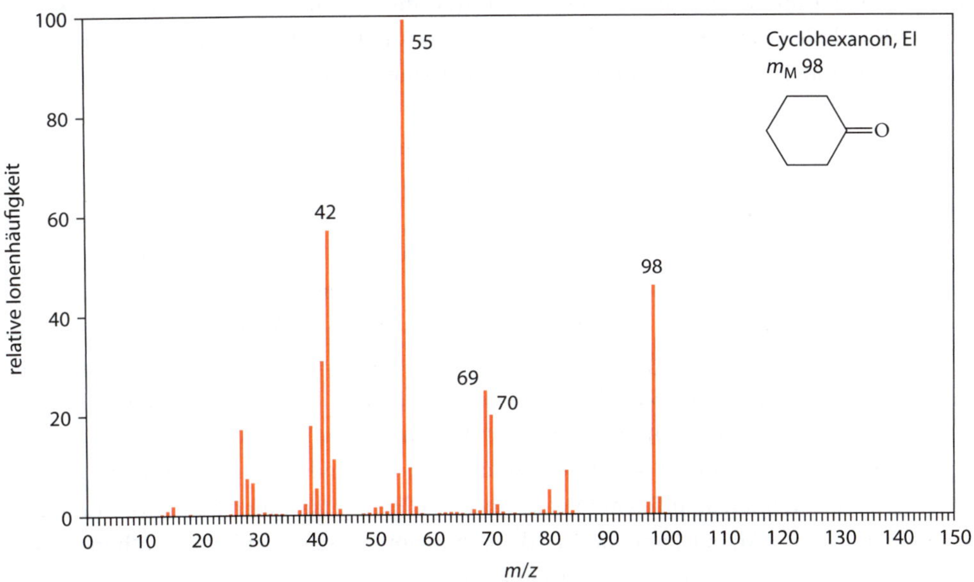

Abbildung 8.22: EI-Massenspektrum von Cyclohexanon. (Die Daten stammen von http://webbook.nist.gov.)

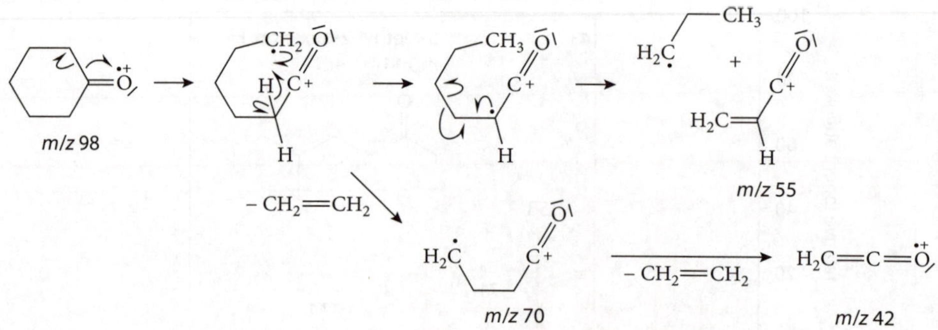

(8.30)

(8.31)

8.8.2 Radikalkationen von Aldehyden

Die Radikalkationen von Aldehyden zeigen im Großen und Ganzen die gleichen Fragmentierungen wie die von Ketonen, können aber logischerweise nur einer *einfachen* McLafferty-Reaktion unterliegen. Außerdem findet man in den EI-Massenspektren aliphatischer Aldehyde einige besondere Merkmale, die bei den Ketonen in der Regel nicht auftreten. ▶ Abbildung 8.23 zeigt als Beispiel das EI-Massenspektrum von Octanal (in Abbildung 8.20 finden Sie das Spektrum des isomeren Ketons 4-Octanon). Auf den ersten Blick fallen sofort der extrem schwache Molekülionen-Peak und mehrere Gruppen von Fragmentionen-Peaks auf. Den bemerkenswertesten Aspekt des Spektrums stellt wohl die relativ große Zahl von Peaks dar, für die Radikalkationen (gerade *m*/*z*-Werte) verantwortlich sind. Dies kann als Hinweis auf die relativ große Bedeutung von Umlagerungen auf den Fragmentierungswegen der Aldehyde gedeutet werden. Der Verlust von H_2O oder CO aus dem Molekül-Ion tritt bei aliphatischen Aldehyden häufig auf und führt in diesem Fall zu den Peaks bei *m*/*z* 110 beziehungsweise *m*/*z* 100. Außerdem enthält das EI-Spektrum von Octanal einen intensiven Peak bei *m*/*z* 44, der auf die einzig mögliche McLafferty-Reaktion zurückzuführen ist. Das durch diese Eliminierungsreaktion entstehende enolische Radikalkation (CH_2=$CHOH^{\bullet+}$) mit *m*/*z* 44 ist für alle Aldehyde ohne Substituenten am α-Kohlenstoffatom besonders charakteristisch. Bei α-substituierten Aldehyden liegt der aus der McLafferty-Reaktion resultierende Peak bei einem *m*/*z*-Wert, der um die Masse des Substituenten minus 1 (durch Austausch von H gegen den Substituenten) größer ist als 44. Auch die Peaks bei *m*/*z* 84 und *m*/*z* 56 sind im weiteren Sinn das Resultat einer McLafferty-Reaktion. Anders als die Enole, deren Radikalkationen bei der McLafferty-Reaktion von Ketonen entstehen, weisen die entsprechenden Enole von Aldehyden relativ hohe Ionisierungsenergien auf. Diese Ionisierungsenergien können sogar höher sein als die der normalerweise freigesetzten Alkene. In einem solchen Fall sollte die Ladung bei der McLafferty-Reaktion gemäß der Stevenson-Audier-Regel auf dem Alkenfragment bleiben und daher ein elektrisch neutrales Enol gebildet werden. Reaktionsgleichung 8.32 zeigt die beiden möglichen Ladungsverteilungen im Verlauf der McLafferty-Reaktion bei aliphatischen Aldehyden. Im Fall von Octanal sind die Ionisierungsenergien von 1-Hexen (*IE* = 9,44 eV) und Ethenol (Vinylalkohol, *IE* = 9,33 eV) ähnlich groß. Folglich erscheinen signifikante Peaks für beide Radikalkationen bei *m*/*z* 84 und *m*/*z* 44. Wie andere ionisierte Alkene kann das Radikalkation von 1-Hexen schließlich Ethen abspalten, wodurch der Peak bei *m*/*z* 56 erklärt werden kann.

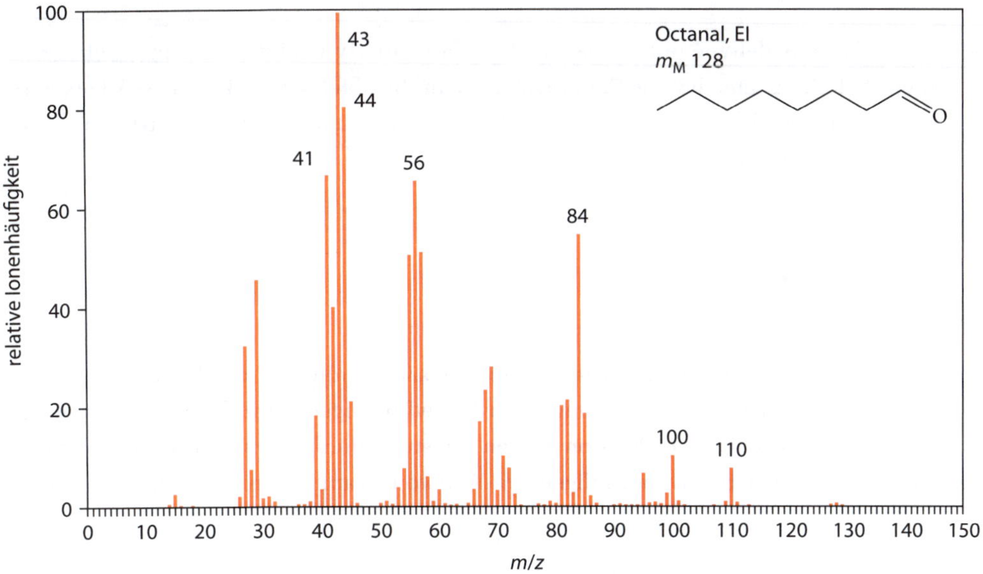

Abbildung 8.23: EI-Massenspektrum von *n*-Octanal. (Die Daten stammen von http://webbook.nist.gov.)

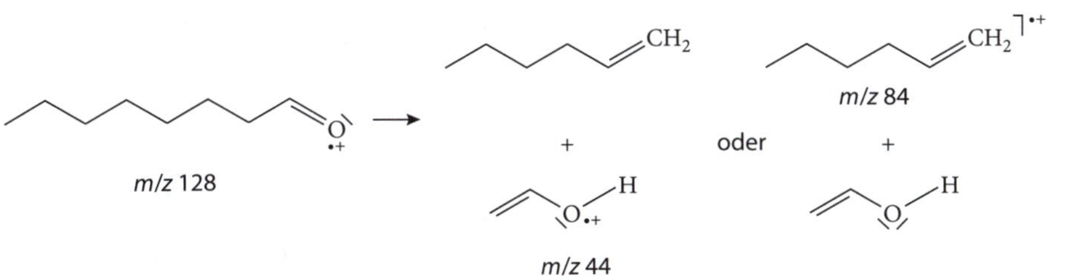

(8.32)

Zusammenfassung für Aldehyde und Ketone

Radikalkationen

1. Typisch für die Radikalkationen von Aldehyden und Ketonen mit genügend langen Alkylketten sind einfache oder – im Fall von Ketonen – auch doppelte McLafferty-Reaktionen. Diese analytisch besonders wertvolle Eliminierungsreaktion führt zu Enol-Radikalkationen mit charakteristischen geradzahligen *m*/*z*-Werten, die für aliphatische Aldehyde und Ketone beispielsweise 44, 58, 72 und 86 betragen (siehe Reaktionsgleichungen 8.26 und 8.27). Die McLafferty-Reaktion verläuft in zwei Schritten mit einem distonischen Radikalkation, zum Beispiel des Typs $RC^{\bullet}HCH_2CH_2C^{+}(OH)R$, als Zwischenstufe.
2. Ein zweiter typischer und wichtiger Fragmentierungstyp von Aldehyden und Ketonen ist die α-Spaltung zu Acylkationen mit für aliphatische Verbindungen charakteristischen *m*/*z*-Werten von zum Beispiel 43, 57, 71 und 85. Die Acylkationen unterliegen sehr verlässlich einer ebenfalls charakteristischen Folgefragmentierung, bei der unter Bildung des entsprechenden Alkylkations Kohlenmonoxid (CO, 28 u) abgespalten wird (siehe Reaktionsgleichung 8.24).
3. Bei Aldehyden, die in α-Position keine Verzweigung aufweisen, ergibt die McLafferty-Reaktion Fragment-Ionen mit einem *m*/*z*-Wert von 44 (siehe Reaktionsgleichung 8.32).

4. Aliphatische Aldehyde unterliegen auch der McLafferty-Reaktion mit umgekehrter Ladungsverteilung, aus der das Enolfragment (zum Beispiel Vinylalkohol, 44 u) als neutrales Bruchstück hervorgeht. Außerdem beobachtet man häufig den Verlust von Wasser (18 u) und Kohlenmonoxid (28 u).

8.9 Carbonsäuren und deren Derivate

8.9.1 Carbonsäuren

Der wichtigste Fragmentierungsweg von Alkylcarbonsäuren mit genügend langen Alkylketten, also solchen mit einem γ-Wasserstoffatom, unter EI-Bedingungen stellt die McLafferty-Reaktion dar. Wenn die Carbonsäure in α-Position keinen Substituenten trägt, weist das dabei gebildete Fragment-Ion einen wiederum geradzahligen *m*/*z*-Wert von 60 auf (siehe Reaktionsgleichung 8.33).

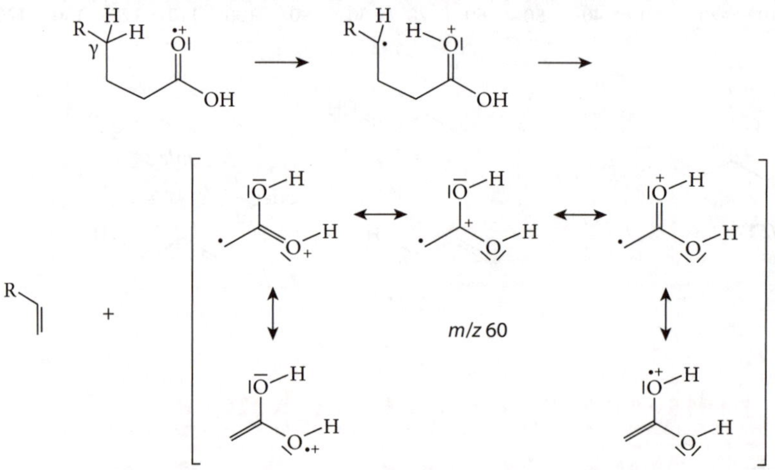

(8.33)

Weitere bedeutende Fragmentierungswege von Carbonsäuren bestehen in der Abspaltung von Alkylradikalen sowie dem schrittweisen Verlust eines Hydroxyl-Radikals ($^{\bullet}OH$, 17 u) und von Kohlenmonoxid (CO, 28 u) beziehungsweise auch des Carboxyl-Radikals insgesamt ($^{\bullet}COOH$, 45 u). Die Abspaltung der Carboxylgruppe in zwei aufeinanderfolgenden Schritten kommt insbesondere bei Arylcarbonsäuren häufig vor. ▶ Abbildung 8.24 zeigt zur Veranschaulichung die EI-Massenspektren einer Alkyl- und einer Arylcarbonsäure. Im EI-Spektrum der Octansäure liegt der Basispeak bei *m*/*z* 60. Er wird durch die Fragment-Ionen aus der charakteristischen McLafferty-Reaktion von Alkylcarbonsäuren verursacht. Interessanterweise entsteht hier stets das Enol der Essigsäure ($CH_2{=}C(OH)_2^{\bullet+}$). Auch für das Radikalkation des entsprechenden Alkens – allgemein also für das Ion $[M - CH_2{=}C(OH)_2]^{\bullet+}$ –, das bei der *normalen* McLafferty-Reaktion als Neutralfragment freigesetzt wird, kann ein Peak bei *m*/*z* 84 beobachtet werden, dessen Intensität allerdings deutlich geringer ist als die des Basispeaks. Das Auftreten dieser Ionen kann als Hinweis darauf gewertet werden, dass die Ionisierungsenergie von 1-Hexen zumindest nicht wesentlich größer ist als die Ionisierungsenergie der Enol-Form von Essigsäure. Neben dem kleinen, aber noch gut erkennbaren Molekülionen-Peak bei *m*/*z* 144 findet man außerdem eine Reihe von Peaks, die auf die Abspaltung unterschiedlich langer Alkylradikale zurückzuführen sind, unter anderem bei *m*/*z* 115, *m*/*z* 101, *m*/*z* 87 und *m*/*z* 73 durch den Verlust eines Ethyl-, Propyl-, Butyl- beziehungsweise Pentyl-Radikals. Jedes dieser $[M - Alkyl]^+$-Ionen enthält noch die Carboxylgruppe. Im EI-Massenspektrum der aromatischen 4-Ethylbenzoesäure erscheint bei *m*/*z* 150 ein deutlich intensiverer Molekülionen-Peak als im Spektrum von Octansäure. Der Basispeak dieses Spektrums bei *m*/*z* 105 stellt die Folge der oben beschriebenen zweistufigen Abspaltung der Carboxylgruppe unter Bildung des Ions $[M - OH - CO]^+$ dar. Dabei tritt das Primärfragment $[M - OH]^+$ (*m*/*z* 133) nur wenig hervor. Die weiteren Fragmentierungswege, die in diesem Spektrum zu beobachten sind, repräsentieren für aromatische Verbindungen typische Bindungsspaltungen, wie zum Beispiel die Abspaltung eines Methyl-Radikals unter Bildung eines mit der Carboxylfunktion substituierten Benzyl-Kations ($HOOC–C_6H_4CH_2^+$, *m*/*z* 135) beziehungsweise des dazu isomeren Tropylium-Ions ($HOOC–C_7H_6^+$, *m*/*z* 135).

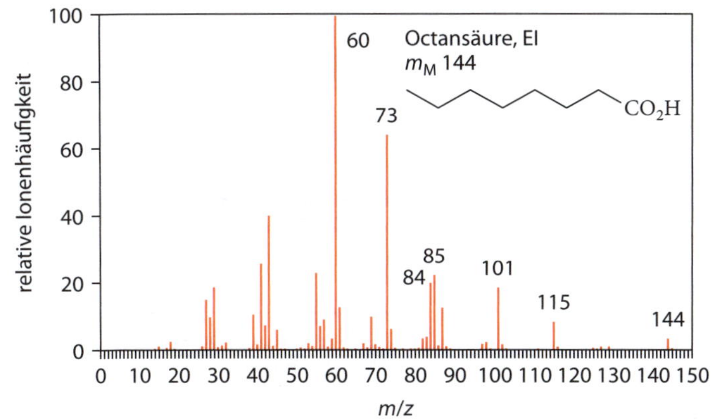

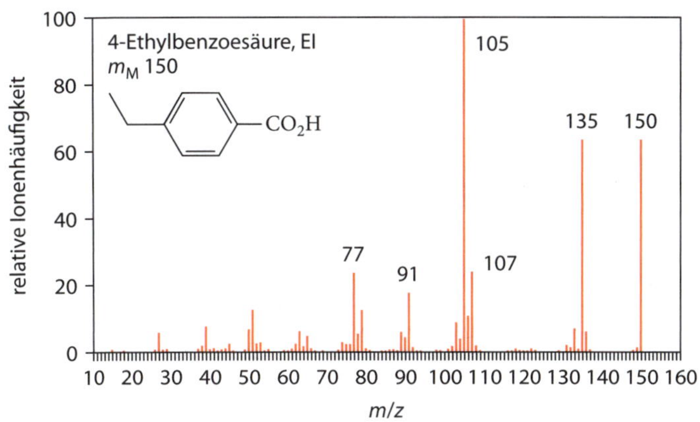

Abbildung 8.24: EI-Massenspektren von Octansäure und 4-Ethylbenzoesäure. (Die Daten stammen von http://webbook.nist.gov.)

Durch den Einsatz einer geeigneten Ionisierungsmethode wie beispielsweise der Elektrospray-Ionisierung (ESI) können auch die negativ geladenen Carboxylat-Ionen – $[M - H]^-$ – erzeugt werden. Carboxylat-Ionen fragmentieren im Massenspektrometer typischerweise durch eine Decarboxylierung (Abspaltung von CO_2) zu Carbanionen – also $[M - H - CO_2]^-$ –, die anschließend weiteren Fragmentierungen unterliegen können. Einfache Carbanionen weisen allerdings nur sehr niedrige (manchmal sogar negative) Elektronenaffinitäten auf. Infolgedessen kann im Verlauf des Fragmentierungsprozesses auch leicht ein Elektron verloren gehen, so dass nur elektrisch neutrale Fragmentierungsprodukte entstehen. In diesem Fall führen Prozesse wie die stoßinduzierte Dissoziation (CID) zwar zu einer Verminderung der Intensität des Molekülionen-Peaks, tragen aber nicht zur Erhöhung der Intensität von Fragmentionen-Peaks bei. Diese Form der kontraproduktiven Neutralisierung der Fragmentierungsprodukte kommt nur bei negativ geladenen Ionen, dort aber relativ häufig vor, weil viele funktionelle Gruppen nur kleine oder sogar negative Elektronenaffinitäten besitzen. Dieses Verhalten stellt einen der Gründe für die seltenere Verwendung von negativ geladenen Ionen in der massenspektrometrischen Analytik dar.

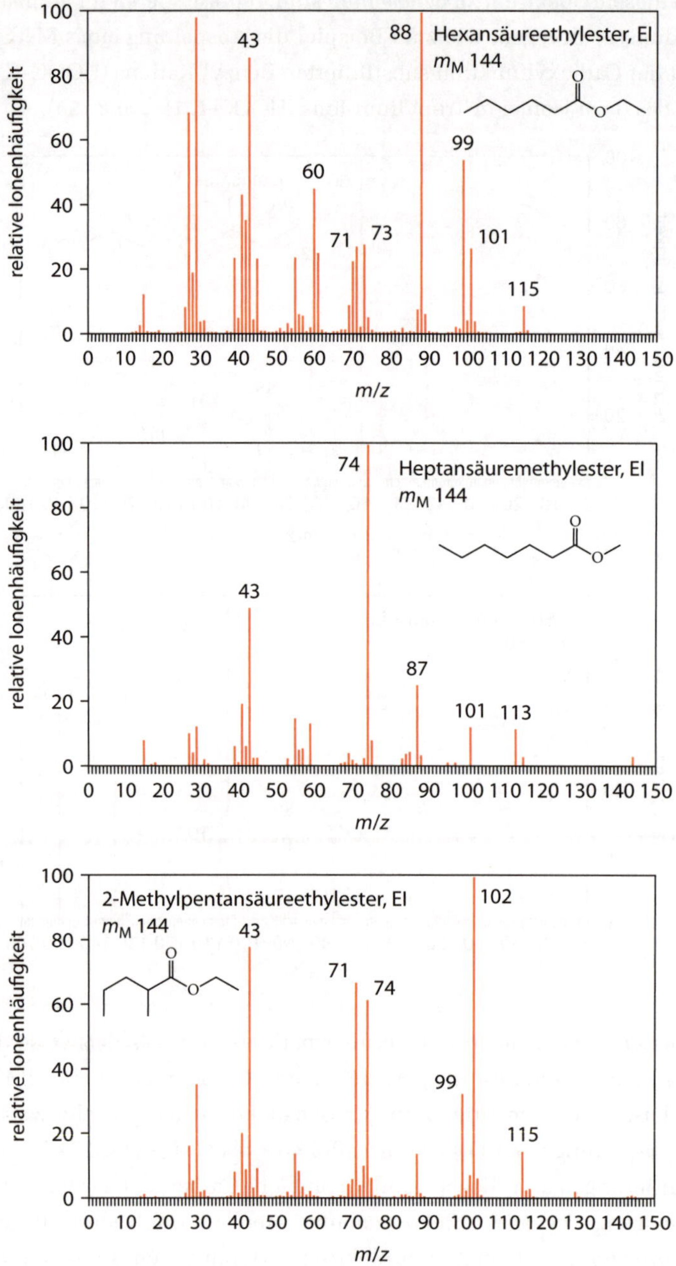

Abbildung 8.25: EI-Massenspektren der vier isomeren Ester Hexansäureethylester, Heptansäuremethylester, 2-Methylpentansäureethylester und Propansäurepentylester. (Die Daten stammen von http://webbook.nist.gov.)

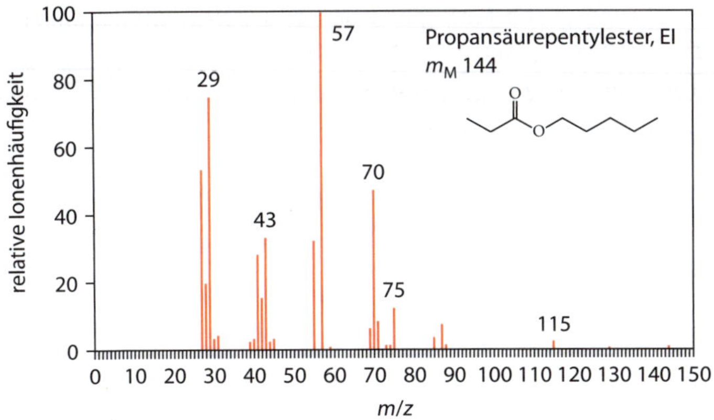

Abbildung 8.25 *(Fortsetzung)*: EI-Massenspektren der vier isomeren Ester Hexansäureethylester, Heptansäuremethylester, 2-Methylpentansäureethylester und Propansäurepentylester. (Die Daten stammen von http://webbook.nist.gov.)

8.9.2 Ester

Carbonsäureester (R–C(O)–OR´) können signalreiche Massenspektren liefern, die viele Informationen zur Struktur sowohl der Carbonsäure- als auch der Alkoholkomponente enthalten. Wie bei anderen Carbonylverbindungen führt die McLafferty-Reaktion auch bei Estern zu charakteristischen Peaks. Dabei kann die $H^•$-Umlagerung sowohl an der Alkylkette der Carbonsäure, als auch an der Alkoxygruppe stattfinden. Außerdem sind wie bei Ketonen doppelte McLafferty-Reaktionen möglich. Die aus McLafferty-Reaktionen von Estern resultierenden Fragment-Ionen weisen wie bei (α-verzweigten) Carbonsäuren typische *m*/*z*-Werte wie 60, 74, 88, 102 und 116 auf. Außerdem erscheinen in den Massenspektren von Estern Peaks, die auf eine α-Spaltung an der Carbonylgruppe unter Bildung der entsprechenden Acylkationen und Alkoxylradikale zurückzuführen sind. Die α-Spaltung auf der anderen Seite der Carbonylgruppe ist in den meisten Fällen nur von sehr geringer Bedeutung. Schließlich wird auch häufig die Spaltung der γ-C–C-Bindung im Carbonsäurerest beobachtet. ▶ Abbildung 8.25 zeigt zur Veranschaulichung dieser grundlegenden Fragmentierungen die EI-Massenspektren einiger isomerer aliphatischer Carbonsäureester. Hexansäureethylester ergibt ein komplexes Spektrum mit mehreren Peakgruppen für Fragmente mit unterschiedlicher Anzahl von Kohlenstoffatomen. Das Spektrum enthält außerdem zwei Peaks bei den geraden *m*/*z*-Werten 88 und 60, wobei der Peak bei *m*/*z* 88 den Basispeak darstellt. Diese beiden Peaks repräsentieren aufeinanderfolgende McLafferty-Reaktionen. Nach der ersten $H^•$-Umlagerung wird Buten (56 u) aus dem Carbonsäurerest eliminiert und nach der zweiten $H^•$-Umlagerung Ethen (28 u) aus dem Alkoxyrest. Als Ergebnis dieser beiden Fragmentierungen entstehen zwei besonders stabile Enol-Radikalkationen: $CH_2{=}C(OH)OC_2H_5^{•+}$ (*m*/*z* 88) und das bereits vertraute $H_2C{=}C(OH)_2^{•+}$ (*m*/*z* 60), das auch bei der einfachen McLafferty-Reaktion von Carbonsäuren ohne α-Substituenten gebildet wird (siehe Reaktionsgleichungen 8.33 und 8.34). Ein weiterer charakteristischer Peak erscheint bei *m*/*z* 99 und repräsentiert die α-Spaltung unter Bildung eines Ethoxyl-Radikals (45 u) und des Hexanoyl-Kations. Das Hexanoyl-Kation kann durch Abspaltung von Kohlenmonoxid (CO, 28 u) zum Pentyl-Kation weiterreagieren, das für den Peak bei *m*/*z* 71 verantwortlich ist (siehe Reaktionsgleichung 8.35). Wie an der relativ geringen Intensität des Peaks bei *m*/*z* 71 zu erkennen ist, spielt die Abspaltung von CO im EI-Massenspektrum von Hexansäureethylester allerdings nur eine untergeordnete Rolle. Die γ-Spaltung im Carbonsäurerest führt schließlich zum Verlust eines Propyl-Radikals (43 u) und ist somit für den Peak bei *m*/*z* 101 verantwortlich. Der Mechanismus dieser Reaktion beinhaltet zwei konsekutive $H^\bullet$-Umlagerungen und führt zu besonders stabilen Allylkationen – im vorliegenden Fall zu $CH_2{=}CH{-}C^+(OH)OC_2H_5$. Der *m*/*z*-Wert dieser Allylkationen ist (sofern an der β-Position keine Verzweigung vorliegt) stets um 13 Masseneinheiten größer als der *m*/*z*-Wert der Ionen, die aus der McLafferty-Reaktion auf derselben Seite der Carbonylgruppe resultieren.

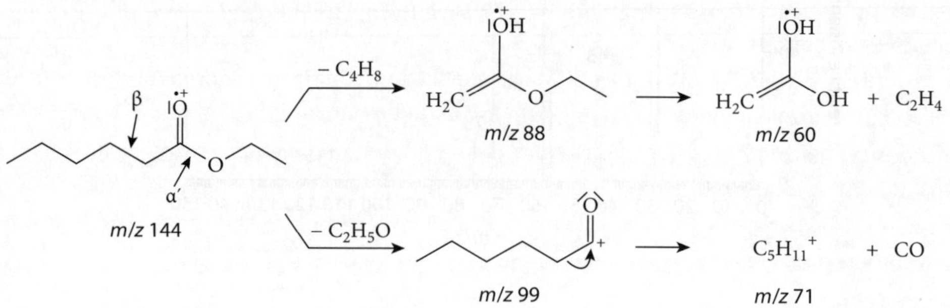

(8.34)

(8.35)

In Abbildung 8.25 finden Sie ebenfalls das EI-Massenspektrum von Heptansäuremethylester. Auch in diesem Spektrum erscheint das Signal für die Fragment-Ionen aus der McLafferty-Reaktion als Basispeak. Bei diesem Isomer wird aber Penten (70 u) eliminiert und es entstehen um 14 Masseneinheiten leichtere Enol-Ionen ($CH_2{=}C(OH)OCH_3^{\bullet+}$, *m*/*z* 74). Diese Beobachtung legt sofort den Schluss nahe, dass der Carbonsäurerest zumindest sieben Kohlenstoffatome umfasst. Nach einer McLafferty-Reaktion bleiben nämlich mindestens zwei Kohlenstoffatome (α und Carbonyl) im Radikalkation erhalten, wenn das Alken abgespalten wird. Darüber hinaus lässt diese Beobachtung allein aber auch noch die Möglichkeit zu, dass es sich nicht um den Methylester, sondern um die isomere α-Methylcarbonsäure handelt. Auch dann würde die McLafferty-Reaktion ein (isomeres) Fragment-Ion mit *m*/*z* 74 liefern. Eine zweite McLafferty-Reaktion kann in beiden Fällen nicht stattfinden, weil der zweite Substituent an der Carbonylgruppe zu kurz ist und somit kein γ-ständiges Wasserstoffatom für die Umlagerung besitzt. Die Abspaltung eines Methoxyl-Radikals (31 u) zu einem Kation mit *m*/*z* 113 belegt aber eindeutig das Vorliegen eines Methylesters. Außerdem ist die γ-Spaltung im Heptansäure-Rest durch den Verlust eines Butyl-Radikals (57 u) für den Peak bei *m*/*z* 87 verantwortlich. Jedes dieser Merkmale ermöglicht die einfache Unterscheidung und Zuordnung der EI-Massenspektren von Hexansäureethylester und Heptansäuremethylester.

Das dritte Isomer, dessen EI-Massenspektrum Abbildung 8.25 zeigt, ist 2-Methylpentansäureethylester. Wiederum liefern die McLafferty-Reaktionen die meisten strukturellen Informationen. Das infolge der ersten Umlagerung entstehende Ion $[M - C_3H_6]^{\bullet+}$ verursacht einen Peak bei *m*/*z* 102. Nach der Abspaltung von Propen (C_3H_6) aus dem Pentansäure-Rest folgt dann in der zweiten McLafferty-Reaktion die Freisetzung von Ethen (C_2H_4) aus dem Ethoxy-Rest. Insgesamt ergeben die beiden McLafferty-Reaktionen ein Radikalkation $[M - C_3H_6 - C_2H_4]^{\bullet+}$ mit *m*/*z* 74. Da der aus der doppelten McLafferty-Reaktion resultierende Peak um 14 Masseneinheiten höher liegt als der für einen Ester ohne α-Verzweigung zu erwartende Wert von *m*/*z* 60, drängt sich sofort die Annahme einer Methylgruppe am α-Kohlenstoffatom (C-2) des Pentansäure-Restes auf. Darüber hinaus enthält das Spektrum Peaks bei *m*/*z* 99 und *m*/*z* 71, die auf die Abspaltung des Ethoxyl-Radikals aus dem Molekül-Ion und den nachfolgenden Verlust von Kohlenmonoxid (CO) zurückzuführen sind. Es verwundert nicht, dass die Abspaltung von CO hier mehr in den Vordergrund tritt als zum Beispiel beim Hexansäureethylester, weil in diesem Fall unmittelbar ein stabileres, sekundäres Alkylkation gebildet wird. Beachten Sie aber, dass auch die α-Spaltung im 2-Methylpentansäure-Rest, bei der die Ladung auf dem 2-Pentyl-Fragment verbleibt, zur Intensität des Peaks bei *m/z* 71 beitragen kann. Der Verlust eines Ethyl-Radikals (29 u) durch die γ-Spaltung im 2-Methylpentansäure-Rest ist schließlich für den Peak bei *m/z* 115 verantwortlich – dieser Peak liegt wiederum um 13 Masseneinheiten höher als der aus der ersten McLafferty-Reaktion resultierende Peak bei *m/z* 102

Zum Abschluss wollen wir noch das EI-Massenspektrum von Propansäurepentylester in Abbildung 8.25 näher untersuchen. Der intensivste Peak mit einem geradzahligen *m/z*-Wert liegt in diesem Spektrum bei *m/z* 70. Dieser Wert kann jedoch keinem typischen Fragment-Ion aus der McLafferty-Reaktion eines Esters oder einer Carbonsäure zugeordnet werden. Tatsächlich steht in der kurzen Carbonsäurekette ja auch kein γ-ständiges H-Atom zur Verfügung. Die Kette der Alkoxygruppe des Esters ist dagegen lang genug, um eine McLafferty-Reaktion zu ermöglichen. Anstelle des infolge dieser Reaktion zu erwartenden Peaks bei *m/z* 74 erscheint aber lediglich der erwähnte Peak bei *m/z* 70. Dieser *m/z*-Wert entspricht allerdings gerade einem Verlust von 74 Masseneinheiten aus dem Molekül-Ion. Wie kann das erklärt werden? Die normale McLafferty-Reaktion mit der Alkoxygruppe dieses Esters würde zur Bildung von Penten (C_5H_{10}, 70 u) und des Radikalkations von Propansäure ($C_2H_5COOH^{\bullet+}$, *m/z* 74) führen. Die Ionisierungsenergie von Propansäure (*IE* = 10,44 eV) ist aber erheblich größer als die Ionisierungsenergie von 1-Penten (*IE* = 9,49 eV). Daher entsteht in diesem Fall gemäß der Stevenson-Audier-Regel bevorzugt das Radikalkation von Penten (*m/z* 70) anstelle des Radikalkations von Propansäure. Carbonsäuren weisen oftmals höhere Ionisierungsenergien auf als Alkene – Enole dagegen niedrigere. Der für Propansäurepentylester diskutierte Fragmentierungsverlauf kommt daher häufig vor, wenn die erste McLafferty-Reaktion in der Alkoxygruppe eines Esters stattfindet. Im vorliegenden Beispiel ist wie erwähnt gar keine zweite McLafferty-Reaktion möglich. Für den Basispeak des Spektrums bei *m/z* 57 ist das Propanoyl-Kation verantwortlich, das durch die für Ester typische Abspaltung des Alkoxylradikals (hier des Pentoxyl-Radikals $C_5H_{11}O^{\bullet}$) gebildet wird. Der Peak bei *m/z* 29 stammt schließlich von Ethyl-Kationen, die aus dem Propanoyl-Kation durch die Abspaltung von CO entstehen. Wie die Beispiele in Abbildung 8.25 zeigen, enthalten die EI-Massenspektren von Estern eine analytisch gut nutzbare Vielfalt von Fragmentionen-Peaks. Häufig – aber nicht immer – ist daher auch die Unterscheidung zwischen strukturell eng verwandten Spezies möglich.

Die EI-Massenspektren von aromatischen Carbonsäureestern enthalten in der Regel stärkere Molekülionen-Peaks und die McLafferty-Reaktion kann nur in der Alkoxygruppe stattfinden – außer es handelt sich um die zu kurze Methoxygruppe. Als weitere häufige Fragmentierungen treten die Abspaltung eines Alkoxylradikals und auch der nachfolgende Verlust von Kohlenmonoxid (CO) auf. Das EI-Massenspektrum von Benzoesäureethylester in ▶ Abbildung 8.26 ist ein einfaches Beispiel. Der Basispeak bei *m/z* 105 ist auf die Abspaltung des Ethoxyl-Radikals zurückzuführen, die das sehr stabile Benzoyl-Kation ($C_6H_5{-}C{\equiv}O^+$) ergibt. Das Benzoyl-Kation kann anschließend unter Bildung des Phenyl-Kations (*m/z* 77) noch CO freisetzen. Schließlich erscheint ein signifikanter Peak bei *m/z* 122. Dieser Peak wird von den Radikalkationen der Benzoesäure verursacht, die als Produkt der McLafferty-Reaktion entstehen.

Unter den Bedingungen der chemischen Ionisierung (CI) werden leicht protonierte Ester gebildet, die ebenfalls charakteristischen Fragmentierungen unterliegen. Erfolgt die Protonierung des Esters am Sauerstoffatom der Alkoxygruppe, dann entsteht durch die Abspaltung des entsprechenden Alkohols auf direktem Weg wiederum das Acylkation. Anschließend kann die Freisetzung von CO aus dem Acylkation auch hier zu einem Alkylkation führen. Protonierte Ester können darüber hinaus aus der Alkoxygruppe ein Alken eliminieren, wodurch gleichzeitig eine protonierte Carbonsäure gebildet wird. Dieser Prozess ist aus formalen und mechanistischen Gründen keine McLafferty-Reaktion, obwohl jeweils das gleiche neutrale Alken wie bei der McLafferty-Reaktion eliminiert wird. Tatsächlich ist dieser Reaktionstyp, eine β-Eliminierung, als thermischer Prozess bei neutralen Estern gut bekannt.

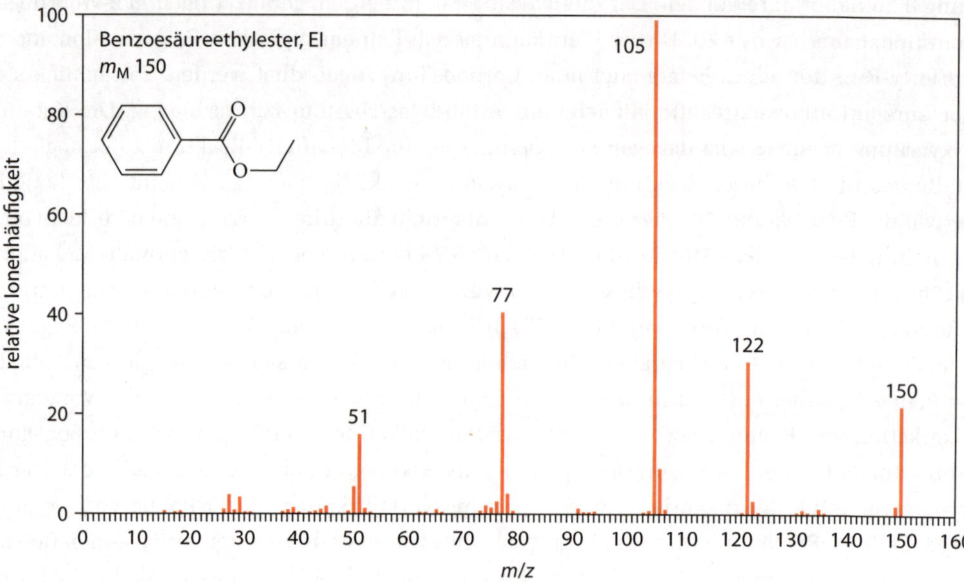

Abbildung 8.26: **EI-Massenspektrum von Benzoesäureethylester.** (Die Daten stammen von http://webbook.nist.gov.)

8.9.3 Amide

Es ist nicht verwunderlich, dass die Fragmentierungen von Carbonsäureamiden im Großen und Ganzen analog zu denen von Carbonsäuren und Estern verlaufen. Da Amide anstelle des Alkoxysauerstoffatoms ein Stickstoffatom aufweisen, kehrt sich die Zuordnung von Peaks mit geradzahligen und ungeradzahligen *m*/*z*-Werten zu bestimmten Typen von Kationen im Vergleich zu den Estern um. Mit anderen Worten: Radikalkationen, die ein Stickstoffatom (oder eine ungerade Anzahl Stickstoffatome) enthalten, besitzen eine ungerade Massenzahl. Bis auf diesen Unterschied findet man bei Amiden die gleiche Konkurrenz von McLafferty-Reaktionen, α-Spaltungen und γ-Spaltungen wie bei Estern. ▶ Abbildung 8.27 zeigt zur Veranschaulichung die EI-Massenspektren zweier isomerer Amide. Im Spektrum von Octanamid liegt der Molekülionen-Peak beim ungeraden *m*/*z*-Wert 143. Auch der Basispeak weist mit 59 einen ungeraden *m*/*z*-Wert auf. Das für den Basispeak verantwortliche Ion muss daher ein Radikalkation sein, wenn es das Stickstoffatom noch enthält. In diesem Fall ist das Basis-Ion tatsächlich noch stickstoffhaltig und es entsteht durch eine McLafferty-Reaktion, bei der 1-Hexen freigesetzt und das Radikalkation $CH_2{=}C(OH)NH_2^{\bullet+}$ gebildet wird. Dieses Radikalkation ist besonders stabil und stellt das typische Fragment-Ion aus der McLafferty-Reaktion eines primären Amids dar. Der zweite markante Peak im Spektrum von Octanamid liegt bei *m*/*z* 72 – auch hier wieder um 13 Masseneinheiten höher – und wird vom aus der γ-Spaltung resultierenden Fragment-Ion verursacht. In Analogie zu den Carbonsäuren besitzt dieses Fragment-Ion die allylische Struktur $CH_2{=}CH{-}C^+(OH)NH_2$. Da dieses Kation mit abgeschlossener Elektronenschale ein Stickstoffatom enthält, weist es eine gerade Massenzahl auf. Im EI-Massenspektrum von *N,N*-Dimethylhexanamid findet man den Peak für die Fragment-Ionen $CH_2{=}C(OH)N(CH_3)_2^{\bullet+}$ aus der McLafferty-Reaktion wegen der beiden Methylgruppen am Stickstoffatom nicht bei *m*/*z* 59, sondern bei *m*/*z* 87. Zwei weitere charakteristische Peaks erscheinen infolge einer γ-Spaltung zu den Ionen $CH_2{=}CH{-}C^+(OH)N(CH_3)_2$ unter Verlust eines Propyl-Radikals (43 u) bei *m*/*z* 100 sowie infolge einer α-Spaltung zu den Ionen $O{=}C{=}N^+(CH_3)_2$ unter Verlust eines Pentyl-Radikals (71 u) bei *m*/*z* 72. Die Peakgruppe im Bereich von *m*/*z* 43 bis *m*/*z* 45 leitet sich sehr wahrscheinlich von der Dimethylaminogruppe ab und enthält den Basispeak. Aromatische Carbonsäureamide verhalten sich im Wesentlichen wie aromatische Carbonsäureester. In diesen Fällen stellt die Spaltung der Amidbindung unter Bildung eines (substituierten) Aroylkations eine häufige Fragmentierung dar.

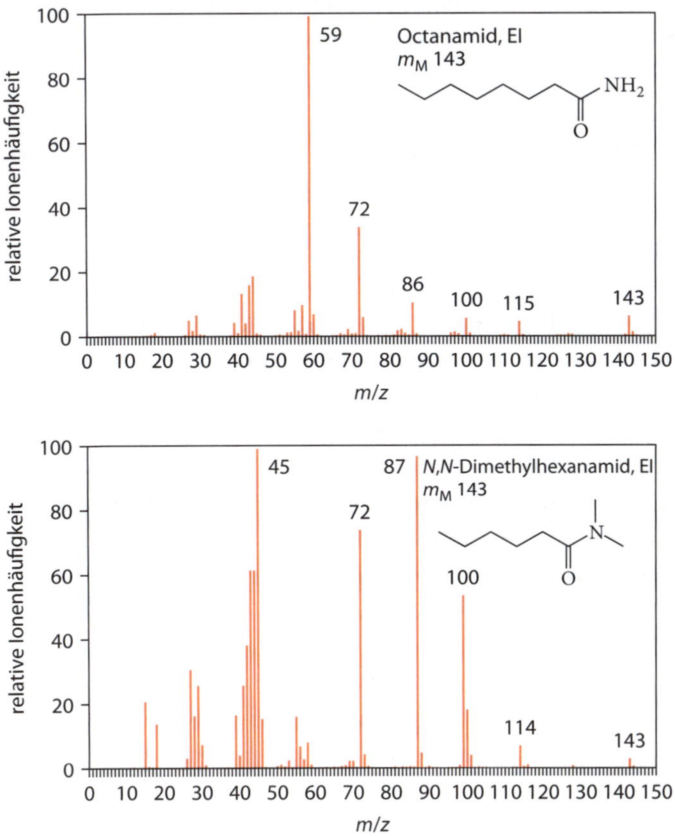

Abbildung 8.27: EI-Massenspektren von Octanamid und *N,N*-Dimethylhexanamid. (Die Daten stammen von http://webbook.nist.gov.)

Die CI-Massenspektren von Carbonsäureamiden zeigen neben den Peaks für die sehr stabilen Quasi-Molekülionen des Typs $[M + H]^+$ im Allgemeinen intensive Signale, die aus der Spaltung der Amidbindung resultieren. Dabei entstehen entweder ein Acylkation und ein elektrisch neutrales Amin oder – falls möglich – durch einen zusätzlichen Protonentransfer vom (sauren!) Acylkation auf das Amin das zugehörige Ammonium-Ion sowie das entsprechende Keten. Der Zerfall protonierter Amide zählt zu den sehr gut untersuchten Fragmentierungen in der Massenspektrometrie, weil er für die massenspektrometrische Analyse von Peptidsequenzen eine große Rolle spielt. Wegen der zahlreichen zusätzlichen funktionellen Gruppen in Oligo- und Polypeptiden sind die Massenspektren in diesen Fällen aber deutlich komplizierter als bei einfachen Amiden. Wir werden uns mit solchen Massenspektren in Abschnitt 9.4.1 noch genauer beschäftigen.

8.9.4 Nitrile

Die EI-Massenspektren von Nitrilen besitzen kein besonders charakteristisches Erscheinungsbild. McLafferty-Reaktionen treten auch bei Nitrilen auf. Sie spielen dort aber bei Weitem keine so auffällige Rolle wie bei Carbonylverbindungen und bei Alkylbenzolen, weil die resultierenden Fragment-Ionen (allgemein $R_2C{=}C{=}NH^{\bullet+}$, *m*/*z* 41, 55, 69 et cetera) die gleichen oder ähnliche *m*/*z*-Werte aufweisen wie die bei aliphatischen Verbindungen allgegenwärtigen Alkyl- beziehungsweise Alkenyl-Ionen. Bei aromatischen Nitrilen werden häufig nur die typischen Fragmentierungen der Arylgruppe beobachtet. Die Abspaltung von CN findet relativ selten statt. Die Cyanogruppe wird vielmehr üblicherweise in Form von HCN freigesetzt.

Zusammenfassung für Carbonsäure und deren Derivate

1. Bei den meisten Carbonsäuren und deren Derivaten finden häufig McLafferty-Reaktionen unter Eliminierung eines Alkens und Bildung stabiler Enol-Radikalkationen mit charakteristischen Massen statt. Wenn am α-Kohlenstoffatom keine Verzweigung vorliegt, liefert die McLafferty-Reaktion von Carbonsäuren ein typisches Fragment-Ion mit *m*/*z* 60. Ester mit ausreichend langen Carbonsäure- und/oder Alkoholketten – das heißt mit einem γ-H-Atom in der jeweiligen Kette – können leicht einfachen beziehungsweise auch doppelten McLafferty-Reaktionen unterliegen. Infolgedessen beobachtet man charakteristische Peaks bei *m*/*z* 60, *m*/*z* 74, *m*/*z* 88, *m*/*z* 102 und so weiter. Die aus der McLafferty-Reaktion resultierenden Fragment-Ionen besitzen als Radikalkationen gerade *m*/*z*-Werte, wenn sie kein oder eine gerade Anzahl Stickstoffatome enthalten. Die erste McLafferty-Reaktion eines Esters erfolgt bevorzugt im Carbonsäurerest. Die McLafferty-Reaktion von Carbonsäureamiden ergibt (bei ungerader Anzahl von Stickstoffatomen) Fragment-Ionen mit typischen ungeraden *m*/*z*-Werten von 59, 73, 87 und so weiter.
2. Ester und Amide sind wie die meisten Carbonsäurederivate anfällig für α-Spaltungen auf beiden Seiten der Carbonylgruppe. Bei Estern kann ein solcher Prozess zur Abspaltung eines Alkoxylradikals unter Bildung eines Acylkations führen. Das Acylkation kann anschließend noch CO verlieren, wodurch ein Alkylkation entsteht.
3. Außerdem treten bei den meisten Carbonsäurederivaten häufig sehr charakteristische Spaltungen γ-ständiger C–C-Bindungen im Carbonsäurerest auf. Die dabei entstehenden Fragment-Ionen sind stets um 13 Masseneinheiten schwerer als die Fragment-Ionen aus der McLafferty-Reaktion im Carbonsäurerest, sofern am β-Kohlenstoffatom keine Verzweigung vorliegt.

8.10 Verbindungen mit anderen funktionellen Gruppen

8.10.1 Nitroverbindungen

Die EI-Massenspektren von Nitroalkanen werden normalerweise durch die Abspaltung des mäßig stabilen Stickstoffdioxids ($NO_2^{\bullet}$) dominiert. Das resultierende Alkylkation unterliegt den typischen Folgefragmentierungen. Nitroaromaten zeigen interessante Fragmentierungsmuster und stellen ein gutes Beispiel für alternative Fragmentierungswege aromatischer Verbindungen dar. Die EI-Spektren von 4- und 2-Nitrotoluol in ▶ Abbildung 8.28 veranschaulichen die typischen Fragmentierungsmuster von Nitroaromaten. Im Spektrum des *para*-Isomers tritt die Abspaltung des $NO_2^{\bullet}$-Radikals zum 4-Methylphenyl-Kation (4-$CH_3C_6H_4^{+}$, *m/z* 91) als wichtigste Fragmentierung in Erscheinung. Darüber hinaus enthält dieses Spektrum einen sehr bemerkenswerten Peak bei *m/z* 107, der durch den Verlust von Stickstoffmonoxid ($NO^{\bullet}$, 30 u) verursacht werden muss. Dieser Prozess ist ein Beispiel für eine Smiles-artige Umlagerung und verläuft über ein Spiro-Intermediat zu einem Fragment-Ion, das als *C*-protoniertes Chinomethan, also $[CH_2{=}C_6H_4{=}O + H]^+$, zu verstehen ist (siehe Reaktionsgleichung 8.36). Außerdem findet man einen Peak für das typische Aromatenfragment $C_5H_5^+$ bei *m/z* 65.

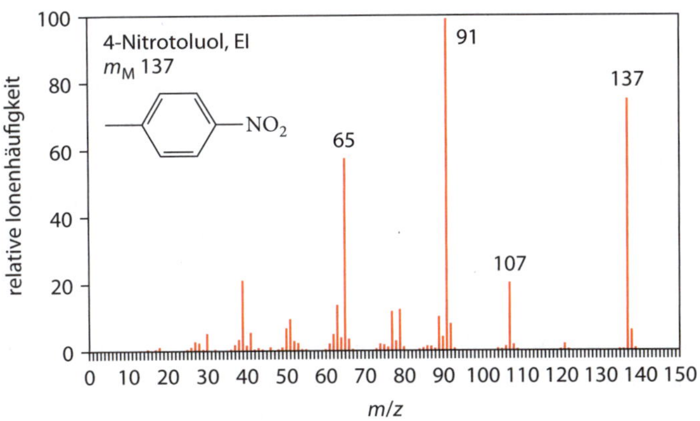

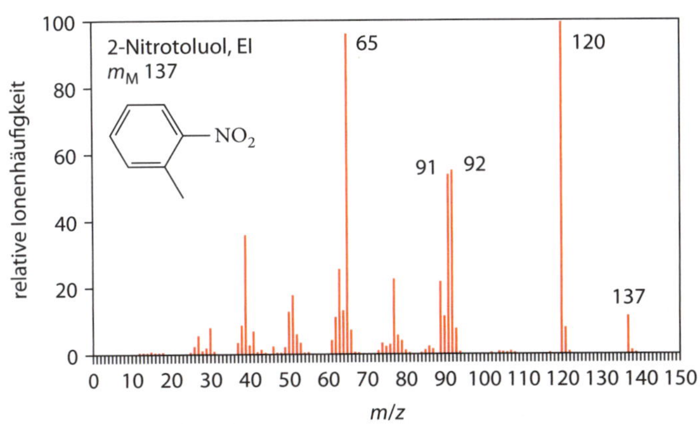

Abbildung 8.28: EI-Massenspektren von 4-Nitrotoluol und 2-Nitrotoluol. (Die Daten stammen von http://webbook.nist.gov.)

TEIL II

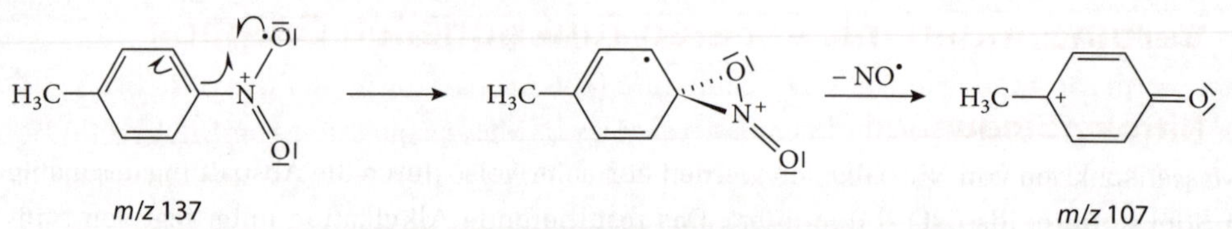

(8.36)

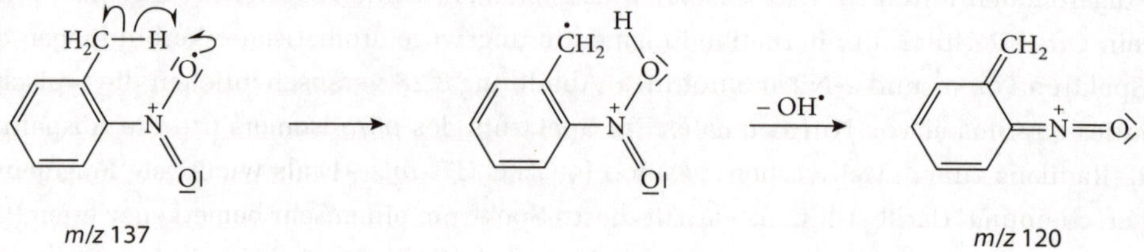

(8.37)

Die Erscheinungsbilder der EI-Massenspektren der *para*- und der *ortho*-Verbindung weichen deutlich voneinander ab. Der entscheidende Unterschied zwischen den auf den ersten Blick so ähnlichen Molekül-Ionen dieser beiden Verbindungen besteht in der Möglichkeit einer intramolekularen Reaktion zwischen der Methylgruppe und der Nitrogruppe im *ortho*-Isomer. Der zunächst überraschende Verlust von 17 Masseneinheiten (eines Hydroxyl-Radikals) tritt infolge dieser Reaktion auf. Mechanistisch läuft der Prozess über den intramolekularen Transfer eines Wasserstoffatoms von der Methylgruppe auf ein Sauerstoffatom der Nitrogruppe und der anschließenden Abspaltung eines Hydroxyl-Radikals zu einem nitrososubstituierten Benzyl-Kation mit *m*/*z* 120 (siehe Reaktionsgleichung 8.37). Auch im Spektrum des *ortho*-Isomers erscheinen der Peak bei *m*/*z* 91, der auf die direkte Abspaltung des $NO_2^•$-Radikals aus dem Molekül-Ion zurückzuführen ist, sowie der Peak bei *m*/*z* 65 für das typische Aromatenfragment $C_5H_5^+$. Schließlich enthält das Spektrum des *ortho*-Isomers einen relativ intensiven Peak bei *m*/*z* 92. Dieser kann vermutlich mit der Folgefragmentierung des Fragment-Ions mit *m*/*z* 120 erklärt werden, bei der eine komplizierte Serie von Isomerisierungsschritten die nachfolgende Eliminierung von 28 Masseneinheiten ermöglicht. Die EI-Massenspektren der beiden Isomere können leicht unterschieden und zugeordnet werden, allerdings nur wegen des beschriebenen *ortho*-Effekts. Das Spektrum des *meta*-Isomers ähnelt dem Spektrum des *para*-Isomers nämlich erwartungsgemäß sehr stark. Solche *ortho*-Effekte können auch bei anderen 1,2-disubstituierten beziehungsweise 1,2-difunktionalisierten Aromaten beobachtet werden. Beispielsweise spalten *ortho*-alkylsubstituierte aromatische Carbonsäuren und Ester durch einen ähnlichen Prozess Wasser beziehungsweise den entsprechenden Alkohol ab.

8.10.2 Schwefelhaltige funktionelle Gruppen

Thiole (Mercaptane) und Thioether (organische Sulfide) zeigen ein ähnliches Fragmentierungsverhalten wie Alkohole beziehungsweise Ether. Wie Sauerstoffatome können auch Schwefelatome intramolekular benachbarte Carbenium-Ionen stabilisieren. Deswegen findet bei Radikalkationen von Thiolen und Thioethern häufig eine α-Spaltung statt. Außerdem zeigen Thiole eine starke Tendenz zur Abspaltung von Schwefelwasserstoff (H_2S, überwiegend 34 u) unter Bildung eines Ions mit geradem *m*/*z*-Wert, das dem Radikalkation eines Alkens entspricht. Dieses Ion des Typs $[M - H_2S]^{•+}$ kann das EI-Massenspektrum zusammen mit den Produkten seiner weiteren Fragmentierung dominieren. Butanthiol ergibt zum Beispiel einen intensiven Peak, der auf den Verlust von H_2S zurückgeführt werden kann und durch das Radikalkation von Buten ($C_4H_8^{\bullet+}$, *m*/*z* 56) verursacht wird. Dieses Ion kann anschließend durch die Abspaltung eines Methyl-Radikals zum Allyl-Kation ($C_3H_5^{\bullet+}$, *m*/*z* 41) weiterfragmentieren. Das EI-Massenspektrum von Diethylsulfid in ► Abbildung 8.29 zeigt einige typische Merkmale von Thioethern. Die Abspaltung eines Methyl-Radikals repräsentiert die α-Spaltung zu einem Carbokation mit *m*/*z* 75, nämlich $CH_3CH_2SCH_2^+$, das durch die freien Elektronenpaare des Schwefelatoms resonanzstabilisiert wird. Die Freisetzung eines Ethyl-Radikals durch die Spaltung der C–S-Bindung führt zum Ion $[C_2H_5S]^+$, für das ein Peak bei *m*/*z* 61 erscheint. (Zur Struktur dieses Ions ist anzumerken, dass die Carbenium-Struktur CH_3CH^+SH bekanntermaßen wesentlich stabiler ist als das isomere Ion $CH_3CH_2S^+$!) Ist die Spaltung der C–S-Bindung mit der Übertragung eines Wasserstoffatoms vom abgespaltenen Ethyl-Radikal auf das Schwefelatom verbunden, werden Ethen und das Radikalkation von Ethanthiol ($CH_3CH_2SH^{\bullet+}$, *m*/*z* 62) gebildet. Das Radikalkation von Ethanthiol kann schließlich noch einer α-Spaltung unter Verlust eines Methyl-Radikals unterliegen, wodurch das Ion $HSCH_2^+$ mit *m*/*z* 47 entsteht. Dieses Fragment-Ion ist für aliphatische Thiole und Thioether charakteristisch.

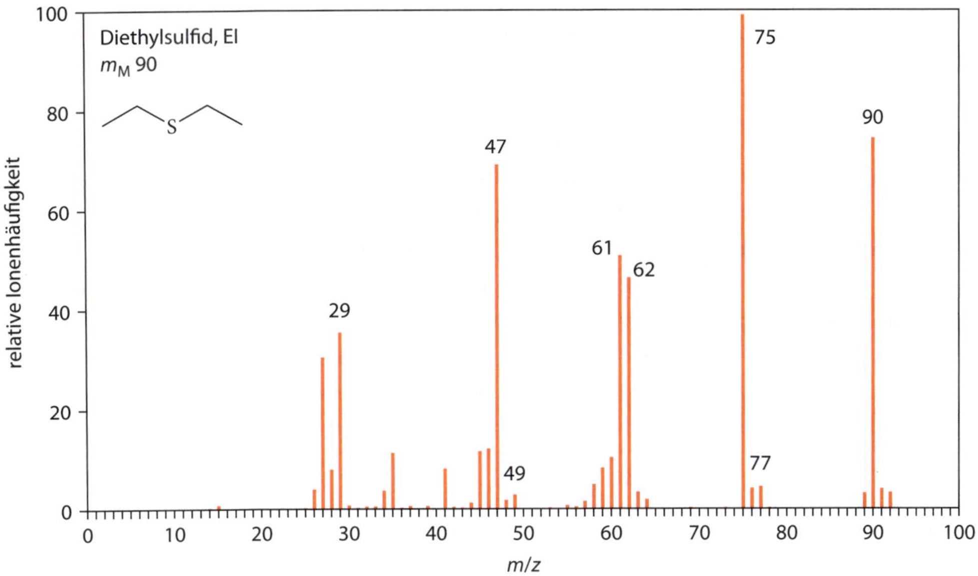

Abbildung 8.29: EI-Massenspektrum von Diethylsulfid. (Die Daten stammen von http://webbook.nist.gov.)

Bei Radikalkationen von Disulfiden (RSSR´) und Sulfoxiden (RS(O)R´) erfolgt häufig eine Spaltung der C–S-Bindung, die von der intramolekularen Übertragung eines Wasserstoffatoms begleitet wird – also insgesamt (formal) eine 1,2-Eliminierung. Dabei entstehen ein Alken und ein Ion mit einem geradzahligen *m*/*z*-Wert, also ein Radikalkation von RSSH beziehungsweise RSOH. Disulfide weisen außerdem eine besonders schwache S–S-Bindung auf, deren Fragmentierung entsprechend leicht eintritt. Im Fall von Sulfonen ($RS(O_2)R´$) spielt der Fragmentierungsweg über die (formale) 1,2-Eliminierung keine besondere Rolle. Vielmehr findet hier im Allgemeinen die Spaltung von C–S-Bindungen unter Bildung von Alkylkationen statt. Sulfonsäureester ($RS(O_2)OR´$) verlieren durch die Spaltung der S–OR´-Bindung oftmals eine Alkoxygruppe. Die Spaltung der SO–R´-Bindung mit H-Umlagerung aus der Alkoxygruppe führt bei *aromatischen* Sulfonsäureestern unter Eliminierung des entsprechenden Alkens zur Bildung des Radikalkations der Sulfonsäure ($RSO_3H^{•+}$). Bei *aliphatischen* Sulfonsäureestern verbleibt die Ladung gemäß der Stevenson-Audier-Regel dagegen auf dem Alkenfragment. In Analogie zu den Carbonsäureestern können diese Fragmentierungen als McLafferty-Reaktionen aufgefasst werden. Schließlich kann in der Alkoxygruppe auch eine α-Spaltung ablaufen, wodurch ein um eine CH_2-Einheit leichteres Alkylradikal verloren geht. Eine charakteristische Fragmentierung der Radikalkationen von Arensulfonsäuren besteht in der Abspaltung von Schwefeldioxid (SO_2, überwiegend 64 u). Dieser Prozess stellt analog zur Abspaltung von $NO^•$ aus Nitroarenen in Reaktionsgleichung 8.36 eine Smiles-artige Umlagerung dar und führt zu einer phenolischen Spezies. Die Anionen-Massenspektrometrie schwefelhaltiger Verbindungen ist ebenfalls bemerkenswert. Die Abspaltung von SO_2 tritt auch bei der Fragmentierung der negativ geladenen Arensulfonat-Ionen (Aryl–SO_3^-) auf und ergibt in diesem Fall Phenolat-Ionen (Aryl–O^-). Deprotonierte Sulfonsäuren können auch einer homolytischen Spaltung der C–S-Bindung unterliegen, wodurch das Radikalanion $SO_3^{•-}$ (m/z 80) entsteht. Dieser Prozess ist eines der seltenen Beispiele, bei denen ein nichtradikalisches Ion mit abgeschlossener Elektronenschale zu zwei radikalischen Fragmenten dissoziiert. Seine Triebkraft kann durch die sehr hohe Elektronenaffinität von Schwefeltrioxid (SO_3, EA = 1,9 eV) und die niedrige Elektronenaffinität von Alkylradikalen erklärt werden.

8.10.3 Silane und Silylether

An Siliciumatomen können positive Ladungen ziemlich gut stabilisiert werden. Die Radikalkationen von Alkylsilanen fragmentieren daher im Allgemeinen unter dem Bruch einer C–Si-Bindung zu einem Trialkylsilyl-Kation (R_3Si^+) und einem Alkylradikal. Bei Trimethylsilyl-Derivaten führt diese Fragmentierung zu einem charakteristischen Peak bei m/z 73, der auf das Trimethylsilyl-Kation $(CH_3)_3Si^+$ zurückzuführen ist. Bei höheren Trialkylsilyl-Kationen führen Folgefragmentierungen in der Regel zur Freisetzung eines Alkens durch eine (formale) 1,2-Eliminierung bei gleichzeitiger Bildung einer neuen Si–H-Bindung. Bei Trimethylsilylethern wie zum Beispiel $(CH_3)_3SiOCH_2R$ ist die Situation komplizierter und es treten mehr Fragmentierungswege in Er-

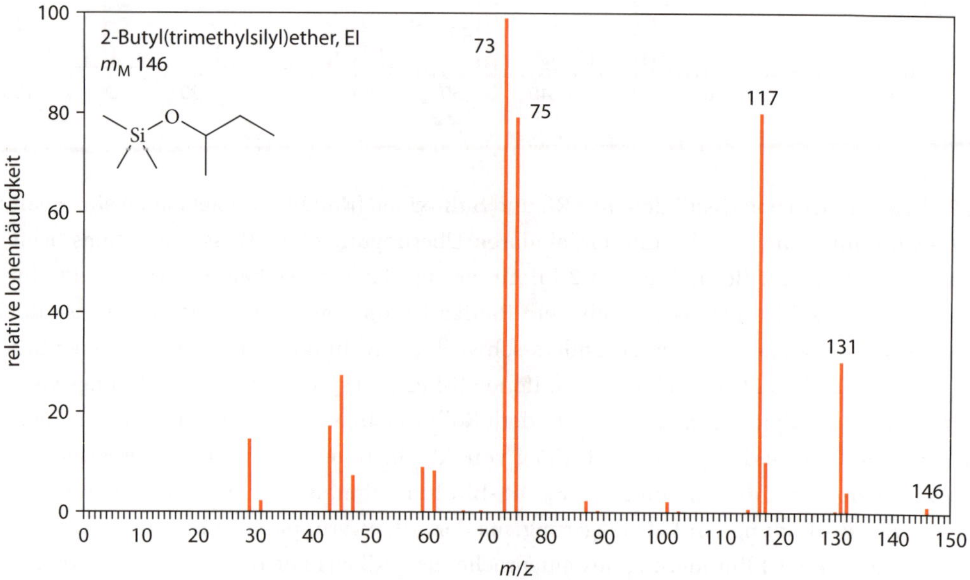

Abbildung 8.30: EI-Massenspektrum von 2-Butyl(trimethylsilyl) ether. (Die Daten stammen von http://webbook.nist.gov.)

scheinung. Durch die Spaltung der Si–O-Bindung kann auch hier das Trimethylsilyl-Kation gebildet werden. Außerdem sind zwei Typen von α-Spaltungen bezüglich des Sauerstoffatoms möglich. Die α-Spaltung der C–C-Bindung in der Alkylgruppe des Ethers führt zu dem bei den Ethern bereits besprochenen Carbokation $(CH_3)_3SiOCH_2^+$, das durch die freien Elektronenpaare des benachbarten Sauerstoffatoms stabilisiert wird. Dagegen liefert die alternative α-Spaltung einer der (schwächeren) C–Si-Bindungen in der Trialkylsilylgruppe des Ethers ein durch das Sauerstoffatom stabilisiertes Silylkation des Typs $(CH_3)_2Si^+OCH_2R$. Dieses stabilisierte Silylkation kann in einer Folgefragmentierung, nämlich durch die Spaltung der C–O-Bindung mit begleitendem Protonentransfer, zu einem Alken und dem charakteristischen, ebenfalls oxystabilisierten Silylkation $(CH_3)_2Si^+OH$ (*m*/*z* 75) reagieren. Reaktionsgleichung 8.38 zeigt diese Fragmentierungen für 2-Butyl(trimethylsilyl)ether.

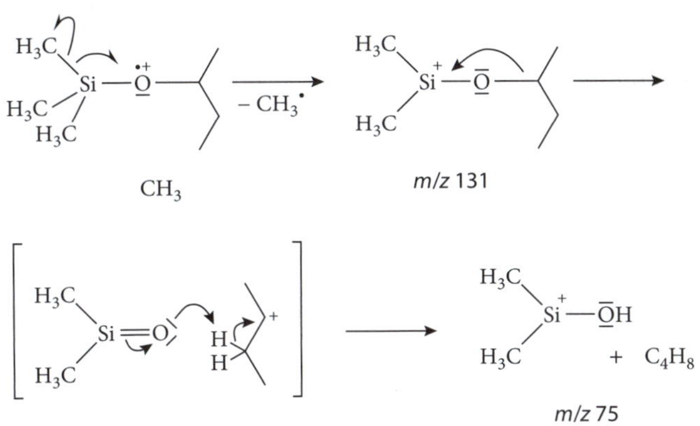

(8.38)

Das EI-Massenspektrum von 2-Butyl(trimethylsilyl)ether in ▶ Abbildung 8.30 stellt ein gutes Beispiel für die oben besprochenen Fragmentierungen von Silylethern dar. In diesem Spektrum erscheinen zwei starke Peaks für die charakteristischen Fragmente von Trimethylsilylethern bei *m*/*z* 73 für das Ion $(CH_3)_3Si^+$ und bei *m*/*z* 75 für das Ion $(CH_3)_2Si^+OH$. Außerdem enthält das Spektrum Peaks bei *m*/*z* 131 und *m*/*z* 117, die auf die Abspaltung eines Methyl- beziehungsweise Ethyl-Radikals aus der *sek*-Butylgruppe zurückzuführen sind. Zum Peak bei *m*/*z* 131 trägt aber auch der Verlust eines Methyl-Radikals durch die α-Spaltung einer der C–Si-Bindungen bei. Neben dem Verlust des $C_2H_5^•$-Radikals finden also zwei miteinander konkurrierende $CH_3^•$-Abspaltungen statt. Durch den intensiven Peak bei *m*/*z* 75 für das Produkt $(CH_3)_2Si^+OH$ der Sekundärfragmentierung wird eindeutig belegt, dass die Spaltung der C–Si-Bindung auch wirklich an dem Zerfall beteiligt ist. Die obigen Erläuterungen zu den EI-Massenspektren S- und Si-haltiger Verbindungen veranschaulichen, wie die Anwesenheit anderer Heteroatome als O, N und den Halogenen ebenfalls interessante und spezifische Fragmentierungen hervorruft.

8.11 Fragmentierungstechniken und Tandem-Massenspektrometrie

In den vorhergehenden Abschnitten haben wir uns größtenteils Massenspektren gewidmet, bei denen die Molekül-Ionen fast ausschließlich mithilfe der Elektronenionisierung (EI) erzeugt wurden und die hohe Anregung der Ionen umfangreiche Fragmentierungen hervorrief. Bei Verwendung anderer Ionisierungsmethoden ist das dagegen in der Regel nicht der Fall. Die chemische Ionisierung (CI) kann zwar – je nach Wahl des Reaktantgases – ebenfalls zu signifikanten Fragmentierungen führen, aber die modernen weichen Ionisierungsmethoden ESI und MALDI, die wir in Kapitel 7 beschrieben haben, verursachen im Allgemeinen kaum Fragmentierungen der Analyt-Ionen. Man könnte daher annehmen, dass beim Einsatz dieser weichen Methoden auf die reichhaltigen strukturellen Informationen der Fragmentierungsmuster, die man in EI-Massenspektren findet, verzichtet werden müsste. Das ist aber glücklicherweise nicht der Fall. Vielmehr steht eine Reihe von Techniken zur Verfügung, mit deren Hilfe unabhängig von der Ionisierung durch *nachträgliche* Übertragung von innerer Energie Fragmentierungen ausgelöst werden können. Tatsächlich ermöglichen diese Methoden sogar eine bessere Steuerung des Fragmentierungsprozesses, weil die Energiemenge, die den Ionen zur Auslösung der Fragmentierungen zugeführt wird, besser kontrolliert werden kann. Es ist außerdem möglich, aus einer Mischung von Analyt-Ionen durch eine vorgeschaltete Massentrennung nur diejenigen Molekül-Ionen oder Quasi-Molekülionen anzuregen, deren Fragmentierung von Interesse ist. Dieses Verfahren bezeichnet man als *Tandem-Massenspektrometrie*, weil dabei an einer massenspektrometrischen Analyse mindestens zwei Massenanalysatoren zur Trennung der Ionen nach ihren m/z-Werten beteiligt sind. Durch den ersten Massenanalysator werden die Ionen selektiert, deren Fragmentierung gezielt und ohne Störung durch andere Ionen untersucht werden soll. Nach Anregung und Fragmentierung dieser ausgewählten Ionen dient der zweite Massenanalysator zur Messung des Massenspektrums nur dieser Ionen. Ein besonders großer Vorteil dieses Verfahrens besteht in der Möglichkeit zur massenspektrometrischen Untersuchung der einzelnen Komponenten einer Substanzmischung ohne *vorherige* – beispielsweise chromatographische – Trennung des Gemisches. Vielmehr werden zunächst alle Komponenten gleichzeitig in der Ionenquelle ionisiert. Ihre Trennung nach unterschiedlichen Molekülmassen (beziehungsweise m/z-Werten) erfolgt erst anschließend im ersten Massenanalysator des Massenspektrometers. Im zweiten Massenanalysator wird jede dieser ionischen Spezies dann separat anhand ihres individuellen Fragmentierungsmusters charakterisiert. Im Gegensatz zur Tandem-Massenspektrometrie liefert die einfache Aufnahme des EI-Spektrums einer Substanzmischung in der Regel ein sehr signalreiches Spektrum, das sowohl die Molekül- als auch die Fragmentionen-Peaks aller Komponenten der Mischung gleichzeitig enthält. In einem solchen Spektrum sind die Peaks der leichteren Molekül-Ionen durch die Fragmentionen-Peaks der schwereren Komponenten verdeckt und nicht mehr eindeutig identifizierbar, und eine sichere Zuordnung der Fragmentionen-Peaks zu den einzelnen Verbindungen der Mischung ist ebenfalls kaum noch möglich. Mithilfe der Tandem-Massenspektrometrie können die Fragmentierungen der verschiedenen Molekül- und Quasi-Molekülionen unterschiedlicher m/z-Werte dagegen separat erfasst werden. Die Hersteller von Massenspektrometern entwickeln ständig neue Varianten der Methoden zur Trennung und nachträglichen Anregung der Ionen nach dem eigentlichen Ionisierungsprozess. Wir werden hier deswegen nur einen Überblick über die allgemeinen Grundlagen der Fragmentierungstechniken in der Tandem-Massenspektrometrie geben.

8.11.1 Stoßinduzierte Dissoziation

Die stoßinduzierte Dissoziation (CID, engl. *collision-induced dissociation*), die auch als stoßaktivierte Dissoziation (CAD, engl. *collision-activated dissociation*) bezeichnet wird, stellt die am häufigsten angewandte Methode zur Fragmentierung von Ionen nach ihrer Erzeugung in der

Ionenquelle dar. Das Prinzip dieser Methode ist einfach. Die Ionen werden durch eine elektrische Potenzialdifferenz (Spannung) beschleunigt und dann in eine Stoßkammer gelenkt, in der sie mit den Teilchen eines gezielt eingeleiteten Inertgases wie Helium, Argon oder Stickstoff zusammenstoßen. Die kinetische Energie der Ionen, die sie infolge der Beschleunigung besitzen, wird durch die Stöße teilweise in intramolekulare Schwingungsenergie umgewandelt, die zum Bruch von Bindungen und somit zur Fragmentierung der Ionen führen kann. Das Ausmaß der Fragmentierungen kann dabei über die Größe der Kollisionsenergie gesteuert werden, indem die Beschleunigungsspannung und somit die kinetische Energie der Ionen verändert wird. Der Prozess der CID wird in ▶ Abbildung 8.31 veranschaulicht.

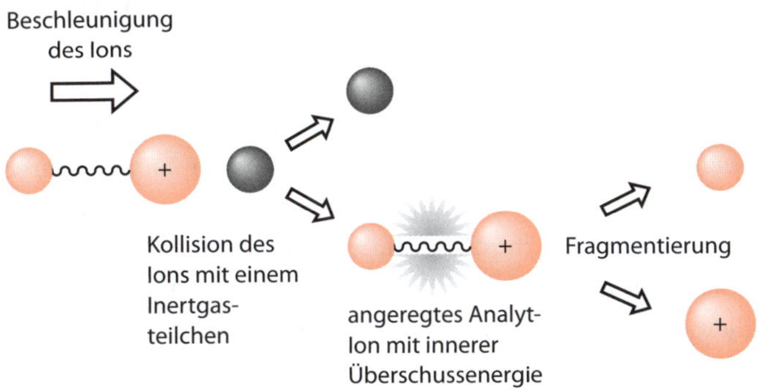

Abbildung 8.31: Schematische Darstellung eines CID-Prozesses. Ein Ion wird beschleunigt und kollidiert anschließend mit einem Inertgasteilchen. Durch die Kollision wird ein Teil der kinetischen Energie in Schwingungsenergie des Ions umgewandelt. Infolge dieser Schwingungsanregung treten einfache Bindungsspaltungen und andere Fragmentierungen des Ions auf.

Die Art und Weise, auf welche die stoßinduzierte Dissoziation durchgeführt wird, übt einen großen Einfluss auf das Ausmaß und die Konkurrenz der resultierenden Fragmentierungen aus. So spielt zum Beispiel der Typ des Massenanalysators eine wichtige Rolle. Zur Veranschaulichung vergleichen wir im Folgenden zwei sehr unterschiedliche CID-Techniken – die Stoßaktivierung in einem Tripelquadrupol- und in einem QIT-Massenspektrometer. Bei einem Tripelquadrupol-Gerät (siehe Abschnitt 7.3.4) kann der erste Quadrupol als Massenfilter genutzt werden, um Analyt-Ionen mit einem bestimmten m/z-Wert für die anschließende Fragmentierung zu selektieren. Bevor die selektierten Ionen in den zweiten Quadrupol eintreten, werden sie durch eine elektrische Potenzialdifferenz beschleunigt, damit sie bei den anschließenden Stößen (Kollisionen) genügend stark angeregt werden. Die Beschleunigungsspannung beträgt in diesen Geräten typischerweise etwa 10 bis 100 V. Einfach geladene Ionen weisen also nach der Beschleunigung eine kinetische Energie von bis zu 100 eV auf (1 eV pro Teilchen entspricht etwa 96,5 kJ mol^{-1}). Allerdings steht nach den Kollisionen nicht die gesamte kinetische Energie zur Anregung der Ionen zur Verfügung (siehe unten). Der zweite Quadrupol wird als Stoßkammer verwendet und so gesteuert, dass er als Ionentransfereinheit fungiert und alle Ionen durch ihn hindurchfliegen können. Zur Stoßanregung befindet sich im zweiten Quadrupol ein Inertgas wie Argon. Auf ihrem Weg durch den zweiten Quadrupol stoßen die Ionen mit den Teilchen des Inertgases zusammen und zerfallen schnell zu Fragment-Ionen, die dann in den dritten Quadrupol geleitet werden. Der dritte Quadrupol dient schließlich als Massenanalysator und folglich zur Aufnahme des eigentlichen Massenspektrums, in dem die Peaks der im zweiten Quadrupol erzeugten Fragment-Ionen erscheinen. Das charakteristische Merkmal des CID-Prozesses im Tripelquadrupol-Massenspektrometer besteht darin, dass er durch wenige energiereiche Kollisionen der massenselektierten Ionen innerhalb des zweiten Quadrupols ausgelöst wird. Im Grenzfall wird die Fragmentierung sogar durch nur eine einzelne Kollision ermöglicht, aber das entspricht nicht der üblichen Arbeitsweise. Wenn die Ionen nach der Beschleunigung eine ausreichend hohe kinetische Energie besitzen, kann durch die Stöße genügend innere Überschussenergie erzeugt werden, um eine Fülle von Fragmentierungen zu verursachen und somit ein signalreiches und dadurch auch strukturspezifisches Massenspektrum hervorzubringen. Diese Fragmentierungsprozesse ähneln stark den energiereichen Zerfallsreaktionen, die nach der Ionisierung in einer EI-Quelle ablaufen. Infolge der effektiven Stoßanregung besitzen die Ionen ausreichend hohe innere Energien, um auch *stark* endotherme Fragmentierungsreaktionen eingehen zu können. Deswegen werden viele verschiedene Fragmente gebildet, die nicht nur aus Primär-, sondern auch aus Sekundär- und Tertiärfragmentierungen hervorgehen. Im Spektrum erscheinen dementsprechend viele Peaks. Genau genommen müsste man bei der Betrachtung der Konkurrenz der verschiedenen Fragmentierungsreaktionen anstelle ihrer Thermodynamik ihre Kinetik und somit ihre Aktivierungsenergie und weitere kinetische Faktoren vergleichen. In der Praxis ist es aber einfacher und durchaus üblich, die leichter zugänglichen beziehungsweise abschätzbaren Reaktionsenthalpien der Fragmentierungen heranzuziehen, was erfahrungsgemäß in den meisten Fällen auch zum richtigen Ergebnis führt. Aus diesem Grund schreiben wir im Folgenden verallgemeinernd nur noch von energetisch günstigen oder ungünstigen Reaktionen.

In einer Quadrupol-Ionenfalle (QIT, siehe Abschnitt 7.3.3) führen ganz andere Ereignisse zur stoßinduzierten Dissoziation. Nachdem selektiv die Ionen eines spezifischen Analyten in der QIT-Einheit eingefangen worden sind, werden sie durch die Einstrahlung von Energie in Form von Radiowellen mit der jeweils entsprechenden Resonanzfrequenz auf höhere Bahngeschwindigkeiten beschleunigt. Als Stoßpartner dienen in diesem Fall die Gasteilchen des Heliums (etwa 10^{-1} Pa), das standardmäßig zur Erhöhung des Auflösungsvermögens des QIT-Massenspektrometers eingesetzt wird. Dabei dürfen die Ionen aber jeweils nicht zu stark beschleunigt werden, weil sie in der Falle gefangen bleiben müssen, um mit den Heliumatomen zusammenstoßen zu können. Ein zu energiereicher Radiofrequenzpuls würde zur Entladung der Ionen an den Wänden oder zu ihrem Ausstoß aus der Falle führen. Daher werden die Ionen immer nur schwach kinetisch angeregt und es finden folglich nur relativ energiearme Kollisionen mit den Heliumatomen statt. Unter diesen Bedingungen lassen sich nur dann Ionen mit ausreichend hohen inneren Energien erzeugen, wenn sie über einen längeren Zeitraum (im Bereich von einigen Millisekunden) wiederholt Zusammenstöße mit den Heliumatomen erleiden. Auf diese Weise wird die Anregung der Ionen langsam schrittweise verstärkt, bis sie die zur Fragmentierung mindestens erforderliche innere Energie aufgenommen haben. Dieser Prozess unterscheidet sich erheblich von der oben beschriebenen Anregung der Ionen in einem Tripelquadrupol-Massenspektrometer (Tripelquad). Im Tripelquad erhalten die Ionen durch wenige Stöße eine so große Überschussenergie, dass in kurzer Zeit viele verschiedene Fragmentierungen eintreten können. Im QIT-Massenspektrometer nähert sich die innere Energie der Ionen zunächst langsam der Aktivierungsschwelle der energetisch günstigsten Fragmentierungsreaktion und erreicht diese schließlich. Von diesem Punkt an kann entweder die entsprechende Fragmentierung ablaufen oder – durch weitere Stöße – die innere Energie der Ionen langsam weiter erhöht werden. Diese beiden Vorgänge konkurrieren miteinander. Je höher die innere Energie wird, desto geringer wird die Wahrscheinlichkeit für eine weitere Anregung durch zusätzliche Zusammenstöße mit Heliumatomen, weil die Ionen immer schneller über die wachsende Zahl energetisch möglicher und noch vergleichsweise günstiger Fragmentierungsreaktionen zerfallen. Daher erhält man durch die CID-Technik mit vielen relativ energiearmen Kollisionen in einer Quadrupol-Ionenfalle tendenziell eher einfachere Massenspektren, die von den energetisch günstigeren Fragmentierungen dominiert werden. Dadurch kann aber auch der Informationsgehalt eines solchen Spektrums in gewissem Maß begrenzt sein.

Der Hauptfaktor, durch den die Energieumwandlung bei der stoßinduzierten Dissoziation bestimmt wird, ist zwar die Größe der elektrischen Potenzialdifferenz, mit der die Ionen beschleunigt werden. Aber die Natur des Inertgases, mit dem die beschleunigten Ionen kollidieren, spielt ebenfalls eine wichtige Rolle. Bei der Kollision zwischen zwei Teilchen bleibt der Gesamtimpuls des Systems konstant. Deshalb kann nicht die gesamte kinetische Energie der Teilchen in innere Energie umgewandelt werden. Vielmehr muss zumindest ein Teil der Kollisionsenergie als Translationsenergie (kinetische Energie) der Stoßpartner erhalten bleiben. Die maximale Energie E_{max}, die bei einem solchen Stoß für die Umwandlung in innere Energie der Ionen (wohlgemerkt nicht in innere Energie des Inertgases, da dieses als *einatomiges* Gas keine inneren Freiheitsgrade besitzt) zur Verfügung steht, ist durch Gleichung 8.39 gegeben.

$$E_{max} = E_{Ion} \frac{m_{Gas}}{m_{Gas} + m_{Ion}} \tag{8.39}$$

In dieser Gleichung sind E_{Ion} die kinetische Energie des Ions vor dem Stoß (also nach der Beschleunigung), m_{Ion} die Masse des Ions und m_{Gas} die Masse des Gasteilchens, mit dem das Ion kollidiert. Aus Gleichung 8.39 geht unmittelbar hervor, dass die zur inneren Anregung der Ionen maximal verfügbare Energie mit zunehmender Masse des Stoßpartners (m_{Gas}) ansteigt (für $m_{Gas} \to \infty$ wird $E_{max} = E_{Ion}$). Aus diesem Grund werden für die Stoßaktivierung gerne Inertgase mit schweren Atomen eingesetzt, wie zum Beispiel Argon. In Quadrupol-Ionenfallen wird aber im Allgemeinen doch Helium verwendet, weil es für die Erhöhung des Auflösungsvermögens dieser Geräte besser geeignet ist. Infolgedessen sind für die Stoßaktivierung in einem QIT-Massenspektrometer viele Kollisionen erforderlich.

▶ Abbildung 8.32 zeigt eine Reihe von CID-Spektren des Dipeptids Glycylarginin (Gly-Arg). In diesem Fall wurde mithilfe der Elektrospray-Ionisierung (ESI) das protonierte Ion vom Typ $[M + H]^+$ des Dipeptids (*m/z* 232) erzeugt und in der Ionenfalle eines Massenspektrometers selektiv eingefangen. Die Stoßaktivierung dieses Ions führte dann zu den Fragmentierungen, die im Spektrum oben rechts in Abbildung 8.32 zu erkennen sind. Dieses Verfahren der Tandem-Massenspektrometrie wird auch als MS/MS (oder MS^2) bezeichnet, weil in *einem* Massenanalysator durch einen Massenscan zunächst ein ausgewähltes Ion isoliert wird und die daraus entstehenden, für dieses Ion spezifischen Fragment-Ionen in einem *zweiten* Massenanalysator getrennt und schließlich als Massenspektrum detektiert werden. Im Spektrum unten links wurde das Haupt-Fragment-Ion $[M + H - NH_3]^+$ (*m/z* 215) isoliert, aber nicht weiter zur Fragmentierung angeregt. Das Spektrum unten rechts in Abbildung 8.32 wurde erhalten, nachdem in einem zweiten CID-Prozess das zuvor isolierte Ion $[M + H - NH_3]^+$ zur Fragmentierung angeregt und die Fragmentierungsprodukte in einem dritten Massenscan vermessen wurden. Da dieses Experiment insgesamt drei Massenscans umfasst, spricht man in einem solchen Fall auch von einem MS/MS/MS- oder einem MS^3-Experiment. Die Fragmentierungen von Oligo- beziehungsweise Polypeptiden werden wir in Kapitel 9 noch ausführlich diskutieren. Die Reihe von Spektren in Abbildung 8.32 veranschaulicht eine der Stärken der CID-Technik. Mithilfe von Tandem-Massenspektrometern können *prinzipiell* MS^n-Experimente durchgeführt und somit spezifische Fragmentierungswege über mehrere Stufen verfolgt werden. Die auf diese Weise erhaltenen spezifischen Informationen sind für die Aufklärung der Struktur großer Verbindungen von unschätzbarem Wert und können die verbleibende Auswahl möglicher Strukturen bei der Identifizierung einer Substanz sehr stark einschränken, wenn die Spektren der unbekannten Substanz mit denen authentischer Proben verglichen werden. Mit anderen Worten: Wenn die chromatographische Retentionszeit, die Molekülmasse, die Massen der primären Fragmente und darüber hinaus auch noch die Massen der Sekundär- und Tertiärfragmente mit denen einer authentischen Probe übereinstimmen, kann die Identifizierung einer unbekannten Substanz erfolgreich und mit großer Sicherheit durchgeführt werden.

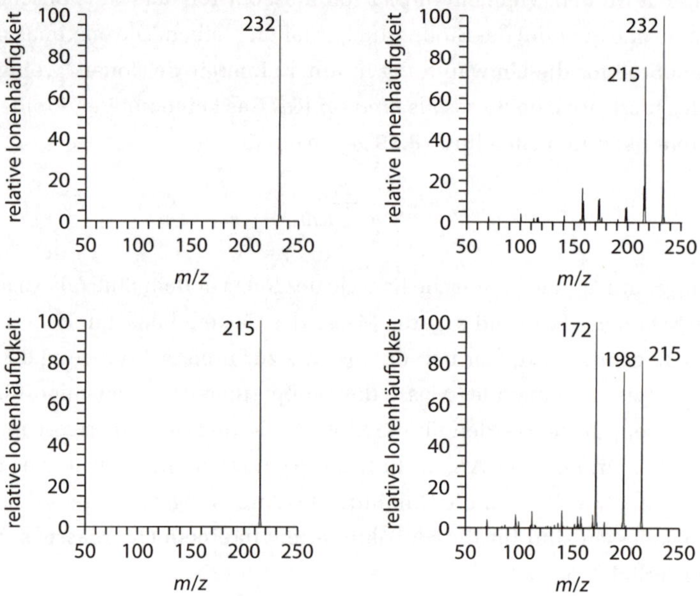

Abbildung 8.32: Fragmentierung des Dipeptids Gly-Arg durch Stoßaktivierung (CID). Oben links: Das protonierte Dipeptid, also das $[M + H]^+$-Ion von Gly-Arg (*m/z* 232), wurde isoliert. Oben rechts: Das isolierte protonierte Dipeptid wurde durch CID fragmentiert und liefert einen Haupt-Fragmentionen-Peak bei *m/z* 215 durch die Abspaltung von NH_3. Unten links: Das Haupt-Fragment-Ion $[M + H - NH_3]^+$ (*m/z* 215) wurde isoliert. Unten rechts: Das Haupt-Fragment-Ion mit *m/z* 215 wurde isoliert und durch CID weiterfragmentiert.

8.11.2 Infrarot-Multiphotonen-Dissoziation – IRMPD

Statt durch Stöße mit Inertgasatomen können Ionen auch durch Photonen zur Fragmentierung angeregt werden. Auch hier besteht das Ziel darin, die innere Energie der Ionen durch Energiezufuhr stark genug zu erhöhen, um Fragmentierungen zu ermöglichen. Bei der häufigsten Form der Photonenaktivierung werden die Ionen mithilfe der Infrarot-Strahlung (IR-Strahlung) eines CO_2-Lasers angeregt. Dieses Verfahren bezeichnet man als Infrarot-Multiphotonen-Dissoziation oder kurz IRMPD. Zur Aufnahme von IRMPD-Massenspektren müssen die Ionen zunächst eingefangen werden, zum Beispiel in einer Quadrupol-Ionenfalle oder einer ICR-Zelle, weil der Laserstrahl über längere Zeit auf sie einwirken muss. Ähnlich wie bei der energiearmen Variante der Stoßaktivierung reichen einzelne IR-Photonen nämlich nicht aus, um die innere Energie eines Ions für eine Dissoziation ausreichend stark zu erhöhen. Deswegen muss ein Ion viele Photonen absorbieren, bevor es fragmentieren kann. Folglich dominieren auch in diesem Fall wie bei der energiearmen CID-Technik energetisch günstige Fragmentierungsprozesse, weil diese bereits stattfinden, bevor die Ionen weitere Photonen absorbieren können, mit deren Energie auch energetisch ungünstigere Fragmentierungsreaktionen möglich werden würden.

8.11.3 Elektroneneinfang- und Elektronentransfer-Dissoziation – ECD und ETD

Diese beiden relativ neuen Methoden dienen zur Anregung der Fragmentierung von mehrfach positiv geladenen Ionen, die durch die Elektrospray-Ionisierung (ESI) erzeugt wurden. Bei der *Elektroneneinfang-Dissoziation* (ECD, engl. *electron capture dissociation*) wird ein Strahl langsamer Elektronen auf in einer ICR-Zelle gespeicherte, mehrfach geladene Kationen geleitet. Trifft ein langsames Elektron auf ein solches Kation, kann es von diesem aufgenommen (eingefangen) werden. Dadurch wird die positive Ladung des Kations um eine Einheit verringert. Da es sich in der Regel um ein nichtradikalisches Kation des Typs $[M + n\,H]^{n+}$ mit abgeschlossener Elektronenschale handelt, wird dieses durch die Aufnahme *eines* Elektrons in ein Radikalkation des Typs $[M + n\,H]^{\bullet(n-1)+}$ umgewandelt. Außerdem führt die Aufnahme des Elektrons zur Freisetzung der Elektronenaffinität $EA([M + n\,H]^{n+})$ des mehrfach geladenen Kations und somit eines Energiebetrags, der im Bereich von mehreren Hundert kJ mol^{-1} liegt. Die Kombination aus der Schwächung von Bindungen, die mit der neuen Radikalstelle einhergeht, und der freigesetzten Elektronenaffinität, die zunächst als innere Energie im Ion verbleibt, reicht im Allgemeinen zur Auslösung von Fragmentierungen aus. Die *Elektronentransfer-Dissoziation* (ETD, engl. *electron transfer dissociation*) ist mit der ECD-Methode eng verwandt. In diesem Fall stammt das Elektron allerdings von einem negativ geladenen Ion, in dem das zusätzliche Elektron nur schwach gebunden ist und daher leicht auf ein mehrfach geladenes Kation – das naturgemäß eine sehr hohe Elektronenaffinität aufweist – übertragen werden kann. Für diesen Zweck wird häufig das Radikalanion von Fluoranthen verwendet, einem polykondensierten aromatischen Kohlenwasserstoff ($C_{16}H_{10}$) mit einer relativ kleinen positiven Elektronenaffinität (EA = 0,63 eV). Der Elektronentransfer auf das mehrfach geladene Kation $[M + n\,H]^{n+}$ führt zu den gleichen Folgeprozessen wie der Elektroneneinfang unter ECD-Bedingungen. Für beide Prozesse müssen die Ionen zuvor gespeichert (eingefangen) werden, um sie für die Aufnahme des Elektrons lange genug am Ort des Elektronenstahls beziehungsweise der negativen geladenen Ionen zu halten.

Der Bedarf für diese Fragmentierungstechniken ist direkt mit der Analyse von großen Molekülen wie zum Beispiel Proteinen verbunden. Bei der Anwendung der Stoßaktivierung auf sehr große Moleküle kann die zusätzliche innere Energie, die infolge der Stoßprozesse auftritt, potenziell auf Tausende von Schwingungsfreiheitsgraden verteilt werden. Daher ist die Wahrscheinlichkeit für die Lokalisierung eines genügend großen Energiebetrags in einer bestimmten Bindung so klein, dass kaum Bindungsspaltungen stattfinden. Die CID-Methode ist dann sehr ineffizient. Um den ungünstigen Effekt der Verteilung der inneren Energie zu kompensieren sind sehr hohe Kollisionsenergien erforderlich, die auch mit den modernen Geräten häufig nicht mehr praktikabel erreicht werden können. Bei Einsatz der ECD- und ETD-Technik wird die mit der Aufnahme des Elektrons assoziierte Elektronenaffinität anfänglich lokal am Ort der Elektronenaufnahme freigesetzt, der zugleich auch die Position repräsentiert, an der eine Bindung durch die neue Radikalstelle geschwächt wird. Infolgedessen kann an dieser Stelle eine Bindungsspaltung ablaufen, wenn die Dissoziation stattfindet, bevor die Energie auf die vielen Schwingungsmoden verteilt wird. Da dies häufig der Fall ist, stellen die Elektroneneinfang- und die Elektronentransfer-Dissoziation sehr effiziente Fragmentierungstechniken dar. Die ECD- und ETD-Techniken dienen daher insbesondere bei der massenspektrometrischen Analyse von Oligo- und Polypeptiden beziehungsweise Proteinen als sehr wichtige und leistungsfähige Ergänzungen zu den schon seit längerer Zeit bekannten CID-Methoden.

8.11.4 Dissoziation metastabiler Ionen

Bei der Diskussion von EI-Massenspektren haben wir stillschweigend vorausgesetzt, dass die Fragmentierungen bereits in der Ionenquelle vollständig ablaufen und abgeschlossen werden. Das würde aber zugleich bedeuten, dass im Massenanalysator keinerlei Fragmentierungsreaktionen stattfänden. Diese Annahme trifft in den meisten Fällen jedoch nicht zu. Wenn man bei ein und derselben Messung einerseits stabile Molekül-Ionen beobachtet, deren innere Energie zur Fragmentierung nicht ausreicht, aber andererseits auch Fragment-Ionen, die bereits in der Ionenquelle aus genügend stark angeregten (instabilen) Molekül-Ionen entstehen, dann muss es auch so genannte *metastabile* Ionen geben. Metastabile Ionen sind gerade so wenig stark angeregt, dass sie die Beschleunigung ohne Fragmentierung überstehen. Zugleich ist ihre Anregung aber stark genug, um einen verspäteten Zerfall nach einer gewissen Lebensdauer, aber noch während des Fluges durch das Massenspektrometer auszulösen. Die Lebensdauer metastabiler Ionen kann in einigen Geräten – insbesondere in Sektorfeld- und TOF-Massenspektrometern – bis zu 50 μs betragen. Metastabile Ionen besitzen also relativ wenig Überschussenergie und sind daher verhältnismäßig langlebig. Ihr Studium ermöglicht eine Reihe interessanter Experimente zur Untersuchung der Energetik und der Mechanismen von Fragmentierungsreaktionen. Sie können außerdem zur Aufnahme von MS/MS-ähnlichen Spektren genutzt werden. Dabei werden die (metastabilen) Ionen eines bestimmten m/z-Wertes noch während ihrer Lebensdauer durch einen Massenanalysator selektiert, um anschließend alle Fragment-Ionen aus dem verzögert erfolgendem Zerfall dieser Ionen mithilfe eines zweiten Massenanalysators zu messen. Auf diese Weise erhält man ein Massenspektrum, das ausschließlich Fragment-Ionen anzeigt, die aus den langlebigen und relativ energiearmen metastabilen Vorläufer-Ionen entstanden sind, die durch den ersten Massenanalysator selektiert wurden. Die metastabilen Ionen fragmentieren nach der Massentrennung allerdings ohne die Anwendung einer speziellen Fragmentierungstechnik – also ohne Stoßanregung, Einstrahlung von Photonen oder Elektronentransfer – von allein, da sie durch die Ionisierung bereits genügend Energie besitzen. Die breiteste analytische Nutzung erfahren metastabile Ionen heute in MALDI-TOF-Instrumenten – unter anderem, weil unter den energetisch milden MALDI-Bedingungen viele Ionen nur relativ schwach angeregt werden und somit als metastabile Ionen zur Verfügung stehen. Wenn die Ionen noch nicht in der Ionenquelle, sondern erst im Massenanalysator zerfallen, spricht man in der MALDI-Massenspektrometrie auch von einem *post-source decay* (PSD). Aus instrumenteller Sicht sind PSD-Messungen zwar etwas schwieriger durchzuführen, sie liefern aber wertvolle strukturelle Informationen, die ähnlich wie bei CID-Spektren interpretiert werden können.

Literaturhinweise

McLafferty, F.W. und Turecek, F. 1995: *Interpretation von Massenspektren*. Spektrum Akademischer Verlag, Heidelberg.

Budzikiewicz, H. und Schäfer, M. 2005: *Massenspektrometrie: Eine Einführung*. 5. Aufl., Wiley-VCH, Weinheim.

Watson, J.T. und Sparkman, O.D. 2007: *Introduction to Mass Spectrometry: Instrumentation, Applications, and Strategies for Data Interpretation*. 4. Aufl., John Wiley & Sons, Chichester, England.

Gross, J.H. 2004: *Mass Spectrometry: A Textbook*. Springer-Verlag, Berlin.

Harrison, A.G. 1992: *Chemical Ionization Mass Spectrometry*. 2. Aufl., CRC Press, Boca Raton, Florida.

NIST Database of EI Spectra: http://webbook.nist.gov.

Ekman, R., Silberring, J.A., Westman-Brinkmalm und Kraj, A. 2009: *Mass Spectrometry: Instrumentation, Interpretation, and Applications*. Wiley-Interscience, Hoboken, New Jersey.

Smith, R.M. 2004: *Understanding Mass Spectra. A Basic Approach*. 2. Aufl., Wiley-Interscience, Hoboken, New Jersey.

Holmes, J.L., Aubry, C. und Mayer, P.M. 2007: *Assigning Structures to Ions in Mass Spectrometry*. CRC Press, Boca Raton, Florida.

Lee, T.A. 1998: *A Beginner's Guide to Mass Spectral Interpretation*. John Wiley & Sons, Chichester, England.

De Hoffmann, E. und Stroobant, V. 2002: *Mass Spectrometry: Principles and Applications*. John Wiley & Sons, Chichester, England.

Paizs, B. und Suhai, S. 2005: Fragmentation pathways of protonated peptides. *Mass Spectrom. Rev.* **24**: 508.

Cheng, C.F. und Gross, M.L. 2000: Applications and mechanisms of charge-remote fragmentation. *Mass Spectrom. Rev.* **19**: 398.

Zur Entstehung der isomeren $C_7H_7^+$-Ionen, also der Benzyl- und Tolyl-Kationen ($C_6H_5CH_2^+$ beziehungsweise $CH_3C_6H_4^+$) sowie der Tropylium-Ionen [cyclo-$(CH)_7^+$], und zur Fragmentierung von Alkylbenzolen unter EI- und CI-Bedingungen siehe die beiden folgenden Artikel:

Kuck, D. 1991: Mass Spectrometry of Alkylbenzenes and Related Compounds. – Part I: Gas Phase Ion Chemistry of Alkylbenzene Radical Cations. *Mass Spectrom. Rev.* **9**: 181.

Kuck, D. 1991: Mass Spectrometry of Alkylbenzenes and Related Compounds. – Part II: Gas Phase Ion Chemistry of Protonated Alkylbenzenes (Alkylbenzenium Ions). *Mass Spectrom. Rev.* **9**: 583.

Interpretation von Massenspektren

9

ÜBERBLICK

Nach der Durcharbeitung dieses Kapitels werden Sie

- gelernt haben, welche Faktoren bei der Ermittlung der Molekülmasse eines Analyten aus einem Massenspektrum zu beachten sind,
- mit exakten Massen und Massendefekten als Grundlage für die Bestimmung der Summenformel von Molekül- und Fragment-Ionen vertraut sein,
- die Auswirkungen der Isotopenverteilungen der verschiedenen Elemente auf Massenspektren und die darauf aufbauende Identifizierung von Elementen in einem Analyten anhand der massenspektrometrischen Isotopenmuster kennen gelernt haben,
- mit dem Auftreten von mehrfach geladenen Ionen und der Identifizierung der zugehörigen Peaks in einem Massenspektrum vertraut sein,
- zur Übung einige einfache Beispiele massenspektrometrischer Strukturanalysen verfolgt haben und
- erste Einblicke in die Ermittlung der Sequenzen von Biopolymeren, insbesondere von Proteinen, gewonnen haben.

9.1 Einleitung

In den beiden vorhergehenden Kapiteln haben wir uns mit den instrumentellen und physikalisch-chemischen Grundlagen sowie mit dem typischen Fragmentierungsverhalten einer Reihe organischer Verbindungsklassen beziehungsweise funktioneller Gruppen in der Massenspektrometrie beschäftigt. In diesem Kapitel werden wir unser Augenmerk auf die allgemeinen Faktoren legen, die bei der Analyse von Peakmustern und der Gewinnung von entscheidenden Informationen aus Massenspektren zu beachten sind. Die Massenspektrometrie wird natürlich für unterschiedliche Zwecke eingesetzt und die Art der Datenanalyse hängt daher von den Zielen der jeweiligen Untersuchung ab. Hier wollen wir uns auf die in der organischen Chemie häufigsten Anwendungen konzentrieren: (1) die Bestimmung von exakten Massen, um die Summenformel von Analytmolekülen zu ermitteln und die Strukturen von synthetischen Produkten oder Naturstoffen zusätzlich zu bestätigen (oder zu widerlegen), (2) die Analyse von Fragmentionen-Peaks, um weitere Belege für vorgeschlagene Strukturen oder Strukturelemente zu liefern, sowie (3) die Analyse von Fragmentionen-Peaks als wesentliche Grundlage für Strukturvorschläge für eine unbekannte Substanz. All diese Themen sind in den beiden letzten Kapiteln schon mehrfach angesprochen worden. Das Ziel dieses Kapitels besteht aber darin, spezifische Hilfestellungen und eine allgemeine Richtschnur für die praktische Analyse von Massenspektren bereitzustellen und somit die Fähigkeit zu vermitteln, aus einem Massenspektrum möglichst viele analytische Informationen zu extrahieren.

9.2 Ermittlung von Molekülmasse und Summenformel

Die am leichtesten und unmittelbar aus einem Massenspektrum entnehmbare Information sollte, so könnte man annehmen, die Molekülmasse des Analyten sein. Das ist zwar tatsächlich häufig der Fall, manchmal aber auch mit gewissen Schwierigkeiten verbunden. So müssen bei der Interpretation der entsprechenden Daten aus dem Spektrum zum Beispiel die Ionisierungsmethode sowie teilweise auch der Typ des Massenanalysators berücksichtigt werden. Der erste Schritt besteht allerdings erst einmal in der Identifizierung des Molekülionen-Peaks, also des Peaks, der das unfragmentierte Analytmolekül repräsentiert.

9.2.1 Molekül-Ionen

Nach einer praktischen und relativ allgemeinen Definition handelt es sich bei dem *Molekül-Ion* eines Analyten um ein Ion, das auf eine für die verwendete Ionenquelle charakteristische Weise elektrisch geladen ist, ansonsten aber die intakte Struktur des ursprünglichen Analytmoleküls besitzt. Im engeren Sinn versteht man unter dem Molekül-Ion das Radikalkation (zuweilen auch das Radikalanion) des Analytmoleküls. Dieses Radikalkation weist noch die gleiche Summenformel auf wie das Analytmolekül und stellt das typische primäre ionische Produkt bei der Elektronenionisierung (EI) dar. Andere Ionisierungsmethoden – insbesondere die weichen Ionisierungsmethoden ESI und MALDI – erzeugen aber kaum die Radikalkationen des Analyten. Spezielle MALDI-Matrizes ermöglichen zwar auch die gezielte Erzeugung von $M^{\bullet+}$- und $M^{\bullet-}$-Ionen. In der Regel werden unter ESI- und MALDI-Bedingungen jedoch geradelektronische Ionen gebildet: Kationen zum Beispiel durch Protonierung und Anionen durch Deprotonierung des Analyten. Die Masse dieser Analyt-Ionen unterscheidet sich demgemäß um eine Masseneinheit von der Masse des Analytmoleküls. Die allgemeine Definition eines Molekül-Ions zu Beginn dieses Abschnitts schließt diese Ionen mit ein, wobei für korrekte Rückschlüsse aus ihrer Masse auf die Masse des Analytmoleküls die Art der Ionisierung beachtet werden muss. Um solche Molekül-Ionen von den Radikal-Ionen, deren Masse mit der des Analytmoleküls übereinstimmt, zu unterscheiden, werden sie häufig als *Quasi-Molekülionen* bezeichnet. Der Begriff *Quasi* bringt zum Ausdruck, dass diese Ionen die notwendigen Informationen zur Molekülmasse des Analyten enthalten, obwohl ihr beobachteter m/z-Wert auch bei $z = 1$ nicht exakt der (nominellen) Molekülmasse entspricht.

Wie kann man den Molekülionen-Peak – also den Peak, der das Molekül-Ion repräsentiert – in einem Massenspektrum identifizieren? Die Antwort auf diese Frage ist nicht immer ganz zufriedenstellend, vor allem bei Proben, die möglicherweise Verunreinigungen enthalten können. Man muss im Allgemeinen bereits eine vernünftige Voraussage der Molekülmasse des Analyten getroffen haben, um den Molekülionen-Peak identifizieren zu können. Dafür gibt es mehrere Gründe. Erstens kann der Molekülionen-Peak insbesondere in EI-Spektren nur eine sehr geringe Intensität aufweisen oder sogar ganz fehlen. In Kapitel 8 sind wir vielen Beispielen begegnet, in denen die Molekül-Ionen so wenig stabil waren, dass sie praktisch alle noch innerhalb der Ionenquelle und somit vor Eintritt in den Massenanalysator zerfallen sind. Will man in solchen Fällen Massenspektren erhalten, in denen der Molekülionen-Peak sichtbar ist, kann unter anderem eine andere Ionisierungsmethode wie zum Beispiel die chemische Ionisierung (CI) eingesetzt werden, bei der Molekül-Ionen mit geringerer innerer Überschussenergie entstehen. Dann können mehr Molekül-Ionen den Ionisierungsprozess strukturell intakt überleben und somit zur Intensität des Molekülionen-Peaks beitragen. Aber woher weiß man überhaupt, ob der Molekülionen-Peak in einem EI-Spektrum tatsächlich fehlt? Es gibt zwei wichtige Indizien für das Fehlen des Molekülionen-Peaks in einem EI-Spektrum: (1) Alle Peaks im Massenspektrum entsprechen Massen, die niedriger als die erwartete Molekülmasse des Analyten sind, oder (2) das als Molekülionen-Peak in Frage kommende Signal repräsentiert eine nichtradikalische Spezies (*ungerader* m/z-Wert bei

Anwesenheit von 0, 2, 4, ... Stickstoffatomen) und eben kein Radikalkation (*gerader m/z*-Wert bei Anwesenheit von 0, 2, 4, ... Stickstoffatomen). Um diesbezüglich eine Schlussfolgerung ziehen zu können, ist somit zumindest eine gewisse Vorinformation über die Zusammensetzung des Analyten notwendig. Zweitens kann man nicht immer voraussetzen, dass der Peak mit dem größten *m/z*-Wert im Spektrum von den Molekül-Ionen verursacht wird. Das ist zwar der Fall, wenn von allen Ionen die unfragmentierten Molekül-Ionen den höchsten *m/z*-Wert aufweisen. Unter einigen Ionisierungsbedingungen, insbesondere bei der chemischen Ionisierung (CI) und bei der Elektrospray-Ionisierung (ESI), können aber auch Addukt-Ionen zwischen den Analytmolekülen und einem Ladungsträger wie einem Ammonium- oder einem Natrium-Ion gebildet werden. Wird diese Möglichkeit nicht in Betracht gezogen, sondern lediglich ein Proton als Ladungsträger angenommen, können erhebliche Fehler bei der Ermittlung der (nominellen) Molekülmasse auftreten. Drittens können auch niedrig konzentrierte Verunreinigungen Peaks verursachen, die fälschlicherweise für den Molekülionen-Peak des Analyten gehalten werden. Diese Gefahr besteht vor allem bei EI-Spektren, weil hier häufig nur relativ kleine Molekülionen-Peaks erscheinen, die dann nur schwer von Peaks zu unterscheiden sind, die von den Verunreinigungen hervorgerufen werden.

Wie diese Zusammenhänge verdeutlichen, liefern Massenspektrometer nicht unbedingt direkt die Molekülmasse eines Analyten. Vielmehr sind darüber hinaus einige Vorinformationen und eine Reihe zusätzlicher Überlegungen erforderlich, um die Molekülmasse eines Analyten zu bestimmen. Aus diesem Grund bitten massenspektrometrische Laboratorien den Einsender einer Probe im Allgemeinen um die Angabe eines Strukturvorschlags, einer vermuteten Molekülmasse und möglicher Verunreinigungen, wie zum Beispiel des zur Reinigung verwendeten Lösungsmittels.

9.2.2 Exakte Masse und Massendefekte

Im Allgemeinen sprechen Chemiker von nominellen, also *ganzzahligen* Massen und vernachlässigen dabei die Tatsache, dass bis auf das Isotop ^{12}C alle Nuklide relative Atommassen besitzen, die leicht von den Werten der nominellen Atommassen abweichen. Die Ursache für diese Abweichungen ist der so genannte *Massendefekt*, der für jedes Nuklid einen charakteristischen Wert besitzt. Der Massendefekt beruht darauf, dass bei der Vereinigung von zwei oder mehr Nukleonen zu einem Atomkern ein kleiner Teil der Nukleonenmasse Δm in Form der sehr großen Kernbindungsenergie $\Delta E = \Delta m \times c^2$ freigesetzt wird. Daher entspricht außer beim Isotop ^{1}H – dessen Atomkern nur aus einem Proton besteht – die tatsächliche Atommasse bei keinem Nuklid der Summe der Massen seiner Nukleonen (Protonen und Neutronen) und Elektronen, sondern ist stets kleiner als diese. Der *Massendefekt pro Nukleon* steigt bis zum Eisen (^{56}Fe) mit Schwankungen stark an und nimmt bei den Nukliden der schwereren Elemente wieder langsam ab. Das Auftreten der Massendefekte wird außerdem zusätzlich durch die bei Chemikern übliche Verwendung von *mittleren Atommassen* anstelle der Massen spezifischer Isotope verschleiert. Das Isotop ^{12}C besitzt zum Beispiel definitionsgemäß eine relative Atommasse von *exakt* 12,0000. Da Kohlenstoff aber in Form mehrerer Isotope mit unterschiedlichen natürlichen Häufigkeiten (98,9 % ^{12}C, 1,1 % ^{13}C und Spuren von ^{14}C) vorkommt, beträgt seine mittlere relative Atommasse nicht genau 12,0000, sondern 12,0107. Die Massendefekte sind für die Analyse organischer Verbindungen sehr hilfreich und der Hauptgrund dafür, dass wissenschaftliche Fachzeitschriften häufig die Angabe der exakten Masse als Identitätsnachweis für ein neues Syntheseprodukt oder einen vormals unbekannten Naturstoff verlangen. Die charakteristischen Werte der exakten Nuklidmassen bilden nämlich die Grundlage für die Ermittlung von Summenformeln aus massenspektrometrisch bestimmten exakten Massen. (Diese exakten Massen werden übrigens oft unzutreffend als *hochaufgelöste Massen* bezeichnet.)

Die Massenspektrometrie stellt eine wahrhaft molekulare Methode dar – das heißt, eine genügend hohe Auflösung vorausgesetzt repräsentiert jeder einzelne Peak eines Massenspektrums jeweils eine Ionensorte mit einer ganz bestimmten, individuellen Isotopenzusammensetzung und *nicht* einfach nur Ionen gleicher Elementarzusammensetzung. Der feine, aber entscheidende Unterschied zwischen diesen beiden Möglichkeiten kann am besten anhand eines Beispiels veranschaulicht werden. Nehmen Sie an, jemand erzeugt C^+-Ionen, möglicherweise durch Elektronenionisierung von Fluorkohlenstoff-Verbindungen wie CF_4 oder C_2F_4. Das resultierende Massenspektrum würde einen Peak bei exakt *m*/*z* 12,00000 für die $^{12}C^+$-Ionen enthalten und einen bei exakt *m*/*z* 13,00335 für die $^{13}C^+$-Ionen – entsprechend den natürlichen Häufigkeiten der beiden Isotope ^{12}C und ^{13}C etwa im Intensitätsverhältnis 100:1. Bestimmt man dagegen die Masse eines ganzen Mols Kohlenstoff mithilfe einer Waage und ermittelt aus dem Ergebnis die relative Masse eines Kohlenstoffatoms, erhält man einen Wert von 12,0107. Dieser Wert ergibt sich aus dem gemäß den natürlichen Häufigkeiten gewichteten Mittel der relativen Atommassen der beiden Isotope ^{12}C und ^{13}C.

Die besondere Bedeutung der Messung exakter Massen wird allerdings erst bei der Untersuchung von Molekülen deutlich, da sich die Massendefekte nicht proportional zur Atommasse verhalten und deshalb für jedes Isotop einen einzigartigen Wert besitzen. Aus diesem Grund weisen Moleküle mit gleicher nomineller Masse, aber unterschiedlicher Summenformel immer voneinander abweichende *exakte* Massen auf. Zwei Moleküle der gleichen nominellen Masse, aber unterschiedlicher Elementarzusammensetzung können daher anhand ihrer exakten Masse unterschieden werden. Umgekehrt kann infolgedessen aber auch aus einer exakten Masse auf die zugehörige Summenformel geschlossen werden, weil nicht nur jeder Summenformel eine charakteristische exakte Masse, sondern – bei genügend hoher Auflösung – prinzipiell auch jeder exakten Masse eine charakteristische Summenformel zugeordnet werden kann. Die in Schema **9-1** gezeigten Moleküle 2-Naphthylethanol ($C_{12}H_{12}O$) und eines seiner Abbauprodukte unter scharfen Oxidationsbedingungen, die Naphthoesäure ($C_{11}H_8O_2$), sind ein gutes Beispiel für zwei Moleküle mit gleicher nomineller Masse, aber unterschiedlicher Summenformel. In einem normalen EI-Spektrum von nicht besonders hoher Auflösung ergeben beide Verbindungen einen Molekülionen-Peak bei *m*/*z* 172.

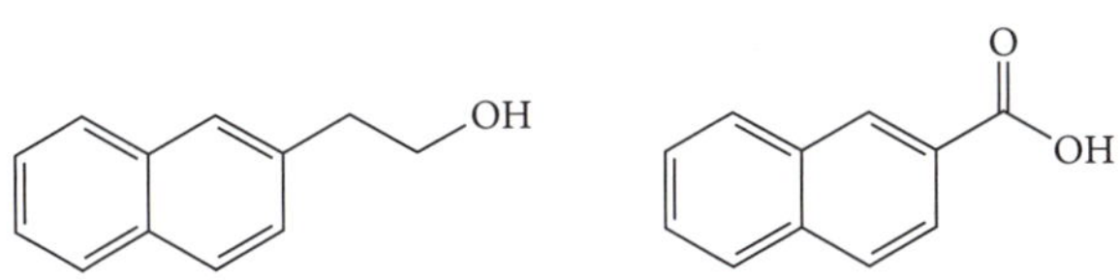

2-(β-Naphthyl)ethanol
$C_{12}H_{12}O$
nominelle Masse 172
exakte Masse 172,08882

β-Naphthoesäure
$C_{11}H_8O_2$
nominelle Masse 172
exakte Masse 172,05243

Schema 9-1

Mithilfe der Daten aus ▶ Tabelle 9.1 kann man die exakten Massen der beiden Verbindungen in ihrer vorherrschenden Isotopenzusammensetzung berechnen – man bezeichnet solche Massen von Molekülen, die von jedem Element nur ein bestimmtes Isotop enthalten, auch als *monoisotopische*

Massen. Demgemäß beträgt die exakte relative Molekülmasse von 2-Naphthylethanol ($^{12}C_{12}{}^{1}H_{12}{}^{16}O$) 172,08882, wohingegen Naphthoesäure ($^{12}C_{11}{}^{1}H_{8}{}^{16}O_{2}$) eine exakte relative Masse von 172,05243 aufweist. Die beiden exakten Massen unterscheiden sich somit um etwa 0,02 Prozent (oder 200 ppm) und können daher durch ein Massenspektrometer mit einem hohen Auflösungsvermögen getrennt detektiert und bei hoher Massengenauigkeit auch exakt gemessen werden. Zu diesem Zweck eignen sich zum Beispiel FT-ICR-Massenspektrometer (siehe Abschnitt 7.3.2), Sektorfeld-Geräte (siehe Abschnitt 7.3.5) oder TOF-Massenspektrometer (siehe Abschnitt 7.3.1). Auf diese Weise kann leicht festgestellt werden, ob die Probe nur eine oder beide Substanzen enthält beziehungsweise ob es sich wirklich um Ionen mit der betreffenden Elementarzusammensetzung handelt.

Tabelle 9.1: Exakte Massen und natürliche Häufigkeiten einiger Elemente.

Element	Isotop	Exakte Masse	Natürliche Häufigkeit [%]
Wasserstoff	^{1}H	1,007825	99,9885
	^{2}H	2,014102	0,0115
Lithium	^{6}Li	6,015122	7,59
	^{7}Li	7,016004	92,41
Bor	^{10}B	10,012937	19,9
	^{11}B	11,009306	80,1
Kohlenstoff	^{12}C	12,000000	98,93
	^{13}C	13,003355	1,07
Stickstoff	^{14}N	14,003074	99,636
	^{15}N	15,000109	0,364
Sauerstoff	^{16}O	15,994915	99,757
	^{17}O	16,999132	0,038
	^{18}O	17,999160	0,205
Fluor	^{19}F	18,998403	100
Natrium	^{23}Na	22,989770	100
Aluminium	^{27}Al	26,981538	100
Silicium	^{28}Si	27,976926	92,223
	^{29}Si	28,976495	4,685
	^{30}Si	29,973770	3,092
Phosphor	^{31}P	30,973761	100
Schwefel	^{32}S	31,972071	94,99

Tabelle 9.1: Exakte Massen und natürliche Häufigkeiten einiger Elemente. *(Fortsetzung)*

Element	Isotop	Exakte Masse	Natürliche Häufigkeit [%]
Schwefel	^{33}S	32,971459	0,75
	^{34}S	33,967867	4,25
Chlor	^{35}Cl	34,968853	75,76
	^{37}Cl	36,965903	24,24
Brom	^{79}Br	78,918338	50,69
	^{81}Br	80,916291	49,31
Iod	^{127}I	126,904468	100

Die exakten Massen stammen aus: de Laeter, J.R., Böhlke, J.K., de Bièvre, P., Hidaka, H., Peiser, H.S., Rosman, K.J.R. und Taylor, P.D.P. 2003: Atomic weights of the elements: Review 2000 (IUPAC Technical Report). *Pure Appl. Chem.* **75**: 683–800; und die natürlichen Häufigkeiten stammen aus: Berglund, M. und Wieser, M.E. 2011: Isotopic compositions of the elements 2009 (IUPAC Technical Report). *Pure Appl. Chem.* **83**: 397–410.

Wie das obige Beispiel der beiden Naphthalin-Derivate veranschaulicht, ist die Messung exakter Massen eine allgemein anwendbare Methode zur direkten Ermittlung der Summenformel sowie zur Unterscheidung zwischen mehreren möglichen Verbindungen mit gleicher Nominalmasse, aber verschiedenen Summenformeln und somit unterschiedlichen exakten Massen. Für diese Methode zur Bestimmung der Summenformel einer unbekannten Substanz ist allerdings die korrekte Identifizierung des Molekülionen-Peaks im Massenspektrum erforderlich (siehe Abschnitt 9.2.1).

9.2.3 Isotopenmuster

Wie wir bereits festgestellt haben, werden mithilfe der Massenspektrometrie wirklich die exakten Massen (auch Feinmassen genannt) einzelner Molekül- beziehungsweise Ionensorten gemessen. Infolgedessen erscheint in einem Massenspektrum – bei genügend hoher Auflösung – für jede mögliche Isotopenzusammensetzung eines Analyten ein individueller Peak. Dabei weichen die Intensitäten wegen der unterschiedlichen natürlichen Häufigkeiten der verschiedenen Isotope zum Teil stark voneinander ab. Da die meisten Elemente in Form mehrerer natürlicher Isotope vorkommen, sind für einen Analyten in der Regel mehrere Molekülionen-Peaks zu erwarten, welche die verschiedenen Isotopenzusammensetzungen des Analytmoleküls repräsentieren. Kohlenstoff, Wasserstoff, Stickstoff und Sauerstoff weisen jeweils ein Isotop auf, dessen natürliche Häufigkeit viel größer ist als die natürlichen Häufigkeiten aller anderen Isotope zusammen. Daher zeigen die Massenspektren kleiner organischer Moleküle, die nur diese Elemente enthalten, einfache Isotopenmuster, die jeweils von den Peaks für die aus den häufigsten Isotopen bestehenden Ionen dominiert werden. Von den selteneren Isotopen dieser Elemente ist der Einfluss des Isotops ^{13}C mit seiner natürlichen Häufigkeit von etwa 1,1 Prozent am größten. Dieser prozentuale Anteil ist zwar für ein Molekül mit nur einem Kohlenstoffatom nicht besonders signifikant.

Enthält ein Molekül aber zum Beispiel zehn Kohlenstoffatome, beträgt die Wahrscheinlichkeit, dass es aus einem ^{13}C-Atom und neun ^{12}C-Atomen besteht, bereits etwa elf Prozent. Infolgedessen erscheinen für einen solchen Analyten zwei Molekülionen-Peaks mit einem Intensitätsverhältnis von etwa 10:1 im Massenspektrum, deren *m/z*-Werte sich um eine Masseneinheit unterscheiden. Nach dieser Betrachtung überrascht es nicht mehr, dass für die meisten organischen Analyte in EI-Spektren auch ein kleinerer (M + 1)-Peak erscheint, der alle Analytmoleküle mit genau einem ^{13}C-Atom repräsentiert. Dies ist beispielsweise auch in vielen EI-Spektren in Kapitel 8 und in diesem Kapitel der Fall. Mit zunehmender Anzahl von Kohlenstoffatomen im Analytmolekül werden die Auswirkungen des Isotops ^{13}C auf das Spektrum immer signifikanter. Auch Peaks für Analytmoleküle mit zwei oder drei ^{13}C-Atomen können dann sichtbar werden. Das EI-Spektrum des Buckminsterfullerens (C_{60}) in ► Abbildung 9.1 stellt ein schönes Beispiel für den Einfluss des Isotops ^{13}C auf das Isotopenmuster organischer Verbindungen in Massenspektren dar. In diesem Spektrum erscheint der Peak für das Molekül mit einem ^{13}C-Atom bei *m/z* 721 mit einer fast ebenso großen Intensität wie der Peak für das reine ^{12}C-Molekül bei *m/z* 720. Man kann sich leicht vorstellen, dass ein großes Polymer, wie beispielsweise ein Protein, ein ziemlich kompliziertes Isotopenmuster ergibt. Proteine können Tausende Kohlenstoffatome aufweisen. Im Massenspektrum erscheint dann statt einzelner Peaks normalerweise ein breiter Peak, der die vielen verschiedenen Isotopenzusammensetzungen einschließt. Die dominierende Spezies, welche die Lage des Maximums dieses Signal bestimmt, enthält in diesem Fall viele ^{13}C-Atome. Das Molekül, in dem nur ^{12}C-Atome vorkommen und kein ^{13}C-Atom, spielt bei einem derart großen Molekül kaum noch eine Rolle, weil dieses sehr viele Positionen besitzt, die entsprechend seiner natürlichen Häufigkeit mit dem Isotop ^{13}C besetzt werden. Umfasst ein Molekül zum Beispiel 1000 Kohlenstoffatome, beträgt die Wahrscheinlichkeit dafür, dass es sich dabei ausschließlich um ^{12}C-Atome handelt, nur etwa $0{,}99^{1000} \approx 4{,}3 \times 10^{-5}$!

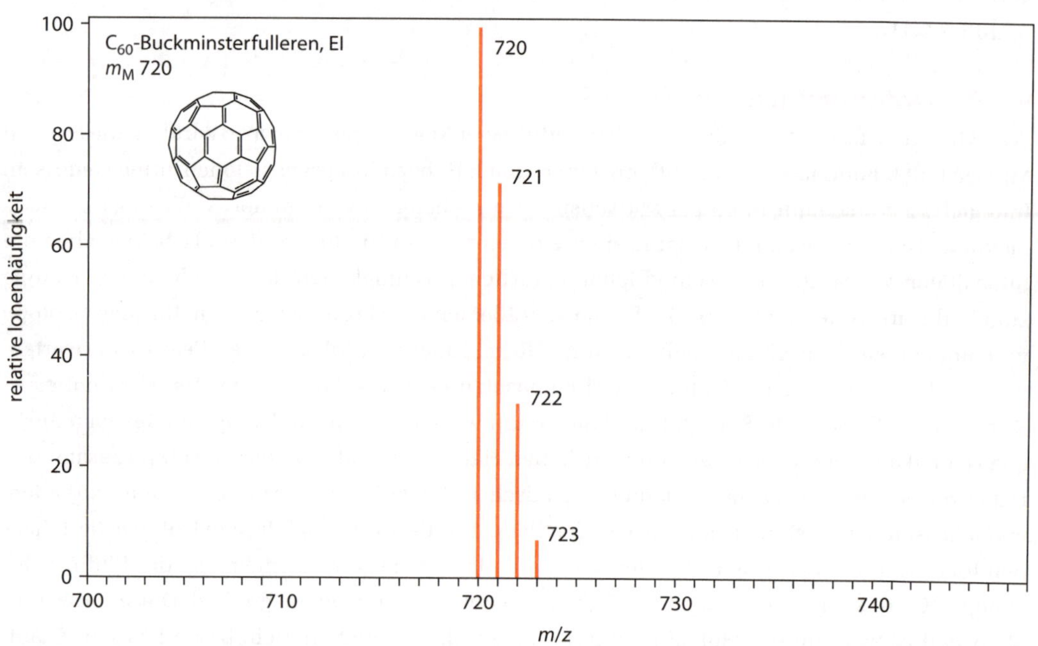

Abbildung 9.1: EI-Massenspektrum vom Buckminsterfulleren. Es ist nur der Bereich der Molekülionen-Peaks dargestellt. (Die Daten stammen von http://webbook.nist.gov.)

Neben den oben erwähnten Elementen existieren auch einige Elemente, die in vielen organischen Verbindungen vorkommen und mehr als ein Isotop mit relativ großer natürlicher Häufigkeit aufweisen (siehe Tabelle 9.1). Von diesen Elementen besitzen Chlor, Brom, Silicium und Schwefel die größte Relevanz in der organischen Chemie. Wie wir in Abschnitt 8.7 bereits besprochen haben, ist die Auswirkung mehrerer Isotope eines Elements auf das zugehörige Peakmuster bei Verbindungen, die Chlor oder Brom enthalten, besonders deutlich zu erkennen. Tatsächlich sind die von diesen Elementen hervorgerufen Peakmuster sogar diagnostisch sehr wertvoll, weil man aus ihnen aufgrund der charakteristischen natürlichen Häufigkeiten und Massendifferenzen der Isotope dieser Halogene direkt auf die Anwesenheit dieser Elemente in einer Verbindung schließen kann. Immer wenn in einem Massenspektrum zwei Peaks erscheinen, die zwei Masseneinheiten auseinander liegen und ein Intensitätsverhältnis von etwa 3:1 oder 1:1 aufweisen, kann das als deutlicher Hinweis auf ein Chloratom (3:1) beziehungsweise ein Bromatom (1:1) in der Verbindung gewertet werden. Bei mehr als einem Chlor- und/oder Bromatom wird das Isotopenmuster natürlich entsprechend komplizierter. ▶ Abbildung 9.2 zeigt die EI-Massenspektren von Chlorbenzol und Brombenzol. Aus dem Isotopenmuster der Molekülionen-Peaks in diesen Spektren kann sofort auf die Anwesenheit jeweils eines Chlor- beziehungsweise eines Bromatoms pro Molekül geschlossen werden. Die Fragmentionen-Peaks weisen in diesen Spektren kein solches Isotopenmuster auf, weil die zugehörigen Fragmente das Halogenatom bereits nicht mehr enthalten. Beachten Sie auch die kleinen Isotopenpeaks, die jeweils um eine Masseneinheit höher liegen als die dominierenden Molekülionen-Peaks und auf die Existenz eines ^{13}C-Atoms in den zugehörigen Molekül-Ionen zurückzuführen sind. Bei Verbindungen, die Silicium oder Schwefel enthalten, ist deren Anwesenheit anhand der Isotopenmuster nicht so leicht auf den ersten Blick erkennbar wie beim Chlor und beim Brom, weil das zweithäufigste Isotop in diesen Fällen jeweils nur eine natürliche Häufigkeit von etwa fünf beziehungsweise vier Prozent besitzt. Dennoch sind diese Isotopenpeaks signifikant und liegen eine beziehungsweise zwei Masseneinheiten höher als der dominante Peak des Ions mit dem Hauptisotop des betreffenden Elements (siehe auch Tabelle 9.1). Bei kleinen organischen Molekülen ist der Beitrag des Isotops ^{13}C zu einem (M + 2)-Peak nicht signifikant, da dieser nur von Molekül-Ionen geleistet wird, die gleich zwei ^{13}C-Atome enthalten. Beobachtet man also einen kleinen, aber deutlichen Peak, der zwei Masseneinheiten oberhalb des dominanten Molekülionen-Peaks liegt, kann daraus auf ein Silicium- oder Schwefelatom geschlossen werden. Im Fall von Silicium ist dann das dritthäufigste Siliciumisotop (^{30}Si) für den (M + 2)-Peak verantwortlich, während das zweithäufigste Siliciumisotop (^{29}Si) zum (M + 1)-Peak beiträgt. Daher tritt bei siliciumhaltigen Verbindungen zusätzlich ein (M + 1)-Peak auf, dessen Intensität bei kleinen Molekülen deutlich größer ist, als es allein durch den ^{13}C-Beitrag der Fall wäre. Schließlich sei noch erwähnt, dass Übergangsmetalle häufig sehr linienreiche Isotopenmuster ergeben, die manchmal signifikante Beiträge von vier oder mehr Isotopen aufweisen können. ▶ Abbildung 9.3 zeigt als Beispiel das EI-Massenspektrum von Nickelocen, $Ni(C_5H_5)_2$. Der dominante Molekülionen-Peak erscheint in diesem Fall bei *m*/*z* 188 und entspricht der monoisotopischen Masse von $^{58}Ni(^{12}C_5{}^1H_5)_2$, aber das gesamte Isotopenmuster umfasst infolge der fünf Nickelisotope ^{58}Ni, ^{60}Ni, ^{61}Ni, ^{62}Ni und ^{64}Ni Peaks unterschiedlicher Intensitäten in der Region von *m*/*z* 188 bis *m*/*z* 194 und wird darüber hinaus auch vom Isotop ^{13}C beeinflusst. Der zweitgrößte Peak in diesem Bereich liegt bei *m*/*z* 190 und kann auf das Molekül-Ion $^{60}Ni(C_5H_5)_2^{\bullet+}$ zurückgeführt werden. Der Peak bei *m*/*z* 186 ist dagegen kein Molekülionen-Peak, sondern ein Fragmentionen-Peak, der durch den Verlust von H_2 aus dem dominierenden Molekül-Ion mit *m/z* 188 verursacht wird. Ein ähnliches Isotopenmuster findet man rund um den Peak bei *m/z* 123. Die zugehörigen Ionen entstehen jeweils durch den Verlust eines Cyclopentadienyl-Radikals ($C_5H_5^{\bullet}$) aus den Molekül-Ionen und zeigen daher auch noch das typische Isotopenmuster des Nickels.

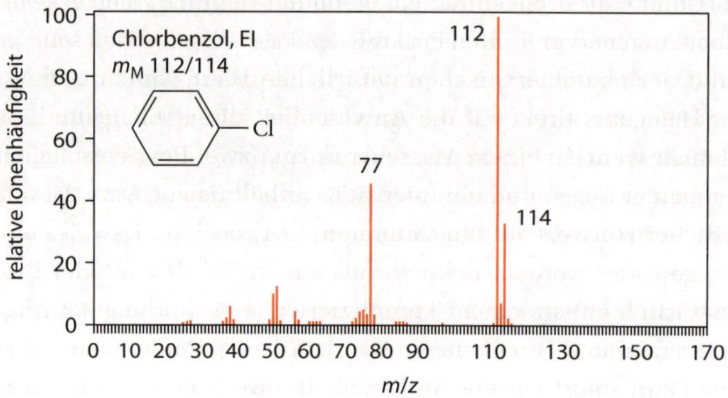

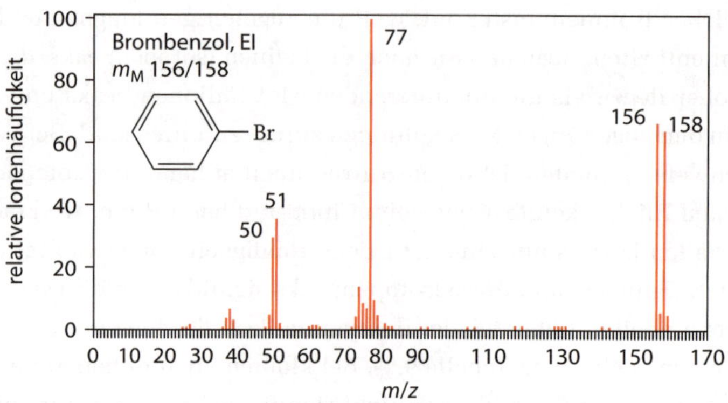

Abbildung 9.2: **EI-Massenspektren von Chlorbenzol und Brombenzol.** (Die Daten stammen von http://webbook.nist.gov.)

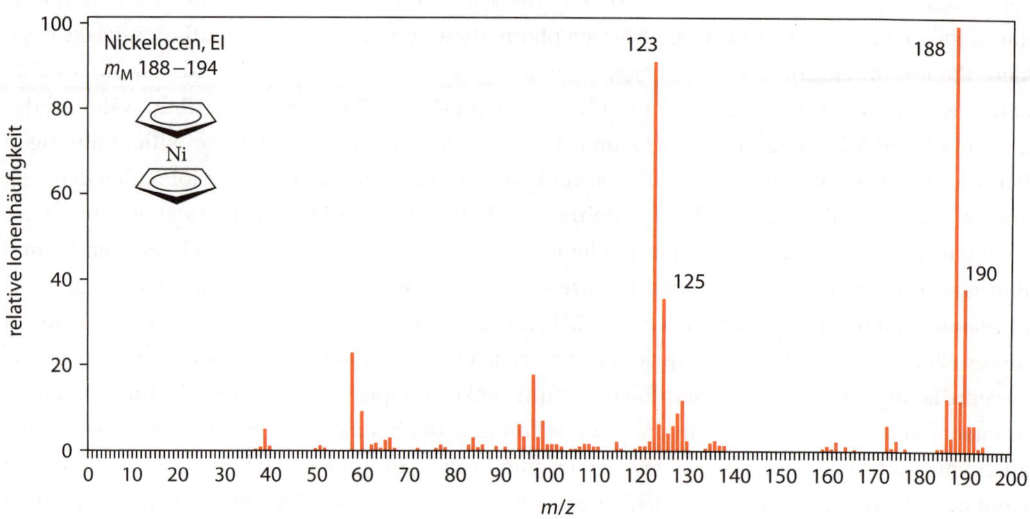

Abbildung 9.3: **EI-Massenspektrum von Nickelocen.** (Die Daten stammen von http://webbook.nist.gov.)

Wie durch die Massenspektren in diesem Abschnitt veranschaulicht wird, können Isotopenmuster als wertvolle Hilfsmittel zur schnellen Feststellung dienen, ob bestimmte Elemente in einem Analyten vorkommen oder nicht. Wenn zum Beispiel in einem Produkt ein Bromatom vermutet wird, muss der Molekülionen-Peak in seinem Massenspektrum in Form von zwei praktisch gleich intensiven Peaks erscheinen, die zwei Masseneinheiten auseinander liegen. Offensichtlich kann die Kenntnis der Isotopenmuster in einigen Fällen für die Identifizierung der Molekülionen-Peaks eines Analyten von entscheidender Bedeutung sein. Für einfache Moleküle ist es in der Regel möglich, das theoretische Isotopenmuster des Molekül-Ions mithilfe der Daten aus Tabelle 9.1 selbst schnell abzuleiten. Das gilt auch noch für viele Verbindungen, die mehr als ein Brom- oder Chloratom pro Molekül enthalten. Dibrom- und Tribrom-Verbindungen erkennt man zum Beispiel besonders leicht an der triplett- beziehungsweise quartettartigen Intensitätsverteilung (1:2:1 beziehungsweise 1:3:3:1) innerhalb der Molekülionen-Peakgruppe.

Die Häufigkeitsverteilung von Molekül-Ionen und anderen molekularen Spezies unterschiedlicher Isotopenzusammensetzung mit n Atomen eines Elements, das in Form *zweier* Isotope mit den natürlichen Häufigkeiten a und b vorkommt, kann mithilfe der binomischen Formel für $(a + b)^n$ berechnet werden. Für ein Molekül mit drei Br-Atomen ($n = 3$ und $a \approx b \approx 0{,}5$ für ^{79}Br und ^{81}Br) ergibt sich zum Beispiel die Häufigkeitsverteilung $[^{79}\mathrm{Br}] : [^{79}\mathrm{Br}_2{}^{81}\mathrm{Br}] : [^{79}\mathrm{Br}^{81}\mathrm{Br}_2] : [^{81}\mathrm{Br}_3] = a^3 : 3a^2b : 3ab^2 : b^3 = 0{,}125 : 0{,}375 : 0{,}375 : 0{,}125$. Im Fall von Chlor mit den Isotopen ^{35}Cl und ^{37}Cl betragen die natürlichen Häufigkeiten $a \approx 0{,}75$ beziehungsweise $b \approx 0{,}25$. Somit erhält man für eine Verbindung mit fünf Cl-Atomen gemäß $a^5 : 5a^4b : 10a^3b^2 : 10a^2b^3 : 5ab^4 : b^5$ die folgenden relativen Häufigkeiten der verschiedenen Isotopenzusammensetzungen: $[^{35}\mathrm{Cl}_5] \approx 0{,}75^5$, $[^{35}\mathrm{Cl}_4{}^{37}\mathrm{Cl}] \approx 5 \times 0{,}75^4 \times 0{,}25$, $[^{35}\mathrm{Cl}_3{}^{37}\mathrm{Cl}_2] \approx 10 \times 0{,}75^3 \times 0{,}25^2$, $[^{35}\mathrm{Cl}_2{}^{37}\mathrm{Cl}_3] \approx 10 \times 0{,}75^2 \times 0{,}25^3$, $[^{35}\mathrm{Cl}^{37}\mathrm{Cl}_4] \approx 5 \times 0{,}75 \times 0{,}25^4$, $[^{37}\mathrm{Cl}_5] \approx 0{,}25^5$ – das heißt die Häufigkeitsverteilung $0{,}237 : 0{,}396 : 0{,}264 : 0{,}088 : 0{,}015 : 0{,}001$. Ein bekanntes Beispiel für eine solche Chlor-Verbindung ist das Insektizid 1,1,1-Trichlor-2,2-di-(4-chlorphenyl)ethan (DDT).

Bei organischen Verbindungen sind die Häufigkeitsverteilungen, die sich aus den Kohlenstoffisotopen ^{12}C und ^{13}C ergeben, naturgemäß von besonderer Bedeutung. Die relative Häufigkeit der $[\mathrm{M} + 1]^{\bullet +}$-Ionen der Kohlenstoff-Isotopenzusammensetzung $^{12}\mathrm{C}_{n-1}{}^{13}\mathrm{C}$ mit genau einem ^{13}C-Atom leitet sich aus dem zweiten Glied der binomischen Formel ab und beträgt daher $na^{n-1}b$. Da die natürliche Häufigkeit des Isotops ^{12}C mit $a = 0{,}9893$ fast 1 beträgt, weist a^{n-1} für *kleine* organische Moleküle einen Wert nahe 1 auf. Daher kann die relative Häufigkeit der $[\mathrm{M} + 1]^{\bullet +}$-Ionen – und somit die relative Intensität des (M + 1)-Peaks bezüglich des Molekülionen-Peaks bei der Nominalmasse – für kleine organische Moleküle mit der vereinfachten Formel $[^{12}\mathrm{C}_{n-1}{}^{13}\mathrm{C}] \approx nb \approx n \times 0{,}011$ abgeschätzt werden. Im Umkehrschluss kann man aus dem gemessenen Intensitätsverhältnis $\{\mathrm{M}^{\bullet +}\} : \{[\mathrm{M} + 1]^{\bullet +}\}$ auf die Zahl n der Kohlenstoffatome im Molekül schließen.

Natürlich lassen sich auf analoge Weise auch die Häufigkeitsverteilungen der Isotopenzusammensetzungen von Molekülen mit zwei oder mehr Elementen mit jeweils zwei (oder auch mehr) Isotopen berechnen. Beim Dibrombenzol ($C_6H_4Br_2$) müssen beispielsweise sowohl die beiden Kohlenstoffisotope ^{12}C und ^{13}C gemäß $(a + b)^6 \approx (0{,}99 + 0{,}01)^6$ als auch die beiden Bromisotope ^{79}Br und ^{81}Br gemäß $(c + d)^2 \approx (0{,}5 + 0{,}5)^2$ berücksichtigt werden. Die zugehörigen binomischen Formeln lauten $(a + b)^6 = a^6 + 6a^5b + 15a^4b^2 + 20a^3b^3 + 15a^2b^4 + 6ab^5 + b^6$ sowie $(c + d)^2 = c^2 + 2cd + d^2$. Wenn man hier vernünftigerweise die Kombinationen mit mehr als einem ^{13}C-Atom vernachlässigt, ergibt sich für die Intensitätsverteilung der sechs verbleibenden Signale der

Molekülionen-Peakgruppe $\{M^{\bullet+}\} : \{[M+1]^{\bullet+}\} : \{[M+2]^{\bullet+}\} : \{[M+3]^{\bullet+}\} : \{[M+4]^{\bullet+}\} : \{[M+5]^{\bullet+}\} = [^{12}C_6{}^{79}Br_2] : [^{12}C_5{}^{13}C^{79}Br_2] : [^{12}C_6{}^{79}Br^{81}Br] : [^{12}C_5{}^{13}C^{79}Br^{81}Br] : [^{12}C_6{}^{81}Br_2] : [^{12}C_5{}^{13}C^{81}Br_2] = (a^6 \times c^2) : (6a^5b \times c^2) : (a^6 \times 2cd) : (6a^5b \times 2cd) : (a^6 \times d^2) : (6a^5b \times d^2) \approx (0{,}99^6 \times 0{,}5^2) : (6 \times 0{,}99^5 \times 0{,}01 \times 0{,}5^2) : (0{,}99^6 \times 2 \times 0{,}5 \times 0{,}5) : (6 \times 0{,}99^5 \times 0{,}01 \times 2 \times 0{,}5 \times 0{,}5) : (0{,}99^6 \times 0{,}5^2) : (6 \times 0{,}99^5 \times 0{,}01 \times 0{,}5^2) \approx 0{,}2354 : 0{,}0143 : 0{,}4707 : 0{,}0285 : 0{,}2354 : 0{,}0143 \approx 23{,}5\% : 1{,}4\% : 47{,}1\% : 2{,}9\% : 23{,}5\% : 1{,}4\%$.

Für kompliziertere Verbindungen stehen im Internet zahlreiche kostenlose Programme zur Berechnung der Isotopenmuster zur Verfügung. Abschließend sollte noch erwähnt werden, dass man bei der Analyse von Isotopenmustern in Massenspektren immer auch mögliche Verunreinigungen der Probe beachten sollte, durch welche das tatsächlich im Spektrum beobachtete Peakmuster vom theoretisch berechneten Isotopenmuster abweichen kann.

9.2.4 Mehrfach geladene Ionen

Die Peaks in allen Massenspektren, die wir bis jetzt in diesem Buch betrachtet haben, stammten von *einfach* geladenen Ionen ($z = 1$). Für Massenspektren, die unter Verwendung von EI-, CI- oder MALDI-Ionenquellen erzeugt werden, ist dies das typische Ergebnis. Wegen $z = 1$ können die Massen m der Ionen in solchen Spektren direkt aus den m/z-Werten abgelesen werden. In ESI-Massenspektren ist das allerdings keineswegs immer der Fall. Wenn das Analytmolekül groß genug ist – das heißt im Allgemeinen, wenn es eine relative Molekülmasse von mehr als 200 besitzt – und mehr als eine oder eine mehrfach ionisierbare funktionelle Gruppe aufweist, werden durch die Elektrospray-Ionisierung (ESI) leicht mehrfach geladene Ionen erzeugt. Dabei treten die Quasi-Molekülionen eines Analyten oft gleichzeitig in verschiedenen Ladungszuständen auf, wie zum Beispiel als einfach, zweifach und dreifach positiv geladene Ionen. Verständlicherweise kann eine solche Situation zu Schwierigkeiten bei der Ermittlung von Molekül- beziehungsweise Ionenmassen führen, weil die Peaks in Massenspektren immer nur mit bestimmten m/z-Werten korreliert werden können und nicht unmittelbar die Masse m widerspiegeln. Die Masse der zugehörigen Ionen kann daher nur bestimmt werden, wenn die Ladungszahl z bekannt ist. Glücklicherweise ist es im Allgemeinen relativ einfach, den Ladungszustand der Ionen festzustellen. Der Trick besteht darin, den Abstand zwischen den einzelnen Peaks innerhalb des zugehörigen Isotopenmusters in m/z-Einheiten zu bestimmen. Ist ein Ion nur einfach geladen ($z = 1$), beobachtet man insbesondere bei organischen Verbindungen wegen der Kohlenstoffisotope ^{12}C und ^{13}C zumindest ein Paar, meist aber Gruppen benachbarter Peaks mit Peakabständen von $\Delta(m/z) = 1$. Trägt ein organisches Ion jedoch zwei gleichnamige Ladungen ($z = 2$), erscheinen benachbarte Peaks in den entsprechenden Peakgruppen im Abstand $\Delta(m/z) = 1/2$ – oder allgemein im Abstand $\Delta(m/z) = 1/z$. Da man sich bei organischen Verbindungen wegen der Allgegenwart von Kohlenstoff auf die Massendifferenz von $\Delta m = 1$ zwischen zwei Isotopenpeaks verlassen kann, lässt sich die Ladung der fraglichen Ionen mithilfe der einfachen Gleichung 9.1 ermitteln. Weisen die Peaks einen Abstand von $\Delta(m/z) = 1/3$ auf, liegt also zum Beispiel ein dreifach geladenes Ion vor ($z = 3$), bei $\Delta(m/z) = 0{,}10$ wahrscheinlich ein zehnfach protoniertes Makromolekül. In der gewählten Form gilt Gleichung 9.1 auch für den seltenen Fall, dass die Massendifferenz $\Delta m > 1$ ist.

$$z = \frac{\Delta m}{\Delta(m/z)} \qquad (9.1)$$

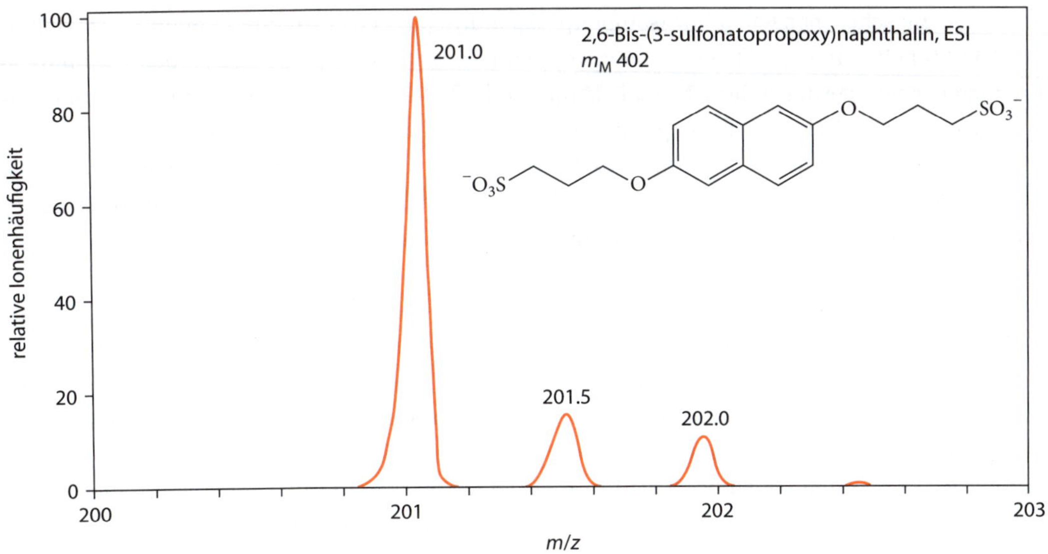

Abbildung 9.4: ESI-Massenspektrum des Dianions 2,6-Bis(3-sulfonatopropoxy) naphthalin. Die Anwesenheit von zwei Schwefelatomen im Molekül ist für die ungewöhnlich hohe Intensität des zweiten Isotopenpeaks verantwortlich.

Ist z erst einmal bekannt, können aus den m/z-Werten leicht die relativen Molekül- beziehungsweise Ionenmassen berechnet werden. Zunächst erhält man natürlich nur die Massen der Quasi-Molekülionen. Um die korrekten Massen der zugrunde liegenden Moleküle ermitteln zu können, muss man bei dieser Analyse daher immer berücksichtigen, auf welche Weise die Ladungen der Ionen entstanden sind. Ein zweifach protonierter Analyt des Typs $[M + 2\ H]^{2+}$ ergibt beispielsweise einen Peak bei $m/z = (m_M + 2) / 2$, also einem m/z-Wert, der nach Berücksichtigung des Ladungszustandes auf eine Masse schließen lässt, die zwei Masseneinheiten (die Massen der beiden Protonen) über der Molekülmasse m_M des Analyten liegt. ► Abbildung 9.4 zeigt das ESI-Massenspektrum eines anderen Beispiels, nämlich eines Dianions vom Typ $[M - 2\ H]^{2-}$, das durch die zweifache Deprotonierung eines Moleküls M entstanden ist. Das Ion besitzt eine relative Molekülmasse von 402. Wegen der zweifachen Ladung erscheint der Molekülionen-Peak aber bei m/z 201. Das Isotopenmuster des Molekülionen-Peaks zeigt zwei weitere Peaks, wobei der Abstand zwischen den benachbarten Peaks jeweils 0,5 beträgt. Dieser Abstand deutet auf ein *zweifach* geladenes Ion hin. Daraus ergibt sich die oben bereits genannte relative Molekülmasse des Quasi-Molekülions von 402. Berücksichtigt man aber, dass das Dianion durch die Abgabe von zwei Protonen aus dem neutralen Analytmolekül entstanden ist, muss die relative Molekülmasse des elektrisch neutralen Analyten 404 betragen. Natürlich muss der verwendete Massenanalysator ein Auflösungsvermögen besitzen, das eine separate Detektion der Isotopenpeaks ermöglicht, um diese Art der Analyse durchführen zu können. Bei kleinen organischen Molekülen stellt eine solche Anforderung an den Massenanalysator keine besondere Schwierigkeit dar, aber bei großen Molekülen mit vielen Ladungen kann sie zu einem echten Problem heranwachsen. Ein Oligopeptid mit einer relativen Molekülmasse von 5000 und fünf positiven Ladungen würde zum Beispiel eine genügend große Massenauflösung erfordern, um Signale getrennt zu identifizieren, die bei m/z 1000 nur 0,2 Einheiten auseinander liegen. Diese Anforderung übersteigt bereits das Auflösungsvermögen von einfachen Massenanalysatoren wie einem Quadrupol. Bei sehr großen Molekülen wie Proteinen können noch viel höhere Ladungszahlen und folglich deutlich kleinere

Abstände zwischen benachbarten Isotopenpeaks auftreten. Die Abstände können dann kleiner als 0,02 Einheiten (entsprechend $z \geq 50$) werden. Das mit so hohen Ladungszahlen verbundene Problem der sehr geringen Peakabstände kann durch die Verwendung eines anderen Massenanalysators mit einem hohen Auflösungsvermögen oder mithilfe zusätzlicher Informationen aus dem Spektrum behoben werden. Wichtige zusätzliche Informationen erhält man beispielsweise aus den Abständen zwischen den Peaks für das jeweilige Ion in verschiedenen Ladungszuständen, da die Ionen bei der Elektrospray-Ionisierung häufig gleichzeitig in mehreren Ladungszuständen erzeugt werden.

Die Anzahl der Ladungen, die ein Analyt maximal tragen kann, hängt sowohl von seiner Größe als auch von der Anzahl seiner ionisierbaren funktionellen Gruppen ab. Bei großen, multifunktionellen Molekülen kann die Zahl der Ladungen daher ziemlich groß werden. Die bei der Elektrospray-Ionisierung erzeugten Ionen von Proteinen weisen zum Beispiel häufig mehr als 40 Ladungen auf. Der Hauptfaktor, der die Anzahl der Ladungen in einem Molekül begrenzt, ist die mit zunehmender Ladungszahl immer weiter wachsende intramolekulare elektrostatische Abstoßung zwischen den Ladungen. In einer stark verdünnten Gasphase (einem mehr oder weniger „guten Vakuum") handelt es sich dabei um einen entscheidenden Faktor, weil die kurzreichenden elektrostatischen Abstoßungen im Vakuum (Permittivitätszahl $\varepsilon_r = 1$) zu enormen elektrostatischen Energien führen können und der Abstand zwischen den Ladungen mit zunehmender Ladungszahl immer kleiner wird. Die Abstoßungsenergie wächst nämlich mit sinkendem Abstand und beträgt in Abhängigkeit vom Abstand etwa 1400 kJ mol^{-1} $Å^{-1}$. Bei der Elektrospray-Ionisierung entstehen die Ladungen der Ionen normalerweise durch Protonentransfer zwischen dem Analyten und dem ESI-Lösungsmittel, noch bevor das vollkommen freie Ion in der Gasphase gebildet worden ist. Wenn die Ladung eines Ions und somit die intramolekulare elektrostatische Abstoßung zu groß wird, haben die Ionen daher noch genug Zeit, ihre Ladung durch Protonentransferreaktionen mit dem Lösungsmittel zu reduzieren. In der Praxis neigen große Moleküle unabhängig von ihrer Gesamtgröße dazu, unter ESI-Bedingungen m/z-Werte zwischen etwa 500 und 1500 anzunehmen. In diesem Bereich gleichen sich die Tendenz der Moleküle, aufgrund ihrer Acidität oder Basizität weitere Protonen abzugeben beziehungsweise aufzunehmen, und die intramolekulare elektrostatische Abstoßung, die dem Protonentransfer entgegenwirkt, bei den meisten Analyten offenbar gerade gegenseitig aus. Typische Analyte in der organischen Chemie sind natürlich relativ klein und können deswegen in der Regel maximal zweifach geladene Ionen bilden. Bei der Analyse eines ESI-Spektrums muss man allerdings immer die Möglichkeit von mehrfach geladenen Ionen beachten, wenn die relative Molekülmasse des Analyten (vermutlich) über 200 liegt und der Analyt mehr als eine ionisierbare funktionelle Gruppe besitzen könnte.

9.3 Ableitung von Strukturen aus Massenspektren

Die Informationen aus Kapitel 8 und Abschnitt 9.2 bilden die Grundlage für die Ableitung chemischer Strukturen aus Massenspektren. Wie wir bereits an früherer Stelle erwähnt haben, reicht ein Massenspektrum zur vollständigen Aufklärung der Struktur einer unbekannten Substanz in den meisten Fällen nicht aus. Häufig stehen aber zusätzlich Informationen über die Synthese des Analyten oder die Ergebnisse von chemisch-analytischen Untersuchungen zur Verfügung, die auf eine oder mehrere bestimmte funktionelle Gruppen hindeuten und somit wertvolle Orientierungshilfen liefern. Vor diesem Hintergrund wollen wir uns im Folgenden mit einigen Beispielen für strukturelle Analysen beschäftigen. Diese Beispiele sind zwar relativ einfach, aber gut dazu geeignet, die systematischen Schritte zur Verwendung massenspektrometrischer Daten bei der Strukturaufklärung organischer Verbindungen zu veranschaulichen. In den Aufgaben am Ende des Kapitels finden Sie weitere Beispiele, in denen Sie die in diesem Abschnitt erworbenen Fähigkeiten nutzen können.

Bei der Analyse von Massenspektren unbekannter Substanzen ist die systematische Durchführung der folgenden Schritte hilfreich. Diese Vorgehensweise kann auch zur Bestätigung eines Strukturvorschlags genutzt werden.

1. Bestimmen Sie die Molekülmasse des Analyten.
2. Ermitteln Sie die Summenformel des Analyten, beispielsweise mithilfe seiner exakten Masse.
3. Prüfen Sie auch, ob das Massenspektrum Hinweise auf Heteroatome mit charakteristischen Isotopenverteilungen oder auf Stickstoffatome (Stickstoff-Regel) enthält.
4. Identifizieren Sie mögliche Strukturmerkmale des Analyten anhand der Massen elektrisch neutraler Fragmente, die sich aus den Abständen zwischen verschiedenen Peaks ergeben.
5. Nutzen Sie alle verfügbaren Informationen über die funktionellen Gruppen des Analyten, um nach charakteristischen Fragmentierungen im Massenspektrum zu suchen.
6. Versuchen Sie die Abspaltung der neutralen Fragmente für eine mögliche Struktur mechanistisch zu erklären.

9.3.1 Strukturanalyse 1

In diesem Beispiel stammt die Probe aus einer Solvolysereaktion. Das entsprechend Reaktionsgleichung 9.2 erwartete Produkt – ein Benzylalkohol – konnte auch identifiziert werden. Darüber hinaus erschien im Dünnschichtchromatogramm ein Nebenprodukt, das schließlich ebenfalls isoliert wurde.

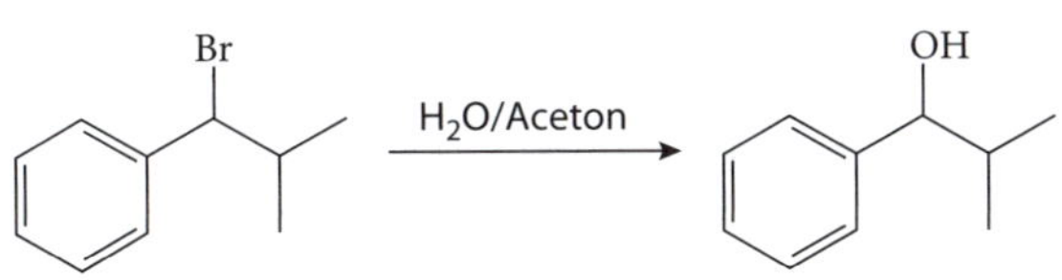

(9.2)

▶ Abbildung 9.5 zeigt das EI-Massenspektrum des Nebenprodukts der Reaktion. Das Spektrum wurde mit einem Massenspektrometer mit geringem Auflösungsvermögen gemessen. Daher können nur die nominellen Massen der Ionen ermittelt werden. In diesem Fall reicht das aber aus, weil mit den Reaktionsbedingungen aus Reaktionsgleichung 9.2 genügend zusätzliche Informationen zur Verfügung stehen, um aus der nominellen Masse des Analyten seine Summenformel abzuleiten. Das System enthält keinen Stickstoff. Deswegen ist ein Molekül-Ion mit einem geradzahligen *m*/*z*-Wert zu erwarten. Außerdem ist an keiner Stelle des Spektrums das typische Isotopenmuster von Brom zu erkennen. Im Nebenprodukt kommt das Bromatom aus dem Edukt folglich nicht mehr vor. Aus diesen Informationen kann somit geschlossen werden, dass das Nebenprodukt nur aus den Elementen Kohlenstoff, Wasserstoff und Sauerstoff besteht. Bei *m*/*z* 150 befindet sich ein sehr kleiner Peak (relative Ionenhäufigkeit nur etwa 0,3 Prozent), der aufgrund seiner Position und seines geradzahligen *m*/*z*-Wertes aber dennoch als Molekülionen-Peak identifiziert werden kann. Das Signal bei *m*/*z* 135 kann dagegen aufgrund des ungeradzahligen *m*/*z*-Wertes kein Molekülionen-Peak sein. Die wahrscheinlichsten Summenformeln für *aromatische* Moleküle mit einer relativen nominellen Molekülmasse von 150, die nur Kohlenstoff, Wasserstoff und Sauerstoff enthalten, lauten $C_{10}H_{14}O$, $C_9H_{10}O_2$ und $C_8H_6O_3$. Da das Edukt die Zusammensetzung $C_{10}H_{13}Br$ besitzt, kann die erste der drei möglichen Summenformeln ($C_{10}H_{14}O$) des Nebenprodukts am besten erklärt werden, nämlich mit der einfachen Substitution von Br durch OH. Für die anderen Summenformeln wären dagegen erhebliche Umlagerungen und auch Redox-Prozesse erforderlich, um vernünftige Strukturen zu ergeben. Tatsächlich weist das erwartete Produkt auch die Summenformel $C_{10}H_{14}O$ auf. Bei dem unbekannten Nebenprodukt könnte es sich daher einfach nur um ein Isomer des erwarteten Produkts handeln.

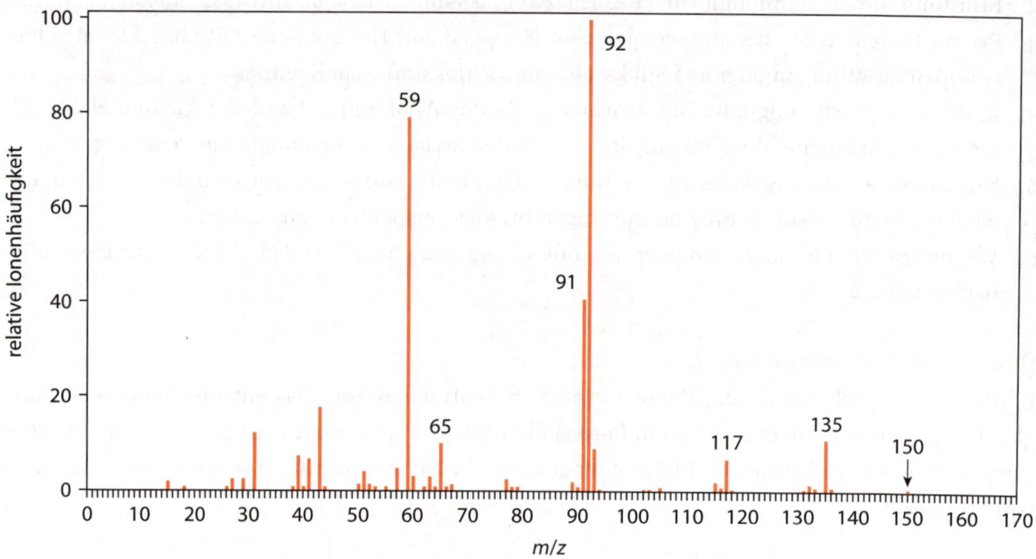

Abbildung 9.5: **EI-Massenspektrum des Analyten in Strukturanalyse 1.**

Im nächsten Schritt der Strukturanalyse betrachten wir das Fragmentierungsmuster. Der Peak bei *m*/*z* 135 deutet auf den Verlust eines Methyl-Radikals (15 u) aus dem Molekül-Ion hin. Das Nebenprodukt enthält demnach wahrscheinlich eine Methylgruppe. Abgesehen von diesem Peak stellen die Peaks bei *m*/*z* 59, *m*/*z* 91 und *m*/*z* 92 die Schlüsselsignale des Spektrums dar. Die letzten beiden lassen auf ein Toluol-Derivat oder ein höheres Alkylbenzol schließen – dies gilt insbesondere für den Peak bei *m*/*z* 92, der infolge der Umlagerung eines Wasserstoffatoms auf den Benzyl-Rest erscheint (McLafferty-Reaktion). Der Peak bei *m*/*z* 59 ist wahrscheinlich auf $C_3H_7O^+$-Ionen zurückzuführen (siehe Tabelle 8.2). Interessanterweise repräsentieren die Peaks bei *m*/*z* 59 und *m*/*z* 91 *komplementäre Ionen* – das heißt, die Massen der Ionen summieren sich zur Masse des Molekül-Ions mit *m*/*z* 150. Das Analytmolekül besteht folglich aus einer Benzylgruppe, die wegen der hohen Intensität der beiden komplementären Peaks über eine *schwache* Bindung mit einer Gruppe der Zusammensetzung C_3H_7O verknüpft sein muss. Die Formel deutet auf einen phenylsubstituierten Alkohol oder Ether hin, bei dem eine α-Spaltung einen der Hauptfragmentierungswege darstellt. Schema **9-2** zeigt die verbleibenden möglichen Strukturen des Nebenprodukts.

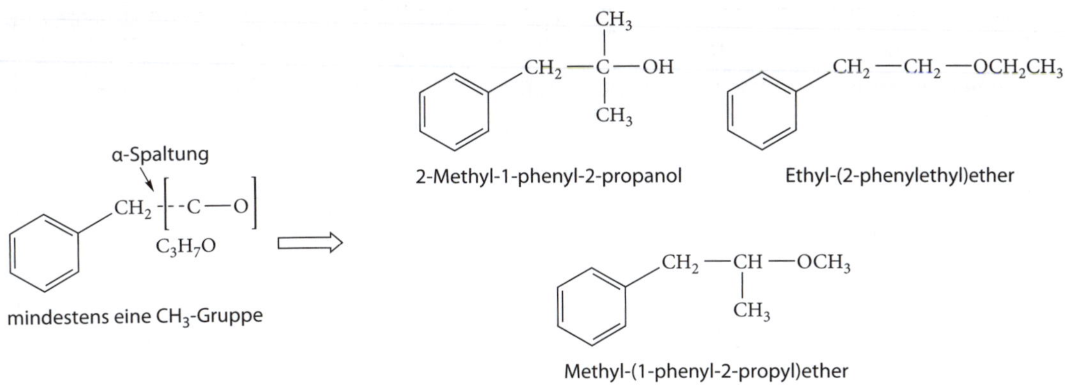

Schema 9-2

Da die C_3H_7O-Komponente eine C–O-Bindung und eine CH_3-Gruppe aufweisen muss, bleiben nur noch drei strukturelle Möglichkeiten übrig. Ist das Nebenprodukt ein Alkohol, muss es 2-Methyl-1-phenyl-2-propanol sein. Im Fall eines Ethers kann es sich entweder um Ethyl-(2-phenylethyl) ether oder um Methyl-(1-phenyl-2-propyl)ether handeln. Andere mögliche Fragmentierungen dieser drei Verbindungen umfassen die Spaltung einer C–O-Bindung, die potenziell von der Übertragung eines Wasserstoffatoms begleitet werden kann und somit zum Verlust von $HO^\bullet$ (oder H_2O), $CH_3CH_2O^\bullet$ (oder CH_3CH_2OH) beziehungsweise $CH_3O^\bullet$ (oder CH_3OH) führt. Das Spektrum in Abbildung 9.5 zeigt aber nur schwache Peaks, die auf die Abspaltung dieser Gruppen aus dem Molekül-Ion schließen lassen könnten. Der größte, aber immer noch sehr kleine Peak, der auf eine dieser Fragmentierungen hindeutet, liegt bei *m*/*z* 132 und repräsentiert den Verlust von H_2O aus dem Molekül-Ion. Mithilfe des signifikanten Peaks bei *m*/*z* 117 kann aber doch zwischen den drei verbliebenen Strukturmöglichkeiten unterschieden werden. Dieser Peak bedeutet nämlich den Verlust von 33 Masseneinheiten aus dem Molekül-Ion und ist sehr wahrscheinlich auf die Abspaltung eines Methyl-Radikals *und* eines Wassermoleküls zurückzuführen. Die Beobachtung einer signifikanten Wasserabspaltung aus dem Molekül-Ion kann als deutlicher Hinweis darauf gewertet werden, dass es sich bei der Verbindung um einen Alkohol und nicht um einen Ether handeln muss. Das Nebenprodukt kann somit als 2-Methyl-1-phenyl-2-propanol identifiziert werden. Die Bildung von $C_7H_8^{\bullet+}$ (*m*/*z* 92) durch die McLafferty-Reaktion ist bei dieser Verbindung besonders effizient, weil insgesamt sieben $H^\bullet$-Atome (ein Hydroxy- und sechs Methyl-H-Atome) an den γ-Positionen für die Umlagerung zur Verfügung stehen. Beim Ethyl-(2-phenylethyl)ether kann dagegen keine McLafferty-Reaktion stattfinden, weil bei dieser Verbindung kein $H^\bullet$-Atom in der entsprechenden γ-Position vorhanden ist, und beim Methyl-(1-phenyl-2-propyl)ether sollte sie wegen der wenigen (und relativ starken) γ-C–H-Bindungen der einzelnen Methylgruppe nur eine untergeordnete Rolle spielen.

9.3.2 Strukturanalyse 2

Die Ozonolyse eines unbekannten ungesättigten Kohlenwasserstoffs mit Aufarbeitung unter reduzierenden Bedingungen ergab ein Produkt, dessen EI-Spektrum in ▶ Abbildung 9.6 dargestellt ist. Aus diesen Informationen können wir schließen, dass es sich bei dem Produkt um einen Aldehyd oder ein Keton handelt. Der Molekülionen-Peak liegt bei *m*/*z* 162. Da das Molekül-Ion eine gerade

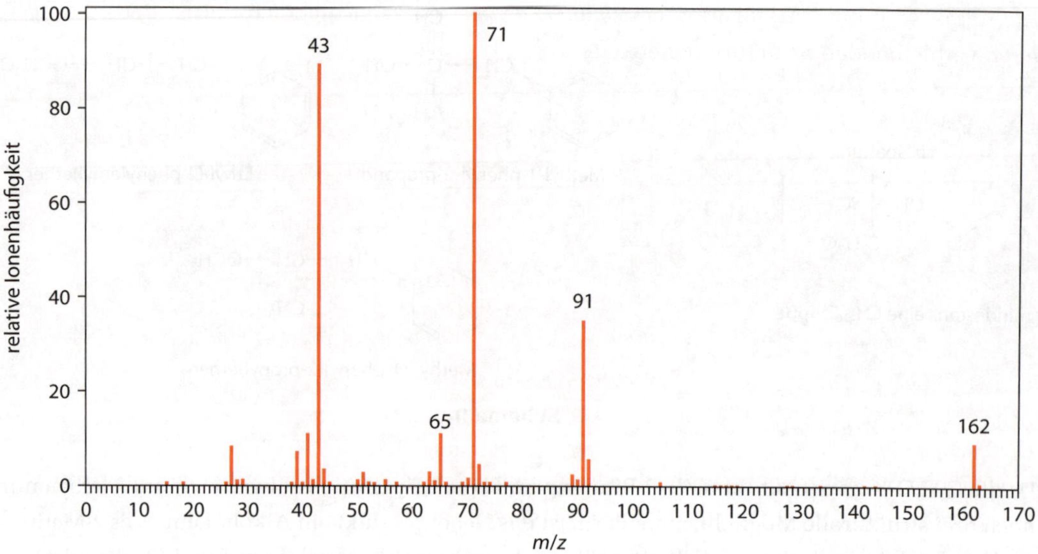

Abbildung 9.6: EI-Massenspektrum des Analyten in Strukturanalyse 2.

Masse besitzt, kann es nur kein oder eine gerade Anzahl von Stickstoffatomen enthalten. Wenn in dem Molekül kein Stickstoffatom vorkommt, bleiben mehrere mögliche Summenformeln für die nominelle Masse von 162 übrig. Mithilfe eines Massenspektrometers mit hoher Massengenauigkeit wurde eine exakte Masse für das Molekül-Ion von 162,10448 gemessen. Daraus ergibt sich die Summenformel $C_{11}H_{14}O$. Bei Aldehyden und Ketonen sollte im Fragmentierungsmuster sinnvollerweise zuerst nach Produkten von McLafferty-Reaktionen gesucht werden. In diesem Fall erscheinen allerdings keine signifikanten Fragmentionen-Peaks bei geradzahligen *m/z*-Werten. Offensichtlich findet eine McLafferty-Reaktion also zumindest nicht in größerem Ausmaß statt. Daraus kann geschlossen werden, dass für eine McLafferty-Reaktion keine genügend lange Alkylkette (mindestens *n*-Propyl) vorliegt oder die in Frage kommenden, ausreichend langen Alkylketten kein γ-Wasserstoffatom enthalten beziehungsweise aus einem anderen Grund kaum zu einer McLafferty-Reaktion neigen (siehe unten). Der nächste Schritt der Analyse besteht darin, nach Peaks von Produkten zu suchen, die durch eine Bindungsspaltung an der Carbonylgruppe gebildet worden sein könnten. Der Schlüssel zur Identifizierung solcher Peaks ist das Erscheinen eines weiteren Peaks, der um 28 Masseneinheiten niedriger liegt als der betreffende Peak, weil im Anschluss an eine Bindungsspaltung an einer Carbonylgruppe häufig noch die Abspaltung von CO stattfindet. Im vorliegenden Spektrum ist der Peak bei *m/z* 71 ein Kandidat, der sehr wahrscheinlich durch eine Spaltung an der Carbonylgruppe verursacht worden ist, weil er die typische Masse eines Alkylketon-Fragments (des Acylkations $C_3H_7CO^+$) repräsentiert und von einem intensiven Peak bei *m/z* 43 (für $C_3H_7^+$) begleitet wird, der infolge der Abspaltung von CO um 28 Masseneinheiten niedriger liegt. Der signifikante Peak bei *m/z* 91 ist zum Peak bei *m/z* 71 komplementär – die Massen der zugehörigen Ionen ergeben also zusammen die Masse des Molekül-Ions. Die Masse 91 deutet daher auf eine Benzylgruppe im Molekül hin. Wie wir in Kapitel 8 bereits festgestellt haben, werden bei C–C-Bindungsspaltungen an Carbonylgruppen im Allgemeinen bevorzugt Acylkationen und Alkylradikale gebildet. Ist das potenzielle Alkylkation aber besonders stabilisiert, wie zum Beispiel das Benzyl-Kation, können dabei auch ein

Acylradikal und ein Alkylkation entstehen. Schema **9-3** zeigt die nach diesen Betrachtungen noch verbleibenden Strukturmöglichkeiten.

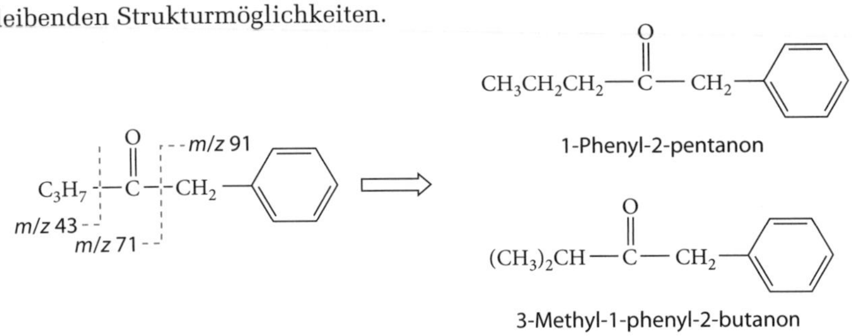

Schema 9-3

Die einzige Frage, die noch geklärt werden muss, ist die nach der Struktur des C_3H_7-Restes. Handelt es sich um eine *n*-Propyl- oder um eine Isopropylgruppe? Beide stehen mit einer (praktisch) fehlenden McLafferty-Reaktion in Einklang, da einerseits bei *n*-Propylgruppen mit ihren γ-ständigen Methyl-H-Atomen – anders als bei längeren Alkylketten mit γ-ständigen Methylen-H-Atomen – häufig eben doch keine signifikante McLafferty-Reaktion zu beobachten ist und andererseits die Isopropylgruppe gar kein γ-ständiges H-Atom enthält. Man neigt dazu, wegen der hohen Intensität des Peaks bei *m*/*z* 43 eine Isopropylgruppe im Molekül zu identifizieren, weil sich dann das zugehörige, relativ stabile $CH(CH_3)_2^+$-Kation direkt durch eine einfache Bindungsspaltung bilden könnte. Dies ist aber kein ausreichend sicheres Unterscheidungskriterium. Das Fehlen eines Peaks bei *m*/*z* 147 für den Verlust eines Methyl-Radikals aus dem Molekül-Ion könnte als Hinweis auf eine *n*-Propylgruppe gewertet werden, aber die Abspaltung einer Gruppe vom α-Kohlenstoffatom findet bei Ketonen im Allgemeinen nicht häufig statt, weil die Carbonylgruppe ein benachbartes Carbokation in $RCH^+C(O)R'$ zusätzlich destabilisiert – im Gegensatz zu den entsprechenden (Enolat-)Anionen $RCH^-C(O)R'$. An dieser Stelle stehen nicht genügend Informationen zur Verfügung, um sicher zwischen einer *n*-Propyl- und einer Isopropylgruppe unterscheiden zu können. Zu diesem Zweck sind weitere analytische Daten oder der Vergleich mit den Spektren der verbleibenden Kandidaten aus einer Spektrensammlung erforderlich. Mit diesen Daten kann der Analyt in diesem Fall als 1-Phenyl-2-pentanon identifiziert werden.

Eine genauere Analyse des Spektrums in Abbildung 9.6 zeigt übrigens, dass bei dem vorliegenden Keton in geringem Maße doch eine McLafferty-Reaktion abläuft – allerdings nicht unter Einbeziehung der Carbonylgruppe, sondern des aromatischen Systems (siehe Abschnitt 8.4.2) und somit unter Bildung der Ionen $C_7H_8^{\bullet+}$ (*m*/*z* 92). Dabei wird ein $H^\bullet$-Atom aus der α-Position der Propylgruppe auf die *ortho*-Position des aromatischen Rings der Benzylgruppe übertragen und das entsprechende Keten ($CH_3CH_2CH{=}C{=}O$, 70 u) eliminiert. Allerdings trägt zu dem Peak bei *m*/*z* 92 auch das Ion $^{13}C^{12}C_6H_7^+$ bei, und zwar entsprechend der relativen Häufigkeit des $^{12}C_7H_7^+$-Ions im Spektrum mit etwa $[^{13}C^{12}C_6H_7^+] = [^{12}C_7H_7^+] \times 7 \times 0{,}011 = 35\% \times 0{,}077 = 2{,}7\%$. Da der Peak bei *m*/*z* 92 insgesamt eine relative Intensität von 5,6 Prozent aufweist, ist die McLafferty-Reaktion etwa zur Hälfte für diese verantwortlich: $[^{12}C_7H_8^{\bullet+}] = 5{,}6\% - 2{,}7\% = 2{,}9\%$. Im EI-Massenspektrum des Isopropyl-Isomers (3-Methyl-1-phenyl-2-butanon) ist dieser Anteil am Peak bei *m*/*z* 92 etwas höher: $[^{12}C_7H_8^{\bullet+}] = 5{,}0\%$ und $[^{13}C^{12}C_6H_7^+] = 3{,}5\%$ (Quelle: NIST/EPA/NIH Mass Spectral Library, Japan AIST/NIMC Database, Spectrum MS-NW-3838).

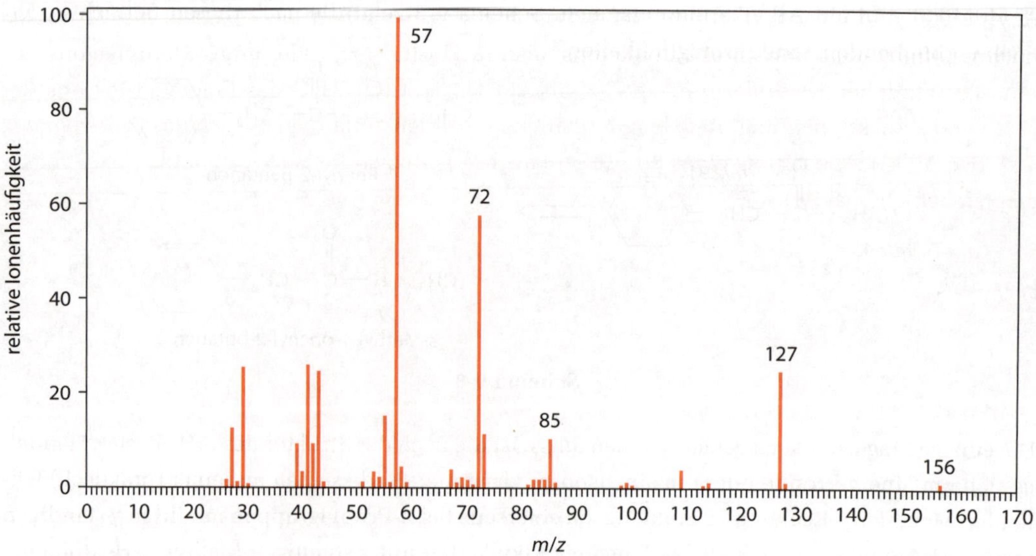

Abbildung 9.7: EI-Massenspektrum des Analyten in Strukturanalyse 3.

9.3.3 Strukturanalyse 3

In diesem Beispiel ist keine zusätzliche Information über den Analyten verfügbar, dessen EI-Massenspektrum Sie in ▶ Abbildung 9.7 finden. Unter solchen Umständen ist es nur selten möglich, die Struktur eines Analyten allein mithilfe seines EI-Spektrums aufzuklären. Dennoch stellt die Ableitung so vieler struktureller Informationen wie möglich aus dem EI-Spektrum einer völlig unbekannten Substanz eine lohnenswerte Übung dar. Der Molekülionen-Peak liegt bei *m*/*z* 156 – zu diesem Zeitpunkt muss man zunächst davon ausgehen, dass im Spektrum ein erkennbarer Molekülionen-Peak erscheint und nicht alle Molekül-Ionen fragmentieren. Wegen des geradzahligen *m*/*z*-Wertes des Molekül-Ions enthält dieses wahrscheinlich kein Stickstoffatom. Das Fehlen entsprechend großer Isotopenpeaks bedeutet außerdem, dass in der Verbindung weder Chlor noch Brom vorkommen. Für eine nominelle Masse von 156 sind nach diesen Eingrenzungen immer noch mehrere Summenformeln möglich, wie beispielsweise $C_{12}H_{12}$, $C_{11}H_{24}$, $C_{10}H_{20}O$, $C_{10}H_{17}F$ oder $C_9H_{16}O_2$. Die vielen möglichen Summenformeln erlauben noch eine so große Zahl von denkbaren Strukturen, dass die Messung der exakten Masse des Analyten außerordentlich hilfreich wäre. Vergleichen Sie zunächst die exakten Massen, die sich aus den obigen Summenformeln ergeben: $C_{12}H_{12}$: 156,093900; $C_{11}H_{24}$: 156,187800; $C_{10}H_{20}O$: 156,151414; $C_{10}H_{17}F$: 156,131428; $C_9H_{16}O_2$: 156,115028. Die Abstände zwischen diesen Massen sind signifikant und liegen oberhalb von 100 ppm. Experimentell wurde eine exakte Masse von 156,15293 ermittelt, die gut genug mit der exakten Masse von $C_{10}H_{20}O$ übereinstimmt, um dem Analyten diese Summenformel zuordnen zu können (Δm = 0,00152 ≈ 10 ppm). Die Zahl der ungesättigten Stellen *U* beträgt bei dieser Summenformel 1 (siehe Abschnitt 1.3 und Gleichung 1.1). Nun untersuchen wir, welche elektrisch neutralen Fragmente aus dem Massenspektrum in Abbildung 9.7 entnommen werden können. Der Peak bei *m*/*z* 127 entsteht durch einen Verlust von 29 Masseneinheiten aus dem Molekül-Ion und deutet auf eine Ethylgruppe im Analytmolekül hin. Der Peak bei *m*/*z* 72 repräsentiert die Masse eines typischen Fragment-Ions aus der McLafferty-Reaktion eines Ketons. Das einzelne Sauerstoffatom in der Summenformel, die aus der exakten Masse ermittelt wurde, steht mit einem Keton in Einklang. Die Carbonylgruppe des Ketons ist dann für die eine ungesättigte Stelle verantwortlich. Wenn das der Fall ist, erscheint der Peak bei *m/z* 72 infolge der McLafferty-Reaktion eines Ethylketons, also $RCH_2C(O)C_2H_5$, oder eines Methylketons mit einer zusätzlichen Methylgruppe an C-3, also $RCH(CH_3)C(O)CH_3$ – das Fragment-Ion aus der McLafferty-Reaktion enthält in jedem der Fälle vier Kohlenstoffatome. Wegen des Peaks bei *m/z* 127, der auf die Abspaltung eines Ethyl-Radikals hindeutet, sollte jedoch ein Ethylketon vorliegen (siehe Schema **9-4**).

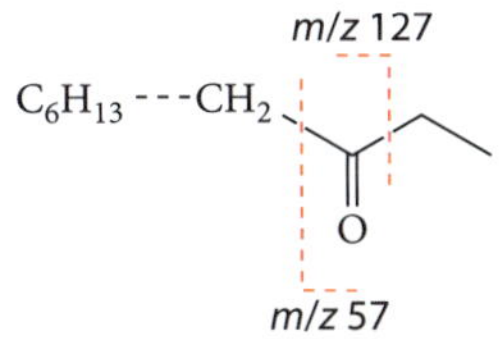

Schema 9-4

Schließlich ist in diesem Fall auch noch die C–C-Bindungsspaltung auf der anderen Seite der Carbonylgruppe zu erwarten. Dabei wird das Radikal $C_6H_{13}^{\bullet}$ abgespalten und das Propionyl-Kation ($^+O{\equiv}C{-}CH_2CH_3$) gebildet. Letzteres ist für den Peak bei *m/z* 57 verantwortlich. Als Basispeak ist dieses Signal das intensivste des Spektrums, wodurch die Annahme eines Ethylketons zusätzlich bestätigt wird. Hier sei auch erwähnt, dass der kleine Peak bei *m/z* 99 den CO-Verlust aus dem Ion mit *m/z* 127 und der Peak bei *m/z* 29 den CO-Verlust aus dem Ion mit *m/z* 57 anzeigt. Der Peak bei *m/z* 85 ist ebenfalls interessant, weil er durch die charakteristische Dissoziation der β,γ-Bindung im C_7H_{15}-Rest verursacht wird. Wie bei Carbonsäuren und Carbonsäureestern beobachtet man den Peak der Fragment-Ionen aus dieser γ-Spaltung auch bei langkettigen Ketonen stets bei 13 Masseneinheiten oberhalb des Signals für die Fragment-Ionen aus der McLafferty-Reaktion – sofern an der α- und β-Position keine Verzweigung vorliegt. Das Signal für die Fragment-Ionen aus der McLafferty-Reaktion erscheint hier bei *m/z* 72. Der Peak bei *m/z* 85 ist daher dem allylischen Fragment-Ion $CH_2{=}CHC^+(OH)CH_2CH_3$ zuzuordnen. Außerdem weist dieser Peak darauf hin, dass das vorliegende Keton nicht nur an der α-Position, sondern auch an der β-Position des C_7H_{15}-Restes unverzweigt ist. Ob die Kette an der γ- oder δ-Position eine Verzweigung enthält, kann allerdings aus dem Massenspektrum nicht abgeleitet werden. Tatsächlich handelte es sich in diesem Fall um 3-Decanon, also um das Isomer mit der längstmöglichen Kette und folglich mit einem unverzweigten *n*-C_7H_{15}-Rest auf einer Seite der Carbonylgruppe.

9.3.4 Strukturanalyse 4

Das Massenspektrum in diesem Beispiel ist das Ergebnis eines MS/MS-Experiments, bei dem die Ionen mithilfe der Elektrospray-Ionisierung erzeugt wurden. Im ESI-Massenspektrum erscheint der Basispeak bei *m/z* 144 und die zugehörigen Ionen wurden durch einen ersten Massenanalysator selektiert. Nach Anregung durch CID wurde dann das in ▶ Abbildung 9.8 dargestellte Fragmentionen-Spektrum dieser ausgewählten Ionen mit *m/z* 144 aufgenommen (Tandem-Massenspektrometrie, hier MS^2, siehe Abschnitt 8.11). Da das Experiment im Kationen-Modus durchgeführt wurde, handelt es sich vermutlich um ein protoniertes Ion. Auch andere kationische Spezies sind möglich, wie zum Beispiel Addukte mit Natrium-Ionen, aber ohne weitere Informationen sollte zunächst von protonierten Spezies ausgegangen werden. Bei der ESI-Methode

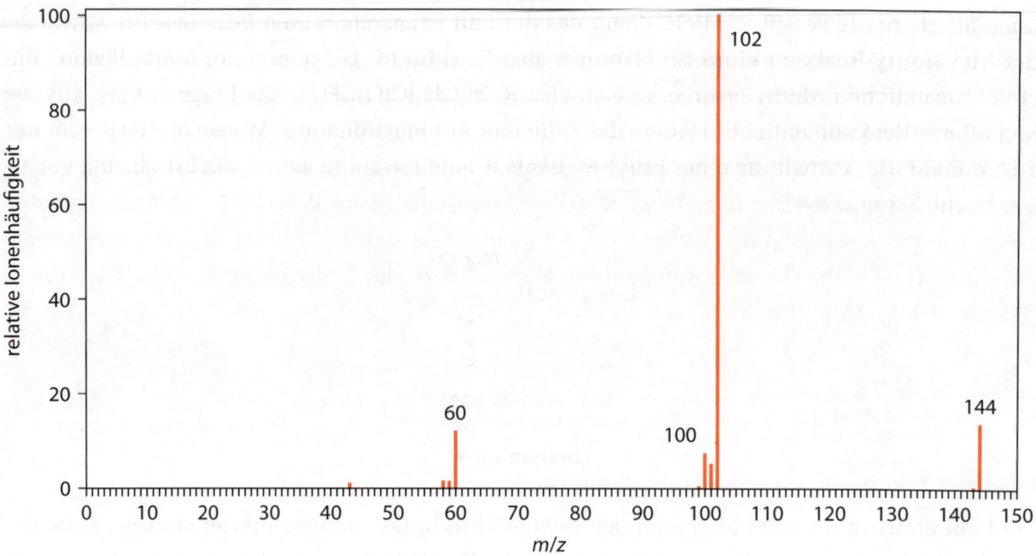

Abbildung 9.8: ESI/CID-Spektrum des Basis-Ions mit *m/z* 144 des Analyten in Strukturanalyse 4.

muss außerdem geprüft werden, ob die Peaks mehrfach geladene Ionen repräsentieren. Das kann für den vorliegenden Fall allerdings aufgrund der Isotopenmuster im vollständigen ESI-Spektrum des Analyten (hier nicht dargestellt) ausgeschlossen werden: Dort betragen die Peakabstände innerhalb des Isotopenmusters bei *m/z* 144, 145 und 146 nämlich jeweils $\Delta(m/z) = 1$. Bei einer nichtradikalischen, protonierten Spezies wird eine ungeradzahlige Masse erwartet, wenn das Molekül kein Stickstoffatom enthält. Umgekehrt muss hier aus dem geradzahligen *m/z*-Wert von 144 geschlossen werden, dass im Analytmolekül ein Stickstoffatom vorkommt (möglich, aber weniger wahrscheinlich, sind auch drei oder sogar fünf Stickstoffatome). Die Peaks bei *m/z* 102 und *m/z* 100 bedeuten den Verlust einer Masse von 42 beziehungsweise 44 aus dem Ion mit *m/z* 144. Da letzteres Ion eine geradelektronische Spezies mit abgeschlossener Elektronenschale darstellt, sollten die Produkt-Ionen seiner Hauptfragmentierungen ebenfalls geradelektronische Ionen mit abgeschlossener Elektronenschale sein. Tatsächlich besitzen die Fragment-Ionen mit *m/z* 102 und *m/z* 100 geradzahlige Massen und enthalten daher sehr wahrscheinlich auch noch ein Stickstoffatom. Der Verlust von 42 Masseneinheiten aus dem Ion mit *m/z* 144 beruht vermutlich auf der Abspaltung von C_3H_6 (Propen) oder C_2H_2O (Keten, siehe Tabelle 8.3). Die Abspaltung des Ketens – zum Beispiel aus einem Acetamid-Derivat des Typs RR´NC(O)CH_3 – stellt zwar eine mögliche Option dar, aber die Abspaltung von Alkenen aus protonierten Aminen ist bekanntermaßen ebenfalls eine häufig auftretende Fragmentierung. Hier ist daher wahrscheinlich eher die Freisetzung von Propen für den Peak bei *m/z* 102 verantwortlich. Diese Annahme wird durch den Peak bei *m/z* 100 zusätzlich unterstützt, weil aus protonierten Aminen häufig Alkane abgespalten werden und der Peak bei *m/z* 100 mit dem Verlust von Propan aus dem Ion mit *m/z* 144 in Einklang steht. Der Peak bei *m/z* 60 könnte entweder die Folge eines direkten Verlustes von 84 Masseneinheiten aus dem Ion mit *m/z* 144 sein oder von Ionen verursacht werden, die durch sekundäre Fragmentierungen gebildet werden. Diese Frage kann beispielsweise einfach mithilfe eines MS^3-Experiments beantwortet werden (siehe Abschnitt 8.11.1). Bei einem solchen Experiment würden die Ionen mit *m/z* 144 nach ihrer Selektion im ersten Massenanalysator durch CID fragmentiert und anschließend die Fragment-Ionen mit dem *m/z*-Wert 102 durch einen zweiten

Massenanalysator isoliert. Diese Ionen würden dann ihrerseits erneut durch CID fragmentiert und die resultierenden Fragmente mithilfe eines dritten Massenanalysators identifiziert. Zur Durchführung eines MS^3-Experiments sind zum Beispiel Massenspektrometer mit Ionenfallen oder ein Tripelquad geeignet. Das hier nicht dargestellte Ergebnis des MS^3-Experiments für das vorliegende Strukturproblem hat gezeigt, dass die Ionen mit *m/z* 60 Produkte einer Folgefragmentierung der Ionen mit *m/z* 102 sind. Daher repräsentiert der Peak bei *m/z* 60 den weiteren Verlust einer Masse von 42. Wahrscheinlich handelt es sich um die Abspaltung eines zweiten Propenmoleküls. Diese Argumentationskette führt zu der Teilstruktur des Analyten, die in Schema **9-5** dargestellt ist.

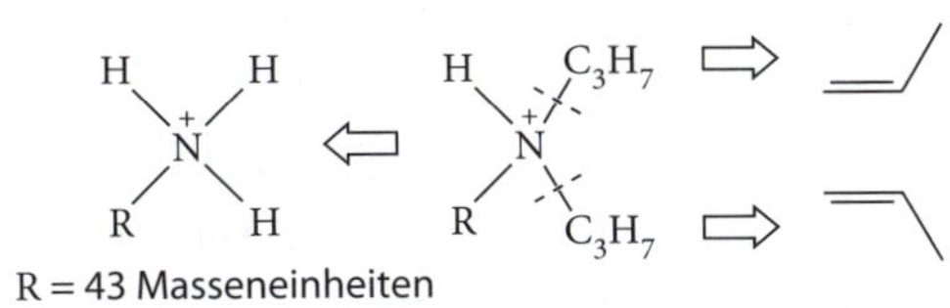

Schema 9-5

Diese Teilstruktur steht zum Beispiel mit einem Tripropylamin in Einklang. Allerdings sind nicht genügend Informationen verfügbar, um beispielsweise zwischen *n*-Propyl- und Isopropylgruppen unterscheiden zu können. Tatsächlich zeigt Abbildung 9.8 das Spektrum von Tripropylamin. Das Stickstoffatom trägt also insgesamt drei *n*-Propylgruppen.

9.4 Biopolymere

Die Analyse der Spektren von polymeren Substanzen ist eine der größten Erfolgsgeschichten der modernen Massenspektrometrie, wodurch diese Methode zu einem unentbehrlichen Hilfsmittel bei der Strukturaufklärung von großen, komplizierten Molekülen mit variierenden Wiederholungseinheiten geworden ist. Insbesondere bei der strukturellen Untersuchung von biologischen Makromolekülen wie Proteinen (Polypeptiden) und Nucleinsäuren (Polynucleotiden) spielt die Massenspektrometrie heute eine große Rolle. Wie bei der Analyse relativ kleiner organischer Verbindungen werden die strukturellen Informationen auch bei Polymeren aus ihren Fragmentierungsreaktionen abgeleitet. Das Fragmentierungsmuster von Polymeren beruht dabei ebenfalls auf dem strukturabhängig charakteristischen Zerfall der entsprechenden makromolekularen Ionen, nachdem sie aktiviert worden sind. Dieser Bereich der Massenspektrometrie ist sehr vielfältig und es sind spezielle Methoden für die Untersuchung vieler synthetischer und biologischer Polymere entwickelt worden. In diesem Abschnitt wollen wir uns aber nur mit der massenspektrometrischen Analyse von Oligopeptiden und Proteinen beschäftigen. Diese Arbeiten bilden die Grundlage vieler Studien in der Proteomik und sind ein gutes Beispiel dafür, wie massenspektrometrische Daten in Verbindung mit den Informationen aus Datenbanken zur Aufklärung der Struktur von sehr großen und komplexen Molekülen genutzt werden können. Bei anderen Biopolymeren wie Polynucleotiden und Polysacchariden werden die gleichen grundlegenden Strategien zur Sequenzierung der Moleküle angewandt wie bei Peptiden beziehungsweise Proteinen. Im Fall von synthetischen (technischen) Polymeren stellt die Sequenzierung normalerweise nicht das primäre

Ziel dar. Vielmehr dient die Massenspektrometrie hier vor allem zur Bestimmung der Kettenlängen und Molekülmassenverteilungen der Polymere.

9.4.1 Peptide und Proteine

In biologischen Peptiden und Proteinen kommen zwar nur 20 verschiedene Standard-Aminosäuren als monomere Bausteine vor. Diese Zahl reicht aber aus, um eine extrem große Anzahl struktureller Möglichkeiten hervorzubringen und somit entsprechend schwierige analytische Fragestellungen zu erzeugen. Für ein Tetrapeptid, in dem jede Position von einer beliebigen der 20 Aminosäuren besetzt sein kann, existieren zum Beispiel bereits 160.000 (20^4) mögliche Sequenzen. Da alle Standard-Aminosäuren – außer Leucin und Isoleucin – unterschiedliche Molekülmassen aufweisen, kann die Anzahl möglicher Sequenzen jedoch bereits erheblich reduziert werden, wenn die Molekülmasse des Peptids mithilfe der Massenspektrometrie ermittelt wird. Aber selbst wenn auf diese Weise festgestellt werden kann, aus welchen vier Aminosäuren beispielsweise ein Tetrapeptid besteht, bleiben noch 24 mögliche Sequenzen übrig (bei vier verschiedenen Aminosäuren $4! = 4 \times 3 \times 2 \times 1 = 24$), die aus den vier Aminosäuren zusammengesetzt werden können. Da außerdem verschiedene Kombinationen von Aminosäuren zur gleichen Molekülmasse führen, kann die Zahl möglicher Sequenzen allein durch die Bestimmung der Molekülmasse in der Regel sogar noch weniger stark eingeschränkt werden. Mit anderen Worten: Schon bei einem Oligopeptid von relativ geringer Größe steht man vor dem analytischen Problem, zwischen einer enormen Anzahl verschiedener Sequenzen unterscheiden können zu müssen. Bei Proteinen wird diese Zahl sogar astronomisch hoch. Wie können massenspektrometrische Daten bei der Lösung derart komplizierter Fragestellungen helfen? Der häufigste Ansatz zur Sequenzierung von Proteinen besteht in der Behandlung des Proteins mit einer Protease wie Trypsin, welche Peptidbindungen des Proteins an vorhersagbaren Stellen – das heißt zwischen spezifischen Aminosäuren – spaltet. Die dabei erzeugten kürzeren Oligo- und Polypeptide werden dann sequenziert und die erhaltenen Peptidsequenzen mithilfe leistungsfähiger bioinformatischer Methoden zur vollständigen Sequenz des gesamten Proteins zusammengesetzt. Eine Alternative zu diesem so genannten *Bottom-up-Verfahren* stellt das *Top-down-Verfahren* dar, bei dem das intakte Protein direkt schrittweise sequenziert wird. Im Folgenden beschäftigen wir uns mit der *massenspektrometrischen* Sequenzierung der kürzeren Peptide, die beim Bottom-up-Verfahren durch die Behandlung mit einer Protease (durch proteolytische Spaltung) erzeugt werden.

Die zur Untersuchung von Peptiden typischerweise eingesetzten MALDI- und ESI-Ionenquellen erzeugen beide protonierte Peptide. Aus der organischen Chemie wissen wir, dass die Protonierung des Carbonylsauerstoffatoms einer Peptidgruppe (wie jeder anderen Amidgruppe auch) die Spaltung der Peptidbindung durch einen Additions/Eliminierungs-Mechanismus katalysiert. Oligo- oder Polypeptide enthalten viele Peptidbindungen. Daher findet die Spaltung von Peptidbindungen bei protonierten Peptiden häufig statt. Für Details dieser Reaktionen verweisen wir an dieser Stelle auf die Lehrbücher der organischen Chemie. Wichtig für die massenspektrometrische Analyse von Peptiden ist in diesem Zusammenhang vor allem die Tatsache, dass die bevorzugte Spaltung von Peptidbindungen zu sehr regelmäßigen Fragmentierungsmustern der Peptide führt. Da Peptide unter verschiedenen Aktivierungsbedingungen dennoch unterschiedliche Fragmentierungswege beschreiten, ist eine von Klaus Biemann entwickelte allgemeine Standardnomenklatur zur Beschreibung der Fragmentierungen von Peptiden eingeführt worden (siehe Schema **9-6**).

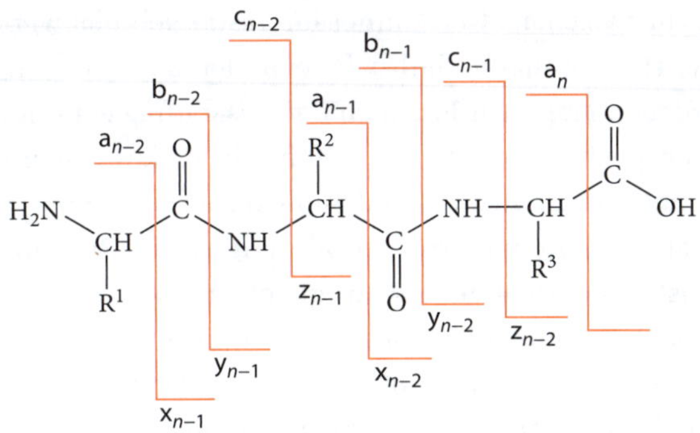

Schema 9-6

Dabei werden die Kleinbuchstaben verwendet, um die Positionen der Bindungsspaltungen und die beiden Fragmente zu spezifizieren. Die Spaltung einer C–N-Bindung (Peptidbindung) im Polypeptidrückgrat ergibt beispielsweise b- und y-Ionen. Die b-Ionen entsprechen dem Fragmentierungsprodukt auf der N-terminalen Seite der gespaltenen Bindung (links in Schema **9-6**) und die y-Ionen dem Fragmentierungsprodukt auf der C-terminalen Seite der gespaltenen Bindung (rechts in Schema **9-6**). Im Fall eines einfach geladenen Ions kann natürlich jeweils nur eines dieser Fragmente eine Ladung tragen. Ist das Ion aber mehrfach geladen, was bei größeren Peptiden häufig der Fall ist, können beide Fragmente Ladungen aufweisen und somit detektiert werden. Die Indizes an den Kleinbuchstaben geben die Anzahl der Aminosäurereste im jeweiligen Fragment an, wobei *n* in Schema **9-6** der Anzahl der Aminosäurereste des vollständigen, unfragmentierten Peptids entspricht. Ein b_5-Ion umfasst zum Beispiel die ersten fünf Aminosäurereste eines Peptids, während ein y_5-Ion die letzten fünf Reste repräsentiert. Die y-Ionen stellen strukturell einfach nur abgeschnittene Peptide dar. Die b-Ionen bilden dagegen im Verlauf eines Additions/Eliminierungs-Prozesses häufig cyclische ionische Spezies. Schema **9-7** zeigt für jeden der beiden Ionentypen ein Strukturbeispiel.

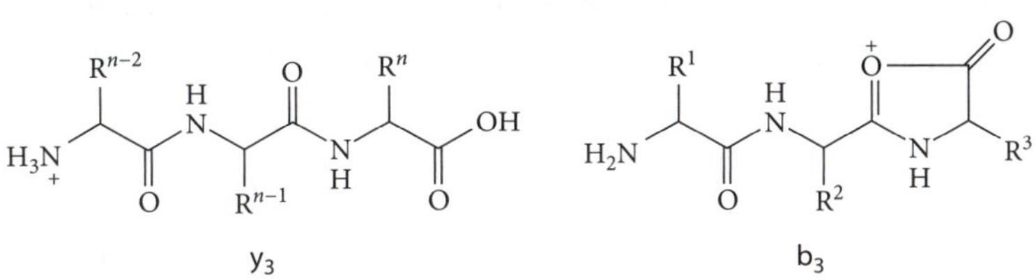

Schema 9-7

Die cyclische Struktur des b_3-Ions entsteht durch den nucleophilen Angriff des Carbonylsauerstoffatoms des zweiten Aminosäurerestes auf die Carbonylgruppe des dritten Aminosäurerestes, die zuvor durch Protonierung aktiviert worden ist. Infolgedessen wird die Peptidbindung zwischen dem dritten und vierten Aminosäurerest gespalten. Dabei wird das b_3-Ion gebildet und ein Peptid aus $n - 3$ Aminosäureresten oder im Fall eines Tetrapeptids eine einzelne Aminosäure eliminiert. Handelt es sich um ein Tripeptid, wird stattdessen Wasser abgespalten. Die cyclische Oxazolidinon-Struktur kommt bei b-Ionen wahrscheinlich häufig vor. Die b- und y-Ionen umfassen immer eine gewisse Anzahl vollständiger Aminosäurereste, da sie jeweils durch die Spaltung der

Peptidbindung, also genau zwischen zwei Aminosäureresten gebildet werden. Andere Typen von Fragmentierungsreaktionen erfolgen durch Bruch der anderen Bindungen der Peptidkette, wobei der Anteil der verschiedenen Fragment-Ionen an der Gesamtfragmentierung von den jeweiligen Aktivierungsbedingungen abhängt. Beispielsweise führt die Elektroneneinfang-Dissoziation (ECD, siehe Abschnitt 8.11.3) hauptsächlich zu c- und z-Ionen gemäß Schema **9-6**. Für die Analyse der Massenspektren ist dabei nicht wichtig, welcher Bindungstyp im Rückgrat der Peptide gespalten wird – von Bedeutung ist nur, dass unter jeweils gleichen Fragmentierungsbedingungen zuverlässig die Spaltung eines bestimmten Bindungstyps bevorzugt abläuft.

Nun stellt sich die Frage, wie aus den Fragmentierungsdaten die Sequenz eines Peptids abgeleitet werden kann. Im Idealfall ergeben die Fragmentierungen durch Stoßanregung (CID) eine kontinuierliche Reihe von b- oder y-Ionen. Die Massendifferenz zwischen den aufeinanderfolgenden Spezies dieser Reihe entspricht dann jeweils der Masse des zusätzlichen Aminosäurerestes. Steht eine lückenlose Reihe der Fragmentmassen von b- oder y-Ionen zur Verfügung, kann man schrittweise die Masse jedes einzelnen Aminosäurerestes des Peptids bestimmen – und somit auch die Sequenz des Peptids, da die verschiedenen Aminosäuren wie bereits erwähnt jeweils charakteristische Massen besitzen (außer Leucin und Isoleucin) und daher von der Masse auf die Aminosäure geschlossen werden kann. Dieses Verfahren wird in Schema **9-8** skizziert.

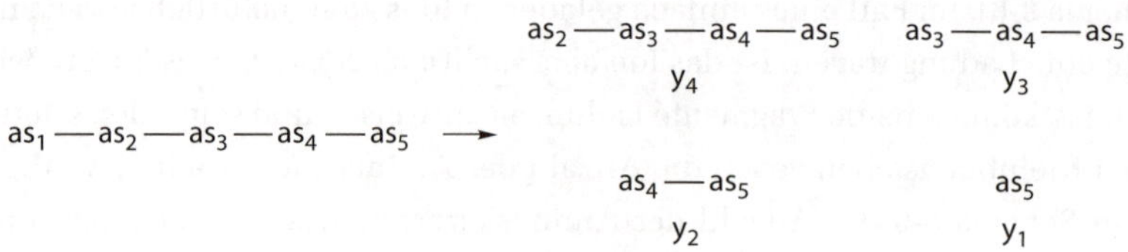

Schema 9-8

Die Massendifferenz zwischen dem vollständigen Peptid und dem y_4-Ion in Schema **9-8** entspricht beispielsweise der Masse des Aminosäurerestes as_1 und die Massendifferenz zwischen y_4 und y_3 der Masse des Aminosäurerestes as_2. Diese Methode ist von allgemeiner Natur und prinzipiell zur Sequenzierung beliebiger Polymere mit variierenden Wiederholungseinheiten geeignet. Tatsächlich kann die Durchführung einer solchen Analyse aber viel komplizierter sein, als es hier für das einfache Beispiel eines Pentapeptids und eine lückenlose Reihe von y-Ionen beschrieben wurde. Insbesondere stellt sich zum Beispiel die Frage, wie man feststellen kann, ob ein Peak von b- oder y-Ionen erzeugt worden ist, wenn sowohl b- als auch y-Ionen gebildet werden. Das Massenspektrum in ▶ Abbildung 9.9 verdeutlicht diese Schwierigkeit. Die Reihen der Peaks für b- und y-Ionen sind in diesem Spektrum fast lückenlos, aber die Peaks der beiden Reihen erscheinen natürlich alle im selben Spektrum. Dabei gibt es keinen einfachen, offensichtlichen Weg, die jeweiligen Peaks einer der beiden Reihen zuzuordnen. Mit den bereits zugeordneten Peaks in Abbildung 9.9 ist es natürlich einfach, beispielsweise die Massendifferenz zwischen y_{10} (*m*/*z* 1417,7) und y_{11} (*m*/*z* 1474,9) auf einen Glycin-Rest (–NH–CH_2–CO–) zurückzuführen, der eine relative Masse von 57 aufweist. Die relative Masse der Aminosäure Glycin beträgt zwar 75, aber bei der Bildung jeder Peptidbindung wird ein Wassermolekül freigesetzt. In einem Peptid sind daher nur noch die um jeweils 18 Masseneinheiten kleineren Reste der Aminosäuren enthalten. Eine vollständige Liste der Massen der 20 Standard-Aminosäurereste finden Sie in ▶ Tabelle 9.2.

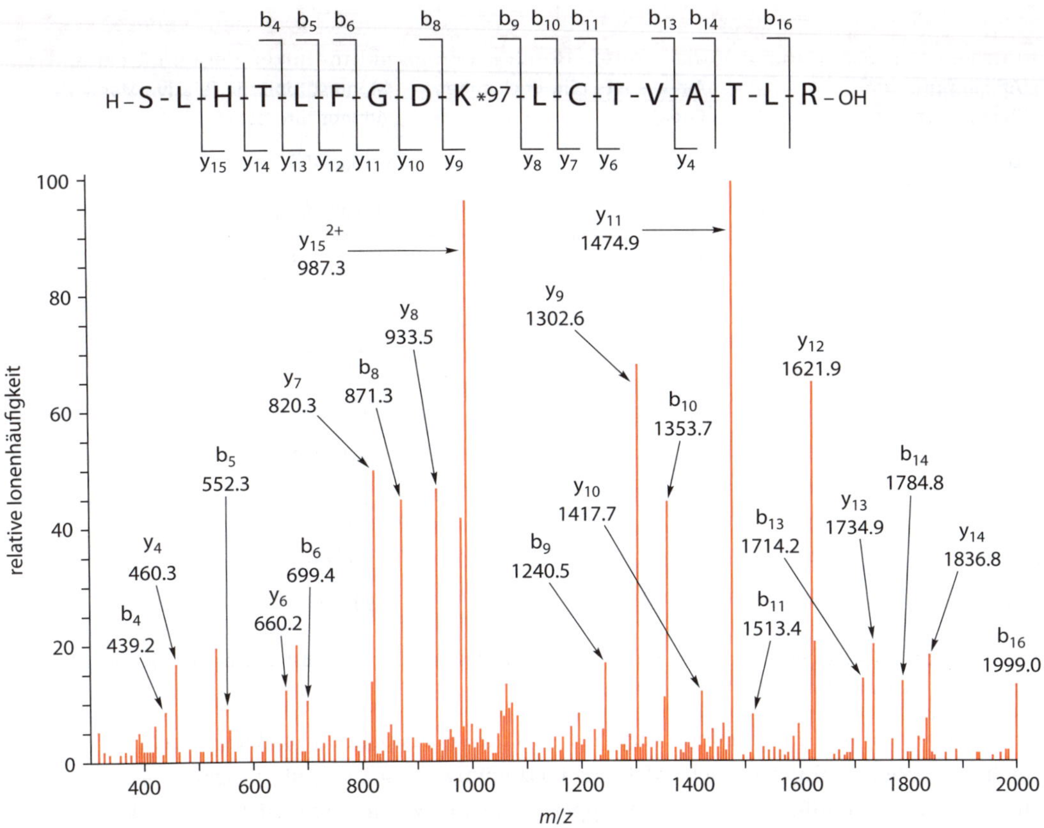

Abbildung 9.9: Ausschnitt aus dem Massenspektrum eines Peptids. Das Peptid war ein Produkt der Behandlung von menschlichem Serum-Albumin mit Trypsin. Oberhalb des Spektrums ist die Sequenz des Peptids mithilfe des Ein-Buchstaben-Codes für Aminosäuren angegeben. Der Lysin-Rest (Lys 97 beziehungsweise K 97 im Protein) ist oxidativ modifiziert und weist deswegen eine ungewöhnliche Masse auf, die von der eines normalen Lysin-Restes abweicht.

Tabelle 9.2: Die Massen der 20 Standard-Aminosäurereste.

Aminosäure (Drei-Buchstaben-Code)	Aminosäure (Ein-Buchstaben-Code)	Monoisotopische relative Masse des Aminosäurerestes
Ala	A	71,03711
Arg	R	156,10111
Asn	N	114,04293
Asp	D	115,02694
Cys	C	103,00919
Glu	E	129,04259
Gln	Q	128,05858
Gly	G	57,02146
His	H	137,05891
Ile	I	113,08406

Die Massen der vollständigen Aminosäuren sind jeweils um 18 Masseneinheiten größer, weil bei der Bildung jeder Peptidbindung ein Wassermolekül freigesetzt wird.

Tabelle 9.2: Die Massen der 20 Standard-Aminosäurereste. *(Fortsetzung)*

Aminosäure (Drei-Buchstaben-Code)	Aminosäure (Ein-Buchstaben-Code)	Monoisotopische relative Masse des Aminosäurerestes
Leu	L	113,08406
Lys	K	128,09496
Met	M	131,04049
Phe	F	147,06841
Pro	P	97,05276
Ser	S	87,03203
Thr	T	101,04768
Trp	W	186,07931
Tyr	Y	163,06333
Val	V	99,06841

Die Massen der vollständigen Aminosäuren sind jeweils um 18 Masseneinheiten größer, weil bei der Bildung jeder Peptidbindung ein Wassermolekül freigesetzt wird.

Im Allgemeinen sind für die Zuordnung der Peaks in Massenspektren von Oligo- und Polypeptiden hoch entwickelte bioinformatische Methoden beziehungsweise Computerprogramme erforderlich, die speziell zur Identifizierung von überlappenden Sequenzen in Massenlisten entwickelt wurden. Dabei beruht ein Ansatz darauf, für alle Peptide, die potenziell in der Probe vorkommen könnten, die Fragmentierungsmuster vorherzusagen und dann dasjenige, das mit dem gemessenen Massenspektrum am besten übereinstimmt, für die Zuordnung der Peaks zu verwenden. Diese Methode erfordert die Kenntnis der Sequenzen aller Proteine, die in der Probe vorkommen könnten und durch die Behandlung mit der Protease das Peptid liefern würden, dessen Massenspektrum analysiert werden soll. Diese Anforderung scheint auf den ersten Blick kaum zu erfüllen zu sein, aber durch die verschiedenen Genomprojekte sind die für diese Art der Spektrenanalyse benötigten Daten für viele biologische Spezies routinemäßig verfügbar geworden. Dennoch stellt die Analyse immer noch eine große Herausforderung bezüglich des erforderlichen Rechenaufwands dar. Mithilfe leistungsfähiger Software wie SEQUEST, MASCOT und Protein Prospector kann diese Aufgabe allerdings routinemäßig erfüllt werden. Die Peaks des Massenspektrums in Abbildung 9.9 sind zum Beispiel auf diese Weise zugeordnet worden. Eine andere Möglichkeit zur Zuordnung der Peaks in Massenspektren von Oligo- und Polypeptiden wird als *De-novo*-Sequenzierung bezeichnet und beginnt ohne jede Vorhersage oder Annahme, außer dass in dem Peptid nur die 20 Standard-Aminosäuren vorkommen können (manche Varianten berücksichtigen auch noch andere, atypische Aminosäuren). Bei der *De-novo*-Sequenzierung sucht das Computerprogramm nach natürlichen Mustern in den Massendaten und baut aus diesen Informationen die Sequenz des Peptids zusammen. Diese Methode ist stärker auf das Auftreten längerer Reihen sequenzieller Fragment-Ionen, wie beispielsweise b- oder y-Ionen, angewiesen und fehleranfälliger als die oben beschriebenen Datenbankmethoden.

9.4.2 Andere Biopolymere

Für Oligonucleotide und Oligosaccharide sind ähnliche Methoden zur Analyse der zugehörigen Massenspektren entwickelt worden. Im Fall von Oligonucleotiden gestaltet sich die Analyse relativ einfach, weil die Anzahl unterschiedlicher Wiederholungseinheiten relativ klein ist und die Verknüpfungen zwischen benachbarten Nucleotiden immer auf die gleiche Weise erfolgen. Außerdem sind die Fragmentierungsmuster von Oligonucleotiden gut bekannt. Bei den Oligosacchariden ist die Situation dagegen erheblich komplizierter. Die verschiedenen Wiederholungseinheiten in Oligosacchariden sind häufig Stereoisomere und besitzen somit identische Massen, so dass sie im Massenspektrum nur schwer unterscheidbar sind. Darüber hinaus können die Monomere in Oligosacchariden an unterschiedlichen Positionen miteinander verknüpft sein und es können Verzweigungen der Oligosaccharidkette auftreten. Infolge all dieser Faktoren stellt die Analyse der Massenspektren von Oligosacchariden eine besonders große Herausforderung dar, aber mit der Nutzung von erwarteten Fragmentierungsmustern für häufig vorkommende Strukturmotive in Oligosacchariden sind inzwischen gute Fortschritte erzielt worden.

Literaturhinweise

Siehe auch Literaturhinweise am Ende von Kapitel 8.

Budzikiewicz, H. und Schäfer, M. 2005: *Massenspektrometrie: Eine Einführung*. 5. Aufl., Wiley-VCH, Weinheim.

Dass, C. 2007: *Fundamentals of Contemporary Mass Spectrometry*. John Wiley & Sons, Hoboken, New Jersey.

Lipton, M.S. und Paýa-Tolic, L. (Hrsg.) 2008. *Methods in Molecular Biology* **492**: 1.

Kinter, M. und Sherman, N.E. 2000: *Protein Sequencing and Identification Using Tandem Mass Spectrometry*. John Wiley & Sons, New York.

Quantitative Anwendungen der Massenspektrometrie

10

ÜBERBLICK

Nach der Durcharbeitung dieses Kapitels werden Sie

- Faktoren kennen gelernt haben, welche die Signalintensitäten in Massenspektren beeinflussen und bei quantitativen Messungen berücksichtigt werden müssen,
- mit dem Einsatz von internen Standards zur quantitativen massenspektrometrischen Messung relativer Signalintensitäten vertraut sein,
- sich mit den Grundlagen der Chemie von Ionen in der Gasphase beschäftigt haben und
- mehrere Anwendungen der Massenspektrometrie zur quantitativen Bestimmung thermodynamischer Eigenschaften von Ionen und elektrisch neutralen Substanzen in der Gasphase und zur Ermittlung von Assoziationskonstanten in kondensierter Phase kennen gelernt haben.

10.1 Einleitung

Neben der Identifizierung und strukturellen Analyse von Substanzen kann die Massenspektrometrie auch für eine Reihe von quantitativen Untersuchungen eingesetzt werden. Diese reichen von der direkten Messung der Konzentration eines Analyten bis zur quantitativen Bestimmung thermodynamischer Eigenschaften wie der Acidität oder Basizität von Ionen, Molekülen und auch Radikalen in der Gasphase. Ein Aspekt, der bei quantitativen massenspektrometrischen Messungen immer beachtet werden muss, sind die Auswirkungen der substanzspezifischen Effizienz von Ionisierung und Detektion des Analyten. Die Effekte eines variablen Ansprechverhaltens sind bei der Massenspektrometrie komplizierter als bei den typischen optischen spektroskopischen Methoden oder der ^{1}H-NMR-Spektroskopie und hängen von vielen Faktoren ab, wie zum Beispiel von der Masse und der Acidität/Basizität der Teilchen sowie von der Hydrophobie und der strukturellen Stabilität des Analyten. Wir werden uns in diesem Kapitel zunächst kurz mit den allgemeinen Grundlagen der quantitativen Massenspektrometrie beschäftigen und dann einige spezielle Anwendungen beschreiben, die der Bestimmung thermodynamischer Eigenschaften von Ionen und neutralen Teilchen in der Gasphase dienen. Solche Untersuchungen sind wichtig, weil die Kenntnis dieser *intrinsischen* Eigenschaften Rückschlüsse auf den Einfluss der Solvatisierung (und der Gegen-Ionen) in kondensierter Phase ermöglicht.

10.2 Einflüsse auf die Signalintensitäten in Massenspektren

10.2.1 Effizienz der Ionisierung

Bei den meisten spektroskopischen Methoden, die in diesem Buch beschrieben werden, beruhen die Messungen auf wohl definierten Prozessen, wie zum Beispiel der Absorption oder Emission von Photonen. Diese Ereignisse folgen festen physikalischen Grundlagen, können theoretisch modelliert und im Allgemeinen sehr gut reproduziert werden. Die Ionisierungsprozesse in der Massenspektrometrie sind dagegen viel weniger gut definiert, weil sie von einer Vielzahl schlecht definierter Parameter beeinflusst werden. Daher wird die Effizienz der Ionisierung von vielen Faktoren beeinflusst, von denen nicht wenige vom spezifischen Design der jeweils verwendeten Ionenquelle abhängen. EI-Quellen liefern noch am ehesten reproduzierbare Ergebnisse. Wenn die Beschleunigungsspannung, die Zuführung und der Partialdruck des Analyten sorgfältig kontrolliert werden, gibt es eigentlich keinen Grund, warum eine EI-Quelle die Ionen nicht durchweg mit einer konstanten Rate erzeugen sollte. Doch selbst wenn es gelingt, diese Variablen genau zu steuern (was keineswegs trivial ist), müssen die Ionen noch von der Quelle zum Massenanalysator geleitet, möglicherweise isoliert und dann auf berechenbare und reproduzierbare Weise detektiert werden. Diese Anforderungen sind nur schwer zu erfüllen. Darüber hinaus müssen sehr häufig Ergebnisse von Geräten verglichen werden, die zwar mit der gleichen Methodik arbeiten, sich in ihrer Bauart aber dennoch deutlich unterscheiden. Andere Ionisierungsmethoden wie die MALDI- und die ESI-Verfahren beruhen auf einer Reihe von Reaktionen in kondensierter Phase, in einem Plasma und/oder in der Gasphase, die letztlich zu den Analyt-Ionen führen. Auch bei diesen Ionenquellen kann man durch eine sorgfältige Kontrolle der Bedingungen eine relativ gute Reproduzierbarkeit erreichen. Trotzdem würde die Durchführung echter quantitativer Konzentrationsmessungen über die absoluten Intensitäten der Peaks im Massenspektrum schwierig bleiben.

Ein weiterer Faktor, der für die Effizienz der Ionisierung eines Analyten eine wichtige Rolle spielen kann, ist die Unterdrückung von Ionen. In allen Ionenquellen wird eine bestimmte Anzahl von Ladungen erzeugt und die verschiedenen Moleküle in der Quelle konkurrieren um die Ladungsträger wie Elektronen, Protonen oder basische Anionen. Folglich kann die Intensität des Signals eines bestimmten Analyten von der Anwesenheit und Menge anderer Substanzen abhängen, die sich ebenfalls in der jeweiligen Probe befinden. Dieses Problem tritt besonders häufig bei der Elektrospray-Ionisierung auf. Weist eine Probe beispielsweise eine signifikante Konzentration eines anorganischen Salzes auf, können die permanent geladenen Ionen des Salzes als dominierende Ladungsträger in den Tröpfchen des Elektrosprays fungieren, während die Ionen des Analyten, die möglicherweise erst durch Protonierung oder Deprotonierung aus den neutralen Analytmolekülen gebildet werden müssen, in den Hintergrund treten. Dadurch können die Signale der weniger leicht ionisierbaren Analyten im Grenzfall sogar vollständig unterdrückt werden. Diese Problematik ist aber nicht auf ESI-Bedingungen beschränkt. In allen Ionenquellen werden so genannte Matrixeffekte beobachtet, wenn die Probe neben dem Analyten eine Substanz enthält, die mit den Analytmolekülen um die Ladungsträger konkurrieren kann. Infolgedessen ist es im Allgemeinen schwierig, aus den von Ionenquellen gelieferten absoluten Ionenintensitäten direkt Konzentrationen abzuleiten. Trotzdem ist es möglich, bei sorgfältiger Kontrolle der Bedingungen geeignete Eichkurven zu erstellen, die auf absoluten Ionenintensitäten beruhen – insbesondere beim Einsatz von EI-Quellen. Diese Kurven müssen allerdings regelmäßig neu erstellt werden, wodurch dieser Ansatz sehr arbeitsintensiv werden kann.

10.2.2 Effizienz der Detektion

Wenn eine Ionenquelle perfekt reproduzierbar arbeitet und Ionenintensitäten liefert, die sich proportional zu den Konzentrationen der Analyte in der Probe verhalten, besteht die nächste Herausforderung darin, die Ionen möglichst ohne Verfälschung der relativen Intensitäten zum Massenanalysator zu leiten und anschließend ihrer Häufigkeit entsprechend zuverlässig nachzuweisen. Die auf diese Weise definierte Effizienz der Detektion hängt in hohem Maß von den

Eigenschaften des Massenanalysators ab, die in Kapitel 7 ausführlich diskutiert worden sind. Ein für quantitative Messungen wichtiger Parameter des Massenanalysators ist sein so genannter dynamischer Bereich, der ein Maß für die Variationsbreite von Signalintensitäten darstellt, die mithilfe eines Massenanalysators mit ein und derselben Messung bestimmt werden können (siehe Tabelle 7.7). Wodurch kann der dynamische Bereich eines Massenanalysators begrenzt werden? Betrachten Sie zum Beispiel eine Quadrupol-Ionenfalle (QIT). In einer Quadrupol-Ionenfalle können während eines Massenscans im Allgemeinen nicht mehr als 100.000 Ionen gleichzeitig eingefangen werden. Unter diesen Bedingungen können die relativen Häufigkeiten der Ionen zweier Analyte, die in der Probe im Verhältnis 1000:1 vorkommen, nur schwer beide genau gemessen werden. Bei so großen Konzentrationsverhältnissen sind von dem Analyten mit der niedrigen Konzentration nämlich nicht genügend Ionen in der Quadrupol-Ionenfalle gefangen, um aus statistischer Sicht eine genaue Messung ihrer Intensität zu ermöglichen. Infolgedessen weisen Quadrupol-Ionenfallen in der Regel nur einen relativ kleinen dynamischen Bereich auf und können nur dazu genutzt werden, Spezies miteinander zu vergleichen, die in ähnlichen Konzentrationen in der Probe vorkommen. Quadrupol-Massenfilter repräsentieren das andere Extrem. Sowohl diese Geräte als auch Tripelquadrupol-Massenspektrometer – ihre Äquivalente in der Tandem-Massenspektrometrie – besitzen große dynamische Bereiche, weil eine sehr große Anzahl von Ionen durch sie hindurch geleitet werden kann. Daher können mithilfe von Quadrupol-Massenfiltern die Signalintensitäten für Substanzen sowohl hoher als auch niedriger relativer Konzentration gleichzeitig mit großer statistischer Sicherheit ermittelt werden. Diese Eigenschaft von Quadrupol-Massenfiltern stellt einen der Gründe dar, warum die entsprechenden Massenspektrometer für quantitative Messungen so gern eingesetzt werden. Relativ große dynamische Bereiche findet man darüber hinaus bei Sektorfeld-Geräten und in etwas geringerem Maß auch bei TOF-Analysatoren. ICR-Zellen weisen wie Quadrupol-Ionenfallen nur eine begrenzte Ioneneinfangkapazität und folglich nur einen relativ kleinen dynamischen Bereich auf. Aus den obigen Betrachtungen geht hervor, dass die Leistungsfähigkeit der quantitativen Massenspektrometrie erheblich von der Natur des verwendeten Massenanalysators abhängt.

Ein weiterer Faktor, der für die Effizienz der Detektion eine wichtige Rolle spielt, ist die so genannte Massendiskriminierung. Obwohl Analysator/Detektions-Systeme mit dem Ziel entworfen werden, ein identisches Ansprechverhalten über einen weiten *m*/*z*-Bereich zu gewährleisten, kann diese Anforderung in der Praxis im Allgemeinen keineswegs perfekt erfüllt werden. Deswegen führen Ionen mit unterschiedlichen *m*/*z*-Werten, auch wenn sie mit exakt gleicher Häufigkeit durch den Massenanalysator fliegen, typischerweise *nicht* zu Peaks genau gleicher Intensitäten. Besitzen zwei Ionen ähnliche *m*/*z*-Werte, ist die Abweichung meist nur gering, aber bei weiter auseinander liegenden *m*/*z*-Werten können erhebliche Abweichungen auftreten. Auch diesem Problem kann mit Eichkurven und internen Standards begegnet werden.

10.3 Interne Standards und relative Intensitäten

Trotz der oben beschriebenen Einschränkungen kann die Massenspektrometrie in vielen Situationen effektiv zur Gewinnung quantitativer Daten eingesetzt werden. Der Schlüssel zur erfolgreichen Durchführung quantitativer Konzentrationsmessungen in der Massenspektrometrie besteht darin, die Variabilität der Verhältnisse in den Ionenquellen durch geeignete Maßnahmen auszugleichen und Messbedingungen zu wählen, die für den dynamischen Bereich des Massenanalysators geeignet sind. Die erste dieser Anforderungen kann am besten durch die Verwendung von internen Standards und die damit einhergehende Messung von relativen statt absoluten Signalintensitäten erfüllt werden. Weil der Analyt und der interne Standard gleichzeitig ionisiert werden, sollten Schwankungen in der Erzeugung der Ionen, die auf Veränderungen der Messbedingungen in der Ionenquelle zurückgeführt werden können, das Häufigkeitsverhältnis der Ionen des Analyten und des internen Standards nicht beeinflussen. Darüber hinaus kann die Konzentration des internen Standards gezielt eingestellt werden, so dass der dynamische Bereich des Massenspektrometers optimal ausgenutzt werden kann. Matrixeffekte spielen allerdings weiterhin eine Rolle, da der Analyt und der interne Standard durch die Matrix unterschiedlich stark unterdrückt werden können, wenn sie merklich verschiedene physikalische beziehungsweise chemische Eigenschaften aufweisen. Aus diesem Grund werden bei quantitativen Analysen und anderen gezielten analytischen Fragestellungen in der Massenspektrometrie häufig isotopenmarkierte Analytmoleküle als interne Standards eingesetzt. Diese besitzen in der Regel fast genau die gleichen für den Ionisierungsprozess relevanten physikalischen und chemischen Eigenschaften, können aber anhand ihrer unterschiedlichen Massen im Massenspektrum leicht unterschieden werden. In jedem Fall ist es ratsam, die Eichkurven unter Matrixbedingungen aufzunehmen, die denen bei der späteren eigentlichen Analyse so stark wie möglich ähneln. Bei Verwendung einer Eichkurve müssen die Ionen des Analyten und des internen Standards nicht mit der gleichen Effizienz detektiert werden, aber die Unterschiede in der Detektionseffizienz müssen reproduzierbar sein.

Ist der massenspektrometrischen Analyse eine chromatographische Trennung vorgeschaltet (GC/MS oder LC/MS; siehe Abschnitt 7.4), müssen bei der Verwendung interner Standards weitere Aspekte beachtet werden. Durch die Chromatographie wird der interne Standard vom Analyten getrennt. Folglich werden der Analyt und der interne Standard zu unterschiedlichen Zeitpunkten ionisiert und detektiert. Daher ist die korrekte quantitative Analyse in diesem Fall auf eine konstante Ionisierungsrate in der Ionenquelle angewiesen. Darüber hinaus können der Analyt und der interne Standard unterschiedlichen Matrixeffekten unterliegen, da sie aus verschiedenen Mischungen heraus ionisiert werden. Durch den Einsatz von isotopenmarkierten Analytmolekülen als interne Standards kann man erreichen, dass Analyt und interner Standard gleichzeitig eluiert werden (*Koelution*) und so die beschriebenen Probleme gelöst werden. Bei deuteriummarkierten Analytmolekülen als internem Standard findet allerdings häufig keine exakte Koelution statt, da der Austausch von Wasserstoffatomen (^{1}H) gegen Deuteriumatome (^{2}H, D) die Retentionszeit der Verbindung doch bereits merklich verändert. Werden dagegen ^{13}C oder ^{15}N zur Isotopenmarkierung eingesetzt, treten nur sehr kleine Veränderungen der Retentionszeiten auf, so dass eine praktisch gleichzeitige Elution des Analyten und des internen Standards erfolgt. Der interne Standard kann in allen Fällen auf vielen unterschiedlichen Wegen in das Experiment eingebracht werden – zum Beispiel auch über eine Stoßmarkierung der nach der chromatographischen Trennung eluierenden Lösung (▶ Abbildung 10.1). Die Vielfalt der experimentellen Verfahrensweisen bei quantitativen massenspektrometrischen Messungen geht über den Rahmen dieses Buches hinaus. Wir wollen an dieser Stelle jedoch noch anmerken, dass für annähernd jeden Analyten geeignete Verfahren für eine quantitative massenspektrometrische Bestimmung entwickelt werden können.

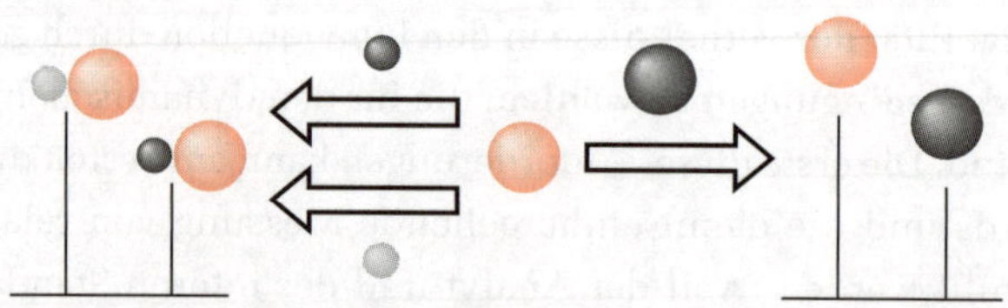

Abbildung 10.1: Strategien zur Nutzung isotopenmarkierter Analyte als interne Standards. *Rechts:* Jede einzelne Probe kann mit einer bekannten Menge eines isotopenmarkierten Analogons stoßmarkiert und separat gemessen werden. Dabei findet keine Assoziation des Analyten mit dem Analogon statt, so dass für den Analyten und den internen Standard zwei getrennte Peaks erscheinen. *Links:* Alternativ können zwei Proben des Analyten, die zum Beispiel unter verschiedenen Reaktionsbedingungen gewonnen wurden, jeweils mit einem von zwei Isotopenmarkern unterschiedlicher Massen versetzt werden, die fest an den jeweiligen Analyten binden. Anschließend werden die auf diese Weise markierten Proben kombiniert und *gemeinsam* gemessen. Die Differenz zwischen den Intensitäten der Peaks für die unterschiedlich markierten Analytmoleküle stellt dann ein quantitatives Maß für die Auswirkung der modifizierten Reaktionsbedingungen auf die Analytkonzentration dar. Dieses Markierungsverfahren wird beispielsweise häufig zum Vergleich von Proben eingesetzt, die aus unterschiedlichen biologischen Bedingungen stammen.

Die Untersuchung von Nahrungsmitteln auf Rückstände von 5-Nitroimidazol-Antibiotika ist ein anschauliches Beispiel für eine typische quantitative Analyse mithilfe der Massenspektrometrie. Dabei sollen sowohl die verschiedenen 5-Nitroimidazol-Antibiotika als auch deren Metaboliten detektiert und quantifiziert werden. In Schema **10-1** sind die Strukturen dieser Zielsubstanzen dargestellt, wobei es sich bei den letzten drei der aufgelisteten Verbindungen um Metaboliten handelt.

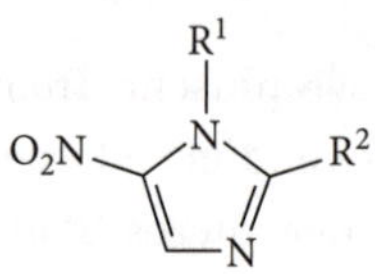

DMZ: R^1 = Me, R^2 = Me
RNZ: R^1 = Me, R^2 = $CH_2OC(O)NH_2$
MNZ: R^1 = CH_2CH_2OH, R^2 = Me
IPZ: R^1 = Me, R^2 = *i*-Pr
DMZOH: R^1 = Me, R^2 = CH_2OH
MNZOH: R^1 = CH_2CH_2OH, R^2 = CH_2OH
IPZOH: R^1 = Me, R^2 = $C(CH_3)_2OH$

Schema 10-1

Alle genannten Verbindungen lassen sich LC/MS-analytisch trennen. Die massenspektrometrische Analyse wurde in diesem Fall mithilfe eines Tripelquadrupol-Instruments durchgeführt. Für diejenigen Zielsubstanzen, deren Rest R^1 eine Methylgruppe (Me) enthält, wurden die entsprechenden Trideuteromethyl-Analoga (CD_3-Analoga) hergestellt und als interne Standards verwendet. Für die Zielsubstanzen, deren R^1-Rest keine Methylgruppe aufweist, wurde das trideuterierte Analogon des Metaboliten DMZOH als interner Standard eingesetzt. Der erste Schritt der Quantifizierung besteht darin, die Massen zu identifizieren, die für die Analyse herangezogen werden sollen. Um eine unverfälschte Identifizierung und Quantifizierung ausschließlich der Peaks der jeweiligen Zielsubstanz zu gewährleisten, werden anstelle des Peaks des protonierten Analyten $[M + H]^+$ geeignete Peaks von Fragment-Ionen des Typs $[M + H - XY]^+$ (oder $[M + H - XY]^{\bullet+}$) aus MS/MS-Spektren genutzt. Dabei müssen die Ionen $[M + H]^+$ und $[M + H - XY]^+$ (beziehungsweise $[M + H - XY]^{\bullet+}$), die sich entsprechend der Masse des Neutralfragments XY um einen vorgegebenen Wert $\Delta(m/z)$ unterscheiden, *gleichzeitig* messbar sein. Die Wahrscheinlichkeit, dass für die quantitative Analyse ein Peak genutzt wird, zu dessen Intensität noch analytfremde Ionen beitragen, die nur zufällig die gleiche Masse besitzen, wird durch diese MS/MS-Methode sehr

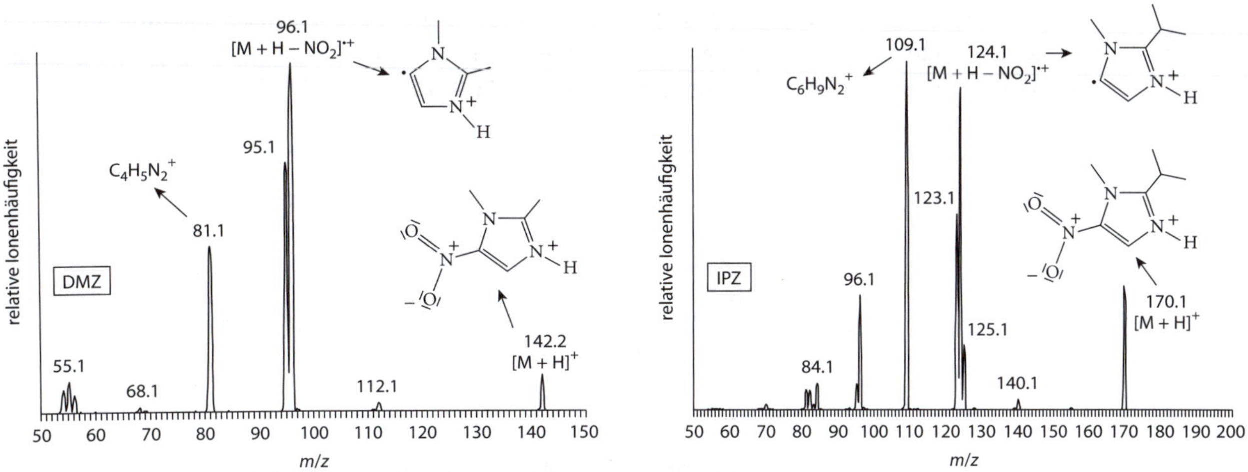

Abbildung 10.2: CID-Spektren protonierter Nitroimidazol-Analyte. (Mit freundlicher Genehmigung von: Mottier, P., Hure, I., Gremand, E. und Guy, P.A. 2006. *J. Agric. Food Chem.* **54**: 2018. Copyright 2006 American Chemical Society.)

stark reduziert. ▶ Abbildung 10.2 zeigt CID-Massenspektren von zwei der protonierten 5-Nitroimidazol-Analyten. In beiden Fällen wurden zwei Fragment-Ionen ausgewählt und die Intensitäten ihrer Peaks zur Quantifizierung genutzt. Man bezeichnet diese Vorgehensweise als *Multiple Reaction Monitoring* (MRM). Durch die Verwendung der Intensitätsdaten zweier Fragment-Ionen erhält man bei der Quantifizierung verlässlichere und aussagekräftigere Ergebnisse (▶ Abbildung 10.3). Nachdem die Massen, die zur Quantifizierung dienen sollen, ausgewählt wurden, können Eichkurven erzeugt werden. Dies geschieht durch Stoßmarkierungen der Probenmatrix (in diesem Fall eines Nahrungsmittels) mit Analyten und den zugehörigen Standards und den Vergleich der Peakintensitäten von Analyt und Standard in Abhängigkeit von der Konzentration. Dann wird das MRM-Chromatogramm aufgenommen. Dabei werden im Verlauf der Chromatographie die Signalintensitäten für die CID-Fragment-Ionen der verschiedenen Analyte aufsummiert. Während einer solchen Prozedur werden ständig vollständige Massenspektren gemessen. Wenn dann ein Signal für einen der protonierten Analyte erscheint, wird das zugehörige CID-Spektrum aufgezeichnet. Diese Sequenz wird jedes Mal wiederholt, wenn ein Signal bei einem *m*/*z*-Wert auftaucht, der mit dem eines der gesuchten protonierten Analyt-Ionen übereinstimmt. Auf diese Weise erhält man im vorliegenden Fall CID-Spektren für alle genannten 5-Nitroimidazol-Antibiotika und deren Metaboliten, die in der Probe vorkommen. Man bezeichnet eine solche Prozedur auch als datenabhängige Scansequenz (engl. *data-dependent scan sequence*) – das heißt, die Aufnahme von CID-Spektren in Abhängigkeit von den Daten (Signalen im Massenspektrum), die zu verschiedenen Retentionszeiten erhalten werden (▶ Abbildung 10.4). Einen Satz von MRM-Chromatogrammen für unser Beispiel finden Sie in ▶ Abbildung 10.5. In den einzelnen Chromatogrammen dieser Abbildung sind oben die Massen angegeben, die jeweils für die Quantifizierung mittels MS/MS verwendet wurden. Mit dem dabei verwendeten Instrument wurde im ppm-Bereich eine Messgenauigkeit mit Abweichungen von unter 10 Prozent erreicht, wenn isotopenmarkierte Analytmoleküle als interne Standards eingesetzt wurden. Beim Einsatz von Analoga der Analytmoleküle – wenn also wegen einer fehlenden Methylgruppe in R^1 deuteriertes DMZOH als Ersatzstandard verwendet werden musste – stiegen diese Abweichungen auf über

20 Prozent an. Bei der Untersuchung von Produktmischungen aus organischen Synthesen ist ein solcher Grad an Messgenauigkeit bei so kleinen Konzentrationen zwar in der Regel nicht erforderlich, bei der Analyse von pharmakologischen Wirkstoffen dagegen schon.

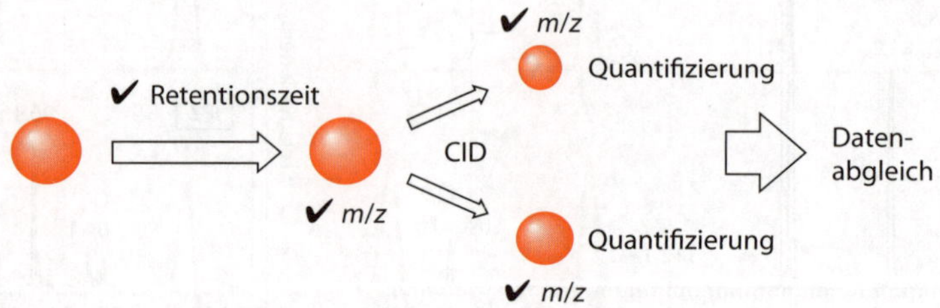

Abbildung 10.3: Schema zur Veranschaulichung des Multiple Reaction Monitoring (MRM). Zur Quantifizierung werden ausschließlich solche Fragment-Ionen herangezogen, für die neben ihrem eigenem *m/z*-Wert zugleich auch die Retentionszeit des Analyten und der *m/z*-Wert dessen Quasi-Molekülions die korrekten Werte aufweisen. Dies führt zu einer hohen Verlässlichkeit der Messung, da eine Störung durch Fremdsubstanzen, bei denen zufällig *alle drei* genannten Eigenschaften mit denen des Analyten übereinstimmen, extrem unwahrscheinlich ist. Die Nutzung mehrerer (hier zwei) solcher Ionen zur Quantifizierung einer Substanz ermöglicht zusätzlich einen internen Abgleich der aus den Intensitäten der einzelnen Ionen erhaltenen Daten.

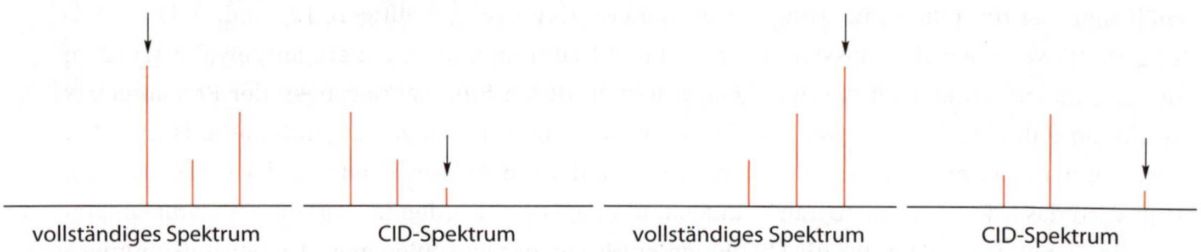

Abbildung 10.4: Datenabhängige Scansequenz. Aus dem ersten vollständigen Massenspektrum *(ganz links)* wurden gezielt die zum höchsten Peak *(siehe Pfeil)* gehörenden Ionen durch den ersten Massenanalysator selektiert und anschließend durch Stoßanregung fragmentiert, um das zugehörige CID-Spektrum *(Mitte links)* zu erzeugen. Aus diesem CID-Spektrum wurde dann der durch den Pfeil markierte Peak zur Quantifizierung verwendet. Nach einer etwas längeren Retentionszeit erschien ein anderer Zielpeak als höchster Peak (siehe Pfeil) im vollständigen Massenspektrum *(Mitte rechts)*. Erneut wurden die zugehörigen Ionen selektiert und durch CID fragmentiert, um das zugehörige CID-Spektrum *(ganz rechts)* zu erhalten. Auch aus diesem Spektrum wurde der durch den Pfeil markierte Peak zur Quantifizierung genutzt. Bei der Durchführung solcher Experimente sind viele Variationen möglich. Zum Beispiel kann die Anzahl der Peaks, deren Ionen durch CID fragmentiert werden, durch eine bereits zuvor festgelegte Massenliste eingeschränkt werden. Eine andere Variation besteht darin, Peaks mit *m/z*-Werten, deren Ionen bei einer anderen Retentionszeit schon einmal zur Erzeugung von CID-Spektren herangezogen worden sind, bei keiner anderen Retentionszeit noch einmal zur Quantifizierung zu verwenden, um redundante Daten zu vermeiden. Stattdessen werden dann beispielsweise die zum zweitgrößten Peak gehörenden Ionen durch CID fragmentiert.

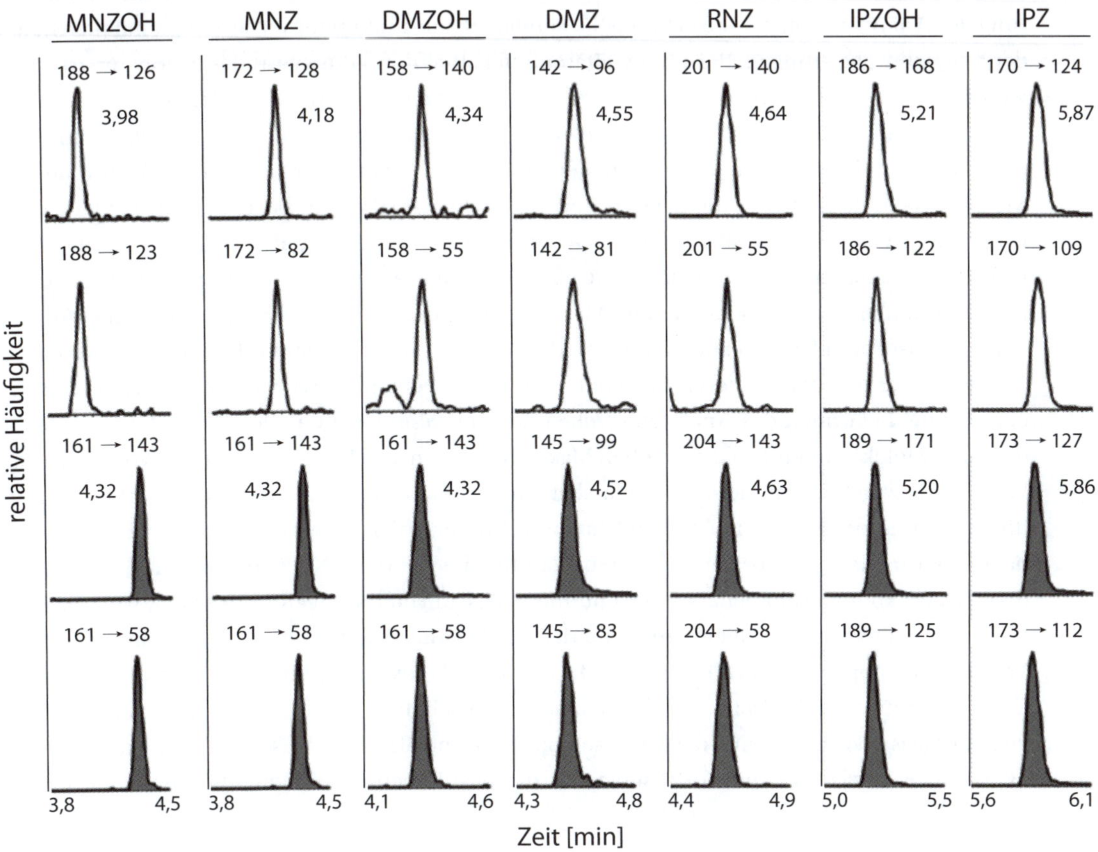

Abbildung 10.5: MRM-Chromatogramme von Nitroimidazol-Analyten aus Ei-Extrakten. Die schattierten Peaks stammen von internen Standards. Bei MNZOH und MNZ wurde CD_3-markiertes DMZOH als Standard verwendet, in allen anderen Fällen jeweils das CD_3-markierte Analogon des Analyten selbst. Über jedem Peak sind jeweils die Massen des Quasi-Molekülions $[M + H]^+$ des Analyten und des Fragment-Ions $[M + H - XY]^+$ (beziehungsweise $[M + H - XY]^{\bullet+}$) angegeben, die für die Quantifizierung mittels MS/MS selektiert wurden. Beispiele: $[DMZOH + H]^+$ (*m/z* 158) ⟶ $[DMZOH + H - H_2O]^+$ (*m/z* 140) und $[CD_3\text{-}DMZOH + H]^+$ (*m/z* 161) ⟶ $[CD_3\text{-}DMZOH + H - H_2O]^+$ (*m/z* 143). (Mit freundlicher Genehmigung von: Mottier, P., Huré, I., Gremaud, E. und Guy, P.A. 2006. *J. Agric. Food Chem.* **54**: 2018. Copyright 2006 American Chemical Society.)

Die vorteilhafte und daher sehr häufige Nutzung von isotopenmarkierten Analyten als interne Standards hat zur kommerziellen Produktion vieler Substanzen mit ^{2}H-, ^{13}C- oder ^{15}N-Markierung geführt. Darunter befinden sich viele isotopenmarkierte pharmakologische Wirkstoffe und ihre Metaboliten, biochemisch relevante Substanzen, Umweltgifte, aber auch einfache organische Verbindungen. Für kompliziertere Analyte sind alternative Methoden zur Isotopenmarkierung entwickelt worden. Es ist beispielsweise nicht praktikabel, alle Peptide, die für die quantitative Analyse einer Proteinprobe von Nutzen sein könnten, in isotopenmarkierter Form herzustellen. In diesen Fällen kommen deswegen speziell entwickelte Methoden zum Einsatz, mit denen die Analyte durch eine isotopenmarkierte Gruppe modifiziert werden (siehe Abbildung 10.1). Dabei können eine Kontrollprobe und die Probe des Analyten mit analogen Reagenzien derivatisiert werden, die sich nur durch das zur Markierung verwendete Isotop unterscheiden. Die zugehörigen

Peaks erscheinen dann bei unterschiedlichen *m*/*z*-Werten im Massenspektrum und die Quantifizierung des Analyten kann über die Intensität seines Signals im Verhältnis zur Intensität des Signals der Kontrollprobe erfolgen. Bei einer weiterentwickelten Form dieser Art der Isotopenmarkierung werden verschiedene isobare Isotopomere als Reagenzien zur Derivatisierung des Analyten eingesetzt. Isobare Isotopomere sind Substanzen mit gleicher Struktur und gleicher Isotopenzusammensetzung, bei denen sich die verschiedenen Isotope aber in unterschiedlichen Positionen des Moleküls befinden – $CD_3C(O)OCH_2CH_3$ und $CH_3C(O)OCH_2CD_3$ sind beispielsweise zwei isobare Isotopomere von Essigsäureethylester. Nach der Derivatisierung des gleichen Analyten mit solchen isobaren Isotopomeren erhält man infolge einer Fragmentierung durch CID strukturell identische Fragment-Ionen mit unterschiedlichen Massen. Wird zum Beispiel die Probe eines Analyten mit einem der isobaren Isotopomere derivatisiert und dann mit einer definierten Menge des gleichen Analyten, der mit dem anderen isobaren Isotopomer behandelt wurde, als Kontrolle versetzt, eluieren beide Formen des Analyten (Probe und Kontrolle) nach der gleichen Retentionszeit, so dass ihre Molekülionen-Peaks im selben Massenspektrum und beim gleichen *m*/*z*-Wert auftreten. Werden die zugehörigen Molekül-Ionen aber isoliert und durch CID fragmentiert, erhält man für die Probe und die Kontrolle Fragment-Ionen mit unterschiedlichen Massen, wobei das Intensitätsverhältnis der zugehörigen Peaks ein Maß für die relativen Konzentrationen darstellt. Auf diese Weise können sehr genaue Konzentrationsmessungen durchgeführt werden, weil viele der Ungenauigkeiten und Unsicherheiten bei der Ionisierung und der Detektion umgangen werden. Wenn der (isotopenmarkierte) Analyt und die Kontrollsubstanz bezüglich der Chromatographie, der Ionisierung und der Detektion die gleichen Eigenschaften und darüber hinaus auch noch die gleiche Masse besitzen, wird der Unterschied in der positionsspezifischen Isotopenmarkierung zwischen Analyt und Kontrollsubstanz erst in den Massen der Fragment-Ionen nach der CID erkennbar.

10.4 Thermodynamische Daten aus massenspektrometrischen Messungen

Die Massenspektrometrie wird zwar im Allgemeinen als Methode zur Ermittlung struktureller Informationen betrachtet. Sie ist aber auch in breitem Umfang zur Bestimmung thermodynamischer Daten von Ionen und auch von elektrisch neutralen Spezies eingesetzt worden. Zu solchen Daten, die mithilfe der Massenspektrometrie ermittelt werden können, gehören beispielsweise Aciditäten, Basizitäten und Ionisierungsenergien in der Gasphase, aber auch die Dissoziationsenergien von Bindungen in elektrisch neutralen Molekülen. In den folgenden Abschnitten werden wir uns mit einigen häufigen Anwendungen der Massenspektrometrie zur Ermittlung thermodynamischer Daten beschäftigen. Oftmals ist für solche Messungen eine spezielle Instrumentierung erforderlich, einige Experimente können aber auch mithilfe normaler kommerzieller Massenspektrometer ohne weitere Modifikation durchgeführt werden. Die Beispiele geben einen kurzen Überblick über die breiten Einsatzmöglichkeiten der Massenspektrometrie in der organischen Chemie.

10.4.1 Chemie von Ionen in der Gasphase

Bei den meisten massenspektrometrischen Anwendungen sorgt man dafür, dass bimolekulare Reaktionen – falls überhaupt erforderlich – auf die Ionenquelle und auf die gezielte Stoßaktivierung

(CID) beschränkt bleiben. Davon abgesehen ist ein geringer bis sehr geringer Restgasdruck (ein „gutes Vakuum") für massenspektrometrische Messungen essenziell. Mit anderen Worten: Die mittlere freie Weglänge der Teilchen des Restgases muss deutlich größer sein als die Abmessungen des Geräts, damit die Ionen nicht gestreut werden. Es ist allerdings auch möglich, ein Massenspektrometer als vielseitigen chemischen Reaktor zu verwenden und zur Untersuchung von Reaktivitäten und thermodynamischen Eigenschaften sowohl in der Gasphase als auch in kondensierter Phase zu nutzen. In den nachfolgenden Abschnitten werden einige wichtige Anwendungen dieser Art diskutiert. In diesem Abschnitt wollen wir zunächst die elementaren Grundlagen der Ionenchemie in der Gasphase beschreiben und mit Reaktionen in kondensierter Phase sowie mit Reaktionen von elektrisch neutralen Spezies vergleichen.

Die entscheidenden Faktoren, in denen sich die Ionenchemie in der Gasphase von derjenigen in Lösung unterscheidet, sind die niedrige Permittivitätszahl ε_r des Mediums (also der verdünnten Gasphase beziehungsweise des Vakuums) und die Abwesenheit von Gegen-Ionen. Infolgedessen spielen in der Gasphase weitreichende elektrostatische Wechselwirkungen für die Reaktivität der Ionen eine viel größere Rolle als in kondensierter Phase. Betrachten Sie die Stoßrate, also die Anzahl der Stöße pro Zeiteinheit, zwischen Ionen und elektrisch neutralen Molekülen in der Gasphase. Diese hängt von mehreren Faktoren ab, liegt aber etwa im Bereich von 10^{-9} cm^3 Molekül^{-1} s^{-1}. Dieser Wert bedeutet 10^{-9} Stöße (1 Molekül / cm^3)$^{-1}$ s^{-1} = 10^{-9} Stöße (1000 Moleküle / L)$^{-1}$ s^{-1} = 10^{-12} Stöße Molekül^{-1} L s^{-1} oder anschaulicher einen Stoß pro Sekunde bei einer Konzentration von 10^{12} Molekülen pro Liter. In einer Einheit, die in der Reaktionskinetik der flüssigen Phase gebräuchlich ist, entspricht dies einer bemerkenswert großen Geschwindigkeitskonstante von etwa 10^{12} M^{-1} s^{-1}. (Da 1 Molekül = 1 / (6,022 × 10^{23}) mol ist, gilt 10^{-12} Molekül^{-1} L s^{-1} = 10^{-12} × 6,022 × 10^{23} mol^{-1} L s^{-1} ≈ 10^{12} M^{-1} s^{-1}.) Dieser Wert liegt um mehr als eine Größenordnung über der Stoßrate zwischen elektrisch neutralen Molekülen in der Gasphase und sogar etwa zwei bis drei Größenordnungen über den Geschwindigkeitskonstanten diffusionskontrollierter Reaktionen in kondensierter Phase. Warum ist die Stoßrate zwischen Ionen und elektrisch neutralen Molekülen in der Gasphase so groß? Die Ursache dafür liegt in den weitreichenden Wechselwirkungen zwischen den permanenten elektrischen Ladungen der Ionen und Dipolen oder induzierten Dipolen in den neutralen Molekülen. Durch die damit verbundenen Kräfte werden immer wieder potenzielle Stoßpartner, die sich eigentlich nicht auf Kollisionskurs befinden, abgelenkt und zur Kollision gebracht. Die hohen Stoßraten ermöglichen aussagekräftige Untersuchungen zu Ion/Molekül-Reaktionen in der Gasphase bei niedrigen Partialdrucken (in der Regel $< 10^{-3}$ Pa) der Reaktionspartner und in kurzen Reaktionszeiten im Bereich von Millisekunden bis Sekunden.

Ein weiterer Unterschied zwischen Reaktionen in der Gasphase und in kondensierter Phase besteht in der Energie der Kollisionskomplexe (Stoßkomplexe). In kondensierter Phase weisen die Moleküle der Reaktionspartner die gleiche Verteilung der inneren Energie auf wie der Rest der Lösung – das heißt, sie reagieren bei der Temperatur der Lösung. Der Übergang von den getrennten Reaktanten zum Reaktionskomplex verläuft in Lösung daher meistens annähernd thermoneutral. Insbesondere wenn sich die Ionen in einem stark stabilisierenden Lösungsmittel wie zum Beispiel Wasser befinden, kann dieser Prozess aber auch endotherm verlaufen, weil die Lösungsmittelmoleküle die Ionen dann meist besser solvatisieren können als der Reaktionspartner. In der Gasphase läuft die Bildung des Reaktionskomplexes aus einem Ion und einem polaren oder polarisierbaren Reaktionspartner dagegen hochgradig exotherm ab, weil die Ionen vor der eigentlichen Reaktion nicht erst aus einer Solvathülle befreit werden müssen. Daher erfolgt in der Gasphase bei der Bildung des Reaktionskomplexes gewissermaßen nur eine Solvatisierung des Ions durch den neutralen Reaktionspartner als einzelnes Solvenzmolekül. Die Enthalpieänderung dieses Vorgangs wird daher hauptsächlich von der Ion/Dipol-Wechselwirkung zwischen dem Ion und dem neutralen Reaktionspartner bestimmt, welche die Assoziation fördert. Im Vakuum bleibt die dabei freigesetzte Energie als innere Energie des Reaktionskomplexes erhalten, so dass ein stark aktiviertes System entsteht. Das Ion wird in diesem ersten Schritt des Reaktionsprozesses durch den Reaktionspartner (teilweise) solvatisiert. In der Gasphase besitzt der Ion/Molekül-Komplex daher typischerweise eine innere Überschussenergie zwischen 40 und 100 kJ mol^{-1}, die zur Überwindung der Aktivierungsenergie einer nachfolgenden Reaktion dienen kann.

Die Bildung eines Ion/Molekül-Komplexes in der Gasphase und die nachfolgende Reaktion kann durch das Energiediagramm in ▶ Abbildung 10.6 beschrieben werden – ein so genanntes *Brauman'sches Doppel-Minimum-Potenzial*. Das Diagramm zeigt die Potenzialkurve der allgemeinen Reaktion $A^+ + B \rightarrow C^+ + D$, wobei sowohl der Reaktantkomplex $[A^+ \cdots B]$ als auch der Produktkomplex $[C^+ \cdots D]$ stabiler sind als die getrennten Reaktanten und die getrennten Produkte. In dem spezifischen Fall, der in Abbildung 10.6 dargestellt ist, besitzt auch der Übergangszustand der Reaktion von $[A^+ \cdots B]$ nach $[C^+ \cdots D]$ eine niedrigere Energie als die getrennten Reaktanten A^+ und B. Da aber die Gesamtenergie der Reaktanten wegen des Fehlens anderer Teilchen zu jedem Zeitpunkt der Reaktion erhalten bleibt, führt jede Kollision zwischen A^+ und B zu einem stark angeregten Reaktionskomplex $[A^+ \cdots B]$, dessen innere Überschussenergie ausreicht, um die Aktivierungsenergie der Reaktion zu überwinden. Somit ist hier eine sehr effiziente Reaktion zu erwarten. Tatsächlich kann die Reaktionsgeschwindigkeit in einem solchen Fall nur aufgrund reaktionsdynamischer Effekte kleiner sein als der durch Stoßkontrolle gegebene Maximalwert. Bei einer analogen Reaktion in kondensierter Phase weisen die getrennten Reaktanten und der Reaktionskomplex $[A^+ \cdots B]$ im Mittel etwa die gleiche Energie auf und im thermischen Gleichgewicht besitzt gemäß der Boltzmann'schen Energieverteilung nur ein kleiner Teil der Komplexe $[A^+ \cdots B]$ eine genügend große Energie, um den Übergangszustand bilden und somit die Aktivierungsenergie überwinden zu können. Daher ist die Reaktionsgeschwindigkeit in Lösung erheblich geringer als in der (verdünnten) Gasphase. Bei Gasphasenreaktionen, die praktisch ohne Aktivierungsbarriere ablaufen, wie zum Beispiel im Fall von Protonenübertragungen zwischen zwei Heteroatomen wie N und O, geht das Brauman'sche Doppel-Minimum-Potenzial in eine Kurve mit nur einem Minimum über. Dieses Minimum repräsentiert den Reaktionskomplex, in dem die Reaktanten über eine Wasserstoffbrücke miteinander assoziiert vorliegen. Die oben erwähnte Tatsache, dass in einem Massenspektrometer Zusammenstöße mit dritten Partnern im Allgemeinen sehr selten sind, führt noch zu weiteren Unterschieden im Vergleich zur kondensierten Phase. Wegen der fehlenden Kollisionen bleibt die gesamte Energie des Systems als innere Energie des Produktkomplexes $[C^+ \cdots D]$ erhalten. Infolgedessen dissoziiert der Produktkomplex in die einzelnen Produkte, da auf diese Weise die innere Überschussenergie zumindest teilweise abgebaut werden kann. Die Emission eines Photons wäre zwar ebenfalls eine Möglichkeit zum Abbau innerer Überschussenergie, aber dieser Prozess findet insbesondere bei kleinen molekularen Systemen nur selten – das heißt zu langsam – statt. Deswegen sind Additionsreaktionen in der Gasphase bei niedrigen Drucken – außer im Fall sehr großer Moleküle – eher ungewöhnlich und kurzlebige Additionskomplexe zerfallen entweder wieder in die Reaktanten oder in zwei (oder mehr) Produkte. Die in Abbildung 10.6 beschriebenen Ion/Molekül-Komplexe $[A^+ \cdots B]$ und $[C^+ \cdots D]$ repräsentieren zwar die stabilsten Spezies entlang der Reaktionskoordinate. Sie können aber in der Regel nicht beobachtet werden, weil sie die hohe innere Energie der Reaktanten (die Referenzenergie in Abbildung 10.6) enthalten. Infolge der hohen inneren Energie ist die Dissoziation der Ion/Molekül-Komplexe zu den getrennten Reaktanten beziehungsweise Produkten energetisch möglich und außerdem aus entropischen Gründen stark bevorzugt.

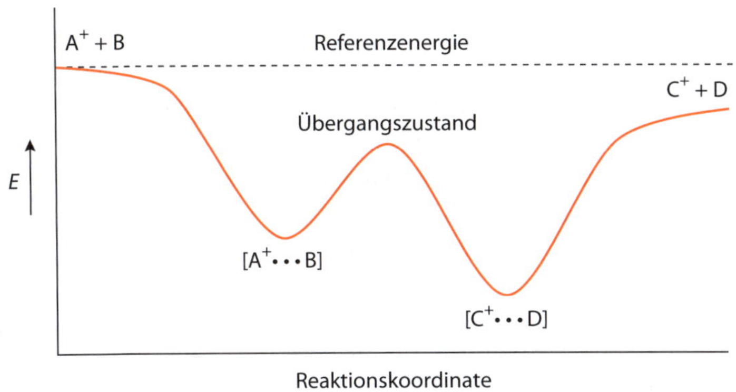

Abbildung 10.6: Ein Brauman'sches Doppel-Minimum-Potenzial. Die Potenzialkurve beschreibt die Gasphasenreaktion von A^+ und B zu C^+ und D. Die beiden Minima der Kurve, welche das zentrale Maximum des Übergangszustands der Reaktion flankieren, repräsentieren die Ion/Molekül-Komplexe aus den Reaktanten beziehungsweise aus den Produkten. Beachten Sie, dass die Energie des Übergangszustands niedriger liegt als die Energie der getrennten Reaktanten. Der Gesamtprozess ist daher *formal* mit einer negativen Aktivierungsenergie verbunden. Dies ist ein entscheidender Unterschied zu der entsprechenden Reaktion in kondensierter Phase.

Obwohl wir uns in der obigen Diskussion auf die Unterschiede der Ionenchemie in der Gasphase und in kondensierter Phase konzentriert haben, existieren auch viele Ähnlichkeiten. Im Allgemeinen weisen organische Reaktionen in der Gasphase viele Parallelen zu den analogen Reaktionen in Lösung auf. Die folgenden Abschnitte beschäftigen sich zwar hauptsächlich mit der Messung *thermodynamischer* Daten, aber wie die bisherige Diskussion bereits vermuten lässt, kann die Massenspektrometrie auch zur Untersuchung von Geschwindigkeitskonstanten eingesetzt werden – also zur Ermittlung *kinetischer* Daten von Ion/Molekül-Reaktionen in der Gasphase.

10.4.2 Aciditäten und Basizitäten in der Gasphase

Zu den wichtigeren Merkmalen organischer Verbindungen in kondensierter Phase zählen ihre Säure/Base-Eigenschaften. Bekanntermaßen hängen diese Eigenschaften erheblich von der Solvatation der jeweiligen organischen Moleküle durch das Lösungsmittel ab. Entsprechende Untersuchungen in der Gasphase, in der die Moleküle unsolvatisiert (quasi nackt) vorliegen, können daher wertvolle Informationen über die intrinsische Acidität beziehungsweise Basizität eines Moleküls oder Ions liefern. Aber wie können mithilfe eines Massenspektrometers die Säure/Base-Eigenschaften einer Substanz untersucht werden? Eine Autoprotolyse, wie beispielsweise $AH \rightarrow A^- + H^+$, ist wegen der niedrigen Permittivitätszahl ε_r des Vakuums im Massenspektrometer praktisch nicht möglich. Durch die Messung von Gleichgewichtskonstanten können aber relative Aciditäten und Basizitäten bestimmt werden. Analoge Gleichgewichtsmessungen dienen zur Bestimmung von Aciditäten und Basizitäten in Lösung, wenn die betreffenden Substanzen nicht in merklichem Umfang autoprotolytisch dissoziieren. Die Einstellung eines Gleichgewichts erfordert immer eine gewisse Zeitspanne. Deswegen müssen die Ionen im Massenspektrometer für solche Messungen genügend lange in einer Ionenfalle, wie zum Beispiel in einer ICR-Zelle oder einer Quadrupol-Ionenfalle, gespeichert werden. Das Experiment selbst ist relativ einfach. Die beiden Substanzen, deren Aciditäten beziehungsweise Basizitäten relativ zueinander bestimmt werden sollen, werden mit einem definierten Partialdruck in den Vakuumraum der Ionenfalle eingeleitet. Diese Möglichkeit besteht bei normalen kommerziellen Massenspektrometern in der Regel nicht, so dass eine entsprechende Modifizierung des Systems erforderlich ist. Mit geeigneten Einlassvorrichtungen kann ein gewünschtes Partialdruckverhältnis der beiden neutralen Spezies AH und BH (siehe Reaktionsgleichung 10.1) eingestellt werden. Dann wird eines der Ionen aus dem Säure/Base-Gleichgewicht, zum Beispiel A^-, in der Ionenquelle erzeugt, durch einen Massenanalysator isoliert und selektiv in die Ionenfalle gelenkt. Dort stellt sich nun im Lauf der Zeit ein Säure/Base-Gleichgewicht ein, in dem neben den Ionen A^- der einen Substanz auch die Ionen B^- der anderen Substanz vorkommen.

$$\mathrm{AH} + \mathrm{B}^- \rightleftharpoons \mathrm{A}^- + \mathrm{BH} \qquad (10.1)$$

Die Gleichgewichtskonstante *K* der Reaktion kann mithilfe von Gleichung 10.2 berechnet werden, in der $I(\mathrm{A}^-)$ und $I(\mathrm{B}^-)$ die massenspektrometrisch gemessenen Peakintensitäten und damit die relativen Häufigkeiten der Ionen A^- und B^- sowie $p(\mathrm{BH})$ und $p(\mathrm{AH})$ die Partialdrucke der beiden elektrisch neutralen Substanzen repräsentieren.

$$K = \frac{I(\mathrm{A}^-)\, p(\mathrm{BH})}{I(\mathrm{B}^-)\, p(\mathrm{AH})} \qquad (10.2)$$

Da die Ionenkonzentrationen in Massenspektrometern im Vergleich zu den Partialdrucken der zugeführten neutralen Substanzen grundsätzlich sehr klein sind (etwa um den Faktor 10^5 kleiner), können die Partialdrucke als konstant betrachtet werden. In Gleichung 10.2 kann man daher die Partialdrucke einsetzen, unter denen die Substanzen in das Massenspektrometer geleitet werden, ohne deren (minimale) Verringerung durch die Bildung der wenigen Ionen zu berücksichtigen. Im Gegensatz zur flüssigen Phase werden Aciditäten und Basizitäten für die Gasphase im Allgemeinen mithilfe von Enthalpieänderungen (ΔH oder ΔG) und nicht in Form der Dissoziationskonstanten K_S und K_B oder der entsprechenden pK_S- und pK_B-Werte angegeben. Das ist deswegen sinnvoll, weil die Gleichgewichtskonstanten der Autoprotolyse in der Gasphase sehr kleine Werte aufweisen, die in Form von p*K*-Werten nicht besonders anschaulich präsentiert und verglichen werden können. Zur quantitativen Beschreibung der Acidität in der Gasphase wird am häufigsten die Reaktionsenthalpie $\Delta_\mathrm{S}H$ der Autoprotolyse gemäß Reaktionsgleichung 10.3 verwendet.

$$\mathrm{AH} \xrightarrow{\Delta_\mathrm{S}H} \mathrm{A}^- + \mathrm{H}^+ \qquad (10.3)$$

$$\mathrm{A} + \mathrm{H}^+ \xrightarrow{-\Delta_\mathrm{B}H = PA} \mathrm{AH}^+ \qquad (10.4)$$

Für die Quantifizierung der Basenstärke eines Teilchens in der Gasphase wird dagegen üblicherweise die Protonenaffinität *PA* der jeweiligen Substanz herangezogen, also die negative Reaktionsenthalpie $\Delta_B H$ für die Aufnahme eines Protons durch die Substanz gemäß Reaktionsgleichung 10.4. Je basischer das Molekül ist, desto positiver ist der *PA*-Wert.

In der Literatur unterscheidet man übrigens zwischen der Protonenaffinität (*PA*, engl. *proton affinity*) und der Gasphasenbasizität (*GB*, engl. *gas-phase basicity*). Die Protonenaffinität entspricht der negativen Reaktionsenthalpie ($-\Delta H°$) der Protonenaufnahme und stellt ein Maß für die Stärke der A–H-Bindung gegenüber ihrer heterolytischen Spaltung dar. Die Gasphasenbasizität entspricht dagegen der negativen Gibbs'schen Freien Reaktionsenthalpie ($-\Delta G°$). Mit der Reaktionsentropie des Protonentransfers ($\Delta S°$) erhält man insgesamt den folgenden Zusammenhang: $PA = -\Delta H°$, $GB = -\Delta G°$ und $GB = PA + T\Delta S°$. Wir beschränken uns im Folgenden auf die Diskussion der Protonenaffinitäten.

In ▶ Tabelle 10.1 ist eine Reihe typischer Werte von $\Delta_S H$ für die Autoprotolyse und von *PA* für die Protonierung einiger elektrisch neutraler Substanzen in der Gasphase aufgelistet. Sie werden feststellen, dass sich die Aciditäten und Basizitäten der verschiedenen Substanzen in der Gasphase weitgehend ähnlich relativ zueinander verhalten wie in kondensierter Phase, während die absoluten Werte von denen in Lösung abweichen. Wasser weist zum Beispiel einen $\Delta_S H$-Wert von etwa 1633 kJ mol^{-1} auf, was – wohlgemerkt in der Gasphase – einem pK_S-Wert von über 280 entspricht! Flüssiges Wasser besitzt dagegen bei 25 °C einen pK_S-Wert von 15,8. Darüber hinaus spielen in der Gasphase delokalisierte Ladungen und Polarisierbarkeiten eine viel größere Rolle als in Lösung. In der Gasphase ist Phenol zum Beispiel ähnlich sauer wie Essigsäure und Toluol zeigt auf den ersten Blick überraschenderweise sogar eine höhere Acidität als Wasser. Diese Unterschiede zwischen den Aciditäten in der Gasphase und in Lösung beruhen einerseits auf der niedrigen Permittivitätszahl des Vakuums beziehungsweise der verdünnten Gasphase und andererseits auf der fehlenden Stabilisierung des Anions durch die Solvatisierung mit den Lösungsmittelmolekülen. Beim Vergleich mit den Aciditäten in Wasser als Lösungsmittel sind die Unterschiede besonders groß, weil die Anionen in Wasser durch die Wasserstoffbrücken zu den Wassermolekülen besonders stark stabilisiert werden. Ähnliche, aber kleinere Effekte sind beim Vergleich mit den Aciditäten in aprotischen Lösungsmitteln wie DMSO zu beobachten. Die Unterschiede zwischen den Protonenaffinitäten in der Gasphase und in Lösung verhalten sich ähnlich. Größere, leichter polarisierbare Spezies wie Pyridin weisen daher in der Gasphase im Vergleich zu kleineren, schwerer polarisierbaren Substanzen deutlich höhere Protonenaffinitäten auf als in kondensierter Phase.

Tabelle 10.1: $\Delta_S H$- und *PA*-Werte einiger organischer Verbindungen in der Gasphase.

Substanz	$\Delta_S H$ [kJ mol^{-1}]	Substanz	*PA* [kJ mol^{-1}]
HCl	1394	H_2O	691
CH_3CO_2H	1461	$CH_3C(O)CH_3$	812
PhOH	1465	NH_3	854
$CH_3C(O)CH_3$	1545	$PhNH_2$	883
$PhCH_3$	1595	CH_3NH_2	900
CH_3OH	1599	Pyridin	929
H_2O	1633	$(CH_3CH_2)_3N$	984
CH_4	1746	$(CH_3)_2NCH_2CH_2N(CH_3)_2$ (TMEDA)	1013

Die Werte stammen von http://webbook.nist.gov.

Bei dem oben beschriebenen Experiment muss sich in der Gasphase ein Säure/Base-Gleichgewicht einstellen. Dafür müssen beide Reaktanten allerdings eine ausreichend hohe Flüchtigkeit besitzen, um messbare und genügend große Partialdrucke (mindestens etwa 10^{-6} bis 10^{-7} Pa) aufbauen zu können. Nur so kann innerhalb der (begrenzten) Aufenthaltsdauer der Ionen in der ICR-Zelle oder Quadrupol-Ionenfalle die Einstellung des Gleichgewichts erreicht werden. Für viele einfache Spezies können diese Bedingungen erfüllt werden, aber nicht für große, viele polare Gruppen tragende Spezies, wie zum Beispiel Peptide oder metallorganische Verbindungen. Zur Untersuchung der Eigenschaften nichtflüchtiger oder sehr schwerflüchtiger Analyte haben Graham Cooks und seine Mitarbeiter eine Methode entwickelt, die auf der Dissoziation von Gasphasenkomplexen beruht. Gasphasenkomplexe leichtflüchtiger Verbindungen sind im Gegensatz zu denen schwerflüchtiger Verbindungen auch durch chemische Ionisierung (CI) zugänglich. Heute können Gasphasenkomplexe schwerflüchtiger Verbindungen aber durch Elektrospray-Ionisierung (ESI) erzeugt werden, so dass die Anwendung der Cooks'schen Methode nicht mehr auf leichtflüchtige Analyte beschränkt ist. Die Methode wird als *kinetische* Methode nach Cooks bezeichnet, weil sie *nicht* auf thermodynamischen, sondern auf kinetischen Daten beruht. Anstelle von Konzentrationsverhältnissen im Gleichgewicht werden hier nämlich relative Reaktionsgeschwindigkeiten der Dissoziation von Gasphasenkomplexen gemessen. Das zugrunde liegende Prinzip ist in Schema **10-2** skizziert.

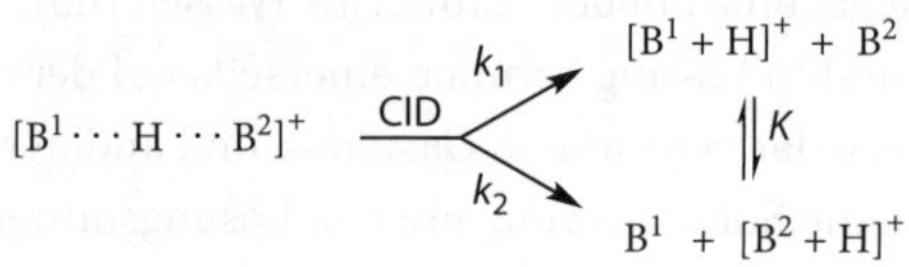

Schema 10-2

Bei der kinetischen Methode nach Cooks wird unter CI- oder ESI-Bedingungen ein protonengebundener Komplex zweier Basen mit einer positiven Nettoladung erzeugt (siehe Schema **10-2**, links). Unter CID-Bedingungen wird jeweils eine der Wasserstoffbrücken gespalten, wodurch eine protonierte Base als kationisches Fragment und eine freie Base als Neutralfragment gebildet werden. Die beiden Basen konkurrieren gewissermaßen um das Proton. Somit können auf zwei sehr ähnlichen Dissoziationswegen einerseits die protonierte Base $[B^1 + H]^+$ und die freie Base B^2 oder andererseits die protonierte Base $[B^2 + H]^+$ und die freie Base B^1 entstehen. Das Verhältnis der Geschwindigkeitskonstanten k_1 und k_2 der beiden Reaktionen kann durch die Messung der relativen Häufigkeiten der Ionen $[B^1 + H]^+$ und $[B^2 + H]^+$ anhand des Verhältnisses der entsprechenden Peakintensitäten bestimmt werden. Die Grundlage der kinetischen Methode nach Cooks besteht dabei in der Annahme, dass die Dissoziationsprodukte der Gasphasenkomplexe unmittelbar in ihrem Gleichgewichtsverhältnis gebildet werden. Nur dann entspricht das gemessene Verhältnis der Geschwindigkeitskonstanten k_1 und k_2 der beiden Dissoziationswege auch wirklich der Gleichgewichtskonstante K für den Protonentransfer gemäß Gleichung 10.5.

$$K = \frac{k_1}{k_2} \tag{10.5}$$

Diese Annahme ist durchaus sehr vernünftig, da die Tendenz zur Bildung der einzelnen Dissoziationsprodukte aus dem CID-Prozess stark von deren (thermodynamischer) Stabilität abhängen sollte und der durch Elektrospray-Ionisierung erzeugte Komplex $[B^1 \cdots H^+ \cdots B^2]$ tatsächlich auch als Intermediat der Gleichgewichtsreaktion auftritt. Dennoch stellt Gleichung 10.5 nur eine Näherung dar, da sie voraussetzt, dass die durch k_1 und k_2 beschriebenen Prozesse außer ihrer inhärenten Endothermie keine Aktivierungsbarrieren überwinden müssen. Für kleine Moleküle wird diese Voraussetzung in der Regel gut erfüllt. Bei großen Molekülen, die im Verlauf des Dissoziationsprozesses umfangreichen Konformationsänderungen unterliegen können, treffen die Voraussetzungen und somit Gleichung 10.5 dagegen häufig weniger gut zu. Darüber hinaus findet die Dissoziation bei dieser Methode in einem aktivierten Komplex statt, so dass die mit Gleichung 10.5 assoziierte Temperatur nicht genau definiert ist (bekanntlich ist K unter anderem über die Temperatur mit der Energie verknüpft: $\Delta G^\circ = -RT \ln K$). Es sind jedoch Verfahren zur Abschätzung der effektiven Temperatur beim Dissoziationsprozess entwickelt worden.

Im Großen und Ganzen hat sich die kinetische Methode nach Cooks als recht praktikabler Weg zur Ermittlung von Gleichgewichtskonstanten in der Gasphase bewährt. Ein weiterer Vorteil der Methode besteht in der Möglichkeit ihrer Durchführung in jedem ESI-Massenspektrometer, mit dem auch Stoßaktivierungsexperimente durchgeführt werden können, weil die Zuführung von Reaktantgasen nicht erforderlich ist. Daher können diese Experimente in den meisten massenspektrometrischen Laboratorien leicht durchgeführt werden. Außerdem kann die Methode auch auf andere Gleichgewichtsprozesse, wie beispielsweise auf Elektronentransferreaktionen ($X^{\bullet+} + Y \rightarrow [X \cdots Y]^{\bullet+} \rightarrow X + Y^{\bullet+}$), angewandt werden, wenn die folgenden Voraussetzungen erfüllt sind: (1) Die Reaktanten müssen einen geeigneten Komplex bilden können, (2) der Komplex muss hauptsächlich in die gewünschten Produkte dissoziieren und (3) auf der Reaktionskoordinate des Dissoziationsprozesses dürfen außer seiner eigenen Endothermie keine energetischen Barrieren auftreten. ▸ Abbildung 10.7 zeigt das CID-Spektrum eines protonengebundenen Komplexes zweier heterocyclischer Basen, 3-Chlorpyridin und 3-Fluorpyridin. Die etwas größere Intensität des Peaks für protoniertes 3-Chlorpyridin deutet in diesem Fall darauf hin, dass 3-Chlorpyridin ein wenig stärker basisch ist als 3-Fluorpyridin. Die zugehörigen thermodynamischen Daten lauten (Quelle: http://webbook.nist.gov): PA(3-Cl-Pyr) = 903,4 kJ mol^{-1} und PA(3-F-Pyr) = 902,0 kJ mol^{-1} [GB(3-Cl-Pyr) = 871,5 kJ mol^{-1} und GB(3-F-Pyr) = 870,1 kJ mol^{-1}].

10.4.3 Bindungsdissoziationsenergien

Es mag auf den ersten Blick überraschend erscheinen, aber die genauesten Messungen von Bindungsdissoziationsenergien (*BDE*s) neutraler Verbindungen resultieren häufig aus Experimenten mit Ionen. Diese Anwendung hebt noch einmal die große Vielseitigkeit der Massenspektrometrie und der experimentellen Möglichkeiten hervor, die sich aus der Arbeit mit chemischen Spezies ergeben, die durch magnetische und elektrische Felder beeinflusst werden können. In diesem Fall wird die *BDE* gemäß dem Hess'schen Satz durch die Summe der Reaktionsenthalpien einer Reihe aufeinanderfolgender Schritte beschrieben, die insgesamt zum gleichen Ergebnis führen wie die direkte Dissoziation der betrachteten Bindung. Schema **10-3** veranschaulicht eine solche Vorgehensweise am allgemeinen Beispiel der Dissoziation einer R–H-Bindung, bei der zwei Radikale erzeugt werden.

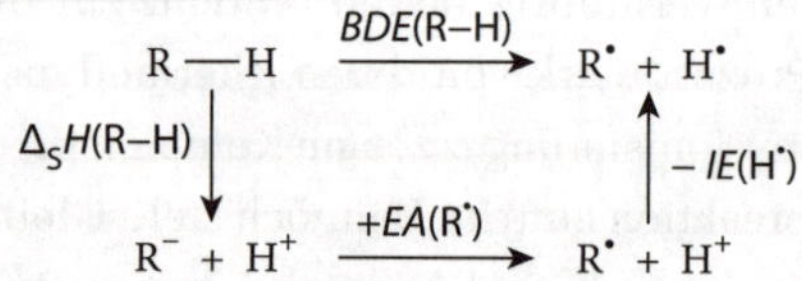

Schema 10-3

In Schema **10-3** steht $EA(R^{\bullet})$ für die Elektronenaffinität des Radikals $R^{\bullet}$ und $IE(H^{\bullet})$ für die Ionisierungsenergie des Wasserstoffatoms. Diese Größen werden im Allgemeinen in Elektronenvolt (eV) angegeben und beziehen sich dann auf einzelne Teilchen. Betrachtet man dagegen eine ganze Population von Teilchen, entspricht $EA(R^{\bullet})$ der negativen Reaktionsenthalpie der Aufnahme des Elektrons und $IE(H^{\bullet})$ der Reaktionsenthalpie der Abgabe des Elektrons (jeweils in kJ mol^{-1}). Die *BDE* kann somit bequem mithilfe von Gleichung 10.6 berechnet werden.

$$BDE(\mathrm{RH}) = \Delta_S H(\mathrm{RH}) + EA(\mathrm{R}^{\bullet}) - IE(\mathrm{H}^{\bullet}) \qquad (10.6)$$

Um die Bindungsdissoziationsenergie der R–H-Bindung berechnen zu können, müssen also zunächst $\Delta_S H(\mathrm{RH})$, $EA(\mathrm{R}^{\bullet})$ und $IE(\mathrm{H}^{\bullet})$ ermittelt werden. In Abschnitt 10.4.2 haben wir bereits

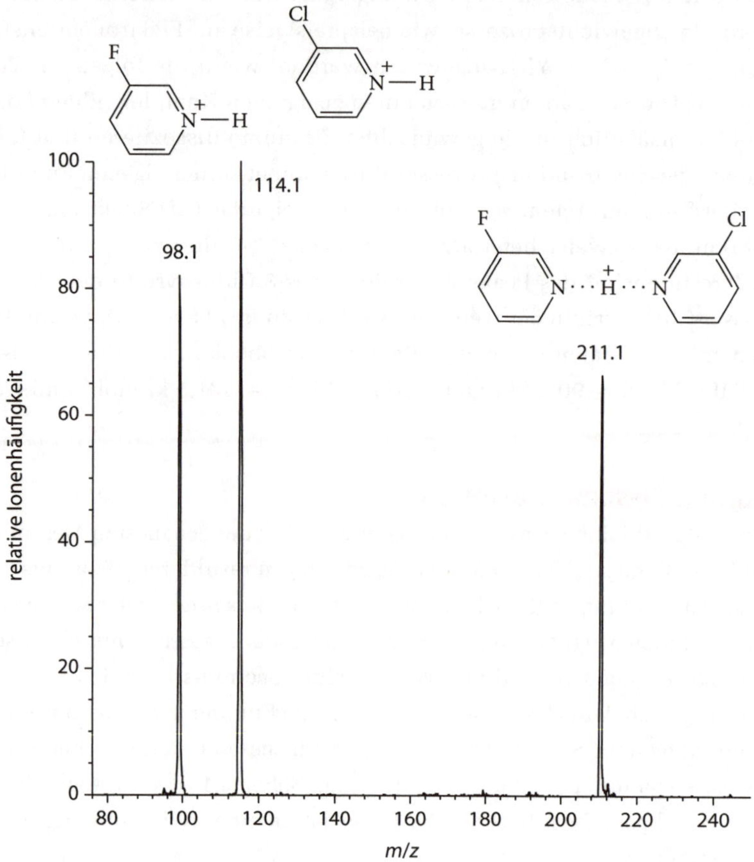

Abbildung 10.7: **CID-Massenspektrum des protonengebundenen Komplexes aus 3-Chlorpyridin und 3-Fluorpyridin.** Der Peak bei *m/z* 98,1 repräsentiert protoniertes 3-Fluorpyridin und der Peak bei *m/z* 114,1 protoniertes 3-Chlorpyridin. Der Peak bei *m/z* 211,1 ist auf den Komplex zurückzuführen. Nur die ^{35}Cl-haltigen Spezies wurden isoliert und durch CID fragmentiert. Daher fehlen im Spektrum die ^{37}Cl-Isotopenpeaks.

gute Methoden zur Bestimmung von $\Delta_S H$ kennen gelernt, die unter günstigen Bedingungen Ergebnisse mit einer Genauigkeit von ≤ ±5 kJ mol^{-1} liefern. Die Elektronenaffinität eines Radikals $R^\bullet$ kann durch Photoelektronenspektroskopie des entsprechenden Anions R^- ermittelt werden. Bei dieser Art eines massenspektrometrischen Experiments wird eine typische Ionenquelle zur Erzeugung von Anionen eingesetzt. Die Spezies mit dem gewünschten *m*/*z*-Wert wird dann isoliert und mit Laserpulsen bestrahlt, wodurch das entsprechende Radikal und ein freies Elektron erzeugt werden. Wenn die Photonenenergie $h\nu$ größer ist als die Elektronenaffinität des Radikals, erhält das herausgeschlagene Elektron eine kinetische Energie E_{kin}, deren Wert gemessen wird. Der Überschuss der Photonenenergie, also $h\nu - EA(R^\bullet)$, kann zum Teil auch in innere Energie des Radikals umgewandelt werden. Wenn er jedoch vollständig in die kinetische Energie des Elektrons übergeht, erhält das Elektron die maximal mögliche kinetische Energie $E_{kin(max)}$. Aus der Messung der Verteilung der kinetischen Energie der freigesetzten Elektronen lässt sich $E_{kin(max)}$ und damit nach Gleichung 10.7 auch die Elektronenaffinität des Radikals $R^\bullet$ bestimmen.

$$EA\left(R^\bullet\right) = h\nu - E_{kin(max)} \qquad (10.7)$$

Die Photonenenergie und die Elektronenenergie können mit sehr hoher Präzision gemessen werden, so dass die auf diese Weise bestimmten Elektronenaffinitäten mit nur geringen Ungenauigkeiten behaftet sind. Die Ionisierungsenergie des Wasserstoffatoms ist schließlich sehr genau bekannt, so dass damit alle Energiebeträge zur Berechnung der *BDE* der R–H-Bindung gemäß Gleichung 10.6 zur Verfügung stehen. Somit können Bindungsdissoziationsenergien (*BDE*s) im Allgemeinen mithilfe des in Schema **10-3** dargestellten thermochemischen Zyklus mit einer Genauigkeit von ±5 kJ mol^{-1} oder weniger ermittelt werden – dieser Wert ist besser als die Genauigkeit von Methoden, die auf der direkten Untersuchung der Reaktivität radikalischer Spezies, also auf der Kinetik von Radikalreaktionen, beruhen.

Schema **10-4** zeigt ein Anwendungsbeispiel für die oben beschriebene Methode, bei dem der *BDE*-Wert für die C–H-Bindung in Benzol bestimmt wird. Für die Acidität von Benzol (in der Gasphase) wurde der Wert von $\Delta_S H$ bereits von einigen Arbeitsgruppen bestimmt; er beträgt 1679,7 ± 1,7 kJ mol^{-1}. Aus dem Photoelektronenspektrum des Phenyl-Anions kann die zugehörige Elektronenbindungsenergie ermittelt werden. Diese entspricht zugleich der Elektronenaffinität des Phenyl-Radikals, die somit den gleichen Wert von 105,9 ± 0,4 kJ mol^{-1} oder 1,096 ± 0,006 eV pro Molekül besitzt. Die Ionisierungsenergie des Wasserstoffatoms beträgt 13,59844 eV (pro Atom) und damit 1313,0 kJ mol^{-1}. Mithilfe dieser Daten erhält man für die Bindungsdissoziationsenergie der C–H-Bindung im Benzol gemäß Schema **10-3** und Gleichung 10.6 das folgende Ergebnis: $BDE(C_6H_5\text{–}H)$ = 472,6 kJ mol^{-1} mit einer Genauigkeit von etwa ±2,0 kJ mol^{-1}. Dieser Wert ist damit genauer als im Fall reaktionskinetischer Methoden mit elektrisch neutralen Spezies. Die Bestimmung von Bindungsdissoziationsenergien (*BDE*s) auf der Grundlage des in Schema **10-3** dargestellten Zyklus ist ein weiteres anschauliches Beispiel für die vielfältigen Anwendungsgebiete der Massenspektrometrie.

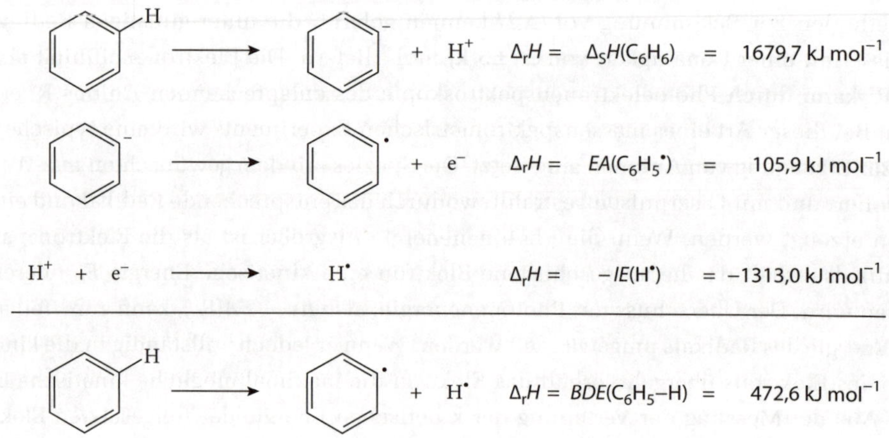

Schema 10-4

10.4.4 Relative Assoziationskonstanten in kondensierter Phase

In einem gewissen Sinn ermöglicht die Methode der Elektrospray-Ionisierung (ESI) die direkte Extraktion von Ionen aus einer Lösung und ihre anschließende massenspektrometrische Analyse. Wie wir in Abschnitt 7.2.4 festgestellt haben, handelt es sich bei der Elektrospray-Ionisierung um einen relativ komplizierten Prozess, dessen tatsächlicher physikalischer Ablauf, der zur Bildung der nackten, lösungsmittelfreien Ionen führt, noch immer Gegenstand aktueller Forschung ist. Dennoch ist die Beziehung zwischen den relativen Konzentrationen der verschiedenen Ionen in kondensierter Phase und den entsprechenden Peakintensitäten in den zugehörigen ESI-Spektren intensiv untersucht worden. Wenn man aus den Intensitätsverhältnissen der Peaks in ESI-Massenspektren die in der zugrunde liegenden Lösung herrschenden relativen Konzentrationen der Ionen ablesen könnte, würde die ESI-Massenspektrometrie nämlich eine leistungsfähige Methode zur quantitativen Charakterisierung von Assoziationsreaktionen in Lösung darstellen. Auf diese Weise könnten folglich viele wichtige Bindungsprozesse in der Chemie und Biochemie untersucht werden. Es wäre zum Beispiel möglich, die relativen Bindungskonstanten einer Reihe von potenziellen Wirkstoffen für die Bindung im aktiven Zentrum oder an eine allosterische Bindungsstelle eines spezifischen Enzyms zu ermitteln. Die Massenspektrometrie könnte somit viele aufwendige, beschwerliche Testverfahren ersetzen und die schnelle Messung von Bindungskonstanten in Lösung ermöglichen. Das Verhältnis der Bindungskonstanten zweier Substrate S^1 und S^2 für die Bindung an das gleiche Enzym E entspricht dabei dem Quotienten aus den Konzentrationen $[E \cdots S^1]_{\text{Lösung}}$ und $[E \cdots S^2]_{\text{Lösung}}$ der zugehörigen Enzym/Substrat-Komplexe in der Lösung. Dieser Quotient kann gemäß Gleichung 10.8 aus den massenspektrometrisch gemessenen Intensitäten $I(E \cdots S^1)_{\text{ESI}}$ und $I(E \cdots S^2)_{\text{ESI}}$ der ionischen Enzym/Substrat-Komplexe berechnet werden.

$$\frac{\left[\mathrm{E} \cdots \mathrm{S}^1\right]_{\text{Lösung}}}{\left[\mathrm{E} \cdots \mathrm{S}^2\right]_{\text{Lösung}}} = \frac{I\left(\mathrm{E} \cdots \mathrm{S}^1\right)_{\text{ESI}}}{I\left(\mathrm{E} \cdots \mathrm{S}^2\right)_{\text{ESI}}} \tag{10.8}$$

Dabei stellt sich allerdings die entscheidende Frage, ob die durch Gleichung 10.8 beschriebene quantitative Beziehung allgemein verlässlich zutrifft. Im letzten Jahrzehnt ist diese Frage sehr kontrovers diskutiert worden. Wie so häufig besteht der beste Weg zur Abschätzung, ob eine vorgeschlagene Beziehung tatsächlich die Realität beschreibt, in der Betrachtung der zugrunde liegenden Voraussetzungen, die für die Gültigkeit der Gleichung erforderlich sind. Damit Gleichung 10.8 zu korrekten Ergebnissen führt, müssen die folgenden Voraussetzungen erfüllt sein: (1) Die relativen Konzentrationen der konkurrierenden Enzym/Substrat-Komplexe dürfen sich während der schnellen Verdampfung des Lösungsmittels im Verlauf der Elektrospray-Ionisierung nicht verändern und (2) beide Komplexe müssen mit der gleichen Effizienz als freie Ionen in die Gasphase übergehen, wenn die Tröpfchen die Stufe erreicht haben, auf der dieser Prozess stattfindet. Die Erfüllung beider Voraussetzungen ist mit gewissen Schwierigkeiten verbunden. Im Verlauf des ESI-Verdampfungsprozesses ist eine schnelle Veränderung der absoluten Konzentrationen der beiden Enzym/Substrat-Komplexe in den Tröpfchen zu erwarten. Diese Veränderungen werden aber nicht nur durch die Verdampfung des Lösungsmittels, sondern auch durch die relativen Flüchtigkeiten und Löslichkeiten der beiden Substrate beeinflusst. Infolgedessen können sich die Konzentrationen der Substrate und somit auch der Enzym/Substrat-Komplexe unterschiedlich stark verändern. Wenn Gleichung 10.8 ihre Gültigkeit behalten soll, darf das Gleichgewicht zwischen den frei gelösten Substraten, dem frei gelösten Enzym und den beiden Enzym/Substrat-Komplexen allerdings nicht gestört werden. Eine Störung der Gleichgewichtskonzentrationen während des ESI-Prozesses tritt am ehesten dann *nicht* auf, wenn die an der Gleichgewichtseinstellung beteiligten Reaktionen im Vergleich zum ESI-Prozess sehr langsam ablaufen und/oder die Substrate sehr ähnliche physikalische Eigenschaften besitzen. Die zweite Voraussetzung kann vernünftigerweise als erfüllt betrachtet werden, wenn sich die Substrate relativ ähnlich sind und der Rezeptor (das Enzym) möglichst groß ist, so dass die physikalischen Eigenschaften der Komplexe hauptsächlich vom Rezeptor bestimmt werden. Ein weiteres Problem besteht allerdings immer noch, wenn die verschiedenen Spezies unterschiedlich zwischen dem Innenraum und der Oberfläche der ESI-Tröpfchen verteilt sind, weil die Bildung freier Ionen in der Gasphase ausgehend von der Oberfläche der Tröpfchen erfolgt. Dieser Zusammenhang kann erhebliche Bedeutung erlangen und hat in einigen Fällen nachweislich zu Ergebnissen geführt, nach denen die relativen Bindungskonstanten der untersuchten Substrate im Vergleich zu unabhängigen Messungen für die kondensierte Phase sogar umgekehrt worden sind. Trotzdem scheinen die genannten Voraussetzungen in vielen Fällen zuzutreffen und es sind mithilfe der ESI-Massenspektrometrie bereits einige Erfolge bei der Untersuchung derartiger Assoziationsgleichgewichte in kondensierter Phase erzielt worden. Bedenkt man die extrem hohe Geschwindigkeit, mit der massenspektrometrische Messungen durchgeführt werden können, wird schnell klar, dass diese Methode ein großes Potenzial bezüglich ihrer Anwendung im *High Throughput Screening* (HTS) besitzt – insbesondere zum schnellen Testen einer großen Anzahl potenzieller pharmakologischer Wirkstoffe, wie zum Beispiel Enzyminhibitoren. In jedem Fall sind aber vorher sorgfältige Validierungsexperimente erforderlich, da leider auch viele Beispiele bekannt sind, in denen die oben beschriebenen Voraussetzungen nicht erfüllt werden konnten.

Literaturhinweise

Allgemein

Budzikiewicz, H. und Schäfer, M. 2005: *Massenspektrometrie: Eine Einführung*. 5. Aufl., Wiley-VCH, Weinheim.

Traldi, P., Magno, F., Lavagnini, I. und Seraglia, R. 2006: *Quantitative Applications of Mass Spectrometry*. John Wiley & Sons, Chichester, England.

Buddle, W.L. 2001: *Analytical Mass Spectrometry: Strategies for Environmental and Related Applications*. Oxford University Press, New York.

Boyd, R.A., Basic, C. und Bethem, R.A. 2008: *Trace Quantitative Analysis by Mass Spectrometry*. John Wiley & Sons, Chichester, England.

Quantitative Bestimmungen von Proteinen und Peptiden

Lill, J. 2003. *Mass Spectrom. Rev.* **22**: 182.

Quantitative Bestimmungen von Wirkstoffen

Hopfgartner, G. und Bourgogne, E. 2003. *Mass Spectrom. Rev.* **22**: 195.

Untersuchung von Säure/Base-Eigenschaften in der Gasphase

Bouchoux, G. 2007. *Mass Spectrom. Rev.* **26**: 775.

Chemie von Ionen in der Gasphase

Gronert, S. 2001. *Chem. Rev.* **101**: 329.

Kinetische Methode nach Cooks

Cooks, R.G., Patrick, J.S., Kotiaho, T. und McLuckey, S.A. 1994. *Mass Spectrom. Rev.* **13**: 287.

Armentrout, P.B. 2000. *J. Am. Soc. Mass Spectrom.* **11**: 371.

Bindungsdissoziationsenergien

Blanksby, S.J. und Ellison, G.B. 2003. *Acct. Chem. Res.* **36**: 255.

Berkowitz, J., Ellison, G.B. und Gutman, D. 1994. *J. Phys. Chem.* **98**: 2744.

TEIL III

Schwingungsspektroskopie

III

Einführung in die Infrarot- und Raman-Spektroskopie

11

ÜBERBLICK

Nach der Durcharbeitung dieses Kapitels werden Sie

- mit den Grundlagen der Infrarot- und Raman-Spektroskopie vertraut sein,
- sich mit dem Aufbau, dem Funktionsprinzip und den Unterschieden zwischen dispersiven und Fourier-Transformations-IR-Spektrometern beschäftigt haben,
- verschiedene Aufnahmeverfahren in der IR- und Raman-Spektroskopie für feste, flüssige und gelöste Proben sowie die zugehörigen Trägermaterialien beziehungsweise Lösungsmittel kennen gelernt haben,
- mit dem Prinzip von Depolarisationsmessungen zur Unterscheidung von Banden totalsymmetrischer und nicht totalsymmetrischer Molekülschwingungen vertraut sein und
- die Grundlagen der Infrarot-Reflexionsspektroskopie verstanden haben.

11.1 Einleitung

Die Infrarot-Spektroskopie oder kurz IR-Spektroskopie stellt eine schnelle und einfache analytische Methode dar, mit der wichtige erste Informationen zur Identität oder Struktur einer unbekannten organischen Verbindung erhalten werden können. Ein IR-Spektrum wird als Diagramm dargestellt, in dem die Transmission gegen die Wellenzahl (den Kehrwert der Wellenlänge) aufgetragen wird (▶ Abbildung 11.1). Die Transmission entspricht dabei demjenigen Prozentsatz der auf die Probe treffenden IR-Strahlung, der durch die Probe hindurchtritt und nicht absorbiert wird. Die Positionen und relativen Intensitäten der Absorptionsbanden ermöglichen, wie in Abbildung 11.1 angedeutet, Rückschlüsse auf die Struktur der untersuchten Substanz.

Die Instrumente, mit denen IR-Spektren gemessen werden, nennt man IR-Spektrophotometer oder üblicherweise kurz IR-Spektrometer. Moderne IR-Spektrometer sind so genannte Fourier-Transformations-IR-Spektrometer oder kurz FT-IR-Spektrometer, deren Messtechnik auf dem Michelson-Interferometer beruht. Diese Aufnahmetechnik werden wir in Abschnitt 11.5.2 noch näher diskutieren. Frühere Instrumente waren dagegen Dispersions-IR-Spektrometer, in denen die IR-Strahlung mithilfe eines Monochromators (eines Prismas oder Beugungsgitters) zunächst in die einzelnen Wellenlängen zerlegt wird. Das IR-Spektrum erhält man anschließend durch die schrittweise Messung der Transmission bei den verschiedenen Wellenlängen (siehe Abschnitt 11.5.1). Obwohl heute nur noch wenige Dispersions-IR-Spektrometer in Gebrauch sind, basieren die frühe IR-Literatur und einige Spektrenbibliotheken auf IR-Spektren, die mit solchen Instrumenten aufgenommen wurden.

Die Raman-Spektroskopie liefert Ergebnisse, die zu denen der IR-Spektroskopie komplementär sind. Wir werden die Raman-Spektroskopie in den Abschnitten 11.3, 11.7 und 11.8 noch näher beschreiben. Auch in diesem Fall gibt es zwei verschiedene Typen von Instrumenten, die sich durch ihre Aufnahmetechnik unterscheiden – FT- und Dispersions-Raman-Spektrometer.

Informationen zur Struktur eines Analyten erhält man durch die detaillierte Auswertung der Banden (Peaks) in seinem IR- und/oder Raman-Spektrum, die jeweils für bestimmte funktionelle Gruppen charakteristisch sind. Für Aceton sind in Abbildung 11.1 bereits vier solcher Banden gekennzeichnet. In Kapitel 12 werden wir uns ausführlich mit charakteristischen Gruppenfrequenzen beschäftigen.

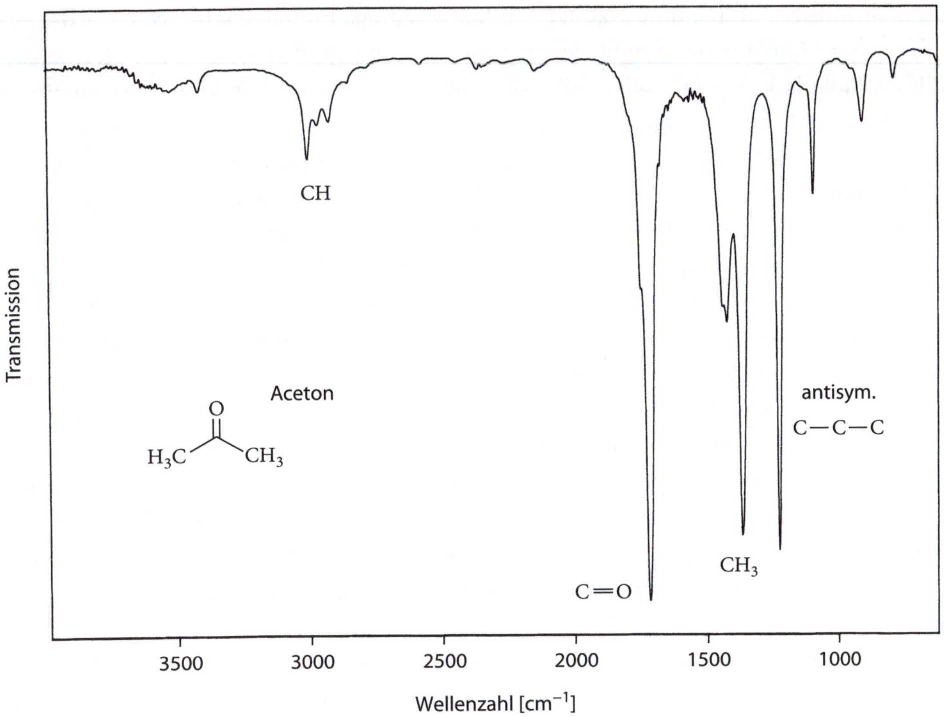

Abbildung 11.1: Das IR-Spektrum eines dünnen Films aus Aceton $[(CH_3)_2CO]$ zwischen zwei KBr-Platten.

11.2 Molekülschwingungen

Die Banden in IR- und Raman-Spektren spiegeln die *strukturabhängigen* Frequenzen der so genannten Normalschwingungen des Moleküls wider. *Normalschwingungen* sind Molekülschwingungen, bei denen jedes Atom eine einfache harmonische Oszillation um seine Gleichgewichtslage herum ausführt. Dabei bewegen sich alle an der jeweiligen Schwingung beteiligten Atome in Phase, während ihr Schwerpunkt stationär bleibt. Als Modell für die Schwingungen eines Moleküls oder einer Gruppe betrachten wir Bälle, die durch Federn miteinander verbunden sind. Die Bälle repräsentieren die Atome und die Federn die Bindungen des Moleküls. Schwingungen des Modells finden durch Streckung (und Kompression) sowie durch Biegung (und Rückbiegung) der Federn statt, wobei die Bälle diesen Bewegungen folgen, da sie mit den Federenden fest verbunden sind.

Die Schwingungsfrequenz ν [s^{-1}] eines solchen Modells, das aus zwei Bällen der Massen m_1 und m_2 [kg] und einer die Bälle verknüpfenden Feder mit der Feder- oder Kraftkonstante k [$N\,m^{-1}$] besteht, kann nach den Gesetzen der klassischen Mechanik mithilfe von Gleichung 11.1 berechnet werden, in der $\mu = (m_1 \times m_2) / (m_1 + m_2)$ der reduzierten Masse entspricht.

$$\nu = \frac{1}{2\pi}\sqrt{\frac{k}{\mu}} \qquad (11.1)$$

Die Kraftkonstante k ist ein Maß für den Widerstand, den die Feder einer Streckung (oder Kompression) entgegensetzt. Um eine bestimmte Streckung der Feder um den Betrag x aus der Gleichgewichtslage zu bewirken, ist eine Kraft $F = kx$ erforderlich.

Ein nichtlineares Molekül besitzt $3N - 6$ Schwingungsfreiheitsgrade, wobei N der Anzahl der Atome des Moleküls entspricht. Jeder dieser Freiheitsgrade ist mit einer Normalschwingung des Moleküls korreliert. Wie ergibt sich diese Anzahl von Schwingungsfreiheitsgraden und somit Normalschwingungen eines nichtlinearen Moleküls? Jedes Atom weist drei Freiheitsgrade auf, die als Translationsbewegungen des Atoms in *x*-, *y*- und *z*-Richtung betrachtet werden können. N Atome besitzen folglich insgesamt $3N$ Bewegungsfreiheitsgrade. Sind die Atome allerdings zu einem Molekül miteinander verknüpft, können sie sich nicht mehr vollkommen unabhängig voneinander bewegen. Bewegt sich ein Atom in eine bestimmte Richtung, beeinflusst es dadurch auch die Bewegung der mit ihm verbundenen Atome. Die insgesamt $3N$ Bewegungsfreiheitsgrade werden daher nicht nur auf Translationen, sondern auch auf andere Bewegungsformen verteilt, nämlich auf Rotationen und Schwingungen. Drei der Freiheitsgrade entfallen auf die Translationen des gesamten Moleküls in *x*-, *y*- und *z*-Richtung. Drei weitere Freiheitsgrade sind mit den Rotationen des gesamten Moleküls um die drei Raumachsen korreliert. Damit verbleiben $3N - 6$ Bewegungsfreiheitsgrade für die Normalschwingungen des Moleküls, die eine periodische Veränderung der Kernabstände und/oder Bindungswinkel des Moleküls, aber keine Translation oder Rotation des Moleküls als Ganzes repräsentieren. Lineare Moleküle besitzen nur zweit statt drei Rotationsfreiheitsgrade und somit $3N - 5$ Schwingungsfreiheitsgrade.

Die Methoden der klassischen Mechanik, die zur Berechnung der Frequenzen und Formen von Normalschwingungen eines Ball-Feder-Modells dienen, können auch auf Moleküle angewandt werden. Allerdings müssen dabei geeignete Atommassen, molekulare Dimensionen und Kraftkonstanten eingesetzt sowie bestimmte Regeln der Quantenmechanik beachtet werden. Wir werden uns mit diesem Thema in Abschnitt 12.1 noch weiter beschäftigen.

11.3 Infrarot- und Raman-Spektren

Eine Substanz erzeugt Banden in einem IR-Spektrum, wenn sie Strahlung aus dem infraroten Bereich des elektromagnetischen Spektrums absorbiert (siehe Abbildung 1.2 in Abschnitt 1.2). Die Absorptionssignale in IR-Spektren werden im Allgemeinen als Absorptionsbanden oder einfach als Banden bezeichnet. Bei relativ schmalen, scharfen Banden ist auch die Verwendung des Wortes *Peak* üblich.

Moleküle können nicht vollständig mithilfe der klassischen Physik beschrieben werden. Vielmehr folgen sie quantenmechanischen Gesetzmäßigkeiten. Deswegen können die verschiedenen Normalschwingungen eines Moleküls auch nur bestimmte, diskrete Schwingungsenergien annehmen. Bei der Absorption von IR-Strahlung wird die Energie der IR-Quanten genutzt, um das Molekül von einem energieärmeren niedrigen Schwingungsniveau in einen energiereicheren, höheren Schwingungszustand anzuregen. Die Schwingungsniveaus der einzelnen Normalschwingungen weisen charakteristische energetische Abstände auf, die von der Struktur des Moleküls, den an der Schwingung beteiligten Atomen und von der Art der Schwingung abhängen. Eine Absorption findet daher nur statt, wenn die Energie der IR-Quanten ($h\nu$) gemäß Gleichung 11.2 gerade genau mit dem energetischen Abstand ΔE zweier Schwingungszustände mit den Energien E_1 und E_2 übereinstimmt. In dieser Gleichung entspricht h dem Planck'schen Wirkungsquantum ($h = 6{,}626 \times 10^{-34}$ J s).

$$\Delta E = E_2 - E_1 = h\nu \tag{11.2}$$

Die verschiedenen Schwingungsniveaus einer Normalschwingung werden mit der so genannten Schwingungsquantenzahl $v = 0, 1, 2, \ldots$ gekennzeichnet, wobei für den Grundzustand $v = 0$ und für den ersten angeregten Zustand $v = 1$ gilt – und so weiter. Die wichtigsten Schwingungsanregungen finden vom Schwingungsgrundzustand des Moleküls, in dem sich alle Normalschwingungen des Moleküls im Grundzustand befinden (alle $v_i = 0$), in einen der ersten angeregten Zustände statt (ein $v_i = 1$). Ein solcher Übergang, der für das Molekül insgesamt mit einer Änderung der Schwingungsquantenzahl von $\Delta v = \pm 1$ einhergeht, ist gemäß den zugehörigen quantenmechanischen Auswahlregeln uneingeschränkt erlaubt und wird als *Grundton* oder *fundamentaler Übergang* bezeichnet. Darüber hinaus ist zum Beispiel noch ein Übergang vom Grundzustand des Moleküls in den zweiten angeregten Zustand ($v_i = 2$) einer Schwingung – ein so genannter *Oberton* (1. Oberton) – denkbar. Bei einem weiteren möglichen Übergang – einem *Kombinationston* – werden ausgehend vom Grundzustand des Moleküls gleich zwei verschiedene Schwingungen in den ersten angeregten Schwingungszustand angehoben ($v_i = 1$ und $v_j = 1$). Für Obertöne und Kombinationstöne beträgt $\Delta v = 2$. Nach den quantenmechanischen Auswahlregeln sind sie daher für den Idealfall des harmonischen Oszillators verboten. Moleküle stellen aber anharmonische Oszillatoren dar, für die auch Obertöne und Kombinationsschwingungen erlaubt sind, allerdings nur schwach. Daher führen Grundtöne in IR-Spektren im Allgemeinen zu intensiven, Ober- oder Kombinationstöne dagegen nur zu schwachen Absorptionsbanden. Viele schwache Absorptionsbanden in IR-Spektren können tatsächlich auf Ober- und Kombinationstöne zurückgeführt werden. Die zu untersuchende Substanz (der Analyt) liegt bei der IR-Spektroskopie meist als Feststoff, als Flüssigkeit oder in Lösung vor. IR-Spektren können aber auch von Gasen gemessen werden.

Die Grundlage für Raman-Spektren bildet die *Streuung* monochromatischen Laserlichts durch die Probe. Bei früheren Dispersionsinstrumenten wurde das gestreute (sichtbare) Laserlicht in der Regel in einem Winkel von 90° zum einfallenden Laserstrahl detektiert. In den heute häufigeren FT-Raman-Spektrometern erfolgt die Detektion des gestreuten Laserlichts dagegen üblicherweise in einem Winkel von 180° zum einfallenden Laserstrahl.

Die verschiedenen Signale in Raman-Spektren resultieren aus inelastischen Stößen zwischen Photonen und den Molekülen der Probe. Bei einem inelastischen Stoß wird ein Teil der Energie, wie in ▶ Abbildung 11.2 veranschaulicht, entweder vom Photon auf das Molekül oder vom Molekül auf das Photon übertragen. Im ersten Fall wird das Molekül von einem niedrigeren in einen höheren Schwingungszustand angeregt, während die Energie des Photons um die Energiedifferenz zwischen den beiden Schwingungszuständen sinkt – diese Prozesse führen zu den Signalen, die als *Stokes-Linien* bezeichnet werden. Der zweite Fall tritt nur ein, wenn das Photon auf ein Molekül in einem angeregten Schwingungszustand trifft. Durch den inelastischen Stoß kehrt das Molekül dann wieder in seinen Grundzustand zurück und die Energie des gestreuten Photons steigt um die Energiedifferenz zwischen den Schwingungszuständen des Moleküls – aus diesen Ereignissen resultieren die so genannten *Anti-Stokes-Linien*. Da sich die meisten Moleküle in einer Probe bei Raumtemperatur im Grundzustand befinden, weisen die Stokes-Linien eine viel größere Intensität auf als die Anti-Stokes-Linien. Deswegen wird in einem üblichen Raman-Spektrum nur der Bereich der Stokes-Linien dargestellt. ▶ Abbildung 11.3 zeigt als typisches Beispiel das Raman-Spektrum von Aceton. Der Nullpunkt auf der *x*-Achse (ganz rechts im Spektrum)

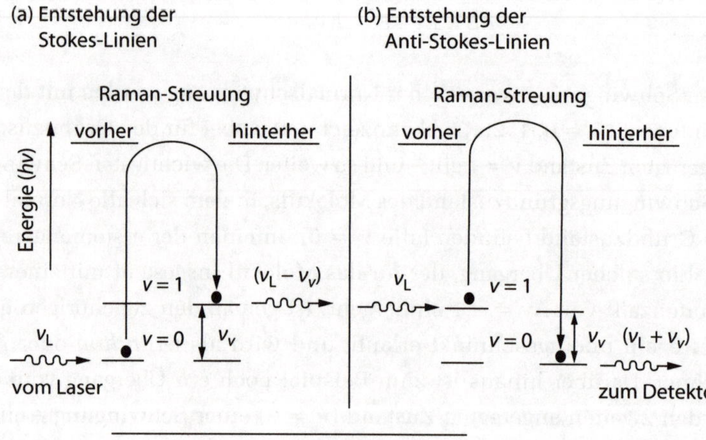

Abbildung 11.2: Der Mechanismus der Raman-Streuung.

entspricht der relativen Referenzfrequenz ν_L des zur Anregung eingestrahlten Laserlichts (beziehungsweise seiner Wellenzahl). Die Positionen der Peaks spiegeln die Differenz zwischen der Anregungsfrequenz ν_L und der Frequenz der gestreuten Photonen ν_i und folglich die Energiedifferenzen zwischen den Schwingungszuständen wider.

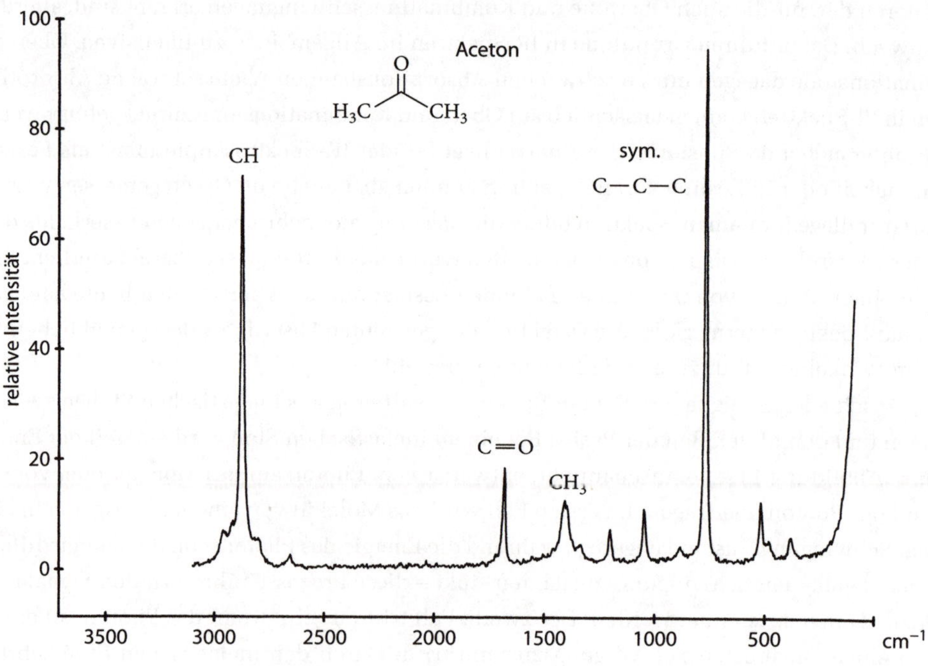

Abbildung 11.3: Das Raman-Spektrum von Aceton.

Bestimmte funktionelle Gruppen verursachen unabhängig vom Molekül, zu dem sie gehören, in IR- und Raman-Spektren jeweils Banden in einem relativ engen Frequenz- beziehungsweise Wellenzahlbereich. Die exakte Position der Bande einer funktionellen Gruppe eines spezifischen Moleküls – ihre *Gruppenfrequenz* – liefert über die Identität der Gruppe hinaus zusätzlich Informationen über die intramolekulare Umgebung der Gruppe. Die Bande der Streck- oder Valenzschwingung der Carbonylgruppe ($\nu_{C=O}$) eines einfachen aliphatischen Aldehyds oder Ketons liegt zum Beispiel bei einer Wellenzahl von etwa 1730 cm^{-1}. Dagegen findet man die $\nu_{C=O}$-Banden von (monomeren) Carbonsäuren, Säurechloriden und Estern bei höheren Frequenzen (Wellenzahlen) und die von Amiden und aromatischen Ketonen bei niedrigeren Frequenzen (▶ Abbildung 11.4).

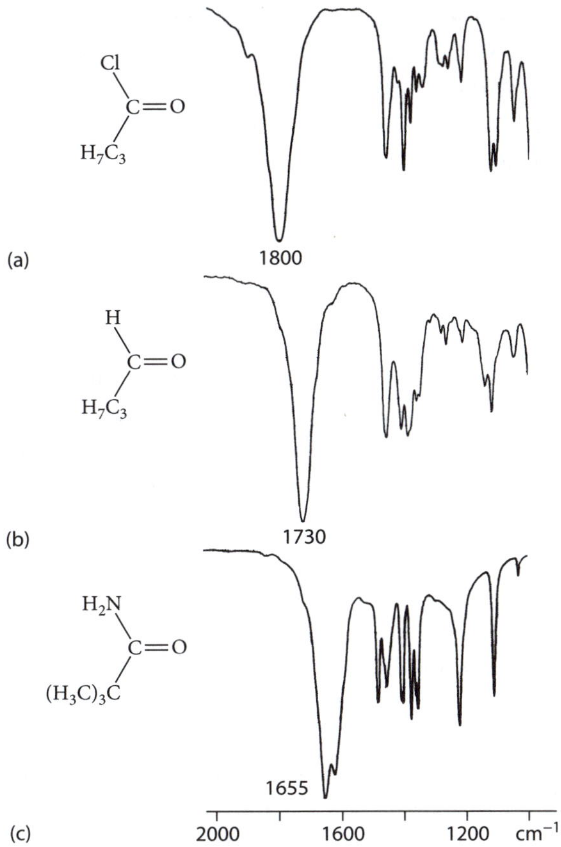

Abbildung 11.4: Die Banden der Carbonyl-Streckschwingung von (a) Butansäurechlorid, (b) Butyraldehyd und (c) Trimethylacetamid. (Mit freundlicher Genehmigung von: Aldrich Chemical Co. Inc. aus: *The Aldrich Library of FT-IR-Spectra*.)

Da sich die Bereiche der Gruppenfrequenzen der verschiedenen funktionellen Gruppen häufig überschneiden, kann das Auftreten einer Bande in einem IR- oder Raman-Spektrum meist *nicht* unmittelbar auf *nur* eine bestimmte funktionelle Gruppe zurückgeführt werden. Vielmehr grenzt eine einzelne Bande innerhalb eines bestimmten Frequenzbereichs die Auswahl der möglichen Gruppen, durch welche die Bande verursacht worden sein könnte, nur mehr oder weniger stark ein. Deshalb müssen für die Bestätigung der Zuordnung einer Bande zu einer bestimmten funktionellen Gruppe noch andere Regionen des Spektrums untersucht werden. In Kapitel 12 werden Sie noch Beispielen für diese Prozedur begegnen.

11.4 Einheiten und Bezeichnungen

Analog zu Abbildung 11.1 wird ein IR-Spektrum als Diagramm dargestellt, in dem ein Maß für die Frequenz einer Bande auf der Abszisse (x-Achse) gegen ein Maß für die Absorption auf der Ordinate (y-Achse) aufgetragen wird. Sowohl für die Werte auf der Abszisse als auch auf der

Ordinate werden häufig verschiedene Einheiten verwendet. Die übliche Einheit der Frequenz ν lautet s^{-1} (Schwingungen pro Sekunde). Allerdings weisen die Frequenzen von Molekülschwingungen sehr große Zahlenwerte im Bereich von $10^{13}\ s^{-1}$ auf, die nur unbequem zu handhaben sind. Eine für Molekülschwingungen geeignetere Einheit ist die Wellenzahl $\tilde{\nu}$ in der Einheit cm^{-1}. Die Wellenzahl entspricht gemäß Gleichung 11.3 dem Quotienten aus der Frequenz ν und der Lichtgeschwindigkeit c. Da c eine Konstante ist, stellt die Wellenzahl ein direktes Maß der Frequenz und über das Planck'sche Wirkungsquantum h somit auch der Energie $h\nu$ dar. Eine Schwingung mit der Frequenz $3 \times 10^{13}\ s^{-1}$ weist folglich, wie in Gleichung 11.4 explizit berechnet wird, eine Wellenzahl von $1000\ cm^{-1}$ auf.

$$\tilde{\nu} = \frac{\nu}{c} \tag{11.3}$$

$$\frac{3 \times 10^{13}\ s^{-1}}{3 \times 10^{10}\ cm\ s^{-1}} = 10^{3}\ cm^{-1} \tag{11.4}$$

Obwohl die Wellenzahl nicht die Einheit einer Frequenz besitzt, spricht man in der Praxis manchmal auch bei Wellenzahlen nicht ganz korrekt von Frequenzen – also zum Beispiel von einer Bande bei einer Frequenz von $1000\ cm^{-1}$ –, wobei man die Division durch c wissentlich unterschlägt. Die Wellenlänge λ ist mit der Frequenz ν und der Wellenzahl $\tilde{\nu}$ schließlich gemäß Gleichung 11.5 korreliert.

$$\frac{1}{\lambda} = \frac{\nu}{c} = \tilde{\nu} \tag{11.5}$$

Früher haben IR-Spektroskopiker auf der Abszisse von IR-Spektren die Wellenlänge in Mikrometern ($1\ \mu m = 10^{-6}\ m$) aufgetragen. In vielen älteren Büchern und anderen Veröffentlichungen zur IR-Spektroskopie findet man diese Einheit auch noch. Die meisten früheren IR-Spektrometer lieferten daher IR-Spektren, deren Abszissenwerte sich linear zur Wellenlänge entwickelten. Alle modernen IR-Spektrometer zeichnen die IR-Spektren dagegen mit Abszissenwerten auf, die sich linear bezüglich der Wellenzahl und somit auch der Frequenz verhalten.

Die Positionen der Banden in Raman-Spektren werden sinnvollerweise nicht in Form von absoluten Wellenlängen angegeben, sondern in Form von Frequenzdifferenzen zwischen der Frequenz des gestreuten und des eingestrahlten Laserlichts. Die absolute Wellenlänge einer Raman-Bande (die im Spektrum aber nicht aufgeführt wird) hängt nämlich auch von der Frequenz des eingestrahlten Laserlichts ab und ist daher für unmittelbare Rückschlüsse auf die Struktur des Analyten nicht geeignet. Da IR- und Raman-Spektren häufig in ergänzender und vergleichender Weise gemeinsam Informationen zur Strukturaufklärung einer Substanz beitragen, ist die Verwendung der gleichen Einheit für beide Spektrentypen sinnvoll. Daher hat sich die Wellenzahl als Einheit der Abszisse in IR- und Raman-Spektren etabliert. Die Wellenzahl verhält sich darüber hinaus proportional zur Energie ($E = h\nu = hc\tilde{\nu}$), so dass höhere Wellenzahlen von Banden in IR- oder Raman-Spektren auch größere Energiedifferenzen zwischen den zugehörigen Schwingungszuständen bedeuten. Vergleichen Sie zum Beispiel das IR- und das Raman-Spektrum von Aceton in den Abbildungen 11.1 und 11.3.

Auch als Maß für die Intensität von IR-Absorptionsbanden werden unterschiedliche Einheiten verwendet. Am häufigsten kommen die Transmission T und die Transmission in Prozent $\%T$ zum

Einsatz, man begegnet aber auch oftmals der Extinktion A (engl. *absorbance*). Die Transmission T entspricht gemäß Gleichung 11.6 dem Quotienten aus der Intensität I der IR-Strahlung nach der Passage durch die Probe und der Intensität I_0 der IR-Strahlung vor dem Eintritt in die Probe. Aus Gleichung 11.7 ergibt sich somit die Transmission in Prozent $\%T$. Die Extinktion A wird schließlich auf unterschiedliche, aber äquivalente Weise durch Gleichung 11.8 definiert.

$$T = \frac{I}{I_0} \qquad (11.6)$$

$$\%T = 100\,\frac{I}{I_0} \qquad (11.7)$$

$$A = \log_{10}\frac{I}{I_0} = \log_{10}\frac{1}{T} = \log_{10}\frac{100}{\%T} \qquad (11.8)$$

Misst man das IR-Spektrum einer Substanz in Lösung, ist die Extinktion A als Maß für die Absorption der IR-Strahlung durch die Probe über das so genannte Lambert-Beer-Bouguer-Gesetz gemäß Gleichung 11.9 mit der Schichtdicke d der Lösung in cm, welche die Strahlung bei der Messung durchdringen muss, und der Konzentration c der Substanz in mol l^{-1} korreliert (c steht hier nicht für die Lichtgeschwindigkeit).

$$A = \varepsilon c d \qquad (11.9)$$

Der Proportionalitätsfaktor ε in Gleichung 11.9 repräsentiert den *molaren Extinktionskoeffizienten*, der die Einheit l mol^{-1} cm^{-1} aufweist. ε ist eine stoffspezifische Konstante, die der Extinktion einer Lösung der jeweiligen Substanz mit einer Konzentration von 1,0 mol l^{-1} und einer Schichtdicke von 1,0 cm entspricht. Andere Bezeichnungen, die für ε manchmal verwendet werden, lauten *molarer Absorptionskoeffizient* oder *molare Absorptivität*.

Die Intensitäten der Banden in Raman-Spektren besitzen eine erheblich geringere *quantitative* Aussagekraft als im Fall von IR-Spektren, weil die Peakintensitäten in Raman-Spektren von mehr Faktoren abhängen, deren Einfluss nicht exakt quantifiziert werden kann – wie zum Beispiel von der Leistung des Lasers, von der Wellenlänge des Laserlichts, vom Detektor und vom eingesetzten Verstärkersystem. Da außerdem nicht genau bekannt ist, welcher Anteil der Probe tatsächlich mit den Photonen des Laserstrahls in Wechselwirkung tritt und eine Streuung des Laserlichts verursacht, können quantitative Ergebnisse aus Raman-Spektren in der Regel nur gewonnen werden, wenn ein innerer Standard verwendet wird.

Die Intensität der Banden in Raman-Spektren stellt eine *lineare* Funktion der Konzentration dar, während die Intensität von IR-Absorptionsbanden eine *logarithmische* Funktion der Konzentration ist (siehe Gleichung 11.8). Folglich sollte beispielsweise eine Verdopplung der Konzentration bei identischen instrumentellen Voraussetzungen zur Verdopplung der Intensitäten der Raman-Banden führen. Die Auswirkung auf die Intensitäten der IR-Banden hängt dagegen von der Ausgangsintensität der jeweiligen Bande ab. Eine schwache IR-Bande wird durch eine Erhöhung der Konzentration zum Beispiel deutlich stärker beeinflusst als eine starke IR-Bande. Durch die Verdopplung der Konzentration steigt die Intensität einer schwachen IR-Bande tatsächlich auch fast auf das Doppelte, während die Intensität einer zuvor bereits starken IR-Bande nur um wenige

Prozent zunimmt. Deswegen ist bei der Beurteilung und beim Vergleich der Intensitäten von IR- und Raman-Banden Vorsicht geboten. Bei der Aufnahme von IR-Spektren wird üblicherweise die Absorption im Bereich zwischen 4000 und 400 cm^{-1} gemessen, in den die Absorptionsbanden der allermeisten Funktionalitäten organischer Verbindungen fallen. Einige IR-Spektrometer decken allerdings noch einen etwas größeren Wellenzahlbereich bis zu 200 cm^{-1} in der fernen Infrarot-Region ab. In der IR-Spektroskopie ist der Bereich unterhalb von 200 cm^{-1} nicht mehr ohne Weiteres zugänglich, aber Schwingungsspektren aus dieser Region können mithilfe der Raman-Spektroskopie erhalten werden.

11.5 Infrarot-Spektroskopie: Dispersions- und FT-IR-Spektrometer

Infrarot-Spektren können entweder mithilfe von dispersiven oder interferometrischen Methoden gemessen werden. Bei der NMR-Spektroskopie sind wir in den Abschnitten 2.3 und 2.5 mit dem Continuous-Wave- (CW; dispersiv) und dem Fourier-Transformations-Verfahren (FT; interferometrisch) analogen Messprinzipien begegnet. Dispersions-IR-Spektrometer nehmen das IR-Spektrum demgemäß unmittelbar in der Frequenzdomäne, FT-IR-Spektrometer dagegen in der Zeitdomäne auf. FT-IR-Spektrometer liefern daher zunächst ein Interferogramm, das durch die Fourier-Transformation noch in ein Spektrum in der Frequenzdomäne umgerechnet werden muss, um ein auswertbares IR-Spektrum mit dem vertrauten Erscheinungsbild zu erhalten.

11.5.1 Dispersions-IR-Spektrometer

Auch wenn die Gerätehersteller heute keine Dispersions-IR-Spektrometer mehr bauen, wird dieser Instrumententyp trotzdem noch häufig verwendet und spielt eine wichtige Rolle in der historischen Entwicklung der IR-Spektroskopie. Ein Dispersions-IR-Spektrometer besteht aus drei Hauptkomponenten: (1) einer Quelle kontinuierlicher IR-Strahlung, wie zum Beispiel einer stark erhitzten Drahtspule, (2) einem Monochromator zur Auftrennung der Strahlung in ihre verschiedenen Frequenzen sowie (3) einem empfindlichen Thermoelement zur Detektion der IR-Strahlung. Die Probe wird normalerweise zwischen der IR-Quelle und dem Monochromator positioniert. Als Monochromator wird meist ein Beugungsgitter eingesetzt, das die kontinuierliche IR-Strahlung in ihre monochromatischen Komponenten auffächert, die schließlich nacheinander auf den Detektor gelenkt werden. Auf diese Weise kann die Intensität der IR-Strahlung hinter der Probe in Abhängigkeit von der Frequenz beziehungsweise Wellenzahl und somit das Spektrum gemessen werden.

Den Wellenzahlabstand, den zwei Banden mindestens aufweisen müssen, um noch als getrennte Banden detektiert werden zu können, nennt man die Auflösung eines IR-Spektrometers. Für die meisten Fragestellungen reicht eine Auflösung von 4 cm^{-1} aus.

11.5.2 Fourier-Transformations-IR-Spektrometer

Das Herzstück eines FT-IR-Spektrometers bildet ein so genanntes Michelson-Interferometer, dessen Aufbau in ► Abbildung 11.5 schematisch dargestellt ist. Ein solches Interferometer besteht aus zwei vollständig reflektierenden Spiegeln S1 und S2, die in einem Winkel von 90° zueinander angeordnet sind, und einem als Strahlteiler fungierenden halbdurchlässigen Spiegel ST zwischen den Spiegeln S1 und S2. Der Spiegel S1 ist ortsfest. Der Spiegel S2 befindet sich dagegen auf einem Mikrometerschlitten und kann senkrecht zum Spiegel S1 über eine Strecke von wenigen Millimetern sehr exakt und reproduzierbar bewegt werden. Der Strahlteiler lässt 50 Prozent der von der IR-Quelle einfallenden IR-Strahlung in Richtung von Spiegel S2 passieren, während er die anderen 50 Prozent in Richtung des Spiegels S1 ablenkt. Sowohl S1 als auch S2 reflektieren die Strahlung zurück in Richtung Strahlteiler, wo beide Anteile der Strahlung jeweils erneut geteilt werden. Insgesamt werden somit 50 Prozent der Strahlung zurück zur IR-Quelle und 50 Prozent zum Detektor geleitet. Der von S1 reflektierte und anschließend von ST durchgelassene Strahlungsanteil interferiert mit dem von S2 und anschließend auch von ST reflektierten Strahlungsanteil, die beide in Richtung Detektor gelenkt werden. Ist der bewegliche Spiegel S2 so positioniert, dass die Abstände von S1 und S2 zum Strahlteiler ST gleich groß sind, müssen die beiden Strahlungsanteile eine gleich große optische Weglänge zurücklegen, bevor sie interferieren. Sie weisen dann keinen Gangunterschied auf. Wird der Spiegel S2 allerdings um einen Betrag δ aus dieser Position herausbewegt, weisen die beiden Strahlungsanteile einen Gangunterschied (eine optische Wegdifferenz) von $x = 2\delta$ auf, wenn sie wieder auf den Strahlteiler treffen. Als Detektor kann in diesem Fall kein Thermoelement verwendet werden, da die Scanzeiten des Interferometers sehr kurz, die Ansprechzeiten von Thermoelementen im Vergleich dazu aber sehr lang sind. Ein Typ von IR-Detektor mit einer ausreichend kurzen Ansprechzeit ist zum Beispiel das pyroelektrische Bolometer. Als Strahlteiler kommt meist eine sehr dünne (typischerweise 0,4 µm) Schicht aus Germanium auf einer optisch flachen KBr-Platte zum Einsatz.

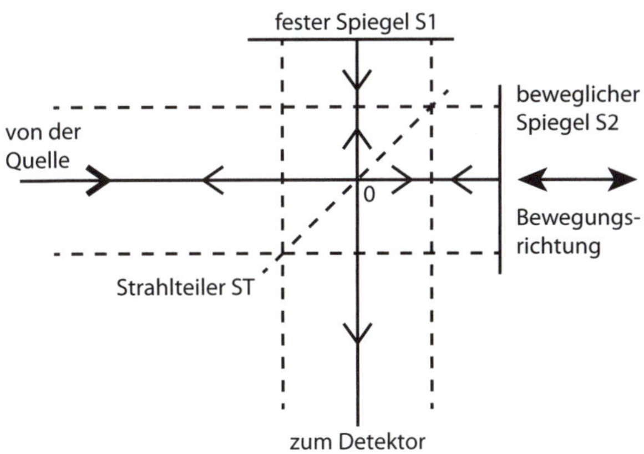

Abbildung 11.5: **Schematische Darstellung des Aufbaus eines Michelson-Interferometers.**

Um verstehen zu können, wie ein Michelson-Interferometer zur Messung eines IR-Spektrums genutzt werden kann, wollen wir zunächst einen monochromatischen Strahl, wie er zum Beispiel von einem Laser erzeugt wird, betrachten, der das Instrument passiert. Immer wenn der Gangunterschied x der interferierenden Strahlungsanteile 0 oder $n\lambda$ beträgt, wobei n eine ganze Zahl und λ die Wellenlänge der Strahlung repräsentiert, befinden sich die beiden Strahlungsanteile exakt in Phase. In diesem Fall erfolgt eine maximal konstruktive Interferenz und der Detektor registriert ein Maximum an Signalintensität. Wird der Spiegel S2 nun aber bewegt, tritt ein von den oben genannten Werten abweichender Gangunterschied auf und die Intensität der auf den Detektor fallenden Strahlung sinkt, bis sie bei $x = \lambda / 2$ schließlich auf null gefallen ist – und so weiter. Findet die Bewegung des Spiegels S2 kontinuierlich und mit konstanter Geschwindigkeit statt, folgt die Intensität $I(x)$ der auf den Detektor treffenden Strahlung der Cosinus-Funktion in Gleichung 11.10.

$$I(x) = \frac{1}{2} I(\nu) \cos(2\pi\nu x) \qquad (11.10)$$

In Gleichung 11.10 steht $I(\nu)$ für die Intensität der Strahlung aus der Quelle bei der Frequenz ν. Der Faktor 0,5 resultiert aus der Tatsache, dass durch die Gesamtanordnung nur 50 Prozent der Strahlung in Richtung Detektor und die anderen 50 Prozent zurück in Richtung Quelle gelenkt werden. Ein Diagramm, in dem $I(x)$ gegen x aufgetragen wird, nennt man ein Interferogramm.

Wird anders als oben beschrieben eine kontinuierliche statt einer monochromatischen IR-Strahlungsquelle verwendet, wie es in einem IR-Spektrometer der Fall ist, passiert Strahlung mit einer prinzipiell unendlich großen Zahl von Wellenlängen das Interferometer und nur bei $x = 0$ befinden sich hinter dem Interferometer noch alle Wellenlängen in Phase. Bei jeder anderen Position des Spiegels S2 resultiert dagegen ein sehr kompliziertes Interferenzmuster, das zu einem Interferogramm wie in ▶ Abbildung 11.6a führt. Um dieses Interferogramm zu erhalten, wurde der Spiegel von einer Position mit einer negativem Differenz der optischen Weglängen über die Position mit gleichen optischen Weglängen und daher mit einem Gangunterschied von null bis zu einer Position mit einer positiven Differenz der optischen Weglängen verschoben. Bei

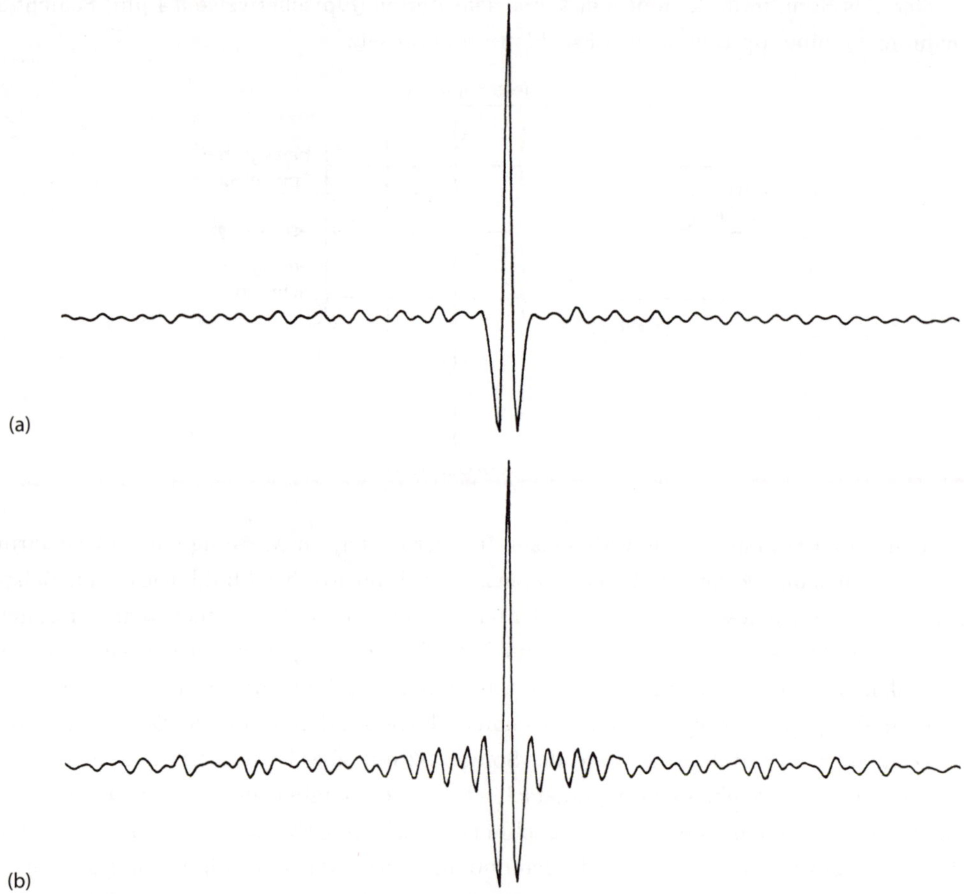

Abbildung 11.6: Interferogramme von einer kontinuierlichen Strahlungsquelle. (a) Ohne Probe. (b) Mit einem 0,05 mm dicken Polystyrol-Film zwischen dem Interferometer und dem Detektor.

gleichen optischen Weglängen beträgt der Gangunterschied für alle Wellenlängen null, woraus eine maximal konstruktive Interferenz und somit das sehr intensive Signal in der Mitte des Interferogramms resultiert. Bei allen anderen Spiegelpositionen treten für die verschiedenen Wellenlängen unterschiedliche Gangunterschiede auf und die Intensität $I(x)$ der Strahlung, die auf den Detektor trifft, stellt das Ergebnis einer sehr komplexen Interferenz der Strahlungskomponenten *aller* Wellenlängen dar, die von der IR-Quelle ausgestrahlt werden.

Durch eine Probe zwischen dem Interferometer und dem Detektor wird die Intensität der Strahlung bei jeder Wellenlänge beziehungsweise Frequenz reduziert, bei der die Probe absorbiert. Im resultierenden Interferogramm ist wie bei der FT-NMR-Spektroskopie folglich die vollständige Information des vertrauten IR-Spektrums in der Frequenzdomäne enthalten. Abbildung 11.6b zeigt als Beispiel das Interferogramm aus Abbildung 11.6a, das infolge der Absorption durch einen 0,05 mm dicken Polystyrol-Film zwischen dem Interferometer und dem Detektor modifiziert wurde. Der Unterschied zwischen den beiden Interferogrammen ist zwar deutlich erkennbar. Für eine einfache, zur Gewinnung struktureller Informationen notwendige Analyse der Absorptionsfrequenzen der Probe sind die Interferogramme allerdings nicht geeignet. Zu diesem Zweck müssen sie mithilfe der Fourier-Transformation wie bei der FT-NMR-Spektroskopie von der Zeit- in die Frequenzdomäne umgerechnet werden. Als Ergebnis der Fourier-Transformation des Interferogramms aus Abbildung 11.6b zeigt ▶ Abbildung 11.7 das IR-Spektrum des Polystyrols in der vertrauten Frequenzdomäne. Die beiden wichtigsten Vorteile von FT-IR- gegenüber Dispersions-IR-Spektrometern bestehen in der geringeren Messdauer und der höheren Empfindlichkeit.

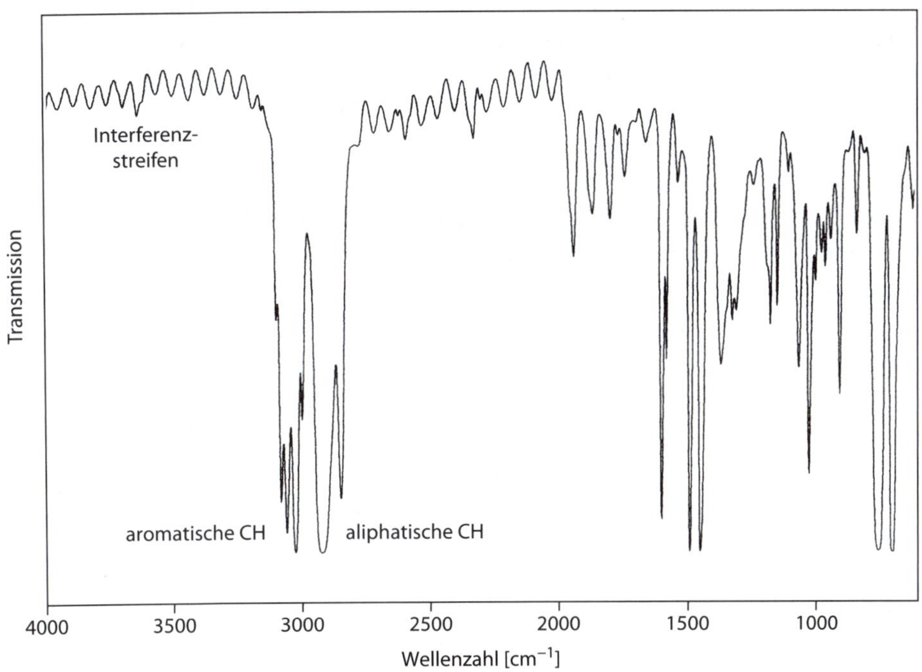

Abbildung 11.7: Das FT-IR-Spektrum eines 0,05 mm dicken Polystyrol-Films. Das Spektrum wurde durch die Fourier-Transformation des Interferogramms aus Abbildung 11.6b erhalten.

Das Auflösungsvermögen eines FT-IR-Spektrometers entspricht dem Kehrwert der Wegstrecke, um die der bewegliche Spiegel S2 insgesamt verschoben wird. Für eine Auflösung von 4 cm^{-1} muss der Spiegel demzufolge um insgesamt 0,25 cm (von −0,125 bis +0,125 cm) bewegt werden. Das

Interferogramm wird digital mit einer bestimmten Abtastrate (engl. *sampling rate*) aufgezeichnet – das heißt, in gleich großen Intervallen (Δx) optischer Wegdifferenz werden Messpunkte registriert und abgespeichert. Die spektrale Breite, die bei einer solchen Messung erreicht wird, ist umgekehrt proportional zum Abtastintervall Δx. Um die für ein IR-Spektrum geforderte spektrale Breite von 4000 bis 400 cm^{-1} zu erhalten, muss das Abtastintervall in der Größenordnung von 10^{-4} cm liegen. Dabei müssen die einzelnen Abtastpunkte um exakt gleich große Intervalle getrennt sein. Ansonsten wird im resultierenden Spektrum zusätzliches Rauschen verursacht. Diese Genauigkeit kann durch die Abstimmung der Positionen der Abtastpunkte auf die Nulldurchgänge eines Interferogramms erreicht werden, das mit einem Helium/Neon-Laser erzeugt wurde.

Wie bei der NMR-Spektroskopie kann das Signal/Rausch-Verhältnis durch die Akkumulation mehrerer oder vieler Interferogramme erheblich verbessert werden. Das vertraute IR-Spektrum in der Frequenzdomäne kann dabei allerdings erst ausgegeben werden, nachdem alle Interferogramme aufgezeichnet, akkumuliert und schließlich gemeinsam der Fourier-Transformation unterzogen worden sind.

11.6 Aufnahmeverfahren in der Infrarot-Transmissionsspektroskopie

11.6.1 Trägermaterialien

Bei allen Transmissionmessungen, außer bei der Verwendung von Presslingen, sind Scheiben oder Platten als Probenträger erforderlich, die für IR-Strahlung im interessierenden Wellenzahlbereich durchlässig sind. Für diesen Zweck werden verschiedene IR-durchlässige Materialien häufig eingesetzt. Die meisten dieser Trägermaterialien können als fertig polierte Scheiben oder als zugeschnittene Kristallrohlinge bezogen werden, die für die Politur bereit sind. Im Folgenden wollen wir die Eigenschaften der wichtigsten dieser Trägermaterialien kurz beschreiben.

- **NaCl** stellt vermutlich das am häufigsten genutzte Trägermaterial in der IR-Spektroskopie dar. Die IR-durchlässige Region erstreckt sich über den gesamten in früheren Arbeiten untersuchten Bereich von 4000 bis 650 cm^{-1}. Unterhalb von 650 cm^{-1} reicht die Durchlässigkeit von NaCl allerdings nicht mehr aus, um die Signale einer Probe detektieren zu können. NaCl ist das preiswerteste Trägermaterial und einfach zu polieren, aber leider auch leicht zerbrechlich.
- **KCl** ist fast so preiswert wie NaCl und ebenfalls einfach zu polieren. Allerdings ist es wie NaCl bruchempfindlich. Seine IR-Durchlässigkeit erstreckt sich bis hinunter auf etwa 500 cm^{-1}.
- **KBr** ist ein weiteres traditionell verwendetes Trägermaterial in der IR-Spektroskopie. Es ist etwas teurer als NaCl oder KCl und ebenfalls einfach zu polieren, aber auch zerbrechlich. Dafür wird die IR-Durchlässigkeit von KBr erst unterhalb von 400 cm^{-1} für die Detektion von IR-Signalen zu gering.
- **CsI** ist unter mechanischer oder thermischer Beanspruchung *nicht* bruchempfindlich. Allerdings ist es sehr leicht wasserlöslich, sehr weich und schwierig zu polieren. Darüber hinaus ist es etwa zehnmal so teuer wie NaCl, aber IR-durchlässig bis hinunter auf 150 cm^{-1}.
- **CaF_2** ist im Gegensatz zum CsI nur sehr wenig wasserlöslich und kann daher für wässrige oder D_2O-Lösungen eingesetzt werden. Es ist etwa fünfmal teurer als poliertes NaCl. CaF_2-Fenster sollten bereits fertig poliert gekauft werden, weil dieses harte Material nur schwer selbst zu

polieren ist und normalerweise keine spätere Nachpolitur benötigt. Ein größerer Nachteil von CaF_2 besteht darin, dass es nur oberhalb von 1100 cm^{-1} ausreichend IR-durchlässig ist.

- **KRS-5** ist eine Mischkristallverbindung aus Thallium(I)-bromid und Thallium(I)-iodid (Thalliumbromidiodid). Die hellroten Kristalle sind nur schwer wasserlöslich, nicht bruchempfindlich und bis hinunter auf 200 cm^{-1} ausreichend IR-durchlässig. Die Hauptnachteile von KRS-5 stellen sein hoher Preis und sein hoher Brechungsindex dar. Letzterer kann zu Intensitätsverlusten durch ungewollte Streuung führen. Außerdem ist KRS-5 toxisch und kann durch einige Verbindungen in alkalischer Lösung chemisch angegriffen werden.
- **ZnSe** (auch als IRTRAN-4 bekannt) ist härter als KRS-5, in Wasser unlöslich und gegenüber alkalischen Lösungen unempfindlich. Allerdings besitzt es ebenfalls einen großen Brechungsindex, ist sehr giftig und wird von Säuren unter Bildung des sehr unangenehm riechenden Gases H_2Se angegriffen.
- **Polyethylen (PE) und Polytetrafluorethylen (PTFE)** werden als Materialien für preiswerte Einwegzellen verwendet. Diese Kunststoffe dienen allerdings nicht als Fenster (Platten), sondern nur als vollständige Zellen, weil ihre mechanische Festigkeit nicht ausreicht, um flüssige Filme zwischen zwei solchen Platten festzuhalten. Polyethylen kann zur Messung von IR-Absorptionsbanden im fernen IR-Bereich genutzt werden, weil es bis auf einen scharfen Peak bei 70 cm^{-1} und einen etwas breiteren Peak bei 380 cm^{-1} bis hinunter auf 50 cm^{-1} genügend IR-durchlässig ist.

11.6.2 Flüssigkeiten und Lösungen

Die wahrscheinlich einfachste Methode, eine Flüssigkeit für die Messung eines qualitativen IR-Spektrums vorzubereiten, besteht darin, einen Tropfen der Flüssigkeit auf eine Platte aus NaCl, KBr oder einem anderen der oben genannten Trägermaterialien zu geben und ihn dann mit einer zweiten Platte aus dem gleichen Material abzudecken. Fixiert man nun das Plattenpaar in einem geeigneten Halter, wird ein dünner Film der Flüssigkeit zwischen den IR-durchlässigen Platten eingeschlossen. Um verschiedene Schichtdicken der Flüssigkeit zu erhalten, können Abstandshalter aus Teflon zwischen den Platten platziert werden. Darüber hinaus sind fertige Zellen mit fester Schichtdicke beziehungsweise Weglänge (der IR-Strahlung durch die Probe) dieser Art verfügbar, in denen meist Abstandshalter aus amalgamiertem Silber oder Blei verwendet werden. Die Zellen werden mithilfe einer Spritze über einen konventionellen Luer-Lock gefüllt, geleert und gespült. Zum Verschließen der Zellen werden Teflonstopfen eingesetzt. Für Messungen im fernen IR-Bereich gibt es Zellen aus Polyethylen mit verschiedenen Weglängen, die aber leicht verunreinigt werden können.

Eine weitere Möglichkeit zur Vorbereitung flüssiger Proben besteht in der Verwendung von IR-Karten. Diese flachen Einwegkarten besitzen grob die Größe einer Scheckkarte und weisen eine kreisrunde Öffnung auf, in der sich ein dünner mikroporöser Film aus PE oder PTFE befindet. Sie können als Träger für die IR-Analyse von Flüssigkeiten oder von Feststoffen dienen, die in geeigneten organischen Lösungsmitteln löslich sind. Eine kleine Menge der Flüssigkeit (etwa 50 µl) wird direkt auf den mikroporösen Film der Karte gegeben. Nach dem Auftragen einer Lösung wird gewartet, bis das organische Lösungsmittel verdampft ist, so dass sich nur noch der eigentliche, feste Analyt auf dem mikroporösen Film der Karte befindet. Zur Aufnahme des Hintergrundspektrums wird eine Karte eingesetzt, auf der noch keine Probe aufgetragen wurde. Um schließlich das IR-Spektrum zu messen, wird die Karte in der Probenkammer eines FT-IR-Spektrometers platziert. Karten mit einem PE-Film können zur Detektion von Signalen im Bereich von 4000 bis 400 cm^{-1} mit Ausnahme der Region zwischen 3000 und 2800 cm^{-1} genutzt werden. Bei PTFE-Karten erstreckt sich dieser Bereich nur von 4000 bis 1300 cm^{-1}, aber dafür können PTFE-Karten Temperaturen bis zu 200 °C widerstehen.

Es ist zwar häufig am bequemsten, das IR-Spektrum einer Substanz in Lösung aufzuzeichnen. Allerdings verursachen einige der besten Lösungsmittel sehr starke IR-Absorptionsbanden, die zumindest Teile des IR-Spektrums der Substanz überlagern und vollkommen verdecken. Wasser zeigt zum Beispiel über das gesamte Spektrum hinweg eine starke Absorption und wird nur selten als Lösungsmittel in der IR-Spektroskopie verwendet. Für die Untersuchung einiger Substanzklassen, wie beispielsweise von Zuckern, Aminosäuren und anderen Verbindungen von biochemischem Interesse, kann Wasser als Lösungsmittel dennoch nützlich sein, auch wenn spezielle Fenstermaterialien wie CaF_2 oder KRS-5 verwendet werden müssen. Mithilfe von FT-IR-Spektrometern können die Signale einer großen Zahl von Einzelmessungen akkumuliert werden. Daher können mit diesen Instrumenten selbst dann noch IR-Spektren erhalten werden, wenn die Probe sehr stark absorbiert und nur sehr wenig Strahlung passieren lässt. Für die Aufnahme eines IR-Spektrums mit einem FT-IR-Spektrometer genügt bereits eine erstaunlich geringe Transmission von nur etwa 0,1 Prozent.

Bei dispersiven IR-Spektrometern können schwache bis mittelstarke Absorptionen des Lösungsmittels aus dem Spektrum eliminiert werden. Zu diesem Zweck wird der IR-Strahl des Spektrometers in einen Probenstrahl und einen Referenzstrahl aufgeteilt. Der Probenstrahl wird durch eine Zelle mit der Probe und der Referenzstrahl durch eine identische Zelle, die nur das Lösungsmittel enthält, gelenkt. Bei FT-IR-Spektrometern kann ein nicht simultan gemessenes Spektrum des Lösungsmittels nachträglich vom Spektrum der Lösung subtrahiert werden. In den Frequenzbereichen, in denen das Lösungsmittel sehr stark absorbiert, passiert allerdings praktisch keine IR-Strahlung mehr die Probe und man erhält ein sehr schlechtes Signal/Rausch-Verhältnis. Infolgedessen kann nur in denjenigen Frequenzregionen ein aussagekräftiges IR-Spektrum der gelösten Substanz gemessen werden, in denen das Lösungsmittel nur eine schwache bis mäßige Absorption zeigt. Um ein vollständiges IR-Spektrum zu erhalten, müssen daher möglicherweise mehrere Spektren in verschiedenen Lösungsmitteln gemessen und das vollständige Spektrum aus den brauchbaren Teilen der einzelnen Spektren zusammengesetzt werden. In ▶ Tabelle 11.1 finden Sie eine kurze Liste von Lösungsmitteln und den Frequenzbereichen, in denen diese zur Messung von IR-Absorptionen gelöster Substanzen genutzt werden können.

Tabelle 11.1: IR-Eigenschaften einiger organischer Lösungsmittel.

Lösungsmittel	Nutzbare Frequenzregionen [cm^{-1}]	Typische optische Weglänge [mm]
CCl_4	Alle außer 850–700	0,5
$CHCl_3$	Alle außer 1250–1175 und unterhalb von 820	0,25
Benzol	Alle oberhalb von 750 außer 3100–3000	0,1
CH_2Cl_2	Alle oberhalb von 820 außer 1300–1200	0,2

Tabelle 11.1: IR-Eigenschaften einiger organischer Lösungsmittel. *(Fortsetzung)*

Lösungsmittel	Nutzbare Frequenzregionen [cm^{-1}]	Typische optische Weglänge [mm]
Aceton	2800–1850 und unterhalb von 1100	0,1
Acetonitril	Alle außer 2300–2200 und 1600–1300	0,1
Cyclohexan	Unterhalb von 2600	0,1
N,*N*-Dimethylformamid	2750–1750 und unterhalb von 1050	0,05
Diethylether	Alle außer 3000–2700 und 1200–1050	0,05
Heptan und Hexan	Alle außer 3000–2800 und 1500–1400	0,2
Dimethylsulfoxid	Alle außer 1100–900	0,05

11.6.3 Feststoffe

Feststoffe werden entweder in Form einer Suspension oder eines Presslings für die IR-Spektroskopie vorbereitet. Zur Herstellung einer Suspension wird der Feststoff zunächst in einem Achat- oder Aluminiumsilicat-Mörser fein zermahlen. Anschließend wird ein Tropfen einer geeigneten Flüssigkeit – meist reines, farbloses Paraffinöl (Nujol) – hinzugefügt und der Mahlvorgang fortgesetzt. Die Suspension sollte am Ende die Konsistenz eines dünnen Breies aufweisen. Sie wird dann als dünner Film zwischen zwei IR-durchlässigen Scheiben, beispielsweise NaCl- oder KBr-Platten, fixiert. Ein dünner Film wird dabei durch mäßigen Druck in Kombination mit einer leichten Rotationsbewegung erzeugt. Die beiden Platten mit der Suspension des Feststoffs können dann mithilfe einer passenden Halterung zusammengehalten und in das IR-Spektrometer eingesetzt werden. Das Paraffinöl verursacht starke Banden bei 2900 cm^{-1}, 1470 cm^{-1} und 1370 cm^{-1} sowie eine schwache Bande bei 720 cm^{-1}. Erscheinen diese Banden in höherer Intensität als die Peaks der Probe, kann die Probe noch einmal mit weniger Paraffinöl vorbereitet werden. Sind dagegen die Banden der Probe zu stark, kann der Anteil des Paraffinöls in der Suspension erhöht werden. Häufig sind mehrere Ansätze erforderlich, um schließlich das bestmögliche Ergebnis zu erhalten.

Ist die Region um 2900 cm^{-1} für die Untersuchung der Probe von Interesse, muss eine andere Flüssigkeit zur Herstellung der Suspension verwendet werden. Meist wird in solchen Fällen ein Chlorfluorkohlenstoff-Öl eingesetzt, das eine Bande bei 1650 cm^{-1} verursacht und unterhalb von 1400 cm^{-1} vollständig IR-undurchlässig ist, im Bereich von 2900 cm^{-1} aber nicht absorbiert. Alternativ dient oftmals auch Hexachlorbutadien als flüssige Komponente der Suspension, wenn die Region um 2900 cm^{-1} für die Analyse interessant ist. Diese Flüssigkeit zeigt oberhalb von 1650 cm^{-1} sowie im Bereich zwischen 1500 und 1250 cm^{-1} keine Absorption.

Eine weitere Methode zur Vorbereitung von Feststoffen für die IR-Spektroskopie besteht in der Herstellung eines Presslings. Zu diesem Zweck werden wenige Milligramm der Substanz zusammen mit etwa der hundertfachen Menge eines IR-durchlässigen Matrixmaterials in einem Achat- oder Aluminiumsilicat-Mörser fein zermahlen und dabei gemischt. In der Regel wird als Matrixmaterial KBr verwendet, aber in speziellen Fällen (siehe unten) kommen auch CsI, TlBr oder Polyethylen als Matrixmaterial zum Einsatz. Das resultierende Pulver wird anschließend in eine Pressform aus rostfreiem Stahl gefüllt, die einen Stutzen für den Anschluss einer Vakuumpumpe besitzt und typischerweise einen Innendurchmesser von 13 mm aufweist. Zunächst wird die Form dann mit einem Stempel verschlossen und für mehrere Minuten mithilfe der Vakuumpumpe evakuiert, um die Luft zwischen den Pulverteilchen abzusaugen. Danach wird zusätzlich über einige Minuten ein hoher mechanischer Druck auf den Stempel und somit auf das Probenmaterial ausgeübt, um letztlich den KBr-Pressling in Form einer kreisrunden Scheibe zu erzeugen.

Ein gut gelungener KBr-Pressling zeigt in den Regionen unterhalb von 3000 cm^{-1}, in denen der Analyt (die Probensubstanz) nicht absorbiert, eine IR-Durchlässigkeit von 80 bis 90 Prozent. Zwischen 4000 und 3000 cm^{-1} ist die Transmission bei KBr-Presslingen infolge von Streueffekten manchmal nur gering. Das Ausmaß der Streuverluste bei der Verwendung von Suspensionen und Presslingen hängt von den relativen Brechungsindizes des Analyten und der Suspensionsflüssigkeit beziehungsweise des Matrixmaterials ab. Im Fall ähnlicher Brechungsindizes verursachen größere Partikel erhebliche Streuverluste bei höheren Wellenzahlen. Bei niedrigeren Wellenzahlen spielt die Partikelgröße dagegen eine weniger bedeutende Rolle. Um qualitativ hochwertige Presslinge zu erhalten, muss die Partikelgröße unter etwa 20 µm liegen. Durch sorgfältiges Zermahlen in einem normalen Handmörser können solch kleine Partikelgrößen durchaus erreicht werden.

Für die Herstellung von Presslingen können auch andere Matrixsubstanzen als KBr verwendet werden. Mit CsI ist beispielsweise die Messung von aussagekräftigen IR-Spektren bis hinunter auf 200 cm^{-1} möglich. CsI ist aber sehr hygroskopisch und daher schwieriger zu handhaben. Für die Produktion von CsI-Presslingen ist allerdings kein so hoher Druck erforderlich wie im Fall von KBr-Presslingen. TlBr stellt eine gute Alternative dar, wenn Substanzen mit hohem Brechungsindex untersucht werden sollen. TlBr weist in der IR-Region einen Brechungsindex von 2,3 auf und ist bis hinunter auf 230 cm^{-1} IR-durchlässig. Außerdem ist TlBr nicht hygroskopisch und kann auch unter Bedingungen hoher Feuchtigkeit verwendet werden. Man sollte bei der Arbeit mit TlBr allerdings seine Toxizität beachten. Darüber hinaus ist pulverförmiges Polyethylen als Matrixmaterial für Presslinge zur Messung von IR-Spektren im fernen IR-Bereich eingesetzt worden, da es in dieser Region kaum Absorptionen zeigt (siehe Abschnitt 11.6.1).

Neben den oben erwähnten Streuverlusten können beim Einsatz von Presslingen weitere Nachteile auftreten. Der Analyt kann zum Beispiel durch das Zermahlen im Mörser verändert werden oder mit absorbiertem Wasser oder sogar mit dem Matrixmaterial selbst reagieren.

11.7 Raman-Spektroskopie

Die Raman-Spektroskopie liefert Informationen zu Schwingungsübergängen im Bereich von 4000 bis 10 cm^{-1}. Sowohl Flüssigkeiten als auch Lösungen, Feststoffpulver und einzelne Kristalle können routinemäßig Raman-spektroskopisch untersucht werden. Ein Teil am niedrigfrequenten (rechten) Ende jedes Raman-Spektrums wird infolge der Rayleigh-Streuung der in die Probe einfallenden Laserstrahlung verdeckt. Die Rayleigh-Streuung tritt als Folge von elastischen Stößen zwischen den Laserphotonen und den Molekülen der Probe auf. Dabei werden die Photonen abgelenkt, ohne dass sich ihre Energie ändert. Die Photonen besitzen nach diesem Prozess also noch die gleiche Frequenz wie die ursprüngliche Laserstrahlung. Da auf der Abszisse des Raman-Spektrums die Differenz zu dieser Frequenz aufgetragen wird, erzeugen diese elastisch gestreuten Photonen ein Signal bei 0 cm^{-1} (ganz rechts im Spektrum). Dieses Signal ist sehr viel intensiver und folglich an der Basis auch breiter als die Banden der Probe, die durch inelastische Streuprozesse verursacht werden, weil die Stöße zwischen den Photonen und den Molekülen der Probe um mehrere Größenordnungen wahrscheinlicher elastisch als inelastisch ablaufen. Bei der Untersuchung von Feststoffen ist diese so genannte Rayleigh-Linie am schmalsten. Im Fall von reinen Flüssigkeiten ist sie breiter als bei Feststoffen und bei Lösungen erscheinen die breitesten Rayleigh-Linien im Raman-Spektrum. Ganz rechts in Abbildung 11.3 ist die linke Kante der Rayleigh-Linie im Raman-Spektrum von (flüssigem) Aceton deutlich erkennbar.

Erfahrene Anwender der Raman-Spektroskopie können aus Raman-Spektren prinzipiell die gleichen strukturellen Informationen ableiten, wie sie aus IR-Spektren gewonnen werden können. Dabei nutzen sie allerdings andere charakteristische Gruppenfrequenzen zur Identifizierung von funktionellen Gruppen, weil Schwingungen der gleichen Gruppen, die in IR-Spektrum intensive Banden verursachen, in Raman-Spektren häufig nur schwache Signale erzeugen – und umgekehrt. Mit anderen Worten: Dieselbe funktionelle Gruppe kann unterschiedliche Schwingungen vollziehen, die wir in Kapitel 12 noch kennen lernen werden. Diese sind mit Schwingungsübergängen leicht unterschiedlicher Energie verbunden und verursachen somit Signale bei leicht unterschiedlichen Wellenzahlen (Frequenzen). Im IR- und Raman-Spektrum von Aceton in den Abbildungen 11.1 und 11.3 erscheinen daher zum Beispiel die Banden für die C=O-Gruppe an leicht voneinander abweichenden Positionen, weil sie auf unterschiedlichen Schwingungen beruhen, die unterschiedlich stark IR- und Raman-aktiv sind. IR- und Raman-Spektrum weisen somit eine gewisse Komplementarität auf und liefern sich ergänzende Informationen. Auf diese Weise können Zuordnungen von Peaks in IR-Spektren durch komplementäre Peaks in Raman-Spektren zusätzlich bestätigt und folglich wichtige Beiträge zur Strukturaufklärung organischer Verbindungen geleistet werden.

Die Raman-Spektroskopie weist gegenüber der IR-Spektroskopie bestimmte Vorteile auf. Zum Beispiel sind die Intensitäten der Banden, die auf Ober- und Kombinationstöne zurückzuführen sind, in Raman-Spektren um etwa eine Größenordnung kleiner als in IR-Spektren. Daher verursachen Ober- und Kombinationstöne in Raman-Spektren häufig keine signifikanten Signale und Raman-Spektren sind folglich meist weniger kompliziert als IR-Spektren. Darüber hinaus steht für die Raman-Spektroskopie eine größere Auswahl geeigneter Lösungsmittel zur Verfügung – insbesondere kann auch Wasser routinemäßig als Lösungsmittel eingesetzt werden und andere Lösungsmittel weisen mehr signalfreie Frequenzbereiche auf. Schließlich können mithilfe der Raman-Spektroskopie Banden im fernen IR-Bereich zwischen 200 und 50 cm^{-1} einfacher beobachtet werden.

Allerdings sind mit der Raman-Spektroskopie auch einige Nachteile verbunden, die bei der IR-Spektroskopie keine besondere Rolle spielen. Ein Nachteil stellt die inhärente geringe Intensität von Raman-Spektren dar, infolge derer das Hintergrundrauschen durch Streueffekte kleiner suspendierter Partikel in flüssigen Proben oftmals Raman-Signale verdeckt. Außerdem kann die Absorption der intensiven Laserstrahlung eine Erhitzung der Probe hervorrufen, die bei festen Proben im schlimmsten Fall sogar zur Verkohlung führt. Wenn die Probe unter dem Einfluss von sichtbarem Licht fluoresziert, wird das Raman-Spektrum von der Fluoreszenzstrahlung vollkommen bis zur Unkenntlichkeit überlagert. Die Fluoreszenz stellt häufig ein ernstes Problem bei der Aufnahme von Raman-Spektren dar – sogar dann, wenn der Analyt selbst gar nicht fluoresziert. Es reichen nämlich oftmals schon kleine fluoreszierende Verunreinigungen der Probe, um das intensitätsschwache Raman-Spektrum durch die Fluoreszenzstrahlung vollständig zu verdecken.

Das Problem der Fluoreszenz kann durch die Verwendung von Laserlicht aus dem roten sichtbaren oder dem nahen IR-Bereich verringert werden. Darüber hinaus ist es manchmal schwierig, von einem Feststoff ein qualitativ gutes Raman-Spektrum zu erhalten, wenn der Feststoff nicht als Kristall vorliegt. In der Praxis kann somit häufig kein aussagekräftiges Raman-Spektrum einer Substanz gemessen werden, während die Aufnahme eines IR-Spektrums praktisch immer möglich ist. Schließlich sind Raman-Spektrometer erheblich teurer als IR-Spektrometer.

Die *Resonanz-Raman-Spektroskopie* kann höhere Signalintensitäten liefern. Dabei wird die Frequenz des zur Anregung genutzten Laserlichts auf die Frequenz eines elektronischen Übergangs des Analyten abgestimmt (siehe auch Teil IV). Die Anregung in den angeregten elektronischen Zustand findet mit viel höherer Wahrscheinlichkeit statt als die (inelastische) Raman-Streuung. Fällt ein elektronisch angeregtes Molekül in seinen elektronischen Grundzustand zurück, muss es nicht unbedingt auch direkt in den Schwingungsgrundzustand zurückkehren. Die Relaxation des elektronisch angeregten Moleküls kann auch zu einem schwingungsangeregten Molekül im elektronischen Grundzustand führen. In diesem Fall wird ein Photon emittiert, dessen Energie um die Energiedifferenz zwischen den Schwingungszuständen kleiner ist als die Energie der Photonen des Lasers, die zur Anregung der Probe dienen. Ein solches Photon besitzt also die gleiche Energie wie ein inelastisch gestreutes Photon, das einen Teil seiner Energie zur Anregung der gleichen Schwingung des Moleküls abgegeben hat. Auf diese Weise können Raman-Linien erhalten werden, die um einen Faktor von bis zu 10^6 intensiver sind als in einem normalen Raman-Spektrum. Allerdings tritt diese Verstärkung nur für die Schwingungsübergänge und somit Raman-Banden von Gruppen auf, die durch das Laserlicht elektronisch angeregt werden können. Die *oberflächenverstärkte Raman-Spektroskopie* oder kurz *SERS* (engl. *surface-enhanced Raman spectroscopy*) stellt eine weitere Methode dar, mit der wesentlich intensivere Raman-Banden erzeugt werden können. Mit dieser Methode sind Verstärkungsfaktoren im Vergleich zur normalen Raman-Spektroskopie von bis zu 10^{10} erreichbar. Die Intensitäten können in diesem Fall sogar ausreichen, um Spektren von einzelnen Molekülen zu messen. In Kombination mit den oben beschriebenen Resonanzeffekten kann die SERS, die dann auch als *oberflächenverstärkte Resonanz-Raman-Spektroskopie* oder kurz SERRS (engl. *surface-enhanced resonance Raman spectroscopy*) bezeichnet wird, einen Verstärkungsfaktor von bis zu 10^{14} ergeben. Der SERS-Effekt beruht vermutlich auf der Fähigkeit bestimmter Oberflächen, auf denen die Probe aufgebracht wird, lokale elektrische Felder zu verstärken. Der genaue Mechanismus des Effekts ist aber noch Gegenstand der Diskussion. Als Oberfläche zur Erzeugung des SERS-Effekts dienen meist Silber, Gold oder auch Kupfer.

11.8 Raman-Aufnahmeverfahren

Die Aufnahme von Raman-Spektren ist in der Regel leichter als die Aufnahme von IR-Spektren. Im Prinzip wird die Probe einfach auf dem Weg des Laserstrahls vor dem Eintrittsspalt zum Monochromator eines dispersiven Raman-Spektrometers oder in der Probenposition eines FT-Raman-Spektrometers platziert und dann ein Laserstrahl durch die Probe gelenkt. In beiden Fällen wird die Probe infolge der Rayleigh- und der Raman-Streuung selbst zu einer Strahlungsquelle, deren Strahlung zur Analyse und Detektion durch die weiteren Komponenten des Spektrometers geleitet wird. Eine zusätzliche Fokussierung des Laserstrahl kann zwar zu einer erhöhten Raman-Intensität beitragen, aber auch zu einer Schädigung der Probe führen. Die Gefahr einer Schädigung der Probe kann durch eine Reduktion der Leistung des Lasers verringert werden. Bei der Untersuchung von Flüssigkeiten, Lösungen und Gasen kann eine verstärkte Raman-Streuung erreicht werden, indem man den Laserstrahl mithilfe von Spiegeln mehrfach durch die Probe leitet. Wegen der Einfachheit und Effizienz des Messverfahrens dient die Raman-Spektroskopie häufig als Methode der Wahl zur Untersuchung von wertvollen Objekten, wie zum Beispiel von Kunstgegenständen, die durch eine Probennahme zu stark beschädigt würden.

11.8.1 Flüssigkeiten und Lösungen

Für die Aufnahme von Raman-Spektren flüssiger Proben können kleinvolumige (5 mm × 5 mm × 5 cm) Messküvetten aus Quarz verwendet werden, wie sie auch in der UV-Spektroskopie (siehe Teil IV) zum Einsatz kommen. Quarz ist zwar wegen seiner geringen Fluoreszenz besonders gut geeignet, aber Küvetten aus gewöhnlichem Pyrexglas genügen in den meisten Fällen auch.

Die Raman-Spektroskopie ist außerdem ideal für die Untersuchung von Mikroproben geeignet. Der Laserstrahl kann auf einen sehr kleinen Bereich fokussiert werden und Proben in Schmelzpunktkapillaren ergeben praktisch die gleichen Raman-Spektren wie Proben in den größeren Messküvetten. Die meisten Gerätehersteller bieten inzwischen auch Möglichkeiten an, ihre FT-Raman-Spektrometer mit Mikroskopen zu kombinieren.

Das Messverfahren für Lösungen ist im Wesentlichen das gleiche wie für reine Flüssigkeiten. Die Lösungsmittel sollten sauber, rein, mehrfach destilliert und filtriert sein, um Probleme infolge von Streueffekten durch suspendierte Partikel oder von Fluoreszenzerscheinungen zu vermeiden. Wie wir in Abschnitt 11.6.1 festgestellt haben, weisen die meisten üblichen Lösungsmittel mehr oder weniger ausgedehnte IR-Bereiche erheblicher Absorption auf. Dies spielt in der Raman-Spektroskopie zwar keine Rolle, aber dafür können die aus verdünnten Lösungen resultierenden geringen Signalintensitäten nicht durch die Vergrößerung der optischen Weglänge durch die Probe erhöht werden. Die untere Konzentrationsgrenze, die für die Messung von aussagekräftigen Raman-Spektren noch ausreicht, liegt im Allgemeinen bei etwa 0,1 mol l^{-1} (oder einem bis fünf Gewichtsprozenten).

Natürlich verursacht jedes Lösungsmittel auch Peaks im Raman-Spektrum, aber Raman-Banden sind normalerweise wesentlich schmaler als IR-Absorptionsbanden. Darüber hinaus weisen die Oberton- und Kombinationsbanden in Raman-Spektren eine viel geringere Intensität auf als in IR-Spektren. Somit enthalten die Raman-Spektren von Lösungsmitteln viel größere signalfreie Bereiche, die zur Detektion von Signalen der Probe genutzt werden können, als ihre IR-Spektren. In der Raman-Spektroskopie ist Wasser ausgezeichnet als Lösungsmittel geeignet. Diese Eigenschaft spielt vor allem für die Untersuchung von biologischen Proben eine große Rolle, weil sich diese Proben natürlicherweise meistens in einer wässrigen Umgebung befinden.

11.8.2 Feststoffe

Polykristalline Pulver werden zur Vorbereitung einer Raman-spektroskopischen Messung am besten in ein Kapillarröhrchen oder in ein Loch am Ende eines Metallstabs eingebracht. Unregelmäßige Feststoffpartikel können auf einen Trägerstab geklebt und dann im Laserstrahl positioniert werden. Pulver können auch zu Presslingen verarbeitet werden, um sie dann auf die gleiche Weise im Laserstrahl zu platzieren. Insbesondere bei amorphen Proben wird häufig eine starke Hintergrundstreuung beobachtet.

Ein 1 bis 2 mm langer Kristall kann wie in der Röntgenkristallographie auf einem Goniometerkopf befestigt werden. Einzelne Kristalle können sorgfältig so positioniert werden, dass der Laserstrahl in Richtung einer der Kristallachsen auf die Probe trifft. Wenn in diesem Fall ein Polarisationsfilter eingesetzt wird (siehe Abschnitt 11.9), kann man wertvolle Informationen bezüglich der Symmetrie der Normalschwingungen des Moleküls erhalten.

11.9 Depolarisationsmessungen

Raman-Spektren können dazu genutzt werden, Molekülschwingungen entweder als *totalsymmetrisch* oder als *nicht totalsymmetrisch* bezüglich den Symmetrieelementen des Moleküls zu klassifizieren. Diese Unterscheidung kann auf der Grundlage von Depolarisationsmessungen getroffen werden, die mithilfe eines Polarisationsfilters durchgeführt werden. Dabei wird die Auswirkung der Raman-Streuung auf die Polarisation des *linear polarisierten* Laserlichts untersucht, die auf Veränderungen der Polarisierbarkeit der Moleküle im Verlauf der Molekülschwingungen beruht. Infolge der Raman-Wechselwirkung ist ein Teil des gestreuten Laserlichts *nicht* mehr linear polarisiert. Wie groß dieser Anteil ist, hängt von der Symmetrie der jeweiligen Schwingung in Bezug zur Molekülsymmetrie ab. Zwischen der Probe und dem Detektor wird ein Polarisationsfilter positioniert. Dann werden zwei Messungen durchgeführt, bei denen der Polarisationsfilter einmal senkrecht und einmal parallel zur Polarisationsebene des in die Probe einfallenden Laserlichts steht. Je nach Stellung des Polarisationsfilters und der Symmetrie der jeweils zugrunde liegenden Molekülschwingung weisen die einzelnen Banden in den beiden Spektren unterschiedliche Intensitäten auf, da mit der Streuung jeweils ein unterschiedliches Ausmaß an Depolarisation verbunden ist. Den Quotienten $I_\perp/I_\parallel$ aus der Intensität $I_\perp$ einer Bande bei senkrechter Stellung des Polarisationsfilters und der Intensität $I_\parallel$ der gleichen Bande bei paralleler Stellung des Polarisationsfilters nennt man *Depolarisationsgrad* ρ. Der theoretische Maximalwert von ρ bei vollständiger Depolarisation der Streustrahlung beträgt 0,75. Eine Bande, für die ρ kleiner ist als 0,75 ($0 \leq \rho < 0{,}75$), wird als polarisierte, eine Bande, für die ρ exakt 0,75 beträgt ($\rho = 0{,}75$), als depolarisierte Bande bezeichnet.

Einige Molekülschwingungen sind bezüglich aller Symmetrieelemente des Moleküls symmetrisch. Diese totalsymmetrischen Schwingungen ergeben polarisierte Raman-Banden, für die ρ also zwischen 0 und weniger als 0,75 liegt. Andere Schwingungen verhalten sich dagegen antisymmetrisch gegenüber zumindest einem der Symmetrieelemente des Moleküls. Solche nicht totalsymmetrischen Molekülschwingungen führen zu depolarisierten Raman-Banden, für die $\rho = 0{,}75$ ist. Der Depolarisationsgrad kann folglich dazu genutzt werden, die Banden totalsymmetrischer Schwingungen eines Moleküls zu identifizieren.

Wie bereits erwähnt, werden zur Bestimmung des Depolarisationsgrades einer Bande zwei Messungen durchgeführt, einmal mit senkrechter und einmal mit paralleler Stellung des Polarisationsfilters. Zur noch genaueren Berechnung des Depolarisationsgrades werden gemäß Gleichung 11.11 nicht nur die Intensitäten der Bande in den beiden Spektren, sondern auch die jeweiligen Intensitäten I_0 der Basislinie berücksichtigt. Es sollte noch erwähnt werden, dass der Depolarisationsgrad für pulverförmige Feststoffproben nicht bestimmt werden kann.

$$\rho = \frac{(I - I_0)_\perp}{(I - I_0)_\parallel} \qquad (11.11)$$

Depolarisationsmessungen können zur Separation zweier überlappender Banden genutzt werden, wenn einer der Banden eine totalsymmetrische Schwingung zugrunde liegt. Die Intensität der Bande einer nicht totalsymmetrischen Schwingung wird durch die Drehung des Polarisationsfilters von der parallelen in die senkrechte Stellung nur um 25 Prozent verringert. Im Gegensatz dazu unterliegt die Intensität der Bande einer totalsymmetrischen Schwingung durch die Drehung des Filters in die senkrechte Stellung auf jeden Fall einer größeren Reduktion, deren Ausmaß vom jeweiligen Depolarisationsgrad abhängt, meistens aber deutlich größer ist als bei einer nicht totalsymmetrischen Schwingung. In einem Raman-Spektrum, das bei senkrechter Stellung des Polarisationsfilters aufgenommen wurde, dominieren daher die Banden, denen nicht totalsymmetrische Schwingungen zugrunde liegen.

11.10 Infrarot-Reflexionsspektroskopie

Wenn ein Lichtstrahl auf eine Grenzfläche zwischen zwei nichtabsorbierenden Materialien (Medien) mit verschiedenen Brechungsindizes n_1 und n_2 trifft, wird das Licht entweder vollständig reflektiert (Totalreflexion) oder es wird teilweise reflektiert und dringt teilweise in das zweite Material ein. Diese Eigenschaft wird zum Beispiel zur Herstellung der Strahlteiler des Interferometers in FT-IR-Spektrometern genutzt. Ist n_1 kleiner als n_2 und trifft das Licht ausgehend von Material 1 (zum Beispiel Luft) auf die Grenzfläche zu Material 2 (zum Beispiel Glas), findet *äußere Reflexion* statt. Unter diesen Bedingungen ist niemals eine Totalreflexion möglich, meist ist der reflektierte Anteil des Lichts sogar wesentlich geringer. Ist n_1 dagegen größer ist als n_2 – das heißt, wenn Material 1 optisch dichter ist als Material 2 –, erfolgt *innere Reflexion*. In diesem Fall ist Totalreflexion möglich, wenn der Einfallswinkel zwischen dem Grenzwinkel für die Totalreflexion und 90° liegt (Reflexion bei streifendem Lichteinfall). Sowohl die äußere als auch die innere Reflexion können zur Erzeugung von IR-Spektren genutzt werden.

Totalreflexion kann beispielsweise in einem mit Wasser gefüllten Glas beobachtet werden. Wenn man von oben durch die Wasseroberfläche unter einem genügend flachen Winkel auf die Innenseite des Glases blickt, erscheint diese silberfarben und vollständig undurchsichtig. Berührt man das Glas an der Außenseite mit einem Finger, wird die Feinstruktur des Fingerabdrucks allerdings klar erkennbar. Überall dort, wo die Fingeroberfläche tatsächlich am Glas anliegt, wird das Glas durchsichtig, während es dazwischen weiterhin mit der Luft in Kontakt steht und infolge der Totalreflexion undurchsichtig bleibt. Dabei dringt das elektromagnetische Wechselfeld des Lichts, wie in ▶ Abbildung 11.8 veranschaulicht, um den Bruchteil einer Wellenlänge in das optisch weniger dichte Material ($n_2 < n_1$) ein.

Wenn es sich bei dem einfallenden Licht um IR-Strahlung und bei dem optisch weniger dichten Material 2 um eine Verbindung handelt, die im IR-Bereich absorbiert, kann das eindringende Strahlungsfeld im Rahmen eines frequenzabhängigen Absorptionsmechanismus mit dem Material wechselwirken, wodurch die Intensität der totalreflektierten Strahlung frequenzabhängig verringert wird. Das Ausmaß der Wechselwirkung und somit der Absorption und Intensitätsminderung kann mithilfe einer effektiven Schichtdicke beschrieben werden, die einer Probenschichtdicke bei einem normalen Absorptionsprozess entspricht. Das Phänomen wird als *abgeschwächte Totalreflexion* (ATR, engl. *attenuated total reflection*) bezeichnet.

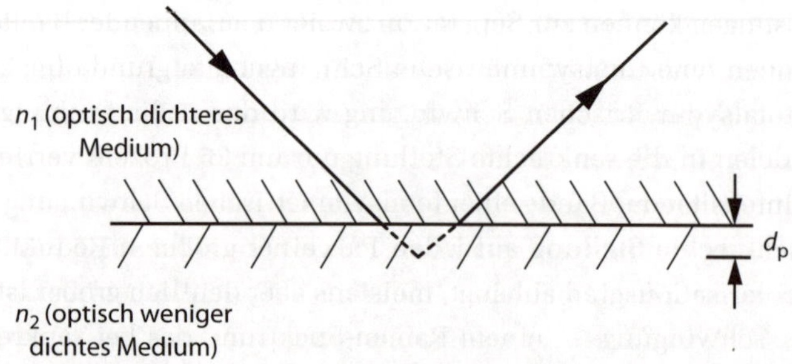

Abbildung 11.8: Der Weg eines Lichtstrahls bei innerer Totalreflexion. Der Lichtstrahl dringt dabei um den Bruchteil einer Wellenlänge (d_p) durch die Grenzfläche hindurch in das optisch weniger dichte Medium mit dem kleineren Brechungsindex n_2 ein.

Bei der Durchführung einer inneren Reflexionsspektroskopie wird über den gesamten IR-Bereich die Wellenlängenabhängigkeit der Reflexion an der Grenzfläche zwischen einer Probe und einem optisch dichteren, aber IR-durchlässigen Material gemessen. Dabei erreicht und verlässt die IR-Strahlung die Grenzfläche durch das optisch dichtere Medium und nicht durch die Probe. Bei der einfachsten experimentellen Anordnung für ein solches Experiment besitzt das Material mit dem höheren Brechungsindex die Form eines Prismas.

Durch die Verwendung eines Kristalls mit der in ► Abbildung 11.9 dargestellten Geometrie als optisch dichteres, IR-durchlässiges Material kann eine *mehrfache innere Reflexion* (MIR, engl. *multiple internal reflection*) erreicht werden. Durch mehrfache Reflexion wird die Intensität der Absorptionsbanden in IR-Spektren von schwach absorbierenden Proben erhöht. Der Einfallswinkel der IR-Strahlung weist bei dieser Methode einen festen Wert auf und zur Untersuchung verschiedener Substanzen können mehrere Kristallplatten unterschiedlicher Geometrie erforderlich sein. Je dünner die Platte ist, desto mehr innere Reflexionen finden statt. Eine typische Platte ist zum Beispiel 2 mm dick, 5 cm lang und 2 cm breit, wobei die Enden unter einem Winkel von 45° geschnitten sind. Eine solche Platte ergibt etwa 25 Reflexionen. Die Enden der Platten können unter unterschiedlichen Winkeln geschnitten sein, wobei Platten mit Winkeln von 30°, 45° und 60° am häufigsten verwendet werden. Auf dem Weg durch die Kristallplatte verliert der Probenstrahl dann 50 Prozent oder mehr seiner Energie.

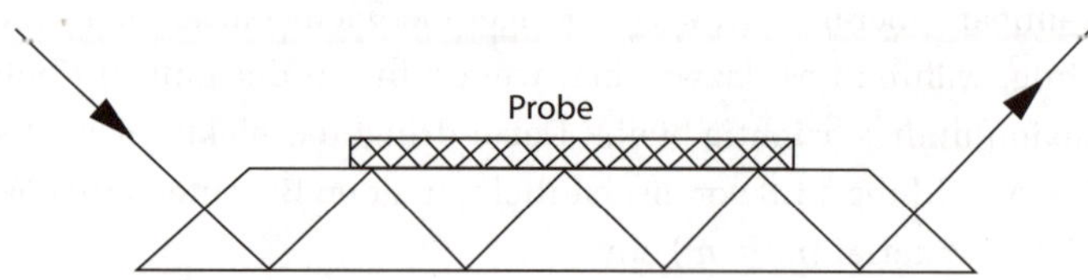

Abbildung 11.9: **Mehrfache innere Reflexion (MIR).**

Die Eindringtiefe der IR-Strahlung in die Probe hängt von der Wellenlänge, den Brechungsindizes der Probe und des Kristalls und dem Einfallswinkel der IR-Strahlung an der Grenzfläche ab. Als Kristallmaterial wird am häufigsten das in Abschnitt 11.6 bereits beschriebene KRS-5 eingesetzt. Aber auch andere Materialien wie IRTRAN-2 oder Germanium werden für diesen Zweck verwendet.

Bei geeigneter Wahl des Kristallmaterials und des Einfallswinkels können gute Reflexionsspektren, die qualitativ mit IR-Transmissionsspektren vergleichbar sind, auch mit ATR-Methoden gemessen werden. Transmissions- und ATR-IR-Spektren gleicher Substanzen weisen in der Regel kleine Unterschiede auf. Im Allgemeinen sind die Absorptionsbanden in ATR-Spektren zu etwas niedrigeren Frequenzen verschoben und die Banden bei höheren Frequenzen zeigen in ATR-Spektren meist eine geringere Intensität als in Transmissions-IR-Spektren. Der Brechungsindex des Kristalls muss zwar größer sein als der Brechungsindex der Probe, aber die besten Ergebnisse erhält man, wenn die Differenz der Brechungsindizes klein ist.

Für die Untersuchung von harten Feststoffen, Pulvern und einzelnen Fasern sind Einzelreflexions-Diamant-Platten als optisch dichteres Medium für die ATR-Spektroskopie von Nutzen. Das Probenmaterial wird dabei mithilfe eines Saphirstempels fest auf die Oberfläche der Diamant-ATR-Einheit gepresst. Im Fall eines Einfallswinkels von 45° bei 1000 cm^{-1} und eines Brechungsindex der Probe von 1,5 werden mit einem solchen ATR-Element eine Eindringtiefe von 2,0 µm und eine effektive Weglänge von 4,4 µm erreicht. Diese Werte sind geeignet, um von den meisten Materialien gute FT-IR-Spektren zu erhalten.

Die ATR-Methode ist äußerst nützlich für die Untersuchung von Filmen, Beschichtungen und ganz allgemein von Oberflächen und Proben, die für eine Transmissions-IR-Spektroskopie zu dick oder zu stark absorbierend sind. In vielen Fällen kann die Probe einfach auf die Oberfläche des ATR-Kristalls gelegt werden, so dass keine weitere Vorbereitung der Probe notwendig ist.

Die äußere Reflexion kann in zwei Kategorien eingeteilt werden. Ein Teil der von einer Probe reflektierten Strahlung folgt dem theoretischen Pfad, der sich aus dem Brechungsgesetz ergibt. Dieser Anteil der Reflexion wird als *spiegelnde Reflexion* (engl. *specular reflection*) bezeichnet. Der Rest der reflektierten Strahlung wird in alle Richtungen gestreut. Den dafür verantwortlichen Anteil der Reflexion nennt man *diffuse Reflexion* (engl. *diffuse reflection*). IR-Spektren können sowohl mithilfe der spiegelnden als auch der diffusen Reflexion gemessen werden. Für die Aufnahme von IR-Spektren unter Ausnutzung der spiegelnden Reflexion bieten die Hersteller von IR-Zubehör relativ einfache Komponenten an.

Pulver und feste Proben mit rauer Oberfläche führen hauptsächlich zu diffuser Reflexion. Infolgedessen muss die reflektierte Strahlung über einen großen Winkelbereich detektiert werden, um eine ausreichende Intensität zu erhalten. Zubehör für diese so genannte *Diffuse-Reflexions-Infrarot-FT-Spektroskopie* (DRIFT-Spektroskopie oder kurz DRIFTS) wird von mehreren Herstellern angeboten.

Literaturhinweise

Infrarot-Spektroskopie

Günzler, H. und Gremlich, H.-U. 2003: *IR-Spektroskopie: Eine Einführung*. 4. Aufl., Wiley-VCH, Weinheim.

Durig, J.R. (Hrsg.) 1980: *Analytical Applications of FT-IR to Molecular and Biological Systems*. Reidel Publishing Co., Norwell, Massachusetts.

Martin, A.E.: Infrared Interferometric Spectrometers. In: Vol. 8 von Durig, J.R. (Hrsg.) 1980: *Vibrational Spectra and Structure*. Elsevier Science, Amsterdam.

Griffiths, P.R. und de Haseth, J.A. 1986: *Fourier Transform Infrared Spectrometry*. John Wiley & Sons, New York.

Willis, H.A., Van Der Maas, J.H. und Miller, R.G.J. (Hrsg.) 1987: *Laboratory Methods in Vibrational Spectroscopy*. 3. Aufl., John Wiley & Sons Ltd., Chichester, UK.

Workman, J. und Weyer, C. 2008: *Practical Guide to Interpretive Near-Infrared Spectroscopy*. CRC Press, Taylor and Frances Group, Boca Raton, Florida.

Raman-Spektroskopie

Long, D.A. 1977: *Raman Spectroscopy*. McGraw-Hill Book Co., London.

Hendra, P., Jones, C. und Warnes, G. 1991: *Fourier Transform Raman Spectroscopy*. Ellis Horwood, Chichester, UK.

Chase, D.B. und Rabolt, J.F. (Hrsg.) 1994: *Fourier Transform Raman Spectroscopy*. Academic Press, New York.

Ferraro, J.R. und Nakamoto, K. 1994: *Introductory Raman Spectroscopy*. Academic Press, New York.

Smith, E. und Dent, G. 2005: *Modern Raman Spectroscopy: A Practical Approach*. John Wiley & Sons, Hoboken, New Jersey.

SERS

Haynes, C.L., Yonzon, C.R., Zhang, X. und Van Duyne, R.P. 2005. *J. Raman Spectrosc.* **36**: 471.

Reflexionsspektroskopie

Harrick, N.J. 1967: *Internal Reflection Spectroscopy*. Interscience, New York. Review and Supplement 1985. Harrick Scientific Corp., Ossining, NY.

DRIFTS

Optical Spectroscopy: Sampling Techniques Manual. Ossining, NY: Harrick Scientific Corp., 1987.

Urban, M.W. 1996: *Attenuated Total Reflectance Spectroscopy of Polymers*. American Chemical Society, Washington, D.C.

Infrarot- und Raman-Gruppenfrequenzen

12

ÜBERBLICK

Nach der Durcharbeitung dieses Kapitels werden Sie

- die verschiedenen Schwingungsformen kennen gelernt haben und die Anzahl der Normalschwingungen für ein Molekül bestimmen können,
- sich mit den grundlegenden Faktoren beschäftigt haben, welche die Lage der Banden in IR-und Raman-Spektren beeinflussen,
- mit den typischen Bereichen der Gruppenfrequenzen einer Vielzahl von Verbindungsklassen und funktionellen Gruppen als Grundlage für die Interpretation von Schwingungsspektren vertraut sein und
- den Einfluss unterschiedlicher Isotope auf die Schwingungsfrequenzen verstanden haben.

12.1 Einleitung

Obwohl die Gruppenfrequenzen in der IR- und Raman-Spektroskopie im Wesentlichen empirisch ermittelt worden sind, besitzen sie auch eine solide theoretische Basis. Die Banden für eine bestimmte funktionelle Gruppe, wie zum Beispiel eine Carbonyl-, Amino-, Phenyl- oder Nitrogruppe, erscheinen in den Infrarot- und Raman-Spektren einer großen Zahl verschiedener Verbindungen jeweils bei ähnlichen Frequenzen (Wellenzahlen). Die ähnlichen Frequenzen der Banden einer funktionellen Gruppe in verschiedenen Substanzen beruht darauf, dass die Kraftkonstanten der jeweils zugrunde liegenden Molekülschwingung in allen Molekülen näherungsweise gleich groß sind und nur wenig von der intramolekularen Umgebung der funktionellen Gruppe abhängen (siehe auch Gleichung 11.1). Wenn eine genügend große Zahl von Spektren mit Banden einer bestimmten funktionellen Gruppe analysiert wurden und die Banden in einem engen Frequenzbereich auftraten und/oder charakteristische Merkmale aufwiesen, kann im empirischen Umkehrschluss eine entsprechende Bande im Spektrum einer unbekannten Substanz vernünftigerweise dieser funktionellen Gruppe zugeordnet werden. Zum Beispiel erscheint im IR-Spektrum jeder Verbindung mit einer Carbonylgruppe (C=O) eine intensive Bande zwischen 1800 und 1650 cm^{-1}. Verbindungen, die eine Aminogruppe ($-NH_2$) enthalten, verursachen zwei IR-Banden bei 3400 und 3300 cm^{-1} und für Nitrogruppen ($-NO_2$) treten sowohl in IR- als auch in Raman-Spektren Banden bei etwa 1550 und 1350 cm^{-1} auf. Dies sind nur drei Beispiele der vielen charakteristischen Frequenzen funktioneller Gruppen, die in IR- und Raman-Spektren beobachtet werden.

Die Schwingung zweier Atome innerhalb eines Moleküls, die durch eine Bindung direkt miteinander verbunden sind, kann vereinfacht theoretisch zunächst als die Schwingung eines zweiatomigen Moleküls betrachtet werden. Dieser einfache Ansatz liefert erstaunlich gute Ergebnisse bei der Beschreibung der jeweiligen Schwingung innerhalb des Moleküls, wenn eines der Atome ein leichtes Atom darstellt, das ansonsten mit keinem anderen Atom verknüpft ist, wie beispielsweise in den Fällen C–H und N–H in CH_3NH_2 oder C–H und C=O in $(CH_3)_2CO$. Die Frequenz beziehungsweise Wellenzahl (in cm^{-1}) der Streckschwingung (Valenzschwingung) einer solchen zweiatomigen Gruppe kann mithilfe von Gleichung 12.1 berechnet werden.

$$\tilde{\nu}\left[\mathrm{cm}^{-1}\right]=\frac{\sqrt{N\times 10^{-1}}}{2\pi c}\times\sqrt{\frac{k}{\mu}}=130{,}3\times\sqrt{\frac{k}{\mu}} \qquad (12.1)$$

In dieser Gleichung entspricht k der Kraftkonstante in N m^{-1}, μ der reduzierten Masse mit $\mu = m_1m_2 / (m_1 + m_2)$ mit den einzelnen Massen in atomaren Masseneinheiten (amu oder u), N der Avogadro-Konstante mit $N = 6{,}022 \times 10^{23}$ und c der Lichtgeschwindigkeit mit $c = 2{,}998 \times 10^8$ m s^{-1}. In älteren Veröffentlichungen wurden die Kraftkonstanten noch in der Einheit mdyn $Å^{-1}$ (10^5 dyn cm^{-1}) und die Lichtgeschwindigkeit in der Einheit cm s^{-1} angegeben. Wenn diese Einheiten verwendet werden, beträgt der Faktor vor der Wurzel auf der ganz rechten Seite von Gleichung 12.1 nicht 130,3, sondern 1303.

Wenn die gleiche funktionelle Gruppe im selben Molekül zweimal vorkommt, sind die Banden der beiden Gruppen im IR-Spektrum häufig überlagert und nicht als getrennte Banden zu erkennen. Befinden sich die beiden Gruppen aber am selben oder an zwei benachbarten Kohlenstoffatomen, können sich die Wellenzahlen ihrer Banden infolge starker Wechselwirkungen über mehrere Hundert cm^{-1} erstrecken. Ein Ethen-Molekül enthält beispielsweise vier CH-Gruppen und man könnte für die C–H-Streckschwingungen vier Banden nahe 3000 cm^{-1} erwarten. Die CH-Gruppen sind allerdings mit benachbarten Kohlenstoffatomen verknüpft oder teilen sich sogar ein Kohlenstoffatom. Daher erscheinen für die Streckschwingungen der vier CH-Gruppen vier Banden bei 3270, 3105, 3020 und 2990 cm^{-1}.

12.2 Faktoren, die Gruppenfrequenzen beeinflussen

12.2.1 Symmetrie

Die große Mehrheit organischer Moleküle weist nur eine geringe oder gar keine Symmetrie auf. Dennoch kann ein gewisses Grundwissen zur Molekülsymmetrie erheblich zum Verständnis der Faktoren beitragen, welche die Intensitäten der Banden in IR- und Raman-Spektren beeinflussen.

Ein Schwingungsübergang ist *IR-aktiv*, kann also zu einer Absorptionsbande im IR-Spektrum führen, wenn die Schwingung mit einer Veränderung des *Dipolmoments* des Moleküls (einem oszillierenden elektrischen Dipol) assoziiert ist. *Raman-aktiv* ist ein Schwingungsübergang dagegen, wenn sich während der Schwingung die *Polarisierbarkeit* des Moleküls verändert, wodurch infolge der Wechselwirkung mit dem elektrischen Feld der einfallenden Laserstrahlung ein Dipol im Molekül induziert werden kann.

Ein Molekül mit einem *Symmetriezentrum* besitzt kein permanentes Dipolmoment. Eine Schwingung, die bezüglich des Symmetriezentrums symmetrisch verläuft, erzeugt keinen oszillierenden Dipol und ist daher nicht IR-aktiv. Ist eine Schwingung allerdings antisymmetrisch in Bezug auf das Symmetriezentrum des Moleküls, führt sie zu einer Verzerrung der Molekülsymmetrie und infolgedessen zu einem vorübergehenden, veränderlichen Dipolmoment im Molekül, das mit dem elektrischen Feld der IR-Strahlung in Wechselwirkung treten kann. Eine solche Schwingung ist daher IR-aktiv. Betrachtet man die Raman-Aktivität von Schwingungsübergängen, findet man dagegen entgegengesetzte Ergebnisse. Eine symmetrische Schwingung ist immer Raman-aktiv, weil sie mit einer Veränderung der Polarisierbarkeit des Moleküls einhergeht. Antisymmetrische Schwingungen sind im Gegensatz dazu Raman-inaktiv. Daraus folgt das so genannte Alternativverbot, nach dem eine Schwingung entweder IR- oder Raman-aktiv sein kann, aber nicht beides. Zur Veranschaulichung des Alternativverbots zeigt ▶ Abbildung 12.1 das IR- und das Raman-Spektrum von *trans*-1,2-Dichlorethen. Die symmetrische C=C-Streckschwingung des Moleküls ist im IR-Spektrum erwartungsgemäß nicht zu beobachten, während sie im Raman-Spektrum eine Bande bei 1580 cm^{-1} verursacht. Darüber hinaus finden zwei Formen von C–Cl-Streckschwingungen statt. Bei der symmetrischen C–Cl-Streckschwingung bewegen sich beide Chloratome des Moleküls periodisch simultan vom Symmetriezentrum des Moleküls weg und wieder auf das Zentrum zu. Diese Schwingung ist Raman-aktiv und führt zu einer Raman-Bande bei 840 cm^{-1}. Dagegen werden die Chloratome bei der antisymmetrischen C–Cl-Streckschwingung relativ zum Symmetriezentrum des Moleküls jeweils in die gleiche Richtung verlagert – das heißt, während sich das eine Chloratom vom Symmetriezentrum entfernt, nähert sich das andere Chloratom dem Zentrum an. Diese antisymmetrische Schwingung ist IR-aktiv und verursacht die Bande bei 895 cm^{-1} im IR-Spektrum. Analoge Überlegungen erklären die Banden für die symmetrische CH-Deformationsschwingung (Biegeschwingung) bei 1270 cm^{-1} im Raman-Spektrum sowie für die antisymmetrische CH-Deformationsschwingung bei 1200 cm^{-1} im IR-Spektrum.

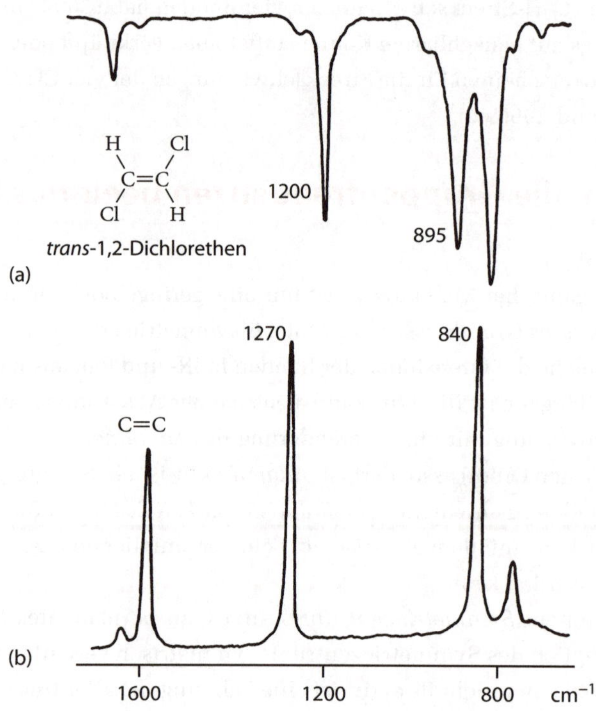

Abbildung 12.1: **Ausschnitte aus dem (a) Infrarot- und (b) Raman-Spektrum von *trans*-1,2-Dichlorethen.**

Die C≡C-Streckschwingung liefert weitere Beispiele für die Auswirkung eines Symmetriezentrums. Im Fall von Propin ($CH_3C{\equiv}CH$), das *kein* Symmetriezentrum aufweist, ist diese Schwingung sowohl IR- als auch Raman-aktiv mit Banden bei 2150 cm^{-1}. Beim 2-Butin ($CH_3C{\equiv}CCH_3$), das ein Symmetriezentrum besitzt, gilt dagegen das Alternativverbot: Im Raman-Spektrum erscheint bei etwa 2150 cm^{-1} eine intensive Bande für die symmetrische C≡C-Streckschwingung, während im IR-Spektrum im Bereich dieser Wellenzahl keine Bande zu beobachten ist.

Viele Moleküle besitzen aber auch eine drei- oder höherzählige Symmetrieachse, eine Symmetrieebene oder ein anderes Symmetrieelement. Solche Moleküle mit hoher Symmetrie ergeben einfache IR- und Raman-Spektren. Das Benzol-Molekül weist zum Beispiel eine sechszählige Symmetrieachse, die senkrecht auf dem Zentrum des Rings steht, sowie einige andere Symmetrieelemente auf. Es besteht aus zwölf Atomen ($N = 12$) und zeigt folglich $3N - 6 = 30$ verschiedene Normalschwingungen. Als erste Auswirkung der hohen Symmetrie des Moleküls sind zehn Paare dieser Schwingungen *entartet* – das heißt, die Abstände der Schwingungsniveaus sind für diese Schwingungen gleich groß. Ihre Banden erscheinen daher alle bei der gleichen Wellenzahl und sind nur als eine Bande detektierbar. Damit bleiben nur noch 20 verschiedene Normalschwingungen übrig. Als zweiter Effekt der hohen Symmetrie erfolgt allerdings eine erhebliche Verringerung der Anzahl der Normalschwingungen, die mit einer Veränderung des Dipolmoments (IR-aktiv) oder der Polarisierbarkeit (Raman-aktiv) einhergehen. Infolgedessen enthält das IR-Spektrum von Benzol tatsächlich nur vier Banden und das Raman-Spektrum nur sechs Banden, die auf Grundtöne (siehe Abschnitt 11.3) zurückzuführen sind.

Die hohe Symmetrie des Benzol-Moleküls wird durch Substituenten am Ring vermindert. 1,3,5-Trichlorbenzol besitzt beispielsweise keine sechszählige, sondern nur eine dreizählige Symmetrieachse. Bei diesem Molekül treten daher mehr IR- und Raman-aktive Schwingungsübergänge als beim Benzol in Erscheinung. Trotzdem existieren auch in diesem Fall noch mehrere entartete Schwingungen und die Spektren sind immer noch relativ einfach. Wird die Symmetrie des Moleküls weiter reduziert, wie zum Beispiel beim 1-Brom-2-chlorbenzol, verbleibt schließlich nur noch eine Symmetrieebene (die Ringebene) als einziges Symmetrieelement des Moleküls. Dann sind alle 30 Normalschwingungen sowohl IR- als auch Raman-aktiv. Wegen der Symmetrie des zugrunde liegenden aromatischen Sechsrings sind für einige der zugehörigen Grundtöne (fundamentalen Schwingungsübergänge) allerdings nur schwache Banden zu beobachten, die von den schwachen Oberton- und Kombinationstonbanden nur schwer zu unterscheiden sind.

Bei größeren Molekülen können lokale Symmetrien bezüglich einer homonuklearen Gruppe wie C=C oder S–S bestehen, infolge derer eine Bande für diese Gruppe im IR-Spektrum nur schwach sein oder auch ganz fehlen kann. In diesen Fällen kann die zugehörige Bande im Raman-Spektrum die Existenz der jeweiligen Gruppe im Molekül bestätigen.

Am Beispiel einer Methylengruppe ($-CH_2-$) wollen wir nun die verschiedenen Geometrien der Normalschwingungen betrachten, die ein Molekül beziehungsweise eine funktionelle Gruppe vollziehen kann. Die Schwingungen einer Methylengruppe können zunächst in Bezug zur lokalen Symmetrie der Gruppe unabhängig vom Rest des Moleküls beschrieben werden. Die Gruppe besitzt eine zweizählige Symmetrieachse sowie zwei aufeinander senkrecht stehende Symmetrieebenen. ▶ Abbildung 12.2 veranschaulicht die verschiedenen Schwingungsformen einer Methylengruppe. Eine isolierte CH_2-Gruppe weist drei ($3 \times 3 - 6$) Normalschwingungen auf: die symmetrische und antisymmetrische Streck- oder Valenzschwingung (bezüglich der zweizähligen Symmetrieachse; engl. *stretching* oder *valence vibration*) sowie die Deformations-, Knick- oder Biegeschwingung (engl. *deformation*, *bending* oder *scissor vibration*). Streckschwingungen sind mit Änderungen von Bindungslängen, Deformationsschwingungen mit Änderungen von Bindungswinkeln verbunden. Wenn die Gruppe als Teil eines größeren Moleküls auftritt, sind drei weitere Schwingungsformen möglich, die auf der Grundlage ihrer Geometrien als Torsionsschwingung (engl. *twisting vibration*), Nickschwingung (engl. *wagging vibration*) und Schaukelschwingung (engl. *rocking vibration*) bezeichnet werden. Von diesen drei Schwingungsformen führt die Torsionsschwingung nicht zu einer Veränderung des Dipolmoments und folglich auch nicht zu einer Bande im IR-Spektrum. Im IR-Spektrum eines asymmetrischen Moleküls kann die Torsionsschwingung einer Methylengruppe allerdings doch eine sehr schwache Bande verursachen.

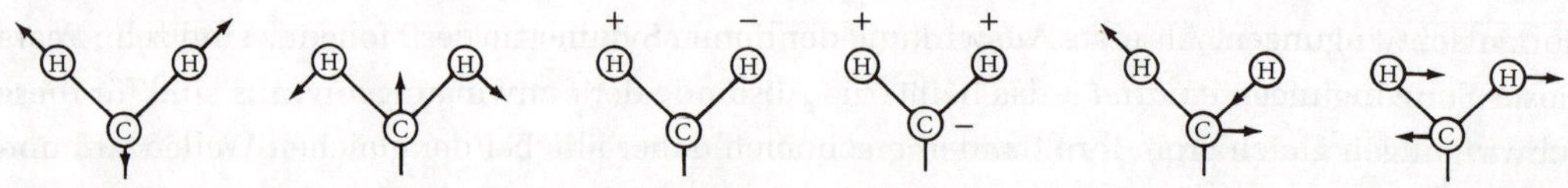

Abbildung 12.2: Die verschiedenen Schwingungen einer CH_2-Gruppe. Die Pfeile beschreiben die Bewegungsrichtungen in der Ebene der Gruppe, während die Plus- und Minuszeichen Bewegungen nach vorn beziehungsweise hinten aus der Ebene heraus repräsentieren.

Auch die Schwingungen einer Methylgruppe ($-CH_3$) können zunächst isoliert vom Rest des Moleküls in Bezug zur Symmetrie der Methylgruppe selbst beschrieben werden. Die Methylgruppe besitzt eine dreizählige Symmetrieachse und drei Symmetrieebenen. Eine Methylgruppe allein weist sechs ($3 \times 4 - 6$) Normalschwingungen auf, die symmetrische und entartete Paare von Streck- und Deformationsschwingungen umfassen. Als Teil eines Moleküls sind mit der Methylgruppe drei weitere Normalschwingungen assoziiert, nämlich eine Torsionsschwingung und zwei entartete Schaukelschwingungen. Bei einer isolierten Methylgruppe würden diese Schwingungen Rotationen der gesamten Gruppe repräsentieren. Im Spektrum sind für Methylgruppen, die ja immer Bestandteil eines Moleküls sind, also vier Regionen zu erwarten, in denen Banden auftreten. Die Methylgruppe trägt außerdem drei Gerüstschwingungen zu den Schwingungen des Moleküls bei, die bei einer isolierten Methylgruppe Translationsbewegungen der gesamten Gruppe entsprechen würden.

Tritt eine Methylgruppe als Komponente eines Moleküls niedriger Symmetrie auf, werden die Entartungen der verschiedenen Schwingungen aufgehoben und in einigen Regionen des Spektrums, in denen Banden der Methylgruppe vorkommen sollten, sind Dubletts zu beobachten. Die Torsionsschwingung der Methylgruppe sollte erwartungsgemäß IR-inaktiv sein, da sie nicht zu einer Veränderung des Dipolmoments führt. Besitzt das Molekül insgesamt allerdings nur eine sehr niedrige Symmetrie, können manchmal schwache Banden für solche Torsionsschwingungen im fernen Infrarot-Bereich erscheinen.

12.2.2 Mechanische Kopplung von Schwingungen

Die Schwingungsübergänge zweier identischer, vollständig freier zweiatomiger Moleküle treten bei den gleichen Frequenzen auf. Sind die beiden zweiatomigen Gruppen dagegen Bestandteil desselben Moleküls, können sie nicht länger unabhängig voneinander schwingen, weil die Schwingung einer Gruppe immer auch zu einer räumlichen Verschiebung der benachbarten Atome im Molekül führt. Diese räumlichen Verlagerungen pflanzen sich durch das Molekül fort und erreichen schließlich auch die Atome der anderen, identischen zweiatomigen Gruppe. Mit anderen Worten: Die Schwingungen der beiden Gruppen sind über die Bindungen des Moleküls „mechanisch" miteinander gekoppelt und finden entweder in Phase (phasengleich) oder in Antiphase (phasenverschoben) statt. Wenn die beiden Gruppen innerhalb des Moleküls weit voneinander entfernt liegen, tritt nur eine sehr kleine Kopplung dieser Art auf. In diesem Fall können die Banden der beiden Gruppen tatsächlich so nah beieinander liegen, dass sie im Spektrum nicht als getrennte Banden beobachtbar sind. Die Banden der beiden C–H-Streckschwingungen von Ethin (H–C≡C–H) erscheinen im Raman-Spektrum (in Phase) bei 3375 cm^{-1} und im IR-Spektrum (in Antiphase) bei 3280 cm^{-1}. Beim Butadiin (H–C≡C–C≡C–H), in dem die CH-Funktionen weiter voneinander entfernt sind, liegen die Banden der beiden Streckschwingungen dagegen bei 3330 und 3295 cm^{-1}, also wie erwartet näher zusammen.

Eine starke mechanische Kopplung erfolgt auch über zwei C=C-Funktionen mit einem gemeinsamen zentralen Kohlenstoffatom, wie zum Beispiel im Allen-Molekül (CH_2=C=CH_2). In Abwesenheit einer starken Kopplung würde man im IR-Spektrum im Bereich von 1600 cm^{-1} eine Bande erwarten, die auf die antisymmetrischen Antiphase-C=C-Streckschwingungen zurückzuführen ist, während im Raman-Spektrum etwa im gleichen Bereich eine Bande für die symmetrischen C=C-Streckschwingungen erscheinen sollte. Für 1,3-Butadien (CH_2=CH–CH=CH_2), in dem sich die beiden C=C-Gruppen kein gemeinsames Kohlenstoffatom teilen, findet man auch tatsächlich eine Bande bei 1640 cm^{-1} im IR-Spektrum und eine Bande bei 1600 cm^{-1} im Raman-Spektrum. Beim Allen treten die beiden Banden dagegen in weit voneinander entfernten Positionen auf, nämlich bei etwa 1960 cm^{-1} im IR-Spektrum und bei nur 1070 cm^{-1} im Raman-Spektrum. Dieses Ergebnis kann mit der starken mechanischen Kopplung der beiden C=C-Streckschwingungen erklärt werden. In einem solchen Fall findet man die Bande der antisymmetrischen Schwingung in der Regel bei höherer Frequenz (Wellenzahl) und die Bande der symmetrischen Schwingung bei niedrigerer Frequenz.

Eine mechanische Kopplung ist auch zwischen unterschiedlichen Schwingungsformen möglich, wie beispielsweise zwischen Streck- und Deformationsschwingungen, wenn die Schwingungsfrequenzen ähnlich und die beiden beteiligten Gruppen im Molekül benachbart sind. Ein wichtiges Beispiel dieser Art findet man bei sekundären Amiden, bei denen die C–N-Streckschwingung und die NH-Knickschwingung ähnliche Frequenzen aufweisen. Die Wechselwirkung zwischen diesen beiden Schwingungen führt zu zwei Banden im Spektrum, von denen eine bei höherer und eine bei niedrigerer Frequenz (Wellenzahl) liegt, als es bei den ungekoppelten Schwingungen der Fall wäre. Diese Banden werden als *Amid-II-Bande* und *Amid-III-Bande* bezeichnet. (Die *Amid-I-Bande* repräsentiert die C=O-Streckschwingung.)

Ketten aus gesättigten Kohlenstoffatomen, in denen die Kohlenstoffatome über Einfachbindungen miteinander verknüpft sind, besitzen im Gegensatz zum Allen keine lineare Struktur. Das beim Allen verwendete einfache Modell muss für diesen Fall daher modifiziert werden. Außerdem haben wir beim Allen die Deformationsschwingung der C=C=C-Gruppierung ignoriert, da diese senkrecht zur Richtung der Streckschwingungen erfolgt und deswegen nicht mit den Streckschwingungen koppeln kann. Zwischen C–C-Einfachbindungen treten in einem organischen Molekül dagegen immer mechanische Kopplungen auf. Infolgedessen findet man für die Streckschwingungen von C–C-Einfachbindungen keine einfache, schmale Region, in der die zugehörigen Gruppenfrequenzen zu finden sind. Vielmehr erstrecken sich die Banden in IR- und Raman-Spektren über einen relativ breiten Bereich von 1200 bis 800 cm^{-1}. Bestimmte verzweigte gesättigte Kohlenwasserstoffgruppen, wie zum Beispiel die *tert*-Butylgruppe [$(CH_3)_3$C–] und die Isopropylgruppe [$(CH_3)_2$CH–], zeigen charakteristische Gruppenfrequenzen, die ebenfalls durch die mechanischen Kopplungen der C–C-Streckschwingungen beeinflusst werden. Wir werden uns mit diesen Systemen in späteren Abschnitten noch beschäftigen.

In vielen Molekülen finden so ausgedehnte mechanische Kopplungen zwischen den Schwingungen der verschiedenen Gruppen statt, dass wenn überhaupt nur wenige Banden bestimmten funktionellen Gruppen allein zugeordnet werden können. Viele solcher Fälle kommen beispielsweise bei aliphatischen Fluorverbindungen vor, in denen die C–F- und C–C-Streckschwingungen miteinander sowie mit FCF- und CCF-Deformationsschwingungen koppeln. Die Anwesenheit von Fluor in einem Molekül kann aus dem Auftreten mehrerer intensiver IR-Banden im Bereich zwischen 1400 und 900 cm^{-1} abgeleitet werden.

12.2.3 Fermi-Resonanz

Ein spezieller Fall von mechanischer Kopplung, die so genannte *Fermi-Resonanz*, resultiert aus der Kopplung zwischen einem Grundton (einem fundamentalen Schwingungsübergang) und einem Oberton oder einem Kombinationston. Solche Wechselwirkungen können zur Verschiebung von Banden sowie zur Entstehung zusätzlicher Banden führen. Bei einem mehr- beziehungsweise vielatomigen Molekül sind $3N - 6$ Schwingungszustände möglich, für die eine Schwingungsquantenzahl $v_i = 1$ beträgt, während alle anderen $v_i = 0$ sind – das heißt, in denen sich eine Normalschwingung im ersten angeregten Schwingungszustand und alle anderen Normalschwingungen im Grundzustand befinden. Zusätzlich zu diesen Grundschwingungen (fundamentalen Schwingungen) können jeweils einzelne Schwingungen in Niveaus mit einer Schwingungsquantenzahl $v_i > 1$ (*Oberschwingungen*) oder mehr als eine Schwingung in ein Niveau mit $v_{i,j} > 0$ (*Kombinationsschwingungen*) angeregt worden sein. Daher existiert eine große Zahl von Schwingungsniveaus. Dementsprechend sind Ober- oder Kombinationsschwingungen ziemlich häufig mit der gleichen oder zumindest einer sehr ähnlichen Energie assoziiert wie eine Grundschwingung. In einem solchen Fall, den man als *zufällige Entartung* bezeichnet, kann eine Wechselwirkung – eine Fermi-Resonanz – zwischen den Schwingungsübergängen stattfinden, *wenn* die zugrunde liegenden Schwingungen derselben Symmetrie (genauer Symmetrierasse; siehe Lehrbücher zur Gruppentheorie) angehören. Die meisten organischen Moleküle weisen keine Symmetrie auf. Infolgedessen gehören alle ihre Schwingungen der gleichen Symmetrierasse an und die im Folgenden beschriebenen Auswirkungen der Fermi-Resonanz auf die Banden in IR- und Raman-Spektren treten häufig auf.

Normalerweise erscheinen für Ober- und Kombinationstöne im Vergleich zu den Grundtönen nur sehr schwache Banden in IR-Spektren, weil diese Übergänge nach den quantenmechanischen Auswahlregeln eigentlich nicht erlaubt sind (siehe auch Abschnitt 11.3). In Raman-Spektren sind sie sogar noch viel schwächer und in der Regel kaum zu beobachten. Wenn ein Ober- oder Kombinationston allerdings mit einem Grundton in Fermi-Resonanz tritt, kann die Intensität seiner Bande durch die Kopplung stark ansteigen. Das Ergebnis sieht im Spektrum genauso aus wie die beiden Banden zweier identischer Gruppen im Molekül. ▶ Abbildung 12.3 zeigt als Beispiel für eine Fermi-Resonanz das IR-Spektrum von Benzoylchlorid, in dem bei etwa 1760 und 1720 cm^{-1} zwei Peaks im Bereich der Carbonyl-Streckschwingungen erscheinen, obwohl das Molekül nur eine Carbonylgruppe enthält. Würde es sich um das Spektrum einer unbekannten Substanz handeln, könnte man auch zwei verschiedene, nicht benachbarte Carbonylgruppen im Molekül vermuten. Tatsächlich ist der Peak bei der kleineren Wellenzahl von 1720 cm^{-1} aber auf den ersten Oberton der CH-Knickschwingung aus der Molekülebene heraus (*Out-of-Plane-Knickschwingung*) bei 865 cm^{-1} zurückzuführen, der mit dem Grundton der C=O-Streckschwingung in Fermi-Resonanz tritt.

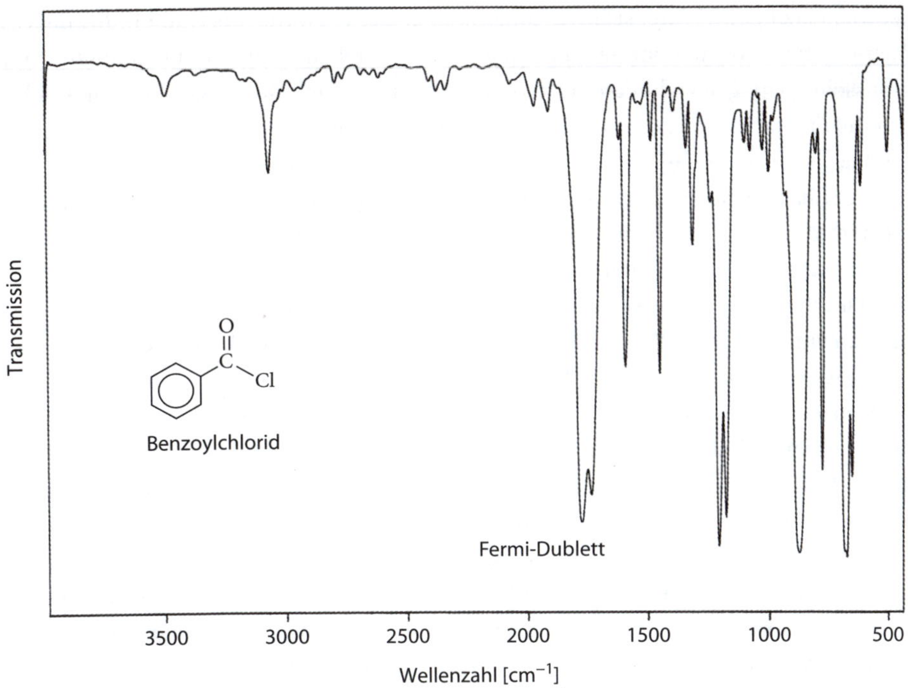

Abbildung 12.3: Das IR-Spektrum von Benzoylchlorid. In dem Spektrum sind die beiden Peaks des Fermi-Dubletts bei 1760 und 1720 cm^{-1} gut zu erkennen.

Es sind zahlreiche weitere, gut charakterisierte Beispiele für Fermi-Resonanzen beschrieben worden. Für die N–H-Streckschwingung der Amid- beziehungsweise Peptidgruppe (–CO–NH–) in Polyamiden, Polypeptiden und Proteinen (et cetera) erscheinen beispielsweise zwei Banden bei etwa 3300 und 3205 cm^{-1}. Diese zwei Banden entstehen durch die Fermi-Resonanz des Grundtons der N–H-Streckschwingung mit dem Oberton der NH-Deformationsschwingung bei etwa 1550 cm^{-1}. Die Banden im Bereich der C–H-Streckschwingungen der Aldehydgruppe (–CHO) sind ein weiteres Beispiel für eine Fermi-Resonanz, infolge derer in den IR-Spektren von Aldehyden häufig zwei Banden bei etwa 2900 und 2700 cm^{-1} auftreten (siehe ► Abbildung 12.12 und Abschnitt 12.6.6). Dieses Dublett entsteht durch die Fermi-Resonanz zwischen dem Oberton der CH-Deformationsschwingung, der ohne Fermi-Resonanz eine Frequenz (Wellenzahl) von etwa $2 \times 1400\ cm^{-1} = 2800\ cm^{-1}$ besitzen würde, und dem Grundton der C–H-Streckschwingung, der in Abwesenheit der Fermi-Resonanz ebenfalls eine Frequenz (Wellenzahl) von etwa 2800 cm^{-1} zeigen würde.

12.2.4 Wasserstoffbrückenbindungen

Wasserstoffbrückenbindungen oder kurz Wasserstoffbrücken können zwischen einem Wasserstoffatom (H), das mit einem (deutlich) stärker elektronegativen Atom (X) wie Stickstoff oder Sauerstoff kovalent verbunden ist, und einem anderen Atom (Y) mit zumindest einem freien Elektronenpaar (ebenfalls meist N oder O) im selben oder einem anderen Molekül gebildet werden. Wasserstoffbrücken werden in Molekülformeln in der Regel durch gestrichelte oder gepunktete Linien dargestellt, also zum Beispiel folgendermaßen: X–H···Y. Die Hauptauswirkungen von Wasserstoffbrücken auf IR- und Raman-Spektren bestehen in einer Verbreiterung der Banden und einer Verschiebung der

Gruppenfrequenzen. X–H-Streckschwingungsbanden werden durch die Einbindung der Gruppe in eine Wasserstoffbrücke zu niedrigeren Frequenzen verschoben, während die Banden von X–H-Deformationsschwingungen zu höherer Frequenz verlagert werden. Die Wasserstoffbrücken beeinflussen auch die Frequenzen der jeweiligen Akzeptorgruppe, aber die Frequenzverschiebungen fallen geringer aus als für die X–H-Gruppe. Lösungsmittel wie CCl_4, die selbst keine Wasserstoffbrücken zu gelösten Substanzen ausbilden, können das Ausmaß der Wasserstoffbrückenbildung zwischen den gelösten Molekülen verringern. Sind solche Lösungen sehr stark verdünnt, kann die Bildung von Wasserstoffbrücken sogar praktisch vollständig vermieden werden.

Wasserstoffbrücken führen zu sehr breiten Banden für O–H- und N–H-Streckschwingungen, die im Vergleich zum Fall ohne Wasserstoffbrücken außerdem bei erheblich niedrigeren Frequenzen auftreten. Die Intensität solcher Banden kann beispielsweise durch Variationen der Temperatur oder der Konzentration des Analyten verändert werden – also durch Faktoren, welche das Ausmaß der Wasserstoffbrückenbildung beeinflussen. Carbonsäuren bilden häufig Di- und Oligomere, in denen die einzelnen Carbonsäuremoleküle über Wasserstoffbrücken zwischen den Carboxylgruppen assoziiert sind. Für die O–H-Streckschwingung erscheint im Spektrum einer reinen Carbonsäure, die in Form von Di- oder Oligomeren vorliegt, eine sehr breite Bande mit einem Maximum bei etwa 3100 cm^{-1}. Löst man Carbonsäuren in Lösungsmitteln wie CCl_4, die selbst keine Wasserstoffbrücken ausbilden, können monomere, dimere und oligomere Spezies durch verschiedene Banden im Bereich der Carbonyl-Streckschwingungen im IR-Spektrum identifiziert werden. Auf diese und analoge Weise sind die Monomer/Dimer-Gleichgewichte von Carbonsäuren sowie einer Vielzahl anderer Verbindungen untersucht worden, deren Moleküle untereinander über Wasserstoffbrücken assoziieren, wie zum Beispiel von vielen Phenolen und Alkoholen.

12.2.5 Ringspannung

Der Einfluss der Ringspannung auf Gruppenfrequenzen ist sehr interessant und kann auch für diagnostische Zwecke genutzt werden. Betrachten Sie zum Beispiel die cyclischen Ketone Cyclohexanon, Cyclopentanon und Cyclobutanon. Die relevanten Ausschnitte aus den IR-Spektren dieser Ketone finden Sie in ▶ Abbildung 12.4. Für die Carbonyl-Streckschwingung erscheinen in diesen Spektren Banden bei 1714 cm^{-1} (Cyclohexanon), 1746 cm^{-1} (Cyclopentanon) und 1783 cm^{-1} (Cyclobutanon). Der Anstieg der Übergangsfrequenz $\nu_{C=O}$ der C=O-Streckschwingung kann auf die mechanische Wechselwirkung mit den benachbarten, koplanaren C–C-Einfachbindungen zurückgeführt werden, die vom Bindungswinkel zwischen den Bindungen abhängt.

Die Verschiebung der Streckschwingungsbande in Richtung höherer Frequenz mit zunehmender Ringspannung wird bei Doppelbindungen, die direkt exocyclisch an einem Ringatom liegen, allgemein beobachtet. Beispielsweise findet man in der Reihe Methylencyclohexan, Methylencyclopentan und Methylencyclobutan, in denen die C=O-Gruppe der cyclischen Ketone formal durch eine $C=CH_2$-Gruppe ersetzt wurde, einen ähnlichen Anstieg der Frequenzen für die C=C-Streckschwingung wie bei den oben beschriebenen C=O-Streckschwingungen der vergleichbaren cyclischen Ketone. Die Banden der C=C-Streckschwingungen dieser drei Verbindungen erscheinen bei 1649, 1656 beziehungsweise 1677 cm^{-1}. Im Fall einer endocyclischen C=C-Doppelbindung wird die Bande der zugehörigen Streckschwingung mit zunehmender Ringspannung dagegen in Richtung niedrigerer Frequenz verlagert. Dementsprechend treten zum Beispiel die C=C-Streckschwingungsbanden in der Reihe Cyclohexen, Cyclopenten und Cyclobuten in dieser Reihenfolge bei 1650, 1615 und 1565 cm^{-1} auf.

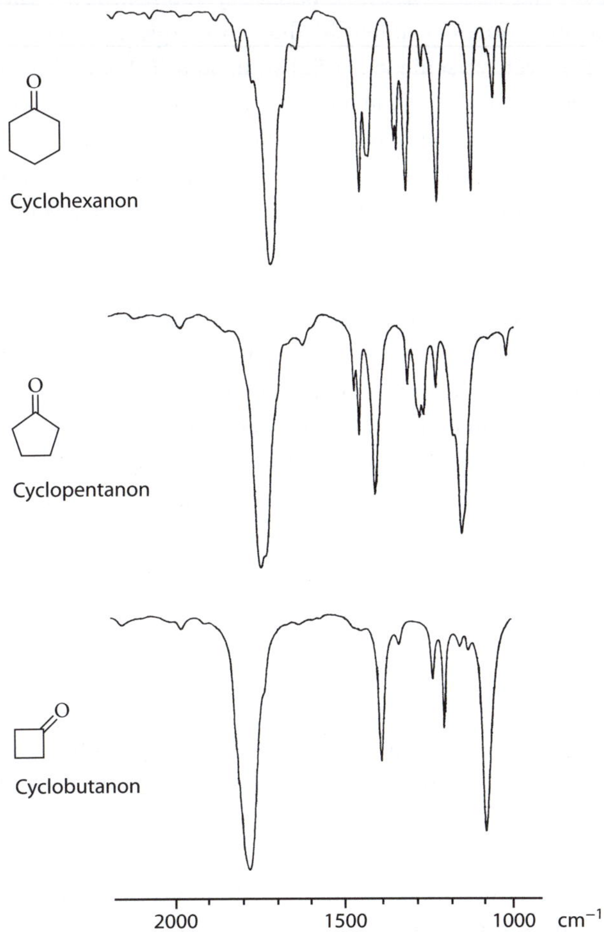

Abbildung 12.4: Ausschnitte aus den IR-Spektren der drei cyclischen Ketone Cyclohexanon, Cyclopentanon und Cyclobutanon. Die Ausschnitte zeigen den Einfluss der zunehmenden Ringspannung auf die Lage der Bande für die C=O-Streckschwingung. (Mit freundlicher Genehmigung von: Aldrich Chemical Co. Inc. aus: *The Aldrich Library of FT-IR Spectra*.)

Im Gegensatz zu C=O- und C=C-Gruppen hängt die Lage der Streckschwingungsbanden der Gruppen P=O, S=O und SO_2 nur wenig von der Ringspannung ab, wenn ihr P- beziehungsweise S-Atom ein Ringatom repräsentiert und die Doppelbindungen zu den O-Atomen exocyclisch lokalisiert sind. Der Grund für dieses abweichende Verhalten liegt in der unterschiedlichen Geometrie, da die Doppelbindungen dieser Gruppen *nicht* koplanar bezüglich der direkt angrenzenden Einfachbindungen des Rings orientiert sind.

12.2.6 Elektronische Effekte

Häufig können auch Auswirkungen auf das Erscheinungsbild von Schwingungsspektren beobachtet werden, die aus einer Veränderung der Elektronenverteilung in einem Molekül infolge des Austausches eines Atoms oder einer Gruppe resultieren. Diesen Effekten können mehrere Mechanismen zugrunde liegen, wie zum Beispiel polare beziehungsweise induktive oder mesomere Effekte, die zur qualitativen Erklärung der Verschiebung von Banden und der Veränderung ihrer Intensität dienen können. Die Variation dieser Effekte durch den Austausch eines Atoms oder einer Gruppe beeinflusst die Elektronenverteilung im Molekül, wodurch sich die Kraftkonstanten und infolgedessen auch die Gruppenfrequenzen verändern. Induktive und mesomere Effekte konnten beispielsweise erfolgreich zur Erklärung der unterschiedlichen Frequenzen der C=O-Streckschwingungsbanden in Abhängigkeit von verschiedenen Substituenten in Verbindungen wie Säurechloriden und Amiden herangezogen werden. Höhere Frequenzen konnten in diesen Fällen in der Regel auf induktive, niedrigere Frequenzen auf mesomere Effekte zurückgeführt werden. Dementsprechend findet man die C=O-Streckschwingungsbanden von Säurechloriden bei etwa 1800 cm^{-1}, einer im Vergleich zu Ketonen und Aldehyden (1730 cm^{-1}) relativ hohen Frequenz (Wellenzahl). Bei Amiden liegt die entsprechende Carbonylbande schließlich sogar nur bei etwa 1650 cm^{-1}. Einem Beispiel für dieses Verhalten sind wir bereits in Abbildung 11.4 begegnet. Im Fall der Säurechloride führt der negative induktive Effekt des elektronegativen Chloratoms zur Erhöhung der Elektronendichte in der C=O-Doppelbindung und folglich auch der zugehörigen Kraftkonstante. Infolgedessen wird die Carbonylbande im Vergleich zu Ketonen oder Aldehyden in Richtung höherer Frequenz verlagert. Bei Amiden verursacht die in den Molekülformeln **12-1** und **12-2** dargestellte Mesomerie dagegen eine Verringerung der Elektronendichte und somit auch der Kraftkonstante der C=O-Doppelbindung. Daher liegt die Carbonylbande von Amiden bei niedrigerer Frequenz als die von Ketonen und Aldehyden.

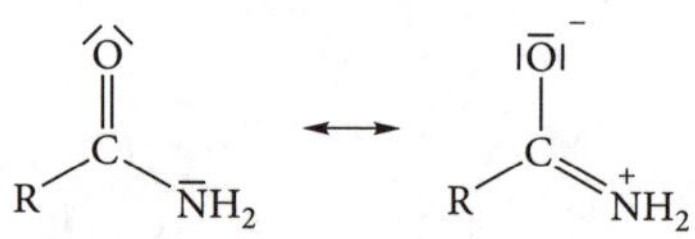

12-1 **12-2**

Durch die Konjugation von Doppelbindungen wird deren Doppelbindungscharakter tendenziell verringert, während die Bindungsordnung der dazwischen liegenden Einfachbindung tendenziell erhöht wird. Die beiden C=C-Streckschwingungsbanden der konjugierten Doppelbindungen von Isopren (2-Methyl-1,3-butadien) erscheinen beispielsweise bei 1637 und 1604 cm^{-1}, während die Bande der beiden isolierten (unkonjugierten) Doppelbindungen von 1,4-Pentadien bei 1644 cm^{-1} liegt. Im Fall von α,β-ungesättigten Carbonylverbindungen tritt die C=O-Streckschwingungsbande im Vergleich zu Carbonylverbindungen ohne Konjugation der C=O-Doppelbindung bei etwa 20 bis 30 cm^{-1} niedrigerer Frequenz auf.

12.2.7 Stereoisomerie

Stereoisomere können entweder als Enantiomere (optische Isomere) oder Diastereomere klassifiziert werden (siehe Abschnitt 1.4 und Abbildung 1.3). Enantiomere können nicht zur Deckung gebracht werden, verhalten sich aber wie Bild und Spiegelbild. Zwei Enantiomere weisen immer die gleiche Konstitution auf und entsprechende Bindungen sind jeweils gleich lang sowie entsprechende Bindungswinkel gleich groß. Daher unterscheiden sich die Molekülschwingungen zweier Enantiomere *nicht*. Die IR- und Raman-Spektren zweier Enantiomere sind infolgedessen identisch und gleichen auch den Spektren des Racemats.

Die fehlende Rotationsfreiheit um C=C-Doppelbindungen bildet die Basis für die Existenz so genannter geometrischer oder *cis*/*trans*-Isomere (*E*/*Z*-Isomere), wie zum Beispiel *cis*- und *trans*-1,2-Dichlorethen. Diese Isomere sind weder deckungsgleich, noch verhalten sie sich wie Bild und Spiegelbild. Deshalb handelt es sich in diesen Fällen um Diastereomere. Im Gegensatz zu Enantiomeren ergeben Diastereomere deutlich unterschiedliche IR- und Raman-Spektren. Die Schwingungsspektroskopie kann also zum Beispiel zur Unterscheidung zwischen *cis*- und *trans*-Isomeren genutzt werden. Wie wir in Abschnitt 12.2.1 festgestellt haben, ist eine Molekülschwingung beziehungsweise ein Schwingungsübergang nur dann IR-aktiv, wenn die Schwingung mit einer Änderung des Dipolmoments des Moleküls assoziiert ist. Im Fall von *cis*-Alkenen sind die meisten Normalschwingungen mit einer Variation des Dipolmoments verbunden. *Trans*-Isomere weisen allerdings in der Regel eine höhere Symmetrie auf als die verwandten *cis*-Isomere, wodurch einige Schwingungen mit keiner oder nur einer sehr kleinen Änderung des Dipolmoments einhergehen. Für diese Schwingungen können im IR-Spektrum daher keine Absorptionsbanden beobachtet werden. Die unterschiedlichen Symmetrien von Normalschwingungen in *cis*- und *trans*-Isomeren und die damit verbundenen Auswirkungen auf das Dipolmoment werden in ▶ Abbildung 12.5 noch einmal am Beispiel der C–Cl-Streckschwingungen von *cis*- und *trans*-1,2-Dichlorethen veranschaulicht.

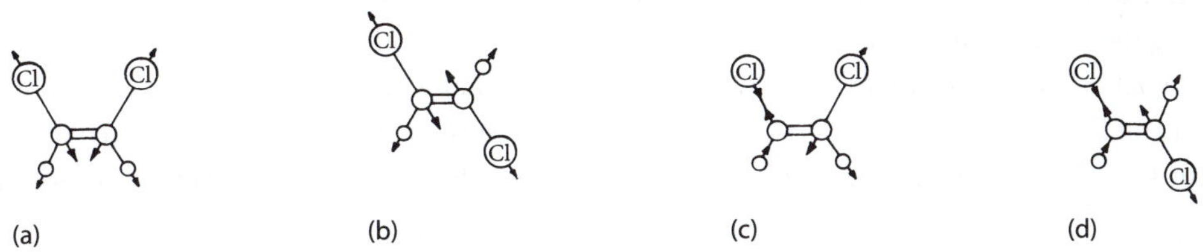

Abbildung 12.5: Die C–Cl-Streckschwingungen von *cis*- und *trans*-1,2-Dichlorethen. (a) Die *symmetrische* Streckschwingung im *cis*-Isomer führt zu einer Veränderung des Dipolmoments und der Polarisierbarkeit. Im IR- und Raman-Spektrum erscheint eine Bande bei 710 cm^{-1}. (b) Im *trans*-Isomer ist die *symmetrische* Streckschwingung nicht mit einer Änderung des Dipolmoments, aber der Polarisierbarkeit assoziiert. Daher ist im IR-Spektrum keine Bande für diese Schwingung zu beobachten, während im Raman-Spektrum eine Bande bei 840 cm^{-1} auftritt (siehe auch Abbildung 12.1). (c) Die *antisymmetrische* Streckschwingung im *cis*-Isomer verursacht eine Veränderung des Dipolmoments und der Polarisierbarkeit. Sowohl das IR- als auch das Raman-Spektrum weisen daher eine Bande bei 840 cm^{-1} für diese Schwingung auf. (d) Die *antisymmetrische* Streckschwingung im *trans*-Isomer ist schließlich mit einer Änderung des Dipolmoments, aber nicht der Polarisierbarkeit verbunden. Infolgedessen erscheint für diese Schwingung nur im IR-Spektrum eine Bande bei 895 cm^{-1} (siehe auch Abbildung 12.1).

Schwingungen laufen viel schneller ab als die Umwandlung zwischen verschiedenen Konformeren oder Rotameren eines Moleküls. Im Gegensatz zur NMR-Spektroskopie können die verschiedenen Rotamere und Konformere daher auf der IR-Zeitskala unterschieden werden und im IR-Spektrum erscheinen für die einzelnen Rotamere und Konformere extra Banden. Der Wechsel zwischen der äquatorialen und der axialen Position von Substituenten in Cyclohexan-Derivaten erfolgt bei Raumtemperatur bezüglich der NMR-Zeitskala beispielsweise sehr schnell, so dass für solche Konformere im NMR-Spektrum nur gemeinsame gemittelte Signale beobachtet werden können. Im IR-Spektrum treten dagegen getrennte Banden für die Konformere auf. Im IR-Spektrum von 2-Chlorcyclohexanon erscheinen zum Beispiel zwei C=O-Streckschwingungsbanden, da die Geschwindigkeit des Umklappens des Rings (in Umklappvorgängen pro Sekunde) viel kleiner ist als die Frequenz der C=O-Streckschwingung. Eine dieser Banden liegt bei 1745 cm^{-1} und stammt vom äquatorialen Konformer **12-3**, während die Bande des axialen Konformers **12-4** bei 1725 cm^{-1} erscheint. Die relativen Anteile von Konformeren verändern sich unter anderem in Abhängigkeit vom Aggregatzustand, von der Temperatur und vom Lösungsmittel. Solche Veränderungen können mithilfe der Schwingungsspektroskopie leicht verfolgt werden.

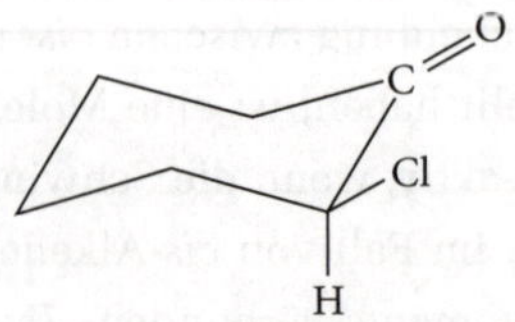

äquatorial
ν_{CO} = 1745 cm^{-1}
12-3

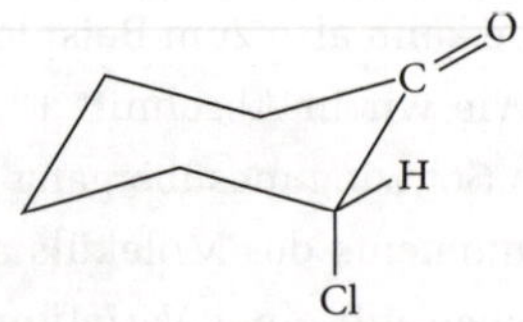

axial
ν_{CO} = 1725 cm^{-1}
12-4

Bei Cyclohexanol-Derivaten findet man die Bande für die C–O-Streckschwingung des äquatorialen Konformers zwischen 1050 und 1030 cm^{-1}, während die entsprechende Bande des axialen Konformers um 10 bis 30 cm^{-1} niedriger liegt.

Für die C=O-Streckschwingung von *ortho*-halogenierten Benzoesäuren treten zwei Banden auf, die auf die beiden Rotamere **12-5** und **12-6** zurückzuführen sind, welche bezüglich der relativen Stellung des Halogenatoms und der Carbonylgruppe als *cisoid* und *transoid* beschrieben werden können. Als weiteres Beispiel wollen wir hier Vinylether nennen, deren C=C-Streckschwingungen für ein Dublett mit Peaks zwischen 1640 und 1620 cm^{-1} sowie zwischen 1620 und 1610 cm^{-1} verantwortlich sind. Diese Banden werden von den Rotameren bezüglich der C–O-Bindung verursacht.

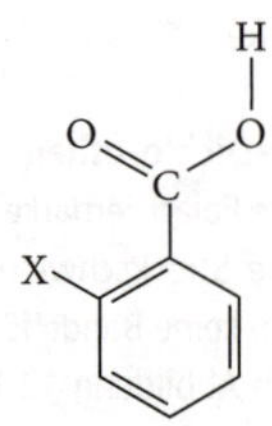

cisoid
12-5

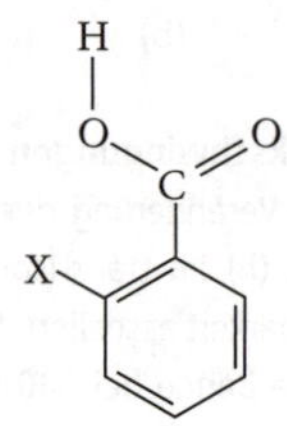

transoid
12-6

12.2.8 Tautomerie

Tautomere stellen eine spezielle Form von Konstitutionsisomeren dar, die unter normalen Bedingungen relativ leicht ineinander umwandelbar sind. Die Gleichgewichtsreaktion zwischen zwei Tautomeren, die meist mit der Umlagerung eines Wasserstoffatoms verbunden ist, läuft aber in der Regel langsam genug ab, um mithilfe der IR-Spektroskopie zwischen den beiden Tautomeren unterscheiden zu können. Ein einfaches Beispiel für Tautomere stellen β-Diketone dar. Die Keto-Form **12-7** besitzt zwei C=O-Gruppen, deren Streckschwingungen unterschiedliche Übergangsfrequenzen aufweisen. Daher beobachtet man für die Keto-Form häufig ein Dublett im üblichen Bereich um 1730 cm^{-1}. Dagegen umfasst die Enol-Form **12-8** nur eine C=O-Gruppe, deren Bande infolge der Wasserstoffbrücke und der Konjugation mit der C=C-Doppelbindung bei etwa 80 bis 100 cm^{-1} niedrigeren Werten zu finden ist. Die C=C-Doppelbindung sollte eine Bande zwischen 1650 und 1600 cm^{-1} verursachen. Folglich können die C=O- und C=C-Streckschwingungsbanden der Enol-Form von β-Diketonen als zwei eng benachbarte, überlappende Banden erscheinen. ▶ Abbildung 12.6 zeigt zur Veranschaulichung das IR-Spektrum von 3-Oxopentansäureethylester (3-Ketopentansäureethylester, 3-Oxovaleriansäureethylester), in dem die beschriebenen Banden der beiden Tautomere gut zu erkennen sind.

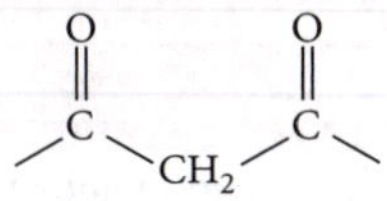

Keto-Form

12-7

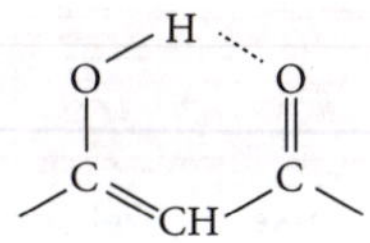

Enol-Form

12-8

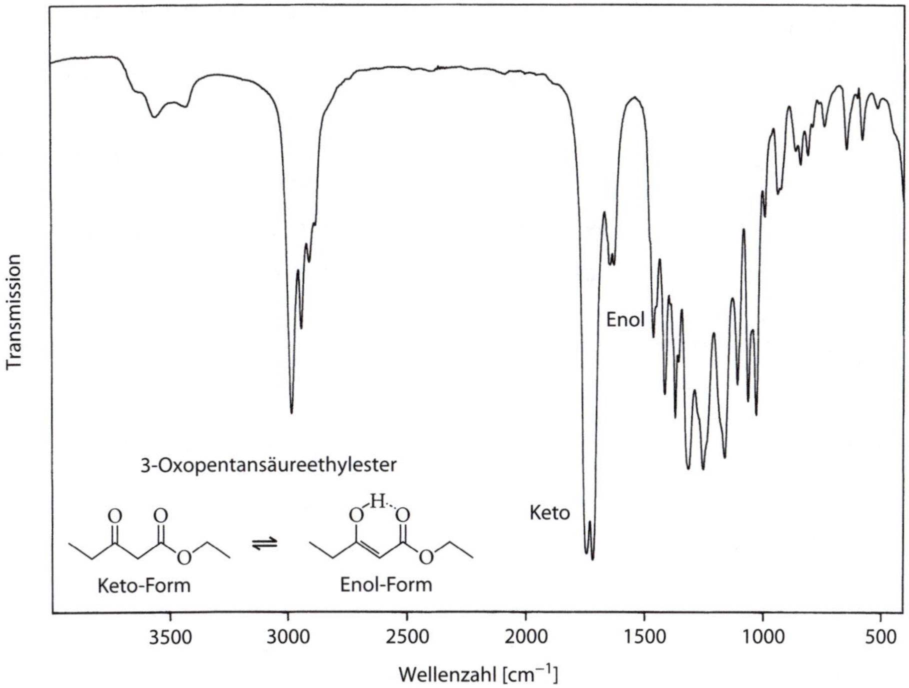

Abbildung 12.6: Das IR-Spektrum von 3-Oxopentansäureethylester.

12.3 Infrarot-Gruppenfrequenzen

Die IR-Banden funktioneller Gruppen liegen in der Regel unabhängig von der Verbindung, in der sich die Gruppe befindet, jeweils in einem relativ engen Frequenzbereich. Daher können aus der Frequenz beziehungsweise Wellenzahl, bei der eine IR-Bande auftritt, Rückschlüsse auf die funktionelle Gruppe gezogen werden, die für die Bande verantwortlich ist. In ▶ Tabelle 12.1 sind die IR-Gruppenfrequenzen einer Reihe funktioneller Gruppen aufgelistet – alphabetisch nach den Namen der Gruppen beziehungsweise Verbindungsklassen geordnet. Infolge mechanischer Kopplungen, Symmetrieeffekten und anderen Einflüssen, die wir in den vorhergehenden Abschnitten diskutiert haben, können allerdings mehr oder weniger große Abweichungen von den Werten in Tabelle 12.1 vorkommen. Die Tabelle ist in keiner Weise vollständig. Um die bekannten Gruppenfrequenzen in ihrer vollen Breite bei der Strukturaufklärung organischer Verbindungen nutzen zu können, sollten Sie auf die am Ende des Kapitels aufgeführte Literatur zurückgreifen.

Tabelle 12.1: Charakteristische IR-Gruppenfrequenzen einiger funktioneller Gruppen und Verbindungsklassen.

Gruppe oder Verbindungsklasse	Wellenzahlbereich [cm^{-1}] und Intensitäten[a]	Zuordnungen und Bemerkungen
Aldehyde		
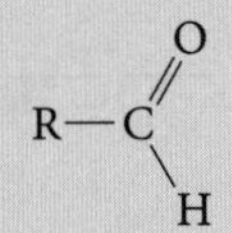	2830–2810 (m)	Dublett durch Fermi-Resonanz von CH-Streckschw. mit CH-Deformationsschw.
	2740–2720 (m)	
	1725–1695 (vs)	C=O-Streckschw.; etwas höher in CCl_4-Lösung
	1440–1320 (s)	H–C=O-Deformationsschw. bei aliphatischen Aldehyden
	695–635 (s)	C–C–CHO-Deformationsschw.
	565–520 (s)	C–C=O-Deformationsschw.
Alkene		
Monosubstituiert $-CH=CH_2$	–	*Siehe* Vinyl
Disubstituiert 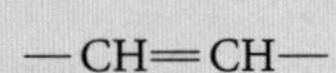 und 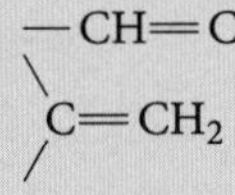	–	*Siehe* Vinylen *und* Vinyliden
Trisubstituiert 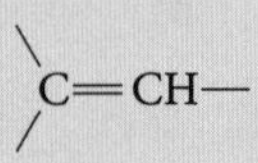	3050–3000 (w)	CH-Streckschw.
	1690–1655 (w–m)	C=C-Streckschw.
	850–790 (m)	CH-Knickschw. (*out of plane*)
Tetrasubstituiert 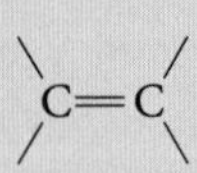	1690–1670 (w)	C=C-Streckschw.; kann bei symmetrischen Verbindungen fehlen
Alkine		
RC≡C–H	3300–3250 (m–s)	Endständige ≡C–H-Streckschw.
	2250–2100 (w–m)	C≡C-Streckschw.; höhere Frequenz bei Konjugation
	680–580 (s)	C≡CH-Deformationsschw.
Alkohole		
Primäre $-CH_2OH$	3640–3630 (s)	OH-Streckschw. in verdünnter Lösung in CCl_4

[a]Hinter den Frequenz- beziehungsweise Wellenzahlbereichen sind die qualitativen Intensitäten der Banden und manchmal auch die Bandenform angegeben. Dabei bedeuten: s = stark, m = mittel und w = schwach (von engl. *weak*) sowie v = sehr (von engl. *very*) und br = breit.

Tabelle 12.1: Charakteristische IR-Gruppenfrequenzen einiger funktioneller Gruppen und Verbindungsklassen. *(Fortsetzung)*

Gruppe oder Verbindungsklasse	Wellenzahlbereich [cm^{-1}] und Intensitäten[a]	Zuordnungen und Bemerkungen
Primäre $-CH_2OH$	1060–1030 (s)	C–OH-Streckschw.; niedrigere Frequenz bei Ungesättigtheit
Sekundäre $-CHROH$	3630–3620 (s)	OH-Streckschw. in verdünnter Lösung in CCl_4
	1120–1080 (s)	C–OH-Streckschw.; niedrigere Frequenz, wenn R verzweigt oder cyclisch ist
Tertiäre $-CR_2OH$	3620–3610 (s)	OH-Streckschw. in verdünnter Lösung in CCl_4
	1160–1120 (s)	C–OH-Streckschw.; niedrigere Frequenz, wenn R verzweigt ist
Allgemein ROH	3350–3250 (s)	OH-Streckschw.; breite Bande bei Feststoffen und reinen Flüssigkeiten
	1440–1260 (m–s, br)	C–OH-Deformationsschw. (*in plane*)
	700–600 (m–s, br)	C–OH-Knickschw. (*out of plane*)
Alkyl		
	2980–2850 (m)	CH-Streckschw.; mehrere Banden
	1470–1450 (m)	CH_2-Deformationsschw.
	1400–1360 (m)	CH_3-Deformationsschw.
	740–720 (w)	CH_2-Schaukelschw.
Amide *siehe* **Carbonsäureamide**		
Amine		
Primäre $-NH_2$	3460–3280 (m)	NH-Streckschw.; breite Bande, die Feinstruktur aufweisen kann
	2830–2810 (m)	CH-Streckschw.
	1650–1590 (s)	NH_2-Deformationsschw.
Sekundäre $-NHR$	3350–3300 (vw)	NH-Streckschw.
	1190–1130 (m)	C–N-Streckschw.
	740–700 (m)	NH-Deformationsschw.
	450–400 (w, br)	C–N–C-Deformationsschw.
Tertiäre $-NR_2$	510–480 (s)	C–N–C-Deformationsschw.

[a]Hinter den Frequenz- beziehungsweise Wellenzahlbereichen sind die qualitativen Intensitäten der Banden und manchmal auch die Bandenform angegeben. Dabei bedeuten: s = stark, m = mittel und w = schwach (von engl. *weak*) sowie v = sehr (von engl. *very*) und br = breit.

Tabelle 12.1: Charakteristische IR-Gruppenfrequenzen einiger funktioneller Gruppen und Verbindungsklassen. *(Fortsetzung)*

Gruppe oder Verbindungsklasse	Wellenzahlbereich [cm^{-1}] und Intensitäten[a]	Zuordnungen und Bemerkungen
Aminosäuren		
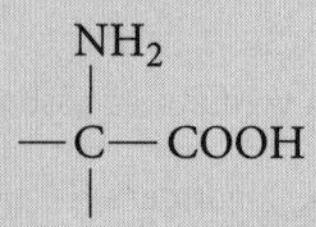	3200–3000 (s)	NH_2- und OH-Streckschw. von in Wasserstoffbrücken eingebundenen Gruppen; sehr breite Bande im festen Zustand
(oder $-CN^+H_3COO^-$)	1600–1590 (s)	Antisymmetrische COO^--Streckschw.
	1550–1480 (m–s)	$-NH_3^+$-Deformationsschw.
	1425–1390 (w–m)	Symmetrische COO^--Streckschw.
	560–500 (s)	COO^--Schaukelschw.
Ammonium		
NH_4^+	3350–3050 (vs)	NH-Streckschw.; breite Bande
	1430–1390 (s)	NH_2-Deformationsschw.; scharfer Peak
Ammoniumhalogenide		
$RNH_3^+X^-$ $R'N^+H_2RX^-$	2800–2300 (m–s)	$-NH_3^+$-Streckschw.; mehrere Peaks
	1600–1500 (m)	NH-Deformationsschw. (eine oder zwei Banden)
Anhydride *siehe* **Carbonsäureanhydride**		
Aromatische Verbindungen		
	3100–3000 (m)	CH-Streckschw.; mehrere Peaks
	2000–1660 (w)	Oberton- und Kombinationsbanden
	1630–1430 (variabel)	Aromatische Ringstreckung (vier Banden)
	900–650 (s)	CH-Knickschw. (*out of plane*; je nach Substitution eine oder zwei Banden)
	580–420 (m–s)	Ringdeformationen (zwei Banden)
Azide		
$-N=N^+=N^-$	2160–2080 (s)	N=N=N-Streckschw.
Bromalkyl		
R–Br	650–500 (m)	C–Br-Streckschw.

[a] Hinter den Frequenz- beziehungsweise Wellenzahlbereichen sind die qualitativen Intensitäten der Banden und manchmal auch die Bandenform angegeben. Dabei bedeuten: s = stark, m = mittel und w = schwach (von engl. *weak*) sowie v = sehr (von engl. *very*) und br = breit.

Tabelle 12.1: Charakteristische IR-Gruppenfrequenzen einiger funktioneller Gruppen und Verbindungsklassen. *(Fortsetzung)*

Gruppe oder Verbindungsklasse	Wellenzahlbereich [cm^{-1}] und Intensitäten[a]	Zuordnungen und Bemerkungen
tert-Butyl		
$(CH_3)_3C$–	2980-2850 (m)	CH-Streckschw.; mehrere Banden
	1400-1370 (m)	CH_3-Deformationsschw.
	1380-1360 (s)	CH_3-Deformationsschw.
Carbodiimide		
–N=C=N–	2150–2100 (vs)	Antisymmetrische N=C=N-Streckschw.
Carbonsäureamide		
Primäre –$CONH_2$	3540–3520 (m)	NH_2-Streckschw. (in verdünnter Lösung); im Feststoff Verschiebung der Banden nach 3360–3340 und 3200–3180 cm^{-1}
	3400–3380 (m)	
	1680–1660 (vs)	C=O-Streckschw. (Amid-I-Bande)
	1650–1610 (m)	NH_2-Deformationsschw.; tritt manchmal als Schulter auf (Amid-II-Bande)
	1420–1400 (m–s)	C–N-Streckschw. (Amid-III-Bande)
Sekundäre –CONHR	3440–3420 (m)	NH-Streckschw. (in verdünnter Lösung); im Feststoff oder bei reiner Flüssigkeit Verschiebung nach 3300–3280 cm^{-1}
	1680–1640 (vs)	C=O-Streckschw. (Amid-I-Bande)
	1560–1530 (vs)	NH-Deformationsschw. (Amid-II-Bande)
	1310–1290 (m)	C–N-Streckschw.
Tertiäre –$CONR_2$	1670–1640 (vs)	C=O-Streckschw.
Allgemein –$CONR_2$	630–570 (s)	N–C=O-Deformationsschw.
	615–535 (s)	C=O-Knickschw. (*out of plane*)
	520–430 (m–s)	C–C=O-Deformationsschw.
Carbonsäureanhydride		
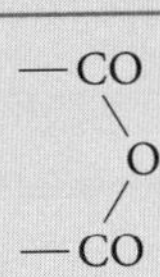	1850–1780 (variabel)	Antisymmetrische C=O-Streckschw.
	1770–1710 (m–s)	Symmetrische C=O-Streckschw.
	1220–1180 (vs)	C–O–C-Streckschw.; höhere Frequenz bei cyclischen Anhydriden

[a]Hinter den Frequenz- beziehungsweise Wellenzahlbereichen sind die qualitativen Intensitäten der Banden und manchmal auch die Bandenform angegeben. Dabei bedeuten: s = stark, m = mittel und w = schwach (von engl. *weak*) sowie v = sehr (von engl. *very*) und br = breit.

Tabelle 12.1: Charakteristische IR-Gruppenfrequenzen einiger funktioneller Gruppen und Verbindungsklassen. *(Fortsetzung)*

Gruppe oder Verbindungsklasse	Wellenzahlbereich [cm^{-1}] und Intensitäten[a]	Zuordnungen und Bemerkungen
Carbonsäureester		
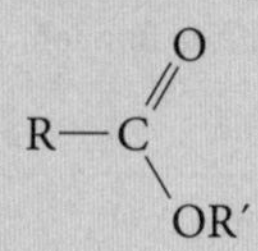	1765–1720 (vs)	C=O-Streckschw.
	1290–1180 (vs)	Antisymmetrische C–O–C-Streckschw.
	645–575 (s)	O–C–O-Deformationsschw.
Carbonsäurehalogenide		
Aliphatische 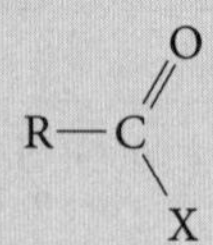	1810–1790 (s)	C=O-Streckschw.; bei Fluoriden etwa um 50 cm^{-1} höhere Wellenzahl
	965–920 (m)	C–C-Streckschw.
	440–420 (s)	Cl–C=O-Deformationsschw. (*in plane*)
Aromatische	1785–1765 (s)	C=O-Streckschw.; zusätzlich eine schwache Bande infolge Fermi-Resonanz bei 1750–1735 cm^{-1}
	890–850 (s)	C–C-Streckschw. (Ar–C) oder C–Cl-Streckschw.
Carbonsäuren		
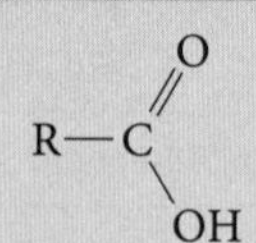	3550–3500 (s)	OH-Streckschw. (Monomer in verdünnter Lösung)
	3300–2400 (s, vbr)	OH-Streckschw. (fester und flüssiger Zustand) von in Wasserstoffbrücken eingebundenen Gruppen
	1800–1740 (s)	C=O-Streckschw. im Monomer (verdünnte Lösung)
	1710–1680 (vs)	C=O-Streckschw. im Dimer (fester und flüssiger Zustand)
	960–910 (s)	C–OH-Deformationsschw.
	700–590 (s)	O–C=O-Deformationsschw.
	550–465 (s)	C–C=O-Deformationsschw.
Carbonyl (allgemein)		
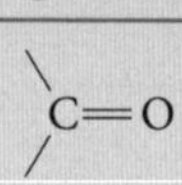	1870–1650 (vs, br)	C=O-Streckschw.

[a]Hinter den Frequenz- beziehungsweise Wellenzahlbereichen sind die qualitativen Intensitäten der Banden und manchmal auch die Bandenform angegeben. Dabei bedeuten: s = stark, m = mittel und w = schwach (von engl. *weak*) sowie v = sehr (von engl. *very*) und br = breit.

Tabelle 12.1: Charakteristische IR-Gruppenfrequenzen einiger funktioneller Gruppen und Verbindungsklassen. *(Fortsetzung)*

Gruppe oder Verbindungsklasse	Wellenzahlbereich [cm^{-1}] und Intensitäten[a]	Zuordnungen und Bemerkungen
Chloralkyl		
R–Cl	850–550 (m)	C–Cl-Streckschw.
Cycloalkane		
	580–430 (s)	Ringdeformation
Ester *siehe* **Carbonsäureester**		
Ether		
R–O–R	1280–1220 (s)	C–O–C-Streckschw. in Alkylarylethern
	1140–1110 (vs)	C–O–C-Streckschw. in Dialkylethern
	1275–1200 (vs)	C–O–C-Streckschw. in Vinylethern
	1250–1170 (s)	C–O–C-Streckschw. in cyclischen Ethern
	1050–1000 (s)	R(Alkyl)–C–O-Streckschw. in Alkylarylethern
Fluoralkyl		
$-CF_3$, $-CF_2-$ et cetera	1400–1000 (vs)	C–F-Streckschw.
Isocyanate		
–N=C=O	2280–2260 (vs)	N=C=O-Streckschw.
Isothiocyanate		
–N=C=S	2140–2040 (vs, br)	Antisymmetrische C=N=S-Streckschw.
Ketone		
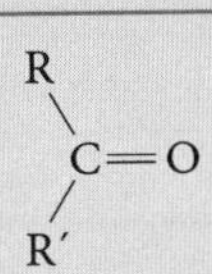	1725–1705 (vs)	C=O-Streckschw. in gesättigten aliphatischen Ketonen
	1700–1650 (vs)	C=O-Streckschw. in aromatischen Ketonen
	1705–1665 (s)	C=O- und C=C-Streckschw. in α,β-ungesättigten Ketonen
	1650–1580 (m)	
Lactone		
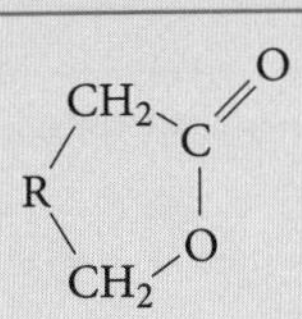	1850–1830 (s)	C=O-Streckschw. in β-Lactonen
	1780–1770 (s)	C=O-Streckschw. in γ-Lactonen
	1750–1730 (s)	C=O-Streckschw. in δ-Lactonen

[a]Hinter den Frequenz- beziehungsweise Wellenzahlbereichen sind die qualitativen Intensitäten der Banden und manchmal auch die Bandenform angegeben. Dabei bedeuten: s = stark, m = mittel und w = schwach (von engl. *weak*) sowie v = sehr (von engl. *very*) und br = breit.

Tabelle 12.1: Charakteristische IR-Gruppenfrequenzen einiger funktioneller Gruppen und Verbindungsklassen. *(Fortsetzung)*

Gruppe oder Verbindungsklasse	Wellenzahlbereich [cm^{-1}] und Intensitäten[a]	Zuordnungen und Bemerkungen
Methyl		
$-CH_3$	2970–2850 (s)	CH-Streckschw. in $C-CH_3$-Verbindungen
	2835–2815 (s)	CH-Streckschw. in Methylethern ($O-CH_3$)
	2820–2780 (s)	CH-Streckschw. in $N-CH_3$-Verbindungen
	1470–1440 (m)	Antisymmetrische CH_3-Deformationsschw.
	1390–1370 (m–s)	Symmetrische CH_3-Deformationsschw.
Methylen		
$-CH_2-$	2940–2920 (m)	CH-Streckschw. in Alkanen
	2860–2850 (m)	
	3090–3070 (m)	CH-Streckschw. in Alkenen
	3020–2980 (m)	
	1470–1450 (m)	CH_2-Deformationsschw.
Naphthaline		
	645–615 (m–s)	Ringdeformation in der Ebene
	545–520 (s)	
	490–465 (variabel)	Ringdeformation aus der Ebene heraus
Nitrile		
$-C\equiv N$	2640–2240 (w)	$C\equiv N$-Streckschw. in aliphatischen Nitrilen
	2240–2220 (m)	$C\equiv N$-Streckschw. in aromatischen Nitrilen
	580–530 (m–s)	C–C–CN-Deformationsschw.
Nitro		
$-NO_2$	1570–1550 (vs)	NO_2-Streckschw. in aliphatischen Nitroverbindungen
	1380–1360 (vs)	
	1480–1460 (vs)	NO_2-Streckschw. in aromatischen Nitroverbindungen
	1360–1320 (vs)	
	920–830 (m)	C–N-Streckschw.

[a]Hinter den Frequenz- beziehungsweise Wellenzahlbereichen sind die qualitativen Intensitäten der Banden und manchmal auch die Bandenform angegeben. Dabei bedeuten: s = stark, m = mittel und w = schwach (von engl. *weak*) sowie v = sehr (von engl. *very*) und br = breit.

Tabelle 12.1: Charakteristische IR-Gruppenfrequenzen einiger funktioneller Gruppen und Verbindungsklassen. *(Fortsetzung)*

Gruppe oder Verbindungsklasse	Wellenzahlbereich [cm^{-1}] und Intensitäten[a]	Zuordnungen und Bemerkungen
$-NO_2$	650–600 (s)	NO_2-Deformationsschw. in aliphatischen Verbindungen
	580–520 (m)	NO_2-Deformationsschw. in aromatischen Verbindungen
	530–470 (m–s)	NO_2-Schaukelschw.
Oxime		
=NOH	3600–3590 (vs)	OH-Streckschw. (in verdünnter Lösung)
	3260–3240 (vs)	OH-Streckschw. (Feststoffe)
	1680–1620 (w)	C=N-Streckschw.; im Raman-Spektrum starke Bande
Phenole		
Ar–OH	720–600 (s, br)	O–H-Knickschw. (*out of plane*)
	450–375 (w)	C–OH-Deformationsschw.
Phenyl		
$-C_6H_5$	3100–3000 (w–m)	CH-Streckschw.
	2000–1700 (w)	Vier schwache Banden; Ober- und Kombinationstöne
	1625–1430 (m–s)	Aromatische C=C-Streckschw. (vier Banden)
	1250–1025 (m–s)	CH-Knickschw. (*in plane*, fünf Banden)
	770–730 (vs)	CH-Knickschw. (*out of plane*)
	710–690 (vs)	Ringdeformation
	560–420 (m–s)	Ringdeformation
Phosphate		
$(RO)_3P=O$ (R = Alkyl)	1285–1255 (vs)	P=O-Streckschw.
	1050–990 (vs)	P–O–C-Streckschw.
$(RO)_3P=O$ (R = Aryl)	1315–1290 (vs)	P=O-Streckschw.
	1240–1190 (vs)	P–O–C-Streckschw.

[a]Hinter den Frequenz- beziehungsweise Wellenzahlbereichen sind die qualitativen Intensitäten der Banden und manchmal auch die Bandenform angegeben. Dabei bedeuten: s = stark, m = mittel und w = schwach (von engl. *weak*) sowie v = sehr (von engl. *very*) und br = breit.

Tabelle 12.1: Charakteristische IR-Gruppenfrequenzen einiger funktioneller Gruppen und Verbindungsklassen. *(Fortsetzung)*

Gruppe oder Verbindungsklasse	Wellenzahlbereich [cm^{-1}] und Intensitäten[a]	Zuordnungen und Bemerkungen
Phosphine		
$-PH_2$, $-PH$	2410–2280 (m)	P–H-Streckschw.
	1100–1040 (w–m)	P–H-Deformationsschw.
	700–650 (m–s)	P–C-Streckschw.
Pyridyl		
$-C_5H_4N$	3080–3020 (m)	CH-Streckschw.
	1620–1580 (vs)	C–C- und C–N-Streckschw.
	1590–1560 (vs)	
	840–720 (s)	CH-Knickschw. (*out of plane*; je nach Substitution eine oder zwei Banden)
$-C_5H_4N$	635–605 (m–s)	Ringdeformation in der Ebene
Säurehalogenide *siehe* Carbonsäurehalogenide		
Silane		
$-SiH_3$, $-SiH_2-$	2160–2110 (m)	Si–H-Streckschw.
	950–800 (s)	Si–H-Deformationsschw.
Silane (vierfach substituiert)		
SiR_4	1280–1250 (m–s)	Si–C-Streckschw.
	1110–1050 (vs)	Si–O–C-Streckschw. (aliphatisch)
	840–800 (m)	Si–O–C-Deformationsschw.
Sulfate		
$R-O-SO_2-O-R$	1140–1350 (s)	S–O-Streckschw. in kovalenten Sulfaten
	1230–1150 (s)	
Sulfatsalze		
$R-O-SO_3^-M^+$ ($M = Na^+$, K^+ et cetera)	1260–1210 (vs)	S=O-Streckschw. in Alkylsulfatsalzen
	810–770 (s)	C–O–S-Streckschw.
Sulfide		
C–S–R	710–570 (m)	C–S-Streckschw.

[a]Hinter den Frequenz- beziehungsweise Wellenzahlbereichen sind die qualitativen Intensitäten der Banden und manchmal auch die Bandenform angegeben. Dabei bedeuten: s = stark, m = mittel und w = schwach (von engl. *weak*) sowie v = sehr (von engl. *very*) und br = breit.

Tabelle 12.1: Charakteristische IR-Gruppenfrequenzen einiger funktioneller Gruppen und Verbindungsklassen. *(Fortsetzung)*

Gruppe oder Verbindungsklasse	Wellenzahlbereich [cm^{-1}] und Intensitäten[a]	Zuordnungen und Bemerkungen
Sulfone		
$-SO_2-$	1360–1290 (vs)	Antisymmetrische SO_2-Streckschw.
	1170–1120 (vs)	Symmetrische SO_2-Streckschw.
	610–545 (m–s)	SO_2-Deformationsschw.
Sulfonsäuren		
$-SO_2OH$	1250–1150 (vs, br)	S=O-Streckschw.
Sulfoxide		
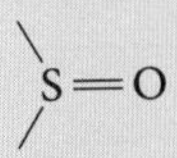	1060–1030 (s, br)	S=O-Streckschw.
Thiocyanate		
–S–C≡N	2175–2160 (m)	C≡N-Streckschw.
	650–600 (w)	S–CN-Streckschw.
	405–400 (s)	S–C≡N-Deformationsschw.
Thiole		
–S–H	2590–2560 (w)	S–H-Streckschw.
	700–550 (w)	C–S-Streckschw.
Triazine		
$C_3N_2Y_3$ 1,3,5-trisubstituiert	1600–1500 (vs)	Ringstreckung
	1380–1350 (vs)	Ringstreckung
	820–800 (s)	CH-Knickschw. (*out of plane*)
Vinyl		
$-CH=CH_2$	3095–3080 (m)	$=CH_2$-Streckschw.
	3030–2980 (w–m)	=CH-Streckschw.
	1850–1800 (w–m)	Oberton der CH_2-Nickschw. (*out of plane*)
	1645–1615 (m–s)	C=C-Streckschw.

[a]Hinter den Frequenz- beziehungsweise Wellenzahlbereichen sind die qualitativen Intensitäten der Banden und manchmal auch die Bandenform angegeben. Dabei bedeuten: s = stark, m = mittel und w = schwach (von engl. *weak*) sowie v = sehr (von engl. *very*) und br = breit.

Tabelle 12.1: Charakteristische IR-Gruppenfrequenzen einiger funktioneller Gruppen und Verbindungsklassen. *(Fortsetzung)*

Gruppe oder Verbindungsklasse	Wellenzahlbereich [cm^{-1}] und Intensitäten[a]	Zuordnungen und Bemerkungen
$-CH=CH_2$	1000–950 (s)	CH-Knickschw. (*out of plane*)
	950–900 (vs)	CH_2-Nickschw. (*out of plane*)
Vinylen		
$-CH=CH-$	3040–3010 (m)	$=CH_2$-Streckschw.
	1665–1635 (w–m)	C=C-Streckschw. (*cis*-Isomer)
	1675–1665 (w–m)	C=C-Streckschw. (*trans*-Isomer)
	980–955 (s)	CH-Knickschw. (*out of plane*, *cis*-Isomer)
	730–665 (s)	CH-Knickschw. (*out of plane*, *trans*-Isomer)
Vinyliden		
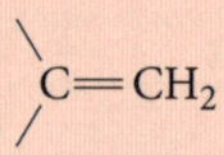	3095–3075 (m)	$=CH_2$-Streckschw.
	1665–1620 (w–m)	C=C-Streckschw.
	895–885 (s)	CH_2-Nickschw. (*out of plane*)

[a]Hinter den Frequenz- beziehungsweise Wellenzahlbereichen sind die qualitativen Intensitäten der Banden und manchmal auch die Bandenform angegeben. Dabei bedeuten: s = stark, m = mittel und w = schwach (von engl. *weak*) sowie v = sehr (von engl. *very*) und br = breit.

12.4 Raman-Gruppenfrequenzen

In Abhängigkeit von der Symmetrie eines Moleküls kann eine Schwingung eine IR-Absorption, eine Raman-Streuung oder beides verursachen. Im letzten Fall erscheinen die zugehörigen Banden im IR- und im Raman-Spektrum bei der gleichen Wellenzahl, weisen aber häufig stark unterschiedliche Intensitäten auf. Meistens liefert das Raman-Spektrum daher keine Informationen, die über die des IR-Spektrums wesentlich hinausgehen. In einigen Fällen können dem Raman-Spektrum allerdings zusätzliche Informationen entnommen werden – insbesondere im Niedrigfrequenzbereich der fernen IR-Region, aus der häufig keine IR-Daten verfügbar sind.

Da für eine Schwingung nur eine IR-Bande erscheint, wenn die Schwingung mit der Änderung des Dipolmoments verbunden ist, sollten die Schwingungen von polaren Bindungen und Gruppen zu intensiven IR-Banden führen. Für das Auftreten einer Raman-Bande ist dagegen eine Veränderung der Polarisierbarkeit des Moleküls erforderlich. Daher sollten intensive Raman-Banden vor allem von Gruppen mit symmetrischer Ladungsverteilung hervorgerufen werden. Einige der wichtigsten Raman-Banden stammen von C=C-, N=N-, C≡C- und S–S-Streckschwingungen. In ▶ Tabelle 12.2 sind die Raman-Gruppenfrequenzen einer Reihe funktioneller Gruppen aufgelistet – alphabetisch nach den Namen der Gruppen beziehungsweise Verbindungsklassen geordnet.

Tabelle 12.2: Charakteristische Raman-Gruppenfrequenzen einiger funktioneller Gruppen und Verbindungsklassen.

Gruppe oder Verbindungsklasse	Wellenzahlbereich [cm^{-1}] und Intensitäten[a]	Zuordnungen und Bemerkungen
Aldehyde		
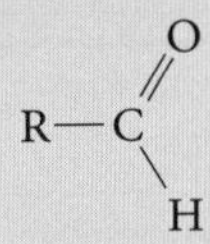	1730–1700 (m)	C=O-Streckschw.
***n*-Alkane**		
	2980–2800 (vs)	CH-Streckschw.
	1475–1450 (s)	Antisymmetrische CH_3-Deformationsschw.
	1350–1300 (m–s)	CH_2-Deformationsschw.
	340–230 (s)	–C–C–C–-Deformationsschw.
Alkene		
	3090–3010 (m)	CH-Streckschw.
	1675–1600 (m–s)	C=C-Streckschw.; intensiver als IR-Bande
	1450–1200 (vs)	CH-Knickschw. (*in plane*)
Cis-Alkene R′CH=CHR	590–570 (m)	
	420–400 (m)	Gerüstdeformation
	310–290 (m)	
Trans-Alkene R′CH=CHR	500–480 (m)	Gerüstdeformation
	220–200 (m)	
Endständige Alkene $RCH=CH_2$, $RR'C=CH_2$	500–480 (m)	
	440–390 (m)	Gerüstdeformation
	270–250 (m)	
Alkine		
≡CH	3340–3270 (s)	CH-Streckschw.
R–C≡C–R	2300–2190 (s)	C≡C-Streckschw. in disubstituierten Alkinen; manchmal zwei Banden (Fermi-Dublett)

[a]Hinter den Frequenz- beziehungsweise Wellenzahlbereichen sind die qualitativen Intensitäten der Banden und manchmal auch die Bandenform angegeben. Dabei bedeuten: s = stark, m = mittel und w = schwach (von engl. *weak*) sowie v = sehr (von engl. *very*) und br = breit.

Tabelle 12.2: Charakteristische Raman-Gruppenfrequenzen einiger funktioneller Gruppen und Verbindungsklassen. *(Fortsetzung)*

Gruppe oder Verbindungsklasse	Wellenzahlbereich [cm^{-1}] und Intensitäten[a]	Zuordnungen und Bemerkungen
R–C≡C–H	2140–2100 (s)	C≡C-Streckschw. in monosubstituierten Alkinen
	650–600 (m)	C–C≡CH-Deformationsschw.
Alkohole		
R–OH	3400–3300 (vw)	OH-Streckschw.; breite Bande
	1450–1350 (m)	OH-Knickschw. (*in plane*)
	1150–1050 (m–s)	Antisymmetrische C–O-Streckschw.
	970–800 (s)	Symmetrische C–C–O-Streckschw.
Allene		
C=C=C	2000–1960 (s)	Antisymmetrische –C=C=C–-Streckschw.
	1080–1060 (vs)	Symmetrische –C=C=C–-Streckschw.
Amide *siehe* Carbonsäureamide		
Amine, aliphatische		
Primäre RNH_2	3550–3330 (m)	Antisymmetrische NH_2-Streckschw.
	3450–3240 (m)	Symmetrische NH_2-Streckschw.
	1090–1070 (m)	C–N-Streckschw.
Sekundäre R′NHR	3350–3300 (w)	NH-Streckschw.
	1190–1130 (m)	C–N-Streckschw.
Amine, aromatische		
	1380–1250 (s)	C–N-Streckschw.
Aminosäuren		
$–CNH_2COOH$ oder $–CN^+H_3COO^-$	1600–1590 (w)	Antisymmetrische OCO-Streckschw.
	1400–1350 (vs)	Symmetrische OCO-Streckschw.
	900–850 (vs)	Symmetrische C–C–N-Streckschw.
Anhydride *siehe* Carbonsäureanhydride		

[a]Hinter den Frequenz- beziehungsweise Wellenzahlbereichen sind die qualitativen Intensitäten der Banden und manchmal auch die Bandenform angegeben. Dabei bedeuten: s = stark, m = mittel und w = schwach (von engl. *weak*) sowie v = sehr (von engl. *very*) und br = breit.

Tabelle 12.2: Charakteristische Raman-Gruppenfrequenzen einiger funktioneller Gruppen und Verbindungsklassen. *(Fortsetzung)*

Gruppe oder Verbindungsklasse	Wellenzahlbereich [cm^{-1}] und Intensitäten[a]	Zuordnungen und Bemerkungen
Aromatische Verbindungen		
	3070–3020 (s)	CH-Streckschw.
	1620–1580 (m–s)	C=C-Streckschw.; IR-Bande kann schwach sein
	1045–1015 (m)	CH-Knickschw. (*in plane*)
	1010–990 (vs)	Ringpulsation (fehlt bei 1,2- und 1,4-disubstituierten Verbindungen)
	900–650 (m)	CH-Knickschw. (*out of plane*, eine oder zwei Banden)
Azide		
$-N=N^+=N^-$	2170–2080 (s)	Antisymmetrische NNN-Streckschw.
	1345–1175 (s)	Symmetrische NNN-Streckschw.
Azo		
–N=N–	1580–1570 (vs)	Unkonjugierte Verbindungen
	1420–1410 (vs)	In Konjugation zu einem aromatischen Ring
	1060–1030 (vs)	–C–N-Streckschw. in aromatischen Azoverbindungen
Benzol-Derivate		
Monosubstituiert	630–610 (s)	CH-Knickschw. (*out of plane*)
1,2-Disubstituiert und 1,2,4-trisubstituiert	750–700 (s)	CH-Knickschw. (*out of plane*)
1,3-Disubstituiert	750–700 (s)	CH-Knickschw. (*out of plane*)
	480–450 (m)	Ringdeformation aus der Ebene heraus
1,2,3-Trisubstituiert	655–645 (s)	CH-Knickschw. (*out of plane*)
1,3,5-Trisubstituiert	570–550 (s)	CH-Knickschw. (*out of plane*)
Bromalkyl		
R–Br	650–490 (vs)	C–Br-Streckschw.

[a]Hinter den Frequenz- beziehungsweise Wellenzahlbereichen sind die qualitativen Intensitäten der Banden und manchmal auch die Bandenform angegeben. Dabei bedeuten: s = stark, m = mittel und w = schwach (von engl. *weak*) sowie v = sehr (von engl. *very*) und br = breit.

TEIL III

Tabelle 12.2: Charakteristische Raman-Gruppenfrequenzen einiger funktioneller Gruppen und Verbindungsklassen. *(Fortsetzung)*

Gruppe oder Verbindungsklasse	Wellenzahlbereich [cm^{-1}] und Intensitäten[a]	Zuordnungen und Bemerkungen
R–Br	310–270 (s)	C–C–Br-Deformationsschw.
tert-Butyl		
$(CH_3)_3C$–	1250–1200 (m–s)	CH_3-Deformationsschw. (zwei Banden)
	940–920 (s)	CH_3-Schaukelschw.
Carbonsäureamide		
Primäre –$CONH_2$	3540–3520 (w)	Antisymmetrische NH_2-Streckschw. (in verdünnter Lösung)
	3400–3380 (w)	Symmetrische NH_2-Streckschw. (in verdünnter Lösung)
	1680–1660 (m)	C=O-Streckschw. (Amid-I-Bande)
	1420–1400 (s)	C–N-Streckschw. (Amid-III-Bande)
Sekundäre –CONHR	3440–3420 (s)	NH-Streckschw. (in verdünnter Lösung)
	1680–1640 (w)	Amid-I-Bande
	1310–1280 (s)	Amid-III-Bande
Tertiäre –$CONR_2$	1670–1640 (m)	Amid-I-Bande
Carbonsäureanhydride		
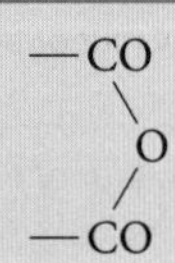	1850–1780 (w–m)	Antisymmetrische C=O-Streckschw.
	1770–1710 (m)	Symmetrische C=O-Streckschw.
Carbonsäurechloride		
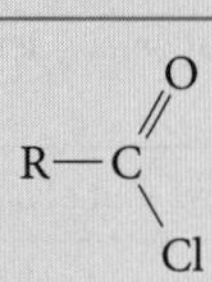	1800–1790 (s)	C=O-Streckschw.
Carbonsäureester		
Aliphatisch gesättigt	1140–1110 (m)	C–O–C-Streckschw.

[a]Hinter den Frequenz- beziehungsweise Wellenzahlbereichen sind die qualitativen Intensitäten der Banden und manchmal auch die Bandenform angegeben. Dabei bedeuten: s = stark, m = mittel und w = schwach (von engl. *weak*) sowie v = sehr (von engl. *very*) und br = breit.

Tabelle 12.2: Charakteristische Raman-Gruppenfrequenzen einiger funktioneller Gruppen und Verbindungsklassen. *(Fortsetzung)*

Gruppe oder Verbindungsklasse	Wellenzahlbereich [cm^{-1}] und Intensitäten[a]	Zuordnungen und Bemerkungen
Aliphatisch ungesättigt R(O=C)O–C=C–	1275–1200 (m)	Antisymmetrische C–O–C-Streckschw.
	1075–1020 (s)	Symmetrische C–O–C-Streckschw.
Aromatisch	1310–1210 (m)	C–O–C-Streckschw.
	1050–1010 (m)	
Carbonsäuren		
	1680–1640 (s)	Symmetrische C=O-Streckschw. im Dimer
Carbonyl (allgemein)		
C=O	1870–1650 (w–s)	C=O-Streckschw.; schwächer als IR-Bande
Chloralkyl		
R–Cl	850–650 (s)	C–Cl-Streckschw.
	340–290 (s)	C–C–Cl-Deformationsschw.
Cyanamide		
	1150–1140 (vs)	Symmetrische –N=C=N–-Streckschw.
Cyclobutane		
	1000–960 (vs)	Ringpulsation
	700–680 (s)	Ringdeformation
	180–150 (s)	Ringdeformation aus der Ebene heraus
Cyclohexane		
	1460–1440 (s)	CH_2-Deformationsschw.
	825–815 (s)	Ringschwingungen (Boot)
	810–795 (s)	Ringschwingungen (Sessel)
Cyclopentane		
	1450–1430 (s)	CH_2-Deformationsschw.

[a]Hinter den Frequenz- beziehungsweise Wellenzahlbereichen sind die qualitativen Intensitäten der Banden und manchmal auch die Bandenform angegeben. Dabei bedeuten: s = stark, m = mittel und w = schwach (von engl. *weak*) sowie v = sehr (von engl. *very*) und br = breit.

TEIL III

Tabelle 12.2: Charakteristische Raman-Gruppenfrequenzen einiger funktioneller Gruppen und Verbindungsklassen. *(Fortsetzung)*

Gruppe oder Verbindungsklasse	Wellenzahlbereich [cm^{-1}] und Intensitäten[a]	Zuordnungen und Bemerkungen
	900–880 (s)	Ringpulsation
Cyclopropane		
	1210–1180 (s)	Ringpulsation
	830–810 (s)	Ringdeformation
Disulfide		
C–S–S–C	550–430 (vs)	S–S-Streckschw.
Epoxide		
	1280–1260 (s)	Symmetrische Ringstreckung
Ester *siehe* **Carbonsäureester**		
Isocyanate		
–N=C=O	1440–1400	Symmetrische N=C=O-Streckschw.
Isopropyl		
$(CH_3)_2CH$–	1180–1160 (m)	CH_3-Schaukelschw.
	835–795 (m–s)	C–C-Streckschw.
Ketene		
C=C=O	2060–2040 (vs)	C=C=O-Streckschw.
Ketone		
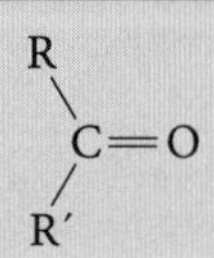	1725–1705 (m)	C=O-Streckschw. in gesättigten Verbindungen
	1700–1650 (m)	C=O-Streckschw. in aromatischen Verbindungen
	1750–1705 (m)	C=O-Streckschw. in alicyclischen Ketonen
Lactone		
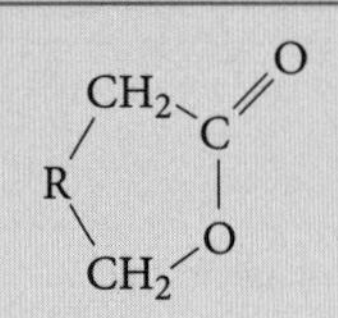	1850–1730 (s)	C=O-Streckschw.

[a]Hinter den Frequenz- beziehungsweise Wellenzahlbereichen sind die qualitativen Intensitäten der Banden und manchmal auch die Bandenform angegeben. Dabei bedeuten: s = stark, m = mittel und w = schwach (von engl. *weak*) sowie v = sehr (von engl. *very*) und br = breit.

Tabelle 12.2: Charakteristische Raman-Gruppenfrequenzen einiger funktioneller Gruppen und Verbindungsklassen. *(Fortsetzung)*

Gruppe oder Verbindungsklasse	Wellenzahlbereich [cm^{-1}] und Intensitäten[a]	Zuordnungen und Bemerkungen
Mercaptane		
C–SH	850–820 (vs)	S–H-Knickschw. (*in plane*)
	700–600 (vs)	C–S-Streckschw.; IR-Bande schwach
Methyl		
$-CH_3$	2980–2800 (vs)	CH-Streckschw.
	1470–1460 (s)	CH_3-Deformationsschw.
Methylen		
$=CH_2$ oder $-CH_2-$	3090–3070 (s)	Antisymmetrische $=CH_2$-Streckschw.
	3020–2980 (s)	Symmetrische $=CH_2$-Streckschw.
	2940–2920 (s)	Antisymmetrische $-CH_2-$-Streckschw.
	2860–2850 (s)	Symmetrische $-CH_2-$-Streckschw.
	1350–1150 (m–s)	CH_2-Nickschw. und CH_2-Torsionsschw.; nur schwache oder fehlende Bande im IR-Spektrum
Nitrile		
–C–C≡N	2260–2240 (s)	C≡N-Streckschw.; unkonjugiert
	2230–2220 (s)	C≡N-Streckschw.; konjugiert
	1080–1025 (s–vs)	C–C–C-Streckschw.
	840–800 (s–vs)	Symmetrische C–C–CN-Streckschw.
	380–280 (s–vs)	C–C≡N-Deformationsschw.
Nitrite		
–ONO	1660–1620 (s)	N=O-Streckschw. in Alkylnitriten
Nitro		
$-NO_2$	1570–1550 (w)	Antisymmetrische NO_2-Streckschw.
	1380–1360 (s)	Symmetrische NO_2-Streckschw.
	920–830 (s)	C–N-Streckschw.
	650–520 (m)	NO_2-Deformationsschw.

[a] Hinter den Frequenz- beziehungsweise Wellenzahlbereichen sind die qualitativen Intensitäten der Banden und manchmal auch die Bandenform angegeben. Dabei bedeuten: s = stark, m = mittel und w = schwach (von engl. *weak*) sowie v = sehr (von engl. *very*) und br = breit.

TEIL III

Tabelle 12.2: Charakteristische Raman-Gruppenfrequenzen einiger funktioneller Gruppen und Verbindungsklassen. *(Fortsetzung)*

Gruppe oder Verbindungsklasse	Wellenzahlbereich [cm^{-1}] und Intensitäten[a]	Zuordnungen und Bemerkungen
Oxime		
=NOH	1680–1620 (vs)	C=N-Streckschw.; IR-Bande kann fehlen
Peroxide		
–C–O–O–C–	900–850 (variabel)	O–O-Streckschw.; IR-Bande schwach
Phosphine		
	2350–2240 (m)	P–H-Streckschw.
Pyridine		
	1620–1560 (m)	Ringstreckung
	1020–980 (vs)	Ringpulsation
Pyrrole		
	3450–3350 (s)	NH-Streckschw.
	1420–1360 (vs)	Ringstreckung
Säurechloride *siehe* **Carbonsäurechloride**		
Siliciumorganische Verbindungen		
	1300–1200 (s)	Si–C-Streckschw.
Sulfide		
C–S	705–570 (s)	C–S-Streckschw.
Sulfonamide		
$–SO_2NH_2$	1155–1135 (vs)	SO_2-Streckschw.
Sulfone		
$–SO_2–$	1360–1290 (m)	Antisymmetrische SO_2-Streckschw.
	1170–1120 (s)	Symmetrische SO_2-Streckschw.
	610–545 (s)	SO_2-Deformationsschw.
Sulfoxide		
$>SO$	1050–1010 (s)	S=O-Streckschw.

[a]Hinter den Frequenz- beziehungsweise Wellenzahlbereichen sind die qualitativen Intensitäten der Banden und manchmal auch die Bandenform angegeben. Dabei bedeuten: s = stark, m = mittel und w = schwach (von engl. *weak*) sowie v = sehr (von engl. *very*) und br = breit.

Tabelle 12.2: Charakteristische Raman-Gruppenfrequenzen einiger funktioneller Gruppen und Verbindungsklassen. *(Fortsetzung)*

Gruppe oder Verbindungsklasse	Wellenzahlbereich [cm^{-1}] und Intensitäten[a]	Zuordnungen und Bemerkungen
Sulfonylchloride		
R–OSOCl	1230–1200 (m)	S=O-Streckschw.
Thiocyanate		
–S–C≡N	650–600 (s)	S–CN-Streckschw.
Thiole		
RSH	2590–2560 (vs)	S–H-Streckschw.
	700–550 (vs)	C–S-Streckschw.
	340–320 (vs)	C–S–H-Deformationsschw. (*out of plane*)
Thiophene		
	740–680 (vs)	C–S–C-Streckschw.
	570–430 (s)	Ringdeformation
Xanthate		
–O–(C=S)–S–	670–620 (vs)	C=S-Streckschw.; im IR nicht zu beobachten
	480–450 (vs)	C–S-Streckschw.

[a]Hinter den Frequenz- beziehungsweise Wellenzahlbereichen sind die qualitativen Intensitäten der Banden und manchmal auch die Bandenform angegeben. Dabei bedeuten: s = stark, m = mittel und w = schwach (von engl. *weak*) sowie v = sehr (von engl. *very*) und br = breit.

12.5 Vorbereitende Analyse

12.5.1 Allgemein

Die Analyse eines IR-Spektrums beginnt sinnvollerweise mit einer groben Analyse, bei der die möglicherweise im Analyten anwesenden funktionellen Gruppen auf die in ▶ Tabelle 12.3 aufgelisteten 13 Gruppen wichtiger funktioneller Gruppen eingeschränkt werden.

Tabelle 12.3: Zuordnung von Wellenzahlbereichen in IR-Spektren zu Gruppen wichtiger funktioneller Gruppen für die vorbereitende Analyse.

Wellenzahlbereich [cm^{-1}]	Gruppe	Mögliche Verbindungsklassen
3700–3100	–OH	Alkohole, Aldehyde, Carbonsäuren
	–NH	Amide, Amine
	≡C–H	Alkine

TEIL III

Tabelle 12.3: Zuordnung von Wellenzahlbereichen in IR-Spektren zu Gruppen wichtiger funktioneller Gruppen für die vorbereitende Analyse. *(Fortsetzung)*

Wellenzahlbereich [cm^{-1}]	Gruppe	Mögliche Verbindungsklassen
3100–3000	=CH oder $-CH_2-$	Aromaten, Alkene, kleine Ringe
3000–2800	–CH, $-CH_2-$, $-CH_3$	Aliphatische Gruppen
2800–2600	–CHO	Aldehyde (Fermi-Dublett)
2700–2400	–SH	Mercaptane, Thiole
	–PH	Phosphine
2400–2200	C≡N	Nitrile
	$-N=N^+=N^-$	Azide
	–C≡C–	Alkine
1870–1650	C=O	Säurehalogenide, Aldehyde, Amide, Aminosäuren, Anhydride, Carbonsäuren, Ester, Ketone, Lactame, Lactone, Chinone
1650–1550	C=C, C=N, NH	Ungesättigte Aliphaten[a], Aromaten, ungesättigte Heterocyclen, Amide, Amine, Aminosäuren
1550–1300	NO_2	Nitroverbindungen
	CH_3 und CH_2	Alkane, Alkene, Arene et cetera
1300–1000	C–O–C und C–OH	Ether, Alkohole, Zucker
	S=O, P=O, C–F	Schwefel-, Phosphor- und Fluorverbindungen
1100–800	Si–O und P–O	Silicium- und phosphororganische Verbindungen
1000–650	=C–H	Alkene und Aromaten
	–NH	Aliphatische Amine
800–400	C–Halogen	Halogenverbindungen
	Aromatische Ringe	Aromaten

[a]Bei entsprechender Symmetrie kann die Bande fehlen (*siehe* Abschnitt 12.2.1).

Bestimmte Typen von Verbindungen ergeben intensive, breite Absorptionsbanden, die im IR-Spektrum besonders deutlich hervortreten. Wenn die Gruppen in Wasserstoffbrücken eingebunden sind, erscheinen zum Beispiel für die OH-Streckschwingungen der Hydroxylgruppen von Alkoholen, Phenolen und Carbonsäuren solche leicht erkennbaren Banden am Hochfrequenzende des Spektrums. Die Streckschwingungen der NH_3^+-Gruppen von Aminosäuren verursachen sehr breite, asymmetrische Banden, die sich über einen Wellenzahlbereich von mehreren Hundert

cm^{-1} erstrecken. Breite Banden, die auf Deformationsschwingungen der NH_2- und NH-Gruppen von primären und sekundären Aminen zurückzuführen sind, treten am Niedrigfrequenzende des Spektrums auf. Auch Amide verursachen breite Banden in diesem Bereich. ▶ Abbildung 12.7 zeigt einige charakteristische Beispiele für die hier beschriebenen Absorptionsbanden.

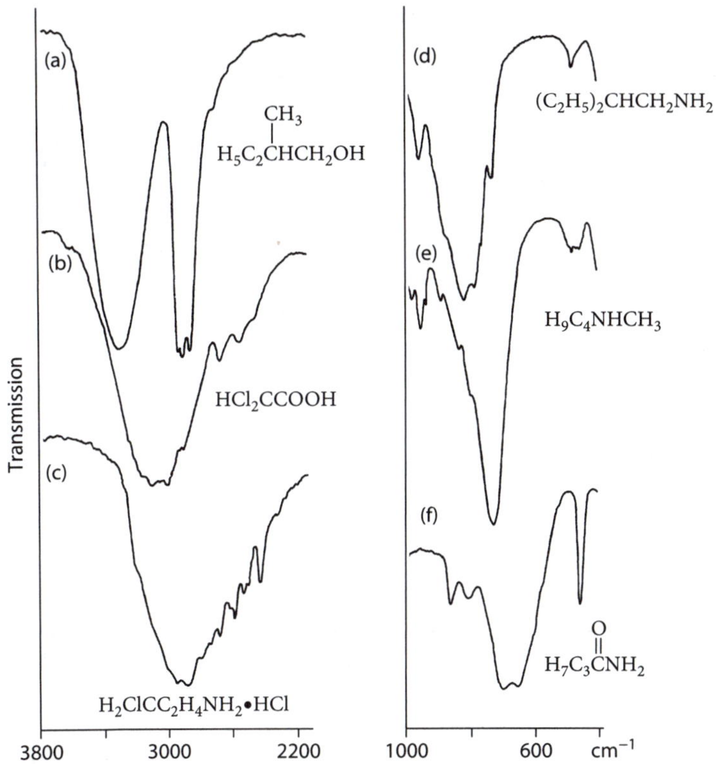

Abbildung 12.7: **Einige charakteristische Beispiele für breite IR-Absorptionsbanden.**

Die nächsten drei Abschnitte beschäftigen sich mit der vorbereitenden Analyse der IR-Spektren (1) des Kohlenwasserstoffanteils von Molekülen, (2) von Verbindungen, die Kohlenstoff, Wasserstoff und Sauerstoff enthalten, sowie (3) von Substanzen, in denen darüber hinaus Stickstoff vorkommt. Nach der vorbereitenden Untersuchung des Spektrums sollte man bereits eine fundierte Vorstellung über die möglichen Funktionalitäten des Analyten besitzen. Anschließend kann das Spektrum mit diesem Vorwissen gezielt im Detail analysiert werden. Einige der detaillierten strukturellen Informationen, die durch eine solche Analyse gewonnen werden können, diskutieren wir in den nachfolgenden Abschnitten.

12.5.2 Kohlenwasserstoffe und Kohlenwasserstoffgruppen

Die Natur eines Kohlenwasserstoffs oder des Kohlenwasserstoffanteils eines Moleküls kann durch einen ersten Blick auf den Bereich zwischen 3100 und 2800 cm^{-1} identifiziert werden. Erscheint zwischen 3100 und 3000 cm^{-1} keine Bande im IR-Spektrum, enthält die Verbindung keine aromatischen oder ungesättigten aliphatischen =CH-Gruppen. Eine Ausnahme von dieser Regel stellen Cyclopropane dar, die Banden oberhalb von 3000 cm^{-1} verursachen. Liegen die Banden in diesem Bereich vollständig über 3000 cm^{-1}, handelt es sich wahrscheinlich um einen Aromaten oder eine

Verbindung, die nur aus =CH und/oder $=CH_2$-Gruppen besteht. Absorptionen über und unter 3000 cm^{-1} innerhalb dieser Region können somit als Hinweise auf die Anwesenheit von ungesättigten beziehungsweise gesättigten Kohlenwasserstoffeinheiten im Analyten gewertet werden. Ein Beispielspektrum finden Sie in ▶ Abbildung 12.8.

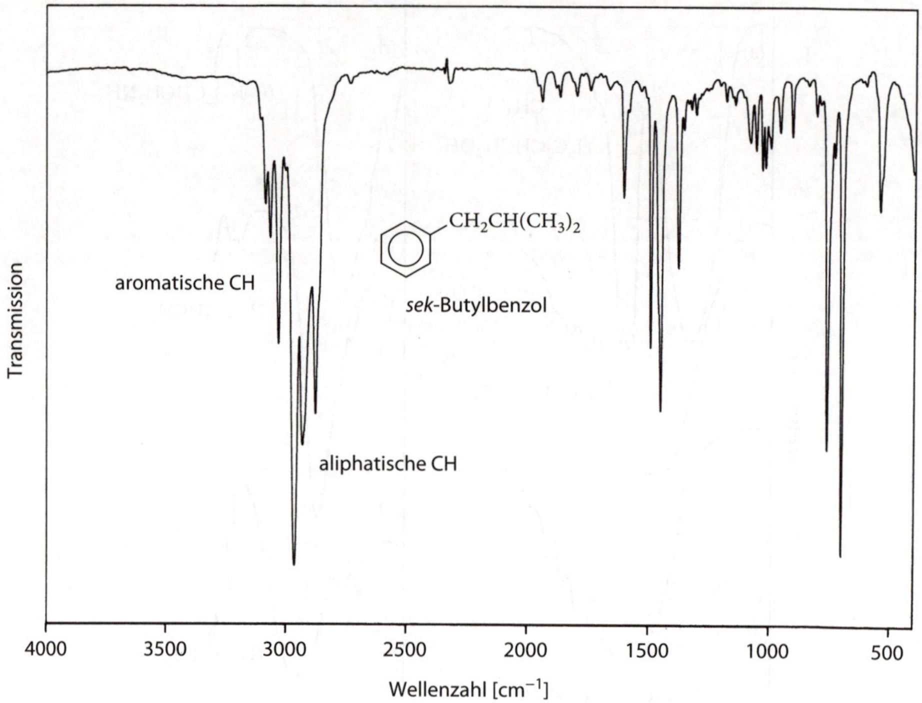

Abbildung 12.8: Das IR-Spektrum von *sek*-Butylbenzol.

Zur Bestätigung dieser Zuordnungen sollte außerdem der Bereich zwischen 1000 und 650 cm^{-1} untersucht werden. Starke Banden in dieser Region deuten auf Alkene oder aromatische Strukturen hin. Eine kleine scharfe Bande bei etwa 725 cm^{-1} ist für lineare Alkylketten mit vier oder mehr CH_2-Gruppen charakteristisch. Die Anwesenheit von CH_2-Gruppen wird außerdem durch eine intensive Bande bei etwa 1440 cm^{-1} im IR- und Raman-Spektrum untermauert.

12.5.3 Sauerstoffhaltige Verbindungen

Wenn aus der Elementaranalyse oder der hochauflösenden Massenspektrometrie auf ein oder mehrere Sauerstoffatome im Molekül geschlossen werden kann, sollte in drei Bereichen nach Banden der sauerstoffhaltigen funktionellen Gruppe(n) gesucht werden. Eine starke, breite Bande zwischen 3500 und 3200 cm^{-1} kann wahrscheinlich auf die OH-Streckschwingung der Hydroxylgruppe eines Alkohols oder Phenols zurückgeführt werden, die in eine Wasserstoffbrücke eingebunden ist (siehe Abschnitt 12.2.4). Beachten Sie aber unbedingt, dass Wasser auch in dieser Region absorbiert. Ohne Einbindung in eine Wasserstoffbrücke ist die OH-Streckschwingungsbande scharf und liegt bei höheren Wellenzahlen zwischen 3650 und 3600 cm^{-1}. Die OH-Streckschwingungen von Carbonsäuren ergeben sehr breite Banden zwischen 3200 und 2700 cm^{-1} (siehe Abschnitt 12.2.4). Diese Bande kann von mehreren sichtbaren scharfen Peaks im Bereich von 3000 cm^{-1} überlagert sein, die von CH-Streckschwingungen stammen.

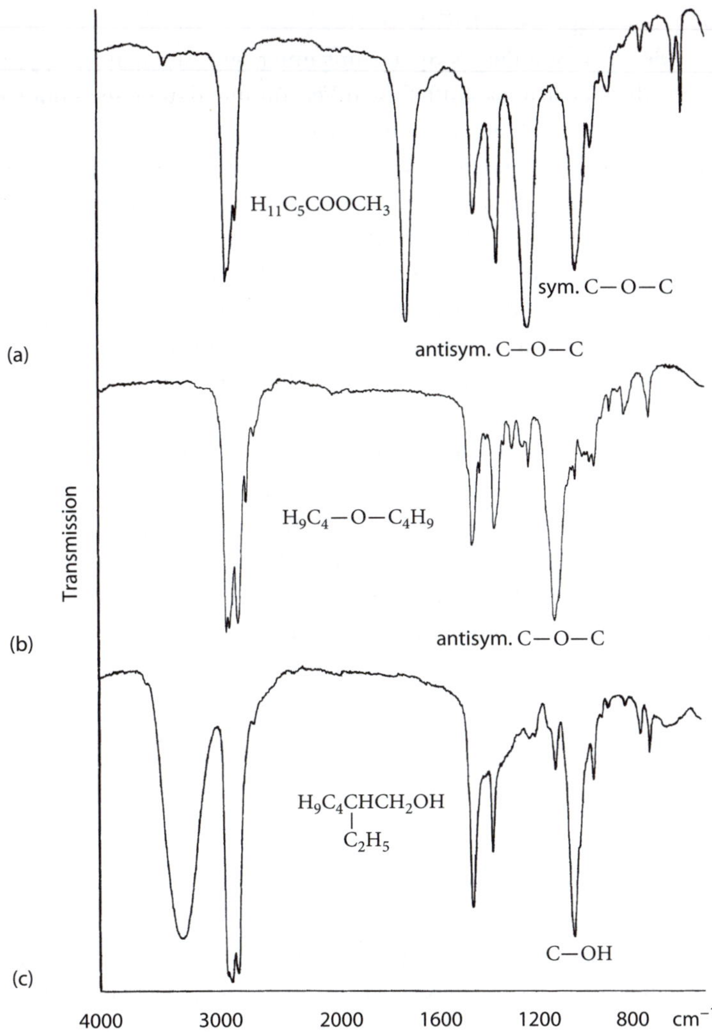

Abbildung 12.9: Beispiele für IR-Spektren sauerstoffhaltiger Verbindungen. (a) IR-Spektrum eines Esters. (b) IR-Spektrum eines Ethers. (c) IR-Spektrum eines Alkohols. In allen drei Spektren sind Banden für C–O-Streckschwingungen zwischen 1300 und 1000 cm^{-1} zu beobachten. Das Spektrum des Esters enthält außerdem eine intensive C=O-Bande bei etwa 1750 cm^{-1} und das Spektrum des Alkohols eine intensive OH-Bande bei etwa 3320 cm^{-1}.

Anschließend sollte man überprüfen, ob zwischen 1850 und 1650 cm^{-1} die sehr intensive Bande der C=O-Streckschwingung einer Carbonylgruppe auftritt (siehe Abschnitt 12.7). Der dritte Bereich, der bei sauerstoffhaltigen Verbindungen auf Banden untersucht werden sollte, erstreckt sich von 1300 bis 1000 cm^{-1}. Dort erscheinen die Banden der C–OH-Streckschwingungen von Alkoholen und Carbonsäuren sowie der C–O–C-Streckschwingungen von Ethern und Estern (siehe Abschnitte 12.12.2 und 12.12.5). ▸ Abbildung 12.9 zeigt einige Beispiele für CO-Streckschwingungsbanden. Die Anwesenheit oder das Fehlen von Banden für OH-, C=O- und C–O-Streckschwingungen liefert wichtige Informationen zur Verbindungsklasse der sauerstoffhaltigen Substanz. IR-Spektren von Aldehyden und Ketonen enthalten von den beschriebenen Banden nur die C=O-Bande und die Spektren von Ethern nur die C–O–C-Bande. In den Spektren von Estern treten dagegen sowohl die C=O- als auch die C–O–C-Bande auf, während die OH-Bande fehlt. Alkohole ergeben Spektren mit Banden für O–H- und C–O-Streckschwingungen, in denen aber keine C=O-Bande vorkommt. Die Spektren von Carbonsäuren enthalten schließlich Banden in allen drei Regionen, in denen bei sauerstoffhaltigen Verbindungen typischerweise Banden auftreten können.

12.5.4 Stickstoffhaltige Verbindungen

Bei der vorbereitenden Analyse des IR-Spektrums einer laut Elementaranalyse oder hochauflösenden Massenspektrometrie stickstoffhaltigen Verbindung deuten eine oder zwei Banden in der Region zwischen 3500 und 3300 cm^{-1} auf primäre oder sekundäre Amine oder Amide hin. Diese Banden können im IR-Spektrum mit OH-Streckschwingungsbanden verwechselt werden. Im Raman-Spektrum ist dagegen eine Unterscheidung dieser Gruppen leichter möglich, weil die OH-Bande dort nur eine sehr geringe Aktivität aufweist. Amide können durch ein intensives Dublett bei etwa 1640 cm^{-1} identifiziert werden. Im Raman-Spektrum eines Amids treten zwei Banden bei etwa 1650 und 1400 cm^{-1} auf. Diese Banden sind mit der C=O-Streckschwingung und der NH_2-Deformationsschwingung des Amids assoziiert. Eine scharfe Bande im Bereich von 2200 cm^{-1} entweder im IR- oder im Raman-Spektrum ist charakteristisch für ein Nitril.

Wenn ein Molekül sowohl Stickstoff als auch Sauerstoff enthält und gleichzeitig keine Hinweise auf NH-Gruppen vorliegen, kann aus zwei Banden bei etwa 1560 und 1370 cm^{-1} auf die Anwesenheit von Nitrogruppen geschlossen werden. Eine extrem breite Bande mit einer gewissen Unterstruktur, deren Maximum bei etwa 3000 cm^{-1} liegt und die sich bis auf unter 2200 cm^{-1} erstrecken kann, deutet auf eine Aminosäure oder ein Alkylammoniumhalogenid hin, während eine breite Bande unter 1000 cm^{-1} auf ein Amin oder ein Amid schließen lässt. Abbildung 12.7 zeigt Beispiele für diese breiten Banden stickstoffhaltiger Verbindungen.

12.6 Der Bereich der CH-Streckschwingungen (3340 bis 2700 cm^{-1})

12.6.1 Allgemein

Bei der Analyse von Schwingungsspektren werden häufig die vorhandenen CH-Streckschwingungsbanden zuerst betrachtet, weil deren Position bereits unmittelbar viel über bestimmte Strukturmerkmale verrät. Eine Bande am oberen Ende der Region der CH-Streckschwingungsbanden, die sich von etwa 3340 bis 2700 cm^{-1} erstreckt, deutet auf ein Wasserstoffatom an einer C≡C-Dreifachbindung hin, während eine Bande bei etwa 2710 cm^{-1} wahrscheinlich von der CH-Streckschwingung einer Aldehydgruppe (HCO) stammt. Wird ein IR-Spektrum von der Suspension eines Feststoffs in Paraffinöl (Nujol) aufgenommen, sollte beachtet werden, dass die CH-Streckschwingungsbanden des Analyten (Feststoffs) durch die starken entsprechenden Banden des Paraffinöls vollständig verdeckt sein können. Will man auch den Bereich der CH-Streckschwingungen eines festen Analyten untersuchen, kann man zur Herstellung der Suspension eine andere Flüssigkeit verwenden, wie zum Beispiel Hexachlorbutadien, oder einen KBr-Pressling des Analyten anfertigen (siehe Abschnitt 11.6.2).

12.6.2 Alkine

Eine scharfe Bande bei etwa 3300 cm^{-1} legt den Schluss auf ein endständiges (terminales) Alkin (≡C–H) nahe. Die Anwesenheit dieser Gruppierung kann durch eine zusätzliche kleine, scharfe IR-Bande oder eine starke Raman-Bande bei etwa 2100 cm^{-1} bestätigt werden, die auf die C≡C-Streckschwingung zurückzuführen ist (siehe Abschnitt 12.11.3). Ein Beispiel für diese beiden Banden eines Alkins finden Sie in ► Abbildung 12.10.

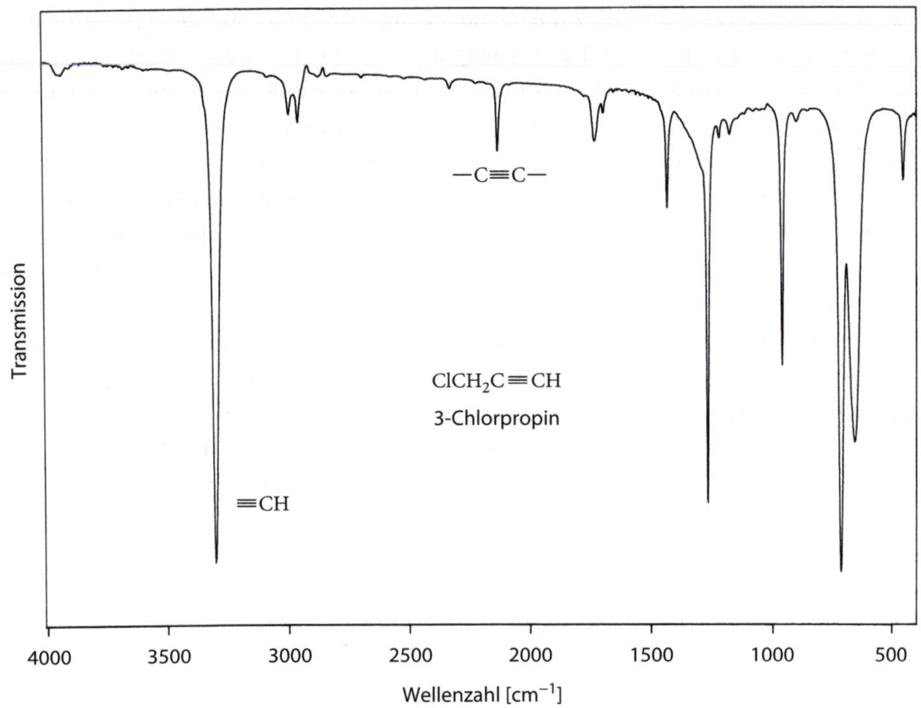

Abbildung 12.10: Das IR-Spektrum von 3-Chlorpropin.

12.6.3 Aromatische Verbindungen

Im Spektrum von aromatischen Verbindungen erscheinen eine oder mehrere Banden schwacher bis mittelstarker Intensität zwischen 3100 und 3000 cm^{-1}. Diese Banden können allerdings auch schon einmal leicht übersehen werden, wenn sie nur als Schultern auf einer sehr starken CH_3- oder CH_2-Streckschwingungsbande auftreten.

12.6.4 Nichtaromatische ungesättigte Verbindungen und kleine Ringe

Auch die CH-Streckschwingungen ungesättigter Verbindungen und kleiner aliphatischer Ringe verursachen Banden im Bereich von 3100 bis 3000 cm^{-1}. Bei Verbindungen mit einer Vinylidengruppe (=CH_2) erscheint die entsprechende Bande bei etwa 3080 cm^{-1}. Im Fall von di- und trisubstituierten Alkenen liegt die CH-Streckschwingungsbande bei kleineren Wellenzahlen und somit weiter in Richtung 3000 cm^{-1}. Diese Bande kann leicht vom Fuß- oder Schulterbereich einer CH_3- oder CH_2-Bande überlagert werden, die in der Regel eine höhere Intensität besitzen (siehe Abschnitt 12.6.5). Cyclopropan-Derivate verursachen eine Bande zwischen 3100 und 3070 cm^{-1} und Epoxide absorbieren zwischen 3060 und 3040 cm^{-1}.

12.6.5 Gesättigte Alkylgruppen

Gesättigte Verbindungen können Methyl-, Methylen- und Methingruppen enthalten, deren CH-Streckschwingungen alle zu Banden in für die jeweilige Gruppe charakteristischen Regionen führen. Für Methylgruppen (CH_3) erscheinen diese Banden bei etwa 2960 und 2870 cm^{-1}, für Methylengruppen (CH_2) dagegen bei etwa 2930 und 2850 cm^{-1}. In vielen Fällen, in denen das Molekül sowohl CH_3- als auch CH_2-Gruppen enthält, reicht die Auflösung im Bereich zwischen 2870 und 2850 cm^{-1} nur zur Detektion einer Bande. ▶ Abbildung 12.11 zeigt die Banden der CH-Streckschwingungen dreier unverzweigter, gesättigter Moleküle. Mit zunehmender Länge der Kohlenstoffkette steigt die Intensität der CH_2-Banden relativ zur Intensität der CH_3-Banden. Das Dublett bei 2960 cm^{-1} ist auf die antisymmetrischen Streckschwingungen der CH_3-Gruppe zurückzuführen. Bei einer freien CH_3-Gruppe oder einer CH_3-Gruppe in einem Molekül, in dem sie ihre dreizählige Symmetrieachse auch bezüglich der gesamten Molekülsymmetrie behält – wie beispielsweise im CH_3Cl –, wären die Übergänge der antisymmetrischen Streckschwingungen entartet und würden daher nur eine Bande liefern. In gesättigten Alkanen wie in Abbildung 12.11 ist die Entartung der antisymmetrischen Streckschwingungen infolge der reduzierten Symmetrie allerdings aufgehoben, so dass im Spektrum zwei getrennte Banden beobachtet werden können. Die CH-Streckschwingungen von Methingruppen (CH) verursachen nur schwache Banden bei etwa 2885 cm^{-1}, die nur beobachtet werden können, wenn das Molekül keine CH_3- und CH_2-Gruppen enthält. Für die CH-Streckschwingungen einer Methoxygruppe ($-OCH_3$) erscheint eine charakteristische scharfe Bande mittlerer Intensität bei etwa 2830 cm^{-1}, also in einem Bereich, in dem keine Überlagerungen mit anderen CH-Streckschwingungsbanden zu erwarten sind. Gesättigte cyclische Alkylgruppen ergeben ebenfalls charakteristische CH-Streckschwingungsbanden in IR- und Raman-Spektren. Der Wellenzahlbereich dieser Banden erstreckt sich von etwa 3100 cm^{-1} für Cyclopropane bis hinunter auf 2900 cm^{-1} für Cyclohexane und größere Ringe.

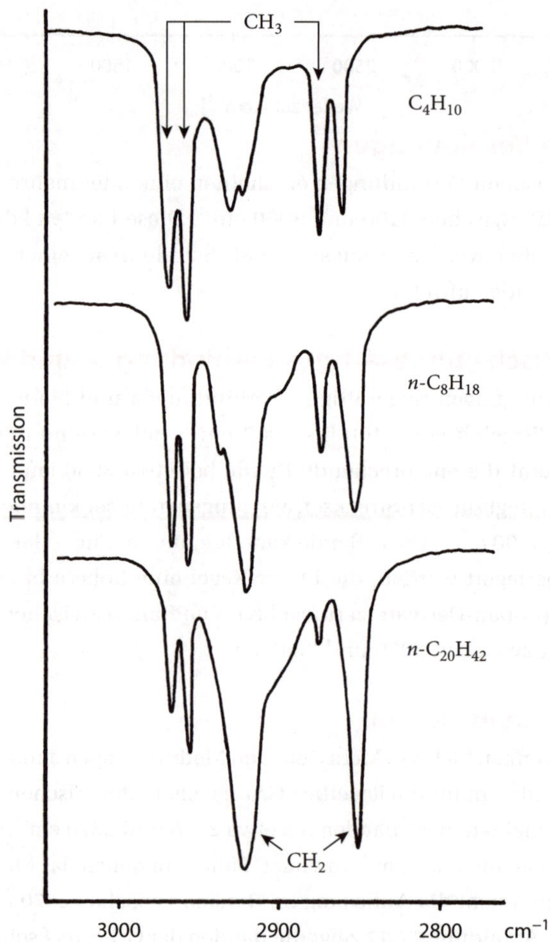

Abbildung 12.11: **Der Bereich mit den Banden der CH-Streckschwingungen der Verbindungen *n*-Butan (*n*-C_4H_{10}), *n*-Octan (*n*-C_8H_{18}) und *n*-Eicosan (*n*-$C_{20}H_{42}$).**

12.6.6 Aldehyde

Die CH-Streckschwingung der Aldehydgruppe (HCO) tritt als Fermi-Dublett mit Maxima bei etwa 2820 und 2710 cm^{-1} in Erscheinung. Die Bande bei 2710 cm^{-1} ist für Aldehyde sehr charakteristisch und daher für deren Identifizierung von großem Nutzen, während die Bande bei 2820 cm^{-1} häufig nur noch als Schulter auf der CH_2-Streckschwingungsbande bei etwa 2850 cm^{-1} zu erkennen ist. Im Spektrum eines aromatischen Aldehyds ohne gesättigte Alkylgruppe (beziehungsweise ohne CH_2-Gruppe) wird die CH-Aldehydbande bei 2820 cm^{-1} nicht von einer anderen Bande überlagert und beide Peaks des CH-Aldehyddubletts sind gut aufgelöst erkennbar. Bei *ortho*-substituierten aromatischen Aldehyden liegen die beiden Banden etwa um 40 cm^{-1} höher als üblich und die Bande bei höherer Wellenzahl ist intensiver und breiter als normal. ▶ Abbildung 12.12 zeigt ein Beispiel für ein solches Fermi-Dublett.

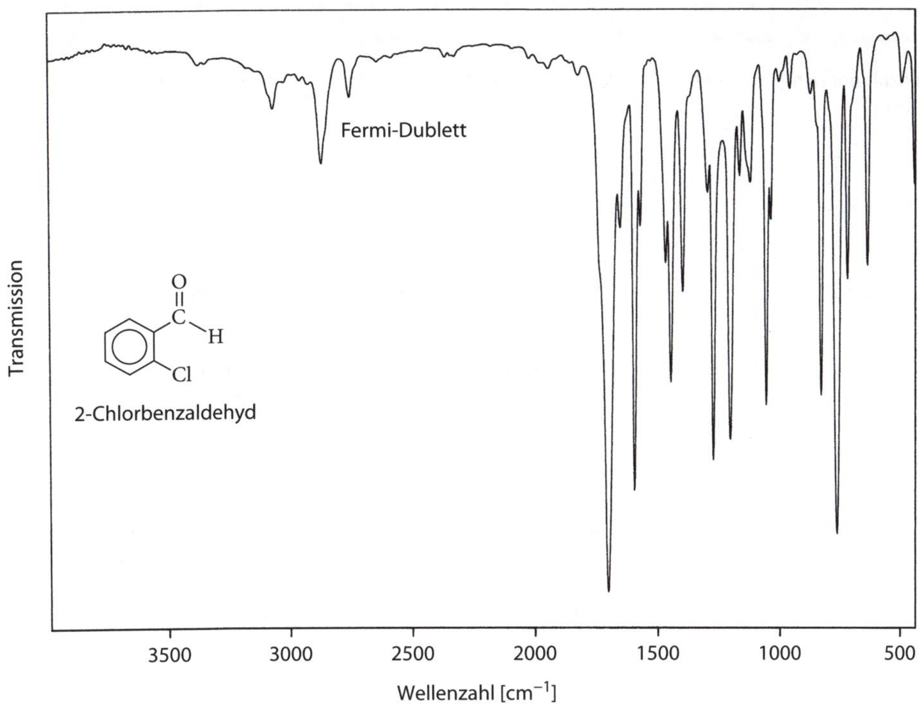

Abbildung 12.12: Das IR-Spektrum des *ortho*-substituierten aromatischen Aldehyds 2-Chlorbenzaldehyd. Das Fermi-Dublett, dessen Bande bei höherer Wellenzahl in diesem *ortho*-substituierten Fall eine größere Intensität aufweist als normal, ist gut zu erkennen.

12.7 Der Bereich der C=O-Streckschwingungen (1850 bis 1650 cm^{-1})

12.7.1 Allgemein

Die Region, in der die Banden der C=O-Streckschwingungen von Carbonylgruppen erscheinen, zählt zu den wichtigsten Bereichen von IR-Spektren für die Strukturanalyse. Schließt man zusätzlich Metallcarbonyle und Salze von Carbonsäuren (Carboxylate) in die Betrachtung ein, erstreckt sich der Bereich der C=O-Streckschwingungsbanden von 2200 bis hinunter auf 1350 cm^{-1}. Für die C=O-Streckschwingungen der meisten organischen Carbonylverbindungen findet man allerdings sehr intensive Banden zwischen 1850 und 1650 cm^{-1}. Die genaue charakteristische Position der jeweiligen Bande (oder Banden) innerhalb dieser Region liefert wichtige Hinweise auf den Typ der Carbonylverbindung. Am oberen Ende der Carbonylregion erscheinen die Banden von Carbonsäureanhydriden (zwei Banden) und β-Lactonen (viergliedrigen cyclischen Estern), während die Banden von offenkettigen Carbonsäureamiden und substituierten Harnstoff-Derivaten am unteren Ende der Region auftreten. ▶ Tabelle 12.4 listet die engen Bereiche innerhalb der Carbonylregion auf, in denen die verschiedenen Klassen von Carbonylverbindungen mit einer Carbonylgruppe absorbieren. In Verbindungen mit zwei in Wechselwirkung stehenden Carbonylgruppen können die C=O-Streckschwingungen in Phase (symmetrisch) oder in Antiphase (antisymmetrisch) stattfinden (siehe Abschnitt 12.2.2). Dabei findet man die Bande der antisymmetrischen Schwingung bei höherer Frequenz (Wellenzahl) als die Bande der symmetrischen Schwingung.

Tabelle 12.4: Wellenzahlbereich der Banden der C=O-Streckschwingungen für eine Reihe von Carbonylverbindungen mit einer Carbonylgruppe.

Wellenzahlbereich [cm^{-1}] und Intensität[a]	Verbindungsklassen	Bemerkungen
1840–1820 (vs)	β-Lactone	Viergliedrige cyclische Ester
1810–1790 (vs)	Säurechloride	Gesättigte aliphatische Säurechloride
1800–1750 (vs)	Aromatische und ungesättigte Ester	Bande für C=C-Streckschwingung höher als normal (1700–1650 cm^{-1})
1800–1740 (s)	Carbonsäuren (Monomere)	Nur in verdünnter Lösung beobachtbar
1790–1740 (vs)	γ-Lactone	Fünfgliedrige cyclische Ester
1790–1760 (vs)	Aromatische und ungesättigte Säurechloride	Zweite schwächere Kombinationsbande bei etwa 1740 cm^{-1} (Fermi-Resonanz)
1780–1700 (s)	Lactame	Genaue Position hängt von Ringgröße ab.
1770–1745 (vs)	α-Halogenester	Höhere Frequenz infolge des Effekts des elektronegativen Halogens
1750–1740 (vs)	Cyclopentanone	Unkonjugiert
1750–1730 (vs)	Ester und δ-Lactone	Aliphatische Verbindungen
1750–1700 (s)	Urethane	R–O–(C=O)–NHR
1745–1730 (vs)	α-Halogenketone	Acyclische Verbindungen
1740–1720 (vs)	Aldehyde	Aliphatische Aldehyde

[a]Hinter den Frequenz- beziehungsweise Wellenzahlbereichen sind die qualitativen Intensitäten der Banden angegeben. Dabei bedeuten: vs = sehr stark (von engl. *very strong*) und s = stark.

Tabelle 12.4: Wellenzahlbereich der Banden der C=O-Streckschwingungen für eine Reihe von Carbonylverbindungen mit einer Carbonylgruppe. *(Fortsetzung)*

Wellenzahlbereich [cm^{-1}] und Intensität[a]	Verbindungsklassen	Bemerkungen
1740–1720 (vs)	α-Halogencarbonsäuren	Wenn Halogen Fluor ist, bei etwa 20 cm^{-1} höherer Wellenzahl
1730–1705 (vs)	Arylester und α,β-ungesättigte aliphatische Ester	C=O-Gruppe in Konjugation zu C=C-Doppelbindung oder aromatischem System
1730–1700 (vs)	Ketone	Aliphatische und cyclische mit großem Ring
1720–1680 (vs)	Aromatische und α,β-ungesättigte aliphatische Aldehyde	C=O-Gruppe in Konjugation zu C=C-Doppelbindung oder aromatischem System
	Carbonsäuren (Dimere)	Breitere Bande
1710–1640 (vs)	Thioester	Bande bei niedrigerer Wellenzahl als bei normalen Estern
1700–1680 (vs)	Aromatische Ketone	Genaue Position hängt von Substituenten am Ring ab.
1700–1680 (vs)	Aromatische Carbonsäuren	Dimer-Bande
1700–1670 (s)	Primäre und sekundäre Amide	In verdünnter Lösung
1700–1650 (vs)	Konjugierte Ketone	Auch die Region der C=C-Streckschwingungen prüfen.
1690–1660 (vs)	Chinone	Genaue Position hängt von Substituenten am Ring ab.
1680–1630 (vs)	Amide (im festen Zustand)	Auch den zweiten Peak infolge der NH-Deformationsschwingung bei etwa 1625 cm^{-1} beachten.
1670–1660 (s)	Diarylketone	Genaue Position hängt von Substituenten am Ring ab.
1670–1640 (s)	Harnstoff-Derivate	Auch den zweiten Peak infolge der NH-Deformationsschwingung bei etwa 1590 cm^{-1} beachten.
1670–1630 (vs)	Aromatische Ketone mit OH- oder NH_2-Gruppe in *ortho*-Position	Liegt infolge der Wasserstoffbrücke zur *ortho*-Gruppe bei niedrigerer Frequenz als bei anderen aromatischen Ketonen.

[a]Hinter den Frequenz- beziehungsweise Wellenzahlbereichen sind die qualitativen Intensitäten der Banden angegeben. Dabei bedeuten: vs = sehr stark (von engl. *very strong*) und s = stark.

TEIL III

12.7.2 Verbindungen mit einer einzelnen Carbonylgruppe

Anhand der exakten Position einer C=O-Streckschwingungsbande kann die Auswahl in der Regel mithilfe der Informationen aus Tabelle 12.4 bereits auf wenige Klassen von Carbonylverbindungen eingeschränkt werden. Da sich die Bereiche der verschiedenen Klassen aber überlagern, kann eine Zuordnung zu einer einzigen bestimmten Verbindungsklasse meist *nicht* allein auf Grundlage der Lage der C=O-Bande erfolgen. Eine einzelne Carbonylbande im Bereich zwischen 1750 und 1700 cm^{-1} könnte gemäß Tabelle 12.4 beispielsweise von einem Ester, einem Aldehyd, einem Keton (inklusive cyclischer Ketone), einem γ- oder δ-Lacton, einem Urethan, einem α-Halogenketon oder einer α-Halogencarbonsäure stammen. Um die Auswahl weiter einzugrenzen oder sogar eine genaue Zuordnung treffen zu können, müssen daher weitere Banden im Spektrum analysiert werden. Die Anwesenheit eines Halogens kann mithilfe einer Elementaranalyse oder der hochauflösenden Massenspektrometrie nachgewiesen oder ausgeschlossen werden. Im Fall eines Aldehyds würde ein zusätzlicher charakteristischer Peak bei etwa 2700 cm^{-1} erscheinen (siehe Abschnitt 12.6.6). Bei Estern und Lactonen würde eine weitere Bande bei etwa 1200 cm^{-1} auftreten, die bei Estern ziemlich breit wäre (siehe Abschnitt 12.12.5). Im Spektrum eines Urethans würde man schließlich noch eine Bande bei etwa 3300 cm^{-1} finden, wenn die Carbonylgruppe in eine Wasserstoffbrücke eingebunden ist. Ohne Einbindung in eine Wasserstoffbrücke läge diese Bande bei etwa 3400 cm^{-1}.

12.8 Aromatische Verbindungen

12.8.1 Allgemein

Charakteristische Banden aromatischer Verbindungen können in fünf Regionen eines IR-Spektrums gefunden werden: 3100 bis 3000 cm^{-1} (CH-Streckschwingungen), 2000 bis 1700 cm^{-1} (Ober- und Kombinationstöne), 1650 bis 1430 cm^{-1} (C=C-Streckschwingungen), 1275 bis 1000 cm^{-1} (In-Plane-CH-Knickschwingungen), 900 bis 690 cm^{-1} (Out-of-Plane-CH-Knickschwingungen). Die Abbildungen 12.8 und 12.12 zeigen zwei Beispiele für IR-Spektren aromatischer Verbindungen. In diesen Spektren erscheinen Banden in allen fünf Regionen. Die Intensitäten der CH-Streckschwingungsbanden reichen von mittelstark wie in Abbildung 12.8 bis schwach. Gelegentlich sind diese Banden nur als Schulter auf einer starken aliphatischen CH-Streckschwingungsbande zu beobachten. Bei Benzol-Derivaten erscheinen meistens scharfe Banden bei etwa 1600, 1500 und 1430 cm^{-1}. Die Bande bei 1600 cm^{-1} kann bei manchen Carbonylverbindungen von der starken Bande der C=O-Streckschwingung oder im Fall von Aminen von der Bande einer NH-Deformationsschwingung verdeckt sein. Darüber hinaus treten in den IR-Spektren aromatischer Verbindungen mehrere scharfe Banden zwischen 1275 und 1000 cm^{-1} auf. Im Bereich zwischen 900 und 690 cm^{-1} können schließlich ein oder zwei intensive Banden beobachtet werden. Aus diesen Banden kann in Kombination mit dem Bandenmuster zwischen 2000 und 1700 cm^{-1} auf die Art der Substitution am Benzolring geschlossen werden.

12.8.2 Substituierte aromatische Verbindungen

Monosubstituierte Benzol-Derivate können leicht an zwei sehr intensiven Banden bei etwa 750 und 700 cm^{-1} im IR-Spektrum erkannt werden, die von den Out-of-Plane-CH-Knickschwingungen stammen. Im Spektrum in Abbildung 12.8 sind diese beiden Banden sehr gut zu erkennen. Ein weiteres Beispiel für das Auftreten dieser beiden Banden finden Sie im IR-Spektrum von Polystyrol in Abbildung 11.7. Darüber hinaus erscheinen als deutlicher Hinweis auf einen monosubstituierten Benzolring vier schwache, aber trotzdem deutliche Absorptionen zwischen 2000 und 1700 cm^{-1}. Auch für diese Peaks stellt das Spektrum in Abbildung 12.8 ein charakteristisches Beispiel dar. Die Bandenmuster in diesen beiden Wellenzahlbereichen können auch Informationen über die Positionen der Substituenten im Fall von di- und trisubstituierten Benzolringen liefern. Für die Analyse noch höhersubstituierter Aromaten sind die Banden in diesen Regionen dagegen weniger hilfreich. Die charakteristischen Banden mono-, di- und trisubstituierter Benzolringe werden in ▶ Tabelle 12.5 zusammenfassend beschrieben. ▶ Abbildung 12.13 zeigt zur Veranschaulichung drei IR-Spektren von disubstituierten Benzol-Derivaten mit den drei möglichen Substitutionsmustern.

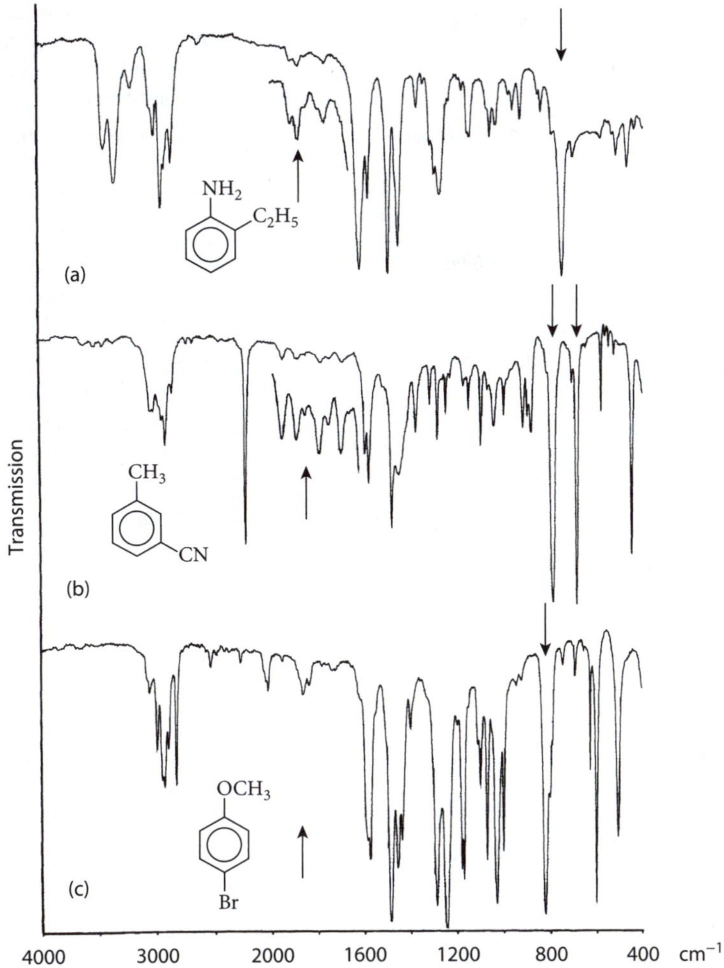

Abbildung 12.13: IR-Spektren dreier disubstituierter Benzolringe mit den drei möglichen charakteristischen Bandenmustern eines (a) *ortho*-, (b) *meta*- und (c) *para*-substituierten Aromaten.

Tabelle 12.5: Charakteristische IR-Absorptionsbanden von substituierten Benzolringen in Abhängigkeit vom Substitutionsmuster.

Substitutionsmuster	Wellenzahlbereich [cm^{-1}] und Intensität[a]	Charakteristische IR-Banden
Monosubstitution	770–730 (vs)	Zwei Banden; sehr charakteristisch für Monosubstitution
	710–690 (s)	
	2000–1700 (w)	Vier schwache, aber auffällige Banden; ebenfalls sehr charakteristisch für Monosubstitution
1,2-Disubstitution (*ortho*)	770–730 (vs)	Eine einzelne starke Bande
	1950–1650 (vw)	Mehrere Banden; die beiden auffälligsten bei etwa 1900 cm^{-1} und 1800 cm^{-1}
1,3-Disubstitution (*meta*)	810–750 (vs)	Zwei Banden ähnlich wie bei Monosubstitution, aber die obere Bande liegt etwa 50 cm^{-1} höher und die Position der unteren Bande ist variabler als bei Monosubstitution.
	725–680 (s)	
	1930–1740 (vw)	Drei schwache, aber auffällige Banden; die Bande bei der niedrigsten Wellenzahl kann etwas breiter sein und eine gewisse Feinstruktur besitzen.
1,4-Disubstitution (*para*)	860–800 (vs)	Eine einzelne starke Bande; ähnlich wie bei 1,2-Disubstitution, aber um etwa 50 cm^{-1} zu höherer Wellenzahl verschoben
	1900–1750 (w)	Zwei Banden; die bei höherer Wellenzahl ist in der Regel intensiver.
1,3,5-Trisubstitution	865–810 (s)	Zwei Banden, die weiter auseinander liegen als bei Mono- oder 1,3-Disubstitution.
	765–730 (s)	
	1800–1700 (w)	Eine ziemlich breite Bande sowie eine noch viel schwächere bei etwa 1900 cm^{-1}
1,2,3-Trisubstitution	780–760 (s)	Zwei Banden; ähnlich wie bei 1,3-Disubstitution, aber näher zusammenliegend
	745–705 (s)	
	2000–1700 (w)	Ähnlich wie bei Monosubstitution, aber nur drei Banden
1,2,4-Trisubstitution	885–870 (s)	Zwei Banden, aber bei höheren Wellenzahlen als bei Mono-, 1,3-Di- oder anderer Trisubstitution
	825–805 (s)	
	1900–1700 (w)	Zwei auffällige Banden bei etwa 1880 und 1740 cm^{-1} sowie eine viel schwächere dazwischen

[a] Hinter den Frequenz- beziehungsweise Wellenzahlbereichen sind die qualitativen Intensitäten der Banden angegeben. Dabei bedeuten: vs = sehr stark (von engl. *very strong*), s = stark, w = schwach (von engl. *weak*) und vw = sehr schwach (von engl. *very weak*).

12.9 Verbindungen mit Methylgruppen

12.9.1 Allgemein

In Abschnitt 12.2.1 haben wir die Schwingungen einer Methylgruppe bezüglich der Symmetrie der Gruppe beschrieben. Diese Schwingungen – Streck-, Deformations-, Schaukel- und Torsionsschwingung – führen zur IR-Absorption und Raman-Streuung in vier verschiedenen Bereichen des Spektrums. Mit den Banden für die CH-Streckschwingungen und ihren Wellenzahlbereichen haben wir uns bereits in Abschnitt 12.6.5 beschäftigt. Die antisymmetrische HCH-Deformationsschwingung einer CH_3-Gruppe verursacht einer sehr starke IR-Absorption und Raman-Streuung im Bereich zwischen 1470 und 1440 cm^{-1}. Die Deformationsschwingungen von CH_2-Gruppen führen ebenfalls zu Banden in dieser Region. Für die symmetrische CH_3-Deformationsschwingung erscheint eine scharfe IR-Bande zwischen 1380 und 1360 cm^{-1}. Wenn mehr als eine CH_3-Gruppe an dasselbe Kohlenstoffatom gebunden ist, spaltet diese Bande in ein Dublett auf. Ein solches Dublett tritt also zum Beispiel bei Isopropyl- oder *tert*-Butylgruppen auf (siehe Abschnitt 12.9.2). Ist die Methylgruppe nicht mit einem Kohlenstoffatom, sondern mit dem Atom eines anderen Elements verknüpft, findet eine signifikante Verschiebung der Bande für die symmetrische CH_3-Deformationsschwingung statt: OCH_3 (1460 bis 1430 cm^{-1}), NCH_3 (1440 bis 1410 cm^{-1}), SCH_3 (1330 bis 1290 cm^{-1}), PCH_3 (1310 bis 1280 cm^{-1}) und $SiCH_3$ (1280 bis 1250 cm^{-1}).

CH_3-Schaukelschwingungen sind in der Regel mit Gerüstschwingungen gekoppelt und ihre Banden können irgendwo zwischen 1240 und 800 cm^{-1} auftreten. Diese Banden weisen eine mittlere bis hohe Intensität auf und können sowohl im IR- als auch im Raman-Spektrum erscheinen. Für die Strukturaufklärung sind sie allerdings nur von geringem Nutzen. Die Banden für die Torsionsschwingungen von Methylgruppen treten zwischen 250 und 100 cm^{-1} auf, können aber oftmals weder im IR- noch im Raman-Spektrum beobachtet werden. In den Fällen, in denen die Wellenzahl der Torsionsschwingungsbande ermittelt oder zumindest abgeschätzt werden kann, liefert diese Informationen zu Rotameren und den Rotationsbarrieren.

12.9.2 Isopropyl- und *tert*-Butylgruppen

Isopropyl- und *tert*-Butylgruppen ergeben charakteristische Dubletts im Bereich der Bande für die symmetrische CH_3-Deformationsschwingung im IR-Spektrum. Die Isopropylgruppe führt zu einem intensiven Dublett, dessen Maxima bei 1385 und 1370 cm^{-1} liegen, während die *tert*-Butylgruppe eine intensive Bande bei 1370 und eine schwächere Bande bei 1395 cm^{-1} verursacht. Beispiele für diese Dubletts finden Sie in ▶ Abbildung 12.14.

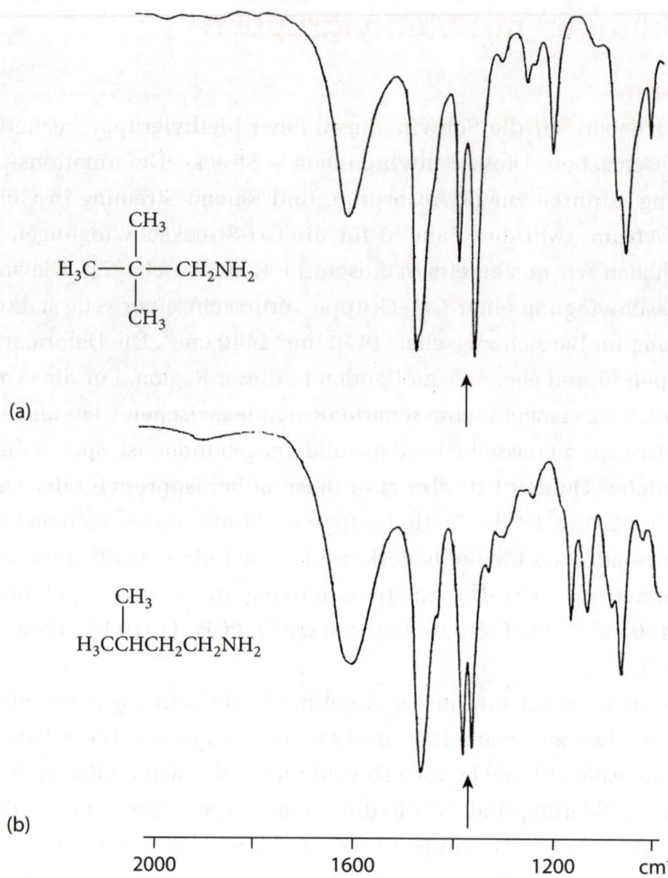

Abbildung 12.14: **Beispiele für die charakteristischen Dubletts in IR-Spektren, die durch die CH_3-Deformationsschwingungen von (a) *tert*-Butyl- und (b) Isopropylgruppen verursacht werden.** (Mit freundlicher Genehmigung von: Aldrich Chemical Co. Inc. aus: Pouchert, C.J. (Hrsg.). *The Aldrich Library of FT-IR Spectra*.)

12.10 Verbindungen mit Methylengruppen

12.10.1 Allgemein

Es gibt zwei Arten von Methylengruppen: die gesättigte $–CH_2–$-Gruppe innerhalb einer Kette sowie die ungesättigte endständige $=CH_2$-Gruppe in Vinyl-, Allyl- oder Vinylidenverbindungen. In Abbildung 12.2 wurden die Streck-, Deformations-, Nick-, Torsions- und Schaukelschwingungen einer CH_2-Gruppe bereits schematisch veranschaulicht und mit den CH-Streckschwingungen haben wir uns in Abschnitt 12.6.5 beschäftigt. Doch auch die Deformations-, Nick- und Torsions- sowie Schaukelschwingungen von CH_2-Gruppen sind für wichtige charakteristische Banden verantwortlich, die wir in den folgenden kurzen Abschnitten beschreiben wollen.

12.10.2 CH_2-Deformationsschwingungen

Die Deformationsschwingung gesättigter CH_2-Gruppen verursacht eine Bande mittlerer bis hoher Intensität zwischen 1480 und 1440 cm^{-1}. Wenn die CH_2-Gruppe zu einer Carbonyl- oder Nitrogruppe benachbart ist, liegt die Bande bei niedrigerer Wellenzahl zwischen 1430 und 1420 cm^{-1}. Die entsprechende Bande einer ungesättigten $=CH_2$-Gruppe (Vinylgruppe) erscheint mit mittlerer Intensität zwischen 1420 und 1410 cm^{-1}. Die mit dieser Bande assoziierte Schwingung wird manchmal als In-Plane-CH_2-Deformationsschwingung bezeichnet, weil die Schwingung in der Ebene der $C{=}CH_2$-Gruppe stattfindet.

12.10.3 CH_2-Nick- und CH_2-Torsionsschwingungen

Die IR-Banden zu den Nick- und Torsionsschwingungen gesättigter CH_2-Gruppen treten zwischen 1350 und 1150 cm^{-1} auf. Diese Banden sind schwach, außer wenn zusätzlich ein ausreichend stark elektronegatives Atom wie ein Halogen- oder Schwefelatom direkt mit dem Kohlenstoffatom der CH_2-Gruppe verknüpft ist. Für die CH_2-Torsionsschwingungen erscheinen nur sehr schwache Banden am unteren Ende der genannten Region im IR-Spektrum.

12.10.4 CH_2-Schaukelschwingungen

Für CH_2-Schaukelschwingungen findet man eine kleine Bande bei etwa 725 cm^{-1} im IR-Spektrum, wenn das Molekül vier oder mehr CH_2-Gruppen in einer Kette enthält. Dabei steigt die Intensität der Bande mit zunehmender Länge der Kette. In diesem Wellenzahlbereich treten allerdings auch Banden vieler anderer Funktionalitäten auf, so dass die Bande der CH_2-Schaukelschwingung nur bei der Analyse der Spektren aliphatischer Moleküle von Nutzen ist. Die Bande kommt in allen Spektren von Nujol-Suspensionen vor.

12.10.5 CH_2-Nickschwingung in Vinyl- und Vinylidenverbindungen

Die Banden der $=CH_2$-Nickschwingungen von Vinyl- und Vinylidenverbindungen liegen bei viel niedrigeren Wellenzahlen als im Fall gesättigter CH_2-Gruppen. Bei Vinylverbindungen wird eine intensive IR-Bande zwischen 910 und 900 cm^{-1} beobachtet und bei Vinylidenverbindungen ist dieser Bereich um 10 cm^{-1} nach unten verschoben. Der Oberton der $=CH_2$-Nickschwingung ist häufig als Bande mittlerer Intensität bei etwa 1820 cm^{-1} für Vinyl- und bei etwa 1780 cm^{-1} für Vinylidenverbindungen gut zu erkennen. Durch Halogenatome und einige andere funktionelle Gruppen am Methylenkohlenstoffatom werden die erwähnten Banden in Richtung höherer Wellenzahlen verlagert. In Abschnitt 12.11.4 erfahren Sie noch mehr über Vinyl- und Vinylidengruppen.

12.10.6 Relative Anzahl von CH_2- und CH_3-Gruppen

Die Banden der H–C–H-Deformationsschwingungen in gesättigten Teilen des Moleküls können eine weitere Information liefern. Wenn im Molekül mehr gesättigte CH_2-Gruppen als CH_3-Gruppen vorhanden sind, weist die Bande der CH_2-Deformationsschwingung zwischen 1480 und 1440 cm^{-1} eine höhere Intensität auf als die Bande der symmetrischen CH_3-Deformationsschwingung zwischen 1380 und 1360 cm^{-1}. Die relativen Intensitäten dieser beiden Banden können in Kombination mit der Bande bei 725 cm^{-1} und den Banden im Bereich der CH-Streckschwingungen Informationen zur relativen Anzahl der gesättigten CH_2- und der CH_3-Gruppen sowie zur Länge der gesättigten Kohlenwasserstoffkette liefern.

12.11 Ungesättigte Verbindungen

12.11.1 C=C-Streckschwingungen

Die C=C-Streckschwingungen verursachen eine intensive Raman-Linie bei etwa 1650 cm^{-1}. Dagegen ist die entsprechende IR-Bande nur schwach und bei symmetrischen Molekülen häufig gar nicht zu beobachten (siehe Abbildung 12.1a und ▶ Abbildung 12.15a). In diesem Bereich des IR-Spektrums können auch schwache Absorptionen von Ober- oder Kombinationstönen erscheinen und fälschlicherweise einer C=C-Streckschwingung zugeordnet werden. In solchen Fällen kann das Auftreten oder Fehlen der intensiven Raman-Linie die Existenz beziehungsweise die Abwesenheit einer C=C-Doppelbindung im Analyten bestätigen, weil diese Gruppe im Raman-Spektrum immer zu einer starken Bande zwischen 1690 und 1560 cm^{-1} führt (siehe Abbildung 12.1b und Abbildung 12.15b).

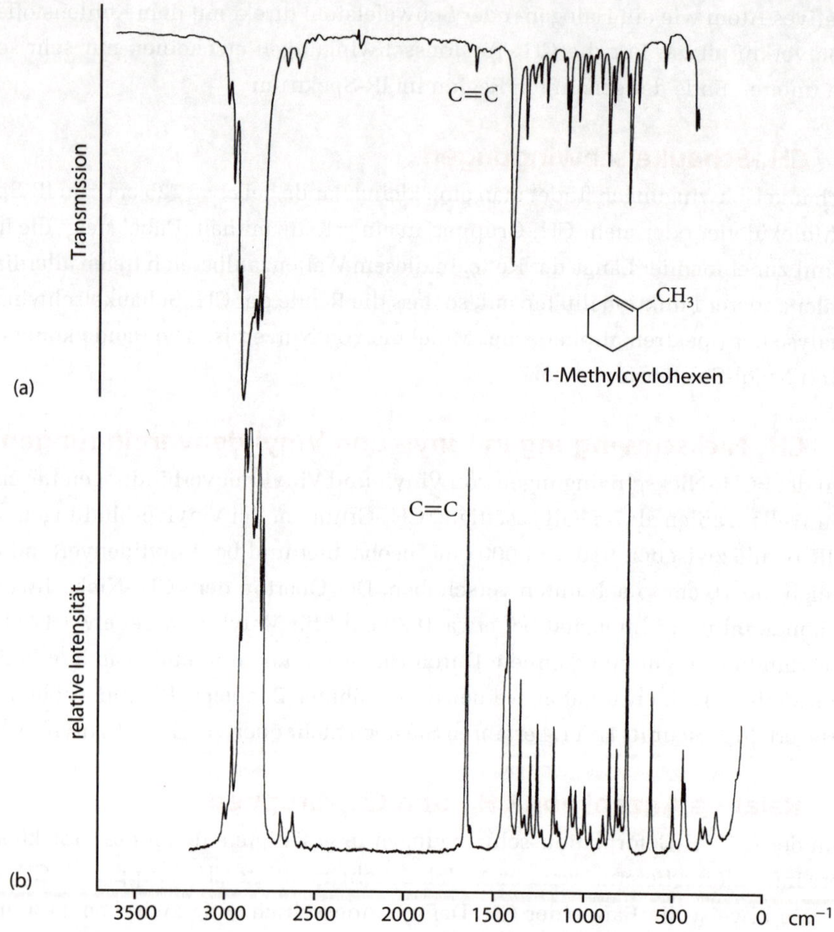

Abbildung 12.15: Das IR- und Raman-Spektrum von 1-Methylcyclohexen. (a) IR-Spektrum. (b) Raman-Spektrum.

Die exakte Lage der C=C-Streckschwingungsbande liefert zusätzliche Informationen zur intramolekularen Umgebung der Doppelbindung. Tri- und Tetraalkyl- sowie *trans*-disubstitutierte C=C-Doppelbindungen ergeben Banden im Bereich zwischen 1690 und 1660 cm^{-1}. Diese Banden sind im IR-Spektrum nur schwach oder fehlen sogar ganz, während sie im Raman-Spektrum mit hoher Intensität erscheinen. Vinyl- und Vinylidenverbindungen sowie *cis*-disubstituierte Alkene verursachen dagegen Banden zwischen 1660 und 1630 cm^{-1}. Durch Halogensubstituenten an der C=C-Doppelbindung kann die C=C-Streckschwingungsbande aus den genannten üblichen Regionen heraus verschoben werden. Im Fall von Fluoralkenen liegt die Bande bei sehr hohen Wellenzahlen in der Region zwischen 1800 und 1730 cm^{-1}. Chlor und andere schwere Substituenten führen dagegen zu einer Verlagerung der Bande in Richtung niedrigerer Frequenzen (Wellenzahlen).

12.11.2 Cyclische Verbindungen

Die Position der C=C-Streckschwingungsbanden cyclischer ungesättigter Verbindungen hängt von der Ringgröße und von der Substitution am Ring ab. Im Spektrum von Cyclobuten findet man diese Bande bei 1565 cm^{-1}, in den Spektren von Cyclopenten, Cyclohexen und Cyclohepten bei 1610, 1645 beziehungsweise 1655 cm^{-1}. Durch Substituenten werden diese Wellenzahlen in Richtung höherer Werte verschoben. Ein solches Beispiel finden Sie in Abbildung 12.15, in dem die C=C-Streckschwingungsbande von 1-Methylcyclohexen bei 1670 cm^{-1} liegt. Im IR-Spektrum erscheint die Bande nur mit geringer, im Raman-Spektrum aber mit hoher Intensität.

12.11.3 C≡C-Streckschwingungen

Im IR-Spektrum eines endständigen Alkins erscheint die Bande für die C≡C-Streckschwingung als kleiner, scharfer Peak bei etwa 2100 cm^{-1} (siehe Abbildung 12.10). Bei disubstituierten Alkinen liegt die Bande bei 100 bis 150 cm^{-1} höherer Wellenzahl. Im Fall einer symmetrischen Substitution an der C≡C-Dreifachbindung kann im IR-Spektrum keine Bande für die C≡C-Streckschwingung beobachtet werden, weil die Schwingung nicht mit einer Änderung des Dipolmoments einhergeht. Selbst bei einer asymmetrischen Substitution kann die Bande im IR-Spektrum noch sehr schwach sein oder sogar fehlen. In diesen Fällen leistet das Raman-Spektrum wertvolle Dienste, weil die C≡C-Streckschwingung dort immer eine intensive Bande hervorruft.

12.11.4 =CH- und =CH_2-Deformationsschwingungen

Für die Strukturbestimmung ungesättigter Verbindungen spielen die =CH- und =CH_2-Nick- oder Knickschwingungen aus der Ebene heraus (*out of plane*) eine sehr wichtige Rolle. Die zugehörigen Banden erscheinen im Bereich zwischen 1000 und 650 cm^{-1}. Eine intensive IR-Bande zwischen 1000 und 980 cm^{-1} wird von der *trans*-CH-Deformationsschwingung einer Vinylgruppe verursacht, während für ein *trans*-disubstituiertes Alken eine charakteristische sehr intensive Bande zwischen 980 und 950 cm^{-1} erscheint. Stärker elektronegative Substituenten führen tendenziell zu einer Verschiebung dieser Banden in Richtung niedrigerer Wellenzahlen. *Cis*-disubstituierte Alkene ergeben eine mittelstarke bis starke, aber weniger verlässliche Bande zwischen 750 und 650 cm^{-1}. In ▶ Abbildung 12.16 finden Sie Beispiele für IR-Spektren *cis*- und *trans*-disubstituierter Alkene.

Die Out-of-Plane-=CH_2-Nickschwingung von Vinyl- und Vinylidenverbindungen führt zu einer intensiven Bande zwischen 910 und 890 cm^{-1}. Im Fall von Vinylverbindungen bildet diese Bande zusammen mit der Bande für die *trans*-CH-Deformationsschwingung ein sehr charakteristisches Dublett mit Peaks bei 1000 und 900 cm^{-1}. Auf diese Weise ist eine Unterscheidung zwischen Vinyl- und Vinylidenverbindungen möglich, da in den Spektren von Vinylidenverbindungen nur die Bande bei etwa 900 cm^{-1} erscheint. ▶ Abbildung 12.17 zeigt je ein Beispiel für ein IR-Spektrum einer Vinyl- und einer Vinylidenverbindung. Die Obertöne der Out-of-Plane-*trans*-CH-Deformations- und der CH_2-Nickschwingung ergeben charakteristische schwache Banden bei etwa 1950 und 1800 cm^{-1}. Diese Banden sind in Abbildung 12.17 gut zu erkennen und liefern eine zusätzliche Bestätigung der strukturellen Zuordnung der zugrunde liegenden Grundschwingungen.

Die Out-of-Plane-Deformationsschwingung der beiden *cis*-ständigen =CH-Gruppen führt bei cyclischen Alkenen in der Regel zu einer intensiven Bande zwischen 750 und 650 cm^{-1}. Wenn

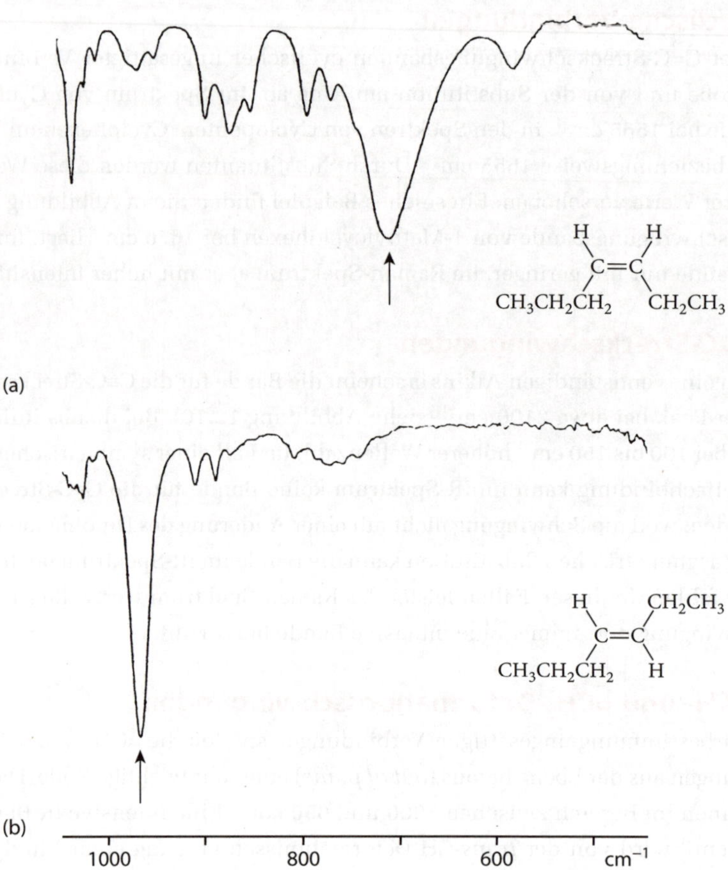

Abbildung 12.16: Ausschnitte aus den IR-Spektren eines (a) *cis*- und eines (b) *trans*-disubstituierten Alkens. Die Ausschnitte enthalten die Banden für die Out-of-Plane-=CH-Knickschwingungen.

allerdings eines der beiden Wasserstoffatome durch einen anderen Substituenten wie zum Beispiel eine Methylgruppe ersetzt wird, fehlt diese Bande (siehe Abbildung 12.15a). Darüber hinaus erscheinen, wie bei Cycloalkanen, immer auch mehrere Banden mittlerer Intensität zwischen 1200 und 800 cm^{-1} in den IR-Spektren von Cycloalkenen, die auf die $–CH_2–$-Schaukelschwingungen zurückzuführen sind.

12.12 Sauerstoffhaltige Verbindungen

12.12.1 Allgemein

Sowohl Carbonsäuren und Carbonsäureanhydride als auch Alkohole, Phenole und Kohlenhydrate (Zucker) erzeugen intensive und häufig breite IR-Absorptionsbanden zwischen 1440 und 900 cm^{-1}. Diese Banden resultieren aus der C–O–C- beziehungsweise C–OH-Streckschwingung und/oder der C–O–H-Deformationsschwingung. Die genaue Position und die Multiplizität dieser Banden können zusammen mit Informationen aus anderen Bereichen des Spektrums zur Unterscheidung zwischen den genannten Funktionalitäten genutzt werden. In ► Tabelle 12.6 sind die üblichen Wellenzahlbereiche der Banden für diese Gruppen in der Region zwischen 1440 und 900 cm^{-1} zusammenfassend aufgelistet.

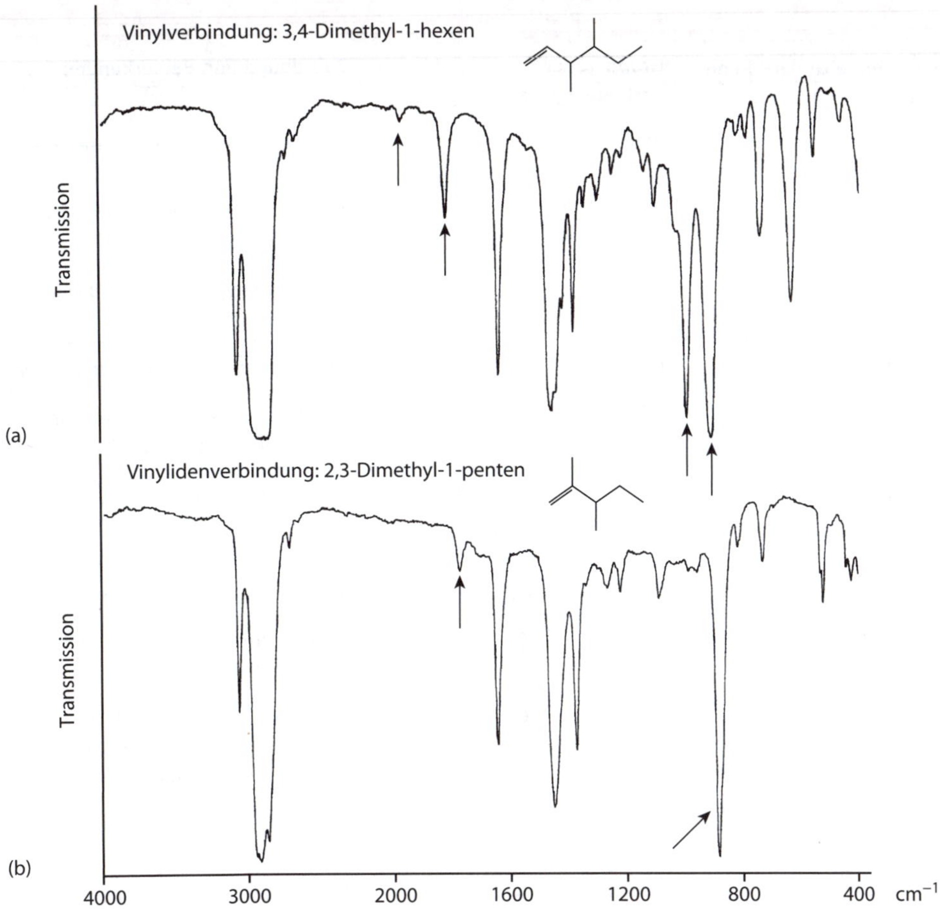

Abbildung 12.17: IR-Spektren einer Vinyl- und einer Vinylidenverbindung. (a) IR-Spektrum der Vinylverbindung 3,4-Dimethyl-1-hexen. (b) IR-Spektrum der Vinylidenverbindung 2,3-Dimethyl-1-penten.

Tabelle 12.6: COC- und COH-Gruppenfrequenzen.

Wellenzahlbereich [cm^{-1}] und Intensitäten[a]	Gruppe oder Verbindungsklasse	Zuordnung und Bemerkungen
1440–1400 (m)	Aliphatische Carbonsäuren	C–O–H-Deformationsschw.; kann durch CH_3- und CH_2-Deformationsbanden verdeckt sein
1430–1280 (m)	Alkohole	C–O–H-Deformationsschw.; breite Bande
1390–1310 (m–s)	Phenole	C–O–H-Deformationsschw.
1340–1160 (vs)	Phenole	C–O-Streckschw.; breite, strukturierte Bande
1310–1250 (vs)	Aromatische Ester	Antisymmetrische C–O–C-Streckschw.
1300–1200 (s)	Aromatische Carbonsäuren	C–O-Streckschw.

[a]Hinter den Frequenz- beziehungsweise Wellenzahlbereichen sind die qualitativen Intensitäten der Banden angegeben. Dabei bedeuten: vs = sehr stark (von engl. *very strong*), s = stark und m = mittel.

Tabelle 12.6: COC- und COH-Gruppenfrequenzen. *(Fortsetzung)*

Wellenzahlbereich [cm^{-1}] und Intensitäten[a]	Gruppe oder Verbindungsklasse	Zuordnung und Bemerkungen
1300–1100 (vs)	Aliphatische Ester	Antisymmetrische C–O–C-Streckschw.
1280–1220 (vs)	Alkylarylether	Aryl-C–O-Streckschw.; zweite Bande bei etwa 1030 cm^{-1}
1270–1200 (s)	Vinylether	C–O–C-Streckschw.; zweite Bande bei etwa 1050 cm^{-1}
1265–1245 (vs)	Essigsäureester	Antisymmetrische C–O–C-Streckschw.
1230–1000 (s)	Alkohole	C–O-Streckschw.; siehe untere für spezifischere Frequenzbereiche
1200–1180 (vs)	Ameisen- und Propionsäureester	C–O–C-Streckschw.
1180–1150 (m)	Alkylsubstituierte Phenole	C–O-Streckschw.
1160–1000 (s)	Aliphatische Ester	Symmetrische C–O–C-Streckschw.
1150–1050 (vs)	Aliphatische Ester	C–O–C-Streckschw.; Maximum in der Regel bei etwa 1100 cm^{-1}
1150–1130 (s)	Tertiäre Alkohole	C–O-Streckschw.; Verschiebung zu niedrigerer Wellenzahl durch Verzweigung oder benachbarte ungesättigte Gruppe
1110–1090 (s)	Sekundäre Alkohole	C–O-Streckschw.; Verschiebung zu niedrigerer Wellenzahl um 10 bis 20 cm^{-1} durch Verzweigung
1060–1040 (s–vs)	Primäre Alkohole	C–O-Streckschw.; häufig ziemlich breit
1060–1020 (s)	Gesättigte cyclische Alkohole	C–O-Streckschw.; außer Cyclopropanol und Cyclobutanol
1050–1000 (s)	Alkylarylether	Alkyl-C–O-Streckschw.;
960–900 (m–s)	Carbonsäuren	C–O–H-Deformationsschw. im Dimer

[a]Hinter den Frequenz- beziehungsweise Wellenzahlbereichen sind die qualitativen Intensitäten der Banden angegeben. Dabei bedeuten: vs = sehr stark (von engl. *very strong*), s = stark und m = mittel.

12.12.2 Ether

Die einfachste Verbindungsklasse, in der eine C–O–C-Einheit vorkommt, sind die Ether. Aliphatische Ether verursachen eine Bande bei etwa 1100 cm^{-1}, während für Alkylarylether eine sehr intensive Bande zwischen 1280 und 1220 cm^{-1} und eine weitere intensive Bande zwischen 1050 und 1000 cm^{-1} erscheint. Vinylether können von anderen Ethern durch eine sehr starke C=C-Streckschwingungsbande sowie die Banden für die Out-of-Plane-CH-Knickschwingungen und die =CH_2-Nickschwingung, die bei etwa 960 beziehungsweise 820 cm^{-1} auftreten, unterschieden werden. Diese Wellenzahlen liegen unter den üblichen Bereichen, die wir in Abschnitt 12.11.4 beschrieben haben. In ▶ Abbildung 12.18 werden Beispielspektren der genannten drei Typen von Ethern vergleichend gegenübergestellt. In den Spektren cyclischer gesättigter Ether erscheint eine starke Bande für die antisymmetrische C–O–C-Streckschwingung im Bereich zwischen 1250 und 1150 cm^{-1}, während die entsprechende Bande im Fall von ungesättigten cyclischen Ethern bei niedrigeren Wellenzahlen zu finden sind.

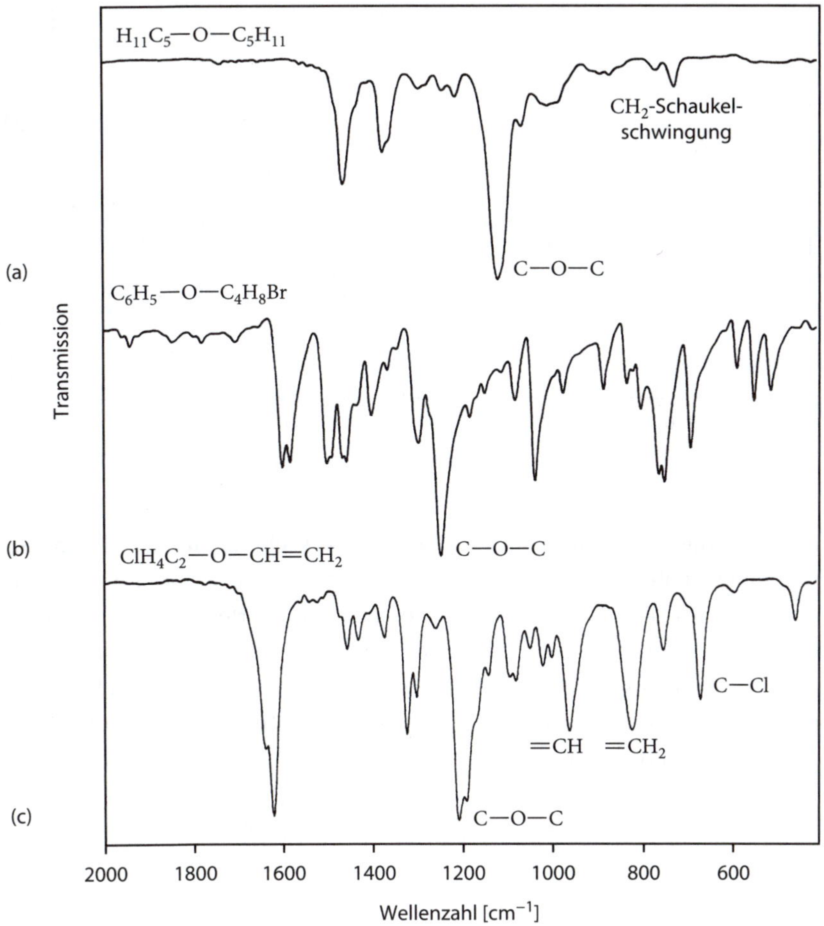

Abbildung 12.18: Die IR-Spektren dreier Typen von Ethern. (a) IR-Spektrum eines einfachen aliphatischen Ethers. (b) IR-Spektrum eines Alkylarylethers. (c) IR-Spektrum eines Vinylethers.

12.12.3 Alkohole und Phenole

In den IR-Spektren von reinen Alkoholen und Phenolen in flüssigem oder festem Zustand tritt eine breite Bande auf, die auf OH-Streckschwingungen von Hydroxylgruppen beruht, die in Wasserstoffbrücken eingebunden sind. Bei Alkoholen liegt das Maximum dieser Bande bei etwa 3300 cm^{-1}, bei Phenolen um 50 bis 100 cm^{-1} niedriger. Die Spektren von Phenolen enthalten eine Bande bei etwa 1350 cm^{-1}, die von der OH-Deformationsschwingung stammt, sowie eine weitere, breitere und intensivere Bande bei etwa 1200 cm^{-1}, welche auf die C–OH-Streckschwingung zurückzuführen ist. Letztere weist immer eine Feinstruktur auf, die von aromatischen In-Plane-CH-Deformationsschwingungen verursacht wird. ▶ Abbildung 12.19 zeigt zur Veranschaulichung die IR-Spektren eines aliphatischen Alkohols und eines Phenols.

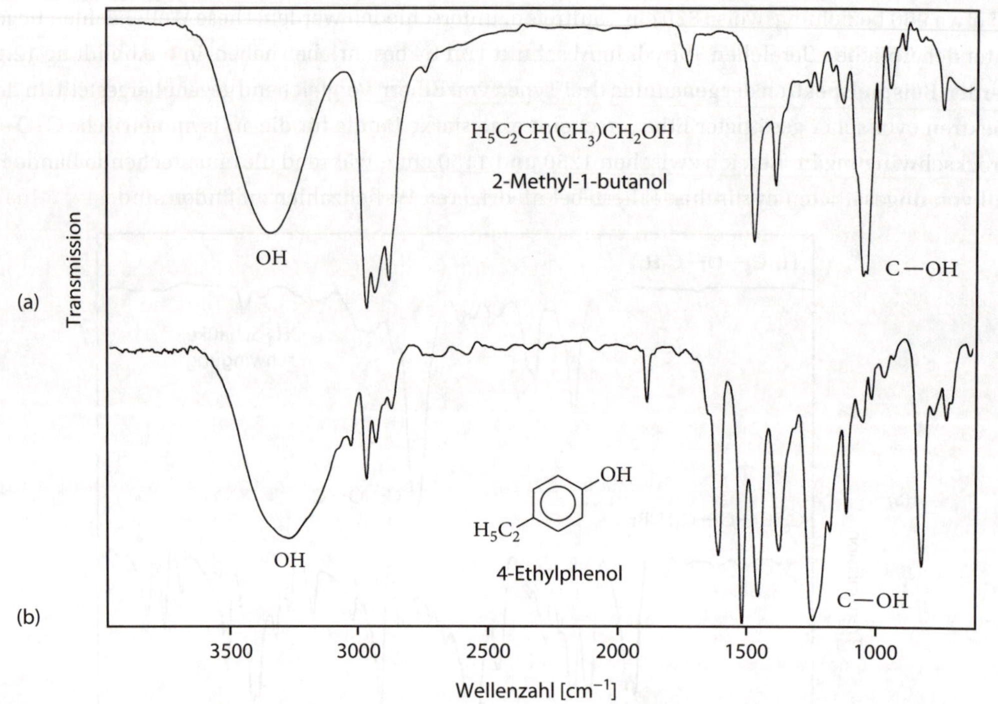

Abbildung 12.19: IR-Spektren eines aliphatischen Alkohols und eines Phenols. (a) IR-Spektrum von 2-Methyl-1-butanol. (b) IR-Spektrum von 4-Ethylphenol.

Bei einfachen Alkoholen wird die Bande der C–OH-Streckschwingung durch eine Substitution am gleichen Kohlenstoffatom, das bereits die Hydroxylgruppe trägt, in Richtung höherer Wellenzahlen verschoben. Dies kann leicht an den entsprechenden Werten für primäre, sekundäre und tertiäre Alkohole in Tabelle 12.6 nachvollzogen werden. In den Spektren von Kohlenhydraten (Zuckern) erscheinen eine sehr breite Bande für die OH-Streckschwingungen bei etwa 3300 cm^{-1} sowie Banden für die OH-Deformationsschwingungen bei etwa 1400 cm^{-1} und für die C–OH-Streckschwingungen bei etwa 1000 cm^{-1}.

12.12.4 Carbonsäuren und Carbonsäureanhydride

Außer in verdünnter Lösung liegen Carbonsäuren in der Regel in Form von Dimeren vor. Die Bande der Carbonyl-Streckschwingung des Dimers erscheint bei etwa 1700 cm^{-1}, während sie im Spektrum eines Carbonsäuremonomers bei höheren Wellenzahlen zwischen 1800 und 1740 cm^{-1} zu finden ist. Zusätzlich zur sehr breiten Bande der OH-Streckschwingung (siehe Abschnitt 12.5.1) treten für drei weitere Schwingungen der C–OH-Gruppe von Carbonsäuren Banden auf: eine Bande mittlerer Intensität bei etwa 1430 cm^{-1}, eine stärkere Bande bei etwa 1240 cm^{-1} und eine weitere Bande mittlerer Intensität bei etwa 930 cm^{-1}. Die Anwesenheit eines Carbonsäureanhydrids wird durch die charakteristische Absorption im Bereich der C=O-Streckschwingungen angezeigt. Diese besteht aus einem intensiven, scharfen Dublett mit einer Bande bei einer ungewöhnlich hohen Wellenzahl zwischen 1840 und 1800 cm^{-1} und einer zweiten Bande, die um etwa 60 cm^{-1} tiefer zwischen 1780 und 1740 cm^{-1} auftritt. Die C–O–C-Streckschwingung verursacht im Fall von offenkettigen Anhydriden eine breite Bande im Bereich von 1150 cm^{-1}, die bei cyclischen Anhydriden in Richtung höherer Wellenzahl verschoben ist.

12.12.5 Carbonsäureester

Die antisymmetrische C–O–C-Streckschwingung von Estern ist für eine sehr intensive und häufig ziemlich breite Bande bei etwa 1200 cm^{-1} verantwortlich. Dabei kann die Lage des Maximums dieser Bande von 1290 cm^{-1} bei Benzoesäureestern bis hinunter auf 1100 cm^{-1} bei aliphatischen Estern variieren. Die Bande kann durch die Absorption von CH-Deformationsschwingungen, die auch in diesem Bereich stattfindet, außerdem eine gewisse Struktur aufweisen. Darüber hinaus kann diese Bande sogar noch intensiver sein als die C=O-Streckschwingungsbande, die im Fall von Estern bei etwa 1750 cm^{-1} erscheint. Die symmetrische C–O–C-Streckschwingung führt bei aliphatischen Estern schließlich noch zu einer starken Bande zwischen 1160 und 1000 cm^{-1}.

12.13 Stickstoffhaltige Verbindungen

12.13.1 Allgemein

Die NH_2- beziehungsweise NH-Streckschwingungen primärer oder sekundärer Amine und Amide ergeben eine Bande zwischen 3350 und 3200 cm^{-1}. Dagegen sind tertiäre Amine und Amide deutlich schwieriger zu identifizieren, weil sie keine N–H-Gruppen enthalten. In den IR-Spektren von Nitrilen und Nitroverbindungen treten charakteristische Banden bei etwa 2250 beziehungsweise 1530 cm^{-1} auf. Isocyanate und Carbodiimide verursachen sehr intensive IR-Banden bei etwa 2260 beziehungsweise 2140 cm^{-1}. Es gibt ansonsten nur sehr wenige andere Gruppen, für die in dieser Region des Spektrums Banden erscheinen. Schließlich findet man für Oxime, Imine und Azoverbindungen schwache IR-Banden zwischen 1700 und 1600 cm^{-1}, welche auf die Streckschwingung der Gruppe –C=N– beziehungsweise –N=N– zurückzuführen ist.

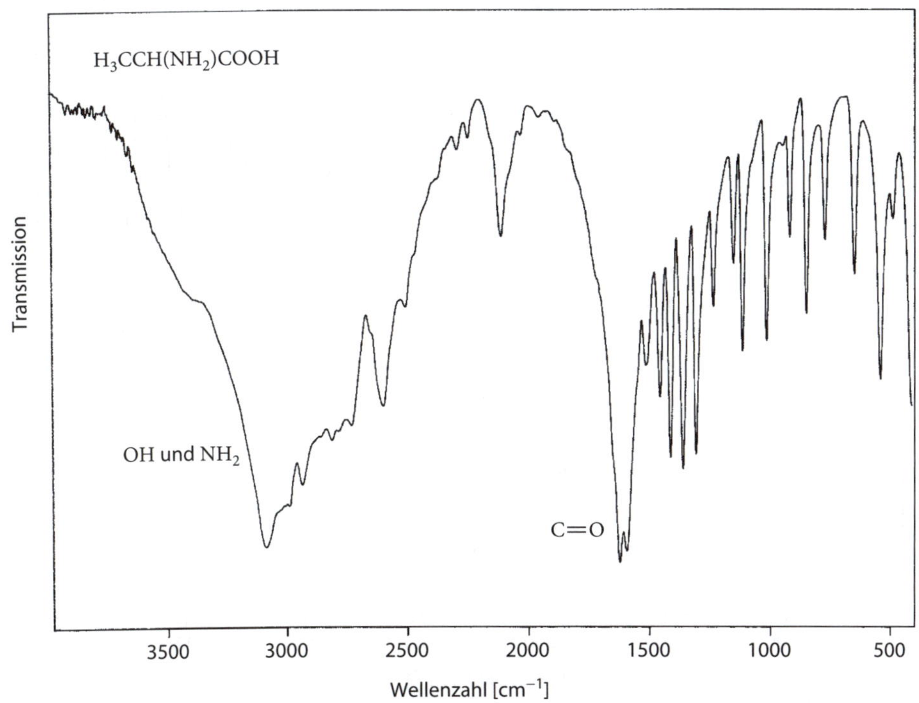

Abbildung 12.20: Das IR-Spektrum der Aminosäure L-Alanin.

12.13.2 Aminosäuren, Amine und Ammoniumhalogenide

Drei Klassen stickstoffhaltiger Verbindungen – Aminosäuren, Amine und Ammoniumhalogenide – ergeben sehr charakteristische breite Absorptionsbanden. Die auffallendste dieser Banden findet man in den IR-Spektren von Aminosäuren, die eine extrem breite, strukturierte Bande enthalten, deren Maximum bei etwa 3000 cm^{-1} lokalisiert ist und die sich bis hinunter auf 2200 cm^{-1} erstrecken kann. Ein Beispiel für das IR-Spektrum einer Aminosäure zeigt ▶ Abbildung 12.20. Ammoniumhalogenide verursachen ähnliche, ebenfalls sehr breite Banden, die auf der niedrigerfrequenten Seite des Maximums eine gewisse Struktur aufweisen. Allerdings liegt das Maximum der Bande bei dieser Verbindungsklasse tendenziell bei niedrigerer Wellenzahl als bei Aminosäuren. Das trifft insbesondere auf IR-Spektren tertiärer Ammoniumhalogenide zu, in denen das Maximum bis hinunter auf 2500 cm^{-1} verschoben sein kann. Tatsächlich kann eine solche Bande als sehr brauchbarer Hinweis auf ein tertiäres Ammoniumhalogenid gewertet werden (▶ Abbildung 12.21).

Sowohl Aminosäuren als auch primäre Ammoniumhalogenide verursachen darüber hinaus eine schwache, aber charakteristische Bande zwischen 2200 und 2000 cm^{-1} (siehe Abbildung 12.21), die vermutlich auf einen Kombinationston zurückzuführen ist, der sich aus Übergängen der $-NH_3^+$-Deformationsschwingung bei etwa 1600 cm^{-1} und der $-NH_3^+$-Torsionsschwingung bei etwa 500 cm^{-1} zusammensetzt. Im Spektrum primärer Amine erscheint außerdem eine ziemlich breite IR-Bande bei etwa 830 cm^{-1}, die im Fall sekundärer Amine um etwa 100 cm^{-1} in Richtung niedrigerer Wellenzahl verschoben auftritt (siehe Abbildungen 12.7d und 12.7e). In den Spektren tertiärer Amine und Ammoniumhalogenide kommt diese Bande nicht vor.

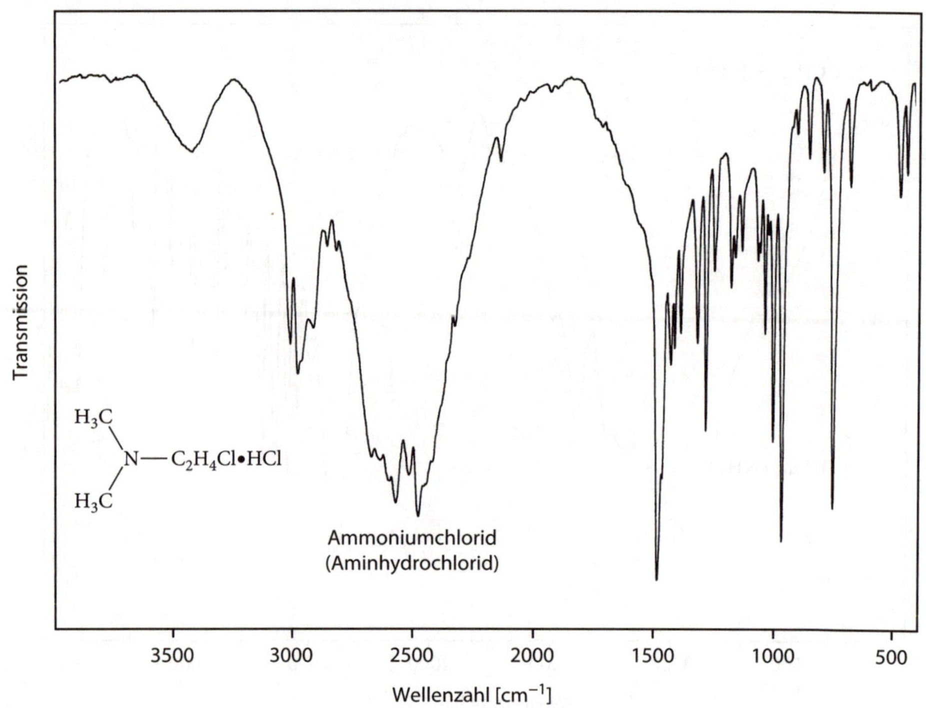

Abbildung 12.21: Das IR-Spektrum von (2-Chlorethyl) dimethylammoniumchlorid.

12.13.3 Aniline

Bei Anilinen fehlt die charakteristische breite Bande zwischen 830 und 730 cm^{-1}, die in den Spektren aliphatischer Amine zu finden ist. Daher werden die Banden für die Out-of-Plane-CH-Knickschwingungen des aromatischen Rings nicht verdeckt und können beobachtet werden. Mithilfe dieser Banden kann das Substitutionsmuster am Ring ermittelt werden. Wenn ein aliphatisches Amin über eine Alkylkette mit einem aromatischen Ring verbunden ist, treten natürlich sowohl die Aminbande als auch das CH-Knickschwingungsmuster im Spektrum auf.

▶ Abbildung 12.22 zeigt zur Veranschaulichung das IR-Spektrum eines Anilin-Derivats und ▶ Abbildung 12.23 das IR-Spektrum eines aliphatischen Amins mit einem Benzolring, der aber nicht direkt mit dem Stickstoffatom verknüpft vorliegt. Die Anwesenheit des Benzolrings kann in beiden Fällen durch die Banden der aromatischen CH-Streckschwingungen zwischen 3100 und 3000 cm^{-1} und der Out-of-Plane-CH-Knickschwingungen zwischen 850 und 700 cm^{-1} sowie durch die Banden zwischen 2000 und 1700 cm^{-1} detektiert werden, wobei die zuletzt genannten Banden zur Bestimmung des Substitutionsmusters dienen können (siehe Abschnitt 12.8). Darüber hinaus deutet die einzelne Bande im Bereich der Out-of-Plane-CH-Knickschwingungen bei 825 cm^{-1} in Abbildung 12.22 auf einen *para*-substituierten Benzolring hin, während das Dublett mit Peaks bei 740 und 700 cm^{-1} in Abbildung 12.23 als Hinweis auf einen monosubstituierten Benzolring gewertet werden kann (siehe Abschnitt 12.8).

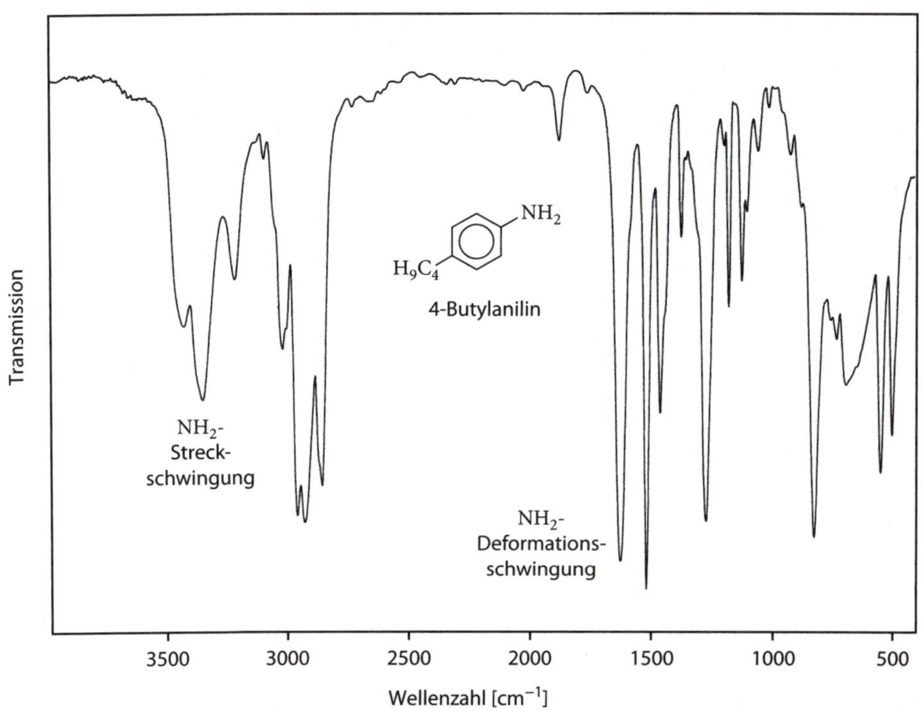

Abbildung 12.22: **Das IR-Spektrum das Anilin-Derivats 4-Butylanilin.**

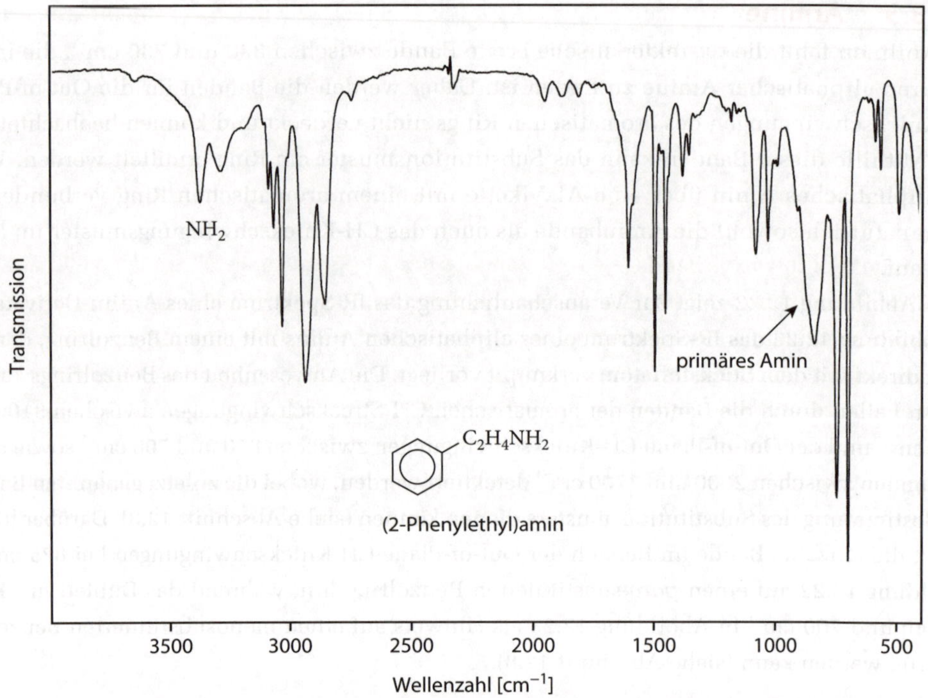

Abbildung 12.23: **Das IR-Spektrum von (2-Phenylethyl)amin.** In diesem Amin ist das Stickstoffatom nicht direkt mit dem aromatischen Ring verknüpft.

12.13.4 Nitrile

Im IR-Spektrum gesättigter Alkylnitrile erscheint eine schwache Bande bei etwa 2250 cm^{-1}. Im Raman-Spektrum weist diese Bande eine hohe Intensität auf. Für ungesättigte und aromatische Nitrile, in denen die C≡N-Gruppe in Konjugation zu einer C=C-Doppelbindung beziehungsweise zum aromatischen Ring steht, besitzt die Bande im IR-Spektrum eine höhere Intensität als bei gesättigten Nitrilen und liegt bei etwas niedrigerer Wellenzahl im Bereich von 2230 cm^{-1}.

12.13.5 Nitroverbindungen

Nitroverbindungen verursachen zwei sehr intensive Absorptionsbanden im IR-Spektrum, die auf die symmetrische und antisymmetrische NO_2-Streckschwingung zurückzuführen sind. Die symmetrische NO_2-Streckschwingung ist außerdem für eine sehr starke Raman-Bande verantwortlich. Bei aliphatischen Nitroverbindungen liegen diese Banden bei etwa 1550 und 1380 cm^{-1}, während sie im Fall aromatischer Nitroverbindungen bei etwa 1520 und 1350 cm^{-1} zu finden sind. Die genannten Wellenzahlen hängen zum Teil von benachbarten Substituenten ab. Zum Beispiel wird die Intensität der Bande aromatischer Nitroverbindungen bei 1350 cm^{-1} durch elektronenschiebende Substituenten am Ring erhöht. Die üblichen Bandenmuster der Out-of-Plane-CH-Knickschwingungen für *ortho*-, *meta*- und *para*-Substitution sind bei Nitroverbindungen häufig verzerrt. Auch andere Verbindungen mit N–O-Bindungen erzeugen charakteristische intensive IR-Absorptionsbanden.

12.13.6 Carbonsäureamide

In sekundären Amiden (*N*-monosubstituierten Amiden) steht das NH-Wasserstoffatom bezüglich der C–N-Amidbindung (eingeschränkte Rotation), wie in Molekülformel **12-9** dargestellt, meist *trans* zum Carbonylsauerstoffatom. Für die Carbonyl-Streckschwingung erscheint eine sehr intensive IR-Bande zwischen 1680 und 1640 cm^{-1} (Amid-I-Bande).

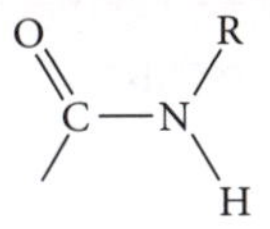

12-9

Eine zweite sehr intensive Bande (Amid-II-Bande) tritt im IR-Spektrum von Amiden zwischen 1560 und 1530 cm^{-1} auf und wird im Allgemeinen auf eine Kopplung der NH-Knickschwingung und der C–N-Streckschwingung zurückgeführt. Die in Molekülformel **12-9** gezeigte *trans*-Form der Amide ist außerdem für eine Bande zwischen 1300 und 1250 cm^{-1} sowie für eine breite Bande bei etwa 700 cm^{-1} verantwortlich (siehe Abbildung 12.7f). Gelegentlich kommen Amide auch in der *cis*-Form vor, wie beispielsweise bei den cyclischen Lactamen. In solchen Fällen wird eine intensive NH-Streckschwingungsbande bei etwa 3200 cm^{-1} sowie eine schwächere Kombinationsbande beobachtet, die auf eine simultane Anregung der C=O-Streckschwingung und der NH-Knickschwingung zurückgeführt werden kann. Die Amid-II-Bande fehlt bei der *cis*-Form der Amide. Allerdings erscheint eine Bande für die NH-Knickschwingung zwischen 1500 und 1450 cm^{-1}. Diese Bande kann leicht mit den Banden von CH_2- oder antisymmetrischen CH_3-Deformationsschwingungen verwechselt werden.

12.14 Phosphor- und schwefelhaltige Verbindungen

12.14.1 Allgemein

Auf die Anwesenheit von Phosphor in organischen Verbindungen deuten IR-Banden für Schwingungen der Gruppen P–H, P–OH, P–O–C, P=O sowie P=S hin. Auch Phosphoratome, die unmittelbar mit einem aromatischen Ring verknüpft sind, können durch ihre IR-Banden gut identifiziert werden. In ▶ Tabelle 12.7 sind unter anderem die typischen Wellenzahlbereiche der IR-Banden der genannten phosphorhaltigen Gruppen aufgelistet. Die meisten dieser Gruppen verursachen intensive oder sehr intensive IR-Banden, die P=S-Gruppe jedoch nicht. Zur Identifizierung dieser Gruppe ist das Raman-Spektrum von Nutzen, in dem sie zu einer Bande zwischen 700 und 600 cm^{-1} führt. Für die Funktionalität P–C in aliphatischen Verbindungen existiert keine charakteristische Gruppenfrequenz.

Tabelle 12.7: Charakteristische Wellenzahlbereiche von IR-Banden phosphor- und schwefelhaltiger Verbindungen.

Gruppe und Verbindungsklasse	Wellenzahlbereich [cm^{-1}] und Intensitäten[a]	Zuordnung und Bemerkungen
P–H-Gruppe		
Phosphonsäuren und Phosphonsäureester	2425–2325 (m)	P–H-Streckschw.

[a]Hinter den Frequenz- beziehungsweise Wellenzahlbereichen sind die qualitativen Intensitäten der Banden angegeben. Dabei bedeuten: vs = sehr stark (von engl. *very strong*), s = stark, m = mittel, w = schwach (von engl. *weak*) und vw = sehr schwach (von engl. *very weak*).

Tabelle 12.7: Charakteristische Wellenzahlbereiche von IR-Banden phosphor- und schwefelhaltiger Verbindungen. *(Fortsetzung)*

Gruppe und Verbindungsklasse	Wellenzahlbereich [cm^{-1}] und Intensitäten[a]	Zuordnung und Bemerkungen
Phosphine	2320–2270 (m)	P–H-Streckschw.; scharfe Bande
	1090–1080 (m)	PH_2-Deformationsschw.
	990–910 (m–s)	P–H-Nickschw.
P–OH-Gruppe		
Phosphor- und Phosphonsäuren sowie deren Ester und Salze	2700–2100 (w)	O–H-Streckschw.; eine oder zwei breite Banden
	1040–920 (s)	P–OH-Streckschw.
P–O–C-Gruppe		
Aliphatische Verbindungen	1050–950 (vs)	Antisymmetrische P–O–C-Streckschw.
	830–750 (s)	Symmetrische P–O–C-Streckschw. (nur Methoxy- und Ethoxyphosphor-Verbindungen
Aromatische Verbindungen	1250–1160 (vs)	Aromatische C–O-Streckschw.
	1050–870 (vs)	P–O-Streckschw.
P–C-Gruppe		
Aromatische Verbindungen	1450–1430 (s)	Mit P direkt am aromatischen Ring; scharfe Bande
Quartäre aromatische	1110–1090 (s)	Mit P^+ direkt am aromatischen Ring; scharfe Bande
P=O-Gruppe		
Aliphatische Verbindungen RO(P=O)–	1260–1240 (s)	Intensive scharfe Bande
Aromatische Verbindungen ArO(P=O)–	1350–1300 (s)	Niedrigere Wellenzahl (1250–1180 cm^{-1}), wenn P-Atom OH-Gruppe trägt.
Phosphinoxide	1200–1140 (s)	P=O-Streckschw.
S–H-Gruppe		
Thiole (Mercaptane)	2580–2500 (w)	S–H-Streckschw.; starke Raman-Bande
C–S-Gruppe		
	720–600 (w)	C–S-Streckschw.; starke Raman-Bande

[a]Hinter den Frequenz- beziehungsweise Wellenzahlbereichen sind die qualitativen Intensitäten der Banden angegeben. Dabei bedeuten: vs = sehr stark (von engl. *very strong*), s = stark, m = mittel, w = schwach (von engl. *weak*) und vw = sehr schwach (von engl. *very weak*).

Tabelle 12.7: Charakteristische Wellenzahlbereiche von IR-Banden phosphor- und schwefelhaltiger Verbindungen. *(Fortsetzung)*

Gruppe und Verbindungsklasse	Wellenzahlbereich [cm^{-1}] und Intensitäten[a]	Zuordnung und Bemerkungen
S–S-Gruppe		
Disulfide	550–450 (vw oder fehlend)	S–S-Streckschw.; starke Raman-Bande
S=O-Gruppe		
Sulfoxide	1060–1020 (vs)	S=O-Streckschw.
Dialkylsulfite	1220–1190 (vs)	S=O-Streckschw.
SO_2-Gruppe		
Sulfone, Sulfonamide, Sulfonsäuren, Sulfonate und Sulfonylchloride	1390–1290 (vs)	Antisymmetrische SO_2-Streckschw.
	1190–1120 (vs)	Symmetrische SO_2-Streckschw.
S–O–C-Gruppe		
Dialkylsulfite	1050–850 (vs)	S–O–C-Streckschw.; zwei Banden
Sulfate	1050–770 (vs)	Zwei oder mehr Banden

[a]Hinter den Frequenz- beziehungsweise Wellenzahlbereichen sind die qualitativen Intensitäten der Banden angegeben. Dabei bedeuten: vs = sehr stark (von engl. *very strong*), s = stark, m = mittel, w = schwach (von engl. *weak*) und vw = sehr schwach (von engl. *very weak*).

SO_2- und SO-Gruppen sind für sehr intensive IR-Banden zwischen 1400 und 1000 cm^{-1} verantwortlich. Die Schwingungen anderer Bindungen, an denen Schwefel beteiligt ist, ergeben dagegen nur sehr schwache IR-Banden. Allerdings kann ein Raman-Spektrum zur Identifizierung dieser Gruppen herangezogen werden. In Tabelle 12.7 sind auch die typischen Wellenzahlbereiche der IR-Banden einiger schwefelhaltiger funktioneller Gruppen aufgelistet. Für die C=S-Gruppe wurden in der Tabelle keine Werte angegeben, weil die C=S-Streckschwingung stets mit Schwingungen anderer Gruppen des Moleküls gekoppelt ist. Banden im Bereich von 1400 bis 850 cm^{-1} sind dieser Gruppe zugeordnet worden, wobei man die Banden von Thioamiden im unteren Wellenzahlbereich dieser Region findet. IR-Banden, für deren Entstehung C=S-Gruppen mit verantwortlich sind, weisen in der Regel nur eine geringe Intensität auf.

12.14.2 Phosphonsäuren und deren Ester

Phosphonsäuren enthalten P–OH-Gruppen, die zu einer oder zwei breiten Banden mittlerer Intensität zwischen 2700 und 2100 cm^{-1} führen. Ester und Salze von Phosponsäuren mit P–OH-Gruppen absorbieren ebenfalls in diesem Bereich. Die Anwesenheit der P–H-Gruppe in Phosphonsäuren und deren Derivaten wird durch eine kleine scharfe Bande bei etwa 2400 cm^{-1} angezeigt. Im Fall von Methoxy- und Ethoxyphosphor-Verbindungen sowie bei anderen aliphatischen Phosphorverbindungen mit einer P–O–C-Gruppierung erscheint eine sehr intensive und breite Bande zwischen 1050 und 950 cm^{-1} im IR-Spektrum. Als Hinweis auf eine P=O-Bindung kann eine intensive Bande nahe 1250 cm^{-1} gewertet werden.

TEIL III

12.14.3 Verbindungen mit C–S-, S–S- und S–H-Gruppen

In Raman-Spektren von Verbindungen mit C–S- oder S–S-Bindungen treten sehr starke Banden zwischen 700 und 600 cm^{-1} beziehungsweise bei etwa 500 cm^{-1} auf. Im IR-Spektrum besitzen diese Banden dagegen insbesondere im Fall von S–S-Bindungen nur eine geringe Intensität oder sie fehlen sogar ganz. Auch die S–H-Streckschwingungsbande bei etwa 2500 cm^{-1} erscheint im IR-Spektrum normalerweise nur als schwacher Peak, während sie im Raman-Spektrum eine hohe Intensität aufweist. ▶ Abbildung 12.24 zeigt das IR-Spektrum eines einfachen aliphatischen Thiols, in dem die relativ schwachen Banden für die S–H-Streckschwingung bei 2530 cm^{-1} und für die C–S-Streckschwingung bei etwa 700 cm^{-1} zu erkennen sind. Die Verbindung enthält eine Isopropylgruppe und die symmetrischen Deformationsschwingungen der beiden Methylgruppen dieser Isopropylgruppe führen zu einem charakteristischen starken Dublett, dessen Zentrum bei 1375 cm^{-1} lokalisiert ist (siehe Abschnitt 12.9.2).

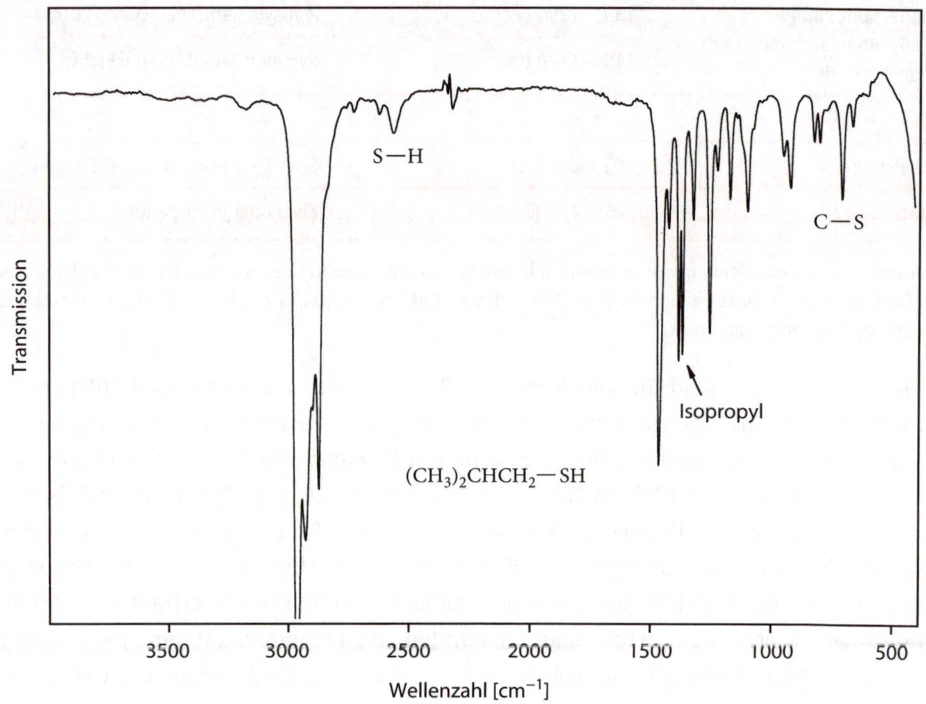

Abbildung 12.24: Das IR-Spektrum eines aliphatischen Thiols.

12.14.4 Verbindungen mit S=O-Gruppen

Die Streckschwingung der S=O-Gruppe in Sulfoxiden führt zu einer starken, breiten IR-Bande bei etwa 1050 cm^{-1}, die in den Spektren von Alkylsulfiten bei etwa 1200 cm^{-1} beobachtet werden kann. Sulfone enthalten eine SO_2-Gruppe, die für zwei sehr intensive Banden verantwortlich ist: Die Bande der antisymmetrischen Streckschwingung liegt zwischen 1369 und 1290 cm^{-1}, die Bande der symmetrischen Streckschwingung dagegen zwischen 1170 und 1120 cm^{-1}.

Der Effekt des elektronegativen Halogenatoms hat zur Folge, dass die SO_2-Streckschwingungsbanden von Sulfonylhalogeniden im Vergleich zu denen der Sulfone um etwa 50 cm^{-1} in Richtung höheren Wellenzahlen verschoben sind. In den IR-Spektren von Sulfonsäuren erscheint eine sehr breite Absorptionsbande für die OH-Streckschwingung zwischen 3000 und 2000 cm^{-1}. Die antisymmetrische und die symmetrische SO_2-Streckschwingung verursachen schließlich sowohl im Fall von Alkyl- und Arylsulfonsäuren als auch den entsprechenden Sulfonaten zwei intensive Banden bei etwa 1350 sowie zwischen 1200 und 1100 cm^{-1}.

12.15 Heterocyclische Verbindungen

12.15.1 Allgemein

Heterocyclische Verbindungen, die Stickstoff, Sauerstoff oder Schwefel enthalten, können drei Arten von Gruppenfrequenzen zeigen: für CH- oder NH-Schwingungen, für Schwingungen des Rings und für Schwingungen von Substituenten am Ring. Die Identifizierung einer heterocyclischen Verbindung anhand eines IR- und Raman-Spektrums ist eine schwierige Aufgabe. Charakteristische Gruppenfrequenzen für einige heterocyclische Verbindungsklassen sind in ▶ Tabelle 12.8 aufgelistet und in den folgenden Abschnitten beschäftigen wir uns mit der Charakterisierung einiger weniger Typen von Heterocyclen. Stickstoffheterocyclen ergeben in der Regel intensive Raman-Spektren, wobei insbesondere –C=N–-Gruppen sehr starke Banden verursachen, wenn sie in der jeweiligen Verbindung vorkommen.

Tabelle 12.8: Charakteristische Wellenzahlbereiche von IR-Banden einiger heterocyclischer Verbindungsklassen.

Verbindungsklasse	Wellenzahlbereich [cm^{-1}] und Intensitäten[a]	Zuordnung und Bemerkungen
Azole		
Imidazole, Isoxazole, Oxazole, Pyrazole, Triazole, Tetrazole	3300–2500 (s, br)	NH-Streckschw. (Gruppe in Wasserstoffbrücke eingebunden); ähnlich wie bei Carbonsäuren
	1650–1380 (m–s)	Drei Ring-Streckschw.-Banden
	1040–980 (s)	Ringpulsation
Carbazole		
	3490–3470 (vs)	NH-Streckschw. (in verdünnter Lösung, unpolare Lösungsmittel)
1,4-Dioxane		
	1460–1440 (vs)	CH_2-Deformationsschw.
	1400–1150 (s)	CH_2-Torsions- und Nickschw.
	1130–1000 (m)	Ringschwingung; starke Raman-Bande
	850–830 (w)	Sehr stark im Raman-Spektrum

[a] Hinter den Frequenz- beziehungsweise Wellenzahlbereichen sind die qualitativen Intensitäten der Banden angegeben. Dabei bedeuten: vs = sehr stark (von engl. *very strong*), s = stark, m = mittel, w = schwach (von engl. *weak*) und br = breit.

Tabelle 12.8: Charakteristische Wellenzahlbereiche von IR-Banden einiger heterocyclischer Verbindungsklassen. *(Fortsetzung)*

Verbindungsklasse	Wellenzahlbereich [cm^{-1}] und Intensitäten[a]	Zuordnung und Bemerkungen
Furane		
	3140–3120 (m)	CH-Streckschw.; höhere Wellenzahl als bei den meisten Aromaten
	1600–1400 (m–s)	Ringstreckungen (drei Banden)
	770–720 (vs)	Bande wird mit steigender Substituentenzahl schwächer.
Indole		
	3470–3450 (vs)	NH-Streckschw.
	1600–1500 (m–s)	Zwei Banden
	900–600 (vs)	Substitutionsmuster für fünf- und sechsgliedrigen Ring
Pyridine		
Allgemein	3080–3020 (w–m)	CH-Streckschw.; mehrere Banden
	2080–1670 (w)	Kombinationsbanden
	1615–1565 (s)	Zwei Banden für C=C- und C=N-Streckschw. im Ring
	1030–990 (s)	Ringpulsation
2-Substituiert	780–740 (s)	CH-Nickschw. (*out of plane*)
	630–605 (m–s)	Ringdeformation (*in plane*)
	420–400 (s)	Ringdeformation (*out of plane*)
3-Substituiert	820–770 (s)	CH-Nickschw. (*out of plane*)
	730–690 (s)	Ringdeformation
	635–610 (m–s)	Ringdeformation (*in plane*)
	420–380 (s)	Ringdeformation (*out of plane*)
4-Substituiert	850–790 (s)	CH-Nickschw. (*out of plane*)
Disubstituiert	830–810 (s)	Zwei Banden durch CH-Nickschw. (*out of plane*)
	740–720 (s)	
Trisubstituiert	730–720 (s)	CH-Nickschw. (*out of plane*)

[a]Hinter den Frequenz- beziehungsweise Wellenzahlbereichen sind die qualitativen Intensitäten der Banden angegeben. Dabei bedeuten: vs = sehr stark (von engl. *very strong*), s = stark, m = mittel, w = schwach (von engl. *weak*) und br = breit.

Tabelle 12.8: Charakteristische Wellenzahlbereiche von IR-Banden einiger heterocyclischer Verbindungsklassen. *(Fortsetzung)*

Verbindungsklasse	Wellenzahlbereich [cm^{-1}] und Intensitäten[a]	Zuordnung und Bemerkungen
Pyrimidine		
	1590–1370 (m–s)	Ringstreckung; vier Banden
	685–660 (m–vs)	Ringdeformation
Pyrrole		
	3480–3430 (vs)	NH-Streckschw.; häufig scharfe Bande
	3130–3120 (w)	CH-Streckschw.; bei höherer Wellenzahl als normal
	1560–1390 (variabel)	Ringstreckung; in der Regel drei Banden
	770–720 (s, br)	CH-Nickschw. (*out of plane*)
Thiophene		
	1590–1350 (m–vs)	Ringstreckungen; mehrere Banden
	810–680 (vs)	CH-Nickschw. (*out of plane*); bei niedrigerer Wellenzahl als bei Pyrrolen und Furanen
Triazine		
	1560–1520 (vs)	Zwei Banden durch Ringstreckungen
	1420–1400 (s)	
	820–740 (s)	Ringdeformation (*out of plane*)

[a]Hinter den Frequenz- beziehungsweise Wellenzahlbereichen sind die qualitativen Intensitäten der Banden angegeben. Dabei bedeuten: vs = sehr stark (von engl. *very strong*), s = stark, m = mittel, w = schwach (von engl. *weak*) und br = breit.

12.15.2 Aromatische Heterocyclen

Die Banden für die CH-Streckschwingungen heterocyclischer aromatischer Verbindungen, wie zum Beispiel Pyridinen, findet man zwischen 3100 und 3000 cm^{-1}. Sie können im Fall von Furanen, Pyrrolen und einigen anderen Heterocyclen aber auch bei etwas höherer Wellenzahl liegen. Charakteristische Banden, die auf Streckschwingungen des Rings zurückzuführen sind, erscheinen ähnlich wie bei Benzol-Derivaten zwischen 1600 und 1000 cm^{-1}. Die Out-of-Plane-CH-Knickschwingungen aromatischer Heterocyclen verursachen intensive IR-Banden im Bereich zwischen 1000 und 650 cm^{-1}. In einigen Fällen – beispielsweise bei Furanen, Indolen, Pyridinen, Pyrimidinen und Chinolinen – geben die Muster dieser Banden Hinweise auf die Art der Substitution am Ring. Darüber hinaus erscheinen für die In-Plane-CH-Knickschwingungen mehrere Banden zwischen 1300 und 1000 cm^{-1}. CH-Schwingungen in Benzol-Derivaten können mit den analogen Schwingungen in heterocyclischen Verbindungen korreliert werden und somit für die Strukturaufklärung von Nutzen sein.

Oberton- und Kombinationsbanden heterocyclischer Verbindungen treten zwischen 2000 und 1750 cm^{-1} auf. Diese Banden ähneln denen von Benzol-Derivaten (siehe Tabelle 12.5) und ihr Muster ist für die Positionen der Substituenten charakteristisch. Bei aromatischen Stickstoffheterocyclen verursachen die gekoppelten C=C- und C=N-Streckschwingungen mehrere kennzeichnende Banden. Diese liegen bei ähnlichen Wellenzahlen wie die entsprechenden Banden nichtheterocyclischer aromatischer Verbindungen und weisen im Raman-Spektrum eine sehr hohe Intensität auf. Streckschwingungsbanden heterocyclischer Verbindungen erscheinen zwischen 1600 und 1300 cm^{-1}. Weitere Gerüstschwingungen heterocyclischer Ringe führen zu Banden für Ringpulsationen bei etwa 1000 cm^{-1}, für In-Plane-Ringdeformationsschwingungen zwischen 700 und 600 cm^{-1} sowie für Out-of-Plane-Ringdeformationsschwingungen zwischen 700 und 300 cm^{-1}.

Nichtaromatische Heterocyclen enthalten in der Regel eine oder mehrere CH_2-Gruppen. Die Streck- und Deformationsschwingungen dieser Gruppen verursachen Banden in den üblichen Regionen (siehe Abschnitt 12.10). Die Nick-, Torsions- und Schaukelschwingungen treten allerdings häufig mit Schwingungen des Ringgerüstes in Wechselwirkung und können über einen breiten Wellenzahlbereich beobachtet werden.

12.15.3 Pyrimidine und Purine

Pyrimidine (**12-10**) und Purine (**12-11**) ergeben intensive IR-Banden zwischen 1640 und 1520 cm^{-1}, die auf die C=C- und C=N-Streckschwingungen des Rings zurückzuführen sind. Eine Bande bei etwa 1630 cm^{-1} kann der C=N-Streckschwingung und eine zweite Bande zwischen 1580 und 1520 cm^{-1} einer C=C-Streckschwingung zugeordnet werden.

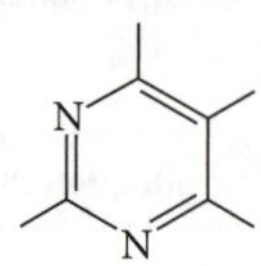

12-10

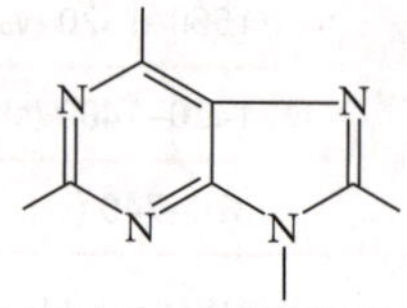

12-11

Die C=N-Streckschwingung ist in der Regel außerdem für eine sehr intensive Raman-Bande bei diesen und verwandten Heterocyclen verantwortlich. Weiterhin verursachen die Out-of-Plane-CH-Knickschwingungen von Pyrimidinen und Purinen meist Absorptionsbanden zwischen 700 und 600 cm^{-1}. Stickstoffheterocyclen können schließlich *N*-Oxide bilden, die durch eine charakteristische sehr intensive IR-Bande bei etwa 1280 cm^{-1} gekennzeichnet sind.

12.15.4 Fünfgliedrige Heterocyclen

Die IR-Spektren von Pyrrolen, Furanen und Thiophenen enthalten im Allgemeinen eine C=C-Streckschwingungsbande bei etwa 1580 cm^{-1}. Darüber hinaus erscheint eine starke Bande zwischen 800 und 700 cm^{-1} für die Out-of-Plane-Deformationsschwingung der CH=CH-Gruppe, die denen von *cis*-disubstituierten Alkenen ähnelt. In den Spektren von Pyrrolen tritt außerdem eine intensive, breite Bande zwischen 3400 und 3000 cm^{-1} auf, die auf die N–H-Streckschwingung der in eine Wasserstoffbrücke eingebundenen NH-Gruppe zurückzuführen ist. Die Streckschwingungen von Furanringen verursachen IR-Banden mittlerer bis hoher Intensität zwischen 1610 und 1560 cm^{-1}, 1520 und 1470 cm^{-1} sowie 1400 und 1390 cm^{-1}. In den Spektren aller Furane kommt schließlich eine intensive Absorptionsbande bei etwa 595 cm^{-1} vor, die von einer Deformationsschwingung des Rings stammt.

Thiophene führen zu IR-Banden zwischen 3100 und 3000 cm^{-1} (CH-Streckschwingungen), 1550 und 1200 cm^{-1} (Streckschwingungen des Rings) sowie 750 und 650 cm^{-1} (Out-of-Plane-CH-Knickschwingungen). IR-Spektren von Thiophenen enthalten im Allgemeinen außerdem eine Bande zwischen 530 und 450 cm^{-1}, die auf eine Out-of-Plane-Deformationsschwingung des Rings zurückzuführen ist.

12.15.5 NH-Streckschwingungsbanden

Spektren von heterocyclischen Stickstoffverbindungen können Banden von sekundären oder tertiären Aminogruppen enthalten. Die NH-Streckschwingungsbanden von Pyrrolen, Indolen und Carbazolen in unpolaren Lösungsmitteln erscheinen zwischen 3500 und 3450 cm^{-1}. Im IR-Spektrum weisen diese Banden eine sehr hohe Intensität auf. Im Fall von gesättigten Stickstoffheterocyclen, wie beispielsweise Pyrrolidinen und Piperidinen, liegt die Bande der NH-Streckschwingung bei niedrigeren Wellenzahlen. In Wasserstoffbrücken eingebundene NH-Gruppen von Azolen verursachen eine sehr breite NH-Streckschwingungsbande zwischen 3300 und 2500 cm^{-1}. Diese Bande kann möglicherweise mit einer breiten Bande für die OH-Streckschwingung von Carbonsäuren verwechselt werden.

TEIL III

12.16 Halogenhaltige Verbindungen

12.16.1 Allgemein

Ein Halogenatom in Nachbarschaft zu einer funktionellen Gruppe verursacht häufig eine signifikante Verschiebung der zugehörigen Gruppenfrequenz. Fluor übt in diesem Zusammenhang besonders große Effekte aus. Diese Tatsache muss bei der Interpretation von IR- und Raman-Spektren fluorhaltiger Verbindungen immer sorgfältig berücksichtigt werden, da die Lage der Banden funktioneller Gruppen durch den Einfluss des Fluoratoms häufig außerhalb der üblichen Bereiche verschoben ist. C–F-Streckschwingungsbanden zeigen im IR-Spektrum eine sehr hohe Intensität und liegen in der Regel zwischen 1350 und 1100 cm^{-1}. Im Raman-Spektrum sind diese Banden dagegen meist nur schwach. Die Banden anderer Gruppen, die in diesem Bereich des IR-Spektrums lokalisiert sind, können durch die C–F-Streckschwingungsbande verdeckt sein. Diese Gruppen können aber häufig im Raman-Spektrum detektiert werden. Es gibt allerdings auch viele bekannte Fälle symmetrischer C–F-Streckschwingungen, deren Banden unterhalb der Region von 1350 bis 1100 cm^{-1} auftreten.

12.16.2 CH_2X-Gruppen

Bei Verbindungen mit einer CH_2X-Gruppe verursacht die CH_2-Nickschwingung eine intensive Bande, deren genaue Lage vom Halogen X abhängt. Handelt es sich bei X um Chlor, findet man die Bande zwischen 1300 und 1250 cm^{-1}. Für X = Br liegt die Bande bei etwa 1230 cm^{-1} und für X = I noch etwas niedriger bei etwa 1170 cm^{-1}.

12.16.3 Perhalogenierte Alkylgruppen

Bei perhalogenierten Gruppen führt die Anwesenheit von mehr als einem Halogenatom an einem einzelnen Kohlenstoffatom zur Verlagerung der C–X-Streckschwingungsbande an das obere Ende des oben genannten Wellenzahlbereichs. Die antisymmetrische Streckschwingung der $-CCl_3$-Gruppe verursacht eine IR-Bande zwischen 830 und 700 cm^{-1}.

12.16.4 Aromatische Halogenverbindungen

Mit aromatischen Ringen verknüpfte Halogenatome sind an bestimmten Schwingungen beteiligt, deren Frequenzen von der Masse des jeweiligen Halogenatoms abhängen. Eine der Schwingungen des Benzolrings, die mit Bewegungen des Atoms eines Substituenten einhergeht, führt bei Fluoraromaten zu Banden zwischen 1250 und 1100 cm^{-1}, bei Chloraromaten zu Banden zwischen 1100 und 1040 cm^{-1} und bei Bromaromaten zu Banden zwischen 1070 und 1020 cm^{-1}.

12.17 Bor-, Silicium-, Zinn-, Blei- und Quecksilber-Verbindungen

B–C- und Si–C-Streckschwingungen können in der Regel nicht einzeln identifiziert werden, da sie normalerweise mit anderen Gerüstschwingungen gekoppelt sind. Die antisymmetrische C–B–C-Streckschwingung ergibt im Fall von Phenylbor-Verbindungen allerdings eine intensive IR-Bande zwischen 1280 und 1250 cm^{-1}. Außerdem führt die Verküpfung eines Siliciumatoms mit einem aromatischen Ring zu zwei sehr intensiven Banden bei etwa 1430 und 1110 cm^{-1}. Wichtige Daten von Bor- und Silicium-Verbindungen sind in ▶ Tabelle 12.9 aufgelistet.

Tabelle 12.9: Charakteristische Wellenzahlbereiche von IR-Banden einiger bor- und siliciumhaltiger funktioneller Gruppen.

Gruppe	Wellenzahlbereich [cm^{-1}] und Intensitäten[a]	Zuordnung und Bemerkungen
Bor		
–BOH	3300–3200 (s)	Breite Bande für OH-Streckschw. (OH-Gruppe in Wasserstoffbrücke eingebunden)
–BH und $-BH_2$	2650–2350 (s)	Dublett für $-BH_2$-Streckschw.
	1200–1150 (m–s)	$-BH_2$-Deformationsschw.
	980–920 (m)	$-BH_2$-Nickschw.
	Ca. 1430 (m–s)	Schwingung des Benzolrings
B–N	1460–1330 (vs)	B–N-Streckschw.; Borazine und Aminoborane
B–O	1380–1310 (vvs)	B–O-Streckschw.; Borate und Borsäuren
C–B–C	1280–1250 (vs)	Antisymmetrische C–B–C-Streckschw.
Silicium		
–SiOH	3700–3200 (s)	OH-Streckschw.; ähnlich wie bei Alkoholen
	900–820 (s)	Si–O-Streckschw.

[a]Hinter den Frequenz- beziehungsweise Wellenzahlbereichen sind die qualitativen Intensitäten der Banden angegeben. Dabei bedeuten: s = stark, m = mittel, w = schwach (von engl. *weak*) und v = sehr (von engl. *very*).

Tabelle 12.9: Charakteristische Wellenzahlbereiche von IR-Banden einiger bor- und siliciumhaltiger funktioneller Gruppen. *(Fortsetzung)*

Gruppe	Wellenzahlbereich [cm^{-1}] und Intensitäten[a]	Zuordnung und Bemerkungen
$-SiH$, $-SiH_2$ und $-SiH_3$	2150–2100 (m)	Si–H-Streckschw.
	950–800 (s)	Si–H-Deformations- und Nickschw.
Si–Ar	Ca. 1430 (m–s)	Ringschwingung
	Ca. 1100 (vs)	Ringschwingung
Si–O–C (aliphatisch)	1100–1050 (vvs)	Antisymmetrische Si–O–C-Streckschw.
Si–O–Ar	970–920 (vs)	Si–O-Streckschw.
Si–O–Si	1100–1000 (s)	Antisymmetrische Si–O–Si-Streckschw.

[a]Hinter den Frequenz- beziehungsweise Wellenzahlbereichen sind die qualitativen Intensitäten der Banden angegeben. Dabei bedeuten: s = stark, m = mittel, w = schwach (von engl. *weak*) und v = sehr (von engl. *very*).

Die B–O- und B–N-Bindungen in bororganischen Verbindungen sind für sehr intensive IR-Banden zwischen 1430 und 1330 cm^{-1} verantwortlich. Für die Si–O–C-Schwingung erscheint eine sehr intensive und häufig ziemlich breite IR-Bande zwischen 1100 und 1050 cm^{-1}. Symmetrische CH_3-Deformationsschwingungen verursachen Banden, die im Fall einer B–CH_3-Gruppierung zwischen 1330 und 1280 cm^{-1} und im Fall einer Si–CH_3-Gruppierung zwischen 1280 und 1250 cm^{-1} zu finden sind. Für CH_3-Deformationsschwingungen von Hg–CH_3- und Sn–CH_3-Gruppen erscheinen Banden zwischen 1210 und 1180 cm^{-1}, während die entsprechenden Banden von Pb–CH_3-Gruppen zwischen 1170 und 1150 cm^{-1} auftreten.

Die Hg–C-Bindung aliphatischer quecksilberorganischer Verbindungen zeichnet sich durch eine sehr intensive Raman-Bande zwischen 550 und 500 cm^{-1} aus. Eine für aromatische quecksilberorganische Verbindungen in Erscheinung tretende Bande zwischen 250 und 200 cm^{-1} wird der Phenyl–Hg-Streckschwingung zugeordnet. Diese sehr intensiven Banden können in Raman-Spektren verdünnter wässriger Lösungen beobachtet werden.

12.18 Isotopenmarkierte Verbindungen

12.18.1 Der Effekt einer Isotopenmarkierung mit ^2H und ^{13}C auf Streckschwingungen

In Abschnitt 12.1 haben wir die Schwingungsfrequenz einer zweiatomigen Gruppe durch Gleichung 12.1 beschrieben. Danach beträgt die Frequenz beziehungsweise Wellenzahl der Schwingung (in cm^{-1}) $130{,}3 \times \sqrt{(k / \mu)}$, wobei k der Kraftkonstante (in N m^{-1}) und μ der reduzierten Masse $[m_1 m_2 / (m_1 + m_2)]$ entsprechen. Durch den Austausch eines der beiden Atome gegen ein anderes Isotop des gleichen Elements wird die Kraftkonstante *nicht* beeinflusst. Allerdings ändert sich dadurch die reduzierte Masse μ und somit kann die Wellenzahl (Frequenz) der Schwingung der isotopenmarkierten zweiatomigen Gruppe mithilfe von Gleichung 12.2 berechnet werden.

$$\tilde{\nu}(\text{isotopenmarkiert}) = \tilde{\nu}(\text{normal})\sqrt{\frac{\mu(\text{normal})}{\mu(\text{isotopenmarkiert})}} \tag{12.2}$$

Betrachten Sie zum Beispiel die CH-Gruppe, für die μ(normal) = 0,923 u ist. Die reduzierte Masse der entsprechenden isotopenmarkierten Gruppe CD beträgt dagegen μ(isotopenmarkiert) = 1,714 u. Erscheint die Bande einer CH-Streckschwingung bei 3000 cm^{-1}, ist die analoge Bande der CD-Streckschwingung daher bei 3000 cm^{-1} × √(0,923 / 1,714) = 2200 cm^{-1} zu erwarten.

Im Allgemeinen findet man die Banden für CD-Streckschwingungen zwischen 2300 und 2100 cm^{-1}. Für die Streckschwingungen anderer X–D-Gruppen können analoge Berechnungen durchgeführt werden. Da der prozentuale Unterschied zwischen den Massen der Isotope ^{12}C und ^{13}C viel kleiner ist als im Fall von ^{1}H und ^{2}H (D), ändert sich auch die reduzierte Masse beim Austausch von ^{12}C gegen ^{13}C viel weniger. Infolgedessen treten bei ^{13}C-markierten Verbindungen auch viel geringere Verschiebungen der Banden in IR- und Raman-Spektren im Vergleich zu den Spektren der ^{12}C-Verbindungen auf.

12.18.2 Der Effekt einer Isotopenmarkierung mit ^{2}H auf Knickschwingungen

Die Wellenzahlen der Banden aller Typen von C–H-Knickschwingungen werden durch den Austausch von ^{1}H gegen D (^{2}H) etwa um einen Faktor von 0,7 × √(1 / 2) = 0,495 verkleinert. Dabei kommt es häufiger zum Verschwinden einer CH-Streckschwingungsbande infolge eines H/D-Austausches als zum Erscheinen der entsprechenden CD-Streckschwingungsbande an der erwarteten neuen Position. Die Schwingung der neuen CD-Gruppe koppelt nämlich mit hoher Wahrscheinlichkeit mit C–C-Streckschwingungen des Molekülgerüstes und kann daher häufig nicht identifiziert werden. Die wichtigsten CH-Schwingungen sind die Methylen-Deformationsschwingungen, deren Banden zwischen 1470 und 1400 cm^{-1} erscheinen, und die symmetrischen Methyl-Deformationsschwingungen, deren Banden zwischen 1385 und 1360 cm^{-1} zu beobachten sind.

Die selektive Deuterierung von Cyclopentanon in der α-Position kann beispielsweise im IR-Spektrum verfolgt werden. Im Spektrum des undeuterierten Cyclopentanons erscheinen CH-Knickschwingungsbanden bei 1455 und 1406 cm^{-1}. Im IR-Spektrum von 2,2,5,5-Tetradeuterocyclopentanon tritt von diesen Banden nur noch die bei 1455 cm^{-1} auf. Diese Beobachtung zeigt, dass die Bande bei 1406 cm^{-1} von den α-Methylengruppen stammt, während die Bande bei 1455 cm^{-1} auf die Schwingungen der β-Methylengruppen zurückzuführen ist.

Das IR-Spektrum von 3-Pentanon [$CH_3CH_2(CO)CH_2CH_3$] zeigt Banden bei 1461, 1414, 1379 und 1365 cm^{-1}. Bei selektiver Deuterierung der Methylgruppen des Moleküls zu $CD_3CH_2(CO)CH_2CD_3$ verschwinden die Banden bei 1461 und 1379 cm^{-1}, während die selektive Deuterierung der Methylengruppen zu $CH_3CD_2(CO)CD_2CH_3$ das Verschwinden der Banden bei 1414 und 1365 cm^{-1} zur Folge hat. Die Banden bei 1461 und 1379 cm^{-1} stammen von den symmetrischen und antisymmetrischen CH_3-Deformationsschwingungen, die Bande bei 1414 cm^{-1} von der CH_2-Deformationsschwingung. Die Bande bei 1365 cm^{-1} kann schließlich auf die Kopplung einer Methylenschwingung mit der C–CO-Streckschwingung zurückgeführt werden.

12.19 Nutzung der Literatur zur Analyse von Schwingungsspektren

Eine unbekannte Substanz kann als identifiziert betrachtet werden, wenn ihr IR- oder Raman-Spektrum exakt mit dem einer bekannten Substanz übereinstimmt. Um Substanzen durch den Vergleich ihrer Spektren mit denen bekannter Substanzen identifizieren zu können, werden Sammlungen von Spektren oder Querverweisen auf Spektren in der Literatur benötigt. In der Literatur oder in Sammlungen publizierte Spektren sind zurzeit von mehreren Hunderttausend Verbindungen verfügbar. In diesem Abschnitt listen wir eine Reihe von Spektrensammlungen sowie Literaturhinweisen und Querverweissammlungen auf. Neben der sehr umfangreichen *Sadtler Standard Infrared Spectra*-Sammlung und anderen großen Spektrenbibiliotheken existieren mehrere kleinere Sammlungen von IR-, FT-IR- und Raman-Spektren.

1. *Sadtler Standard Infrared Spectra*, Sadtler Research Laboratories, Inc., 3314 Spring Garden Street, Philadelphia, PA 19104.
   Die Hauptbibliothek besteht aus Prismen- und Gitterspektren in Loseblattsammlungen, die 1000 Spektren pro Band enthalten. Die frühen Spektren der Sammlung sind linear bezüglich der Wellenlänge (2 bis 15 μ). Zu dieser Sammlung sind vier Indizes verfügbar, die nach den folgenden Kriterien geordnet sind: nach Verbindungsklasse, alphabetisch, nach Summenformel und nummerisch.
2. *The Aldrich Library of FT-IR Spectra*, Pouchert, C.J. (Hrsg.), Aldrich Chemical Co., Inc., P.O. Box 355, Milwaukee, WI 53201.
   Diese Spektrenbibliothek enthält zahlreiche FT-IR-Spektren, die wahlweise über einen alphabetischen Index oder einen nach Summenformel geordneten Index gesucht werden können.
3. *Selected Infrared Spectral Data*, American Petroleum Institute (API), Research Project 44, Department of Chemistry, Texas A&M University, College Station, TX 77843.
   Diese große Spektrensammlung wird ständig auf den neuesten Stand gebracht. Ältere Spektren der Sammlung sind linear bezüglich der Wellenlänge, die jüngeren Spektren aber linear bezüglich der Wellenzahl. Diese Sammlung enthält die größte Anzahl von Spektren hochgradig reiner Kohlenwasserstoffe aus Erdöl. Darüber hinaus findet man in dieser Sammlung Spektren von Stickstoff- und Schwefelverbindungen, die in Erdöl vorkommen.
4. *Coblentz Society Spectra*, P.O. Box 9952, Kirkwood, MO 63122.
   In diesem Buch werden mehr als 10.000 Spektren vorgestellt, wobei jeder Band 1000 Spektren umfasst. In der zugehörigen elektronischen Datenbank finden Sie mehr als 9500 Spektren: http://www.coblentz.org
5. Craver, C.D. (Hrsg.) 1982: *The Coblentz Society Desk Book of Infrared Spectra.* 2. Aufl., The Coblentz Society Inc., P.O. Box 9952, Kirkwood, MO 63122.
   Sammlung mit 872 Gitterspektren, die nach Verbindungsklassen geordnet sind, und Text.
6. *Sadtler Standard Raman Spectra*, Sadtler Research Laboratories, Inc., 3314 Spring Garden Street, Philadelphia, PA 19104.
   In dieser Sammlung werden parallel und senkrecht polarisierte Raman-Spektren zusammen mit den zugehörigen IR-Spektren präsentiert.
7. *Selected Raman Spectra Data*, American Petroleum Institute (API), Research Project 44, Department of Chemistry, Texas A&M University, College Station, TX 77843.

Die Spektren in dieser Sammlung wurden im selben Format erzeugt wie die API-IR-Spektren (siehe 3.). Die Sammlung enthält 500 Raman-Spektren, bei deren Messung die Anregung mithilfe einer Quecksilberdampflampe durchgeführt wurde, sowie 200 Spektren, die mithilfe eines Lasers erzeugt wurden.

8. *Thermodynamic Research Center Data Project*, Chemistry Department, Texas A&M University, College Station, TX 77843.
   Diese Datenbank enthält in erster Linie Spektren von Erdölbestandteilen und anderen wichtigen Industriechemikalien.
9. Dollish, F.E., Fateley, W.G. und Bentley, F.F. 1973: *Characteristic Raman Frequencies of Organic Compounds.* Wiley Interscience, New York.
   Dieses Werk umfasst 108 repräsentative Raman-Spektren.
10. Ferraro, J.R. und Nakamoto, K. 1994: *Introductory Raman Spectroscopy.* Academic Press, San Diego.
   Diese Arbeit enthält die Raman-Spektren von 30 Lösungsmitteln.
11. *Analytical Chemistry* **19**: 700–765 (1947) und **22**: 1074–1114 (1950).
   Diese beiden Artikel umfassen Raman-Spektren und Tabellen mit Frequenzen und relativen Intensitäten von 291 Kohlenwasserstoffen und sauerstoffhaltigen organischen Verbindungen. Die Messung der Spektren wurde mithilfe der Anregung durch eine Quecksilberdampflampe durchgeführt.
12. Kohlrausch, K.F.W. 1972: *Raman-Spektren.* Heyden and Sons Ltd., London.
   Auch bei der Messung der Raman-Spektren in dieser Arbeit wurde eine Quecksilberdampflampe zur Anregung eingesetzt.
13. *ACD/NIST IR Database.*
   Diese Datenbank enthält 5200 Gasphasen-IR-Spektren. Mehr Informationen finden Sie unter: http://www.acdlabs.com/products/dbs/ir_raman_db/
14. *Fiveash Data Management (FDM) Inc. IR Spectral Databases.*
   Hier werden mehr als 6000 Spektren präsentiert. Hier finden Sie den Zugang zur Datenbank: http://www.fdmspectra.com/fdm_ftir_organic.htm
15. *S. T. Japan ATR/IR and FT-IR Databases.*
   Hier findet man mehr als 80.000 Spektren, die auf 60 getrennte Datenbanken verteilt sind. Weitere Informationen zu diesen Datenbanken finden Sie unter: http://www.stjapan-europe.de/Products/SpectraDatabases/tabid/97/Default.aspx

Um ein Spektrum in einer Sammlung oder in der Originalliteratur zu finden, benötigen Sie einen entsprechenden Querverweis. Dabei kann die folgende Liste von Indizes sehr hilfreich sein. Die grundlegende Quelle für Verweise auf Informationen zu chemischen Verbindungen ist der *Chemical Abstracts Index.* Dieser liefert Hinweise auf Veröffentlichungen, in denen Informationen zur jeweiligen Substanz enthalten sind. Auf diese Weise nach bestimmten Spektren einer Verbindung zu suchen, kann allerdings sehr mühsam und aufwendig sein, da die Prozedur zu vielen Artikeln führt, in denen das vollständige Spektrum nicht unbedingt enthalten sein muss.

1. *American Society for Testing and Materials (ASTM).* Verfügbar über Sadtler Research Laboratories, Inc., 3314 Spring Garden Street, Philadelphia, PA 19104.

Diese Quelle enthält umfassende Indizes für die IR-Spektren in den oben aufgelisteten allgemeinen Datenbanken sowie für eine Reihe von IR-Spektren aus wissenschaftlichen Journalen. Es stehen mehrere Listen zur Verfügung, in denen die Spektren nach unterschiedlichen Kriterien wie Summenformel oder Substanzname gesucht werden können.

2. Grasselli, J.G. und Ritchey, W.M. (Hrsg.) 1975: *Atlas of Spectral Data and Physical Constants for Organic Compounds*. 2. Aufl., CRC Press, Inc., 2000 Corporated Blvd. NW, Boca Raton, FL 33431.
   Dieses Werk enthält kodierte IR-Spektren von 22.000 Verbindungen. Es listet die intensiven IR-Banden auf und liefert soweit verfügbar auch Raman-, UV-, NMR- und massenspektrometrische Daten.
3. Hershenson, H.M. 1959 und 1964. *Infrared Absorption Spectra*. Indizes für 1945–1957 und für 1958–1962. Academic Press, New York.
   Dieses Werk umfasst 36.000 Querverweise auf IR-Spektren. Die Indizes sind alphabetisch geordnet und verweisen auf 66 Journale und eine Spektrensammlung.

Literaturhinweise

Infrarot-Spektroskopie

Günzler, H. und Gremlich, H.-U. 2003: *IR-Spektroskopie: Eine Einführung*. 4. Aufl., Wiley-VCH, Weinheim.

Infrarot- und Raman-Gruppenfrequenzen

Socrates, G. 2001: *Infrared and Raman Characteristic Group Frequencies*. 3. Aufl., John Wiley & Sons Ltd., Chichester, UK.

Bellamy, L.J. 1975: *The Infrared Spectra of Complex Molecules*. 3. Aufl., Chapman & Hall, London.

Roeges, N.P.G. 1994: *A Guide to the Complete Interpretation of Infrared Spectra of Organic Structures*. John Wiley & Sons Ltd., Chichester, UK.

Bellamy, L.J. 1980: *Advances in Infrared Group Frequencies*. 2. Aufl., Chapman & Hall, London.

Szymanski, H.A. und Erickson, R.F. 1970: *Infrared Band Handbook*. 2 Bde., IFI/Plenum Press, New York.

Dolphin, D. und Wick, A. 1977: *Tabulation of Infrared Spectra Data*. John Wiley & Sons Ltd., New York.

Stuart, B.H. 2004: *Infrared Spectroscopy: Fundamentals and Applications*. John Wiley & Sons, New York.

Dollish, F.E., Fateley, W.G. und Bentley, F.F. 1974: *Characteristic Raman Frequencies of Organic Compounds*. Wiley-Interscience, New York.

Tobin, M.C. 1981: *Laser Raman Spectroscopy*. Krieger Publishing Co., New York.

Hendra, P., Jones, C. und Warnes, G. 1991: *Fourier Transform Raman Spectroscopy*. Ellis Horwood, Chichester, UK.

Ferraro, J.R. und Nakamoto, K. 2002: *Introductory Raman Spectroscopy*. 2. Aufl., Academic Press, New York.

Smith, E. und Dent, G. 2005: *Modern Raman Spectroscopy: A Modern Approach*. John Wiley & Sons, Chichester, UK.

Colthup, N.B., Daly, L.H. und Wiberly, S.E. 1990: *Introduction to Infrared and Raman Spectroscopy*. 3. Aufl., Academic Press, San Diego.

Symmetrieeffekte

Cotton, F.A. 1990: *Chemical Applications of Group Theory.* 3. Aufl., Wiley-Interscience, New York.

Wasserstoffbrückenbindungen

Pimentel, G.C. und McClellan, A.L. 1960: *The Hydrogen Bond.* WH Freeman and Co., San Francisco.

Interpretation von Spektren

Lin-Vien, D., Colthup, N.B., Fateley, W.G. und Grasselli, J.G. 1991: *The Handbook of Infrared and Raman Characteristic Frequencies of Organic Molecules.* Academic Press, San Diego.

Hill, R.R. und Rendell, D.A.E. 1975: *The Interpretation of Infrared Spectra: A Programmed Introduction.* Heyden & Son Ltd., London.

Nakamoto, K. 1986: *Infrared Spectra of Inorganic and Coordination Compounds.* 4. Aufl., John Wiley & Sons Inc., New York.

Thomas, L.C. 1975: *Interpretation of Infrared Spectra of Organophosphorus Compounds.* Heyden, London.

Quellen für interpretierte Spektren und Problemstellungen

Nakanishi, K. und Solomon, P.H. 1977: *Infrared Absorption Spectroscopy.* 2. Aufl., Holden Day, San Francisco. *(Enthält 100 Problemstellungen mit ausführlichen Lösungen.)*

Szymanski, H.A. 1964, 1966, 1967: *Interpreted Infrared Spectra.* 3 Bde., Plenum Press, New York.

Cairns, T. 1964: *Spectroscopic Problems in Organic Chemistry.* Heyden & Son Ltd., London.

Baker, A.J., Cairns, T., Eglinton, G. und Preston, F.J. 1967: *More Spectroscopic Problems in Organic Chemistry.* Heyden & Son Ltd., London.

Steele, D. 1971: *The Interpretation of Vibrational Spectra.* Chapman and Hall, London. *(Enthält 26 Infrarot-Spektren [und andere] von organischen Molekülen mit Interpretation.)*

Smalley, R.K. und Wakefield, B.J.: Infrared Spectroscopic Problems and Answers. In: *An Introduction to Spectroscopic Methods for the Identification of Organic Compounds.* Vol. 1 von F. Scheinmann (Hrsg.) 1970: *Nuclear Magnetic Resonance and Infrared Spectroscopy.* Pergamon Press, Oxford, UK. *(Das Kapitel enthält 14 Problemstellungen mit detaillierten Antworten.)*

Davis, R. und Wells, C.H.J. 1984: *Spectral Problems in Organic Chemistry.* Chapman & Hall, New York. *(Enthält 56 Problemstellungen auf der Basis von IR-, ^{1}H- und ^{13}C-NMR-Spektren sowie Massenspektren mit entweder den notwendigen analytischen Daten oder einer Summenformel. Die Lösungen werden in Form von Referenzen auf den Katalog der* Aldrich Chemical Co. Inc. *und anderen leicht zugänglichen Listen organischer Verbindungen angegeben.)*

TEIL IV

Elektronenabsorptions-spektroskopie

IV

Einführung und experimentelle Aspekte der UV/Vis-Spektroskopie

13

Nach der Durcharbeitung dieses Kapitels werden Sie

- die grundlegenden Begriffe, Gesetze und Prinzipien der UV/Vis-Spektroskopie kennen gelernt haben,
- das Lambert-Beer-Gesetz zur Lösung verschiedener quantitativ-analytischer Fragestellungen bei der Auswertung von UV/Vis-Spektren anwenden können,
- mit den Effekten von Lösungsmitteln auf die Lage von Absorptionsbanden in UV/Vis-Spektren vertraut sein,
- die wichtigsten elektronischen Übergänge und elektronischen Zustände organischer Verbindungen kennen gelernt haben,
- sich mit den quantenmechanischen Auswahlregeln beschäftigt haben, mit deren Hilfe elektronische Übergänge als verboten oder erlaubt eingestuft werden können,
- mit den Auswirkungen der Auswahlregeln auf die Intensität von Absorptionsbanden in UV/Vis-Spektren vertraut sein sowie
- die wichtigsten experimentellen Aspekte kennen gelernt haben, die für die Praxis der Messung von UV/Vis-Spektren von Bedeutung sind.

13.1 Einleitung

Die Spektroskopie im ultravioletten (UV) und sichtbaren (Vis) Bereich des elektromagnetischen Spektrums war eine der ersten instrumentellen Methoden, die zur Untersuchung von Molekülstrukturen in der organischen Chemie eingesetzt wurden. Nur die Messung von Brechungsindex und optischer Rotation wurde bereits noch früher durchgeführt. Die UV/Vis-Spektroskopie dient vor allem zur Detektion bestimmter funktioneller Gruppen, die als *Chromophore* bezeichnet werden und insbesondere in Form von konjugierten Systemen wie Aromaten, Dienen, Polyenen und α,β-ungesättigten Carbonylverbindungen vorkommen.

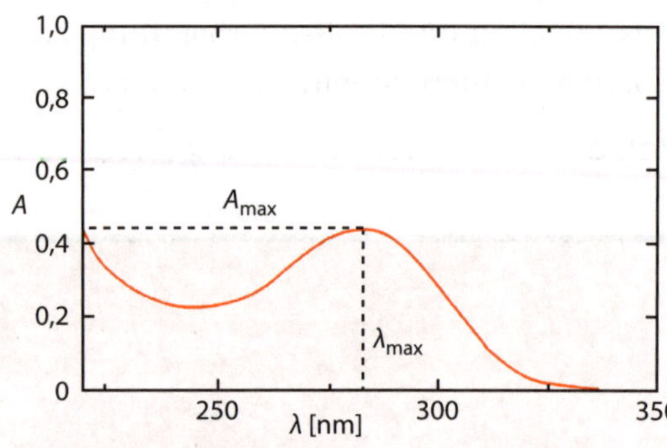

Abbildung 13.1: UV/Vis-Spektrum von 3-Methylcyclohexanon. Das Spektrum wurde von einer 0,0245 M Lösung der Verbindung in Methanol und unter Verwendung einer Küvette mit einer Schichtdicke von 1,0 cm gemessen. (Mit freundlicher Genehmigung von P.M. Sabido.)

Die UV/Vis-Spektroskopie oder Elektronenabsorptionsspektroskopie ist eine der bekanntesten Methoden, die allgemein als Elektronenspektroskopien klassifiziert werden. Sie umfasst die energie- beziehungsweise wellenlängenabhängige Messung der Absorption von sichtbarem Licht und UV-Strahlung durch eine beliebige organische Verbindung. Auch andere Verbindungsklassen, wie zum Beispiel viele Metallkomplexe, zeigen charakteristische Absorptionen im UV/Vis-Bereich, aber gemäß dem Titel dieses Buches werden wir unsere Betrachtungen hier auf organische Verbindungen beschränken. Das Ergebnis einer UV/Vis-spektroskopischen Untersuchung wird üblicherweise in Form eines Diagramms dargestellt, in dem auf der vertikalen Achse die Extinktion A als Maß für die Absorption und auf der horizontalen Achse die Wellenlänge λ des eingestrahlten Lichts aufgetragen werden. ▶ Abbildung 13.1 zeigt beispielsweise ein solches UV/Vis-Spektrum der Verbindung 3-Methylcyclohexanon.

UV/VIS-Spektren liefern Informationen über die elektronischen Eigenschaften der Moleküle, insbesondere über Konjugationen innerhalb des jeweiligen Moleküls. Alle organischen Verbindungen absorbieren im ultravioletten Bereich des elektromagnetischen Spektrums und einige absorbieren auch im sichtbaren Bereich. Dabei findet die Absorption von sichtbarem oder UV-Licht einer bestimmten Wellenlänge (Energie) nur statt, wenn die Energie der Lichtquanten mit der Energiedifferenz zwischen zwei elektronischen Zuständen des Moleküls übereinstimmt, von denen der energetisch höher liegende zumindest nicht voll besetzt sein darf. Eine solche Absorption von sichtbarem oder UV-Licht durch ein Molekül führt zur *elektronischen Anregung* des Moleküls, die in der Regel mit der Anhebung eines Elektrons aus einem besetzten Molekülorbital (MO) in ein energetisch höher liegendes unbesetztes Molekülorbital einhergeht (▶ Abbildung 13.2). Dadurch wird das Molekül von seinem elektronischen Grundzustand in einen elektronisch angeregten Zustand gehoben. Für ein Molekül existieren normalerweise viele mögliche elektronische Zustände unterschiedlicher Energie. Die in der organischen Chemie und der UV/Vis-Spektroskopie organischer Verbindungen wichtigsten elektronischen Übergänge erfolgen zwischen dem bindenden oder nichtbindenden HOMO (engl. *highest occupied molecular orbital*) und dem LUMO (engl. *lowest unoccupied molecular orbital*).

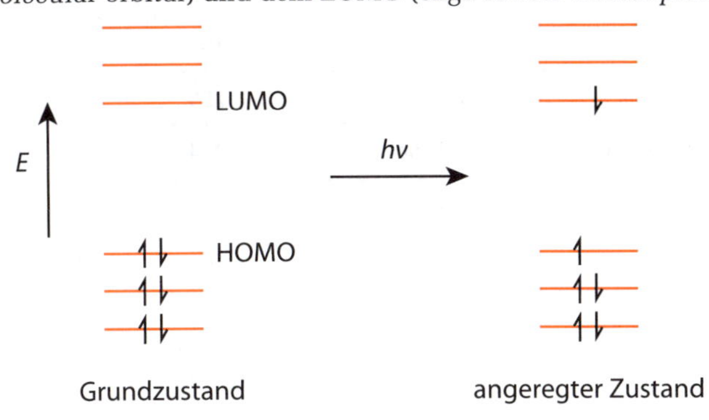

Abbildung 13.2: Schematische Darstellung eines Energiediagramms der elektronischen Zustände eines organischen Moleküls. Im elektronischen Grundzustand (links) sind die Molekülorbitale gemäß der Hund'schen Regel mit Elektronen gefüllt. Die Einstrahlung von Licht geeigneter Energie ($h\nu$) führt zum Übergang eines Elektrons vom HOMO ins LUMO, wodurch das Molekül in einen elektronisch angeregten Zustand (rechts) gehoben wird. Die kleinen halbspitzigen Pfeile repräsentieren die Elektronen und ihre relativen Spinorientierungen.

Die elektronischen Übergänge, die im UV/Vis-Bereich beobachtet werden, erfolgen zwar zwischen Molekülorbitalen – also zwischen dem Grundzustand und einem angeregten Zustand des *gesamten* Moleküls. Sie können aber in der Regel hauptsächlich auf Teile beziehungsweise Gruppen des Moleküls (*Chromophore*) zurückgeführt werden, in denen Valenzelektronen lokalisiert sind, wie zum Beispiel nichtbindende (n-) Elektronen oder π-Elektronen. Man spricht daher auch von einer elektronischen Anregung in einem Chromophor, das in organischen Molekülen typischerweise einer funktionellen Gruppe entspricht, wie beispielsweise einer Carbonylgruppe, einer C=C-Doppelbindung oder einem aromatischen Ring. In ▶ Tabelle 13.1 sind einige repräsentative Chromophore sowie die zugehörigen Werte von λ_{max} und ε_{max} aufgelistet. Dabei stehen λ_{max} für die Wellenlänge, bei der das Maximum der Absorption erreicht wird (siehe Abbildung 13.1), und ε_{max} für den *molaren Extinktionskoeffizienten* bei λ_{max} (siehe Abschnitt 13.2.2). Trotz der eigentlichen Bedeutung ihrer Bezeichnung können Chromophore (farbtragende, farbgebende Gruppen) sowohl Licht aus dem sichtbaren als auch dem ultravioletten Bereich des elektromagnetischen Spektrums absorbieren.

Tabelle 13.1: Elektronische Absorptionsdaten einiger wichtiger isolierter Chromophore.

Chromophor	Beispiel	Lösungsmittel	λ_{max} [nm][a]	ε_{max} [M^{-1} cm^{-1}]
C=C	1-Hexen	Heptan	180	12.500
–C≡C–	1-Butin	Dampf	172	4500
Benzolring	Benzol	Wasser	254	205
			203,5	7400
	Toluol	Wasser	261	225
			206,5	7000
C=O	Acetaldehyd	Dampf	298	12
			182	10.000
	Aceton	Cyclohexan	275	22
			190	1000
	Campher	Hexan	295	14
–COOH	Essigsäure	Ethanol	204	41
–COCl	Acetylchlorid	Heptan	240	34
–COOR	Essigsäureethylester	Wasser	204	60
$–CONH_2$	Acetamid	Methanol	205	160
$–NO_2$	Nitromethan	Hexan	279	16
			202	4400
$R_2C=N–$	$C_2H_5CH=NC_4H_9$	Isooctan	238	200

[a] Chromophore führen häufig zu mehr als einer Absorptionsbande. (Aus: Lambert, J.B., Shurvell, H.F., Verbit, L., Cooks, R.G. und Stout, G.H. 1976: *Organic Structural Analysis*. Macmillan Publishing, New York.)

13.2 Messung der Absorption im UV/Vis-Bereich

Ein UV/Vis-Spektrum ist ein Diagramm, in dem die Absorption des sichtbaren und ultravioletten Lichts in Form der Extinktion A oder des molaren Extinktionskoeffizienten ε – wobei ε ein grobes

Maß für die Übergangswahrscheinlichkeit zwischen den beteiligten elektronischen Zuständen darstellt – gegen die Wellenlänge λ als Maß für die Energie des Lichts aufgetragen wird. Ein solches Spektrum enthält für jeden elektronischen Übergang, dessen Energie mit der von Lichtquanten aus dem UV/Vis-Bereich übereinstimmt, eine mehr oder weniger intensive und breite Absorptionsbande. Die Wellenlänge, die mit dem Maximum einer Bande assoziiert ist, wird jeweils als λ_{max} bezeichnet.

13.2.1 Wellenlänge und λ_{max}

Elektromagnetische Strahlung (siehe Abschnitt 1.2) kann mithilfe verschiedener Parameter beschrieben werden, wie zum Beispiel der Wellenlänge λ, der Frequenz ν oder der Wellenzahl, die dem Kehrwert der Wellenlänge ($1 / \lambda$) entspricht und üblicherweise für die Präsentation von IR- und Raman-Spektren verwendet wird. Die Wellenlänge und die Frequenz elektromagnetischer Strahlung sind über die Lichtgeschwindigkeit c miteinander korreliert: $c = \lambda\nu$. Zur Beschreibung der Wellenlängen im UV/Vis-Bereich wird meist die Einheit Nanometer (nm), manchmal aber auch die Einheit Ångstrøm (Å) verwendet, weil die Wellenlängen in diesem Bereich Werte aufweisen, die bei Verwendung dieser Einheiten mit übersichtlichen Zahlenwerten einhergehen. Gemäß der Planck'schen Gleichung $E = h\nu$ verhält sich die Energie E eines Lichtquants proportional zur Frequenz des Lichts mit dem Planck'schen Wirkungsquantum h ($h = 6{,}626 \times 10^{-34}$ J s) als Proportionalitätskonstante. Damit eine Absorption durch ein Molekül stattfinden kann, muss die Energie E des Lichtquants mit der Energiedifferenz zwischen einem besetzten und einem leeren oder halbbesetzten Molekülorbital des Moleküls übereinstimmen. In ▶ Tabelle 13.2 sind einige Einheiten aufgelistet, in denen die Größen λ, ν, h und E häufig angegeben werden. ▶ Tabelle 13.3 können Sie einige nützliche Umrechnungsfaktoren entnehmen. Mithilfe von Gleichung 13.1 kann die Energie eines Mols Lichtquanten in Abhängigkeit von ihrer Wellenlänge berechnet werden. Soll die Energie eines einzelnen Lichtquants berechnet werden, fällt der Faktor N (die Avogadro-Konstante, $N_A = 6{,}022 \times 10^{23}$ mol^{-1}) in Gleichung 13.1 weg. Zur Vereinfachung wurde das konstante Produkt $N_A hc$ auch bereits ausgerechnet und in zwei verschiedenen Einheiten angegeben – die Werte sind korrekt, wenn die Wellenlänge in Nanometern (nm) eingesetzt wird. Daraus ergibt sich, dass beispielsweise Lichtquanten von Licht mit einer Wellenlänge von 300 nm eine Energie von etwa 397 kJ mol^{-1} (oder 95 kcal mol^{-1}) besitzen.

$$E = N_A \frac{hc}{\lambda} = \frac{28477}{\lambda}\,\text{kcal mol}^{-1} = \frac{119226}{\lambda}\,\text{kJ mol}^{-1} \quad (\text{für } \lambda \text{ in nm}) \tag{13.1}$$

Tabelle 13.2: Einige physikalische Größen und ihre in der UV/Vis-Spektroskopie häufig verwendeten Einheiten.

Physikalische Größe/Konstante	Häufig verwendete Einheit	Maß/Wert
Wellenlänge λ	Nanometer (nm)	1 nm = 10^{-9} m
	Ångstrøm (Å)	1 Å = 10^{-10} m
Frequenz ν	Hertz (s^{-1})	Wiederholungen pro Sekunde
Plank'sches Wirkungsquantum h	Joulesekunde (J s)	$6{,}626 \times 10^{-34}$ J s
	Kaloriesekunde (cal s)	$1{,}583 \times 10^{-34}$ cal s

Tabelle 13.2: Einige physikalische Größen und ihre in der UV/Vis-Spektroskopie häufig verwendeten Einheiten. *(Fortsetzung)*

Physikalische Größe/Konstante	Häufig verwendete Einheit	Maß/Wert
Energie	Joule (J)	1 J = 0,239 cal
	Kalorie (cal)	1 cal = 4,1868 J
	Erg (erg)	1 erg = 10^{-7} J

Tabelle 13.3: Einige nützliche Umrechnungsfaktoren zwischen den Einheiten der Wellenzahl und der Frequenz von Lichtquanten sowie der zugehörigen Energie.

1 cm^{-1}	1 Hz	1 kJ mol^{-1}	1 kcal mol^{-1}
1 cm^{-1}	$3,35 \times 10^{-11}$ cm^{-1}	84 cm^{-1}	351 cm^{-1}
$2,988 \times 10^{10}$ Hz	1 Hz	$2,51 \times 10^{12}$ Hz	$1,05 \times 10^{13}$ Hz
$1,19 \times 10^{-2}$ kJ mol^{-1}	$3,99 \times 10^{-13}$ kJ mol^{-1}	1 kJ mol^{-1}	4,1868 kJ mol^{-1}
$2,85 \times 10^{-3}$ kcal mol^{-1}	$9,53 \times 10^{-14}$ kcal mol^{-1}	0,2388 kcal mol^{-1}	1 kcal mol^{-1}

Auf der Companion Website zum Buch unter http://www.pearson-studium.de finden sie eine Erläuterung zur Berechnung der Werte dieser Tabelle.

Wellenzahlen sind direkt proportional zur Energie der elektromagnetischen Strahlung. Ein festes Intervall reziproker Zentimeter (cm^{-1}) repräsentiert daher unabhängig von seiner Position im elektromagnetischen Spektrum immer die gleiche Energiedifferenz. Beispielsweise entsprechen 700 cm^{-1} immer einer Energiedifferenz von 8,36 kJ mol^{-1}. Die Wellenlänge verhält sich dagegen umgekehrt proportional zur Energie. Deswegen ist die Beziehung zwischen der Wellenlänge und der Energie nicht linear. Eine Erhöhung der Energie einer Strahlung mit einer Wellenlänge von 200 nm um 8,36 kJ mol^{-1} ist somit zum Beispiel mit einer Absenkung der Wellenlänge um etwa 2,8 nm verbunden. Findet die gleiche Erhöhung um 8,36 kJ mol^{-1} ausgehend von einer Wellenlänge von 800 nm statt, muss die Wellenlänge dagegen um etwa 42,5 nm verringert werden.

Die UV-Region schließt sich bezogen auf die Wellenlänge am unteren Ende unterhalb von 400 nm an den sichtbaren Bereich des elektromagnetischen Spektrums an. Das UV-Spektrum wird üblicherweise weiter in zwei Bereiche unterteilt: den nahen UV-Bereich, der sich von 190 bis 400 nm (52.632 bis 25.000 cm^{-1}) erstreckt, und den fernen UV-Bereich, der die UV-Region unterhalb von 190 nm (oberhalb von 52.632 cm^{-1}) umfasst. Der ferne UV-Bereich wird auch als Vakuum-UV-Bereich bezeichnet. Die Unterteilung der UV-Region in zwei Bereiche und die Bezeichnung *Vakuum-UV* sind sinnvoll, weil der Sauerstoff in der Atmosphäre UV-Strahlung ab etwa 190 nm abwärts absorbiert und seine UV-Banden somit die Banden organischer Moleküle in diesem Bereich verdecken. Um die Banden organischer Moleküle unterhalb von 190 nm beobachten zu können, muss der Sauerstoff daher aus dem UV-Spektrometer entfernt werden. Dies geschieht entweder durch die Erzeugung eines Vakuums oder durch umfangreiches Spülen mit gasförmigem Stickstoff.

13.2.2 Das Lambert-Beer-Gesetz und ε_{max}

Gemäß dem Gesetz von Bouguer, Lambert und Beer, das meist verkürzt als Lambert-Beer-Gesetz bezeichnet wird, ist der *Anteil* des Lichts, der bei einer gegebenen Wellenlänge durch ein transparentes Medium absorbiert wird, unabhängig von der Intensität des einfallenden Lichts und proportional zur Anzahl der absorbierenden Moleküle auf dem Weg des Lichts. Diese Zusammenhänge können mithilfe von Gleichung 13.2 mathematisch beschrieben werden.

$$I = I_0 e^{-kl} \quad \Leftrightarrow \quad I = I_0\, 10^{-\varepsilon cl} \quad \Leftrightarrow \quad \log \frac{I_0}{I} = \varepsilon cl \qquad (13.2)$$

In dieser Gleichung entspricht I_0 der Intensität des einfallenden Lichts, I der Intensität nach Durchtritt durch die Probe, k dem Absorptionskoeffizienten und l der Schichtdicke der Probe (in cm), also der Weglänge des Lichts durch die Lösung. Als Maß für die Anzahl der absorbierenden Moleküle auf dem Weg des Lichts dient dabei das Produkt aus der Konzentration c der Lösung (in mol l^{-1})und der Weglänge l des Lichts durch die Lösung. Der Absorptionskoeffizient k wird üblicherweise durch den molaren Extinktionskoeffizienten ε ersetzt, der mit k über die Gleichung $k \approx \varepsilon c$ korreliert ist (für verdünnte Lösungen). Der molare Extinktionskoeffizient ε wird in der Einheit $M^{-1}\ cm^{-1}$ angegeben ($1\ M^{-1}\ cm^{-1} = 1\ L\ mol^{-1}\ cm^{-1} = 1000\ cm^2\ mol^{-1}$). Da der Ausdruck $\log(I_0 / I)$ definitionsgemäß die Extinktion A repräsentiert und A die Größe darstellt, die bei der Messung eines UV/Vis-Spektrums gemessen wird, formuliert man Gleichung 13.2 für praktische Anwendungen zu Gleichung 13.3 um – die bekannteste Form des Lambert-Beer-Gesetzes. Aus Gleichung 13.3 ist auch ersichtlich, dass die Extinktion A dimensionslos ist (keine Einheit besitzt).

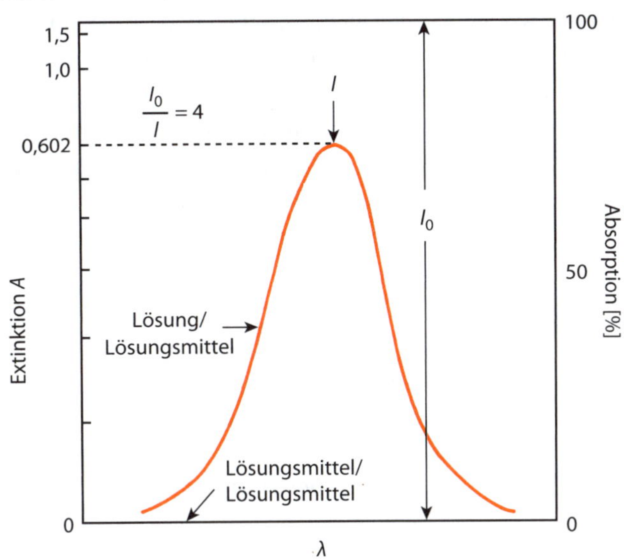

Abbildung 13.3: Diagramm zur Messung der Extinktion einer gelösten Substanz mithilfe eines Zweistrahl-UV/Vis-Spektrometers. Befindet sich in einem Strahlengang nur das reine Lösungsmittel und im anderen Strahlengang die Lösung des Analyten (Lösung/Lösungsmittel), erhält man die Absorptionskurve des Analyten. Setzt man in beide Strahlengänge nur das reine Lösungsmittel (Lösungsmittel/Lösungsmittel), findet dagegen keine relative Absorption bezüglich des reinen Lösungsmittels statt und die Absorptionskurve verläuft auf der unteren horizontalen Achse bei einer (relativen) Extinktion von 0.

TEIL IV

$$A = \varepsilon c l$$

oder für i absorbierende Spezies

$$A = l \sum_i \varepsilon_i c_i \tag{13.3}$$

Tatsächlich werden in der Praxis die relativen Intensitäten zweier Lichtstrahlen gemessen, von denen einer eine Referenzzelle, die nur das Lösungsmittel enthält, und der andere eine identische Zelle, in der sich die Lösung des Analyten befindet, passiert hat. Setzt man die Intensität des Lichtstrahls hinter der Referenzzelle als I_0 und die Intensität des Lichtstrahls hinter der Probenzelle als I ein, erhält man als Resultat die Extinktion, die allein auf der Absorption des gelösten Analyten (und nicht des Lösungsmittels) beruht (▶ Abbildung 13.3). Da c und l bei der Messung eines UV/Vis-Spektrums bei allen Wellenlängen gleich groß sind, zeigt Abbildung 13.3 auch, dass der Extinktionskoeffizient ε nicht nur von der Natur der absorbierenden Substanz, sondern auch von der Wellenlänge abhängt. Um eine spezifische Absorption mithilfe des Extinktionskoeffizienten zu beschreiben, gibt man daher üblicherweise den Extinktionskoeffizienten ε_{max} bei der Wellenlänge λ_{max} des Absorptionsmaximums an.

13.2.3 Das Franck-Condon-Prinzip und die Form von Absorptionskurven

Bei der Messung der Absorption im UV/Vis-Bereich erhält man typischerweise breite Absorptionsbanden (siehe Abbildung 13.1) statt einzelner scharfer Linien, die sich jeweils nur über einen sehr schmalen Wellenlängenbereich erstrecken. Die Breite der Absorptionsbanden resultiert aus den Schwingungsübergängen, von denen die elektronischen Übergänge begleitet werden.

Zur Veranschaulichung wollen wir den elektronischen Grundzustand und einen elektronisch angeregten Zustand eines zweiatomigen Moleküls betrachten. In den meisten Fällen ist die Bindung zwischen den beiden Atomen im angeregten Zustand schwächer als im Grundzustand und der Gleichgewichtsabstand r_{Gl} zwischen den Atomkernen (die Bindungslänge) ist somit im angeregten Zustand größer. ▶ Abbildung 13.4 zeigt ein schematisches Diagramm der potenziellen Energie E eines solchen Systems in Abhängigkeit vom Kernabstand r.

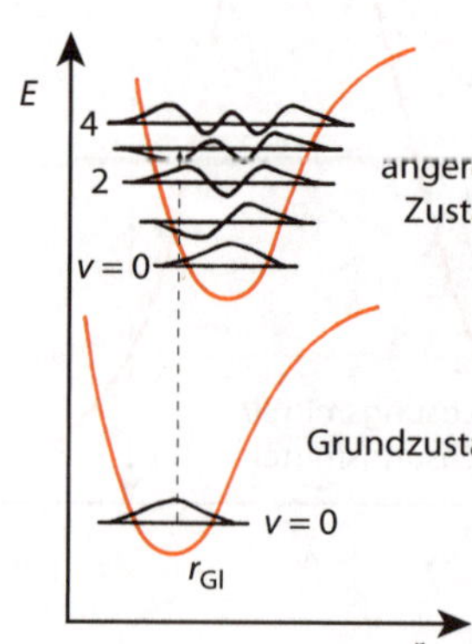

Abbildung 13.4: Diagramm der potenziellen Energie eines zweiatomigen Moleküls in Abhängigkeit vom Kernabstand zur Veranschaulichung des Franck-Condon-Prinzips. Im angeregten elektronischen Zustand ist der Gleichgewichtsabstand r_{Gl} zwischen den Atomkernen größer als im Grundzustand.

Die meisten Moleküle befinden sich bei Raumtemperatur im elektronischen und im Schwingungsgrundzustand. Bei der Anregung des Moleküls in einen höheren elektronischen Zustand kann das Molekül prinzipiell nicht nur in den Schwingungs*grund*zustand des elektronisch angeregten Zustands gehoben werden, sondern auch in einen beliebigen anderen der möglichen angeregten Schwingungszustände. Entsprechend der unterschiedlichen Energien dieser Schwingungszustände ergeben sich daraus unterschiedliche Energiedifferenzen zwischen dem Grundzustand und dem angeregten Zustand des jeweiligen elektronischen Übergangs. Da für ein Molekül in der Regel eine ganze Reihe Schwingungszustände existiert, deren energetischer Abstand viel geringer ist als zwischen den elektronischen Zuständen, resultieren daraus im UV/Vis-Spektrum für einen elektronischen Übergang viele eng benachbarte Absorptionslinien. In der Praxis überlappen diese Linien zu einer einzigen breiten Absorptionsbande. Die Gestalt dieser Bande hängt von den Abständen zwischen den einzelnen Schwingungszuständen ab sowie von den Wahrscheinlichkeiten für die Übergänge in die verschiedenen Schwingungszustände – das heißt von der Verteilung der Gesamtintensität der Absorptionsbande auf die Übergänge in die verschiedenen Schwingungszustände des elektronisch angeregten Zustands. Diese Intensitätsverteilung erfolgt gemäß dem so genannten *Franck-Condon-Prinzip*. Danach findet die elektronische Anregung viel schneller statt als eine Molekülschwingung, so dass die Bewegung der Atomkerne infolge der Schwingung während der Zeit, die für die elektronische Anregung benötigt wird, vernachlässigt werden kann. Mit anderen Worten: Während der elektronischen Anregung bleibt der Kernabstand praktisch konstant. Bezogen auf das Energiediagramm in Abbildung 13.4 erfolgt daher ein so genannter *vertikaler Übergang*, der durch den gestrichelten Pfeil angedeutet wird. Im Beispiel von Abbildung 13.4 wird das Molekül dabei am wahrscheinlichsten in den dritten angeregten Schwingungszustand ($v = 3$) des elektronisch angeregten Zustands gehoben, weil dieser Schwingungszustand bei dem gegebenen Kernabstand ein Maximum aufweist. Im UV/Vis-Spektrum ist somit für den Übergang in diesem Schwingungszustand die stärkste Absorption zu erwarten.

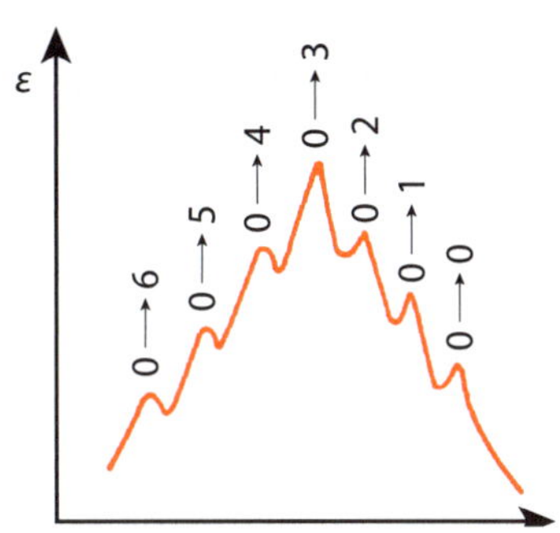

Abbildung 13.5: Die Intensitätsverteilung der gemäß dem Franck-Condon-Prinzip vertikalen Übergänge in die verschiedenen Schwingungszustände des elektronisch angeregten Zustands aus Abbildung 13.4.

▶ Abbildung 13.5 zeigt schematisch (mit Schwingungsfeinstruktur) das UV/Vis-Spektrum, das aus dem Energiediagramm in Abbildung 13.4 resultiert. In diesem Spektrum besitzt die 0→3-Bande für die Anregung vom Schwingungszustand $v = 0$ im elektronischen Grundzustand in den Schwingungszustand $v = 3$ des elektronisch angeregten Zustands die größte Intensität. Beachten Sie, dass auch die anderen Übergänge, einschließlich des 0→0-Übergangs mit signifikanter Wahrscheinlichkeit stattfinden und zu einer merklichen Absorption führen. Das ist deswegen der Fall, weil der Kernabstand auch im elektronischen und Schwingungsgrundzustand nicht konstant ist, sondern durch eine Wahrscheinlichkeitsfunktion bestimmt wird (siehe Abbildung 13.4). Folglich beginnt die elektronische Anregung ausgehend vom elektronischen und Schwingungsgrundzustand bei verschiedenen Kernabständen mit unterschiedlicher Wahrscheinlichkeit und endet wegen des vertikalen Übergangs in verschiedenen Schwingungszuständen des elektronisch angeregten Zustands.

Mit steigender Temperatur kann die Schwingungsfeinstruktur einer UV/Vis-Bande verloren gehen, da bei höherer Temperatur mehr Schwingungszustände im elektronisch angeregten Zustand besetzt werden können. Infolgedessen wächst die Anzahl der Schwingungsbanden, welche die elektronische Bande überlagern, und die Feinstruktur der Bande kann durch die umfangreichere Überlappung der Einzelbanden verschleiert werden. Breite UV/Vis-Banden mit geringer oder fehlender Feinstruktur werden aber auch bei gemäßigten Temperaturen häufig beobachtet. Dies ist insbesondere dann der Fall, wenn der Analyt wie in Abbildung 13.1 bei der Messung in Lösung vorliegt, weil dann Wechselwirkungen zwischen dem Analyten und dem Lösungsmittel eine bedeutende Rolle spielen.

13.2.4 Lösungsmitteleffekte und Verschiebungen von λ_{max}

Die Anhebung eines Elektrons vom Grundzustand in einen elektronisch angeregten Zustand ist typischerweise mit einer Erhöhung der Polarität des Moleküls verbunden. Die Energie des polareren angeregten Zustands wird durch Solvatationseffekte daher stärker beeinflusst als die Energie des Grundzustands. Die Wechselwirkung zwischen den gelösten Analyten und den Lösungsmittelmolekülen ist in unpolaren Lösungsmitteln wie zum Beispiel Kohlenwasserstoffen schwächer als in polaren Lösungsmitteln wie Alkoholen oder Wasser. Durch die unterschiedlich starke Beeinflussung der Energie von Grundzustand und angeregtem Zustand führen insbesondere polare Lösungsmittel tendenziell zu einer Verschiebung der Absorptionsbanden, weil die Energiedifferenz zwischen den beteiligten Zuständen durch Solvatationseffekte verändert wird, sowie zu einem Verlust der Schwingungsfeinstruktur der Absorptionsbanden.

Bei polaren Analytmolekülen werden die Eigenschaften des stärker polaren angeregten Zustands in der Regel hauptsächlich durch den Beitrag hochgradig polarer Strukturen bestimmt, wie zum Beispiel $R_2C^+–O^-$ im π,π^*-Zustand von Ketonen – der π,π^*-Zustand ist derjenige Zustand, der durch die Anregung eines Elektrons aus einem π-Orbital in ein π^*-Orbital entsteht. In Übereinstimmung mit einer einfachen elektrostatischen Theorie ist eine Stabilisierung solcher polarer angeregter Zustände vor allem durch polare Lösungsmittelmoleküle zu erwarten. Da der angeregte Zustand von dieser Stabilisierung stärker betroffen ist als der Grundzustand, führt sie zu einer Verringerung der Energiedifferenz zwischen dem Grundzustand und dem elektronisch angeregten Zustand und infolgedessen zu einer so genannten *bathochromen* oder *Rotverschiebung* (in Richtung größerer Wellenlängen) der Absorptionsbande. Nur im unwahrscheinlichen Fall eines im Vergleich zum angeregten Zustand stärker polaren Grundzustands ist mit zunehmender Polarität des Lösungsmittels eine so genannte *hypsochrome* oder *Blauverschiebung* (in Richtung kleinerer Wellenlängen) der Absorptionsbande zu erwarten.

Betrachten Sie zum Beispiel den Fall des α,β-ungesättigten Ketons 4-Methyl-3-penten-2-on (Mesityloxid). Das UV/Vis-Spektrum dieses Ketons im unpolaren Lösungsmittel Heptan in ► Abbildung 13.6 (rechts) zeigt zwei Banden im UV-Bereich: (1) eine schwache Absorption mit einem Maximum knapp über 320 nm ($\varepsilon_{max} \approx 50$), die auf die Anregung von nichtbindenden (n-) Elektronen am Sauerstoffatom in ein antibindendes π*-Molekülorbital zurückgeführt werden kann (n→π*-Übergang), sowie (2) eine starke Absorptionsbande mit einem Maximum bei etwa 230 nm ($\varepsilon_{max} \approx 12.000$), die mit einer Anregung von Elektronen aus einem bindenden π-Molekülorbital in ein antibindendes π*-Molekülorbital assoziiert ist (π→π*-Übergang).

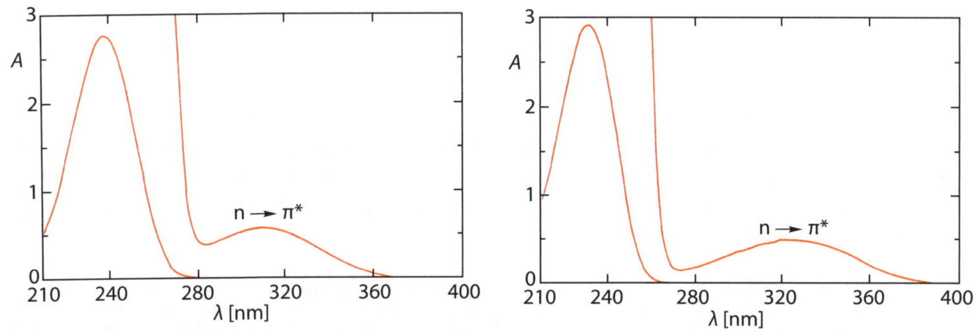

Abbildung 13.6: UV/Vis-Absorptionsspektren von 4-Methyl-3-penten-2-on (Mesityloxid) in Methanol (links) und in Heptan (rechts). Wegen der stark unterschiedlichen molaren Extinktionskoeffizienten für die beiden Banden wurden in jedem Lösungsmittel zwei Spektren bei verschiedenen Konzentrationen des Ketons gemessen und die Ergebnisse jeweils in einem Diagramm zusammengefasst. Infolgedessen ist die Absorptionskurve in beiden Spektren unterbrochen und die Intensitätsverhältnisse der beiden Banden entsprechen nicht dem Verhältnis der Extinktionskoeffizienten. Die Spektren der methanolischen Lösungen wurden mit einer 1-cm-Küvette sowie Konzentrationen des Ketons von 0,0105 M und $2{,}63 \times 10^{-4}$ M aufgenommen. Die Spektren in Heptan wurden dagegen bei Konzentrationen von 0,014 M und $2{,}8 \times 10^{-4}$ M gemessen. Auf der vertikalen Achse ist die Extinktion aufgetragen. Die Absorption bei etwa 320 nm ist auf den n→π*- und die Absorption bei etwa 240 nm hauptsächlich auf den π→π*-Übergang zurückzuführen. (Mit freundlicher Genehmigung von P.M. Sabido.)

Im Fall eines π→π*-Übergangs (siehe Abschnitt 13.4.2) verursachen Dipol-Dipol-Wechselwirkungen und Wasserstoffbrückenbindungen mit den Lösungsmittelmolekülen tendenziell eine stärkere Absenkung der Energie des angeregten Zustands als der Energie des Grundzustands. Infolgedessen *steigt* λ_{max} (Rotverschiebung) beim Wechsel vom unpolaren Lösungsmittel Heptan zum polaren Methanol um etwa 10 nm an (siehe Abbildung 13.6). Bei einem n→π*-Übergang (siehe Abschnitt 13.4.2) wird dagegen sowohl die Energie des angeregten Zustands als auch die Energie des Grundzustands durch Dipol-Dipol-Wechselwirkungen und Wasserstoffbrückenbindungen mit den Lösungsmittelmolekülen gesenkt. In Lösungsmitteln, deren Moleküle Wasserstoffbrücken ausbilden können, findet sogar eine stärkere Wechselwirkung der n-Elektronen des Grundzustands als der Elektronen des angeregten Zustands mit den Lösungsmittelmolekülen statt. Deswegen *sinkt* λ_{max} (Blauverschiebung) für diesen Übergang beim Wechsel vom unpolaren Lösungsmittel Heptan zum polaren Methanol um etwa 15 nm (siehe Abbildung 13.6). Die Auswirkungen der Wechselwirkungen mit dem Lösungsmittel auf die Energie der verschiedenen Zustände werden in ▶ Abbildung 13.7 noch einmal anhand eines Energiediagramms veranschaulicht. Für Mesityloxid werden die Effekte einiger Lösungsmittel auf den n→π*- und den π→π*-Übergang in ▶ Tabelle 13.4 zusammengefasst.

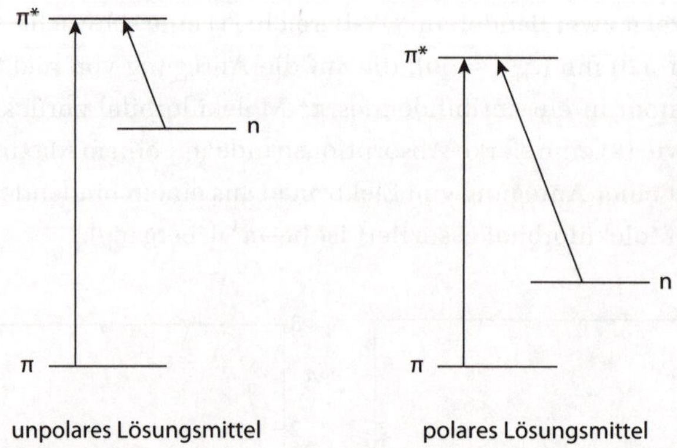

Abbildung 13.7: Schematische Darstellung des Einflusses des Lösungsmittels auf die Energie von Orbitalen, die an elektronischen Übergängen beteiligt sind. Hier wird vor allem die Absenkung des π*- und des n-Niveaus durch die Wechselwirkungen mit einem polaren Lösungsmittel und die resultierenden Auswirkungen auf die Übergangsenergien (Pfeile) eines π→π*- und eines n→π*-Übergangs veranschaulicht.

Tabelle 13.4: Einfluss des Lösungsmittels auf die Lage des Maximums und den molaren Extinktionskoeffizienten der beiden elektronischen Übergänge von Mesityloxid im UV-Bereich.

Lösungsmittel	π→π*-Übergang		n→π*-Übergang	
	λ_{max} [nm]	ε_{max} [M^{-1} cm^{-1}]	λ_{max} [nm]	ε_{max} [M^{-1} cm^{-1}]
Hexan	229,5	12.600	327	97,5
Diethylether	230	12.600	326	96
Ethanol	237	12.600	325	78
Methanol	238	10.700	312	74
Wasser	244,5	10.000	305	60

Aus: Jaffé, H.H. und Orchin, M. 1962: *Theory and Applications of Ultraviolet Spectroscopy*. John Wiley & Sons, Inc.

Lösungsmitteleffekte wurden vor allem früher dazu genutzt, Absorptionsbanden n→π*- oder π→π*-Übergängen zuzuordnen. Der Einsatz neuerer computergestützter Methoden für diesen Zweck ist aber häufig bequemer, einfacher und hilfreicher. Mithilfe der zeitabhängigen Dichtefunktionaltheorie (TDDFT, engl. *time-dependent density functional theory*) können beispielsweise Energiedifferenzen zwischen Grundzuständen und angeregten Zustanden sowie die Intensitäten der Übergänge in guter Näherung ermittelt und daraus ein theoretisches Spektrum erzeugt werden. Die Übergänge, die aus den Ergebnissen der TDDFT resultieren, sind zwar von komplexer Natur, können aber in der hier verwendeten einfachen Nomenklatur beschrieben und beispielsweise als n→π*- oder π→π*-Übergang identifiziert werden. Auf ähnliche Weise können semiempirische Methoden wie AM1 eingesetzt werden.

13.3 Quantitative UV/Vis-Messungen

Wie wir in Abschnitt 13.2.2 bereits festgestellt haben, ist der Anteil des Lichts, der beim Passieren eines transparenten Mediums absorbiert wird, unabhängig von der Intensität des einfallenden Lichts, aber proportional zur Anzahl der absorbierenden Moleküle, die sich auf dem Weg des Lichtstrahls befinden. Ist der molare Extinktionskoeffizient ε_{max} einer Bande groß genug (zum Beispiel $\varepsilon_{max} \approx 10.000\ M^{-1}\ cm^{-1}$), kann die UV/Vis-Spektroskopie sehr gut zur Bestimmung von Konzentrationen auf der Grundlage des Lambert-Beer-Gesetzes genutzt werden (siehe Gleichung 13.3).

13.3.1 Differenzspektroskopie

Die Differenzspektroskopie ist eine empfindliche Methode zur Detektion und Aufnahme von Veränderungen im UV/Vis-Spektrum infolge der Änderung der Konzentration oder Eigenschaften eines Chromophors, die auf eine chemische Reaktion oder unterschiedliche Wechselwirkungen mit verschiedenen Lösungsmitteln zurückzuführen sind. Zur Durchführung einer Differenz-UV/Vis-Spektroskopie werden zunächst identische Proben mit identischen Konzentrationen in die Probenhalter in beiden Strahlengängen eines Zweistrahl-UV/Vis-Spektrometers eingesetzt (siehe auch Abschnitt 13.2.2 und Abbildung 13.3). Das resultierende UV/Vis-Spektrum ist eine Nulllinie auf der horizontalen Achse. Anschließend wird nur eine der beiden Proben durch eine chemische Reaktion mit der Zeit oder den Wechsel des Lösungsmittels verändert. Erneute Messungen liefern nun Differenzspektren, welche die Abweichung vom Ausgangszustand der Probe zeigen. Bei Verwendung eines Einstrahlinstruments kann alternativ zunächst das Spektrum der Referenzprobe gemessen und elektronisch gespeichert werden. Danach misst man das Spektrum der (veränderten) Probe und subtrahiert von diesem das Spektrum der Referenz.

Der Gallenfarbstoff Bilirubin verursacht beispielsweise eine intensive UV/Vis-Absorption bei etwa 450 nm (▶ Abbildung 13.8). Bilirubin unterliegt bekanntermaßen einer Photoisomerisierung zu einer Mischung zweier Photobilirubine, deren UV/Vis-Spektren sich nur leicht vom Spektrum des Bilirubins unterscheiden. Nach 50 s Bestrahlung ist nur eine leichte Senkung des Maximums und eine leichte Verbreiterung der Absorptionsbande im normalen UV/Vis-Spektrum zu beobachten (gestrichelte Linien in Abbildung 13.8). Die spektralen Veränderungen, die aus der Photoisomerisierung resultieren, können allerdings viel einfacher und deutlicher mithilfe der empfindlichen Differenzabsorptionsspektroskopie beobachtet werden. Die durchgezogenen Kurven in Abbildung 13.8 zeigen die Ergebnisse solcher Messungen nach unterschiedlichen Bestrahlungsdauern. In den Differenzspektren erscheinen ein negativer Peak bei etwa 450 nm und ein positiver Peak bei etwa 500 nm, deren Intensitäten mit zunehmender Bestrahlungszeit ansteigen. Die spektralen Veränderungen sind am Anfang der Bestrahlung am stärksten, während sie mit zunehmender Bestrahlungsdauer immer schwächer werden, weil sich die Photoisomerisierung mit der Zeit langsam ihrem Gleichgewichtszustand annähert.

13.3.2 Abweichungen vom Lambert-Beer-Gesetz

Das Lambert-Beer-Gesetz, gemäß dem sich die Extinktion unter anderem proportional zur Konzentration der absorbierenden Moleküle verhält, gilt für eine große Zahl von Verbindungen über einen relativ großen Konzentrationsbereich. Da der molare Extinktionskoeffizient ε von der Wellenlänge des absorbierten Lichts abhängt, trifft das Lambert-Beer-Gesetz genau genommen allerdings nur für rein monochromatisches Licht exakt zu. Echte Abweichungen vom Lambert-Beer-Gesetz sind dagegen zu erwarten, wenn die Konzentration des Analyten so hoch ist, dass die Analytmoleküle untereinander in Wechselwirkung treten. Daraus resultierende Prozesse wie Assoziation oder Dissoziation der Moleküle stellen die häufigsten Ursachen für derartige Abweichungen dar. Verbindungen, die zur Bildung von Dimeren neigen, wie zum Beispiel viele wäss-

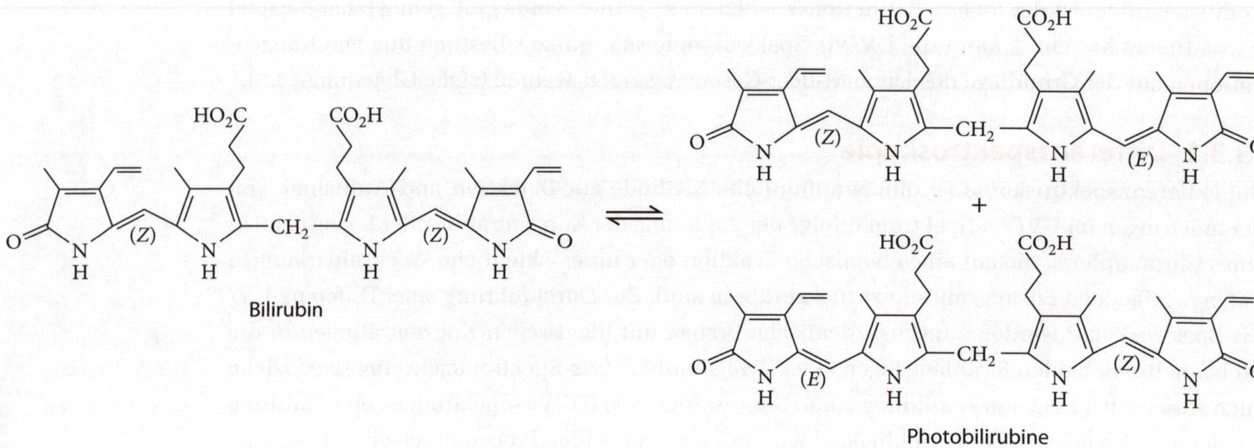

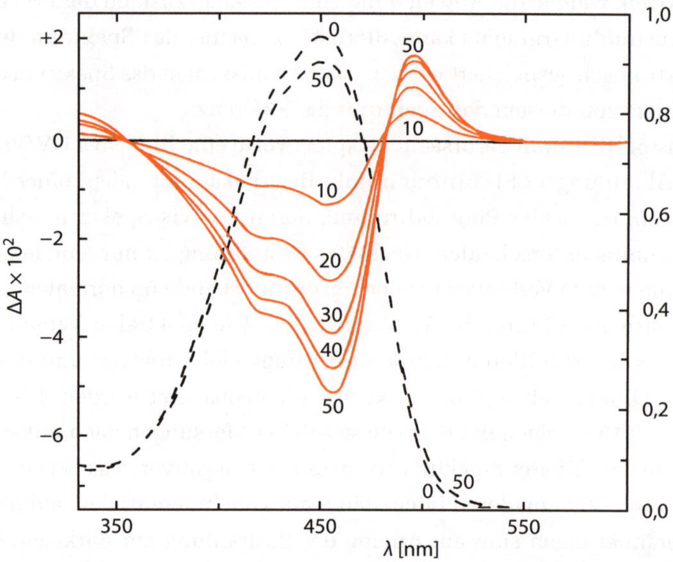

Abbildung 13.8: Absorptions-Differenz-UV/Vis-Spektren (durchgezogene Linien) einer Bilirubinlösung zur Verfolgung der Photoisomerisierung des Bilirubins nach unterschiedlichen Bestrahlungsdauern. Vermessen wurde eine $1{,}5 \times 10^{-5}$ M Lösung von Bilirubin in $CHCl_3$/1% Ethanol/10% Triethylamin. Alle Kurven sind mit der zugehörigen Gesamtbestrahlungsdauer (in s) gekennzeichnet. Die normalen Absorptionsspektren der Probe vor der Bestrahlung und nach einer Bestrahlung über 50 s (gestrichelte Linien) wurden hier über die Differenzspektren gelegt. (Aus den Daten in: Lightner, D.A., Woolridge, T.A. und McDonagh, A.F. 1979. *Biochem. Biophys. Res. Comm.* **86**: 235.)

rige Farbstofflösungen, folgen dem Lambert-Beer-Gesetz beispielsweise nur selten über einen größeren Konzentrationsbereich. Die Gültigkeit des Gesetzes für eine gegebene Probe kann überprüft werden, indem man die Probe kontrolliert verdünnt und erneut vermisst. Folgt die Probe dem Lambert-Beer-Gesetz, sollten der Quotient der Extinktionen (bei gleicher Wellenlänge) vor und nach der Verdünnung und der Quotient der Konzentrationen vor und nach der Verdünnung gleich groß sein. Porphyrine neigen in wässriger Lösung zum Beispiel zur Bildung von Aggregaten. Wie ▶ Abbildung 13.9 zeigt, weicht das Verhalten von Coproporphyrin-Lösungen bei einem pH-Wert von 6,97 in einem wässrigen Phosphatpuffer und einer konstanten Ionenstärke vom Lambert-Beer-Gesetz ab. Ansonsten sollten die zugehörigen Spektren, in denen der molare Extinktionskoeffizient ε (und nicht die Extinktion A) gegen die Wellenlänge λ aufgetragen ist, für die verschiedenen Konzentrationen zwischen $3{,}18 \times 10^{-4}$ und $3{,}97 \times 10^{-8}$ M identisch sein. Das ist in Abbildung 13.9 aber offensichtlich nicht der Fall – infolge der Bildung löslicher Aggregate der Analytmoleküle.

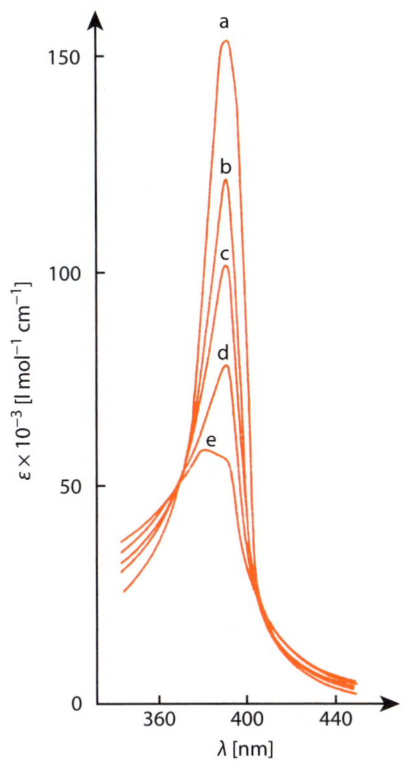

Abbildung 13.9: UV/Vis-Spektren von Coproporphyrin in einem wässrigen Phosphatpuffer bei einem pH-Wert von 6,97, welche die Veränderung der Spektren infolge der Aggregation von Analytmolekülen veranschaulichen. Die Konzentrationen betrugen (a) $3{,}97 \times 10^{-8}$ M, (b) $6{,}36 \times 10^{-6}$ M, (c) $2{,}78 \times 10^{-5}$ M, (d) $9{,}93 \times 10^{-5}$ M und (e) $3{,}18 \times 10^{-4}$ M. (Mit freundlicher Genehmigung von: Brown, S.B. (Hrsg.) 1980. *Introduction to Spectroscopy for Biochemists*: Academic Press, New York.)

13.3.3 Isosbestische Punkte

Isosbestische Punkte sind Kreuzungspunkte zwischen einer Reihe überlappender UV/Vis-Absorptionskurven, wie zum Beispiel in Abbildung 13.9, an denen ε konstant bleibt und daher für alle Kurven gleich groß ist. In Abbildung 13.9 existieren beispielsweise zwei Wellenlängen, bei denen ε für alle Kurven den gleichen Wert aufweist. Diese isosbestischen Punkte liegen bei Wellenlängen, bei denen die ε-Werte zweier absorbierender Spezies identisch sind. Die Anwesenheit einer dritten absorbierenden Spezies ist in einem solchen Fall sehr unwahrscheinlich, weil dann schon drei statt nur zwei Spezies bei den gleichen Wellenlängen identische ε-Werte besitzen müssten. Isosbestische Punkte können daher als Hinweis auf die Anwesenheit von nur zwei absorbierenden Spezies gewertet werden. Im Beispiel in Abbildung 13.9 handelt es sich dabei am wahrscheinlichsten um ein Dimer und ein Monomer. Weitere isosbestische Punkte finden Sie in den Abbildungen 13.8 und 14.4.

13.4 Elektronische Übergänge

Bei der UV/Vis-Spektroskopie misst man die Wahrscheinlichkeiten und die Energien der Anregungen eines Moleküls von seinem elektronischen Grundzustand in einen oder mehrere elektronisch angeregte Zustände – also für die Anhebung von Elektronen aus besetzten in unbesetzte Molekülorbitale. Dieser Prozess wird in ▶ Abbildung 13.10 für das Carbonylchromophor eines Aldehyds oder Ketons veranschaulicht, bei dem mehrere verschiedene angeregte Zustände möglich sind. Ein Molekül kann aus einem elektronisch angeregten Zustand durch unterschiedliche unimolekulare Prozesse wieder in seinen Grundzustand zurückkehren (relaxieren). Dies geschieht *photophysikalisch* durch die Emission von Strahlung in Form von *Fluoreszenz* oder *Phosphoreszenz* (siehe Abschnitt 13.4.1). Alternativ kann die Relaxation auch auf *photochemischem* Wege stattfinden und dann zu einer anderen Verbindung und somit zu einem anderen Grundzustand führen. Man kann also sowohl die Absorption als auch die Emission von UV/Vis-Strahlung durch Moleküle messen, um diese näher zu charakterisieren. In diesem Buch wollen wir uns aber hauptsächlich mit den Absorptionsprozessen beschäftigen.

Das UV/Vis-Spektrum einer Verbindung kann viele Absorptionsbanden aufweisen, wobei die mit λ_{max} jeder Bande assoziierte Energie (grob) der Energie entspricht, die zur Erzeugung des mit der Bande korrelierten angeregten Zustands aus dem Grundzustand erforderlich ist. Beispiele finden Sie in Abbildung 13.1 für eine einzelne Bande und in Abbildung 13.6 für zwei Banden, in denen λ_{max} mit der jeweiligen Anregungsenergie und ε_{max} mit der Intensität des elektronischen Übergangs korreliert ist. Dabei stellt ε_{max} ein Maß für die Wahrscheinlichkeit für die Anregung eines Elektrons mit Licht der Wellenlänge λ_{max} dar.

Wie wir bereits erwähnt haben, werden elektronische Anregungen in der Regel bestimmten Chromophoren im betreffenden Molekül zugeordnet. Obwohl sich immer das gesamte Molekül im angeregten Zustand befindet, ist die bei einfachen Übergängen zugeführte Energie im angeregten Zustand hauptsächlich im Chromophor lokalisiert.

13.4.1 Singulett- und Triplettzustände

Die meisten organischen Moleküle (keine Radikale) besitzen eine gerade Anzahl von Elektronen. Diese Elektronen besetzen im elektronischen Grundzustand Molekülorbitale, die aus energetischer Sicht jeweils so tief liegen wie möglich. Das heißt, die Molekülorbitale werden von unten her mit den Elektronen voll besetzt. In jedem besetzten Molekülorbital befinden sich dann genau zwei Elektronen, die gemäß dem Pauli-Prinzip entgegengesetzte Spins (genauer Spinquantenzahlen) von $m_S = +1/2$ und $m_S = -1/2$ aufweisen müssen. Da die Elektronenzahl gerade ist, gibt es im Grundzustand nur vollbesetzte und leere, aber keine halbbesetzten Orbitale. Deswegen beträgt der Gesamtspin S, also die Summe aller Elektronenspins ($S = \Sigma m_S$), gleich null und die so genannte Spinmultiplizität $M = 2S + 1 = 2 \times 0 + 1 = 1$. Einen Zustand eines Moleküls, der mit einer Spinmultiplizität von 1 assoziiert ist, nennt man einen *Singulettzustand* (Symbol S).

Erfolgt nun eine Anregung des Moleküls aus seinem Grundzustand in einen elektronisch angeregten Zustand, wird ein Elektron aus einem der vollbesetzten Orbitale in ein energetisch höher liegendes, leeres Orbital gehoben. In einem solchen angeregten Zustand existieren zwei halbbesetzte Orbitale. Die Elektronen in diesen Orbitalen müssen nicht mehr dem Pauli-Prinzip folgen, da sie sich nicht mehr im gleichen Orbital befinden. Das heißt, nach der Anregung können

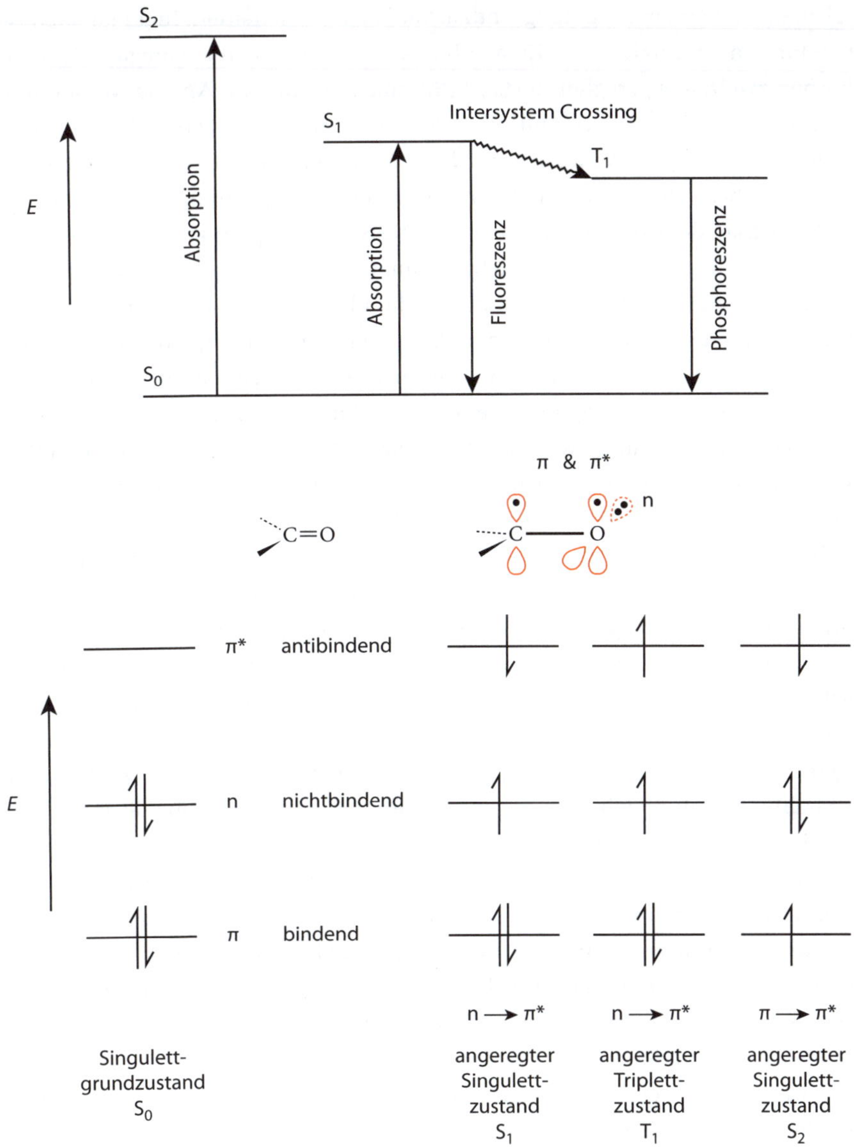

Abbildung 13.10: Elektronische Übergänge und Zustände des Carbonylchromophors. Oben: Energiediagramm zur Veranschaulichung der verschiedenen Anregungs- und Relaxationsprozesse eines Carbonylchromophors. Unten: Energiediagramm für ausgewählte Molekülorbitale einer isolierten Carbonylgruppe und die Elektronenkonfigurationen des Grundzustands und der verschiedenen angeregten Zustände, die für UV/Vis-Spektren eine Rolle spielen. Die Spinmultiplizität (siehe Abschnitt 13.4.1) beträgt im Fall von Singulettzuständen (S) $M = 1$ und für Triplettzustände (T) $M = 3$. Beachten Sie, dass das n-Orbital, in dem sich im Grundzustand zwei Elektronen befinden, senkrecht bezüglich des π- und des π^*-Orbitals ausgerichtet ist. Mit dem Index 0 wird ein Grundzustand, mit dem Index 1 ein erster angeregter Zustand und mit dem Index 2 ein zweiter angeregter Zustand gekennzeichnet.

beide Elektronen wie zuvor entgegengesetzte (antiparallele) Spins oder parallele Spins besitzen. Im ersten Fall der entgegengesetzten Spins weist der Gesamtspin aller Elektronen des Moleküls nach wie vor einen Wert von $S = 0$ auf und die Spinmultiplizität besitzt somit einen Wert von $M = 1$. Es handelt sich also um einen angeregten Singulettzustand. Um einen solchen angeregten

Singulettzustand von einem Singulettgrundzustand zu unterscheiden, fügt man an das Symbol S den Index 0 für den Grundzustand (S_0), den Index 1 für den ersten angeregten Zustand (S_1), den Index 2 für den zweiten angeregten Zustand (S_2) und so weiter an. Analog werden die verschiedenen Zustände mit anderen Spinmultiplizitäten durch Indizes gekennzeichnet. Findet bei der elektronischen Anregung des Moleküls allerdings eine Spinumkehr statt, weisen die Elektronen in den beiden halbbesetzten Orbitalen des angeregten Moleküls parallele Spins ($m_S = +1/2$) auf. In diesem Fall beträgt der Gesamtspin $S = 1$ und die Spinmultiplizität $M = 2 \times 1 + 1 = 3$. Einen Zustand mit einer Spinmultiplizität von 3 bezeichnet man als *Triplettzustand* (Symbol T). Unten in Abbildung 13.10 sind zur Veranschaulichung die Elektronenkonfigurationen der wichtigsten Singulett- und Triplettzustände einer Carbonylgruppe in einem Energiediagramm dargestellt.

Gemäß den quantenmechanischen Auswahlregeln (siehe auch Abschnitt 13.4.3) sind Elektronenübergänge streng genommen nur erlaubt, wenn sie nicht mit einer Änderung der Spinmultiplizität einhergehen ($\Delta M = 0$). Übergänge zwischen zwei Singulettzuständen, wie $S_0 \rightarrow S_1$ und $S_0 \rightarrow S_2$ in Abbildung 13.10 (oben), oder zwischen zwei Triplettzuständen sind demnach *spinerlaubt*, Übergänge von einem Singulett- in einen Triplettzustand (S→T) oder von einem Triplett- in einen Singulettzustand (T→S) dagegen *spinverboten*. Da es sich bei elektronischen Grundzuständen in den meisten Fällen organischer Moleküle um Singulettzustände handelt, erfolgen die meisten Anregungen in angeregte Singulettzustände. Spinverboten bedeutet aber nicht, dass ein solcher Prozess überhaupt nicht stattfinden kann, er läuft nur mit einer wesentlich geringeren Wahrscheinlichkeit ab. Angeregte Triplettzustände wie T_1 in Abbildung 13.10 werden in der Regel allerdings nicht durch eine direkte Anregung aus dem S_0-Zustand, sondern durch ein so genanntes *Intersystem Crossing* ausgehend von einem angeregten Singulettzustand wie S_1 gebildet. Dabei erfolgt die Spinumkehr eines Elektrons, ohne dass Strahlung emittiert wird. Da sich infolgedessen die Spinmultiplizität ändert, ist das Intersystem Crossing ein spinverbotener Prozess. Deswegen läuft zum Beispiel das Intersystem Crossing $S_1 \rightarrow T_1$ in Abbildung 13.10 im Vergleich zu den verschiedenen S→S-Übergängen nur extrem langsam ab. Allerdings ist auch die direkte Anregung vom S_0- in den T_1-Zustand spinverboten und daher mit einem sehr oder sogar verschwindend kleinen molaren Extinktionskoeffizienten ε_{max} assoziiert. Angeregte Moleküle besitzen unter normalen Bedingungen nur eine begrenzte Lebensdauer und kehren schließlich wieder in ihren elektronischen Grundzustand zurück. Bei der direkten Relaxation von einem angeregten Singulettzustand in den Singulettgrundzustand (zum Beispiel $S_1 \rightarrow S_0$ in Abbildung 13.10) wird ein Lichtquant emittiert, dessen Energie der Energiedifferenz zwischen den beteiligten Singulettzuständen entspricht. Diese so genannte *Fluoreszenz* ist *spinerlaubt* und läuft deswegen sehr schnell ab. Ist das System zuvor durch ein Intersystem Crossing in einen Triplettzustand übergegangen, kann die Relaxation in den Singulettgrundzustand nur durch eine so genannte *Phosphoreszenz* erfolgen (zum Beispiel $T_1 \rightarrow S_0$ in Abbildung 13.10). Bei diesem *spinverbotenen* und daher langsamen Prozess emittiert das System ebenfalls ein Lichtquant, dessen Energie der Energiedifferenz zwischen den beteiligten Zuständen entspricht. Diesmal handelt es sich aber nicht um zwei Singulettzustände, sondern um einen Triplett- und einen Singulettzustand.

13.4.2 Klassifizierung elektronischer Übergänge

Die Wellenlänge, bei der ein elektronischer Übergang im UV/Vis-Spektrum zu beobachten ist, hängt von der Energiedifferenz zwischen dem Grundzustand und dem angeregten Zustand ab, zwischen denen der Übergang stattfindet. In der Praxis kann näherungsweise angenommen werden, dass die mit einem elektronischen Übergang im UV/Vis-Spektrum assoziierte Wellenlänge direkt mit der Energiedifferenz zwischen den am Übergang beteiligten Molekülorbitalen korreliert ist (siehe auch Abschnitt 13.2.3). Gesättigte Kohlenwasserstoffe enthalten nur sehr fest gebundene σ-Elektronen. Für deren Anregung in antibindende σ*-Orbitale (σ→σ*) oder molekulare Rydberg-Orbitale (Orbitale höherer Valenzschalen, 3*s*, 3*p*, 4*s* et cetera) sind relativ große Energiebeträge erforderlich. Die zugehörigen Absorptionen liegen deswegen im fernen UV-Bereich bei Wellenlängen unterhalb von 190 nm. Solche Übergänge spielen bei der Strukturaufklärung organischer Verbindungen nur selten eine Rolle. An der Grenze zum nahen UV-Bereich findet man die Absorption von Cyclopropan, dessen λ_{max} einen Wert von 190 nm aufweist. Im Gegensatz zu diesem Cycloalkan verursacht das offenkettige Propan eine Absorption mit einem λ_{max}-Wert von 135 nm.

Im Folgenden beschreiben wir wichtige Klassen elektronischer Übergänge organischer Moleküle, die mit leichter beobachtbaren Absorptionen im nahen UV-Bereich (> 190 nm; siehe Abschnitt 13.2.1) und im sichtbaren Bereich einhergehen (▶ Abbildung 13.11).

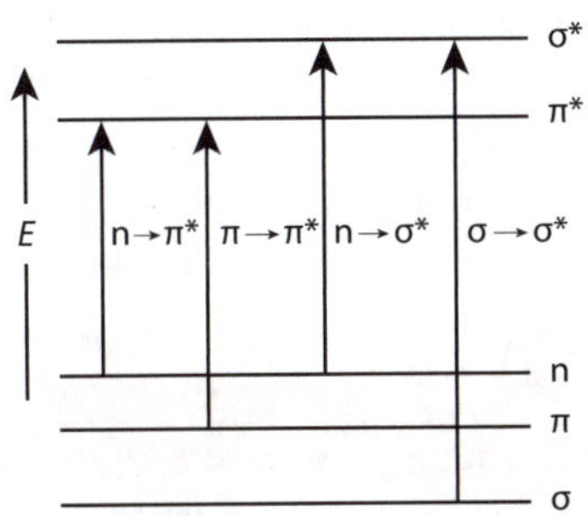

Abbildung 13.11: Relative Lage elektronischer Zustände organischer Moleküle und ausgewählte elektronische Übergänge in der Reihenfolge steigender Übergangsenergie (von links nach rechts).

1. n→π*-Übergänge umfassen die Anregung eines Elektrons aus einem nichtbindenden Atomorbital, wie beispielsweise eines Elektrons eines freien Elektronenpaars an einem O-, N-, S- oder Halogenatom, in ein antibindendes π*-Molekülorbital, das mit einer ungesättigten Gruppe im Molekül assoziiert ist. Solche Übergänge können bei Verbindungen stattfinden, die Doppel- oder Dreifachbindungen mit zumindest einem Heteroatom enthalten – also zum Beispiel C=O, C=N, C≡N, C=S oder N=O. Eine häufig vorkommende Absorptionsbande relativ geringer Intensität, die auf einen n→π*-Übergang zurückzuführen ist, tritt zum Beispiel im Bereich zwischen 285 und 320 nm im UV/Vis-Spektrum gesättigter Aldehyde und Ketone auf. Im Fall ungesättigter Aldehyde und Ketone liegt die Bande bei höheren Wellenlängen. Beispiele für diese Bande finden Sie in den Abbildungen 13.1 und 13.6.
2. π→π*-Übergänge entsprechen einer Anregung eines Elektrons aus einem bindenden π- in ein antibindendes π*-Molekülorbital. Sie können in allen Molekülen stattfinden, in denen auch ein n→π*-Übergang möglich ist, sowie in Molekülen mit Doppelbindungen, Dreifachbindungen oder aromatischen Systemen, auch wenn diese kein Heteroatom enthalten. Verbindungen mit isolierten Doppelbindungen wie Ethen zeigen oberhalb von 185 nm in der Regel keine starke Absorption. In Verbindungen mit konjugierten π-Elektronensystemen sind die energetischen Abstände zwischen den π- und den π*-Orbitalen dagegen im Allgemeinen kleiner, so dass diese zu Absorptionen im nahen UV-Bereich oder sogar im sichtbaren Bereich führen können. Eine

wichtige Anwendung der UV/Vis-Spektroskopie besteht darin, die Anwesenheit, die Natur und die Ausdehnung konjugierter Systeme festzustellen. Mit zunehmendem Umfang eines konjugierten Systems wird die Absorptionsbande des $\pi \rightarrow \pi^*$-Übergangs im Allgemeinen in Richtung höherer Wellenlängen und schließlich bis in den sichtbaren Bereich verschoben. Dieses Verhalten wird anhand der Daten in ► Tabelle 13.5 noch einmal veranschaulicht.

3. $n \rightarrow \sigma^*$-Übergänge, die eine geringere Bedeutung für die Strukturaufklärung organischer Verbindungen besitzen als die $n \rightarrow \pi^*$- und $\pi \rightarrow \pi^*$-Übergänge, erfolgen bei der Anregung eines Elektrons aus einem nichtbindenden Orbital in ein antibindendes σ^*-Orbital. Absorptionsbanden, die auf $n \rightarrow \sigma^*$-Übergänge zurückzuführen sind, findet man beispielsweise in den UV/Vis-Spektren von CH_3OH (Dampf; $\lambda_{max} = 183$ nm, $\varepsilon_{max} = 150\ M^{-1}\ cm^{-1}$), Trimethylamin (Dampf; $\lambda_{max} = 227$ nm, $\varepsilon_{max} = 900\ M^{-1}\ cm^{-1}$) und CH_3I (in Hexan; $\lambda_{max} = 258$ nm, $\varepsilon_{max} = 380\ M^{-1}\ cm^{-1}$).
4. Rydberg-Übergänge finden hauptsächlich in höhere angeregte Zustände statt. Bei den meisten organischen Molekülen sind sie daher mit hohen Anregungsenergien assoziiert und die zugehörigen Banden sind im UV/Vis-Spektrum unterhalb von 200 nm zu erwarten. Für die Strukturaufklärung spielen diese Banden in der Regel keine Rolle. Eine Rydberg-Bande tritt häufig als ein Teil einer Reihe von Banden auf, deren horizontaler Abstand im UV-Spektrum in Richtung sinkender Wellenlängen immer kleiner wird, bevor die Reihe plötzlich endet. Diese Grenze repräsentiert die Ionisierungsenergie des Moleküls.

Tabelle 13.5: Auswirkung eines zunehmend größeren konjugierten Systems in Alkenen auf die Lage des Maximums der $\pi \rightarrow \pi^*$-Absorption.

n in $H(CH{=}CH)_nH$	λ_{max} [nm]	ε_{max} [$M^{-1}\ cm^{-1}$]	Farbe
1	162	10.000	Farblos
2	217	21.000	Farblos
3	258	35.000	Farblos
4	296	52.000	Farblos
5	335	118.000	Blassgelb
8	415	210.000	Orange
11	470	185.000	Rot
15	547[a]	150.000	Violett

[a]Kein Maximum. (Aus: Lambert, J.B., Shurvell, H.F., Verbit, L., Cooks, R.G. und Stout, G.H. 1976: *Organic Structural Analysis*. Macmillan Publishing, New York.)

Neben dem Begriff *Chromophor* werden im Zusammenhang mit der UV/Vis-Spektroskopie mehrere verwandte Begriffe verwendet. Als *Auxochrome* (Farbverstärker) werden Substituenten bezeichnet, die freie Elektronenpaare aufweisen. Wenn sie direkt mit einem π-Elektronenchromophor verknüpft sind, führen Auxochrome im Allgemeinen zu einer Verschiebung der Absorptionsbande in Richtung größerer Wellenlängen (geringerer Anregungsenergien) – also zu einer *bathochromen* oder *Rotverschiebung* (siehe Abschnitt 13.2.4). Die Verlagerung einer Absorptionsbande in Richtung kleinerer Wellenlängen (höherer Anregungsenergien) bezeichnet man dagegen wie bereits erwähnt als *hypsochrome* oder *Blauverschiebung*. Mit zunehmender Größe eines konjugierten

Systems steigt in der Regel auch der molare Extinktionskoeffizient ε und somit die Intensität der zugehörigen Absorptionsbande (siehe auch Tabelle 13.5). Dieses Verhalten wachsender Intensität nennt man *Hyperchromie*. Bei einer abnehmenden Intensität einer Absorptionsbande spricht man dagegen von einer *Hypochromie*. Die in diesem Absatz beschriebenen Begriffe werden in ▶ Abbildung 13.12 noch einmal veranschaulicht.

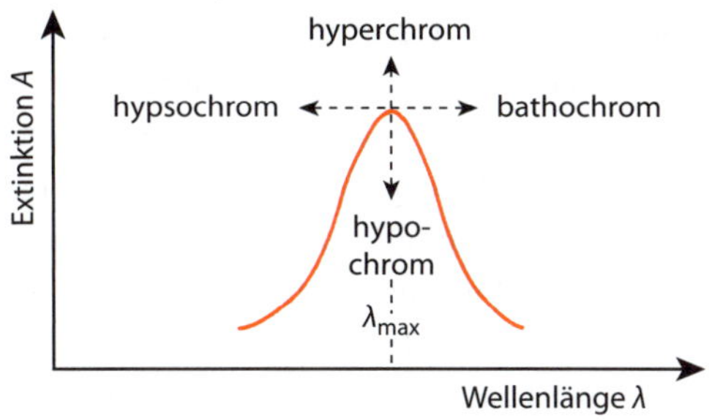

Abbildung 13.12: Terminologie zur Beschreibung von Veränderungen der Position und der Intensität von Absorptionsbanden in UV/Vis-Spektren.

13.4.3 Erlaubte und verbotene Übergänge

Die mit elektronischen Übergängen assoziierten Absorptionsbanden können entsprechend ihrer Intensität als stark oder schwach eingestuft werden. Dabei kann der molare Extinktionskoeffizient ε_{max} als grobes Maß für die Intensität dienen. Aus der quantenmechanischen Behandlung von Absorptionsprozessen ergeben sich so genannte Auswahlregeln, die angegeben, ob ein bestimmter Übergang *erlaubt* oder *verboten* ist. Erlaubte Übergänge führen zu intensiven Absorptionsbanden mit großen molaren Extinktionskoeffzienten, während für verbotene Übergänge keine oder nur sehr schwache Absorptionsbanden zu beobachten sind. Damit ein Übergang quantenmechanisch erlaubt ist, müssen im Fall organischer Moleküle drei Voraussetzungen erfüllt sein: (1) Durch den Übergang darf keine Änderung der Spinorientierung stattfinden ($\Delta S = 0, \Delta M = 0$), (2) der Übergang darf nur mit einer Änderung der Bahndrehimpulsquantenzahl von $\Delta l = 0$ oder ± 1 verbunden sein, (3) das Produkt aus dem elektrischen Dipolmomentvektor und der gruppentheoretischen Darstellung der am Übergang beteiligten Zustände muss totalsymmetrisch sein.

Gemäß der ersten der genannten Regeln, der so genannte *Spinauswahlregel*, sind Übergänge zwischen elektronischen Zuständen unterschiedlicher Spinmultiplizitäten – also zum Beispiel ein S→T- oder ein T→S-Übergang – stets verboten, da das Elektron während des Übergangs keiner Spinumkehr unterliegen darf. Die zweite der obigen Regeln, die so genannte *Bahnauswahlregel*, führt bei Übergängen in organischen Molekülen in der Regel nicht zu Einschränkungen, da sich die Bahndrehimpulsquantenzahlen der beteiligten Übergänge meist nicht um mehr als 1 unterscheiden. Die dritte der Regeln nennt man auch *Symmetrieauswahlregel*. Wenn sich das direkte Produkt der gruppentheoretischen Darstellungen der am Übergang beteiligten Zustände von allen Darstellungen unterscheidet, zu denen die Koordinatenachsen gehören, weist das Übergangsmoment des Übergangs einen Wert von null auf. Ein Übergang findet aber nur dann mit einer von null verschiedenen Wahrscheinlichkeit statt, wenn das Übergangsmoment von null verschieden ist. Wir wollen diese Regel an einem Beispiel veranschaulichen. Der n→π*-Übergang gesättigter Alkylketone besteht in der Anregung eines Elektrons aus dem nichtbindenden n-Orbital der Carbonylgruppe in das π*-Molekülorbital. Diese beiden Orbitale sind *senkrecht* zueinander angeordnet (siehe Struktur in Abbildung 13.10) und überlappen daher nur minimal. Für einen solchen Übergang ist das Übergangsmoment aus dem oben genannten Grund null und er ist deswegen *symmetrieverboten*. Bei den meisten organischen Molekülen sind symmetrieverbotene Übergänge allerdings doch zu beobachten, ergeben aber nur Banden geringer Intensität. Diese Restintensität beruht auf der Tatsache, dass die relative Anordnung der Atome eines Moleküls infolge von Molekülschwingungen variieren kann. Wenn sich die Symmetrie des Moleküls durch eine *nicht* totalsymmetrische Schwingung periodisch verändert, ändert sich auch die Symmetrie der Wellenfunktionen der elektronischen Zustände periodisch und somit auch das Übergangsmoment, da die Elektronen den Bewegungen der Kerne unmittelbar folgen. Das Übergangsmoment ist dann nicht mehr zu jedem Zeitpunkt genau null und ein eigentlich symmetrieverbotener Übergang kann teilweise erlaubt sein. Die Intensität der Absorptionsbande eines symmetrieverbotenen Übergangs, der durch Molekülschwingungen zu einem teilweise erlaubten Übergang wird, ist allerdings immer sehr viel kleiner als die Intensität eines gemäß allen Auswahlregeln erlaubten Übergangs. Der Einfluss von Molekülschwingungen auf die Übergangswahrscheinlichkeit und somit die Intensität symmetrieverbotener elektronischer Übergänge ist außerdem temperaturabhängig.

13.5 Experimentelle Aspekte

13.5.1 Lösungsmittel

Die meisten UV/Vis-spektroskopischen Messungen werden mit relativ stark verdünnten (10^{-2} bis 10^{-6} M) Lösungen des Analyten in einem geeigneten Lösungsmittel durchgeführt. Ein solches Lösungsmittel sollte nicht mit dem gelösten Analyten wechselwirken und nicht in dem Bereich des elektromagnetischen Spektrums absorbieren, in dem die relevanten Banden des Analyten zu erwarten sind. Insbesondere ältere UV/Vis-Spektrometer sind häufig noch Zweistrahlinstrumente. Bei den meisten neueren Geräten handelt es sich dagegen um computergesteuerte Einstrahlinstrumente. In diesen Instrumenten werden unter Beibehaltung aller übrigen Messparameter zeitlich nacheinander die Lösung des Analyten und das reine Lösungsmittel vermessen (siehe auch Abschnitt 13.3.1). In ▶ Tabelle 13.6 finden Sie einige in der UV/Vis-Spektroskopie gebräuchliche Lösungsmittel und ihre kurzwelligen Grenzwellenlängen – das heißt, die Wellenlänge, unterhalb derer die Absorption durch das Lösungsmittel für die UV/Vis-Spektroskopie zu stark wird. Beachten Sie die Verschiebung der Grenzwellenlänge zu kürzeren Wellenlängen mit abnehmender Schichtdicke des Lösungsmittels. So kann der zugängliche Messbereich durch die Verwendung von Messküvetten mit Schichtdicken von 1 mm oder weniger merklich erweitert werden.

Tabelle 13.6: Kurzwellige Grenzwellenlängen einiger Lösungsmittel in der UV/Vis-Spektroskopie.

Lösungsmittel	Kurzwellige Grenzwellenlänge λ [nm][a]		Siedepunkt [°C]
	10-mm-Küvette	0,1-mm-Küvette	
Acetonitril	190	180	81,6
2,2,2-Trifluorethanol	190	170	79
Pentan	190	170	36,1

[a]Als Grenzwellenlänge wurde die Wellenlänge festgelegt, bei der die Extinktion bei Verwendung der jeweiligen Küvette etwa 1 beträgt. [b]EPA entspricht einer 5:5:2-Mischung aus Diethylether, Isopentan und Ethanol. (Aus: Lambert, J.B., Shurvell, H.F., Verbit, L., Cooks, R.G. und Stout, G.H. 1976: *Organic Structural Analysis.* Macmillan Publishing, New York.)

Tabelle 13.6: Kurzwellige Grenzwellenlängen einiger Lösungsmittel in der UV/Vis-Spektroskopie. *(Fortsetzung)*

Lösungsmittel	Kurzwellige Grenzwellenlänge λ [nm][a]		Siedepunkt [°C]
	10-mm-Küvette	0,1-mm-Küvette	
2-Methylbutan	192	170	28
Hexan	195	173	68,8
Heptan	197	173	98,4
2,2,4-Trimethylpentan (Isooctan)	197	180	99,2
Cyclopentan	198	173	49,3
Ethanol (95 %)	204	187	78,1
Wasser	205	172	100,0
Cyclohexan	205	180	80,8
2-Propanol	205	187	82,4
Methanol	205	186	64,7
Methylcyclohexan	209	180	100,8
Dibutylether	210	195	142
EPA[b]	212	190	–
Diethylether	215	197	34,6
1,4-Dioxan	215	205	101,4
Bis-(2-methoxyethyl)-ether (Diglyme)	220	199	162
Dichlormethan	232	220	41,6
Chloroform	245	235	62
Tetrachlorkohlenstoff	265	255	76,9
N,N-Dimethylformamid	270	258	153
Benzol	280	265	80,1
Toluol	285	268	110,8
Tetrachlorethen	290	278	121,2
Pyridin	305	292	116
Aceton	330	325	56
Nitromethan	380	360	101,2
Kohlenstoffdisulfid	380	360	46,5

[a]Als Grenzwellenlänge wurde die Wellenlänge festgelegt, bei der die Extinktion bei Verwendung der jeweiligen Küvette etwa 1 beträgt. [b]EPA entspricht einer 5:5:2-Mischung aus Diethylether, Isopentan und Ethanol. (Aus: Lambert, J.B., Shurvell, H.F., Verbit, L., Cooks, R.G. und Stout, G.H. 1976: *Organic Structural Analysis.* Macmillan Publishing, New York.)

Es ist von großer Wichtigkeit, nur Lösungsmittel mit geeigneter Reinheit für die UV/Vis-Spektroskopie zu verwenden. Kommerziell erhältliche Lösungsmittel mit extra Bezeichnungen wie „für die UV-Spektroskopie“ sind nicht unbedingt hochrein. Sie sind aber speziell aufbereitet worden, um die Abwesenheit von Verunreinigungen sicherzustellen, die im UV/Vis-Bereich absorbieren. Kleine Verunreinigungen, die nicht absorbieren, können solche Lösungsmittel allerdings noch enthalten.

In der UV/Vis-Spektroskopie häufig eingesetzte, polare Lösungsmittel sind zum Beispiel Wasser, Methanol und 95-prozentiges Ethanol. Aliphatische Kohlenwasserstoffe wie Hexan, Heptan und Cyclohexan sind Beispiele für unpolare Lösungsmittel, die eine gute spektrale Transparenz (eine niedrige Grenzwellenlänge, siehe Tabelle 13.6) aufweisen und genügend hohe Siedepunkte besitzen, um Probleme durch eine Verdampfung des Lösungsmittels vermeiden zu können. Diese Lösungsmittel müssen allerdings sorgfältig gereinigt werden, da aliphatische Kohlenwasserstoffe häufig Alkene als Verunreinigungen und Spuren von Aromaten enthalten, welche im UV- oder sogar im Vis-Bereich merklich absorbieren. Fluoralkane zeigen im Vergleich zu Alkanen eine höhere Durchlässigkeit (Transparenz). Ähnliches gilt für fluorierte Alkohole wie 2,2,2-Trifluorethanol im Vergleich zu den entsprechenden aliphatischen Alkoholen. Organische Cyanide, wie zum Beispiel Acetonitril und Propionitril, stellen polare, *aprotische* Lösungsmittel mit einer ausgezeichneten spektralen Transparenz dar. Ein weiteres für die UV/Vis-Spektroskopie häufig genutztes Lösungsmittel mit einer ausreichenden Durchlässigkeit bis hinunter auf 215 nm ist 1,4-Dioxan.

Darüber hinaus kommen viele Lösungsmittelgemische zum Einsatz – insbesondere bei sehr tiefen Temperaturen bis hinunter zur Temperatur von flüssigem Stickstoff (−196 °C). Diese Lösungsmittelsysteme kristallisieren beim Abkühlen auf tiefe Temperaturen nicht aus, sondern werden stattdessen viskoser und glasartig. Beispiele für solche Lösungsmittelgemische sind (1) EPA, ein 5:5:2-Gemisch aus Diethylether, Isopentan und Ethanol, (2) ein 9:1-Gemisch aus Methanol und Glycerin, (3) ein 1:4-Gemisch aus Tetrahydrofuran und Diglyme [Bis-(2-methoxyethyl)-ether] und (4) ein 1:3-Gemisch aus Methylcyclohexan und Isopentan. Die Volumenabnahme dieser Mischungen über den Bereich von +25 bis −196 °C beträgt etwa 29,4 Prozent im Fall von Methylcyclohexan/Isopentan (1:3), 29 Prozent bei EPA, 24,4 Prozent bei Methanol/Glycerin (9:1) sowie 26,1 Prozent im Fall von Tetrahydrofuran/Diglyme (4:1).

13.5.2 Messküvetten und Probenvorbereitung

Messküvetten für den Einsatz im sichtbaren Bereich (Vis) des elektromagnetischen Spektrums bestehen meist aus Pyrexglas oder einem vergleichbaren Material, das bis hinunter auf etwa 380 nm ausreichend durchlässig ist. Für Messungen im UV-Bereich sind Quarzglasküvetten erforderlich. Empfehlenswert sind Küvetten aus hochreinem Quarzglas (Ultrasil, Spectrosil, Supersil). In der Absorptionsspektroskopie werden routinemäßig Küvetten mit rechteckigem Querschnitt verwendet. Die bevorzugte Schichtdicke l beträgt 10 mm (= 1cm). In diesem Fall weist l in den Gleichungen 13.2 und 13.3 einen Zahlenwert von 1 auf. Wenn die Gesamtextinktion des Lösungsmittels minimiert werden muss, sind Küvetten mit kleineren Schichtdicken unentbehrlich. Bei Messungen im fernen UV-Bereich werden üblicherweise Küvetten mit Schichtdicken zwischen 0,01 und 2 mm eingesetzt.

Für die meisten Zwecke können Küvetten durch mindestens zehnmaliges Spülen mit dem Lösungsmittel, das bei der Messung verwendet werden soll, ausreichend gereinigt werden. Eine abschließende Spülung mit Methanol oder Aceton ist geeignet, wenn die Küvette an der Luft getrocknet wird. Im Allgemeinen ist jedoch eine Trocknung im Trockenschrank empfehlenswert – insbesondere bei Küvetten mit einer kleinen Schichtdicke. In diesem Fall sollte zum Abschluss zweimal mit destilliertem Wasser gespült werden, um Reste von brennbaren organischen Lösungsmitteln zu entfernen. Auch wenn der Trockenschrank auf relativ hohe Temperaturen eingestellt wird, ist keine Beschädigung der Quarzglasküvetten zu erwarten, da diese bei Temperaturen von über 1000 °C hergestellt wurden. Das Entnehmen einer Küvette aus einem heißen Trockenschrank kann allerdings mit gewissen Schwierigkeiten verbunden sein. Eine schnelle und bequeme Methode zur Trocknung der Küvetten besteht in der Verwendung eines Vakuumexsikkators, der am besten auf etwa 50 °C erwärmt wird. Auf diese Weise können die Küvetten in weniger als fünf Minuten getrocknet werden.

Es sollte besonders darauf geachtet werden, die Küvettenfenster nicht mit den Fingern zu berühren. In der Regel ist es ratsam, auch die Außenseiten der Küvette mehrere Male zu spülen. Jedweden Schmutz, der danach noch auf der Außenseite der Küvettenfenster verbleibt, kann man mit einem fusselfreien, mit dem Lösungsmittel befeuchteten Tuch abwischen. Die Küvette darf niemals mit einem trockenen Tuch behandelt werden.

Für die Probenvorbereitung werden die Methoden der quantitativen Analyse eingesetzt. Maßanalytische Glasgeräte und Küvetten müssen sauber und trocken sein. Feste Proben sollten zuvor in einem Exsikkator bis zur Gewichtskonstanz getrocknet werden, um noch anhaftendes Wasser oder Lösungsmittel zu entfernen. Eine typische 1- bis 10-mm-Küvette muss für die Messung mit etwa 0,2 bis 3 ml Lösung beziehungsweise Lösungsmittel gefüllt werden. Daher ist darauf zu achten, gleich zu Beginn eine ausreichende Menge der Messlösung herzustellen. Da der Analyt durch die Messung normalerweise nicht zerstört wird, kann er anschließend durch das Verdampfen des Lösungsmittels wieder zurückgewonnen werden. Wenn eine genügend große Menge des Analyten zur Verfügung steht, sollten sinnvollerweise 10 bis 25 ml der Lösung angesetzt werden. Die für die Herstellung dieses Volumens der Lösung erforderliche Menge der Substanz ist ausreichend groß, um die mit dem Abwiegen sehr kleiner Substanzmengen assoziierten Fehler zu minimieren. Die Analysenwaage, die für die Einwaage des Analyten verwendet wird, sollte eine Messgenauigkeit von mindestens 0,1 mg aufweisen. In den meisten Fällen wird der Anwender die Struktur der jeweiligen Substanz zuvor nicht kennen oder die Substanz zumindest noch nie selbst vermessen haben. Dann ist es sinnvoll bei kleinen organischen Molekülen zunächst mit einer Konzentration des Analyten von näherungsweise 0,5 mg ml^{-1} (etwa 0,05 Gewichtsprozent) und bei Makromolekülen, wie beispielsweise Polypeptiden oder Proteinen, zunächst mit einer Konzentration von ungefähr 0,05 mg ml^{-1} (etwa 0,005 Gewichtsprozent) zu beginnen. Bei den meisten Instrumenten ist eine maximale Extinktion der relevanten Banden im Bereich zwischen 0,7 und 1,2 wünschenswert, da die Elektronik der Geräte in diesem Bereich am empfindlichsten reagiert und die genauesten Ergebnisse liefert.

13.5.3 Mögliche Fehlerquellen

Fehler in der UV/Vis-Spektroskopie können auf der Natur des Analyten selbst beruhen, aber auch auf das Instrument oder den Operator zurückzuführen sein. Die einfachsten Fehler resultieren aus Proben, die nicht dem Lambert-Beer-Gesetz folgen (siehe Gleichung 13.3 und Abschnitt 13.3.2). In den meisten Doppelmonochromator-Instrumenten entstehen bei der Vermessung von Proben mit hoher Extinktion Probleme durch Streulicht. Das Streulicht besitzt in der Regel eine andere

Wellenlänge als das gerade eingestrahlte Licht. Es kann vor allem durch das Auftreffen des Lichtstrahls auf die verschiedenen Oberflächen im Spektrometer, wie zum Beispiel Linsen, Prismen, Spaltkanten sowie die Fensteroberflächen der Messküvette, erzeugt werden. Auch trübe Lösungen führen zur Lichtstreuung und die Streuung spielt mit sinkender Wellenlänge eine zunehmend große Rolle. Manchmal sind Schmutzpartikel in der Messlösung für die Streuung verantwortlich. Solche Lösungen sollten vor der Messung durch einen feinen Filter filtriert oder zentrifugiert werden.

Sauerstoff verursacht eine Reihe von Absorptionsbanden im UV-Bereich, die bei etwa 195 nm beginnen und sich in Richtung kleinerer Wellenlängen fortsetzen. Um die Absorption einer Probe unterhalb von etwa 200 nm zu messen, muss daher zuvor jeder Sauerstoff aus der Probe und dem Instrument entfernt werden. Ansonsten wird in diesem Wellenlängenbereich ein zu großer Teil der Strahlung durch den Sauerstoff in der Probe und/oder dem Instrument absorbiert. Am einfachsten kann der Sauerstoff durch das Spülen der Probe und der relevanten Bereiche des Instruments mit reinem, trockenem Stickstoff verdrängt werden. Ein mit flüssigem Stickstoff gefüllter Zylinder mit einem Ventil, durch das Stickstoffgas entweichen kann, stellt eine bequem handhabbare Quelle für hochreinen Stickstoff dar. Die optimalen N_2-Strömungsraten können dabei auf das Verschwinden der Sauerstoffabsorptionen im UV-Spektrum eingestellt werden.

TEIL IV

Literaturhinweise

Allgemein

Jaffé, H.H. und Orchin, M. 1962: *Theory and Applications of Ultraviolet Spectroscopy*. John Wiley & Sons Inc., New York.

Pecsok, R.L., Shields, L.D., Cairns, T. und McWilliam, I.B. 1976: *Modern Methods of Chemical Analysis*. 2. Aufl., John Wiley & Sons Inc., New York.

Perkampus, H.H. 1992: *UV-vis Atlas of Organic Compounds*. 2. Aufl., Wiley-VCH, Weinheim.

Lösungsmitteleigenschaften

Korver, O. und Bosma, J. 1971. *Anal. Chem.* **43**: 1119.

Strukturanalyse mithilfe von UV/Vis-Spektren

14

Nach der Durcharbeitung dieses Kapitels werden Sie

- die elektronischen Übergänge und die damit verbundenen UV/Vis-Absorptionsdaten einer Reihe von Chromophoren beziehungsweise Verbindungsklassen kennen gelernt haben,
- mit den Auswirkungen sterischer Wechselwirkungen sowie von Lösungsmitteln, dynamischen Gleichgewichten, Wasserstoffbrückenbindungen, Homokonjugation und Charge-Transfer auf die Lage und Intensität von Absorptionsbanden vertraut sein und schließlich
- die Woodward-Fieser-Regeln zur Berechnung der Lage (λ_{max}) der $\pi \rightarrow \pi^*$-Banden konjugierter Diene und Polyene sowie α,β-ungesättigter und höher konjugierter Carbonylverbindungen anwenden können.

14.1 Isolierte Chromophore

14.1.1 Die Carbonylgruppe: Absorptionen von Ketonen und Aldehyden

Der langwelligste elektronische Übergang aliphatischer Aldehyde und Ketone, der $n \rightarrow \pi^*$-Übergang, ist wahrscheinlich von allen elektronischen Übergängen der am besten untersuchte (siehe Abbildung 13.6, 13.10 und ▶ Abbildung 14.1). Er verursacht eine schwache ($\varepsilon_{max} \approx 10$ bis 20 M^{-1} cm^{-1}) und ziemlich breite Bande, deren Maximum meist im Bereich zwischen 270 und 300 nm liegt. Wie wir in Abschnitt 13.2.4 bereits erwähnt haben, ist die genaue Lage der Bande allerdings stark vom Lösungsmittel abhängig. Bei einem $n \rightarrow \pi^*$-Übergang wird ein Elektron von einem nichtbindenden Orbital am Sauerstoffatom der Carbonylgruppe in ein antibindendes π^*-Molekülorbital angeregt, das mit der gesamten Carbonylgruppe assoziiert ist. $n \rightarrow \pi^*$-Übergänge sind symmetrieverboten (siehe Abschnitt 13.4.3) und erzeugen im UV/Vis-Spektrum daher nur schwache Banden.

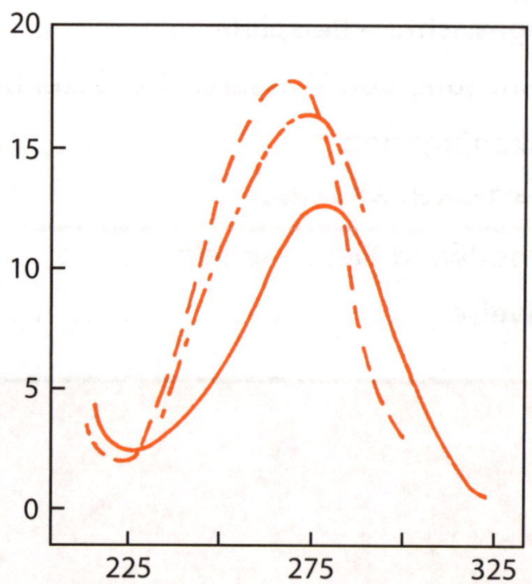

Abbildung 14.1: Der Einfluss des Lösungsmittels auf eine UV-Bande. Die Lage und die Intensität der $n \rightarrow \pi^*$-Bande von Aceton verändern sich mit dem Lösungsmittel: in Hexan (durchgezogen Linie), in 95-prozentigem Ethanol (Strichpunktlinie) und in Wasser (gestrichelte Linie).

Eine zweite Carbonylbande erscheint im Bereich von 190 nm und ist auf den $\pi \rightarrow \pi^*$-Übergang zurückzuführen. Dieser Übergang ist vollständig erlaubt und verursacht infolgedessen viel intensivere Absorptionsbanden als der n→π*-Übergang. Die π→π*-Banden liegen am kurzwelligen Rand des zugänglichen Messbereichs der meisten UV/Vis-Spektrometer. Häufig kann daher nur noch ein mehr oder weniger großer Teil der Bande beobachtet werden. Carbonylbanden, die deutlich unterhalb von 190 nm lokalisiert sind, werden vor allem von σ_{CO}→π*-Übergängen – also vom bindenden σ-Molekülorbital der Carbonyl-σ-Bindung in ein π*-Molekülorbital – oder von Rydberg-Übergängen hervorgerufen.

Die geometrischen Anordnungen der an den beschriebenen Übergängen beteiligten n-, π- und π*-Orbitale spielen für die Intensitäten der Banden eine entscheidende Rolle. Das bindende π-Orbital und das antibindende π*-Orbital liegen in derselben Ebene, wohingegen das nichtbindende n-Orbital senkrecht zu diesen beiden Orbitalen angeordnet ist. Die Anregung eines Elektrons aus einem n-Orbital in ein π*-Orbital ist deswegen symmetrieverboten (siehe Abschnitt 13.4.3) und wird überhaupt erst durch eine signifikante Änderung der Molekülgeometrie möglich. Antisymmetrische Molekülschwingungen führen zu einer Deformation des Moleküls, wodurch der n→π*-Übergang teilweise erlaubt wird und zumindest mit einer kleinen Wahrscheinlichkeit stattfinden und somit eine Bande geringer Intensität verursachen kann.

Die Carbonylbanden cyclischer Ketone findet man bei größeren Wellenlängen als die Banden der analogen offenkettigen Ketone. Außerdem variiert die Lage der Carbonylbanden cyclischer Ketone in unpolaren Lösungsmitteln in Abhängigkeit von der Ringgröße (▶ Tabelle 14.1).

Tabelle 14.1: Absorptionsdaten einiger aliphatischer Aldehyde und Ketone.

Verbindung	Lösungsmittel	n→π*-Übergang		π→π*-Übergang	
		λ_{max} [nm]	ε_{max} [M^{-1} cm^{-1}]	λ_{max} [nm]	ε_{max} [M^{-1} cm^{-1}]
Formaldehyd	Dampf	304	18	175	18.000
	Isopentan	310	5		
Acetaldehyd	Dampf	289		182	10.000
Aceton	Dampf	274	13,6	195	9000
	Cyclohexan	275	22	190	1000
Butanon	Isooctan	278	17		
2-Pentanon	Hexan	278	15		
4-Methyl-2-pentanon	Isooctan	283	20		
Cyclobutanon	Isooctan	281	20		
Cyclopentanon	Isooctan	300	18		
Cyclohexanon	Isooctan	291	15		
Cycloheptanon	Isooctan	292	17		
Cyclooctanon	Isooctan	291	15		
Cyclononanon	Isooctan	293	17		

Aus: Lambert, J.B., Shurvell, H.F., Verbit, L., Cooks, R.G. und Stout, G.H. 1976: *Organic Structural Analysis.* Macmillan Publishing, New York.

Tabelle 14.1: Absorptionsdaten einiger aliphatischer Aldehyde und Ketone. *(Fortsetzung)*

Verbindung	Lösungsmittel	n→π*-Übergang		π→π*-Übergang	
		λ_{max} [nm]	ε_{max} [M^{-1} cm^{-1}]	λ_{max} [nm]	ε_{max} [M^{-1} cm^{-1}]
Cyclodecanon	Isooctan	288	15		
2-Chlor-4-*tert*-butylcyclohexanon					
Cl äquatorial	Isooctan	286	17		
Cl axial	Isooctan	306	49		

Aus: Lambert, J.B., Shurvell, H.F., Verbit, L., Cooks, R.G. und Stout, G.H. 1976: *Organic Structural Analysis.* Macmillan Publishing, New York.

Der n→π*-Übergang von Ketonen und Aldehyden ist empfindlich gegenüber der Anwesenheit von alkylfremden Substituenten in α-Stellung zur Carbonylgruppe, welche sowohl die Position (λ_{max}) als auch die Intensität (ε_{max}) der Absorptionsbande beeinflussen. Ein α-Bromatom führt in der Reihe der Cycloketone zum Beispiel zu einer bathochromen Verschiebung (Rotverschiebung) von λ_{max} um etwa 23 nm, wenn das Bromatom axial steht, aber nur um etwa 5 nm, wenn das Bromatom äquatorial steht. Das Maximum der n→π*-Bande von 2-Chlor-4-*tert*-butylcyclohexanon liegt im Fall einer äquatorialen Stellung des Chloratoms bei etwas kleinerer Wellenlänge als beim unsubstituierten Cyclohexanon, während sie bei axialer Stellung des Chloratoms intensiver und bei merklich größerer Wellenlänge lokalisiert ist (siehe Tabelle 14.1).

Im Allgemeinen können n→π*-Banden leicht anhand ihrer geringen Intensität, ihrer Verschiebung infolge von Substitutionen und der Beeinflussung ihrer Lage durch das Lösungsmittel identifiziert werden. Verschiebungen der Position von Absorptionsbanden beim Übergang von der Dampfphase zur Lösung oder von einem Lösungsmittel zu einem anderen werden hauptsächlich durch unterschiedliche Solvatationsenergien bei der Solvatation des Analyten im Grundzustand und im elektronisch angeregten Zustand verursacht. Der Effekt des Lösungsmittels auf die Lage der n→π*-Bande stellt ein wichtiges diagnostisches Werkzeug dar (siehe Abschnitt 13.2.4). Die fundamentale Bedeutung des freien Elektronenpaars (der n-Elektronen) für den n→π*-Übergang kann durch das Verschwinden der n→π*-Bande in saurer Lösung veranschaulicht werden, in der das freie Elektronenpaar protoniert vorliegt.

Der Wechsel von einem unpolaren zu einem polaren Lösungsmittel führt zu einer merklichen hypsochromen Verschiebung (Blauverschiebung) der n→π*-Bande. Protische polare Lösungsmittel verursachen dabei eine stärkere Blauverschiebung als aprotische polare Lösungsmittel, wie zum Beispiel Acetonitril, mit vergleichbarer Permittivitätszahl. Diese größere Verschiebung durch protische Lösungsmittel kann zumindest teilweise auf stärkere Wasserstoffbrücken zu den freien Elektronenpaaren, den n-Elektronen, am Carbonylsauerstoffatom im Grundzustand als zu den π*-Elektronen im angeregten Zustand zurückgeführt werden. Dadurch wird die Energie des Grundzustands stärker abgesenkt als die Energie des angeregten Zustands, wodurch der Abstand zwischen dem Grundzustand (n) und dem angeregten Zustand (π*) steigt. Aprotische Lösungsmittel können dagegen gar keine Wasserstoffbrücken zur Carbonylgruppe ausbilden. Beispiele für Lösungsmitteleffekte auf n→π*-Banden finden Sie für Aceton in Abbildung 14.1 sowie für ein α,β-ungesättigtes Keton in Tabelle 13.4.

14.1.2 Die Carbonylgruppe: Absorptionen von Carbonsäuren, Estern und Amiden

Ist das Carbonylkohlenstoffatom außer mit dem Carbonylsauerstoffatom noch mit einem weiteren elektronegativen Heteroatom wie Sauerstoff oder Stickstoff verknüpft, tritt eine beträchtliche hypsochrome Verschiebung der n→π*-Bande im Vergleich zu Aldehyden und Ketonen auf, während die Intensitäten der n→π*-Banden all dieser Verbindungsklassen eine ähnliche Größenordnung aufweisen. Die Auswirkung solcher Heteroatomsubstituenten direkt am Carbonylkohlenstoffatom wird durch die Daten in ▶ Tabelle 14.2 verdeutlicht.

Tabelle 14.2: Auswirkungen von Heteroatomsubstituenten am Carbonylkohlenstoffatom auf die n→π*-Bande.

X in $CH_3(C{=}O){-}X$	Lösungsmittel	λ_{max} [nm]	ε_{max} [M^{-1} cm^{-1}]
–H	Dampf	290	10
$-CH_3$	Hexan	279	15
	Ethanol (95 %)	272,5	19
–OH	Ethanol (95 %)	204	41
–SH	Cyclohexan	219	2200
$-OCH_3$	Isooctan	210	57
$-OC_2H_5$	Ethanol (95 %)	208	58
	Isooctan	211	58
$-O(C{=}O){-}CH_3$	Isooctan	225	47
–Cl	Heptan	240	40
–Br	Heptan	250	90
$-NH_2$	Methanol	205	160

Aus: Lambert, J.B., Shurvell, H.F., Verbit, L., Cooks, R.G. und Stout, G.H. 1976: *Organic Structural Analysis.* Macmillan Publishing, New York.

Das mit der Carbonylgruppe direkt verknüpfte Heteroatom in Carbonsäuren, Estern, Säurechloriden, Amiden und ähnlichen Carbonylverbindungen besitzt ein oder mehrere freie Elektronenpaare, über die es mit der Carbonylgruppe in Konjugation treten und dadurch die Elektronendichte in der Carbonylgruppe erhöhen kann. Die Energie des antibindenden π*-Orbitals wird durch diese Wechselwirkung angehoben, während die Energie der *p*-Orbitale am Carbonylsauerstoffatom, in denen sich im elektronischen Grundzustand alle n-Elektronen aufhalten, praktisch unbeeinflusst bleibt. Infolgedessen wächst der Abstand zwischen dem n-Orbital und dem π*-Orbital und die zugehörige n→π*-Absorptionsbande wird in Richtung kleinerer Wellenlängen verlagert (hypsochrome Verschiebung).

In den UV-Spektren von aliphatischen Carbonsäuren können bei geeigneten Messbedingungen zwei Absorptionsbanden identifiziert werden: (1) Die n→π*-Bande liegt im Bereich von 210 nm und weist einen molaren Extinktionskoeffizienten ε_{max} zwischen 40 und 60 M^{-1} cm^{-1} auf. (2) Bei etwa 165 nm findet man die π→π*-Bande mit einem deutlich größeren molaren Extinktionskoeffizienten im Bereich zwischen 2500 und 4000 M^{-1} cm^{-1}.

Außer in sehr verdünnten Lösungen liegen Carbonsäuren im reinen flüssigen Zustand, in unpolaren Lösungsmitteln und teilweise sogar in der Dampfphase in großem Ausmaß in Form von Dimeren vor. Reaktionsgleichung 14.1 zeigt das allgemeine Dimerisierungsgleichgewicht von Carbonsäuren.

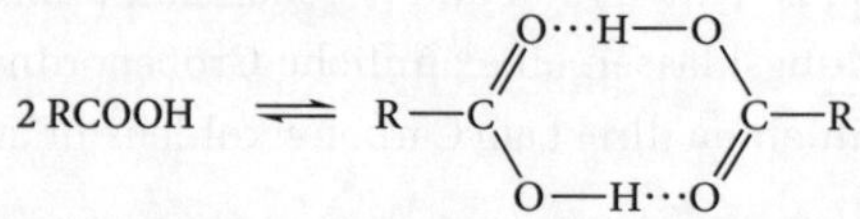

(14.1)

In Abhängigkeit vom Lösungsmittel und der Konzentration können die Carbonsäuremoleküle daher praktisch ausschließlich als Dimere, als Monomere oder als eine Mischung aus Dimeren und Monomeren vorliegen. Im Fall von Carbonsäuren ist es deswegen empfehlenswert, UV-Spektren bei mehreren Konzentrationen zu messen. Durch protische Lösungsmittel wie Alkohole wird das obige Dimerisierungsgleichgewicht in Richtung der Monomere verschoben. Durch die Umwandlung in einen Ester verlieren die Moleküle die Fähigkeit, über Wasserstoffbrücken gemäß Reaktionsgleichung 14.1 Dimere zu bilden. Erhält man zum Beispiel für die Probe einer Carbonsäure und den Methyl- oder Ethylester der gleichen Carbonsäure im Wesentlichen identische UV-Spektren, kann dies als Hinweis darauf gewertet werden, dass Carbonsäuredimere entweder nicht anwesend oder spektroskopisch nicht relevant sind.

Die UV-Spektren von Amiden haben wegen der großen Bedeutung der Amidgruppe beziehungsweise der (chemisch identischen) Peptidgruppe in Polypeptiden und Proteinen erhebliche Beachtung gefunden. Es konnten mindestens fünf verschiedene elektronische Übergänge identifiziert werden. Die beiden energieärmsten Übergänge der Amide sind eine schwache $n \to \pi^*$-Bande mit einem molaren Extinktionskoeffizienten ε_{max} im Bereich von 100 M^{-1} cm^{-1}, die bei Verwendung unpolarer Lösungsmittel bei etwa 220 nm liegt, sowie eine relativ starke $\pi \to \pi^*$-Bande zwischen 173 und 200 nm mit einem ε_{max}-Wert von etwa 8000 M^{-1} cm^{-1}. Diese Übergänge werden beide durch das mit dem freien Elektronenpaar gefüllte 2*p*-Orbital des Stickstoffatoms beeinflusst, das durch die Konjugation mit der Carbonylgruppe in ein π-Elektronensystem eingebunden ist, das sich vom Stickstoffatom bis zum Carbonylsauerstoffatom erstreckt. Die $n \to \pi^*$-Bande von Amiden zeigt die üblichen Lösungsmitteleffekte, unterliegt also beim Wechsel von einem unpolaren zu einem (protischen) polaren Lösungsmittel einer hypsochromen Verschiebung.

Die Frage, ob aliphatische Amide am Stickstoffatom oder am Sauerstoffatom protoniert werden, konnte mithilfe der UV-Spektroskopie untersucht werden. Dabei wurde angenommen, dass im UV-Spektrum die typischen Banden einer einfachen isolierten Carbonylgruppe erscheinen sollten, wenn das Stickstoffatom protoniert wird, weil dann das freie Elektronenpaar des Stickstoffatoms für die Konjugation mit der Carbonylgruppe nicht mehr zur Verfügung steht. Im Vergleich zum unprotonierten Amid sollte in diesem Fall daher eine erhebliche bathochrome Verschiebung (Rotverschiebung) der $n \to \pi^*$-Bande sowie eine merkliche hypsochrome Verschiebung (Blauverschiebung) der $\pi \to \pi^*$-Bande infolge einer Protonierung auftreten. Untersuchungen zeigten allerdings keine signifikante Verschiebung der $\pi \to \pi^*$-Bande von *N*,*N*-Dimethylformamid ($\lambda_{max} \approx 195$ nm) in Abhängigkeit von der Acidität der Lösung. Dieses Ergebnis deutet darauf hin, dass in verdünnten sauren Lösungen das Carbonylsauerstoffatom von Amiden gegenüber dem Stickstoffatom zumindest stark bevorzugt protoniert wird.

14.1.3 Unkonjugierte Alkene

Die meisten unkonjugierten Alkene absorbieren im fernen UV-Bereich in der Gegend unterhalb von 200 nm. Substituenten an der Doppelbindung beeinflussen λ_{max} der Absorptionsbande etwas, wobei die Bande bei höher substituierten Alkenen im Vergleich zu weniger substituierten Alkenen bathochrom verschoben erscheint (▶ Tabelle 14.3). Ethen selbst absorbiert deutlich unterhalb des einfach zugänglichen nahen UV-Bereichs mit einer breiten Absorptionsbande, deren Maximum bei etwa 162 nm liegt. Diese ziemlich intensive Bande mit ihrem molaren Extinktionskoeffizienten ε_{max} von etwa 10.000 M^{-1} cm^{-1} kann auf den $\pi \rightarrow \pi^*$-Übergang zurückgeführt werden. *Cis/trans*- beziehungsweise *E/Z*-Isomere disubstituierter Alkene können oftmals anhand ihrer UV-Spektren unterschieden werden – allerdings nicht unbedingt systematisch nach allgemein gültigen Regeln. Beispielsweise findet man die $\pi \rightarrow \pi^*$-Bande von *trans*-2-Buten bei *größerer* Wellenlänge als die entsprechende Bande von *cis*-2-Buten. Dagegen liegt die $\pi \rightarrow \pi^*$-Bande von *trans*-2-Octen bei *kleinerer* Wellenlänge als im Fall von *cis*-2-Octen (siehe Tabelle 14.3). Wenn zwei C=C-Doppelbindungen im selben Molekül als Chromophore isoliert, also durch gesättigte Kohlenstoffatome voneinander getrennt sind, repräsentiert das resultierende UV-Spektrum näherungsweise die Summe der Spektren der einzelnen Chromophore. Dies kann zum Beispiel anhand des molaren Extinktionskoeffizienten ε_{max} der $\pi \rightarrow \pi^*$-Bande von 1,5-Hexadien veranschaulicht werden. Diese Bande stellt eine Überlagerung der Einzelbanden der beiden Chromophore dar und zeigt daher einen etwa doppelt so großen molaren Extinktionskoeffizienten wie die anderen Alkene in Tabelle 14.3, die alle nur *eine* Doppelbindung enthalten.

Tabelle 14.3: UV-Absorptionsdaten einiger unkonjugierter Alkene.

Verbindung	Lösungsmittel	λ_{max} [nm]	ε_{max} [M^{-1} cm^{-1}]
Ethen	Dampf	162	10.000
Cis-2-Buten	Dampf	174	–
Trans-2-Buten	Dampf	178	13.000
1-Hexen	Dampf	177	12.000
	Hexan	179	–
Cis-2-Octen[a]	Dampf	183	13.000
Trans-2-Octen[a]	Dampf	179	15.000
Allylakohol (Prop-2-en-1-ol)	Hexan	189	7600
Cyclohexen	Dampf	176	8000
	Cyclohexan	183,5	6800
Cholest-4-en	Cyclohexan	193	10.000
1,5-Hexadien	Dampf	178	26.000

Aus: Hansen, A.E. und Bouman, T.D. 1980. *Adv. Chem. Phys. 44*: 545. [a]Diese Daten stammen aus: Platt, J.R., Klevens, H.B. und Price, W.C. 1949. *J. Chem. Phys. 17*: 466.

TEIL IV

Neben den sehr intensiven π→π*-Banden im messtechnisch leicht zugänglichen nahen UV-Bereich können in den UV-Spektren unkonjugierter Alkene aber auch noch weitere Banden beobachtet werden. In den Dampfphasenspektren alkylsubstituierter Alkene erscheinen zum Beispiel Banden für energiereiche Rydberg-Übergänge sowie eine schwächere Bande etwas über 200 nm, die auf den π→σ*-Übergang zurückgeführt werden kann.

14.2 Konjugierte Chromophore

Die UV/Vis-Spektroskopie wurde bei strukturellen Untersuchungen schon sehr früh zur Detektion von zwei oder mehr miteinander konjugierten Chromophoren eingesetzt, wie sie zum Beispiel in Dienen, Polyenen, α,β-ungesättigten Carbonylverbindungen und Aromaten vorkommen.

14.2.1 Diene und Polyene

Die Konjugation der π-Elektronensysteme von Doppelbindungen führt zu einer dramatischen bathochromen Verschiebung und zu einer erhöhten Intensität der Absorptionsbanden. In ► Tabelle 14.4 sind einige spektrale Daten aufgelistet, welche diese beiden Effekte verdeutlichen. Die mit wachsender Größe des konjugierten Systems zunehmende bathochrome Verschiebung kann mithilfe der Hückel-Molekülorbital-Theorie erklärt werden (genauere verfeinerte Theorien führen zum gleichen Ergebnis). ► Abbildung 14.2 zeigt die relativen Energien der Molekülorbitale von Ethen, 1,3-Butadien und zwei höher konjugierten Homologen. Wie man leicht erkennen kann, steigt die Energie des höchsten besetzten Molekülorbitals (HOMO, engl. *highest occupied molecular orbital*) mit zunehmendem Umfang des konjugierten Systems an, während die Energie des niedrigsten unbesetzten Molekülorbitals (LUMO, engl. *lowest unoccupied molecular orbital*) abnimmt. Die Energiedifferenz zwischen dem HOMO und dem LUMO sinkt daher infolge der Konjugation. Da die im UV/Vis-Spektrum beobachtete Absorption auf die Anregung eines Elektrons aus dem HOMO ins LUMO zurückzuführen ist, wird die zugehörige Bande durch die Konjugation demnach in Richtung geringerer Energie (größerer Wellenlänge) verlagert – es findet also eine bathochrome Verschiebung statt.

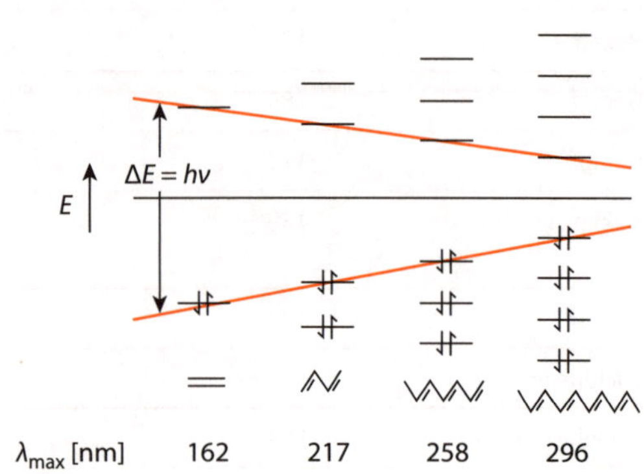

Abbildung 14.2: Schematisches Hückel-MO-Energiediagramm für unterschiedlich große konjugierte Systeme. Das Diagramm veranschaulicht die Auswirkung einer zunehmenden Konjugation auf die Lage des Absorptionsmaximums der π→π*-Bande.

Tabelle 14.4: UV-Absorptionsdaten einiger Alkene mit unterschiedlich großen konjugierten Systemen.

Verbindung	Lösungsmittel	λ_{max} [nm]	ε_{max} [M^{-1} cm^{-1}]
1-Hexen	Dampf	177	12.000
	Hexan	179	–
1,3-Hexadien	Hexan	224	26.400
1,3,5-Hexatrien	Isooctan	268	43.000
1,3,5,7-Octatetraen	Cyclohexan	304	–
1,3,5,7,9-Decapentaen	Isooctan	334	121.000
1,3,5,7,9,11-Dodecahexaen	Isooctan	364	138.000

Aus: Merer, A.J. und Mulliken, R.S. 1969. *Chem. Rev. 63*: 639.

Die π→π*-Bande des Dienchromophors wird durch Alkylsubstitution auf systematische Weise verschoben, wie man anhand der Daten in ▶ Tabelle 14.5 erkennen kann. Dieses Muster wurde vor über 70 Jahren von R.B. Woodward, L.F. Fieser und M. Fieser entdeckt und führte zur Formulierung der so genannten Woodward-Fieser-Regeln, mit denen wir uns in Abschnitt 14.10.1 noch beschäftigen werden. Diese Regeln werden häufig zur Lösung struktureller Fragestellungen bei organischen Molekülen genutzt.

Tabelle 14.5: UV-Absorptionsdaten einiger alkylsubstituierter Alkene in Ethanol.

Verbindung	λ_{max} [nm]	ε_{max} [M^{-1} cm^{-1}]
CH_2=CH–CH=CH_2	217,5	22.400
CH_3CH=CH–CH=CH_2	223	25.000
CH_2=C(CH_3)–CH=CH_2	222,5	22.800
CH_3CH=CH–CH=CHCH_3	226	23.800
CH_2=C(CH_3)–C(CH_3)=CH_2	226,5	20.300
CH_3CH=C(CH_3)–C(CH_3)=CH_2	231,5	19.200

Aus: Forbes, W.F., Shilton, R. und Balasubramanian, A. 1964. *J. Org. Chem. 29*: 3527.

14.2.2 α,β-ungesättigte Carbonylverbindungen

Viele organische Moleküle enthalten sowohl eine Carbonylgruppe als auch eine C=C-Doppelbindung. Sind diese beiden Funktionalitäten durch zwei oder mehr σ-Bindungen voneinander getrennt, tritt im Allgemeinen höchstens eine geringe elektronische Wechselwirkung zwischen ihnen auf – bis auf einige wichtige Ausnahmen, die wir in Abschnitt 14.8 noch betrachten werden. Im UV/Vis-Spektrum einer solchen Verbindung erscheinen dann für jedes der beiden Chromophore die typischen Banden der einzelnen Chromophore an den üblichen Positionen. In α,β-ungesättigten Carbonylverbindungen liegt die C=C-Doppelbindung aber mit der C=O-Doppelbindung der Carbonylgruppe *konjugiert* vor. Durch die Konjugation unterliegen sowohl die π→π*-Bande des Alkens als auch die n→π*-Bande der Carbonylgruppe im Vergleich zu den isolierten (nicht konjugierten) Funktionalitäten einer bathochromen Verschiebung um 15 bis 45 nm, wobei die beiden Banden nicht unbedingt um den gleichen Betrag verlagert werden. Photoionisierungsdaten deuten darauf hin, dass die Energie der Elektronen im n-Orbital beim Übergang zu einem konjugierten System weitgehend konstant bleibt. Folglich wird die bathochrome Verschiebung wahrscheinlich durch eine Absenkung der Energie des π*-Orbitals hervorgerufen.

Crotonaldehyd in Ethanol verursacht beispielsweise eine intensive Absorptionsbande bei 220 nm (ε_{max} = 15.000 M^{-1} cm^{-1}) sowie eine schwache Bande bei 322 nm (ε_{max} = 28 M^{-1} cm^{-1}). Da sie nur eine geringe Intensität aufweist und beim Wechsel von unpolaren zu protischen polaren Lösungsmitteln eine hypsochrome Verschiebung zeigt, kann die Bande bei 322 nm sehr wahrscheinlich auf den n→π*-Übergang zurückgeführt werden. Die im Vergleich zu einer isolierten, nicht konjugierten Carbonylgruppe bathochrome Verschiebung der n→π*-Bande kann als Hinweis auf eine Ausdehnung des antibindenden π*-Orbitals über alle Atome des konjugierten Systems gedeutet werden. Dieses Phänomen tritt allgemein bei α,β-ungesättigten Carbonylverbindungen auf, wird also nicht nur bei α,β-ungesättigten Ketonen und Aldehyden, sondern zum Beispiel auch bei α,β-ungesättigten Carbonsäuren und Estern beobachtet. In ► Tabelle 14.6 finden Sie einige UV/Vis-Absorptionsdaten α,β-ungesättigter Carbonylverbindungen.

Tabelle 14.6: UV/Vis-Absorptionsdaten einiger α,β-ungesättigter Carbonylverbindungen in Ethanol.

Verbindung	π→π*-Bande		n→π*-Bande	
	λ_{max} [nm]	ε_{max} [M^{-1} cm^{-1}]	λ_{max} [nm]	ε_{max} [M^{-1} cm^{-1}]
CH_2=CH–CHO	207	11.200	322	28
	203[a]	12.000[a]	345[a]	20[a]
CH_3CH=CH–CHO	217	17.900	327	
CH_2=C(CH_3)CHO	216	11.000		
CH_3CH=C(CH_3)CHO	226	16.100		
CH_2=CH(C=O)CH_3	215	3600		
	203[a]	9600[a]	331[a]	25[a]
CH_3CH=CH(C=O)CH_3	221	12.300		
CH_2=C(CH_3)(C=O)CH_3	214	7550		
CH_3CH=C(CH_3)(C=O)CH_3	223	13.600		
CH_2=CH–CO_2H	200	10.000		
CH_3CH=CHCO_2H	206	14.000		
CH_2=C(CH_3)CO_2H	210			
CH_3CH=CHCO_2Et	210	12.600		
CH_3CH=C(CH_3)CO_2H	213	12.500		
CH_3CH=C(CH_3)(C=O)NH_2	214	12.100		

[a] In Cyclohexan.

Die Lösungsmitteleffekte auf die π→π*-Bande und die n→π*-Bande sind genau entgegengesetzt. Bei steigender Polarität des Lösungsmittels unterliegt die π→π*-Bande einer bathochromen Verschiebung und die n→π*-Bande einer hypsochromen Verschiebung. Für Mesityloxid [$(CH_3)_2C{=}CH(C{=}O)CH_3$] haben wir die Lösungsmitteleffekte auf die beiden Banden anhand der Daten in Tabelle 13.4 bereits veranschaulicht.

Mit steigender Anzahl von Doppelbindungen, die mit einer Carbonylgruppe innerhalb eines Moleküls konjugiert vorliegen, wird die π→π*-Bande zu immer größeren Wellenlängen verschoben und somit in Richtung der n→π*-Bande verlagert. Infolgedessen erscheint die wesentlich schwächere n→π*-Bande schließlich nur noch als Schulter auf der langwelligen Seite der π→π*-Bande oder wird von der π→π*-Bande vollständig verdeckt.

Alkylsubstituenten führen zu einer Verlagerung der π→π*- und der n→π*-Bande in entgegengesetzte Richtungen, wobei die π→π*-Bande bathochrom verschoben wird. Solche Effekte von Alkylsubstituenten auf die Position der π→π*-Bande können wie bei Dienen mithilfe von empirischen Regeln vorhergesagt werden. Diese Regeln wurden zuerst von R.B. Woodward formuliert und anschließend von L.F. Fieser und M. Fieser modifiziert. Die Woodward-Fieser-Regeln haben eine wichtige Rolle bei der Zuordnung der Strukturen von Steroiden und anderen Naturstoffen gespielt (siehe Abschnitt 14.10).

Die Daten in Tabelle 14.6 veranschaulichen die Effekte der Konjugation für Aldehyde, Ketone, Carbonsäuren, Ester und Amide. Sie zeigen für diese Verbindungsklassen eine sehr ähnliche Position der π→π*-Bande und sehr ähnliche Auswirkungen von Alkylsubstituenten an den C=C-Doppelbindungen. Im Allgemeinen liegt die π→π*-Bande von α,β-ungesättigten Carbonylverbindungen zwischen 200 und 220 nm. Bei alkylsubstituierten Systemen findet man die Bande am oberen Ende dieses Bereichs. Eine ausgedehnte Konjugation über mehrere Doppelbindungen verursacht eine erhebliche bathochrome Verschiebung der π→π*-Bande.

14.3 Aromatische Verbindungen

Neben Carbonylgruppen und C=C-Doppelbindungen gehören Benzolringe zu den am häufigsten UV/Vis-spektroskopisch untersuchten Chromophoren. Oberhalb von 180 nm enthält das Spektrum von Benzol drei wohldefinierte Absorptionsbanden, die auf π→π*-Übergänge zurückzuführen sind (▶ Abbildung 14.3). Eine intensive, strukturlose Bande erscheint bei etwa 185 nm. An diese Bande schließt

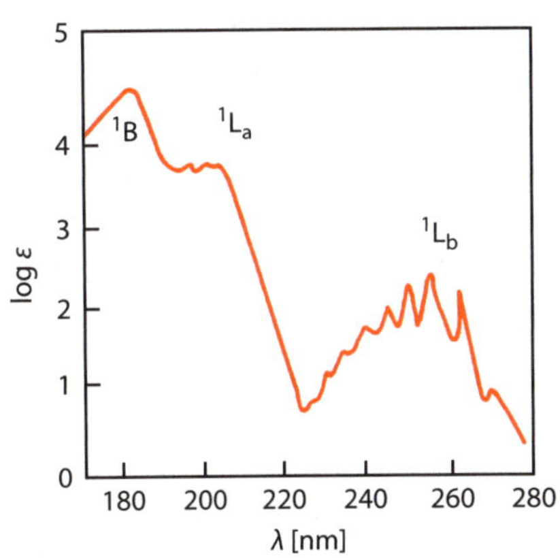

Abbildung 14.3: Das UV-Spektrum von Benzol in Hexan.

sich eine nur etwas weniger intensive Bande bei etwa 204 nm an, welche die erste Bande teilweise überlagert und eine grobe Schwingungsfeinstruktur aufweist. Die langwelligste Bande liegt bei etwa 254 nm. Diese Bande ist deutlich schwächer als die ersten beiden und besitzt eine charakteristische Schwingungsfeinstruktur. In ▶ Tabelle 14.7 finden Sie die wichtigsten Daten der genannten UV-Absorptionsbanden von Benzol und deren Benennung mithilfe verschiedener Nomenklatursysteme.

Tabelle 14.7: Benennung der UV-Absorptionsbanden von Benzol (in Hexan) mithilfe verschiedener Nomenklatursysteme.

λ_{max} (ε_{max})			Herkunft der Nomenklatur[a]
184 nm (68.000 M^{-1} cm^{-1})	204 nm (8800 M^{-1} cm^{-1})	254 nm (250 M^{-1} cm^{-1})	
^1B	^1L_a	^1L_b	a
β	*p (para)*	α	b
$^1E_{2u}$	$^1B_{1u}$	$^1B_{2u}$	c
Zweite primäre	primäre	Sekundäre	d
	K (Konjugation)	*B* (benzoid)	e

[a]Die Buchstaben in dieser Spalte stehen für die folgenden Nomenklatursysteme: a = Benennung nach der Methode der freien Elektronen von Platt: Platt, J.R. 1949. *J. Chem. Phys. 17*: 484; b = empirische Benennung auf der Basis des Verhaltens der Banden in Abhängigkeit von der Temperatur nach Clar: Clar, E.P. 1952: *Aromatische Kohlenwasserstoffe*. Springer Verlag, Berlin; c = Molekülorbital-basierte Nomenklatur gemäß der gruppentheoretischen Benennung der Übergänge; d = eine rein emprische Benennung: Doub, L. und Vandenbelt, J.M. 1947. *J. Am. Chem. Soc. 69*: 2714; e = frühe empirische Benennung: Burawoy, A. 1939. *J. Chem. Soc.* 1177 sowie Burawoy, A. 1941. *J. Chem. Soc.* 20.

Die Absorptionen des Benzols bei 254 und 204 nm, die nach der Platt-Nomenklatur als ^1L_b und ^1L_a bezeichnet werden (siehe Tabelle 14.7), repräsentieren verbotene Übergänge. Der voran- und hochgestellte Index 1 deutet darauf hin, dass die Anregung in einen angeregten Singulettzustand erfolgt. Die ^1L_a-Bande scheint intensiver zu sein, als sie in Wirklichkeit ist, da sie bei kürzeren Wellenlängen von der Bande des erlaubten ^1B-Übergangs überlagert wird. Die unterschiedlichen Übergangswahrscheinlichkeiten stehen in Zusammenhang mit Konfigurationswechselwirkungen infolge der Entartung der HOMOs und der LUMOs des Benzols. Benzol gehört zur Punktgruppe D_{6h}. Die Intensität der Bande bei 254 nm, die durch den eigentlich *symmetrieverbotenen* ^1L_b-Übergang verursacht wird, sollte folglich null betragen. Abweichungen von der hexagonalen Symmetrie des Benzolrings infolge von Molekülschwingungen führen allerdings doch zu einem von null verschiedenen Übergangsmoment und somit zur beobachteten Bande geringer Intensität. Die ^1L_b-Bande ist leicht zu identifizieren. Sie erscheint bei Benzol und seinen einfachen Derivaten mit etwa der gleichen Intensität mit ε_{max}-Werten zwischen 250 und 300 M^{-1} cm^{-1}. Außerdem zeigt die ^1L_b-Bande eine wohldefinierte Schwingungsfeinstruktur mit bis zu sechs Schwingungsbanden. In polaren Lösungsmitteln tritt die Schwingungsfeinstruktur nicht so deutlich zutage, während in unpolaren Lösungsmitteln und bei Vermessung des Dampfes des Analyten schärfere und besser aufgelöste Peaks auftreten.

Alkylsubstituenten verschieben die Absorptionsbanden im Vergleich zum Benzol in Richtung größerer Wellenlängen und neigen dazu, das Ausmaß der Schwingungsfeinstruktur zu reduzieren. Häufig werden infolge der Substitution höhere Intensitäten der Absorptionsbanden beobachtet. Im Allgemeinen wird die hohe Symmetrie des Benzolrings durch Substituenten mehr oder weniger stark gestört und vermindert. Darüber hinaus verursachen Substituenten durch induktive und mesomere Effekte Verzerrungen der elektronischen Struktur im Vergleich zum Benzol. Ein Methylsubstituent führt von allen Alkylgruppen zur größten hypsochromen Verschiebung und zur stärksten Veränderung der Intensitäten der einzelnen Schwingungsbanden. Der Effekt nimmt mit zunehmendem Austausch der Wasserstoffatome der Methylgruppe durch Alkylgruppen immer weiter ab. Das Ergebnis wird häufig als Beleg für die Bedeutung der C–H-Hyperkonjugation ($\sigma \rightarrow \pi$-Elektronenwechselwirkung) gewertet.

▶ Tabelle 14.8 enthält die UV-Absorptionsdaten einer Auswahl von Benzol-Derivaten. Die Daten der Xylole zeigen, dass die durch die Alkyldisubstitution verursachte bathochrome Verschiebung in der Reihenfolge *para* > *meta* > *ortho* abnimmt. Wie bei alkylsubstituierten Alkenen resultieren bei Alkylbenzolen normalerweise keine signifikanten Veränderungen des UV-Spektrums aus dem Wechsel des Lösungsmittels. Andererseits führen polare Substituenten, wie zum Beispiel $-NH_2$, –OH, $-OCH_3$, –CHO, –COOH oder $-NO_2$, am Benzolring zu merklichen Variationen im Spektrum. Durch diese polaren Gruppen wird unter anderem die Intensität der ^1L_b-Bande erhöht. Außerdem geht ein Großteil der Schwingungsfeinstruktur in polaren Lösungsmitteln verloren, während sie in unpolaren Lösungsmitteln noch in gewissem Ausmaß erkennbar sein kann. Darüber hinaus tritt eine bathochrome Verschiebung der ^1L_a-Bande auf, die beispielsweise im Fall von Anilin, Thiophenol und Benzoesäure im Bereich von 230 nm lokalisiert ist (siehe Tabelle 14.8).

Tabelle 14.8: UV-Absorptionsdaten einer Reihe von Benzol-Derivaten.

Verbindung	Lösungsmittel	λ_{max}	ε_{max}	λ_{max}	ε_{max}	λ_{max}	ε_{max}	λ_{max}	ε_{max}
Benzol	Hexan	184	68.000	204	8800	254	250		
	Wasser	180	55.000	203,5	7400	254	204		
Toluol	Hexan	189	55.000	208	7900	262	260		
	Wasser			206	7000	261	225		
Ethylbenzol	Ethanol			208	7800	260	220		
tert-Butylbenzol	Ethanol			207,5	7800	257	170		
o-Xylol	Methanol (25 %)			210	8300	262	300		
m-Xylol	Methanol (25 %)			212	7300	264	300		
p-Xylol	Ethanol			216	7600	274	620		
1,3,5-Trimethylbenzol	Ethanol			215	7500	265	220		
Fluorbenzol	Ethanol			204	6200	254	900		
Chlorbenzol	Ethanol			210	7500	257	170		

Wenn eine Bande eine Schwingungsfeinstruktur aufweist, bezieht sich λ_{max} auf die Schwingungsbande mit der größten Intensität. Ethanol als Lösungsmittel bedeutet immer 95-prozentiges Ethanol. „s" steht für eine scharfe Bande.
(Aus: Lambert, J.B., Shurvell, H.F., Verbit, L., Cooks, R.G. und Stout, G.H. 1976: *Organic Structural Analysis*. Macmillan Publishing, New York.)

TEIL IV

Tabelle 14.8: UV-Absorptionsdaten einer Reihe von Benzol-Derivaten. *(Fortsetzung)*

Verbindung	Lösungsmittel	λ_{max}	ε_{max}	λ_{max}	ε_{max}	λ_{max}	ε_{max}	λ_{max}	ε_{max}
Brombenzol	Ethanol			210	7500	257	170		
Iodbenzol	Ethanol			226	13.000	256	800		
	Hexan			207	7000	258	610	285 (s)	180
Phenol	Wasser			211	6200	270	1450		
Phenolat-Ion	Wässrige NaOH			236	9400	287	2600		
Anilin	Wasser			230	8600	280	1400		
	Methanol			230	7000	280	1300		
Anilinium-Ion	Wässrige Säure			203	7500	254	160		
N,N-Dimethylanilin	Ethanol			251	14.000	299	2100		
Thiophenol	Hexan			236	10.000	269	700		
Anisol	Wasser			217	6400	269	1500		
Benzonitril	Wasser			224	13.000	271	1000		
Benzoesäure	Wasser			230	10.000	270	800		
	Ethanol			226	9800	272	850		
Nitrobenzol	Hexan			252	10.000	280 (s)	1000	330 (s)	140
Benzaldehyd	Hexan			242	14.000	280	1400	328	55
	Ethanol			240	16.000	280	1700	328	20
Acetophenon	Hexan			238	13.000	276	800	320	40
	Ethanol			243	13.000	279	1200	315	55
Styrol	Hexan			248	15.000	282	740		
	Ethanol			248	14.000	282	760		
Cis-Zimtsäure	Hexan	200	31.000	215	17.000	280	25.000		
Trans-Zimtsäure	Hexan	204	36.000	215	35.000	283	56.000		
	Ethanol			215	19.000	268	20.000		
Cis-Stilben	Ethanol			225	24.000	274	10.000		
Trans-Stilben	Heptan	202	24.000	228	16.000	294	28.000		
Phenylethin	Hexan	202	44.000	248	17.000	Verdeckt			
2,2´-Dimethylbiphenyl	Hexan	198	43.000	228 (s)	6000	264	800		
Diphenylmethan	Ethanol			220	10.000	262	500		

Wenn eine Bande eine Schwingungsfeinstruktur aufweist, bezieht sich λ_{max} auf die Schwingungsbande mit der größten Intensität. Ethanol als Lösungsmittel bedeutet immer 95-prozentiges Ethanol. „s" steht für eine scharfe Bande.
(Aus: Lambert, J.B., Shurvell, H.F., Verbit, L., Cooks, R.G. und Stout, G.H. 1976: *Organic Structural Analysis*. Macmillan Publishing, New York.)

Carbonylsubstituenten besitzen nichtbindende und π-Elektronen. Ihr π-System kann mit dem π-System eines aromatischen Rings konjugiert vorliegen. Da die Energie des antibindenden π*-Orbitals durch die Delokalisierung über das ganze konjugierte System merklich abgesenkt wird, erscheinen sowohl die $\pi \rightarrow \pi^*$- als auch die $n \rightarrow \pi^*$-Bande bei größerer Wellenlänge als in dem Fall, in dem die Carbonylgruppe nicht mit dem aromatischen Ring in Konjugation steht. Im Spektrum von Acetophenon treten beispielsweise die $n \rightarrow \pi^*$-Bande bei 320 nm und die ^1L_b-Bande des Aromaten bei 276 nm auf. Beide Banden sind im Vergleich zu den isolierten, nicht konjugierten Chromophoren deutlich bathochrom verschoben und weisen eine erheblich höhere Intensität auf. Dies ist teilweise die Folge der Konjugation der π-Systeme des aromatischen Rings und der Carbonylgruppe. Einen ähnlichen Effekt auf die $\pi \rightarrow \pi^*$-Bande des Aromten findet man beim Styrol, in dem das aromatische π-System mit dem einer C=C-Doppelbindung konjugiert ist.

Auxochrome Substituenten (nichtchromophore Gruppen mit freien Elektronenpaaren wie –Cl, $-NR_2$, –OH), Chromophore und annelierte Ringe üben variierende Effekte auf die Absorptionsbanden im UV/Vis-Spektrum von Aromaten aus. Wegen ihrer großen Bedeutung werden wir diese Effekte im Folgenden etwas genauer betrachten.

Die spektralen Veränderungen, die mit der Umwandlung von Phenol in das Phenolat-Anion und mit der Umwandlung des Anilinium-Kations in Anilin einhergehen, sind von erheblichem Interesse und praktischer Bedeutung. Im UV-Spektrum von Anilin erscheint eine Bande bei 280 nm, die am wahrscheinlichsten auf den benzoiden ^1L_b-Übergang zurückzuführen ist. Im Vergleich zum Benzol ist diese Bande durch den positiven mesomeren Effekt (+M-Effekt) der Aminogruppe bathochrom verschoben und intensitätsverstärkt. Die mesomere Grenzstruktur von Anilin, in welcher die Elektronendichte des Substituenten teilweise ins aromatische System verlagert ist (siehe Gleichung 14.2, rechts), beschreibt auch die Struktur des Grundzustands des Moleküls zum Teil, trägt aber stärker zum elektronisch angeregten Zustand bei. Die UV/Vis-Spektren von Benzol-Derivaten, die Substituenten mit +M-Effekt tragen und deren Struktur somit durch analoge mesomere Grenzstrukturen repräsentiert werden wie beim Anilin, zeigen im Vergleich zum Spektrum von Benzol eine signifikante Bathochromie und Hyperchromie.

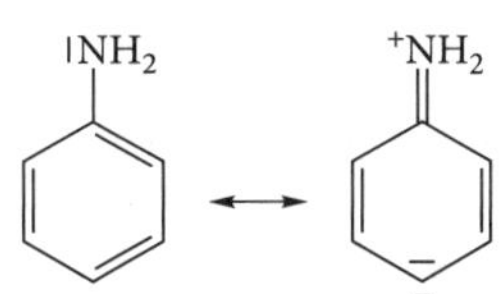

(14.2)

Durch die Protonierung der Aminogruppe des Anilins bei der Bildung des Anilinium-Kations gemäß Reaktionsgleichung 14.3 steht das freie Elektronenpaar am Stickstoffatom für die Konjugation mit dem aromatischen π-Elektronensystem nicht mehr zur Verfügung. Die Absorptionscharakteristika dieses Ions ähneln daher stark denen des unsubstituierten Benzols. Dabei ist die hypsochrome Verschiebung, die durch die Protonierung des Anilins zum Anilinium-Kation beobachtet wird, typisch für die spektralen Veränderungen durch die Protonierung basischer Substituenten unmittelbar am aromatischen Ring und kann zur Ermittlung struktureller Merkmale von Aromaten genutzt werden.

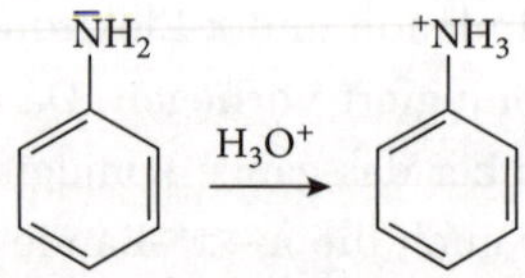

(14.3)

Durch die Deprotonierung von Phenol zum Phenolat-Anion steht ein weiteres freies Elektronenpaar für die Konjugation mit dem aromatischen π-Elektronensystem zur Verfügung. Infolgedessen treten eine bathochrome Verschiebung sowie eine erhöhte Intensität der Absorptionsbanden auf (siehe Tabelle 14.8). Ähnlich wie beim Anilinium-Ion/Anilin-System kann daher die An- oder Abwesenheit einer phenolischen Gruppe durch den Vergleich der UV-Spektren in neutraler und alkalischer (pH ≈ 13) Lösung ermittelt werden.

Die Anilinium/Anilin- und die Phenol/Phenolat-Umwandlung in Abhängigkeit vom pH-Wert können durch das Auftreten eines isosbestischen Punktes im UV/Vis-Spektrum als Gleichgewichtsreaktionen identifiziert werden (siehe Abschnitt 13.3.3). Wenn zwei Substanzen, die beide dem Lambert-Beer-Gesetz folgen, miteinander im Gleichgewicht stehen, schneiden sich die Absorptionskurven aller Gleichgewichtsmischungen bei einer festen Wellenlänge in einem Punkt, dem isosbestischen Punkt, wenn die Gesamtkonzentration der beiden Substanzen in allen Fällen gleich groß ist. Bei der Wellenlänge des isosbestischen Punktes sind die molaren Extinktionskoeffizienten der beiden Substanzen identisch, so dass die Gesamtextinktion nicht mehr vom Konzentrationsverhältnis, sondern nur noch von der Gesamtkonzentration der Substanzen abhängt. ▶ Abbildung 14.4 zeigt als Beispiel die überlagerten UV/Vis-Spektren mehrerer Lösungen von 4-Methoxy-2-nitrophenol bei verschiedenen pH-Werten und folglich unterschiedlichen Gleichgewichtskonzentrationen (siehe Reaktionsgleichung 14.4).

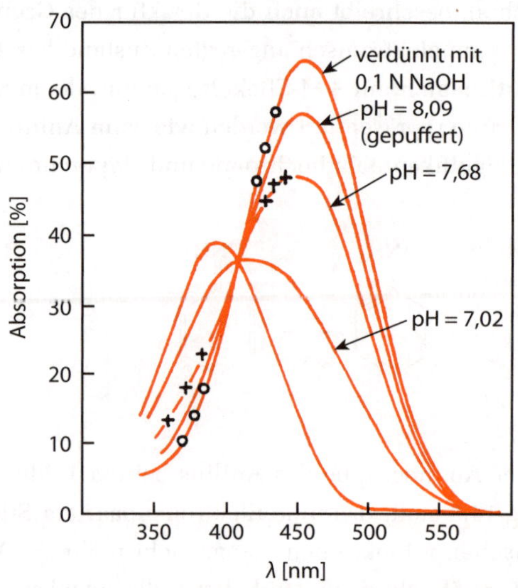

Abbildung 14.4: Die UV/Vis-Spektren von 4-Methoxy-2-nitrophenol bei unterschiedlichen pH-Werten. Die Banden des Phenols liegen bei kleineren Wellenlängen, die Banden des Phenolats bei größeren Wellenlängen (bathochrome Verschiebung durch Deprotonierung). Alle Kurven schneiden sich in einem gemeinsamen Punkt, dem isosbestischen Punkt, bei dessen Wellenlänge die molaren Extinktionskoeffizienten des Phenols und des Phenolats gleich groß sind. (Mit freundlicher Genehmigung von: Jaffé, H.H. und Orchin, M. 1962: *Theory and Applications of Ultraviolet Spectroscopy.* John Wiley & Sons, Inc., S. 562.)

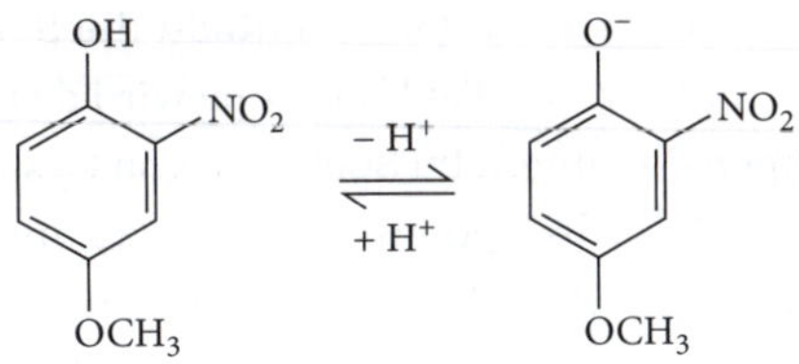

(14.4)

In den UV-Spektren von *cis*- und *trans*-Zimtsäure ($C_6H_5CH{=}CHCOOH$) repräsentiert die Bande bei etwa 280 nm die benzoide ^1L_b-Absorption, die durch die Konjugation des aromatischen Systems mit der C=C-Doppelbindung und der Carboxylgruppe im Vergleich zum Benzol bathochrom verschoben ist und eine höhere Intensität aufweist. Der molare Extinktionskoeffizient des *trans*-Isomers ist dabei mehr als doppelt so groß wie der des *cis*-Isomers und die Bande des *trans*-Isomers liegt bei noch größerer Wellenlänge als die des *cis*-Isomers. Ähnliche Verhältnisse findet man für die Banden von *cis*- und *trans*-Stilben ($C_6H_5CH{=}CHC_6H_5$). Tatsächlich kann eine für viele Paare von *cis*/*trans*-Isomeren zutreffende allgemeine Regel folgendermaßen formuliert werden: Die Bande des energieärmsten $\pi\rightarrow\pi^*$-Übergangs des *trans*-Isomers liegt bei größerer Wellenlänge und weist eine höherer Intensität auf als die entsprechende Bande des *cis*-Isomers.

Die UV-spektroskopischen Daten von Biphenyl (C_6H_5–C_6H_5) zeigen die Effekte der unmittelbaren Konjugation zweier Benzolringe. Das UV-Spektrum enthält oberhalb von 185 nm zwei breite und intensive Absorptionsbanden bei 202 nm (ε_{max} = 44.000 M^{-1} cm^{-1}) und 248 nm (ε_{max} = 17.000 M^{-1} cm^{-1}). Aus der ebenfalls hohen Intensität der Bande bei 248 nm kann geschlossen werden, dass sie der ^1L_a-Bande entspricht, die im Fall von Benzol bei 205 nm zu finden ist. Durch die Konjugation der beiden Ringe erscheint sie allerdings bathochrom verschoben und verdeckt infolge ihrer Breite und Intensität die schwächere ^1L_b-Bande. Trotz der Abweichung von der Koplanarität der beiden Ringe des Biphenyls um 23° besteht immer noch eine beträchtliche Konjugation zwischen den beiden aromatischen Systemen. Durch *ortho*-Substituenten wird die Abweichung von der Koplanarität vergrößert und das Ausmaß der Konjugation entsprechend abgeschwächt. Die daraus folgende Auswirkung auf die Absorptionsbanden kann man beispielsweise im UV-Spektrum von 2,2´-Dimethylbiphenyl beobachten, das stark der einfachen Summe der Einzelspektren der beiden Alkylbenzole ähnelt.

Die Trennung zweier Chromophore innerhalb eines Moleküls durch eine gesättigte Methylengruppe führt meist zu einem weitgehenden oder vollständigen Verlust der Konjugation zwischen den Chromophoren. Dieser Effekt wird zum Beispiel durch das UV-Spektrum von Diphenylmethan (C_6H_5–CH_2–C_6H_5) veranschaulicht, in dem die ^1L_b-Bande bei 262 nm liegt und einen molaren Extinktionskoeffzienten von ε_{max} = 500 M^{-1} cm^{-1} aufweist, was fast genau dem doppeltem Wert der ^1L_b-Bande eines isolierten Benzolrings entspricht.

14.4 Beispiele für natürlich vorkommende Chromophore

14.4.1 Aminosäuren, Peptide und Proteine

Bei neutralem beziehungsweise physiologischen pH-Werten liegt die Carboxylgruppe von Aminosäuren praktisch vollständig deprotoniert in anionischer Form als Carboxylatgruppe vor. Der $n\rightarrow\pi^*$-Übergang dieser Carboxylatgruppe verursacht eine schwache Bande bei etwa 205 nm. Im fernen UV-Bereich findet man eine weitere, intensivere Bande zwischen 175 und 190 nm, die

TEIL IV

ebenfalls auf die Carboxylatgruppe zurückzuführen ist. Enthält die Seitenkette der Aminosäure eine aromatische, eine Sulfhydryl-, Sulfid- oder Disulfidgruppe wird das UV-Spektrum der Aminosäure von den Banden dieser Gruppen dominiert. Im Spektrum von Cystein [$HSCH_2CH(NH_3^+)CO_2^-$] erscheint zum Beispiel eine längerwellige Absorptionsbande bei 235 nm (ε_{max} = 3200 M^{-1} cm^{-1}), die von der Sulfhydrylgruppe verursacht wird. Das UV-Spektrum von Phenylalanin [$C_6H_5CH_2CH(NH_3^+)CO_2^-$] enthält eine Bande für einen benzoiden Übergang bei etwa 257 nm (ε_{max} = 220 M^{-1} cm^{-1}) und das Spektrum von Tryptophan [Indol–$CH(NH_3^+)CO_2^-$] zeigt zusätzliche Banden bei 280 nm (ε_{max} = 5050 M^{-1} cm^{-1}) und 219 nm (ε_{max} = 34.000 M^{-1} cm^{-1}). Das phenolische Tyrosin verursacht eine pH-abhängige Absorption, die bei niedrigeren pH-Werten (Phenolform) mit einer Bande bei etwa 274 nm (ε_{max} = 1440 M^{-1} cm^{-1}) und bei höheren pH-Werten (Phenolatform) mit einer Bande bei etwa 290 nm (ε_{max} = 2500 M^{-1} cm^{-1}) einhergeht.

Peptide und Proteine stellen Polymere aus Aminosäuren dar, in denen die einzelnen monomeren Aminosäuren über Peptidbindungen (Amide; –(C=O)–NH–) verknüpft sind. Die UV/Vis-Absorptionen der Seitenketten freier Aminosäuren und in Peptide oder Proteine eingebundener Aminosäuren sind somit in erster Näherung identisch. Die Chromophore in Proteinen, die zu einer signifikanten Absorption im UV-Bereich führen, sind in ▶ Tabelle 14.9 aufgelistet.

Tabelle 14.9: UV-spektroskopische Daten wichtiger Chromophore in Proteinen.

Aminosäurerest oder Gruppe	Chromophor	λ_{max} [nm]	log ε_{max}	Zuordnung
Amidgruppe	CONH	162	3,8	$\pi^+ \rightarrow \pi^-$
		188	3,9	$\pi^0 \rightarrow \pi^-$
		225	2,6	$n \rightarrow \pi^-$
Asparagin-, Glutaminsäure	COOH	175	3,4	$n \rightarrow \pi^*$
		205	1,6	$n \rightarrow \pi^*$ (?)
Aspartat, Glutamat	COO^-	200	2	$n \rightarrow \pi^*$
Lysin, Arginin	N–H	173	3,4	$\sigma \rightarrow \sigma^*$
		213	2,8	$n \rightarrow \sigma^*$
Phenylalanin	Phenylring	188	4,8	
		206	3,9	$\pi \rightarrow \pi^*$
		261	2,35	
Tyrosin	Phenolring	193	4,7	
		222	3,9	$\pi \rightarrow \pi^*$
		270	3,16	

Mit Modifizierungen aus: Donovan, J. 1960: *Physical Principles and Techniques of Protein Chemistry.* Part A, Leach, S. (Hrsg.), Academic Press, New York.

Tabelle 14.9: UV-spektroskopische Daten wichtiger Chromophore in Proteinen. *(Fortsetzung)*

Aminosäurerest oder Gruppe	Chromophor	λ_{max} [nm]	log ε_{max}	Zuordnung
Tyrosin (ionische Form)	Phenolatring	200?	5	
		235	3,97	π→π*
		287	3,41	
Tryptophan	Indolsystem	195	4,3	
		220	4,53	π→π*
		280	3,7	
		286	3,3	
Histidin	Imidazolsystem	211	3,78	π→π* (?)
CysSH	S–H	195	3,3	n→σ*
CysS–	S–	235	3,5	n→σ*
Cystin	–S–S–	210	3	n→σ*
		250	2,5	

Mit Modifizierungen aus: Donovan, J. 1960: *Physical Principles and Techniques of Protein Chemistry.* Part A, Leach, S. (Hrsg.), Academic Press, New York.

14.4.2 Nucleinsäuren und Polynucleotide

Die polymeren Nucleinsäuren beziehungsweise Desoxyribonucleinsäuren (DNA), die zum Beispiel als Träger der Erbinformationen eine entscheidende biologische Rolle spielen, sind aus den monomeren Nucleotiden aufgebaut. Als Komponenten der Nucleotide kommen die heterocyclischen Purin- (Adenin und Guanin) und Pyrimidin-Stickstoffbasen (Uracil, Thymin und Cytosin) vor, die mehr oder weniger große π-Elektronensysteme besitzen und daher π→π*-Banden im Bereich zwischen 240 und 275 nm verursachen. Nucleoside, die aus einer Zuckereinheit und einer der genannten Basen zusammengesetzt sind, und Nucleotide (Nucleosid-5´-phosphate) ergeben fast identische UV/Vis-Spektren, die denen ihrer reinen heterocyclischen Basenkomponenten sehr stark ähneln.

14.4.3 Porphyrine und Metalloporphyrine

Porphyrine sind häufig vorkommende Naturstoffe mit einem charakteristischen heterocyclischen System, in dessen Zentrum Metallionen gebunden werden können. Bekannte Beispiele für Metalloporphyrine sind das Häm (**14-1**) im Protein Hämoglobin der roten Blutkörperchen und Chlorophyll *a* (**14-2**), das als Pigment bei der Photosynthese eine wichtige Rolle spielt. Chlorophyll *a* stellt ein Dihydroporphyrin (Chlorin) dar, in dem die makrocyclische Konjugation des Porphyrins aber noch erhalten ist. In den UV/Vis-Spektren von Porphyrinen erscheint eine charakteristische, intensive Absorptionsbande bei etwa 400 nm – die so genannte Soret-Bande. ▶ Abbildung 14.5 zeigt die UV/Vis-Spektren von Protoporphyrin IX (**14-3**) und Chlorophyll *a* (**14-2**), in denen unter anderem die Soret-Bande deutlich hervortritt. Darüber hinaus enthalten die Spektren mehrere charakteristische schwächere Banden bei größeren Wellenlängen. Diese Banden hängen stark von der Struktur des Porphyrins ab, insbesondere vom komplexierten Metallion und seinen Liganden, wie man beispielsweise beim Vergleich der Spektren von Protoporphyrin IX (**14-3**) und Chlorophyll *a* (**14-2**) in Abbildung 14.5 erkennen kann.

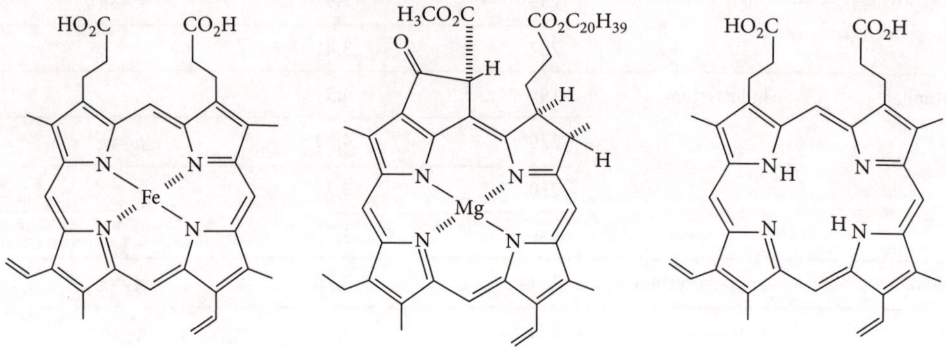

14-1 **14-2** **14-3**

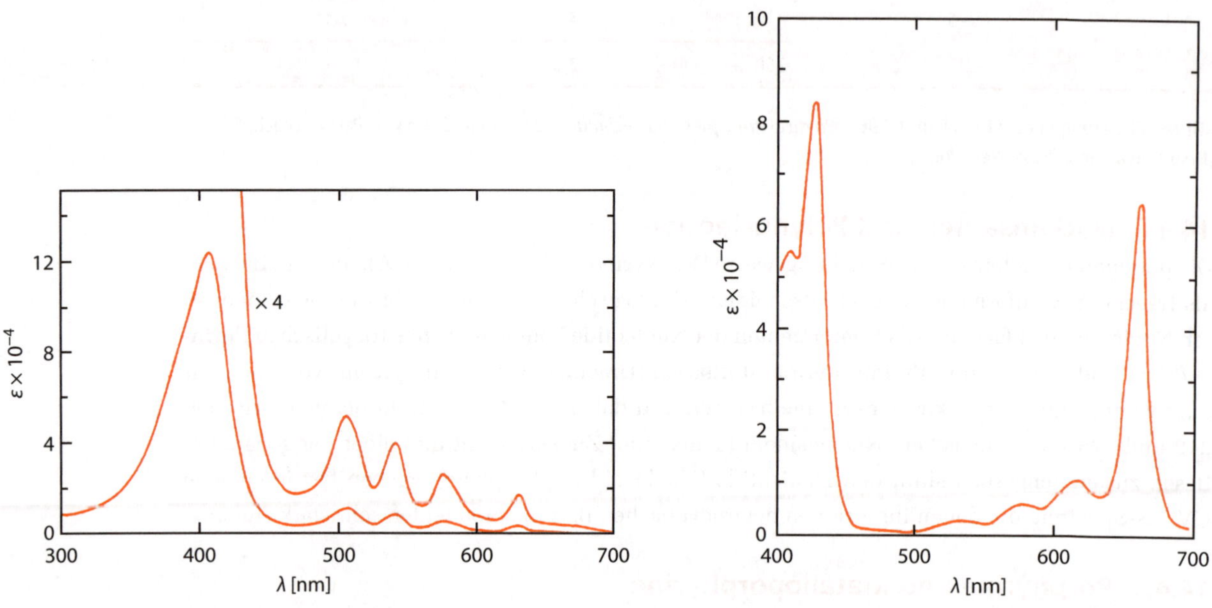

Abbildung 14.5: UV/Vis-Spektren von Protoporphyrin IX (14-3) in Dimethylsulfoxid (links) und Chlorophyll *a* (14-2) in Chloroform (rechts). (Das rechte Spektrum wurde von P.M. Sabido gemessen. Das linke Spektrum stammt aus: Holt, A.S. 1976: *Chemistry and Physiology of Plant Pigments.* Band 14, Goodwin, T.W. (Hrsg.), Academic Press, New York.)

14.5 Sterische Effekte

Stilben kommt in Form von zwei Stereosiomeren vor – *trans*-Stilben (**14-4**) und *cis*-Stilben (**14-5**). Wegen der sterischen Wechselwirkungen zwischen den beiden Phenylringen im *cis*-Stilben kann nur das *trans*-Isomer eine Konformation annehmen, in der die beiden Phenylringe praktisch koplanar angeordnet sind (in einer Ebene liegen). Nur bei einer ausreichenden Koplanarität der beiden Phenylringe kann die Konjugation über das gesamte π-Elektronensystem der beiden aromatischen Ringe und der C=C-Doppelbindung aufrechterhalten werden. Folglich ist zu erwarten, dass die Bande des langwelligen elektronischen Übergangs des *trans*-Isomers bei einer größeren Wellenlänge λ_{max} und mit einem größeren molaren Extinktionskoeffizienten ε_{max} erscheint als im Fall des *cis*-Isomers.

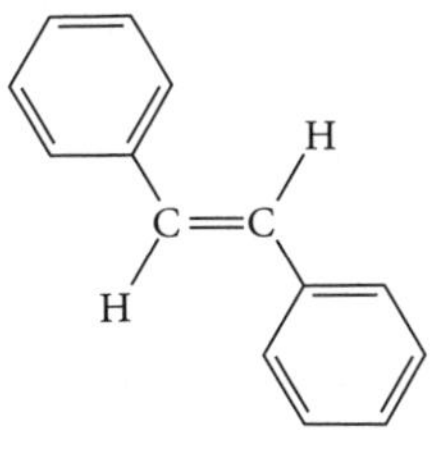

λ_{max} [nm]	ε_{max} [M^{-1} cm^{-1}]
296	29.000
228	16.500

14-4

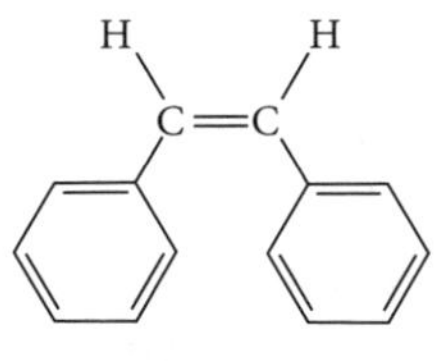

λ_{max} [nm]	ε_{max} [M^{-1} cm^{-1}]
280	10.500
224	24.000

14-5

Wie wir in Abschnitt 14.3 bereits erläutert haben, führt die Konjugation zweier Benzolringe im Biphenyl zu einer bathochromen Verschiebung der ^1L_a-Bande von 204 nm beim Benzol auf 246 nm beim Biphenyl. Wenn die Koplanarität und infolgedessen die Konjugation der beiden Ringe allerdings durch sterische Wechselwirkungen zwischen *ortho*-Substituenten merklich gestört wird, ergibt das jeweilige Biphenyl-Derivat ein UV-Spektrum, das mehr der Summe der einzelnen Spektren der isolierten aromatischen Ringe entspricht. Dieser Effekt kann beispielsweise durch den Vergleich der Absorptionsdaten von Benzol, Biphenyl, *m*-Xylol und 2,2´,6,6´-Tetramethylbiphenyl veranschaulicht werden.

Benzol

λ_{max} [nm]	ε_{max} [M^{-1} cm^{-1}]
254 (^1L_b)	204
204 (^1L_a)	7400

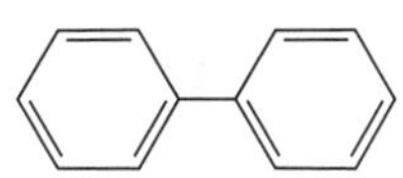

Biphenyl

λ_{max} [nm]	ε_{max} [M^{-1} cm^{-1}]
246 (^1L_a)	16.300

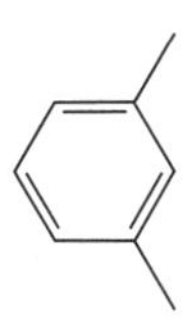

m-Xylol

λ_{max} [nm]	ε_{max} [M^{-1} cm^{-1}]
264 (^1L_b)	300
212 (^1L_a)	7300

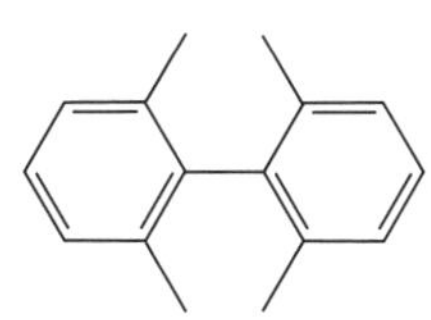

2,2´,6,6´-Tetramethylbiphenyl

λ_{max} [nm]	ε_{max} [M^{-1} cm^{-1}]
269 (^1L_b)	450
218 (^1L_a)	23.500

Beispiele einer sterischen Behinderung ausgedehnter Konjugation sind nicht auf Biphenyle beschränkt. Im UV-Spektrum von 4-Nitroanilin (**14-6**) erscheint beispielsweise eine Bande bei λ_{max} = 375 nm mit ε_{max} = 16.000 M^{-1} cm^{-1}. Dagegen findet man die entsprechende Bande im Spektrum des Dimethylanalogons **14-7** von 4-Nitroanilin bei λ_{max} = 385 nm mit ε_{max} = 4800 M^{-1} cm^{-1}. Die zur Nitrogruppe *ortho*-ständigen Methylgruppen verhindern in diesem Fall die volle Koplanarität der Nitrogruppe und des aromatischen Rings und somit die maximale Überlappung der zugehörigen π-Orbitale. Da die Nitrogruppe einen −M-Effekt und keinen +M-Effekt ausübt, treten infolgedessen eine leichte bathochrome Verschiebung sowie eine erhebliche Absenkung des molaren Extinktionskoeffizienten auf. Das UV-Spektrum von Acetophenon (**14-8**) zeigt benzoide Banden bei 199 nm (ε_{max} = 20.000 M^{-1} cm^{-1}) und 278 nm (ε_{max} = 1000 M^{-1} cm^{-1}), eine n→π*-Bande der mit dem aromatischen System konjugierten Carbonylgruppe bei 320 nm (ε_{max} = 45 M^{-1} cm^{-1}) sowie eine Absorptionsbande bei 243 nm (ε_{max} = 12.600 M^{-1} cm^{-1}), die auf einen intramolekularen Elektronentransfer (ET) vom Carbonylsubstituenten auf das aromatische System zurückgeführt worden ist. Eine Methylgruppe in *ortho*- oder *meta*-Position des Acetophenons verursacht eine bathochrome Verschiebung der ET-Bande um 3 nm, während eine Methylgruppe in *para*-Stellung zu einer bathochromen Verschiebung um 10 nm führt (λ_{max} = 252 nm, ε_{max} = 15.100 M^{-1} cm^{-1}). Im Spektrum von 2,4,6-Trimethylacetophenon (**14-9**) erscheint die ET-Bande im Vergleich zum Acetophenon dagegen nicht verschoben (λ_{max} = 242 nm), weist aber einen kleineren molaren Extinktionskoeffizienten auf (ε_{max} = 3600 M^{-1} cm^{-1}). Die beiden *ortho*-Methylgruppen verhindern effektiv eine koplanare Ausrichtung der Carbonylgruppe und des aromatischen Systems.

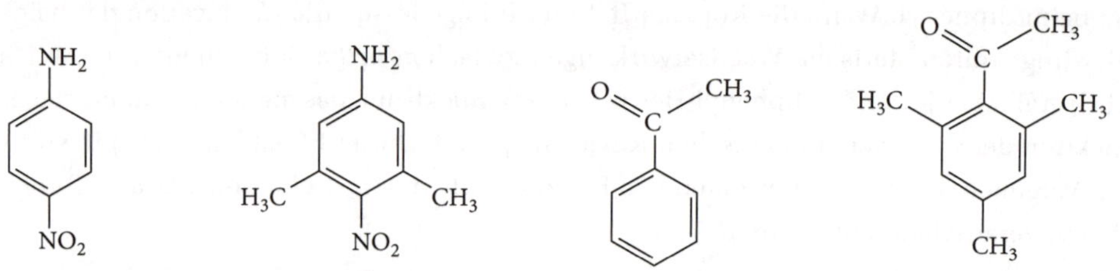

14-6 **14-7** **14-8** **14-9**

14.6 Lösungsmitteleffekte und dynamische Gleichgewichte – Beispiele

Wird Cyclohexan-1,3-dion in Cyclohexan gelöst, zeigt es eine schwache Absorption bei etwa 295 nm (ε_{max} ≈ 50 M^{-1} cm^{-1}). Löst man die Substanz dagegen in Ethanol, erscheint im UV/Vis-Spektrum eine viel intensivere Bande bei 255 nm (ε_{max} ≈ 12.500 M^{-1} cm^{-1}). In alkalischem Ethanol tritt erneut eine Veränderung des Spektrums auf: λ_{max} = 280 nm (ε_{max} ≈ 20.000 M^{-1} cm^{-1}). Die Ursache für diese spektralen Veränderungen beim Wechsel der Lösungsmittel ist das dynamische Gleichgewicht zwischen verschiedenen Cyclohexan-1,3-dion-Spezies gemäß Reaktionsgleichung 14.5, dessen Lage vom Lösungsmittel abhängig ist.

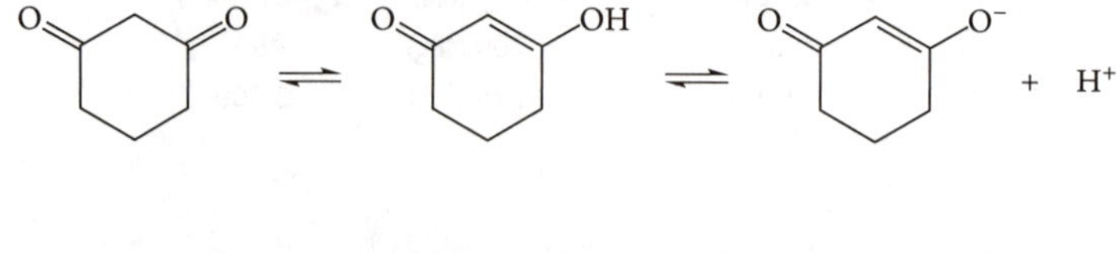

(14.5)

In Cyclohexan liegt das Gleichgewicht fast vollständig auf der Seite des Diketotautomers, das eine schwache n→π*-Absorption bei 295 nm zeigt. Im polaren, protischen Lösungsmittel Ethanol wird das Gleichgewicht fast vollständig zugunsten der Enolform (dem β-Hydroxyenon-Tautomer) verschoben, in dessen Spektrum eine intensive π→π*-Bande bei 255 nm erscheint. Die Deprotonierung dieses Enols unter alkalischen Bedingungen führt zum entsprechenden Enolat-Anion, das eine zusätzlich bathochrom verschobene und noch intensivere Absorptionsbande als das Enol verursacht.

Versetzt man die *methanolische* Lösung eines Ketons mit einem Tropfen Salzsäure, wird die säurekatalysierte Einstellung des Gleichgewichts zwischen dem Keton und seinem Dimethylketal gemäß Reaktionsgleichung 14.6 beschleunigt.

$$RR'C{=}O \xrightleftharpoons{CH_3OH\,/\,H^+} R{-}C(OCH_3)_2{-}R' + H_2O \qquad (14.6)$$

Eine analoge Reaktion kann für das Gleichgewicht zwischen einem Aldehyd und dem entsprechenden Acetal formuliert werden. Eine Isolierung des Ketals ist nur möglich, wenn zuvor der Katalysator, also die Säure, entfernt wird. Die Bildung des Ketals in Lösung kann aber leicht mithilfe der UV/Vis-Spektroskopie verfolgt werden, da dabei die Carbonylgruppe verschwindet und infolgedessen die Intensität der mit der Carbonylgruppe assoziierten n→π*-Bande mit zunehmender Ketalisierung immer weiter abnimmt.

14.7 Untersuchung von Wasserstoffbrückenbindungen

Die Bildung von Wasserstoffbrücken zwischen Molekülen kann zu relativ großen Verschiebungen von Absorptionsbanden führen, aus denen Rückschlüsse auf die Stärke der Wasserstoffbrücken gezogen werden können. Experimentell findet man eine hypsochrome Verschiebung (Blauverschiebung) der Absorptionsbanden eines Chromophors, wenn das Chromophor in der neu gebildeten Wasserstoffbrücke als *Wasserstoffakzeptor* fungiert. Tritt es dagegen als *Wasserstoffdonator* auf, erfolgt eine bathochrome Verschiebung (Rotverschiebung) der Banden. Benzthiazolin-2-thion (**14-10**) kann sowohl über seine Thionylgruppe (C=S) als Wasserstoffakzeptor als auch über seine NH-Gruppe als Wasserstoffdonator dienen. In polaren, protischen Lösungsmitteln (–O–H····S=C) beobachtet man eine hypsochrome Verschiebung im UV-Spektrum von **14-10**, in polaren aprotischen Lösungsmitteln wie Aceton ($N{-}H\cdots O{=}C(CH_3)_2$), die als Wasserstoffakzeptor in eine Wasserstoffbrücke eingebunden werden können, findet man dagegen eine bathochrome Verschiebung. In Lösungsmitteln wie CCl_4, die gar nicht zur Ausbildung von Wasserstoffbrücken fähig sind, kommt es schließlich zu einer umfangreichen Assoziation zwischen den Molekülen von **14-10**, wobei diese sowohl als Wasserstoffakzeptor als auch als Wasserstoffdonator fungieren. Folglich treten keine Verschiebungen in den jeweiligen Spektren auf. Beim *N*-Methyl-Derivat des Thions **14-10**, das nicht mehr als Wasserstoffdonator geeignet ist, werden schließlich nur hypsochrome Verschiebungen in Wasserstoffdonator-Lösungsmitteln beobachtet.

TEIL IV

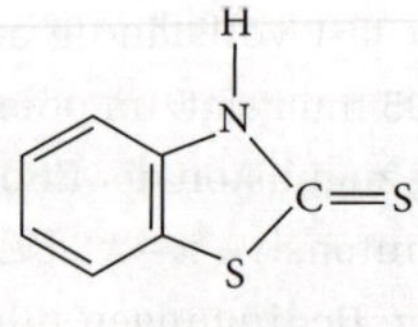

14-10

Die Absorptionsspektren von Verbindungen mit *intramolekularen* Wasserstoffbrücken werden durch die Anwesenheit von Wasserstoffdonatoren oder Wasserstoffakzeptoren im Allgemeinen nicht besonders stark beeinflusst. Zur Veranschaulichung können beispielsweise die Veränderungen der UV/Vis-Spektren von 4-Nitrophenol (**14-11**) in Cyclohexan einerseits sowie 2,4- (**14-12**) und 2,6-Dinitrophenol (**14-13**) in Cyclohexan andererseits betrachtet werden. In Gegenwart eines Wasserstoffakzeptors tritt im Spektrum von 4-Nitrophenol eine merkliche bathochrome Verschiebung auf: von 286 auf 297 nm im Fall von Dioxan und von 286 auf 307 nm im Fall von Triethylamin. Werden diese Wasserstoffakzeptoren dagegen zu den Lösungen von 2,4- und 2,6-Dinitrophenol gegeben, findet keine spektrale Verschiebung statt.

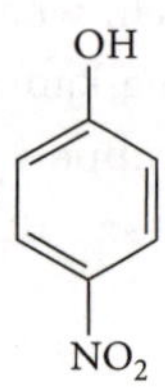

14-11

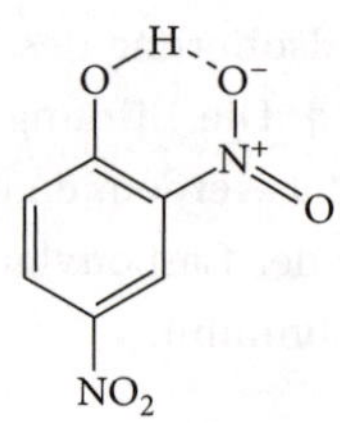

14-12

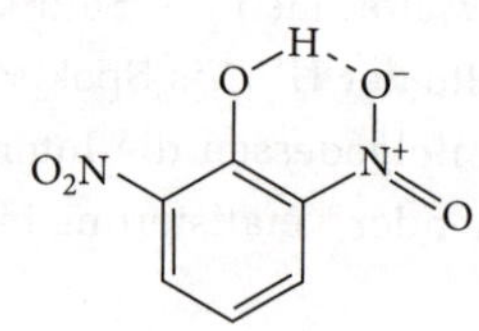

14-13

14.8 Homokonjugation

Auch die Homokonjugation, bei der zwei Doppelbindungen durch ein gesättigtes Zentrum getrennt sind, kann noch einen signifikanten Einfluss auf das UV/Vis-Spektrum einer Substanz ausüben. Beim 1-Norbornenon (**14-14**) erscheint die n→π*-Bande im Vergleich zum Norbornanon (**14-15**) beispielsweise bathochrom verschoben und mit höherer Intensität. Darüber hinaus tritt eine zusätzliche Absorptionsbande mäßiger Intensität bei etwa 215 nm auf.

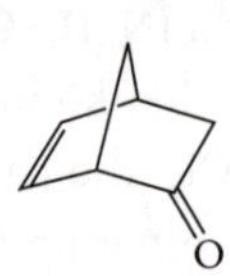

λ_{max} [nm]	ε_{max} [M^{-1} cm^{-1}]
304	290
215	2800

14-14

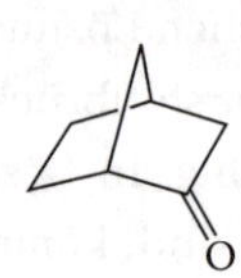

λ_{max} [nm]	ε_{max} [M^{-1} cm^{-1}]
295	23

14-15

Die Verschiebungen beruhen auf der Kopplung oder Wechselwirkung lokaler angeregter Zustände der verschiedenen Chromophore. Dieses Phänomen ist nicht auf die beiden obigen Moleküle beschränkt, sondern stellt eine allgemeine Erscheinung dar. Allerdings hängt das Ausmaß der spektralen Verschiebung und der Intensitätsänderung der betroffenen Absorptionsbanden, wie die folgenden Beispiele zeigen, stark von der relativen Orientierung der beiden Chromophore innerhalb des Moleküls ab.

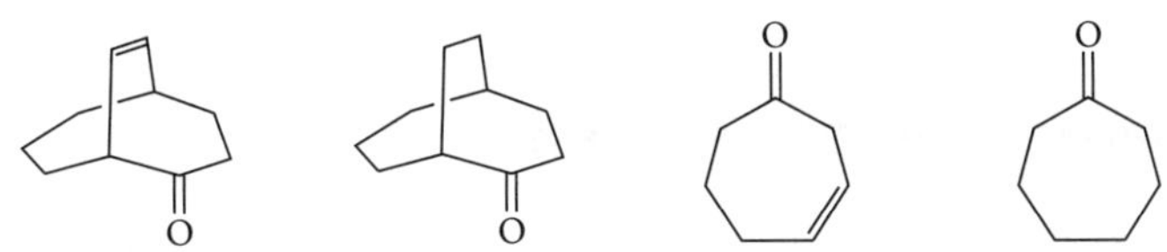

λ_{max} [nm]	307	300	295	274
ε_{max} [M^{-1} cm^{-1}]	110	22	450	20

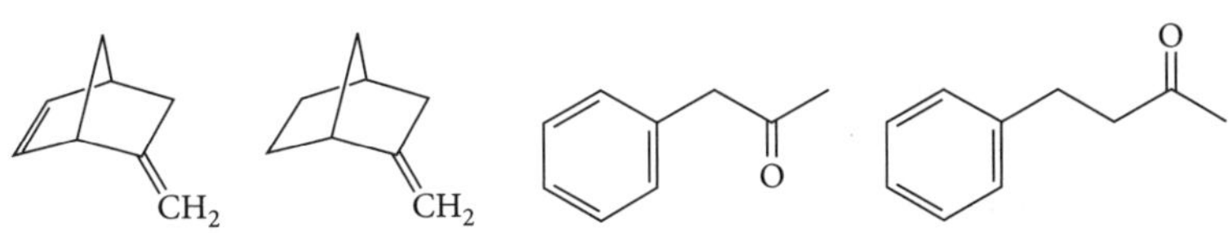

λ_{max} [nm]	207	195	289	281
ε_{max} [M^{-1} cm^{-1}]	10.300	10.900	108	32

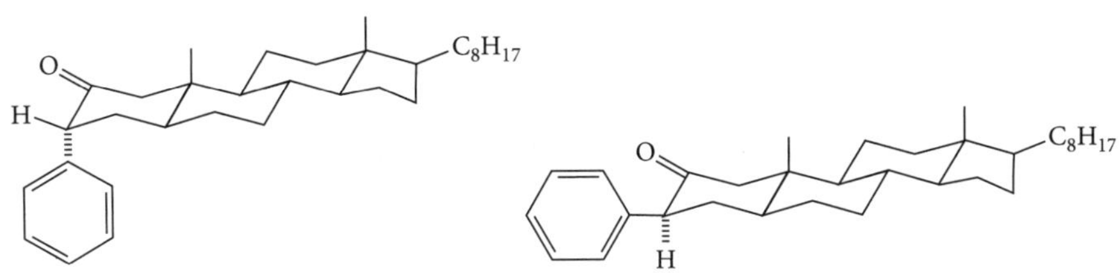

λ_{max} [nm]	299	282
ε_{max} [M^{-1} cm^{-1}]	220	60

Im nachfolgend dargestellten δ,ε-ungesättigten Keton *trans*-5-Cyclodecenon kann sogar eine Homokonjugation zwischen zwei Chromophoren detektiert werden, die innerhalb des Moleküls deutlich weiter voneinander entfernt und durch mehr als ein gesättigtes Zentrum getrennt sind. Die transannulare Wechselwirkung zwischen den beiden Chromophoren führt im Vergleich zum Spektrum des entsprechenden gesättigten Ketons Cyclodecanon zu einer hypsochromen Verschiebung der n→π*-Bande sowie zum Auftreten einer zusätzlichen Charge-Transfer-Bande (siehe Abschnitt 14.9) bei etwa 215 nm. Auch in diesem Fall spielt die relative Anordnung der beiden Chromophore eine entscheidende Rolle, wie man an den Absorptionsdaten des *cis*-Isomers erkennen kann.

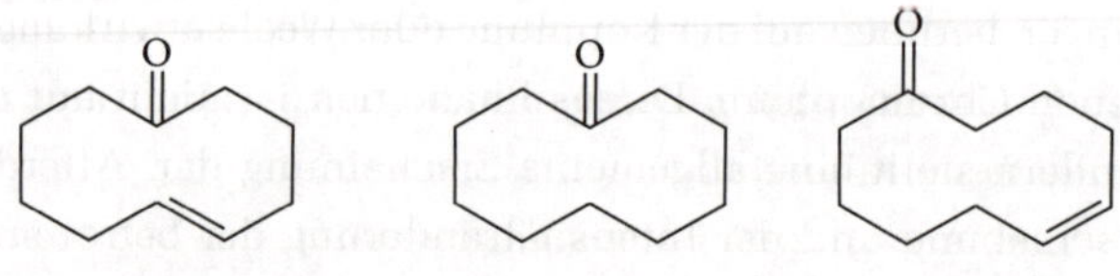

λ_{max} [nm]	279	215	188	290	288
ε_{max} [M^{-1} cm^{-1}]	18	2300	8700	15	15

14.9 Charge-Transfer-Banden

Beim Lösen einer Substanz in einem Lösungsmittel oder beim Mischen zweier Substanzen kann es unter bestimmten strukturellen Voraussetzungen zur Bildung so genannter Charge-Transfer-Komplexe (CT-Komplexe) kommen, deren UV/Vis-Spektren sich deutlich von den Spektren der einzelnen Substanzen unterscheiden. In Hexen zeigt Iod beispielsweise eine violette, in Benzol dagegen eine braune Farbe. Tetracyanoethen (TCNE) und Anilin ergeben einzeln farblose Lösungen in Chloroform. Werden sie aber gemeinsam in Chloroform gelöst, erhält man eine tiefblaue Lösung. Iod bildet mit Benzol und Tetracyanoethen mit Anilin einen Charge-Transfer-Komplex. Dabei fungieren Iod und Tetracyanoethen jeweils als Elektronenakzeptor sowie Benzol und Anilin über ihr π-Elektronensystem als Elektronendonator. Bei der Bildung eines Charge-Transfer-Komplexes findet im Allgemeinen nur eine geringe Verschiebung von Elektronendichte des Elektronendonators in Richtung des Elektronenakzeptors statt. Durch die Absorption von Licht aus dem UV/Vis-Bereich kann aber ein Elektron vollständig aus einem besetzten Molekülorbital des Donators in ein unbesetztes Molekülorbital des Akzeptors angehoben werden, wobei die Lage der resultierenden CT-Absorptionsbande vom energetischen Abstand der beiden beteiligten Molekülorbitale abhängt. Wie beim Iod/Benzol- und beim TCNE/Anilin-Komplex liegen meist relativ breiten Charge-Transfer-Banden von Komplexen häufig im sichtbaren Bereich des elektromagnetischen Spektrums und weisen sehr hohe Extinktionskoeffizienten auf, da die zugehörigen Charge-Transfer-Übergänge ohne Einschränkung erlaubt sind. In den Spektren der isolierten Elektronendonatoren und Elektronenakzeptoren treten die Charge-Transfer-Banden dagegen überhaupt nicht auf.

Die Bildung eines Donator/Akzeptor-Komplexes (Charge-Transfer-Komplexes) verläuft analog zur Bildung einer kovalenten Verbindung durch die Kombination einer Lewis-Säure mit einer Lewis-Base, ergibt aber im Gegensatz zu Letzterer keine stabile kovalente Verbindung. Vielmehr sind typische Charge-Transfer-Komplexe entsprechend der nur geringen Ladungsübertragung vom Donator auf den Akzeptor durch relativ schwache Wechselwirkungen gekennzeichnet. Für die Beobachtung der Charge-Transfer-Banden spielen ihre hohen Extinktionskoeffizienten daher eine nicht unerhebliche Rolle, weil die Gleichgewichtskonstanten für die Bildung der Komplexe häufig relativ klein sind.

Fast jeder Typ von Orbital (wie zum Beispiel n-, σ-, π-Orbitale) kann als Donator- oder Akzeptororbital in Charge-Transfer-Komplexen fungieren, aber in den meisten organischen Charge-Transfer-Komplexen finden die CT-Übergänge zwischen π-Orbitalen statt. Typische Beispiele für π-Donatoren (Lewis-Basen) in der Reihenfolge zunehmend starker Donatoreigenschaften (Basizität) sind Benzol, Mesitylen, Naphthalin, Anthracen und *N*,*N*,*N*´,*N*´-Tetramethyl-*p*-phenylendiamin.

Einige Beispiele für π-Akzeptoren (Lewis-Säuren) in der Reihenfolge zunehmend starker Akzeptoreigenschaften (Acidität) sind *p*-Benzochinon, 1,3,5-Trinitrobenzol, Chloranil (Tetrachlor-*p*-benzochinon) und Tetracyanoethen.

Die UV-Spektroskopie ist zum Beispiel auch zur Untersuchung der schädlichen Auswirkungen chlorierter Kohlenwasserstoffe auf lebende Organismen eingesetzt worden. Diese Substanzen greifen unter anderem bekanntermaßen das zentrale Nervensystem an und blockieren den Transport von Ionen durch Nervenzellmembranen. Im UV-Absorptionsspektrum von DDT (**14-16**) erscheint beispielsweise eine Bande bei 240 nm, die in Anwesenheit des Axons der Nervenzelle einer Schabe auf 254 nm bathochrom verschoben wird, mit einer Schulter bei etwa 270 nm. DDT kann als Akzeptor innerhalb eines Charge-Transfer-Komplexes mit Substanzen in der Nervenzellmembran als Donator fungieren. Der resultierende Charge-Transfer-Komplex ist für die Störung der Nervenfunktion verantwortlich.

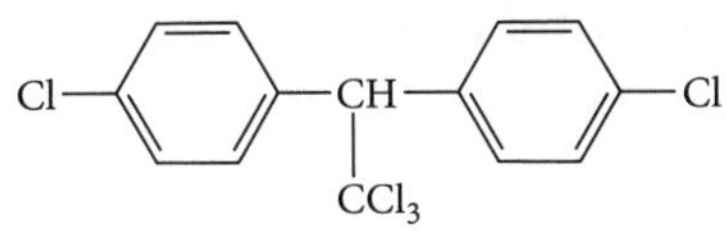

14-16

Der starke Elektronenakzeptor Tetracyanoethen (TCNE) bildet mit einer Vielzahl von Elektronendonatoren intermolekulare Charge-Transfer-Komplexe. Durch die Vereinigung zu einem CT-Komplex können ganz neue Absorptionsbanden im UV/Vis-Spektrum auftreten, die typischerweise bei größeren Wellenlängen liegen als die Banden der einzelnen isolierten Komponenten. Solche langwelligen Charge-Transfer-Banden findet man beispielsweise bei den folgenden farbigen Komplexen aus farblosen Komponenten: TCNE•*p*-Xylol (λ_{max} = 460 nm) und TCNE•*p*-Cyclophan (λ_{max} = 521 nm).

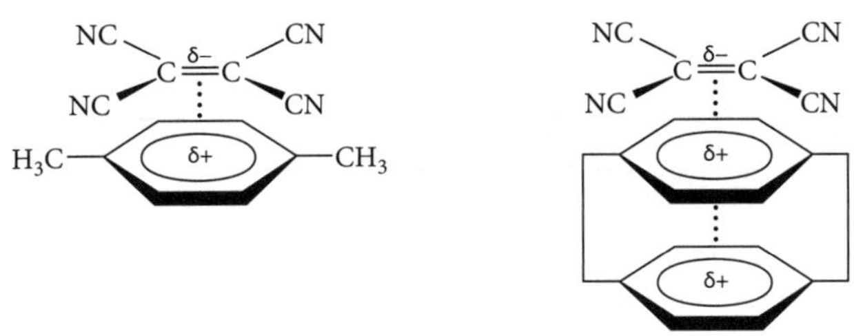

λ_{max} (CH_2Cl_2) [nm] 460 521

Ein intramolekularer Charge-Transfer ist wahrscheinlich auch für eine schwache Bande bei etwa 220 nm im UV-Spektrum von 7-Norbornenon (**14-17**) in Heptan verantwortlich, die sich als Verformung der n→π*-Bande bemerkbar macht. In 2,2,3,3-Tetrafluorpropanol statt Heptan als Lösungsmittel wird die n→π*-Bande auf 226 nm (ε_{max} = 49 M^{-1} cm^{-1}) verschoben und die schwache Charge-Transfer-Bande erscheint von dieser getrennt bei 235 nm (ε_{max} = 58 M^{-1} cm^{-1}). Das UV-Spektrum des gesättigten Analogons 7-Norbornanon (**14-18**), in dem die n→π*-Bande im Vergleich zum 7-Norbornenon um etwa 20 nm bathochrom verschoben ist, enthält keine solche Charge-Transfer-Bande.

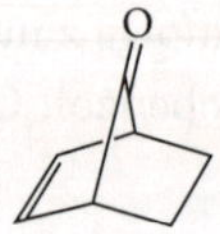

λ_{max} [nm]	ε_{max} [M^{-1} cm^{-1}]
271	35
222	370

14-17

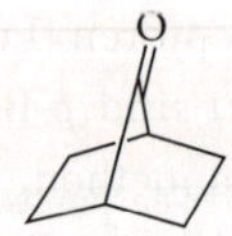

λ_{max} [nm]	ε_{max} [M^{-1} cm^{-1}]
293	18

14-18

14.10 Die Woodward-Fieser-Regeln

14.10.1 Konjugierte Diene und Polyene

Umfangreiche Analysen der UV-Spektren von Alkenen – insbesondere von Terpenen und Steroiden – führten zur Formulierung empirischer Regeln zur Vorhersage von λ_{max} der $\pi \rightarrow \pi^*$-Bande einer Vielfalt von Dienen und Polyenen durch R. B. Woodward, L. F. Fieser und M. Fieser in den frühen 1940er Jahren. Diese Woodward-Fieser-Regeln haben sich als sehr nützlich für die Lösung organisch-struktureller Fragestellungen erwiesen, vor allem bei vielen Naturstoffen. Die Anwendung der Regeln beginnt immer mit einem Basiswert von λ_{max} für das Stammchromophor. Zu dem Basiswert werden dann für die verschiedenen Substituenten und speziellen strukturellen Parameter des Stamm-π-Elektronensystems spezifische Inkremente addiert. Diese Inkremente sind in ▶ Tabelle 14.10 aufgelistet.

Tabelle 14.10: Woodward-Fieser-Regeln für die Berechnung der Lage des Absorptionsmaximums von Dienen und Polyenen mit einer Genauigkeit von etwa 3 nm.

Substituent oder struktureller Parameter	λ-Inkrement [nm]
Stammchromophor 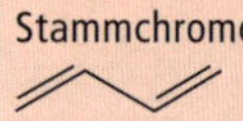	214
Für jeden Alkylsubstituenten an beliebiger Position addiere	5
Für jede exocyclische Doppelbindung addiere 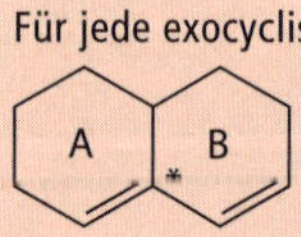 *: exocyclische Doppelbindung (nur eine bezüglich Ring B)	5
Für jede zusätzlich konjugierte Doppelbindung (nur ein Ende) addiere	30
Für jedes homoannulare (statt acyclische oder heteroannulare) Dien addiere 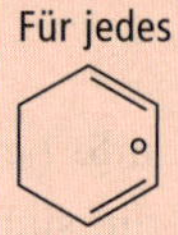 °: homoannular (im gleichen Ring)	39
Beachte: In Fällen, in denen beide Typen von Dienen in einem Molekül vorkommen, dient dasjenige mit dem längerwelligen Absorptionsmaximum als Stammchromophor. Zählen Sie die zusätzliche Doppelbindung *nicht* als einen zusätzlichen Substituenten, da dieser Effekt bereits berücksichtigt ist.	

Aus: Woodward, R.B. 1941. *J. Am. Chem. Soc. 63*: 1123; Woodward, R.B. 1942. *J. Am. Chem. Soc. 64*: 72,76; Fieser, L.F. und Fieser, M. 1949: *Natural Products Related to Phenanthrene.* Reinhold, New York.

Tabelle 14.10: Woodward-Fieser-Regeln für die Berechnung der Lage des Absorptionsmaximums von Dienen und Polyenen mit einer Genauigkeit von etwa 3 nm. *(Fortsetzung)*

Substituent oder struktureller Parameter	λ-Inkrement [nm]
Für jede der folgenden polaren Gruppen addiere außerdem das angegebene λ-Inkrement:	
–O–Acyl	0
–OR	6
–SR	30
–Cl, –Br	5
$-NR_2$	60
Lösungsmittelkorrektur	0

Aus: Woodward, R.B. 1941. *J. Am. Chem. Soc. 63*: 1123; Woodward, R.B. 1942. *J. Am. Chem. Soc. 64*: 72,76; Fieser, L.F. und Fieser, M. 1949: *Natural Products Related to Phenanthrene.* Reinhold, New York.

Die folgenden Beispiele für die Anwendung der Woodward-Fieser-Regeln auf steroidale Diene und Triene zeigen den erheblichen Einfluss eines homoannularen Diens sowie einer erweiterten Konjugation auf die Lage des Absorptionsmaximums der $\pi \rightarrow \pi^*$-Bande:

Symbol		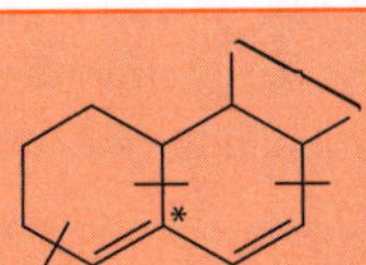	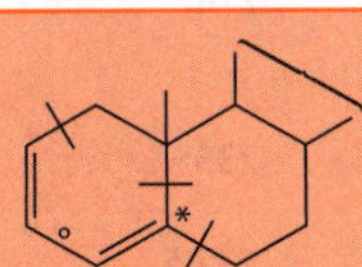	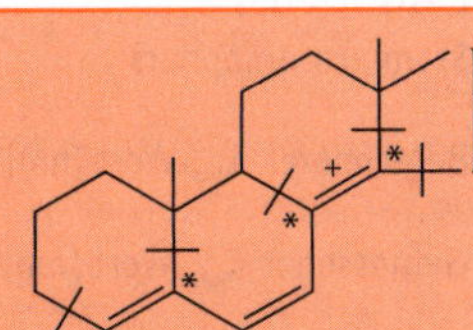
—	Alkylsubstituent (5)	15 (3 × 5)	15 (3 × 5)	25 (5 × 5)
*	Exocyclische Doppelbindung (5)	5 (1 × 5)	5 (1 × 5)	15 (3 × 5)
+	Zusätzliche Konjugation (30)	0	0	30 (1 × 30)
∘	Homoannulares Dien (39)	0	39 (1 × 39)	0
	Basiswert des Stammchromophors	214	214	214
	Berechneter λ_{max}-Wert [nm]	**234**	**273**	**284**
	Gemessener λ_{max}-Wert[a] [nm]	**235**	**275**	**283**

Die Daten stammen aus: Scott, A.I. 1964: *Interpretation of the Ultraviolet Spectra of Natural Products.* Pergamon Press, New York. [a]Steroide.

Wir wollen die Anwendung der Woodward-Fieser-Regeln zunächst an zwei weiteren Beispielen von Di- und Trienen veranschaulichen.

1. Abietinsäure und Levopimarinsäure sind steroidale Naturstoffe, die jeweils zwei konjugierte C=C-Doppelbindungen enthalten. An den Absorptionsbanden bei λ_{max} = 237,5 nm (ε_{max} = 10.000 M^{-1} cm^{-1}) einerseits und λ_{max} = 272,5 nm (ε_{max} = 7000 M^{-1} cm^{-1}) andererseits in ihren

UV/Vis-Spektren kann die Konjugation der Doppelbindungen klar erkannt werden. Welches der Spektren von welcher der beiden Verbindungen stammt, kann mithilfe der Woodward-Fieser-Regeln folgendermaßen ermittelt werden:

	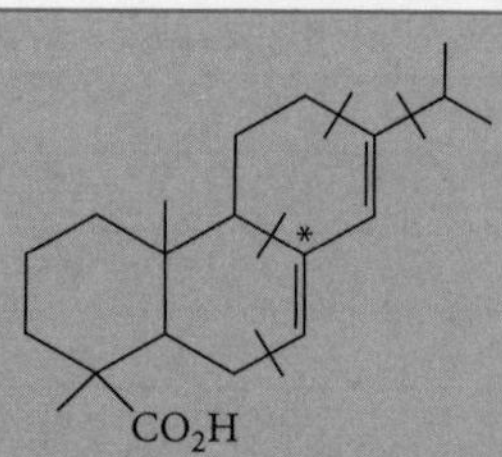 Abietinsäure	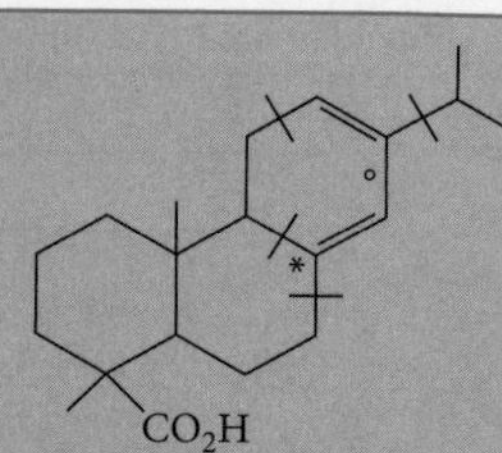 Levopimarinsäure
Alkylsubstituent (5)	20 (4 × 5)	20 (4 × 5)
Exocyclische Doppelbindung (5)	5 (1 × 5)	5 (1 × 5)
Zusätzliche Konjugation (30)	0	0
Homoannulares Dien (39)	0	39 (1 × 39)
Basiswert des Stammchromophors	214	214
Berechneter λ_{max}-Wert [nm]	**239**	**278**
Gemessener λ_{max}-Wert [nm]	**237,5**	**272,5**

2. Auch die UV-Spektren der isomeren Triene $\Delta^{2,4,6}$-Cholestatrien, $\Delta^{3,5,7}$-Cholestatrien und $\Delta^{5,7,9(11)}$-Androstan-3β,17β-diol können mithilfe der Woodward-Fieser-Regeln den einzelnen Verbindungen zugeordnet werden. Die π→π*-Banden der drei Substanzen erscheinen bei (gemessenen) λ_{max}-Werten von 306, 315 beziehungsweise 324 nm. Die Anwendung der Woodward-Fieser-Regeln führt zu folgenden Werten, die eine Zuordnung ermöglichen:

	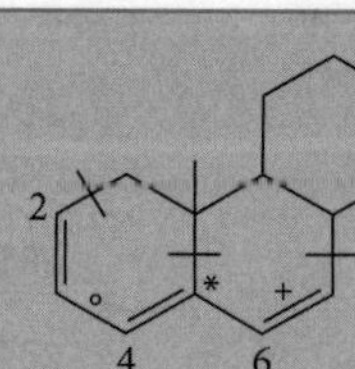	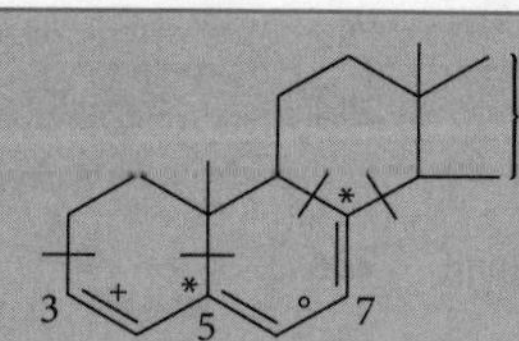	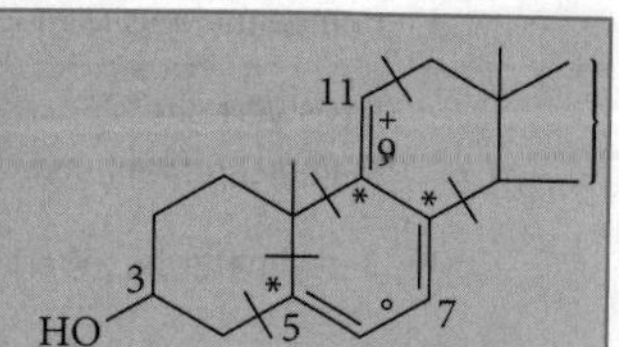
Alkylsubstituent (5)	15 (3 × 5)	20 (4 × 5)	25 (5 × 5)
Exocyclische Doppelbindung (5)	5 (1 × 5)	10 (2 × 5)	15 (3 × 5)
Zusätzliche Konjugation (30)	30 (1 × 30)	30 (1 × 30)	30 (1 × 30)
Homoannulares Dien (39)	39 (1 × 39)	39 (1 × 39)	39 (1 × 39)

	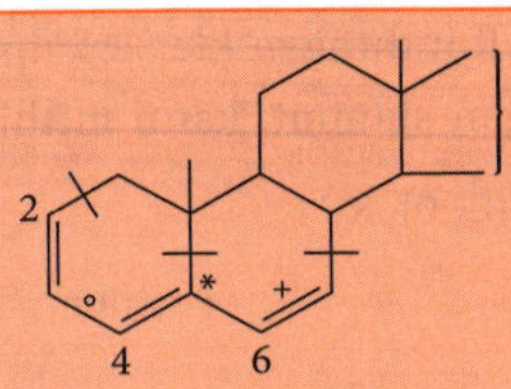	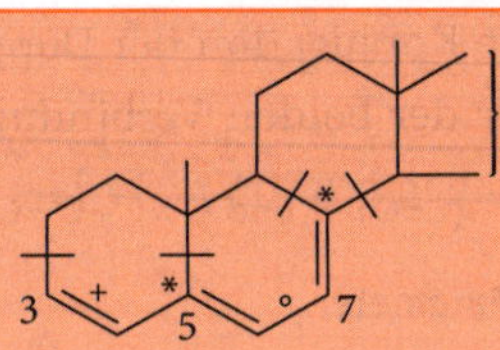	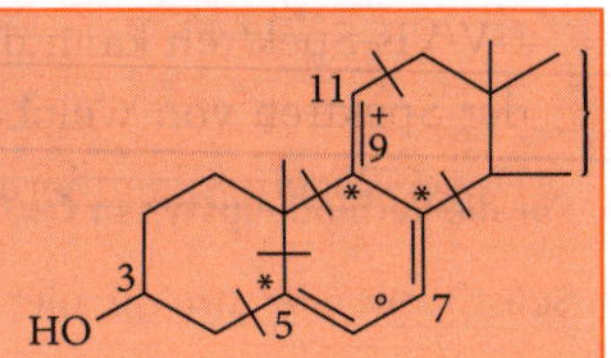
Basiswert des Stammchromophors	214	214	214
Berechneter λ_{max}-Wert [nm]	**303**	**313**	**323**
Gemessener λ_{max}-Wert [nm]	**306**	**315**	**324**

Die Daten stammen aus: Scott, A.I. 1964: *Interpretation of the Ultraviolet Spectra of Natural Products.* Pergamon Press, New York.

14.10.2 Konjugierte Ketone, Aldehyde, Säuren und Ester

Wie bei den Dienen und Polyenen haben Woodward, Fieser und Fieser auch für α,β-ungesättigte Carbonylverbindungen auf der Grundlage der Analyse der UV-Spektren zahlreicher Terpene und Steroide Regeln zur Vorhersage von λ_{max} der π→π*-Bande formuliert. Diese Regeln finden Sie in ► Tabelle 14.11. Auch in diesem Fall beginnt die Berechnung mit einem Basiswert für das Stammchromophor und wird mit der Addition von Inkrementen für verschiedene Substituenten beziehungsweise strukturelle Parameter fortgesetzt. Die Regeln liefern eine gute Abschätzung von λ_{max} für die Messung in Ethanol. Werden andere Lösungsmittel verwendet, müssen entsprechend Tabelle 14.11 Korrekturen vorgenommen werden.

Tabelle 14.11: Woodward-Fieser-Regeln für die Berechnung der Lage des Absorptionsmaximums von ungesättigten, konjugierten Carbonylverbindungen.

Für die Verbindungstypen $C^{\beta}=C^{\alpha}-(C=O)-R$ und $C^{\delta}=C^{\gamma}-C^{\beta}=C^{\alpha}-(C=O)-R$		
Substituent oder struktureller Parameter	**Position**	**λ-Inkrement [nm]**
Basiswert der α,β-ungesättigten Carbonylverbindung bei offenkettigen und cyclischen Ketonen mit sechsgliedrigen oder größeren Ringen sowie R = Alkyl		215
Basiswert der α,β-ungesättigten Carbonylverbindung bei cyclischen Ketonen mit fünfgliedrigen Ringen		202
Basiswert der α,β-ungesättigten Carbonylverbindung bei Aldehyden (R = H)		207
Basiswert der α,β-ungesättigten Carbonylverbindung bei Carbonsäuren oder Estern (R = OH oder OR)		193
Für jeden α-Alkylsubstituenten addiere		10
Für jeden β-Alkylsubstituenten addiere		12

Aus: Woodward, R.B. 1941. *J. Am. Chem. Soc.* **63**: 1123; Woodward, R.B. 1942. *Am. Chem. Soc.* **64**: 72,76; Fieser, L.F. und Fieser, M. 1949: *Natural Products Related to Phenanthrene.* Reinhold, New York; Scott, A.I. 1964: *Interpretation of the UV Sprectra of Natural Products.* Pergamon Press, New York.

Tabelle 14.11: Woodward-Fieser-Regeln für die Berechnung der Lage des Absorptionsmaximums von ungesättigten, konjugierten Carbonylverbindungen. *(Fortsetzung)*

Für die Verbindungstypen $C^{\beta}=C^{\alpha}-(C=O)-R$ und $C^{\delta}=C^{\gamma}-C^{\beta}=C^{\alpha}-(C=O)-R$		
Substituent oder struktureller Parameter	**Position**	**λ-Inkrement [nm]**
Enthält das konjugierte System weitere Doppelbindungen, addiere für jeden Alkylsubstituenten in den Positionen γ, δ et cetera		18
Für jede exocyclische C=C-Doppelbindung addiere		5
Für jede zusätzliche Konjugation addiere (dabei die zusätzliche Doppelbindung nicht als Substituenten zählen, da dieser Effekt hier bereits berücksichtigt ist)		30
Für jedes homoannulare System addiere		39
Für jede der folgenden polaren Gruppen addiere außerdem das angegebene λ-Inkrement:		
–OH	α	35
	β	30
	δ	50
–O–Acyl	α, β, δ	6
–OR	α	35
	β	30
	γ	17
	δ	31
–SR	β	85
–Cl	α	15
	β	12
–Br	α	25
	β	30
$-NR_2$	β	95
Bei Verwendung eines der folgenden Lösungsmittel addiere außerdem das angegebene λ-Inkrement:		
Ethanol, Methanol		0
Chloroform		1
Dioxan		5
Diethylether		7
Hexan, Cyclohexan		11
Wasser		−8

Aus: Woodward, R.B. 1941. *J. Am. Chem. Soc.* **63**: 1123; Woodward, R.B. 1942. *Am. Chem. Soc.* **64**: 72,76; Fieser, L.F. und Fieser, M. 1949: *Natural Products Related to Phenanthrene.* Reinhold, New York; Scott, A.I. 1964: *Interpretation of the UV Sprectra of Natural Products.* Pergamon Press, New York.

Die folgenden Beispiele für die Anwendung der Woodward-Fieser-Regeln auf ein steroidales Enon, zwei Dienone und ein Trienon geben einen ersten praktischen Einblick in die Anwendung der Woodward-Fieser-Regeln zur Vorhersage der Lage des Absorptionsmaximums der $\pi \rightarrow \pi^*$-Bande von α,β-ungesättigten und höher konjugierten Carbonylverbindungen:

	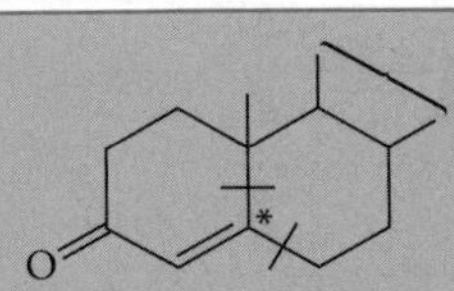	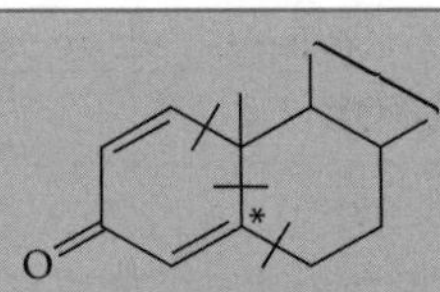	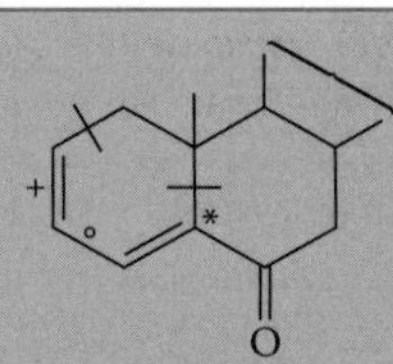	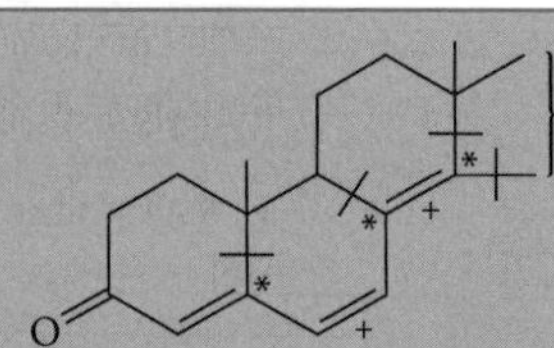
α-Alkylsubstituent (10)	0	0	10 (1 × 10)	0
β-Alkylsubstituent (12)	24 (2 × 12)[a]	24 (2 × 12)[b]	0[a]	12 (1 × 12)[a]
γ-, δ-Alkyl-substituent (et cetera) (18)	0	0	18 (1 × 18)	54 (3 × 18)
Exocyclische Doppelbindung (5)	5 (1 × 5)	5 (1 × 5)	5 (1 × 5)	15 (3 × 5)
Zusätzliche Konjugation (30)	0	0[b]	30 (1 × 30)	60 (2 × 30)
Homoannulares Dien (39)	0	0	39 (1 × 39)	0
Basiswert des Stammchromophors	215	215	215	215
Berechneter λ_{max}-Wert [nm]	**244**	**244**	**317**	**356**
Gemessener λ_{max}-Wert[c] [nm]	**241**	**244**	**314**	**348**

[a]Zählen Sie die C=C-Doppelbindung nicht als Substituenten; dieser Effekt ist bereits im Basiswert oder einem der anderen Inkremente berücksichtigt. [b]Bei gekreuzt konjugierten Systemen zählen Sie nur die höher substituierte Doppelbindung. [c]Die Daten stammen aus: Scott, A.I. 1964: *Interpretation of the UV Sprectra of Natural Products.* Pergamon Press, New York.

Bei Betrachtung der obigen Werte werden Sie feststellen, dass die Vorhersagen für das Enon und die Dienone sehr gut mit den gemessenen Werten übereinstimmen, während der Wert für das Trienon etwas stärker abweicht, aber immer noch brauchbar ist.

Damit Sie mit der Anwendung der Woodward-Fieser-Regeln auf α,β-ungesättigte Carbonylverbindungen noch vertrauter werden, beschreiben wir im Folgenden zwei weitere Beispiele:

1. Können die regioisomeren Ketone $\Delta^{3,5}$-Cholestan-7-on und $\Delta^{3,5}$-Cholestan-2-on anhand ihrer UV/Vis-Spektren unterschieden werden?

	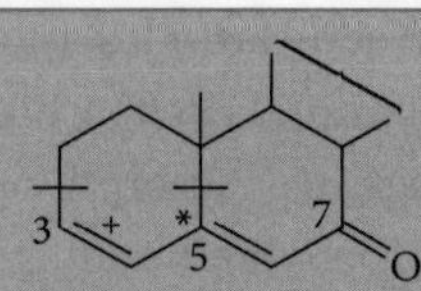	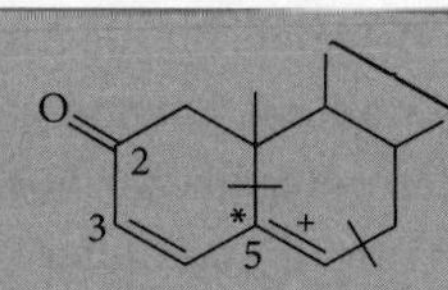
α-Alkylsubstituent (10)	0	0
β-Alkylsubstituent (12)	12 (1 × 12)	0
γ-, δ-Alkylsubstituent (et cetera) (18)	18 (1 × 18)	36 (2 × 18)
Exocyclische Doppelbindung (5)	5 (1 × 5)	5 (1 × 5)
Zusätzliche Konjugation (30)	30 (1 × 30)	30 (1 × 30)
Basiswert des Stammchromophors	215	215
Berechneter λ_{max}-Wert [nm]	**280**	**286**
Gemessener λ_{max}-Wert [nm]	**277**	**290**

Die Daten stammen aus: Scott, A.I. 1964: *Interpretation of the Ultraviolet Spectra of Natural Products.* Pergamon Press, New York.

2. Die π→π*-Banden der nachfolgenden Trienon-Steroide erscheinen bei λ_{max}-Werten von 348 beziehungsweise 388 nm. Mithilfe der Woodward-Fieser-Regeln können die Banden folgendermaßen den beiden Strukturen zugeordnet werden:

	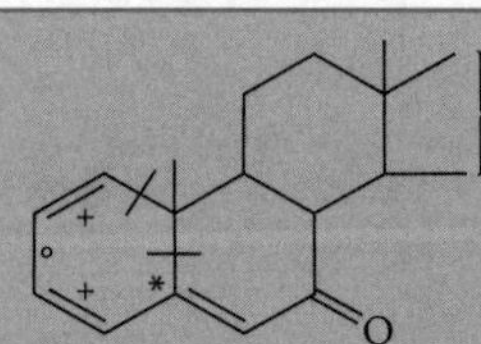	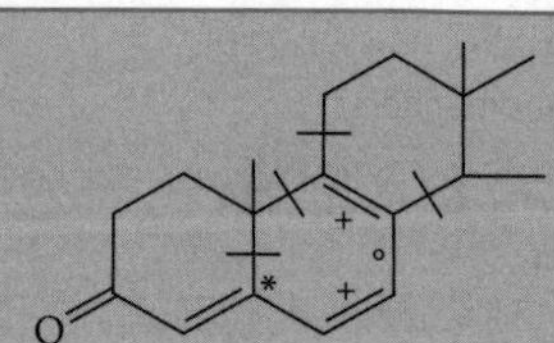
α-Alkylsubstituent (10)	0	0
β-Alkylsubstituent (12)	12 (1 × 12)	12 (1 × 12)
γ-, δ-Alkylsubstituent (et cetera) (18)	18 (1 × 18)	54 (3 × 18)
Exocyclische Doppelbindung (5)	5 (1 × 5)	5 (1 × 5)
Zusätzliche Konjugation (30)	60 (2 × 30)	60 (2 × 30)
Homoannulares Dien (39)	39 (1 × 39)	39 (1 × 39)
Basiswert des Stammchromophors	215	215
Berechneter λ_{max}-Wert [nm]	**349**	**385**
Gemessener λ_{max}-Wert [nm]	**348**	**388**

Literaturhinweise

Jaffé, H.H. und Orchin, M. 1962: *Theory and Applications of Ultraviolet Spectroscopy*. John Wiley & Sons Inc., New York.

Lambert, J.B., Shurvell, H.F., Verbit, L., Cooks, R.G. und Stout, G.H. 1976: *Organic Structural Analysis*. Macmillan Publishing, New York.

Robin, M.B., Bovey, F.A. und Basch, H. in: Zabichy, J. (Hrsg.) 1970: *The Chemistry of Amides*. Wiley-Interscience, New York.

Benderly, H. und Rosenheck, K. 1972. *Chem. Commun.* 179.

Merer, A.J. und Mulliken, R.S. 1969. *Chem. Rev.* **63**: 639.

Hansen, A.E. und Bouman, T.D. 1980. *Adv. Chem. Phys.* **44**: 545.

Bouman, T.D., Hansen, A.E., Voigt, B. und Ruttrup, S. 1983. *Int. J. Quantum Chem.* **23**: 595.

Murrell, J.N. 1965. *J. Chem. Soc.* 3779.

Vinogradov, S.N. und Linnell, R.H. 1971: *Hydrogen Bonding*. Van Nostrand Reinhold, New York.

Foster, R. (Hrsg.) 1973: *Molecular Complexes*. Elek Science, London.

Mataga, N. und Kubota, T. 1970: *Molecular Interactions and Electronic Spectra*. Marcel Dekker, New York.

Mulliken, R.S. und Person, W. 1969: *Molecular Complexes*. John Wiley & Sons Inc., New York.

Foster, R. 1969: *Organic Charge Transfer Complexes*. Academic Press, New York.

Lightner, D.A., Gawronski, J.K., Hansen, A.E. und Bouman, T.D. 1981. *J. Am. Chem. Soc.* **103**: 4291.

Übungsaufgaben

Übungsaufgaben Kapitel 1

1. Stellen Sie fest, ob es sich bei den folgenden Paaren von Molekülen jeweils um Strukturisomere oder Stereoisomere handelt.

(a)

(b)

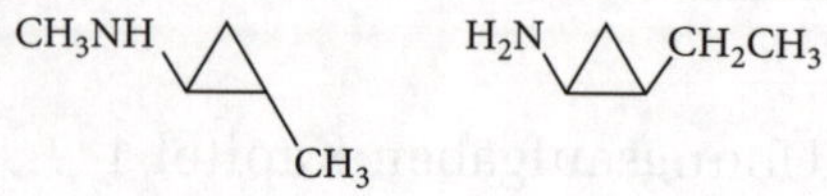

(c)

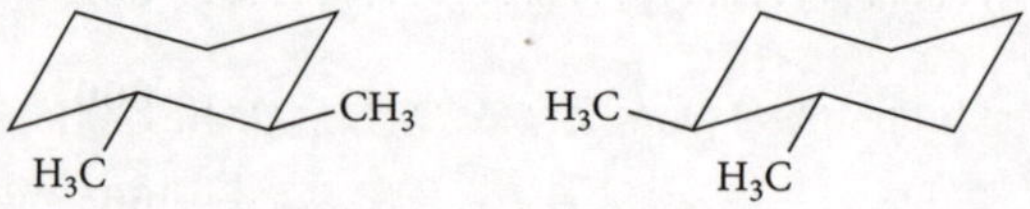

(d) $C_6H_5CH_2O\overset{O}{\overset{\|}{C}}CH_3$ $\quad$ $C_6H_5O\overset{O}{\overset{\|}{C}}CH_2CH_3$

(e)

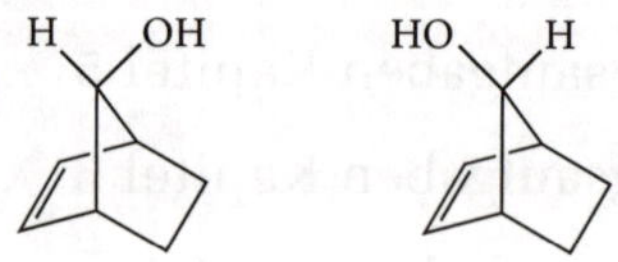

2. Führen Sie mit jedem der Moleküle aus Aufgabe 1 die folgenden Operationen durch.
   (a) Schreiben Sie die Summenformel auf und berechnen Sie die gewichtsprozentualen Anteile der Elemente C, H, N und O (soweit vorhanden).
   (b) Bestimmen Sie den Ungesättigtheitsgrad des Moleküls.
   (c) Bennen Sie die funktionellen Gruppen des Moleküls, sofern es welche enthält.
3. Bestimmen Sie für die Moleküle in den Aufgaben 1a, 1d und 1e die Anzahl und die relativen Verhältnisse der verschiedenen Typen von Kohlenstoffatomen einerseits und Wasserstoffatomen andererseits. *Hinweis:* Atome werden als unterschiedlich betrachtet, wenn sie nicht durch eine Symmetrieoperation wie die Spiegelung an einer Ebene oder die Rotation um eine Achse aufeinander abgebildet werden können, ohne dadurch die Struktur des Moleküls zu verändern.
4. Ermitteln Sie die einfachste Summenformel der Moleküle, deren Elementaranalyse die nachfolgend genannten Ergebnisse liefert.
   (a) C: 59,89 %; H: 8,12 %; O: 31,99 %.
   (b) C: 66,02 %; H: 10,34 %; N: 10,96 %; O: 12,68 %.

Weitere Übungsaufgaben, Lösungen zu den Übungsaufgaben sowie zusätzliche Lernmaterialien finden Sie auf der Companion Website zum Buch unter: www.pearson-studium.de

Übungsaufgaben Kapitel 2

Setzen Sie in den folgenden Übungsaufgaben eine schnelle Rotation um alle Einfachbindungen voraus.

1. Welche Multiplizität weisen die Resonanzsignale der verschiedenen Protonen (^1H) der folgenden Moleküle auf?

(a) $ClCH_2CH_2CH_2Cl$ (b) $BrCH(CH_3)_2$ (c) 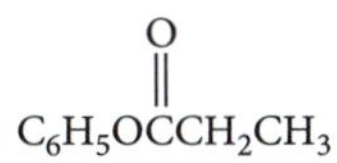 (d) 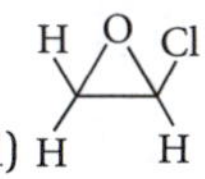

2. Welche Multiplizitäten besitzen die verschiedenen ^1H- und ^{13}C-Resonanzsignale der folgenden Moleküle bei fehlender Entkopplung? Geben Sie für die ^{13}C-Signale nur die Multiplizitäten an, die durch die Kopplung mit direkt an die Kohlenstoffatome gebundenen Wasserstoffatomen (^1J-C,H-Kopplungen) hervorgerufen werden. Berücksichtigen Sie für die Multiplizitäten der ^1H-Signale nur vicinale Kopplungen zu anderen Protonen (^3J, H–C–C–H).

(a) 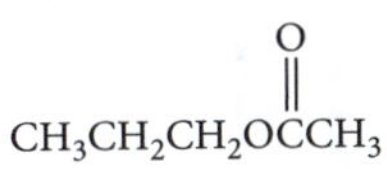 (b) 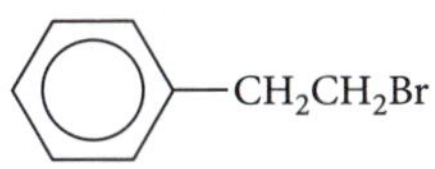 (c) 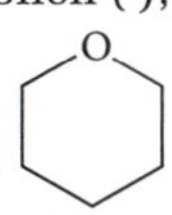 (d) $N(CH_2CH_3)_3$

(e) 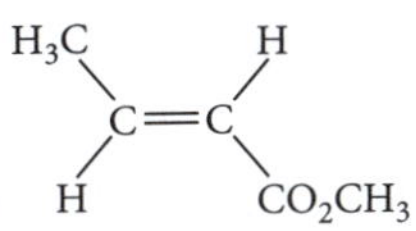

3. Führen Sie für jedes der folgenden 300-MHz-^1H-NMR-Spektren die folgenden Arbeitsschritte durch: **(i)** Berechnen Sie aus der Summenformel den Ungesättigtheitsgrad U (siehe Gleichung 1.1). **(ii)** Ermitteln Sie die relativen Intensitäten (Integrale) der einzelnen Signale für jede Gruppe von Protonen. Bestimmen Sie dann mithilfe der Gesamtzahl von Protonen in einem Molekül (Summenformel) und der Zuordnung eines Signals zu einer spezifischen Gruppe die absolute Anzahl der Protonen pro Molekül, die durch jedes Signal repräsentiert wird. **(iii)** Leiten Sie aus den verfügbaren Daten eine Struktur des Moleküls ab. Vergewissern Sie sich noch einmal, dass Ihr Strukturvorschlag in jeder Hinsicht mit der Summenformel und dem NMR-Spektrum im Einklang steht – zum Beispiel bezüglich der Anzahl chemisch unterschiedlicher Protonen, der Intensitäten der Signale und deren Aufspaltungsmuster.

(a) C_4H_9Br

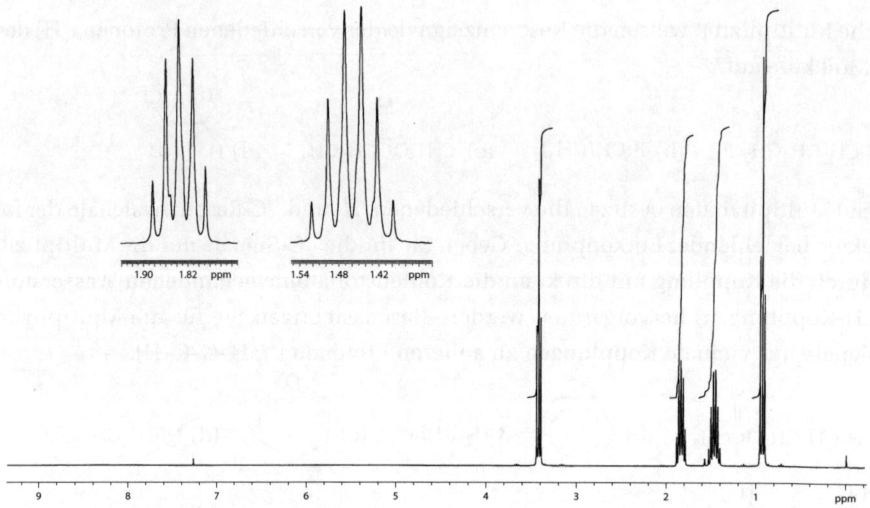

(b) $C_7H_{16}O_3$ (Das Resonanzsignal bei 1,2 ppm ist ein Triplett und das bei 3,6 ppm ein Quartett.)

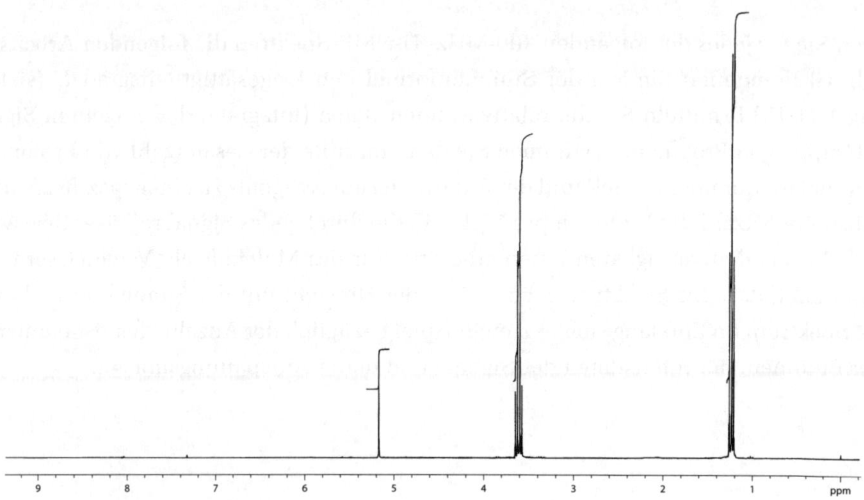

(c) $C_5H_8O_2$ (Ignorieren Sie zunächst die Stereochemie.)

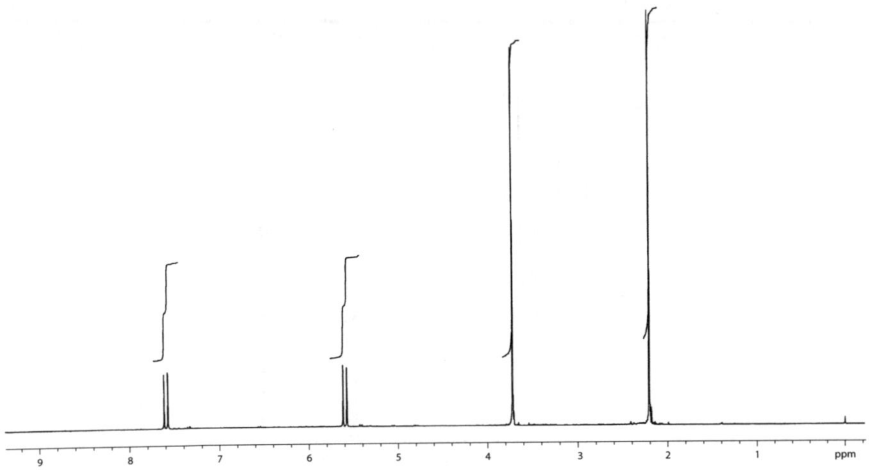

(d) $C_9H_{11}O_2N$ (*Hinweis*: Die beiden Resonanzsignale bei den größten chemischen Verschiebungen [$\delta = 6{,}6$ ppm und $\delta = 7{,}8$ ppm] stammen von einem *para*-disubstituierten Phenylring. Es handelt sich um zwei Dubletts. Das Signal bei 4,3 ppm ist ein Quartett und das bei 1,4 ppm ein Triplett.)

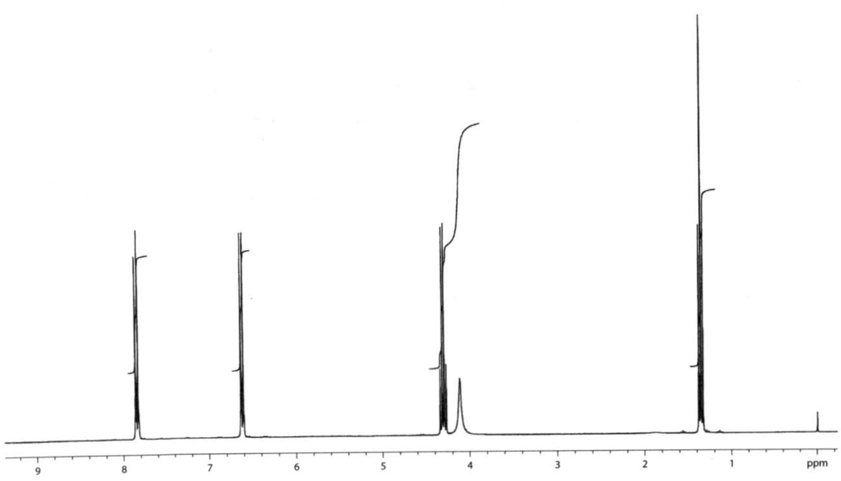

(e) C_5H_9ON (Die Resonanzsignale bei 1,2 ppm und 2,6 ppm sind Tripletts.)

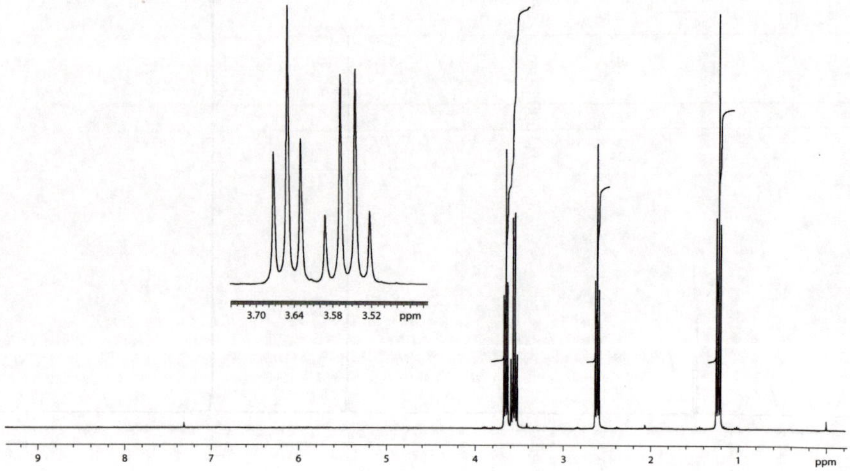

Weitere Übungsaufgaben, Lösungen zu den Übungsaufgaben sowie zusätzliche Lernmaterialien finden Sie auf der Companion Website zum Buch unter: www.pearson-studium.de

Übungsaufgaben Kapitel 3

1. In einem trisubstituierten Benzol-Derivat trägt der aromatische Ring ein Bromatom und zwei Methoxygruppen. Die ^{1}H-chemischen Verschiebungen der verbleibenden drei aromatischen Protonen betragen 6,40 ppm, 6,46 ppm und 7,41 ppm. Bestimmen Sie das Substitutionsmuster am aromatischen System.
2. Oktaedrische Cobaltkomplexe (CoL_6) weisen drei vollständig besetzte t_{2g}- und zwei leere e_g-Molekülorbitale auf. Die ^{59}Co-chemischen Verschiebungen einer Reihe von Cobaltkomplexen verhalten sich proportional zur Wellenlänge des ersten Absorptionssignals (niedrigste Wellenlänge) im UV/Vis-Spektrum. Trägt man die ^{59}Co-chemische Verschiebung dieser Komplexe in einem Diagramm gegen die genannte Wellenlänge auf, erhält man eine Gerade. Erklären Sie diese Linearität mithilfe von Gleichung 3.10.

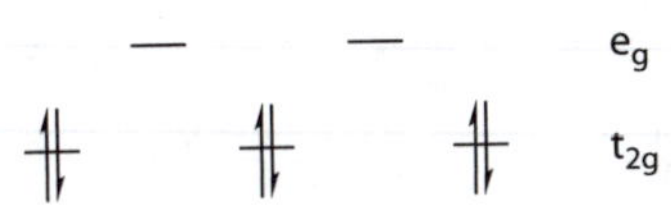

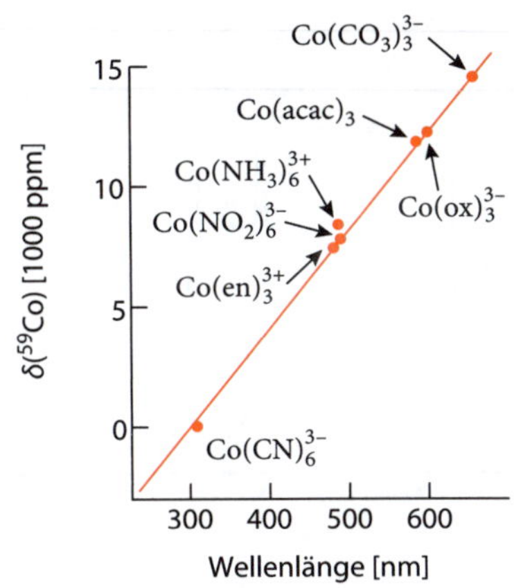

3. Berechnen Sie die zu erwartenden ^{13}C-chemischen Verschiebungen für alle Kohlenstoffatome der folgenden Moleküle. Vernachlässigen Sie dabei die δ- und ε-Effekte und berechnen Sie auch nicht die chemische Verschiebung des Nitrilkohlenstoffatoms in (d).
   (a) $CH_3CH_2CH(CH_3)CH(CH_3)_2$
   (b) $ICH_2CH_2CH_2Br$
   (c) $CH_3CH_2CH(NO_2)CH_3$
   (d) $(CH_3)_3CCN$
4. Findet man die Resonanzsignale der H_α- oder die Resonanzsignale der H_β-Protonen von Naphthalen (siehe Strukturformel) bei höherer Frequenz (tieferem Feld)? Warum? Vergleichen Sie die chemischen Verschiebungen der Protonen des Naphthalens mit denen von Benzol.

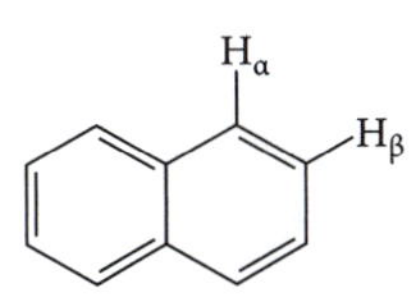

5. Das Hydroxylproton von Phenol (C_6H_5**OH**) zeigt eine chemische Verschiebung von 5,80 ppm, wenn das ^{1}H-NMR-Spektrum einer *verdünnten* Lösung von Phenol in $CDCl_3$ gemessen wird. Wird dagegen das Spektrum einer *verdünnten* Lösung von 2-Nitrophenol in $CDCl_3$ gemessen, findet man das Resonanzsignal des Hydroxylprotons bei 10,67 ppm. Erklären Sie diese unterschiedlichen Resonanzfrequenzen.
6. Ermitteln Sie aus den 300-MHz-^{1}H- und 75-MHz-^{13}C-NMR-Spektren in den Aufgaben (a) bis (g) die Struktur der jeweiligen Verbindung. *Hinweis*: Das 1:1:1-Triplett bei 78 ppm in den ^{13}C-NMR-Spektren stammt vom deuterierten Lösungsmittel $CDCl_3$, das in allen Fällen außer in Aufgabe (f) verwendet wurde.

(a) $C_4H_6O_2$

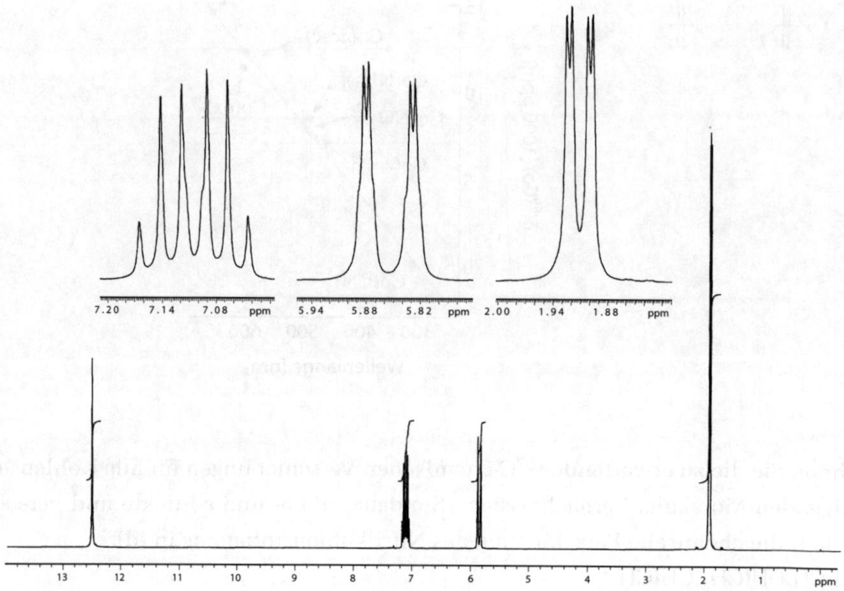
7.20 7.14 7.08 ppm
5.94 5.88 5.82 ppm
2.00 1.94 1.88 ppm
13 12 11 10 9 8 7 6 5 4 3 2 1 ppm

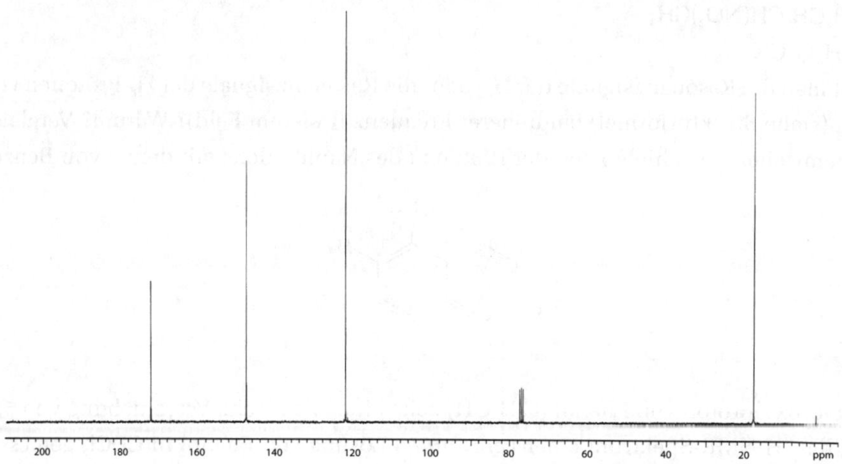
200 180 160 140 120 100 80 60 40 20 ppm

(b) $C_4H_8Cl_2$

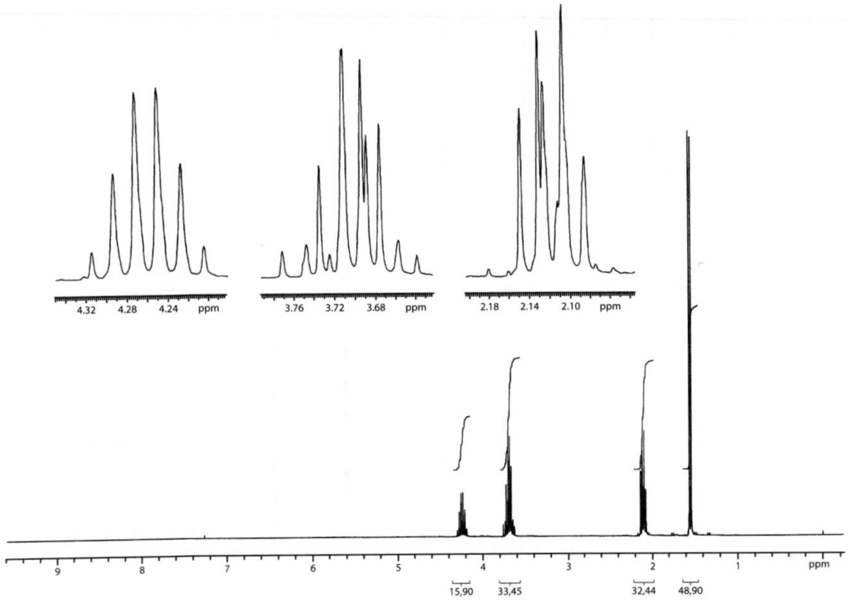

4.32 4.28 4.24 ppm
3.76 3.72 3.68 ppm
2.18 2.14 2.10 ppm
9 8 7 6 5 4 3 2 1 ppm
15,90
33,45
32,44
48,90

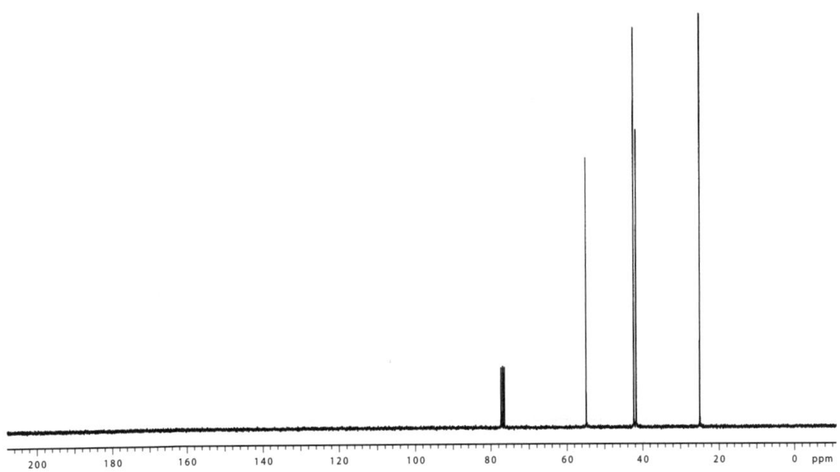

200 180 160 140 120 100 80 60 40 20 0 ppm

(c) C_5H_9OCl

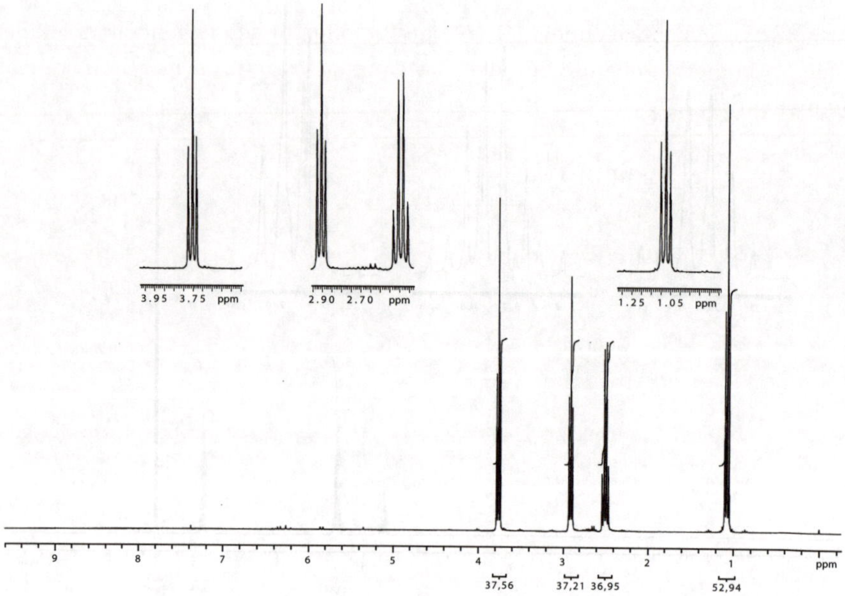

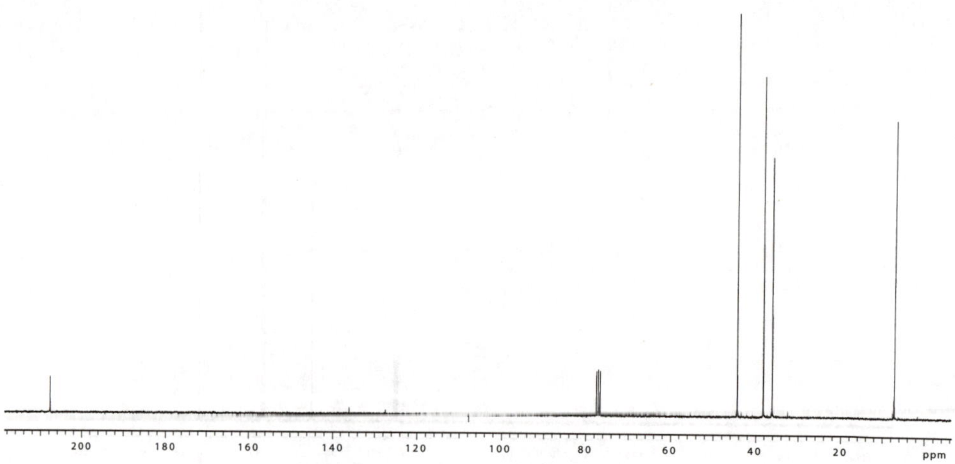

Weitere Übungsaufgaben, Lösungen zu den Übungsaufgaben sowie zusätzliche Lernmaterialien finden Sie auf der Companion Website zum Buch unter: www.pearson-studium.de

Übungsaufgaben Kapitel 4

1. Geben Sie für die gekennzeichneten Paare von Protonen in den folgenden Molekülen jeweils an, ob sie (1) homotop, enantiotop oder diastereotop sowie (2) magnetisch äquivalent oder nichtäquivalent sind.

(a)
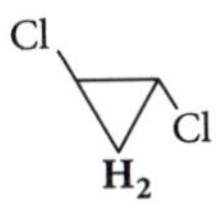

(b)
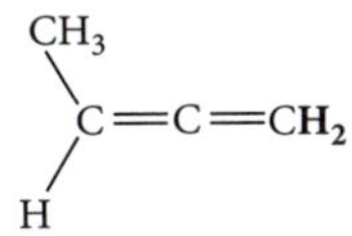

(c)
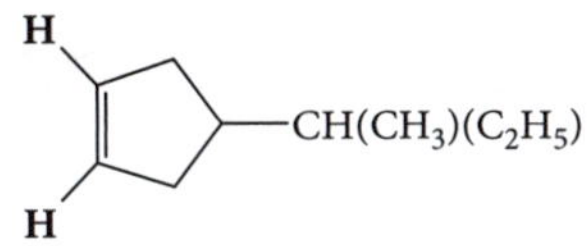

(d)
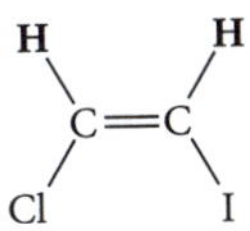

(e)
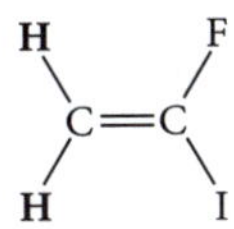

(f)
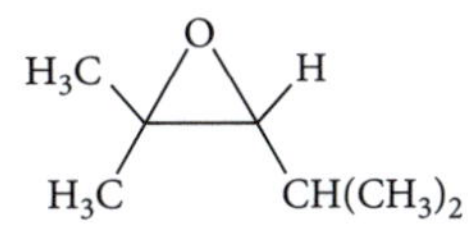

(zwei Antworten – eine für jedes Paar geminaler Methylgruppen)

(g)
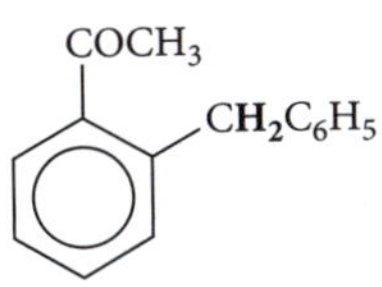

(h)
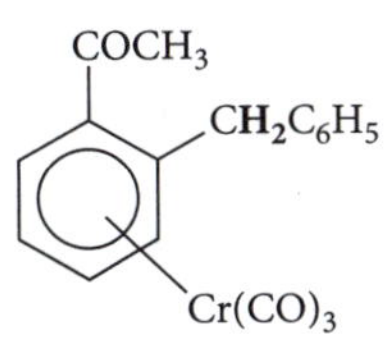

(i)
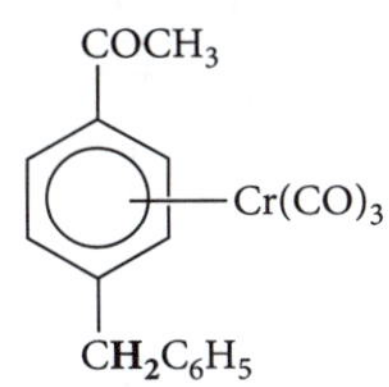

2. (a) Sind die Protonen an der Doppelbindung des folgenden Moleküls homotop, enantiotop oder diastereotop? Warum?

(b) Beantworten Sie die gleiche Frage wie in (a) für das folgende Molekül.

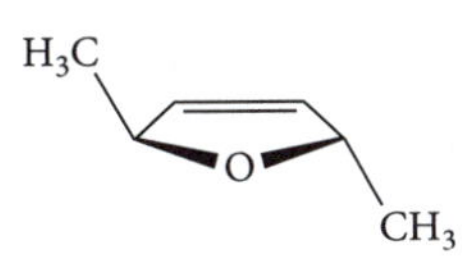

(c) Benennen Sie die Spinsysteme der Protonen in den Molekülen aus (a) und (b) gemäß der Pople-Nomenklatur.

3. Die 3´-Protonen des unten abgebildeten Inden-Dimers ergeben das darunter stehende 600-MHz-^{1}H-NMR-Spektrum. Konstruieren Sie den Aufspaltungsbaum für diese Protonen. Bestimmen Sie zunächst näherungsweise die Kopplungskonstanten. Ordnen Sie dann die Kopplungskonstanten den richtigen Protonenpaaren in der Struktur zu und erklären Sie die Größe der Kopplungskonstanten anhand der Struktur und der Stereochemie.

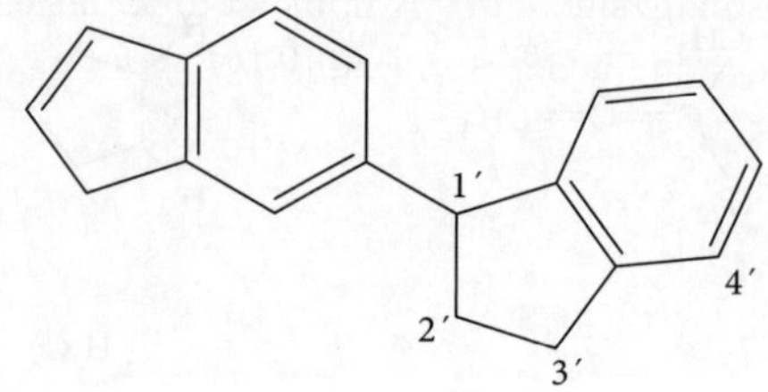

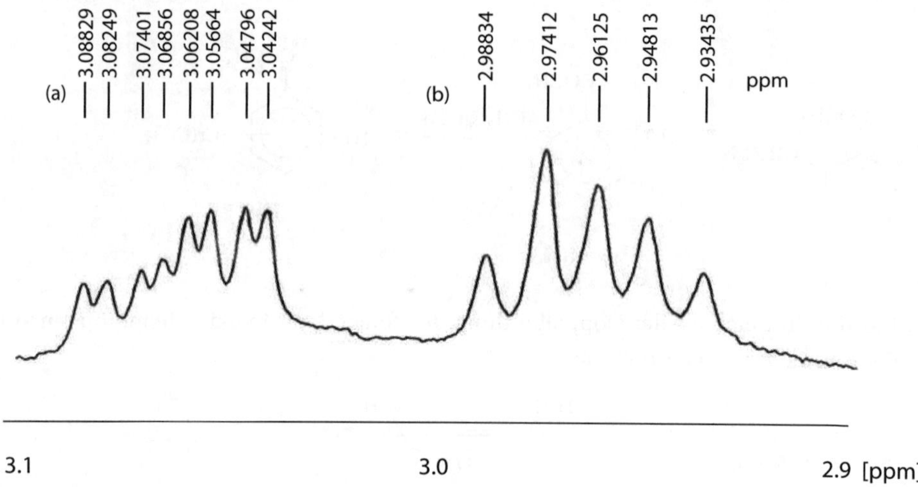

Mit freundlicher Genehmigung von: Spiteller, P., Spiteller, M. und Jovanovich, J. 2002. *Magn. Reson. Chem.* **40**: 372.

4. Benennen Sie die Spinsysteme der folgenden Moleküle nach Pople (AX, AMX, AA´XX´ et cetera). Berücksichtigen Sie dabei nur die magnetischen Kerne, die für die sichtbaren Kopplungen im ^{1}H-NMR-Spektrum relevant sind.

(a)

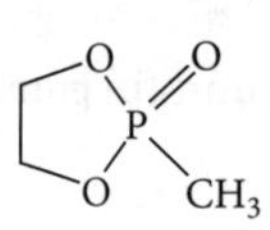

(b) $Ph(CH_3)P—P(CH_3)Ph$

(Ignorieren Sie die aromatischen Protonen.)

(c)

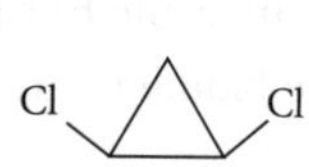

(d)

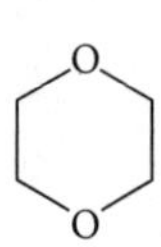

(Nehmen Sie langsames Umklappen des Rings an.)

(e)

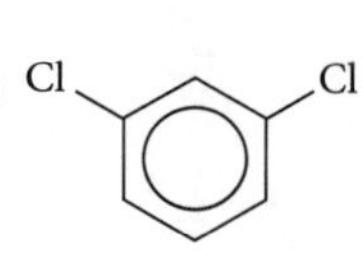

5. Zeichnen Sie die Newman-Projektionen der verschiedenen Rotamere von 2-Chlorethanol ($ClCH_2CH_2OH$). Benennen Sie das Spinsystem der vier Methylenprotonen nach Pople für jedes Rotamer bei langsamer Rotation um die C–C-Bindung sowie für das gemittelte System bei schneller Rotation.
6. Betrachten Sie das folgende ^1H-entkoppelte ^{31}P-NMR-Spektrum des Platinkomplexes mit der dargestellten Struktur (das Resonanzsignal des Anions ist nicht abgebildet). Erklären Sie alle Peaks des Spektrums und benennen Sie das Spinsystem. Wie müsste das ^{195}Pt-NMR-Spektrum des Komplexes aussehen?

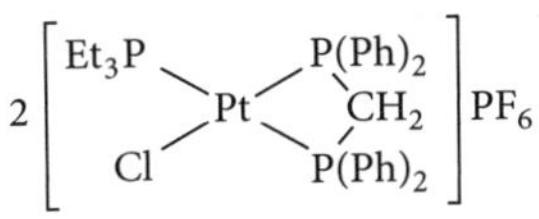

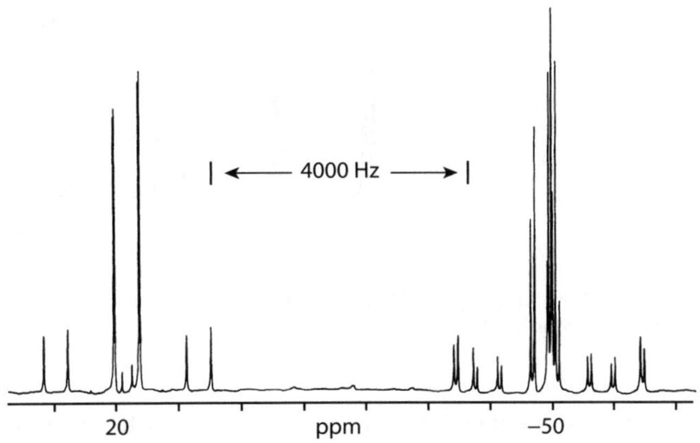

Mit freundlicher Genehmigung der American Chemical Society. Aus: Berry, D.E. 1994. *J. Chem. Educ.* **71**: 899–902. Copyright 1994 American Chemical Society.

7. Zwischen Phosphor und Schwefel sind mehrere binäre Strukturen möglich, wie zum Beispiel die drei folgenden:

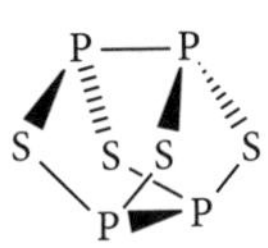

α-P_4S_4

β-P_4S_4

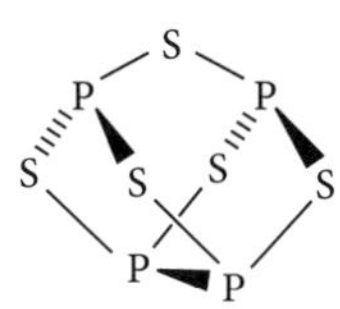

β-P_4S_5

(a) Benennen Sie die Spinsysteme dieser Moleküle nach Pople.

(b) Ordnen Sie die folgenden drei ^{31}P-NMR-Spektren den obigen Molekülen zu und erklären Sie alle Signalaufspaltungen.

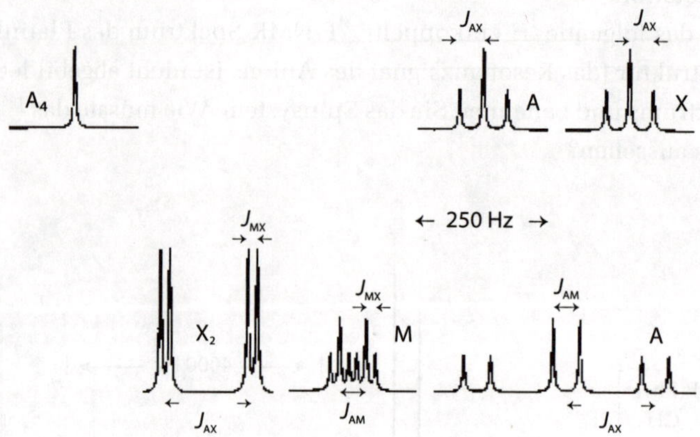

Mit freundlicher Genehmigung der Oxford University Press. Aus: Hore, P.J. 1993. *Nuclear Magnetic Resonance*. Oxford University Press, Oxford, UK, S. 30.

8. Konstruieren Sie den Aufspaltungsbaum für das Resonanzsignal des Methinprotons (CH) im ^{1}H-NMR-Spektrum des Moleküls $BrCH_2CH(CH_3)CH_2OH$, für das $^{3}J(CH–CH_3)$ = 6 Hz und $^{3}J(CH–CH_2)$ = 7 Hz (für beide Methylengruppen gleich) betragen.

Übungsaufgaben Kapitel 5

1. Bestimmen und benennen Sie die Spinsysteme der folgenden Ethan-Derivate nach Pople (AB, ABX et cetera), einmal unter der Annahme einer langsamen Rotation und einmal unter der Voraussetzung einer schnellen Rotation um die C–C-Bindung. Zeichnen Sie zunächst die Newman-Projektionen aller „stabilen" Konformationen. Die Spinsysteme der einzelnen Konformationen ergeben dann die Antwort für den Fall der langsamen Rotation. Überlegen Sie anschließend, welche Protonen bei einer schnellen Rotation um die C–C-Bindung im Mittel die gleiche Identität annehmen, und leiten Sie daraus das zugehörige Spinsystem ab.
   (a) CH_3CCl_3
   (b) CH_3CHCl_2
   (c) CH_3CH_2Cl
   (d) $CHCl_2CH_2Cl$
2. Das Umklappen des nichtaromatischen Rings im 7-Methoxy-7,12-dihydropleiaden (siehe Abbildung) kann bei −20 °C auf der NMR-Zeitskala eingefroren werden. Dann werden zwei Konformationen im Verhältnis 2:1 beobachtet. Strahlt man bei einem Doppelresonanz-Experiment ein B_2-Wechselfeld mit der Resonanzfrequenz des Hochfrequenz- beziehungsweise Tieffeld-Dubletts des AB-Teilspektrums der Methylenprotonen an C-12 des Konformers mit dem kleineren Anteil ein, erhält man eine Intensitätserhöhung des Signals des Methinprotons an C-7 um 27 Prozent. Führt man das gleiche Experiment für das Hauptkonformer durch, ist keine Auswirkung auf die Signalintensitäten des ^{1}H-NMR-Spektrums zu beobachten. Beschreiben Sie die für dieses unterschiedliche Verhalten relevanten Strukturparameter der beiden Konformere und bestimmen Sie, welches Konformer überwiegt. Begründen Sie Ihre Antwort.

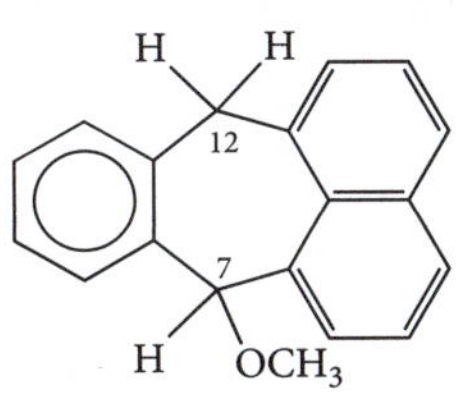

3. Permethyltitanocen reagiert unterhalb von −10 °C mit einem Überschuss von Stickstoff zu einem 1:1-Komplex:

$$\left[C_5(CH_3)_5\right]_2 Ti + N_2 \rightleftharpoons \left[C_5(CH_3)_5\right]_2 TiN_2$$

   Oberhalb von −50 °C erzeugen die Methylprotonen des Komplexes ein scharfes Singulett. Unterhalb von −72 °C spaltet das Resonanzsignal reversibel in zwei Peaks unterschiedlicher Intensität auf. Wird das Stickstoffmolekül vollständig ^{15}N-markiert, enthält das ^{1}H-BB-entkoppelte ^{15}N-NMR-Spektrum bei den zuletzt genannten tieferen Temperaturen ein Singulett und ein AX-Quartett [$^1J(^{15}N–^{15}N)$ = 7 Hz], die unterschiedliche Intensitäten aufweisen. Erklären Sie diese Beobachtungen anhand der Struktur(en) des Komplexes.

4. (a) Im ^{1}H-NMR-Spektrum von $C_6H_5CH_2SCHClC_6H_5$ in $CDCl_3$ erscheint für die Methylenprotonen bei Raumtemperatur ein AB-Quartett. Warum?
   (b) Bei höherer Temperatur koalesziert das obige AB-Quartett mit einer Freien Aktivierungsenthalpie von etwa 65 kJ mol^{-1} zu einem A_2-Singulett. Die Geschwindigkeit des offensichtlich ablaufenden schnellen Austauschprozesses ist zumindest im Konzentrationsbereich von 0,0190 bis 0,267 M unabhängig von der Konzentration. Erklären Sie dieses Verhalten mithilfe eines spezifischen Austauschprozesses und seines Mechanismus.
5. Das ^{1}H-NMR-Spektrum des folgenden Moleküls enthält bei Raumtemperatur die Resonanzsignale von zwei Konformeren.

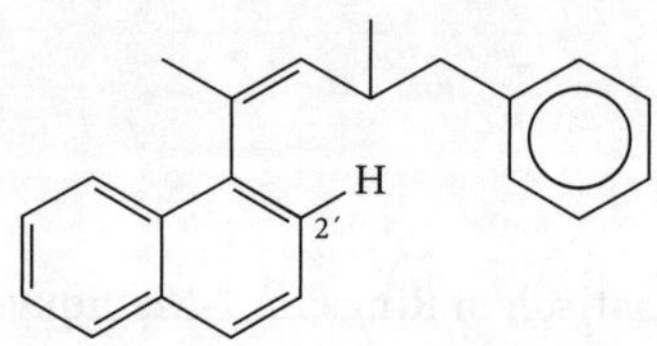

   (a) Im Spektrum des Konformers A liegt das Resonanzsignal des Protons H-2´ bei 6,42 ppm, im Spektrum des Konformers B dagegen bei 7 bis 8 ppm. Was können Sie daraus bezüglich der Konformationen der beiden Konformere schließen?
   (b) Die Substanz kristallisiert in Form des reinen Konformers A. Löst man diese Kristalle wieder auf und misst unmittelbar danach das ^{1}H-NMR-Spektrum, findet man nur die Signale des Konformers A. Lässt man die Lösung vor der Messung des NMR-Spektrums aber erst einige Zeit stehen, enthält das Spektrum wieder die Signale beider Konformere. Was kann man daraus bezüglich der Größe der Freien Aktivierungsenthalpie der Umwandlung von A in B schließen? Werden die Methylgruppe an der Doppelbindung gegen den Substituenten $-C(CH_3)_2OH$ und das zu diesem Substituenten β-ständige C-Atom der Doppelbindung gegen ein Stickstoffatom ausgetauscht, kristallisiert die Substanz nach wie vor in Form des reinen Konformers A. Nachdem diese Kristalle wieder aufgelöst wurden, erscheinen im ^{1}H-NMR-Spektrum allerdings auch nach einiger Zeit nur die Signale des Konformers A und keine Signale des Konformers B. Versuchen Sie dieses Ergebnis anhand der Struktur zu erklären. Was können Sie in diesem Fall zur Größe der Freien Aktivierungsenthalpie für die Umwandlung von A in B sagen?
6. Zwischen der Methylgruppe und dem ^{14}N-Atom von Acetonitril ($CH_3{-}C{\equiv}N$) kann im NMR-Spektrum keine Kopplung beobachtet werden. Im NMR-Spektrum des entsprechenden Isonitrils ($CH_3{-}N{\equiv}C$) tritt die Kopplung dagegen auf. Warum? (*Hinweis*: Es liegt nicht am Abstand beziehungsweise der größeren Zahl an Bindungen zwischen den Kopplungspartnern, und das Phänomen tritt ganz allgemein beim Vergleich von Nitrilen und Isonitrilen auf.)
7. Kommentieren Sie die folgenden ^{14}N-Linienbreiten: $^{+}N(CH_3)_4$ (< 0,5 Hz), CH_3NO_2 (14 Hz), $(CH_3)_3N$ (77 Hz), Pyrrol (C_4H_4NH, 172 Hz), Anilin ($C_6H_5NH_2$, 1300 Hz).

8. Die folgende Abbildung zeigt eine Reihe von ^{13}C-NMR-Spektren für die aromatischen Kohlenstoffatome von *m*-Xylol, die als Ergebnis eines Inversion-Recovery-Experiments (180° – τ – 90°) für verschiedene Wartezeiten τ erhalten wurden. Ordnen Sie die Resonanzsignale den verschiedenen Kohlenstoffatomen des Rings zu und erklären Sie die unterschiedlichen Spin-Gitter-Relaxationszeiten (T_1). (Beachten Sie die Nulldurchgänge der Intensitäten und Gleichung 5.5.)

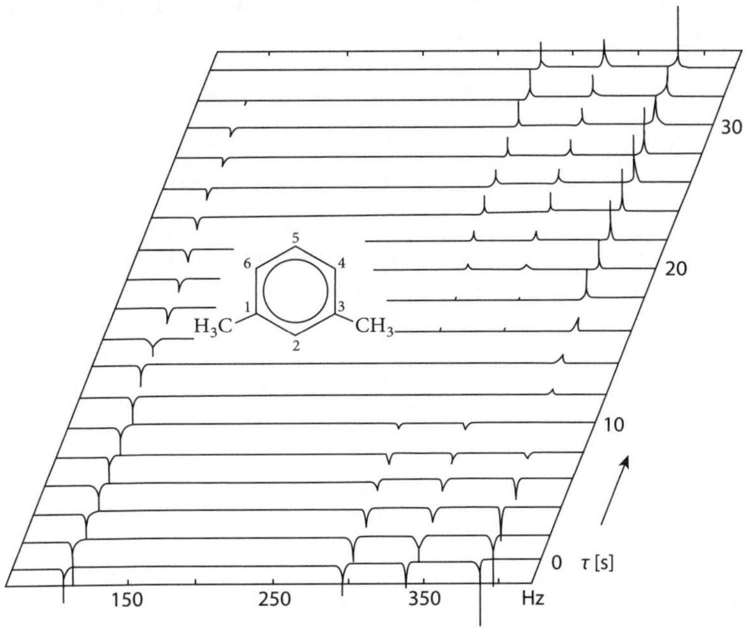

Mit freundlicher Genehmigung von R. Freeman aus: Bremser, W., Hill, H.D.W. und Freeman, R. 1971. *Messtechnik* **79**: 14.

9. Die Kohlenstoffatome von 1-Decanol [$CH_3(CH_2)_8CH_2OH$] zeigen die folgenden Spin-Gitter-Relaxationszeiten (T_1): C-10 (3,1 s), C-9 (2,2 s), C-8 (1,6 s), C-7 (1,1 s), C-6 bis C-2 (0,8 bis 0,83 s) und C-1 (0,65 s). Erklären Sie die Größenreihenfolge dieser Relaxationszeiten.

10. In Ribo-*C*-nucleosiden liegt die Stickstoffbase über ein Kohlenstoffatom, anstatt wie in normalen Ribonucleosiden über ein Stickstoffatom, mit dem C-1´ der Riboseeinheit verknüpft vor. Die α- und die β-Form, also die C-1´-Epimere, der Ribo-*C*-nucleoside können durch die Untersuchung ihrer Spin-Gitter-Relaxationszeiten (T_1) unterschieden werden.

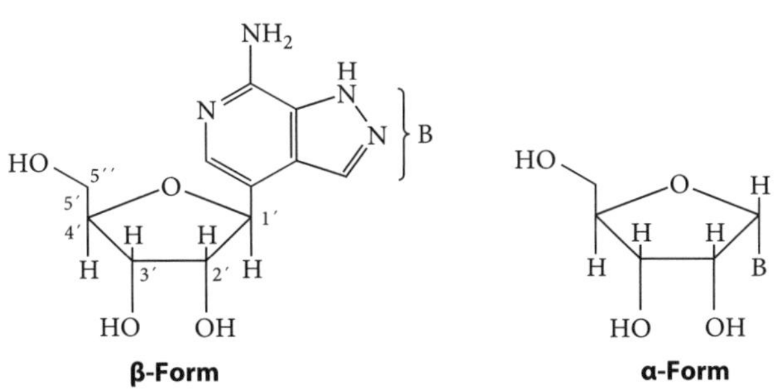

(a) Betrachten Sie die Werte von T_1 (in s) für verschiedene Protonen der beiden Epimere in der unten stehenden Tabelle: Welches der beiden Epimere ist das α- und welches das β-Isomer? Warum zeigen die beiden Epimere deutlich unterschiedliche T_1-Werte für H-1´, während die Spin-Gitter-Relaxationszeiten der anderen Protonen in beiden Isomeren jeweils annähernd gleich groß sind? Warum sind die T_1-Werte der Protonen H-5´ und H-5´´ kleiner als die der anderen Protonen? Begründen Sie Ihre Antwort auf der Grundlage von Gleichung 5.1.

	H-1´	H-3´	H-5´	H-5´´
Epimer 1	1,60	1,31	0,45	0,45
Epimer 2	3,33	1,37	0,40	0,40

(b) Schlagen Sie eine andere NMR-Methode zur Unterscheidung dieser Epimere vor, die *nicht* auf der Messung von Spin-Gitter-Relaxationszeiten (T_1) beruht.

Weitere Übungsaufgaben, Lösungen zu den Übungsaufgaben sowie zusätzliche Lernmaterialien finden Sie auf der Companion Website zum Buch unter: www.pearson-studium.de

Übungsaufgaben Kapitel 6

In Aufgabe 1 dieses Kapitels finden Sie eine Reihe von relativ einfachen 2D-NMR-Spektren. Die restlichen Aufgaben beschäftigen sich mit Molekülen mittlerer bis hoher Komplexität, erfordern zur Lösung aber in keinem Fall 3D-NMR-Spektren.

1. Die NMR-Spektren in dieser Aufgabe sind Beispiele für relativ einfache, alltägliche Strukturfragen. Ermitteln Sie mithilfe der 300-MHz-^{1}H-, 75-MHz-^{13}C-, COSY-, HETCOR- und in manchen Fällen DEPT-Spektren die Struktur des jeweiligen Moleküls und ordnen sie die Signale den Atomen des Moleküls zu. Im oberen der jeweils drei DEPT-Spektren ergeben Methyl- (**C**H_3) und Methinkohlenstoffatome (**C**H) positive sowie Methylenkohlenstoffatome (**C**H_2) negative Signale. Das mittlere DEPT-Spektrum enthält nur Signale von Methinkohlenstoffatomen. Das untere Spektrum entspricht schließlich dem vollständigen ^{1}H-BB-entkoppelten ^{13}C-NMR-Spektrum, das Signale für alle Kohlenstoffatome aufweist.

(a) $C_{11}H_{16}$

^{1}H-NMR-Spektrum ($CDCl_3$)

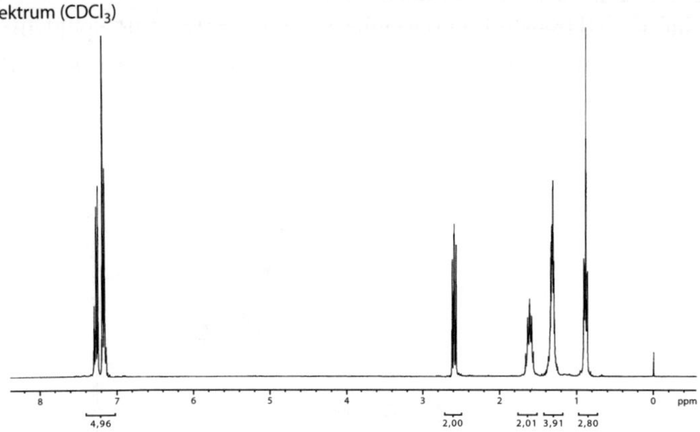

DEPT-Spektren

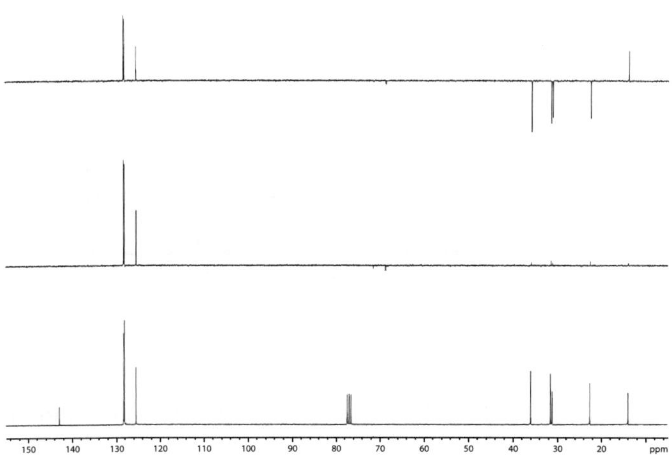

COSY-Spektrum

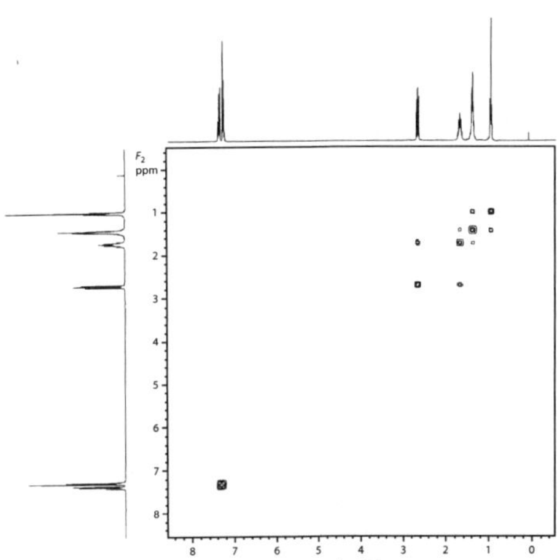

HETCOR-Spektrum

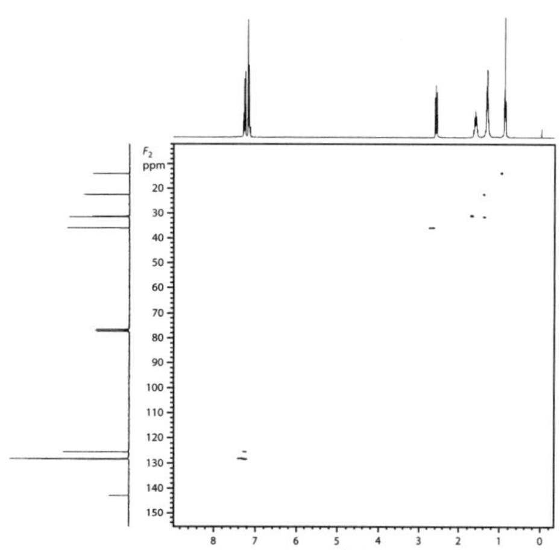

2. Das 300-MHz-COSY-Spektrum in dieser Aufgabe stammt von einem Molekül mit der Summenformel $C_{14}H_{20}O_2$. Auf jeder Achse ist außerdem das 1D-^{1}H-NMR-Spektrum der Verbindung abgebildet. Außerhalb des dargestellten Bereichs enthält das ^{1}H-NMR-Spektrum noch ein breites Singulett bei 7,3 ppm mit einem Integral von 5. Welche Struktur besitzt die Verbindung? Begründen Sie Ihre Antwort.

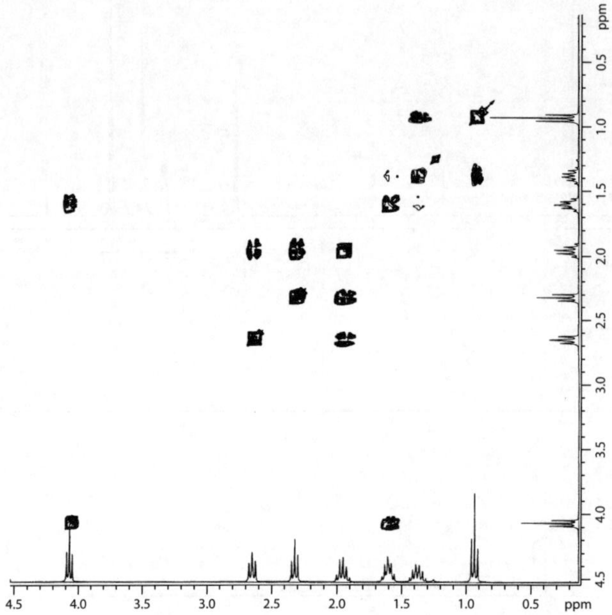

Mit freundlicher Genehmigung von: Branz, S.E., Miele, R.G., Okuda, R.K. und Straus, D.A. 1995. *J. Chem. Educ.* **72**: 659–661. Copyright 1995 American Chemical Society.

3. Unten finden Sie das 1D-^{1}H-NMR- und das 2D-COSY-Spektrum von Chinolin, dessen Strukturformel ebenfalls angegeben ist.
   (a) Ordnen Sie zunächst allein mithilfe des ^{1}H-NMR-Spektrums so viele Resonanzsignale zu wie möglich. Begründen Sie jede einzelne dieser Zuordnungen anhand der chemischen Verschiebungen und Kopplungskonstanten.
   (b) Ordnen Sie nun mithilfe des COSY-Spektrums die restlichen Signale zu und erklären Sie die Aufspaltungsmuster dieser ^{1}H-Resonanzsignale im 1D-^{1}H-NMR-Spektrum.

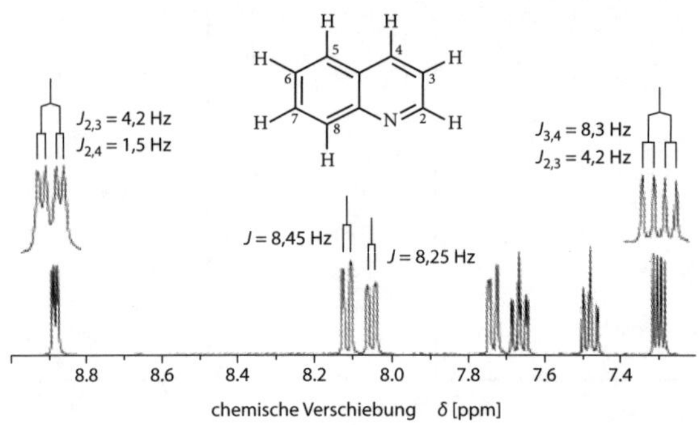

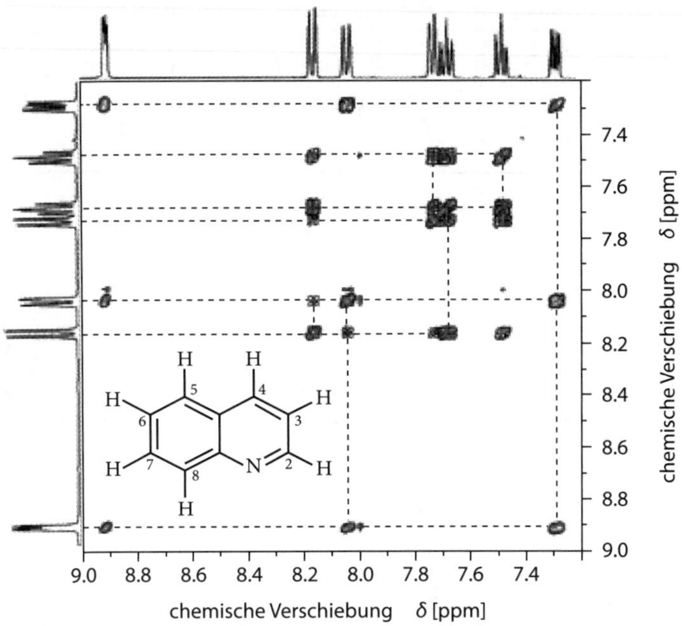

Mit freundlicher Genehmigung von: Seaton, P.J., Williamson, R.T., Mitra, A. und Assarpour, A. 2002. *J. Chem. Educ.* **79**: 107.

4. Die Trimerisierung von Indol-5-carbonsäure ergibt eines der beiden folgenden Isomere:

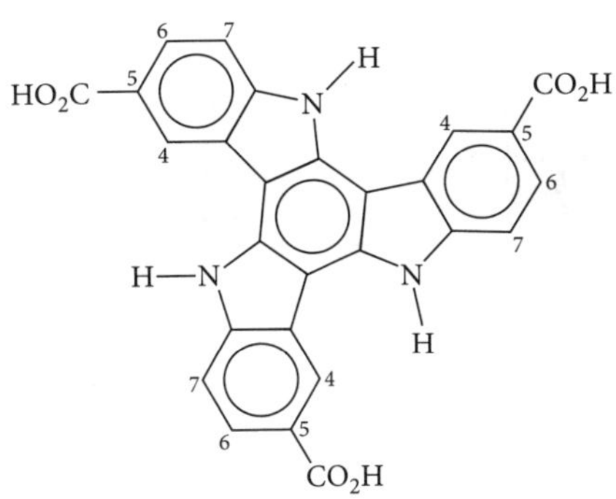

I

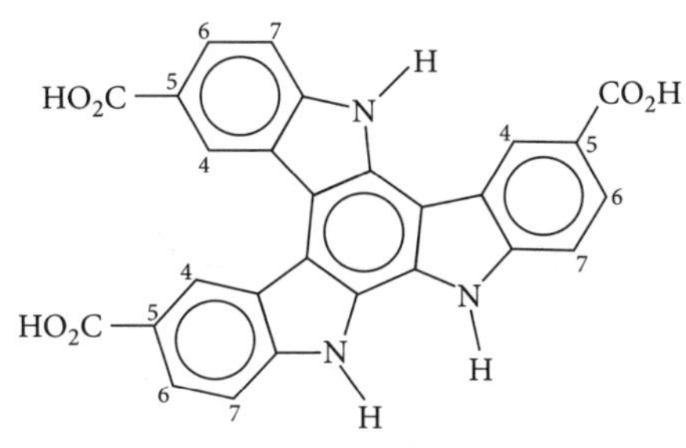

II

Unten finden Sie das 360,1-MHz-^{1}H-NMR-Spektrum und das COSY-Spektrum des Produkts in DMSO-d_6 sowie eine Vergrößerung des Bereichs von 7,8 bis 8,2 ppm aus dem COSY-Spektrum. Das mit einem Sternchen markierte Signal stammt von einer Verunreinigung. Die ^{1}H-Resonanzsignale sind mit den Buchstaben A bis N gekennzeichnet. Die Signale A bis D verschwinden nach dem Ausschütteln mit D_2O. Signal A ist ein flacher, breiter Peak an der Basis von Signal B. Die 1D-NOE-Experimente ergeben NOEs von B auf F/G und N, von C auf M, von D auf L und von F/G auf B.

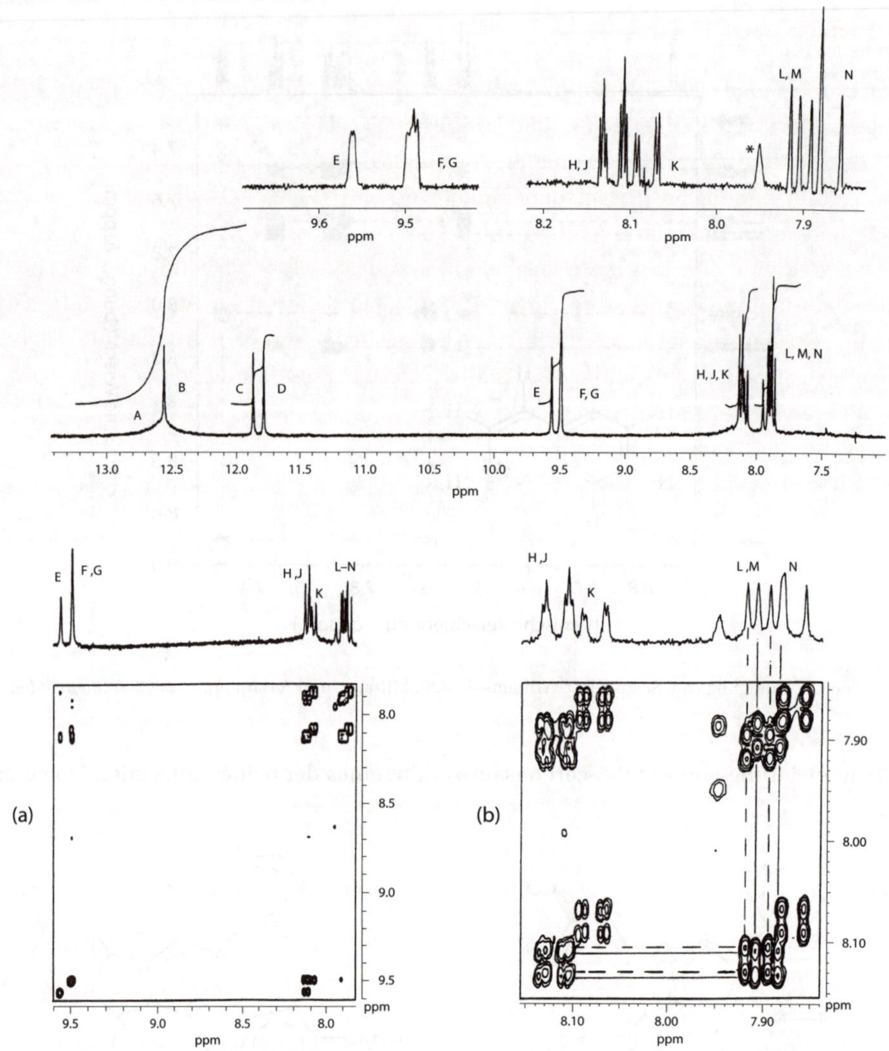

Mit freundlicher Genehmigung von John Wiley & Sons Ltd. aus: Mackintosh, J.G., Mount, A.R. und Reed, D. 1994. *Magn. Reson. Chem.* 32. 559–560.

(a) Versuchen Sie, das ^{1}H-NMR-Spektrum allein aufgrund seines gesamten Erscheinungsbildes dem korrekten Isomer I oder II zuzuordnen. Erklären Sie Ihre Wahl.

(b) Ordnen Sie mithilfe der Signalmultiplizitäten, den Ergebnissen der NOE-Experimente und des COSY-Spektrums alle Signale (A bis N) des ^{1}H-NMR-Spektrums spezifischen Atomen in der Struktur des Produkts zu. Beschreiben Sie Ihr Vorgehen Schritt für Schritt.

Übungsaufgaben mit Lösungen Kapitel 7

Wir haben die folgenden vier Übungsaufgaben zur Veranschaulichung bereist gelöst. Die Aufgaben im nächsten Abschnitt sind dagegen echte Übungsaufgaben, für die wir keine Lösung angegeben haben.

1. Die Protonenaffinität von Benzylmethylether beträgt 816,7 kJ mol^{-1}. Schlagen Sie geeignete CI-Gase zur Erzeugung positiv geladener Ionen vor, die (i) zu einer begrenzten und (ii) zu einer umfangreichen Fragmentierung führen.

   Antwort: Wenn nur eine begrenzte Fragmentierung angestrebt wird, sollte die konjugierte Base des Reaktant-Ions eine nur etwas geringere Protonenaffinität (*PA*) aufweisen als der Analyt. Für die chemische Ionisierung von Benzylmethylether ist in diesem Fall Isobutan als Reaktantgas gut geeignet. Aus Isobutan entsteht dabei vor allem das *tert*-Butyl-Kation, dessen konjugierte Base Isobuten eine Protonenaffinität von 802,1 kJ mol^{-1} aufweist (siehe Tabelle 7.3). Das *tert*-Butyl-Kation kann den Benzylmethylether ($BzOCH_3$) somit in der folgenden Protonierungsreaktion chemisch ionisieren:

$$(CH_3)_3C^+ + BzOCH_3 \longrightarrow (CH_3)_2C=CH_2 + BzO(H)CH_3^+$$

$$\begin{aligned}\Delta_r H &= \Delta_f H[(CH_3)_2C=CH_2] + \Delta_f H[BzO(H)CH_3^+] \\ &\quad - \Delta_f H[(CH_3)_3C^+] - \Delta_f H[BzOCH_3]\end{aligned}$$

Die Protonenaffinität *PA*(M) einer Verbindung M entspricht definitionsgemäß der *negativen* Reaktionsenthalpie ihrer Protonierung M + H → $[M + H]^+$, also: $PA(M) = -\Delta_{Prot}H = \Delta_f H$ (M) + $\Delta_f H$ (H^+) − $\Delta_f H$ ($[M + H]^+$). Somit kann die obige Reaktionsenthalpie $\Delta_r H$ der Protonierung von Benzylmethylether durch das *tert*-Butyl-Kation auch folgendermaßen mithilfe der Protonenaffinitäten von Isobuten und Benzylmethylether ausgedrückt und berechnet werden:

$$\begin{aligned}\Delta_r H &= PA[(CH_3)_2C=CH_2] - PA[BzOCH_3] \\ &= 802{,}1\ \text{kJ mol}^{-1} - 816{,}7\ \text{kJ mol}^{-1} \\ &= -14{,}6\ \text{kJ mol}^{-1}\end{aligned}$$

Die Reaktion verläuft mit einer Reaktionsenthalpie von −14,6 kJ mol^{-1} nur schwach exotherm. Unter diesen Bedingungen ist nur eine geringfügige Fragmentierung der Quasi-Molekülionen zu erwarten. Um eine umfangreiche Fragmentierung zu erreichen, muss die Protonierung des Analyten ($BzOCH_3$) wesentlich stärker exotherm ablaufen. Dafür ist ein Reaktant-Ion erforderlich, das selbst eine höhere Acidität aufweist und dessen konjugierte Base folglich weniger basisch ist und somit eine erheblich geringere Protonenaffinität besitzt. In diesem Fall stellt Methan als Reaktantgas eine naheliegende Wahl dar. Die Protonenaffinität von Methan für die Protonierung zum CH_5^+-Kation beträgt 543,5 kJ mol^{-1} (siehe Tabelle 7.3). Daraus ergibt sich die folgende stark exotherme Protonierung von Benzylmethylether:

$$CH_5^+ + BzOCH_3 \longrightarrow CH_4 + BzO(H)CH_3^+$$

$$\Delta_r H = 543{,}5\ \text{kJ mol}^{-1} - 816{,}7\ \text{kJ mol}^{-1} = -273{,}2\ \text{kJ mol}^{-1}$$

2. 1,2,3,4-Tetrafluorbenzol wird durch einen Ladungsaustausch mit Argon-Radikalkationen ionisiert. Wie groß ist die innere Überschussenergie des organischen Molekül-Ions, wenn die erste Ionisierungsenergie (*IE*) von 1,2,3,4-Tetrafluorbenzol 9,6 eV und die von Argon 15,8 eV beträgt?
Antwort: Der Ladungsaustausch kann folgendermaßen beschrieben werden:

$$Ar^{\bullet+} + C_6H_2F_4 \longrightarrow Ar + C_6H_2F_4^{\bullet+}$$

$$\Delta_r H = \Delta_f H[Ar] + \Delta_f H[C_6H_2F_4^{\bullet+}] - \Delta_f H[Ar^{\bullet+}] - \Delta_f H[C_6H_2F_4]$$

Da definitionsgemäß allgemein $IE(M) = \Delta_f H(M^{\bullet+}) - \Delta_f H(M)$ gilt, ergibt sich:

$$\begin{aligned}\Delta_r H &= IE[C_6H_2F_4] - IE[Ar] \\ &= 9{,}6\ eV - 15{,}8\ eV \\ &= -6{,}2\ eV\end{aligned}$$

Die innere Überschussenergie eines jeden durch den obigen Ladungsaustausch entstandenen Molekül-Ions ($C_6H_2F_4^{\bullet+}$) beträgt daher 6,2 eV und weist damit einen Wert auf, der eine umfangreiche Fragmentierung verursachen kann. Der Basispeak ist in diesem Fall auf eine Abspaltung des Fragments CF_2 (m = 50 u) aus dem Molekül-Ion zurückzuführen. Dieses Fragment entsteht bei der Fragmentierung von organischen Fluorverbindungen sehr häufig, wobei allerdings auch intensive Peaks infolge des Verlustes von CHF sowie CHF_2 auftreten. Die Intensität des Molekülionen-Peaks beträgt im vorliegenden Fall nur 22 Prozent der Intensität des Basispeaks.

3. Sagen Sie die Ergebnisse des Versuchs einer chemischen Ionisierung von Nitrobenzol und Butan-2,3-dion, deren Elektronenaffinitäten (*EA*) 0,4 eV beziehungsweise 1,1 eV betragen, zu *negativ* geladenen Ionen voraus.
Antwort: Die Elektronenaufnahme durch einen Analyten kann erfolgreich ablaufen, wenn dieser eine positive Elektronenaffinität aufweist. Das ist bei den genannten Verbindungen der Fall, so dass die negativ geladenen Molekül-Ionen vom Typ $M^{\bullet-}$ (Radikalanionen) gebildet werden können.

4. Die CI(CH_4)-Massenspektren von Alkanen zeigen hervorstechende Peaks, die den entsprechenden $[M - H]^+$-Ionen zuzuordnen sind. Erklären Sie diese Beobachtung.
Antwort: Das Haupt-Reaktant-Ion bei Verwendung von Methan als Reaktantgas ist CH_5^+ (siehe Tabelle 7.3). Für Alkane (M ≡ RH) verläuft die Reaktion $RH + CH_5^+ \rightarrow [RH + H]^+ + CH_4$ nur sehr schwach exotherm (für R ≡ CH_3 ist sie thermoneutral). Folglich können die intensiven Peaks der $[M - H]^+$-Ionen (M ≡ RH) nicht aus einer Fragmentierung der bei der chemischen Ionisierung ansonsten üblichen Quasi-Molekülionen des Typs $[M + H]^+$ hervorgehen. Vielmehr konkurrieren andere Reaktionen mit der Protonierung des Analyten. Bei Alkanen findet insbesondere eine direkte Hydridabstraktion durch die Reaktant-Ionen $C_2H_5^+$ statt ($R^+ \equiv [RH - H]^+ \equiv [M - H]^+$):

$$C_2H_5^+ + RH \longrightarrow C_2H_6 + R^+$$

Übungsaufgaben Kapitel 7

1. Berechnen Sie für jede der folgenden Verbindungen die Reaktionsenthalpie für ihre Protonierung in der Gasphase durch das *tert*-Butyl-Kation [$(CH_3)_3C^+$], welches unter CI(Isobutan)-Bedingungen als hauptsächliches Reaktant-Ion entsteht. Suchen Sie die hierzu erforderlichen Protonenaffinitäten unter http://webbook.nist.gov.
   (a) *tert*-Butylmethylether
   (b) Isobutylamin
   (c) Naphthalin
   (d) Benzoesäuremethylester
   (e) Brombenzol
2. Berechnen Sie für jede der folgenden Verbindungen die Reaktionsenthalpie für ihre Ionisierung durch Ladungsaustausch mit dem Argon-Radikalkation ($Ar^{\bullet+}$), das unter CI(Ar)-Bedingungen als Reaktant-Ion entsteht. Suchen Sie die hierzu erforderlichen Ionisierungsenergien unter http://webbook.nist.gov.
   (a) *tert*-Butylmethylether
   (b) Isobutylamin
   (c) Naphthalin
   (d) Benzoesäuremethylester
   (e) Brombenzol
3. Berechnen Sie für jede der folgenden Verbindungen die Reaktionsenthalpie für eine Protonenübertragung auf das Fluorid-Ion (F^-), das als Reaktant-Ion unter CI-Bedingungen aus dem Reaktantgas Stickstofftrifluorid (NF_3) entsteht. Suchen Sie die hierzu erforderlichen Protonenaffinitäten der konjugierten Basen der Analyte unter http://webbook.nist.gov.
   (a) Aceton
   (b) Phenylethin (Phenylacetylen)
   (c) Chloroform
   (d) 4-Nitrotoluol
   (e) Benzylalkohol
4. Schlagen Sie für jede der folgenden analytischen Fragestellungen geeignete Geräte (Ionenquelle und Massenanalysator) vor. In den meisten Fällen gibt es mehr als eine sinnvolle Auswahl. Begründen Sie ihre Antworten kurz.
   (a) Sie sollen eine komplexe Mischung aus Hunderten Peptiden mit Massen zwischen 500 und 2000 u analysieren. Für Ihre Anwendung benötigen Sie eine Massengenauigkeit von ±1 u.
   (b) Sie sollen den Dampf über einer wässrigen Lösung (engl. *headspace*) analysieren und dabei nach einer bestimmten Gruppe kleiner organischer Moleküle suchen, deren Molekülmasse 300 u nicht übersteigt. Allerdings können sich ihre Konzentrationen um einen Faktor größer 10^4 unterscheiden.
   (c) Sie sollen eine Polymermischung untersuchen, deren Bestandteile hohe Molekülmassen aufweisen (1000 bis 50.000 u). Alle Polymermoleküle der Mischung stammen aus derselben Polymerisationsreaktion und das Ziel der Analyse besteht in der Bestimmung der Molekülmassenverteilung. Die Moleküle zeigen nur eine geringe Polarität und besitzen *keine* funktionellen Gruppen, die in Lösung leicht ionisierbar sind.

Weitere Übungsaufgaben, Lösungen zu den Übungsaufgaben sowie zusätzliche Lernmaterialien finden Sie auf der Companion Website zum Buch unter: www.pearson-studium.de

Übungsaufgabe mit Lösung Kapitel 8

Wir haben die folgenden drei Übungsaufgaben zur Veranschaulichung bereits gelöst. Die Aufgaben im nächsten Abschnitt sind dagegen echte Übungsaufgaben, für die wir keine Lösung angegeben haben.

1. Betrachten Sie das nachfolgende EI-Massenspektrum von 3-Hexanol.
   (a) Erklären Sie die geringe Intensität des Molekülionen-Peaks bei *m/z* 102.
   (b) Ordnen Sie allen mit ihren *m/z*-Werten gekennzeichneten Peaks die Strukturen der entsprechenden Fragment-Ionen zu und erklären Sie, durch welche Reaktionen die Ionen gebildet werden können.

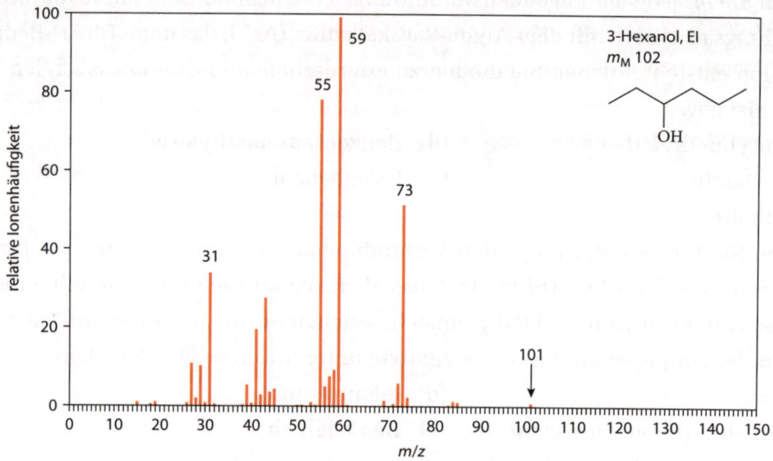

Antwort

(a) Der Molekülionen-Peak bei *m/z* 102 erscheint nur mit extrem niedriger Intensität, weil dem Molekül-Ion sehr günstige Fragmentierungswege offenstehen. Insbesondere können die drei möglichen α-Spaltungen leicht ablaufen. Sie ergeben Carbokationen, die durch die freien Elektronenpaare des Sauerstoffatoms stabilisiert werden.

(b) Wie unter (a) erwähnt sind zwei α-Spaltungen möglich, die zum Verlust von $C_2H_5^{\bullet}$ (29 u) beziehungsweise $C_3H_7^{\bullet}$ (43 u) aus dem Molekül-Ion führen. Diese Spaltungen sind somit für die Peaks bei *m/z* 73 und *m/z* 59 verantwortlich. Bei genauerer Betrachtung erkennt man auch den Verlust eines $H^{\bullet}$-Atoms (1 u) aus dem Molekül-Ion durch die dritte α-Spaltung anhand des relativ schwachen (aber im Vergleich zum Molekülionen-Peak starken) Signals bei *m/z* 101. Der Peak bei *m/z* 55 tritt sehr wahrscheinlich infolge einer Eliminierung von Wasser aus dem Fragment-Ion mit *m/z* 73 auf. Durch die Tatsache, dass bei *m/z* 41 ein analoger Peak für den Wasserverlust aus dem Fragment-Ion mit *m/z* 59 erscheint, werden diese Zuordnungen zusätzlich bestätigt. Es ist anzunehmen, dass das Fragment-Ion mit *m/z* 73 ($CH_3CH_2CH_2CHOH^+$) während der Eliminierung von Wasser unter H-Umlagerung zu einem stabilen allylischen Kation reagiert.

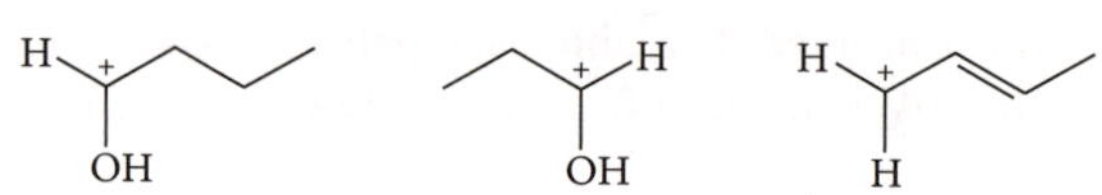

m/z 73 *m/z* 59 *m/z* 55

Übungsaufgaben Kapitel 8

1. Sagen Sie für jede der folgenden Verbindungen die *m*/*z*-Werte aller Fragment-Ionen voraus, die durch einfache und (wenn möglich) doppelte McLafferty-Reaktionen entstehen können.
   (a) 1-Phenyl-3-heptanon
   (b) 2-Methylpentansäureethylester
   (c) 2,2-Dimethyl-6-phenylhexansäure
   (d) 4,6-Dimethyl-5-decanon
2. Im EI-Massenspektrum von Hexanal erscheinen bei *m*/*z* 44 und *m*/*z* 56 zwei große Peaks von näherungsweise gleicher Intensität.
   (a) Geben Sie die Strukturen der Ionen an, die diese Peaks verursachen.
   (b) Was kann man aus den ähnlichen Intensitäten der beiden Peaks bezüglich der Elektronenaffinitäten der Kationen (beziehungsweise der Ionisierungsenergien der entsprechenden neutralen Moleküle) folgern, die für die Peaks verantwortlich sind?
3. Ordnen Sie in den folgenden EI-Massenspektren allen mit ihren *m*/*z*-Werten gekennzeichneten Peaks die Strukturen der entsprechenden Fragment-Ionen zu und erklären Sie, durch welche Reaktionen diese Ionen gebildet werden können.

(a)

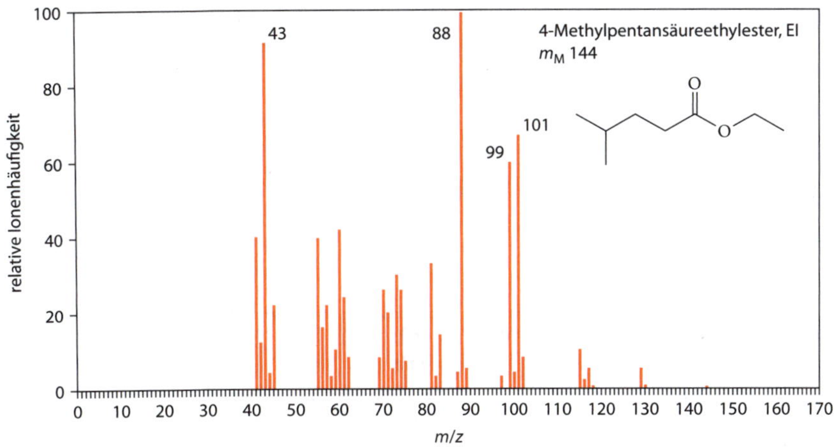

(b)

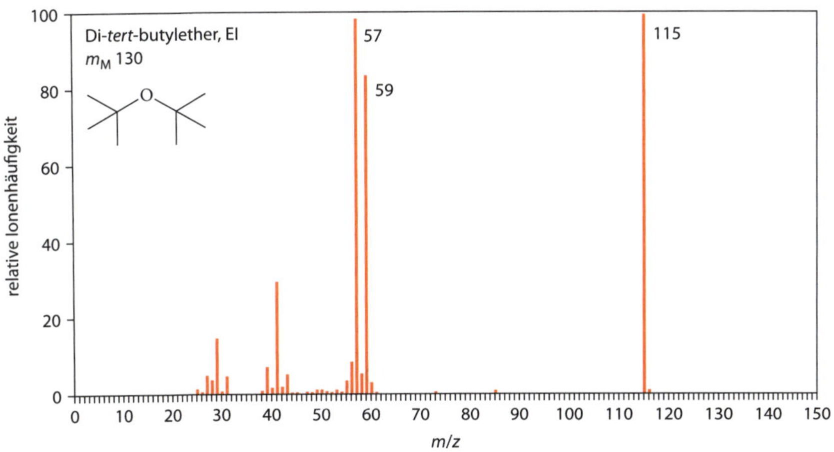

(c)

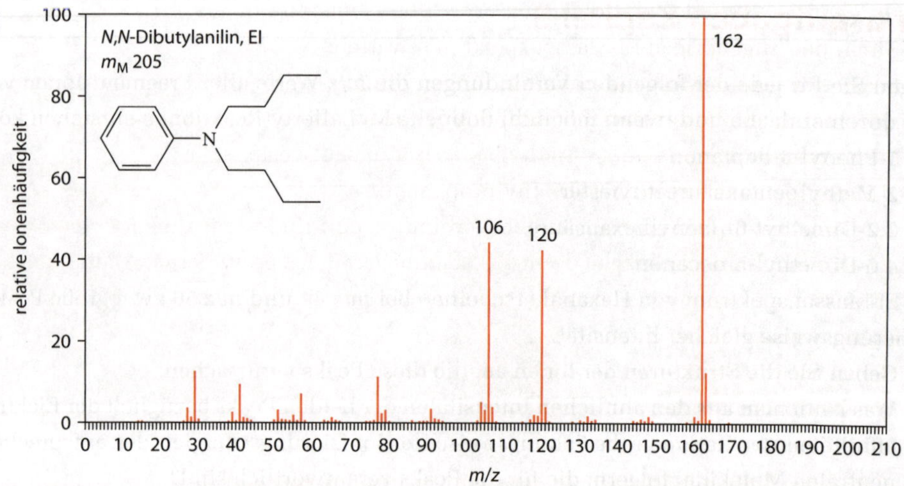
N,N-Dibutylanilin, EI
m_M 205
N
162
106
120
relative Ionenhäufigkeit
m/z

(d)

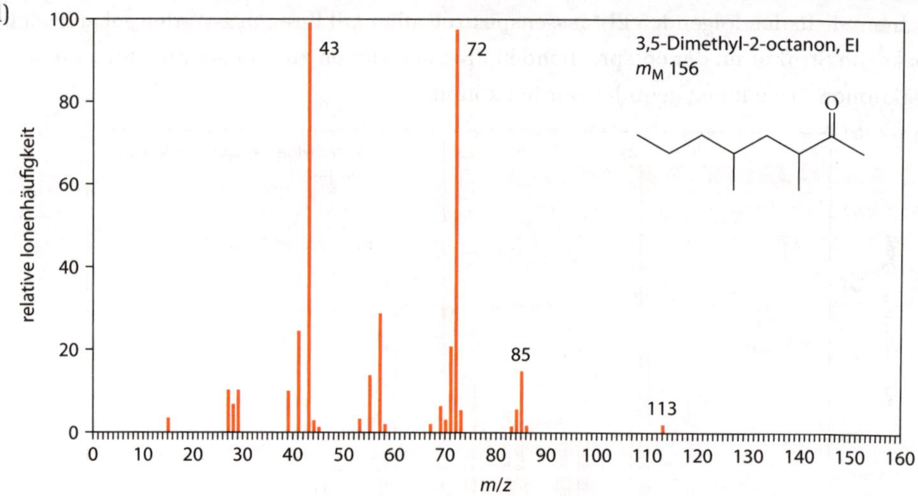
3,5-Dimethyl-2-octanon, EI
m_M 156
O
43
72
85
113
relative Ionenhäufigkeit
m/z

(e)

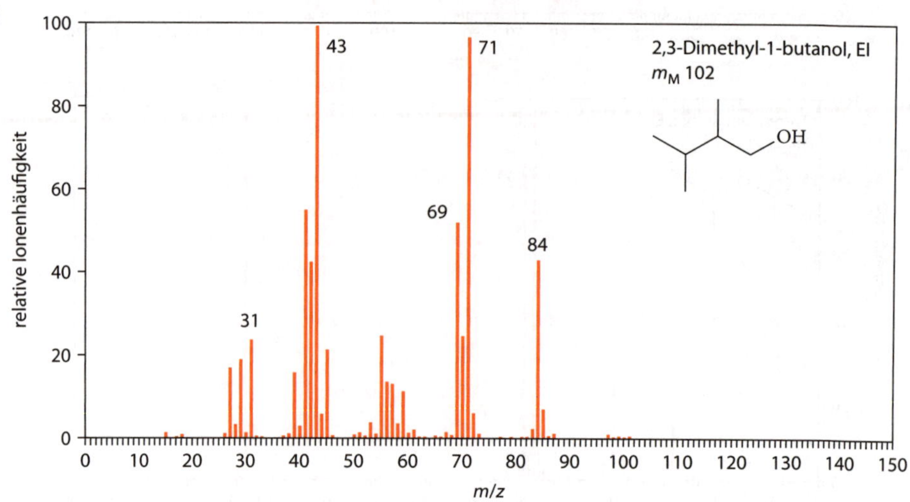
2,3-Dimethyl-1-butanol, EI
m_M 102
OH
43
71
69
84
31
relative Ionenhäufigkeit
m/z

4. Beschreiben Sie für jedes der folgenden Paare von Isomeren mindestens zwei Unterschiede, die Sie in den zugehörigen EI-Massenspektren erwarten.
   (a) 2-Hexanon und 3-Methyl-2-pentanon
   (b) Heptansäureethylester und Hexansäurepropylester
   (c) Benzoesäureethylester und 4-Methylbenzoesäuremethylester
   (d) *N*-Propylbutanamin und *N*,*N*-Diethylpropanamin
5. Beschreiben Sie für jede der folgenden Verbindungen mindestens einen Unterschied, der zwischen den Fragmentierungen des Radikalkations und des protonierten Analytmoleküls zu erwarten ist.
   (a) Tributylamin
   (b) Dibutylether
   (c) Benzoesäurebutylester

Weitere Übungsaufgaben, Lösungen zu den Übungsaufgaben sowie zusätzliche Lernmaterialien finden Sie auf der Companion Website zum Buch unter: www.pearson-studium.de

Übungsaufgaben Kapitel 9

Als Hilfestellung für die Lösung der nachfolgenden Aufgabenteile haben wir die Lösung zu Aufgabe 1a) bereits angegeben.

1. Selbst Substanzen mit einer relativ einfachen Summenformel können linienreiche Isotopenmuster in Massenspektren erzeugen. Geben Sie für jede der folgenden Summenformeln (i) eine Liste der nominellen Massen aller Isotopenpeaks des Molekül-Ions sowie (ii) die exakten Massen aller Ionen zu den Isotopenpeaks des Molekül-Ions an und sagen Sie (iii) voraus, welcher der Isotopenpeaks (den *m*/*z*-Wert) jeweils der intensivste wäre. Berücksichtigen Sie bei den Antworten zu (i) und (ii) nur die Spezies, die mehr als ein Prozent zur Gesamtintensität der Isotopenpeaks des Molekül-Ions beitragen würden.
   (a) $C_3H_7ClS^{\bullet+}$, Molekül-Ion von (2-Chlorethyl)methylsulfid

Antwort

Betrachten Sie zunächst jedes einzelne der Elemente in der Summenformel. Beim Kohlenstoff spielt neben dem Hauptisotop ^{12}C nur das Isotop ^{13}C eine Rolle. Da dessen natürliche Häufigkeit aber nur etwa ein Prozent beträgt und das Molekül nur drei Kohlenstoffatome enthält, tragen nur Moleküle mit keinem oder einem ^{13}C-Atom zu mehr als ein Prozent zur Gesamtintensität der Isotopenpeaks bei, da alle anderen Kombinationen zu selten vorkommen. Bei sieben Wasserstoffatomen sollte der Beitrag von Deuterium zu den Isotopenpeaks vernachlässigbar gering sein. Chlor liefert signifikante Isotopenpeaks für ^{35}C und ^{37}C. Im Fall von Schwefel sind Beiträge über ein Prozent von den Isotopen ^{32}S und ^{34}S, aber nicht vom Isotop ^{33}S zu erwarten.

(i) Bei dieser Summenformel und den darin enthaltenen Elementen sollte der Isotopenpeak des Molekül-Ions mit der kleinsten Masse die Zusammensetzung $^{12}C_3{}^1H_7{}^{35}Cl^{32}S$ repräsentieren und bei einem nominellen *m*/*z*-Wert von 110 liegen. Der Isotopenpeak des Molekül-Ions mit der größten Masse sollte dagegen der Zusammensetzung $^{12}C_2{}^{13}C^1H_7{}^{37}Cl^{34}S$ entsprechen und bei einem nominellen *m*/*z*-Wert von 115 erscheinen. Wegen der Anwesenheit von *zwei* Isotopen mit nur geringer natürlicher Häufigkeit (^{13}C und ^{34}S) in diesen Ionen sinkt die Intensität des zugehörigen Peaks allerdings unter die in der Aufgabe formulierte Ein-Prozent-Grenze. Auch die Spezies der Zusammensetzung $^{12}C_2{}^{13}C^1H_7{}^{35}Cl^{34}S$ enthält die beiden Isotope ^{13}C und ^{34}S und trägt daher nicht signifikant zur Gesamtintensität im Sinn der Aufgabenstellung bei. Von den signifikanten Isotopenpeaks befindet sich derjenige für die Zusammensetzung $^{12}C_3{}^1H_7{}^{37}Cl^{34}S$ beim höchsten nominellen *m*/*z*-Wert, nämlich bei *m*/*z* 114. Die mit signifikanter Häufigkeit auftretenden Zusammensetzungen mit einem ^{13}C-Atom und/oder einem ^{37}Cl-Atom oder einem ^{34}S-Atom erzeugen darüber hinaus Isotopenpeaks bei nominellen *m*/*z*-Werten von 111, 112 und 113, so dass insgesamt signifikante Isotopenpeaks für das Molekül-Ion bei *m*/*z* 110, *m*/*z* 111, *m*/*z* 112, *m*/*z* 113 und *m*/*z* 114 zu erwarten sind (siehe auch Antwort (ii)).

(ii) $^{12}C_3{}^1H_7{}^{35}Cl^{32}S$: 109,99570; $^{12}C_2{}^{13}C^1H_7{}^{35}Cl^{32}S$: 110,99905; $^{12}C_3{}^1H_7{}^{37}Cl^{32}S$: 111,99275; $^{12}C_3{}^1H_7{}^{35}Cl^{34}S$: 111,99149; $^{12}C_2{}^{13}C^1H_7{}^{37}Cl^{32}S$: 112,99610; $^{12}C_3{}^1H_7{}^{37}Cl^{34}S$: 113,98854. Beachten Sie, dass zum nominellen Peak bei *m*/*z* 112 zwei Komponenten mit unterschiedlichen Massendefekten beitragen.

(iii) In diesem Fall können die Ionen mit der Zusammensetzung $^{12}C_3{}^1H_7{}^{35}Cl^{32}S$ leicht als die dominante Spezies identifiziert werden, welche den intensivsten Peak im Isotopenmuster des Molekül-Ions mit der Summenformel C_3H_7ClS verursacht.

(b) $CH_2BrCl^{\bullet+}$, Molekül-Ion von Bromchlormethan

(c) $C_{10}H_{10}Fe^{\bullet+}$, Molekül-Ion von Ferrocen

(d) $C_{12}H_{22}O_{11}Na^+$, das Quasi-Molekülion des Typs $[M + Na]^+$ eines Disaccharids

2. Das nachfolgende Massenspektrum wurde mit einer relativ geringen Massenauflösung bei einem ESI-Experiment von einem basischen Analyten im Kationen-Modus gemessen. Dargestellt ist hier nur das Isotopenmuster eines der Hauptpeaks des ESI-Spektrums. (*Hinweis:* Es hat keine Fragmentierung stattgefunden.) Setzen Sie voraus, dass der Analyt nur Kohlenstoff, Wasserstoff und Stickstoff enthält und versuchen Sie seine Summenformel zu ermitteln oder zumindest auf möglichst wenige Summenformeln einzugrenzen.

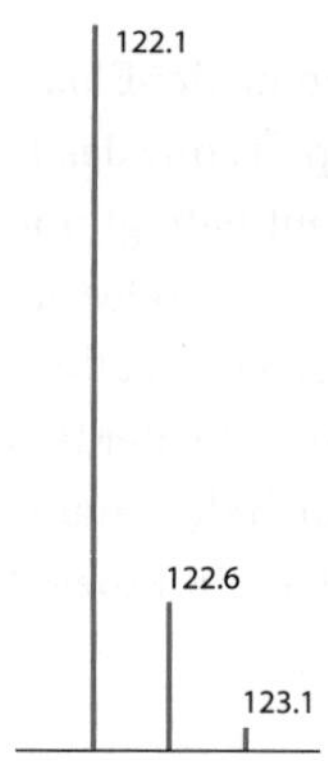

3. Leiten Sie aus den folgenden Massenspektren jeweils so viele strukturelle Informationen ab wie möglich. Es handelt sich um 70-eV-EI-Spektren.

   (a) Nach der Epoxidierung von 1-Penten enthielt die Produktmischung eine kleine Menge einer Verbindung, die das folgende Massenspektrum ergab. Für das Molekül-Ion ist die gemessene exakte Masse angegeben.

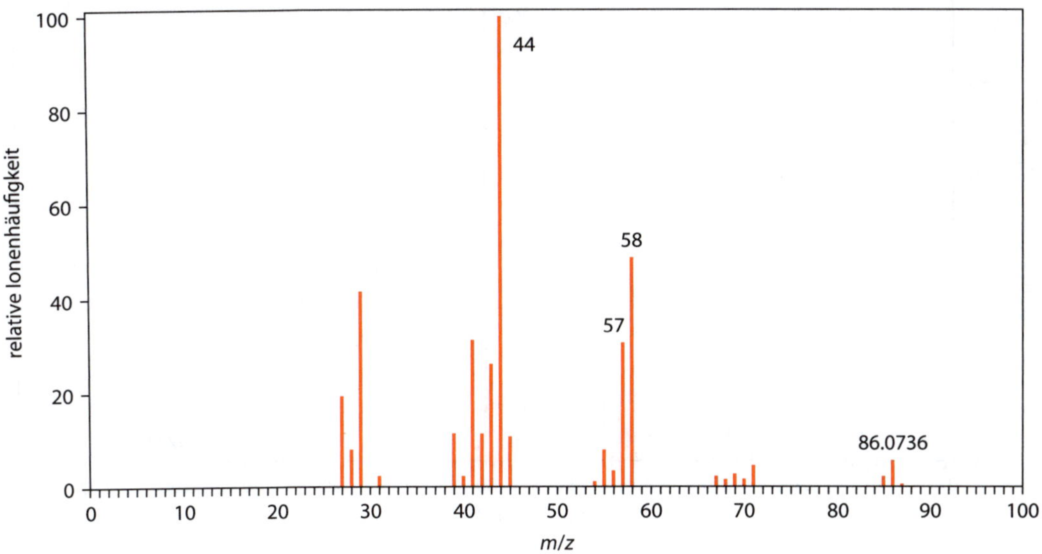

   (b) Die Hydrolyse von Pentannitril ergab eine Produktmischung, in der die Verbindung, die für das folgende Massenspektrum verantwortlich ist, eine signifikante Komponente darstellte. Für das Molekül-Ion ist auch hier die gemessene exakte Masse angegeben.

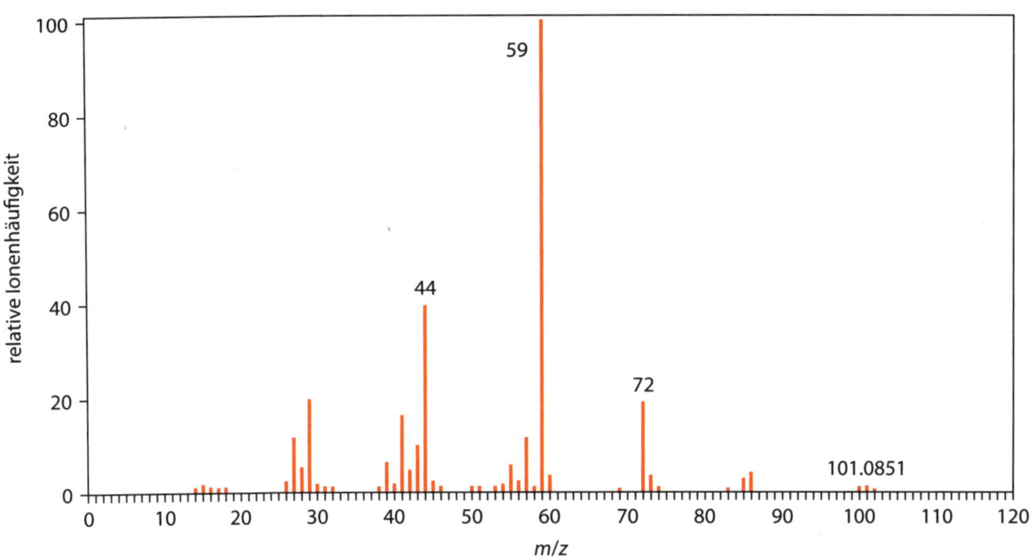

(c) Die Oxidation von 2-Hexanol wurde unter ungewöhnlich scharfen Bedingungen durchgeführt. Die für das folgende Massenspektrum verantwortliche Verbindung war eine signifikante Komponente der dabei erzeugten Produktmischung. Für das Molekül-Ion ist auch hier die gemessene exakte Masse angegeben.

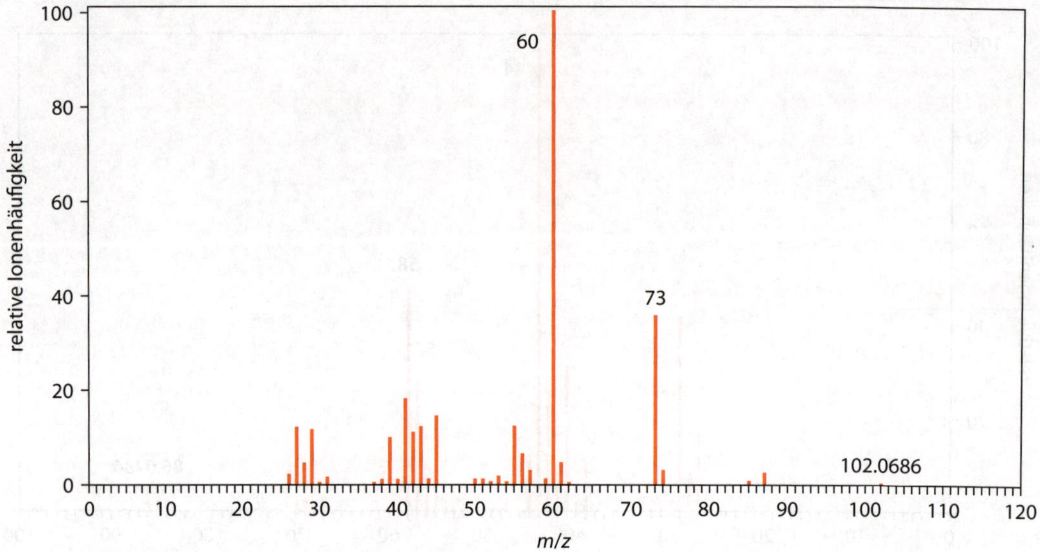

(d) Das folgende Massenspektrum wurde bei der Analyse des Dampfraums (engl. *headspace*) über einer wässrigen Lösung erhalten, in der eine flüchtige Komponente vermutet wird, bei der es sich um das Abbauprodukt eines Phasentransferkatalysators handelt. Für das Molekül-Ion ist auch hier die gemessene exakte Masse angegeben.

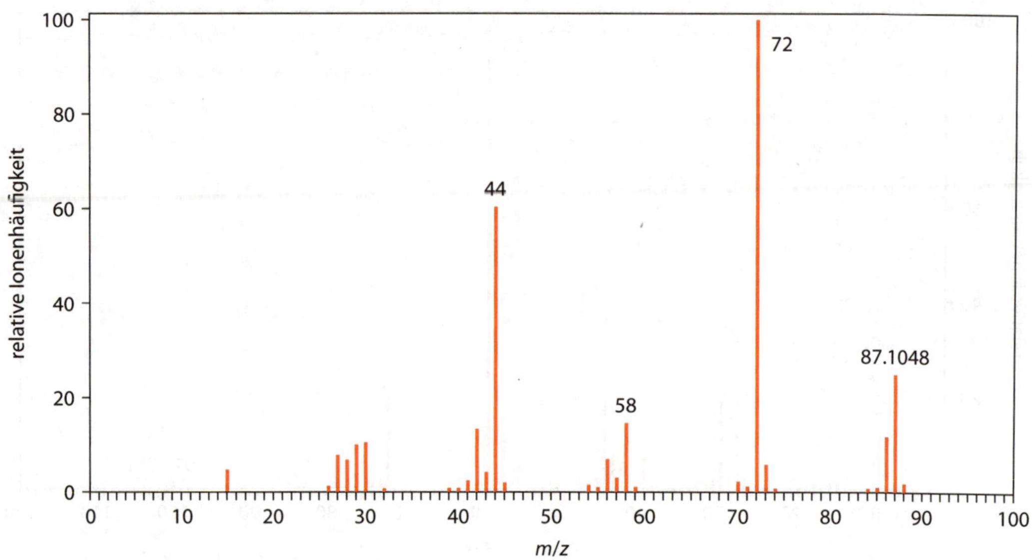

4. Mithilfe der Elektrospray-Ionisierung wurden im Kationen-Modus Ionen eines Peptids erzeugt. Der Peak mit dem höchsten *m*/*z*-Wert im Spektrum entsprach einem Ion mit der Masse 763,3403. Außerdem erschienen im CID-Massenspektrum die Peaks der folgenden Reihe von y-Ionen: y_1: m = 90,055; y_2: m = 246,1561; y_3: m = 347,2037; y_4: m = 450,2129; y_5: m = 579,2555; y_6: m = 676,3083. Bestimmen Sie die Sequenz des Peptids.

Weitere Übungsaufgaben, Lösungen zu den Übungsaufgaben sowie zusätzliche Lernmaterialien finden Sie auf der Companion Website zum Buch unter: www.pearson-studium.de

Übungsaufgaben Kapitel 10

1. Sie sollen ein Verfahren zur quantitativen Bestimmung von *N*-Methylephedrin durch LC/MS entwickeln. Das *N*-Methylephedrin liegt dabei als Bestandteil einer komplizierten Mischung biologischen Ursprungs vor. Beschreiben Sie eine geeignete Methode für eine möglichst genaue quantitative Messung unter Verwendung eines internen Standards.
2. Beschreiben Sie eine praktikable Strategie zur Bestimmung der Protonenaffinität (*PA*) von Acridin in der Gasphase.
3. In der Gasphase beträgt $\Delta_S H$ von Ethin 1584,3 kJ mol^{-1} und die Elektronenaffinität (*EA*) des Ethinyl-Radikals weist einen Wert von 2,969 eV auf. Berechnen Sie mithilfe dieser Daten die Bindungsdissoziationsenergie (*BDE*) der C–H-Bindung des Ethins.
4. Schätzen Sie mithilfe der Daten aus Abbildung 10.7 die Differenz der Protonenaffinitäten von 3-Fluorpyridin und 3-Chlorpyridin ab. Setzen Sie bei der Berechnung voraus, dass die effektive Temperatur des Experiments 350 K betrug und für den durch Gleichung 10.5 beschriebenen Gleichgewichtsprozess $\Delta S = 0$ galt. (*Hinweis:* Für die Lösung dieser Aufgabe benötigen Sie grundlegende thermodynamische Gleichungen, die wir in diesem Buch nicht explizit behandelt haben.)
5. Worin liegen die potenziellen Schwierigkeiten des folgenden Experiments? Äquimolare Mengen von 4-Methoxyanilin und Ethylamin werden zusammen mit einem makrocyclischen Rezeptor für Ammonium-Ionen in einem Methanol/Wasser-Lösungsmittelgemisch gelöst. Die Lösung wird so hergestellt, dass die Konzentrationen der verschiedenen Bestandteile für die ESI-Massenspektrometrie geeignet sind. Das dabei gemessene ESI-Spektrum enthält Signale für die Komplexe des protonierten 4-Methoxyanilins und des protonierten Ethylamins mit dem makrocyclischen Rezeptor. Schließlich sollen die relativen Bindungskonstanten von protoniertem 4-Methoxyanilin und protoniertem Ethylamin für die Bindung an den makrocyclischen Rezeptor aus den Signalintensitäten des ESI-Spektrums berechnet werden.

Weitere Übungsaufgaben, Lösungen zu den Übungsaufgaben sowie zusätzliche Lernmaterialien finden Sie auf der Companion Website zum Buch unter: www.pearson-studium.de

Übungsaufgaben Kapitel 11

1. Berechnen Sie die Schwingungsfrequenz [s^{-1}], die Schwingungsenergie [J] und die Wellenzahl [cm^{-1}] eines Modellsystems für ein zweiatomiges Molekül aus zwei Bällen, die jeweils eine Masse von $1{,}66 \times 10^{-27}$ kg besitzen und durch eine Feder mit einer Kraftkonstante von 510 N m^{-1} verbunden sind.
2. Eine intensive IR-Absorptionsbande weist ein Maximum von 7 %T auf. Berechnen Sie das Extinktionsmaximum A_{max} der Bande.
3. Das IR-Spektrum einer 0,2 M Lösung einer Substanz in CCl_4 wird gemessen. Dabei wird eine Messküvette mit einer optischen Weglänge von 0,50 mm verwendet. Im Spektrum erscheint bei 1730 cm^{-1} eine Absorptionsbande mit einem Extinktionsmaximum von A_{max} = 1,05. Anschließend wird das IR-Spektrum einer Lösung der gleichen Substanz in CCl_4 mit *unbekannter* Konzentration aufgenommen. Diesmal wird eine Messküvette mit einer optischen Weglänge von nur 0,15 mm eingesetzt und die Bande bei 1730 cm^{-1} weist ein Extinktionsmaximum von A_{max} = 0,65 auf. Berechnen Sie die unbekannte Konzentration der zweiten Lösung.
4. Beschreiben Sie die Vorteile der FT-IR-Spektroskopie gegenüber der Dispersions-IR-Spektroskopie.

Weitere Übungsaufgaben, Lösungen zu den Übungsaufgaben sowie zusätzliche Lernmaterialien finden Sie auf der Companion Website zum Buch unter: www.pearson-studium.de

Übungsaufgaben Kapitel 12

1. Wie viele Normalschwingungen (Grundschwingungen) besitzt ein Molekül aus zwölf Atomen? Warum enthält das IR-Spektrum von 1,3,5-Trifluorbenzol (umfasst zwölf Atome) nur zehn Grundschwingungsbanden? Wie können die Wellenzahlen (Frequenzen) für die anderen zehn Grundschwingungen ermittelt werden? Warum gibt es in diesem Fall nur 20 Grundschwingungen?
2. Kohlendioxid zeigt drei Normalschwingungen, für die Banden bei 2350 cm^{-1} (antisymmetrischo C=O-Streckschwingung), bei 1335 cm^{-1} (symmetrische C=O-Streckschwingung) und bei 667 cm^{-1} (entartete O=C=O-Streckschwingung) erscheinen. Geben Sie eine mögliche Erklärung für das Auftreten von zwei Banden gleicher Intensität bei 1385 und 1285 cm^{-1} im Raman-Spektrum von CO_2-Gas.
3. Beschreiben Sie die Effekte von Wasserstoffbrücken auf IR-Spektren von Verbindungen wie Phenolen, Carbonsäuren und Amiden.
4. Die Bande für die C=O-Streckschwingung in einem typischen Keton erscheint zwischen 1730 und 1700 cm^{-1}. Erklären Sie, warum die entsprechenden Banden für Säurechloride bei etwa 1800 und für Amide bei etwa 1650 cm^{-1} zu finden sind.
5. Zeichnen Sie die Strukturformeln von Alanin, Ethylcarbamat und 1-Nitropropan, die alle die Summenformel $C_3H_7O_2N$ besitzen. Ordnen Sie einige Merkmale der folgenden Spektren funktionellen Gruppen in diesen Molekülen zu.

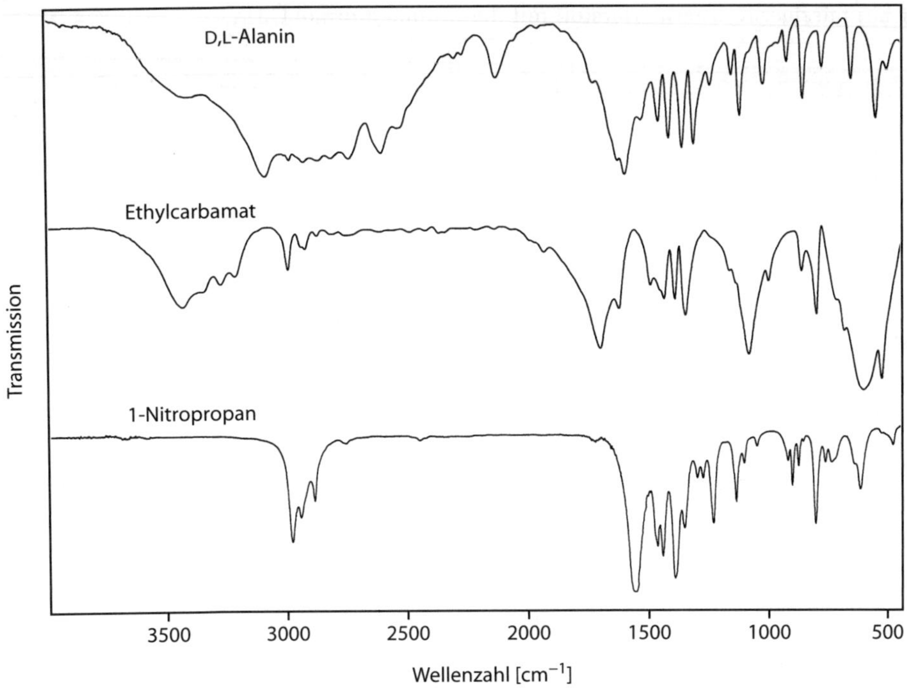

6. Die folgenden IR-Spektren stammen von Verbindungen, die nur aus Kohlenstoff und Wasserstoff bestehen. Identifizieren Sie jeweils den Verbindungstyp und schlagen Sie mögliche Strukturen vor. Zu jedem Spektrum sind außerdem einige Eigenschaften der untersuchten Substanz angegeben.
   (a) Ein flüchtiger, flüssiger Kohlenwasserstoff. Die mithilfe der Massenspektrometrie ermittelte relative nominelle Molekülmasse beträgt 84.

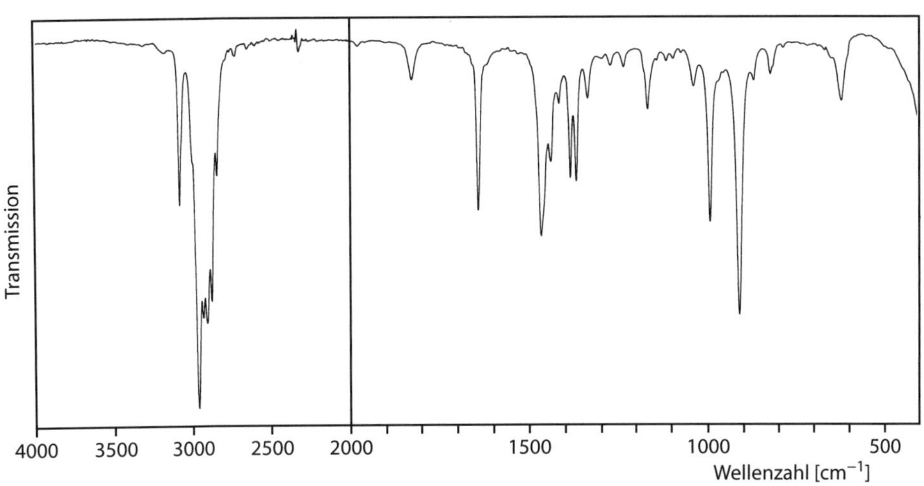

(b) Ein flüssiger Kohlenwasserstoff mit der Summenformel C_7H_{14}.

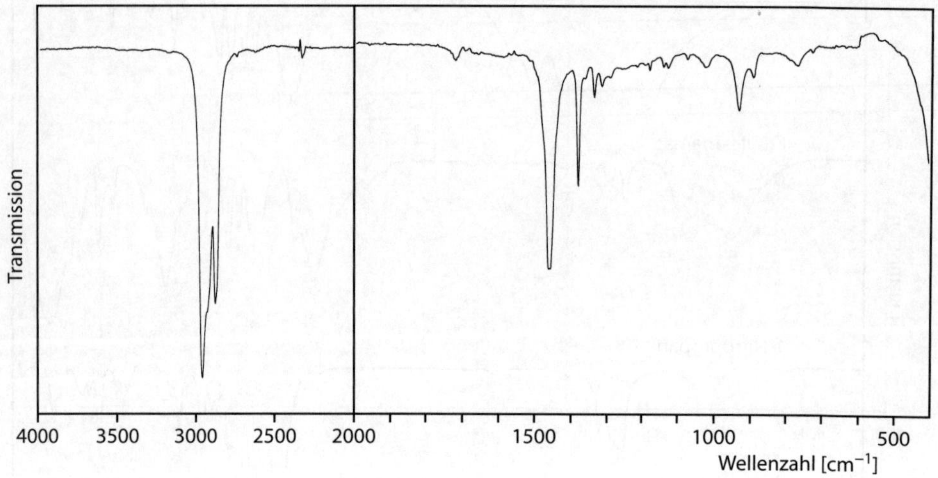

(c) Ein flüssiger Kohlenwasserstoff, der bei 159 °C siedet und eine relative Molekülmasse von 120 aufweist.

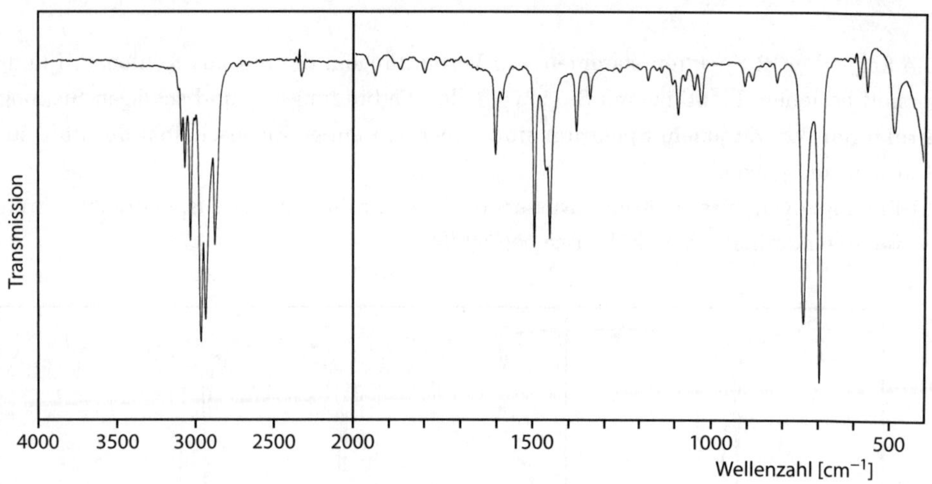

(d) Ein flüssiger Kohlenwasserstoff mit einer relativen Molekülmasse von 104.

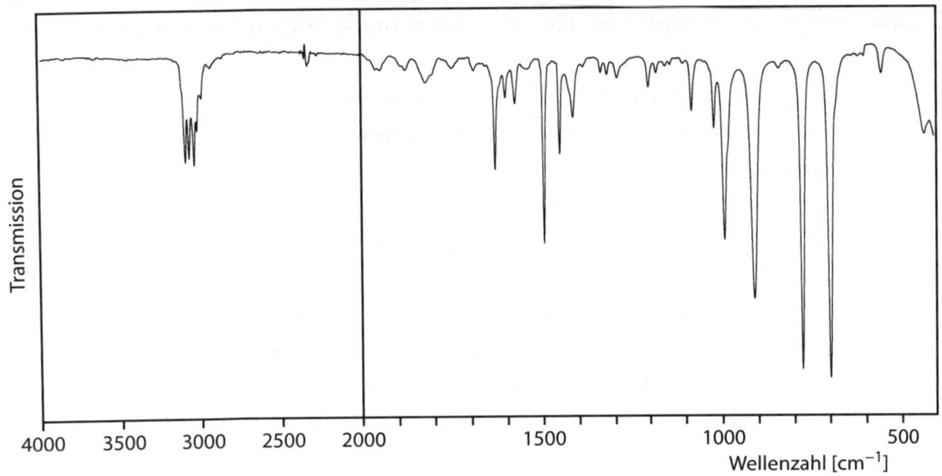

Weitere Übungsaufgaben, Lösungen zu den Übungsaufgaben sowie zusätzliche Lernmaterialien finden Sie auf der Companion Website zum Buch unter: www.pearson-studium.de

Übungsaufgaben Kapitel 13

1. Berechnen Sie mithilfe der Daten aus Abbildung 13.1 den molaren Extinktionskoeffizienten von 3-Methylcyclohexanon bei 280 und bei 320 nm.
2. Im UV-Spektrum einer Verbindung mit der Summenformel $C_5H_8O_2$ erscheint beim Vermessen einer methanolischen Lösung der Substanz eine Absorptionsbande mit λ_{max} = 270 nm und ε_{max} = 32 M^{-1} cm^{-1}. Misst man ein UV-Spektrum der gleichen Substanz in Hexan, erhält man eine um 20 nm auf λ_{max} = 290 nm verschobene Bande mit ε_{max} = 40 M^{-1} cm^{-1}. Welche funktionellen Gruppen könnte die Verbindung enthalten? Zeichnen Sie eine mögliche Struktur.
3. Berechnen Sie die Extinktion A einer 0,005 M Lösung von 3-Methylcyclohexanon in Isooctan bei λ = 280 nm, wenn eine 10-cm-Küvette verwendet wird und ε_{280} = 22 M^{-1} cm^{-1} beträgt.
4. Im UV-Spektrum einer 0,0002 M methanolischen Lösung einer unbekannten Verbindung erscheint eine Absorptionsbande, die unter Verwendung einer 0,5-cm-Quarzküvette bei λ_{max} = 235 nm eine Extinktion A von 1,05 zeigt. Berechnen Sie ε_{max} bei 235 nm.
5. Der molare Absorptionskoeffizient von Benzoesäure (Molmasse = 122,1 g mol^{-1}) in Ethanol beträgt bei 273 nm etwa 2000 M^{-1} cm^{-1}. Wie hoch darf die Konzentration der Lösung in g l^{-1} bei Verwendung einer 2,0-cm-Küvette höchstens sein, wenn die Extinktion einen Wert von 1,35 nicht übersteigen soll.

6. 250 mg einer Probe, die eine farbige Komponente X enthält, wird in einem Lösungsmittel gelöst und die Lösung anschließend auf 250 ml verdünnt. Unter Verwendung einer 1,0-cm-Küvette wird für diese verdünnte Lösung bei 500 nm eine Extinktion von 0,900 gemessen. Anschließend werden 10 mg reines X in einem Liter des gleichen Lösungsmittels gelöst. Mit dieser Lösung erhält man bei der gleichen Wellenlänge unter Verwendung einer 0,100-cm-Küvette eine Extinktion von 0,300. Wie groß ist der Anteil von X in der oben genannten Probe in Gewichtsprozenten?
7. Zwei farblose Substanzen X und Y reagieren in einer Gleichgewichtsreaktion zu einer farbigen Verbindung XY, wenn sie miteinander gemischt werden. Mischt man $2{,}00 \times 10^{-3}$ Mol der Substanz X mit einem großen Überschuss Y, löst die Mischung in einem geeigneten Lösungsmittel und verdünnt mit dem Lösungsmittel auf ein Volumen von einem Liter, zeigt die Lösung eine doppelt so große Extinktion wie eine Lösung unter gleichen Messbedingungen, die aus einer Mischung von $2{,}00 \times 10^{-3}$ Mol X und $2{,}00 \times 10^{-3}$ mol Y sowie dem gleichen Lösungsmittel hergestellt wird. Welchen Wert besitzt die Gleichgewichtskonstante der Reaktion von X und Y zu XY?
8. Die in der folgenden Tabelle aufgelisteten Extinktionen wurden unter identischen Messbedingungen bei einer Schichtdicke von $l = 1$ cm für Lösungen einer Substanz A, einer Substanz B und einer Mischung von A und B gemessen. Berechnen Sie die Konzentrationen von A und B in der Lösung der Mischung von A und B.

Konzentration	Gelöste Substanz	Extinktion	
		475 nm	670 nm
0,001 M	A	0,90	0,20
0,01 M	B	0,15	0,65
?	A und B	1,65	1,65

Weitere Übungsaufgaben, Lösungen zu den Übungsaufgaben sowie zusätzliche Lernmaterialien finden Sie auf der Companion Website zum Buch unter: www.pearson-studium.de

Übungsaufgaben mit Lösungen Kapitel 14

1. Erklären Sie die folgenden Daten für die isomeren Azobenzene (C_6H_5–N=N–C_6H_5) in Isooctan:
trans-Azobenzen: $\lambda_{max} = 318$ nm, $\varepsilon_{max} = 22.600$ M^{-1} cm^{-1}.
cis-Azobenzen: $\lambda_{max} = 282$ nm, $\varepsilon_{max} = 5200$ M^{-1} cm^{-1}.

Antwort: Wie bei den Stilbenen (siehe Abschnitt 14.5) führen sterische Wechselwirkungen zwischen den Phenylringen im *cis*-Isomer zu einer erheblichen Abweichung der Ringe von einer Koplanarität. Daher kann keine optimale Konjugation über das gesamte π-System des Moleküls erfolgen. Infolgedessen ist für das *cis*-Isomer eine höhere Anregungsenergie notwendig und die Absorptionsbande liegt somit bei einem kleineren λ_{max}-Wert. Der kleinere molare Extinktionskoeffizient (ε_{max}) beim *cis*-Isomer stellt eine Folge des kleineren Abstands zwischen den Enden des konjugierten Systems dar. Gemäß einer groben Daumenregel wächst ε_{max} mit dem Abstand zwischen den Enden des konjugierten Systems eines Chromophors.

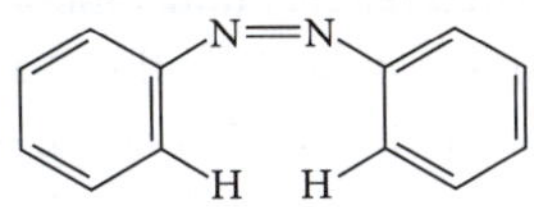

2. Erklären Sie die folgenden UV/Vis-Daten zweier Diene in Ethanol.

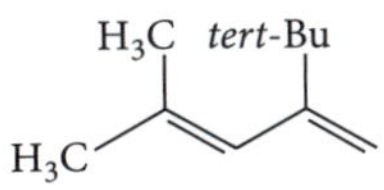

λ_{max} [nm]	ε_{max} [M^{-1} cm^{-1}]
225	6400

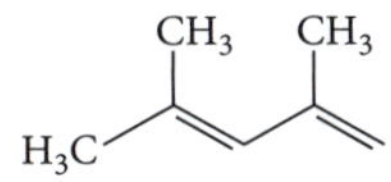

λ_{max} [nm]	ε_{max} [M^{-1} cm^{-1}]
231	10.000

Antwort: Die sterische Wechselwirkung zwischen der Methylgruppe und der voluminösen *tert*-Butylgruppe ist stärker als zwischen zwei Methylgruppen, wodurch die dargestellte transoide Konformation im Fall des *tert*-Butyl-Derivats stärker destabilisiert wird. Infolgedessen wird die Konjugation der Doppelbindungen im *tert*-Butyl-Derivat gestört, weil die Überlappung der π-Systeme durch eine Verdrehung der Doppelbindungen um die dazwischen liegende Einfachbindung zu einem stabileren, verdrillten Dien verringert wird.

3. Erklären Sie die UV/Vis-Daten der folgenden konjugierten Cyclodiene unterschiedlicher Ringgrößen.

	n	λ_{max} [nm]	ε_{max} [M^{-1} cm^{-1}]
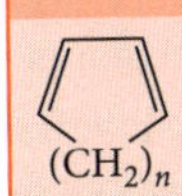	2	258	10.000
	3	248	7500
	4	228	5600
	6	< 215	– (?)

Antwort: Mit zunehmender Ringgröße weicht die Anordnung der beiden konjugierten Doppelbindungen immer stärker von eine Koplanarität ab. Infolgedessen steigt die $\pi\rightarrow\pi^*$-Übergangsenergie an (λ_{max} sinkt), während die Übergangswahrscheinlichkeit und somit der molare Extinktionskoeffizient ε_{max} abnehmen.

4. Wie könnten Sie die Substanzen der folgenden Verbindungspaare mithilfe der UV/Vis-Spektroskopie unterscheiden?

(a) $CH_3CH{=}CH{-}CH{=}CHCH_3$ und $CH_3CH{=}CH{-}CH_2{-}CH{=}CH_2$

(b) 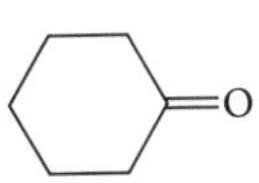 und 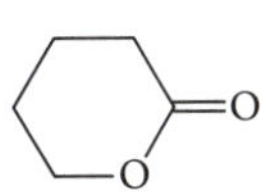

(c) 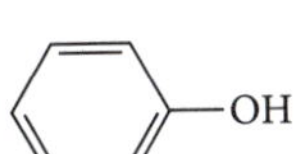 und 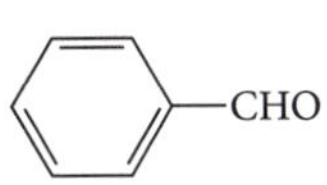

Antwort: Im Fall (a) liegen die Doppelbindungen in einem der Diene konjugiert vor und im anderen nicht. Das Dien mit den konjugierten Doppelbindungen sollte bei größerer Wellenlänge absorbieren als das andere Dien (siehe auch Tabelle 14.4). Die n→π*-Bande des Ketons im Fall (b) erscheint bei etwa 290 nm (siehe Tabelle 14.1), die des Lactons dagegen bei etwa 210 nm (siehe Tabelle 14.2). Schließlich zeigt Phenol in (c) eine mäßig intensive langwellige Absorption bei etwa 270 nm, die durch eine Erhöhung des pH-Werts bathochrom auf etwa 290 nm verschoben sowie intensiver wird. Benzaldehyd verursacht dagegen eine mäßig intensive Absorptionsbande bei etwa 280 nm, die aber durch eine Erhöhung des pH-Werts nicht nennenswert beeinflusst wird.

Übungsaufgaben Kapitel 14

1. Berechnen Sie mithilfe der Daten aus Tabelle 14.1 die elektronischen Übergangsenergien des n→π*- und des π→π*-Übergangs von Acetaldehyd in kJ mol^{-1}.
2. Bei einem pH-Wert von 13 zeigt die Probe eines bestimmten Phenol-Derivats eine Extinktion A von 1,5 bei $\lambda = 430$ nm und eine Extinktion von 0,0 bei $\lambda = 290$ nm. Bei einem pH-Wert von 4 betragen die Extinktionen einer Lösung dieses Phenol-Derivats mit der gleichen Konzentration bei den gleichen Wellenlängen 0,0 (430 nm) und 0,5 (290 nm), während die Extinktionen bei einem pH-Wert von 8 Werte von 0,6 (430 nm) und 0,3 (290 nm) aufweisen.
   (a) Erklären Sie diese pH-abhängigen spektralen Veränderungen.
   (b) Bestimmen Sie den pK_S-Wert des Phenol-Derivats.
   (c) Die Gesamtkonzentration des Phenol-Derivats in der vermessenen Lösung betrug 10,8 mg in 20 ml. Für die Spezies, die bei 290 nm absorbiert, wurde für diese Wellenlänge aus den obigen Absorptionsdaten bei einer Schichtdicke von 1 cm ein molarer Extinktionskoeffizient von $\varepsilon_{290} = 100\ M^{-1}\ cm^{-1}$ ermittelt. Bestimmen Sie die relative Molekülmasse dieser Spezies.
   (d) Zeichnen Sie eine beziehungsweise mehrere mögliche Strukturen der Substanz, die bei 290 nm absorbiert.
3. Schätzen Sie den K_S-Wert einer schwachen Säure mithilfe der unten stehenden Daten ab. Gleich große Mengen der Probe (1 g) wurden in jeweils der gleichen Menge des Puffers mit dem jeweiligen pH-Wert gelöst und unter den gleichen Bedingungen vermessen. In allen Lösungen war das Anion der Säure die einzige Spezies, die bei der Wellenlänge absorbiert, zu der im Folgenden die Extinktionen A angegeben sind.

pH	4	5	6	7	8	9	10	11
A	0,00	0,00	0,06	0,39	0,95	1,13	1,18	1,18

4. Bei einem pH-Wert von 13 zeigt die Probe eines bestimmten Phenol-Derivats eine Extinktion A von 1,5 bei $\lambda = 400$ nm und eine Extinktion von 0,0 bei $\lambda = 290$ nm. Bei einem pH-Wert von 4 betragen die Extinktionen einer Lösung dieses Phenol-Derivats mit der gleichen Konzentration

bei den gleichen Wellenlängen 0,0 (400 nm) und 1,0 (290 nm), während die Extinktionen bei einem pH-Wert von 9 Werte von 0,9 (400 nm) und 0,4 (290 nm) aufweisen.

(a) Erklären Sie diese pH-abhängigen spektralen Veränderungen.

(b) Bestimmen Sie den pK_S-Wert des Phenol-Derivats.

(c) Die Gesamtkonzentration des Phenol-Derivats in der vermessenen Lösung betrug 18,8 mg in 20 ml. Für die Spezies, die bei 290 nm absorbiert, wurde für diese Wellenlänge aus den obigen Absorptionsdaten bei einer Schichtdicke von 1 cm ein molarer Extinktionskoeffizient von ε_{290} = 100 M^{-1} cm^{-1} ermittelt. Bestimmen Sie die relative Molekülmasse dieser Spezies.

(d) Zeichnen Sie eine mögliche Struktur der Substanz.

5. (a) Schätzen Sie den K_S-Wert einer schwachen Säure mithilfe der unten stehenden Daten ab. Die Konzentration der Säure betrug in allen Pufferlösungen 1 mM und alle Lösungen wurden unter den gleichen Bedingungen vermessen. In allen Lösungen war das Anion der Säure die einzige Spezies, die bei der Wellenlänge absorbiert, zu der im Folgenden die Extinktionen *A* angegeben sind.

pH	4	5	6	7	8	9	10	11
A	0,00	0,00	0,10	0,75	1,00	1,25	1,50	1,50

(b) Wie groß ist der molare Extinktionskoeffizient des Anions bei dieser Wellenlänge, wenn eine 1-cm-Küvette verwendet wurde?

6. Erklären Sie die folgenden Absorptionsdaten:

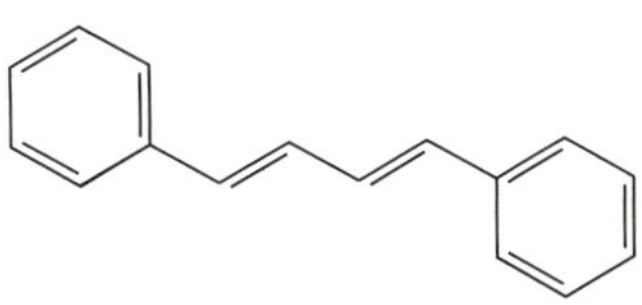

λ_{max} [nm] 328, ε_{max} [M^{-1} cm^{-1}] 56.200

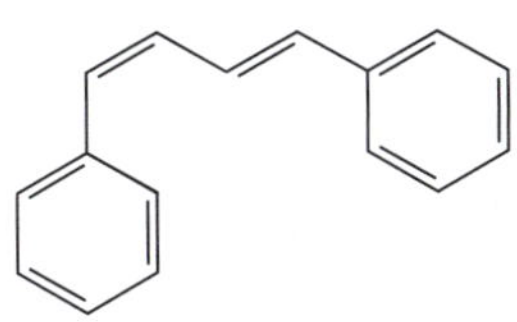

λ_{max} [nm] 313, ε_{max} [M^{-1} cm^{-1}] 30.600

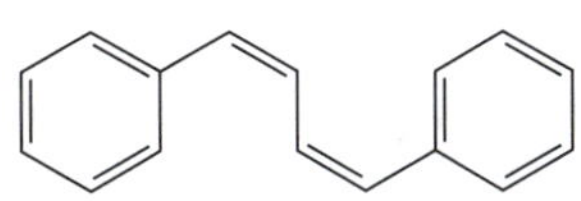

λ_{max} [nm] 299, ε_{max} [M^{-1} cm^{-1}] 29.500

7. Geben Sie Erklärungen für die nachfolgenden Absorptionsdaten:

(a)

λ_{max} [nm] 183, ε_{max} [M^{-1} cm^{-1}] 7500

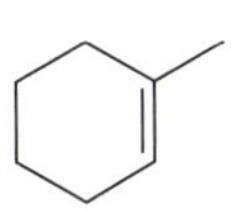

λ_{max} [nm] 188, ε_{max} [M^{-1} cm^{-1}] 7100

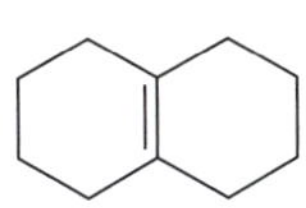

λ_{max} [nm] 200, ε_{max} [M^{-1} cm^{-1}] 8900

(b)

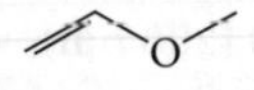

λ_{max} [nm]	ε_{max} [M^{-1} cm^{-1}]	λ_{max} [nm]	ε_{max} [M^{-1} cm^{-1}]	λ_{max} [nm]	ε_{max} [M^{-1} cm^{-1}]
162,5	15.000	190	10.000	228	8000

(c)

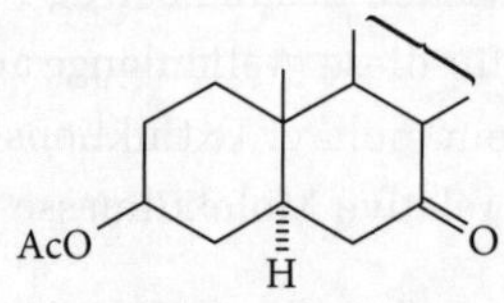

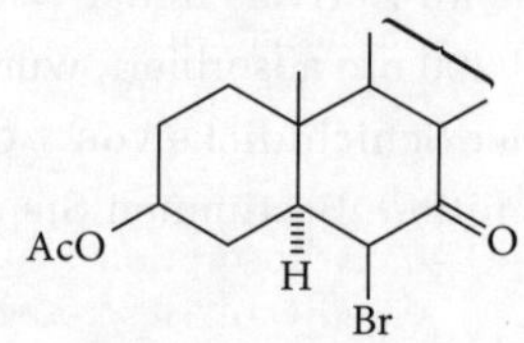

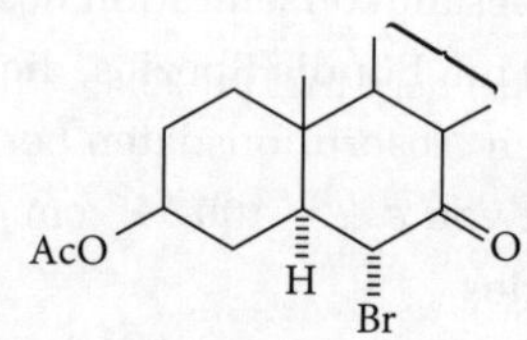

λ_{max} [nm]	ε_{max} [M^{-1} cm^{-1}]	λ_{max} [nm]	ε_{max} [M^{-1} cm^{-1}]	λ_{max} [nm]	ε_{max} [M^{-1} cm^{-1}]
287	40	313	158	282	40

(d)

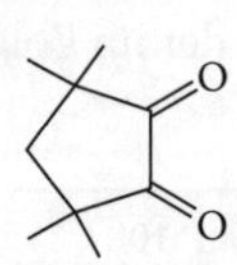

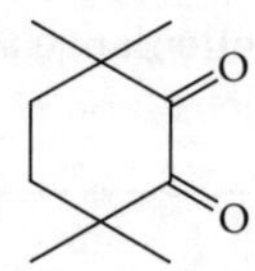

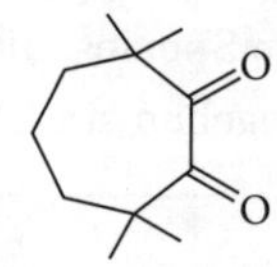

λ_{max} [nm]	ε_{max} [M^{-1} cm^{-1}]	λ_{max} [nm]	ε_{max} [M^{-1} cm^{-1}]	λ_{max} [nm]	ε_{max} [M^{-1} cm^{-1}]
466	31	380	11	337	34
		298	29	299	34

(e)

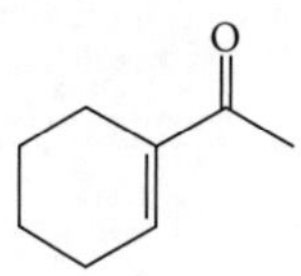

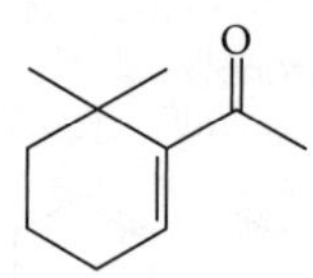

λ_{max} [nm]	ε_{max} [M^{-1} cm^{-1}]	λ_{max} [nm]	ε_{max} [M^{-1} cm^{-1}]
232	12.500	232	12.000

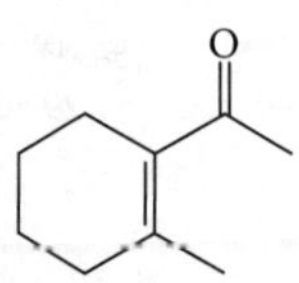

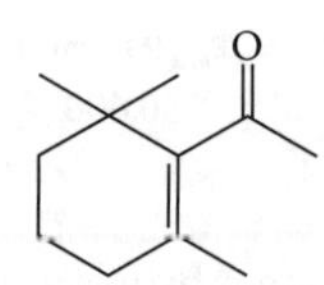

λ_{max} [nm]	ε_{max} [M^{-1} cm^{-1}]	λ_{max} [nm]	ε_{max} [M^{-1} cm^{-1}]
245	6500	243	1400

Register

B

C

D

G

H

I

J

K

L

M

N

O

P

R

S

U

V

W